Hilfsbuch

für die

Elektrotechnik

Unter Mitwirkung namhafter Fachgenossen

bearbeitet und herausgegeben

von

Dr. Karl Strecker

Siebente umgearbeitete und vermehrte Auflage

Mit 675 Figuren im Text

Springer-Verlag Berlin Heidelberg GmbH 1907

ISBN 978-3-662-37344-6   ISBN 978-3-662-38085-7 (eBook)
DOI 10.1007/978-3-662-38085-7

Softcover reprint of the hardcover 7th edition 1907

———————

Vorwort zur siebenten Auflage.

Seit dem Erscheinen der vorigen Auflage sind über sechs Jahre verstrichen. Der außerordentlichen Entwickelung der Elektrotechnik in dieser Zeit mußte durch eine vollständige Durcharbeitung des Werkes Rechnung getragen werden.

Zunächst erschien es dem Herausgeber nicht mehr möglich, den größten Teil des Werkes selbst zu bearbeiten, wie es bisher geschehen war. Dazu hatte sich der Stoff zu sehr vermehrt und vertieft. Es wurden daher zahlreiche Mitarbeiter gewonnen, deren Verzeichnis unten folgt, und unter denen man viele in der Elektrotechnik rühmlich bekannte Namen findet. Dann mußten manche Abschnitte wesentlich geändert, auch ganz neu bearbeitet, und einige neu hinzugefügt werden. Die Zahl der Abbildungen ist gegen die vorige Auflage verdoppelt worden. Dies alles hat sich nicht ausführen lassen ohne eine wesentliche Vergrößerung des Umfangs, die leider auch eine kleine Erhöhung des Preises zur Folge hatte.

Von wichtigeren oder umfangreichen Änderungen mögen hier erwähnt werden: Die Kapitel über Messung von Induktionskoeffizienten, Kapazitäten, Dielektrizitätskonstanten (222) bis (232), die Wechselstrommessungen (233)—(247), die Aufnahme und Analyse von Stromkurven (248)—(250), die Messungen an elektrischen Straßenbahnen (286)—(292), die Übersicht über die Elektrizitätszähler (293)—(303). Die Abschnitte, welche die Elektromagnete, Transformatoren und Dynamomaschinen, Umformer und Gleichrichter behandeln (376) bis (622), im Umfange von 160 Seiten, sind völlig neu bearbeitet worden. Die Tabellen ausgeführter elektrischer Maschinen (623) sind wieder in der Art, wie in der 5. Auflage behandelt worden. Ein neuer Abschnitt: Das elektrische Kraftwerk (652)—(662), und ein Kapitel über den elektrischen Betrieb von Maschinen (785)—(794) sind eingefügt worden. In dem Abschnitt über elektrische Beleuchtung haben die Kapitel über die Lampen (737)—(761) eine durchgreifende Umarbeitung erfahren; auch ist der Abschnitt um ein Kapitel über Theaterbeleuchtung (774)—(779) erweitert worden.

Ferner wurde ein neuer Abschnitt über die Verwendung der Elektrizität auf Schiffen (831)—(838) zugefügt und die Strom-Wärme-erzeugung (839)—(868), worunter auch die früher als besonderer Abschnitt behandelte elektrische Minenzündung, neu bearbeitet. Im Abschnitt über Telegraphie wurde dem neu bearbeiteten Fernsprechwesen ein getrenntes Kapitel (1043)—(1056) zugewiesen und das Pupin'sche Verfahren, die Fernsprechleitungen zu verbessern, aufgenommen (1066). Ferner wurde der Telegraphie ohne Draht ein Abschnitt gewidmet (1071)—(1089). Schließlich wurde ein Anhang beigefügt, welcher die wichtigeren Gesetze, Verordnungen und Ausführungsbestimmungen auf dem elektrischen Gebiete und, mit Erlaubnis des Verbandes deutscher Elektrotechniker, dessen Normalien und Vorschriften enthält. Da einige der letzteren, insbesondere die Sicherheitsvorschriften, zurzeit in der Neubearbeitung begriffen sind, schien es zweckmäßig, die alte Fassung nicht abzudrucken, vielmehr die neue Fassung, die im Frühjahr 1907 festgestellt werden soll, den Besitzern des Buches nachzuliefern.

Bei der Beschaffung von Material, besonders für die tabellarischen Angaben und Zusammenstellungen in (76), (170), (623), (634), (996) bin ich von den elektrotechnischen Firmen mit größter Bereitwilligkeit unterstützt worden, wofür ich hier meinen verbindlichsten Dank ausspreche.

Berlin, November 1906.

Strecker.

Name	Bearbeitung
Arldt, C., Dr.-Ing., Privatdozent, Berlin	(737)—(779), (831)—(851)
Benischke, G., Dr., Privatdozent und Oberingenieur, Berlin	(1153)—(1157)
Breisig, F., Prof. Dr., Kais. Ober-Telegrapheningenieur, Berlin	(306)—(331), (1057)—(1070)
Büttner, M., Dr., Direktor, Berlin	(780), (781)
Eulenberg, K., Kgl. Obertelegrapheningenieur, Berlin	(1109)—(1138)
Feldmann, C. P., Prof., Delft, und **Herzog, Jos.**, Oberingenieur, Ofen-Pest	(663)—(710)
Fink, Kgl. Eisenbahndirektor, Hannover	(1090)—(1108)
Görges, H., Prof., Dresden und **Kübler, W.**, Prof., Dresden	(376)—(622)
Gumlich, E., Prof. Dr., Charlottenburg	(43)—(56), (251)—(258)
Hersen, Kais. Telegrapheninspektor, Berlin	(1043)—(1056)
Jaeger, W., Prof. Dr., Charlottenburg	(115)—(148), (159)—(169), (171)—(220)
Kallmann, M., Dr., Privatdozent, Stadtelektriker, Berlin	(286)—(292)
Kraatz, A., Kais. Telegrapheningenieur, Berlin	(999)—(1042)
Lerche, J., Kais. Postbauinspektor, Berlin	(12)—(35), (652)—(662), (782)—(794)
Liebenow, C., Dr., Oberingenieur, Berlin	(344)—(346), (632)—(651)
Nicolaus, G., Kais. Bauinspektor, Berlin	(958)—(968), (970)—(985), (987)—(995), (997), (998)
Orlich, E, Prof. Dr., Charlottenburg	(65)—(67), (104)—(106), (110)—(114), (149)—(158), (221)—(250), (259)—(280), (293)—(305)
Passavant, H., Dr., Direktor, Berlin	(281)—(285), (711)—(736)
Pirani, E., Dr., Direktor, Paris	(795)—(830)
Regelsberger, Dr., Regierungsrat, Berlin	(865)—(934)
Seibt, G., Dr., Berlin	(1071)—(1089)
von Steinwehr, Dr., Charlottenburg	(80)—(88)
Stockmeier, H., Prof. Dr., Nürnberg	(935)—(957)
Der Herausgeber	(1)—(11), (36)—(42), (57)—(64), (68)—(79), (89)—(103), (107)—(109), (170), (332)—(343), (347)—(375), (623)—(631), (852)—(864), (969), (986), (996), (1139)—(1152).

Inhaltsverzeichnis.

I. Teil.   Allgemeine Hilfsmittel.

I. Abschnitt.   Tabellen, Formeln, Bezeichnungen.

II. Teil.   Meßkunde.

I. Abschnitt.   Elektrische Messungsmethoden und Meßinstrumente.

III. Teil.   Elektrotechnik.

I. Abschnitt.   Elektromagnete.

II. Abschnitt.   Transformatoren.

XII   Inhaltsverzeichnis.

I. Teil.

ALLGEMEINE HILFSMITTEL.

I. Abschnitt.

Tabellen, Formeln, Bezeichnungen.

(1) Querschnitt und Gewicht von Eisen- und Kupferdrähten.

Durch-messer	Quer-schnitt	Gewicht von 1000 m		Durch-messer	Quer-schnitt	Gewicht von 1000 m	
		Eisen	Kupfer			Eisen	Kupfer
mm	mm²	kg	kg	mm	mm²	kg	kg
0,05	0,002	0,02	0,02	1,6	2,01	15,6	17,8
0,10	0,008	0,06	0,07	1,7	2,27	17,7	20,1
0,15	0,018	0,14	0,17	1,8	2,54	19,8	22,6
0,20	0,031	0,24	0,28	1,9	2,84	22,1	25,1
0,25	0,049	0,38	0,44	2,0	3,14	24,4	27,9
0,30	0,071	0,55	0,63	2,2	3,80	29,6	33,7
0,35	0,096	0,75	0,85	2,4	4,52	35,2	40,0
0,40	0,126	0,98	1,12	2,6	5,31	41,3	47,0
0,45	0,159	1,24	1,41	2,8	6,16	47,9	54,7
0,50	0,196	1,53	1,74	3,0	7,07	55,0	62,5
0,55	0,238	1,85	2,11	3,2	8,04	63	72
0,60	0,283	2,20	2,51	3,4	9,08	71	81
0,65	0,332	2,58	2,95	3,6	10,18	79	90
0,70	0,385	2,99	3,42	3,8	11,34	88	100
0,75	0,442	3,43	3,90	4,0	12,57	98	112
0,80	0,503	3,9	4,5	4,2	13,85	108	123
0,85	0,567	4,4	5,0	4,4	15,21	118	132
0,90	0,636	4,9	5,7	4,6	16,62	129	147
0,95	0,709	5,5	6,3	4,8	18,10	141	160
1,00	0,785	6,1	7,0	5,0	19,63	153	174
1,1	0,950	7,4	8,4	5,2	21,24	165	189
1,2	1,131	8,8	10,0	5,4	22,90	178	202
1,3	1,327	10,3	11,8	5,6	24,63	192	218
1,4	1,539	12,0	13,7	5,8	26,42	205	234
1,5	1,767	13,7	15,6	6,0	28,27	220	251

(2) Drahttafel für Drahtdurchmesser von 0,05—4,0 mm

Widerstand von

Drahtdurchmesser	Kupfer				Phosphor- und Siliziumbronze					
mm	0,016	0,017	0,018	0,019	0,020	0,025	0,030	0,04	0,05	0,06
0,05	8,14	8,65	9,16	9,67	10,19	12,73	15,3	20,4	25,5	30,6
0,10	2,04	2,16	2,29	2,42	2,55	3,18	3,8	5,1	6,4	7,6
0,15	0,91	0,96	1,02	1,08	1,13	1,41	1,70	2,26	2,83	3,4
0,20	0,51	0,54	0,57	0,60	0,64	0,80	0,95	1,27	1,59	1,91
0,25	0,33	0,35	0,37	0,39	0,41	0,51	0,61	0,81	1,02	1,22
0,30	0,226	0,240	0,255	0,269	0,283	0,354	0,424	0,566	0,707	0,849
0,40	0,127	0,135	0,143	0,151	0,159	0,199	0,239	0,318	0,398	0,477
0,50	0,081	0,087	0,092	0,097	0,102	0,127	0,153	0,204	0,255	0,306
0,60	0,057	0,060	0,064	0,067	0,071	0,088	0,106	0,141	0,177	0,212
0,70	0,042	0,044	0,047	0,049	0,052	0,065	0,078	0,104	0,130	0,156
0,80	0,0318	0,0338	0,0358	0,0378	0,0398	0,0497	0,060	0,080	0,099	0,119
1,00	0,0204	0,0216	0,0229	0,0242	0,0255	0,0318	0,038	0,051	0,064	0,076
1,2	0,0141	0,0150	0,0159	0,0168	0,0177	0,0221	0,0265	0,0354	0,0442	0,053
1,4	0,0104	0,0110	0,0117	0,0123	0,0130	0,0162	0,0195	0,0260	0,0325	0,039
1,6	0,0080	0,0085	0,0090	0,0095	0,0099	0,0124	0,0149	0,0199	0,0249	0,0298
2,0	0,0051	0,0054	0,0057	0,0060	0,0064	0,0080	0,0095	0,0127	0,0159	0,0191
2,5	0,00326	0,00346	0,00366	0,00387	0,00407	0,0051	0,0061	0,0081	0,0102	0,0122
3,0	0,00226	0,00240	0,00255	0,00269	0,00283	0,0035	0,0042	0,0057	0,0071	0,0085
3,5	0,00166	0,00177	0,00187	0,00197	0,00208	0,00260	0,00312	0,00416	0,0052	0,0062
4,0	0,00127	0,00135	0,00143	0,00151	0,00159	0,00199	0,00239	0,00318	0,0040	0,0048

Länge eines Drahtes von

mm	0,016	0,017	0,018	0,019	0,020	0,025	0,030	0,04	0,05	0,06
0,05	0,123	0,115	0,109	0,103	0,098	0,079	0,065	0,049	0,039	0,0327
0,10	0,49	0,46	0,44	0,41	0,39	0,314	0,262	0,196	0,157	0,131
0,15	1,11	1,04	0,98	0,93	0,88	0,71	0,59	0,44	0,35	0,294
0,20	1,96	1,85	1,75	1,65	1,57	1,26	1,05	0,79	0,63	0,52
0,25	3,07	2,89	2,73	2,58	2,45	1,96	1,64	1,23	0,98	0,82
0,30	4,4	4,2	3,9	3,7	3,5	2,83	2,36	1,77	1,41	1,18
0,40	7,9	7,4	7,0	6,6	6,3	5,03	4,19	3,14	2,51	2,09
0,50	12,3	11,5	10,9	10,3	9,8	7,85	6,54	4,91	3,93	3,27
0,60	17,6	16,6	15,7	14,9	14,1	11,3	9,4	7,1	5,7	4,7
0,70	24,0	22,6	21,4	20,3	19,2	15,4	12,8	9,6	7,7	6,4
0,80	31,4	29,6	27,9	26,4	25,1	20,1	16,8	12,6	10,1	8,4
1,00	49,1	46,2	43,6	41,3	39,3	31,4	26,2	19,6	15,7	13,1
1,2	71	66	63	59	57	45	37,7	28,3	22,6	18,8
1,4	96	90	86	81	77	62	51,3	38,5	30,8	25,7
1,6	126	118	112	106	101	80	67	50	40	33,5
2,0	196	185	175	165	157	126	105	79	63	52,4
2,5	307	289	273	258	245	196	164	123	98	82
3,0	442	416	393	372	353	283	236	177	141	118
3,5	601	566	535	506	481	385	321	241	192	160
4,0	785	739	698	661	628	503	419	314	251	209

und für spezifische Widerstände von 0,016—0,85.

1 m Draht in Ohm.

Messing, Platin, Eisen				Neusilber und andere Widerstandsmaterialien						Drahtdurchmesser
0,07	0,08	0,10	0,15	0,20	0,25	0,30	0,40	0,50	0,85	mm
36	41	51	76	102	127	153	204	255	433	0,05
8,9	10,2	12,7	19,1	25,5	31,8	38	51	64	108	0,10
4,0	4,5	5,7	8,5	11,3	14,1	17,0	22,6	28,3	48	0,15
2,23	2,55	3,18	4,8	6,4	8,0	9,5	12,7	15,9	27,1	0,20
1,43	1,63	2,04	3,06	4,1	5,1	6,1	8,1	10,2	17,3	0,25
0,99	1,13	1,41	2,12	2,83	3,54	4,24	5,66	7,07	12,0	0,30
0,56	0,64	0,80	1,19	1,59	1,99	2,39	3,18	3,98	6,76	0,40
0,36	0,41	0,51	0,76	1,02	1,27	1,53	2,04	2,55	4,33	0,50
0,248	0,283	0,354	0,53	0,71	0,88	1,06	1,41	1,77	3,00	0,60
0,182	0,208	0,260	0,39	0,52	0,65	0,78	1,04	1,30	2,21	0,70
0,139	0,159	0,199	0,298	0,398	0,497	0,60	0,80	0,99	1,69	0,80
0,089	0,102	0,127	0,191	0,255	0,318	0,38	0,51	0,64	1,08	1,00
0,062	0,071	0,088	0,133	0,177	0,221	0,265	0,354	0,442	0,75	1,2
0,045	0,052	0,065	0,097	0,130	0,162	0,195	0,260	0,325	0,55	1,4
0,0348	0,0398	0,0497	0,075	0,099	0,124	0,149	0,199	0,249	0,423	1,6
0,0223	0,0255	0,0318	0,048	0,064	0,080	0,095	0,127	0,159	0,271	2,0
0,0143	0,0163	0,0204	0,0305	0,0407	0,051	0,061	0,081	0,102	0,173	2,5
0,0099	0,0113	0,0141	0,0212	0,0283	0,035	0,042	0,057	0,071	0,120	3,0
0,0073	0,0083	0,0104	0,0156	0,0208	0,0260	0,0312	0,0416	0,052	0,088	3,5
0,0056	0,0064	0,0080	0,0119	0,0159	0,0199	0,0239	0,0318	0,040	0,068	4,0

1 Ohm Widerstand in Metern.

0,07	0,08	0,10	0,15	0,20	0,25	0,30	0,40	0,50	0,85	mm
0,0280	0,0245	0,0196	0,0131	0,0098	0,0079	0,0065	0,0049	0,0039	0,0023	0,05
0,112	0,098	0,079	0,052	0,039	0,0314	0,0262	0,0196	0,0157	0,0092	0,10
0,252	0,221	0,177	0,118	0,088	0,071	0,059	0,044	0,035	0,0208	0,15
0,45	0,39	0,314	0,209	0,157	0,126	0,105	0,079	0,063	0,0370	0,20
0,70	0,61	0,49	0,327	0,245	0,196	0,164	0,123	0,098	0,0578	0,25
1,01	0,88	0,71	0,47	0,35	0,283	0,236	0,177	0,141	0,083	0,30
1,80	1,57	1,26	0,84	0,63	0,503	0,419	0,314	0,251	0,148	0,40
2,80	2,45	1,96	1,31	0,98	0,785	0,654	0,491	0,393	0,231	0,50
4,0	3,53	2,83	1,88	1,41	1,13	0,94	0,71	0,57	0,332	0,60
5,5	4,81	3,85	2,57	1,92	1,54	1,28	0,96	0,77	0,453	0,70
7,2	6,3	5,0	3,35	2,51	2,01	1,68	1,26	1,01	0,592	0,80
11,2	9,8	7,9	5,24	3,93	3,14	2,62	1,96	1,57	0,924	1,00
16,1	14,1	11,3	7,5	5,7	4,5	3,77	2,83	2,26	1,33	1,2
22,0	19,2	15,4	10,3	7,7	6,2	5,13	3,85	3,08	1,81	1,4
28,7	25,1	20,1	13,4	10,1	8,0	6,7	5,0	4,0	2,37	1,6
44,9	39,2	31,4	20,9	15,7	12,6	10,5	7,9	6,3	3,7	2,0
70	61	49	32,7	24,5	19,6	16,4	12,3	9,8	5,8	2,5
101	88	71	47,1	35,3	28,3	23,6	17,7	14,1	8,3	3,0
137	120	96	64	48	38,5	32,1	24,1	19,2	11,3	3,5
180	157	126	84	63	50,3	41,9	31,4	25,1	14,8	4,0

(3) Tafel zur Berechnung von Leitungen.

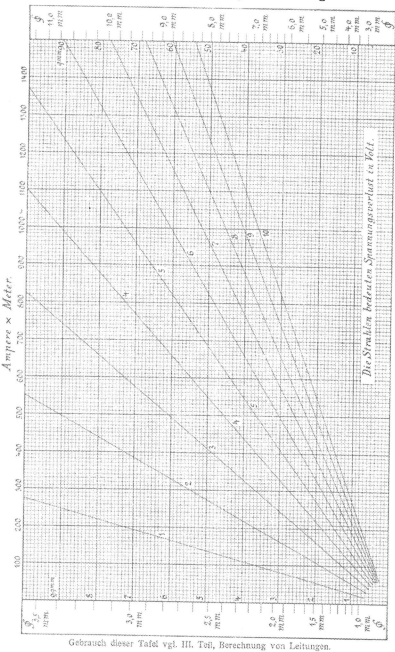

(4 a) Umrechnung von Isolationswiderständen.

Ist R_t der Widerstand bei der Temperatur t, so ist er bei 15° C:

$$R_{15} = c \cdot R_t.$$

Die von verschiedenen Firmen für anscheinend dieselben Isolierungen angegebenen Umrechnungszahlen stimmen nicht überein. Selbst für Guttapercha erhält man bei Benutzung verschiedener Adern verschiedene Werte (Zieliński, ETZ. 1896). Am häufigsten wird für Guttapercha die nachstehende Tabelle benutzt; die graphische Tafel beruht auf einem mittleren Wert aus mehreren Messungen.

Guttapercha.

t	c	t	c	t	c	t	c
— 4	0,081	4	0,233	12	0,672	20	1,94
— 2	0,105	6	0,304	14	0,876	22	2,52
0	0,137	8	0,396	16	1,14	24	3,29
+ 2	0,179	10	0,515	18	1,49	26	4,29

Reduktionstafel für Guttaperchawiderstände s. Seite 6.

Gummi, Papier, Faserstoff, Paraffin usw.

Die nachstehenden Zahlen gelten für Kabel der Firmen:

S. & H.: Siemens & Halske, Aktiengesellschaft, Berlin.
F. & G.: Felten & Guilleaume Carlswerk AG., Mülheim (Rhein).
A.E.G.: Allgemeine Elektrizitätsgesellschaft, Berlin.
D.K.W.: Deutsche Kabelwerke, Rummelsburg-Berlin.
K.Rh.: Kabelwerk Rheydt, Rheydt.
L.S.K.: Land- und Seekabelwerk, Köln-Nippes.

Okonit wie Gummi (F. & G.). — Für die Mennigeisolation der Hackethalschen Drähte gelten: für 10° 0,34, für 30° 2,7 (ungefähr).

	Gummi						Papier, getrocknet					
t	S. & H.	F. & G.	A.E.G.	D.K.W.	K.Rh.	L.S.K.	t	S. & H.	F. & G.	A.E.G.	D.K.W.	K.Rh.	L.S.K.
0	0,38	0,50		0,25	0,50	0,48	0	0,55	0,43	0,58	0,43	0,44	
2	0,43	0,55		0,29	0,55	0,54	2	0,58	0,51	0,61	0,51	0,53	
4	0,49	0,60		0,34	0,60	0,59	4	0,62	0,57	0,65	0,57	0,58	
6	0,56	0,66	0,56	0,41	0,66	0,64	6	0,66	0,64	0,70	0,64	0,65	0,57
8	0,64	0,72	0,62	0,50	0,72	0,70	8	0,72	0,71	0,75	0,71	0,72	0,64
10	0,72	0,79	0,71	0,60	0,79	0,76	10	0,78	0,77	0,81	0,77	0,78	0,72
12	0,82	0,87	0,81	0,73	0,87	0,85	12	0,86	0,85	0,88	0,85	0,87	0,82
14	0,94	0,95	0,93	0,90	0,95	0,95	14	0,95	0,95	0,95	0,95	0,96	0,94
16	1,07	1,05	1,07	1,12	1,05	1,06	16	1,06	1,06	1,05	1,06	1,12	1,08
18	1,23	1,15	1,24	1,41	1,15	1,21	18	1,18	1,17	1,16	1,17	1,36	1,28
20	1,41	1,26	1,44	1,81	1,26	1,38	20	1,33	1,32	1,29	1,32	1,56	1,55
22	1,63	1,38	1,66	2,39	1,38	1,58	22	1,49	1,50	1,45	1,50	1,79	1,89
24	1,91	1,52	1,92	3,14	1,52	1,79	24	1,67	1,68	1,63	1,68	1,99	2,32

	Faserstoff, getränkt							Papier, getränkt				Paraffin
t	S. & H.	F. & G.	A.E.G.	D.K.W.	K.Rh.	L.S.K.	t	F. & G.				S. & H.
	schwarz gelb											
0	0,139 0,187	0,39	0,064	0,91	0,33	0,33	0	0,39				0,21
2	0,146 0,237	0,42	0,079	0,92	0,37	0,36	2	0,42				0,23
4	0,160 0,297	0,46	0,103	0,93	0,40	0,40	4	0,45				0,26
6	0,187 0,364	0,51	0,152	0,94	0,45	0,45	6	0,48				0,30
8	0,241 0,45	0,58	0,244	0,95	0,52	0,51	8	0,54				0,37
10	0,339 0,58	0,66	0,370	0,96	0,60	0,60	10	0,62				0,46
12	0,51 0,73	0,76	0,55	0,97	0,71	0,71	12	0,74				0,63
14	0,79 0,91	0,91	0,82	0,99	0,89	0,88	14	0,90				0,86
16	1,26 1,14	1,12	1,22	1,12	1,2	1,2	16	1,13				1,17
18	2,00 1,40	1,46	1,76	1,46	1,7	1,8	18	1,47				1,59
20	3,20 1,71	2,11	2,46	2,11	2,7	2,8	20	2,28				2,16
22	5,09 2,10	3,47	3,38	3,47	4,4	4,3	22	4,48				2,95
24	8,11 2,56	5,30	4,35	5,30	6,4	6,1	24	7,85				4,01

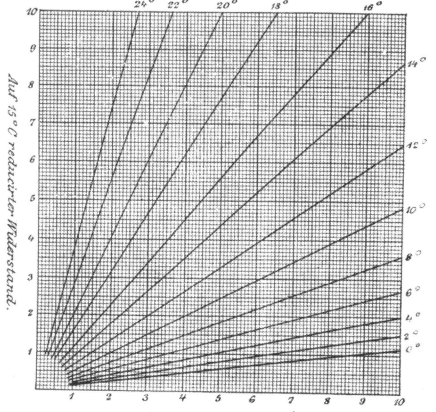

Auf 15° C reducirter Widerstand.

Gemessener Widerstand.

Reduktionstafel für Guttaperchawiderstände (s. Fig. 2).

Man sucht den gemessenen Widerstand am unteren Rande, verfolgt die Ordinate bis zum Schnitt mit dem Strahl, der die Temperatur bei der Messung ergibt und liest die Länge dieser Ordinate am linken Rande ab. Z. B.: gemessen 56,3 Megohm bei 18°: reduziert 86,3 Megohm bei 15°.

(4 b) Reduktionsformel für Metallwiderstände.

Wird der Widerstand r_{t_1} bei der Temperatur t_1 gemessen, so ist der Widerstand bei der Temperatur t_2

$$r_{t_2} = r_{t_1} + r_{t_1} \cdot (t_2 - t_1) \cdot \Delta \rho.$$

Zu dem gemessenen Widerstand ist also das zweite Glied rechter Hand zu addieren oder zu subtrahieren; zur Berechnung dieses Gliedes dient der Rechenschieber.

1 Ohm (Kupferwiderstand) für die (engl.) Seemeile bei 75° F. = 0,521 Ohm für 1 km bei 15° C.

(5) Englisches Gewicht und Maß.

1 ton = 1016,0 kg = 20 cwt, Hundredweigths.
1 cwt = 50,80 kg = 4 qrs, Quarters = 8 stones = 112 lbs, pounds.
1 lb = 0,4536 kg = 16 ozs, ounzes = 256 drams = 7680 grains.

1 pound troy = 373,242 g. — 1 lb·ft = 0,1382 kgm.
1 ton per sq. inch = 1,575 kg*/mm². — 1 lb per sq. inch = 0,0703 kg*/cm².

1 Kupferdraht, von dem 1 Seemeile K lbs wiegt, hat einen Querschnitt von 0,02723 K mm².

Englisches Maß in Metermaß.

	Fuß in Meter	Quadr.-F. in Quadr.-Meter	Kubik-F. in Kubik-Meter	Zoll in Centimeter	Quadr.-Z. in Quadr.-Centimeter	Kubik-Zoll in Kubik-Centimeter
1	0,304794	0,092900	0,028315	2,5400	6,4513	16,386
2	0,609589	0,185799	0,056630	5,0799	12,9027	32,773
3	0,914383	0,278699	0,084946	7,6199	19,3540	49,158
4	1,219178	0,371599	0,113261	10,1598	25,8054	65,544
5	1,523972	0,464498	0,141576	12,6998	32,2567	81,930
6	1,828767	0,557398	0,169891	15,2397	38,7081	98,317
7	2,133561	0,650298	0,198207	17,7797	45,1594	114,703
8	2,438356	0,743198	0,226522	20,3196	51,6108	131,089
9	2,743150	0,836097	0,254837	22,8596	58,0621	147,475
10	3,047945	0,929997	0,283152	25,3995	64,5135	163,861
11	3,352739	1,021897	0,311467	27,9395	70,9648	180,247

1 yard = 3 engl. Fuß = 0,914 m.   1 engl. statute mile = 1609,31 m;
1 London mile = 1523,97 m; 1 Seemeile = 1855,11 m.
1 circular mill = 0,000506 mm²; 1 mm² = 1970 circular mills.
Hohlmaße: 1 quarter = 8 bushels = 290781 l.
1 gallon = 4 quarts = 8 pints = 32 gills = 4,543 l.

Metermaß in englisches Maß.

Meter Qu.-M. Kub.-M.	Fuß	Zoll	Quadr.-F.	Quadr.-Z.	Kubik-F.	Kubik-Z.
1	3,2809	39,3708	10,7643	1550,06	35,3165	61025,8
2	6,5618	78,7416	21,5286	3100,12	70,6331	122051,7
3	9,8427	118,1124	32,2929	4650,18	105,9497	183077,5
4	13,1236	157,4831	43,0572	6200,24	141,2663	244103,3
5	16,4045	196,8539	53,8215	7750,30	176,5828	305129,1
6	19,6854	236,2247	64,5857	9300,35	211,8994	366155,0
7	22,9663	275,5955	75,3501	10850,41	247,2160	427180,8
8	26,2472	314,9663	86,1143	12400,47	282,5326	488206,6
9	29,5281	354,3371	96,8787	13950,53	317,8491	549232,5

English (Imperial) Standard Wire Gauge.

No.	Durch-messer mm	No.	Durch-messer mm	No.	Durch-messer mm	No.	Durch-messer mm	No.	Durch-messer mm	No.	Durch-messer mm
7/0	12,7	4	5,89	14	2,03	24	0,56	34	0,234	44	0,081
6/0	11,8	5	5,28	15	1,83	25	0,51	35	0,214	45	0,071
5/0	11,0	6	4,88	16	1,63	26	0,46	36	0,193	46	0,061
4/0	10,16	7	4,47	17	1,42	27	0,41	37	0,173	47	0,051
3/0	9,45	8	4,06	18	1,22	28	0,376	38	0,152	48	0,041
2/0	8,84	9	3,66	19	1,02	29	0,346	39	0,132	49	0,031
1/0	8,23	10	3,25	20	0,91	30	0,310	40	0,122	50	0,025
1	7,62	11	2,95	21	0,81	31	0,295	41	0,112		
2	7,01	12	2,64	22	0,71	32	0,274	42	0,102		
3	6,40	13	2,34	23	0,61	33	0,254	43	0,092		

Birmingham-Lehre, B W G.

No.	Durch-messer mm	No.	Durch-messer mm	No.	Durch-messer mm	No.	Durch-messer mm	No.	Durch-messer mm	No.	Durch-messer mm
0/4	11,53	3	6,58	9	3,76	15	1,83	21	0,81	27	0,41
0/3	10,80	4	6,05	10	3,40	16	1,65	22	0,71	28	0,36
0/2	9,65	5	5,59	11	3,05	17	1,47	23	0,64	29	0,33
0	8,64	6	5,16	12	2,77	18	1,24	24	0,56	30	0,30
1	7,62	7	4,57	13	2,41	19	1,07	25	0,51	31	0,26
2	7,21	8	4,19	14	2,11	20	0,89	26	0,46		

(6) Tabelle der Werte von $\dfrac{a}{100-a}$ für die Wheatstone'sche Brücke.

	D	0	1	2	3	4	D	5	6	7	8	9	D
10	0,013	0,111	0,124	0,136	0,149	0,163	0,014	0,176	0,190	0,205	0,220	0,235	0,015
20	0,016	0,250	0,266	0,282	0,299	0,316	0,017	0,333	0,351	0,370	0,389	0,408	0,019
30	0,021	0,429	0,449	0,471	0,493	0,515	0,024	0,538	0,562	0,587	0,613	0,639	0,026
40	0,028	0,667	0,695	0,724	0,754	0,786	0,032	0,818	0,852	0,887	0,923	0,961	0,037
50	0,042	1,000	1,041	0,083	1,128	1,174	0,048	1,222	1,273	1,326	1,381	1,439	0,057
60	0,06	1,50	1,56	1,63	1,70	1,78	0,08	1,86	1,94	2,03	2,13	2,23	0,10
70	0,12	2,33	2,45	2,57	2,70	2,85	0,16	3,00	3,17	3,35	3,55	3,76	0,21
80	0,26	4,00	4,26	4,56	4,88	5,25	0,4	5,67	6,14	6,69	7,33	8,09	0,7

(7) Tabelle der Werte von e^{-x}.

x	0	1	2	3	4	5	6	7	8	9
0,00 .	0,9....	9900	9800	9700	9601	9501	9402	9302	9203	9104
0,01 .	9005	8906	8807	8709	8610	8511	8413	8314	8216	8118
0,02 .	8020	7922	7824	7726	7629	7531	7434	7336	7239	7142
0,03 .	7045	6948	6851	6754	6657	6561	6464	6368	6271	6175
0,04 .	6079	5983	5887	5791	5695	5600	5504	5409	5313	5218
0,05 .	5123	5028	4933	4838	4743	4649	4554	4460	4365	4271
0,06 .	4176	4082	3988	3894	3801	3707	3613	3520	3426	3333
0,07 .	3239	3146	3053	2960	2867	2774	2682	2589	2496	2404
0,08 .	2312	2219	2127	2035	1943	1851	1759	1668	1576	1485
0,09 .	1393	1302	1211	1119	1028	0937	0846	0756	0665	0574
0,10 .	0484	0393	0303	0213	0123	0033	9943	9853	9763	9673
0,11 .	0,89583	9494	9404	9315	9226	9137	9048	8959	8870	8781
0,12 .	8692	8603	8515	8426	8338	8250	8161	8073	7985	7897
0,13 .	7810	7722	7634	7547	7459	7372	7284	7197	7110	7023
0,14 .	6936	6849	6762	6675	6589	6502	6416	6329	6243	6157
0,15 .	6071	5985	5899	5813	5727	5642	5556	5470	5385	5300
0,16 .	5214	5129	5044	4959	4874	4789	4705	4620	4535	4451
0,17 .	4366	4282	4198	4114	4030	3946	3862	3778	3694	3611
0,18 .	3527	3444	3360	3277	3194	3110	3027	2944	2861	2779
0,19 .	2696	2613	2531	2448	2366	2283	2201	2119	2037	1955
0,2 .	1873	1058	0252	9453	8663	7880	7105	6338	5578	4826
0,3 .	0,74082	3345	2615	1892	1177	0469	9768	9073	8386	7706
0,4 .	0,67032	6365	5705	5051	4404	3763	3128	2500	1878	1263
0,5 .	0653	0050	9452	8860	8275	7695	7121	6553	5990	5433
0,6 .	0,54881	4335	3794	3259	2729	2205	1685	1171	0662	0158
0,7 .	0,49659	9164	8675	8191	7711	7237	6767	6301	5841	5384
0,8 .	4933	4486	4043	3605	3171	2741	2316	1895	1478	1066
0,9 .	0657	0252	9852	9455	9063	8674	8289	7908	7531	7158
1,0 .	0,36788	6422	6059	5701	5345	4994	4646	4301	3960	3622
1,1 .	3287	2956	2628	2303	1982	1664	1349	1037	0728	0422
1,2 .	0119	9820	9523	9229	8938	8650	8365	8083	7804	7527
1,3 .	0,27253	6982	6714	6448	6185	5924	5666	5411	5158	4908
1,4 .	4660	4414	4171	3931	3693	3457	3224	2993	2764	2537
1,5 .	2313	2091	1871	1654	1438	1225	1014	0805	0598	0393
1,6 .	0190	9989	9790	9593	9398	9205	9014	8825	8637	8452
1,7 .	0,18268	8087	7907	7728	7552	7377	7204	7033	6864	6696
1,8 .	6530	6365	6203	6041	5882	5724	5567	5412	5259	5107
1,9 .	4957	4808	4661	4515	4370	4227	4086	3946	3807	3670
2, .	3534	2246	1080	0026	9072	8209	7427	6721	6081	5502
3, .	0,04979	4505	4076	3688	3337	3020	2732	2472	2237	2024
4, .	1832	1657	1500	1357	1228	1111	1005	0910	0823	0745
5, .	0674	0610	0552	0499	0452	0409	0370	0335	0303	0274
6, .	0248	0224	0203	0184	0166	0150	0136	0123	0111	0101
7, .	0091	0083	0075	0068	0061	0055	0050	0045	0041	0037
8, .	0034	0030	0027	0025	0022	0020	0018	0017	0015	0014

(8) Tabelle für ein Photometer von 300 cm Länge.

Links auf Null der Photometerbank die bekannte Lichtquelle J_l, rechts auf 300 die zu messende Lichtquelle J_r. Zu den Einstellungen des Photometerschirmes gibt die Tabelle das Verhältnis der Lichtquellen $J_r : J_l$.

	0	1	2	3	4	5	6	7	8	9
50	25,0	23,8	22,7	21,7	20,8	19,8	19,0	18,2	17,4	16,7
60	16,0	15,4	14,7	14,2	13,6	13,1	12,6	12,1	11,6	11,2
70	10,8	10,4	10,0	9,7	9,3	9,00	8,69	8,39	8,10	7,83
80	7,56	7,31	7,07	6,84	6,61	6,40	6,19	5,99	5,80	5,62
90	5,44	5,27	5,11	4,95	4,80	4,66	4,52	4,38	4,25	4,12
100	4,00	3,88	3,77	3,66	3,55	3,45	3,35	3,25	3,16	3,07
110	2,98	2,90	2,82	2,74	2,66	2,59	2,52	2,45	2,38	2,31
120	2,25	2,19	2,13	2,07	2,01	1,96	1,91	1,85	1,80	1,76
130	1,71	1,66	1,62	1,58	1,53	1,49	1,45	1,42	1,38	1,34
140	1,306	1,271	1,238	1,205	1,173	1,142	1,113	1,083	1,055	1,02
150	1,000	0,974	0,948	0,923	0,899	0,875	0,852	0,830	0,808	0,78
160	0,765	0,745	0,726	0,706	0,688	0,669	0,652	0,634	0,617	0,60
170	0,585	0,569	0,554	0,539	0,524	0,510	0,496	0,483	0,470	0,45
180	0,444	0,432	0,420	0,409	0,397	0,386	0,376	0,365	0,355	0,34
190	0,335	0,326	0,316	0,307	0,289	0,290	0,282	0,273	0,265	0,25
200	0,250	0,243	0,235	0,228	0,221	0,215	0,208	0,202	0,196	0,19
210	0,184	0,178	0,172	0,167	0,161	0,156	0,151	0,146	0,141	0,13
220	0,132	0,128	0,123	0,119	0,115	0,111	0,107	0,104	0,100	0,09
230	0,093	0,089	0,086	0,083	0,080	0,076	0,074	0,071	0,068	0,06
240	0,063	0,060	0,057	0,055	0,053	0,050	0,048	0,046	0,044	0,04

(9) Tabelle der Dichte verschiedener Körper.

Metalle und Legierungen.

Aluminium	2,6—2,7	Kupfer, elektrolyt. . .	8,88—8,95
Antimon	6,7	Magnesium	1,7
Blei	11,2—11,4	Mangan	8,0
Bronze	8,8	Messing	8,3—8,7
Eisen, reines	7,86	Neusilber, Argentan,	
Schmiede-. . .	7,82	Blanca, Nickelin	
Stahl	7,60—7,80	u. s. f.	8,4—8,7
Weiß. Guß . .	7,6—7,7	Nickel, gegossen . . .	8,9
Grauer Guß .	7,0—7,1	Platin	21,5
Gold	19,3	Quecksilber 0°	13,6
Kadmium	8,6	Silber	10,5
Kobalt	8,6	Wismut	9,8
Kupfer, gegossenes .	8,83—8,92	Zink, gegossen . . .	7,1
Draht	8,94	gewalzt	7,2
gehämmert .	8,94	Zinn	7,3

Verschiedene Materialien.

Asbest	2,1—2,8	Steinkohle	1,3
Asphalt	1,1—1,2	Anthracit	1,5
Bleioxyd, — glätte	9,2—9,5	Gaskohle	1,9
Bleisuperoxyd	8,9	Koks	0,5
Braunstein	3,7—4,6	Holzkohle, ca.	1,5
Chlornatrium, Koch-		Kupfervitriol	2,3
salz	2,15	Marmor	2,65—2,8
Eis von 0°	0,917	Mennige	9,1
Elfenbein	1,8	Paraffin	0,9
Glas, gewöhnlich und		Pech	1,1
Spiegel	2,5—2,7	Porzellan	2,2—2,5
Flintglas	3,1—3,9	Sandstein	2,2—2,5
Glimmer	2,7—2.9	Schiefer	2,6
Guttapercha	0,97	Serpentin	2,4—2,7
Gips, gegossen	0,97	Speckstein	2,6
Hartgummi	1,15	Stearin	1,0
Kautschuk, nicht vul-		Talg	0,97
kanisiert	0,92—0,99	Teer	1,0
Kohlenstoff:		Wachs	0,96
Graphit	2,2—2,3	Wallrath	0,9
„ natürl.	1,8—2,2	Zement, Portland	2,7—3,0
Braunkohle	1,2—1,4	Ziegel	1,4—2,0

Hölzer.

Pockholz	1,3	Eichen	0,8
Ebenholz	1,25	Die meisten übrigen	
Buchsbaum	1,0	Laubhölzer	0,65—0,75
Teak	0,9	Die meisten Nadel-	
Mahagoni	0,85	hölzer	0,40—0,60

Flüssigkeiten.

Äther	0,73	Glyzerin	1,26
Alkohol	0,79	Öle, Fette	0,91—0,94
Amylacetat	0,89	Petroleum	0,8—0,9
Benzin	0,7	Spiritus	0,84

Wässerige Lösungen von Säuren, Alkalien und Salzen.

Dichte bei 15° C.	Schwefel-säure H^2SO^4	Salpeter-säure HNO^3	Salz-säure HCl	Kali-lauge KHO	Natron-lauge $NaHO$	Chlor-natrium $NaCl$	Kupfer-vitriol $CuSO^4 + 5H^2O$	Zink-vitriol $ZnSO^4 + 7H^2O$
	100 Gewichtsteile der Lösung enthalten Gewichtsteile:							
1,05	7,5	8,2	10	6,1	4,3	6,9	7,8	8,5
1,10	14	17	20	12	8,7	14	15	17
1,15	21	25	30	17	13	20	28	24
1,20	27	32	40	22	18	26		31
1,25	33	40		27	22			37
1,30	39	47		31	27			44
1,4	50	65		39	37			55
1,5	60	91		47	46			
1,6	69			55	56			

Umwandlung von Aräometergraden in spez. Gewicht.

Aräometer nach	für Flüssigkeiten	
	schwerer als Wasser	leichter als Wasser
Baumé 10° R. od. 12,5° C.	$\dfrac{145,88}{145,88 - n}$	$\dfrac{145,88}{145,88 + n}$
„ 14° R. od. 17,5° C.	$\dfrac{146,78}{146,78 - n}$	$\dfrac{146,78}{146,78 + n}$
Brix 12,5° R. od. 15,6° C.	$\dfrac{400}{400 - n}$	$\dfrac{400}{400 + n}$
Beck 10° R. od. 12,5° C.	$\dfrac{170}{170 - n}$	$\dfrac{170}{170 + n}$

n sind die Aräometergrade, die angegebenen Brüche geben das spezifische Gewicht.

(10) Näherungsformeln für das Rechnen mit kleinen Größen.

d und δ bedeuten gegen 1 bezw. φ sehr kleine Größen; δ und φ im Bogenmaß.

$$(1 \pm d)^m = 1 \pm md, \text{ für jedes reelle } m.$$

$$\frac{1 \pm d_1}{1 \pm d_2} = 1 \pm d_1 \mp d_2 \qquad (1 \pm d_1)(1 \pm d_2) = 1 \pm d_1 \pm d_2$$

$$\sin \delta = \delta - \frac{1}{6}\delta^3 \qquad\qquad \sin(\varphi + \delta) = \sin\varphi + \delta\cos\varphi$$

$$\cos \delta = \delta - \frac{1}{2}\delta^2 \qquad\qquad \cos(\varphi + \delta) = \cos\varphi - \delta\sin\varphi$$

$$\text{tg } \delta = \delta + \frac{1}{3}\delta^3 \qquad\qquad \text{tg}(\varphi + \delta) = \text{tg }\varphi + \frac{\delta}{\cos\varphi^2}$$

$$a^d = 1 + d \log \text{nat } a \qquad \log \text{nat}(1 \pm d) = \pm d - \frac{1}{2}d^2.$$

(11) Bezeichnungen.

Die nachfolgende Tafel ist im Anschluß an die Vereinbarungen des Elektrotechniker-Kongresses zu Chicago, 1893, aufgestellt worden; doch wurde auch tunlichst auf die in der Maschinentechnik eingebürgerten Bezeichnungen Rücksicht genommen. Die Lichtgrößen sind nach den Beschlüssen des Elektrotechnischen Vereins, des Vereins der Gas- und Wasserfachmänner und des Verbandes Deutscher Elektrotechniker vom Jahre 1897 aufgenommen.

In Fällen, wo mehrere Größen derselben Art gleichzeitig in den Formeln auftreten, werden neben den in der Tafel angegebenen Zeichen die zugehörigen großen bez. kleinen Buchstaben desselben Alphabets und die gleichlautenden Buchstaben anderer Alphabete verwandt. In besonderen Fällen werden auch Zeichen verwendet, welche die Tafel nicht aufführt.

Zeichen	Physikalische Größe oder Eigenschaft	Beziehungs-gleichungen	Dimension	Technische Einheit		
				Zeichen	Name oder Bezeichnung	Wert in (c. g. s)
			1. Grundmaße.			
l	Länge		L	cm m	Zentimeter Meter	1 10^2
m	Masse		M	g	Gramm	1
t	Zeit		T	sek h	Sekunde Stunde	1 3600
	2. Zahlen, geometrische und mechanische Größen.					
N	Windungszahl		0			
S	Fläche, Oberfläche		L^2	m² cm²	Quadratmeter Quadratzentimeter	10^4 1
q	Querschnitt		L^2	mm²	Quadratmillimeter	10^{-2}
V	Raum, Volumen		L^3	m³ cm³ mm³	Kub.-(Raum-)meter Kubikzentimeter Kubikmillimeter	10^6 1 10^{-3}
α, β..	Winkel, Bogen	arc $57{,}3^0 = 1$	0			
v	Geschwindigkeit		LT^{-1}			
ω	Winkelgeschwindigkeit		T^{-1}			
n	Umlaufzahl		T^{-1}		Umdreh. in 1 Min.	$^1/_{60}$
ν ω	Frequenz, Puls		T^{-1}		Perioden in 1 Sek. Perioden in 2π Sek.	1 $\dfrac{1}{2\pi}$
a	Beschleunigung		LT^{-2}			
P	Kraft	$P = M \cdot a$	LMT^{-2}	kg* g*	Kilogramm-Kraft Gramm-Kraft	$981 \cdot 10^3$ 981
A	Arbeit	$A = P \cdot L$	L^2MT^{-2}	kgm PS	Kilogrammeter engl. Fußpfund Pferdstunde	$98{,}1 \cdot 10^6$ $13{,}4 \cdot 10^6$ $26{,}5 \cdot 10^{12}$
L	Leistung, Effekt	$L = \dfrac{A}{T}$	L^2MT^{-3}	P HP	Pferd Horsepower, engl.	$736 \cdot 10^7$ $746 \cdot 10^7$
η	Wirkungsgrad		0			
p	Druck, Spannung	$p = \dfrac{P}{q}$	$L^{-1}MT^{-2}$	kg*/mm² Atm	Kilogramm auf das Quadratmillimeter Atmosphäre	$98{,}1 \cdot 10^6$ $1{,}013 \cdot 10^6$
Θ	Trägheitsmoment		L^2M			
D	Dreh- u. stat. Moment		L^2MT^{-2}			
M	Biegungsmoment		L^2MT^{-2}			
δ	Dichte	$\delta = m/V$	$L^{-3}M$			
δ	spez. Gewicht		0			
α	Dehnungskoeffizient	$\alpha = 1/\varepsilon$	$LM^{-1}T^2$			

Zeichen	Physikalische Größe oder Eigenschaft	Beziehungsgleichungen	Dimension	Technische Einheit		
				Zeichen	Name oder Bezeichnung	Wert in (c. g. c)
			**3. Wärme.**			
T	Temperatur					
d	Temperaturunterschied					
W	Wärmemenge			kg-Kal	große (Kilogr.-) Kalorie	$41{,}9 \cdot 10^9$
				g-kal	kleine (Gramm-) Kalorie	$41{,}9 \cdot 10^6$
					1 kg-Kal $= 427$ kgm	
σ	spezifische Wärme	$\sigma = W/Md$				

θ Wärmeausdehnungskoeffizient. τ inneres, λ äußeres Wärmeleitvermögen.

4. Licht.

Zeichen	Physikalische Größe oder Eigenschaft	Beziehungsgleichungen	Dimension	Zeichen	Name oder Bezeichnung	Wert
J	Lichtstärke			H K	Kerze, Hefnerkerze	
Φ	Lichtstrom	$\Phi = J\omega = JS/r^2$		L m	Lumen	
E	Beleuchtung	$E = J/r^2 = \Phi/S$		L x	Lux (Meterkerze)	
e	Flächenhelle	$e = J/s$			Kerze auf 1 cm²	
Q	Lichtabgabe	$Q = \Phi \cdot T$			Lumenstunde	

ω räumlicher Winkel; S in cm², s in cm², $\perp$ zu Strahlenrichtung; r in m; T in Stunden.

5. Magnetismus.

Zeichen	Physikalische Größe oder Eigenschaft	Beziehungsgleichungen	Dimension	Zeichen	Name oder Bezeichnung	Wert
$\mathfrak{m}$	magnet. Menge	$P = \mathfrak{m}_1 \cdot \mathfrak{m}_2 / l^2$	$L^{3/2} M^{1/2} T^{-1}$			
$\mathfrak{l}$	Polabstand		L			
$\mathfrak{M}$	magnet. Moment	$\mathfrak{M} = \mathfrak{m} \cdot \mathfrak{l}$	$L^{5/2} M^{1/2} T^{-1}$			
$\mathfrak{J}$	Magnetisierungsstärke	$\mathfrak{J} = \mathfrak{M}/V$	$L^{-1/2} M^{1/2} T^{-1}$			
$\mathfrak{H}$	magnetische Feldstärke	$\mathfrak{H} = 4\pi NI/l$	$L^{-1/2} M^{1/2} T^{-1}$			
$\mathfrak{h}$	horizont. Erdmagnetismus					
$\mathfrak{B}$	magnet. Dichte oder Induktion	$\mathfrak{B} = \mathfrak{H} + 4\pi\mathfrak{J}$ $\mathfrak{B} = \mu\mathfrak{H}$	$L^{-1/2} M^{1/2} T^{-1}$			
$\mathfrak{F}$	magnetomotorische Kraft	$\mathfrak{F} = l \cdot \mathfrak{H}$ $\mathfrak{F} = 4\pi NI$	$L^{1/2} M^{1/2} T^{-1}$	AW	Ampere-Windung	$\dfrac{4\pi}{10}$
Φ	Kraftlinienmenge	$\Phi = \mathfrak{F}/\mathfrak{R}$ $\Phi = q \cdot \mathfrak{B}$	$L^{3/2} M^{1/2} T^{-1}$			
$\mathfrak{R}$	magnetischer Widerstand	$\mathfrak{R} = \dfrac{1}{\mu} \cdot \dfrac{l}{q}$	L^{-1}			
p	Zahl der Polpaare					
ν	Streuungs-Koeffizient					
μ	magnet. Durchlässigkeit	$\mu = 1 + 4\pi\varkappa$ $= \mathfrak{B}/\mathfrak{H}$	0			
$\varkappa$	magnet. Aufnahmevermögen	$\varkappa = \dfrac{\mu - 1}{4\pi} = \dfrac{\mathfrak{J}}{\mathfrak{H}}$	0			
η	Koeff. d. magnet. Hysteresis					

6. Elektrizität.

Zeichen	Physikalische Größe oder Eigenschaft	Beziehungsgleichungen	Dimension	Technische Einheit			
				Zeichen	Name oder Bezeichnung	Wert in (c. g. s)	
E	Elektromotorische Kraft		$L^{3/2}M^{1/2}T^{-2}$	V	Volt	10^8	Clark'sches Normalelem. 1,4330—0,0012 $(t-15)$ V Westonsches Normalelement 1,0190 V Form d. Reichsanstalt 1,0186—0,00004 (t—20)V
P	Potentialdiff., Spannung	$P = I \cdot R$					
V	Potential	$P = V_1 - V_2$					
I	Stromstärke	$I = \dfrac{E}{R}$	$L^{1/2}M^{1/2}T^{-1}$	A	Ampere	10^{-1}	1 A in 1 Sek = 1 C: 0,0933 mg H_2O 0,328 mg Cu 0,118 mg Ag 0,337 mg Zn
Q	Elektrizitätsmenge	$Q = I \cdot T$	$L^{1/2}M^{1/2}$	C / AS	Coulomb / Ampere-Stunde	10^{-1} / 360	
A	elektrische Arbeit	$A = Q \cdot E$	L^2MT^{-2}	VC / J / WS / KWS	Voltcoulomb / Joule / Wattstde / Kilowattstunde	10^7 / 10^7 / $36 \cdot 10^9$ / $36 \cdot 10^{12}$	1 J = 1 VC = 0,102 kgm = 0,240 g-cal
L	elektrische Leistung	$L = E \cdot I = A/T$	L^2MT^{-3}	W / KW	Watt / Kilowatt	10^7 / 10^{10}	1 W = $\dfrac{1}{736}$ P
R	Widerstand	$R = \dfrac{E}{I}$ $R = \varrho \cdot \dfrac{l}{q}$	LT^{-1}	Ohm / 10^6 Ohm / BAU	Ohm / Megohm / British Association Unit	10^9 / 10^{15}	Werte in m/mm² Hg von 0⁰ 1 Siemens-Einheit (SE)=1 1 legales Ohm =1,06 1 internation. Ohm =1,063 1 B A U =1,049 1 B A U = 0,9866 int. Ohm
C	Kapazität	$C = \dfrac{Q}{E}$	$L^{-1}T^2$	F / 10^{-6} F	Farad / Mikrofarad	10^{-9} / 10^{-15}	
L	Selbstinduktionskoeff.	$L = \dfrac{\Phi}{I}$	L	H	Henry	10^9	
M	Koeffizient d. gegenseitig. Induktion		L				
ϱ	spezif. Widerstand	$\varrho = \dfrac{1}{\gamma}$	L^2T^{-1}				
γ	spezif. Leitungsvermögen	$\gamma = \dfrac{1}{\varrho}$	$L^{-2}T$				
θ	Dielektrizitätskonstante		0				
α	elektrochem. Äquivalent		$L^{-1/2}M^{1/2}$				

Elektrostatisches oder mechanisches Maß.

Potential   1 = 300 V

Widerstand 1 = 9 · 10¹¹ Ohm

Strom 1   = $\dfrac{1}{3} \cdot 10^{-9}$ A

Menge 1   = $\dfrac{1}{3} \cdot 10^{-9}$ C

Kapazität 1 = $\dfrac{1}{9} \cdot 10^{-11}$ F

II. Abschnitt.

Physik.

Mechanik.

Statik und Dynamik starrer Körper.

(12) Zusammensetzung von Kräften in der Ebene. Für 2 Kräfte gilt das Parallelogramm (Dreieck) der Kräfte. (Punktiert in Fig. 4)

$$R_{12} = \sqrt{P_1^2 + P_2^2 + 2\,P_1 P_2 \cos \alpha;}$$

$$P_1 : P_2 : R_{12} = \sin \alpha_2 : \sin \alpha_1 : \sin \alpha.$$

Bei 3 und mehr Kräften (Fig. 3) schließt die Mittelkraft R_{123}.. den aus den Kräften gebildeten Kräftezug (Fig. 4). (Geschlossenes Kräftepolygon.)

Fig. 3.   Fig. 4.

Greifen die Kräfte nicht in einem Punkt an (Fig. 5), so ergibt sich der Angriffspunkt der Mittelkraft, wenn man im Kräftezug beliebig einen Pol p wählt, die Polstrahlen $(R,1)$, $(1,2)$, $(2,3)$... zieht und parallel zu diesen, entsprechend zwischen R_{123}.. und P_1, P_1 und P_2, P_2 und P_3.... den Seilzug einträgt, als Schnittpunkt zwischen den Seilstrahlen (R,I) und (R,IV). Für parallele Kräfte wird ebenso verfahren. Es sei zB. die Belastung eines in a und b (Fig. 7) gelagerten Balkens der schraffierten Fläche proportional und werde durch die parallelen Kräfte P_1, P_2, P_3.. ausgedrückt: Es sind R_{123}.. Mittelkraft, A und B die Auflagedrucke, $H \cdot y$ das statische Moment der Kräfte links oder rechts von einem beliebigen Punkt c inbezug auf c, wenn H der (beliebig gewählte) Polabstand und y die Höhe der Momentenfläche unter dem Punkt c ist. Die Aktionslinie von R_{123} ist ein geometrischer Ort für den Schwerpunkt der Belastung. Durch Richtungsänderung der Kräfte (zB. in die punktierte Lage) findet man in gleicher Weise einen zweiten geometrischen Ort und bestimmt so den Schwerpunkt (vergl. Müller-Breslau, Graphische Statik der Baukonstruktionen).

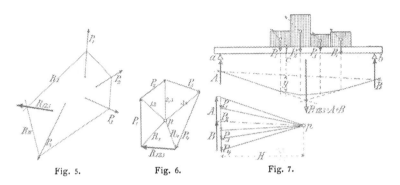

Fig. 5. Fig. 6. Fig. 7.

(13) Trägheitsmomente. Trägheitsmoment eines Körpers, bezogen auf eine Achse: $\Theta = \int r^2\, dm$, wenn dm die Massenteilchen des Körpers und r deren Entfernung von der Achse sind.

Äquatoriales Trägheitsmoment einer ebenen Fläche, bezogen auf eine in der Ebene liegende Achse: $\Theta_x = \int y^2\, dS$, wenn dS die Flächenteilchen und y deren Entfernung von der Achse sind.

Polares Trägheitsmoment einer ebenen Fläche, bezogen auf einen in der Ebene der Fläche gelegenen Punkt (Pol): $\Theta_P = \int r^2\, dS$, wenn r den Abstand der Flächenteilchen dS vom Pol bedeutet. Es ist gleich der Summe zweier äquatorialen Trägheitsmomente, bezogen auf zwei beliebige im Pol sich rechtwinklig schneidende Achsen: $\Theta_P = \Theta_x + \Theta_y$.

Trägheitsmomente für parallele Achsen: Sind Θ_s das Trägheitsmoment einer Masse m oder einer Fläche S, bezogen auf eine durch den Schwerpunkt gehende Achse, Θ bezw. Θ_x Trägheitsmomente, bezogen auf eine Achse, die im Abstande a parallel zu jener liegt, so ist $\Theta = \Theta_s + m a^2$; $\Theta_x = \Theta_s + S a^2$.

Widerstandsmoment ist der Quotient aus einem auf eine Schwerpunktsachse bezogenen Trägheitsmoment und der Entfernung e des am weitesten von der Achse gelegenen Flächenteils von der Achse: $W = \Theta : e$.

Über zeichnerische Bestimmung von Trägheitsmomenten zu vergl. Müller-Breslau, Graphische Statik der Baukonstruktionen.

Hilfsbuch f. d. Elektrotechnik. 7. Aufl. 2

Äquatoriale Trägheitsmomente Θ_x und Widerstandsmomente W_x.
Polare Trägheitsmomente Θ_p und Widerstandsmomente W_p.

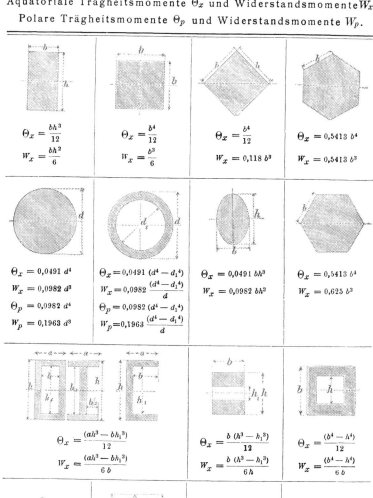

$\Theta_x = \dfrac{bh^3}{12}$	$\Theta_x = \dfrac{b^4}{12}$	$\Theta_x = \dfrac{b^4}{12}$	$\Theta_x = 0{,}5413\ b^4$
$W_x = \dfrac{bh^2}{6}$	$W_x = \dfrac{b^3}{6}$	$W_x = 0{,}118\ b^3$	$W_x = 0{,}5413\ b^3$
$\Theta_x = 0{,}0491\ d^4$	$\Theta_x = 0{,}0491\ (d^4 - d_1{}^4)$	$\Theta_x = 0{,}0491\ bh^3$	$\Theta_x = 0{,}5413\ b^4$
$W_x = 0{,}0982\ d^3$	$W_x = 0{,}0982\ \dfrac{(d^4 - d_1{}^4)}{d}$	$W_x = 0{,}0982\ bh^2$	$W_x = 0{,}625\ b^3$
$\Theta_p = 0{,}0982\ d^4$	$\Theta_p = 0{,}0982\ (d^4 - d_1{}^4)$		
$W_p = 0{,}1963\ d^3$	$W_p = 0{,}1963\ \dfrac{(d^4 - d_1{}^4)}{d}$		
$\Theta_x = \dfrac{(ah^3 - bh_1{}^3)}{12}$		$\Theta_x = \dfrac{b\,(h^3 - h_1{}^3)}{12}$	$\Theta_x = \dfrac{(b^4 - h^4)}{12}$
$W_x = \dfrac{(ah^3 - bh_1{}^3)}{6\,b}$		$W_x = \dfrac{b\,(h^3 - h_1{}^3)}{6\,h}$	$W_x = \dfrac{(b^4 - h^4)}{6\,b}$
$\Theta_x = \dfrac{b^4 - h^4}{12}$	$\Theta_x = \dfrac{bh^3}{36}$	$\Theta_x = 0{,}1098\ r^4$	$\Theta_x = \dfrac{sh^3 + bs_1{}^3}{12}$
$W_x = 0{,}1179\ \dfrac{b^4 - h^4}{b}$	$W_x = \dfrac{bh^2}{24}$	$W_x = 0{,}1908\ r^3$	$W_x = \dfrac{sh^3 + bs_1{}^3}{6\,h}$
		und $0{,}2587\ r^3$	
		$l_1 = 0{,}4244\ r$	

Fig. 8 bis 22.

Trägheitsmomente homogener Körper,
bezogen auf eine durch den Schwerpunkt gehende Achse.

Gestalt des Körpers	Schwerpunktachse	Θ
Parallelepiped, Kanten a, b, c	$\parallel a$	$^1/_{12}\, m\, (b^2 + c^2)$
Zylinder, Halbmesser r, Länge l	in d. Zylinderachse	$^1/_2\, mr^2$
	$\perp$ z. Zylinderachse	$m\,(^1/_{12}\, l^2 + ^1/_4\, r^2)$
Hohlzylinder Ring: äuß. Halbm. R, inn. r, Länge l	in d. Ringachse	$^1/_2\, m\, (R^2 + r^2)$
	$\perp$ z. Ringachse	$m\left(^1/_{12}\, l^2 + ^1/_4\,\{R^2 + r^2\}\right)$
dünnwandige Röhre $R + r = 2\,r'$	in d. Rohrachse	mr'^2
dünner Stab oder Röhre	$\perp$ z. Stabachse	$^1/_{12}\, ml^2$

(14) Wichtige mechanische Größen. Ist gegeben P in kg*,
l und r in m, t in Sekunden, D, W und E in kgm, L in kgm/Sek.,
v in m/Sek., m in kg, Θ in kg·m^2 und n als Umdrehungszahl/Min.,
so gilt:

Arbeit einer Kraft P, die auf einer Strecke l wirkt und mit dem

Streckenelement dl den Winkel φ bildet, ist $A = \int\limits_0^l P \cos \varphi \; dl$; sie

wird zeichnerisch als Fläche dargestellt, Fig. 23.
Fällt die Kraftrichtung mit l zusammen, so gilt
$A = P \cdot l$ (Arbeit = Kraft × Weg).

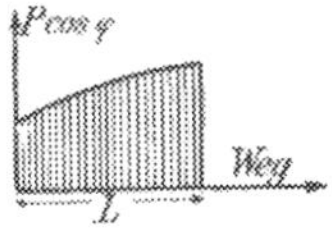

Leistung (Effekt) ist die Arbeit in der Zeiteinheit: $L = \dfrac{A}{t} = \dfrac{Pl}{t} = Pv$; die Leistung eines

Drehmoments $D = Pr = 716\, L/n$ ist

Fig. 23.

$L = \dfrac{2\,\pi\, n\, Pr}{60}$ kgm/Sek. $= \dfrac{2\,\pi\, n\, Pr}{4500}$ Pferd, r der Abstand der Kraftrichtung von der Achse.

Kinetische Energie (lebendige Kraft) einer Masse m mit der

Geschwindigkeit v ist: $E = \dfrac{m\, v^2}{2}$; für eine sich um eine Achse

drehende Masse ist $E = \dfrac{1}{2}\, \Theta \left(\dfrac{2\,\pi\, n}{60}\right)^2 = 0{,}000548\; \Theta\, n^2$, wenn Θ das
Trägheitsmoment der Masse im Bezug auf die Drehachse ist.

Fliehkraft (Zentrifugalkraft) P_f einer mit ihrem Schwerpunkt auf einem Kreise vom Radius r mit einer Geschwindigkeit v geführten Masse m ist $P_f = m \cdot \dfrac{v^2}{r} = 0,0108\ m\ r\,n^2$.

Schwingungsdauer. $t = \pi \cdot \sqrt{\dfrac{\Theta}{P}}$ Sekunden,

worin Θ das Trägheitsmoment des schwingenden Körpers bezüglich der Schwingungsachse in $c \cdot g \cdot s$, P die Richtkraft in $c \cdot g \cdot s$.

Für größere Bogen ist die Schwingungsdauer um etwas größer; zur Umrechnung auf kleine Bogen dient die Formel

$$t_0 = t\,(1 - 0,0000048\ \alpha^2).$$

Für das Pendel ist $t = \pi \sqrt{\dfrac{l}{981}}$ Sekunden, l in cm.

Reibungswiderstände.

(15) **Reibung** ist die Kraft, die zwei gegeneinander gepreßte Körper an der gegenseitigen Bewegung zu hindern sucht; sie hängt von dem Normaldruck, von der Oberflächenbeschaffenheit der Körper und von dem Material, aus dem sie bestehen, ab; ferner bei gegenseitiger Bewegung der Körper von dem auf die Flächeneinheit ausgeübten Druck, von der Geschwindigkeit und von der Temperatur. Je nach der Art der Bewegung unterscheidet man ruhende, gleitende und rollende Reibung. Das Verhältnis der Reibung zu dem Normaldruck heißt der Reibungskoeffizient.

Ein auf einer schiefen Ebene ruhender Körper beginnt bei einem Neigungswinkel (Gleitwinkel) der Ebene zu gleiten, dessen Tangente gleich dem Reibungskoeffizienten ist.

Reibungskoeffizienten für niedrige Flächendrucke
(bis 1,5 kg/cm²).

Material	Reibung der Ruhe μ_0 Oberfläche trocken	Reibung der Ruhe μ_0 Oberfläche geschmiert	Reibung der Beweg. μ Oberfläche trocken	Reibung der Beweg. μ Oberfläche geschmiert	Zapfenreibung μ (bis 10 kg/cm²)	Bei höherem Druck auf die Flächeneinheit (etwa von 10 kg/cm² an) wächst der Reibungskoeffizient mit dem Flächendruck und steigt bei Eisen auf Eisen und 30 kg/cm² auf etwa 0,4.
Bronze auf Bronze . . .	—	—	0,2	—	0,10	
„ „ Schweißeisen .	—	—	—	0,16	0,02—0,07	
„ „ Gußeisen . .	—	—	0,21	—	0,075	
Gußeisen auf „	—	0,16	—	0,15	0,075	
Schweißeisen auf Gußeisen	0,19	—	0,18	—	0,02—0,07	
„ „ Schweißeisen . .	—	0,13	0,44	—	—	
Lederriemen auf Holz . .	0,47	—	0,27	—	—	
„ „ Gußeisen	0,28	—	0,56	—	—	
Hanfseil auf Holz . . .	0,45	—	—	—	—	
„ „ Gußeisen . .	0,25	—	—	—	—	

Die niedrigeren Werte unter Zapfenreibung gelten für vollkommen (durch Ölbad) geschmierte Zapfen, die höheren für gewöhnliche Art der Schmierung. Vgl. B a c h : Die Maschinenelemente.

Reibungskoeffizienten für besondere Fälle.

Eiserne Radreifen auf eisernen Schienen	. . .	0,21 bis 0,11	⎫	mit
Stählerne Radreifen auf Stahlschienen	. . . .	0,24 „ 0,03	⎬ zunehmender
Gußeiserne Bremsklötze auf Stahlrädern	. . .	0,33 „ 0,07	⎭ Geschwindigkeit

Stopfbüchsen mit Baumwolle elastisch verpackt 0,06 „ 0,11

Gesamttreibungskoeffizient für Lokomotiven 0,01
„ für Eisenbahnwagen 0,004
„ „ Straßenbahnen . . . . 0,006 bis 0,008
„ „ Straßenfuhrwerke auf Asphalt 0,01
„ „ „ gutem Steinpflaster 0,02
„ „ „ Chaussee . . . . 0,016 bis 0,028
„ „ „ Sand . . . . . . 0,15 „ 0,3
„ „ Schlitten mit Eisenkufen auf Schnee . . 0,02
„ „ Schiffe . . . . 0,0002 bis 0,0005
„ „ Triebwerke 0,05

Für rollende Reibung versteht man unter dem Reibungskoeffizienten den kleinsten Hebelarm in cm, an dem man sich den Normaldruck angreifend denken muß, um die Rolle in Bewegung setzen zu können. Der Reibungskoeffizient ist für Eisen auf Eisen 0,05 cm; für Holz auf Holz 0,05 bis 0,08 cm.

(16) **Reibungsarbeit.** $A = P_n \mu\, l = P_1\, l_1 - P_2\, l_2$ kgm, P_n die anpressende Kraft, P_1 die wirklich aufgewendete Betriebskraft, P_2 der Nutzwiderstand in kg, l_1 und l_2 die Wege in m, auf denen die Kräfte wirken, und μ der Reibungskoeffizient.

$$\text{Wirkungsgrad } \eta = \frac{P_2\, l_2}{P_1\, l_1} = \frac{\text{Nutzwiderstand}}{\text{gesamte aufgewendete Arbeit}}.$$

Selbsthemmend (selbstsperrend) ist ein Getriebe, wenn für eine Bewegung im Sinne der Kraft $\eta \leq 0$ ist, sodaß also infolge der Reibungswiderstände eine solche Bewegung von selbst nicht möglich ist.

Gesamtwirkungsgrad eines Getriebes $\eta = \eta_1\, \eta_2\, \eta_3 \cdots$, wenn $\eta_1, \eta_2, \eta_3 \ldots$ die Wirkungsgrade der Teilgetriebe sind.

(17) **Kraft- und Arbeitsverhältnisse einiger Getriebe.** Das Reibungsmoment von **Tragzapfen** ist in deren neuem Zustande $D_r = \frac{\pi}{2}\, \mu\, P \cdot r$ kgm, im eingelaufenen Zustande $D_r = \mu \cdot P \cdot r$ kgm, P die Belastung in kg*, r der Radius des Zapfens in m. Für die Bewegung der mit P_2 belasteten **Schraube** mit flachgängigem Gewinde ist, wenn die Antriebskraft P_1 am Halbmesser r der Schraubenspindel angreift und h die Ganghöhe der Schraube bezeichnet:

$$P_1 = P_2\, \frac{h + 2\,\pi\, r\, \mu}{2\,\pi\, r \mp \mu\, h}, \text{ und zwar gilt das untere Zeichen für Be-}$$

wegung im Sinne von P_2, das obere für die entgegengesetzte Richtung. Der Wirkungsgrad $\eta = \dfrac{\operatorname{tg}\alpha}{\operatorname{tg}(\alpha + \rho)}$ (α der Steigungswinkel der Schraube und $\operatorname{tg}\rho$ Reibungskoeffizient) wird zu einem Maximum (0,81) für $\alpha = 42^0$.

Der Arbeitsverlust von **Zahnrädern** ist $V = \pi\mu\left(\dfrac{1}{z_1} + \dfrac{1}{z_2}\right) \cdot e \cdot t$, wenn z_1 und z_2 die Zähnezahl der Räder, e die Eingriffsstrecke und t die Teilung ist. Vgl. Zahnräder S. 29. Der Arbeitsverlust der

Schraube ohne Ende (Schnecke) durch Gleiten der Zähne in der
Breitenrichtung ist $V = \left(1 + \dfrac{2 \pi r}{t} \mu\right) : \left(1 - \dfrac{t}{2 \pi r} \mu\right) - 1$, wenn r
der mittlere Halbmesser der Schnecke ist. Hinzu kommt noch der
nach der vorigen Gleichung zu bestimmende Verlust durch Zahn-
reibung, wobei $z_2 = \infty$ zu setzen ist. Die zum Drehen der
Schneckenwelle erforderliche Kraft bestimmt sich nach der für
die Schraube gegebenen Gleichung, wobei noch für Reibung in den
Lagern ein Zuschlag von $\sim 10\%$ zu rechnen ist.

Fig. 24.

Die vermöge der Reibung eines Zugmittels
(Riemen, Seil, Bremsband) an einem Zylinder erzeugte

Umfangskraft ist $P = P_1 - P_2 \geqq \dfrac{e^{\mu_0 \alpha} - 1}{e^{\mu_0 \alpha}} P_1 =$

$\left(e^{\mu_0 \alpha} - 1\right) P_2$, wenn P_1 die größere, P_2 die kleinere
Zugkraft und α den Umfassungswinkel bezeichnet
(Fig. 24). Findet gegenseitige Bewegung zwischen
Zugmittel und Zylinder statt, z. B. bei Bremsbändern,
berechnet sich der Reibungswiderstand nach Einführen des Reibungskoeffizienten der Bewegung (μ) auf Grund der obigen Gleichung.
Der Arbeitsverlust durch Gleiten des Zugmittels ist für die Einheit
der Arbeit $\dfrac{P}{q} \alpha$, wenn P die zu übertragende Kraft, q der Querschnitt
und α der Dehnungskoeffizient (vgl. S. 23) des Zugmittels ist.

Durchschnittswerte für Wirkungsgrade mechanischer
Kraftübertragungen.

Riemen mit 2 Riemenscheiben	0,97—0,98	
Ein Zahnräderpaar	0,93—0,97	
Schnecke mit Mutter oder Schraube . .	0,24	(Steigung 3°)
(einschl. Verlust in Lagern)	0,67	(„ 20°)
	0,72	(„ 42°)
Drahtseil- und Ketten-Trommeln und Rollen	0,95	
Wellenleitung, gut besetzt	0,90	

Festigkeitslehre.

(18) Allgemeines. Definitionen.

Spannung ist die auf die Querschnittseinheit wirkende Kraft:
$$p = \frac{P}{q}.$$

Festigkeit nennt man den Widerstand, den ein Körper dem
Aufheben des Zusammenhangs seiner Teile entgegensetzt.

Festigkeitskoeffizienten in kg* auf 1 mm².

Material	Dehnungskoeffizient α	Schubkoeffizient β	Bruchlast Zug kg*/mm²	Bruchlast Druck kg*/mm²	Traglast Zug kg*/mm²	Traglast Druck kg*/mm²	p_z a	p_z b	p_z c	k a	k b	p_b a	p_b b	p_b c	p_s a	p_s b	p_s c	p_d a	p_d b	p_d c
Schweißeisen	$50\cdot10^{-6}$	$130\cdot10^{-6}$	38	38	16	16	9	6	3	9	6	9	6	3	7,2	4,8	2,4	3,6	2,4	1,2
Flußeisen	$47\cdot10^{-6}$	$121\cdot10^{-6}$	37—44	—	20	20	11	7	3,5	11	7	11	7	3,5	8,4	5,6	2,8	7,2	4,8	2,4
Flußstahl	$45\cdot10^{-6}$	$118\cdot10^{-6}$	55—90	—	30	30	14	9	4,5	14	9	14	9	4,5	11	7,2	3,6	11	7	3,5
Tiegelgußstahl (geh.)	$40\cdot10^{-6}$	$106\cdot10^{-6}$	80	75	65—150	—														
Gußeisen	$100\cdot10^{-6}$	$250\cdot10^{-6}$	13	—	—	—	3	2	1	9	6	4,5	3	1,5	3	2	1	1,5	1	0,5
Rotguß	$111\cdot10^{-6}$	—	20	—	—	—														
Phosphorbronze	—	—	40	—	—	—														
Zink	$105\cdot10^{-6}$	$278\cdot10^{-6}$	5,3	—	2,3	—														
Blei	$200\cdot10^{-5}$	$556\cdot10^{-5}$	1,3	5,1	1	—														
Zinn	$250\cdot10^{-6}$	$668\cdot10^{-6}$	—	—	4,4	—														
Silber	$187\cdot10^{-6}$	—	29	—	11	—														
Gold	$125\cdot10^{-6}$	—	27	—	13	—														
Platin	$63\cdot10^{-6}$	—	34	—	27	—														
Aluminium	$137\cdot10^{-6}$	—	20	—	—	—														
Magnalium	—	—	20	—	—	—														
Stahldraht	$47\cdot10^{-6}$	—	90—200	—	—	—														
Eisendraht*)	$50\cdot10^{-6}$	—	40—70	—	12	—														
Kupferdraht	$83\cdot10^{-6}$	—	42	—	13	—														
Messingdraht	$101\cdot10^{-6}$	—	36	—	—	—														
Bronzedraht*)	—	—	46—71	—	—	—														
Siciliumbronzedraht*)	—	—	65—85	—	—	—														
Bimetalldraht*)	$143\cdot10^{-5}$	—	90	—	—	—														
Bleidraht	$91\cdot10^{-6}$	$385\cdot10^{-5}$	2,2	—	0,5	2,75														
Kupferblech	$156\cdot10^{-6}$	$250\cdot10^{-6}$	22	41	3	—														
Messingblech	—	$715\cdot10^{-6}$	12	7	4,8	—														
Holz in Richtung der Fasern	$910\cdot10^{-6}$	—	6,5	4,8	1,8	—														
Hanffeile	—	—	5	—	—	—														
Drahtseile	—	—	33	—	—	—														
Lederriemen	0,187	—	2,9	—	—	—														
Ziegelmauerwerk	—	—	—	0,4	—	—														
Glas	$143\cdot10^{-6}$	—	—	7,5	—	—														

Anmerkung. Man nehme die zulässigen Spannungen unter:

a für ruhende Belastung,

b für Spannungen wechselnd zwischen 0 und dem Höchstwert,

c für Spannungen wechselnd zwischen einem negativen und einem positiven Höchstwert.

Die Bruchsicherheit sei im allgemeinen für

Holz	Metall	Stein	Mauerwerk	Seile
10	6	12	20	3—5

*) Ausführlichere Angaben s. im Abschnitt Telegraphie und Telephonie.

Festigkeitsgrenze ist die kleinste Spannung, die den Zusammenhang der Teile eines Körpers aufhebt. Die diese Spannung hervorrufende Kraft heißt Bruchlast.

Elastizität nennt man die Fähigkeit eines Körpers, der durch äußere Kräfte eine Formänderung erlitten hat, nach deren Verschwinden seine ursprüngliche Form wieder anzunehmen.

Dehnung d ist das Verhältnis der durch eine Kraft hervorgerufenen Längenänderung Δl eines Stabes zu seiner ursprünglichen Länge l: $d = \dfrac{\Delta l}{l}$.

Dehnungskoeffizient α nennt man den Teil, um den sich ein Stab von dem Querschnitt 1 durch die Kraft 1 ausdehnt. $\dfrac{1}{\alpha}$ nennt man den Elastizitätsmodul.

Elastizitätsgrenze ist die größte Spannung, bei der nach Aufhören der Kraftwirkung die bleibende Dehnung verschwindend klein ist. Die Kraft, die diese Spannung erzeugt, heißt Traglast.

Zwischen der Dehnung d und der Spannung p besteht der Zusammenhang $d = \alpha\, p$. α ist für viele Materialien bis zu einer dem Material charakteristischen Spannung (Proportionalitätsgrenze) unveränderlich.

$$\text{Tragsicherheit} = \frac{\text{Elastizitätsgrenze}}{\text{höchste auftretende Spannung}},$$

$$\text{Bruchsicherheit} = \frac{\text{Festigkeitsgrenze}}{\text{höchste auftretende Spannung}}.$$

In die Rechnung sind einzuführen P in kg*, l in mm, q in mm², M und D in kgmm, p in kg/mm² (S. 23), Θ_x und Θ_p in mm⁴, W_x und W_p in mm³ (S. 18).

Zug- und Druckfestigkeit. Die Last P, die ein auf Zug oder Druck beanspruchter Körper vom Querschnitt q sicher zu tragen vermag, ist $P = q\, p$.

Schubfestigkeit: $P = q\, p_s$. Die Elastizitätsgrenze für Schub ist etwa ⁴/₅ des kleineren Wertes der Elastizitätsgrenze für Zug oder Druck.

Biegefestigkeit. Für jeden Querschnitt eines auf Biegung beanspruchten Körpers ist $M = P \cdot x = W_p\, p_b$, wenn M das Biegemoment, d. h. das Produkt aus der Last P und der Entfernung x ihres Angriffspunktes von dem betrachteten Querschnitt ist. Der Querschnitt, für den $P \cdot x$ ein Maximum wird, heißt der gefährliche Querschnitt. Für ihn muß sein $P \cdot x \lessgtr W_p\, p_b$.

Einige wichtige Fälle von Biegungsbeanspruchung.

Art der Beanspruchung	M_{max}	Trag-kraft P	Durch-bie-gung f	
Fig. 25	Pl	$\dfrac{W_x}{l} p_b$	$\dfrac{P \cdot a}{\Theta_x} \dfrac{l^3}{3}$	
Fig. 26	$\dfrac{Pl}{2}$	$2\dfrac{W_x}{l} p_b$	$\dfrac{P \cdot a}{\Theta_x} \dfrac{l^3}{8}$	
Fig. 27	$\dfrac{Pl}{4}$	$4\dfrac{W_x}{l} p_b$	$\dfrac{P \cdot a}{\Theta_x} \dfrac{l^3}{48}$	
auf beiden Seiten eingespannt	$\dfrac{Pl}{8}$	$8\dfrac{W_x}{l} p_b$	$\dfrac{P \cdot a}{\Theta_x} \dfrac{l^3}{192}$	
Fig. 28	$\dfrac{Pl}{8}$	$8\dfrac{W_x}{l} p_b$	$\dfrac{P \cdot a}{\Theta_x} \dfrac{5 l^3}{384}$	
auf beiden Seiten eingespannt	$\dfrac{Pl}{12}$	$12\dfrac{W_x}{l} p_b$	$\dfrac{P \cdot a}{\Theta_x} \dfrac{l^3}{384}$	

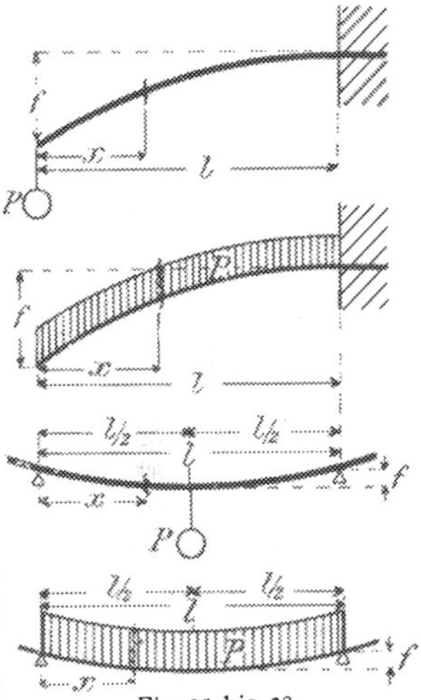

Fig. 25 bis 28.

Knickfestigkeit. Die Kraft P, die einen auf Knickung beanspruchten Körper zum Bruch bringt, ist wenn

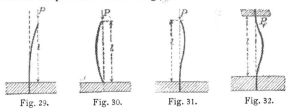

Fig. 29. Fig. 30. Fig. 31. Fig. 32.

1. ein Ende eingespannt, das andere frei ist (Fig. 29) . . . . $\Big\}$ $P = \dfrac{\pi^2}{4} \dfrac{\Theta}{\alpha l^2}$

2. beide Enden frei und in der ursprünglichen Achse geführt sind (Fig. 30) . . $\Big\}$ $P = \pi^2 \dfrac{\Theta}{\alpha l^2}$

3. ein Ende eingespannt, das andere in der ursprünglichen Achse geführt ist (Fig. 31) . . . . $\Big\}$ $P = 2 \pi^2 \dfrac{\Theta}{\alpha l^2}$

4. beide Enden eingespannt sind (Fig. 32) $P = 4 \pi^2 \dfrac{\Theta}{\alpha l^2}$

wobei Θ das kleinste äquatoriale Trägheitsmoment des Stabquerschnittes.

Die Gefahr des Zerknickens tritt ein, wenn l/d größer wird als

Material	Befestigungsart			
	1	2	3	4
Schweißeisen und Stahl	10	20	30	40
Gußeisen	5	10	15	20
Holz	6	12	18	24

Drehfestigkeit. Das Drehmoment $D = Pl \lessgtr W_p p_d$, wenn l der Hebelarm der drehenden Kraft und W_p das polare Widerstandsmoment (S. 18) bezeichnet. Der Verdrehungswinkel zweier um 1 mm voneinander abstehender Querschnitte eines runden Stabes ist $\vartheta = \dfrac{D\beta}{\Theta_p}$, wenn Θ_p das polare Trägheitsmoment (S. 18) und β den Schubkoeffizient (S. 23) bezeichnet.

Zusammengesetzte Festigkeit. Ist ein Körper sowohl auf Biegung wie auf Drehung beansprucht, so ist, wenn M und D sein Biegebezw. Drehmoment bedeuten, das sog. ideelle Biegungsmoment $M_i = \frac{3}{8} M + \frac{5}{8} \sqrt{M^2 + D^2}$.

(19) Federn. Sind die Längen in mm, die zu einer Durchbiegung f geleistete Arbeit $A = \dfrac{Pf}{2}$ in kgmm gegeben, und gelten die unter (18) eingeführten Maßeinheiten, so ist für:

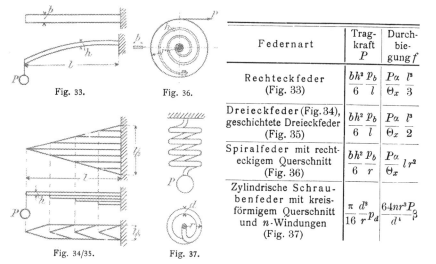

Federnart	Tragkraft P	Durchbiegung f
Rechteckfeder (Fig. 33)	$\dfrac{bh^2}{6} \dfrac{p_b}{l}$	$\dfrac{P\alpha}{\Theta_x} \dfrac{l^3}{3}$
Dreieckfeder (Fig. 34), geschichtete Dreieckfeder (Fig. 35)	$\dfrac{bh^2}{6} \dfrac{p_b}{l}$	$\dfrac{P\alpha}{\Theta_x} \dfrac{l^3}{2}$
Spiralfeder mit rechteckigem Querschnitt (Fig. 36)	$\dfrac{bh^2}{6} \dfrac{p_b}{r}$	$\dfrac{P\alpha}{\Theta_x} l r^2$
Zylindrische Schraubenbenfeder mit kreisförmigem Querschnitt und n-Windungen (Fig. 37)	$\dfrac{\pi}{16} \dfrac{d^3}{r} p_d$	$\dfrac{64 n r^3 P}{d^4} \beta$

Fig. 33.   Fig. 36.

Fig. 34/35.   Fig. 37.

(Tafel über Tragfähigkeit und Durchbiegung von Federn s. Z. d. Vereins Deutscher Ingenieure 1891, S. 1398.)

Maschinentechnisches[*]).

Hilfsmittel zur Verbindung von Maschinenteilen.

(20) Keile. 1. für ruhende Belastung nehme man:

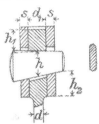

$$P = p_z \frac{\pi d^2}{4} \qquad h_2 = h_1$$

$$d_1 = 1{,}33\, d$$

$$h = d \sqrt{\frac{3\pi p_z}{2 p_b}}$$

$$s = 0{,}5\, d_1$$

$$h_1 \sim 0{,}75\, h \qquad b = 0{,}25\, d_1$$

Anzug des Keiles: $^1/_{15}$ bis $^1/_{20}$.

2. für wechselnde Belastung lege man der Berechnung von d die 1,25 fache zu übertragende Kraft zugrunde. Dem Keil gebe man abgerundete Kanten.

Fig. 38.

Flachkeile zur Befestigung von Rädern auf Wellen sind aus Stahl herzustellen und erhalten im allgemeinen bei Wellen von $d = 40$ mm Stärke an eine Breite $b = 0{,}8\,\sqrt{d}$ bis $\sqrt{d}$ cm und eine Höhe $h = 0{,}4\,\sqrt{d}$ cm.

(21) Niete. Berechnung nach dem zwischen den beiden zu verbindenden Teilen auftretenden Reibungswiderstand, der auf 8 bis 16 kg/qmm Nietquerschnitt anzunehmen ist.

Bei eisernen Nieten nehme man für:

1. Gefäße mit hohem innerem Druck und einreihige Nietungen

$$d = \sqrt{50\,s} - 4 \text{ mm};$$

$$c = 2\, d + 8 \text{ mm}; \quad a = 1{,}5\, d;$$

für zweireihige Nietungen mit versetzten Nietreihen mache man $c = 2{,}6\, d + 15$ mm und die Entfernung der beiden Nietreihen $= 0{,}6\, c$.

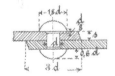

2. Gefäße mit geringem Druck (Wasserbehälter):

$$d = \sqrt{50\,s} - 4 \text{ mm},$$
$$c = 3\, d + 5 \text{ mm},$$
$$a = 0{,}5\, c.$$

3. Nietverbindungen für Eisenkonstruktionen:

a) bei stets gleichgerichteter Kraft d und a wie unter 1;

$$c = \frac{1}{s} \cdot \frac{\pi d^2}{4} + d \text{ mm}; \quad c > 2{,}5\, d \text{ mm};$$

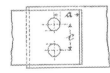

Fig. 39.

b) bei wechselnder Kraftrichtung ist die durch ein kalt eingezogenes Niet aufzunehmende größte Kraft $P \lessgtr 4\, d s$; $d = 1{,}6\, s$; bei warm einzuziehenden Nieten nimmt man ein Viertel bis höchstens die Hälfte von P an.

[*]) Vgl. B a c h, Die Maschinenelemente.

(22) Schrauben. Die Last P, die eine schweißeiserne Schraube mit Sicherheit zu tragen vermag, ist unter Zugrundelegen der Gleichung $P = \dfrac{\pi d^2}{4} p_z$:

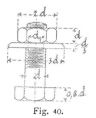

Fig. 40.

1. für Schrauben, die auf Zug und Druck beansprucht werden:
$$P = 1{,}8\, d^2 \text{ bis } 2{,}25\, d^2;$$

2. für Schrauben, die nur auf Zug oder nur auf Druck beansprucht werden:
$$P = 2{,}4\, d^2 \text{ bis } 3\, d^2;$$

3. für Schrauben, die unter Belastung angezogen werden müssen, wie Fundamentanker, Flanschenschrauben:
$$P = 1{,}35\, d^2 \text{ bis } 1{,}7\, d^2.$$

Von den vielen Arten der Schraubensicherungen seien erwähnt: Splint, Keil, elastische Unterlagscheiben, Vernietung der Mutter mit der Unterlage durch Körnerschlag, Gegenmutter (von gleicher Höhe wie die zu sichernde), Sperrkeile, welche die Mutter am Drehen verhindern.

Whitworthsche Schraubenskala.

Bolzen-durchmesser		Kern-		Anzahl der Gewinde-gänge		Zulässige Belastung in kg*	Höhe der Mutter in mm abgerundet	Kopfhöhe in mm abgerundet	Schlüsselweite in mm abgerundet
		durch-	quer-						
		messer	schnitt	auf 1 Zoll engl.	auf die Länge d				
in Zoll engl.	in mm	in mm	in qmm			$P = 3\, d^2$			
$\frac{1}{4}$	6,3	4,7	17,5	20	5	120	6	4	13
$\frac{5}{16}$	7,9	6,1	29,5	18	$5\frac{5}{8}$	185	8	6	16
$\frac{3}{8}$	9,5	7,5	44,1	16	6	270	10	7	19
$\frac{7}{16}$	11,1	8,8	60,7	14	$6\frac{1}{8}$	370	11	8	21
$\frac{1}{2}$	12,7	10,0	78,4	12	6	485	13	9	23
$\frac{5}{8}$	15,9	12,9	131,1	11	$6\frac{7}{8}$	760	16	11	27
$\frac{3}{4}$	19,0	15,8	196,1	10	$7\frac{1}{2}$	1080	19	13	33
$\frac{7}{8}$	22,2	18,6	272,0	9	$7\frac{7}{8}$	1490	22	15	36
1	25,4	21,3	357,3	8	8	1940	25	18	40
$1\frac{1}{8}$	28,6	23,9	449,8	7	$7\frac{7}{8}$	2450	29	20	45
$1\frac{1}{4}$	31,7	27,1	576,8	7	$8\frac{3}{4}$	3010	32	22	50
$1\frac{3}{8}$	34,9	29,5	683,5	6	$8\frac{1}{4}$	3650	35	24	54
$1\frac{1}{2}$	38,1	32,7	838,8	6	9	4350	38	27	58
$1\frac{5}{8}$	41,3	34,8	949,5	5	$8\frac{1}{8}$	5120	41	29	63
$1\frac{3}{4}$	44,4	37,9	1131	5	$8\frac{3}{4}$	5910	44	32	67
$1\frac{7}{8}$	47,6	40,4	1282	$4\frac{1}{2}$	$8\frac{7}{16}$	6800	48	34	72
2	50,8	43,6	1491	$4\frac{1}{2}$	9	7780	51	36	76
$2\frac{1}{4}$	57,1	49,0	1887	4	9	9780	57	40	85
$2\frac{1}{2}$	63,5	55,4	2408	4	10	12100	64	45	94
$2\frac{3}{4}$	69,8	60,5	2880	$3\frac{1}{2}$	$9\frac{5}{8}$	14600	70	49	103
3	76,2	66,9	3515	$3\frac{1}{2}$	$10\frac{1}{2}$	17400	76	53	112

Im Oktober 1898 ist vom Züricher internationalen Kongreß für Befestigungsschrauben folgende, die sog. S. J.-Skala auf metrischer Grundlage aufgestellt worden.

Gewinde-durchmesser	Ganghöhe	Kern-durchmesser	Gewinde-durchmesser	Ganghöhe	Kern-durchmesser	Gewinde-durchmesser	Ganghöhe	Kern-durchmesser
mm	mm	mm	mm	mm	mm	mm	mm	mm
6	1,0	4,59	20	2,5	16,48	48	5,0	40,96
7	1,0	5,59	22	2,5	18,48	52	5,0	44,96
8	1,25	6,24	24	3,0	19,78	56	5,5	48,26
9	1,25	7,24	27	3,0	22,78	60	5,5	52,26
10	1,5	7,89	30	3,5	25,08	64	6,0	55,56
11	1,5	8,89	33	3,5	28,08	68	6,0	58,56
12	1,75	9,54	36	4,0	30,37	72	6,5	62,85
14	2,0	11,19	39	4,0	33,37	76	6,5	66,85
16	2,0	13,19	42	4,5	35,67	80	7,0	70,15
18	2,5	14,48	45	4,5	38,67			

Maschinenteile zur Übertragung von Bewegungen.

(23) **Zahnräder.** Das Übersetzungsverhältnis zweier zusammenarbeitender Räder ist $n_1 : n_2 = r_2 : r_1 = z_2 : z_1$, wenn n die Umdrehungszahlen, r die Teilkreishalbmesser und z die Zähnezahlen bedeuten. Der Abstand zweier Zähne im Teilkreis ist die Teilung $t = 2 r \pi : z$. Man macht die Höhe des neubearbeiteten Zahnes $= 0,7 t$; seine Dicke $= {}^{19}/_{40} t$; die Lückenweite also $= {}^{21}/_{40} t$. Die Breite $b = \psi t$ des Zahnes richtet sich nach der Beanspruchung. Für Räder, die bei langsamem Gang große Kräfte zu übertragen haben, macht man $\psi = 2$. Für Transmissionsräder liegt ψ zwischen 3 und 5 bei 20 bis 250 Umdrehungen. Es ist die zu übertragende Kraft

$$P = \varkappa b t,$$

wobei $\varkappa$ für Gußeisen zu 0,16 bis 0,21 genommen werde. $t > 25$ mm $z \geq 10$.

Ferner ist $\varkappa$ für Triebwerkräder $= 02 - \dfrac{\sqrt{n}}{100}$; $z \geq 24$.

Satzräder sind Räder gleicher Teilung, die untereinander beliebig gepaart, richtig arbeiten.

Man unterscheidet Evolventen und Zykloidenverzahnungen. Unter letzteren sei die Triebstockverzahnung besonders erwähnt: Hier sind die Zähne eines Rades als Zylinder ausgebildet. Zahnflanken von Evolventenform lassen sich leicht herstellen, gestatten, solange die Zähne nicht abgenutzt sind, Änderung der Achsenentfernung, erzeugen jedoch größere Zahnpressung und somit stärkere Abnutzung als solche von Zykloidenform, und müssen deshalb schwerer und dadurch teurer ausgeführt werden. Das kleinste Evolventenrad eines Satzes soll wenigstens 14 Zähne haben, während man bei gewissen Konstruktionen noch tiefer herabgehen kann. Wegen des „Einlaufens" der Räder zum Herstellen des guten Eingriffs ist es gut, wenn möglichst immer die gleichen Zähne aufeinandertreffen: es sind deshalb möglichst einfache Übersetzungsverhältnisse wie $1:1, 1:2, 1:3\ldots$ zu wählen. Größte zulässige Übersetzungen sind für Krafträder $1:10$, für Triebwerksräder mit geringer (großer) Geschwindigkeit $1:7$ ($1:5$). Das Grisson-Getriebe (eine Art Triebstockverzahnung, von Grisson & Co., Hamburg ausgeführt) gestattet Übersetzungen bis $1:50$. Pfeilräder oder Stirnräder mit Winkelzähnen besitzen schraubenförmig verlaufende Zähne und sind besonders für präzisen ruhigen Gang geeignet. Schnecken mit Schraubenrad werden für große Übersetzungen aus dem Schnellen ins Langsame benutzt und besitzen ein Übersetzungsverhältnis von $z:m$, wenn z die Zähnezahl des Schraubenrades und m die Anzahl der fortlaufenden Schraubengänge ist. Wirkungsgrade von Zahnrädern und Schnecke s. S. 21 f.

(24) Reibräder. Zur Kraftübertragung wälzt sich der zylindrische (kegelförmige) Mantel des einen Rades entweder auf einem entsprechenden Mantel oder auf der Seitenfläche (Fig. 41, Diskusräder) des anderen Rades ab. Im ersteren Falle können die Räder mit ineinandergreifendem Keil und Keilnuten als sog. Keilräder ausgebildet werden; im letzteren Falle kann durch Verschieben des einen Rades in der Pfeilrichtung das Übersetzungsverhältnis und die Drehrichtung der Kraftübertragung verändert werden.

Fig. 41.

Die übertragbare Kraft ist $P \leq P_1 \cdot \mu$, wenn P_1 den Druck bedeutet, mit dem die Räder aufeinander gepreßt werden, und μ den Reibungskoeffizienten.

Für Keilräder mit Keilnutenwinkel

$$2\alpha \text{ ist } P \leq P_1 \frac{\mu}{\sin\alpha + \mu\cos\alpha}.$$

(25) Zapfen. Bedeutet

P den Zapfendruck in kg*,
d den Durchmesser des Zapfens in mm,
l die Länge des Zapfens in mm,
n die Umdrehungszahl,
p den zulässigen Flächendruck in kg/mm²,
p_b die zulässige Biegungs-Spannung (siehe S. 23),

so ist bei Tragzapfen mit Rücksicht auf Festigkeit: für Vollzapfen $\frac{1}{2}Pl = 0{,}1\,p_b\,d^3$; für Hohlzapfen $\frac{1}{2}Pl = 0{,}1\,p_b\,\dfrac{d_2^4 - d_1^4}{d_2}$. Mit Rücksicht auf den Flächendruck $P = pld$, woraus

$$\frac{l}{d} = \sqrt{\frac{0{,}2\,p_b}{p}}\,;$$

mit Rücksicht auf Erwärmung ist $l > \dfrac{Pn}{w}$ oder $\leq w\,\dfrac{l}{P}$, wo w je nach der Abkühlung bei Schwungradwellen 15 000 bis 30 000,
bei Kurbelzapfen 35 000 bis 70 000 ist.

Der Flächendruck

p ist für Flußstahl auf Bronze oder Flußstahl 80 bis 150 kg/qcm,

„ Gußeisen oder Schweißeisen auf Bronze 30 bis 40,

„ Schweißeisen auf Gußeisen oder Holz 25.

Für ebene Spurzapfen ringförmige Spurzapfen

$$\text{ist } P = 0,8\, p d^2 \qquad\qquad P = 0,8\, p\, (d_2^2 - d_1^2)$$

$$d \geqq \frac{Pn}{w} \qquad\qquad d_2 - d_1 \geqq \frac{Pn}{w}.$$

(26) **Wellen.** Bedeutet

M das verdrehende Moment in kgmm,

P die Anzahl der zu übertragenden Pferdekräfte,

n die Umdrehungszahl i. d. Minute,

d den Wellendurchmesser in mm,

p_d die zulässige Drehungsspannung in kg/mm²,

so gilt bezüglich der Beanspruchung durch Verdrehen $D = \frac{1}{5}\, p_d d^3$

$$\left(\text{resp. } \frac{1}{5}\, p_d\, \frac{d_2^4 - d_1^4}{d_2} \text{ für die Hohlwelle}\right)$$

$$\text{und } d = \sqrt[3]{\frac{360\,000\,00\ P}{p_d n}}\,;$$

n nehme man für Hauptwellenleitungen zu 100 bis 200,

„ Nebenwellenleitungen zu 200 bis 300.

Hinzukommen meist Biegungsbeanspruchungen, denen durch die obigen Gleichungen mit $p_d = 1,2$ kg/mm² Rechnung getragen wird.

Die zulässige Durchbiegung sei $\leqq 0,3$ mm/m, der Verdrehungswinkel (S. 26) $\geqq \frac{1}{4}$ °/m, sofern der erforderliche Gleichförmigkeitsgrad der Wellenleitung nicht Besonderes bedingt.

Die Entfernung von Mitte Lager zu Mitte Lager sei bei Wellen von 3 bis 10 cm Durchmesser 2 bis 4 m.

Eindrehungen für Halslager sind zu vermeiden; statt dessen sind Stellringe, deren Breite 3,5 bis 5,5 cm und deren Stärke 2 bis 3,5 cm ist, zu benutzen.

In Hohlwellen mit Feder und Nut befestigte, in der Achsen-Längsrichtung verschiebbare sog. ausziehbare Welle, sowie biegsame Wellen können mit Vorteil zur Kraftübertragung verwendet werden, wenn die Lage zwischen Antriebsmaschine und angetriebener Maschine veränderlich sein soll. Die Verbindung dieser Wellen mit den Maschinenwellen wird meist durch Kreuzgelenk-Kuppelung bewirkt (vgl. nächsten Abschnitt).

(27) **Kupplungen.** Feste Kupplungen sind im allgemeinen die einfachsten, sie schließen jedoch eine gegenseitige Bewegung der Wellen aus. Sie werden unter anderem ausgeführt als Hülsenkuppelung (eine über die zu verbindenden Wellenenden gezogene und mit diesen durch Keil und Nute verbundene Hülse), für stärkere Wellen als Scheibenkupplung (an den Wellenenden befestigte Scheiben, die zusammengeschraubt werden) oder als Sellersche Klemmkupplung, die Wellen auch von etwas verschiedener Stärke sicher verbindet.

Von den beweglichen Kupplungen gestattet die Klauenkupplung eine geringe gegenseitige Längsbewegung der Wellen, die Kreuzgelenk-Kupplung die Verbindung zweier sich unter einem Winkel schneidender Wellen. Beim Kreuzgelenk erfolgt die Bewegungsübertragung ungleichförmig, abhängig vom Kosinus des Winkels, den die Wellen bilden.

Die elastische Bandkupplung von Zodel-Voith (Maschinenfabrik Voith in Heidenheim a./Br.) gestattet geringe gegenseitige Verschiebungen der Wellen in allen Richtungen. Hier überträgt ein durch Schlitze der auf den beiden Wellen aufgesetzten Scheiben geflochtenes Band aus Leder oder Baumwolle die Kraft.

Als Kupplung zum Aus- und Einrücken werden bei kleinen Geschwindigkeitsunterschieden der zu verbindenden Wellen Klauen- und Zahn-Kupplungen, sonst Reibungskupplungen verwendet. Es seien von den vielen Reibungskupplungen hier nur erwähnt die von Dohmen-Leblanc (Berlin-Anhaltische-Maschinenbau-A.-G.), von Hill (Eisenwerk Wülfel) und von der Maschinenfabrik Luther in Braunschweig. Bei letzterer wird die Reibung durch Anpressen von Stahlbürsten übertragen. Bei einigen Kupplungen wird zum Anpressen der die Reibung erzeugenden Teile die Zentrifugalkraft benutzt.

Kraftmaschinenkupplungen (u. a. die von Uhlhorn) dienen dazu, z. B. ein Wasserrad und eine Dampfmaschine so zu kuppeln, daß die Dampfmaschine jeweilig nur die Arbeit leistet, die vom Wasserrad nicht mehr gedeckt werden kann.

(28) Lager. Man unterscheidet einerseits Traglager, anderseits Spur- und Kammlager, je nachdem die Hauptbeanspruchung senkrecht oder parallel zur Wellenachse auftritt. Die Lager werden als Steh- und Hängelager ausgebildet und zwar als geschlossene, wenn die Welle in ihrer Längsrichtung in das Lager eingeschoben werden kann, sonst als offene. Bei Wellen mit hoher Umlaufszahl sind Lager mit Ringschmierung zu empfehlen. Kugellager sind teuer, erzeugen jedoch wenig Reibungsarbeit ($\mu \sim 0{,}0015$), können kurz sein und sind bei einreihiger Kugellage nicht empfindlich gegen Bewegungen oder Verbiegungen der Welle.

(29) Riemen, Seile, Ketten. Riemen aus Leder sind im allgemeinen denen aus Baumwolle und Kautschuk vorzuziehen, und nur in feuchten Betrieben nicht zu empfehlen. Die Breite b geht für einfache Lederriemen bis 60 cm, für doppelte bis 120 cm; die Riemendicke ist 0,5 bis 0,8 cm.

Die durch einen Riemen übertragbare Kraft in kg mit Rücksicht auf die Festigkeit ist $P_1 = p \cdot b \cdot s$, b und s in cm;

für Lederriemen ist . . . . . $p = 10$ bis 12,5,
„ Gummi oder Baumwollenriemen $p = 8$ „ 10.

Wegen der zur Übertragung einer bestimmten Leistung (S. 19) erforderlichen größten Anspannung P_1 s. S. 22. Die Riemengeschwindigkeit sei $\gtrless 25$ m/Sek. Der ziehende Teil des Riemens liege unter dem gezogenen.

Riemenscheiben. Riemenscheiben mache man nicht kleiner als den 6fachen Wellendurchmesser. Bei Benutzung von Spannrollen ist das lose Ende zu spannen. Bei Betrieb mit geschränktem Riemen sei die Entfernung beider Scheiben größer als der doppelte Durch-

---

*) Kugellager, s. Z. d. Vereins Deutscher Ingenieure 1901 an mehreren Stellen.

messer der größeren. Treibende Scheiben, solche für geschränkte Riemen und Leerlaufscheiben erhalten keine Wölbung.

Radkranz: Breite $^5/_4\,b$, Wölbungshöhe $^1/_{20}\,b$,

Anzahl der Radarme $= ^1/_7\sqrt{D}$, D der Scheibendurchmesser in mm.

Hanf- und Baumwollseile. Die zulässige Belastung ist $P \leqq 60$ bis 80 d^2, wo d den Seildurchmesser in cm bedeutet. Die von einem in keilförmiger Rille laufenden Seil übertragbare Kraft ist 3 d^2 bis 5 d^2. Bei Verwendung von n Seilen ergibt sich für die Anzahl der zu übertragenden Pferdestärken $n\,d^2 = 15\,\dfrac{L}{v}$ bis $25\,\dfrac{L}{v}$.

Die Kraft erreicht ihren Höchstwert bei $v = 25$ m/sec., jedoch nehme man $v \leqq 20$ m/sec. Gebräuchliche Seilstärken sind 25 bis 55 mm.

Den Rollendurchmesser D (bis Seilmitte) wähle man bei Winden und Flaschenzügen

für lose geschlagene leicht biegsame Seile . $D \geqq 7\,d$
„ fest geschlagene Seile . . . . $D \geqq 10\,d$
„ stark gebrauchte Förderseile . . . . . $D \geqq 40\,d$.

Drahtseile. Die durch ein Drahtseil zu übertragende Umfangskraft ist unter mittleren Verhältnissen $P = 100\,d^2$, wenn d den Durchmesser des Seiles in cm bedeutet. Die Anzahl der zu übertragenden Pferde L ergibt sich aus $d^2 = \dfrac{3\,L}{4\,v}$; die zu übertragende Kraft wird am größten bei $v = 45$ m/sec.; doch nehme man $v \leqq 25$ m/sec.

Den Durchmesser der Seilscheibe nehme man für Transmissionsdrahtseile $D = 200\,\delta$; für Förderseile mit 1,4 bis 2,8 mm starken Drähten $D \leqq 1000\,\delta$, für Kabelseile $D = 400\,\delta$, für Haspelseile $D = 300$ bis 500 δ, wenn δ der Durchmesser der einzelnen Drähte ist.

Ketten. Die zulässige Belastung ist
für Dampfwindenketten . . $P = 500\,d^2$
„ häufig benutzte Ketten . $P = 800\,d^2$
„ neue Ketten . . . . . $P = 1000\,d^2$,
wo d die Ketteneisenstärke in cm bedeutet. Den Kettentrommeldurchmesser nehme man $\geqq 20\,d$.

Für große Lasten ($> 10\,000$ kg) finden vielfach Gallsche Ketten Anwendung.

Kalibrierte Ketten sind mit nur etwa $^5/_8$ der vorstehend angegebenen Kraft zu belasten.

(30) **Haken.** Für den äußeren Gewindedurchmesser d in cm ist die Last, mit der man den Haken belasten darf, $P = 300\,d^2$ bis 240 d^2.

Regelnde Maschinenteile.

(31) **Schwungräder** haben den Zweck, einen Arbeitsüberschuß vorübergehend aufzunehmen und wieder abzugeben. Die Perioden des Aufnehmens der Arbeit kennzeichnen sich durch Beschleunigung, die des Abgebens durch Verzögerung der Bewegung des Schwungringes. Das Verhältnis $\mathfrak{d}$ des Unterschiedes der größten und kleinsten

zur mittleren Umfangsgeschwindigkeit heißt Ungleichförmigkeits-grad und darf im Mittel sein bei Pumpen $^1/_{20}$, Maschinenwerkstätten $^1/_{35}$, Spinnmaschinen $^1/_{100}$, Dynamomaschinen für Lichtbetrieb mit Akkumulatoren $^1/_{75}$ und ohne Akkumulatoren $^1/_{150}$.

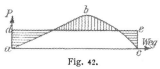

Fig. 42.

Für eine Maschine stelle in Fig. 42 die Fläche abc die periodisch eingeführte, die gleichgroße rechteckige Fläche $adec$ die gleichmäßig abgegebene Arbeit dar. Es muß somit die Masse m des Schwungringes den Arbeitsüberschuß $+W$ (senkrecht schraffiert) aufnehmen und an andere Stellen als $-W$ (wagerecht schraffiert) abgeben. Es ist dann $W = mv^2\mathfrak{d}$, wenn v die mittlere Umfangsgeschwindigkeit des Schwungringes ist.

Die Beanspruchung des Schwungringes infolge Fliehkraft ist $p_z = 0{,}00076\,v^2$ kg/mm^2, also nur abhängig von der Umfangsgeschwindigkeit (S. 20). Hinzu kommen noch Biegungsbeanspruchungen bei Schwungrädern mit Armen. (Genauere Berechnungen über Beanspruchung von Schwungrädern s. Z. d. V. d. I. 98, S. 353.)

(32) Fliehkraft-Regler. Der Regler muß stabil sein, d. h. in jedem Falle muß das Entfernen der Schwungmassen von der Achse durch Wachsen der Umdrehungszahl bedingt sein. Bei statischen Reglern verändert sich bei jeder Veränderung der Umdrehungszahl auch die Stellung der das Stellzeug beeinflussenden Muffe, bei astatischen Reglern schlägt die Muffe bei einer bestimmten Umdrehungszahl aus einer Endlage in die andere um und verharrt bei allen anderen Umdrehungszahlen an einer ihrer Hubgrenzen. Pseudoastatische sind statische Regler, die sich dem astatischen Zustande nähern. Mit Ungleichförmigkeitsgrad bezeichnet man unter sinngemäßer Änderung der Benennungen die gleiche Eigenschaft wie bei Schwungrädern. Den eigenen und den nützlichen Widerstand überwindet ein mit n Umdrehungen umlaufender Regler dadurch, daß er auf $n + \Delta n$ oder $n - \Delta n$ Umdrehungen gebracht wird. Der Wert $\varepsilon = \dfrac{2\,\Delta n}{n}$ heißt Unempfindlichkeitsgrad und sei nie kleiner als der Ungleichförmigkeitsgrad. Arbeitsvermögen eines Reglers ist das Produkt aus der mittleren Verstellkraft und dem Muffenhub. Mittelbarwirkende Regler kuppeln durch ihre Verstellkraft z. B. mittels Reibungsrädern eine Hilfskraft, welche die eigentliche Regelung bewirkt, z. B. bei Wasserkraftanlagen die Schützen bewegt. Soll nicht die Geschwindigkeit, sondern die Leistung bei gleicher Hubarbeit geregelt werden, so sind Leistungsregler (Z. d. V. d. I. 91, S. 1065) zu verwenden. Diese regeln so, daß die Fördermenge steigt, sobald die zu überwindende Druckhöhe sinkt, und umgekehrt.

Von den vielen Reglersystemen seien erwähnt die von Watt, Porter, Buss (mit festem Pendeldrehpunkt), die von Pröll und Hartung (mit verschiebbarem Drehpunkt). Besondere Wellen und Zwischenglieder für die Kraftübertragung zum Regler werden durch dessen Einbauen in das Schwungrad vermieden. Diese sog. Schwungradregler können leicht mit großer Verstellkraft ausgeführt werden.

Verschiedenes.

(33) Bremsen. Bedeutet P die Bremskraft am Umfang der Scheibe, Q die am Bremshebel aufgewendete Kraft, P_1 und P_2 die auf S. 22 unter Zugmittel gekennzeichneten Größen, alle in kg, und μ den Reibungskoeffizienten der Bewegung, so ist für die Backenbremse

(Fig. 43) $Q \cdot \mu = P \dfrac{a}{a+b}$, für die einfache Bandbremse (Fig. 44)

$Q = P_1 \dfrac{a}{b}$, und für die Differential-Bandbremse (Fig. 45)

$$Q = \frac{P_1 a_1 - P_2 a_2}{b}.$$

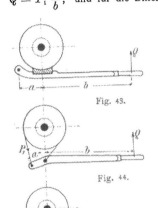

Fig. 43.

Fig. 44.

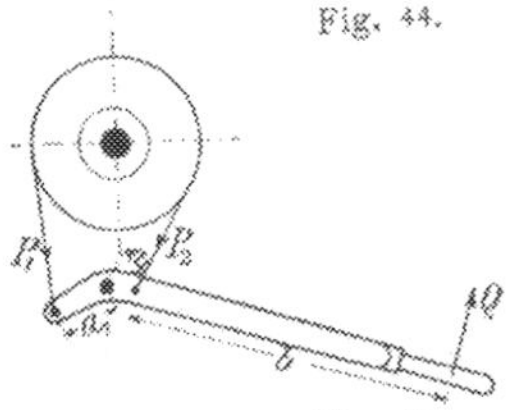

Fig. 45.

Die Bremswirkung ist im Vergleich zu der am Bremshebel aufgewendeten Arbeit bei der einfachen Bandbremse günstiger als bei der Backenbremse, am günstigsten bei der Differential-Bandbremse. Über Sperradbremsen und Schleuderbremsen s. Ernst, Die Hebezeuge.

(34) Rohre. Für gußeiserne Leitungsrohre mit dem inneren Durchmesser D, die einem Betriebsdruck von höchstens 10 kg/cm² zu widerstehen haben, nehme man die Wandstärke

$s = \frac{1}{60} D + 0{,}7$ cm
für stehend gegossene Rohre,

$s = \frac{1}{50} D + 0{,}9$ cm
für liegend gegossene Rohre.

Rohre mit hohem inneren Druck p_i werden nach der Formel

$$r_a = r_i \sqrt{\frac{p_z + 0{,}4 \, p_i}{p_z - 1{,}3 \, p_i}}$$

berechnet, wo r_a und r_i den äußeren und inneren Halbmesser in cm und p_z die zulässige Beanspruchung in kg/cm² bedeutet.

Vom Verein deutscher Ingenieure sind für Rohrleitungen Normalien aufgestellt worden (Z. d. V. d. I. 1900, S. 1481).

(35) Fundamente. Länge und Breite richten sich nach der auf dem Fundament ruhenden Maschine, die Tiefe ist abhängig von der Art der Beanspruchung. Maschinen mit größeren, schnell hin und hergehenden Massen erfordern stärkere Fundamente, als solche mit nur rotierenden Teilen. Das Fundament sei schwerer, wenn Kräfte von außen mechanisch in die Maschine eingeleitet werden, als wenn

die mechanischen Vorgänge sich geschlossen in der Maschine abspielen. Die Grundplatte sei deshalb möglichst so konstruiert, daß
die Kräfte durch diese, nicht aber durch das Fundament geleitet werden.
Als Material nehme man beste harte Ziegelsteine (Klinker) und
Zementmörtel oder Stampfbeton (1 Teil Portlandzement, 3 Teile Fluß-
sand, 4 Teile Kies).

Zur Abschwächung der Geräusche und Erschütterungen für die
Umgebung wird das Fundament auf Kork oder Filz gesetzt und
werde ohne Zusammenhang mit Gebäudeteilen hergestellt. Der Raum
zwischen dem Fundament und der umgebenden Erde wird mit
lockerem Sand ausgefüllt. Für größere Kräfte sind Steinschrauben
nicht mehr geeignet, sondern Fundamentanker zu verwenden. Die
Befestigung der letzteren geschieht zB. nach Fig. 46. Statt des
Keiles kann eine Mutter mit Sicherung
verwendet werden. Über Berechnung der
Fundamentanker s. S. 28. Die Fundamente
und die Aussparungen für Anker werden
häufig unter Benutzung einer die Grundplatte darstellenden Schablone ausgeführt.
Um eine gleichmäßige Belastung des Fun-
daments zu erzielen, gießt man zwischen
Fundament und Grundplatte Zement; dabei
sind die Ankerlöcher gegen Einfließen der
Bindemittel zu schützen.

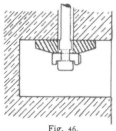

Fig. 46.

Dynamomaschinen werden von dem
Fundament durch einen Holzrahmen isoliert,
der mit heißem Leinöl getränkt oder geteert und durch Schrauben
mit dem Fundamentklotz verbunden wird.

Optik.

(36) **Reflexion des Lichtes.** Der einfallende Strahl, das Einfallslot
und der austretende Strahl liegen in einer und derselben Ebene; der
Einfallswinkel ($\angle$ Strahl und Lot) ist gleich dem Austrittswinkel.

Brechung des Lichtes. Der einfallende Strahl, das Einfallslot
und der gebrochene Strahl liegen in einer Ebene; der Sinus des Ein-
fallswinkels steht zum Sinus des Brechungswinkels in einem Verhältnis, welches Brechungsverhältnis oder Brechungsexponent genannt
wird und nur von der Natur der aneinander grenzenden Körper abhängig ist.

Tritt das Licht aus einem optisch dünneren Medium (Luft) in ein
optisch dichteres (Wasser, Glas), so wird der Strahl z u m L o t e hin
gebrochen, im umgekehrten Falle v o m L o t e weg.

Spiegel und Linsen. Spiegel und Linsen entwerfen von den
Gegenständen, von welchen sie Licht empfangen, Bilder; entstehen
die letzteren durch gegenseitiges Schneiden der Lichtstrahlen, so
nennt man das Bild reell; schneiden sich die Strahlen nicht, so ist
das Bild virtuell.

Brennpunkt ist der Vereinigungspunkt der Strahlen, welche den Spiegel oder die Linse parallel treffen; er ist reell bei Hohlspiegeln und Konvexlinsen, virtuell bei Konvexspiegeln und Konkavlinsen. Die vom Brennpunkte ausgehenden Strahlen werden durch Spiegel oder Linse parallel gerichtet.

Ebener Spiegel. Er erzeugt von den vor ihm gelegenen Gegenständen virtuelle Bilder, welche zu den Gegenständen symmetrisch hinter der Spiegelfläche liegen.

Kugelspiegel. Brennweite = dem halben Krümmungsradius.

Konvexspiegel. Erzeugt von den vor ihm gelegenen Gegenständen virtuelle verkleinerte aufrechte Bilder, welche hinter der spiegelnden Fläche liegen.

Hohlspiegel. Liegt der Gegenstand außerhalb der doppelten Brennweite, so liegt das reelle verkleinerte umgekehrte Bild zwischen der einfachen und der doppelten Brennweite. Liegt umgekehrt der Gegenstand in diesem letzteren Intervall, so befindet sich ein reelles vergrößertes umgekehrtes Bild außerhalb der doppelten Brennweite. Liegt der Gegenstand innerhalb der einfachen Brennweite, so hat er ein virtuelles vergrößertes aufrechtes Bild hinter dem Spiegel.

Konkavlinse, auch Zerstreuungslinse. Sie erzeugt von einem Gegenstande ein auf derselben Seite näher an der Linse liegendes virtuelles verkleinertes aufrechtes Bild.

Konvexlinse, auch Sammellinse. Erzeugt von einem Gegenstand, der weiter als die doppelte Brennweite von der Linse absteht, ein reelles umgekehrtes verkleinertes Bild auf der anderen Seite der Linse, dessen Abstand zwischen der einfachen und der doppelten Brennweite beträgt. Umgekehrt: liegt der Gegenstand zwischen der einfachen und doppelten Brennweite, so hat er ein reelles umgekehrtes vergrößertes Bild auf der anderen Seite der Linse, jenseits der doppelten Brennweite. Liegt der Gegenstand innerhalb der einfachen Brennweite, so besitzt er auf derselben Seite der Linse ein virtuelles vergrößertes aufrechtes Bild, das von der Linse weiter absteht als der Gegenstand.

Bezeichnet a die Entfernung des Gegenstandes von der Linse, b die des Bildes von der Linse, f die Brennweite der Linse, so ist

$$\frac{1}{f} = \frac{1}{a} + \frac{1}{b},$$

worin f für konvexe Linsen positiv, für konkave Linsen negativ.

Farbiges Licht. Die Wellenlängen der sichtbaren Strahlen liegen zwischen 0,00076 mm am roten und 0,00039 mm am violetten Ende des Spektrums. Die Folge der Farben im Spektrum ist Rot, Orange, Gelb, Grün, Blau, Indigo, Violett. Die Strahlen der größeren Wellenlängen werden weniger stark gebrochen, als die der kleineren Wellenlängen. Die nicht sichtbaren Strahlen jenseits des roten Endes des Spektrums, deren Wellenlängen über 0,00076 mm betragen, heißen ultrarote Strahlen (analog: ultraviolette Str.).

Beleuchtung. Die Lichtquelle von der Lichtstärke J Kerzen sendet einen Lichtstrom Φ Lumen aus, der im Ganzen $4\pi J$ beträgt; eine Fläche S m², die in der Entfernung r m von der Lichtquelle so steht, daß sie von den Strahlen senkrecht getroffen wird, empfängt den

Lichtstrom $J\omega$, wobei ω der körperliche Winkel ist, unter dem die Fläche S von der Lichtquelle aus erscheint. Ein Punkt dieser Fläche erhält die Beleuchtung $E = \Phi/S = J/r^2$ Lux. Schließt das Lot auf der Fläche mit den Strahlen den Winkel α ein, so beträgt die Beleuchtung $E^1 = E \cos \alpha$. Besitzt die Lichtquelle eine leuchtende Fläche s cm², so ist ihre Flächenhelle $e = J/s$. Eine ebene leuchtende Fläche von der Leuchtkraft J wirkt in einer Richtung, die mit dem Lot auf der Fläche den Winkel β einschließt, mit der Leuchtkraft $J \cos \beta$. Die Lichtabgabe einer Lichtquelle, deren Lichtstrom Φ Lumen beträgt, während T Stunden ist $Q = \Phi \cdot T$ Lumenstunden.

(37) **Strahlungsgesetze.** Bei reiner Temperaturstrahlung muß die ausgestrahlte Energie vollständig und unmittelbar aus der Wärmeenergie des strahlenden Körpers entnommen sein, die absorbierte Strahlung ebenso in Wärmeenergie übergehen. In diesem Fall ist das Verhältnis zwischen Emissionsvermögen E und Absorptionsvermögen A für irgend einen Körper nur abhängig von der Temperatur des Körpers und der Wellenlänge der Strahlung R, unabhängig von der Natur des Körpers (Kirchhoff):

$$E_\lambda : A_\lambda = R_\lambda .$$

Ein Körper, der alle auffallenden Strahlen absorbiert ($A_\lambda = 1$), heißt schwarz; dieser Körper würde bei irgend einer Temperatur für jede Wellenlänge das Maximum der Strahlung aussenden ($E_\lambda = R_\lambda$). Die Gesamtstrahlung R des schwarzen Körpers bei der absoluten Temperatur T ist (Stefan-Boltzmann):

$$R = 124 \cdot 10^{-10} \cdot T^4.$$

Bei der Temperatur T wird zu einer bestimmten Wellenlänge λ_{max} das Maximum der Energie R_{max} ausgestrahlt, und es ist (W. Wien):

$$\lambda_{max} \cdot T = 2940 \qquad R_{max} = 2190 \cdot T^5.$$

Für die Strahlung von der Wellenlänge λ gilt (Wien-Planck):

$$R_\lambda = \frac{C}{\lambda^5 \cdot (e^{\frac{c}{\lambda T}} - 1)}, \quad c = 14600.$$

Wärmelehre.

Wärmemenge.

(38) Die Wärmemenge ist gleichwertig einer Arbeitsmenge. Die absolute (c. g. s.)-Einheit der Wärmemenge ist demnach diejenige Wärmemenge, welche der Arbeitseinheit gleichwertig ist. Die praktisch gebrauchte Wärmeeinheit wird mit Hilfe des hundertteiligen Thermometers und der Erwärmung des Wassers definiert und gehört streng genommen nicht in das absolute System; sie kann indeß durch Messung darauf zurückgeführt werden. 1 Kilogramm-Calorie (bezw.

Gramm-Calorie) ist diejenige Wärmemenge, welche 1 Kilogramm (bezw. 1 Gramm) Wasser von 14,5 auf 15,5°C. erwärmt (15°·Cal.). 1 kg-Cal. = 427 kgm = 41,9 · 10⁹ c. g. s.

Spezifische Wärme.

(39) Die Erhöhung der Temperatur *(d)* eines Körpers ist proportional der zugeführten Wärmemenge *(W)* und umgekehrt proportional der Masse des Körpers *(M)*. Diejenige Wärmemenge, welche nötig ist, um die Einheit der Masse um 1°C. zu erhöhen, heißt spezifische Wärme σ:

$$d = \frac{W}{\sigma \cdot M}, \quad \sigma = \frac{W}{M \cdot d}.$$

Die Größe σ gehört nicht ins absolute Maßsystem, d. h. es gibt keine absolute Einheit dafür, keine solche, die sich nur auf Länge, Masse und Zeit zurückführen ließe.

Tabelle der spezifischen Wärme fester und flüssiger Körper.

Äther	0,5	Nickel	0,11
Alkohol	0,6	Platin	0,03
Aluminium	0,21	Quarz	0,19
Antimon	0,05	Quecksilber	0,03
Blei, fest	0,031	Schwefel	0,17
flüssig	0,040	Schwefelkohlenstoff	0,24
Bleiglätte	0,05	Schwefelsäure, konk.	0,33
Chloroform	0,23	Silber	0,056
Eis	0,5	Terpentinöl	0,4
Eisen bei 0°	0,112	Wismut	0,03
100°	0,114	Zink	0,095
300°	0,127	Zinn	0,055
Stahl 20—100°	0,118		
Schmiedeeisen 20°	0,108	Atmosphärische	
Glas	0,19	Luft, Kohlensäure,	
Gold	0,03	Sauerstoff und	
Kohle, Gaskohle	0,2—0,3	Stickstoff	
Holzkohle	0,16—0,20	bezogen auf gleiche	
Graphit 0°	0,15	Maße Wasser	
200°	0,30	bei konstantem	
Kupfer	0,095	Druck	0,23
Magnesium	0,25	bei konstantem	
Messing	0,095	Volumen	0,17

Temperatur.

(40) Vergleichung der Temperaturskalen.

Celsius	Réaumur	Fahrenheit
n	$^8/_{10} \cdot n$	$^9/_5 \cdot n + 32$
$^{10}/_8 \cdot n$	n	$^9/_4 \cdot n + 32$
$^5/_9 (n - 32)$	$^4/_9 (n - 32)$	n

Siedetemperatur T des **Wassers** bei verschiedenen Barometer-höhen (b_0):

$b_0 =$ 740　745　750　755　760　765　770
$T =$ 99,3　99,4　99,6　99,8　100,0　100,2　100,4.

Reduktion eines Gasvolumens von der Temperatur t^0 C. und dem Druck b mm Quecksilber auf 0^0 und 760 mm:

$$\text{Volumen bei } 0^0 = \text{Volumen bei } t^0 \times \frac{273}{273 + t} \cdot \frac{b}{760}$$

$$= \text{Volumen bei } t^0 \times 0{,}359 \cdot \frac{b}{273 + t}.$$

Reduktion eines bei t^0 C. abgelesenen **Barometerstandes** auf Quecksilber von 0^0; von der abgelesenen Länge in mm zieht man 0,125 · t mm ab; liegt die Beobachtungstemperatur unter 0, so ist die Korrektion zu addieren. Die Regel gilt nur für den gewöhnlichen Barometerstand von etwa 1 Atmosphäre.

Schmelz- und Siedepunkte.

Metalle	Schmelz-punkt ^{0}C.	Siede-punkt ^{0}C.	Legierungen					Schmelz-punkt ^{0}C.
Aluminium.	600—850	{ 1450		\multicolumn{4}{c}{Gewichtsteile}	
Blei . . .	326	{—1600		*Cd*	*Sn*	*Pb*	*Bi*	
Eisen, rein.	1600		Lipowitz	3	4	8	15	60—65,5
Roheisen.	1100—1200		Wood..	1	1	2	4	65,5—70
Stahl . .	1300—1400		Rose...	—	4	4	8	95
Gold . . .	1100—1250							

			Organische Körper	Schmelz-punkt	Siede-punkt
Kobalt . .	1500—1800				
Kupfer . .	1100—1300	{ etwa	Alkohol		78,5
Magnesium	500—750	{ 1100	Amylacetat zur Hefnerlampe		138
Nickel . .	1400—1600		Äther		35,0
Platin. . .	1800—2200		Benzin		90—110
Quecksilber	—40	357	Ligroin		110—120
Silber. . .	etwa 1000		Paraffin, weich	38—52	350—390
Zink . . .	410—420	{ etwa	„　　hart	52—56	390—430
		{ 1000	Schmalz, Talg, Wachs . .	40—65	
Zinn . . .	228	{ 1450	Terpentinöl		160
		{—1600	Wallrat	44—44,5	

Landolt und Börnstein, Tabellen.

(41) **Ausdehnung.** Erwärmt man einen Körper von der Länge l um t^0 C., so wird die Länge l $(1 + \vartheta t)$; ϑ ist der lineare Ausdehnungskoeffizient. Eine Fläche vergrößert sich um $2\vartheta t$, ein Volum um $3\vartheta t$. Flüssigkeiten und Gase besitzen keinen linearen, sondern nur den kubischen Ausdehnungskoeffizienten.

Lineare Ausdehnungskoeffizienten fester Körper.

Blei	$28 \cdot 10^{-6}$	Kupfer	$17 \cdot 10^{-6}$
Bronze . . .	$18 \cdot 10^{-6}$	Messing. . . .	$19 \cdot 10^{-6}$
Eisen und Stahl	$12 \cdot 10^{-6}$	Neusilber . . .	$18 \cdot 10^{-6}$
Glas	7 bis $10 \cdot 10^{-6}$	Nickel	$13 \cdot 10^{-6}$
Hartgummi . .	$80 \cdot 10^{-6}$	Platin	$9 \cdot 10^{-6}$
Holz, quer . .	30 bis $60 \cdot 10^{-6}$	Platin-Iridium . .	$9 \cdot 10^{-6}$
„ längs . .	3 bis $10 \cdot 10^{-6}$	Silber	$19 \cdot 10^{-6}$
Kohle, Gaskohle	$5 \cdot 10^{-6}$	Zinn	$23 \cdot 10^{-6}$
Graphit . . .	$8 \cdot 10^{-6}$	Zink	$30 \cdot 10^{-6}$

Kubische Ausdehnungskoeffizienten von Flüssigkeiten und Gasen.

Atmosphärische Luft, Sauerstoff, Stickstoff, Wasserstoff, Kohlensäure	0,0037
Äther, flüssig.	0,0021
Alkohol, „	0,0012
Quecksilber	0,00018
„ in Glas, scheinbar	0,00015
Wasser 4—25°, Mittel	0,0001

Wärmeleitung.

(42) **Innere Wärmeleitung.** Wenn im Innern eines Stabes zwei gleiche Querschnitte von q cm² die Temperaturdifferenz von d^0 C. haben, während ihr Abstand l cm beträgt, so geht in t sec. von dem einen zum anderen die Wärmemenge

$$w = \tau \cdot \frac{d}{l} \cdot q \cdot t \quad \text{Gramm-Calorien}$$

über; τ das innere Leitungsvermögen, ist gleich derjenigen Wärmemenge, welche durch 1 cm² Querschnitt in 1 sec. hindurchtritt, wenn die Temperatur des Stabes für jedes Zentimeter längs der Achse um 1° C. fällt. d/l heißt Temperaturgefälle.

Probleme der Wärmeleitung in Körpern, deren drei Dimensionen von gleicher Größenordnung sind, lassen sich nur mit Aufwand von beträchtlichem mathematischen Apparat lösen.

Bei dünnen Platten, welche die trennende Wand zwischen Körpern von verschiedener Temperatur bilden, kann man die vorige Formel anwenden, wenn jede der beiden Oberflächen der Platten in allen Teilen dieselbe Temperatur besitzt.

Inneres Wärmeleitungsvermögen einiger Körper, bezogen auf cm², cm, ⁰C., g·cal.

Blei	0,08	Kupfer . . .	0,7—1,0	Quecksilber .	0,02
Eisen	0,16	Luft	0,00005	Schiefer . .	0,0008
Glas	0,0015	Marmor . .	0,001—0,002	Silber . . .	1,1
Hartgummi .	0,0002	Messing . .	0,2—0,3	Zinn	0,14
Kohle. . . {	0,0003	Neusilber . .	0,07—0,10	Zink	0,30
	—0,0004	Paraffin . .	0,0001		

Landolt und Börnstein. Tabellen.

Äußere Wärmeleitung. Berühren zwei Körper einander, deren Temperaturdifferenz an der Berührungsfläche d ist, so geht von dem wärmeren zum kälteren in der Zeit t Sekunden die Wärmemenge

$$w = \lambda \cdot d \cdot q \cdot t \quad \text{g·cal},$$

worin q die Größe der Berührungsfläche in cm² angibt. Für metallische Oberflächen gegen Luft ist $\lambda = 0{,}00026—0{,}00030$.

III. Abschnitt.

Magnetismus und Elektrizität.

Magnetismus.

(43) Am stärksten magnetisierbar sind: Stahl, Eisen, in geringerem Maße Magneteisenstein (Fe_3O_4), Nickel, Kobalt, sowie die Legierungen von Kupfer mit Manganaluminium und Manganzinn (Heusler). — Magneteisenstein und Stahl werden oder sind im wesentlichen dauernd (permanent) magnetisch, Eisen wird vorübergehend (temporär) magnetisch. Dem dauernden Magnetismus der ersteren kann noch vorübergehender Magnetismus zugefügt werden; das Eisen zeigt gewöhnlich auch einen schwachen dauernden (remanenten) Magnetismus.

(44) **Verteilung des Magnetismus.** An jedem Magnet sind zwei Orte von hervorragend starker Wirkung nach außen; diese nennt man Pole, ihre Verbindungslinie die magnetische Achse. Die Pole haben ziemlich geringe Ausdehnung und liegen bei stab- und hufeisenförmigen Magneten in der Regel nahe den Enden. Den mittleren Teil des Magnets, der nach außen fast keine Wirkung zeigt, nennt man Indifferenzzone. — Bei vielen Betrachtungen und Berechnungen darf man sich einen Magnet ersetzt denken durch zwei starr verbundene Punkte, welche an den Orten der Magnetpole liegen und in denen der ganze freie Magnetismus konzentriert ist. Der Polabstand beträgt etwa $^5/_6$ der Länge eines stabförmigen, bezw. des Durchmessers eines scheiben- oder ringförmigen Magnets, hängt jedoch meist noch von der Gestalt des Magnets und der Stärke der Magnetisierung ab.

Die Verteilung des Magnetismus im Innern des Magnets ist der des freien Magnetismus entgegengesetzt; an den Polen hat der im Innern vorhandene Magnetismus ein Minimum, in der Indifferenzzone ein Maximum.

(45) **Herstellung der Magnete.** Die zu magnetisierenden Stahlstäbe oder -hufeisen werden an die Pole eines kräftigen hufeisenförmigen Stahl- oder Elektromagnetes gelegt und ein wenig hin- und hergezogen, ein Stab auch um seine Längsachse gedreht. Vor dem Abreißen legt man dem Hufeisen einen Anker vor. Gerade Stäbe legt man auch in eine Drahtspule, durch die man einen starken Strom schickt. Statt einer langen Spule, die den ganzen Stab bedeckt, kann man auch eine kurze Spule nehmen und über den Stab oder das Hufeisen der Länge nach wegziehen.

Man verwendet den härtesten Stahl; der beste ist Wolframstahl oder Molybdänstahl (52). Kürzere Stäbe (Länge $=$ 10 Durchmesser) nehme man glashart, längere werden blau angelassen (Silv. P. Thompson, der Elektromagnet, S. 349). Starke Magnete setzt man aus dünneren Stäben oder Hufeisen zusammen, die vorher einzeln magnetisiert worden sind.

Haltbare Magnete. Um Magnete herzustellen, deren Magnetismus lange Zeit konstant bleibt, behandelt man sie in folgender Weise: Nach dem ersten Magnetisieren werden sie in den Dampf von siedendem Wasser gebracht und bleiben längere Zeit darin ($\frac{1}{2}$ Stunde etwa); nach dieser Zeit läßt man sie abkühlen und magnetisiert sie wieder; darauf wiederholt man das Erwärmen wie vorher, magnetisiert wieder u. s. f. (Strouhal und Barus). Durch kräftige Erschütterungen (Schläge mit einem Holzhammer u. dgl.) kann man den schädlichen Einwirkungen späterer kleiner Erschütterungen vorbeugen; dasselbe läßt sich durch eine Entmagnetisierung um etwa $\frac{1}{10}$ erreichen (Curie).

Äußerungen der magnetischen Kraft.

(46) **Magnetische Verteilung.** Nähert man einem Magnet ein Stück Stahl oder Eisen, oder berührt man ihn mit einem solchen Stück, so wird das letztere ebenfalls zu einem Magnet; jeder Pol des ersteren Magnets erzeugt in den ihm am nächsten liegenden Teilen des genäherten Körpers einen ihm ungleichnamigen Pol, in den entfernteren Teilen einen gleichnamigen Pol.

(47) **Tragkraft der Magnete.** Ein Magnetpol hat die Eigenschaft, weiches Eisen anzuziehen und mit einer gewissen Kraft festzuhalten; diese Kraft heißt die Tragkraft des Magnetes; sie wird gemessen durch das Gewicht, das gerade ausreicht, um ein angezogenes und festgehaltenes Stück Eisen vom Magnetpol loszureißen. Zwischen der erreichbaren Tragkraft P und der Masse M des Magnetes besteht folgende Beziehung

$$P = a \cdot \sqrt{M^2} \text{ kg}^*,$$

worin M in kg gemessen wird (D. Bernoulli). Die Zahl a ist für einen Pol = 10, für zwei Pole = 20 (ungefähr). Die Tragkraft ist im wesentlichen der Polfläche proportional. s. (96).

(48) **Anziehung und Abstoßung.** Eisen und nicht magnetisierter Stahl werden von beiden Polen angezogen. — Für Magnetpole untereinander gilt der Satz: Gleichnamige Pole stoßen einander ab, ungleichnamige Pole ziehen einander an.

Gesetze der magnetischen Fernewirkung. Die Kraft, mit welcher ein Magnetpol einen anderen anzieht bezw. abstößt, ist gerichtet nach der Verbindungslinie der beiden Pole und unabhängig von der Natur des zwischenliegenden Mittels, wenn das letztere unmagnetisch ist. Sie ist proportional den wirkenden Magnetismen und umgekehrt proportional dem Quadrate der Entfernung der Pole voneinander:

$$P = \frac{m_1 \cdot m_2}{R^2}.$$

Maß des Magnetismus eines Poles. Die Einheit des Magnetismus besitzt derjenige Pol, der einen gleichstarken, 1 cm entfernten ungleichnamigen Pol mit der Einheit der Kraft anzieht, d. i. nahezu

mit derselben Kraft, mit der die Masse von 1 mg von der Erde angezogen wird.

Magnetisches Moment. Praktisch kommen niemals vereinzelte
Pole, sondern immer Magnete, d. i. Paare von ungleichnamigen Polen
vor. Die Pole eines Magnetes sind in der Regel gleich stark; besitzt
der eine Nordmagnetismus von der Stärke $\mathfrak{m}$, also $+$ $\mathfrak{m}$, so hat der
andere Südmagnetismus von der Stärke $\mathfrak{m}$, d. i. $-$ $\mathfrak{m}$. Das Produkt
aus dem Magnetismus eines Poles in den Polabstand heißt das magne-
tische Moment des Magnetes. Polabstand s. (44).

Wirkung eines Magnetes auf einen anderen. Ein Magnet-
stab (vom Moment $\mathfrak{M}$) liege fest an einer Stelle einer wagerechten
Ebene, in der eine Magnetnadel (vom Moment $\mathfrak{M}'$), welche z. B. auf
einer Spitze aufgestellt ist, sich drehen kann.

Erste Hauptlage. Die Nadel liegt in der Verlängerung der
magnetischen Achse des Stabes und steht senkrecht zur letzeren.

$$\text{Drehmoment } D_1 = 2 \cdot \frac{\mathfrak{M} \cdot \mathfrak{M}'}{R^3} \text{ (c. g. s.).}$$

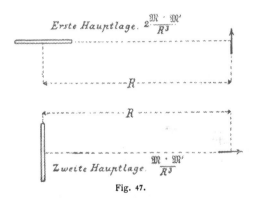

Fig. 47.

Zweite Hauptlage. Die Nadel liegt mit ihrer magnetischen
Achse in der Senkrechten auf der Mitte der magnetischen Achse des
Stabes.

$$\text{Drehmoment } D_2 = \frac{\mathfrak{M} \cdot \mathfrak{M}'}{R^3} \text{ (c. g s.).}$$

Zwischenlagen. Bildet die Nadel mit der Richtung von R
den Winkel φ, so sind die obigen Ausdrücke noch mit cos φ zu
multiplizieren. Macht der Stab mit R den Winkel ψ, so kann man
ihn ersetzt denken durch zwei Stäbe, von denen der eine mit dem
Moment $\mathfrak{M}$ cos ψ aus der ersten, der andere mit dem Moment $\mathfrak{M}$ sin ψ
aus der zweiten Hauptlage wirkt.

Diese Gesetze gelten nur auf Entfernungen, die so groß sind, daß
die Quadrate der Magnetlängen gegen das Quadrat des Abstandes der
Magnete von einander verschwinden.

Maß des Stabmagnetismus oder des magnetischen Momentes. Ein Magnet, welcher die Einheit des Momentes besitzt, übt in der zweiten Hauptlage aus der (großen) Entfernung R auf einen anderen, gleich starken Magnet das Drehmoment $1/R^3$ aus, welches also so groß ist, als wenn an dem letzteren Magnet im Abstand 1 cm von der Drehachse ein Zug gleich der Kraft $1/R^3$ wirkt.

Spezifischer Magnetismus ist der Quotient aus dem magnetischen Moment durch die Masse des Magnetes.

Der spezifische Magnetismus, welcher nicht nur vom Material, sondern in hohem Maße auch von der Gestalt des Magnets abhängt, ist bei guten Stahlmagneten etwa = 40 (c. g. s.), bei besonders gestreckter Form bis 100 (c. g. s.). Elektromagnete aus sehr gutem weichem Eisen erreichen einen spezifischen Magnetismus von 200 (c. g. s.).

Stärke der Magnetisierung $\mathfrak{J}$ nennt man das Moment für das Kubikzentimeter oder die Polstärke für das Quadratzentimeter des Magnetes. Werte nach der Formel in (50) und der Tabelle S. 52 zu berechnen.

(49) **Magnetisches Feld.** Die Umgebung eines Magnetpoles, eines Magnetes oder einer Vereinigung von Magneten heißt deren magnetisches Feld. Man denkt sich das Feld durchzogen von Kraftlinien, welche für jeden Punkt des Feldes die Richtung der resultierenden magnetischen Kraft angeben; die Linien nehmen im allgemeinen ihren Weg strahlenartig von einem Pol zum nächsten ungleichnamigen Pol.

Um den Verlauf der Kraftlinien in einem magnetischen Feld zu untersuchen, kann man sich einer kurzen Magnetnadel bedienen, die sich um zwei zur magnetischen Achse senkrechte Achsen drehen kann; sie stellt sich überall in die Richtung der Kraftlinien ein. Die Richtung, nach welcher der Nordpol der kleinen Magnetnadel zeigt, rechnen wir als positive Richtung der Kraftlinien. — Oder man bringt in das zu untersuchende Feld eine Papier- oder Glastafel, die mit Eisenfeilspänen bestreut ist; die Eisenteilchen ordnen sich bei leisem Klopfen in der Richtung der Kraftlinien ein; sie können in der Stellung, welche sie eingenommen haben, leicht festgehalten werden, indem man sie mit Gummi- oder Schellacklösung bestäubt.

Wirkung auf eine Magnetnadel. Ist die Stärke des magnetischen Feldes = $\mathfrak{H}$, das magnetische Moment der Nadel = $\mathfrak{M}$ und schließt die magnetische Achse der letzteren mit der Richtung der Kraftlinien den Winkel φ ein, so erfährt die Nadel ein Drehmoment von der Größe $\mathfrak{H} \cdot \mathfrak{M} \cdot \sin \varphi$.

Maß der Stärke des magnetischen Feldes. Im magnetischen Feld von der Stärke 1 erfährt eine Magnetnadel vom Moment 1, deren magnetische Achse senkrecht zu den Kraftlinien steht, das Drehmoment 1.

(50) **Magnetische Induktion (magnetische Dichte).** Die magnetische Kraft oder die Stärke des magnetischen Feldes $\mathfrak{H}$ an irgend einer Stelle erzeugt die magnetische Induktion $\mathfrak{B}$. Wirkt $\mathfrak{H}$ auf einen magnetischen Körper, so ist im Innern des Magnets

$$\mathfrak{B} = \mathfrak{H} + 4\pi\mathfrak{J}$$

$\mathfrak{H}$ und $4\pi\mathfrak{J}$ haben im allgemeinen verschiedene Richtung, so daß sie nach dem Parallelogramm der Kräfte zu $\mathfrak{B}$ zusammenzusetzen sind. In dem hier wichtigsten Falle, im Eisen gilt die obige einfache Formel.

Das Verhältnis $\frac{\mathfrak{B}}{\mathfrak{H}} = \mu$ heißt Permeabilität oder Durch-

lässigkeit, $\frac{\mathfrak{J}}{\mathfrak{H}} = \varkappa$ Suszeptibilität oder Aufnahmevermögen;

$\mu = 1 + 4\pi\varkappa$. — μ ist für Luft $= 1$, $\varkappa$ für Luft $= 0$.

Der Pol von der Stärke 1 sendet 4π Kraftlinien, der Magnet von der Magnetisierungsstärke $\mathfrak{J}$ sendet $4\pi\mathfrak{J}\,q$ Kraftlinien aus; $q =$ Querschnitt.

Die magnetische Kraft $\mathfrak{H}$ im Innern einer Spule, welche auf die Längeneinheit K Windungen enthält und vom Strome i A durchflossen wird, ist $^4/_{10}\,\pi\,K\,i$ *).

(51) **Magnetisierungskurve.** Stellt man den Zusammenhang zwischen der magnetisierenden Kraft $\mathfrak{H}$ und der erzeugten Induktion $\mathfrak{B}$ oder der Magnetisierungsstärke $\mathfrak{J}$ durch eine Kurve dar, so erhält man ein Bild, wie es Fig. 48 zeigt. Vom unmagnetischen Zustand im

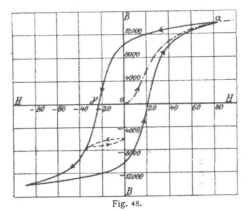

Fig. 48.

Nullpunkt der Koordinaten ausgehend wächst $\mathfrak{B}$ oder $\mathfrak{J}$ bei schwachen magnetisierenden Kräften erst ganz langsam, dann bedeutend rascher und nähert sich schließlich einem Maximum (strichpunktierte Linie); läßt man in irgend einem Punkte dieser Kurve, z. B. bei a die magnetisierende Kraft wieder abnehmen, so entsprechen den neuen Werten derselben andere $\mathfrak{B}$ oder $\mathfrak{J}$ wie beim Zunehmen des Stromes. Ist die magnetisierende Kraft Null geworden, so haben $\mathfrak{B}$ oder $\mathfrak{J}$ noch ganz erhebliche Werte, um dann aber in derselben Weise abzufallen, wie sie vorher im steilsten Teil der Kurve angestiegen waren. Die Ordinate zu O heißt Remanenz. Die Abscisse $O\gamma$ heißt Koerzitivkraft (Hopkinson); sie bezeichnet diejenige Feldstärke, welche nötig ist, um die Remanenz zu beseitigen. Die ausgezogene Kurve stellt einen vollen Wechsel der Magnetisierung von einem hohen Werte von $\mathfrak{B}$

---

*) Der Faktor $^1/_{10}$ rührt daher, daß der Strom in Ampere gemessen wird, vgl. (90) und (11) S. 13.

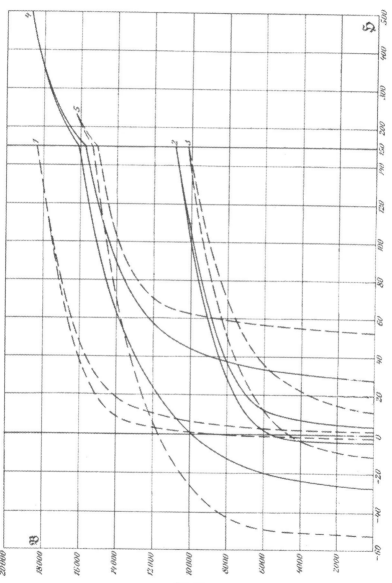

Fig. 49.

oder $\mathfrak{J}$ in der einen zu einem gleich großen Werte in der entgegengesetzten Richtung und wieder zurück dar. Wie sich aus der Fig. 48
ergibt, zeigt der Magnetismus eine Art von Beharrungsvermögen, insofern er hinter der magnetisierenden Kraft zurückbleibt, wenn diese
einen Kreisprozeß beschreibt Diese Eigenschaft nennt man Hysterese
(Ewing), eine vollständige magnetische Schleife bezeichnet man als
Hystereseschleife.   Nach   mehrfachem   Durchlaufen   einer   solchen
Schleife werden die magnetischen Größen genau zyklisch, d. h. jeder
folgende Wechsel verläuft wie der vorhergehende.

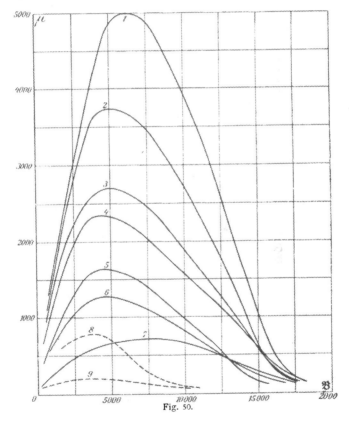

Fig. 50.

Ein Zurückbleiben der Magnetisierung tritt auch dann auf, wenn
man an irgend einem Punkte einer Hystereseschleife eine kleinere
Schleife einschaltet; so zeigt Fig. 48 links unten den Verlauf einer
Änderung von $\mathfrak{H}$ von einem höheren negativen Wert zu Null und
wieder zurück.

Fig. 49 (S. 48) gibt den Verlauf der Magnetisierungskurven von 1. weichem Eisen (Schmiedeeisen, Stahlguß, Flußeisen, Dynamoblech), 2. ausgeglühtem Gußeisen, 3. ungeglühtem Gußeisen, 4. ungehärtetem Stahl. 5. gehärtetem Stahl. — Fig. 50 stellt die Beziehung zwischen der Permeabilität μ und der Induktion $\mathfrak{B}$ dar, und zwar gelten die Kurven 1 bis 7 für Stahlguß verschiedener Güte, 8 für ausgeglühtes Gußeisen, 9 für ungeglühtes Gußeisen. Man erhält die Werte von μ, wenn man die der Nullkurve (strichpunktierte Linie in Fig. 48) entnommenen Werte der Induktion $\mathfrak{B}$ durch die zugehörigen Werte der Feldstärke $\mathfrak{H}$ dividiert.

Auch bei weichem Eisen ist μ für sehr geringe magnetisierende Kräfte ($\mathfrak{H} = 0,01$) klein, gewöhnlich etwa 100 bis 200, ausnahmsweise gegen 500, wächst dann rasch auf einen hohen Wert (1000 bis 5000) und sinkt bei sehr hohen magnetisierenden Kräften wieder auf ganz kleine Werte.

Bei Gußeisen, weichem und hartem Stahl überschreitet μ selten die Grenze 200 bis 250: doch kann dieser Wert bei Gußeisen durch geeignetes Ausglühen auf das drei- bis vierfache gesteigert werden (vgl. Tab. auf S. 52, Nr. 20 bis 23).

Eine Beziehung zwischen der Maximalpermeabilität μ_{max}, der Remanenz R und der Koerzitivkraft C gibt für weiches, bis zur Sättigung magnetisiertes Eisen die empirische Formel $\mu_{max} = \dfrac{R}{2\,C}$ (Gumlich und Schmidt).

Für Werte von $\mathfrak{H}$, welche < 7 sind, gilt die Gleichung.

$$\mathfrak{B} = \mathfrak{H} \cdot \left(1 + \frac{1}{a + b\,\mathfrak{H}}\right).$$

(52) **Magnetische Eigenschaften verschiedener Eisen- und Stahlsorten.** In der folgenden Tabelle sind die Werte für die Magnetisierbarkeit verschiedener gehärteter Stahlsorten zusammengestellt (Frau Curie). Hierbei bedeutet t die günstigste Härtungstemperatur, C die Koerzitivkraft, R die Remanenz, $\mathfrak{B}$ die Induktion, E die Energievergeudung für 1 cm³ (53); die Indices s bzw. r lassen erkennen, ob die betreffenden Werte mit Stäben von 20 cm Länge und 1 cm² Querschnitt, die bis zur Sättigung magnetisiert waren, oder mit geschlossenen Ringen gewonnen wurden.

Material	Kohlenstoff in %	t^0	$C_{r,s}$	R_s	R_r	$\mathfrak{B}_r$	E_r
Kohlenstoffstahl von Firminy $\left\{\vphantom{\begin{array}{c}a\\b\\c\end{array}}\right.$	0,06	1000	3,4	400	7850	20100	28000
	0,49	770	23	2800	10490	19660	108000
	1,21	770	60	5800	8110	15580	182000
Kohlenstoffstahl von Böhler (Steiermark) { weich	0,70	800	49	5300			
extra zäh, hart	0,99	800	55	5200			
extra halbhart	1,17	800	63	5800			
Kupferstrahl von Châtillon & Commentry; 3,9% Cu	0,87	730	66	6200			
Chromstahl von Assailly; 3,4% Cr.	1,07	850	57	6700			
Wolframstahl von Assailly; 2,7% W.	0,76	850	66	6400	10050	16080	260000
Wolframstahl von Böhler, Steiermark { Spezialstahl, sehr hart; 2,9% W.	1,10	850	74	6700			
Boreasstahl, gehärtet; 7,7% W.	1,96	800	85	4700			
Stahl von Allevard ... 5,5% W.	0,59	770	72	7000	10680	16080	280000
Molybdänstahl von Châtillon & Commentry { 3,5% Mo	0,51	850	60	6700			
4,0% Mo	1,24	800	85	6700			

Maßgebend für die Güte eines permanenten Magnets ist die Stärke der Magnetisierung, welche er festzuhalten vermag. Diese hängt aber, wie die Tabelle zeigt, einmal ab von der Höhe der Remanenz $R_r = 4\pi \cdot \Im_r$, die er bei der Untersuchung im geschlossenen Kreise (Ring, Joch) besitzt, sodann aber auch von der Koerzitivkraft. Wenn man den Verlauf der Hysteresekurve kennt, so kann man aus der hierdurch gefundenen Remanenz diejenige eines kürzeren Magnetstabes auf folgende Weise berechnen:

Befindet sich ein Magnetstab von der Stärke $\Im$ in einem Felde $\mathfrak{H}'$, so herrscht, da der freie Magnetismus des Stabes eine entmagnetisierende Wirkung ausübt, d. h. das ungestörte magnetische Feld schwächt, im Innern des Stabes nur die Feldstärke $\mathfrak{H} = \mathfrak{H}' - N \cdot \Im$. Hierin bezeichnet N den sogenannten Entmagnetisierungsfaktor, der bei gestreckten Stäben nur vom Dimensionsverhältnis v, d. h. dem Quotienten aus Länge und Durchmesser des Stabes, abhängt, und zwar gilt hierfür angenähert die Gleichung $N = \dfrac{4\pi}{v^2}$ (log. nat. $2v-1$).

Ist nun, wie bei der Remanenz, $\mathfrak{H}' = 0$, so wird $\mathfrak{H} = -N\Im =$ $-\dfrac{N \cdot R_s}{4\pi}$. Diese Größe trägt man in dem Punkt, wo der absteigende Ast der Hysteresekurve die Ordinatenachse schneidet, nach der Richtung der negativen Feldstärke ($-\mathfrak{H}$) auf und verbindet den Endpunkt mit dem Nullpunkt. Der Schnittpunkt dieser Scherungslinie mit dem absteigenden Ast gibt den Betrag an, den man für die Remanenz des betreffenden Stabes zu erwarten hat.

In der folgenden Tabelle sind empirisch gewonnene Werte von N für verschiedene Werte von v zusammengestellt (Riborgh Man).

Werte des Entmagnetisierungsfaktors N zylindrischer Stäbe vom Dimensionsverhältnis v.

v	5	10	15	20	25	30	40	50	60	70	80	90	100	150	200	300
N	0,68	0,255	0,140	0,0898	0,0628	0,0460	0,0274	0,0183	0,0131	0,0099	0,0078	0,0063	0,0052	0,0025	0,0015	0,0008

In nahezu geschlossenen magnetischen Kreisen (Hufeisenmagneten usw.) ist die entmagnetisierende Kraft viel geringer.

Die Tabelle auf S. 52 enthält eine Übersicht über die Magnetisierbarkeit verschiedener Eisensorten und über die dabei auftretenden wichtigsten Konstanten. Im allgemeinen gilt die Regel, daß mit wachsender Koerzitivkraft auch die Remanenz und die Energievergeudung [Hystereseverlust (53)] zunimmt, die Maximalpermeabilität abnimmt, doch kommen vielfache Ausnahmen vor.

Mit wachsendem Kohlenstoffgehalt wird das Eisen magnetisch härter, ebenso wirken Verunreinigungen durch Phosphor, Schwefel usw. ungünstig, während Zusatz von Aluminium und Silicium die Permeabilität erhöhen. Durch Siliciumzusatz wird auch die elektrische Leitfähigkeit des Materials und damit das Auftreten von schädlichen Wirbelströmen in Transformatoren usw. beträchtlich vermindert.

Magnetisierbarkeit verschiedener Eisensorten (nach Beobachtungen in der Reichsanstalt).

Material	Lfd. No.	$\mathfrak{H}_{max}$	$\mathfrak{B}_{max}$	$\mathfrak{B}$ für $\mathfrak{H}=100$	Remanenz	Koerc. Kraft	μ_{max}	Energie-vergeudung (Erg.)	$\eta =$	Widerstand für m/mm² (Ohm)
Walzeisen	1	129	18190	17700	10300	$0,6_0$	8350	4900	0,00075	0,113
Schmiedeeisen . .	2	145	18370	17650	9000	$1,6_5$	2850	12300	185	0,148
gegossenes Material (Stahlguß, Flußeisen, Dynamostahl)	3	129	17950	17470	8000	$0,8_0$	5240	10100	158	0,143
	4	129	17700	17200	7500	$0,9_5$	4070	9400	150	0,154
	5	128	18040	17570	7200	$1,0_4$	3200	10700	166	0,142
	6	128	18080	17600	7500	$1,3_5$	2610	11400	176	0,167
	7	145	18250	17500	10200	$1,5_0$	3380	13600	207	0,148
	8	127	18190	17700	9200	$1,8_5$	2460	14700	225	0,154
	9	129	18190	17670	7500	$2,0_0$	1900	15700	240	0,129
	10	129	17940	17400	11700	$2,4_2$	2250	20300	317	0,158
	11	128	17790	17300	11000	$3,2_7$	1620	24200	383	0,217
	12	129	17270	16750	9550	$4,3_3$	1100	30200	502	0,196
Dynamoblech (geglüht)	13	129	17430	16900	9800	$1,1_5$	4950	9400	154	—
	14	128	19540	19100	7550	$1,3_7$	2940	10700	146	—
	15	146	18490	17700	8300	$1,6_2$	2660	11200	167	0,144
	16	146	18500	17730	8800	$2,3_9$	1840	16200	241	0,144
	17	129	17440	17000	10000	$2,9_0$	1740	17600	288	—
	18	127	18320	17800	10150	$3,3_8$	1410	22000	332	—
	19	124	18880	18450	11550	$4,1_8$	1220	28800	415	—
Gußeisen ungeglüht	20	155	10320	9030	4630	11,3	200	34600	1310	0,878
dass. geglüht	21	155	10930	9900	5560	$4,0_6$	800	14900	515	0,798
ungeglüht	22	154	10030	8800	4630	13,2	200	36600	1450	0,989
dass. geglüht	23	155	10640	9600	5060	$4,6_8$	560	16100	580	—
Stahl, gehärtet	24	234	16220	13900	11700	52,6	195	—	—	0,325
	25	235	15120	12200	10500	61,7	125	—	—	0,360
	26	238	13370	9500	8880	69,7	—	—	—	0,422

Unmagnetische Legierungen. Während die Magnetisierbarkeit des Eisens durch den Zusatz von wenig Nickel (bis 5%) noch zunimmt, vermindert sich diese durch höheren Nickelzusatz sehr stark. Nickelstahl von ca. 26% Nickelgehalt ist bei gewöhnlicher Temperatur nahezu unmagnetisierbar, er wird dagegen wieder magnetisierbar durch Abkühlung auf Temperaturen unter 0° und behält dann die Magnetisierbarkeit auch in höheren Temperaturen bei. Durch eine Erhitzung auf ca. 600° wird er wieder unmagnetisch und bleibt in diesem Zustande bei der Abkühlung auf gewöhnliche Temperatur. Es existieren also für derartige (irreversibele) Nickellegierungen zwei verschiedene magnetische Zustände innerhalb eines bestimmten Temperaturintervalls, das von der Zusammensetzung der Legierung abhängt. Zusätze von Kohlenstoff, Chrom, Mangan erniedrigen den Umwandlungspunkt sehr beträchtlich, so daß es gelungen ist, Legierungen herzustellen, welche auch bei der Temperatur der flüssigen Luft nicht magnetisierbar werden.

Beim Zusatz von noch mehr Nickel verliert sich diese Eigentümlichkeit, die Legierung wird wieder bei allen Temperaturen magnetisierbar, der magnetische Zustand ist reversibel (Hopkinson, Dumont,
Dumas, Guillaume).

Auch durch den Zusatz von etwa 12% Mangan wird Stahl
praktisch unmagnetisierbar (Hadfield).

(53) **Hysteretischer Verlust** (Energievergeudung). Das Flächenstück, das von der Kurve umschlossen wird, welche $\mathfrak{B}$ oder $\mathfrak{J}$
als Funktion von $\mathfrak{H}$ darstellt, gibt diejenige Arbeitsmenge an, welche
bei dem magnetischen Wechsel in Wärme verwandelt worden ist
(Verlust durch Hysterese; Warburg). Auch für unvollständige
Wechsel, wie in Fig. 48 links unten durch die punktierte Kurve dargestellt, gilt dieser Satz.

Mißt man $\mathfrak{H}$, $\mathfrak{B}$ und $\mathfrak{J}$ im (c.g.s.)-System, so ist die in Wärme
verwandelte Arbeitsmenge für 1 cm^3 Eisen für einen vollen Wechsel

$$= \int \mathfrak{H}\, d\mathfrak{J} \quad \text{oder} = \frac{1}{4\pi} \int \mathfrak{H}\, d\mathfrak{B}, \quad \text{gleichfalls in (c.g.s.).}$$

Nach Steinmetz (El. Ztschr. 1892) kann man die durch Hysterese
in 1 cm^3 Eisen verbrauchte Arbeitsmenge darstellen durch $\eta \cdot \mathfrak{B}^{1,6}$,
worin die Werte von η zwischen 0 001 und 0,025 liegen.

Tafel der Werte für η (nach Steinmetz).

Material	η
Schmiedeeisen, Eisenblech und Stahlblech	0,0012—0,0055 Mittel 0,003
Gußeisen	0,011—0,016 Mittel 0,013
Weicher Gußstahl und Mitismetall . .	0,0032—0,012 Mittel 0,0060
Harter Gußstahl	bis 0,028
Schmiedestahl	0,015—0,025
Magneteisenstein	0,020—0,024
Nickel	0,013—0,039
Kobalt	0,012

Jedoch ist, wie sich aus den eigenen Versuchen von Steinmetz,
namentlich aber aus den Versuchen der Reichsanstalt ergibt, der Wert
η wenigstens für magnetisch weiches Material keineswegs konstant,
sondern wächst für Induktionen, welche oberhalb des Knies der
Magnetisierungskurve liegen, sehr beträchtlich, wie die folgende
Tabelle zeigt.

Beziehung zwischen η und $\mathfrak{B}$ für einige Materialien.

Weiches Schmiedeeisen		Geglühtes schwedisches Schmiedeeisen		Dynamoblech		Geglühter Wolframstahl	
$\mathfrak{B}_{\text{Max.}}$	η	$\mathfrak{B}_{\text{Max.}}$	η	$\mathfrak{B}_{\text{Max.}}$	η	$\mathfrak{B}_{\text{Max.}}$	η
5000	0,00097	4800	0,00168	4000	0,00137	4200	0,0138
8400	94	8000	169	6000	137	8300	137
14800	105	11000	187	8000	141	10800	136
17300	114	13800	216	10000	148	16800	139
18800	124	18300	252	12000	157	18500	134
		20500	214	14000	169		
				16000	185		

Trotzdem ist die Steinmetz'sche Formel unter Umständen sehr gut zu gebrauchen, wenn es sich darum handelt, die Hystereseverluste verschiedener nicht genau gleich hoch magnetisierter Materialien zu vergleichen.

Der hysteretische Verlust wird durch andauernde Erwärmung und durch hohen Druck vergrößert, wahrscheinlich aber nicht durch die fortwährende Ummagnetisierung.

Bei einer Frequenz von n Perioden in 1 Sekunde wird in 1 kg Eisen oder Stahl vom spezifischen Gewicht 7,77 eine Leistung verbraucht von

$$n \cdot \frac{\eta \, \mathfrak{B}^{1,6}}{7,77 \cdot 10^4} \text{ Watt.}$$

Hysteretischer Verlust in 1 kg Eisen oder Stahl (spez. Gew. = 7,77) bei 100 Perioden in 1 Sekunde in Watt.

$\mathfrak{B}$	$\dfrac{\eta}{0,0020}$	0,0025	0,0030	0,0035	0,004	0,005	0,006	0,008	0,010	0,015
1000	0,16	0,20	0,25	0,29	0,33	0,41	0,49	0,65	0,81	1,22
2000	0,50	0,61	0,74	0,87	0,99	1,24	1,48	1,97	2,47	3,71
3000	0,94	1,18	1,42	1,65	1,88	2,36	2,83	3,78	4,72	7,08
4000	1,50	1,86	2,24	2,62	2,99	3,74	4,48	5,98	7,47	11,21
5000	2,13	2,67	3,20	3,74	4,26	5,33	6,40	8,54	10,67	15,99
6000	2,85	3,57	4,29	5,00	5,72	7,15	8,57	11,44	14,29	21,44
7000	3,66	4,57	5,49	6,40	7,31	9,15	10,97	14,63	18,28	27,43
8000	4,53	5,66	6,80	7,93	9,06	11,33	13,59	18,12	22,64	33,97
9000	5,47	6,84	8,21	9,57	10,94	13,68	16,40	21,87	27,34	41,02
10000	6,47	8,09	9,71	11,33	12,94	16,18	19,41	25,88	32,36	48,54
11000	7,54	9,42	11,31	13,19	15,07	18,85	22,61	30,15	37,69	56,54
12000	8,66	10,83	13,00	15,17	17,33	21,66	25,99	34,67	43,33	64,99
13000	9,85	12,31	14,77	17,24	19,70	24,63	29,54	39,39	49,24	73,87
14000	11,09	13,85	16,63	19,40	22,18	27,72	33,26	44,35	55,44	83,15
15000	12,38	15,48	18,57	21,67	24,77	30,96	37,14	49,53	61,91	92,87

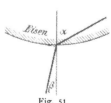

Fig. 51.

(54) Der magnetische Kreis. Die magnetischen Kraftlinien werden erzeugt von der magnetomotorischen Kraft, d. i. derjenigen Kraft, welche das vorher unmagnetische Eisen (oder Stahl) magnetisch gemacht hat. Die Kraftlinien sind geschlossene Kurven; beim Übergang aus Eisen in Luft oder andere unmagnetische Körper werden sie gebrochen nach dem Gesetz (vgl. Fig. 51):

$$\operatorname{tg} \alpha = \mu \operatorname{tg} \beta.$$

Außerhalb des Eisens bilden die Kraftlinien das magnetische Feld (48); ihre Richtung gibt die Richtung der Kraft, ihre Dichte die magnetische Feldstärke an.

Die magnetische Kapazität $\mathfrak{C}$ oder deren reziproker Wert, der magnetische Widerstand $\mathfrak{R}$ des Weges, der sich den Kraftlinien darbietet, ist bestimmend für die Gesamtmenge Φ der Kraftlinien, welche von der magnetomotorischen Kraft $\mathfrak{F}$ erzeugt werden:

$$\Phi = \mathfrak{B} \cdot q = \mathfrak{F} \cdot \mathfrak{C} = \frac{\mathfrak{F}}{\mathfrak{R}}.$$

Anmerkung. Da die Kraftlinien, nachdem sie erzeugt worden sind, ruhen und demnach keinen (dem elektrischen ähnlichen) Widerstand mehr finden, so ist die Benennung magnetischer Widerstand unzutreffend. Der Vorgang der Magnetisierung kann viel eher mit dem Laden eines Kondensators oder einem anderen in der Aufspeicherung von Energie bestehenden Vorgange verglichen werden, woraus sich die passendere Benennung magnetische Kapazität ergibt.

Für einen vollständig bewickelten Eisenring aus gleichmäßigem Material und von gleichbleibendem Querschnitt ist $\mathfrak{F} = \mathfrak{H} \cdot l$, worin l die mittlere Länge des Kraftlinienweges und $\mathfrak{H} = {}^4/_{10} \pi \cdot Ki$ (50).

$\mathfrak{F}$ läßt sich auch als magnetische Potentialdifferenz oder Spannung deuten. Wenn längs einer magnetischen Kraftlinie die Werte von $\mathfrak{H}$ gegeben sind, so gilt für die ganze Kraftlinie, wie auch für jedes Stück die Gleichung $\mathfrak{F} = \int \mathfrak{H} \, dl$. Hat $\mathfrak{H}$ längs einer Kraftlinie auf einer Wegelänge l einen konstanten Wert, so herrscht zwischen den Endpunkten der Länge l die magnetische Spannung $\mathfrak{F} = \mathfrak{H} \cdot l$. Da $\mathfrak{H} \cdot \mu = \mathfrak{B}$ ist, so folgt $\mathfrak{F} = 1/\mu \cdot \mathfrak{B} \cdot l$. Setzt sich der Kraftlinienweg aus mehreren Stücken zusammen, so wird $\mathfrak{F} = \Sigma \mathfrak{H} \cdot l = \Sigma 1/\mu \cdot \mathfrak{B} \cdot l = {}^4/_{10} \pi \cdot Ni$. Diese Formel enthält das wichtigste für die Berechnung elektromagnetischer Apparate.

Die magnetische Kapazität $\mathfrak{C}$ hängt von den Abmessungen und der materiellen Beschaffenheit des Weges für die Kraftlinien ab. Für einen Körper, der gleichmäßig von parallelen Kraftlinien durchzogen wird, ist sie proportional dem Querschnitt q, der Permeabilität μ und umgekehrt proportional der Länge des Körpers:

$$\mathfrak{C} = \mu \cdot \frac{q}{l}.$$

Für den gleichen Fall ist $\mathfrak{R} = \dfrac{1}{\mu} \cdot \dfrac{l}{q}$.

Dieser einfachste Fall wird annäherungsweise verwirklicht durch einen Eisen- oder Stahlstab von gleichmäßigem Querschnitt, welcher der Länge nach magnetisiert wird, und durch planparallele Platten von Luft und anderen unmagnetischen Körpern, welche zwischen gleich großen ebenen und parallelen Eisenflächen eingeschlossen sind, und deren Dicke gegen ihren Querschnitt gering ist. μ ist für Luft $= 1$, für noch nicht oder schwach magnetisches weiches Eisen etwa $400-5000$; bei stark zunehmender Magnetisierung nimmt der Wert von μ für Eisen ab, s. Fig. 50.

Für andere einfache und häufig vorkommende Fälle werden nachstehend die Formeln abgeleitet. Die Figuren zeigen Durchschnitte durch zwei durch Luft getrennte Eisenstücke (Eisen schraffiert); die punktierten Linien geben den angenommenen Weg der Kraftlinien an; die Annahme ist möglichst der Wirklichkeit entsprechend so gewählt, daß die Rechnung einfach wird.

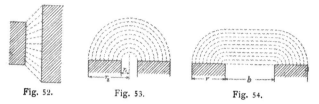

Fig. 52.   Fig. 53.   Fig. 54.

Zwei parallele Eisenflächen von annähernd gleicher Größe. Magnetische Kapazität des Luftraumes = Mittel der beiden Flächen, dividiert durch ihren Abstand.	Zwei in einer Ebene nebeneinander liegende Eisenflächen; die Dimension senkrecht zur Ebene der Zeichnung $= a$.

Zwei in einer Ebene nebeneinander liegende Eisenflächen; die Dimension senkrecht zur Ebene der Zeichnung $= a$.

Magnetische Kapazität

$$\mathfrak{C} = a \int_{r_1}^{r_2} \frac{dr}{\pi r} = \frac{a}{\pi} \log \text{nat} \frac{r_2}{r_1}$$

Magnetische Kapazität

$$\mathfrak{C} = a \int_{0}^{r} \frac{dr}{\pi r + b} = \frac{a}{\pi} \log \text{nat} \left(1 + \frac{\pi r}{b}\right).$$

Alle Maße in cm bezw. cm². Ist der Zwischenraum zwischen den Eisenflächen mit Eisen statt mit Luft gefüllt, so hat man die angegebenen Werte noch mit der magnetischen Durchlässigkeit μ des Eisens zu multiplizieren.

Diese Methode, welche von Forbes angegeben wurde, ist mit Vorsicht zu verwenden; es hängt hier soviel von der Anschauung des Rechners ab, daß man nicht mit voller Sicherheit auf richtige Resultate zählen kann.

Für verwickeltere Fälle wird im III. Teil ein Verfahren angegeben.

Wenn die Kraftlinien auf ihrem Wege von mehreren verschieden bemessenen oder beschaffenen Körpern von den magnetischen Kapazitäten c_1, c_2, c_3 usf. aufgenommen werden, so berechnet sich die gesamte Kapazität $\mathfrak{C}$ des Weges bezw. der gesamte Widerstand nach den Formeln

$$\frac{1}{\mathfrak{C}} = \frac{1}{c_1} + \frac{1}{c_2} + \frac{1}{c_3} + \cdots = \Sigma \frac{1}{c}.$$

$$\mathfrak{R} = \mathfrak{r}_1 + \mathfrak{r}_2 + \mathfrak{r}_3 + \cdots = \Sigma \mathfrak{r}.$$

Wenn den Kraftlinien mehrere Wege nebeneinander geboten werden, so ist die gesamte Kapazität der nebeneinander liegenden Wege gleich der Summe der Kapazitäten der einzelnen Wege.

Einfluß des weichen Eisens auf die Kraftlinien. Der Verlauf der Kraftlinien in einem magnetischen Feld wird durch die Gegenwart von Eisen und anderen magnetisierbaren Körpern beeinflußt; diese Körper besitzen eine besonders große Aufnahmefähigkeit für magnetische Kraftlinien, vor allem und in weitaus dem stärksten Maße weiches Eisen. Die Kraftlinien werden aus ihrer Richtung abgelenkt und in großer Zahl und Dichte durch das Eisen geführt (magnetische Schirmwirkung des Eisens).

(55) **Erdmagnetismus.** Die Erde ist ein sehr großer Magnet, dessen Südpol nahe beim geographischen Nordpol, dessen Nordpol nahe beim geographischen Südpol liegt.

Der Nordpol einer durchaus frei beweglichen Magnetnadel zeigt nahezu nach dem geographischen Norden, und die magnetische Achse der Nadel macht mit der Horizontalen einen bestimmten Winkel. Die Abweichung von der geographischen Nord-Süd-Richtung heißt Deklination, sie ist in Deutschland westlich und beträgt etwa 9°. Der Winkel der magnetischen Achse mit dem Horizont heißt Inklination; der Nordpol zeigt nach unten, der Inklinationswinkel beträgt bei uns etwa 66°.

An den Magnetnadeln, die sich nur in der horizontalen Ebene frei bewegen können, zB. in vielen Meßinstrumenten, beobachtet man nur das Bestreben, die magnetische Nord-Südrichtung einzunehmen; diese Richtung wird der magnetische Meridian genannt. Solche Nadeln stehen nicht unter der Einwirkung der ganzen Stärke des Erdmagnetismus, sondern nur unter demjenigen Teile, der als horizontale Komponente wirksam ist; man nennt diesen Teil auch Horizontalstärke, $\mathfrak{h}$.

In Gebieten von geringer Ausdehnung, in Beobachtungsräumen, Laboratorien u. dgl. darf man die Kraftlinien des erdmagnetischen Feldes als parallel und geradlinig ansehen, sofern sie nicht durch vorhandene Eisenmassen oder Magnete oder vorüberführende starke elektrische Ströme gestört werden. In solchen Räumen darf man auch die Stärke des magnetischen Feldes als konstant annehmen; die Feldstärke wird durch vorhandene Eisen- oder Magnetmassen nicht in dem Maße beeinflußt, wie die Richtung der Kraftlinien.

Betrachtet man größere Gebiete, so ändert sich die Horizontalstärke mit der geographischen Lage des Ortes.

Horizontale Stärke des Erdmagnetismus. Anfang 1906.

(Nach einer Tabelle der Deutschen Seewarte.)

Für 1 Jahr später ist zu addieren etwa 0,0002.

Westen			Osten
	Kiel . . 0,181		
Oldenburg 0,183	Hamburg . 0,183	Rostock . 0,182	Königsberg 0184
Kleve . . 0,188	Hannover 0,187	Berlin . . 0,190	Thorn . . 0,192
Aachen . 0,192	Kassel . 0,191	Halle . . 0,192	Posen . . 0,191
Metz . . 0,199	Nürnberg . 0,201	Prag . . 0,200	Oppeln . 0,200
Freiburg . 0,205	Augsburg 0,205	Passau . 0,206	Brünn . . 0,205
Bern . . 0,210	Lindau . 0,209	Salzburg . 0,207	Wien . . 0,209
	Bozen . . 0,214	Graz . . 0,215	Pest . . 0,215

(56) **Schwingungsdauer einer Magnetnadel im erd-magnetischen Feld.** Die Richtkraft ist gleich dem Produkt aus dem magnetischen Moment der Nadel $\mathfrak{M}$ (c. g. s.) und der horizontalen Intensität $\mathfrak{H}$ (c. g. s.), also $= \mathfrak{M}\mathfrak{H}$ (c. g. s.); Trägheitsmoment Θ (c. g. s.) nach (11) berechnet.

Schwingungsdauer (14) $t = \pi \cdot \sqrt{\dfrac{\Theta}{\mathfrak{M}\mathfrak{H}}}$ Sek.

Wirkung eines Magnetstabes auf eine Magnetnadel, die im erdmagnetischen Feld horizontal aufgestellt ist (vgl. Fig. 47). Erste Hauptlage: der Stab liegt östlich oder westlich der Nadel; die Nadel erfährt die Ablenkung φ; dann ist

$$\mathfrak{H} \cdot \mathfrak{M}' \sin \varphi = 2 \cdot \frac{\mathfrak{M} \cdot \mathfrak{M}'}{R^3} \cos \varphi \text{ oder } \mathfrak{M} = \frac{R^3}{2} \mathfrak{H} \operatorname{tg} \varphi \text{ (c. g. s.).}$$

Zweite Hauptlage: der Stab nördlich oder südlich der Nadel:

$$\mathfrak{H} \cdot \mathfrak{M}' \sin \varphi = \frac{\mathfrak{M} \cdot \mathfrak{M}'}{R^3} \cos \varphi \text{ oder } \mathfrak{M} = R^3 \mathfrak{H} \operatorname{tg} \varphi \text{ (c. g. s.),}$$

abgesehen von einer geringen Berichtigung wegen der Längen von Stab und Nadel.

Elektrizität.

(57) **Leiter und Nichtleiter.** Die nachfolgende Tabelle gibt eine Stufenleiter vom besten bis zum schlechtesten Leiter, von denen der erstere der Bewegung der Elektrizität noch immer einen, wenn auch geringen Widerstand entgegensetzt, während auch der schlechteste Leiter sie nicht ganz verhindert.

Metalle.
Kohle, Graphit.
Säuren, Salzlösungen, Wasser in natürlichem
      Vorkommen, Schnee.
Lebende Pflanzen und Thiere.
Lösliche Salze.
Leinen und Baumwolle.
Alkohol, Äther.
Glaspulver, Schwefelblumen.
Marmor.
Trockenes Holz, Papier, Stroh.
Eis bei 0^0.
Trockene Metalloxyde.
Fette, Öle.
Asche.
Eis bei -25^0.
Phosphor.
Kalk, Kreide.
Bärlappsamen.
Kautschuk.
Kampher.
Ätherische Öle.
Porzellan.

Getrocknete Vegetabilien, Leder, Pergament,
trockenes Papier, Federn, Haare, Wolle, Seide.
Edelsteine, Glimmer, Glas, Agat.
Wachs, Schwefel, Harze, Bernstein, Schellack.
Trockene Luft.

(58) **Leiter erster und zweiter Klasse.** Leiter erster Klasse
sind die Metalle, Kohle, Bleisuperoxyd, Mangansuperoxyd. Leiter
zweiter Klasse sind gelöste oder geschmolzene, manchmal auch feste
Salze, Säuren und Basen. Die Leiter erster Klasse leiten die
Elektrizität „metallisch", d. i. ohne in ihrer chemischen Beschaffenheit
geändert zu werden. Die Leiter zweiter Klasse erleiden beim Durchgang des Stromes eine chemische Veränderung.

(59) **Reibung.** Wählt man aus der nachfolgenden Tabelle zwei
Körper aus und reibt sie gegeneinander, so wird der in der Tabelle
voranstehende positiv, der nachstehende negativ elektrisch.

$+$ Haare
         Wolle, Baumwolle, Seide
         Glas
         Holz
         Lack
         Metalle
$-$ Schwefel.

Da die Metalle gute Leiter sind, so kann man sie nur elektrisch
machen, wenn sie an einer isolierten Handhabe befestigt sind.

Elektrostatik.

(60) **Anziehende und abstoßende Kräfte.** 1. Ein elektrischer
und ein unelektrischer Körper ziehen einander an. 2. Ein positiv
elektrischer und ein negativ elektrischer Körper ziehen einander an.
3. Zwei positiv elektrische Körper oder zwei negativ elektrische
Körper stoßen einander ab. 4. Zwischen unelektrischen Körpern
findet weder Anziehung noch Abstoßung statt.

(61) **Maß der Elektrizität.** Die Größe der abstoßenden oder
anziehenden Kraft dient als Maß der Stärke des vorhandenen elektrischen Zustandes oder der Menge der vorhandenen Elektrizität. Anziehung bezw. Abstoßung ist proportional den aufeinander wirkenden
Elektrizitätsmengen und umgekehrt proportional dem Quadrate des

Abstandes dieser Mengen $P = \dfrac{Q_1 Q_2}{R^2}$.

(62) **Einheit der Elektrizitätsmenge** ist diejenige Menge, welche
auf eine gleich große in der Einheit des Abstandes die Einheit der
Kraft ausübt, oder in praktischen Maßen: Wenn zwei sehr kleine
Körper, deren Abstand von einander 1 cm beträgt, der eine mit
positiver, der andere mit negativer Elektrizität geladen sind, wenn
beide Elektrizitätsmengen gleich groß und so groß sind, daß sich die
beiden kleinen Körper unter dem Einfluß ihrer Ladungen mit derselben Kraft anziehen, mit welcher die Masse 1,02 mg von der Erde
angezogen wird, so ist die Ladung jedes der beiden Körper gleich
der Einheit der Elektrizitätsmenge. (Mechanisches Maß.)

(63) Elektrizitätsmenge, Potential und Kapazität. Wenn ein isoliert aufgestellter Leiter mit Elektrizität geladen wird, so stehen Elektrizitätsmenge und Potential auf ihm in einem bestimmten Verhältnis, welches eine Eigenschaft des geladenen Körpers ist und Kapazität genannt wird:

$$\frac{\text{Elektrizitätsmenge}}{\text{Potential}} = \text{Kapazität.}$$

Körper, auf welche diese Formel häufig angewandt wird, sind die Ansammlungsapparate (Franklin'sche Tafel, Leidener Flasche), die Kondensatoren, Elektrometer und Kabelleitungen. Die Kapazität ist der Dielektrizitätskonstante des Isolationsmittels proportional.

(64) Dielektrizitätskonstante.

Kolophonium	2,6	Paraffin, fest . . .	2,0—2,3
Ebonit	2—3	Petroleum	2,0—2,2
Glas, verschieden . . .	3—7	Porzellan	4,4
weißes Spiegelglas etwa	6	Rapsöl	2,3
Glimmer	4—8	Rizinusöl	4,7
Guttapercha	4,2	Rüböl	3
Kautschuk, braun . . .	2	Schellack	2,7—3,7
„ vulkan., grau	2,7	Siegellack	4,3
Olivenöl	3	Terpentinöl. . . .	2,2

(65) Werte von Kapazitäten.

Zylinder vom Radius r, der von einem Zylinder vom Radius r_1 umgeben ist (Kabel), für die Längeneinheit . . . .

$$\frac{1}{2 \log \text{nat} \dfrac{r_1}{r}}$$

Zylinder vom Radius r, der im Abstande h mit seiner Achse parallel einer unendlichen Ebene liegt (oberirdische Leitung), für die Längeneinheit

$$\frac{1}{2 \log \text{nat} \dfrac{2h}{r}}$$

Zwei Zylinder mit den Radien r_1 und r_2, die im (gegen r großen) Abstand a einander parallel liegen, für die Längeneinheit . . . . . .

$$\frac{1}{2 \log \text{nat} \left(\dfrac{a^2}{r_1 r_2} \right)}$$

Zwei im Abstande d einander gegenüberstehende parallele Flächen von der Größe S (Leydener Flasche, Kondensatoren) . . . .

$$\frac{S}{4 \pi d}$$

Eine zwischen zwei parallelen Flächen liegende dritte Fläche (Kondensatoren) . . . . . .

$$\frac{S}{4\pi} \cdot \left(\frac{1}{d_1} + \frac{1}{d_2} \right).$$

Ist die Zwischenschicht von der Dicke d zusammengesetzt aus parallelen Schichten aus verschiedenem Material von den Dicken d_1, d_2, d_3, . . . und den Dielektrizitätskonstanten δ_1, δ_2, δ_3 . . ., so tritt an die Stelle von d

$$\frac{d_1}{\delta_1} + \frac{d_2}{\delta_2} + \frac{d_3}{\delta_3} + \cdots$$

Maße der Längen und Flächen in cm und cm²; die Formeln geben die Kapazität im elektrostatischen Maße; um Mikrofarad zu erhalten, hat man noch durch $9 \cdot 10^5$ zu dividieren.

Die Kapazität einer Leitung wird definiert als das Verhältnis der auf der Leitung befindlichen Elektrizitätsmenge zu ihrem Potential gegen Erde (Breisig ETZ. 1899, S. 127). Sie wird angegeben in Mikrofarad für 1 km Länge der Leitung und kann nach folgenden Formeln berechnet werden:

a) Oberirdische Leitungen.

Es bedeutet d den Durchmesser eines Drahtes in mm, a den Abstand zweier Drähte in cm, h den Abstand eines Drahtes vom Erdboden in m.

Kapazität einer Einzelleitung

$$= 1/(150 + 41{,}4 \log \text{vulg } h/d)\, 10^{-6}\, \text{F/km},$$

oder angenähert für $h/d > 1 : = 0{,}0068 - 0{,}00029\, h/d\, 10^{-6}\, \text{F/km}.$

Bei Doppelleitungen unterscheidet man drei Fälle:

Hin- und Rückleitung (Schleife) isoliert, C_1; beide Leitungen parallel, Kapazität eines Drahtes $= C_2$; eine Leitung isoliert, die andre an Erde: C_3. Es ist $C_1 + C_2 = 2 C_3$. Dabei erscheint C_1 doppelt so groß, als wenn man die Potentialdifferenz der Drähte gegen einander in die Rechnung einführt (Breisig ETZ. 1898, S. 774).

$$C_1 = \frac{0{,}0241}{\log \text{vulg } \dfrac{20\, a}{d\, \sqrt{1 + (a/200\, h)^2}}}$$

$$= \sim \frac{0{,}0241}{\log \text{vulg } \dfrac{20\, a}{d}}\, 10^{-6}\, \text{F/km}.$$

$$C_2 = \frac{0{,}0241}{\log \text{vulg } \left(\dfrac{8 \cdot 10^5 \cdot h^2}{a\, d}\, \sqrt{1 + (a/2\, h)^2} \right)}$$

$$= \sim \frac{0{,}0241}{\log \text{vulg } \dfrac{8 \cdot 10^5 \cdot h^2}{a\, d}}\, 10^{-6}\, \text{F/km}.$$

$$C_3 = \frac{0{,}0241 \log \text{vulg } (4000\, h/d)}{\log \text{vulg} \left(\dfrac{8 \cdot 10^5 \cdot h^2}{a\, d}\, \sqrt{1 + (a/200\, h)^2} \right) \cdot \log \text{vulg} \left(\dfrac{20\, a}{d\sqrt{1 + (a/200\, h)^2}} \right)}\, 10^{-6}\, \text{F/km.}$$

$$= \sim \frac{0{,}0241 \log \text{vulg } (4000\, h/d)}{\log \text{vulg} \left(\dfrac{8 \cdot 10^5 \cdot h^2}{a\, d} \right) \cdot \log \text{vulg } \dfrac{20\, a}{d}}\, 10^{-6}\, \text{F/km.}$$

Die Annäherungsformeln gelten, wenn h groß ist gegen a.

b) Kabel.

Kapazität eines symmetrischen zweiadrigen Kabels

$$C_1 = \frac{0{,}0241\, \delta}{\log \text{vulg } u}\, 10^{-6}\, \text{F/km}; \quad \frac{u-1}{u+1} = \sqrt{\frac{R^2 - (A + D/2)^2}{R^2 - A^2}} \cdot \frac{A}{A + D/2}.$$

Kapazität eines symmetrischen Drehstromkabels

$$= \frac{0{,}0483\, \delta}{\log \text{vulg } \left[\dfrac{12\, A^2}{D^2} \cdot \dfrac{(R^2 - A^2)^3}{R^6 - A^6} \right]}\, 10^{-6}\, \text{F/km}.$$

Darin bedeutet D Durchmesser der Kupferadern, A Entfernung der Leiterachsen von der Achse des Kabels, R den inneren Halbmesser des zur Erde abgeleiteten Mantels, δ die Dielektrizitätskonstante, alle Maße in cm (Breisig ETZ. 1899, S. 129 und Lichtenstein ETZ. 1904, S. 126).

Kapazität eines **konzentrischen Einphasenkabels**

für den Innenleiter $= \dfrac{0{,}0483\ \delta_1}{\log \text{vulg}\ (D_2/D_1)}\ 10^{-6}$ F/km,

für den Außenleiter $=$

$$0{,}0483 \left(\frac{\delta_1}{\log \text{vulg}\ (D_2/D_1)} + \frac{\delta_2}{2\ \log \text{vulg}\ (D_4/D_3)} \right) 10^{-6}\ \text{F/km}.$$

Darin bedeuten D_1, D_2, D_3, D_4 die Durchmesser von Innenleiter, von innerer und äußerer Zylinderfläche des Außenleiters und von Mantel, δ_1, δ_2 Dielektrizitätskonstante des Isoliermateriales zwischen beiden Leitern, bezw. zwischen Außenleiter und Mantel, alle Maße in cm. Die Potentiale beider Leiter sind zu $+\dfrac{V}{2}$ und $-\dfrac{V}{2}$ angenommen (Lichtenstein a. a. O.).

(66) Energie eines Kondensators. Die in einem Kondensator von der Kapazität C aufgespeicherte Elektizitätsmenge Q stellt eine Energiemenge $Q^2/2\,C$ oder $^1/_2\,QV$ oder $^1/_2\,CV^2$ dar, wenn V die Spannung bedeutet.

(67) Spannung und Schlagweite.

Spannungen, welche nötig sind, um bestimmte Funkenlängen in gewöhnlicher atmosphärischer Luft zu erzeugen:

Der Funke bildet sich zwischen zwei Kugeln vom Durchmesser d cm bei 745 mm Druck und 18° C.; Spannung zu vergrößern um 1% für je 8 mm höheren Druck und 3° C. niedrigere Temperatur. (Heydweiller, Elektr. Zeitschr. 1893. S. 29.)

Funkenlänge in mm	Spannung in Kilovolt				Funkenlänge in mm	Spannung in Kilovolt			
	$d=5$	2	1	0,5		$d=5$	2	1	0,5
1	—	4,1	4,5	4,8	8	27,5	26,2	24,0	19,1
2	—	7,9	8,4	8,6	10	33,4	30,9	27,1	20,5
3	—	11,4	11,9	11,4	12	39,2	35,0	—	—
4	—	14,8	14,9	13,7	14	44,6	38,7	31,4	—
5	17,8	17,9	17,7	15,5	16	49,6	42,0	—	—
6	21,1	20,8	20,0	17,0	20	—	47,5	—	23,8

Bei Wechselstrom ist zu beachten, daß die Funkenlänge den Höchstwert der Spannung ergibt.

Richtige Werte für die Entladungspotentiale erhält man nur, wenn die Elektroden mit ultraviolettem Licht, Röntgen- oder Becquerelstrahlen bestrahlt werden; geschieht dies nicht, so treten mehr oder weniger große Verzögerungen der Entladungen ein (Warburg).

Durchschlagspannungen fester Materialien werden gewöhnlich mit hochgespanntem Wechselstrom bestimmt und in eff. Volt angegeben. Zahlen für die Durchschlagspannungen sind ziemlich unzuverlässig, da sie bei den meist inhomogenen Materialien von vielen Zufälligkeiten abhängen; deshalb kann die Tabelle nur Anhaltspunkte bieten. Für die Abhängigkeit der Durchschlagspannung von der Dicke d des Materials stellt Baur (ETZ 1904, S. 7) die Näherungsformel $V = c\,d^{2/3}$ auf. Eine besondere Art der Versuchsanordnung wird von Walter (ETZ. 1903, S. 800) vorgeschlagen.

Material von 1 mm Dicke	Durchschlagspannung
Hartgummi (AEG.) .	26000—40000 Volt
Stabilit (AEG.) . .	20000—25000 „
Leatheroid (AEG.) .	10000 „
Rubelit (AEG.) . .	30000 „

Material	Dicke 1 mm	2 mm	3 mm	4 mm	5 mm
Mikanit (AEG.) . .	22000 V	42200 V	53000 V	58000 V	
Hartporzellan (Porz.-Fabr. Hermsd.) . .	14000	25000	35000	44000	53000
Paraffin (Porz.-Fabr. Hermsd.)	27000	39000	—	56000	—
Vulkanasbest (AEG.) .	—	—	—	—	4000

	0,1 mm	0,2 mm	0,3 mm	0,4 mm	0,5 mm
Glimmer (Gray)	12000 V	19000 V	—	—	37000 V

Elektrodynamik.

(68) Das Ohm'sche Gesetz: $E = IR$.

Das Ohm'sche Gesetz gilt in dieser einfachen Form für den Fall, daß nur eine EMK und ein einfacher Stromleiter vorhanden ist; für verzweigte Stromleiter, und wenn mehrere EMKräfte vorhanden sind, tritt an seine Stelle ein erweitertes Gesetz:

(69) 1. Satz von Kirchhoff: $\Sigma E = \Sigma IR$.

In jeder verzweigten Strombahn ist für jeden in sich selbst zurückgeführten Weg die Summe der EMKräfte gleich der Summe der Produkte aus Stromstärke und Widerstand für jeden Leitungsteil; die EMKräfte und Stromstärken sind hierbei mit dem ihrer Richtung entsprechenden Vorzeichen zu nehmen.

(70) 2. Satz von Kirchhoff: $\Sigma I = 0$.

In jedem Verzweigungspunkte ist die Summe der von diesem Punkte wegfließenden Ströme gleich der Summe der hinzufließenden.

(71) Folgerungen. *a)* In einem einfachen Stromkreis ist die Stromstärke überall dieselbe.

b) Bei einer Verzweigung eines Stromleiters verteilen sich die Stromstärken auf die einzelnen Zweige umgekehrt proportional den Leitungswiderständen der Zweige, während die Summe der Teilströme gleich dem ungeteilten Strome bleibt. — Dies gilt nur, wenn keiner der Zweige eine besondere elektromotorische Kraft enthält.

c) Für einen Leiter vom Widerstand r, der von einem Strom von der Stärke i durchflossen wird, ist das Produkt $i\,r$ gleich der Potentialdifferenz oder Spannung des elektrischen Stromes zwischen den Enden dieses Leiters; in vielen Fällen kann man mit dieser berechneten Spannung ebenso rechnen, wie mit einer EMK.

d) Die Klemmenspannung P einer Stromquelle, welche die EMK E und den inneren Widerstand R_i besitzt, und die Stromstärke I liefert, ist
$$P = E - I \cdot R_i.$$

e) Wenn ein Stromkreis von der EMK E gespeist wird, so ist zwischen zweien seiner Punkte die Klemmenspannung
$$P = E - \Sigma\,i\,r,$$
wobei $\Sigma\,i\,r$ über alle Teile der Leitung zu erstrecken ist, welche die Stromquelle mit den betrachteten Punkten verbinden.

Leitungswiderstand und Leitungsvermögen.

(72) Berechnung des Widerstandes. Den Widerstand eines Leiters, dessen Länge sehr groß ist gegen die Abmessungen seines Querschnittes, kann man berechnen. Ist die Länge des Leiters $= l$ m und sein Querschnitt $= q$ mm², ist der letztere an allen Stellen gleich groß, so ist der Widerstand des Leiters
$$r = \varrho \cdot \frac{l}{q} \text{ Ohm.}$$
In dieser Formel bedeutet ϱ eine von der Natur des leitenden Körpers abhängige Konstante, welche der spezifische Widerstand des Körpers genannt wird*).

Bei Leitern von kleinem, aber veränderlichem Querschnitt kann man eine Berechnung des Widerstandes ausführen, indem man den Leiter in kleine Stücke zerlegt, in denen der Querschnitt sich nur wenig ändert; diese kann man als Zylinder oder als Kegelstumpfe ansehen. Für Zylinder gilt die obige, für Kegelstumpfe folgende Formel:
$$r = \varrho \cdot \frac{l^2}{v} \cdot \left(1 + \frac{1}{12} \cdot \frac{(q_1 - q_2)^2}{q_1\,q_2}\right),$$
worin l die Länge, v das Volumen und $q_1\,q_2$ die beiden Endquerschnitte des Kegelstumpfes bedeuten.

Ist eine solche Zerlegung nicht mehr möglich oder hat eine Dimension des Querschnittes eine erhebliche Größe, so daß man sie nicht mehr klein gegen die Länge des Leiters nennen kann, so ist

---

*) Gewöhnlich mit dem Zusatz: bezogen auf Ohm; dies ist nicht die Zahl, welche den spez. W. der Körper mit dem des Quecksilbers vergleicht.

eine Berechnung nach einfachen Formeln nicht mehr ausführbar; in einzelnen Fällen erhält man noch Schätzungswerte, doch verliert die Anwendung der obigen Formel ihre Berechtigung. Das einzige Mittel ist dann die Messung.

Für flüssige nichtmetallische Leiter kann man den Widerstand auch bei großem Querschnitt und geringer Länge noch berechnen, wenn die Stromzuführungen aus starken, großen, gutleitenden Platten von Metall oder Kohle gebildet werden und die Flüssigkeitsmasse zwischen beiden Platten eine einfache Gestalt hat; doch erhält man durch Anwendung der Formel gewöhnlich zu geringe Werte, weil man den Widerstand beim Übergang von der Elektrode zur Flüssigkeit nicht berücksichtigt.

Der Widerstand eines Leiters, der zwischen zwei konzentrischen Zylindern von den Durchmessern d_1 und d eingeschlossen ist (Guttaperchahülle eines Kabels; $d_1 > d$) ist

$$r = \rho \cdot 100 \cdot \frac{\log \text{nat } d_1/d}{2 \pi l} = \frac{\rho \cdot \log \text{vulg } d_1/d}{0{,}144 \cdot l},$$

worin l in m anzugeben ist.

(73) Das **Leitvermögen** oder die Leitfähigkeit eines Körpers ist der Gegensatz seines Leitungswiderstandes. Bezeichnen wir das erstere mit g, so ist

$$g = \frac{1}{r}.$$

Das spezifische Leitvermögen wird mit γ bezeichnet;

$$\gamma = \frac{1}{\rho}.$$

(74) **Temperatureinfluß.** Der Widerstand eines metallischen Leiters nimmt bei Erhöhung der Temperatur zu, der Widerstand der nichtmetallischen Leiter und der Kohle, sowie einiger Metallegierungen wird geringer. (S. d. folg. Tab.)

(75) **Werte des spezifischen Widerstandes fester und flüssiger Körper.** Für schnell auszuführende Rechnungen merke man folgende Zahlen:

Kupfer $\rho = \frac{1}{55}$,

Messing, Eisen, Platin, Zink, Zinn $\rho = \frac{1}{10}$,

Neusilber und neusilberähnliche Legierungen $\rho = \frac{1}{4}$ bis $\frac{1}{2}$,

Kohle verschieden zwischen $\rho = 100$ und $\rho = 1000$.

Dies sind nur Näherungswerte; allein der spezifische Widerstand eines Metalles ist so sehr von Beimengungen abhängig, daß genaue Zahlen, die man für die ganz reinen Metalle kennt, oder Beispiele von Werten für verunreinigte Metalle oder für Legierungen hier nur verhältnismäßig geringen Wert haben.

Der spezifische Widerstand wird häufig nach Mikrohm-Zentimeter gemessen; er ist dann gleich dem Widerstand eines Würfels von 1 cm Seite in Milliontel-Ohm = dem Hundertfachen der in den beiden nächsten Tabellen unter ρ erhaltenen Werte.

Für Elektrolyte werden spezifischer Widerstand und Leitvermögen auf einen Würfel von 1 cm Seite bezogen; die früher gewöhnlich gebrauchten Zahlen verglichen die Eigenschaften der Elektrolyte mit denen des Quecksilbers.

(76) Spezifischer Widerstand.

Metalle, Legierungen, Kohle. $r = \rho \cdot \dfrac{l}{q}$; r in Ohm, l in Metern,

q in Quadratmillimetern, $\Delta\rho =$ Änderung von ρ für 1 Grad in Teilen des Ganzen für Temperaturen zwischen 0^0 und 30^0; bei Metallen Zunahme, bei Kohle Abnahme von ρ bei steigender Temperatur.

(z. Teil nach Landolt und Börnstein, Tabellen, berechnet.)

	ρ	$\Delta\rho$		ρ	$\Delta\rho$
Aluminium . .	0,03—0,05	+ 0,0039	Quecksilber .	0,95	+ 0,00091
Aluminium-			Silber. . . .	0,016—0,018	+ 0,0034
bronze . .	0,12	+ 0,001			bis 0,0040
Antimon . .	0,5	+ 0,0041	Stahl	0,10—0,25	+ 0,0052
Blei	0,22	+ 0,0041	Wismuth . .	1,2	+ 0,0037
Cadmium . .	0,07	+ 0,0041	Zink	0,06	+ 0,0042
Eisen . . .	0,10—0,12	+ 0,0045	Zinn	0,10	+ 0,0042
Gold	0,2	+ 0,0038	Kohle. . . .	100—1000	+ 0,0003
Kupfer . . .	0,018—0,019	+ 0,0037			bis —0,0008
Magnesium .	0,04	+ 0,0039	Kohlenstifte für		
Messing . .	0,07—0,08	+ 0,0015	Bogenlampen :		
Neusilber . .	0,15—0,36	+ 0,0002	Homogen-		
		bis 0,0001	kohlen . .	55—78	—
Nickel . . .	0,10	+ 0,0042	Dochtkohlen .	57—88	—
Osmium			Kohlenfäden		
(Lampen-			für Glühlampen:		
faden) . .	0,251	—	roh.	40	—
Platin . . .	0,12—0,16	+ 0,0024	mit Kohlen-		
		bis 0,0035	niederschlag .	30	—

Drähte für Freileitungen

		Festigkeit kg*/mm²			Festigkeit kg*/mm
Hartkupfer .	0,017	42—45	Bronze . . .	0,019—0,022	50—55
Bronze . . .	0,018	46	Bronze . . .	0,025—0,056	70—90

Isolationsstoffe.

Glas, Quarz, Glimmer, Schwefel, Ebonit, Paraffin, Kolophonium, nicht vulkanisierter Kautschuk

etwa $\rho = 10^{18}$ bis $60 \cdot 10^{18}$.

Gute Guttaperchasorten, vulkanisierter Kautschuk

etwa $\rho = 100 \cdot 10^{18}$ bis $250 \cdot 10^{18}$.

Der spez. Widerstand des Glases vermindert sich bei einer Erwärmung von 0 auf 50^0 auf etwa $^1/_{200}$ bis $^1/_{300}$.

Guttapercha siehe Seite 5, 6, 7.

Legierungen als Widerstandsmaterialien.

Nach Angaben der Fabrikanten. Die Messungen rühren größtenteils von der Physikalisch-Technischen Reichsanstalt her; sie gelten nur für die untersuchten Stücke genau, für die im Handel gelieferten Materialien aber nur angenähert.

Bezugsquelle	Nr.	Material	ρ	$\Delta\rho$	spez. Gew.	Festig-keit kg* / mm²	feinster Draht mm
Basse u. Selve, Altena	1	Patentnickel	0,34	0,00017	8,70		
	2	Constantan	0,50	—0,00003	8,82		
	3	Nickelin	0,41	0,0002	8,62		
Vereinigte Deutsche Nickelwerke Akt.-Ges. vormals Westfälisches Nickelwalzwerk, Fleitmann, Witte & Co., Schwerte	4	Widerstandsdraht „Superior"	0,86	0,00073			0,05
	5	„ Ia. Ia., hart	0,50	—0,00001	8,5		„
	6	„ „ „ weich	0,47	0,00001	bis		„
	7	Nickelin Nr. 1, hart	0,44	0,00008	9,0		„
	8	„ „ weich	0,41	0,00017			„
	9	„ Nr. 2, hart	0,34	0,00018			„
	10	„ „ weich	0,32	0,00019			„
	11	Neusilber 2 a., hart	0,37	0,00020			„
	12	„ „ weich	0,37				„
	13	Blanca-Extra	0,48	0,00015			„
Dr. Geitner's Argentanfabrik, F. A. Lange, Auerhammer, Sachs.	14	Rheotan	0,47	0,00023	8,60		0,10
	15	Nickelin	0,40	0,00016	8,72		0,10
	16	Extra Prima	0,30	0,00025	8,70		0,10
Isabellenhütte bei Dillenburg	17	Manganin	0,43	±0,00001	8,3	45	0,05
Fr. Krupp, A.-G. Essen (Ruhr)	18	Kruppin	0,85	*) 0,00077	8,10	60	0,5

Zusammensetzung einiger der angeführten Materialien nach Gewichtsprozenten (abgerundet).

No. 1: 75 *Cu*, 25 *Ni*,
2: 58 *Cu*, 41 *Ni*, 1 *Mn*,
3: 54 *Cu*, 26 *Ni*, 20 *Zn*,

Hartmann & Braun Akt.-Ges. in Frankfurt (Main) liefern unter dem Namen „Haardrähte" feine Drähte von 0,02 bis 0,05 mm Durchmesser aus Silber, Kupfer, Gold, Messing, Nickel, Eisen, Platin, Phosphorbronze, Stahl, Manganin, Constantan, Kulmitz, Kruppin. Die Widerstände gehen bis 1620 Ohm/m. Außerdem werden Wismuthdrähte von 0,17 bis 1 mm Durchmesser geliefert.

E. Kuhn's Drahtfabrik in Nürnberg liefert Flachdraht (Plätte, Bänder) aus Widerstandsdraht Ia. Ia. von Fleitmann, Witte & Co. in Schwerte i./W. glatt und gewellt (gekrüpft) von 1—700 Ohm/m. Der stärkste Plätt ist ca. 2,80 mm, der dünnste ca. 0,12 mm breit und die Dicke beträgt $1/25$—$1/20$ der Breite.

Elektrolyte. 18° C. — $r = \rho \cdot \dfrac{l}{q}$; r in Ohm, l in Zentimetern, q in Quadratzentimetern. Für 1° Temperaturerhöhung nimmt der Widerstand um ca. 2,5 % ab. Der Prozentgehalt bedeutet Gewichts-

---

*) Zwischen 18 und 150° C.

teile der wasserfreien Verbindung in 100 Gewichtsteilen der Flüssigkeit. (Siehe auch die Fußnote zu S. 64.)

Prozentgehalt	Salpetersäure HNO^3	Salzsäure HCl	Schwefelsäure H^2SO^4	Kupfersulfat $CuSO^4$	Magnesiumsulfat $MgSO^4$	Zinksulfat $ZnSO^4$	Silbernitrat $AgNO^3$
5	3,9	2,6	4,8	53	38	53	41
10	2,2	1,6	2,6	30			22
15	1,6	1,4	1,9	24	21	24	15
20	1,4	1,3	1,5				12
25	1,3	1,4	1,4		24	21	10
30	1,3	1,5	1,4				
35	1,3	1,7	1,4				
40	1,4	2,0	1,5				
50	1,6		1,9				
60	2,0		2,7				5
70	2,6		4,7				
80	3,8		9,9				

(77) **Verschiedene Schaltungsweise der Leiter.** Zwei oder mehrere Leiter kann man so miteinander verbinden, daß der Endpunkt des ersten an den Anfangspunkt des zweiten, der Endpunkt des zweiten an den Anfangspunkt des dritten usw. stößt, Hintereinanderschaltung, Reihen- oder Serienschaltung. Oder man kann alle Anfangspunkte miteinander und alle Endpunkte miteinander verbinden, Nebeneinanderschaltung, Zweig- oder Parallelschaltung. Im ersten Falle erhält man einen einfachen, im letzteren einen verzweigten Stromleiter.

Beide Schaltungen kann man auch vereinigen, indem man eine Zahl von nebeneinandergeschalteten Leitern als einen Leiter auffaßt und mit anderen Leitern in Reihe schaltet, oder indem man mehrere Reihen von Leitern in Zweigschaltung zu einander setzt.

Der Leitungswiderstand R eines einfachen Stromleiters ist gleich der Summe der Widerstände r seiner Teile.

$$R = r_1 + r_2 + r_3 + \ldots$$

Der Widerstand R' einer Anzahl in Zweigen geschalteter Leiter läßt sich aus den Widerständen r' der Teile berechnen:

$$R' = \frac{1}{\dfrac{1}{r'_1} + \dfrac{1}{r'_2} + \dfrac{1}{r'_3} + \ldots}.$$

Verbindet man n Leiter, welche an Widerstand einander nahe gleich sind, in Reihenschaltung, so ist der Widerstand der ganzen Reihe

$$R = nr_1 + \Sigma d,$$

wenn r_1 der Widerstand irgend eines der Leiter und Σd die algebraische

Summe der Unterschiede der übrigen Widerstände gegen r_1 bedeutet.
Schaltet man die n Leiter parallel, so wird

$$R = \frac{r_1}{n} + \frac{\Sigma d}{n^2}.$$

Zerlegt man einen Leiter vom Widerstand R in n nahezu gleiche
Teile und schaltet sie parallel, so ist

$$r = \frac{R}{n^2}.$$

(78) Herstellung sehr kleiner Widerstände. Aufgabe: einen
Widerstand von 0,01 Ohm herzustellen.

Lösung: 2,25 m eines Neusilberdrahtes von etwa 1 mm Durchmesser sei $= 1$ Ohm; man schneide von diesem Draht 10 Stücke
von 245 mm, löte diese Stücke mit jedem Ende in starken Kupferdraht ein, so daß genau 225 mm Neusilberdraht zwischen den Lötstellen übrig bleiben, und verbinde alle 10 Stücke in Zweigschaltung.
Die 10 Stücke von 225 mm hintereinander sind $= 2,25$ m $= 1$ Ohm;
also sind sie parallel $= \dfrac{1}{10^3} = \dfrac{1}{100}$ Ohm. Geringe Ungleichheiten des
Drahtes haben auf das Resultat keinen Einfluß.

Um 0,001 Ohm aus einem Draht herzustellen, von dem 1 Ohm
$= 6,75$ m lang ist (ca. 2 mm stark), rechne man $0,001 = \dfrac{x}{n^2}$ und setze
etwa $n = 14$; dann wird $x = 0,196$ Ohm $= 1,323$ m, $\dfrac{1,323}{14} = 0,0945$;
d. h. man nehme 14 Stücke von je 94,5 mm freier Länge. Ebenso
für $n = 16 : x = 1,728$ m, d. i. 16 Stücke von 108 mm.

(79) Erwärmung des Leitungsweges durch den Strom. Wird
ein Leiter vom Widerstand r Ohm von einem Strome durchflossen,
dessen Stärke $= i$ Ampere ist, so wird während der Zeit t Sekunden
in dem Leiter eine Wärmemenge W erzeugt, welche sich berechnet zu:

Joule's Gesetz: $W = 0{,}240 \cdot i^2\, r t$ g-cal.

In einem Leiter, der aus einem Material vom spezifischen Widerstand ρ hergestellt ist, dessen Querschnitt $= q$ mm^2 und Querschnitts-
umfang $= u$ mm ist, bringt der Strom i A eine Temperaturerhöhung d
hervor, und es ist

$$d = C' \cdot \frac{i^2 \cdot \rho}{q \cdot u} \quad \text{Celsiusgrade Temperaturdiffer. gegen die Umgebung.}$$

Hierin bedeutet C' eine Konstante, welche von den äußeren Umständen, in denen der Leiter sich befindet, abhängt; der Wert von C'
liegt zwischen 25 und 50. Die Länge des Leiters ist ohne Einfluß,
vorausgesetzt, daß sie groß ist gegen die Abmessungen seines Querschnittes.

Um die Erwärmung möglichst gering zu machen, kann man zunächst den Querschnitt q groß wählen; dies ist aber der Kosten wegen
oft praktisch unzulässig. Demnächst sorgt man für einen möglichst
großen Umfang des Querschnittes; aus diesem Grunde sind stärkere
Drähte (über 2 mm Durchmesser) sehr ungünstig; weit besser sind
schon Leiter von rechteckigem Querschnitt, am besten dünnes Blech

oder Gewebe aus schwachem Draht. Ferner ist von großer Bedeutung das Ausstrahlungsvermögen, das bei blankem, glänzendem Material sehr viel geringer ist als bei mattem. Durch geeignete Lüftungseinrichtungen wird in vielen Fällen für gute Kühlung zu sorgen sein.

Für runde Drähte ist

$$d = C \cdot \frac{i^2 \cdot \rho}{a^3}$$ Celsiusgrade Temperaturdiffer. gegen die Umgebung,

$$a = \text{Durchmesser des Drahtes in mm.}$$

Den Wert von C hat man je nach äußeren Umständen verschieden, für die gewöhnlichen Arten der Drahtverlegung zwischen 10 und 20 anzunehmen.

Für blanke Drähte, die in Luft horizontal ausgespannt sind, nehme man $C = 16$.

Isolierte Drähte werden weniger stark erwärmt als blanke; der Unterschied wurde von Oehlschläger zu etwa 30 % gefunden. Aus den Beobachtungen des Genannten läßt sich eine Formel für Guttaperchadrähte, die in Luft ausgespannt sind, berechnen:

$$0,03 \cdot \frac{i^2}{a^3} \cdot \left(a_1 - a + 10 \cdot \frac{a}{a_1} \right)$$ Celsiusgrade,

worin a den Durchmesser des blanken Drahtes, a_1 den des mit Guttapercha isolierten bedeutet; a und a_1 in mm, i in Ampere.

Kennt man für einen Draht bei bestimmter Art der Führung und Isolation die Stromstärke, welche eine gewisse Temperaturerhöhung hervorbringt, so kann man berechnen, wie groß für andere Stromstärken der Querschnitt des Drahtes zu nehmen ist, oder wie viel Strom andere Drähte zu leiten imstande sind, wenn die Temperaturerhöhung dieselbe bleiben soll. Es ist dann

$$a_1 : a_2 = \sqrt[3]{i_1^2} : \sqrt[3]{i_2^2} .$$

Formeln für die Erwärmung unterirdisch verlegter Leitungen s. im Abschnitt Leitung und Verteilung.

(8o) **Wirkung des Stromes in einem Leiter zweiter Klasse, Elektrolyse.** Die Leiter zweiter Klasse [Elektrolyte] sind chemisch zusammengesetzte Körper, deren Moleküle bei der Auflösung in Wasser und einigen anderen Lösungsmitteln oder beim Schmelzen, manchmal schon im festen Zustande, in elektrisch geladene Ionen zerfallen. Aus jedem zerfallenden Molekül entstehen ein oder mehrere negativ geladene Ionen, Anionen, und positiv geladene Ionen, Kationen:

Anionen: Cl, Br, I, Fl, OH, NO^2, NO^3, ClO^3, ClO^4, SO^4, PO^4 usw.

Kationen: alle Metalle, H, NH^4 usw.

Die Ionen vermitteln die elektrische Leitung, indem die Kationen positive Elektrizität in der einen, die Anionen negative Elektrizität in der entgegengesetzten Richtung fortführen. Dabei geben die Ionen ihre Ladungen an die Elektroden ab und gehen in den molekularen Zustand über. Bei dieser Ausscheidung können die Ionen miteinander selbst oder mit dem Lösungswasser oder dem Elektrolyt oder den Elektroden reagieren (sekundäre Aktion).

Gesetz von Faraday: $M = c \cdot a \cdot i \cdot t.$

Die in einem Leiter zweiter Klasse zersetzten oder ausgeschiedenen Mengen sind proportional der Zeit t und der Stromstärke i oder, was dasselbe ist, der durchgeflossenen Elektrizitätsmenge $i \cdot t$. Die in einem Leiter an den beiden Elektroden oder die in verschiedenen Leitern zersetzten oder ausgeschiedenen Mengen sind einander chemisch äquivalent.

Bedeutet α das chemische Äquivalent eines zersetzten oder ausgeschiedenen Körpers, bezogen auf Wasserstoff $= 1$ (zu berechnen aus Atomgewicht und Wertigkeit), i die Stromstärke in Ampere, t die Zeit in Sekunden, oder $i \cdot t$ die Elektrizitätsmenge in Coulomb, so wird von dem betreffenden Körper eine Menge M mg zersetzt oder ausgeschieden gleich

$$M = 0{,}010386 \cdot \alpha \cdot i \cdot t \text{ mg.}$$

Das Faraday'sche Gesetz wird zur Messung von Elektrizitätsmengen benutzt (s. Voltameter).

(81) **Elektrochemisches Elementarquantum, elektrochemisches Äquivalent.** (v. Helmholtz.) Mit jeder Valenz von 1 g - Mol. eines Ions wandert in jeder Richtung die Elektrizitätsmenge 96540 Coulomb.

(82) **Überführungszahlen.** (Hittorf.) Die Ionen wandern mit verschiedenen Geschwindigkeiten. Das Verhältnis der Zahl der Anionen, die sich von der Kathode zur Anode bewegen, zur Gesamtzahl der ausgeschiedenen Anionen heißt die Überführungszahl des Anions n; dann ist die des Kations $= 1 - n$, und das Verhältnis der Geschwindigkeiten des Kations und des Anions

$$\frac{u}{v} = \frac{1 - n}{n}.$$

(83) **Äquivalentleitvermögen.** (F. Kohlrausch.)*) Ist in V cm³ Wasser 1 g - Äquivalent des Elektrolyten gelöst, und ist der spezifische Widerstand der Lösung in Ohm für 1 cm³ $= \rho_V$, so ist das Äquivalentleitvermögen

$$\mu_V = \frac{V}{\rho_V},$$

μ_V wächst bei Verdünnung und nähert sich einem Maximum μ_∞.

(84) **Dissoziation.** (Arrhenius.) Die Moleküle jedes gelösten Elektrolyts sind zu einem gewissen Grade dissoziiert, d. i. in Ionen zerlegt; das Verhältnis der dissoziierten zur Gesamtzahl aller Moleküle ist der Dissoziationsgrad:

$$\alpha_V = \frac{\mu_V}{\mu_\infty}.$$

(85) **Unabhängige Wanderung der Ionen.** (Gesetz von Kohlrausch.) Bei erheblicher Verdünnung beeinflussen sich die Ionen gegenseitig nicht; ihre Wanderungsgeschwindigkeit hängt nur von ihrer eigenen Natur und dem Lösungsmittel ab. In diesem Fall ist für äußerste Verdünnungen

$$\mu_\infty = u + v,$$

und für weniger starke Verdünnungen

$$\mu_V = \alpha_V \cdot (u + v).$$

---

*) Vgl. zu den hier gegebenen Beziehungen und den zugehörigen Zahlenwerten: F. Kohlrausch und Holborn, Leitvermögen der Elektrolyte, Leipzig 1898.

(86) **Polarisationszellen und galvanische Elemente.** Unter Polarisation einer Zelle versteht man die in einer Kombination von Metallen (Elektroden) und Elektrolyten bei Stromdurchgang auftretenden elektromotorischen Kräfte. Im Gegensatz dazu sind galvanische Elemente solche Kombinationen, die schon ohne Stromdurchgang eine elektromotorische Kraft besitzen. Ein prinzipieller Unterschied zwischen beiden besteht nicht. Man unterscheidet reversible und irreversible galvanische Kombinationen. Reversibel sind die, bei denen eine Umkehr der Stromrichtung die mit der Stromlieferung verbundene Reaktion vollkommen und ohne Erzeugung anderer Produkte rückgängig macht, z. B. Akkumulator, Clark- und Westonelement usw., alle anderen sind irreversibel. Die Theorie gilt nur für die ersteren. Die elektromotorischen Kräfte können 1. von Konzentrationsunterschieden im Elektrolyt oder in den Elektroden und 2. von einer Verschiedenheit in der Natur der Elektroden oder der gelösten Stoffe herrühren.

Ganz allgemein gilt nach dem zweiten Hauptsatze die Gleichung (Gibbs, Helmholtz):

$$E = \frac{W}{23070} + T \frac{dE}{dT},$$

worin die EMK *(E)* sich aus der Wärmetönung *(W)* des chemischen Prozesses und der sogenannten Peltierwärme, welche durch das Produkt von Temperatur *(T)* und Temperaturkoeffizient der elektromotorischen Kraft dE/dt gegeben ist, zusammensetzt. Der Faktor $23070 = 0,239 \times 96500$ dient zur Reduktion der Wärmetönung für das gr-Aequ. *(W)* auf elektrische Einheiten (0,239) und speziell auf Volt (96500). Nur für den Fall, daß $dE/dt = 0$ ist, gilt die Thomsonsche Regel, wonach die EMK eines Elementes gleich der Wärmetönung ist; in allen anderen Fällen ist sie größer oder kleiner.

(87) **Berechnung elektromotorischer Kräfte** aus dem osmotischen Druck und der Lösungstension (Nernst.). In einem galvanischen Element vom Typus (M = Metall; S = Säureradikal):

$$M/MS \text{ verdünnt} / MS \text{ konzentriert} / M$$
$$p_2 \quad \longrightarrow \quad p_1$$

sind 3 Stellen, an denen Potentialunterschiede auftreten: 1. an den beiden Elektroden und 2. an der Berührungsstelle zwischen den beiden verschieden konzentrierten Lösungen. Der Strom ist so gerichtet, daß er die bestehenden Konzentrationsunterschiede auszugleichen strebt. Nach Nernst hat man sich die elektrisch geladenen Ionen als die elektromotorisch wirksamen Bestandteile der Lösungen vorzustellen. Da nach van't Hoff die Gasgesetze für verdünnte Lösungen gelten, so läßt sich die bei dem Konzentrationsausgleich zu gewinnende Arbeit entsprechend der EMK des Elements berechnen zu $E = \dfrac{RT}{n} \ln \dfrac{p_1}{p_2}$ Volt, wobei R die Gaskonstante, T die absolute Temperatur, n die Wertigkeit und p_1 und p_2 die osmotischen Drucke der gelösten Ionen bedeuten. Für einwertige Salze und bei Anwendung brigg. Log. vereinfacht sich die Formel zu

$$E = 0{,}058 \log \frac{p_1}{p_2}.$$

Hierzu kommt noch die an der Berührungsstelle der beiden Lösungen infolge der Verschiedenheit der Überführungszahlen auftretende EMK, die $= -\dfrac{RT}{n}\dfrac{u-v}{u+v}\ln\dfrac{p_1}{p_2}$ ist. Hat man zwei verschiedene Metalle als Elektroden, so ist ihr Bestreben, in Lösung zu gehen, die sog. „Lösungstension" (siehe Tabelle auf Seite 75) zu berücksichtigen. Die Lösungstension bezeichnet man mit P und schreibt den Ausdruck für den Potentialsprung zwischen Elektrode und der Lösung eines seiner Salze $E = \dfrac{RT}{n}\ln\dfrac{P}{p}$. P ist eine Konstante des Metalls, die abhängig von T, aber unabhängig von der Lösung ist. Die Tabelle über die Elektrodenpotentiale gibt die Werte von E nach dieser Formel für eine Reihe von Metallen und für eine Größe von p, die der normalen Ionenkonzentration entspricht. Alle Zahlen beziehen sich dabei auf die Wasserstoffelektrode als Nullpunkt.

(88) s. S. 74.

(89) **Ungleichheit der Temperatur in einem zusammengesetzten metallischen Leiter.** Wenn in einem Leiter, der aus zwei oder mehreren verschiedenen Metallen (oder aus physikalisch verschieden beschaffenen Stücken desselben Metalls, zB. einem harten und einem weichen Draht) besteht, die Verbindungsstellen der Metalle ungleiche Temperaturen besitzen, so entsteht eine EMK. Diese Kraft, Thermokraft, ist von der Natur der in Berührung gebrachten Metalle abhängig und wächst im allgemeinen mit der Temperaturdifferenz der Berührungsstellen. Bei sehr starken Erhitzungen (der einen Verbindungsstelle, während die andere abgekühlt bleibt) wird indes für viele Kombinationen von Metallen die EMK wieder geringer, ja sie kann ganz verschwinden und bei noch weiter gehender Erhitzung von neuem, aber mit entgegengesetzter Richtung auftreten.

Die Metalle und Metallegierungen lassen sich in eine thermoelektrische Spannungsreihe ordnen, welche zunächst nur für mäßige Erhitzungen gilt. Die Stellung der einzelnen Metalle in dieser Reihe ist aber zum Teil in hohem Maße von geringen Beimengungen, welche sie enthalten können, abhängig. Dieser Umstand soll in der nachfolgend mitgeteilten Spannungsreihe dadurch ausgedrückt werden, daß eine Anzahl von Metallen, welche in der Reihe hintereinander stehen sollten, als auf gleicher Linie stehend aufgezählt sind; einzelne Metalle dieser Gruppe können sich innerhalb der Gruppe verschieben, wenn man verschiedene käufliche Metallsorten nimmt. Die positive Elektrizität erhält die Richtung von dem in der Reihe vornstehenden Metalle durch die warme Verbindungsstelle zu dem nachfolgenden Metall.

Wismuth — Nickel — Platin, Kupfer, Messing, Quecksilber — Blei, Zinn, Gold, Silber — Zink — Eisen — Antimon.

Die Thermokräfte sind sehr gering, zB. Kupfer-Eisen für 100^0 Unterschied der Verbindungsstellen kleiner als 0,01 Volt.

(88) Elektrochemische Zahlen.

Atom- und Äquivalentgewichte und elektrochemische
Äquivalente.

Element	Zeichen	Atom-gewicht	Valenz	Aqui-valent-gewicht α	Elektrochemisches Äquivalent	
					für 1 Coulomb mg	für 1 AS. g
Aluminium .	Al	27,1	3	9,03	0,0936	0,337
Antimon . .	Sb	120,2	3	40,07	0,415	1,495
Blei　. . .	Pb	206,9	2	103,45	1,072	3,856
Brom . . .	Br	79,96	1	79,96	0,828	2,980
Cadmium　.	Cd	112,4	2	56,2	0,582	2,094
Calcium . .	Ca	40,1	2	20,05	0,208	0,750
Chlor . . .	Cl	35,45	1	35,45	0,367	1,322
Chrom　. .	Cr	52,1	3	17,37	0,180	0,648
			2	26,06	0,270	0,972
Eisen . . .	Fe	55,9	2	27,95	0,290	1,045
			3	18,63	0,193	0,696
Gold . . .	Au	197,2	3	65,73	0,681	2,452
Jod　. . .	I	126,85	1	126,85	1,315	4,734
Kalium　. .	K	39,15	1	39,15	0,406	1,463
Kobalt　. .	Co	59,0	2	29,5	0,306	1,101
			3	19,67	0,204	0,736
Kohlenstoff .	C	12,00	4	3,00	0,311	0,112
Kupfer　. .	Cu	63,6	1	63,6	0,659	2,373
			2	31,8	0,329	1,185
Lithium . .	Li	7,03	1	7,03	0,0728	0,262
Magnesium .	Mg	24,36	2	12,18	0,126	0,454
Mangan . .	Mn	55,0	2	27,5	0,285	1,026
			3	18,34	0,190	0,684
Natrium . .	Na	23,05	1	23,05	0,239	0,860
Nickel . . .	Ni	58,7	2	29,35	0,304	1,094
			3	19,57	0,203	0,731
Phosphor　.	P	31,0	3	10,33	0,107	0,385
Platin . . .	Pt	194,8	4	48,7	0,505	1,818
Quecksilber .	Hg	200,0	1	200,0	2,073	7,477
			2	100,0	1,036	3,737
Sauerstoff　.	O	16,000	2	8,000	0,829	0,298
Schwefel . .	S	32,06	2	16,03	0,166	0,598
Silber . . .	Ag	107,93	1	107,93	1,118	4,025
Stickstoff . .	N	14,04	3	4,68	0,0486	0,175
Wasserstoff .	H	1,008	1	1,008	0,1045	0,037
Wismuth . .	Bi	208,5	3	69,5	0,720	2,593
Zink　. . .	Zn	65,4	2	32,7	0,338	1,217
Zinn　. . .	Sn	119,0	2	59,5	0,617	2,221
			4	29,75	0,308	1,116

Äquivalentleitvermögen wässeriger Lösungen bei 18,0°.

Elektrolyt	$V = 1$	2	10	100	1000	10000
$\frac{1}{2} H^2 SO^4$	198	205	225	308	361	
HNO^3	310	324	350	368	375	
HCl	301	327	351	370	377	
NH^3	0,89	1,35	3,3	9,6	28	
KOH	184	197	213	228	234	
$NaOH$	160	172	183	200	208	
NH^4Cl	97,0	101,4	110,7	122,1	127,3	129,2
KCl	98,2	102,3	111,9	122,5	127,6	129,5
$NaCl$	74,4	80,9	92,5	102,8	107,8	109,7
$\frac{1}{2} ZnCl^2$	55	65	82	98	107	100
$\frac{1}{2} CuSO^4$	25,8	30,8	45,0	72,2	101,6	113,3
$\frac{1}{2} MgSO^4$	28,9	35,4	50,1	76,6	100,2	110,4
$\frac{1}{2} ZnSO^4$	26,6	32,3	46,2	73,4	98,4	109,3
KNO^3	80,4	89,7	104,4	118,1	122,9	127,7
$NaNO^3$	66,0	74,2	87,4	97,1	101,8	103,7
$AgNO^3$	67,8	77,8	94,7	108,7	114,0	115,5

Nach Kohlrausch und Holborn, Leitvermögen der Elektrolyte.

Ionenbeweglichkeiten
bei 18°.

K	64,67
Na	43,55
Li	33,44
NH^4	64,4
H	318
Ag	54,02
$\frac{1}{2} Ba$	57
$\frac{1}{2} Mg$	47
$\frac{1}{2} Zn$	47
$\frac{1}{2} Cu$	48
Cl	65,44
Br	67,63
I	66,40
NO^3	61,78
ClO^3	55,03
CH^3COO	34
$\frac{1}{2} SO^4$	70
OH	174

Lösungstension (P) und
Elektrodenpotentiale (E)
in normaler Ionenkonzentration
bezogen auf die Wasserstoffelektrode.

	E	P
Mn	$+ 1,075$	—
Zn	$+ 0,770$	10^{18}
Cd	$+ 0,420$	10^7
Fe	$+ 0,340$	10^3
Fl	$+ 0,322$	—
Co	$+ 0,232$	—
Ni	$+ 0,228$	10^0
Pb	$+ 0,148$	10^{-2}
H	± 0	10^{-4}
Cu	$- 0,329$	10^{-12}
Hg	$- 0,750$	10^{-15}
Ag	$- 0,771$	10^{-15}
Cl	$- 1,417$	—
Br	$- 0,993$	—
I	$- 0,520$	—
O	$- 1,119$	—

Elektromagnetismus und Induktion.

Mechanische Wirkung eines Stromes auf einen Magnet.

(90) Wirkung auf einen einzelnen Pol. (Biot-Savart.) Das unendlich kleine Element ds eines Leiters, der vom Strom i Ampere durchflossen wird, übt auf einen Magnetpol vom Magnetismus $\mathfrak{m}$ (c. g. s.) in der Entfernung r cm eine Kraft aus von der Größe*)

$$dP = \frac{1}{10} \cdot ds \, \frac{i\mathfrak{m}}{r^2} \sin \alpha \ (\text{c. g. s.}),$$

worin α den Winkel bezeichnet, den das Element ds mit der Verbindungslinie mit dem Magnet einschließt ($\alpha = 0$, wenn das Element in der Verlängerung dieser Verbindungslinie liegt; $\alpha = 90^0$, wenn das Element zur Verbindungslinie senkrecht steht). Die unendlich kleine Länge ds hat man sich in cm gemessen zu denken, so daß nach Ausführung einer Integration die Leiterlängen in cm einzusetzen sind.

Die Richtung dieser Kraft steht senkrecht zu der Ebene, welche durch das Stromelement ds und die Verbindungslinie des letzteren mit dem Magnetpole gelegt wird. Für die Bestimmung, nach welcher Seite dieser Ebene die Kraft wirkt, gilt die

(91) Ampère'sche Schwimmerregel: Denkt man sich im Stromleiter schwimmend, so daß die Richtung von den Füßen zum Kopf des Schwimmers die der positiven Elektrizität ist, und daß man den Magnetpol ansieht, so wird der letztere nach links getrieben, wenn er ein Nordpol ist (nach rechts, wenn er ein Südpol ist).

(92) Wirkung auf einen Magnet mit zwei Polen von gleicher Stärke $\mathfrak{m}$ und dem Polabstand l cm, dem magnetischen Moment $l\mathfrak{m} = \mathfrak{M}$ (c. g. s.). Die Wirkungen auf die einzelnen Pole setzen sich zusammen zu einem Kräftepaar, welches den Magnet senkrecht zu stellen sucht zu der Ebene, welche man durch das Stromelement und den Magnet legt.

Auf einen Pol wirkt die Kraft dP mit dem Hebelarm $^1/_2 \, l$ cm; demnach ist das Drehmoment des Kräftepaares, wenn die Entfernung des Stromelements von der Mitte des Magnetes $= r$ cm ist:

$$= 2 \cdot dP \cdot \frac{l}{2} = \frac{1}{10} \cdot \frac{i \, ds}{r^2} \, \mathfrak{m} \cdot l \sin \alpha = \frac{1}{10} \cdot ds \, \frac{i\mathfrak{M}}{r^2} \sin \alpha \ (\text{c. g. s.}).$$

Voraussetzung ist, daß l gegen r sehr klein ist.

---

*) Die elektrischen Größen werden im technischen Maß, die mechanischen und magnetischen Größen dagegen im (c. g. s.)-System gemessen; in Formeln, die beiderlei Größen enthalten, muß daher ein Faktor, wie oben $^1/_{10}$, zugefügt werden.

Kreisstrom und Magnet. (Tangentenbussole, W. Weber.) In der Achse eines Kreisstromes befindet sich ein kleiner Magnet vom Moment $\mathfrak{M}$ (c. g. s.). Der Radius des Kreises sei $= R$ cm, die Entfernung des Magnets von der Ebene des Kreisstromes, zu welcher er parallel steht, sei x cm. Dann ist die Wirkung eines Elementes des Kreisstromes auf den Magnet

$$\frac{1}{10} \cdot \frac{i \mathfrak{M} \, ds}{R^2 + x^2} \sin \alpha \text{ (c. g. s.)},$$

worin α für alle Elemente $= 90^0$, sin $\alpha = 1$ ist; von dieser Wirkung kommt nur die zur Achse des Kreises parallele Komponente zur Geltung, d. i.

$$\frac{1}{10} \cdot \frac{i \mathfrak{M} \, ds}{R^2 + x^2} \cdot \frac{R}{\sqrt{R^2 + x^2}} \text{ (c. g. s.)}.$$

Demnach das gesamte Drehmoment

$$D = \int_0^{2 R \pi} \frac{1}{10} \cdot \frac{i \mathfrak{M} \, ds \cdot R}{(R^2 + x^2)^{3/2}} = \frac{\pi}{5} \cdot \frac{i \mathfrak{M} \, R^2}{(R^2 + x^2)^{3/2}} \text{ (c. g. s.)}.$$

Spezielle Fälle. Ist $x = 0$, so befindet sich der Magnet im Mittelpunkt des Kreises; $D = \frac{\pi}{5} \cdot \frac{i \mathfrak{M}}{R}$ (c. g. s.). Für $x = \frac{1}{2} R$ wird $D = \frac{\pi}{7} \cdot \frac{i \mathfrak{M}}{R}$ (c. g. s.) (genauer 6,99 statt 7).

In diesen Formeln sind Ergänzungsglieder weggelassen, welche von räumlichen Ausdehnungen des Magnets und des Leiters herrühren; vgl. (129).

Ist die Magnetnadel bereits aus der Ebene des Kreisstromes abgelenkt, so ist das nach obigen Formeln berechnete D noch zu multiplizieren mit dem Kosinus des Winkels, den die Magnetnadel mit der Ebene des Kreisstromes bildet.

$$D' = \frac{\pi}{5} \cdot \frac{i \mathfrak{M} \, R^2}{(R^2 + x^2)^{3/2}} \cos \varphi \text{ (c. g. s.)}$$

bezw. $\frac{\pi}{5} \frac{i \mathfrak{M}}{R} \cos \varphi$ und $\frac{\pi}{7} \cdot \frac{i \mathfrak{M}}{R} \cos \varphi$.

Leiter von beliebiger Gestalt und Magnet.

Die Größe des Drehmomentes kann nur durch Integralrechnung unter Zugrundelegung der Formel in (90) gefunden werden. Die Richtung der Kraft wird allgemein nach der Ampère'schen Schwimmerregel (91) bestimmt, welche auch umgekehrt zur Bestimmung der Richtung des Stromes dient: Schwimmt man mit dem positiven Strom und blickt den Magnet an, so liegt der abgelenkte Nordpol links.

(93) Stromstoß. Ist der elektrische Strom nur von sehr kurzer Dauer, wie zB. bei raschen Entladungen von Kondensatoren, bei

einzelnen Stromstößen (Induktion) u. dgl., so erhält die Magnetnadel
nicht eine dauernde Ablenkung, sondern nur einen einzelnen Antrieb
zur Bewegung, welcher eine Schwingung der Nadel hervorbringt; die
Größe des Ausschlages ist der ganzen Elektrizitätsmenge, die durch
den Leiter geflossen ist, proportional; vergl. (193).

(94) **Drehungserscheinungen.** Unter bestimmten Verhältnissen
übt ein vom Strom durchflossener Leiter auf einen Magnet (oder umgekehrt) eine solche Wirkung aus, daß der drehbare Leiter oder Magnet
eine fortdauernde Drehung ausführt.

1. Ein geschlossener Stromkreis und ein außerhalb des Leitungsweges befindlicher Magnet können keine Drehung hervorbringen.

2. Vielmehr muß der Magnet selbst einen Teil des Leitungsweges
ausmachen, oder mit einem Teil des Leitungsweges fest verbunden
sein. In diesem Fall erhält man eine Drehung, wenn

a) die Verbindungspunkte des festen und des drehbaren Teiles
   der Leitung in der Achse des Magnets, der eine zwischen den
   Polen, der andere außerhalb des Magnets liegen,
b) einer der Verbindungspunkte in der Achse, der andere außerhalb der Achse,
c) wenn beide Verbindungspunkte außerhalb der Achse liegen.

In den Fällen b) und c) kann indessen auch die Drehung je nach
der Lage der Verbindungspunkte in der Achse ganz unterbleiben.

(95) **Magnetisierung durch den Strom,** Elektromagnete, vgl. (45,
50—54). Führt man um einen Eisen- oder Stahlstab einen Strom, so
wird der Stab zu einem Magnet, der Stahlstab dauernd, der Eisenstab
nur, so lange der Strom währt. Ein Eisenmagnet (Elektromagnet)
behält nach dem Aufhören der magnetisierenden Kraft einen geringen
Teil seines Magnetismus zurück (remanent), je weicher das Eisen,
desto weniger. Die Lage des Nordpols läßt sich nach der
Ampère'schen Schwimmerregel bestimmen in der Form: S c h w i m m t
m a n   m i t   d e m   p o s i t i v e n   S t r o m   u n d   b l i c k t   d e n   M a g n e t   a n ,
s o   l i e g t   d e r   e r z e u g t e   N o r d p o l   l i n k s .

Der Magnetismus des erzeugten Elektromagnetes hängt von der
magnetomotorischen Kraft und der Eisensorte ab; vgl. (54). Die Weite
der Windungen hat (fast) keinen Einfluß. Das magnetische Moment
wird bis zur halben magnetischen Sättigung dargestellt durch die
Formel (v. Waltenhofen):

$$\mathfrak{M} = 0,135 \cdot \sqrt{l^3 d} \cdot Ni \text{ (c. g. s.),}$$

i in Ampere, l und d in cm.

Geeignete Polstücke erhöhen das Moment sehr beträchtlich.

(96) **Tragkraft der Elektromagnete.**

$$P = \frac{\mathfrak{B}^2 S}{8 \pi \cdot 981 \cdot 10^3} \text{ kg}^* = 4,06 \cdot 10^{-8} \cdot \mathfrak{B}^2 S \text{ kg}^*.$$

Man nehme höchstens 10 kg* auf 1 cm² der Polfläche. Das praktisch
erreichbare Maximum von $\mathfrak{B}$ ist für Schmiedeeisen 20 000, für Gußeisen 12 000; s. (52).

Die erforderliche magnetisierende Kraft in Windungsampere wird

$$= 3,95 \cdot \frac{l}{\mu} \sqrt{\frac{P}{S}};\ l\ \text{ist die mittlere Länge der Kraftlinien im Magnet}$$

und seinem Anker; μ s. (50—52).

(97) Mittel zur Beseitigung des Öffnungsfunkens. 1. Mechanische: Sehr rasche Unterbrechung (schnappende oder springende Umschalter), Ausblasen, auch Auswischen der Funken, Unterbrechen im Innern einer Flüssigkeit. 2. Magnetische: Die Unterbrechungsstelle liegt in einem starken magnetischen Feld. 3. Elektrische: a) Man schaltet dem Elektromagnet einen Kondensator oder einen Widerstand oder eine Reihe Zersetzungszellen parallel. Der Kondensator sei klein, der Widerstand groß, die Zahl der Zersetzungszellen so groß, daß nur ein äußerst schwacher konstanter Strom darin entsteht. b) Man unterbricht den Strom nicht plötzlich, sondern durch allmähliches Einschalten von Widerstand. c) Der Magnetkern wird mit einer Kupferhülse, zwischen die Windungen gelegter Metallfolie oder einer anderen sekundären Wickelung umgeben. d) Der Stromkreis wird nicht geöffnet, sondern die Magnetspule kurz geschlossen. e) Der Magnet erhält eine Differentialwickelung; zum Magnetisieren dient die eine, zum Entmagnetisieren wird die zweite hinzugeschaltet. f) Der Magnet erhält eine Wickelung aus mehreren parallelen Drähten. (Näheres s. S. P. Thompson, Der Elektromagnet; Vaschy, Annales télégraphiques, 1888, S. 296.)

Mechanische Wirkung von Strömen aufeinander.

(98) Solenoide. Einen Stromleiter, welcher in Windungen (meist kreisförmigen, auch beliebig gekrümmten, viereckigen etc.) um eine gerade oder gebogene (vorhandene oder nur gedachte) Achse geführt ist, nennt man einen Solenoid. Solche Solenoide sind zB. Drahtspiralen, Spiralfedern, Galvanometerwindungen, Magnetbewickelungen etc., auch eine einzelne Schleife.

Solenoide, welche von einem Strom durchflossen werden, verhalten sich genau wie Magnete; sie stoßen einander (ebenso wie Magnete) ab, ziehen einander an, nehmen unter dem Einfluß der erdmagnetischen Kraft eine bestimmte Richtung an. Sie werden wie Magnete aus dieser Richtung abgelenkt.

Für alle diese Erscheinungen kann man sich ein Solenoid ersetzt denken durch einen Magnet, dessen magnetische Achse zusammenfällt mit der Achse des Solenoides. Die Pole dieses Magnetes lassen sich nach der Ampère'schen Schwimmregel bestimmen: Schwimmt man mit der positiven Elektrizität und blickt nach der Achse des Solenoids, so liegt der Nordpol des Ersatzmagnets links. Bedeutet S die Fläche, um welche der Strom geführt wird, während er durch das Solenoid fließt, i die Stärke des Stromes, so ist das magnetische Moment des Ersatzmagnetes

$$\mathfrak{M} = \frac{1}{10}\ S \cdot i,$$

wobei S in cm², i in Ampere gemessen werden; dann erhält man $\mathfrak{M}$ im absoluten (c. g. s.)-Maße. Die Menge der vom Solenoid aus-gesandten Kraftlinien beträgt

$$\Phi = \frac{4\,\pi}{10}\,S \cdot i.$$

(99) Beliebige Leiter. Hauptsatz. Zwei parallele und gleich-gerichtete Ströme ziehen einander an, zwei parallele und entgegen-gerichtete Ströme stoßen einander ab.

Erweiterungen und Folgerungen:

1. Zwei sich kreuzende Ströme ziehen einander an, wenn beide nach dem Scheitel des Winkels, den die Leiter bilden, hin- oder wenn beide von demselben wegfließen. Sie stoßen einander ab, wenn der eine zu-, der andere abfließt. Ist einer davon drehbar beweglich, so wird er so gedreht, daß in beiden Leitern die Ströme gleich ge-richtet sind. (Elektrodynamometer.)

2. Zwei Teile desselben Stromkreises, die unter einem Winkel an einander grenzen (also nicht sich kreuzen), stoßen einander ab; ist der eine um den Scheitel des Winkels drehbar, so sucht er sich in die Verlängerung des festen Teiles zu stellen.

3. Zwei Teile eines Stromweges, die in einem Punkte zusammen-treffen und von denen der eine nur bis zu diesem Punkte, der andere aber darüber hinausführt, üben eine Kraft aufeinander aus, welche längs des unbegrenzten Leiters gerichtet ist; macht man den be-grenzten Leiter beweglich, so wird er parallel mit sich selbst ver-schoben; macht man ihn um eine Achse drehbar, so wird er gedreht. Gibt man dem unbegrenzten Leiter Kreisform und nimmt den be-grenzten Leiter zum Radius mit einer Drehachse im Mittelpunkt, so erhält man dauernde Drehung des begrenzten Leiters; der unbegrenzte Leiter erhält dann die Gestalt einer mit Quecksilber gefüllten kreis-förmigen Rinne. Die Drehrichtung läßt sich aus den vorigen Sätzen leicht erkennen.

Die Größe der wirkenden Kräfte läßt sich nicht mit einfachen Mitteln berechnen. Für zwei Leiter von bestimmter Gestalt und be-stimmter Lage gegeneinander wächst die Kraft proportional den beiden Stromstärken; sie nimmt bei wachsender Entfernung der beiden Leiter voneinander etwa mit den Kubus der Entfernung ab; außerdem ist sie von etwaigen Drehungen der Leiter abhängig.

(100) Magnetisches Feld der stromdurchflossenen Leiter. Jeder stromdurchflossene Leiter besitzt ein magnetisches Feld, das von mag-netischen Kraftlinien durchzogen wird; die Richtung der letzteren ist bedingt durch die Gestalt des Leiters; im allgemeinen bilden die Kraftlinien Ringe, welche den erzeugenden Leiter umgeben; ein draht-förmiger geradliniger Leiter ist von Kraftlinien in Form von Kreisen, deren Mittelpunkte in der Achse des Leiters liegen, und deren Ebenen auf dieser Achse senkrecht stehen, umgehen. (Die Kraftlinien im Felde eines Magnetes verlaufen im Gegensatz hierzu im wesentlichen strahlenförmig von einzelnen Punkten.) Die magnetische Stärke des Feldes eines Leiters ist von Ort zu Ort wechselnd und von der Ge-stalt des Leiters und der Stromstärke abhängig.

Bei einem Solenoide setzen sich die Kraftlinien der einzelnen Windungen so zusammen, daß die resultierenden Linien ähnlich verlaufen, wie die eines Magnetes, dessen Achse mit der Achse des Solenoides zusammenfällt.

Gerader, unendlich langer Leiter: $\mathfrak{H} = \dfrac{i}{5\,r}$, worin r die Entfernung des betrachteten Punktes von der Achse des Leiters bedeutet. Ist der Leiter nicht unendlich lang, sondern schließen die von dem betrachteten Punkte nach den Endpunkten des Leiters gezogenen Geraden den Winkel $2\,\vartheta$ ein, so ist $\mathfrak{H} = \dfrac{i}{5\,r}\sin\vartheta$.

Ring vom Radius R: in der Mitte $\mathfrak{H} = \dfrac{\pi}{5}\cdot\dfrac{i}{R}$; längs der Achse $\mathfrak{H} = \dfrac{\pi}{5}\cdot i\cdot\dfrac{R^2}{a^3}$, worin a die Entfernung des betrachteten Punktes von dem Umfange des Ringes bedeutet.

Röhrenförmige Spule von der Länge l und der Windungszahl N: $\mathfrak{H} = \dfrac{4\,\pi}{10}\cdot\dfrac{Ni}{l}$ im mittleren Teil bis 3 Durchmesser von den Enden; am Ende selbst $\mathfrak{H} = \dfrac{2\,\pi}{10}\cdot\dfrac{Ni}{l}$.

Induktion.

Gesetze der bewegten und der veränderlichen Ströme.

(101) Leiter im magnetischen Feld. Wenn in irgend einem magnetischen Felde, welches durch Magnete oder durch stromdurchflossene Leiter, oder Magnete und Leiter erzeugt wird, sich ein beliebiger Leiter bewegt, so wird in letzterem eine EMK induziert. Ist der bewegte Leiter geschlossen, so entsteht in ihm ein Strom.

Dasselbe findet statt, wenn nicht eine Bewegung des Leiters, sondern allein eine Änderung in der Stärke oder Stärkeverteilung des Feldes eintritt; eine solche kann verursacht werden durch eine Bewegung eines oder mehrerer der erzeugenden Magnete und Stromleiter und durch Änderungen in der Stärke des Magnetes und der Ströme. Bei jeder dieser Änderungen wird in jedem zum Feld gehörigen Leiter (die Magnete als Metallstücke eingerechnet) eine EMK induziert, welche in geschlossenen Strombahnen Ströme erzeugt.

(102) Gesetz der Induktion. Bewegt sich ein Stromelement ds mit der Geschwindigkeit $\dfrac{dx}{dt}$ an einer Stelle des magnetischen Feldes, wo die Stärke $= \mathfrak{H}$ (c. g. s.) ist, bildet das Element ds mit der Richtung der Kraftlinien dieses Feldes den Winkel φ und schließt die Richtung der Bewegung mit dem Lot auf der Ebene, die durch

das Element ds und eine das Element schneidende Kraftlinie gelegt
wird, den Winkel ψ ein, so ist die in ds induzierte EMK

$$E = 10^{-8} \, \mathfrak{H} \cdot ds \cdot \frac{dx}{dt} \cos \psi \cdot \sin \varphi \; \text{Volt}.$$

Die Induktion ist unabhängig von dem Material und dem Querschnitt der Leiter und dem Mittel, das sich zwischen den Magneten und
Leitern befindet, vorausgesetzt, daß dasselbe nicht selbst magnetisch ist.

Einfacher Fall. Bewegt sich ein geradliniger Leiter von der
Länge l cm in einem gleichförmigen magnetischen Felde von der
Stärke $\mathfrak{H}$ (c. g. s.), steht der Leiter senkrecht zu den Kraftlinien und
erfolgt die Bewegung mit gleichförmiger Geschwindigkeit u cm/sec in
einer Richtung, welche senkrecht steht zur Längsrichtung des Leiters
und der Kraftlinien, so wird in dem Leiter eine EMK

$$E = 10^{-8} \, l \cdot \mathfrak{H} \cdot u \; \text{Volt}$$

erzeugt.

Im mittleren Deutschland ist die Stärke der ganzen erdmagnetischen Kraft
(in der Richtung der Inklinationsnadel, 66° unter dem Horizont nach Norden)
= 0,45 (c. g. s.). In einem Draht von 1 m Länge, den man mit der Geschwindigkeit von 1 m/sec parallel mit sich selbst senkrecht zur Inklinationsrichtung (24°
unter dem Horizont nach Süden) bewegt, wird die EMK 100 · 0,45 · 100 = 4500
(c. g. s.) erzeugt. — Vgl. F. Kohlrausch, Lehrbuch der praktischen Physik, S. 560.

Die Richtung der EMK findet man nach folgender Regel:
Denkt man sich im magnetischen Felde befindlich, so daß die
Kraftlinien nach ihrer positiven Richtung (49) beim Fuße ein- und
beim Kopf austreten, blickt man ferner nach der Richtung, nach
welcher sich der Leiter bewegt, so ist die im Leiter induzierte Kraft
stets nach rechts gerichtet.

Eine bequeme Regel ist die von **Fleming:** Man halte Daumen-,
Zeige- und Mittelfinger der rechten Hand so, daß sie etwa rechte
Winkel miteinander machen. Zeigt der Daumen D in der Richtung
der Bewegung, der Zeigefinger Z in der der Kraftlinien, so gibt der
Mittelfinger M die Richtung der induzierten EMK.

Geschlossener Leiter. Wenn sich in einem magnetischen Felde
ein Leiter befindet, der eine bestimmte Fläche umschließt, sonst aber
beliebig gestaltet ist, so wird bei einer Bewegung eine EMK induziert,
welche die algebraische Summe ist aller Kräfte, welche in den Elementen des Leiters induziert werden. Diese Summe kann unter Umständen auch Null sein.

Durch die vom Leiter umschlossene Fläche tritt eine gewisse
Menge Φ von Kraftlinien; wenn der Leiter sich bewegt, so wird die
Menge Φ im allgemeinen sich ändern; es ist dann die induzierte EMK

$$e = \frac{d\Phi}{dt},$$

d. i. gleich der Geschwindigkeit, mit der sich die Menge der Kraftlinien ändert oder gleich der Änderung der Menge der Kraftlinien
in 1 sec.

Im gleichmäßigen magnetischen Felde ist die induzierte EMK bei
jeder Bewegung der Geschwindigkeit proportional, mit der sich die
Größe der Projektion der umschlossenen Fläche auf eine zur Richtung
der Kraftlinien senkrechte Ebene ändert.

Für die Richtung der induzierten EMK gilt folgende Regel: Blickt
man die vom Leiter umschlossene Fläche in der Richtung an, welche
für die Kraftlinien die positive ist (49), so sucht die EMK, welche
bei einer Verminderung der Menge der Kraftlinien (im gleichmäßigen
Felde bei Verkleinerung der Projektion der Fläche) induziert wird,
einen Strom hervorzubringen, der die Fläche in der Richtung der
Uhrzeigerbewegung umkreist. In der obigen Formel wird angenommen, daß eine solche Stromrichtung durch negatives Vorzeichen
angegeben wird.

(103) Induktion der Dynamomaschinen. Der Anker besteht
aus Leitern, welche ebene Flächen umschließen. Jede dieser Flächen
steht in einer Lage des Ankers senkrecht zu den Kraftlinien (neutrale
Lage, Induktion = 0), in einer anderen parallel zu den Kraftlinien
(maximale Wirkung). Bezeichnet $\mathfrak{H}$ die mittlere Feldstärke zwischen
Polschuh und Anker, S die Größe der Fläche, in der sich Polschuh
und Anker gegenüberstehen, so bedeutet das Produkt $S \cdot \mathfrak{H}$ die Menge
der Kraftlinien, welche vom Pol zum Anker übertreten, und die also
auch durch die umschlossene Fläche des Ankerdrahtes gehen. Im
Trommelanker gehen sie durch die Fläche einer Windung, im Ringanker durch die Fläche zweier Windungen; in beiden Fällen werden
sie von zwei wirksamen (äußeren) Leitern eingeschlossen. Die EMK,
die während einer Umdrehung in zwei wirksamen Drähten (d. i. beim
Trommelanker in einer, beim Ringanker in zwei Windungen) erzeugt
wird, ist im Mittel gleich dem Vierfachen der ganzen Menge der
Kraftlinien, dividiert durch die Zeit einer Umdrehung oder multipliziert
mit der Zahl der Umdrehungen in 1 sec.

Ist die Zahl der wirksamen Drähte auf dem Anker $= 2\,N$, also
die Windungszahl beim Trommelanker N, beim Ringanker $2\,N$, von
denen je die Hälfte hintereinander geschaltet werden, so wird die
ganze EMK des Ankers in jedem Fall dargestellt durch

$$E = 10^{-8} \cdot 2 \cdot \mathfrak{H} S \cdot N \cdot \frac{n}{60}\ \text{Volt.}$$

(104) Selbstinduktion. Extrastrom. Da jeder Leiter sich in
seinem eigenen magnetischen Felde befindet, so muß jede Änderung
der Stromstärke, das Entstehen und das Verschwinden des Stroms,
welche je von analogen Veränderungen des Kraftfeldes begleitet sind,
die Veranlassung bilden zu einer Induktion in dem Leiter. Diese Erscheinung nennt man Selbstinduktion, den erzeugten Strom Extrastrom.

Der Extrastrom ist in allen Fällen der erzeugenden Stromänderung
entgegengesetzt, und ist bestrebt, sie zu hemmen; das Entstehen des
Stromes, das Anwachsen und Abnehmen wird durch den Extrastrom
verlangsamt, bei Stromunterbrechungen wird ein oft sehr heftig ver-
laufender Strom induziert, welcher Funken verursacht. Besonders
stark tritt der Öffnungsstrom- und Funke auf, wenn die Leitung, in

der die Selbstinduktion stattfindet, aus vielen eng aneinanderliegenden Windungen besteht, und wenn sie noch einen Kern aus weichem Eisen enthält.

Die Selbstinduktion wirkt ähnlich wie ein Widerstand oder wie eine elektromotorische Gegenkraft; sie wird bei den Dynamomaschinen als scheinbare Vermehrung des Ankerwiderstandes oder als Spannungsabfall wahrgenommen. Noch stärker macht sie sich bei Wechselstrommaschinen und Transformatoren geltend.

(105) Der **Koeffizient der Selbstinduktion** L wird definiert durch die Gleichungen in (110, 2 u. 5) und läßt sich auffassen als diejenige EMK, welche induziert wird, wenn die Stromstärke in der Zeiteinheit um die Einheit wächst; er ist eine Eigenschaft des Leiters vermöge der Form und der Magnetisierbarkeit des letzteren und der in der Nähe befindlichen Eisenmassen und in sich geschlossenen Leiter.

In Drähten, welche „bifilar" gewunden sind, und in gerade und frei gespannten Drähten von mäßiger Länge ist die Selbstinduktion Null oder praktisch zu vernachlässigen. Vgl. unter Rheostaten. In langen Leitungen, besonders wenn dieselben aus Eisendraht bestehen (Telegraphenleitungen, Überlandleitungen für den Fernsprechverkehr), ist die Selbstinduktion ziemlich erheblich.

Selbstinduktionskoeffizient

1 a. eines geraden, fern von allen Leitern ausgespannten Drahtes von der Länge l und dem Radius r [μ für Luft $= 1$]

$$L = 2\,l\left(\log\,\mathrm{nat}\,\frac{2l}{r} - 1 + \frac{\mu}{4}\right);$$

1 b. einer doppelten, frei gespannten Leitung (Hin- und Rückleitung, Schleife, Abstand der Drähte d) zwischen zwei Orten, deren Entfernung $= l$ ist:

$$L = 4\,l\left(\log\,\mathrm{nat}\,\frac{d}{r} + \frac{\mu}{4}\right);$$

2. eines einfachen Drahtkreises, R Radius des Kreises, r Radius des Drahtes (Max Wien):

$$L = 4\,\pi\,R\left[\left\{1 + \frac{r^2}{8\,R^2}\right\}\log\,\mathrm{nat}\,\frac{8\,R}{r} - 1{,}75 - 0{,}0083\,\frac{r^2}{R^2}\right];$$

3. einer kurzen flachen Spule (Stefan): Wicklungsquerschnitt ein Quadrat von der Seite s, mittlerer Radius der Spule R, äußerer und innerer Radius $R + \dfrac{s}{2}$, $R - \dfrac{s}{2}$, n Windungszahl (Form der Normalrollen):

$$L = 4\,\pi\,Rn^2\left[\left(1 + \frac{1}{24}\frac{s^2}{R^2}\right)\log\,\mathrm{nat}\,\frac{8\,R}{s\sqrt{2}} - 0{,}848 + 0{,}0510\,\frac{s^2}{R^2}\right].$$

Ein Minimum des Widerstandes erhält man für $\cdot R = 3{,}7\,s$; führt man diesen Wert ein, so folgt, wenn auf 1 cm Länge $\mathfrak{z}$ Windungen gehen:

$$L = \frac{36}{\mathfrak{z}}\,n^{5/2};$$

4. einer langen Spule von der Länge l, welche die Fläche S umschließt und eine Lage von K Windungen auf die Längeneinheit besitzt:

$$L = 4\pi K^2 l S;$$

5. einer langen Spule von der Länge l, welche K Windungen auf die Längeneinheit in mehreren Lagen enthält, wenn der innere Radius r und die Dicke der Wickelung radial gemessen $= d$ ist:

$$L = 4\pi^2 K^4 l d^2 r^2 \left(1 + \frac{d}{r} + \frac{d^2}{3r^2}\right);$$

6. Enthält die Spule noch einen Weicheisenkern vom Radius a, so wird

$$L = 4\pi^2 K^2 l d^2 r^2 \left(1 + 4\pi\varkappa\frac{a^2}{r^2} + \frac{d}{r} + \frac{d^2}{3r^2}\right)$$

das Glied $4\pi\varkappa\left(\frac{a}{r}\right)^2$ ist sehr groß gegen die übrigen. Ist d gegen r klein, so können die Glieder $\frac{d}{r}$ und $\frac{d^2}{3r^2}$ weggelassen werden.

Näherungsweise ist

$$L = 16 \cdot \pi^3\varkappa \cdot K^4 l a^2 d^2 \text{ oder auch } = 4\pi^2\mu K^4 l a^2 d^2.$$

Die Formeln geben das Maximum an, da sie die Wirkung der Enden nicht berücksichtigen. Um L in Henry zu erhalten, sind die obigen Werte durch 10^9 zu dividieren.

Normalrollen für Selbstinduktion müssen aus sehr dünnem Draht, bei stärkerem Leitungsquerschnitt aus feindrähtigen Litzen hergestellt werden. Bei genauen Messungen der Induktionskoeffizienten von Spulen ist auch die Kapazität der Wickelung zu berücksichtigen (vgl. Dolezalek, Ann. d. Phys. Bd. 12, S. 1142, 1903).

(106) **Koeffizient der gegenseitigen Induktion** eines Leiters auf einen anderen läßt sich auffassen als die EMK, welche in dem zweiten Leiter induziert wird, wenn die Stromstärke in dem ersten in der Zeiteinheit sich um die Einheit ändert.

Koeffizient der gegenseitigen Induktion

1. zweier parallelen geraden Drähte von der Länge l und dem gegenseitigen Abstande d

$$M = 2l \cdot \left(\log \text{nat} \frac{2l}{d} - 1\right);$$

2. zweier gleich langen einfachen Drahtlagen, welche mit den Windungszahlen K_1 und K_2 für die Längeneinheit auf denselben Cylinder gewickelt sind, und welche die Fläche S umschließen

$$M = 4\pi K_1 K_2 l S;$$

3. zweier koaxialen Drahtspulen, die übereinander gewickelt sind, und deren innere Radien r_1 und r_2, deren Windungszahlen K_1 und K_2 auf die Längeneinheit sind und deren Wickelungsräume die radiale Dicke d_1 und d_2 haben:

$$M = 4\pi^2 K_1^2 K_2^2 l d_1 d_2 r_1^2 \left(1 + \frac{d_1}{r_1} + \frac{d_1^2}{3r_1^2}\right);$$

4. Enthalten die beiden Spulen noch einen Weicheisenkern vom Radius a, so wird

$$M = 4\,\pi^2\,K_1^2\,K_2^2\,l\,d_1\,d_2\,r_1^2\left(1 + 4\,\pi\,\varkappa\,a^2\,\frac{d_1}{r_1} + \frac{d_1^2}{3\,r_1^2}\right).$$

Wegen Kürzung der Formel s. d. vorige.

Um M in Henry zu erhalten, sind die Werte der Formeln durch 10^9 zu dividieren.

(107) **Induktionsapparate.** Eine besonders kräftige Induktion erhält man, wenn zwei Leiter, voneinander gut isoliert, auf großer Länge oder in vielen Windungen nebeneinander liegen, und die Wirkung wird noch verstärkt, wenn die Drähte auf einen weichen Eisenkern, am besten ein Bündel von dünnen Drähten, aufgewunden sind. In dem einen, dem primären Leiter, läßt man einen Strom entstehen und verschwinden und erhält im sekundären die Induktion.

In den Induktionsapparaten für Laboratorien und ärztliche Zwecke hat man einen primären Stromkreis, der von der Stromquelle, Batterie oder Maschine gespeist wird, aus starkem Draht und nicht vielen Windungen; dieser ist mit einem Selbstunterbrecher verbunden, welcher veranlaßt, daß der Strom jedesmal, wenn er entsteht, sich auch wieder selbst unterbricht. Große Induktorien werden mit besonderen Unterbrechern verbunden, die öfter von einem Motor angetrieben werden. Jedes Entstehen und jedes Aufhören verursacht eine Induktion im sekundären Leiter, der aus sehr vielen dünndrähtigen Windungen besteht. Die durch Stromschluß induzierte EMK ist weit schwächer als die durch das Öffnen hervorgerufene; in vielen Fällen hat man es nur mit der letzteren zu tun. — Die induzierte EMK ist den Windungszahlen beider Spulen proportional und wächst mit der verwendeten primären EMK, wenn der Widerstand der Stromquelle gegen den der primären Spule gering ist.

Die Richtung des induzierten Stromes ergibt sich nach folgender Regel: Der entstehende oder anwachsende Strom ruft einen induzierten Strom von entgegengesetzter Richtung, der abnehmende oder verschwindende Strom einen induzierten Strom von gleicher Richtung hervor.

Transformatoren. Statt den primären Strom des Induktionsapparates zu unterbrechen, kann man die Stromesrichtung in demselben häufig umkehren lassen; man erhält dann in der sekundären Spule ebenfalls Wechselströme. Solche Wechselstromtransformatoren werden für Beleuchtung und Kraftübertragung benutzt und dienen meist dazu, die Spannung des Wechselstroms zu erhöhen oder zu erniedrigen. Statt der Ströme von wechselnder Richtung kann man auch den Strom ohne Richtungsänderung in seiner Stärke zu- oder abnehmen lassen. Dies geschieht in den Mikrophontransformatoren, deren primäre Spule geringen und deren sekundäre Spule hohen Widerstand besitzt.

(108) **Induktion in körperlichen Leitern.** In einem massiven Metallstück von größeren Abmessungen werden durch dieselben Vorgänge, wie die im vorigen betrachteten, EMKräfte induziert; diese suchen sich ihre Bahnen in dem Körper und finden gewöhnlich sehr gut leitende Wege zur Bildung von Induktionsströmen (Foucault'sche Ströme, auch Wirbelströme genannt). In den Dynamomaschinen sucht

man die letzteren zu vermeiden, indem man das Eisen, wenigstens im Anker und in den Polschuhen, zerteilt und den Strömen die Bahn abschneidet.

Induktionsschutz. Die gegenseitige Induktion zweier benachbarter Leiter wird aufgehoben, wenn man zwischen die beiden Leiter eine leitende, am besten mit der Erde verbundene Scheidewand legt; dies geschieht z. B. in den Fernsprechkabeln für Einzelleitungen, worin die einzelnen Kabeladern mit Stanniol umhüllt sind. Je langsamer die induzierenden Stromänderungen verlaufen, desto besser leitend muß die Scheidewand sein, um noch zu wirken. Außerdem kann man die Induktion noch durch induktionsfreie Anordnung vermeiden. In Fernsprechkabeln für Doppelleitungen werden je 2 zusammengehörige Adern zusammen verdrillt. Die beiden Adern haben dann gegenüber allen anderen durchschnittlich die gleiche Lage. Die Viereckstellung (s. nebenstehend: 1 und 3 gehören zur einen, 2 und 4 zur anderen Doppelleitung oder Schleife) befriedigt nur dann, wenn die Adern gegen Verschiebung im Kabelquerschnitt gesichert sind.

In Meßapparaten verwendet man häufig zur Dämpfung der Schwingungen der Magnete ein massives Kupfergehäuse; die Ströme, welche in diesem induziert werden, sind so gerichtet, daß sie der verursachenden Bewegung der Magnete in jedem Augenblick entgegenwirken (121).

(109) Unipolare Induktion. Unter denselben Bedingungen, unter denen nach (94) ein Strom den Umlauf eines Magnets oder eines beweglichen Stromleiters verursacht, erhält man umgekehrt durch den Umlauf des Magnets oder beweglichen Stromleiters einen Strom.

(110) Veränderliche Ströme.

1. Ladung eines Kondensators:

$$Q = E \cdot C \qquad I = \frac{dQ}{dt} = C \cdot \frac{dE}{dt}.$$

Die Ladung erfordert die Arbeit $\frac{1}{2} C E^2 = \frac{1}{2} Q E$.

2. Magnetisierung und Induktion.

$$\Phi = I \cdot L \qquad E = \frac{d\Phi}{dt} = L \cdot \frac{dI}{dt}.$$

Die Überwindung der Selbstinduktion erfordert die Arbeit $\frac{1}{2} L I^2 = \frac{1}{2} \Phi I$.

3. Kondensator neben einem Widerstand wirkt wie eine scheinbare Erhöhung der EMK um $C \cdot r \cdot \frac{dE}{dt}$. Schaltet man hinter diese Anordnung eine Spule mit dem Selbstinduktionskoeffizienten L, so ist der scheinbare Selbstinduktionskoeffizient der gesamten Kombination für einen kurzen Stromstoß $L - Cr^2$ zu setzen. Ist also $L = Cr^2$, so heben sich die Wirkungen von Selbstinduktion und Kapazität einander auf.

Ein Telegraphenkabel, welches für die Einheit der Länge den Widerstand R, die Kapazität C und die Selbstinduktion L besitzt, das die Länge l hat und an dessen Ende ein Apparat vom Widerstande r eingeschaltet ist, hat für kurze Stromstöße die scheinbare Selbstinduktion

$$L \cdot l - \frac{C}{3\,R}\,[(R\,l + r)^3 - r^3].$$

4. Kondensator hinter einem Widerstand. Ladung durch die konstante Spannung E und Entladung des auf die Spannung E geladenen Kondensators

$$v = E\,(1 - e^{-\frac{t}{CR}}), \qquad I = C \cdot \frac{dv}{dt} = \frac{E}{R} \cdot e^{-\frac{t}{CR}},$$

worin v den Augenblickswert der Spannung am Kondensator während der Ladung, I den Augenblickswert des Ladestromes, R den Widerstand des Stromkreises bei Kurzschluß des Kondensators bedeutet. An der vollen Ladung fehlt noch $1/b$ ihres Wertes nach der Zeit CR log nat b.

· Besitzt der Widerstand die Selbstinduktion L, so kommt es bei der Entladung des Kondensators auf den Wert von $CR^2 - 4\,L$ an. Ist dieser positiv, so erhält man eine einfache Entladung; ist er negativ, so wird die Entladung oszillierend, und zwar mit der Schwingungsdauer

$$T = 4\,\pi\,L \cdot \sqrt{\frac{C}{4\,L - CR^2}}\,.$$

An der vollständigen Entladung fehlt noch $\dfrac{1}{b}$ ihres Wertes nach der Zeit $\dfrac{2L}{R}$ log nat b; die Zahl der Schwingungen bis zu dieser Zeit beträgt $\dfrac{1}{2\,\pi R} \cdot \sqrt{\dfrac{4L}{R} - R^2} \cdot$ log nat b.

5. Spule mit Selbstinduktion. Scheinbare Verminderung der EMK um $L \cdot \dfrac{dI}{dt}$.

$$I\,R = E - L \cdot \frac{dI}{dt} \quad \text{(Gleichung von Helmholtz).}$$

Wird die konstante EMK E an die Selbstinduktion L vom Widerstande R gelegt, so steigt der Strom I nach dem Gesetz:

$$I = \frac{E}{R} \cdot (1 - e^{-\frac{R}{L}\,t});$$

$\dfrac{L}{R}$ heißt Zeitkonstante oder Relaxationsdauer.

An der maximalen Stromstärke E/R fehlt noch $1/b$ ihres Wertes nach der Zeit

$$t_b = \frac{L}{R} \text{ log nat } b.$$

Wird die EMK unterdrückt, ohne daß der Kreis geöffnet wird, so verschwindet der Strom nach der Formel

$$I = \frac{E}{R} \cdot e^{-\frac{R}{L}\,t}.$$

Wird der Kreis unterbrochen, so ist die entstehende EMK

$$E = \frac{L\,I}{t'},$$

worin t' angibt, welche Zeit zur Unterbrechung gebraucht wurde.

(111) **Wechselströme.** Über die Berechnung der Stärke, der Spannung und Leistung von Strömen wechselnder Stärke oder Richtung lauten die „Bestimmungen zur Ausführung des Gesetzes, betr. die elektrischen Maßeinheiten" folgendermaßen:

a) Als wirksame (effektive) Stromstärke — oder, wenn nichts anderes festgesetzt ist, als Stromstärke schlechthin — gilt die Quadratwurzel aus dem zeitlichen Mittelwerte der Quadrate der Augenblicks-Stromstärken;

b) als mittlere Stromstärke gilt der ohne Rücksicht auf die Richtung gebildete zeitliche Mittelwert der Augenblicks-Stromstärken;

c) als elektrolytische Stromstärke gilt der mit Rücksicht auf die Richtung gebildete zeitliche Mittelwert der Augenblicks-Stromstärken;

d) als Scheitelstromstärke periodisch veränderlicher Ströme gilt deren größter Augenblickswert;

e) die unter a) bis d) für die Stromstärke festgesetzten Bezeichnungen und Berechnungen gelten ebenso für die elektromotorische Kraft oder die Spannung;

f) als Leistung gilt der mit Rücksicht auf das Vorzeichen gebildete zeitliche Mittelwert der Augenblicksleistungen.

Sinusförmige Ströme.

Für viele Fälle genügt es anzunehmen, daß Spannungen und Stromstärken sinusförmig verlaufen. Bei einem sinusförmigen Strom verhalten sich wirksame Stromstärke, mittlere Stromstärke und Scheitelstromstärke wie

$$\frac{1}{2}\sqrt{2} : \frac{2}{\pi} : 1 = 0{,}707 : 0{,}637 : 1$$
$$= 1{,}110 : 1 : 1{,}570 = 1 : 0{,}901 : 1{,}414.$$

Eine sinusförmige EMK wird dargestellt durch die Gleichung

$$E = E_0 \sin \omega t, \text{ wo zur Abkürzung}$$

$$\omega = 2 \pi \nu \text{ gesetzt ist.}$$

Darin bedeutet t die veränderliche Zeit, ν die Zahl der Perioden in der Sekunde, E_0 die Scheitelspannung.

Besitzt ein Strom die Phasenverschiebung φ gegen diese Spannung, so ist er darstellbar in der Form

$$I = I_0 \sin (\omega t + \varphi).$$

Ist φ positiv, so eilt der Strom in der Phase der Spannung voraus, ist φ negativ, so bleibt er um diesen Winkel in der Phase hinter der Spannung zurück.

Liegt an einem Kondensator von der Kapazität C eine Wechselspannung $e = E \sin \omega t$, so ist der Ladestrom nach (110) 1., $I = E \omega C \cos \omega t$, also $I_{\mathit{eff}} = \omega C E_{\mathit{eff}}$. Wird dieselbe EMK an eine Spule mit dem Selbstinduktionskoeffizienten L gelegt, so ist die EMK der Selbstinduktion gleich $E \omega L \cos \omega t$, also ihr Effektivwert gleich $\omega L E_{\mathit{eff}}$.

Wird der Strom I durch die Spannung E erzeugt, so ist die Leistung $= \dfrac{1}{2} E_0 I_0 \cos \varphi = E_{\mathit{eff}} I_{\mathit{eff}} \cos \varphi.$

(112) Das Ohmsche Gesetz im Wechselstromkreise. Rechnung mit komplexen Strömen. Für Rechnungszwecke ist es bequem, einen Strom durch eine komplexe Größe darzustellen.

$$I = I_0\, e^{\varphi i}, \text{ wo } i = \sqrt{-1}.$$

Ist der Strom I in der Form $a + bi$ gegeben, so folgt:

$$\operatorname{tg} \varphi = \frac{b}{a};\quad I_0 = \sqrt{a^2 + b^2} = a\sqrt{1 + \left(\frac{b}{a}\right)^2} = b\sqrt{1 + \left(\frac{a}{b}\right)^2},$$

dabei wählt man die zweite oder dritte Form der letzten Gleichung, je nachdem b/a oder a/b ein echter Bruch d wird, d. h. der größere der beiden Werte a oder b mit der Wurzel multipliziert, gibt die Amplitude.

Ist der Strom in der Form $I_0\, e^{\varphi i} = \dfrac{\alpha + \beta i}{\gamma + \delta i}$ gegeben, so folgt:

$$\operatorname{tg} \varphi = \frac{\beta\gamma - \alpha\delta}{\alpha\gamma + \beta\delta};\quad I_0 = \sqrt{\frac{\alpha^2 + \beta^2}{\gamma^2 + \delta^2}}.$$

Für das Rechnen mit komplexen Größen gelten folgende Regeln und Formeln:

$$(a_1 + ib_1) \pm (a_2 + ib_2) = (a_1 \pm a_2) + i\,(b_1 \pm b_2)$$

$$(a_1 + ib_1)\,(a_2 + ib_2) = (a_1 a_2 - b_1 b_2) + i\,(a_1 b_2 + a_2 b_1)$$

$$\frac{a_1 + ib_1}{a_2 + ib_2} = \frac{a_1 a_2 + b_1 b_2}{a_2{}^2 + b_2{}^2} - i\,\frac{a_2 b_1 - a_1 b_2}{a_2{}^2 + b_2{}^2}$$

$$\frac{1}{a + ib} = \frac{a}{a^2 + b^2} - i\,\frac{b}{a^2 + b^2}$$

$$(a + ib)^2 = a^2 - b^2 + i \cdot 2\,ab.$$

Multipliziert man eine Größe mit -1, so bedeutet dies Verschiebung der Phase um $1/_2$ Periode;

Multiplikation mit $+ i$ bedeutet Vorandrehung um $1/_4$ Periode,

„   „ $- i$ „   Zurückdrehung um $1/_4$ Periode,

„   „ $\cos \omega + i \sin \omega$ bed. Verschiebung um den Winkel ω, und zwar nach vorwärts oder rückwärts, je nachdem ob ω positiv oder negativ ist.

Um für Multiplikation, Division usw. eine der Logarithmenrechnung ähnliche Methode zu haben, verwandelt man nach dem obigen die gewöhnlichen komplexen Größen in Exponentialgrößen von der Form $c \cdot e^{\pm\varphi i}$. Den Gebrauch des Rechenschiebers vorausgesetzt, schreibt man den reellen Teil als gewöhnliche Zahl c; der imaginäre $e^{\pm\varphi i}$ gibt dann nur eine Richtung an. Mit den imaginären Exponenten rechnet man wie mit reellen; zum Schluß kann man wieder zu der gewöhnlichen Form der komplexen Größen zurückkehren.

Kommt man bei der Rechnung auf Winkel φ, die im 2. oder 3. Quadraten liegen, so gelangt man durch Multiplikation mit $- e^{180 i}$ in den vierten oder ersten; Winkel des 4. Quadranten werden nach der Formel $e^{(360 - \psi)i} = e^{-\psi i}$ in negative Winkel verwandelt. Die Winkelexponenten können beliebig um $360\, i$ vermehrt oder vermindert werden: $e^{360\, i} = 1$.

Um bei zahlenmäßigen Rechnungen $I_0\, e^{\varphi i}$ in $a + bi$ zu verwandeln und umgekehrt, dient die folgende Tabelle:

	0	1	2	3	4	5	6	7	8	9
0,0	000 0	000 0,6	000 1,2	000 1,7	001 2,3	001 2,9	002 3,4	002 4,0	003 4,6	004 5,1
0,1	005 5,7	006 6,3	007 6,9	008 7,4	010 8,0	011 8,5	013 9,1	014 9,7	016 10,2	018 10,8
0,2	020 11,3	022 11,9	024 12,4	026 13,0	029 13,5	031 14,0	033 14,6	036 15,1	038 15,6	041 16,2
0,3	044 16,7	047 17,2	050 17,7	053 18,3	056 18,8	060 19,3	063 19,8	066 20,3	070 20,8	073 21,3
0,4	077 21,8	081 22,3	085 22,8	089 23,3	093 23,8	097 24,2	101 24,6	105 25,1	110 25,6	114 26,1
0,5	118 26,6	123 27,1	127 27,5	132 27,9	137 28,4	142 28,8	146 29,2	151 29,7	156 30,1	161 30,5
0,6	166 31,0	171 31,4	176 31,8	182 32,2	187 32,6	193 33,0	198 33,4	204 33,8	209 34,2	215 34,6
0,7	221 35,0	226 35,4	232 35,7	238 36,1	244 36,5	250 36,9	256 37,2	262 37,6	268 38,0	275 38,3
0,8	281 38,7	287 39,0	293 39,4	300 39,7	306 40,1	313 40,4	319 40,7	326 41,0	332 41,4	339 41,7
0,9	345 42,0	352 42,3	359 42,6	366 42,9	372 43,3	379 43,6	386 43,8	393 44,1	400 44,4	407 44,7

Gebrauch der Tafel.

Die linke und die obere Randspalte enthalten die Ziffern eines echten Dezimalbruchs d mit 2 Dezimalstellen. Jedes Viereck enthält in der oberen Zahl die 3 Dezimalstellen des Wertes $\sqrt{1 + d^2} = 1,\ldots$ und darunter einen Winkel φ.

Übergang von der Form

$a \pm ib$ zu $c \cdot e^{\pm i\varphi}$	$c \cdot e^{\pm i\varphi}$ zu $a \pm ib$
$a > b$	$\varphi < 45^\circ$
zu $b/a = d$ gibt die Tafel φ und $\sqrt{1 + (b/a)^2}$; letzteres mit a multipliziert ist $\sqrt{a^2 + b^2}$	über φ steht in der Tafel $\sqrt{1 + (b/a)^2}$; dies in c dividiert ist a. Die Randspalten geben b/a, welches mit a multipliziert b liefert

$$20,4 - 9,2\,i = 20,4 \cdot 1,097 \cdot e^{-24,2\,i}$$
$$= 22,4 \cdot e^{-24,2\,i}$$

$$22,4 \cdot e^{-24,2\,i} = \frac{22,4}{1,097} - 0,45 \cdot \frac{22,4}{1,097}\,i$$
$$= 20,4 - 9,2\,i$$

$a < b$	$\varphi > 45^0$
zu $a/b = d$ gibt die Tafel einen Winkel, der von 90^0 zu subtrahieren ist, um φ zu erhalten. $\sqrt{1+(a/b)^2}$ aus der Tafel gibt mit b multipliziert c.	φ wird von 90^0 subtrahiert, über dem so erhaltenen Winkel steht in der Tafel $\sqrt{1+(a/b)^2}$; dies in c dividiert ist b. Die Randspalten geben a/b, welches mit b multipliziert a liefert.

$$9,2 - 20,4\,i = 20,4 \cdot 1,097 \cdot e - 65,8\,i$$
$$= 22,4 \cdot e - 65,8\,i$$

$$22,4 \cdot e - 65,8\,i = -\frac{22,4}{1,097}i + \frac{22,4}{1,097}\cdot 0,45$$
$$= 9,2 - 20,4\,i$$

Stellt man Spannungen und Ströme in der komplexen Form dar, so gelten dafür das Ohmsche Gesetz und die Kirchhoffschen Regeln:

$$E = IS \qquad \Sigma I = 0 \qquad E = \Sigma IS.$$

Darin bedeutet S den sogenannten Widerstandsoperator.

Wird ein ohmscher Widerstand mit R, ein Selbstinduktionskoeffizient mit L, eine Kapazität mit C bezeichnet, so berechnet sich der Widerstandsoperator zwischen zwei Punkten aus den drei Größen R, $i\omega L$, $\frac{1}{i\omega C}$ in derselben Weise, wie man bei Gleichstromproblemen den Gesamtwiderstand einer beliebigen Stromverzweigung findet.

Anwendungen.

1. Stromkreis mit Kapazität.

a) Kondensator hinter dem Widerstand; $R =$ Gesamtwiderstand des Kreises bei Kurzschluß des Kondensators.

$$E_0 = I_0\,e^{\varphi i}\left[R + \frac{1}{i\omega C}\right] = I_0\,e^{\varphi i}\,\frac{\omega C R - i}{\omega C}$$

$$E_0 = I_0\,\frac{\sqrt{1+\omega^2 C^2 R^2}}{\omega C}\,;\quad \mathrm{tg}\,\varphi = \frac{1}{\omega C R},$$

d. h. für $R = 0$ wird $\varphi = 90^0$, $I_0 = \omega C E_0$.

b) Kondensator neben dem Widerstand R.

$$E_0 = I_0\,e^{\varphi i}\,\frac{R \cdot \frac{1}{i\omega C}}{R + \frac{1}{i\omega C}} = I_0\,e^{\varphi i}\,\frac{R}{1 + i\omega C R}$$

$$E_0 = I_0\,\frac{R}{\sqrt{1+\omega^2 C^2 R^2}}\,;\quad \mathrm{tg}\,\varphi = \omega C R.$$

2. Stromkreis mit Selbstinduktion.

$$E_0 = (R + i\omega L)\,I_0\,e^{\varphi i}$$

$$E_0 = I_0\,\sqrt{R^2 + \omega^2 L^2}\,;\qquad \mathrm{tg}\,(-\varphi) = \frac{\omega L}{R}$$

$\sqrt{R^2 + \omega^2 L^2}$ heißt scheinbarer Widerstand. .

3. Stromkreis mit Kapazität und Selbstinduktion.

a) Kapazität hinter der Selbstinduktion.

$$E_0 = I_0 \, e^{\varphi i} \left[R + \omega L \, i + \frac{1}{i \, \omega \, C} \right]$$

$$E_0 = I_0 \sqrt{R^2 + \left(\omega L - \frac{1}{\omega C} \right)^2}$$

$$\operatorname{tg} \varphi = - \; \frac{\omega L - \dfrac{1}{\omega C}}{R} \, ;$$

die Wirksamkeit der Selbstinduktion wird durch die Kapazität aufgehoben, wenn

$$\omega^2 L \, C = 1 \text{ ist (Bedingung der Resonanz).}$$

b) Kapazität neben der Selbstinduktion

$$E_0 = I_0 \, e^{\varphi i} \; \frac{(R + i \omega L) \, \dfrac{1}{i \, \omega \, C}}{R + i \omega L + \dfrac{1}{i \, \omega \, C}}$$

$$= I_0 \, e^{\varphi i} \; \frac{R + i \, \omega \, [L - C \, (R^2 + \omega^2 L^2)]}{(1 - \omega^2 L \, C)^2 + \omega^2 R^2 C^2} \, ;$$

$$E_0 = I_0 \sqrt{\frac{R^2 + \omega^2 L^2}{1 - 2 \, \omega^2 L \, C + \omega^2 C^2 \, (R^2 + \omega^2 L^2)}}$$

$$\operatorname{tg} \varphi = \frac{C \, (R^2 + \omega^2 L^2) - L}{R} \, .$$

Die Phasenverschiebung wird gleich Null für

$$C = \frac{L}{R^2 + \omega^2 L^2} \text{ (Resonanzbedingung),}$$

dann ist $E_0 = I_0 \left(R + \dfrac{\omega^2 L^2}{R} \right)$.

(113) Polardiagramm der Wechselstromgrößen.

1. Eine EMK oder ein Strom, der sich als Sinusfunktion der Zeit ansehen läßt (111), kann dargestellt werden durch die Projektionen eines Strahles, der sich um seinen Endpunkt dreht. Ist $E = E_0 \sin \omega t$, so bedeutet E_0 die Länge des Strahles, ω die Geschwindigkeit, mit der er sich dreht. Die Drehrichtung und den Strahl, von dem aus der Winkel gerechnet wird, kann man willkürlich festsetzen. In den folgenden Beispielen ist angenommen, daß die Vektoren sich entgegengesetzt wie der Uhrzeiger drehen, und daß der Anfangsstrahl wagerecht nach links liegt. Vgl. Fig. 55 $OD =$ Anfangsstrahl, der Pfeil über C gibt die Drehrichtung.

Noch zweckmäßiger ist es, sich die die EMK und Ströme darstellenden Vektoren als ruhend und eine Zeitlinie als rotierend zu denken mit einer Drehrichtung wie der Uhrzeiger. Die Momentanwerte sind die Projektionen der Vektoren auf diese Zeitlinie. Vgl. Fig. 55, der Strahl T ist die Zeitlinie.

2. Jede EMK oder Stromstärke wird angegeben durch den Wert ihrer Amplitude und den Phasenwinkel φ, den sie mit einer anderen gleichartigen Größe einschließt. Eine solche Größe nennt man eine Vektorgröße. Der Widerstand ist ein Wert ohne Phasenwinkel oder Richtung im Diagramm, eine Skalargröße.

3. Die EMK der Selbstinduktion ist um $90°$ hinter der Stromstärke zurück, die der Ladungsfähigkeit ihr um $90°$ voraus. Bedeutet (Fig. 55) OB den Strom i, OD die Spannung ir, so ist $OC = \omega L i$; OD ist zugleich der Teil der äußeren EMK, der zur Hervorbringung des Stromes i im Widerstande r dient, während $OF = -OC$ der Teil der äußeren EMK ist, der zur Überwindung der Selbstinduktion dient; dieser Teil liegt um $90°$ vor dem Strome; die gesamte äußere EMK ist demnach $= OG$. Die Beziehungen $\operatorname{tg}\varphi = \omega L / r$ und $i = E / \sqrt{r^2 + \omega^2 L^2}$ können aus dem Diagramm abgelesen werden.

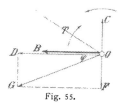
Fig. 55.

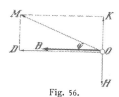
Fig. 56.

In Fig. 56 ist wieder OB der Strom, OD die Spannung ir, OH die Spannung des hinter r geschalteten Kondensators $= \dfrac{1}{C\omega}$, $OK = -OH$ der Teil der äußeren EMK, der OH das Gleichgewicht hält, OM die gesamte äußere EMK; $\operatorname{tg}\varphi = -\dfrac{1}{\omega C r}$,

$$i = E \left/ \sqrt{r^2 + \left(\frac{1}{\omega C}\right)^2}. \right.$$

4. Bei Hintereinanderschaltung von Widerstand, Selbstinduktion und Kapazität hat man eine einfache Dreieckkonstruktion; wagerecht nach links wird das Produkt des Stromes mit der Summe aller Widerstände aufgetragen, die senkrechte Kathete ist $= i\left(L\omega - \dfrac{1}{C\omega}\right)$, wobei der positive Wert nach oben gerichtet ist. Die Hypotenuse ist der Widerstandsoperator nach Größe und Richtung.

5. Ist zu Widerstand und Selbstinduktion eine Kapazität parallel geschaltet, so wird über der Spannung zwischen den Verzweigungspunkten als Durchmesser OA (Fig. 57) ein Kreis geschlagen. $OB = i_1 r$ und $AB = i_1 \omega L$ sind die Komponenten der Spannung für den Zweig mit Selbstinduktion und Widerstand; $OI = i_1$ ist die Stromstärke in diesem Zweige. Da der andere Zweig keinen Widerstand enthält, so ist $OA = i_2/\omega C$. Der Ladestrom i_2 für den Kondensator muß dieser Spannung um $90°$ vorauseilen; also $i_2 = OI_2$; der Gesamtstrom OI setzt sich aus den Komponenten OI_1 und OI_2 zusammen. Verlängert man OI bis zum Schnittpunkte C mit dem Kreise, so ist

OC gleich dem Produkt aus I und dem wirksamen Gesamtwiderstand zwischen den Verzweigungspunkten, also $OI \times OC$ der Energieverbrauch.

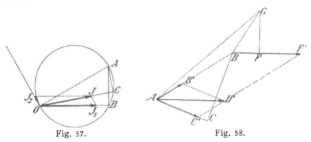

Fig. 57. Fig. 58.

6. Hinter eine Stromschleife, von der ein Zweig aus einem
induktionslosen Widerstand r_1, der andere aus einer Selbstinduktion
L_2 vom Widerstand r_2 besteht, sei eine Selbstinduktion L vom Widerstande R geschaltet. Sind i_1, i_2, I bezw. die Stromstärken in den
drei Zweigen, so zeichne man zunächst ein rechtwinkliges Dreieck
ABC (Fig. 58), so daß die Katheten $BC : CA = \omega L_1 : r_1$, dann kann
$AC = i_1 r_1$, $BC = \omega L_1 i_1$ gesetzt werden; da AB die Spannung an
den Enden der Stromschleife ist, so ist gleichzeitig $AB = i_2 r_2$. Man
mache $AB' = AB : r_2 = i_2$ und $AC' = AC : r_1 = i_1$, so ist die
Resultante AD' gleich der Stromstärke I in R. Zieht man also
BF' parallel und gleich AD' und macht $BF = BF' \cdot R$, und
$FG = \omega L \cdot BF''$, so ist BG die Spannung an der Selbstinduktion
L und somit AG die Gesamtspannung.

(114) Wechselströme von beliebiger Kurvenform. In der
Regel wird die Form eines Wechselstromes innerhalb einer Periode
nicht sinusförmig sein. Ein derartiger Wechselstrom von beliebiger
Kurvenform läßt sich stets durch eine Fouriersche Reihe darstellen;
diese hat allgemein die Form:

$$I = I_1 \sin (\omega t + \alpha_1) + I_3 \sin (3 \omega t + \alpha_3) + I_5 \sin (5 \omega t + \alpha_5) + \ldots,$$

d. h. der Strom kann angesehen werden als zusammengesetzt aus
Wechselströmen von verschiedenen Periodenzahlen, die sich wie
$1 : 3 : 5$ .. verhalten. Dabei können die gradzahligen Perioden
ausgelassen werden, wenn die positiven und negativen Hälften
der Kurve spiegelbildlich gleich sind; bei technischen Wechselströmen
trifft dies fast stets zu. Der Effektivwert des Stromes ist:

$$I_{\text{eff}} = \sqrt{\frac{1}{2} (I_1^2 + I_3^2 + I_5^2 + \ldots)}.$$

Der Strom I sei von einer EMK E erzeugt von der Gleichung
$$E = E_1 \sin (\omega t + \beta_1) + E_3 \sin (3 \omega t + \beta_3) + E_5 \sin (5 \omega t + \beta_5) + \ldots$$
Dann ist die Leistung:
$$Q = \frac{1}{2} (E_1 I_1 \cos (\alpha_1 - \beta_1) + E_3 I_3 \cos (\alpha_3 - \beta_3) + E_5 I_5 \cos (\alpha_5 - \beta_5) + \ldots)$$

Man setzt $Q = k \cdot E_{\text{eff}} \cdot I_{\text{eff}}$ und nennt k den Leistungsfaktor. Dieser ist in der Regel kleiner als 1, und kann daher gleich cos φ gesetzt werden; man nennt dann φ die Phasenverschiebung. Nur wenn $\alpha_1 = \beta_1$, $\alpha_3 = \beta_3 \ldots$ und $E_1 : I_1 = E_3 : I_3 = \ldots$ ist, wird $k = 1$.

Auch bei beliebigen Kurvenformen wendet man graphische Darstellung im Polardiagramm an. Man trägt auf die Vektoren die Effektivwerte von Spannungen und Strömen auf. Die Phasenverschiebungen werden in der soeben gekennzeichneten Weise berechnet und in das Diagramm eingetragen. Jedoch ist eine streng richtige graphische Darstellung auf diesem Wege nicht möglich (vgl. zB. ETZ. 1903, S. 59).

II. Teil.

MESSKUNDE.

I. Abschnitt.

Elektrische Messungsmethoden und Meßinstrumente.

Hilfsmittel bei den Messungen.

Allgemeines.

(115) **Genauigkeit.** Alle Messungen führt man vermittels der physikalischen Gesetze auf die Beobachtung von Längen zurück; der Ausschlag eines Galvanometers, einer Wage, die Bewegung des Uhrzeigers usw. werden durch Längenmessung erhalten. Aus den beobachteten Längen berechnet man die Größe, deren Kenntnis gewünscht wird. In den meisten Fällen sind mehrere solche Längenmessungen zu einem gemeinsamen Ergebnis durch Rechnung zu vereinigen. Immer, auch wenn die Rechnung durch ein empirisches Verfahren ersetzt wird, besteht die Messung außer der Ablesung noch aus der physikalisch-mathematischen Berechnung des allgemeinen Falles, sowie der Prüfung einiger Voraussetzungen der Messungsmethode und der arithmetischen Berechnung des vorliegenden Falles; immer, auch bei einer empirischen Graduierung, muß man diesen drei Punkten die volle Aufmerksamkeit zuwenden. Es ist dabei nicht möglich, was dem einen dieser drei Teile an Genauigkeit fehlt, durch größere Sorgfalt bei einem anderen zu ersetzen, so besonders nicht bei einer theoretisch mangelhaften Methode durch sorgfältige Ablesungen oder bei unsicheren Ablesungen durch Berechnung mit vielen Ziffern eine größere Genauigkeit zu erreichen. Vielmehr gilt als allgemeine Regel, daß die drei Teile einer jeden Messung gleiche Genauigkeit besitzen sollen; wünscht man demnach eine Genauigkeit von $1^0/_0$, so müssen die Methode und die Meßinstrumente hiernach gewählt werden, während die arithmetische Rechnung mit höchstens 4 Ziffern geführt, das Schlußergebnis nur mit 3 Ziffern mitgeteilt wird; feinere Instrumente als nötig zu verwenden, mit mehr als 4 Ziffern zu rechnen, wäre als eine Zeitverschwendung anzusehen.

Sind zu einem Ergebnisse mehrere Einzelmessungen erforderlich, so müssen sie so angestellt werden, daß der bei jeder einzelnen

möglicherweise zu begehende Fehler für alle denselben Einfluß auf
das Schlußergebnis hat; diese Fehler können sich addieren, sie können
sich auch gegenseitig aufheben; kennt man die möglichen Einzelfehler,
so kennt man auch den möglichen Gesamtfehler. Stellt man viele
Beobachtungen an, so ist der Fehler des Mittels erheblich kleiner, als
der des einzelnen Ergebnisses; bei einer größeren Zahl von Beobachtungen darf man rechnen, daß der Fehler des Mittels der Quadratwurzel der Zahl der Beobachtungen umgekehrt proportional sei. —
Es ist nicht erlaubt, aus der Zahl der erhaltenen Ergebnisse solche
wegzustreichen, welche besonders große Abweichungen vom Mittel
aufweisen, es sei denn, daß bei der Messung irgend ein gröberes
Versehen begangen worden ist. Denn die Verteilung der Beobachtungsfehler ist eine solche, daß unter einer größeren Zahl von Beobachtungen auch einige mit besonders großen Abweichungen sich
befinden müssen, und man würde einen fehlerhaften Mittelwert erhalten, wenn man diese nicht berücksichtigen wollte.

　　　Ergänzungs- oder Berichtigungsgrößen. Jede Messung
erfordert neben der Bestimmung der wesentlichen Größen noch je
nach der gewünschten Genauigkeit die Ermittlung einer kleineren
oder größeren Zahl von Ergänzungsgrößen.

　　　Wünscht man zB. den Widerstand eines Kupferdrahtes zu
wissen, so kann man zunächst, als rohe Annäherung, Länge und
Durchmesser bestimmen, und nach der Formel $\dfrac{1}{55} \dfrac{l}{q}$ rechnen; oder
man schaltet den Draht in die Wheatstonesche Brücke ein und bestimmt den Widerstand in bekannter Weise, wobei man unter Verwendung eines ausgespannten Drahtes als Rheostaten nur eine Länge
mißt. Soll der Widerstand bei einer bestimmten Temperatur mit einer
vorgeschriebenen Genauigkeit, z. B. von $1^0/_0$, bestimmt werden, so ist
außer der schon erwähnten Länge an der Wheatstoneschen Brücke
der etwaige Kaliberfehler des Brückendrahtes zu bestimmen und noch
ein Thermometer abzulesen, allerdings nur auf ca. 2^0; als Temperaturkoeffizienten nimmt man die gewöhnlich gebrauchte Zahl 0,004 oder
0,0037. Steigert sich der Anspruch an die Genauigkeit noch weiter,
so müssen nicht nur die Meßapparate feiner werden, sondern es ist
auch noch erforderlich, den Temperaturkoeffizienten des betreffenden
Stückes Kupferdraht zu bestimmen. Als wesentliche Größe ist nur
die beobachtete Länge an der Wheatstoneschen Brücke anzusehen.
Die Bestimmung der Kaliberfehler des Drahtes, der Temperatur und
des Temperaturkoeffizienten sind Ergähzungsgrößen.

　　　Die Ergänzungsgrößen haben immer nur einen untergeordneten
Einfluß auf das Ergebnis; sie werden deshalb auch immer nur mit
weniger großer Genauigkeit bestimmt als die wesentlichen Größen.
In den Formeln, nach denen die beobachteten Werte zum Schlußergebnis vereinigt werden, müssen die Ergänzungsgrößen stets durch
ein zu 1 addiertes oder von 1 subtrahiertes Glied dargestellt werden,
wie zB. der Temperatureinfluß in der Formel

$$r_t = r_o \, (1 + \Delta \rho \cdot t).$$

　　　Auf solche Ergänzungsglieder wendet man die Regeln für das
Rechnen mit kleinen Größen an. (Vergl. S. 12).

Einige besondere Einrichtungen an Meßinstrumenten.

(116) Spiegelablesung. (Poggendorff, Gauß.) Kleine Drehungs-winkel mißt man mit Spiegel und Skale. Senkrecht zur Ruhelage des Spiegels (Fig. 59) wird eine Richtung FS entweder durch die Visier-linie eines Fernrohrs oder durch das von einer Lampe durch einen Spalt gesandte Lichtbündel festgelegt; in der Nähe des Fernrohrs oder des lichtsendenden Spaltes wird die Skale befestigt. Die Entfernung von Spiegel und Skale ist A; der Ort des Fernrohrs bezw. Spaltes ist ziemlich gleich-giltig, nur die Richtung AS und die Entfernung A sind maßgebend.

Während der Ruhe des Spiegels sieht man im Fernrohr einen be-stimmten mittleren Teil-strich, bezw. wird der letztere von dem zurück-gestrahlten Bilde des Spaltes beleuchtet. Bei einer Drehung des Spie-gels um den Winkel φ tritt eine Verschiebung des Spiegel- oder Spalt-bildes um die Länge n ein, welche das Maß der Drehung bildet. Beobachtet man die Ruhelage des Spiegels und Ablenkung nach einer Seite, so ist n gleich der Diffe-renz der beiden Ablesungen. Beobachtet man aber (unter Stromwendung) Ausschläge nach links und rechts von der Ruhelage, so ist n gleich der halben Differenz der Ab-lesungen. Es ist

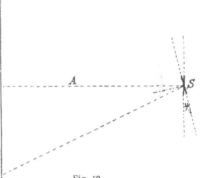

Fig. 59.

$$\frac{n}{A} = \operatorname{tg} 2\,\varphi.$$

Bei kleinen Winkeln kann man für tg $2\,\varphi$ den Bogen $2\,\varphi$ setzen; bei $\varphi = 3{,}5^0$ $(n = 1/8\,A)$ wird der Fehler erst $1/2\,\%$, bei $\varphi = 5^0$ $(n = 1/6\,A)$ $1\,\%$. Inner-halb dieser Grenzen ist

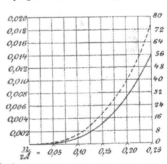

für $A \cdot 2000 : n = 200 \quad 400 \quad 600 \quad 800 \quad 1000$

Fig. 60.

$$\operatorname{tg} \varphi = \varphi = \frac{n}{2A}.$$

Allgemein ist $\varphi = 1/2 \arctan \dfrac{n}{A} = \dfrac{n}{2A} - \dfrac{1}{6}\left(\dfrac{n}{A}\right)^3 + \dfrac{1}{10}\left(\dfrac{n}{A}\right)^5 - \cdots$

und $\operatorname{tg} \varphi = \dfrac{n}{2A} - \left(\dfrac{n}{2A}\right)^3 + 2\left(\dfrac{n}{2A}\right)^5 - \cdots$

7*

Die Werte der von $n/2\,A$ abzuziehenden Beträge gibt die Fig. 60; die punktierte Kurve gehört zur ersten, die ausgezogene zur zweiten Gleichung.

Beispiel. $A = 2000$, $n = 700{,}0$; $n/2\,A = 0{,}1750$, Kurven am linken Rande: $0{,}0066$ und $0{,}0051$; hiernach

$$\text{arc } \varphi = 0{,}1750 - 0{,}0066 = 0{,}1684,$$
$$\text{tg } \varphi \; = 0{,}1750 - 0{,}0051 = 0{,}1699.$$

Will man die Ablesung n selbst auf eine zum Bogen oder zur Tangente proportionale Größe umrechnen, so schreibt man an die Ränder des Diagramms die mit dem Doppelten des gewählten Skalenabstandes multiplizierten Werte; am bequemsten ist es, einen viereckigen Rahmen aus steifem Papier auszuschneiden, der gerade das Diagramm frei läßt; auf die Ränder des Rahmens schreibt man die Zahlen; man fertigt sich für jeden gewählten Skalenabstand einen solchen Rahmen. In der Fig. 60 sind die Zahlen für $A = 2000$ beigeschrieben; für obiges Beispiel ergibt sich

$$n_1 = \text{prop. arc } \varphi = 700 - 26 = 674,$$
$$n_2 = \text{prop. tg } \varphi \; = 700 - 19 = 681.$$

Die Ablesung mittels beleuchteten Spaltes ist für die Augen weniger ermüdend. Als Lichtquelle werden mit Vorteil Glühlampen verwendet; ein glühender Platindraht, eine Glühlampe mit geradem Kohlenfaden oder eine Nernstlampe können unmittelbar statt eines beleuchteten Spaltes dienen.

Besitzt das Meßinstrument einen Hohlspiegel, so sind die Abstände des Fernrohrs oder leuchtenden Spaltes und der Skale vom Spiegel voneinander abhängig; sind Skale und Fernrohr oder Spalt fest miteinander verbunden, so können sie einem Hohlspiegel gegenüber nur in einer bestimmten Entfernung gebraucht werden.

Aufstellung von Fernrohr, Skale und Spiegelinstrument. In der gewünschten Entfernung A voneinander stellt man Spiegelinstrument und Skale auf; gewöhnlich ist die Skale am Fernrohrstativ befestigt, so daß auch das Fernrohr hierdurch schon seine Stellung hat. Die Skale muß gut beleuchtet sein, der Spiegel und das Fernrohr bedürfen keiner Beleuchtung.

Die Skale soll möglichst nahe am Fernrohr, wagrecht und zur Visierlinie senkrecht stehen, der Mittelpunkt der Skale senkrecht über oder unter dem Fernrohr.

Das Fernrohr stellt man zunächst so ein, daß man einen um $2\,A$ (allgemein: Entfernung Fernrohr-Spiegel plus Spiegel-Skale) vom Fernrohr entfernten Gegenstand gut sieht und richtet es nach dem Augenmaß auf den Spiegel, den man jetzt natürlich im Fernrohr nicht erblickt. Man sucht nun das Bild der Skale im Spiegel zunächst mit bloßem Auge, reguliert gegebenen Falles an der Stellung der Skale oder dreht den Spiegel, bis die Skale dem Auge, das neben dem Fernrohr vorbei visiert, sichtbar ist; erst dann blickt man durch das Fernrohr, richtet ein wenig nach und wird sogleich die Skale im Gesichtsfeld erscheinen sehen; durch kleine Verschiebungen bringt man noch den mittleren Teilstrich der Skale mit dem Fadenkreuz des Fernrohrs zum Zusammenfallen. Einstellung des Fernrohrs siehe auch „Parallaxe“ (120).

Um eine möglichst sichere und unveränderliche Aufstellung zu erhalten, stellt man das Galvanometer auf ein Konsol, das an der Wand befestigt ist, und zwar auf festgekittete Fußplatten. Skalen-Abstand und -Richtung werden durch ein langes Fadenpendel, das von der Decke herabhängt, und dessen Faden durch eine kleine an der Skale angeschraubte Öse oder Hülse hindurchgeht, und eine an der Wand angebrachte Visiermarke geprüft und danach konstant erhalten. (Vgl. W. Kohlrausch. El. Zschr. 1886.)

(117) **Bifilare Aufhängung.** (Harris, Gauß.) Hängt man einen Körper von der Masse M an zwei parallelen Fäden oder feinen Drähten von der Länge h und dem Abstande d auf, so daß der Schwerpunkt des Körpers in der mittleren Senkrechten zwischen den Fäden liegt, so ist die Richtkraft, welche nach einer Ablenkung um den Winkel α den Körper in seine Lage zurückführt

$$M \cdot g \cdot \frac{d^2}{4h} \cdot \sin \alpha \quad \text{c.g.s.,}$$

worin g die Erdbeschleunigung (981 c.g.s.) bedeutet. Kommt es auf größere Genauigkeit an, so ist zu M noch die halbe Masse der Fäden hinzuzufügen und h um einen Betrag $r^2 \cdot \sqrt{\dfrac{2\pi\varepsilon}{Mg}}$ zu verringern; $r =$ Radius des Aufhängedrahtes, $\varepsilon =$ Elastizitätsmodul (in c. g. s. $= 10^5$ mal den auf kg* und mm² bezogenen Zahlen); ferner ist die ganze Richtkraft um $\dfrac{2\pi}{5} \cdot \dfrac{r^4 \varepsilon}{h} \cdot \alpha$ zu vergrößern. (Vgl. Kohlrausch, Lehrbuch.)

(118) **Bestimmung einer Richtkraft.** Wenn die letztere nicht bekannt ist oder berechnet werden kann, läßt sie sich aus Schwingungsbeobachtungen finden. Kennt man das Trägheitsmoment Θ des schwingenden Körpers (vgl. S. 17—19) und beobachtet die Schwingungsdauer t, so ist (vgl. S. 20) die Richtkraft

$$P = \frac{\pi^2}{t^2} \Theta.$$

Kennt man das Trägheitsmoment nicht, so beobachtet man zunächst die Schwingungsdauer t_1, vermehrt das Trägheitsmoment um einen bekannten Wert Θ_2 und beobachtet die Schwingungsdauer wieder als t_2; dann lassen sich die Richtkraft und das Trägheitsmoment für den ersten Fall aus den Beobachtungen ableiten; zu beachten ist, daß in manchen Fällen die Richtkraft von der aufgehängten Masse abhängt, in anderen nicht. Für eine Magnetnadel im magnetischen Feld wird

$$\Theta_1 = \Theta_2 \cdot \frac{t_1^2}{t_2^2 - t_1^2} \quad \text{und} \quad P = \frac{\pi^2}{t_2^2 - t_1^2} \cdot \Theta_2.$$

Für bifilare Aufhängung wird [vgl. (117)]

$$\Theta_1 = \Theta_2 \cdot \frac{M_1 t_1^2}{M_1 (t_2^2 - t_1^2) + M_2 t_2^2} \quad \text{und} \quad P = \frac{\pi^2 \Theta_2 M_1}{M_1 (t_2^2 - t_1^2) + M_2 t_2^2}.$$

(119) **Stromwender.** Die Aufstellung eines Galvanometers und dgl. kann oft nach Augenmaß nicht mit der gewünschten Genauigkeit ausgeführt werden; um die hierdurch entstehenden Fehler zu verringern, verwendet man Stromwender, welche bestimmte Vertauschungen in der Aufstellung ermöglichen. Sind die Fehler an und für sich schon klein,

so werden sie durch geeignete Vertauschungen praktisch vollkommen
ausgeglichen.

Die Kontakte der Stromwender werden meistens durch Quecksilbernäpfe hergestellt; in einem Brett aus paraffiniertem Holz oder bequemer in einem flachen parallepipedischen Körper aus Paraffin befestigt
man Fingerhüte oder Zwingen von Regenschirmen oder Spazierstöcken
zur Aufnahme des Quecksilbers; in das Quecksilber tauchen starke
Kupferdrähte, deren Enden man vorher in eine Auflösung von Quecksilber in Salpetersäure eingetaucht und tüchtig abgerieben hat; dieses
Verquicken muß von Zeit zu Zeit wiederholt werden.   Ein großer
Übelstand dieser Kontakte ist das Verspritzen des Quecksilbers; für
technische Apparate sind Quecksilberkontakte deshalb schlecht zu gebrauchen.

Wo es auf den Widerstand der Kontakte weniger ankommt, verwende man federnde Kontakte aus Kupfer oder Messingblech, die von
Zeit zu Zeit mit Smirgel gereinigt werden.

(120) **Parallaxe.**   Liest man die Stellung einer Nadel oder eines
Zeigers an einer Teilung, den Quecksilberfaden vor der Thermometer-
teilung usw. ab, so ist es notwendig, immer in derselben Richtung,
am besten senkrecht, auf die Teilung zu blicken; anderenfalls macht
man Fehler, die um so größer werden, je weiter der Zeiger von der
Teilung entfernt ist.   Man macht also diese letztere Entfernung zunächst möglichst gering und versichert sich der senkrechten Visier-
richtung noch durch einfache Hilfsmittel; als solches ist besonders die
Anbringung eines kleinen Spiegels zu empfehlen, dessen spiegelnde
Fläche parallel zur Teilung angelegt wird; häufig werden die
Teilungen schon aus Spiegelglas angefertigt oder von vornherein
Spiegel neben den Teilungen angebracht.   Statt eines Spiegels hinter
dem Zeiger kann man auch einen dicken unbelegten Spiegelglasstreifen
vor dem Zeiger benutzen; blickt man schräg auf den Zeiger, so erscheint dieser gebrochen.

Bei der Ablesung mit dem Fernrohr muß man diesem Punkte
große Aufmerksamkeit schenken; man stellt so ein, daß bei Verschiebungen des Auges vor dem Okular, mit Ausschluß der Randstrahlen,
Fadenkreuz und Skalenbild sich nicht gegeneinander verschieben.

(121) **Dämpfung und Beruhigung.**   Will man Einstellungen der
Meßinstrumente ablesen, so braucht man dazu viel Zeit, wenn man
die abgelenkte Nadel sich selbst überläßt.   Magnetnadeln kann man
durch geeignetes Nähern und Entfernen eines Magnetstabes leicht zur
Ruhe bringen; der Hilfsstab wird während der Ablesungen, um störende
Einflüsse auszuschließen, entfernt von der Nadel in gleicher Höhe mit
letzterer und senkrecht aufgestellt.

Zu empfehlen ist, in den Kreis des Galvanometers eine Drahtspule einzuschalten, in der man einen Magnet verschieben kann;
durch die Bewegungen des letzteren kann man der Nadel nach Belieben Stöße erteilen.

Bequemer ist es, das Instrument mit einer besonderen dämpfenden
Vorrichtung zu versehen; eine solche Dämpfung muß aus einem Widerstande bestehen, der sich der Bewegung der Nadel entgegenstellt, der
aber verschwindet, sobald die Nadel zur Ruhe kommt.   Das Verhältnis

zweier aufeinander folgender Schwingungsbogen nennt man das Dämpfungsverhältnis.

Kupferdämpfung. Ein schwingender Magnet induziert in einer benachbarten Kupfermasse Ströme, welche die Bewegung des Magnets aufzuhalten suchen. Der Kupferdämpfer soll bis nahe an den Magnet reichen, er soll aus ganz reinem Kupfer bestehen und recht massiv sein; vor allem sorge man, daß den Induktionsströmen nicht durch Zerteilung des Kupfers die Bahn abgeschnitten werde. Geringe Verunreinigungen des Kupfers verringern seine Dämpfungsfähigkeit recht erheblich; Eisengehalt ist auch wegen des Magnetismus schädlich. Die Dämpfung ist dem Quadrate des Momentes der schwingenden Nadel proportional.

Bei dem Drehspulengalvanometer dient der Spulenrahmen oder die Bewicklung selbst zur Dämpfung; vgl. (134).

Flüssigkeitsdämpfung. Mit dem beweglichen Teil des Meßinstrumentes wird ein Flügel verbunden, der in eine Flüssigkeit eintaucht; die Bewegung erfährt hierdurch einen Widerstand, der als Dämpfung wirkt. Der Stiel, an welchem der Flügel sitzt, muß bei der Durchtrittsstelle durch die Oberfläche der Flüssigkeit möglichst dünn sein und sich gut benetzen, weil sonst störende Einflüsse ins Spiel treten können. Eine besondere Art der Flüssigkeitsdämpfung besteht darin, daß man auf die Drehungsachse des sich drehenden Teiles einen mit Flüssigkeit gefüllten hohlen Blechring setzt; vgl. Frölich, Elektrotechnische Zeitschr. 1886, S. 195.

Luftdämpfung. Diese ist ähnlich der vorigen; der mit der Magnetnadel oder dgl. verbundene Flügel bewegt sich in einer Kammer, wobei er die vor ihm befindliche Luft zusammendrückt, die hinter ihm befindliche ausdehnt; die Luft fließt daher durch die engen Zwischenräume zwischen den Rändern des Flügels und den Wänden der Kammer, der Bewegung des Flügels entgegen, und dämpft die letztere; ähnlich kann man auch fortschreitende Bewegung dämpfen, wie zB. bei dem Federgalvanometer von F. Kohlrausch.

Gute Dämpfung erleichtert das Arbeiten mit Meßapparaten ungemein; manche der gebräuchlichen technischen Strom- und Spannungsmesser besitzen leider gar keine oder nur geringe Dämpfung, obgleich es oft sehr einfach wäre, solche anzubringen.

(122) Erschütterungsfreie Aufhängung. (Julius, Wied Ann. Bd. 56.) Das aufzustellende Meßinstrument kommt auf eine wagrechte Platte zu stehen und wird mit dieser an drei langen parallelen dünnen Stahldrähten aufgehängt. Unter der Platte befindet sich ein verschiebbares Gewicht, das erlaubt, den Schwerpunkt des aufgehängten Systems in die Aufhängungsebene zu verlegen. Noch besser ist es, mit der Stellplatte drei nach oben gehende Stangen zu verbinden und daran in geeigneter Höhe die Aufhängungspunkte und darüber drei Ausgleichsgewichte anzubringen. Man kann dann den Schwerpunkt des Systems und das obere Ende des Fadens im Spiegelinstrument in die Aufhängungsebene bringen.

(123) Schutz der Galvanometer gegen magnetische Störungen, besonders gegen Störungen durch elektrische Bahnen. Einen sehr wirksamen magnetischen Schutz durch Hüllen aus weichem Eisen besitzen die neuerdings viel benutzten Kugelpanzergalvanometer nach Du Bois-Rubens, welche gleichzeitig eine hohe Empfindlichkeit haben.

Frölich schlug vor, über das Galvanometer einen Holzrahmen mit Drahtbewicklung zu setzen, durch die ein von den Schienen der elektrischen Bahn abgezweigter und passend abgeglichener Strom geführt wird. Die Drehspulen-Galvanometer (134, 135) sind in fast allen Fällen genügend störungsfrei und bedürfen keines weiteren Schutzes. Vollkommen astatische Galvanometer sind in einem homogenen Feld gleichfalls störungsfrei; um die Astasie nahe vollkommen zu machen, empfehlen Siemens & Halske, dem schwächeren der beiden Magnete im magnetischen Meridian Eisendrahtbündel zu nähern. Ganz vollkommene Astasie ist bei kleinen Magnetsystemen nie zu erreichen.

(124) **Induktionsfreie Wicklung.** Wenn ein stromdurchflossener Leiter keine Wirkung auf ein Meßinstrument, sowie keine Selbstinduktion haben darf, führt man ihn so, daß die eine Hälfte des Leiters die gleiche und entgegengesetzte Wirkung hat, wie die andere. Gewöhnlich wird dies dadurch erzielt, daß man den Draht von der Mitte aus aufspannt oder aufwickelt, so daß beide Hälften des Drahtes genau nebeneinander liegen (bifilare Wicklung), zB. bei den Widerstandsrollen der Meßrheostaten. Ähnliche Einrichtungen sind auch nötig für die Abzweigungswiderstände der Galvanometer. Die bifilaren Widerstände haben eine nicht immer unmerkliche Ladungsfähigkeit. Nach Chaperon erhält man Widerstände, die sowohl von Induktion wie von Ladungsfähigkeit möglichst frei sind, dadurch, daß man den Draht in gleichen, nicht zu großen Abschnitten mit abwechselnder Richtung aufwickelt (abwechselnd unifilare Wicklung).

Cauro (Comptes rendus Bd. 120, S. 308) verbessert die Chaperonsche Wicklungsmethode noch dadurch, daß er nach Vollendung einer Wicklungslage mittels eines gerade geführten Drahtes zurückkehrt und die folgende Lage am selben Ende beginnen läßt, wie die vorhergehende. Die Kapazität wird noch um die Hälfte ermäßigt.

(125) **Fehler durch Thermokräfte.** An Berührungsstellen verschiedener Metalle entstehen leicht durch Erwärmung (Berührung durch die Finger, Strahlung durch den Körper, durch den Ofen, Reibung bei Gleitkontakten) EMKräfte, welche Messungsfehler verursachen. Es ist daher bei genauen Messungen stets auf die Möglichkeit dieser Fehlerquelle Rücksicht zu nehmen und, wo es angeht, die Größe des Fehlers zu bestimmen, oder der Fehler zu eliminieren.

Hilfsbestimmungen.

(126) **Torsionsverhältnis.** Wenn die abzulenkende Magnetnadel an einem Faden aufgehängt ist, so übt dieser Faden während der Ablenkung ein Moment auf die Nadel aus, welches unter Umständen erheblich wird; dieses Torsionsmoment ist dem Torsionswinkel proportional. Das Drehungsmoment, welches die Nadel von Seiten des Erdmagnetismus erfährt, ist proportional dem Sinus des Ablenkungswinkels $\mathfrak{h} \cdot \mathfrak{M} \cdot \sin \varphi$, bei kleinen Drehungen nahe proportional dem Winkel selbst. In diesen Grenzen stehen demnach die beiden Drehungsmomente in konstantem Verhältnis, dem Torsionsverhältnis u; bei einer Ablenkung summiert sich ihre Wirkung auf die Nadel, so daß bei allen

Instrumenten, in denen Fadenaufhängung verwandt wird, in den im folgenden gegebenen Formeln statt $\mathfrak{h}$, der erdmagn. horizontalen Stärke, zu setzen ist $\mathfrak{h} \cdot (1 + u)$; dabei wird u in folgender Weise ermittelt: man mißt die Veränderung der Ruhelage der Nadel, welche durch eine Drillung des Fadens um den Winkel α hervorgebracht wurde; am bequemsten ist es, $\alpha = 360^0$ oder einem Vielfachen von 360^0 zu nehmen; man dreht entweder den Magnet oder den Aufhängestift herum. Ändert sich durch die Drillung die Ruhelage der Magnetnadel um den Winkel φ, so ist

$$u = \frac{\varphi}{\alpha - \varphi},$$

oder meist genügend genau

$$u = \frac{\varphi}{\alpha},$$

φ wird mit Spiegel und Skala bestimmt.

Zur Messung von α tragen viele Instrumente eine Teilung am oberen Ende der Aufhängungsröhre.

Um ein geringes Torsionsverhältnis zu bekommen, wähle man einen sehr dünnen Aufhängefaden und einen leichten Magnet nebst Spiegel, auch mache man den Faden möglichst lang. Am besten sind Quarzfäden, die aus geschmolzenem Quarz oder Kiesel hergestellt werden; Kokonfäden sind ein wenig hygroskopisch und zeigen elastische Nachwirkungen, so daß die Ruhelage des aufgehängten Körpers nicht ganz konstant ist; auch müssen sie bei gleicher Tragkraft dicker sein als Quarzfäden. Die direkt abgespulten Kokonfäden lassen sich leicht in zwei Teile spalten; am feinsten sind die inneren Fäden eines Kokons.

Schwerere Magnete werden an Fadenbündeln aufgehängt. In manchen Fällen benutzt man feine Metalldrähte zur Aufhängung.

(127) Bestimmung der horizontalen Stärke des Erdmagnetismus. Nach (14) und (16) ist die Schwingungsdauer einer Magnetnadel

$$t = \pi \cdot \sqrt{\frac{\Theta}{\mathfrak{M}\mathfrak{h}}} \text{ sec. }$$ Ein Magnetstab in der großen Entfernung R lenkt die Magnetnadel um den Winkel φ ab, und es ist (48), (56)

für die erste Hauptlage $\operatorname{tg} \varphi_I = \dfrac{2\,\mathfrak{M}}{R^3\mathfrak{h}}$,

für die zweite Hauptlage $\operatorname{tg} \varphi_{II} = \dfrac{\mathfrak{M}}{R^3\mathfrak{h}}.$

Zur Bestimmung von $\mathfrak{h}$ verwendet man die erstere Gleichung und eine der beiden letzteren; es ist nämlich

$$\mathfrak{M}\mathfrak{h} = \frac{\pi^2 \cdot \Theta}{t^2} \text{ und } \frac{\mathfrak{M}}{\mathfrak{h}} = \frac{R^3\operatorname{tg}\varphi_I}{2} \text{ bezw. } R^3\operatorname{tg}\varphi_{II}; \text{ daraus}$$

$$\mathfrak{h} = \frac{\pi}{t}\sqrt{\frac{2\,\Theta}{R^3\operatorname{tg}\varphi_I}} \text{ bezw. } \frac{\pi}{t} \cdot \sqrt{\frac{\Theta}{R^3\operatorname{tg}\varphi_{II}}}.$$

t wird durch Abzählung einer größeren Zahl von Schwingungen bei kleiner Schwingungsweite bestimmt und nach (14) berichtigt. Θ ergibt sich nach (13); der Stab muß eine sorgfältig hergestellte geometrisch-genaue Gestalt besitzen; ist Θ nicht bekannt, so verfährt man nach

(118); φ wird an der Bussole mit Kreisteilung und kleiner Nadel bestimmt. R müßte groß sein gegen die Länge des ablenkenden Stabes; dann würde man aber zu kleine und daher nur ungenau meßbare Ausschläge erhalten; man beobachtet statt dessen aus zwei verschiedenen kleineren Abständen, so daß die Ausschläge über 20^0 betragen und setzt:

$$R^3 \operatorname{tg} \varphi = \frac{R_1^5 \operatorname{tg} \varphi_1 - R_2^5 \operatorname{tg} \varphi_2}{R_1^2 - R_2^2}.$$

Der größeren Genauigkeit wegen ·lege man den Magnetstab in der ersten Hauptlage östlich und westlich, bezw. in der zweiten Hauptlage nördlich und südlich, drehe ihn auch nach der ersten Messung in einer Lage um 180^0, um den Ausschlag der Nadel nach der anderen Seite zu bekommen; beide Spitzen der Nadel werden abgelesen; aus 8 zusammengehörigen Ablesungen nimmt man das Mittel.

Nachprüfung von $\mathfrak{h}$. Wenn man $\mathfrak{h}$ aus der Tab. S. 57 entnimmt, so wird man wünschen, sich zu vergewissern, ob die horizontale Stärke am Aufstellungsort dem Werte der Tabelle gleich ist, oder man wird die Abweichung vom letzteren Werte feststellen wollen. Um dies auszuführen, bestimmt man die Schwingungsdauer einer Magnetnadel am Aufstellungsort und im Freien, weit entfernt von allen Eisenmassen. Beträgt die Schwingungsdauer am Aufstellungsort t_1 sec, im Freien t_2 sec, und ist $\mathfrak{h}$ der aus Tab. S. 57 entnommene Wert, so ist $\mathfrak{h}^1$ für den Aufstellungsort gleich

$$\mathfrak{h} \left(\frac{t_2}{t_1}\right)^2 \text{ oder angenähert } \mathfrak{h} + \frac{2\,\mathfrak{h}\,(t_2 - t_1)}{t_1}.$$

Bei den Bestimmungen von t_2 und t_1 achte man auf gleiche und geringe Schwingungsweite der Nadel.

———

Galvanometer.

(128) Das Galvanometer mißt die Stärke von Strömen an ihrer Einwirkung auf Magnete oder Stücke weichen Eisens.

Allgemeine Regel. Bei allen Galvanometern, die keinen besonderen Richtmagnet besitzen, wird die Ebene der Wicklung in den magnetischen Meridian gestellt, im übrigen so, daß sie mit der magnetischen Achse des aufgehängten Systems zusammenfällt. Einstellung mit Stromwender (129).

———

Absolute Galvanometer

sind diejenigen, bei welchen die Wirkung des Stromes auf einen Magnet aus der Stromstärke und den Abmessungen des Galvanometers im absoluten Maße berechnet werden kann (bei denen also eine Eichung, Voltameterversuch und ähnliches nicht erforderlich ist). Diese Galvanometer haben durch die Einführung der sehr zuverlässigen Präzisions-Amperemeter (siehe 145, 3) sehr an Bedeutung verloren, da die Messung mit diesen ebenfalls in absolutem Maß geeichten Instrumente viel einfacher und etwa ebenso genau ist.

(129) **Tangentenbussole.** (Pouillet, W. Weber). Das gewöhnlich gebrauchte absolute Galvanometer ist die Tangentenbussole, ein kreisförmig gebogener Stromleiter, in dessen Mittelpunkt ein kleiner Magnet horizontal drehbar entweder auf einer Spitze aufgestellt oder an einem Kokonfaden aufgehängt ist. Der Stromreifen wird in den magnetischen Meridian gerichtet. Bedeuten i die Stromstärke in Ampere, R den Radius des Stromreifens in cm, $\mathfrak{M}$ das magnetische Moment des kleinen Magnetes im (c. g. s.)-Maße, φ den Winkel, welchen die magnetische Achse des Magnets mit der Ebene des Stromreifens und mit dem magnetischen Meridian einschließt, so ist nach (92) das Drehungsmoment, welches der Strom dem Magnet erteilt $= \dfrac{\pi}{5} \dfrac{i \mathfrak{M}}{R} \cos \varphi$. Zugleich übt die erdmagnetische Kraft $\mathfrak{h}$ (horizontale Stärke) das Drehungsmoment $\mathfrak{M} \cdot \mathfrak{h} \cdot \sin \varphi$ auf den Magnet aus (49). Die beiden Drehungsmomente müssen im Gleichgewicht sein; daher ist

$$i = \frac{5}{\pi} \cdot R \mathfrak{h} \cdot \mathrm{tg}\, \varphi \ \text{Ampere.}$$

Der Magnetismus der Nadel ist ohne Einfluß auf das Ergebnis. Die Länge der Nadel muß gering sein gegen den Durchmesser des Reifens, etwa $\frac{1}{20}$ bis $\frac{1}{10}$. Wegen der Korrektionen vergleiche Kohlrauschs Lehrbuch. $\mathfrak{h}$ wird nach (127) bestimmt oder aus der Tab. S. 57 entnommen. Auf Störungen durch benachbarte Eisenmassen, besonders senkrechte Stangen, und durch stärkere Ströme in der Nähe ist zu achten. Die Zuleitungen zur Tangentenbussole müssen ganz dicht nebeneinander und möglichst senkrecht zum magnetischen Meridian geführt werden.

Die Ebene des Stromreifens ist in den magnetischen Meridian einzustellen. Kleine Einstellungsfehler haben einen sehr erheblichen Einfluß auf das Ergebnis, zumal bei größeren Winkeln. Man kann sie durch Verwendung eines Stromwenders mit 4 Kontakten ausgleichen.

Günstiger Ausschlag. Ein Fehler in der Ablesung der Stellung des Zeigers auf dem Teilkreis hat bei einem Ausschlag von 45° den geringsten Einfluß auf das Messungsergebnis.

(130) **Einige besondere Ausführungen der Tangentenbussole.** Tangentenbussole von Gaugain und von Helmholtz: Stellt man die Nadel der Tangentenbussole um $\frac{1}{2} R$ von der Kreisebene entfernt, in der Achse des Kreises auf, so ist nach (92) und ebenso wie in (129), wenn n die Anzahl der Stromwindungen bedeutet,

$$i = \frac{7}{n\pi} \cdot R \mathfrak{h} \ \mathrm{tg}\, \varphi \ \text{Ampere}$$

Für genauere Rechnungen ist in dieser Formel 6,99 statt 7 zu setzen. Die Nadellänge hat einen geringeren Einfluß auf die Angaben des Instrumentes, als bei der gewöhnlichen Tangentenbussole. Ein Fehler von 1% kann erst entstehen, wenn die Nadellänge $= \frac{1}{4}$ des Kreisdurchmessers wird; schon bei $\frac{1}{8}$ ist der Fehler so gut wie Null. Tangentenbussole von Kessler. (Centrbl. El. 1886, S. 266, 626.) Die Entfernung der Magnetnadel von der Ebene des Stromreifens ist nahezu $= \frac{1}{2} R$. Da die Größe $\mathfrak{h}$, welcher die zu messende Stromstärke proportional ist, nach Ort und Zeit veränderlich ist, so macht man die Entfernung der Magnetnadel ebenfalls veränderlich.

Tangentenbussole von Edelmann. (Centrbl. El. 1887, S. 86.)
Bei diesem Instrument ist der Abstand der Nadel vom Stromreifen
innerhalb sehr weiter Grenzen veränderlich gemacht worden, indem
der Reifen längs seiner Achse verschoben werden kann. Er wird so
eingestellt, daß der zu messende Strom einen passenden Ausschlagswinkel hervorbringt, dessen Tangente an der Teilung abgelesen wird.
Tangentenbussole von Obach. Macht man den Stromreifen auch um eine horizontale Achse drehbar, so kann man mit
derselben Bussole in sehr viel weiteren Grenzen arbeiten.

Fügt man dem Instrument einen stellbaren Richtmagnet bei, so
kann man die Grenzen noch erweitern; dann läßt sich aber der Reduktionsfaktor nicht mehr berechnen, sondern ist nach (172) flg. für
jede Stellung des Magnets wiederholt zu bestimmen.

———————

(131) Galvanometer für vergleichende Strommessungen.

Für einige dieser Instrumente läßt sich die Abhängigkeit des
Ausschlags von der Stromstärke mathematisch ableiten.

Zu diesen gehören Sinusbussole, Torsionsgalvanometer, auch
die Drehspulengalvanometer (Deprez-d'Arsonvalsche und Westonsche
Bauart), Spiegelgalvanometer; durch eine einzige Eichung (Voltameterversuch oder Vergleichung mit einem geeichten Instrument) kann man
die Angaben dieser Apparate auf absolutes Maß zurückführen.

(132) Sinusbussole. Ein beliebiger Multiplikator wirkt auf eine
beliebige Magnetnadel; während der Messungen werden die beiden
immer in dieselbe gegenseitige Stellung gebracht. Der Multiplikatorrahmen ist um eine senkrechte Achse drehbar, welche zugleich auch
die Drehachse der Magnetnadel ist; diese selbst kann sich im Innern
des Rahmens oder auch außerhalb befinden. Das Drehungsmoment
des Erdmagnetismus ist wieder $= \mathfrak{M} \mathfrak{H} \sin \varphi$, wenn φ die Ablenkung
aus dem magnetischen Meridian und also auch die Drehung des
Rahmens bedeutet, das Drehungsmoment der Spule ist proportional $\mathfrak{M} i$.
Im Gleichgewicht ist daher

$$i = \text{Const. } \sin \varphi.$$

Die Konstante enthält die horizontale Stärke des Erdmagnetismus, ist
also mit der Zeit langsam veränderlich, wie bei der Tangentenbussole;
vom Moment der Nadel ist die Messung unabhängig. Die Form des
Multiplikators, Gestalt und Länge der Nadel sind gleichgültig.

Als Sinusbussole wird häufig die Tangentenbussole nebenbei
eingerichtet.

(133) Torsionsgalvanometer. Auch bei diesem Instrument werden
Magnet und Multiplikator immer in dieselbe gegenseitige Stellung gebracht, doch bleibt der Rahmen hier fest stehen, während die Magnetnadel nach einer Ablenkung mit Hilfe der Torsionsfeder des Instrumentes zurückgedreht wird. Das Drehungsmoment der Feder ist dem
Drehungswinkel φ proportional, dasjenige des Rahmens (wie im vorigen
Abschnitt) dem Produkt $\mathfrak{M} i$, woraus

$$i = \text{Const.} \cdot \varphi.$$

Die Konstante enthält nicht die horizontale erdmagnetische Stärke, wohl aber den Magnetismus der Nadel. D. h. die Stärke des magnetischen Feldes ist gleichgültig, dagegen kommt es sehr auf das Moment der Nadel an. Es ist demnach möglich, mit dem Torsionsgalvanometer auch in verhältnismäßig geringen Entfernungen von Maschinen und starken Strömen zu messen, vorausgesetzt, daß diese nicht den Magnetismus des Galvanometermagnetes verändern, und daß zu jeder Zeit das stromlose Instrument auf Null zeigt. Das Torsionsgalvanometer wird so gebaut, daß der Faktor der obigen Formel eine Potenz von 10 wird; mit der Zeit und durch kleine Versehen im Gebrauch ändert sich der Faktor und zwar meistens in dem Sinne, daß man dem beobachteten Ausschlag eine positive Berichtigung zufügen muß. — Das Torsionsgalvanometer war früher in ausgedehntem Gebrauche, ist aber durch das im folgenden beschriebene Instrument fast vollkommen verdrängt worden.

(134) **Drehspulengalvanometer** mit starkem Stahlmagnet und einer drehbaren Spule nach Deprez-d'Arsonval, Weston u. a., benutzen das gleichmäßige und zeitlich konstante Feld eines passend gebogenen Hufeisenmagnets, in dem eine leichte Spule drehbar aufgestellt wird; zwischen den Polen und im Innern der Spule befindet sich meist ein feststehender Eisenkern. Fließt ein Strom durch die Spule, so erfährt diese ein Drehungsmoment, dem eine Spiralfeder entgegenwirkt. Der Ausschlag ist dem Strom proportional. Bei guter Herstellung sind diese Instrumente sehr zuverlässig. Sie zeigen eine fast oder ganz aperiodische Einstellung und erlauben hierdurch ein rasches Arbeiten. Die Zeigerinstrumente dieser Art bieten den weiteren großen Vorzug, daß sie nicht wagrecht aufgestellt zu werden brauchen. Sie sind ferner fast unabhängig von äußeren Störungen.

Die starke Dämpfung dieser Instrumente beruht darauf, daß in einem mit der Drehspule verbundenen geschlossenen Leiter (entweder dem Rahmen der Spule, oder der strommessenden Wicklung, oder einer besonderen Wicklung) durch die Bewegungen in dem starken Feld Ströme entstehen, die der Bewegung entgegenwirken.

Eine Abart dieser Instrumente ist das Einthovensche Saitengalvanometer (Ann. d. Phys. Bd. 12, S. 1059, 1903). In dem Feld eines sehr kräftigen Elektromagnets befindet sich ein versilberter Quarzfaden, der an beiden Enden eingeklemmt ist und bei Stromdurchgang eine Ausbiegung erfährt; diese wird mit einem Mikrometer-Mikroskop gemessen. Man erhält eine große Stromempfindlichkeit und sofortige Einstellung bei allerdings sehr hohem Galvanometerwiderstand.

(135) **Spiegelgalvanometer** dienen zur genauen Messung kleiner Ausschläge. Bei kleinen Ausschlägen ist die Tangente des Ablenkungswinkels der Stromstärke proportional: bis zu welchem Winkel das Tangentengesetz gilt, hängt von den Größenverhältnissen des Instrumentes ab. Vgl. (136). Aufstellung und Berechnung s. (116).

Der Skalenabstand A wird in der Regel in die Konstante des Instrumentes aufgenommen. Dann hat man für die Stromstärke, soweit sie der Tangente des Ablenkungswinkels proportional ist (116),

$$i = g|n - \frac{g\,n^3}{4\,A^2} + \cdots$$

Der Faktor g enthält die horizontale magnetische Stärke und den Abstand A; er ändert sich dem letzteren umgekehrt proportional.

Bei der Aufstellung des Galvanometers kann man sich so einrichten, daß g eine zur Rechnung bequeme Zahl wird. Die Berichtigung $g n^3 / 4 A^2$ kann mit Hilfe einer kleinen Tabelle oder einer graphischen Darstellung nach Fig. 60 rasch gefunden werden.

Häufig werden die Spiegelgalvanometer als Nullinstrumente benutzt; es handelt sich dann nur um kleine Ausschläge, für die man Proportionalität mit der Stromstärke ohne weiteres annehmen kann.

Bei den Spiegelgalvanometern hat man auch zwischen Nadel- und Drehspulengalvanometern zu unterscheiden; die letzteren kommen wegen ihrer Unempfindlichkeit gegen magnetische Störungen durch starke elektrische Ströme immer mehr in Aufnahme. Sie unterscheiden sich im Gebrauch von den Nadelgalvanometern hauptsächlich dadurch, daß sie eine starke elektromagnetische Dämpfung haben, welche dem Widerstand des Schließungskreises umgekehrt proportional ist; bei den Nadelgalvanometern ist diese Dämpfung nur sehr gering.

Bei einem **Nadelgalvanometer** erreicht man die größte Empfindlichkeit, wenn der Widerstand der Galvanometerspule gleich dem Widerstande des äußeren Schließungskreises ist. Im übrigen ist die (Strom-) Empfindlichkeit proportional der Wurzel aus dem Spulenwiderstand und proportional dem Quadrat der Schwingungsdauer. Vergleichbare Zahlen für die Empfindlichkeit von Galvanometern erhält man nur dann, wenn man sie auf gleichem Spulen-Widerstand (meist 1 Ohm) und auf gleiche Schwingungsdauer (meist 4 Sek.) reduziert. Ist also E die Empfindlichkeit eines Nadelgalvanometers, welche zu der Schwingungsdauer t und dem Spulenwiderstand w gehört, und sind E', w', t' drei andere zusammengehörige Werte, so ist

$$E' = E \left(\frac{t'}{t}\right)^2 \cdot \sqrt{\frac{w'}{w}}.$$

Für viele Fälle ist auch die Kenntnis der Spannungsempfindlichkeit des Galvanometers erwünscht, diese ist gleich $E w$.

Die **Drehspulengalvanometer** werden wegen ihrer starken elektrodynamischen Dämpfung (s. 134) am besten im aperiodischen Grenzzustand benutzt, in dem also gerade keine Schwingungen mehr stattfinden. Wenn die Dämpfung infolge eines kleinen Widerstandes noch stärker gemacht wird, so wächst zwar die Spannungsempfindlichkeit, aber das Galvanometer „kriecht" und wird schließlich unbrauchbar. Im Grenzzustand ist somit die Spannungsempfindlichkeit des Galvanometers praktisch am größten. Hierzu kommt noch der Vorteil, daß die Rückkehrzeit nach einem Ausschlag im Grenzzustand am kleinsten ist, daß man dann also am schnellsten mit dem Galvanometer arbeiten kann. Da das Galvanometer mitunter auch im offenen Stromkreis zur Ruhelage zurückkehren soll, ist eine mäßige Dämpfung durch den Rahmen auch im offenen Stromkreis erwünscht. Dadurch wird die Empfindlichkeit nur unwesentlich verringert (bei einem Dämpfungsverhältnis 2, zB. nur um 10 %). Durch eine Kurzschlußtaste kann man meist das Galvanometer sehr schnell dämpfen, doch ist dies nicht so empfehlenswert, weil infolge der Thermokräfte im Stromkreise die Ruhelage oft bei Kurzschluß eine andere ist als im offenen Stromkreise.

Die Stromempfindlichkeit des Drehspulengalvanometers ist auch proportional $\sqrt{w}$, aber sie wächst nicht mit t^2, sondern mit $\sqrt{t}$. Vergleicht man also verschiedene Drehspulengalvanometer im aperiodischen Grenzzustand, so ist (vgl. oben)

$$E' = E \sqrt{\frac{t'}{t}} \sqrt{\frac{w'}{w}}.$$

Ballistische Galvanometer. Zur Messung kurzer Stromstöße (vgl. magnetische Messungen) verwendet man Galvanometer von relativ großer Schwingungsdauer; der erste Ausschlag des Galvanometers ist dann ein Maß der hindurchgeflossenen Elektrizitätsmenge. Das Nadelgalvanometer hat die größte ballistische Empfindlichkeit, wenn es völlig ungedämpft ist, beim Drehspulengalvanometer ist es am günstigsten, etwa den aperiodischen Grenzzustand zu wählen. Näheres siehe Kohlrauschs Lehrbuch.

(136) Prüfung der Geltung des Tangentengesetzes für das Spiegelgalvanometer. Man bildet einen Stromkreis, welcher eine konstante Stromquelle, das Galvanometer und einen Rheostaten enthält; man verändert den Widerstand des Stromkreises so, daß man zuerst Ausschläge von dem größten möglichen Betrag, dann eine Anzahl immer kleinerer Ausschläge erhält; ist man bis auf einen kleinen Ausschlag von etwa 50 mm oder 20 mm gekommen, so stellt man dieselben Beobachtungen noch einmal an in umgekehrter Folge; ergeben sich bei gleichen Widerständen nahe dieselben Ausschläge, so nimmt man die Mittelwerte. Der Widerstand der Stromquelle darf höchstens gleich dem 1000sten Teil des Widerstandes des ganzen Kreises sein. Die Konstanz des Elementes prüft man durch öftere Wiederholung einer bestimmten Beobachtung.

Findet man, daß die nach dem Vorigen reduzierten Ausschläge in anderem Verhältnis als umgekehrt proportional zu den Widerständen sich ändern, so kann man entweder die Größe der Abweichung vom Tangentengesetz für die verschiedenen Ausschläge feststellen und bei den Messungen in Rechnung setzen, oder man wählt, wenn möglich den Skalenabstand so groß, daß die ganze Skale in den Winkel fällt, in dem das Tangentengesetz gilt.

(137) Aufstellung des Spiegelgalvanometers s. (116); Störungen durch benachbarte Eisenmassen oder vorübergeführte Ströme sind sorgfältig zu beachten.

(138) Spiegelgalvanometer von veränderlicher Empfindlichkeit. Man besitzt mehrere Mittel, die Empfindlichkeit eines Nadel-Galvanometers zu verändern:

Änderung der Windungszahl: viele Spiegelgalvanometer besitzen mehrere Windungslagen, die man einzeln und hintereinander gebrauchen kann, oder von denen eine aus vielen Windungen dünnen Drahtes, eine andere aus wenigen Windungen stärkeren Drahtes, besteht usw. Häufig ist es auch üblich, die Galvanometerspulen auswechselbar zu machen und dem Galvanometer einen Satz von Rollen verschiedener Windungszahlen beizugeben. Wegen der Empfindlichkeit siehe (135).

(139) Änderung des Abstandes der Galvanometerrollen von der Nadel, Wiedemannsches Galvanometer. Die Empfindlich-

keit ändert sich nahezu umgekehrt proportional mit der dritten Potenz
des Abstandes. Meist erhält das Wiedemannsche Galvanometer auch
auswechselbare Rollen nach (138).

(140) Richtmagnet, künstlich verstärktes magnetisches Feld.
Ist das Instrument zu empfindlich, so legt man einen Dauermagnet,
mit dem Südpol nach Norden, unter das Galvanometer, so daß die
Magnetnadel über der Mitte des Hilfsmagnetes schwebt; die Empfindlichkeit des Galvanometers ist dann von der Stärke und der Entfernung dieses Magnetes abhängig. Ist der Richtmagnet sehr kräftig,
so muß die Nadel des Instrumentes auf eine feste Achse gesetzt
werden. Der Richtmagnet kann auch über der Galvanometernadel,
auch auf deren Seiten angebracht werden; besonders zu empfehlen
ist ein gebogener Magnet, auch zwei gekreuzte Magnete, die an
einer Stange verschiebbar über dem Galvanometer angebracht
werden. Instrumente mit Richtmagneten können nur bei genügender
Vorsicht zu absoluten Messungen verwendet werden. Sie besitzen
den Vorteil, daß sie durch magnetische Störung in der Umgebung
viel weniger beeinflußt werden, als Instrumente ohne kräftigen
Richtmagnet.

Ist das Galvanometer zu wenig empfindlich, so gebraucht man
das Mittel der Astasierung oder der Kompensation.

(141) Astasierung. Wenn man die Nadel des Galvanometers
aus zwei gleich starken Magneten zusammensetzt, die mit entgegengesetzt gerichteten Polen starr verbunden werden (astatische Doppelnadel), so ist die Richtkraft des Erdmagnetismus auf dieses Paar fast
oder ganz aufgehoben; als Richtkraft bleibt nur ein schwacher resul-
tierender Magnetismus und die Kraft des Aufhängefadens. Die eine
Nadel schwingt im Multiplikator, die andere außerhalb. Eine solche
Nadel wird z. B. im Universalgalvanometer von Siemens verwendet.
Größere Empfindlichkeit erzielt man, wenn jede der beiden Nadeln in
einem Multiplikator schwingt (Thomsonsches Galvanometer).

(142) Kompensation. Wo sich keine Doppelnadel anbringen
läßt, wendet man das Verfahren der Kompensation der erdmagnetischen Kraft durch einen feststehenden Hilfsmagnet an. Dieser
wird in geeigneter Entfernung von der Nadel, wie der Richtmagnet
(140), unter- oder oberhalb angebracht und zwar so, daß er mit
seinem Nordpol nach Norden liegt, während die Mitte der Nadel sich
über oder unter der Mitte des Stabes befindet. In demselben Maße
wie die Stromempfindlichkeit wird aber bei einem derart kompensierten Instrument die Empfindlichkeit gegen Störungen von außen
erhöht.

Umgibt man das Galvanometer mit ganz weichem Eisen, so erzielt man eine große Empfindlichkeit, ohne daß die Störungen von
außen stärker werden, als bei einem nicht kompensierten Instrument.
Das Galvanometer nach F. Braun, ein Spiegelgalvanometer Wiede-
mannscher Form, besitzt einen verstellbaren Eisenring. Dieterici
(Verhandl. physik. Ges. Berlin 1886. S. 115) empfiehlt, das Galvanometer auf eine Eisenplatte zu stellen und die Windungen mit zwei
konaxialen Eisen-Hohlzylindern zu umgeben; letztere kann man leicht
aus den im Handel vorkommenden Eisenröhren schneiden lassen. Es
ist wesentlich, daß die Eisenmassen ganz weich sind und keinen

dauernden Magnetismus besitzen. In die Eisenmäntel schneidet man passende Öffnungen, um die Durchsicht nach dem Spiegel frei zu machen. Statt massiver Eisenröhren kann man nach Uppenborn auch Ringe aus vielen Windungen gut ausgeglühten Eisendrahtes verwenden. Hierzu gehören auch die Kugelpanzergalvanometer von Du Bois-Rubens, die innerhalb der Eisenmäntel noch besondere Richtmagnete haben und von äußeren Störungen sehr unabhängig sind.

Für absolute Strommessungen sind astasierte oder kompensierte Instrumente nicht zu gebrauchen; Eichungen der letzteren sind von sehr zweifelhaftem und vergänglichem Werte. Dagegen verwendet man sie mit Vorteil zu Nullmethoden.

Änderung der Empfindlichkeit durch Nebenschlüsse s. (188) bis (192).

(143) Magnetischer Nebenschluß. Die Empfindlichkeit eines Drehspulengalvanometers (134) kann um etwa 50 % geändert werden durch einen gebogenen Weicheisenstab (Schwächungsanker), der verstellbar an die Pole der Feldmagnete gelegt werden kann.

Galvanometer mit empirischer Skale.

(144) Außer den Instrumenten, für welche der Zusammenhang von Stromstärke und Ausschlag gesetzmäßig bekannt ist, gibt es eine zahlreiche Klasse von Instrumenten, für welche das Gesetz nicht allgemein ermittelt werden kann.

Diese Instrumente besitzen in der Regel eine empirische Skale. Dazu gehören viele technische Strom- und Spannungsmesser.

Die Galvanometer dieser Klasse zeichnen sich durch Einfachheit in der Handhabung, Leichtigkeit der Aufstellung, Bequemlichkeit der Messung aus. Zudem sind sie in der Regel wohlfeiler als die im Vorhergehenden besprochenen Galvanometer. Dagegen sind die Ergebnisse, die man mit ihnen erhalten kann, weniger genau, auch in vielen Fällen weniger zuverlässig; man darf sie nur unter solchen Bedingungen verwenden, wo Ablesungsfehler und ähnliches von ein bis mehreren Prozenten zulässig sind.

(145) Konstruktionen. Einige der für solche Instrumente gebrauchten Konstruktionen sollen hier kurz beschrieben werden. Im übrigen sei auf die Zusammenstellung in (170), II bis IV, verwiesen.

Neben den hier zu betrachtenden Galvanometern sind noch Dynamometer (149), Kalorimeter [Hitzdrahtinstrumente (155)] und Elektrometer (156), gleichfalls mit empirischer Skale nach Ampere oder Volt, in Gebrauch. Vgl. (238) u. f.

Von Galvanometern werden benutzt:

a) für Gleichstrom hauptsächlich Drehspulen-Instrumente, besonders da, wo es auf größere Genauigkeit und rasche Einstellung ankommt (Präzisionsinstrumente). Daneben auch Instrumente mit Weicheisenkern, bei denen der mit Zeiger verbundene Kern in eine Spule hineingezogen wird, und Nadelinstrumente (mit Stahlmagnet-Nadel);

b) für Wechselstrom (neben (Dynamometer, Kalorimeter und Elektrometer) Instrumente mit Weicheisenkern.

1. Drehbare Spule in starkem Magnetfeld (134). Die Spule ist in einer Achse gelagert und die Stromzuführung geschieht durch freie Spiralfedern. Die Apparate werden von den meisten Firmen, die sich mit dem Bau von Meßinstrumenten befassen, hergestellt (170). Die feineren als Präzisionsinstrumente bezeichneten Apparate gestatten bei bester Ausführung eine direkte Meßgenauigkeit bis zu etwa $1\,^0/_{00}$. Die Schaltbrettapparate unterscheiden sich von diesen nur durch gröbere Ausführung und durch Fehlen des Spiegels, der bei den Präzisionsinstrumenten zur Vermeidung der Parallaxe hinter dem Zeiger angebracht ist. Die Skala ist auch bei diesen Apparaten meist proportional. Die äußere Form und die Art der Ablesung ist sehr verschieden. Diese Galvanometer können in jeder Lage benutzt werden und stellen sich bei guter Ausführung sehr rasch ein.

2. Drehbarer Magnet. Als Akkumulatorenprüfer dient ein kleines Galvanometer von Hartmann und Braun, welches eine rechteckige Drahtspule und in dieser drehbar einen zum nahezu geschlossenen Ring gebogenen Stahlmagnet enthält; dessen Drehung widersteht eine Torsionsfeder.

3. Feste Spule und beweglicher Eisenkörper. Der Eisenkörper wird entweder an einer Spiralfeder oder an einer kleinen Wage aufgehängt; in letzterem Falle erhält er ein regulierbares Gegengewicht; oder er wird mit einer Drehachse verbunden. Das Eisen wird nur als feiner Draht oder dünnes Blech verwendet. Die vom Strom durchflossene Spule übt eine Kraft auf den Eisenkörper aus, so daß dieser sich bewegt und den Zeiger verschiebt.

In der Feder-Stromwage von F. Kohlrausch (Hartmann und Braun), wird eine dünnwandige Eisenröhre, die an einer Spiralfeder hängt, in eine darunter stehende Spule gezogen. Luftdämpfung, aperiodische Einstellung. Beim Gebrauch ist dafür zu sorgen, daß vor einer Reihe von Messungen und vor den Aichungen die Röhre durch einen starken Strom tief in die Spule gezogen wird. Man kann auch die Röhre durch Druck auf den Zeiger in die stromdurchflossene Spule tauchen. Grenzen der Messung mit einem bestimmten Instrument vom ein- bis etwa achtfachen. Die engen oberen und unteren Teilstriche der Skale sind zu genauen Messungen ungeeignet. Die Einstellung auf den Nullpunkt kann durch Hinaufziehen der Feder berichtigt werden. (El. Ztschr. 1884, S. 13.) — Für schwache Ströme (0,001 bis 0,0015 A) mit Stahlmagnet (magnetisierte Nähnadel).

In dem Hummelschen Strom- und Spannungsmesser, früher von Schuckert, jetzt von Siemens & Halske gebaut (170), No. 113, wird ein dünnes Eisenblech, das an einer Wage im Innern der Stromspule befestigt ist, vom Strom nach der Wandung der Spule gezogen. Geringe Dämpfung; doch stellt sich der Zeiger ziemlich rasch ein. Die durch Hysteresis verursachten Fehler sind auf einen sehr geringen Betrag herabgemindert.

Die Apparate von Siemens & Halske (170), No. 111, und von v. Dolivo-Dobrowolsky (Allgemeine Elektrizitätsgesellschaft) (170), No. 115 enthalten dünne Eisendrähte, die an einer Wage aufgehängt sind, und in eine darunter gestellte Stromspule hineingezogen werden.

Bei anderen Instrumenten befinden sich im Innern der Spule zwei Eisenstücke, ein festes und ein bewegliches, die vom Strom gleichnamig polarisiert werden und sich dann abstoßen; vgl. (170), Nr. 124, 141.

Bei den Weicheisen-Instrumenten sind die Messungen in der Nähe des Nullpunktes meistens sehr unzuverlässig; die Skale wird in der Regel erst vom dritten bis fünften Teil der maximalen Stromstärke oder Spannung an brauchbar. Spannungsmesser, welche für Anlagen mit konstanter Spannung bestimmt sind, erhalten gewöhnlich in der Nähe der Gebrauchsstelle sehr große Skalenteile auf Kosten des übrigen Meßbereiches.

Die Instrumente erhalten meist eine besondere Luftdämpfung, wodurch die Ablesung namentlich bei stark schwankendem Strom eine genauere wird.

Differentialgalvanometer.

(146) In denjenigen Fällen, wo man die Gleichheit zweier Ströme untersuchen, oder eine geringe Ungleichheit derselben mit großer Schärfe messen will, verwendet man ein Galvanometer mit zwei gleichen Wicklungen, durch die man die zu vergleichenden Ströme in entgegengesetzten Richtungen sendet. Der Ausschlag ergibt die Differenz der zu vergleichenden Ströme, wenn man die Angaben des Instrumentes in absolutem Maße kennt; dazu ist erforderlich, daß man das Galvanometer als einfaches Instrument mit nur einer von beiden Windungslagen untersucht, graduiert und eicht.

Methoden, bei denen das Differentialgalvanometer verwendet werden kann, werden hierdurch meist sehr bequem und geben bei richtig gewählter Anordnung sehr genaue Resultate.

Als Differentialgalvanometer kann man jede beliebige Form des Galvanometers benutzen, wenn man ihm zwei gleiche Wicklungen gibt. Die Drähte sollen miteinander aufgewunden werden, d. h. jede Galvanometerrolle soll beide Drähte nebeneinander enthalten; andernfalls entstehen bei aufgehängten Magnetnadeln leicht seitliche Bewegungen der letzteren.

Statt zwei Wicklungen von gleicher Wirkung zu nehmen, kann man auch solche Multiplikatoren verwenden, deren Wirkungen in einem bekannten Verhältnis stehen, oder einer Wicklung einen passenden Nebenschluß geben.

(147) Prüfung eines Differentialgalvanometers. Verbindet man die beiden Windungen hinter und gegeneinander, so muß die Nadel auch bei den stärksten Strömen, die bei der Verwendung des Instrumentes vorkommen, in Ruhe bleiben. Ist diese Bedingung nicht erfüllt, so erhält man das Maß der Ungleichheit in folgender Weise: man setzt die hinter- und gegeneinander geschalteten Windungen mit einer geeigneten konstanten Stromquelle in Verbindung (ein oder mehrere Daniellsche Elemente oder Sammler) und beobachtet den Ausschlag; der Widerstand des ganzen Stromkreises sei bekannt und $= r$. Dann schalte man die beiden Windungslagen des Galvanometers hinter- und miteinander und füge so viel Widerstand R zu, daß derselbe Ausschlag wie vorher entsteht, während

die elektromotorische Kraft ungeändert bleibt. Dann verhalten sich die Wirkungen der beiden Windungen wie $1:1+\frac{2r}{R}$. Kann man durch Vermehrung des Widerstandes den Ausschlag nicht klein genug machen, so legt man einen Zweigwiderstand z vor das Galvanometer. Ist der Widerstand im Rheostaten R', der ganze Widerstand des Galvanometers g, so verhalten sich die Wirkungen der Windungen wie $1:1+2r\Big/\Big\{R'\Big(1+\frac{g}{z}\Big)+g-r\Big\}$. Ist $\frac{2r}{R}$ gegen 1 sehr klein, so wird man das Galvanometer als genügend richtig ansehen. Kann man die Rollen verschieben, oder an den Windungen selbst ein wenig ändern, so ist es leicht, die Wirkungen bis auf den erforderlichen Betrag gleich zu machen. Ist keine Berichtigung möglich und die Ungleichheit zu groß, so verwendet man bei der Vergleichung von Widerständen einen Stromwender mit 8 Kontakten von der Anordnung 

Häufig tritt neben der Forderung gleicher Wicklung auch die nach gleichem Widerstand beider Windungen auf; man prüft das Galvanometer inbetreff dieses Punktes, indem man die Windungen gegen- und nebeneinander schaltet: dann darf, Gleichheit der Wickelung vorausgesetzt, die Nadel keinen Ausschlag geben. Ist ein geringer Unterschied der Widerstände vorhanden, so fügt man äußerlich Widerstand zu; bei Verwendung des Stromwenders werden geringe Unterschiede ausgeglichen.

Spiegelgalvanometer oder Zeigergalvanometer?

(148) Sehr häufig entsteht die Frage, welches von beiden Instrumenten man am passendsten zur Messung benutzt. Man wünscht sowohl eine genaue, als eine bequeme Ablesung und Berechnung der Ergebnisse.

Die Genauigkeit der Ablesung pflegt beim Spiegelgalvanometer größer zu sein, als beim Zeigergalvanometer; allein damit ist noch nicht die Genauigkeit der Messung bestimmt. Es kommt zunächst darauf an, ob die am Spiegelgalvanometer abgelesene Ablenkung auch wirklich die Größe darstellt, als welche man sie ansieht, ob zB. der Ausschlag nur durch den die Windungen durchfließenden Strom und nicht gleichzeitig auch durch andere, nicht zum Galvanometer gehörige Stromzweige oder durch sonstige magnetische Störungen hervorgebracht wird. Gerade in dieser Hinsicht ist aber das Spiegelgalvanometer sehr empfindlich; es kann bei geringerer Übung und Erfahrung des Beobachters trotz aller Sorgfalt in der Ablesung die trügerischsten Zahlen geben, es kann aber auch den sichersten Beobachter auf eine empfindliche Geduldsprobe stellen, wenn man in einem nicht ganz geeigneten Raume mißt. Im übrigen hat man es durch Wahl geeigneter Methoden der Messung häufig in der Hand, genaue Ergebnisse auch bei weniger feinen Instrumenten und geringerem Aufwande an Mühe und Zeit zu erhalten, so daß man häufig genug mit den bequemen und sicheren Zeigerinstrumenten auskommen kann. Die bei technischen Fragen geforderte Genauigkeit läßt sich mit Zeigergalvanometern fast immer erreichen.

Der große Vorzug der Spiegelgalvanometer besteht darin, daß man ihre Empfindlichkeit in weiten Grenzen verändern kann, und daß man fast nicht zu rechnen hat, wenn man mit dem Spiegelgalvanometer mißt. Diese Vorzüge, besonders die Umgehung der Rechnung, sucht man auf verschiedene Weise auch für die Zeigergalvanometer zu gewinnen: vgl. Tangentenbussole von Kessler (130), direkte Strommessung mit dem Torsionsgalvanometer von W. Kohlrausch (187). Die technischen Galvanometer sind ja immer mit einer empirischen Skale versehen, welche alle Rechnungen erspart. Auch für jedes andere Instrument, das nur eine Kreis- oder Millimeterteilung besitzt, kann man leicht mit Hilfe einer Graduierung und einer Eichung eine Skale anfertigen, die bereits alle Rechnungen, die man bei Benutzung der ursprünglichen Skale noch auszuführen haben würde, in sich enthält.

Nachteile des Spiegelgalvanometers sind vor allem die Kosten an Geld und Raum, die man aufzuwenden hat; der Aufstellungsort muß erschütterungs- und störungsfrei, zudem hell und luftig sein. Wo man nicht alle Anforderungen genügend erfüllen kann, unterlasse man die Verwendung von Spiegelgalvanometern, wenigstens gebrauche man sie nicht zur Messung von Ausschlägen; bei Nullmethoden, manchmal auch bei Differentialmethoden, kann man auch an weniger guten Plätzen Spiegelgalvanometer verwenden.

Auf Zeigergalvanometer wirken magnetische Störungen nicht so empfindlich ein, wie auf Spiegelgalvanometer; denn wenn eine störende Ursache die Magnetnadeln solcher Instrumente um gleich viel, zB. $1/4^0$ dreht, so macht dies beim Spiegelgalvanometer, das selbst nur mit kleinen Winkeln, vielleicht $5-10^0$ mißt, weit mehr aus, als beim Zeigergalvanometer, dessen Ausschläge meist zwischen 20^0 und 70^0 liegen werden.

Berücksichtigt man noch, daß das Spiegelgalvanometer weit größere Ansprüche an die Geschicklichkeit und Umsicht des Beobachters stellt als das Zeigergalvanometer, so kommt man zu dem Schluß, daß es in sehr vielen Fällen nicht zu raten ist, mit dem Spiegelgalvanometer zu messen, sondern daß man oft leichter zu genauen und sicheren Ergebnissen kommt, wenn man gute Zeigergalvanometer, Drehspulengalvanometer oder das Torsionsgalvanometer verwendet.

Dynamometer.

(149) Das Dynamometer (W. Weber) besteht aus zwei stromdurchflossenen Spulen (oder Spulensystemen), von denen die eine in der Regel fest steht, die andere beweglich ist. Werden die feste und bewegliche Spule bezw. von den Gleichströmen J und j durchflossen, so ist die Kraft (Anziehung oder Abstoßung), die sie auf-

einander ausüben, gleich $C J j$. Dabei hängt C von den Windungszahlen und der geometrischen Lage der Spulen zueinander ab.
Schaltet man beide Spulen hintereinander, sodaß sie also von demselben Strom J durchflossen werden, so ist die Kraft, die sie aufeinander ausüben, gleich $C J^2$, d. h. proportional dem Quadrat der
Stromstärke; diese Eigenschaft macht das Dynamometer zur Messung
von effektiven Wechselstromstärken geeignet.

(150) **Absolute Dynamometer.** Die Spulen sind derartig angeordnet, daß man aus ihren geometrischen Abmessungen und ihrer
gegenseitigen Lage die Konstante C berechnen, somit den Strom im
absoluten Maß bestimmen kann (zB. Wage nach Lord Rayleigh, das Helm-
holtzsche absolute Dynamometer vgl. Wied. Ann. Bd. 59, S. 532, 1896).
Diese Apparate kommen für den technischen Gebrauch nicht in Frage.

(151) **Stromwage. Torsionsdynamometer.** Nach der Ablenkung
durch den Strom werden die beiden Spulen durch geeignete Vorrichtungen in dieselbe Lage zueinander zurückgeführt; in dieser wird dann
die Kraftwirkung gemessen; d. h. C ist eine Konstante, deren Wert
experimentell bestimmbar ist. Die Größe der Kraft wird entweder
durch Gewichte (Stromwagen) oder durch Torsionsfedern (Torsionsdynamometer) gemessen.

Stromwage von Lord Kelvin (W. Thomson). An den Enden
eines Wagebalkens ist je eine Spule mit horizontaler Windungsfläche
angebracht; die Zuführung zu diesen hintereinander geschalteten Spulen
erfolgt durch zwei bandförmig angeordnete Bündel feiner Drähte, an
denen gleichzeitig der Wagebalken hängt. Jede Spule des beweglichen
Systems schwebt zwischen zwei festen Spulen. Das feste System wird
also von vier Spulen gebildet, die hintereinander geschaltet sind und
deren Windungsrichtungen so gewählt sind, daß die Kraftwirkungen
auf die beiden beweglichen Spulen sich addieren. Die Windungsrichtungen der beiden beweglichen Spulen sind einander entgegengesetzt gerichtet, um die Wirkung des Erdmagnetismus zu eliminieren.
Die Kraftwirkung des festen Systems auf das bewegliche wird durch
besonders abgeglichene Gewichte gemessen, die auf einer mit dem
Wagebalken verbundenen Skale derart verschoben werden, daß der
Wagebalken horizontal einsteht und daß somit festes und bewegliches
System stets in dieselbe geometrische Lage zueinander zurückgeführt
werden. Die Verschiebung des Gewichtes auf der Skale ist daher
proportional dem Produkt der Ströme J und j.

Bei den Torsionsdynamometern steht die Windungsebene der
beweglichen Spule senkrecht zu derjenigen der festen. Die bewegliche
Spule wird durch die Kraft einer Torsionsfeder nach jeder Ablenkung
in die ursprüngliche Lage zurückgeführt; das Drehmoment wird durch
den Torsionswinkel der Feder gemessen und ist wiederum proportional
dem Produkt der Ströme J und j.

Um vom Einfluß des Erdmagnetismus unabhängig zu werden,
stellt man den Apparat so, daß die Windungsebene der beweglichen
Spule zum Meridian senkrecht steht, oder besser, man macht eine
zweite Ablesung, nachdem man die Stromrichtungen in beiden Spulen
umgekehrt hat, und nimmt aus beiden Ablesungen das Mittel. Ist
die bewegliche Spule in zwei mit parallelen Achsen übereinander angeordneten Spulen von gleicher Größe und Windungszahl zerlegt

(astatisches System), so ist dadurch die Wirkung des Erdmagnetismus aufgehoben. (Siemens & Halske.)

Die Stromzuführung zur beweglichen Spule erfolgt mittels Quecksilbernäpfe oder schwacher Kupferbänder bezw. -spiralen. Die Zuführung durch Quecksilber kommt vornehmlich für stärkere Ströme in Frage, hat aber leicht unsichere Einstellungen zur Folge, die man durch leises Klopfen oder dadurch beseitigt, daß man auf das Quecksilber einen Tropfen ganz schwacher Salpetersäure bringt.

Da die Apparate meist ungedämpft sind, so sind sie für genauere Messungen nur bei durchaus ruhigem Strom verwendbar.

Um eine unveränderliche Lage der Spulen zueinander und damit eine Unveränderlichkeit der Konstanten C zu gewährleisten, empfiehlt es sich, die bewegliche Spule nicht aufzuhängen, sondern in Spitzen zwischen zwei Steinen zu lagern. (Torsionsdynamometer von Siemens & Halske, Ganz & Co.) Vgl. (170), No. 55, 56, 57, 67.

(152) **Spiegeldynamometer** dienen zur Erzielung größerer Empfindlichkeit. Bei denselben wird das bewegliche System nicht in seine ursprüngliche Gleichgewichtslage zurückgeführt, sondern der Ausschlagswinkel beobachtet. Da letzterer in der Regel nur klein ist, so bleibt C nahezu eine Konstante, namentlich wenn die Wicklungen der Spulen geeignet ausgeführt werden (vgl. O. Frölich, Theorie des kugelförmigen Elektrodynamometers, Pogg. Ann. Bd. 143, S. 643, 1871, in neuer Form ausgeführt von Siemens & Halske, Dynamometer von F. Kohlrausch Wied. Ann. Bd. 11, S. 653, 1880; 15, S. 550, 1882, ausgeführt von Hartmann & Braun). Vgl. (170), No. 37 bis 40.

(153) Bei denjenigen Dynamometern, bei welchen die bewegliche Spule nicht in ihre ursprüngliche Lage zurückgeführt wird und die Ausschlagswinkel größer sind, ist C keine Konstante; hierher gehören die als Voltmeter, Amperemeter und Wattmeter ausgebildeten Zeigerapparate, die somit eine empirisch geteilte Skale besitzen. Vgl. (170), No. 84, 85, 86, 96, 109, 110, 117, 123, 127, 150, 151.

Die Dynamometer sind von Wichtigkeit vornehmlich für Wechselstrommessungen; über ihre Anwendung s. Wechselstrommessungen (233) u. f.

Das Telephon als Meßinstrument für Wechselströme.

(154) Das Hörtelephon ist als empfindliches Nullinstrument bei Wechselstrommessungen verwendbar, z. B. an Stelle des Galvanometers im Brückenzweig einer von Wechselstrom durchflossenen Wheatstoneschen Brücke. Über seine Anwendung vgl. die Messung elektrolytischer Widerstände, von Induktionskoeffizienten und Kapazitäten (223), (227), (229), (232).

Das optische Telephon von M. Wien (Wied. Ann. Bd. 42, S. 593; Bd. 44, S. 681, 1891) ist ein Telephon, dessen Membran vorzugsweise auf einen Ton anspricht. Um die Schwingungen der Membran sichtbar zu machen, werden sie auf eine kleine, einen Spiegel tragende Feder übertragen, die auf den Ton der Membran abgestimmt ist. Man betrachtet mit einem Fernrohr in diesem Spiegel das Bild eines Spaltes oder eines Glühlampenfadens. Schwingt die Membran, so wird das Bild zu einem Band auseinandergezogen. Der Apparat reagiert nur auf Wechselstrom einer Periodenzahl, die mit dem Eigenton der Membran übereinstimmt.

Bequemer arbeitet man mit Vibrationsgalvanometern (Rubens Wied. Ann. Bd. 56, S. 27, 1896, M. Wien, Ann. d. Phys. Bd. 4 S. 442, 1901); bei diesen wird die schwingende Membran ersetzt durch eine mehrere Weicheisennadeln tragende Stahlsaite, welche Torsionsschwingungen ausführt.

Elektrokalorimeter.

(155) Die Erwärmung eines Drahtes durch den Strom läßt sich zur Messung des letzteren benutzen. Es können aber nur schwache Ströme auf diese Weise gemessen werden, so daß nur Spannungsmesser und Strommesser für Abzweigung nach dieser Art gebaut werden. Man mißt die Verlängerung des Drahtes unmittelbar oder durch die Durchbiegung, welche der Draht erfährt.

Mittels des Elektrokalorimeters kann man Gleich- und Wechselstrom messen.

Spannungsmesser von Cardew. In einer 0,9 m langen Röhre ist ein feiner Platindraht (0,064 mm stark) ausgespannt, der von dem hindurchgehenden Strome erwärmt wird; seine Verlängerung wird an einen Zeiger übertragen. Der Widerstand des Drahtes ist der Erwärmung wegen von der Stromstärke abhängig, worauf bei der Eichung zu achten.

Strom- und Spannungsmesser von Hartmann & Braun. Der zu messende Strom durchfließt einen Platinsilberdraht; an einem mittleren Punkte des letzteren greift seitlich ein zweiter Draht an, dessen Ende an der Grundplatte befestigt ist; ein dritter Draht, dessen Ende in der Mitte des zweiten Drahtes angreift, führt über eine Rolle und wird an seinem andern Ende durch eine Feder gespannt erhalten. Erwärmt sich der erstere Draht, so wird der mittlere Punkt desselben und derjenige des zweiten Drahtes zur Seite gezogen, wobei die erwähnte Rolle gedreht und der mit der letzteren verbundene Zeiger bewegt wird. Der Strommesser wird mit feststehender Abzweigung bis zu hohen Stromstärken gebaut; er verbraucht maximal 0,2—0,3 V. Der Spannungsmesser erfordert beim maximalen Ausschlag etwa 0,22 A.

Hitzdraht-Spiegelinstrumente sind angegeben von Friese (ETZ. 1895, S. 726, s. auch S. 784, 812) und Fleming (Phil. Mag. Bd. 7, S. 595, 1904).

Vgl. (170), No. 41, 83, 122.

Elektrometer.

(156) Das Elektrometer mißt die Kräfte, welche isolierte ruhende Elektrizitätsmengen aufeinander ausüben. Diese Kräfte sind namentlich bei kleinen Potentialen sehr klein; infolge dessen sind die Elektro-

meter meist von sehr empfindlicher Konstruktion, müssen dann mit Spiegel und Skale beobachtet werden und erfordern große Umsicht und peinliche Sorgfalt in der Behandlung. Sie eignen sich deshalb mehr zu Instrumenten für wissenschaftliche Laboratorien als für technische Messungen.

Das Schutzring-Elektrometer dient zu absoluten Messungen. Es besteht aus zwei ebenen, wagrechten Platten, von denen die untere, größere feststeht, während die obere, kleinere aufgehängt ist; außerdem wird die obere Platte durch eine feststehende Ringplatte zu der Größe der unteren ergänzt. Die bewegliche Scheibe erfährt eine Anziehungskraft $= \dfrac{S}{8\pi}\left(\dfrac{U-U_0}{a}\right)^2$, worin S die Größe der bewegten Scheibe, a der Abstand und $U-U_0$ die Spannung zwischen den beiden Scheiben bedeutet.

Das Quadrantenelektrometer enthält vier isolierte Quadranten (scheiben- oder schachtelförmig), von denen je zwei gegenüberliegende leitend verbunden werden; ober- oder innerhalb der Quadranten schwebt eine leichte Nadel von der Form einer 8 (Biskuit genannt), welche von den Quadranten isoliert ist.

Die Ladung wird der Nadel entweder durch ein Gefäß mit Schwefelsäure mitgeteilt, in das ein an der Nadel unten befestigter Platindraht taucht, oder dadurch, daß ein leitender Aufhängefaden benutzt wird. Hierfür kommen in Betracht feine Metallfäden (z. B. W. Thomson, Hallwachs Wied. Ann. Bd. 29, S. 1, 1886) oder Quarzfäden, die einen metallischen Überzug erhalten haben (Boys) oder durch Eintauchen in eine Salzlösung leitend gemacht sind (Dolezalek, Zeitschr. f. Instrk. Bd. 21, S. 345, 1901). Für Wechselstrommessungen ist letztere Aufhängung wegen des großen Widerstandes des Fadens nicht zulässig (vgl. Ztschr. f. Instrk. 1904, S. 143).

Als Dämpfung wird angewandt Luftdämpfung, wobei darauf zu achten, daß Dämpferflügel und Dämpfergehäuse dasselbe Potential haben, und magnetische Dämpfung (am besten bewegliche Scheibe zwischen feststehenden Magneten).

Bei Messungen statischer Potentiale wird das Gehäuse an Erde gelegt; die Isolation muß möglichst vollkommen sein. Bei Messungen dynamischer Potentiale, die für technische Zwecke in Frage kommen, brauchen diese beiden Bedingungen nicht erfüllt zu sein.

(157) **Messungen mit dem Quadrantenelektrometer.** Die allgemeine Formel für die Ablenkung eines Quadrantenelektrometers lautet (Zeitschr. f. Instrk. 1903, S. 97):

$$\alpha = C\,\frac{(V_1 - V_2)\left(V_n - \tfrac{1}{2}\,(V_1 + V_2)\right)}{1 + a\,(V_n - V_1)\,(V_n - V_2) + b\,(V_1 - V_2)^2}\,.$$

Darin bedeuten V_n, V_1, V_2 die Potentiale, auf denen sich Nadel und Quadrantenpaare befinden, gemessen gegen das Potential des Gehäuses. Zu bedenken ist, daß infolge der verschiedenartigen Metalle, aus denen der Apparat besteht, Kontaktpotentiale zwischen den einzelnen Apparatenteilen auftreten. Durch geeignetes Kommutieren können diese Einflüsse beseitigt werden; gleichzeitig wird dadurch für die einzelnen Anwendungen die Formel vereinfacht. Die im

folgenden angegebenen Gesetze sind nur richtig, wenn die jedesmaligen Kommutierungen richtig ausgeführt sind (vgl. darüber
a. a. O.).

Die Empfindlichkeit der Elektrometer ist abhängig von Länge, Durchmesser und Material der Fäden. Zahlenwerte in (170), No. 42 bis 44.

1. Quadrantenschaltung. Die Nadel wird auf ein hohes
Potential (Hilfspotential) gebracht; dies geschieht entweder mittels
einer Leidener Flasche oder besser dadurch, daß man die Pole einer
Akkumulatorenbatterie an Nadel und Gehäuse legt. Die zu messende
Potentialdifferenz wird an die Quadrantenpaare gelegt, von denen das
eine mit dem Gehäuse verbunden ist. Die Ablenkung ist proportional
der zu messenden Potentialdifferenz; die Empfindlichkeit ist abhängig
von der Höhe des Hilfspotentials der Nadel. Die Methode eignet sich
vornehmlich zur Messung kleiner Potentialdifferenzen.

2. Nadelschaltung. Die beiden Quadranten werden auf
entgegengesetzt gleiche Potentiale (Hilfspotentiale) gebracht, zB. das
eine Paar mit dem positiven, das andere mit dem negativen Pole einer
Batterie von $2\,n$ Elementen verbunden; die Stelle zwischen dem
n^{ten} und dem $(n+1)^{ten}$ Element ist mit dem Gehäuse verbunden.
Die Nadel wird auf das zu messende Potential gebracht. Die Ablenkungen der Nadel sind dem letzteren proportional.

3. Doppel- oder idiostatische Schaltung. Das eine
Quadrantenpaar wird mit dem Gehäuse verbunden, das andere Paar
und die Nadel auf das zu messende Potential gebracht. Die Ablenkungen der Nadel sind angenähert dem Quadrate des letzteren
proportional. Diese Schaltung eignet sich vornehmlich zur Messung
höherer Potentiale.

Über die Anwendung des Quadranten-Elektrometers für Wechselstrommessungen s. Wechselstrommessungen (241), (242). Meßinstrumente s. auch (170), No. 42, 43, 44.

(158) Zur Messung hoher Spannungen geeignet ist das Elektro-
meter von Ebert und Hoffmann (Zeitschr. f. Instrk. 1898, S. 1).
Zwischen den Platten eines Luftkondensators, die an die zu messende
Potentialdifferenz angelegt werden, ist unter 45° Neigung zu den
Platten an einem feinen Faden ein dünnes Aluminiumblech gehängt.

Direkt zeigende, technische Elektrometer dienen in der Regel zur
Spannungsmessung und bestehen aus einem festen und einem beweglichen Plattensystem, die voneinander isoliert sind und die beiden
Pole des Instrumentes bilden. Das bewegliche System trägt den
Zeiger für die Skala und ist entweder an einem Metallfaden aufgehängt (zB. Multizellularvoltmeter von Kelvin) oder in Spitzen gelagert, die gleichzeitig zur Zufuhr der Ladung des Systems dienen
(zB. Schaltbrettapparate der A.E.G., S. & H., H. & Br.). Die Skale
wird empirisch gefunden. Vgl. (170), No. 81, 119, 125, 126.

Auch das Goldblattelektroskop ist als Meßinstrument ausgebildet,
indem man an einer Skale die Divergenz der Blättchen abliest
(Exnersches Elektroskop, verbessert von Elster und Geitel, Physik.
Zeitschr. Jhrg. 4, S. 137; vgl. auch Braun, Wied. Ann. Bd. 31, S. 856, 1887).

Das Lippmannsche Kapillarelektrometer dient zur Messung
kleiner Spannungen. In einer sehr eng ausgezogenen Glasröhre berühren sich Quecksilber und verdünnte Schwefelsäure; die Be-

rührungsstelle verschiebt sich proportional den Änderungen der Spannung zwischen beiden Flüssigkeiten; die Verschiebung wird mit dem Mikroskop gemessen.

Voltameter.

(159) Das Voltameter mißt die Stärke der Ströme an ihrer Einwirkung auf zersetzbare Leiter. Die Menge der zersetzten, niedergeschlagenen oder aufgelösten Substanz ist nach dem Faradayschen Gesetz ein Maß für die durch das Voltameter hindurchgegangene Elektrizitätsmenge Q, für welche bei einem konstanten Strom i von der Zeitdauer t gilt: $Q = it$ (vgl. 165).

Das Voltameter wird nicht zur eigentlichen Strommessung benutzt; es dient vielmehr zur Eichung anderer Strommesser und wird sonst zur Bestimmung der durch eine Leitung geflossenen Elektrizitätsmenge verwendet.

Wasser- und Knallgasvoltameter.

(160) Als Zersetzungsflüssigkeit dient verdünnte, 10 bis 20 prozentige Schwefelsäure vom spezifischen Gewicht 1,07 bis 1,14. Die Elektroden aus Platin führen in ein kalibriertes Rohr, welches das gebildete Knallgas aufnimmt. Will man nur den Wasserstoff auffangen, indem man nur die eine Elektrode in ein Rohr führt (bei schwachem Strom zu empfehlen), so erhält man ein Voltameter von hohem Widerstand. Statt das Volumen zu messen, kann man auch die Menge des zersetzten Wassers wägen.

(161) **Wasservoltameter von F. Kohl-** rausch. Dasselbe eignet sich in der Größe, wie es in der El. Ztschr. 1885, S. 190 (Fig. 61) beschrieben wurde, zur Messung von Strömen bis zu 30 Ampere; es besizt einen Widerstand von 0,03 Ohm. Die Schwefelsäure bleibt in dem Apparat, das Füllen des Meßrohrs wird durch einfaches Umkehren des ganzen Voltameters bewirkt; hierdurch ist die Handhabung des Instrumentes sehr bequem. Zu messen sind: Barometerstand, Temperatur und der Unterschied im Stande der Flüssigkeit im Meßrohr und im unteren Gefäß. Der Stöpsel des letzteren ist bei der Messung herauszunehmen. Berechnung vgl. (165). Zur Zersetzung des Wassers sind mindestens etwa 3 Volt erforderlich.

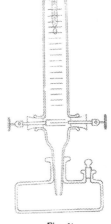

Fig. 61.

Metallvoltameter.

Man gebraucht als solche das Silbervoltameter, welches bei
sorgfältiger Behandlung die sichersten Ergebnisse liefert, aber nur
bei schwächeren Strömen angewendet zu werden pflegt, und das
Kupfervoltameter, das bei stärkeren Strömen gebraucht wird,
bei dem man aber gewisse Vorsichtsmaßregeln zu beobachten hat.

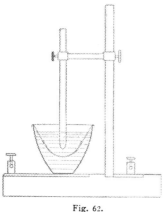

(162) Als Silbervoltameter benutzt man einen Silber- oder Platintiegel, der mit Silberlösung (15 bis
30 prozentige Lösung von neutralem Silbernitrat) gefüllt auf eine
blanke Kupferplatte gestellt wird.
Letztere ist mit einer Klemmschraube
verbunden, bei welcher der Strom
austritt. In den Tiegel taucht von
oben als Anode eine Silber-
stange, ohne den Boden oder die
Wände des Tiegels zu berühren
(Fig. 62). Damit von der Silber-
stange nicht Teilchen, die sich ab-
sondern, in den Tiegel fallen, wird
die erstere mit einem Mulläppchen
oder Fließpapier umwickelt; oder
man bringt unter der Stange im
Tiegel ein kleines Glasschälchen

Fig. 62.

an, das an einigen Glasstäbchen
angeschmolzen ist und mittels der letzteren in den Tiegel eingehängt
wird. Statt des Platintiegels kann man auch ein Platinblech verwenden, das in irgend einem passenden Gefäß einem Silberblech
gegenübergestellt wird. Die Kathode wird auf diese Weise leichter
und billiger. Die Ränder des Bleches biegt man etwas nach der von
der Anode abgewandten Seite um. An der Kathode bilden sich leicht
lange nadelförmige oder verästelte Silberkristalle, welche Neigung
haben, bis zur Anode herüberzuwachsen. Auf 1 A rechne man
mindestens 50 cm² wirksame Kathodenfläche, 5 cm² Anodenfläche.
Um einen guten, festhaftenden Metallniederschlag zu erzielen, kühle
man die Zersetzungszelle möglichst stark ab.

Reinigung und Wägung der Kathode. Die Kathode muß
vor den Wägungen stets sorgfältig gereinigt und getrocknet werden.
Platinblech oder -tiegel kann man mit einem Horn- oder Beinmesser
von den angesetzten Kristallen reinigen; man vermeide den Gebrauch
von metallenen Schabern, da das Platin zu weich ist. Durch Behandlung mit verdünnter Salpetersäure in der Wärme kann man das Silber
leicht auflösen und vollständige Reinigung erzielen; die Salpetersäure
muß ganz rein und chlorfrei sein. Beim Gebrauch eines Silbertiegels
schabt man nur von Zeit zu Zeit die vorstehenden Silberkristalle ab.
Benutzt man einen Platintiegel, so braucht man den Silberniederschlag nicht jedesmal zu entfernen, sondern erst, wenn er 0,1 g auf
1 cm² beträgt. Nach Beendigung der Elektrolyse gießt man die Lösung
zurück, spült die Kathode mit chlorfreiem destilliertem Wasser, bis das

Waschwasser bei Zusatz eines Tropfens Salzsäure keine Trübung zeigt, erwärmt die Kathode dann 10 Minuten lang mit destilliertem Wasser auf 70 bis 90° und spült schließlich mit destilliertem Wasser. Das letzte Waschwasser darf durch Salzsäure kalt nicht getrübt werden. Die Kathode wird warm getrocknet, bis zur Wägung im Trockengefäß aufbewahrt und nicht früher als 10 Minuten nach der Abkühlung gewogen. Zur Reduktion der gefundenen Silbermenge auf Wägung im luftleeren Raum ist (bei Benutzung von Messinggewichten) auf 1 g Silber 0,03 mg abzuziehen. Lösungen, die auf 100 cm³ bereits mehr als 2 g Silberniederschlag geliefert haben, ergeben häufig bis $^1/_{1000}$ zu schwere Niederschläge; dies rührt von der Bildung freier Säure her; Zusatz von Ag_2O oder Silberspänen beseitigt den Fehler nicht mit Sicherheit (Kahle, Ztschr. f. Instr. 1898, S. 229).

(163) Beim **Kupfervoltameter** verwendet man als Anode jedenfalls ein mit elektrolytisch gefälltem Kupfer überzogenes oder aus solchem dargestelltes Blech; als Kathode stellt man demselben ein Kupferblech, oder noch besser ein Platinblech gegenüber. — Um die Kathode auf beiden Seiten zu benützen, nimmt man als Anode zwei Kupferbleche, die man parallel schaltet und zwischen denen die Kathode sich befindet (Fig. 63). Die Ebenen der drei Bleche seien möglichst parallel, die Bleche ziemlich nahe einander gegenübergestellt, um den Widerstand zu verringern, doch nicht so nahe, daß das sich ausscheidende Kupfer von einem Blech zum andern herüberwachsen kann. Als Flüssigkeit dient eine Lösung vom reinsten Kupfervitriol, die nicht so konzentriert sein darf, daß bei einer etwaigen Abkühlung um mehrere Grad oder bei längerem Stehenbleiben an der Luft durch Verdunstung sich Kristalle ausscheiden.

Fig. 63.

Verwendet man als Kathode eine Kupferplatte, so ist Rücksicht darauf zu nehmen, daß an der Stelle, wo das Kupfer durch die Flüssigkeitsoberfläche tritt, unter Mitwirkung der atmosphärischen Luft eine langsame Lösung des Kupfers vor sich geht; man niete deshalb an die Kupferplatte einen Draht an und überziehe letzteren an der Stelle, an der er durch die Oberfläche der Flüssigkeit treten soll, mit Schellack oder Siegellack. Die langsame Oxydation bemerkt man auch am Rande des Kupferniederschlages auf einer Platinkathode. Zur Erzielung größerer Genauigkeit kann man auch die Elektrolyse im Vakuum ausführen.

Abkühlung des Voltameters ist zur Erzielung eines guten Niederschlages sehr zu empfehlen.

Die Reinigung und Trocknung der Kathode geschieht ähnlich wie beim Silbervoltameter. Der Kupferniederschlag muß sehr sorgfältig getrocknet werden; man preßt ihn zunächst (ohne zu reiben!) zwischen Fließpapier, erwärmt ihn darauf gelinde; es ist von Vorteil, ihn auch unter die Glocke einer Luftpumpe zu bringen, wo man das Wasser mit voller Sicherheit entfernen kann. Wo man indes keine Luftpumpe zur Verfügung hat, muß man sich darauf beschränken, die Wägung der Platte in Zwischenräumen von etwa 10 Minuten zu wiederholen.

Stromdichte. Auf 1 dm² wirksame Kathodenfläche rechnet man 2,5 A. Bei zu geringer Stromdichte bildet sich neben Kupfer auch Kupferoxydul auf der Kathode. Nach Shaw (Phil. Mag. Ser. 5 Bd. 23, S. 138) ist von 2,5 bis 13 A auf 1 dm² Elektrodenfläche die niedergeschlagene Kupfermenge nicht merklich von der Stromdichte abhängig; bei geringerer Stromdichte als 2 A/dm² ist die erzielte Menge etwas zu gering. Ist d die Zahl der Ampere auf 1 dm², so ist bis $d = 0{,}14$ herab die gefundene Masse zu multiplizieren mit $1 + \dfrac{0{,}002}{d}$, um sie auf die Verhältnisse der Dichten zwischen 2,5 und 13 zurückzuführen.

Vgl. auch die eingehenden Untersuchungen von Förster, Z. f. Elektrochem. Bd. 3, S. 479, 1899.

Messung mit dem Voltameter.

(164) Verbindung im Stromkreis. Die Kathode, an der das Metall niedergeschlagen wird, ist beim Gebrauch von Elementen mit dem Zink, beim Gebrauch von Akkumulatoren mit dem Bleipol (neg. Pol) zu verbinden. Die Stromrichtung wird mit einer Magnetnadel nach (91) geprüft.

Der Stromkreis muß einen Schlüssel enthalten, mit dem man den Strom rasch und leicht schließen und öffnen kann.

Zeitdauer. Der Stromschluß soll nicht weniger als 1 Minute dauern; das Öffnen und Schließen mit dem Schlag der Uhr wird von weniger geübten Beobachtern nicht mit großer Genauigkeit ausgeführt, so daß Fehler von ¹/₂ sec leicht vorkommen können; dauert der Schluß 1 Minute, so kann also dieser Fehler noch etwa 1 % betragen. In vielen Fällen wird man zur Erzielung einer genügend großen zersetzten Menge ohnedies längere Zeit gebrauchen.

Zersetzte Menge. Bei Verwendung von Metallvoltametern suche man mindestens 0,5 g Metallniederschlag zu erzielen, vorausgesetzt, daß die Wage noch 1—2 mg sicher zu wägen gestattet. Bei Wasservoltametern sei die Länge der zu messenden Gassäule mindestens = 100 mm; das Rohr, in dem das Gas aufgefangen wird, muß gut graduiert sein. Erheblich größere Mengen, zB. mehr als das Doppelte der angegebenen Massen bezw. Volumina, zu erzielen, ist für die erstrebte Genauigkeit nicht erforderlich, im Gegenteil wegen des meist damit verbundenen Zeitaufwandes zu verwerfen.

(165) Berechnung. Wasservoltameter von Kohlrausch (161). Die Umrechnung der in einem Versuche erhaltenen Kubikzentimeter Knallgas auf Stromstärke in Ampere geschieht nach folgender Regel: Die Zahl der in 1 Sekunde ausgeschiedenen Kubikzentimeter Knallgas wird mit 5 multipliziert, um die Stromstärke in Ampere zu erhalten.

Hierbei ist das Gas in feuchtem Zustand, sowie es über der Zersetzungsflüssigkeit steht, zu messen. Die Regel verlangt noch eine

Berichtigung, die unter Umständen bis zu 10 % betragen kann. Bedeutet in der nachfolgenden Tafel

$p = b_0 - \frac{1}{12} h$ den Druck, unter dem das Knallgas steht, d. h. Barometerstand [reduziert auf Quecksilber von 0^0 C (40)] minus dem 12. Teil der Höhe der Flüssigkeitssäule über der Säure im äußeren Gefäß, in mm,

t die Temperatur in Celsiusgraden,

so ist dem beobachteten Volumen V die Größe $0,001 \cdot z \cdot V$ zuzufügen. z wird mit seinem Vorzeichen aus der nebenstehenden Tafel entnommen oder berechnet. Der Druck p muß auf ca. 4 mm, die Temperatur auf 1^0 genau gemessen werden.

1 Coulomb entspricht $0,174$ cm³ trockenes Knallgas von 0^0 und 760 mm Druck, 1 Ampere-Stunde 626 cm³.

Die obigen Regeln kann man auch auf **Wasservoltameter** anderer **Konstruktion** anwenden. Fängt man nur den Wasserstoff auf, so

p	700	720	740	760
t				
10^0	$+\ 9$	$+38$	$+68$	$+97$
15^0	-13	$+16$	$+24$	$+73$
20^0	-35	$-\ 7$	$+21$	$+49$
25^0	-58	-31	$-\ 4$	$+24$

Interpolation. Der Wert aus der Taf. ist für 1 mm mehr zu vergrößern um 1,4, für 1^0 C. mehr zu verringern um 4,7.

ist es am einfachsten, durch Multiplikation der erhaltenen Zahl von Kubikzentimetern mit 1,5 das äquivalente Knallgasvolumen zu berechnen.

Gewichtsvoltameter. Ist die mittlere Stromstärke während der Beobachtungsdauer t gleich i und wird durch diesen Strom die Masse M zersetzt, ausgeschieden oder aufgelöst, so gilt, wenn α das Äquivalentgewicht ist, nach (80)

$$i = \frac{M}{c \alpha t} \text{ Ampere.}$$

Zur Messung von t braucht man eine zuverlässige Uhr (mit Sekundenzeiger). M werde in mg ausgedrückt. Dann bekommt man folgende Zahlenwerte für $c\alpha$:

Wasser oder verdünnte Schwefelsäure $c \cdot \alpha = 0,0933$,

Kupfer . . . . $0,3294$,

Silber . . . . $1,118$.

Normalelemente.

(166) Normalelemente werden aus chemisch reinen Stoffen nach genauen Vorschriften und mit bestimmtem Lösungsgehalt der Flüssigkeiten zusammengesetzt. Sie dürfen bei den Messungen stets nur mit äußerst schwachen Strömen beansprucht werden.

(167) **Das Normalelement von Clark** besteht aus Quecksilber in Quecksilberoxydulsulfat und amalgamiertem Zink in Zinksulfat. Die Ausführungsform des Elementes, wie es von der Physikalischtechnischen Reichsanstalt beglaubigt wird, ist folgende: Als positive Elektrode dient ein amalgamiertes Platinblech, zu dem ein durch Glasrohr geschützter Platindraht führt. Das Platinblech ist von einer Paste aus Quecksilberoxydulsulfat umgeben und mit dieser in eine

Tonzelle eingeschlossen. Der Zinkstab ist unten umgebogen; den senkrechten Teil schützt ein Glasrohr, das mit Paraffin ausgegossen ist, vor der Berührung mit der Zinksulfatlösung; der wagerechte Teil ist amalgamiert und wird von Zinksulfat-kristallen überdeckt. Das Gefäß wird im übrigen durch konzentrierte Zinksulfat-lösung ausgefüllt. Den Verschluß bilden eine Paraffinschicht, ein Kork und ein Ver-guß, darüber ein Deckel. In das Element wird gewöhnlich noch ein Thermometer eingesetzt. Die benutzten Chemikalien müssen sehr rein sein. Die EMK ist rund $1,433 - 0,0012$ $(t - 15)$ Volt. Das Element soll in den letzten 24 Stunden vor dem Gebrauch keine Temperaturschwankungen von mehr als 5^{0} C. durchgemacht haben. (Vgl.Wied.Ann.Bd.51,S.174,203. Bd.67,S.1.)

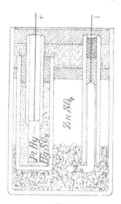

Fig. 64.

(168) **Das Normalelement von Weston** besteht aus Quecksilber oder amalgamiertem Platin in Quecksilberoxydulsulfat und Cad-miumamalgam in Cadmiumsulfat. Es gibt zwei Formen desselben; die der Physik.-techn. Reichsanstalt hat festes Cadmiumsulfat im Überschuß, die zur Zeit im Handel befindliche Form („Weston Element" genannt) enthält bei ca. 4^{0} C. gesättigte Cadmiumsulfatlösung. Das Element hat H-Form; zwei unten geschlossene senkrechte Röhren sind durch ein wagerechtes Rohr verbunden. In die Böden der senkrechten Röhren sind kurze Platindrähte eingeschmolzen, deren innere Enden amalgamiert werden; der eine dieser Drähte ist mit Cadmiumamalgam von ca. $12-13\%$ Cd, der andere mit Quecksilber bedeckt; auf dem ersteren liegt bei der Form der Reichsanstalt eine Schicht Cadmiumsulfatkristalle, auf dem letzteren die Paste aus dem Quecksilbersalz, metallischem Quecksilber, Cadmiumsulfatkristallen und einer Lösung von Cadmiumsulfat; dann wird das Element mit einer konzentrierten Cadmiumsulfatlösung gefüllt und die oberen Enden der Röhren verschlossen. Bei dem „Weston-Element" fehlen die Kristalle von Cadmiumsulfat. Die EMK des letzteren ist 1,0190 Volt ohne merklichen Temperaturkoeffizient, für die Form der Reichsanstalt ist die EMK $1,0186 - 0,00004$ $(t - 20)$ Volt. (Elektr. Ztschr. 1894, S. 507; 1897, S. 647. Wied. Ann. Bd. 65, S. 926; Ann. d. Phys. Bd. 5, S. 1.)

(169) **Andere Normalelemente.** Das Kupferzinkelement wird in mehreren Formen als Normalelement empfohlen; es kommt aber sehr auf die Reinheit und Konzentration der Lösung an. In Fällen, wo es nicht auf große Genauigkeit ankommt, ist der Akkumulator mit Vorteil als Normalelement zu verwenden; seine Entladungsspannung hängt von der Säurekonzentration und der Temperatur ab und ist zu etwa 1,9 V anzusetzen. Der Strom ist hieraus und aus den Widerständen des Stromkreises nach dem Ohmschen Gesetz zu berechnen, während der Widerstand des Akkumulators zu vernachlässigen ist; eine größere Genauigkeit, als etwa 5%, kann man dabei aber nicht verbürgen.

(170) Angaben über Galvanometer, Dynamometer, Kalorimeter und Elektrometer

(mitgeteilt von den Fabrikanten).

Abgekürzte Bezeichnung der Firmen:

AEG: Allgemeine Elektricitäts-Gesellschaft, Berlin.
Edelm.:   Dr. M. Th. Edelmann, München.
Franke: Dr. Rudolf Franke & Co., G. m. b. H., Hannover.
H. & B.:   Hartmann & Braun A.-G., Frankfurt a. M.
K. & S.:   Keiser & Schmidt, Berlin.
P. M.:   Dr. Paul Meyer A.-G., Berlin.
S. & H.:   Siemens & Halske A.-G-, Berlin.
Weston: The European Weston Electrical Instrument Co., Berlin.

I. Spiegelinstrumente.

Als Empfindlichkeit wird der Strom angegeben, der einen Ausschlag = 0,001 des Skalenabstandes hervorbringt (bei 1 m Skalenabstand 1 mm); bei Galvanometern mit Schutzring und äußeren Magneten zur Astasierung wird, wo nicht besonders bemerkt, die Empfindlichkeit angegeben, die ohne diese Hilfsmittel erreicht wird. Als Verbrauch wird die Leistung angegeben, welche bei einem Ausschlag von 0,001 des Skalenabstandes im Instrumente verzehrt wird.

Firma und Nummer	Bezeichnung und kurze Beschreibung des Instrumentes	Wider-stand Ohm	Emp-find-lichkeit in 10^{-8} A	Ver-brauch in 10^{-12} W
S. & H. 1	Spiegelgalvanometer. Glockenmagnet i. Kupfer-dämpfer; Kokonfaden; Planspiegel	2 000	2	0,8
2	Transport. Spiegelgalvanometer n. Thomson. Magnet, zugleich Hohlspiegel, in Kupfer-dämpfer am Kokon aufgehängt; nur eine Drahtrolle. Laterne, Prisma und Skale mit d. Galv. verbunden. Skalenabst. 0,5 m . .	10 000	15	225
3	Aperiod. Spiegelgalvanom. Glockenmagnet in Kupferkugel; Kokon; Planspiegel drehbar	3 000	4	4,8
4	Spiegelgalv. m. Flüssigkeitsdämpf. Magnet in Gefäß mit Petroleum an 2 Kokonfäden auf-gehängt	5 000	1,2	0,7
5	Astat. Spiegelgalv. n. Thomson. Magnetsystem a. mehreren Stäbchen an Aluminiumstange, Luftdämpfung durch Glimmerflügel; Plan-spiegel; Richtmagnet	6 000	0,04	0,001
6	Astat. Spiegelgalv. Zwei Glockenmagnete a. Messingstange in Kupferhülsen; Planspiegel drehbar; Richtmagnete mikrometrisch zu verstellen	6 000	0,06	0,002
7	Astat. Spiegelgalv. Wie voriges; Träger der Rollen Kupferplatte, in deren Bohrungen die Magnete schwingen	16 000	0,06	0,006
8	Astat. Spiegelgalv. m. Flüssigkeitsdämpf. Zwei Reihen Magnetstäbchen a. Glimmerscheiben, an 2 Kokonfäden im Gefäß mit Petroleum aufgehängt (E. Z. 1894, S. 210)	6 000	1,4	1,2

Firma und Nummer	Bezeichnung und kurze Beschreibung des Instrumentes	Widerstand Ohm	Empfindlichkeit in 10^{-8} A	Verbrauch in 10^{-12} W
9	Vierspuliges, astatisches Galvanometer nach du Bois und Rubens mit			
	leichtem System (60 mg)	4×5	0,02	0,0000008
		4×100	0,007	0,0000020
		4×2000	0,002	0,0000032
	schwerem System (300 mg)	4×5	0,15	0,000045
		4×100	0,04	0,000064
		4×2000	0,01	0,000080
10	Zweispuliges Kugelpanzergalvanometer nach du Bois und Rubens mit 3 facher Stahlgußpanzerung mit leichtem System (35 mg)	2×5	0,04	0,0000016
		2×100	0,008	0,0000013
		2×2000	0,002	0,0000016
	schwerem System (200 mg)	2×5	0,4	0,00016
		2×100	0,08	0,00013
		2×2000	0,02	0,00016
11	Spiegelgalvanometer nach Deprez d'Arsonval Drehspule mit regulierbarer Dämpfung, Schwingungsdauer (halbe Periode) 5 sec.			
	a) Spulenwiderstand	400	} 0,08	0,00026
	mit Vorschaltwiderstand	10 000		0,0064
	b) Spulenwiderstand	150		0,0009
	mit Vorschaltwiderstand	{ 500	} 0,25	0,0031
		1000		0,0062
	c) Spulenwiderstand	30	} 0,8 *)	0,0019
	mit Vorschaltwiderstand	200		0,013
	d) sämtliche Spulensysteme eventl. auswechselbar in einem Unterteile,			
	e) sämtliche Spulensysteme eventl. mit einer Schwingungsdauer bis 30 sec (halbe Periode) für ballistische Messungen,			
	f) sämtliche Systeme eventl. mit großem Fenster und Spiegel von 20 mm d für Demonstrationszwecke.			
H. & B. 12	Spiegelgalvanometer mit Drehspule, zwei Wicklungen, eine für die Messung, die andere zur Dämpfung dienend. Dämpfung durch Änderung des an letztere gelegten äußeren Widerstandes regulierbar. Mit zwei gleichen Wicklungen auch als Differentialgalvanometer.			
	a) Spulenwiderstand ca. 50 Ohm	ca. 50	0,3	0,00045
	b) ballistisch mit regulierbarer Schwingungsdauer	ca. 700	0,12	0,001
	c) mit Aufhängung für größte Empfindlichkeit	ca. 700	0,05	0,00018
	d) Mit Lichtzeiger (Lampe und Skala für objektive Ablesung) kleiner Schwingungsdauer (2—3 sec)	ca. 350	1,5	0,08
13	Ballistisches Galvanometer. Zwei Röhrenmagnete in Aluminiumgehänge; bifilarer Multiplikator, auswechselbar; regulierbare Kupferdämpfung; Planspiegel drehbar . .	50	2 **)	0,02

*) Empfindlichkeit bei 2 sec Schwingungsdauer 2,5.
**) Bei 15 sec Schwingungsdauer.

Firma und Nummer	Bezeichnung und kurze Beschreibung des Instrumentes	Widerstand in Ohm	Empfindlichkeit in 10^{-8} A	Verbrauch in 10^{-12} W
14	Gr. aperiod. Spiegelgalv. Glockenmagnet i. Kupferdämpfer; Rollen in Wiedemannscher Art verschiebbar; geteilter eiserner Schutzring: Planspiegel drehbar	400	8 *)	2,5
15	Einf. aperiod. Spiegelgalv. D. vorigen ähnlich	500	8 *)	2,5
16	Transport. Fernrohr - Galvanom. Glockenmagnet am Kokon; Planspiegel drehbar;	100	22	4,8
	am Fuß drehbarer Arm mit Fernrohr und Skale, Skalenabstand 0,25 m	1 000	7	4,9
17	Transport. aperiod. Fernrohr - Galvanom. mit Drehspule im Magnetfeld	50—200	0,4	0,0028
18	Einfaches Spiegelgalv. nach Kohlrausch. Ovaler Multiplikator; Kupferdämpfer; Magnetspiegel am Kokon; Tisch mit Magnet zum Astasieren; eiserner Schutzring	50	33 *)	5,4
19	Astat. aperiod. Spiegelgalv. Magnetsystem aus zwei senkrechten Magnetstäbchen: Planspiegel drehbar; Kupferdämpfung regulierbar. Auch mit Fernrohr und Skale an drehbarem Arm, Skalenabstand 0,5 m	4 000	0,07 **)	0,002
Edelm. 20	Aperiod. Spiegelgalv. Drehspule im Magnetfeld; großes Modell	500	0,04	0,002
	kleines Modell	100	0,4	0,0036
	No. 19 auch an Wandbrett sowie mit Fernrohr an drehbarem Arm.			
	No. 18 u. 19 auch als Schwingungsgalvanom.			
21	Saitengalvanometer von Einthoven (134) . .	—	0,0001	—
22	Astat. Spiegelgalv. Wiedemannsche Form; astat. Paar aus 2 Glockenmagneten, 4 an Maßstäben verschiebb. Spulen, Richtmagnet	20 000	0,02	0,0008
	dasselbe astasiert		0,002	0,000008
23	Spiegelgalv. Wiedemannsche Form, einfache Nadel, 2 Drahtrollen.	500	1	0,05
24	„ dasselbe, kleines Modell . . .	700	1	0,07
25	„ ähnliche Konstruktion, nach Uppenborn	400	1	0,04
26	„ Wiedemannsche Form, ursprüngliches Model . . .	500	1	0,05
27	Astat. Spiegelgalv. wie No. 26, mit astat. Nadel	500	0,1	0,0005
28	Spiegelgalv. für absolute Messungen. Lamontsche Form, 2 Stromreifen 30 cm Durchm., Spulen längs Maßstäben zu verschieben, für 0,0001 bis 0,5 A.			
29	Aper. Fernrohrgalv. Galv. u. Fernrohr fest verbunden, Drahtrolle verschiebbar . . .	500	10	5
30	Astat. Spiegelgalv. Rosenthalsche Form; Pole der ᴗ-förmig gebogenen Magnetnadel in d. Spule eingezogen	4 000	0,002	0,0000016
31	„ „ dasselbe mit Fernrohr und Okularmikrometer . . .	50	0,1	0,00005
32	Kleines Spiegelgalv. Thomsonsche Form, Spiegel an kurzen Fäden in Röhre . . .	150	0,1	0,00015
Franke 33	Spiegelgalvanometer, Drehspule im Magnetfeld, transportabel I 10 sec	30	2	0,012
	II 10 sec	150	0,4	0,024
	III 15 sec m. Vorschaltwiderstand	600 / 10 000	0,08	0,0004 / 0,0064

*) Ohne Schutzring. | **) Bei 6 sec Schwingungsdauer.

Firma und Nummer	Bezeichnung und kurze Beschreibung des Instrumentes	Widerstand Ohm	Empfindlichkeit in 10^{-8} A	Verbrauch in 10^{-12} W
34	Fernrohrgalvanometer, wie vorstehend, mit abnehmbarem Fernrohr, Skale 25 cm lang, Schwingungsdauer	150	1	0,015
K. & S. 35	Astat. Thomsonsches Spiegelgalv. von du Bois und Rubens. 3 verschieden schwere Magnetsysteme (I, II, III) aus kleinen Stäbchen an Quarzfäden, leicht auswechselbar; Rollen verschieb- und auswechselbar; Kupferdämpfung regulierbar; Richtmagnete mikrometr. einstellbar; die Angaben über Empfindlichkeit und Verbrauch gelten für äußere Astasierung auf 10 sec Schwingungsdauer	I 8000 II 5 III 5 III 500	0,03 0,4 0,12 0,02	0,0007 0,00008 0,000007 0,00002
36	Spiegelgalvanometer. Drehspule auf Aluminiumrahmen in Magnetfeld a) großes Modell: Magnetsystem aus drei Magneten . . . . b) kleines Modell: Magnetsystem aus einem Magnet . . . . Beide Formen auch für ballist. Messungen	550 300	0,05 0,4	0,00014 0,0048
S. & H. 37	Spiegelelektrodynamometer mit zwei festen und einer kugelförmigen, beweglichen an Metallband hängenden Spule mit Luftdämpfung und vollständig aus Isoliermaterial aufgebaut	420	28	33
H. & B. 38	Elektrodynamometer. Zylindrische Rolle mit Eisendrahtkern an feinem Metalldraht zwischen 2 festen Rollen aufgehängt; zweite Zuführung durch Silberspirale oder Flüssigkeitselektrode, zugleich Dämpfung . . . (Ausschlag α in 0,001 Skalenabstand)	150	0,000045 $\sqrt{\alpha}$	74
39	Elektrodynamometer, astatisch, mit flachem vertikalem Spulenpaar und ähnlichen festen Spulen, die abstoßend wirken und dem beweglichen System in der Ruhelage sehr nahe gegenüberstehen. Ausschlag nahe proportional d. Stromstärke. Luftdämpfung, Torsionsfeder	1000	$1 \cdot 10^{-5}$	
Edelm. 40	Elektrodynamometer nach Weber; feste Rollen verschiebbar	250	10	2,5
41	Elektrokalorimeter nach Friese, (155) . .	100	100	100
H.*) 42	Aperiod. Quadrantenelektrometer, magnet- und nachwirkungsfrei. Nadel an 0,03 mm stark. Pt-Draht aufgehängt. In Quadrantenschaltung mit 300 V Hilfsspannung für 1 V 400 mm einseit. Ausschl. bei 2 m Skalenabstand, Schwingungsdauer 16 sec; bei Doppelschalt. 10 V 100 mm einseitig.			
D.**) 43	Quadrantenelektrometer m. leitend gemachtem Quarzfaden. Empfindlichkeit bei 110 V Nadelladung u. 2 m Skalenabstand: 1 mm zweiseit. Ausschl. $= 7 \cdot 10^{-3}$, $4 \cdot 10^{-4}$, $6 \cdot 10^{-6}$ V bei Quarzfäden von bez. 0,02 0,009, 0,004 mm Dicke; Schwingungsdauer bez. 3,5, 18, 60 sec. — Kapazität $\sim 10^{-11}$ F.			
S. & H. 44	Elektrometer nach Beggerow, aperiod. Einstellung, geringste Kapazität etwa 10^{-13} F. Einstellbare Meßbereiche 0—2 bis 0—100 V. Empfindlichkeit $1/2 \%$ der höchsten Meßbereichspannung.			

*) Hallwachssches Elektrometer, hergestellt von H. Stieberitz, Dresden.
**) Dolezaleksches Elektrometer, hergestellt von Bartels, Göttingen.

II. Apparate mit Gradteilung und Zeigerablesung.

Firma und Nummer	Bezeichnung und kurze Beschreibung des Instruments	Meß-bereich A	Wider-stand Ohm	Em-pfind-lichkeit für 1° in 10⁻⁶ A
S. & H.	Galvanometer. Nadel auf Spitze; Glasglocke;			
45	auch als Differentialgalvanometer		560	4
46	Differentialgalvanometer		310	10
47	Sinusbuss. Auch als Differentialgalvanom.		420	10
48	Sinus-Tangentenbussole. Sowohl als Sinus-, wie als Tangentenbussole zu gebrauchen, Durchmesser des Stromreifens ca. 13 cm; in der ersten Verwendung . . . . . . ;		86	50
49	Astat. Galv. In Glas- oder Metallgehäuse; Kokon; auch als Differentialgalvanometer		9600	0,015
50	Taschengalv., Drehspule im Magnetfeld, Ausschlag beiderseits 30 Teilstr.	bis 0,00045	200	15
51	Differentialgalv., Drehspule im Magnetfeld 2 × 30 Teilstr.	$15 \cdot 10^{-3}$ V	2 × 8	
52	Zeigergalvanometer, Drehspule an Bandaufhängung im Magnetfeld 2 × 75 Teilstr. . .		{ 75	0,3
53	Zeigergalvanometer für pyrometrische Messungen mit Temperaturskala zwischen — 190 und + 1600° C. (Aichung durch d. Phys. Techn. Reichsanstalt)		{ 300	0,1
54	Taschen-Strom- und Spannungszeiger, Drehspule im Magnetfeld; 0,05—0,5—10—20 — 50 A; 3—30—15 V; kombiniert für bis 10 A und 150 V.			
55	Torsionsdynamometer. Feste Spule (2) und drehbare Drahtschleife, Torsionsfeder (151)	3—100		
56	Astat. Torsionsdynamometer für Spannungsmessung, 2 feste, 2 drehb. Spulen, Torsionsfeder (151); a. b. c.	15—90 V / 30—180 V / 120—720 V	485 *) / 2000 *) / 30000*)	
	auch mit Vorschaltwiderstand (je 15000 Ohm für 360 V) bis etwa	3000 V		
57	Torsionsdynamometer, ähnlich Nr. 55, als Leistungsmesser, bewegl. Spule als Spannungsspule (je 1600 Ohm Vorschaltung für 50 V)	5—120 V / 50—2000 V		
H. & B. 58	Aperiod. Zeigergalvanometer, Glockenmagnet a. Kokon, Kupferdämpfer, bifilare Multiplikatoren. Auch als Differentialgalvanometer benutzbar		{ 50 / 1000	20 / 5
59	Taschengalvanometer mit Drehspule . . .		150	5,5
60	Aperiod. Drehspulengalv. Axe mit Stahl-		350	3
61	spitzen in Steinen; Spule am Metallband } Tangentenbussole. Nadel auf Spitze, Kupferdämpfung, Stromreifen 40 cm Durchmesser (auch für Spiegelablesung)		700	0,1
Edelm. 62 a	Tangentenbussole. Glockenmagnet in Kupferdämpfer am Kokon, s. (130)	0,001—20		
62 b	Tangentenbussole, einfache Form, metallfrei	0,001—0,01		
62 c	Tangentenbussole. Kupferreif für 1000 A, Rollen aus wenigen und aus vielen Windungen; drehbar um wagerechte Axe s. (130)	0,001 bis 1000		
63	Sinus-Tangentenbussole. Glockenmagnet am Kokon; Drahtspule um wagerechte Axe drehbar; s. (130)	0,001—10		

*) Für die Messung bis zur obersten Grenze.

Firma und Nummer	Bezeichnung und kurze Beschreibung des Instrumentes	Meßbereich A	Widerstand Ohm	Empfindlichkeit für 1° in 10^{-6} A
64	Astat. Galvanometer. Astat. Nadelpaar am Kokon			
65	Taschengalvanometer. Ähnl. d. vor., kleiner		500	10
66	Taschengalvanoskop. Nach Rosenthal, s. Nr. 30		500	100
67	Torsionsdynamometer. Ähnlich No. 55, Strom- und Leistungsmesser.		200	1
Franke 68	Zeigergalvanometer, Drehspule im magnet. Felde, Spitzenlagerung		150	3
69	Zeigergalvanometer, wie vor, einf. Ausführ.		50	40
70	Zeigergalvanom., Drehspule im Magnetfelde, Fadenaufhängung		160	0,1
K. & S. 71	Drehspulengalvanometer mit Zeigerablesung. Bewegliche Spule auf Aluminiumrahmen gewickelt und an Faden aufgehängt.		10 70	1 0,33

III. Apparate für Laboratorien zur Ablesung des Stromes in A, der Spannung in V, der Leistung in W.

Die Apparate werden mit Vorschalte- und Nebenschlußwiderständen gebraucht.

Firma und Nummer	Bezeichnung und kurze Beschreibung des Instrumentes	Widerstand der Spulen	Empfindlichkeit 1 Teilstrich =	Widerstand der Spannungsmesser für 1 V max.
S. & H. 72 73	Torsionsgalvanometer, Glockenmagn. am Kokon; Torsionsfeder; Luftdämpfung a. b. Präzisions-Strom- und Spannungsmesser. Drehspule im Magnetfeld, aperiodisch. 150 Tstr. — a. u. b. mit denselben Nebenschlüssen und Vorschaltungen wie 72 a. a. u. b. bis 3000 A. u. 1500 V. b. c. mit Stöpseln für 6 Meßbereiche. c. d. nur für Spannungen. d.**) e. für sehr geringe Spannungen und Strommessung wie bei a; Temperatureinflüsse kompensiert. e.	1 100 1 100	0,001 A 0,0001 A 1 bis 0,15; 1,5; 15 A. „ 3; 15; 150 V. bis 750 V bei 150 000 Ohm 2 Ohm bis 0,05 V. mit Nebenschl. bis 3000 A.	*)
74	Präzisions-Strom- und Spannungsmesser für Gleich-, Wechsel- und Drehstrom a) Strommesser, Meßbereiche von max. 0,03 bis max. 200 A direkt und höher mit Stromtransformator bis 1000 A. b) Spannungsmesser. Meßbereiche von max. 15 bis 750 V mit eingebauten Vorschaltwiderständen und höher mit getrennten Vorschaltwiderständen. Für Drehstrom mit Vorschaltwiderständen in Sternschaltung.			
75	Präzisions - Leistungsmesser für Gleich- und Wechselstrom. Gleichmäßige Skale; 150 Tstr.; bis 400 A Spannung beliebig.	1000	max. 2,5 W	
76	Tragb. elektromagnetische aperiod. Strom- u. Spannungsmesser einzeln sowie kombiniert bis max. 600 V, 200 A.			
77	Desgl. für Gleich-, Wechsel- und Drehstrom mit Stromtransformator bis max. 6000 A mit Spannungstransformator bis max. 12000 V.			
78	Tragbare Ferraris - Strom-, Spannungs- und Leistungszeiger bis max. 100 u. 550 V.			

*) Mit besond. Nebenschluß u. besond. Vorschaltwiderstand bis 3000 A. u. 1500 V.
**) In einem oder mehreren Meßbereichen.

Firma und Nummer	Bezeichnung und kurze Beschreibung des Instruments	Widerstand der Spulen	Empfindlichkeit 1 Teilstrich =	Widerstand der Spannungsmesser für 1 V max.
79	Präzisions-Spannungsmesser, Drehspule im Magnetfeld, für 0,015 und 0,045 V	300	0,0001 u. 0,0003 V	
80	Brückengalvanoskop, Drehspule im Magnetfeld	65	15·10⁻⁶A	
81	Elektrostat. Spannungsmesser; auf Schneiden gelagerte Nadel gegen zwei Quadranten. — a.	1000 bis 5000 V		
	Für Spannungen über 1000 V mit Vorschaltung von Kondensatoren. b.	2000 bis 10000 V		
H. & B. 82	Nur für Gleichstrom: aperiod. Normal-Millivolt-, Volt-, Ampere- und Ohmmeter: Drehspule im Magnetfelde. Angaben von Temperatureinflüssen unabhängig. Proportionale Teilung meist in 100—120—150 Intervalle. Skalensehne 130 mm.			
	I. Millivoltmeter in Verbindung mit Vorschaltwiderständen und Nebenschlüssen für beliebig hohe Messbereiche	1 5 10 100 150	0,0002 V 0,001 „ 0,002 „ 0,01 „ 0,01 „	
	a) Millivoltmeter mit Umschalter für indirekte Leistungs- und Widerstandsmessungen. II. Präzisions-Spannungsmesser mit 1 und mehreren Empfindlichkeiten; Vorschaltwiderstand im Instrument bis 1000 V . III. Präzisions-Strommesser mit ein- und mehreren Empfindlichkeiten; Nebenschlüsse im Instrument bis 200 A in getrennten Transportkasten beliebig hoch. IV. Präzisions-Widerstands- und Isolationsmesser mit regulierbarem magnetischem Nebenschluß zur Anpassung an die Meßspannung. V. Kombinierte Präzisionsinstrumente: Je zwei der unter I—III aufgeführten Instrumente in gemeinsamem Gehäuse; auch mit angebauter Wheatstone-Meßbrücke für Widerstände von ca 0,02—20000 Ohm VI. Aperiod. Milli-Voltmeter bis 0,015 V auch mit Teilung nach Celsiusgraden für Pyrometer; bis 1000° C. auch als Registrier-Instrument gebaut	500	0,0001 V	400
83	Für Gleich- und Wechselstrom: Aperiod. Hitzdraht-Strom- u. Spannungsmesser mit magnetischer Dämpfung. Die Durchbiegung eines vom Strome erwärmten Drahtes wird auf ein Zeigersystem übertragen. Unabhängig von Stromkurve und Polwechselzahl. Skalenverlauf fast proportional. I. Strommesser mit ein und mehreren Empfindlichkeiten. Nebenschlüsse im Instrument bis 200 A; mit getrennten Nebenschlüssen beliebig hoch		0,001 A	
	II. Spannungsmesser mit ein und mehreren Empfindlichkeiten. Vorschaltwiderstände im Instrument bis 206 V; mit getrennten Vorschaltwiderständen beliebig hoch .			10
	III. Kombinierte Instrumente: Je ein Strom- und Spannungsmesser in gemeinsamem Gehäuse.			

Firma und Nummer	Bezeichnung und kurze Beschreibung des Instrumentes	Widerstand der Spulen	Empfindlichkeit 1 Teilstrich =	Widerstand der Spannungsmesser für 1 V max.
84	Präzisions - Elektrodynamometer für Strom- u. Spannungsmessungen mit Luftdämpfung. Bewegliche Spule beeinflußt vom Felde fester Spulen; auch für mehrere Empfindlichkeiten. Vorschaltwiderstand im Instrument bis 500 V, mit getrennten Vorschaltwiderständen beliebig hoch	3—500	0,0002 A	35
85	Präzisions-Leistungsmesser m. Luftdämpfung. Skale mit gleichmäßiger Teilung in Leistungseinheiten. Bewegliche Spannungsspule beeinflußt durch das Feld einer fest angeordneten Hauptstromspule für max. 400 A; mit Umschaltung für mehrere Empfindlichkeiten bis 200 A. Für höhere Stromstärken mit Transformatoren . . .			33,3
86	Leistungsmesser, astatisches System aus ovalem ⌐L - förmig gebogenen Flachspulen im Feld einer rahmenförmigen festen Spule. Torsionsfeder, Luftdämpfung, gleichförmige Skale. Widerstand des Nebenschlußkreises 1000 Ohm für je 15 V. Elektrodynamometer, Strom- u. Spannungsmesser. Abstoßung zwischen festen und drehbaren, vertikalen, flachen Spulensystemen, Luftdämpfung, Torsionsfeder, fast gleichförmige Skale. Auch als Milliamperemeter . . .			1000 (f. 50 V)
87	Elektrodynam. Phasenmesser. Zwei gekreuzte Systeme von Spannungsspulen, deren eines in Phase mit der Spannung, das andere absichtlich verschoben ist, sind parallelgeschaltet und schwingen in nahe homogenem festen Feld der Stromspule. Keine mechanische Richtkraft. Direkte Anzeige des Verschiebungswinkels in weiten Grenzen unabhängig von Strom und Spannung.			
Edelm. 88	Torsionsgalv. Ähnlich Nr. 72	wie	Nr. 72	
89	Einheitsgalv. Ähnlich Nr. 64, kleiner, Teilung f. bestimmte Horizontalintensit. für 0,00001 bis 0,5 A	200		
90	Taschengalvan. Glockenmagn. an Spitzen, Eichung wie bei Nr. 89, f. 0,00001 bis 0,03 A	50		
K. & S. 91	Millivoltmeter für pyrometrische Zwecke (Holborn u. Wien). Drehspule im Magnetfeld, Skale nach Millivolt u. Celsiusgraden f. Thermo-E.M.K. von Pt/Pt Rh bei 1600° C.			
	a) Drehspule auf 1 Spitze gelagert . . .	130	$2 \cdot 12^{-4}$ V	8125
	b) Drehspule an Faden aufgehängt . . .	350	10^{-4} V	22000
92	Millivoltmeter, aperiodisch. Drehspule im Magnetfeld bei 50 Millivolt	140	$5 \cdot 10^{-4}$ V	2800
	Dasselbe Instrument kann für pyrometrische Messungen verwandt werden, Skale in Celsiusgraden für Thermo-E.M.K. von Fe/Constantan bis 600° C.	68		
93	Präzisions-Strom- u. Spannungsmesser. Drehspule im Magnetfeld, aperiodisch . . . . Die Instrumente werden f. 20 Milliamp., 200 Milliamp. bis 50 Amp. gebaut und als Voltmeter von 200 Millivolt bis 50 V.			80

Firma und Nummer	Bezeichnung und kurze Beschreibung des Instrumentes	Widerstand der Spulen	Empfindlichkeit 1 Teilstrich =	Widerstand der Spannungsmesser für 1 V max.
A. E. G. 94	Präzisions-Instrumente I. Ordnung für Gleichstrom (Normalinstrumente). Drehspule im Magnetfeld, aperiodisch 150 Teilstriche, tragbar . . . . a) Millivolt- und Milliamperemeter bis 150 b) Voltmeter mit 4 Meßbereichen (Stöpsel) bis 3, 150, 300, 600 V. c) Amperemeter mit 5 Meßbereichen (Stöpsel) bis 0,15, 1,5, 3,0, 7,5, 15,0 A.	1	$\begin{cases}10^{-3}\,\text{A}\\10^{-3}\,\text{V}\end{cases}$	7
95	Präzisions-Instrumente II. Ordnung für Gleichstrom. Drehspule im Magnetfeld, aperiod. Tragbar. a) Millivoltmeter bis 750 Millivolt. b) Voltmeter bis 1000 V. c) Amperemeter bis 150 A, mit besonderen Meßwiderständen bis 10 000 A.			
96	Präzisions-Instrumente für Wechselstrom u. Gleichstrom. Dynamometrische Zeigerinstrumente mit magnetischer Dämpfung, tragbar. a) Voltmeter mit 2 Meßbereichen bis 300 V. Für höhere Spannungen mit Vorschaltwiderstand b) Amperemeter mit 2 Meßbereichen bis 400 A. c) Wattmeter mit 2 Strom- u. 2 Spannungsmeßbereichen bis 550 V und 400 A.			
Franke 97	Präzisions-Normal-Millivoltmeter. Drehspule im Magnetfeld; 150 Teilstr.; vollst. Temperaturkorrektion; mit besonderem Abzweigwiderstand als Strommesser verwendbar. . . .	mit Korrektionswiderst. 5 Ohm	10^{-3} V	
98	Präzisions-Normal-Voltmeter. Drehspule im Magnetfeld; 150 Teilstr.; mit Vorschaltwiderstand bis 1500 V	10		100—300
99	Präzisions-Kontroll-Voltmeter. Drehspule im Magnetfeld. Kugelpole, 150 Teilstr. bis 1500 V	10		80—250
100	Präzisions-Kontroll-Millivoltmeter. Drehspule im Magnetfeld, Kugelpole, 150 Teilstr. . .	2	0,0003	
Weston 101	Tragbarer elektromagn. Strom- u. Spannungsmesser für Gleichstrom. Drehspule im Magnetfeld; Torsionsfeder; aperiod., bis 150 A, 6000 V; auch nach Milliampere u. Millivolt; meist 150 gleiche Teile; Skalenlänge 84° .	65	$6 \cdot 10^{-5}$ A	110
102	Dasselbe für Isolationsmessung	250	$5 \cdot 10^{-6}$ A	2000
103	Dasselbe für kleine Spannungen 0,06 V 2 Ohm, 150 Teilstriche, Temperaturfehlerfrei . . .	0,6	$20 \cdot 10^{-5}$ A	40
104	Dasselbe bis 0,03 V	1		
105	Desselbe mit Nebenschluß (im Instrument enthalten) f. Ströme bis 25 A, bewegl. Spule Kupfer	0,6		
106	Dasselbe mit bes. Nebenschlüssen bis 3000 A			
107	Tragbarer Spannungsmesser für Wechsel- u. Gleichstrom. Feste und drehbare Spule; Torsionsfeder; Luftdämpfung; ungleichmäßige Skale; bis 20 V, bewegl. Spule Aluminiumdraht 45 Ohm, feste Spule Kupfer 30 Ohm; 0,041 Henry			16,5
108	Über 20 V: bewegl. Spule Al 45 Ohm, feste Spule Cu 96 Ohm; 0,033 Henry			20

Firma und Nummer	Bezeichnung und kurze Beschreibung des Instrumentes	Widerstand der Spulen	Empfindlichkeit 1 Teilstrich =	Widerstand der Spannungsmesser für 1 V max.
109	Elektrodynamom. Leistungsmesser. Wie vor., bewegl. Sp. Al. 45 Ohm, feste Spulen für			

109 (continued):

2	5	10	25	50	100	200	300 A
0,28	0,07	0,004	0,001	0,0006	0,0003	0,0001	0,00005 Ohm

für Spannungen bis 300 V im Instrument. Vorschaltwiderstände bis 30 000 V. Bewegl. Spule 0,0034 Henry.

110 | Wattmeter mit Umschalter für drei verschiedene Stromstärken in demselben Instrument, die im Verhältnis von 1 zu 2 zu 4 stehen; kleinste Stromstärke 1 A, größte 120 A.
Umwandler für beliebige Stromstärken und beliebige Spannungen zu den Wattmetern für maximal 1 oder 10 A.

IV. Apparate zum Gebrauche in elektrischen Anlagen.

Firma und Nummer	Bezeichnung und kurze Beschreibung des Instrumentes	gebaut bis A	V	Widerstand f. 1 Volt max. in Ohm
S. & H.				
111	Elektromagn. Strom- u. Spannungsmesser. Spule und Eisenkern (145), auch mit Luftdämpfung, aperiodisch	3000	800	
112	Präzisions - Strom - u. Spannungsmesser. Drehspule im Magnetfeld.	5000	1000	
113	Elektromagn. Strom- und Spannungsmesser für Gleich- und Wechselstrom. Spule und Eisenkern; Wage mit Gegengewicht (145) . . .	4000	1500 *)	
114	Strom- und Spannungsmesser. Drehspule im Magnetfeld	4000	1000	
A. E. G.				
115	Elektromagn. Strom- u. Spannungsmesser. Spule und Eisenkern; Wage mit Gegengewicht; für Gleich- und Wechselstrom (145) . .	800	1000	
116	Präzision-Strom- u. Spannungsmesser für Gleichstrom. Drehspule im Magnetfeld.	10000	600	
117	Präzisions-Dynamometer mit magnet. Dämpfung. Feste u. bewegliche Spule, Strom-, Spannungs- und Leistungsmesser**)	400	550	
	Nr. 116 und 117 als Spannungsmesser auch mit unterdrücktem Anfang der Skale.			
118	Induktions-Strom-, Spannungs- und Leistungsmesser. Wechselstrom-Elektromagnet, drehbare Scheibe u. fester Metallschirm (elektrodynamische Schirmwirkung)**)	700	550	
119	Elektrostatische Spannungsmesser für Wechsel- und Gleichstrom. Elektrostatische Anziehung zwischen festen Metallelektroden und einem drehbaren Aluminiumflügel. Mit Dämpfung .		10000	
	Desgl. mit Kondensator für 2 Meßbereiche . . .		40000	
120	Phasenmeter (zur Angabe des wattlosen Stromes in Ampere)**)	500	550	

*) Über 1500 V mit Meßtransformator.
**) Für höhere Stromstärken und Spannungen mit Strom- bez. Spannungswandler.

Firma und Nummer	Bezeichnung und kurze Beschreibung des Instrumentes.	Gebaut bis		Wider- stand f. 1 Volt max. in Ohm
		A	V	
H. & B. 121	Aperiod. Präzisions-Strom-Spannungs- und Iso- lationsmesser; nur für Gleichstrom. Drehspule im Magnetfelde. Konstruktion wie unter Nr. 82 Schalttafelinstrumente mit Durchmesser von 100—530 mm	15000	20000	50—100
122	Aperiod. Hitzdraht-Strom- und Spannungsmesser mit magnetischer Dämpfung. Konstruktion wie unter Nr. 83 für Gleich- und Wechselstrom; a. mit Transformatoren, Schalttafelinstrumente mit Durchmesser von 200—530 mm	15000	20000	10
123	Aperiod. elektrodynamometrische Strom- u. Span- nungsmesser mit Luftdämpfung. Konstruktion wie unter Nr. 84. Für Gleich- und Wechsel- strom auch in Verbindung mit Transformatoren. Schalttafelinstrumente mit Durchmesser von 200—370 mm	10000	20000	25
124	Elektromagnetische Strom-Spannungs- und Iso- lationsmesser mit Luftdämpfung. Für Gleich- und Wechselstrom. Konzentrische Zylinder- mantelsegmente aus Weicheisen, davon eines an Achse beweglich, werden vom stromdurch- flossenen Solenoid gleichnamig polarisiert, auch in Verbindung mit Transformatoren. Schalttafel- instrumente mit Durchmesser von 130—370 mm	1000	10000	80
125	Aperiod. elektrostatische Spannungsmesser mit magnetischer Dämpfung. Die Bewegung einer leichten zwischen zwei Platten aufgehängten Scheibe, von denen die eine anziehend, die andere abstoßend auf die bewegliche wirkt, wird auf ein Zeigersystem übertragen. Auch in Verbin- dung mit Kondensatoren		50000	
126	Multizellular-Elektrometer nach Lord Kelvin; an Draht aufgehängtes Flügelsystem in fest stehen- den Metallkammern		1000	
127	Aperiod. elektrodynamometrische Leistungsmesser mit Luftdämpfung. Konstruktion wie unter Nr. 85. Für Gleich- und Wechselstrom. In Verbindung mit Transformatoren. Gleichmäßige Teilung der Skale in Leistungseinheiten. Schalt- tafelinstrumente mit Durchmesser von 225 bis 370 mm	400	500	20
128	Spezial-Instrumente für Strom-, Spannungs- und Leistungsmessungen, speziell für Bord- und Elektromobil-Zwecke; in Gußgehäusen, staub- und wasserdicht abgeschlossen.			
129	Profil-Instrumente, auch Doppel-Instrumente in 2 Größen; in horizontaler und vertikaler Ebene aus der Schalttafel herausschwingbar.			
130	Instrumente für in die Schalttafelebene versenkten Einbau in 3 Größen.			
131	Instrumente auf Sockel f. Säulenanpassung, an Wandarm fest oder drehbar angeordnet; auch als doppelseitige Instrumente und mit von innen durch Glühlampen durchleuchteten Skalen.			
132	Hochspannungs - Instrumente vollkommen in Isoliergehäuse eingebaut.			
133	Taschenuhrförmige Instrumente als Strom-, Span- nungs- und Isolations-Messer auf dem Drehspul- Prinzip f. Gleichstrom; auf elektromagnetischem Prinzip für Gleich- und Wechselstrom. Auch kombinierte Instrumente.	20	150	50

Firma und Nummer	Bezeichnung und kurze Beschreibung des Instrumentes	gebaut bis		Widerstand f. 1 Volt max. in Ohm
		A	V	
134	Tragbare Instrumente für Montagezwecke als Strom-, Spannungs-, Isolations-, Bogenlampen-, Glühlampen-Prüfer; auf dem Drehspul-, Hitzdraht-, elektromagnetischen und elektrodynamometrischen Prinzip. Auch als kombinierte Instrumente			
135	Anleger (Transformator) nach Dietze in Verbindung mit Hitzdraht-Instrumenten zur Strommessung bis 200 A und mit Telephon zu Isolationsmessungen (0,04 A nachweisbar) an Wechselstromnetzen ohne Unterbrechung der Leitung. Geteilter lamellierter Eisenkern mit auf die Kernhälften aufgeschobene Induktionsspulen lässt sich zangenartig um die Leitung herumlegen. In zwei Größen; auch für Hochspannungsanlagen.			
Franke 136	Präzisions-Schalttafel-Instrumente f. Gleichstrom. Drehspule im Magnetfeld, Kugelpole	10 000	1500	60
P. M. 137	Aperiod. Strom- u. Spannungsmesser. Drehspule im Magnetfeld; f. Akkumulatorenprüfung auch mit Teilung in Milliampere und Millivolt. . .	6000	700	80—100
138	Aperiod. Präzisions-Strom- und Spannungsmesser. Drehspule im Magnetfeld	6000	700	60—100
139	Kombinierte Präzisions-Volt- und Amperemesser mit 6 Meßbereichen, bis 3 V, 1,5 A bis 15 V, 3 A bis 150 V, 15 A.			
140	Kleiner aperiod. Strom- und Spannungsmesser für Akkumulatoren	5	120	50
141	Elektromagnetische Strom- u. Spannungsmesser. Ein in der Spule feststehendes Eisenstück stößt ein an der Zeigerachse befestigtes Eisenblech ab	600	700	
142	Kl. aperiod. Instrument für Strom- und Spannungsmessung an Elementen und Akkumulatoren	25	120	60—100
Weston 143	Elektromagn. Strom- und Spannungsmesser für Gleichstrom. Wie Nr. 101; mit transparenter Skale (400 mm) und Glühlampe für Zentralen .	10 000	1000	100
144	Wie vor. mit unterdrücktem Anfange der Skale		750	90—100
145	Spannungsmesser in Dosenform, Skale 230 mm .		750	80
146	Dasselbe, 170 mm		250	60
147	Profil-Instrumente. Zeiger schwingt in einer senkrechten Ebene, die rechtwinklig zum Schaltbrett steht. 150 mm Breite, Skale 430 und 350 mm lang	wie Nr. 143.		
148	Dieselben Instrumente zur Strommessung, Spannungsverbrauch maximal 0,05 V	10 000		
149	Voltmeter für Wechselstrom.			
150	Elektrodynamometer, Luftdämpfung. Konstanten wie Nr. 107. In Eisengehäuse. Zeiger schwingt in horizontaler Ebene.			
151	Wattmeter für Wechselstrom, wie Nr. 109. In Eisengehäusen. Zeiger schwingt in horizontaler Ebene.			
	Beliebige Meßbereiche durch Umwandler.			

Eichung.

Zurückführung auf absolutes Maß, d. h. auf Ampere.

(171) Bei einer richtig gebauten Tangentenbussole genügt die Ausmessung des Stromreifens und die Kenntnis der horizontalen Stärke des Erdmagnetismus, um aus den beobachteten Ausschlägen die Stromstärke in Ampere berechnen zu können.

Bei der Sinusbussole (Universalgalvanometer u. ähnl. als Sinusbussole), dem Torsionsgalvanometer, dem Drehspulen-galvanometer und dem Spiegelgalvanometer, ebenso bei dem Elektrodynamometer ohne Eisen und bei dem Elektrokalori-meter, bedarf man eines besonderen Versuches unter Benutzung eines Voltameters oder eines Normalelementes, um den Faktor fest-zustellen, mit dem die berechnete Funktion des Winkels (Sinus oder Tangente) oder der Winkel selbst zu multiplizieren ist, um die Strom-stärke in Ampere anzugeben (Eichung). Statt einer Eichung kann man auch eine Vergleichung mit einem geeichten Instrument vornehmen.

Bei allen Galvanometern, bei welchen mit Ausschlägen gemessen werden soll, die nicht in bekannter Weise von der Stromstärke abhängen, ist die Form dieser Abhängigkeit durch eine besondere Untersuchung festzustellen (Graduierung). Um die Messungen auf absolutes Maß zurückzuführen, bedarf es dann noch eines Voltameter-versuches, einer Eichung mit dem Normalelement, oder der Ver-gleichung mit einem absoluten Strommesser. Zu dieser Klasse ge-hören alle gewöhnlichen Zeigergalvanometer und Galvanoskope; die meisten technischen Strom- und Spannungsmesser sind neuerdings in absolutem Maß geeicht und besitzen eine proportionale Skala; die Eichung und Graduierung ergeben in diesem Falle meist nur kleine Korrektionen, die an den direkten Ablesungen anzubringen sind.

Bei allen Wechselstrom-Meßinstrumenten, die Eisen enthalten, ist eine Vergleichung mit einem eisenfreien, richtig geeichten Instrument erforderlich; diese Vergleichung gilt nur für die bestimmte Frequenz und streng genommen auch nur für die verwendete Kurvenform des bei der Vergleichung benutzten Wechselstromes. Der auf diese Weise ermittelte Wert des Wechselstroms ist der quadratische Mittelwert oder effektive Wert; vgl. (111).

Eichung mit dem Voltameter.

(172) Im einfachen Stromkreise. Das zu eichende Instrument, ein Voltameter und eine geeignete Stromquelle werden hintereinander geschaltet. Der Stromkreis enthalte einen Stromschlüssel. Nach dem Schlage einer guten Sekundenuhr schließt man den Strom; darauf beobachtet man das zu eichende Instrument in regelmäßigen Zeit-räumen und öffnet den Kreis wieder auf den Schlag der Uhr, wenn die im Voltameter zersetzte Menge eine geeignete, gut meßbare Größe erreicht hat. Vgl. (164).

Instrumente für schwache Ströme eicht man mit dem Silbervoltameter; diese Messungen sind bei einiger Vorsicht und Erfahrung
am zuverlässigsten, aber zeitraubend. Kommt es weniger auf die
äußerste Genauigkeit an, sondern mehr auf ein rasches Verfahren, so
wähle man die Methode unter (177). Dieselbe gibt für technische
Zwecke mehr als ausreichend genaue Resultate.

Bei stärkeren Strömen verwende man ein Kupfervoltameter
oder ein Wasservoltameter. Beim ersterem achte man auf die richtige
Stromdichte, 2,5 A/dm².

(173) Im verzweigten Stromkreise. Das Galvanometer bekommt
einen bestimmten Nebenschluß (Zweig), der für alle Messungen ungeändert bleibt.

Über Veränderungen dieses Widerstandes s. (177) u. (188).

Der Haupstromkreis enthalte das Voltameter, einen Widerstand z,
einen Rheostat, einen Stromschlüssel und eine Stromquelle, welche
in diesem Kreise einen Strom von geeigneter Stärke hervorbringen
kann. Das Galvanometer liegt im Nebenschluß zu z. Die Teile des
Hauptstromkreises entferne man tunlichst weit vom Galvanometer,
damit sie auf letzteres keine Einwirkung haben. Das Verfahren der
Messung ist im übrigen genau wie unter (172); je nach der Stärke
des Stammstromes verwendet man ein Silber-, Kupfer- oder Wasservoltameter.

(174) Beobachtung des Galvanometers. Das zu eichende Instrument lese man während des Versuches in regelmäßigen, vor dem
Versuch festgesetzten Zeiträumen ab. Kurze Versuchsdauer kann
man nur bei Instrumenten anwenden, die rasch zur Ruhe kommen.
Man sorge dafür, daß man mindestens 6—10 Ablesungen bekomme.
Die Verwendung eines Stromwenders ist zu empfehlen; bei der
Eichung im einfachen Stromkreise ist Stromunterbrechung oder Kurzschluß des Galvanometers beim Umlegen des Stromwenders tunlichst
zu vermeiden. Im verzweigten Stromkreis, wo man den Stromwender
nicht in den Hauptkreis, sondern in die Abzweigung zum Galvanometer legt, ist dieser Punkt weniger empfindlich, doch ist es erforderlich, die Verhältnisse genau darauf zu prüfen, ob das Umlegen
des Stromwenders einen merklichen Einfluß auf den Widerstand des
ganzen Stromkreises hat.

Bei Messungen im verzweigten Stromkreis sind die Temperaturen
der Widerstände konstant zu halten.

(175) Berechnung. Die mittlere Stromstärke. Das Voltameter gibt nach den Formeln unter (165) die mittlere Stromstärke
während der Beobachtungsdauer an. Die mittlere Stromstärke entspricht dem mittleren Ausschlag des Galvanometers. Sind die Abweichungen der beobachteten Ausschläge untereinander beträchtlich,
so kann hierdurch das Mittel sehr unsicher werden; es ist dann geboten, die ganze Beobachtung zu verwerfen.

Der mittlere Ausschlag. Bei Beobachtung nach einer Seite
(zB. beim Torsionsgalvanometer) ist der mittlere Ausschlag bei nicht
zu großen Abweichungen gleich dem Mittel der in gleichen Zeiträumen
beobachteten Ausschläge. Bei Beobachtungen nach zwei Seiten (Stromwender) führt man eine ungerade Anzahl von Ablesungen in gleichen
Zeiträumen aus, indem die erste und die letzte Ablesung auf der-

selben Seite liegen; man nimmt das Mittel der Ablesungen für jede Seite und bildet die Differenz; die halbe Differenz ist der einseitige Ausschlag n.

Galvanometerkonstante, Reduktionsfaktor nennt man die Zahl, mit der man den Ausschlag n oder die Winkelfunktion des Ausschlagwinkels φ multiplizieren muß, um die Stromstärke zu bekommen. Ist der Strom bei der Aichung i, der Ausschlag n (wobei n auch für tg φ oder sin φ gelten mag), so ist die Galvanometerkonstante

$$g = \frac{i}{n}.$$

(176) **Einfluß der Temperatur bei Messungen mit Stromverzweigung.** Ist r der Galvanometerwiderstand, R der zugeschaltete Widerstand im Galvanometerkreis, z der Zweigwiderstand, alle gemessen bei den Temperaturen, welche sie bei der Aichung hatten; bedeutet für einen dieser Widerstände t_0 die Temperatur bei der Aichung, t die Temperatur bei einer späteren Messung irgend einer Stromstärke i, $\Delta\rho$ den Temperaturkoeffizienten, und bezeichnet man das Produkt $\Delta\rho$ $(t - t_0)$ für einen der Widerstände, zB. für r mit T_r, analog T_R und T_z, so war das Verhältnis des Stammstromes zum Galvanometerstrom bei der Aichung

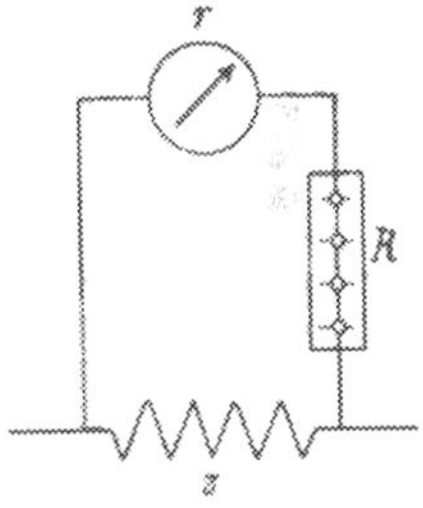

Fig. 65.

$$\frac{z + R + r}{z},$$

und bei späteren Messungen ist es

$$\frac{z + R + r}{z} \left[1 - \frac{R \left[T_z - T_R \right] + r \left[T_z - T_r \right]}{z + R + r} \right].$$

Man findet, daß dieses Verhältnis bis auf einen kleinen Betrag konstant ist; bezeichnet man das zweite Glied der Klammer mit Γ (z, R, r), so wird der Einfluß der Temperatur auf die Messung in Rechnung gesetzt, indem man die nach den vorigen Formeln (175) berechnete Stromstärke i noch multipliziert mit $1 - \Gamma$ (z, R, r).

Für die praktisch vorkommenden Fälle vereinfacht sich die Formel bedeutend; gewöhnlich bestehen R und z aus einem Widerstandsmaterial von verschwindend kleinem Temperaturkoeffizienten (S. 67), zB. Manganin; dann sind T_R und $T_z = 0$. r besteht aus Kupfer; $T_r = 0,0037 \cdot (t - t_0)$. Der Berichtigungsfaktor ist dann

$$1 + \frac{r \cdot 0,0037 \cdot (t - t_0)}{z + R + r}.$$

Häufig ist R groß gegen z und r; dann kann man noch einfacher setzen

$$1 + 0,0037 \cdot (t - t_0) \cdot r/R.$$

Unbequem ist eine Anordnung, bei der der Zweigwiderstand oder alle drei Widerstände aus Kupfer bestehen, weil man ihre Temperaturen mit größerer Genauigkeit bestimmen muß, als bei Verwendung von Widerstandsdraht, und weil sich die Temperaturberichtigungen nicht herausheben, da die drei Widerstände im allgemeinen verschiedene

Temperaturen besitzen. — Die drei Widerstände brauchen bei der hier beschriebenen Anordnung, die als ganzes geeicht wird, nur angenähert bekannt zu sein.

(177) **Indirekte Eichung.** Wenn ein Instrument für schwache Ströme geeicht werden soll, so braucht man meist sehr lange Zeit, um bei einem Voltameterversuch die genügende zersetzte Menge zu erhalten; in diesem Fall schaltet man dasselbe wie in Fig. 65, S. 143, indem man nötigenfalls dem Galvanometer noch Widerstand R zufügt. Ist I der unverzweigte Strom, j der Strom im Galvanometer, so gilt die Formel

$$j = I \cdot \frac{z}{z + R + r},$$

worin I mit dem Voltameter, die Widerstände mit der Brücke bestimmt werden; bei der letzteren Messung wird [im Gegensatz zu der Bemerkung in (176)] große Genauigkeit gefordert.

Wurde bei der Eichung der mittlere Ausschlag n (175) beobachtet, so ist die Konstante des Galvanometers

$$g = \frac{I}{n} \cdot \frac{z}{z + R + r}$$

für d i r e k t e Strommessung.

Temperaturberichtigung nach (176).

Ein in dieser Weise geeichtes Galvanometer kann man zur Messung starker Ströme mittels Abzweigung benutzen, wenn man demselben verschiedene Nebenschlüsse vorlegt; vgl. (188) bis (192).

(178) **Nachprüfung eines geeichten Galvanometers durch ein Thermoelement.** (W. Kohlrausch, ETZ. 1886, S. 273.) Um etwaige Änderungen der magnetischen Richtkraft, des Erdmagnetismus u. dgl. zu berücksichtigen und unschädlich zu machen, kann man ein Thermoelement verwenden, das jederzeit eine mit Hilfe des Thermometers zu bestimmende Stromstärke durch das Galvanometer zu senden gestattet.

Die Methode ist für ein dauernd aufgestelltes abgezweigtes Spiegelgalvanometer geeignet, das als Normalinstrument dienen soll; sie findet Verwendung, wenn man große Genauigkeit (einige Zehntelprozent) verlangt. Außerdem kann man sie benutzen, um die häufige Wiederholung der Voltameterversuche entbehrlich zu machen. — Das Nähere ist am angegebenen Ort nachzulesen.

Eichung mit dem Normalelement.

(179) **Kompensationsmethode.** Den Strom J Ampere, mit dem man das Galvanometer direkt oder mit Abzweigung eichen will, schickt man durch den Widerstand R; dann herrscht an den Enden des letzteren die Spannung JR Volt.

Wählt man die Spannung so groß, daß durch das Galvanometer G, welches mit einem Normalelement N in einen Stromkreis geschaltet ist, kein Strom fließt, so ist die Spannung an den Enden von R gleich der Spannung E des Normalelements, und es ist dann die gesuchte Stromstärke $J = E/R$.

Sehr bequem sind zu solchen Messungen die sogenannten Kompensationsapparate (Potentiometer), welche auch für viele andere Zwecke (Widerstandsmessung, thermoelektrische Messungen usw.) gute Dienste leisten und die eine absolute Genauigkeit bis zu einigen Zehntel Promille zulassen. Diese Apparate werden meist so benutzt, daß die durch dieselben fließende Stromstärke mit Hilfe eines Normalelements und eines Ballastwiderstandes auf einen runden Betrag (0,01, 0,001 Amp. usw.) eingestellt wird, sodaß der abgelesene Kompen-

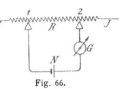

Fig. 66.

sationswiderstand (R), mit einer Potenz von 10 multipliziert, die gesuchte Spannung, Stromstärke usw. direkt ergibt. Damit die einmal eingestellte Stromstärke bei beliebigem Kompensationswiderstand konstant erhalten werden kann, müssen die in dem Kompensationskreis eingeschalteten Widerstände z. T. im Hauptstromkreis ausgeschaltet werden und umgekehrt. Dies läßt sich prinzipiell mit zwei gleichen Widerstandssätzen erreichen, von denen der eine im Kompensationskreis liegt, wenn dabei im einen die Widerstände gestöpselt werden, die im anderen Satz gezogen werden und umgekehrt. Bequemer sind aber die eigens für diesen Zweck konstruierten Kurbelapparate, welche für die größte zu erreichende Genauigkeit bis zu 5 Kurbeln besitzen (5 stelligen Zahlen entsprechend). Durch Benutzung von Schleifdrähten lassen sich die Apparate einfacher und billiger gestalten, sind dann aber auch weniger genau.

Zwei von den Kurbeln K_1, K_2, Fig. 67, sind stets einfache Hebel, die auf den Kontakten von Dekadensätzen W_2 und W_4 schleifen. Diese beiden Hebel befinden sich an den Enden des Kompensationswiderstandes und entsprechen den beiden Kontakten 1 und 2 der Figur 66. Bei Verschiebung dieser Hebel bleibt offenbar der Widerstand im Hauptstromkreis ungeändert, während die Größe des

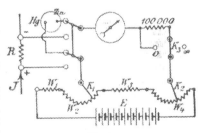

Fig. 67.

Kompensationswiderstandes der jeweiligen Stellung dieser Hebel entspricht. Auf diese Weise erhält man also ohne weiteres zwei Stellen. Um die weiteren Stellen zu erhalten, werden zwei verschiedene Prinzipien benutzt.

Bei dem von Feußner angegebenen, von O. Wolff ausgeführten Apparat werden zwischen die beiden Endhebel noch Doppelkurbeln eingefügt, welche automatisch den in den Kompensationskreis eingeschalteten Widerstand aus dem Hauptstrom ausschalten und umgekehrt. Die Kurbeln bestehen aus zwei voneinander isolierten Hälften, die auf den Kontakten zweier voneinander unabhängigen

Dekadensätze schleifen. Solcher Kurbeln lassen sich beliebig viele zwischen den beiden Endkurbeln anbringen. Ein anderes Prinzip, nämlich das der Abzweigung, benutzt Raps bei den Apparaten der Firma Siemens & Halske; es werden hier zwei weitere Dekaden dadurch gewonnen, daß an die Enddekaden (von je 1000 und je 10 Ohm) Nebenschlüsse gelegt werden, durch welche die Unterabteilungen (Dekaden von 100 Ohm und von 1 Ohm) entstehen. Es würde zu weit führen, hier näher darauf einzugehen (vgl. Ztschr. f. Instrk. Bd. 15, S. 215; 1895). Die Apparate anderer Firmen sind im Hauptprinzip den hier beschriebenen gleich.

(180) Für den Gebrauch der Kompensationsapparate ist noch zu bemerken, daß etwas verschieden zu verfahren ist, je nachdem die zu messende Spannung — denn um eine solche handelt es sich immer in letzter Linie — größer oder kleiner ist, als diejenige des Normalelements, mit dem sie verglichen wird. Im Prinzip sind die Schaltungsweisen aus Figur 67 ersichtlich. Wenn eine kleinere Spannung gemessen werden soll, so wird mittels einer Hilfsbatterie E und dem Vorschaltwiderstand W_1 in dem durch die Widerstände W_2, W_3, W_4 und die beiden Kurbeln K_1 und K_2 angedeuteten Kompensationsapparat ein solcher Strom hergestellt, daß das Normalelement Hg/Zn gerade kompensiert wird, wobei der Umschalter so gestellt wird, daß das Normalelement in den Kreis des Galvanometers eingeschaltet ist. Ist das Normalelement ein Westonelement (vgl. 168) und ist zB. im Kompensationsapparat ein Widerstand von 10190 Ohm eingestellt, so ist die Stromstärke im Apparat genau 0,1 Milliampere. Wenn nun eine unbekannte Spannung gemessen werden soll, zB. die Spannung an den Enden des Widerstandes R, Fig. 67, wird der Umschalter umgelegt und dann werden die Hebel des Kompensationsapparates so eingestellt, daß das Galvanometer wieder stromlos ist. Der abgelesene Widerstand geteilt durch 10000 ergibt dann die Spannung in Volt. Soll eine größere Spannung gemessen werden, so nimmt man diese entweder ganz oder geteilt (durch Abzweigung) als Batterie E und stellt wieder mit Normalelement und Vorschaltwiderstand einen Strom von rundem Betrag her. Dann wird die gesuchte Spannung E bis auf die erwähnte Zehnerpotenz gegeben durch die Summe der gesamten Widerstände $W_2 + W_3 + W_4$ des Kompensationsapparats, vermehrt um den Widerstand W_1. Die Kurbel K_3 gestattet in den Galvanometerkreis noch 100000 Ohm als Ballast einzuschalten, um mit geringerer Empfindlichkeit arbeiten zu können. Dieses ist besonders bei der anfänglichen Abgleichung nötig, damit keine starken Ströme durch das Normalelement fließen. An den Kompensationsapparaten sind die Anschlußklemmen für die Batterie, das Galvanometer, das Normalelement und die zu messende Spannung meist durch Buchstaben: B, G, N, X gekennzeichnet, sodaß beim Gebrauch keine Irrtümer entstehen können.

Graduierung,

d. i. Ermittlung des Zusammenhangs zwischen Ausschlag und Strom-stärke bei beliebigen Galvanometern.

Die bequemste Methode ist, das zu graduierende Instrument mit einem bekannten zu vergleichen. Gibt das letztere die Stromstärken in absolutem Maße an, so ist dies um so vorteilhafter. Zur Graduierung kann auch häufig in bequemer Weise der Kompen-sationsapparat benutzt werden (179), der dann gleichzeitig die Eichung ergibt.

(181) **Vergleichung im einfachen Stromkreise** ist ausführbar, wenn beide Instrumente in etwa gleichen Bereichen der Stromstärken gebraucht werden. Die beiden Galvanometer (oder vorkommenden Falles eine größere Zahl zu graduierender Apparate und ein Normal-instrument) werden hintereinander geschaltet; dann sind die Strom-stärken in allen Instrumenten gleichzeitig gleich.

(182) **Vergleichung im verzweigten Stromkreise.** Diese Methode wird angewandt, wenn die Instrumente von sehr ungleicher Empfindlichkeit oder ihre Widerstände für Hintereinanderschaltung zu groß sind. Die Methode erfordert im allgemeinen die Kenntnis mehrerer Widerstandsverhältnisse im Stromkreise und die Anwendung der Kirchhoffschen Sätze. In der praktischen Ausführung gestaltet sich die Sache meist sehr einfach; s. (183), (184).

(183) **Graduierung mit dem Spiegelgalvanometer.** (W. Kohl-rausch. ETZ 1886, S. 279.) Sind die Angaben eines Spiegel-galvanometers in absolutem Maße bekannt, so kann man durch Zu-fügung passender Widerstände zum Galvanometer die Umrechnung der Beobachtung sehr erleichtern.

Soll zB. mit einem Galvanometer, das für 0,001 A einen Ausschlag von 300 Skalenteilen ergibt, die Graduierung von Spannungsmessern bei ungefähr 80—100 Volt ausgeführt werden, so schaltet man das Galvanometer, dessen Widerstand auf 100 000 Ohm ergänzt wurde, parallel mit den zu graduierenden In-strumenten. Dann hat man den erhaltenen (und berichtigten) Skalen-ausschlag nur durch 3 zu dividieren, um die Spannung in Volt zu bekommen. Sollen Spannungen zwischen 20 und 30 Volt gemessen werden, so kann man zu ähnlichem Zweck den Widerstand des Galvanometerzweiges auf 30 000 Ohm bringen, um für 1 Volt 10 mm Ausschlag, oder auf 60 000 Ohm, um für 1 Volt 5 mm zu erhalten. Rechnet man sich die geeignete Größe des Widerstandes vorher aus, so ist also die Messung sehr einfach zu erledigen. — Den Widerstand des Galvanometers einschließlich der Zuleitungen wähle man klein.

Bei der Graduierung von Stromzeigern verfährt man ähnlich; das Spiegelgalvanometer vom bekannten (und kleinen) Widerstand r wird mit einem Rheostaten R verbunden zu dem sehr kleinen Widerstand z in Abzweigung geschaltet, vgl. Fig. 65. Je nach der gewünschten Empfindlichkeit des Galvanometers ändert man R. Die zu graduierenden Strommesser kommen in den Hauptstromkreis, sie werden mit z in Reihe geschaltet. Wenn man zB. bei der vorhergegangenen Eichung des Spiegel-galvanometers gefunden hatte, daß dem Strome 1 A im Hauptstromkreis bei $R + r = 102$ Ohm ein Ausschlag von 16,32 mm entsprach, so wird man den Widerstand R soweit ändern [Formeln vgl. (188)], daß $R + r = 166,5$ Ohm beträgt; in diesem Fall hat man für 1 A 10 mm, was eine sehr einfache Rechnung ergibt; verträgt z auch sehr starke Ströme, so kann man bei der Messung von 60 — 80 A $R + r = 832,5$ Ohm machen, um für 1 A 2 mm zu erhalten und so fort. Die Werte von R, welchen die verschiedenen Empfindlichkeiten entsprechen, ordnet man in eine Tabelle. Für größere Genauigkeit ist Rücksicht auf die Temperaturen der Widerstände zu nehmen. Hat man die in (178) erwähnte Prüfeinrichtung für das Spiegelgalvanometer angebracht, so richtet man die Tabelle für R demgemäß ein, wie es in der Elektrot. Ztschr. 1886, S. 279 beschrieben ist.

Vorsichtsmaßregel: Alle Leiter, durch welche starke Ströme fließen, müssen vom Spiegelgalvanometer möglichst weit entfernt sein.

(184) **Graduierung mit geeichtem Zeigergalvanometer.** Wie im Vorigen das Spiegelgalvanometer, kann man auch das Torsionsgalvanometer oder das Drehspulengalvanometer zu Graduierungen verwenden; bei häufig wiederkehrenden Graduierungen an vielen Instrumenten ist es zu empfehlen, sich nach folgenden Regeln zu richten.

Normalinstrument. An einem störungsfreien hellen Platz wird ein Normalgalvanometer aufgestellt, das nur zu Eichungen und Graduierungen, nicht aber zu laufenden Messungen gebraucht wird. Man halte streng darauf, daß dieses Galvanometer nicht einmal von seinem Platz entfernt werde. Durch öftere Eichungen sichert man sich die Kenntnis des Reduktionsfaktors.

Zwischeninstrument. Es ist zu empfehlen, nicht das Normalinstrument selbst zu den häufig wiederkehrenden Graduierungen zu verwenden; meistens ist man in der Lage, ein auch zu sonstigen Messungen gebrauchtes Galvanometer zu Hilfe nehmen zu können, das man kurz vor der Ausführung der Graduierungen mit dem Normalgalvanometer vergleicht; diese Vergleichung braucht sich nur auf einen oder zwei Punkte der Teilung zu erstrecken. Zu den Graduierungen wird dann das Zwischeninstrument benutzt. Zweck dieser Einrichtung ist Schonung des Hauptgalvanometers.

Graduierung der Spannungsmesser. Das Normalgalvanometer (Haupt- oder Zwischeninstrument) und die zu graduierenden Spannungszeiger werden parallel geschaltet. Um die Spannung bequem verändern zu können, schaltet man die sämtlichen Galvanometer parallel zu einem Widerstande, zB. einigen Glühlampen, und schaltet vor diesen verzweigten Teil noch einen Rheostaten. Mit letzterem kann man die Spannung an den Lampen verändern.

Graduierung der Strommesser. Das Normalgalvanometer, u. U. in Abzweigung, die zu graduierenden Apparate und ein passender Rheostat (Lampenbatterie) werden hintereinander in den Stromkreis eingeschaltet.

Vorsichtsmaßregel vgl. (183). Temperaturberichtigung vgl. (176).

(185) **Graduierung mit Hilfe des Rheostaten.** I. Im einfachen Stromkreise. Kann man keine Vergleichung mit einem schon bekannten Instrumente vornehmen, so verfährt man in folgender

Weise: man bildet einen Stromkreis aus einer konstanten Stromquelle (Akkumulatoren), einem Rheostaten R und dem zu untersuchenden Instrument, dessen Widerstand $= r$ sei; der Widerstand der Stromquelle sei unbeträchtlich. R wird verändert und das Galvanometer beobachtet. Ist die elektromotorische Kraft der Stromquelle tatsächlich konstant — was an der Übereinstimmung einer und derselben Beobachtung bei der öfteren Wiederholung erkannt wird —, so verhalten sich die Stromstärken umgekehrt wie die Widerstände $R + r$. Hiernach kann man zu den beobachteten Ausschlägen leicht die Stromstärken in einer noch unbestimmten Maßeinheit ausrechnen; fügt man noch eine Eichung hinzu, so kennt man die Angaben des Instrumentes in absolutem Maße.

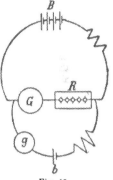

II. Im verzweigten Stromkreise (Grotrian, vgl. Fortschr. d. Elektrot. 1887, No. 1845), (Fig. 68). Das zu graduierende Galvanometer G vom Widerstande r wird mit einem Rheostaten R in Reihe in den Stromkreis der Batterie B eingeschaltet. Im Nebenschluß zu dem Galvanometer und dem Rheostat liegt eine schwächere Batterie b und ein Galvanoskop g. Durch Veränderung der Widerstände bringt man den Strom in g zum Verschwinden; dann ist die Spannung zwischen den Enden von $r + R$ gleich der EMK der Batterie b.

Fig. 68.

Eine vorhergegangene Eichung habe ergeben, daß der Stromstärke I der Ausschlag n entspricht; man findet nun, daß bei demselben Ausschlag n des Galvanometers G im Rheostaten der Widerstand R eingeschaltet werden muß, damit das Galvanoskop g auf Null zeigt; ferner findet man, daß bei dem Ausschlag n_1 im Rheostaten der Widerstand R_1 einzuschalten ist. Dann ist die zu n_1 gehörige

Stromstärke $I_1 = I \cdot \dfrac{r + R}{r + R_1}$.

Messung von Stromstärke, Elektrizitätsmenge und Spannung.

Strommessung.

(186) **Einschaltung des Galvanometers oder Dynamometers in den Hauptstromkreis.** Dieses Verfahren ist das einfachste und sicherste, weil man auf die Widerstände im Stromkreise nicht zu achten hat; auch gefällt gewöhnlich alle Rechnung weg.

Meist benutzt man jetzt die direkt zeigenden Amperemeter (145), welche bei größeren Ausschlägen eine Genauigkeit von fast einem

Promille zulassen; bei stärkeren Strömen kann man diese allerdings nicht mehr direkt verwenden, sondern muß Nebenschlüsse anlegen (188). Das letztere Verfahren kommt darauf hinaus, die Spannung an den Enden eines bekannten Widerstandes zu messen, was auch in genauerer Weise und relativ bequem mit dem Kompensationsapparat ausgeführt werden kann (179, 180).

Häufig kann man ein Instrument, das sich wegen zu dünnen Drahtes der Bewicklung oder durch zu große Empfindlichkeit nicht zur unmittelbaren Messung starker Ströme eignet, durch Zufügung einiger Windungen starken Drahtes, die entweder am Galvanometer selbst oder in passender Entfernung davon angebracht werden, auch für starke Ströme einrichten. Dies ist zB. geschehen bei der Methode zur

(187) **Messung starker Ströme mit dem Torsionsgalvanometer ohne Nebenschluß.** (W. Kohlrausch, Centralbl. El. 1886, S. 813). In der Mitte zwischen zwei genau gleichen Spulen aus starkem Draht, deren Achsen in derselben Horizontalen liegen, wird das Torsionsgalvanometer aufgestellt. Kohlrausch gebraucht drei Spulenpaare zur Messung von Strömen von einigen Hundertel-Ampere bis etwa 30 Ampere.

Um einen für die Rechnung bequemen Reduktionsfaktor zu erhalten, macht man die Spulen ein wenig verstellbar und befestigt sie bei der Eichung an der richtigen Stelle.

Die Anordnung wird von Hartmann und Braun ausgeführt.

(188) **Messung mit Abzweigung,** wenn die Angaben des Galvanometers in absolutem Maße bekannt sind. Wünscht man Ströme zu messen, die nicht ungeteilt durch das Instrument geleitet werden dürfen, so bringt man eine Abzweigung von bekanntem Widerstandsverhältnis an. Entweder bestimmt man das letztere durch galvanische Messung der beiden Widerstände, des Galvanometers und des vorgelegten Nebenschlusses, oder ohne solche durch geeignete Wahl der Längen und Querschnitte; das letztere Mittel erfordert einige Vorsicht. Der vorgelegte Zweigwiderstand z muß so großen Querschnitt haben, daß er sich beim Stromdurchgang nicht zu stark erwärmt; jedenfalls darf er seinen Widerstandswert nicht ändern; auch muß er so angebracht werden, daß der ihn durchfließende Strom keine Einwirkung auf das Galvanometer zeigt. Die Abzweigungsdrähte, welche zum Galvanometer führen, müssen an dem Zweig sehr sorgfältig festgelötet oder mit Polschuhen gut festgeschraubt werden. Durch passende Wahl verschiedener Abzweigungen, sowie durch Zufügen von Widerstand zu dem des Galvanometers (r) kann man die Grenzen der Messung beliebig erweitern (s. Fig. 65, S. 143).

War bei der Eichung der mittlere Ausschlag $= n$, der Rheostatenwiderstand $= R$, so ist der Reduktionsfaktor des Galvanometers

$$g = \frac{I}{n} \cdot \frac{R_1 + r}{R + r}$$

für den Rheostatenwiderstand R_1.

Verwendet man einen anderen Zweig z_1, so wird

$$g = \frac{I}{n} \cdot \frac{R_1 + r}{R + r} \cdot \frac{z}{z_1}.$$

Man hat hier die in (173) angegebene Temperaturberichtigung anzubringen.

Diese Einrichtung zur Messung von Stromstärken ist sehr gebräuchlich und bequem. Gewöhnlich gibt man einem Galvanometer eine Reihe Nebenschlüsse oder Zweigwiderstände (Shunt) bei, die in einem Kästchen mit Stöpselvorrichtung vereinigt sind. Beträgt der Zweig $^1/_9$, $^1/_{99}$, $^1/_{999}$, $^1/_z$ des Galvanometerwiderstandes, so geht $^1/_{10}$, $^1/_{100}$, $^1/_{1000}$, $^1/(z+1)$ des gesamten Stromes durch das Galvanometer.

Zu einem Galvanometer von sehr kleinem Widerstande stellt man einen Zweig her, indem man zunächst den Galvanometerwiderstand auf eine gut meßbare Größe ergänzt und den Nebenschluß dem ganzen Widerstand anpaßt.

Die Zweigwiderstände der Physikalisch-Technischen Reichsanstalt werden bis zu 0,00001 Ohm herab hergestellt. In gekühltem Ölbade können die Widerstände von 8 cm Höhe und 8 cm Durchmesser 100 W ohne Schaden ertragen; die größeren Muster für 0,001 und 0,0001 Ohm ertragen 1000 W.

(189) **Zweig nach Ayrton** (J. Inst. El. Eng. 1894). Ein Rheostat (Gesamtwiderstand R) wird mit dem Galvanometer zu einem geschlossenen Kreis verbunden; der zu messende Strom I wird beim Anfange von R eingeleitet und nach einem beliebigen Teil z von R wieder abgeleitet. Ist bei der Eichung $z = z_1$, und bringt der Stammstrom I_1 den Ausschlag n_1 hervor, so ergibt sich bei einer späteren Messung, wenn der Ausschlag n_2 beobachtet wird und $z = z_2$ ist:

$$I_2 = \frac{I_1}{n_1} \cdot \frac{z_1}{z_2} \cdot n_2.$$

Diese Gleichung enthält g nicht mehr; der Zweig paßt also zu jedem Galvanometer. Man mache $z_1 = R$ und wähle R sehr groß; dann gleiche man die Empfindlichkeit des Galvanometers so ab, daß I_1/n_1 eine zur Rechnung bequeme Zahl wird. Die Teile z des Rheostaten wählt man so, daß die Werte R/z_2 ganze Potenzen von 10 oder andere zur Rechnung bequeme Zahlen sind. Dieses Verfahren ist besonders bei Spiegelgalvanometern mit Drehspule im Magnetfeld zu empfehlen, weil diese Galvanometer mit kleineren Nebenschlüssen eine viel zu starke Dämpfung besitzen und sich nur sehr langsam („kriechend") einstellen. Ein Rheostat von 100000 Ohm mit Unterabteilungen von

30000, 10000, 3000, 1000, 300, 100, 30, 10, 3, 1

Ohm paßt zu jedem Galvanometer und erlaubt, dessen Empfindlichkeit von dem Betrage, den letztere bei Nebenschaltung von 100000 Ohm besitzt, auf

$^1/_3$, $^1/_{10}$, $^1/_{30}$, $^1/_{100}$, $^1/_{300}$, $^1/_{1000}$, $^1/_{3000}$, $^1/_{10000}$, $^1/_{30000}$, $^1/_{100000}$

herabzusetzen.

(190) **Zweig zu einem Galvanometer von verschwindend kleinem Widerstande** nach F. Kohlrausch. (ETZ. 1884, S. 13.) Mehrere *(n)* gleich lange Kupferdrähte von demselben Querschnitt werden parallel in den zu messenden Strom eingeschaltet und die Stromstärke in einem der Drähte gemessen, nachdem von dem Draht soviel weggeschnitten worden, als dem Widerstand des eingeschalteten Strommessers entspricht; der ganze Strom ist dann das *n* fache des gemessenen.

(191) **Praktische Ausführung von Zweigen für starken Strom.** Man verwendet Draht (nicht über 1,6 mm Durchmesser) oder Blech, besonders in Bandform, sog. Plätte, s. (76), gekrüpfte Plätte oder

Krüpplätt, Drahtgewebe; der Erwärmung wegen stets Material von geringem Temperaturkoeffizienten. Bei der Herstellung kleiner Widerstände empfiehlt sich die in (78) angegebene Methode der Abgleichung. Besonders vorteilhaft ist es, einen Zweigwiderstand aus mehreren Teilen herzustellen, die man hinter- und nebeneinanderschalten kann; auf sichere Verbindungen ist sorgfältig zu sehen. — Die Zuführungen des Hauptstromes müssen von den Abzweigeklemmen für das Galvanometer getrennt sein; letztere liegen stets zwischen den ersteren.

(192) **Messung mit Abzweigung bei unbekanntem Verhältnis der Widerstände oder wenn die Angaben des Galvanometers in absolutem Maße nicht bekannt sind.** Das Galvanometer wird mit dem vorgelegten Nebenschluß zusammen als ein Instrument betrachtet. Eichung vgl. (172) u. folg.; Änderung der Empfindlichkeit (188); Temperaturberichtigung (176).

Messung einer Elektrizitätsmenge.

(193) **Messung eines Stromstoßes**, d. i. eines Stromes von sehr kurzer Dauer, vgl. (93). Wird ein Kondensator oder dgl. durch ein sehr empfindliches Galvanometer entladen, oder schickt man einen rasch verlaufenden Induktionsstrom durch das letztere, so läßt sich die gesamte Elektrizitätsmenge [nicht Stromstärke], welche das Galvanometer durchströmt hat, folgendermaßen bestimmen: entspricht einem konstanten Strom von i Ampere ein (ballistischer) Galvanometerausschlag $n = i/g$ ($g = $ Reduktionsfaktor), ist die Schwingungsdauer (halbe Periode) der Nadel $= t$ sec (groß gegen die Dauer des Stromstoßes) und bringt die zu messende Elektrizitätsmenge Q den Ausschlag α (gemessen wie n) hervor, so ist

$$Q = g \cdot \frac{t}{\pi} \cdot \alpha \text{ Coulomb.}$$

Die Galvanometernadel sei dabei nicht gedämpft; der Ausschlag α darf nur klein sein; Messung mit Spiegel und Skale.

Gedämpfte Nadel. Wenn zwei aufeinander folgende Ausschläge der Nadel in dem Verhältnis $k : 1$ zueinander stehen (Dämpfungsverhältnis $k > 1$), so hat man für geringe Dämpfung

$$Q = g \cdot \frac{t}{\pi} \cdot \alpha \cdot \sqrt{k},$$

dies ist auf $^1/_2 \%$ genau bis $k = 1,2$ und auf 1% genau bis $k = 1,3$.

Für stärkere Dämpfung wird

$$Q = g \cdot \frac{t}{\pi} \, \alpha \cdot k^{\frac{1}{\pi} \operatorname{arctg} \frac{\pi}{l}},$$

worin $l = \log$ nat k. Vgl. Tabelle auf der folgenden Seite.

Das Dämpfungsverhältnis ist vom Widerstande des Galvanometers und des zwischen den Klemmen des letzteren eingeschalteten Widerstandes abhängig.

$$\text{Werte von } k^{\frac{1}{\pi}} \text{ arctg } \frac{\pi}{l}$$

(vgl. Kohlrausch, Lehrbuch, Tab. 29).

k		k		k	
1,2	1,092	2,4	1,436	4,5	1,713
1,4	1,170	2,6	1,474	5,0	1,755
1,6	1,237	2,8	1,509	6,0	1,823
1,8	1.296	3,0	1.541	7,0	1,877
2,0	1,348	3,5	1,608	8,0	1,921
2,2	1,394	4,0	1,665	9,0	1,958

Bei **Nadelgalvanometern** wird die größte ballistische Empfindlichkeit erreicht, wenn keine Dämpfung vorhanden ist, und es gilt dann die erste der angegebenen Formeln. Bei **Drehspulengalvanometern** ist es wegen des Zusammenhanges der Dämpfung mit dem äußeren Widerstand am vorteilhaftesten, das Instrument auch in diesem Fall nahe im aperiodischen Grenzzustand zu gebrauchen (S. 110); es ist dann im Grenzfall

$$Q = e \cdot R \cdot g \cdot \frac{t}{\pi} \cdot \alpha,$$

worin e die Basis der natürl. Logaritmen bedeutet, R den Gesamtwiderstand (Galvanometerwiderstand + äußerer Widerstand), der das Galvanometer gerade aperiodisch macht, und t die Schwingungsdauer (halbe Periode) im ganz ungedämpften Zustand, die sich durch Schwingungsbeobachtungen bei verschiedenem äußeren Widerstand ermitteln läßt.

(194) **Die Elektrizitätsmenge,** welche während einer längeren Zeit durch einen Leiter strömt, wird mit dem Voltameter gemessen. Aus der niedergeschlagenen bezw. aufgelösten Menge kann man mit Hilfe des elektrochemischen Äquivalentes ohne weiteres die Elektrizitätsmenge in Coulomb berechnen (80, 159 u. folg.).

Mittelbar kann man die durchgeströmte Menge bestimmen, wenn man die Stromstärke häufig beobachtet; dies geschieht zB. beim Laden und Entladen der Akkumulatoren u. a. m. Zu demselben Zweck benutzt man häufig registrierende Meßinstrumente.

Die von elektrischen Zentralstationen an die Abnehmer gelieferten Elektrizitätsmengen werden mit besonderen Instrumenten gemessen, vgl. Verbrauchsmessung.

Spannungsmessung.

(195) **Mit dem Elektrometer.** Vgl. (156—158). Um besonders hohe Spannungen mit einem gewöhnlichen Elektrometer zu messen, verbindet man die Punkte, zwischen denen die gesuchte Spannung herrscht, durch mehrere *(n)* hintereinandergeschaltete gleich große Kondensatoren und mißt die Spannung an einem der letzteren; die gesuchte ist das *n*fache der gemessenen. Schaltet man zwei ungleiche Kondensatoren hintereinander, so verhalten sich die Spannungen umgekehrt wie die Kapazitäten.

(196) **Mit dem Galvanometer.** Wenn die zu messende Spannung e Volt in einem Kreis vom Widerstande r Ohm die Stromstärke i Ampere hervorbringt, so ist

$$e = ir.$$

Diese Methode, die Spannung aus Stromstärke und Widerstand zu bestimmen, wird fast ausschließlich angewandt. Daneben kommt auch das Kompensationsverfahren zur Anwendung (179, 180). Voraussetzungen sind

a) daß das Anlegen des Zweiges, der das Spannungsgalvanometer enthält, in der Verteilung und Stärke der Ströme keine merkliche Änderung hervorbringt; denn andernfalls wäre die zu messende Spannung vor und nach dem Anlegen des Galvanometers verschieden von derjenigen, welche während der Messung herrscht. Dagegen kann man die Spannung zwischen zwei Punkten mit jedem ständig angelegten Galvanometer richtig messen, wenn der Widerstand des letzteren und die Angaben in Ampere bekannt sind;

b) daß der Widerstand des Galvanometerzweiges konstant, vor allem von der Temperatur möglichst unabhängig ist; andernfalls müßte man ihn bei jeder Messung erst bestimmen oder eine umständliche Temperaturberichtigung anbringen. In der Regel wird außer dem Kupferdraht der Galvanometerspule noch ein mehrmals größerer Zusatzwiderstand aus einem Widerstandsmaterial mit geringem Temperaturkoeffizienten vorgeschaltet; in diesem Falle ist die Gefahr eines Fehlers geringer. Indessen ist auch hier darauf zu achten, daß die Drahtrollen der Spannungsmesser sich nicht beträchtlich erwärmen.

Mit jedem Galvanometer, dessen Angaben in absolutem Maße bekannt sind, ist es möglich, Spannungen zu messen. Ist der Widerstand des Instrumentes allein zu gering, sodaß die Stromstärke, welche durch die zu messende Spannung hervorgebracht wird, zu groß werden würde, so fügt man dem Galvanometer Widerstand zu, wie es zB. beim Torsionsgalvanometer und dem Drehspulengalvanometer geschieht. Durch das Zufügen verschiedener Widerstände macht man ein Instrument für verschieden große Spannungen brauchbar.

Häufig entsteht die Aufgabe, einen vorhandenen Spannungsmesser, der eine nach Volt geteilte Skale besitzt, für die Messung höherer Spannungen geeignet zu machen: soll zB. ein Spannungsmesser, dessen Skale bis 120 Volt reicht, zur Messung bis 300 Volt eingerichtet werden, so füge man noch einen Widerstand gleich dem doppelten Widerstand des Galvanometers zu: die Angaben des ergänzten Instrumentes sind dann mit 3 zu multiplizieren.

Immer gilt die Regel: Die zu messende Spannung ist gleich dem Produkte der Stromstärke in den gesamten Widerstand des Zweiges, der das Galvanometer enthält.

(197) **Potentialmessung.** Um die Potentiale verschiedener Punkte eines Stromkreises gegen einen bestimmten Punkt des letzteren, zB. gegen Erde zu messen, benutzt man einen Kondensator (Kapazität C), ein Normalelement (EMK E) und ein Galvanometer, welche nach Fig. 69 geschaltet werden. Zuerst eicht man das Galvanometer; der Umschalter u steht nach links. Berührt die Taste den oberen Kontakt,

so nimmt der Kondensator eine Ladung an, die der EMK E proportional ist und beim Niederdrücken der Taste am Galvanometer den ballistischen Ausschlag α hervorbringt, der gleichfalls der EMK E proportional ist. Um nun das Potential am Punkte P_1 eines Stromkreises, der zB. die Erde benutzt, zu bestimmen, legt man den Umschalter u nach rechts und verbindet den oberen Kontakt der Taste mit dem zu untersuchenden Punkt P_1 der Leitung. Erhält man jetzt bei Druck der Taste den Ausschlag α_1, so ist $P_1 : E = \alpha_1 : \alpha$.

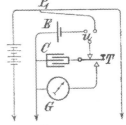

Fig. 69.

Elektromotorische Kraft.

(198) Gewöhnlich bestimmt man die EMK aus der Potentialdifferenz an den Polen der Elektrizitätsquelle, der Klemmen- oder Polspannung, welche nach dem vorigen ermittelt wird, wobei aber zu beachten ist, daß sich die galvanischen Elemente im geschlossenen Zustande polarisieren und eine kleinere EMK haben, als wenn sie offen sind. Der gemessenen Größe ist das Produkt aus dem inneren Widerstand der Stromquelle und der Stromstärke zuzufügen, bezw. beim Laden von Akkumulatoren und beim Betrieb elektrischer Motoren davon abzuziehen, um die gesuchte EMK zu erhalten.

Widerstandsmessung.

(199) **Berechnung aus den Abmessungen.** Diese Methode kann angewandt werden, wo nur geringe Genauigkeit gefordert wird. Die Drahtdicke muß sehr sorgfältig an mehreren Stellen gemessen werden; aus den erhaltenen Werten nimmt man das Mittel. Die Länge braucht nur halb so genau (prozentisch) bekannt zu sein; da man die Drahtdicke bei geringeren Durchmessern oft nur auf 2—3 % genau ermitteln kann, so genügt bei der Längenmessung eine Genauigkeit von ca. 5 %; das Ergebnis kann unter Umständen auf 10 % ungenau sein. — Zu den Berechnungen benutze man die Tabelle (2).

(200) **Galvanische Messung.** Dieselbe geschieht unter Zugrundelegung des Ohmschen und der Kirchhoffschen Gesetze mit Hilfe bekannter Widerstände, Rheostaten; vgl. hierüber (205) u. folg. Es werden auch Galvanometer als Widerstandszeiger, sog. Ohmmeter gebaut, welche den eingeschalteten Widerstand, ohne Rücksicht · auf die messende EMK, abzulesen gestatten (Hartmann & Braun, Siemens & Halske) (218).

Rheostaten.

Rheostaten aus metallischen Leitern.

(201) **Für schwache Ströme.** Die Widerstandsdrähte werden aus einem Material verfertigt, das einen hohen spezifischen Widerstand mit geringem Temperaturkoeffizienten verbindet; sollen die Widerstände ihren Wert lange Zeit unverändert beibehalten, so wähle man nur ein zinkfreies Material. Eine Zusammenstellung von Widerstandsmaterialien vgl. S. 67. Die isolierten Drähte werden auf Rollen aufgespult und in einem Kasten vereinigt. Die Drähte der Spulen endigen in starken Messingklötzchen, welche auf dem (Hartgummi-) Deckel des Kastens sitzen: an diesen Klötzen wird die Schaltung der Widerstände vorgenommen, und zwar durch Stöpsel oder durch Kurbelkontakte.

Die Spulen werden induktionsfrei gewickelt (124); man sorge, daß nicht zu starke Ströme hindurchgeschickt werden, da die Seidenisolation der Drähte leicht verkohlt. Häufig erhalten die Spulen einen Überzug aus Paraffin, der als Schutzmittel gegen Feuchtwerden und Verschieben der Drähte wirkt. Widerstandsdrähte in eine größere Masse von Paraffin einzubetten, hat keinen Zweck.

Sehr zweckmäßig ist die Verwendung feiner Plätte aus Widerstandsmaterial, die auf Glimmerplatten aufgewickelt wird; dabei braucht die Plätte keine besondere Isolation, wenn man sie nur in einer Lage aufwickelt. Auch seidenumsponnener Draht auf dünnen Glimmerplatten bietet Vorteile.

Der Rheostatenkasten besitzt eine Öffnung, um ein Thermometer einzuführen.

Die Verwendung verschiedenartiger Metalle im Rheostaten bedingt eine Fehlerquelle, auf die man bei genauen Messungen peinlich achten muß. Ein Widerstandsdraht bildet mit seinen Zuleitungen ein Thermoelement, dessen eine Lötstelle beim Stromdurchgang erwärmt, die andere abgekühlt wird, das demnach eine EMGegenkraft darbietet. Man wähle solche Widerstandsmaterialien, deren Thermokraft gegen Messing und Kupfer gering ist (Manganin). Ferner wähle man die Meßströme nicht zu stark, weil sonst durch Peltiersche Wirkung Fehler entstehen können.

Die Stöpselung der Rheostaten wird verschieden eingerichtet. Die ursprüngliche Anordnung (Siemens & Halske) ist die folgende: durch metallene Stöpsel kann man je zwei benachbarte Klötze auf dem Deckel des Rheostaten verbinden, sodaß der Strom durch den Stöpsel und nicht durch den Widerstand geht; zieht man den Stöpsel heraus, so ist der zugehörige Widerstand in den Stromkreis eingeschaltet. Neuerdings werden an solchen Rheostaten außerdem besondere Bohrungen in den einzelnen Klötzen angebracht, um Abzweigungen ansetzen zu können, was bei manchen Arbeiten, besonders aber beim Kalibrieren der Rheostaten, von großem Vorteil ist. Außer dieser Anordnung gibt es noch eine solche, bei der man nur einen Stöpsel gebraucht: die Dekadenwiderstände enthalten 10 gleiche hintereinandergeschaltete Widerstände, von denen man durch den Stöpsel eine beliebige Zahl einschalten kann; bei jeder Änderung des Rheostatenwiderstandes unterbricht man durch das Versetzen des Stöpsels den

Strom, was oft sehr störend ist; durch Verwendung von zwei Stöpseln kann man dies vermeiden. Ähnlich sind die Rheostaten mit Kombinationsschaltung eingerichtet, bei denen die Dekade aus einem Widerstande zu 5 und aus 4 bis 5 Widerständen zu 1 besteht; die Schaltung der Kontaktklötze wird so eingerichtet, daß man nur einen Stöpsel für jede Dekade gebraucht (vgl. zB. Feußner, El. Ztschr. 1891, S. 294).

Die nebenstehenden Anordnungen werden von F. Kohlrausch (Wied. Ann. Bd. 60) empfohlen; die Stöpsellöcher zu Widerständen sind durch Punkte angedeutet; bei × ist ein Stöpselloch ohne Widerstand, zu dessen beiden Seiten Klemmen sitzen; ein beliebiges dieser Klemmenpaare dient zur Einschaltung, durch den dazwischen gesetzten Stöpsel

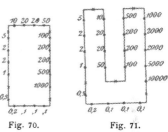

Fig. 70.   Fig. 71.

wird der ganze Rheostat ausgeschaltet. Außerdem kann man jede beliebige Widerstandsgruppe von den anderen trennen.

Die Stöpsel und Stöpsellöcher müssen peinlich rein gehalten werden, weil man sonst ganz unberechenbare Fehler begeht, welche erstaunliche Beträge erreichen können. Die Stöpsel sind häufig mit gewöhnlichem rauhem Papier fest abzureiben, von Zeit zu Zeit auch mit feinstem Smirgelpapier; nach der Behandlung mit letzterem wischt man die Stöpsel mit einem reinen Tuche oder Papier ab. Die Löcher reibt man mit einem passend gedrehten konischen Stöpsel aus Holz und einem mit Petroleum benetzten Läppchen aus; Smirgel und andere Putz- und Poliermittel dürfen zur Reinigung der Stöpsellöcher nicht verwendet werden.

Auch die rein gehaltenen Stöpsel und Stöpsellöcher verursachen noch immer kleine Fehler; wenn man die Stöpsel immer mit leisem Druck drehend einsetzt, sind diese Fehler für die gewöhnlich erstrebte Genauigkeit verschwindend. Das Ausziehen eines Stöpsels lockert oft die benachbarten Stöpsel; der Hartgummideckel dehnt sich bei Erwärmung stärker aus als das Messing; vor jeder endgültigen Messung sind demnach sämtliche Stöpsel anzuziehen.

Nach dem Gebrauch des Rheostaten lockere man alle Stöpsel wieder; denn bei einer geringen Abkühlung des Rheostaten zieht sich der Hartgummi zusammen und preßt die Klemmklötze und Stöpsel so stark gegeneinander, daß Lockerungen der ersteren wohl eintreten können.

Nach F. Kohlrausch sind die schlanken Siemensschen Stöpsel den dicken anderer Fabrikation vorzuziehen; ein Siemensscher Stöpsel hat nach guter Reinigung und sorgfältigem Einsetzen einen Widerstand von 4 bis $5 \cdot 10^{-5}$ Ohm.

Manche Fehler der Stöpselrheostaten werden bei den Kurbelrheostaten vermieden, wenn man den Kontakt der Kurbeln mit den Kontaktklötzen recht sorgfältig behandelt. Es ist verhältnismäßig leicht, die Berührungsflächen rein zu halten; ist der Druck der Kontaktfedern kräftig genug und verwendet man ganz wenig Öl zum

Schmieren der Flächen, so erhält man einen sehr konstanten inneren Widerstand des Rheostaten.   Ein Kurbelrheostat für feine Messungen ist vom Telegraphen‑Ingenieur‑Bureau des Reichs‑Postamts (El. Ztschr. 1896), ein anderer von Siemens & Halske (El. Ztschr. 1896) angegeben worden.

Auch Edelmetalle, die in dünner Schicht auf Glas oder Porzellan eingebrannt sind, lassen sich als Widerstände verwenden (Kundt). Meßwiderstände dieser Art werden nach einem eigenen Verfahren von der Chemischen Fabrik auf Aktien vormals Schering in Berlin hergestellt.

Große Widerstände aus Metall stellt man her aus Seidenband, in das ein dünner Metalldraht eingewebt ist, oder aus feinen schmalen Blechstreifen (Plätte), die auf Glimmer aufgewickelt werden.

Einen kleinen regulierbaren Widerstand liefert ein mit Quecksilber gefüllter Gummischlauch; indem man an dem Schlauch zieht, verlängert man ihn und verringert zugleich seinen Querschnitt.

Genauigkeit. Die Stöpselrheostaten werden gegenwärtig mit großer Genauigkeit (mindestens 1 : 1000) hergestellt; man darf sich auf ihre Richtigkeit bei Bezug von guten Firmen verlassen.   Man sehe indessen bei der Auswahl eines Rheostaten immer die Schrauben nach, welche (im Innern des Kastens) die Enden der Widerstandsdrähte halten; sie sollen fest angezogen sein, da sonst die Drähte sich lockern können.   Das Bedürfnis einer Berichtigung (Kalibrierung) wird bei einem Stöpselrheostaten nur in den seltensten Fällen eintreten; es mag deshalb hier der Hinweis auf F. Kohlrausch, Lehrbuch der praktischen Physik, § 80, IV genügen.

Bei den genauen Widerstandsmessungen ist noch die Verbindung der Rheostatenrollen mit den Klemmklötzen zu beachten.   Die Einrichtung bei den gewöhnlichen Stöpselrheostaten, daß je zwei benachbarte Rollen eine gemeinsame Zuführung zu einem Klemmklotz haben, ist nicht zu empfehlen; die Widerstandsdrähte sollen an jedem Ende eine besondere Zuführung zum Klemmklotz haben.

Große Widerstände mit sehr vielen Windungen zeigen eine nicht unerhebliche Unbeständigkeit infolge der von der isolierenden Seide aufgenommenen Feuchtigkeit.   Es ist zu empfehlen, dieselben gut zu trocknen, zu erwärmen und in geschmolzenes Paraffin einzutauchen [s. oben (201)].   Besser noch ist, die Widerstände mit starker, guter Schellacklösung zu tränken und längere Zeit bei 140° zu trocknen. Auch Kopallack wird mit Vorteil zu gleichem Zwecke benutzt.   Durch die längere Erhitzung wird auch der Draht in seinem Widerstandswert haltbarer.

Um die Erwärmung des Drahtes durch den Strom möglichst zu verringern, wählt man als Spulenkörper Metallröhren und sorgt für deren gute Lüftung.   Solche Rheostaten sind aber für Wechselstrommessungen im allgemeinen nicht zu gebrauchen; vielmehr müssen für letzteren Zweck die Spulenkörper aus einem Nichtleiter bestehen.

(202) Rheostaten für starke Ströme.   Hier eignet sich das Stöpselverfahren nicht mehr; man verwendet vielmehr Rheostaten mit kontinuierlicher Verschiebung oder solche, bei denen das Aus‑ und Einschalten von Widerstand durch das Verschieben eines Kurbel‑

kontaktes auf den Kontaktstücken, zwischen welchen die Teile des Rheostaten angebracht sind, bewirkt wird.

Erwärmung. Bei diesen Rheostaten hat man besondere Rücksicht auf die Erwärmung der Drähte zu nehmen; der Querschnitt muß entsprechend gewählt, der Leiter selbst möglichst frei in der Luft ausgespannt werden. Vgl. (79) u. Abschnitt: Widerstandsregulatoren im III. Teil.

Die geeignetsten Leiterformen für Rheostaten zu starken Strömen sind: dünne Drähte in Parallelschaltung, Drahtgewebe, Blechband, besonders gewelltes Band, Röhren, besonders solche mit Wasserkühlung. Drähte über 1,6 — 2 mm Durchmesser sind ungünstig. Drähte von 0,5 mm an windet man zu Spiralen auf; auch Blechstreifen lassen sich als Spiralen verwenden. Voigt und Häffner in Frankfurt a. M. und die Chemische Fabrik auf Aktien vormals Schering in Berlin empfehlen dünne, auf Porzellan aufgeschmolzene Bänder aus Glanz-Edelmetallen. (ETZ 1896, S. 127, 323, 373.) Widerstände, die eine starke Erwärmung aushalten sollen, bettet man in Emaille ein; auf einer emaillierten Eisenplatte wird der Widerstandsdraht in Zickzack aufgelegt und mit Emaille zugedeckt.

Einteilung. Die Rheostaten werden meist für ganz bestimmte Zwecke hergestellt, durch welche das Verhältnis der Widerstände der einzelnen einzuschaltenden Teile vorgeschrieben ist; zugleich ergibt sich auch die Stromstärke, welche jeder Teil zu leiten hat; aus dieser ist dann der Querschnitt zu berechnen.

Rheostaten mit kontinuierlicher Verschiebung bedürfen keiner Einteilung; wohl aber hat man den an jeder Stelle erforderlichen Querschnitt zu berechnen, wenn nicht die Konstruktion einen konstanten Querschnitt voraussetzt; im letzteren Falle kann man nur mit dem der maximalen Stromstärke entsprechenden Querschnitt rechnen.

Über die Berechnung von Regulatoren für bestimmte Zwecke vgl. im III. Teil, Abschnitt: Widerstandsregulatoren.

(203) Rheostaten aus Kohle und Graphit. In derselben Weise wie die metallischen Leiter kann man auch Kohlenstäbe und -platten verwenden. Ein sehr häufig gebrauchter Rheostat dieser Gattung ist die sog. Lampenbatterie, eine Zahl parallel geschalteter Glühlampen, die man in Gruppen oder einzeln aus- und einschalten kann.

Sehr große Widerstände stellt man aus Graphit dar; die von Siemens & Halske verfertigten Graphitwiderstände bestehen· aus einer mit Graphit sorgfältig eingeriebenen Nut in einem Hartgummizylinder, der durch einen Metallmantel nach außen geschützt wird; diese Widerstände sind von der Temperatur wenig abhängig und verändern sich langsam mit der Zeit.

Graphitwiderstände auf Glas nach Cohn und Arons. Wied. Ann. Bd. 28, S. 454. Auf ein nicht allzu feines mattes Glas werden mit einem Bleistift Striche und größere Kreise wie nebenstehend gezogen; die Striche bilden die Widerstände, während die ausgeführten Kreise für die Zuleitungen verwendet werden; auf diese Kreise werden gut ab-

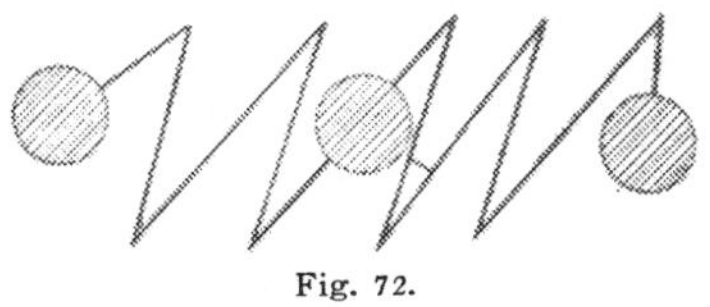

Fig. 72.

geschliffene Glasröhrchen sauber aufgekittet. Letztere bilden, mit Quecksilber gefüllt, die Elektroden, welche konstant mit anderen Quecksilbernäpfen verbunden werden; erst an den letzteren werden die erforderlichen Umschaltungen vorgenommen. Die Graphitwiderstände werden in kleine Holzkästchen eingesetzt, aus denen nur die Enden der erwähnten Glasröhrchen hervorragen; im übrigen sind die Kästchen gut verschlossen. Dieselben dürfen nicht bewegt werden. Die Graphitstriche kann man nicht durch einen Lacküberzug schützen. Relugit des Electr. Insulation Syndicate in Cardiff ist ein mit Kohlenpulver durchsetzter Asbest, der in Streifen und in Platten verwendet wird; sein Widerstand läßt sich durch Druck ändern.

Kohlenplatten, die aufeinander gelegt werden, können als Widerstände für starke Ströme benutzt werden; der Widerstand wird durch Druck geändert. Von Nachteil ist die verhältnismäßig geringe ausstrahlende Oberfläche.

(204) Flüssigkeitswiderstände. Aus leitenden Flüssigkeiten lassen sich große Widerstände herstellen. Am meisten empfiehlt sich für schwächere Ströme als Flüssigkeit eine schwache Zinkvitriollösung; die Elektroden bestehen aus reinem, mit reinem Quecksilber verquicktem Zink und befinden sich in zwei Gefäßen von passender Größe; diese letzteren werden durch eine enge Röhre von passend gewählten Abmessungen verbunden. Während des Gebrauchs wechselt man von Zeit zu Zeit die Stromesrichtung.

Kleine regulierbare Widerstände für starke Ströme kann man nach zwei verschiedenen Methoden erhalten; einen sehr kleinen Widerstand bekommt man durch Gegenüberstellen von zwei großplattigen Elektroden mit geringem Abstand; zwischen den Elektroden verschiebt man eine Glasscheibe, ein Holzbrett oder dgl. um den Querschnitt der leitenden Flüssigkeit zu verändern; statt dessen kann man auch die Elektroden heben und senken. Größere Widerstände erhält man in zylinderförmigen hohen Gefäßen, in denen man eine Elektrode an den Boden legt, während man die andere gegen jene in der Höhe verschiebt. Als Flüssigkeit dient Sodalösung, die Elektroden bestehen aus Eisen. — Diese Art der Flüssigkeitsrheostaten ist nicht für dauernde Einschaltung zu empfehlen.

Wenn es sich darum handelt, größere Mengen elektrischer Energie in Wärme zu verwandeln, so kommt es weniger auf das Material des Widerstandes als auf gute Kühlung, d. h. schnelle Fortschaffung der erzeugten Wärme an. Entweder nimmt man Metallröhren, durch welche Wasser fließt, oder man taucht einen aus dünnen Drähten oder Blech hergestellten Leiter in ein großes Petroleumbad, welches durch eine aus der Wasserleitung gespeiste Kühlschlange kühl erhalten wird. Stobrawa hat in der Dtsch. Ztschr. f. Elektrotechnik, 1887, S. 171 eine Anordnung beschrieben, bei der gewöhnliches Leitungswasser zwischen Eisenelektroden benutzt wird; die Elektroden hängen in Fässern, das Wasser läuft mit passender Geschwindigkeit aus der Leitung zu. Wechselt man das Wasser nicht, so kann man es bis zum Sieden gelangen lassen, was eine sehr wirksame Art, die erzeugte Wärme fortzuschaffen, ist. 1 KW verdampft in der Minute etwa 25 g Wasser. Einen kleinen regulierbaren Wasserwiderstand stellt man aus einem Batterieglas her, in das ein Zylinder oder eine

Platte aus Weißblech als Kathode und ein Lichtkohlenstab als Anode
eingestellt werden; durch einen Gummischlauch, der bis auf den
Boden des Glases geht, läßt man Wasser zulaufen, während das erwärmte Wasser oben abfließt; läßt man eine Erwärmung um 30^0 C.
zu, so braucht man für je 100 W in der Minute 50 g Wasser. — In
vielen Fällen ist es bequemer, die Leiter sich stark erhitzen zu lassen;
man nimmt aussortierte (d. h. zur Beleuchtung nicht mehr verwend-
bare) Glühlampen oder Eisendrähte.

Methoden der Widerstandsmessung.

(205) **Vertauschung im einfachen Stromkreise.** Man bildet
einen einfachen Stromkreis aus dem zu messenden Widerstand, einem
Galvanoskop oder Galvanometer, einem Rheostaten, einer konstanten
Batterie und einem Stromschlüssel. Man beobachtet die Ablenkung
des Galvanometers (bei einem mit dem Erdmagnetismus messenden
Nadelinstrument möglichst nahe 45^0), schaltet den zu messenden
Widerstand aus und so viel Rheostatenwiderstand dafür ein, daß der
Galvanometerausschlag wieder derselbe wird. Da in beiden Fällen
Stromstärke und elektromotorische Kraft der Batterie dieselben sind,
so müssen auch die Widerstände gleich sein, d. h. der zu messende
Widerstand ist gleich dem für ihn eingeschalteten Rheostatenwider-
stand. — Man wähle nur eine wirklich konstante Batterie, beobachte
rasch und schließe den Strom nicht länger als zur Ablesung nötig. —
Der zu messende Widerstand darf nicht zu klein im Verhältnis zum
Widerstand des ganzen Stromkreises sein. Sollen kleinere Widerstände gemessen werden, so ist es meist zweckmäßig, das Galvanometer unempfindlich zu machen.

Die Methode eignet sich besonders zur Messung großer Widerstände,
speziell für Isolationsbestimmungen an Leitungen, Maschinen usw.

Manchmal kommt man bei solchen Isolationsmessungen in die
Lage, daß die Vergleichswiderstände nicht ausreichen; man muß dann
ein Galvanometer verwenden, dessen Ausschläge in ihrer Abhängigkeit
von der Stromstärke bekannt sind, zB. Tangenten- oder Sinusbussole
mit vielen Windungen, das Torsionsgalvanometer, das Drehspulengalvanometer, am besten ein Spiegelgalvanometer. Man schließt einmal den Strom der Batterie durch einen großen Widerstand R und
das Galvanometer, und erhält den Ausschlag n_1; dann verbindet man
die Batterie und das Galvanometer mit den Leitern, deren Isolation
zu untersuchen ist und erhält den Ausschlag n_2; der Isolations-
widerstand ist $= R \cdot n_1/n_2$ (oder je nach dem Galvanometer $tg\,\varphi_1/tg\,\varphi_2$
und $\sin \varphi_1/\sin \varphi_2$ statt n_1/n_2).

Wird mit einer und derselben Batterie n_1 sehr groß, n_2 sehr klein,
so nehme man zur Ermittlung von n_1 nur einen Teil der (gleichen)
Elemente der Batterie und verstärke die letztere zur Bestimmung von
n_2; man hat dann die Änderung der elektromotorischen Kraft in
Rechnung zu setzen. Unter denselben Umständen kann man auch
für die Bestimmung von n_1 das Galvanometer abzweigen (309).

Bei Installationsarbeiten gebraucht man gewöhnlich eine Einrichtung zur Widerstandsmessung, welche auf der angegebenen Methode

beruht; eine Anzahl Trockenelemente (oder Leclanché-El.) sind in einem Kästchen untergebracht, auf dem oben ein Galvanoskop mit Kreisteilung sitzt; der eine Pol der Batterie ist mit dem Anfang der Galvanometerwindungen verbunden, der andere Pol und das Ende der Windungen endigen in Klemmen. Manchmal ist auch schon nach dem zehnten Teil der Windungen ein Draht abgezweigt, um bei verschiedenen Empfindlichkeiten messen zu können. Das Instrument muß mit einem Rheostat geeicht, die Eichung von Zeit zu Zeit wiederholt werden. Der Messungsbereich soll von 500 Ohm bis 100000 Ohm gehen. Die Messungen sind für den Zweck des Instrumentes genau genug, auch wenn man nicht sehr genau abliest (vgl. auch 218).

Messung mit Stromverzweigung bei Kabeln vgl. (309).

Universalgalvanometer vgl. (214).

(206) Messung mit dem Differentialgalvanometer. Verbindet man den zu messenden Widerstand d und den bekannten Rheostaten-

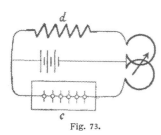

widerstand c nach Figur 73 mit den beiden Windungen des Galvanometers und mit der Batterie, so sind die Widerstände c und d gleich, wenn das Galvanometer keinen Ausschlag zeigt. Bedingung ist dabei, daß die Windungen des Galvanometers gleiche Widerstände und gleiche Wirkung auf die Nadel haben. Dies läßt sich nach (147) prüfen und abgleichen; ferner darf der Galvanometerwiderstand gegen den zu messenden Widerstand nicht groß sein.

Fig. 73.

(207) Die Verbindung nach Fig. 74 ist besonders bei kleineren

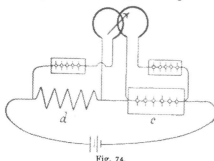

Widerständen von Vorteil, sowie in solchen Fällen, wo d und c nicht nahe beieinander liegen; sie erlaubt, Widerstandsverhältnisse zu bestimmen. c und d werden hintereinander verbunden und jedem derselben eine Galvanometerhälfte parallel geschaltet; in die eine oder in beide Hälften fügt man Rheostaten ein. Sind die Widerstände der Galvanometerhälften

Fig. 74.

G_1 und G_2, die etwa zugefügten Rheostatenwiderstände r_1 und r_2, so zeigt das Galvanometer, vorausgesetzt, daß die beiden Windungen gleiche Wirkung auf die Nadel haben, keinen Ausschlag, wenn

$$c : d = (G_2 + r_2) : (G_1 + r_1).$$

Fügt man zu $G_1 + r_1$ noch R_1 und stellt durch Zufügen von R_2 zu $G_2 + r_2$ das Gleichgewicht wieder her, so ist

$$c : d = R_2 : R_1,$$

im letzteren Falle werden die Verbindungswiderstände sämtlich eliminiert.

Die Methode empfiehlt sich zur Bestimmung von Widerstandsänderungen von d, zB. zur Messung von Temperaturkoeffizienten,
oder der Erwärmung durch den Strom. Ist etwa das Verhältnis von
d und c bei gewöhnlicher Temperatur t bestimmt durch

$$d : c = (r_1 + G_1) : (r_2 + G_2)$$

und wenn d eine andere Temperatur T besitzt, durch

$$d' : c = (r'_1 + G_1) : (r_2 + G_2),$$

so ist $\qquad d' : d = (r'_1 + G) : (r_1 + G)$

und $\qquad \dfrac{d' - d}{d} = \dfrac{r'_1 - r_1}{r_1 + G} = \Delta\rho\ (T - t)$

$(d - d)/d$ ist die prozentische Widerstandszunahme von d, $\Delta\rho$ der Temperaturkoeffizient $= (d' - d)/d\ (T - t)$.

Die Widerstände, welche verglichen
werden, sind die zwischen den Abzweigstellen nach dem Galvanometer
gelegenen Stücke. Das verbindende
Stück zwischen den Widerständen kann
beliebig lang sein.

Beide Methoden sind frei von der
Größe und den Schwankungen der
elektromotorischen Kraft der Meßbatterie.

**Methode des übergreifenden
Nebenschlusses** von F. Kohlrausch.
Die Methode ist besonders geeignet zur

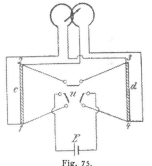

Fig. 75.

Vergleichung annähernd gleich großer Widerstände, wobei die Verbin-
dungs- und Übergangswiderstände eliminiert werden. Die Schaltungsweise ist aus Fig. 75 ersichtlich. Die Widerstände c und d sind hintereinander verbunden, durch den 6 näpfigen Kommutator u wird die Stromquelle E einmal zwischen die Enden 1, 4, bei der anderen Stellung zwischen
2, 3 gelegt. Zur Erreichung größtmöglicher Empfindlichkeit sind die
Widerstände der Galvanometerwindungen, wenn es aus praktischen
Gründen möglich ist, den zu messenden Widerständen gleich zu
machen. Es ist nicht nötig, daß die beiden Windungen des
Galvanometers gleichen Widerstand und gleiche Wirkung auf
die Nadel besitzen, sondern wenn beim Umlegen des Kommutators
der Ausschlag des Galvanometers nach derselben Seite gerichtet
und gleich groß ist, so ist $c = d$. Man erreicht dies, indem
man an den größeren der beiden Widerstände einen passenden
Nebenschluß legt; es kann auch Interpolation zwischen zwei Nebenschlüssen benutzt werden, um denjenigen zu finden, bei dem Gleichheit vorhanden ist (211). Bequem ist es, wenn der Ausschlag des
Galvanometers nur klein ist; man kann dies stets durch Einschalten
eines passenden Widerstandes in den einen Galvanometerzweig erreichen. Die Methode ist genau und doch relativ einfach.

(208) **Wheatstonesche Brücke.** 4 Widerstände a, b, c, d (Fig. 76)
werden in einer geschlossenen Reihe hintereinander verbunden; man
kann diese Verbindung als ein Viereck ansehen, dessen Diagonalen AD

und BC sind. Bringt man in die eine Diagonale eine Stromquelle, in die andere ein Galvanometer, so fließt durch das letztere kein Strom, wenn sich verhält

$$a : b = c : d.$$

Kennt man einen dieser Widerstände *(c)* und das Verhältnis von zwei anderen *(a : b)*, so kann man den vierten *(d)* bestimmen.

(209) Verzweigungsrheostat. Zwei Widerstände von bekanntem Verhältnis kann man auf verschiedene Arten erhalten. Ent-

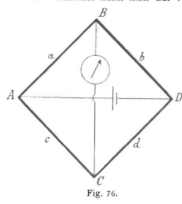

Fig. 76.

weder benutzt man dazu zwei Normalwiderstände oder man entnimmt sie zweien Rheostaten; manche Widerstandskästen sind dementsprechend eingerichtet, so die Universal-Meßbrücken und die Stöpselrheostaten mit Paaren zu 1, 10, 100, 1000, 10000 Ohm; oder aber die beiden Widerstände sind Teile eines ausgespannten Drahtes, den man vermittels eines Kontaktes in zwei Teile von veränderlichem Verhältnis zerlegen kann. In letzterem Falle setzt man für das Widerstandsverhältnis das Verhältnis der Längen in der Voraussetzung, daß der Draht durchaus gleichmäßig gezogen sei. Für genauere Messungen muß man die Fehler des Kalibers bestimmen und in Rechnung setzen.

Den als bekannt vorausgesetzten Widerstand *c* entnimmt man entweder einem Rheostaten, oder man verwendet einen Einzelwiderstand, wie besonders eine Normaleinheit.

(210) Prüfung und Kalibrierung eines ausgespannten Drahtes. Wenn der Draht überall gleich wäre, so müßte einer bestimmten Länge überall der gleiche Widerstand entsprechen, und wenn der Draht von einem konstanten Strom durchflossen würde, müßten die Enden dieser Länge überall die gleiche Spannung zeigen. Das letztere kann man auf folgende Weise prüfen: An einem Holzklotz befestigt man zwei isolierte Metallschneiden in unveränderlichem Abstand voneinander; jede Schneide wird mit einer Klemme eines empfindlichen Galvanometers von großem Widerstande verbunden. Das Schneidenpaar setzt man auf den Rheostatendraht auf, während der letztere von einem konstanten Strome durchflossen wird; das Galvanometer zeigt einen Ausschlag, der nicht zu klein sein darf, wenn man eine sichere Prüfung zu haben wünscht. Verschiebt man die Schneiden längs des Drahtes, so sollte sich der Ausschlag nicht ändern, wenn der Draht überall gleich wäre; letzteres ist indes gewöhnlich nicht der Fall; mißt man den Ausschlag des Galvanometers für verschiedene Stellen des Drahtes, so verhalten sich die abgegrenzten Widerstände wie die Ausschläge. — Die Konstanz des Stromes muß geprüft werden, indem man dieselbe Stelle des Drahtes wiederholt einschaltet. — Mit einem Differentialgalvanometer von großem Wider-

stande und zwei Schneidenpaaren von gleichen Abstand der Schneiden kann man die Ungleichheit verschiedener Teile des Rheostaten noch sicherer untersuchen. — Leicht ist folgende Prüfung auszuführen: Wenn die Brückenkombination zur Messung bereit aufgestellt ist, mißt man zuerst eine Anzahl vorher bekannter Rheostatenwiderstände nach; der aus der Beobachtung abgeleitete und der schon bekannte Wert sollen übereinstimmen; tun sie dies nicht, so kann man die Berichtigung ohne Schwierigkeiten feststellen. Andere Kalibrierungsmethoden siehe auch F. Kohlrausch, Lehrbuch der prakt. Physik.

Meist wird man die Verwendung einer Berichtigungstafel umgehen wollen; man wählt dann eine Anzahl frisch ausgezogener Drähte, sowie sie vom Drahtzug kommen, spannt einen nach dem anderen auf und prüft sie in einer der angegebenen Arten; den besten behält man für den Rheostaten.

(211) Interpolation. Wenn man keine ununterbrochene Änderung der Widerstände ausführen kann, zB. bei Verwendung von Stöpselrheostaten, wird man das Widerstandsverhältnis, bei dem das Galvanometer gerade stromlos ist, gewöhnlich nicht genau erreichen; man beobachtet dann bei zwei dem richtigen nahe gelegenen Verhältnissen, welche jenes zwischen sich enthalten, und interpoliert. Ist das Verhältnis der Widerstände $a : b = 1 : 10$, c ein bekannter Widerstand aus einem Rheostat, d gesucht, so findet man

zB. $c = 37,3$ Galv. nach rechts $3,0^0$

$c = 37,4$ „   „ links $1,5^0$

Diff. $0,1$ entspricht $4,5^0$,

daher das richtige $c = 37,4 - \dfrac{1,5}{4,5} \cdot 0,1 = 37,4 - 0,033 = 37,37$,

folglich $d = 37,37 \cdot 10 = 373,7$.

Besonders zweckmäßig ist es, bei Verwendung von Paaren gleicher Widerstände jedem Paar einen Zusatzwiderstand von $^1/_{100}$ oder $^1/_{1000}$ des einen Widerstandes zu geben, den man zum Zwecke der Interpolation nach Bedürfnis a oder b zufügen kann. Auch durch angelegten Nebenschluß kann man die Widerstände variieren.

(212) Stromwender. Ungleichmäßigkeiten des Rheostaten werden beseitigt oder wenigstens vermindert durch Verwendung eines Stromwenders mit 4 Kontakten (s. Fig. 77).

Die Verbindungsdrähte der Rheostaten und des Stromwen-

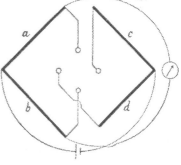

Fig. 77.

ders müssen sehr geringe Widerstände besitzen; während des Umlegens des 4 kontaktigen Stromwenders sei der Batterieweg offen, da man sonst heftige Ablenkungen des Galvanometers erhält.

Die Verwendung des Stromwenders empfiehlt sich besonders, wenn die Widerstände der Kombination paarweise gleich sind $(a = b)$. Bei Messungen mit dem ausgespannten Draht ist der Stromwender auch bei anderen Verhältnissen von Vorteil, indem er die Fehler, welche durch Ungleichmäßigkeiten des Drahtes entstehen, vermindert.

(213) Empfindlichkeit. Es ist am vorteilhaftesten, die 4 Widerstände a, b, c, d, sowie den des Galvanometers und den der Batterie tunlichst einander gleich zu machen. Beim ausgespannten Drahtrheostaten suche man durch die Wahl des Widerstandes c möglichst nahe der Mitte des Drahtes zu kommen.

Die Methode ist frei von der Größe und den etwaigen Schwankungen der elektromotorischen Kraft der Meßbatterie.

Störungen in der Messung entstehen durch thermoelektrische Kräfte, sowie durch Selbstinduktion in den zu messenden Widerständen. Die ersteren sind meist klein; ist der Batteriezweig offen und schließt man den Galvanometerzweig allein, so zeigt sich das Vorhandensein einer thermoelektrischen Kraft an einem Ausschlag; die neue Einstellung der Nadel darf man als Nullage betrachten, wenn die thermoelektrischen Kräfte während der Messung konstant sind; dadurch werden die letzteren eliminiert. Bei der Messung von Magnetisierungsspulen und anderen Solenoiden erhält man kräftige Induktionswirkungen; in diesem Falle schließt man zuerst nur den Batteriezweig und erst einige Zeit später den Galvanometerzweig.

(214) **Einige praktische Ausführungen der Wheatstoneschen Brücke.**

Das Universalgalvanometer von Siemens & Halske, neue Form (ETZ 1897, S. 197), enthält als Meßinstrument das in (170) unter No. 73 angeführte Drehspulen-Zeigergalvanometer von 1 Ohm Widerstand, welches entweder bei Widerstandsmessungen in der Brücke liegt oder bei Strom- und Spannungsmessungen mit Nebenschlüssen und Vorschaltungen (zB. denselben, die für das Torsionsgalvanometer dienen) benutzt wird. — Dieser Apparat ist gegen Erschütterungen und magnetische Störungen sehr unempfindlich.

Gebrauch des Universalgalvanometers von Siemens & Halske. 1. Widerstandsmessung in der Wheatstoneschen Brücke. Das Galvanometer sitzt auf einer runden Schieferplatte, in deren Rand ein blanker Draht eingelassen ist; auf letzterem schleift ein Kontaktröllchen, das von einem Arm getragen wird. An der Teilung am Rande der Schieferplatte kann das Widerstandsverhältnis abgelesen werden. Durch Stöpselung können Vergleichswiderstände von 1 bis 1000 Ohm eingeschaltet werden; ein Widerstandsstöpsel mit eingeschlossenem Draht erlaubt, auch noch 0,1 Ohm als Vergleichswiderstand zu benutzen. Schaltung: zu messender Widerstand an Klemme II und III, Meßbatterie an I und V, Stöpsel zwischen III und IV eingesetzt, Stöpsel bei y gezogen; Vergleichswiderstand gewählt und Schleifkontakt eingestellt. Der Knopf über V dient zum Schließen und Öffnen des Batteriezweiges. Meßbereich bis etwa 30000 Ohm.

2. Isolationsmessung nach der Methode des direkten Ausschlags. Stöpsel bei 9, 90, 900 gezogen, die bei y und bei 1 eingesteckt; ein Batteriepol an Klemme V, der zweite an Erde; die zu untersuchende Leitung an IV; Druck auf die Taste, Ausschlag des Galvanometers n_1.

Darauf wird die Leitung abgenommen, der zweite Batteriepol an IV gelegt (hat die Batterie hohe Spannung, so verwendet man einen besonderen Stromschlüssel und legt den ersten Batteriepol an II statt an V): Stromschluß, Ausschlag n_2. (1 Teilstrich = 0,001 A) Isolationswiderstand

$$= 1000 \cdot \left(\frac{n_2}{n_1} - 1\right) \text{ Ohm},$$

Meßbereich bis etwa 10^6 Ohm.

3. Fehlerbestimmung (Nebenschluß) in Leitungen. Stöpsel bei y zu ziehen, bei 1, 9, 90, 900 und zwischen III und IV einzustecken. Fehlerhafte Leitungen an II und III; an I unter Zwischenschaltung eines Stromschlüssels (zweckmäßig auch Stromwenders) ein Pol der Batterie, der zweite Pol an Erde Gesucht die Stellung des Schleifkontaktes, wo das Galvanometer auf Null zeigt; wenn die Leitung Strom führt, sucht man die Stellung, wo Öffnen und Schließen der Meßbatterie den Ausschlag des Galvanometers nicht ändert. Kräftige Batterie, zweckmäßig Polwechsel. Ist die Einstellung des Schleifkontaktes a, die Länge der Leitung l, so beträgt die Entfernung des Fehlers von der Klemme III $la/(l + a)$, alles in Ohm.

4. Spannungsmessung; Stöpsel 9, 90, 900 und III, IV zu ziehen, 1 und y zu stecken. An II und IV wird ein hierzu bestimmter Verbindungsbügel angeschraubt, an dessen Klemmen die zu messende Spannung kommt. Empfindlichkeit:

gezogene Stöpsel 9, 90, 900 | 9, 90 | 9 | —
1 Teilstrich = 1 V | 0,1 V | 0,01 V | 0,001 V.

Der Stöpsel zwischen III und IV bleibt gezogen.

5. Strommessung. Der Stöpsel zwischen III und IV wird gezogen, alle anderen eingesteckt. An den Verbindungsbügel (II, IV s. d. Vor.) wird der passende Nebenschluß gelegt und letzterer in den Stromkreis eingeschaltet. Für Ströme unter 0,15 A ohne Nebenschluß.

6. Messung des Widerstandes von Elementen. Zwischen Klemmen III und IV wird ein Stöpsel eingeführt, der 300 Ohm enthält, Stöpsel bei y gezogen, Element an II und III. Passender Vergleichswiderstand gezogen, Schleifkontakt verschoben, bis der Ausschlag durch Druck der Taste nicht geändert wird. Bei Messung einer größeren Batterie ist diese in zwei Hälften gegeneinander zu schalten.

7. Das Universalgalvanometer wird zu Bestimmungen des Leitvermögens von Kupferdrähten in folgender Weise eingerichtet: Als Vergleichswiderstand dient ein Kupfer-Normaldraht; von dem zu messenden Draht wird genau 1 m eingespannt und der Widerstand gemessen, darauf das Stück, nachdem es genau am inneren Klemmenrande abgeschnitten worden, auf Zentigramm genau gewogen. Die gefundene Masse m, die Länge und die bekannte Dichte (δ) ergeben den Querschnitt; der letztere, die Länge (l m) und der gemessene Widerstand (r Ohm) den spezifischen Widerstand ρ oder das Leitvermögen γ. $\rho = \dfrac{r \cdot m}{\delta \cdot l^2}$, und wenn $l = 1$, so ist $\rho = \dfrac{rm}{\delta}$, $\gamma = \dfrac{\delta}{rm}$.

Statt mit einem Galvanometer kann man die Form des Universalgalvanometers auch mit dem Telephon gebrauchen. (Telephonbrücke s. unten.)

Der Universalwiderstandskasten von Siemens & Halske läßt sich zu denselben Widerstandsmessungen verwenden, wie das vorige Instrument, enthält aber kein Galvanometer. Zu den Messungen von Drahtwiderständen schaltet man die Teile des Kastens zu einer Wheatstoneschen Brücke, wobei die Teile B und C den Verzweigungs-, A den Meßrheostaten bilden. Auch von anderen Firmen werden ähnliche Verzweigungskästen hergestellt.

Der Walzenrheostat von F. Kohlrausch wird von Hartmann & Braun hergestellt und enthält eine beträchtliche Drahtlänge auf einer Walze aus Stein oder Holz in einer Schraubenlinie aufgewickelt; beim Drehen der Walze verschiebt sich ein Kontaktröllchen, dessen Stellung genau abgelesen werden kann. An den Enden des Drahtes können noch Widerstände zugeschaltet werden, wodurch die Empfindlichkeit der Einstellung erhöht wird. Bequeme Handhabung und Aufstellung zeichnen diesen Apparat aus. Eine billige Form wird von Keiser & Schmidt geliefert.

Meßbrücke von Hartmann & Braun. (F. Kohlrausch.) Der Meßdraht ist über einer Teilung ausgespannt, welche nach erfolgter Einstellung sogleich das Verhältnis der zu vergleichenden Widerstände abzulesen gestattet. Der Apparat ist leicht transportabel und für rasche Messungen von mäßiger Genauigkeit äußerst bequem.

Meßbrücke von Edelmann. Der größere Teil des Meßdrahtes ist aufgespult, sodaß man den Streifkontakt nur auf dem mittleren Stück verschieben kann; dadurch erzielt man große Empfindlichkeit bei kleinem Raumerfordernis. Der Draht ist über einer Millimeterteilung ausgespannt.

Die Telephonbrücke. (F. Kohlrausch.) Statt des konstanten Batteriestromes in der einen Diagonale verwendet man einen Induktionsstrom (Wechselstrom) oder unterbrochenen Gleichstrom; in der zweiten Diagonale wird statt des Galvanometers ein Telephon eingeschaltet. Die Telephonbrücke ist besonders zu empfehlen bei der Messung polarisierbarer Widerstände (Sammler, Batterien, Erdleitungen, Zersetzungszellen); dagegen ist sie nicht zu gebrauchen bei der Messung von Widerständen mit erheblicher Selbstinduktion oder Kapazität, s. auch (336). Doch kann man dann durch Zuschalten künstlicher Kapazität in den anderen Zweig oft noch ein brauchbares Tonminimum erreichen. Genaueres hierüber siehe Kohlrausch und Holborn, Leitvermögen der Elektrolyte.

(215) Verallgemeinerte Wheatstonesche Brücke. (Frölich.) In dem Wheatstoneschen Viereck gilt die Proportion der Widerstände $a:b = c:d$, wenn sich die Stromstärke des einen Diagonalzweiges nicht ändert, während man den anderen Diagonalzweig öffnet und schließt; dieser Satz gilt auch, wenn in allen oder in einem Teil der sechs Zweige der Brücke beliebige elektromotorische Kräfte wirken.

Die allgemeine Form der Brücke gibt Aufschluß über den Leitungswiderstand allein, während man nach den bisher angeführten Methoden in vielen Fällen nicht die reinen Leitungswiderstände mißt, sondern die letzteren vermehrt (oder vermindert) um einen sog. scheinbaren Widerstand; dieser rührt von irgend welcher elektromotorischen Gegenkraft her, die aber meist durch Kommutieren des Stromes eliminiert werden kann.

Die Methode läßt sich verwenden zur Bestimmung von Batteriewiderständen, Widerstand von Elektrolyten, im Betrieb befindlicher Dynamomaschinen, des Lichtbogens, Isolation von langen Kabeln usw. Durch Einschalten von elektromotorischen Kräften von geeigneter Größe und Richtung in die verschiedenen Zweige der Wheatstoneschen Kombination kann man in allen Fällen die Stromstärke im Galvanometerzweig gering machen; die bekannte Proportion der Widerstände gilt dann in dem Fall, daß das Schließen und Öffnen im anderen Diagonalzweig den Ausschlag des Galvanometers nicht beeinflußt.

Methoden für die Messung kleiner Widerstände.

(216) Methode von Matthiesen und Hockin.

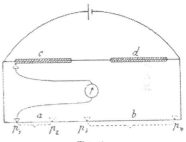

Sind in der nebenstehenden Figur d der zu messende Widerstand und c der Vergleichswiderstand, ab ein ausgespannter Drahtrheostat. so sucht man mit den verschiebbaren Kontaktklötzen, mit welchen das Galvanometer verbunden ist, zu den beiden Endpunkten von c und d die Punkte gleichen Potentials auf

Fig. 78.

$ab;$ während die eine Schneide am Ende von c aufliegt, verschiebt man die andere auf a, bis das Galvanometer stromlos ist, der gefundene Punkt hat gleiches Potential mit dem Endpunkt von c. Seien auf diese Weise p_1, p_2, p_3, p_4 gefunden, so ist

$$c : d = \overline{p_1 p_2} : \overline{p_3 p_4}.$$

(217) Thomsonsche Doppelbrücke. Diese Methode ist besonders angezeigt bei der Messung kleiner Widerstände, bei denen die Verbindung nicht widerstandslos bewirkt werden kann, sondern manchmal, wie zB. bei 0,0001 und 0,00001 Ohm von derselben Ordnung oder größer als der zu messende Widerstand sein kann. Es ist dabei einerlei, in welchem Verhältnis die zu vergleichenden Widerstände c und d stehen, nur die Empfindlichkeit der Methode wird davon beeinflußt (Ztschr. f. Instrk., Bd. 23, S. 33, 65; 1903). Man führt das Verhältnis der zu messenden Widerstände auf dasjenige zweier genau bekannten größeren Widerstände W_1 und W_2 zurück, die widerstandslos hintereinander verbunden werden können. Der Verbindungswiderstand zwischen c und d wird überbrückt durch die Widerstände w_1, w_2, die ebenfalls bedeutend größer als

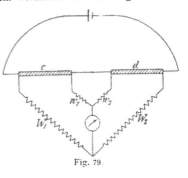

Fig. 79.

c, d sind. Wenn die Widerstände $c : d = w_1 : w_2 = W_1 : W_2$ abgeglichen sind, so ist das Galvanometer stromlos; es herrscht zwar noch bei anderen Widerstandsverhältnissen Stromlosigkeit, aber auf diesen Fall muß man die Abgleichung zurückführen, was leicht zu erreichen ist. Als Kriterium für die Richtigkeit der Abgleichung gilt, daß auch nach Unterbrechung der Verbindung zwischen c und d, wodurch eine einfache Wheatstonesche Brücke erhalten wird, das Galvanometer stromlos bleiben muß. Durch zweimalige Abgleichung der Widerstände ist die Bedingungsgleichung meist genau hergestellt. Zu den Widerständen W_1, W_2 rechnen noch die Zuleitungswiderstände von diesen bis zu c und d; man gibt ihnen zweckmäßig auch das Verhältnis $c : d$, was aber nur ganz roh der Fall zu sein braucht. Wenn dann Stromlosigkeit hergestellt ist, gilt streng die Beziehung $c : d = W_1 : W_2$. Um den absoluten Wert von d zu erhalten, muß außer dem Verhältnis $W_1 : W_2$ der absolute Wert von c mit der gewünschten Genauigkeit bekannt sein. Diese Methode wird zB. mit Vorteil angewandt, um von 1 Ohm zu den niederen Dekaden zu gelangen. (Ausführungen der Brücke von Siemens & Halske, Edelmann, O. Wolff.)

Beide Methoden (216 und 217) eliminieren die Verbindungs-widerstände und sind frei von der Größe und den Schwankungen der elektromotorischen Kraft der Meßbatterie.

(218) **Ohmmeter.** Zur angenäherten Messung des Widerstandes kann das Ohmmeter dienen, an dessen Skala die Größe des zu messenden Widerstandes direkt abgelesen wird.

1. **Ohmmeter mit einfachem Stromkreis.** — Dies ist im wesentlichen ein Amperemeter nach dem Drehspulensystem, welches mit dem zu messenden Widerstand in den Stromkreis eines bezw. mehrerer Akkumulatoren geschaltet ist. Der Ausschlag des Instrumentes ist ein Maß für den eingeschalteten Widerstand. Um die Variation der Stromquelle zu eliminieren, wird bei kurz geschlossenem Instrument oder unter Zuhilfenahme eines beigegebenen Normalwider-standes auf eine Nullmarke eingestellt. Dies geschieht durch Ver-änderung der Empfindlichkeit des Stromzeigers mittels eines mag-netischen Nebenschlusses.

2. **Ohmmeter mit gekreuzten Spulen.** — Bei den ersten Apparaten dieser Art (Frölich) wirkten zwei senkrecht zueinander stehende Spulen auf ein astatisches Nadel-paar. Der Apparat von Hartmann & Braun beruht ebenfalls auf der Anwendung zweier gekreuzten Spulen, die sich aber in einem nicht homogenen Magnetfeld befinden. Die Schaltung (Fig. 80) ist wie beim Differentialgalvanometer (206), so daß es für jedes Widerstandsverhältnis eine bestimmte Einstellung des Ohmmeters gibt, die nicht mehr von der Größe der Stromquelle E abhängt, da infolge des inhomogenen Feldes das Verhältnis der Feldstärken für beide Spulen S eine Funktion des Drehungswinkels ist. Infolgedessen entspricht auch dem Widerstandsverhältnis $x : N$, wo N einen Normal-widerstand, x den zu messenden Widerstand bedeutet, ein ganz be-

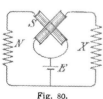

Fig. 80.

stimmter Drehungswinkel. Durch Änderung der Polform des Feld-
magnetes läßt sich das Meßbereich, wie auch die Größe einzelner
Skalenintervalle verändern.

(219) **Indirekte Widerstandsmessung.** a) Durch Strom- und
Spannungsmessung. In Fällen, in denen keine der angeführten
Methoden verwendbar ist, kann man sich oft dadurch helfen, daß
man die Spannung an den Enden des zu bestimmenden Wider-
standes mißt, während dieser von einem Strome von bekannter
Stärke durchflossen wird; der fragliche Widerstand ist dann $= e/i$.
Diese Methode verwendet man besonders bei der Bestimmung des
Widerstandes leuchtender Glühlampen, häufig auch zur Messung
kleiner Widerstände.

b) Mit dem Elektrometer. 1. Sendet man einen konstanten
Strom durch zwei hintereinander geschaltete Widerstände, so verhalten
sich die nach (157) gemessenen Spannungen wie die Widerstände.
2. Verbindet man bei derselben Schaltung den Anfang des ersten
Widerstandes mit dem einen Quadrantenpaar, das Ende des zweiten
mit dem andern Quadrantenpaar und die Verbindungsstelle beider
Widerstände mit der Nadel, so sind die Widerstände gleich, wenn die
Nadel auf Null bleibt; die symmetrische Aufhängung der Nadel ist
sorgfältig zu prüfen. (Arno, Eclair. él. Bd. 2, Eisler, El. Ztschr.
1895, S. 255.) Bei Verwendung von Wechselstrom erhält man die
scheinbaren Widerstände.

Widerstand von zersetzbaren Leitern.

(220) Infolge der auftretenden Polarisation sind die für Metall-
widerstände angegebenen Methoden hier nicht ohne weiteres zu gebrauchen.

Mit Gleichstrom kann man den Widerstand eines Elektrolyts
in folgender Weise nach der Vertauschungsmethode (205) ermitteln:
Man schaltet zunächst zwischen die Elektroden nur ein kurzes Stück
des zersetzbaren Leiters und beobachtet den Ausschlag des Galvanometers. Darauf vergrößert man den Abstand der Elektroden und
schaltet so viel Rheostatenwiderstand aus, daß der Ausschlag ebenso
groß wird, wie vorher. Der ausgeschaltete Rheostatenwiderstand ist
gleich der Vermehrung des Widerstandes des Elektrolyts, welche
durch die Verschiebung der Elektroden erzielt wurde.

Wechselstrom. (F. Kohlrausch, M. Wien.) Die Verwendung
von Wechselstrom vermeidet das Entstehen einer Polarisation. Man
verwendet die Wheatstonesche Brücke, indem man das Galvanometer
durch ein Elektrodynamometer, ein Telephon (letzteres bei den gewöhnlichen Ansprüchen genügend), oder ein Vibrationsgalvanometer ersetzt.

Von dem Elektrodynamometer schaltet man nur die bewegliche
Rolle in den Brückenzweig, die feste Rolle in den Zweig, der die
Wechselstromquelle enthält.

Die Einstellung geschieht so, daß entweder das Dynamometer
bezw. das Vibrationsgalvanometer keinen Ausschlag gibt oder das
Telephon verstummt.

Stromgeber für Widerstandsmessungen mit Wechselstrom: Kleine
Induktoren mit Neeffschem Hammer oder Deprezschem Unterbrecher,

der Vibrator von Franke (ETZ 1897, S. 620), der Saitenunterbrecher von M. Wien (Wied. Ann., Bd. 42); der letztere gibt genau bestimmbare Unterbrechungszahlen; s. auch (224).

Da es meistens auf den spezifischen Leitungswiderstand abgesehen ist, so gebraucht man zu den Bestimmungen ein Gefäß, welches die Berechnung des Widerstandes aus den Abmessungen erlaubt, am besten eine Glasröhre, welche einen möglichst konstanten Querschnitt besitzt. In dieser lassen sich die Elektroden (Platin, platiniertes Silber) bequem verschieben. Tritt bei Gleichstrom Gasentwicklung ein, so verwendet man ein U-förmiges Glasrohr und als Elektroden Drahtnetze oder Spiralen.

Will oder kann man das Gefäß, in welchem die Bestimmung vorgenommen werden soll, nicht geometrisch ausmessen, so bestimmt man in demselben Gefäß den Widerstand eines Leiters von bekanntem spezifischem Widerstand und vergleicht den der zu untersuchenden Flüssigkeit damit. Als Vergleichsflüssigkeiten benutzt man*):

Vergleichsflüssigkeit	Spez. Gew.	Widerstandskoeffizient, bezogen auf Ohm: $r = \rho \cdot \dfrac{l}{q}$ l in cm, q in cm²
Wässerige Schwefelsäure, bestleitend, 30,0 % reine Säure	1,223	$\rho = 1,35 \ [1 - 0,016 \ (t - 18)]$
Gesättigte Kochsalzlösung, 26,4 % $ClNa$	1,201	$\rho = 4,63 \ [1 - 0,022 \ (t - 18)]$
Magnesiumsulfatlösung (normal) 17,4 % $MgSO_4$ (wasserfrei)	1,190	$\rho = 20,3 \ [1 - 0,026 \ (t - 18)]$
Chlorkaliumlösung (normal) 7,46 % KCl	1,045	$\rho = 10,2 \ [1 - 0,020 \ (t - 18)]$

Hat man in demselben Gefäß einmal den Widerstand R einer der Vergleichsflüssigkeiten und dann den Widerstand r der zu untersuchenden Flüssigkeit bestimmt, so ist der gesuchte spezifische Widerstand der letzteren $= \rho \cdot \dfrac{R}{r}$.

Widerstand von Elementen s. (334).

(221) **Widerstandsmessung an Isolationsmaterialien.** Zur Messung des Widerstandes von festen Isoliermaterialien eignen sich am besten Platten von etwa 15 × 15 cm Größe. Eine derartige Platte P (Fig. 81) wird zwischen zwei ebene Metallelektroden gelegt, die am besten mit Stanniol gepolstert und mit Gewichten gegeneinander gepreßt werden, damit sie sich der oft nicht ebenen Fläche gut anschmiegen. An die Elektroden aa werden die Pole einer Akkumulatorenbatterie B gelegt. Aus der Spannung E der letzteren

---

*) Vgl. F. Kohlrausch, Lehrb. d. pr. Phys. und F. Kohlrausch und L. Holborn, Leitvermögen der Elektrolyte 1898.

und dem mittels eines Galvanometers G gemessenen Strome I wird der Isolationswiderstand als E/I berechnet. Um Ströme vom Galvanometer auszuschließen, welche andere Wege, als die zu untersuchende Isolationsschicht passiert haben, ist es zweckmäßig, einen Pol der Batterie zu erden, das Galvanometer in die mit dem geerdeten Pol verbundene Leitung zu legen und sämtliche Leitungen vom Isolationsmaterial bis zum geerdeten Pol (inkl. Galvanometer) mit einer metallischen Schutzhülle zu versehen, die geerdet ist. Der im Galvanometer gemessene Strom setzt sich zusammen aus dem Strom, der durch das Material hindurchgedrungen ist, vermehrt um den Strom, der über die Oberfläche geflossen ist. Will man letzteren ausschließen, so legt man um die am geerdeten Pol liegende Elektrode einen Schutzring bb, der ebenfalls geerdet ist und dadurch die Oberflächenströme am Galvanometer vorbeiführt. Arbeitet man bei besser isolierenden Materialien mit höheren Spannungen, so empfiehlt es sich, in die Leitung zur Sicherheit einen Jodkadmium- oder

Fig. 81.

Wasserwiderstand R von einigen Megohm zu legen. In vielen Fällen kann sein Vorhandensein bei der Rechnung vernachlässigt werden.

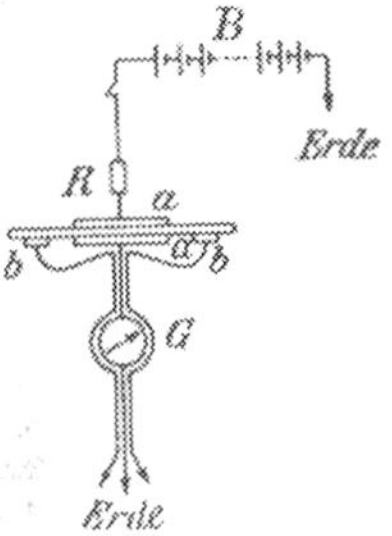

Ist die Isolation so gut, daß die Empfindlichkeit des Galvanometers nicht mehr ausreicht, so kann man in der Weise verfahren, daß man zunächst die Spannung E an die Elektroden legt, danach eine gemessene Zeit t die eine Elektrode vom Batteriepol trennt und dann von neuem die Spannung E anlegt. Hierbei fließt eine Elektrizitätsmenge Q auf die Elektrode, die gleich dem Ladeverlust in der Zeit t ist und durch ein ballistisches Galvanometer gemessen werden kann. Dann ist annähernd der Isolationswiderstand gleich Et/Q.

Isolationswiderstände gehorchen nicht dem Ohmschen Gesetz; entgegen diesem Gesetz ist der Wert E/I von der Größe der Spannung und der Dauer ihrer Einwirkung abhängig.

Im Augenblick des Einschaltens erfolgt ein kräftiger Stromstoß, der von der Ladung des eine Kapazität bildenden Isoliermaterials herrührt und der am besten am Galvanometer durch Kurzschluß vorübergeführt wird. Danach pflegt der Galvanometerausschlag langsam abzunehmen (d. h. der Isolationswiderstand wird scheinbar größer), weil ein Teil der Elektrizität in die Oberfläche des Materials eindringt, ohne es ganz zu durchfließen. Dazu kommt, daß bei feuchten Materialien die Feuchtigkeit infolge der Stromwärme zu verdampfen beginnt und dadurch den Widerstand verändert.

Mit wachsender Spannung wird der Isolationswiderstand meistens geringer; bei diesen Messungen ist große Vorsicht nötig, um einigermaßen zuverlässige Resultate zu erhalten. Hat man zB. mit einer höheren Spannung begonnen und macht danach eine Messung mit einer niederen, so kann es vorkommen, daß das Galvanometer zunächst einen negativen Strom anzeigt, der dadurch zustande kommt, daß die bei der höheren Spannung in das Material eingedrungene Elektrizitätsmenge nunmehr langsam zurückströmt und zunächst den der kleineren Spannung entsprechenden Isolationsstrom überwiegt.

Der Isolationswiderstand ist in der Regel nicht proportional der Dicke des Materials. Es ist deshalb ratsam, die Messungen an Platten von verschiedener Dicke vorzunehmen. Im übrigen empfiehlt es sich, die Platten zunächst in vollständig ausgetrocknetem Zustand und danach nach mehrtägigem Liegen in Wasser zu untersuchen. Außer der Feuchtigkeit kann auch die Temperatur einen erheblichen Einfluß haben.

Im allgemeinen erhält man bei allen Isolationsmessungen ziemlich stark schwankende Resultate; die hierbei erhaltenen Zahlen haben daher nur den Wert der Größenordnung.

Isolierfähigkeit von Lacken wird untersucht, indem man sie auf dünne Metallbleche, auf Papier, Leinen oder Segeltuch aufbringt und den Widerstand in derselben Weise wie bei festen Platten mißt. Da die Zufälligkeiten hierbei in Hinsicht der Dicke der Schicht und Güte des Lackierens sehr groß sind, so sind die Resultate in der Regel noch unsicherer, als bei festen Materialien.

Isolierrohre werden zum Zweck der Prüfung mit einem Metallmantel versehen oder mit Stanniol bekleidet (äußere Elektrode). Sollen die Röhren trocken geprüft werden, so füllt man sie mit Metallpulver (innere Elektrode), sollen sie aber naß geprüft werden, so werden sie mit leicht angesäuertem Wasser gefüllt. In diesem Falle wird die Messung zweckmäßig über einen längeren Zeitraum regelmäßig wiederholt, bis die Isolationsschicht zerstört ist.

Zuweilen kann man auch als innere Elektrode Quecksilber anwenden; doch ist es ratsam, dabei die Röhren horizontal zu legen, weil sonst bei längeren Röhren das Quecksilber infolge des hohen Druckes zu leicht die Isolierschicht durchdringt.

Prüfung von Porzellanisolatoren s. Abschn. Telegraphie und Telephonie.

Selbstinduktion.

(222) Der Selbstinduktionskoeffizient ist nur dann eine wirkliche Konstante, wenn

a) weder in der Umgebung des Stromleiters sich magnetisierbare Substanzen befinden, noch der Stromleiter selber aus einer magnetisierbaren Substanz besteht,

b) weder in benachbarten Metallteilen noch in dem Metall des Stromleiters selber Wirbelströme entstehen können,

c) wenn die Spule keine Kapazität besitzt.

Eine „reine" Selbstinduktion ist zB. eine auf ein nichtleitendes Material gewickelte Spule, deren Drähte nicht massiv sind, sondern aus einer größeren Zahl feiner voneinander isolierter Drähte zusammengedrillt sind; vgl. (105), letzter Absatz. Eisenhaltige Spulen und solche, welche zu Wirbelströmen Veranlassung geben, besitzen Selbstinduktionskoeffizienten, die von der Periodenzahl und der Stromstärke abhängig sind. Der S.I.Koeffizient einer solchen Spule ist daher unter genau den gleichen Bedingungen (in bezug auf Periode und Strombelastung) zu messen, unter denen sie gebraucht werden soll;

sie verhält sich dabei wie eine reine Selbstinduktion von L' Henry und dem ohmischen Widerstande r'. L' wird w i r k s a m e Selbstinduktion und r' w i r k s a m e r Widerstand genannt. Wird die Spule von einem Wechselstrom von der eff. Stromstärke I durchflossen, so muß nach der vorigen Definition $I^2 r'$ der Energieverlust in der Spule sein. Letzterer setzt sich zusammen aus dem Verlust im Ohmischen Widerstande $I^2 r$ und dem Verlust durch Hysterese im Eisen und durch Wirbelströme. Bei einer eisenhaltigen und wirbelstromführenden Spule ist somit der „wirksame" Widerstand größer als der ohmische.

Bei den Messungen der Selbstinduktion ist auf ausreichende gegenseitige Entfernung und Lage der Leiter zu achten. In der Regel sind die Zuführungen zu den Spulen genau bifilar zu legen.

(223) In der Wheatstoneschen Brücke mit Gleichstrom. Zweig 1 enthält die zu messende Selbstinduktion L, Zweig 2, 3, 4 induktionslose Widerstände. Letztere werden so abgeglichen, daß das Galvanometer (Schwingungs-Spiegelgalvanometer, Schwingungsdauer t) keinen Ausschlag zeigt. Unterbricht man nun den Batteriezweig, so erhält man einen Stromstoß, der die Ablenkung α (vgl. 193. auch wegen der Dämpfung) hervorbringt. Darauf schaltet man in Zweig 1 einen kleinen Widerstand r zu und beobachtet den dauernden Ausschlag n des Galvanometers bei konstantem Strom. Dann ist

$$L = r \cdot \frac{t}{\pi} \cdot \frac{\alpha}{n} \text{ Henry.}$$

Enthält die Spule einen Eisenkern, so ist der Strom nicht zu unterbrechen, sondern umzukehren; die Hälfte des gemessenen Ausschlages ist α. — t in Sekunden, r in Ohm, L in Henry.

Diese Methode eignet sich zur Messung des S.I.Koeffizienten eines Elektromagnetes. Da dieser von der Stromstärke, mit welcher der Magnet erregt wird, abhängt, so mißt man zuvor den Erregerstrom, wobei man das Galvanometer im Brückenzweig benutzen kann. Man kommt so zur Schaltung der Fig. 82. A ist ein Ayrtonscher Nebenschluß, n ein gewöhnlicher Nebenschluß; z dient als Zweigwiderstand, um mit dem Galvanometer G den Dauerstrom zu messen. Die Nebenschlüsse seien für die gewünschte Empfindlichkeit passend abgeglichen. Zunächst wird eine Selbstinduktionsnormale L_n (mit

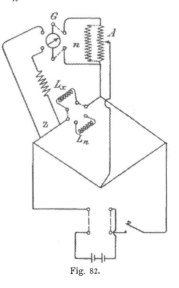

Fig. 82.

vorgeschaltetem Rheostat, um später den Widerstand von L_x nachbilden zu können) eingeschaltet. Man erhält bei Unterbrechung des

Stromes i_1 den Induktionsstoß α_1, bei der des Stromes i_2 den Stoß α_2, und es ist
$$\alpha_2 : \alpha_1 = i_2 : i_1.$$

Schaltet man den zu messenden Elektromagnet ein, so ist bei gleicher Stromstärke i_1
$$L_x : L_n = \alpha_x : \alpha_1,$$

und wenn in L_x eine andere Stromstärke i_2 herrscht
$$L_x : L_n = \alpha_x : \alpha_1 \cdot \frac{i_2}{i_1},$$
$$L_x = L_n \cdot \frac{\alpha_x}{\alpha_1} \cdot \frac{i_1}{i_2}.$$

(224) **Die Wheatstonesche Brücke unter Verwendung von Wechselstrom** liefert die zuverlässigsten Methoden zur Messung von Selbstinduktionskoeffizienten (vgl. ETZ 1903, S. 502). Die Wechselstromquellen sollen während der Versuche konstante, im übrigen aber stark veränderbare Periodenzahlen hervorbringen können. Dazu eignen sich a) Saitenunterbrecher, bei denen die Schwingungen einer abstimmbaren Saite zur Unterbrechung eines Gleichstroms benutzt werden (M. Wien, Wied. Ann. Bd. 44, S. 683. 1891), b) Mikrophonsummer nach Dolezalek mit Membranen von verschiedener Tonhöhe (Ztschr. f. Instrk., Bd. 23, S. 243, 1903), c) Wechselstromsirenen nach M. Wien (Ann. d. Phys., Bd. 4, S. 426, 1901) und Dolezalek (a. a. O.); das sind kleine Wechselstrommaschinen, die Wechselströme bis zu 10000 Perioden und mehr in der Sek. zu erzeugen gestatten.

In den Brückenzweig der Wheatstoneschen Brücke schaltet man ein Hörtelephon, oder, wenn die Einstellung von der Periodenzahl abhängt, besser ein optisches Telephon bezw. Vibrationsgalvanometer (154).

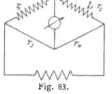

Fig. 83.

a) **Vergleich zweier Selbstinduktionskoeffizienten** (Fig. 83). Zweig 1 enthält die unbekannte Selbstinduktion, deren „wirksamer" S. I. Koeffizient x sei, Zweig 2 eine „reine" bekannte Selbstinduktion vom Betrage L; zu Zweig 1 oder 2 kann nach Bedarf ein induktionsloser Widerstand zugeschaltet werden; es sei r_1 der gesamte „wirksame" Widerstand von Zweig 1, r_2 der gesamte ohmische Widerstand von Zweig 2. Zweig 3 und 4 besteht aus induktionslosen Widerständen r_3 und r_4. Dann lautet die Nullbedingung für den Brückenzweig $x : L = r_1 : r_2 = r_3 : r_4$.

Für L nimmt man entweder Normalrollen (vgl. M. Wien, Wied. Ann. 58, S. 553, 1896 und Dolezalek Ann. d. Phys. 12, S. 1142, 1903) oder Selbstinduktionsvariometer (vgl. M. Wien, Wied. Ann. 57, S. 249, 1896). Letztere bestehen aus einem festen und einem beweglichen Spulensystem, von denen das letztere um einen Durchmesser des ersteren drehbar ist; jeder gegenseitigen Lage, die an einem Teilkreis abgelesen wird, entspricht ein bestimmter Wert der Selbstinduktion. Zweig 3 und 4 wird zweckmäßig durch einen Schleifdraht gebildet, der für genauere Messungen durch Zusatzwiderstände an den Enden gewissermaßen verlängert werden kann.

Durch abwechselndes Verschieben des Schleifkontaktes und der Variometerspule oder, wenn statt des Variometers eine Normalspule benutzt wird, durch Regulieren des zwischen Zweig 1 und 2 geschalteten induktionslosen Widerstandes, wird die Nulleinstellung herbeigeführt. Dann wird x aus $L r_3/r_4$ berechnet.

Ist die zu messende Selbstinduktion nicht rein, so ist auf Periodenzahl und Stromstärke zu achten; den wirksamen Widerstand berechnet man in diesem Fall aus $r_1 = r_2 r_3/r_4$. Macht man nach Beendigung der Wechselstrommessung eine Gleichstrommessung, so muß man r_2 um den Betrag δ verkleinern, um das in die Brücke geschaltete Galvanometer stromlos zu machen, d. h. ohmischer Widerstand der Spule gleich $(r_2 - \delta) r_3/r_4$. Der Wert $\delta r_3/r_4$ mit dem Quadrate des die Spule ursprünglich durchfließenden Wechselstromes (effektiv gemessen) multipliziert, ergibt somit die in der Sekunde durch Hysterese und Wirbelströme verloren gehende Energie in Watt.

Besondere Aufmerksamkeit wegen der zahlreichen Fehlerquellen erfordert die Messung sehr kleiner Selbstinduktionen, zB. einfacher Drahtringe, gerader Drähte, wie sie zB. bei der drahtlosen Telegraphie gebraucht werden. Auch hierfür ist die vorstehende Methode brauchbar, wobei man zweckmäßig mit dem Brückenverhältnis 1 : 10 bis 1 : 100 arbeitet (vgl. Prerauer Wied. Ann., Bd. 53, S. 772, 1894).

Die vorstehende Methode ist die einfachste und zuverlässigste für fast sämtliche in der Schwachstromtechnik auszuführenden Messungen von Selbstinduktionen.

b) Vergleich einer Selbstinduktion L mit einer Kapazität C (Fig. 84). Zweig 1 enthält die Selbstinduktion L vom

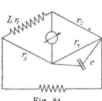
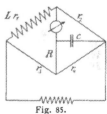

Fig. 84.   Fig. 85.

Widerstand r_1; die übrigen Zweige enthalten induktionslose Widerstände r_2 r_3 r_4; zu r_4, das dem Zweige 1 gegenüberliegt, ist die Kapazität C parallel geschaltet. Der Brückenstrom ist gleich Null, wenn
$$r_1/r_2 = r_3/r_4 \text{ und}$$
$$L/C = r_2 r_3.$$

Mit dieser Methode lassen sich dieselben Messungen, wie unter a) ausführen, nur daß man als Normal statt einer Induktionsrolle eine Kapazität benutzt. Die Methode ist aber weniger zuverlässig als die vorherige, weil Kondensatoren in der Regel eine von der Periodenzahl abhängige Kapazität besitzen und öfter in bezug auf Konstanz zu wünschen übrig lassen.

Der letzten Anordnung ähnlich ist die von Andersson (vgl. Fig. 85); man schaltet zunächst den Kondensator ab und gleicht mittels Gleichstroms und Galvanometer die Brücke ab, d. h. $r_1 : r_2 = r_3 : r_4$.

Nachdem der Kondensator eingefügt ist, schickt man Wechselstrom in die Verzweigung und reguliert den Widerstand R so lange bis das Telephon schweigt, dann ist:

$$L/C = R\,(r_1 + r_2) + r_2\,r_3.$$

Die unter a) und b) besprochenen Messungen lassen sich auch mittels der Sekohmmeteranordnung von Ayrton und Perry ausführen. Als Energiequelle dient eine Batterie; sowohl in den Hauptstromkreis wie in den Brückenzweig ist je ein zweiteiliger rotierender Kommutator eingeschaltet, welcher einerseits den Gleichstrom für die Verzweigung in Wechselstrom und für ein in die Brücke zu schaltendes Galvanometer wieder zurück in Gleichstrom verwandelt.

c) **Absolute Messung** (nach M. Wien, Wied. Ann. Bd. 58, S. 553, 1896). Zweig 1 enthält die unbekannte S. I. x, parallel dazu liegt der induktionslose Widerstand r, Zweig 2 enthält ein Selbstinduktionsvariometer und dahinter einen induktionslosen Widerstand, Zweig 3 und 4 wird von einem Schleifdraht gebildet. Ist für eine bestimmte Periodenzahl (ω in 2 π Sekunden) das Gleichgewicht der Brücke eingestellt, so wird auf Gleichstrom umgeschaltet; dann sei der Zweig 2 um den Widerstand R zu verkleinern, damit das Galvanometer stromlos wird, und um R' zu vergrößern, um wieder das Gleichgewicht zu erhalten, nachdem man die Rolle x abgeschaltet hat. Dann ist:

$$x = \frac{w_4}{w_3}\,\frac{r^2}{\omega}\,\sqrt{\frac{R}{R'}\,\frac{1}{R+R'}}\,.$$

(225) **Aus dem scheinbaren Widerstand.** Wird die zu messende Spule von einem Wechselstrom von Sinusform durchflossen, so sei E die Klemmenspannung an der Spule, I der Strom in der Spule und L der mittels Wattmeters gemessene Energieverbrauch in der Spule, dann ist die Selbstinduktion der Spule $= \sqrt{E^2\,I^2 - L^2}/I^2\omega$ und der wirksame Widerstand $= L/I^2$.

Diese Methode eignet sich für viele Zwecke der Starkstromtechnik. Große Genauigkeit ist damit nicht zu erzielen.

Gegenseitige Induktion.

(226) **Absolute Messung.** In die primäre Windung sendet man den Strom einer Batterie von der EMK E; hierdurch wird bei Stromschluß in der sekundären die Elektrizitätsmenge Q, welche wie in (193) gemessen wird, bewegt. Sind R_1 und R_2 die gesamten Widerstände des primären und des sekundären Stromkreises, so ist

$$M = Q \cdot \frac{R_1 \cdot R_2}{E}\,.$$

(227) **Vergleichung von Induktionskoeffizienten untereinander.** Der Koeffizient der gegenseitigen Induktion der Rollen A und a sei bekannt und $= M$; derjenige der Rollen A' und a' sei unbekannt $(= M')$; M' soll mit M verglichen werden. — A und A' werden in den Kreis einer Batterie geschaltet; a und a' werden so hintereinander verbunden, daß die Induktionen, welche in a und a' durch Schließen oder

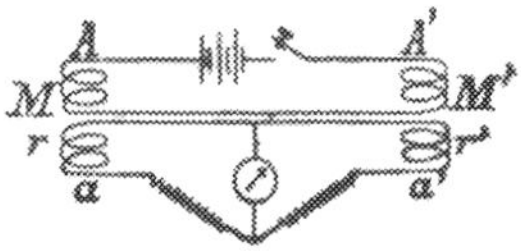

Fig. 86.

Öffnen des Batteriekreises erzeugt werden, gleichgerichtet sind; in den Kreis, der a und a' enthält, schaltet man veränderliche induktionsfreie Widerstände ein. An die Verbindungsleitungen zwischen a und a' werden die Zuführungen des Galvanometers angelegt und die Widerstände so abgeglichen, daß beim Stromschluß oder beim Öffnen das Galvanometer in Ruhe bleibt. Dann ist

$$M : M' = r : r',$$

wenn r und r' die Widerstände links und rechts von der Galvanometerleitung sind.

Vergleich eines Koeffizienten der Selbstinduktion mit einem Koeffizienten der gegenseitigen Induktion. a) Von den beiden Spulen, deren gegenseitiger Induktionskoeffizient gemessen werden soll, wird die eine in den Hauptzweig, die andre in den Zweig 1 einer Wheatstoneschen Brücke geschaltet; die übrigen Zweige werden durch induktionslose Widerstände $r_2 r_3 r_4$ gebildet. Wird der gegenseitige Induktionskoeffizient mit M, der Selbstinduktionskoeffizient der in den Zweig 1 geschalteten Spule mit L bezeichnet, so ist der Brückenzweig bei Verwendung von Wechselstrom stromlos, wenn:

$$M/L = r_3 / (r_1 + r_3) = r_4 / (r_2 + r_4).$$

b) Ist M der gegenseitige Induktionskoeffizient zweier Spulen, deren Selbstinduktionskoeffizienten L_1 und L_2 sein mögen, so mißt man zunächst nach einer der Methoden (223, 224) den Selbstinduktionskoeffizienten L' der hintereinander geschalteten Spulen, wobei die Ströme in beiden Spulen einander gleichgerichtet sein sollen; dann ist: $L' = L_1 + L_2 + 2 M$. Dreht man die Stromrichtung in einer der Spulen um, so findet man auf demselben Wege

$$L'' = L_1 + L_2 - 2 M; \quad \text{daraus ergibt sich:} \quad M = \frac{1}{4} (L' - L'').$$

Kapazität.

(228) Vergleichung von Kapazitäten. Die beiden Kondensatoren, Kabel u. dgl. werden miteinander verbunden, um sie auf gleiches Potential zu bringen; sie werden geladen und voneinander getrennt. Darauf entlädt man sie nacheinander durch ein Galvanometer von großer Schwingungsdauer (193). Die Ausschläge des Galvanometers geben das Verhältnis der Kapazitäten an.

Oder man mißt nur die Differenz ihrer Kapazitäten nach der Schaltung Fig. 87 (Thomsonsche Methode); r_1 und r_2 sind große Widerstände, e ein verschiebbarer Erdkontakt. Zunächst werden die Verbindungen ap und bq

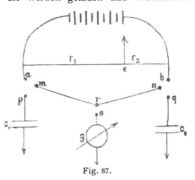

Fig. 87.

hergestellt und die Kondensatoren geladen. Dann werden diese Verbindungen aufgehoben und pm und nq verbunden; die Ladungen gleichen sich bis auf einen Rest aus, der gemessen wird, indem man r mit s verbindet. Verschiebt man e so lange, bis der Rest $= 0$ ist, so gilt $C_1 : C_2 = r_2 : r_1$.

(229) **Die Messungen mittels Wechselstromes in der Wheatstoneschen Brücke** sind am zuverlässigsten. Man vergleicht am besten die unbekannte Kapazität nach (224 b) mit einer Normalrolle der Selbstinduktion und führt die Messungen bei verschiedenen Periodenzahlen aus.

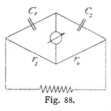

Fig. 88.

Der Vergleich zweier Kapazitäten untereinander wird in der Wheatstoneschen Brücke nach Fig. 88 unter Benutzung von Wechselstrom ausgeführt. $C_1 : C_2 = r_4 : r_3$ ist die Bedingung für Schweigen des Telephons.

(230) **Absolute Messung.** Lädt man einen Kondensator von der Kapazität C mit einer Säule von bekannter elektromotorischer Kraft E, und entlädt ihn durch ein Galvanometer, so ist nach (63) und (193)

$$Q = C \cdot E = g \cdot \frac{t}{\pi} \cdot \alpha, \text{ folglich } C = \frac{g}{E} \cdot \frac{t}{\pi} \cdot \alpha.$$

Um E und g aus der Formel zu eliminieren, kann man die Säule, einen großen Widerstand R und das Galvanometer hintereinander verbinden; dann erhält man einen konstanten Ausschlag α_0. Es ist

$$i = g \cdot \alpha_0 = \frac{E}{R}, \text{ woraus } C = \frac{t}{R\pi} \cdot \frac{\alpha}{\alpha_0}.$$

Wegen der Dämpfung des Galvanometers vgl. (193).

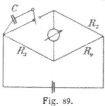

Fig. 89.

Die besten Resultate für absolute Kapazitätsmessungen liefert wohl die Nullmethode von Maxwell (Electr. II, § 775), die in Fig. 89 skizziert ist. Der Hauptzweig einer Wheatstoneschen Brücke enthält eine Gleichstromquelle, der Brückenzweig ein Spiegelgalvanometer; Zweig 1 außer dem zu messenden Kondensator einen besonders konstruierten Unterbrecher, die übrigen Zweige induktions- und kapazitätslose Widerstände. Letztere werden so abgeglichen, daß für eine gemessene Periode der Unterbrechung (ν in der Sekunde) das Galvanometer den Ausschlag Null zeigt. Dann ist

$$C = \frac{1}{\nu} \frac{R_4}{R_2 R_3}.$$

Diese Formel erfordert bei genauen Messungen eine Korrektion (vgl. J. J. Thomson Phil. Tr. Bd. 174, S. 707, 1883; Dittenberger und Grüneisen, Ztschr. f. Instrk. 1901, S. 111).

(231) **Die Dielektrizitätskonstante** D wird bestimmt durch die Vergleichung eines Kondensators, der einmal mit Luft und einmal mit dem zu untersuchenden Stoffe gefüllt ist, mit einem anderen, ihm nahezu gleichen Kondensator.

Ist c_0 die Kapazität des mit Luft gefüllten Kondensators, c diejenige des mit dem zu untersuchenden Dielektrikum gefüllten, so ist $D = c/c_0$. Dabei ist vorausgesetzt, daß das Dielektrikum den Raum zwischen den Platten vollständig ausfüllt. Dies ist bei Flüssigkeiten immer der Fall, bei festen Körpern in der Regel nicht. Besitzt der Kondensator einen Plattenabstand a, und ist die Dicke des eingeschobenen festen Körpers d, so ist: $1/D = 1 - (a/d) \cdot (c - c_0)/c$.

Die Resultate werden fehlerhaft, wenn die Dielektrika nicht vollkommen isolieren.

(232) **Dielektrizitätskonstanten von unvollkommenen Isolatoren** werden nach Methoden von Nernst gefunden.

a) **Kompensation des Leitvermögens.** Die Schaltung ist im wesentlichen die gleiche wie in (231). Der Versuchskondensator c (Fig. 90), dessen Boden zur Erde abgeleitet ist, besitzt einen konstanten Plattenabstand. Er kann entweder zu dem konstanten Hilfskondensator c_2 oder zu dem meßbar variierbaren Kondensator c_1 parallel geschaltet werden. Letzterer besteht aus einem Plattenkondensator mit verschiebbarer Glasplatte; die Abhängigkeit der Kapazität von der Stellung der Glasplatte ist durch besonderen Versuch bestimmt. Den Kondensatoren parallel geschaltet sind regulierbare Flüssigkeitswiderstände aa, welche ein eventuelles Leitvermögen des Dielektrikums kompensieren sollen. Die übrigen beiden Zweige der Wheatstoneschen Brücke werden ebenfalls durch zwei regulierbare, einander gleiche Flüssigkeitswiderstände bb gebildet. Man schaltet zunächst c luftgefüllt parallel zu c_2 und reguliert c_1 und die Widerstände, bis das Telephon schweigt. Danach wird c parallel zu c_1 geschaltet und von neuem eingestellt. Durch die Verschiebung der Glasplatte von c_1 wird das Doppelte der Kapazität c einschl. Zuleitungen gefunden.

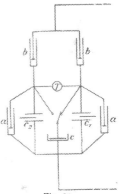

Fig. 90.

Füllt man nun den Kondensator mit einer Flüssigkeit von der bekannten Dielektrizitätskonstanten D_0, so finde man durch dieselbe Methode die Kapazität c_0. Schließlich wird die Kapazität c_x des mit einer Flüssigkeit von den Dielektrizitätskonstanten D_x gefüllten Kondensators gemessen; dann folgt

$$D_x - 1 = (D_0 - 1) \cdot (c_x - c)/(c_0 - c).$$

b) **Messung in der Wheatstoneschen Brücke mittels sehr schneller Schwingungen.** Die raschen Schwingungen werden mittels Induktors EE (Fig. 91), Glasplattenkondensators G und Lufttransformators T erzeugt. Zwei Zweige der Wheatstoneschen Brücke werden durch zwei einander annähernd gleiche Leydener Flaschen aa gebildet. c ist der Versuchs-

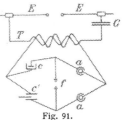

Fig. 91.

kondensator, c' der mittels der Glasplatte regulierbare (vgl. 232a.). Als Indikator der Stromlosigkeit in der Brücke dient eine Funkenstrecke f, die durch zwei fein einstellbare, aufeinander senkrechte Platinschneiden gebildet wird.

Es wird ebenso wie unter a) eine Messung an dem mit Luft gefüllten Kondensator gemacht. Dann wird der Kondensator mit einer Flüssigkeit von bekannter Dielektrizitätskonstanten gefüllt und schließlich mit der zu untersuchenden Flüssigkeit. Die Berechnung erfolgt nach derselben Formel, wie unter a).

Wechselstrommessungen.

(233) Spannung, Strom, Leistung. Effektive Spannung und effektive Stromstärke werden wie bei Gleichstrom durch geeignete Spannungs- und Strommesser gemessen. Während aber bei Gleichstrom die Leistung durch einfache Multiplikation der getrennt gemessenen Werte von Strom und Spannung erhalten wird, darf man bei Wechselstrom dieses Verfahren nicht anwenden. Vielmehr ist hier zu beachten, daß, sobald Strom und Spannnung in der Phase um den Winkel φ gegeneinander verschoben sind, die Leistung gleich $EI \cos \varphi$ ist; vgl. (111). Die Messung der Leistung von Wechselströmen erfordert somit besondere Methoden und Apparate.

(234) Methoden der Leistungsmessung. Die Leistung eines Wechselstromes $EI \cos \varphi$ wird am einfachsten durch geeignete Leistungsmesser gemessen, die gewöhnlich aus zwei Stromkreisen bestehen: dem Hauptstromkreis, der vom Arbeitsstrom I durchflossen wird, und dem Spannungskreis, an den die Spannung E gelegt wird. Die Leistungsmesser werden je nach Art der zu messenden Leistung verschieden geschaltet.

a) Einphasiger Wechselstrom. Es bedeute L die Angabe des Leistungsmessers, p_s den Eigenverbrauch des Leistungsmessers im Spannungskreis (zB. beim Dynamometer $j^2 \times$ Gesamtwiderstand des Spannungskreises), p_h den Eigenverbrauch des Leistungsmessers im Hauptstromkreis (beim Dynamometer $I^2 \times$ Widerstand der Hauptstromspule); dann ist:

1) Abgegebene Leistung einer Energiequelle:

$$\text{Schaltung Fig. 92} = L + p_s,$$
$$\text{Schaltung Fig. 93} = L + p_h.$$

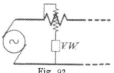

Fig. 92.

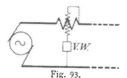

Fig. 93.

2) Verbrauch in einer Belastung:

$$\text{Schaltung Fig. 92} = L - p_h,$$
$$\text{Schaltung Fig. 93} = L - p_s.$$

b) Zur Messung der gesamten Leistung eines **beliebig be-lasteten Drehstromsystems** sind zwei Wattmeter erforderlich, die nach Fig. 94 angeordnet werden, und zwar gleichgültig, ob die Belastung in Stern oder in Dreieck geschaltet ist. Die Gesamtleistung ist gleich der Summe der Wattmeterangaben. Im Diagramm (Fig. 95)

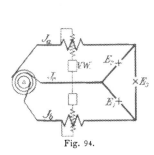

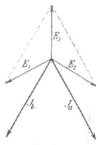

Fig. 94. Fig. 95.

sind die für die Wattmessungen in Betracht kommenden Teil-spannungen $E_1 E_2$ sowie die Teilströme $J_b J_a$ für den Fall einer gleichmäßigen induktionslosen Belastungen in allen drei Phasen ein-gezeichnet. Wird die Belastung gleichmäßig und induktiv, so hat man die Ströme $J_b J_a$ gegen das Spannungskreuz um den der in-duktiven Belastung entsprechenden Phasenwinkel φ zu verschieben. Für $\varphi = 60^0$ wird der Ausschlag des einen Wattmeters gleich Null; ist φ noch größer, so hat man die Richtung des Spannungsstromes in letzterem Wattmeter umzudrehen und seine Angaben negativ in Rechnung zu setzen.

Gleichbelastetes Drehstrom-system. Sind die Belastungen in den drei Zweigen nach Stromstärke und Phase einander gleich, so genügt zur Messung der Gesamtleistung ein Watt-meter, das nach Fig. 96 geschaltet wird.

Die Spannungsspule liegt in dem sog. Sternschaltungswiderstand; die drei Widerstände zwischen den drei Polen

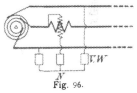

Fig. 96.

der Drehstromleitung und dem „künstlichen Nullpunkt" N sind ein-ander gleich. Beträgt jeder R Ohm und ist K die Konstante des dynamometrischen Leistungsmessers (240), so ist die Gesamtenergie des gleichmäßig belasteten Drehstromsystems gleich $3\,KR \cdot \alpha$.

c) **Drehstromsystem mit viertem Leiter.** Besitzt das Drehstromsystem einen vierten „neutralen Leiter", der vom Sternpunkt der Energiequelle ausgeht, so braucht man für eine strenge Messung der Gesamtleistung 3 Wattmeter, deren Hauptstromspulen in die 3 Außenleiter gelegt werden, während die Spannungskreise zwischen Außenleitern und neutralem Leiter liegen. Vereinfachte Schaltungen s. ETZ. 1901, S. 214 und 1903, S. 976.

(235) **Methode der drei Spannungsmesser.** Um die zwischen den Punkten $a\,b$ verbrauchte Leistung zu finden, wird hinter den Verbrauchskreis zwischen die Punkte b und c der induktionslose Widerstand r geschaltet. Die Spannung zwischen $a\,c$ sei gleich E, zwischen $a\,b$ gleich E_1, zwischen $b\,c$ gleich E_2. Dann ist die gesuchte Leistung gleich $(E^2 - E_1^2 - E_2^2)/2\,r$. Die Spannungsmessung wird hier am besten mit statischen Voltmetern ausgeführt, um keine Fehler durch den Eigenverbrauch der Voltmeter zu erhalten (vgl. ETZ. 1901, S. 98).

(236) **Methode der drei Strommesser** (Fleming). Schaltet man zum Verbrauchskreis einen induktionslosen Widerstand r parallel, nennt den unverzweigten Strom I, die Ströme in der Verbrauchsleitung und in dem induktionslosen Widerstand bezw. $I_1 I_2$, so ist die gesuchte Leistung gleich $\frac{1}{2}\,r\,(I^2 - I_1^2 - I_2^2)$.

(237) **Methode von Lord Rayleigh** (Electrician Bd. 39, S. 180. 1897). Die Spannungsspule und die Hauptstromspule sind koachsial und mit parallelen Windungsebenen einander gegenübergestellt. Zwischen beiden ist eine Eisennadel aufgehängt, die mit den Windungsebenen einen Winkel von 45^0 einschließt. Werden Spannungs- und Hauptstrom mit E bezw. I bezeichnet, so erfährt die Nadel beim Kommutieren des Spannungsstromes eine Ablenkung gleich $k_1 k_2\,E\,I\cos{(E,I)}$, während jede Spule für sich die Ablenkungen $k_1 E^2$ und $k_2 I^2$ hervorruft; man kann also mit demselben Apparat Spannung, Stromstärke und Leistung messen.

(238) Die **Wechselstrommeßapparate** zur Messung von **Spannung, Stromstärke und Leistung** zerfallen in zwei Klassen.

I. Diejenigen Apparate, die für **Gleichstrom und Wechselstrom die gleichen Angaben** machen. Die mit Gleichstrom geprüften Apparate können ohne weiteres mit Wechselstrom gebraucht werden; zuweilen ist allerdings eine berechenbare Korrektion erforderlich. Hierin gehören die Dynamometer, Elektrometer und Hitzdrahtapparate.

II. Diejenigen Apparate (bezw. Hilfsapparate), die **nur auf Wechselstrom** ansprechen. Die im beweglichen System fließenden Ströme werden in der Regel durch Induktion erzeugt; das bewegliche System bedarf somit keiner Zuleitungen. Die Angaben sind von der Periodenzahl abhängig; diese Apparate müssen in der Regel mittels der Apparate der vorhergehenden Klasse geprüft werden. (Induktionsmeßgeräte, Strom- und Spannungstransformatoren.)

(239) **I. Apparate für Gleichstrom und Wechselstrom.** a) Die **Dynamometer** [(vgl. (149) bis (153)] sind als **Spannungsmesser, Strommesser** und **Leistungsmesser** brauchbar.

Sämtliche Spulen des **dynamometrischen Spannungsmessers** sind hintereinander geschaltet; die Kraftwirkung der Spulen aufeinander ist somit proportional dem Quadrat des effektiven Spannungsstromes. Wird also dem Dynamometer ein induktionsloser Widerstand vorgeschaltet, so erhält man einen Apparat zur Messung der effektiven Spannungen; da aber für Wechselstrom nicht der ohmische Widerstand des Spannungskreises R, sondern der scheinbare Widerstand $\sqrt{R^2 + \omega^2 L_s^2}$ in Frage kommt, so ist eigentlich eine

Korrektion der Wechselstrommessung erforderlich. Diese Korrektion ist aber meistenteils, namentlich bei der Messung höherer Spannungen, zu vernachlässigen, weil die Selbstinduktion der Spulen (gewöhnlich von der Größenordnung 0,01—0,1 Henry) gegenüber dem induktionslosen Vorschaltwiderstand zu gering ist. Die Abweichung ist bei einem Strom von 50 Perioden i. d. Sek. kleiner als ein Tausendstel, wenn $L_s \leq 6 \cdot 10^{-6} R$ ist.

Es werden direkt zeigende dynamometrische Präzisionsvoltmeter für Gleich- und Wechselstrom gebaut, bei denen feste und bewegliche Spule mit einem induktionslosen Widerstand hintereinander geschaltet sind. Die bewegliche Spule ist in Spitzen gelagert und trägt einen über einer ungleichmäßigen Skale spielenden Zeiger. Die Stromzuführungen zur beweglichen Spule erfolgen durch zwei flache Spiralfedern, die gleichzeitig die Richtkräfte liefern (ETZ. 1900, S. 399 und S. 891).

Dynamometrische Strommesser. Größere Vorsicht erfordert die Verwendung des Dynamometers im Nebenschluß als Strommesser. Man kann es zweckmäßig in der Weise verwenden, daß man feste und bewegliche Spule unter Vorschaltung geeigneter Widerstände in beiden Zweigen einander parallel schaltet. Die Angaben eines derartig geschalteten Dynamometers sind von der Periodenzahl unabhängig und können nach der für die Gleichstromeichung in dieser Schaltung gefundenen Konstanten berechnet werden, wenn das Verhältnis von Widerstand zur Selbstinduktion für beide parallel geschaltete Zweige dasselbe ist (vgl. Max Wien, Wied. Ann. Bd. 63, S. 390).

Diese Schaltung ist angewandt bei den direkt zeigenden Präzisions-Amperemetern für Gleich- und Wechselstrom von Siemens & Halske und der AEG. (ETZ. 1900, S. 399 und S. 891); diese sind für maximale Ströme von 0,03 Ampere bis 200 Ampere konstruiert und können zwei mittels Stöpsel umschaltbare Meßbereiche enthalten, die sich wie 1 : 2 verhalten.

(240) Dynamometrische Leistungsmesser. Man schickt den Hauptstrom I durch die festen Spulen und schließt die bewegliche unter Vorschalten eines geeigneten induktionslosen Widerstandes wie ein Voltmeter an die Spannung an. Bedeutet dann r den Gesamtwiderstand des Spannungskreises, so ist, wenn man die Selbstinduktion der Spannungsspule vernachlässigt, der Spannungsstrom $j = E/r$.

Hat man nach (149) die dynamometrische Konstante gemäß der Gleichung $K \cdot \alpha = Ij$ gemessen, wo α der Torsionswinkel des Torsionsdynamometers bezw. die Gewichtsverschiebung bei der Wage bedeutet, so ist die zu messende Leistung gegeben durch die Gleichung $L = Kr \cdot \alpha$. Man hat also die Dynamometerkonstante mit dem jeweiligen Gesamtwiderstand des Spannungskreises (Spule + Vorschaltwiderstand) zu multiplizieren, um die Wattmeterkonstante zu erhalten.

Die so gefundene Wattmeterkonstante ist auch für Wechselstrommessungen anzuwenden; besitzt aber die Spannungsspule einen größeren Selbstinduktionskoeffizienten L_s, so ist das Resultat noch zu multiplizieren mit $(1 + \dfrac{\omega L_s}{r} \cdot \mathrm{tg}\, \varphi)$, wo φ die Phasenverschiebung zwischen Spannung und Hauptstrom bedeutet. φ ist mit negativem Zeichen zu versehen, wenn der Strom in der Phase hinter der Spannung zurückbleibt, mit positivem, wenn er vorauseilt; vgl. (111).

Fehlerquellen können bei der Verwendung mit Wechselstrom durch Wirbelströme zustande kommen, die in benachbarten Metallteilen oder in der Hauptstromspule selbst erzeugt werden. Deshalb ist es ratsam, möglichst nur die Stromleiter aus Metall herzustellen und stärkere Stromleiter in geeigneter Weise zu unterteilen.

Bei den direkt zeigenden dynamometrischen Wattmetern von Siemens & Halske (ETZ. 1899, S. 665) und von Hartmann & Braun ist es durch geeignete Form bezw. Abmessung der Spulen erreicht, daß die Skale eine fast gleichmäßige ist; das bewegliche System besitzt eine Luftdämpfung, der Spannungsstrom darf maximal 0,03 A betragen. Die dynamometrischen Wattmeter der Weston Cie. (mit Luftdämpfung) und der Allgemeinen Elektrizitätsgesellschaft (mit magnetischer Dämpfung) besitzen eine ungleichmäßige Teilung.

Diese Apparate werden für Hauptstromstärken bis zu 400 Ampere gebaut; die Hauptstromspule kann aus zwei gleichen Wicklungen hergestellt werden, die durch eine einfache Stöpselschaltung nebeneinander oder hintereinander geschaltet werden können. Man erhält somit zwei Strommeßbereiche mit dem Verhältnis 1 : 2.

Die Selbstinduktionskoeffizienten der Spannungsspulen sind so gering, daß die durch sie verursachte Korrektion praktisch vernachlässigt werden kann. Namentlich bei höheren Spannungen ist darauf zu achten, daß nur eine verhältnismäßig geringe Potentialdifferenz zwischen Spannungsspule und Hauptstromspule besteht; dementsprechend ist der Vorschaltwiderstand des Spannungskreises zu schalten.

(241) b) **Elektrometer** eignen sich zu Spannungs- und Leistungsmessungen. Zu Spannungsmessungen wird das Elektrometer in der idiostatischen oder Doppelschaltung angewandt (vgl. 157, 3). Um einen kommutierten Ausschlag zu erhalten, hat man die Verbindungen nach Fig. 97 auszuführen. Eine mit Gleichspannung gemessene Konstante des Apparates ist für die Wechselstrommessungen ohne weiteres anwendbar, sofern nicht der Widerstand des Aufhängedrahtes zu groß ist (156). Mit einem Platinfaden von 0,005 mm Durchmesser kann man bei 2 m Skalenabstand für 2 Volt 130 Skalenteile kommutierten Ausschlag erhalten (Ztschr. f. Instrk. 1904, S. 143).

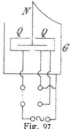

Fig. 97.

Statische Voltmeter (158) werden auch als direkt zeigende Apparate konstruiert und mit empirischer Skale versehen; sie zeichnen sich dadurch aus, daß sie keine Energie verbrauchen. Dahin gehören zur Messung niedrigerer Spannungen (bis 50 Volt abwärts) die Multicellularvoltmeter von Lord Kelvin [Hartmann & Braun (170), No. 126], bei welchen eine größere Zahl von Nadeln übereinander an derselben Achse befestigt ist und an einem Metallfaden hängt. Die Nadeln schweben in einer Reihe ebenfalls übereinander gesetzter Quadranten.

Für höhere Spannungen (von 500 Volt aufwärts) genügt eine einzelne Nadel, die in Spitzen gelagert ist (meist in horizontaler

Achse); die Spitzen sind gleichzeitig die Kontakte für das bewegliche System.

Hat man eine Spannung zu messen, die über den Meßbereich des Voltmeters hinausgeht, so ist es am zweckmäßigsten, die zu messende Spannung durch einen großen Widerstand R zu schließen und das Voltmeter an eine Unterabteilung desselben von geeigneter Größe R_1 anzuschließen. Die Voltmeterangaben sind dann mit R/R_1 zu multiplizieren.

An Stelle eines Widerstandes kann man auch eine Reihe hintereinander geschalteter Kondensatoren nehmen ((195); vgl. auch ETZ 1898, S. 657 und 1901, S. 313). Doch liefert diese Methode nur dann richtige Resultate, wenn Kondensatoren sowohl wie Elektrometer einen sehr hohen Grad von Isolation besitzen. Ist die Kapazität des Elektrometers nicht verschwindend gegenüber den Kapazitäten der verwandten Kondensatoren, so ist sie in Rechnung zu setzen.

(242) **Leistungsmessung mit dem Elektrometer** erfordert, daß ein induktionsloser Normalwiderstand W in die Arbeitsleitung geschaltet wird. Bei Verwendung eines Spiegelelektrometers wird er zweckmäßig so groß gewählt, daß bei maximaler Strombelastung der Spannungsabfall an seinen Potentialklemmen 1 Volt beträgt. In Fig. 98 seien a und b die Potentialklemmen des Widerstandes, die unter Zwischenschaltung eines Kommutators an die Quadranten des Elektrometers gelegt sind. Soll nun die zwischen den Punkten b und c verbrauchte Energie gemessen werden, so wird noch b an das Gehäuse, c an die Nadel des Elektrometers gelegt, und der Ausschlag α beobachtet, der beim Wenden des Umschalters entsteht. Dann

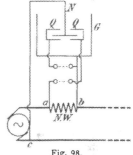

Fig. 98.

ist die zu messende Leistung gleich $\dfrac{K}{W}\alpha - \dfrac{1}{2}\,I^2 W$, worin K die Elektrometerkonstante bedeutet. Letztere wird durch Messung in der Quadrantenschaltung unter Verwendung von Gleichspannung gefunden, wobei die Nadelspannung numerisch gleich der Betriebsspannung des Wechselstromes sein muß. Der Betrag $\dfrac{1}{2}\,I^2 W$ ist in der Regel nur klein gegenüber $K\alpha/W$, so daß nur eine angenäherte Kenntnis von I notwendig ist (vgl. Orlich, Ztschr. f. Instrk. 1903, S. 97).

Die Messungen mit dem Elektrometer sind zwar sehr zuverlässig und genau, erfordern aber andererseits eine außerordentlich sorgfältige Vorarbeit, so daß sie nur für Laboratorien in Frage kommen können.

(243) **c) Hitzdrahtapparate** (155) werden unter Verwendung geeigneter Vorschalt- und Nebenschlußwiderstände als Volt- und Amperemeter gebraucht. Mit Gleichstrom geprüft, bedürfen ihre Angaben bei Wechselstrommessungen keiner weiteren Korrektion. Doch ist die erreichbare Genauigkeit nicht so groß, wie bei den dynamometrischen Apparaten. Störend ist zuweilen bei Ampere-

metern die durch die Stärke des Hitzdrahtes bedingte träge Einstellung des Zeigers.

Über ein Hitzdrahtwattmeter s. ETZ. 1903, S. 530.

(244) d) Weicheisenapparate sind brauchbare Schaltbrettapparate für Wechselstrom (145); sie werden als Spannungs- und als Strommesser gebaut, machen aber für Gleichstrom und Wechselstrom nicht die gleichen Angaben. Soll ein Apparat für beide Stromarten Verwendung finden, so erhält er für jede eine besondere Skale (vgl. zB. ETZ. 1899, S. 668).

(245) II. Apparate, die nur auf Wechselstrom ansprechen. a) Induktionsmeßgeräte der Allgemeinen Elektrizitäts-Gesellschaft (Benischke, ETZ. 1899, S. 82). Eine um die Achse Q

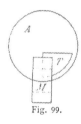

Fig. 99.

drehbare Metallscheibe A (Fig. 99) befindet sich im Luftraum eines Wechselstrommagnetes M, dessen Pole z. T. durch feste Metallschirme T bedeckt sind. Die Wirbelströme in der drehbaren Metallscheibe und in den Schirmen T sind gleichgerichtet, erzeugen also ein Drehmoment, dem durch geeignete Federn das Gleichgewicht gehalten wird. Ein auf die Scheibenachse gesetzter Zeiger spielt über einer Skale. Ein permanenter Magnet, zwischen dessen Polen die bewegliche Scheibe sich dreht, bewirkt die Dämpfung. Die Apparate werden in dieser Form als Spannungs- und Strommesser ausgebildet.

Das auf demselben Grundgedanken beruhende Wattmeter hat drei Wechselstrom-Elektromagnete, von denen der mittlere im Hauptstrom, die beiden äußeren im Nebenschluß liegen; nur die letzteren besitzen Schirme vor den Polflächen.

b) Drehfeldmeßgeräte beruhen auf der Herstellung eines künstlichen Drehfeldes. Es kommen dabei dieselben Schaltungen wie bei den Induktionszählern in Frage (zB. Ferrarismeßgeräte von S. & H., ETZ. 1901, S. 657, s. auch unter Elektrizitätszähler).

c) Spannungs- und Stromwandler dienen bei Wechselstrommessungen denselben Zwecken, wie bei Gleichstrommessungen Vorschaltwiderstände für Spannungsmesser und Nebenschlußwiderstände für Strommesser.

Spannungswandler werden vorzugsweise zur Messung von Hochspannungen verwandt. Die zu messende Hochspannung wird an die primäre Wicklung des Spannungswandlers angeschlossen, ein passendes Niederspannungsvoltmeter an die sekundäre Wicklung; die Spannung wird im Verhältnis der Windungszahlen reduziert. Werden primäre und sekundäre Wicklung gut voneinander isoliert (zB. durch Porzellan), so erreicht man den Vorteil, daß das Meßinstrument selber nicht mit der Hochspannungsleitung in Berührung ist.

Bei den Stromwandlern wird der Hauptstrom durch die primäre Wicklung geschickt, während an die sekundäre die Stromspule eines Amperemeters angeschlossen ist. Die Sekundärwicklung ist demnach fast kurz geschlossen und die Ströme verhalten sich wie die Windungszahlen.

Stromwandler werden zur Messung hoher Stromstärken und zur Trennung der Strommesser von Hochspannungsleitungen angewandt.

Wattmeter werden mit Strom- und Spannungswandlern ausgerüstet.

(246) **Messung der Phasenverschiebung.** Um die Phasenverschiebung zwischen Spannung und Strom zu messen, hat man im allgemeinen Spannung E, Strom I und Leistung L zu messen; dann ist definitionsgemäß (111) $\cos \varphi = L/EI$.

Das Phasometer von Dolivo-Dobrowolsky (ETZ. 1894, S. 350) besteht aus einer Eisenscheibe, welche sich zwischen zwei gekreuzten Spulen dreht. Von diesen Spulen ist die eine die Spannungsspule, die andere die Hauptstromspule. Das entstehende Drehfeld übt auf die Scheibe eine Kraft proportional $EI \sin \varphi$ aus; wird das Drehmoment durch Spiralfedern gemessen, so gibt der Apparat bei konstanter Spannung Ausschläge, die proportional $i \sin \varphi$ sind, d. h. proportional der wattlosen Stromkomponente; der Apparat zeigt also nicht direkt die Phasenverschiebung an.

Das Phasometer von Bruger (Phys. Ztschr. Bd. 4, S. 881, 1903) besteht aus einer Hauptstromspule, in deren Felde sich eine Spannungsspule in Spitzen drehbar befindet. Letztere besteht aus vier halbkreisförmigen Spulen, die mit der geraden Seite an der Achse so befestigt sind, daß ihre Ebenen um je 90^0 gegeneinander versetzt sind. Der Spannungskreis besteht aus zwei parallel geschalteten Zweigen, von denen der eine aus zwei um 90^0 versetzten Teilspulen und einem induktionslosen Widerstand besteht (hintereinander geschaltet), der andere aus den beiden anderen Teilspulen und einem hohen induktiven Widerstand (ebenfalls hintereinander geschaltet). Das bewegliche System besitzt keine Richtkräfte, wie Federn oder dergl., hat also im unbelasteten Zustand keine eindeutige Ruhelage. Bei Belastung erfährt es eine feste Einstellung, die lediglich vom Phasenwinkel zwischen Strom und Spannung abhängt, dagegen von der Größe von Strom und Spannung unabhängig ist. Andere Phasometer sind angegeben worden von Tuma (Ztschr. f. Elektrotechn. Wien 1898, S. 14, 235) und von Martiensen (ebenda, S. 93, 108, 117).

(247) **Frequenz.** a) Resonanz. Campbell (Phil. Mag. Ser. 5. Bd. 42, S. 159, 1896) schickt den Strom durch einen Elektromagnet, zwischen oder vor dessen Polen ein Stahldraht ausgespannt ist. Man ändert die Spannung dieser Saite, bis ihre Schwingungen möglichst groß werden, dann ist die Wechselzahl des Stromes gleich der Schwingungszahl der Saite (Ecl. él. Bd. 10, S. 432). Statt der Spannung kann man auch mittels eines Steges die Länge der Saite ändern (Moler u. Bedell, El. Eng., New-York. Bd. 24, S. 156).

An Stelle der Saite nahm Kinsley (Phys. Rev. 8, S. 244, 1899) eine Feder, Stöckhardt (ETZ. 1899, S. 873) eine Stimmgabel, die mit verschiebbaren Gewichten belastet sind. Die Gewichte werden so lange verschoben, bis Resonanz eintritt. Die Periodenzahl wird an der Einstellung der Gewichte abgelesen.

Ein auf dem Resonanzprinzip beruhender Apparat ist von Kempf-Hartmann konstruiert (ETZ. 1901, S. 9 und 1904, S. 44). Eine Reihe von Stahlzungen sind auf verschiedene Töne abgestimmt, deren Schwingungszahlen um eine konstante Zahl (zB. 2) fortschreiten. Ein vom Wechselstrom erregter Elektromagnet wird an den Zungen vorübergeführt, und diejenige Zunge bestimmt, welche am stärksten schwingt.

Versieht man ein Voltmeter anstatt mit einem induktionslosen Vorschaltwiderstand mit einem hohen induktiven, so sind seine Einstellungen von der Periodenzahl abhängig; bleibt also die Spannung konstant, so kann man mit dem Apparat die Frequenz messen.

Aufnahme von Stromkurven und deren Analyse.

Die Aufnahme einer periodischen Stromkurve kann experimentell entweder in der Weise erfolgen, daß man zunächst aus einer Reihe von Perioden nur eine einzelne Phase herausgreift, den Augenblickswert des Stromes in dieser Phase mißt, und dann zu anderen Phasen übergeht, bis die Kurve punktförmig aufgenommen ist, oder es wird der ganze Verlauf der Kurve innerhalb einer jeden Periode aufgenommen.

(248) **A) Punktförmige Aufnahme nach Joubert.** Auf die Achse der Maschine, welcher der aufzunehmende Wechselstrom entnommen wird, ist eine Scheibe aus isolierendem Material aufgesetzt, in deren Rand an einer Stelle des Umfanges ein wenige mm breiter Metallstreifen eingesetzt ist. Eine feststehende Bürste, die auf dem Rande schleift, macht dadurch jedesmal in derselben Phase Kontakt mit dem Metallstreifen. Werden Streifen und Bürste mit der aufzunehmenden Spannung und einem Kondensator verbunden, so erfährt der Kondensator eine dem betreffenden Augenblickswert der Spannung proportionale Ladung, die man durch Entladen durch ein ballistisches Galvanometer messen kann. Setzt man die Bürste auf einen mit der Maschine konzentrischen Teilkreis, so kann man durch langsames Drehen dieses Kreises die Augenblickswerte für jede einzelne Phase messen. Ist die Maschinenachse nicht zugänglich, so wird der Kontaktmacher auf die Achse eines von derselben Wechselstromquelle getriebenen Synchronmotors gesetzt.

Die Methode hat mehrfache Abänderungen und Ausbildungen erfahren.

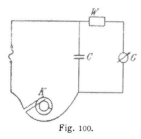

Fig. 100.

1. Methode des direkten Ausschlages. Die aufzunehmende Wechselspannung wird durch den Kontaktmacher K, durch ein Galvanometer G und einen Widerstand W geschlossen. Parallel zu Widerstand und Galvanometer ist ein Kondensator C geschaltet (Fig. 100). Während des Kontaktes lädt sich der Kondensator, um sich gleich darauf durch das Galvanometer zu entladen; die periodischen Stromstöße verursachen im Galvanometer einen dem Augenblickswert der Spannung proportionalen konstanten Ausschlag.

Nach dieser Methode sind vollständige Kurvenapparate konstruiert von Rudolf Franke, Hannover (ETZ 20, S. 802, 1899 und Zeitschr. f. Instrkd. 21, S. 11, 1901) und von Hospitalier (Zeitschr. f. Instrkd. 12, S. 166, 1902).

Abgeänderte Formen der Augenblickskontakte für diese Methoden haben angegeben Blondel und Kübler (ETZ 1897, S. 652 und 1900, S. 309). Automatische Bürstenverschiebung mittels Asynchronmotors, s. Drexler (ETZ 1896, S. 378), mittels Rädervorgeleges s. Peukert (ETZ 1899, S. 622).

Da das Arbeiten mit dem Kontaktmacher namentlich bei niedrigen Spannungen erfahrungsgemäß leicht Störungen verursacht, so hat Goldschmidt den mechanischen Kontakt durch einen magnetischen ersetzt (ETZ 1902, S. 496). Ein Uförmiges Eisen trägt eine von dem aufzunehmenden Wechselstrom durchflossene primäre und zwei durch ein Voltmeter geschlossene sekundäre Spulen. In einen auf der Maschinenwelle sitzenden Zylinder ist ein schmaler Eisenstreifen eingesetzt, der vor den Schenkeln des Uförmigen Eisens vorübergeführt wird und daher nur in einer Phase den magnetischen Kreis des Transformators schließt.

2. Kompensationsmethoden. a) Die aufzunehmende Augenblicksspannung wird mittels der Kompensationsmethode (179) gemessen, wobei der Kontaktmacher in den Galvanometerkreis geschaltet ist (s. Fig. 101). Ein auf dieser Methode beruhender fertiger Apparat zur automatischen Aufnahme von Kurven ist von Rosa und Callendar konstruiert worden (Electrician Bd. 40, S. 126, 221, 318, 1897. Zeitschr. f. Instrkd. Bd. 18, S. 257, 1898 und Electrician Bd. 41, S. 582, 1898).

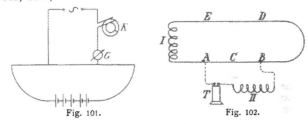

Fig. 101.   Fig. 102.

b) mit einer Wechselstrommaschine. (ETZ 1891, S. 447, Fig. 102). Die Maschine besitzt zwei gleiche, eisenfreie Anker; der Feldmagnet dreht sich. Der eine Anker kann meßbar aus dem Felde gezogen und damit die Amplitude seiner EMK geändert, der andere in der Phase gegen den ersteren verschoben werden; außerdem kann man Teile der Ankerwicklung aus- und einschalten. Mit dem einen Anker (I) schickt man Strom in den zu untersuchenden Stromkreis, der andere (II) wird an diejenigen Punkte AB gelegt, deren Spannung zu messen ist; ein eingeschaltetes Telephon dient dazu, die Einstellung zu finden, indem man in I die Amplitude, in II die Phase des Stromes ändert.

c) mittels Dynamometers nach Kaufmann (Verh. d. deutschen phys. Gesellsch. Bd. 1, S. 42, 1899) und Owens (Engineering Bd. 74, S. 741. 1902. Zeitschr. f. Instrkd. Bd. 23, S. 128, 1903).

Ein Spiegeldynamometer besitzt zwei feste und eine bewegliche Rolle. Der aufzunehmende Wechselstrom wird durch die eine feste Spule geschickt, ein regulierbarer Gleichstrom durch die andere. Eine andere Gleichstromquelle wird durch Kontaktmacher und bewegliche Spule geschlossen. Der Gleichstrom in der festen Spule wird so lange reguliert bis das Dynamometer keinen Ausschlag mehr zeigt; dann ist seine Stärke proportional dem betreffenden Augenblickswert des Wechselstromes.

(249) **B) Kontinuierliche Aufnahme.** 1. Braunsche Röhre. Eine Vakuumröhre erhält am einen Ende eine Erweiterung, in der ein fluoreszierender Schirm angebracht wird. Die Kathodenstrahlen erzeugen auf letzterem einen hellen Fleck, der Schwingungen ausführt, wenn eine von den zu untersuchenden Wechselstrom durchflossene Spule neben der Röhre angebracht wird; die Kraftlinien der Spule sollen den Weg der Kathodenstrahlen kreuzen. Die Bewegungen des Flecks kann man im rotierenden Spiegel betrachten. Strom- und Spannungsspule gleichzeitig liefern Lissajoussche Figuren, aus denen man die Phasendifferenz bestimmen kann. (Wied. Ann., Bd. 60, S. 552.) Betr. photographischer Darstellung vergl. Zenneck (Wied. Ann. Bd. 69, S. 838, 1899) und Wehnelt und Donath (Wied. Ann. Bd. 69, S. 861, 1899.)

2. Oszillographen sind Galvanometer mit außerordentlich kleinen beweglichen Systemen. Ist die Eigenperiode dieser Systeme sehr klein gegen die Periode des aufzunehmenden Wechselstromes, so ist der Ausschlag des Galvanometers in jedem Augenblick proportional dem jedesmaligen Augenblickswert des Wechselstromes. Die Apparate sind zuerst angegeben von Blondel, vervollkommnet durch Duddell; sie werden hergestellt von Carpentier, Paris; Scientific Instr. Co., Cambridge und Siemens & Halske, Berlin. Literatur s. Ztschr. f. Instrkd. Bd. 21, S. 239, 1901, Bd. 23, S. 63, 1903.

a) Nadeloszillographen. Zwischen den messerförmigen Polen eines starken Magnetes oder Elektromagnetes befindet sich das bewegliche System in Form eines schmalen dünnen Eisenbandes, das entweder in Spitzen gelagert ist, oder zwischen zwei Backen ausgespannt ist. Das Eisenband, das durch den Magnet eine Quermagnetisierung erfährt, erhält durch zwei vom Wechselstrom durchflossene Spulen, die dicht an das Eisenband herangeschoben werden, eine drehende Ablenkung. Mittels eines winzigen Spiegels (1 mm²) werden die Schwingungen des beweglichen Systems sichtbar gemacht. Ein Nachteil dieser Oszillographen besteht darin, daß durch die ablenkenden Spulen eine Selbstinduktion in den Stromkreis eingefügt wird, der Vorzug in der einfachen Behandlungsweise gegenüber den unter b) genannten. Die Eigenschwingungen des beweglichen Systems können nach Blondels Angabe bis auf 40000 in der Sekunde gesteigert werden.

b) Bifilare Oszillographen. Zwischen den Polen eines kräftigen Magnetes oder Elektromagnetes ist ein schmales Kupferband hin- und hergezogen, sodaß die beiden Teile der Schleife parallel und dicht nebeneinander liegen. Durch das Band wird der aufzunehmende Wechselstrom geschickt; der Apparat ist also ein Spulengalvanometer mit nur einer Windung. Durch ein Spiegelchen (0,5 mm²), das quer über beide Bänder geklebt ist, werden die Schwingungen der Bänder sichtbar gemacht.

c) Oszillographen von voriger Form, aber mit bedeutend größeren Systemen sind von Abraham konstruiert (vgl. Ztschr. f. Instrkd. 18,

S. 30, 1898, auch ETZ 1901, S. 207). Durch die größere Trägheit des beweglichen Systems würden verzerrte Kurvenbilder erhalten werden; deshalb verwendet Abraham eine komplizierte Induktionsschaltung, welche diesen Fehler beseitigt.

d) Weniger angewandt ist seither die elektrochemische Methode der Kurvenaufnahme. Der Wechselstrom wird zwei federnden, einige Millimeter voneinander entfernten Platinelektroden zugeführt, welche auf feuchtem Jodkadmiumkleisterpapier schleifen. Zieht man das Papier unter den Federn weg, so entstehen mehr oder weniger tiefblau gefärbte Linien, aus deren Schattierungen man auf die Form des Wechselstromes schließen kann. (Grützner, Ann. d. Phys. Bd. 1, S. 738; vergl. auch Janet, Blondel. Fortschr. d. Elektrotechnik 1894, No. 2079, 2080.)

(250) **Analyse von Wechselstromkurven.** Ein Wechselstrom von beliebiger Kurvenform kann mathematisch durch eine Fouriersche Reihe dargestellt werden in der Form $A_1 \sin \omega t + A_3 \sin 3 \omega t + A_5 \sin 5 \omega t + \dots + B_1 \cos \omega t + B_3 \cos 3 \omega t + B_5 \cos 5 \omega t + \dots$ oder $J_1 \sin (\omega t + \alpha_1) + J_3 \sin (3 \omega t + \alpha_3) + J_5 \sin (5 \omega t + \alpha_5) + \dots$, wobei die Amplituden mit geradzahligem Index gleich Null gesetzt sind (114).

Um die Fouriersche Reihe für einen Wechselstrom zu bestimmen, kann man entweder die nach (199, 200) aufgenommenen Kurven auf mathematischem Wege analysieren oder man kann die Koeffizienten der Reihe direkt experimentell messen.

Für die **mathematische Analyse** kommen folgende Methoden in Frage.

a) Analyse nach **Houston** und **Kennelly** (Zeitschr. f. Elektrotechnik, Wien 1898, S. 309; Ztschr. f. Instrkd. Bd. 19, S. 372, 1899).

Man zerlegt die aufgezeichnete Halbperiode durch gleichweit abstehende Ordinaten in n Streifen und bildet die Differenz D der Flächen der paarzahligen minus der unpaarzahligen Streifen, wobei Streifen oberhalb und unterhalb der Abszissenachse entgegengesetzte Vorzeichen erhalten; ist L die Länge der ganzen Welle, so wird $A_n = \pi D/L$.

Um einen Koeffizienten B_n zu finden, teilt man die Fläche in $n + 1$ Streifen, von denen je einer von der halben Breite der anderen am Anfang und Ende der Welle liegen.

Die Methode ist nur eine Annäherung und setzt voraus, daß man nur die Koeffizienten bis A_7 und B_7 bestimmen will.

b) Die Methode von **Fischer-Hinnen** führt bequemer zum Ziel. (ETZ S. 396, 1901.) Enthält die Reihe nur die ungeradzahligen Oberschwingungen, so grenzt man auf der Abszissenachse eine einer vollen Periode entsprechenden Länge L ab, teilt diese nacheinander in $n = 3, 5, 7, 9, \dots$ Teile und entnimmt die zugehörigen Ordinaten der Wechselstromkurve. Dann wird für jedes n der Mittelwert e_n der Ordinaten (Vorzeichen berücksichtigen) gebildet. Diese Rechnung wird für jedes n wiederholt, nachdem der Anfang der Periode um den Betrag $L/4n$ verschoben worden ist; die so entstehenden Mittelwerte werden mit e'_n bezeichnet. Dann ist:

$$J_n = \sqrt{e_n^2 + e_n'^2} \qquad \sin \alpha_n = \frac{e_n}{\sqrt{e_n^2 + e_n'^2}} \qquad \text{für } n = 7, 9, 11, 13, 15$$

und

$$J_3 \sin \alpha_3 = e_3 - e_9 - e_{15} \qquad J_5 \sin \alpha_5 = e_5 - e_{15}$$
$$J_3 \cos \alpha_3 = e_3' + e_9' - e_{15}' \qquad J_5 \cos \alpha_5 = e_5' + e_{15}'$$
$$J_1 \sin \alpha_1 = e_1 - e_3 - e_5 - e_7 - e_{11} - e_{13} + e_{15}$$
$$J_1 \cos \alpha_1 = e_1' - e_3' - e_5' - e_7' - 2 e_9' - e_{11}' - e_{13}' - e_{15}'.$$

c) Methode von Loppé (Ecl. él. Bd. 16, S. 525). Man teilt eine halbe Welle in 12 gleiche Teile und errichtet in den 11 Teilpunkten die Ordinaten, deren Länge mit $a_1 a_2 \ldots a_{11}$ bezeichnet werden mögen. Dann bildet man:

$$m_1 = \frac{1}{2}(a_1 + a_{11}) \qquad m_2 = \frac{1}{2}(a_2 + a_{10}) \ldots \ldots m_6 = a_6,$$
$$n_1 = \frac{1}{2}(a_5 - a_7) \qquad n_2 = \frac{1}{2}(a_4 - a_8) \ldots \ldots n_6 = 0.$$

Daraus findet man:

$$A_1 = 0{,}0863\, m_1 + 0{,}1667\, m_2 + 0{,}2358\, m_3 + 0{,}2887\, m_4$$
$$+ 0{,}3220\, m_5 + 0{,}1667\, m_6$$
$$A_3 = 0{,}2358\, m_1 + 0{,}3333\, m_2 + 0{,}2358\, m_3 - 0{,}2357\, m_5$$
$$- 0{,}1667\, m_6$$
$$A_5 = 0{,}3220\, m_1 + 0{,}1667\, m_2 - 0{,}2357\, m_3 - 0{,}2886\, m_4$$
$$+ 0{,}0863\, m_5 + 0{,}1667\, m_6$$
$$A_7 = 0{,}3220\, m_1 - 0{,}1667\, m_2 - 0{,}2357\, m_3 + 0{,}2886\, m_4$$
$$+ 0{,}0863\, m_5 - 0{,}1667\, m_6$$
$$A_9 = 0{,}2358\, m_1 - 0{,}3333\, m_2 + 0{,}2357\, m_3 - 0{,}2358\, m_5$$
$$+ 0{,}1667\, m_6$$
$$A_{11} = 0{,}0863\, m_1 - 0{,}1667\, m_2 + 0{,}2358\, m_3 - 0{,}2887\, m_4$$
$$+ 0{,}3220\, m_5 - 0{,}1667\, m_6$$

Setzt man in diese Formeln an Stelle der m die entsprechenden n, so erhält man B_1, $- B_3$, B_5, $- B_7$, B_9, $- B_{11}$.

Dieselbe Methode kann zur Berechnung von je 36 Koeffizienten angewandt werden (vgl. Runge, Zeitschr. f. Math. u. Phys. 1902, S. 443, Prentiss, Phys. Rev., B. 15, S. 257, 1902).

Harmonische Analysatoren sind Apparate, welche — beruhend auf der Formel für die Koeffizienten einer Fourierschen Reihe — die Analyse der Kurven mechanisch (nach Art der Planimeter) ausführen; dahin gehören die Apparate von Lord Kelvin (Proc. Roy. Soc., London, Bd. 24, S. 266, 1876), Coradi (vgl. Henrici Phil. Mag., B. 38, S. 110, 1894) und Michelson und Stratton (Amer. Journ. of Science 5, S. 1, 1898; Ztschr. f. Instrk. 1898, S. 93). Letzterer Apparat soll erlauben, 80 Glieder der Fourierschen Reihe zu finden.

Experimentelle Analyse. Methode von Des Coudres. (ETZ 1900, S. 752, 770). Der zu untersuchende Wechselstrom wird in die feste Spule eines Elektrodynamometers geschickt, während die bewegliche Spule mit einem Sinusinduktor verbunden wird, der nacheinander Sinusströme von der Grundperiode, der 3fachen, 5fachen ... Periode erzeugt. Ein Sinusstrom übt nur auf die Oberschwingung des Wechselstromes, welche die gleiche Periodenzahl besitzt, eine

Kraftwirkung aus; man kann also die Amplituden J_1 J_3 . . einzeln messen; gleichzeitig sind auch die Phasenwickel α_1 α_3 . . meßbar.

Die Methode von Lyle (Phil. Mag. Bd. 6, S. 549, 1903) dient gleichzeitig zur Aufnahme und Analyse eines Wechselstromes. Dieser wird durch die Primärspule eines Transformators mit Luftkern geschickt. Die sekundäre Spule, aus wenigen Windungen bestehend, ist durch einen Stromwender, einen großen Widerstand und ein Galvanometer geschlossen. Der Stromwender, auf der Maschinenachse sitzend, wendet den Galvanometerstrom je nach einer halben Periode. Verändert man allmählich den Beginn der Wendezeiten, so sind die Ablenkungen des Galvanometers den Augenblickswerten des Wechselstromes proportional; man erhält somit die vollständige Kurve. Konstruiert man nun den Unterbrecher so, daß der Strom innerhalb einer Periode 3 mal, 5 mal, . . kommutiert wird, so erhält man folgende aus Oberschwingungen bestehende Kurven:

$$J_3 \sin (3 \omega t + \alpha_3) + J_9 \sin (9 \omega t + \alpha_9) + J_{15} \sin (15 \omega t + \alpha_5) + . .$$
$$J_5 \sin (5 \omega t + \alpha_5) + J_{15} \sin (15 \omega t + \alpha_{15}) + . .$$
$$\text{usw.}$$

Magnetische Messungen.

(251) **Bestimmung eines magnetischen Momentes.** Der zu untersuchende Magnet wird in dem großen Abstande R von einer Bussole mit Kreisteilung oder Spiegelablesung in der ersten oder zweiten Hauptlage (Seite 45) aufgestellt und die Ablenkung der Bussole beobachtet, wenn man den Magnet um 180° dreht; die Hälfte dieses Winkels sei $= \varphi$. Die horizontale Stärke des Erdmagnetismus $\mathfrak{h}$ entnimmt man der Tafel Seite 57 oder bestimmt sie nach (127). Es ist dann nach (49) $\mathfrak{M} = \frac{1}{2} R^3 \mathfrak{h}$ tg φ oder $= R^3 \mathfrak{h}$ tg φ, je nachdem man die erste oder die zweite Hauptlage gewählt hat; in beiden Formeln ist ein Glied weggelassen, welches das Verhältnis der Magnetlänge zu R enthält; sollen die Formeln auf 1% genau sein, so muß der Abstand R 6 mal so groß sein wie die Länge des Magnetes; ist R nur 3 mal so groß wie diese Länge, so beträgt der Fehler etwa 4%. Genauere Formeln s. Kohlrausch, Praktische Physik. S. auch (120).

Bei langen Stäben kann man eine andere Methode verwenden. Im Abstand R von der Bussole wird der Stab von der Länge l senkrecht aufgestellt, und zwar der eine Pol in der Höhe der Nadel, der andere entfernt von der letzteren; man verschiebt den Magnet in der Achsenrichtung, bis der Ausschlag φ ein Maximum wird. Dann ist

$$\mathfrak{M} = \frac{5}{6} l R^2 \mathfrak{h} \text{ tg } \varphi.$$

Soll die Formel auf 1% genau sein, so darf der Abstand R nicht mehr als $\frac{1}{5}$ der Magnetlänge betragen; ist $R = \frac{1}{3}$ der Magnetlänge, so beträgt der Fehler etwa 5%.

Werden Eisenstäbe untersucht, welche durch einen Strom magnetisiert werden, so ist die Wirkung der Magnetisierungsspule zu berücksichtigen; dies geschieht am besten durch Ausgleichung, indem man eine vom magnetisierenden Strome durchflossene Hilfsspule der Bussole so gegenüberstellt, daß sie die Wirkung der Magnetisierungsspule ohne Eisenstab genau aufhebt.

Die **Stärke der Magnetisierung** $\mathfrak{J}$ wird gefunden, indem man das nach dem Vorigen bestimmte Moment des Stabes bezw. eines Ellipsoids durch $^5/_6$ des Volumens bezw. durch das ganze Volumen dividiert.

(252) **Messung einer Kraftlinienmenge mit dem Schwingungsgalvanometer.** Bei der magnetischen Untersuchung des Eisens pflegt man einen Probestab durch den Strom zu magnetisieren und die erzeugte oder bei Stromunterbrechung verschwindende Kraftlinienmenge mit einer Prüfspule zu messen; das Nähere s. (253; 254). Die entstehende oder verschwindende Kraftlinienmenge Φ bringt am Schwingungsgalvanometer den Ausschlag α hervor, und es ist

$$\Phi = \frac{r_2}{N_2} \cdot g \cdot \frac{t}{\pi} \cdot \alpha \cdot k^{\frac{1}{\pi} \operatorname{arctg} \frac{\pi}{l}},$$

worin r_2 und N_2 Widerstand des ganzen sekundären Kreises und Windungszahl der Prüfspule sind, während die Bedeutung der übrigen Größen sich nach (193) ergibt.

Um aus der vorigen Gleichung t und den Dämpfungsfaktor zu beseitigen, mißt man mit demselben Galvanometer die Entladung eines Kondensators von der Kapazität C, der aus einer Batterie von der EMK E geladen worden war (230). Es ist

$$C \cdot E = g \cdot \frac{t}{\pi} \, \alpha_1 \cdot k^{\frac{1}{\pi} \operatorname{arctg} \frac{\pi}{l}}.$$

Dies ergibt mit der vorigen Gleichung

$$\Phi = \frac{r_2}{N_2} \cdot \frac{\alpha}{\alpha_1} \cdot C \cdot E.$$

Bei Verwendung des Kondensators macht man einen geringen Fehler infolge der Rückstandsbildung; bei Glimmerkondensatoren ist letztere zu vernachlässigen. Um den Fehler zu vermeiden, kann man eine Normalspule verwenden, d. i. eine Magnetisierungsspule von K Windungen auf 1 cm und einer Windungsfläche Q, welche genau ausgemessen wird; diese umgibt man mit einer Sekundärspule von N_s Windungen, welche mit dem Galvanometer zu einem Kreis vom Widerstand R_s verbunden ist. Kommutiert man den primären Strom i, so durchfließt das Galvanometer die Elektrizitätsmenge $8\pi K i Q N_s / R_s$, welche den Ausschlag α_2 hervorruft; es ist dann

$$\frac{8\pi K i Q N_s}{R_s} = g \cdot \frac{t}{\pi} \, \alpha_2 \cdot k^{\frac{1}{\pi} \operatorname{arctg} \frac{\pi}{l}},$$

$$\Phi = \frac{r_2}{R_s} \cdot \frac{N_s}{N_2} \cdot \frac{\alpha}{\alpha_2} \cdot 8\pi K Q \cdot i.$$

Die Verwendung der Normalspule empfiehlt sich nur bei sehr sorgfältiger Herstellung und Ausmessung, gibt aber dann die zuverlässigsten Resultate; die Physikalisch-Technische Reichsanstalt eicht solche Normalspulen. Man beachte, daß in all diesen Formeln die elektrischen Größen im absoluten (c. g. s.) Maße einzusetzen sind, außer in den Fällen, wo es sich um Verhältnisse zweier gleichartiger Größen handelt.

(253) **Messung der Feldstärke** $\mathfrak{H}$. Mit der Prüfspule, nach dem Vorigen. Die als sekundäre Spule benutzte Drahtrolle wird in dem zu messenden Felde aufgestellt, so daß ihre Windungsebene zur Richtung des Feldes senkrecht steht. Das Feld wird nun plötzlich erzeugt, aufgehoben oder um 180° gedreht; oder die Prüfspule wird rasch aus dem Felde gezogen oder darin um 180° gedreht. Man erhält wie in (252) Φ, die Gesamtmenge der durch die Spule gehenden Kraftlinien, welche man noch durch den Spulenquerschnitt Q zu dividieren hat, um $\mathfrak{H}$ zu erhalten.

Mit der Wismutspirale. Ein gepreßter und zur flachen Spirale gewundener Wismutdraht wird, mit der Windungsebene senkrecht zur Richtung der Kraftlinien, in das Feld gebracht. Der Draht ändert im Felde seinen Widerstand; diese Änderung muß für jede Spirale besonders ermittelt werden.

Für schwache Felder benutzt man die Methode (127).

Eisenuntersuchung.

(254) **Hystereseschleife.** A. Am Probestab nach der Jochmethode. 1. Mit dem Schwingungsgalvanometer. Von der zu untersuchenden Eisensorte wird ein Probestab in genau zylindrischer Form vom Querschnitt q und der Länge l hergestellt; er wird in seinem mittleren Teil möglichst dicht umschlossen von der Prüfspule (Windungszahl N_2), und umgeben mit der Magnetisierungsspule (Windungszahl N_1, Länge L_1), die so zu bemessen ist, daß ein Strom, der $\mathfrak{H} = \dfrac{4\pi}{10} \dfrac{N_1 i_1}{L_1}$ zu 300 macht, noch keine starke Erwärmung hervorruft. Der Probestab wird in ein Schlußstück (Joch) aus schwedischem Eisen, bestem Schmiedeeisen oder Dynamo-Stahlguß eingesetzt, welches seine beiden Enden magnetisch möglichst gut verbindet (Klembacken oder besser noch Kugelkontakte); die Form des Joches ist nicht wesentlich; sein Querschnitt soll groß, die Länge des Kraftlinienweges klein sein; der Querschnitt (oder die Summe der parallel geschalteten Querschnitte) Q' möglichst größer als $200\,q$. Die Magnetisierungsspule wird mit einer Sammlerbatterie, Regulierwiderständen, Strommesser und Stromwender zu einem Stromkreis verbunden, die Prüfspule mit dem Schwingungsgalvanometer nach (252). Man beginnt mit einem Strom, der $\mathfrak{H}$ etwa zu 150 für Eisen, 300 für Stahl macht, und mißt die Kraftlinienmengen, welche induziert werden, wenn man den magnetisierenden Strom um geeignete Beträge (ohne Stromunterbrechung) plötzlich ändert. Ist der Strom Null geworden, so wechselt man seine Richtung und läßt ihn zu dem vorigen höchsten Betrag wieder ansteigen, dann wieder zu Null abnehmen, wechselt die Richtung und läßt ihn wieder bis zum höchsten Betrag wachsen. Für jeden Schritt in der Widerstandsänderung erhält man einen Ausschlag, der der Änderung der Kraftlinienmenge $\Delta\Phi$ proportional ist;

es ist jedoch darauf zu achten, daß die einzelnen Sprünge nur klein sein dürfen, da durch große Sprünge die Form der Magnetisierungskurve nicht unbeträchtlich beeinflußt wird. Von der gefundenen Kraftlinienmenge muß man genau genommen diejenige Menge abziehen, die auf dem Raum zwischen der Prüfspule und dem Eisen entfällt; umschlingt die Prüfspule den Querschnitt q' und ist der Querschnitt des Eisens q, so ist abzuziehen $(q' - q) \Delta \mathfrak{H}$; bei mäßigen Feldstärken kann jedoch, wenn die Prüfspule den Stab eng umschließt, diese Korrektion meist vernachlässigt werden. Summiert man alle (berichtigten) $\Delta \Phi$ zwischen zwei entgegengesetzt gleichen höchsten Stromwerten, so ist die Hälfte davon die höchste erzielte Kraftlinienmenge. Aus der Stromstärke i erhält man $\mathfrak{H} = \dfrac{4\pi}{10} Ki$ (50), aus der Kraftlinienmenge Φ die Induktion $\mathfrak{B} = \Phi/q$. Die Beobachtungen liefern je einen Zuwachs (Abnahme) von $\mathfrak{B}$ für eine Vergrößerung (Verkleinerung) von $\mathfrak{H}$ und sind demgemäß aufzutragen. Man erhält eine Kurve wie in Fig. 48, S. 47. Diese Kurve ist nun allerdings noch keine sogenannte Magnetisierungskurve, wie sie ein gleichmäßig bewickelter, geschlossener Ring oder ein Ellipsoid liefern würde, da beim Joch in den Weg der Induktionslinien noch Widerstände durch die Jochteile selbst, hauptsächlich aber durch die Luftschlitze eingeschaltet sind. Zur Überwindung dieses Widerstandes, welcher rechnerisch nicht genau bestimmt werden kann und sich mit der Höhe der Induktion ändert, ist eine gewisse magnetomotorische Kraft nötig, um deren Betrag die zur Erzielung einer bestimmten Induktion notwendige Feldstärke vergrößert erscheint. Die mit dem Joch erhaltene Kurve hat also eine zu sehr gestreckte Gestalt und muß mit Hilfe einer Scherung auf die absolute Kurve reduziert werden.

Zur Bestimmung dieser Scherungswerte dreht man einen im Joch untersuchten Stab zum Ellipsoid ab und untersucht dieses mit dem Magnetometer (251), wobei stets die Beziehung $\mathfrak{H} = \mathfrak{H}' - N\mathfrak{J}$ zu berücksichtigen ist (52). Die Differenzen zwischen entsprechenden Werten der so gewonnenen absoluten Kurve und der Jochkurve geben die Verbesserungen für die beim Joch beobachteten Werte der Feldstärke; man trägt sie am besten graphisch als sogenannte Scherungskurve auf. Ist man nicht in der Lage, magnetometrische Beobachtungen mit dem Ellipsoid durchzuführen, so untersucht man einen Stab im Joch, dessen absolute Kurve bekannt ist, und verfährt entsprechend; die Reichsanstalt liefert bezw. untersucht derartige Stäbe.

Da die Scherung in hohem Maße von der Natur des zu untersuchenden Materials abhängt, so kann man nicht dieselbe Scherungskurve für weiches Eisen (Stahlguß, Schmiedeeisen, Dynamoblech), Gußeisen, weichen und harten Stahl verwenden; man bedarf vielmehr für jede dieser Typen mindestens einer besonderen Scherungskurve. Bei genaueren Messungen empfiehlt es sich, für jeden Stab die Koerzitivkraft noch gesondert mit dem Magnetometer zu bestimmen. Zu diesem Zweck läßt man den Strom in der Magnetisierungsspule des Magnetometers von demjenigen Maximum, welcher dem Maximum der Feldstärke bei der Jochbeobachtung entspricht (Berücksichtigung des Entmagnetisierungsfaktors! [52]), bis auf Null abnehmen, kommutiert und läßt den Strom wieder anwachsen, bis der Magnetometerspiegel wieder auf Null einsteht. Die mit diesem Strom berechnete Feldstärke gibt die richtige Koerzitivkraft des Stabes, da für diesen Fall in der Gleichung $\mathfrak{H} = \mathfrak{H}' - N\mathfrak{J}$ das zweite Glied rechter Hand Null wird $(\mathfrak{J} = 0)$. Diese Bestimmung ist nahezu unabhängig von der Gestalt des Stabes. Kennt man somit die wahre Koerzitivkraft des Stabes, so kennt man auch die Jochscherung für den Punkt der Koerzitivkraft genau und kann die Scherungskurve in geeigneter Weise durch diesen Punkt hindurchlegen (Gumlich und Schmidt, ETZ. 22, 695, 1901). Derartige Scherungskurven sind für jeden auf dem Jochprinzip beruhenden Apparat notwendig.

2. Mit der Drehspule (Koepsel). Der mit der Magnetisierungsspule umgebene Probestab ist durch ein einfaches Joch geschlossen; dies Joch wird an einer Stelle durch einen Luftzwischenraum in Gestalt einer zylindrischen Bohrung unterbrochen, deren Achse senkrecht zu den Kraftlinien steht, und die durch Eisen bis auf einen Zwischenraum von 1 mm wieder ausgefüllt ist; der ausfüllende Kern ist umgeben von einer Spule nach Art der im Drehspulengalvanometer verwendeten, deren Ebene durch Spiralfedern parallel zu den Kraftlinien gestellt wird. Durch die Drehspule schickt man einen konstanten, vom Querschnitt des Probestabes abhängigen Strom. Die am Zeiger abzulesende Ablenkung ist diesem Strom und der Feldstärke im Luftzwischenraum proportional und gibt demnach bei bestimmtem Querschnitt sogleich die Induktion $\mathfrak{B}$ im Eisen. Um die Wirkung der Magnetisierungsspule auf das Joch aufzuheben, trägt letzteres einige Windungen, die zu der Magnetisierungsspule in Reihe und mit entgegengesetzter Wirkung geschaltet sind. Bei der Aufstellung des Apparates ist der Erdmagnetismus zu beachten; auch sonst sind stärkere äußere magnetische Einflüsse (zB. von Strom- und Spannungsmessern) fern zu halten. Der Apparat wird von Siemens & Halske gebaut und ist außerordentlich bequem in der Handhabung.

3. Mit dem Permeameter von Carpentier. Der Apparat hat große Ähnlichkeit mit der eben besprochenen Anordnung von Koepsel; die dort gebrauchte Drehspule ist ersetzt durch eine zur Dämpfung der Schwingungen in Öl eintauchende, an einem feinen Draht aufgehängte Magnetnadel, deren Ablenkung durch Torsion des Aufhängedrahtes beseitigt wird. Ein mit dem Torsionskopf verbundener Zeiger gestattet, die Induktion auf einer Skala abzulesen.

4. Mit dem Permeameter von Picou. Der Apparat soll Werte geben, welche keiner Scherung bedürfen. Er besteht aus zwei Jochen, welche an zwei entgegengesetzten Flächen des zu untersuchenden Vierkantstabes angesetzt werden. Beide Joche sind mit einer Spule A und B, der Stab ist mit einer Spule C umgeben. Schaltet man zunächst A und B hintereinander, während C stromlos bleibt, so durchsetzt der Kraftlinienfluß nur die beiden Joche, die vier Luftschlitze zwischen dem Stab und den Jochen, sowie die doppelte Stabdicke. Dreht man dann die Stromrichtung in der Spule B um und schickt nun auch durch C einen Strom von solcher Stärke, daß der vorher beobachtete Kraftlinienfluß in den beiden Jochen ungeändert bleibt, dann liefert der durch C gehende Strom gerade diejenige Feldstärke, welche der in dem Probestab herrschenden Induktion entspricht, da die beiden Ströme in A und B die zur Überwindung

des magnetischen Widerstandes in den Jochen und Luftschlitzen notwendige magnetomotorische Kraft liefern. Der Apparat kann natürlich auch zur Untersuchung von Blechstreifen verwendet werden.

5. In der magnetischen Brücke. (Holden, El. World Bd. 24, S. 617; Ewing, Electrician Bd. 37, S. 41, 115.) Zwei zu vergleichende Stäbe, ein Normalstab und ein gleich dicker Stab aus dem zu untersuchenden Eisen werden durch zwei kräftige Joche zu einem magnetischen Kreis verbunden; jeder Stab ist mit einer Magnetisierungsspule umgeben; die magnetisierenden Kräfte werden entweder durch Änderung des Stromes oder der Windungszahl abgeglichen. Auf den beiden Jochen steht die magnetische Brücke, ein eiserner Bogen, der in der Mitte durchschnitten ist; in diesem Schlitz schwingt eine Magnetnadel, deren Nullage durch einen Richtmagnet senkrecht zur Richtung der Brücke gelegt wird. Werden die magnetisierenden Kräfte so abgeglichen, daß durch die Brücke keine Kraftlinien gehen, so sind die Kraftlinienmengen in beiden Stäben gleich; bei gleichem Querschnitt sind dann die Permeabilitäten je umgekehrt proportional den magnetisierenden Kräften. — Um den hierzu erforderlichen Normalstab zu untersuchen, benutzt man nur die Joche des Apparates, nachdem man die Brücke entfernt hat. Zwei gleiche Stäbe werden eingespannt, einmal mit der freien Länge 4π cm mit Spulen von 100 Windungen, und das zweite Mal mit der freien Länge 2π cm und mit Spulen von 50 Windungen. In jedem Falle wird mit dem Schwingungsgalvanometer die $\mathfrak{B}$-$\mathfrak{H}$-Kurve bestimmt; ist zu einem gewissen $\mathfrak{B}$ das $\mathfrak{H}$ für den ersten Fall $\mathfrak{H}_1$, für den zweiten $\mathfrak{H}_2$, so ist die wegen des Joches und der Stoßstellen berichtigte magnetische Kraft $2\,\mathfrak{H}_1 - \mathfrak{H}_2$ für $\mathfrak{B}'$. Man erhält so die berichtigte $\mathfrak{B}$-$\mathfrak{H}$-Kurve für die beiden Normalstäbe.

6. Durch die Zugkraft, du Bois'sche Wage. Der mit der Magnetisierungsspule umgebene wagrecht gestellte Probestab wird durch ein einfaches halbkreisförmiges Joch geschlossen, das durch einen wagrechten Schnitt nahe beim Probestab zwei gleichgroße Trennungsflächen erhält. Der obere Teil wird auf einer Schneide gelagert, die seitwärts von der Mittelebene des Joches angebracht ist, so daß die beiderseits gleichen Zugkräfte ungleiche Drehmomente ausüben; der Unterschied wird durch Laufgewichte gemessen, die am Joch verschoben werden können. Man erhält aus der Wägung den Wert von $\mathfrak{J}$ oder von $\mathfrak{B}$. Die Scherungslinien werden mit einem beigegebenen Probestab bestimmt; nach deren Ermittlung darf die Stellschraube, welche die Bewegung des Joches begrenzt, nicht mehr verstellt werden. Der Erdmagnetismus ist zu beachten oder durch einen Hilfsmagnet zu kompensieren.

Eine gute Wage gibt recht genaue Resultate, ist aber gegen Erschütterungen sehr empfindlich; sie eignet sich daher mehr für wissenschaftliche als für technische Messungen. Nach Einschieben von zwei Eisenplatten in die Luftschlitze des Jochs und Einführung einer den Stab umschließenden Prüfspule ist die Wage ohne weiteres auch für ballistische Messungen zu verwenden.

7. Mit der Wismutspirale, Apparat von Bruger (Hartmann und Braun). Der in zwei Hälften geteilte Probestab wird in ein doppeltes Schlußjoch eingeführt. In dem Schlitz zwischen den beiden Stabhälften befindet sich eine Wismutspirale, aus deren Widerstand die Induktion des Stabes berechnet werden kann (253).

B. Untersuchung an größeren Blöcken, Permeameter von Drysdale. Aus dem zu untersuchenden Block wird mit einem Hohlbohrer ein Loch ausgebohrt, in dessen Mitte ein kleiner zylindrischer Zapfen stehen bleibt, der als Probeobjekt dient. In den Hohlraum der Bohrung wird ein Stöpsel eingeführt, welcher eine Magnetisierungs- und eine Prüfspule enthält. Den Rest der Öffnung verschließt ein Eisenkern, der zwischen dem Zapfen und der umgebenden Eisenmasse einen magnetischen Schluß herstellt.

C. Untersuchung am fertigen Stück. (Denso, Inaug.-Dissert.) untersucht fertige Gußstücke, zB. das Eisengerüst einer Dynamomaschine. An einer Stelle, wo keine Streuung stattfindet, wird eine Spule, die senkrecht zum Eisen schmal ist, dicht an das Eisen angelegt und hier $\mathfrak{H}$ bestimmt; darauf mit umgelegter Prüfspule $\mathfrak{B}$ im Eisen; die der Remanenz entsprechende Induktion muß besonders bestimmt werden, zB. bei einer Dynamomaschine aus der Ankerspannung bei stromlosen Schenkeln. Die Windungsfläche der schmalen Spule ergibt sich durch Vergleich mit einer ausmeßbaren Spule im gleichmäßigen Feld.

(255) Nullkurve, jungfräuliche Kurve. Wenn man den Probestab zunächst entmagnetisiert (258) und ihn dann in einem Untersuchungsapparat der von Null aus ohne Unterbrechung bis zum Maximum ansteigenden Magnetisierung unterwirft, so erhält man eine Kurve, wie sie in Fig. 48 gestrichelt angegeben ist.

(256) Kommutierungskurve. Man beginnt mit dem unmagnetischen Zustand (258); der magnetisierende Strom wird auf einen bestimmten Wert eingestellt, mehrmals kommutiert und schließlich der Ausschlag des Schwingungsgalvanometers bei der Kommutierung abgelesen (193); auf diese Weise geht man bis zum Maximum des Stromes. Die Kommutierungskurve liegt im Allgemeinen etwas über der Nullkurve.

(257) Untersuchung von Dynamoblech mit Wechselstrom. Aus dem zu untersuchenden unterteilten Eisen stellt man einen geschlossenen magnetischen Kreis her. Mittels einer Spule vom Widerstande r_1 und eines Wechselstromes von der Stärke i und Periodenzahl v (in 1 sec) wird dieser Eisenkreis magnetisiert. Ein an die Enden der Spule angelegter Spannungsmesser dient zur Bestimmung der Induktion (S. 202). Von der Leistung L, welche ein eingeschaltetes Wattmeter angibt, zieht man den Energieverbrauch durch den Strom in der Magnetisierungsspule $i^2 r_1$ sowie den Verbrauch im Spannungsmesser e^2/r_2 und in der Spannungsspule des Wattmeters e^2/r_3 ab, dann ist der Verlust im Eisen vom Volumen V:

$$L_e = L - \left(i^2 r_1 + \frac{e^2}{r_2} + \frac{e^2}{r_3} \right) = v V \left(\eta \cdot \mathfrak{B}^{1,6} + v \cdot \beta \cdot \mathfrak{B}^2 \right) 10^{-7}.$$

Hierin entspricht das erste Glied rechter Hand dem hysteretischen Verlust, das zweite dem Verlust durch die im Eisen entstehenden Wirbelströme. Dividiert man die Gleichung durch v, so erhält man rechter Hand eine lineare Funktion von v; man kann also durch zwei oder mehr Messungen bei derselben Induktion, aber möglichst verschiedener Periodenzahl den Hysteresekoeffizienten η und den Wirbelstromkoeffizienten β einzeln ermitteln.

Der gesamte Energieverbrauch bei der Ummagnetisierung von 1 kg Eisenblech bei 50 Perioden, $\mathfrak{B} = 10\,000$ und einer Temperatur von 30° heißt Verlustziffer.

Empfehlenswerte Versuchsanordnungen sind angegeben von:

1. Epstein (Lahmeyer A. G.): Vier Magnetisierungsspulen von 40 cm Länge, in quadratischer Anordnung auf einem Brett befestigt, nehmen je 2,5 kg Eisenblech in Gestalt von 50 cm langen und 3 cm breiten Streifen auf; die aus den Spulen herausragenden Enden der Blechbündel werden durch Klammern fest gegeneinander gepreßt. Die einzelnen Blechstreifen müssen wegen der Wirbelströme durch Papier oder dergl. gegeneinander isoliert sein.

2. Möllinger (Schuckertwerke). Die Probestücke werden in Gestalt von geschlossenen Ringen, deren Breite klein ist im Verhältnis zum Durchmesser, ausgestanzt, mit Papierzwischenlagen übereinander geschichtet und festgepreßt. Die Magnetisierungsspule wird gebildet durch 100 Windungen aus dickem, biegsamem Kabel, von denen jede mittels eines Stechkontaktes geöffnet bezw. geschlossen werden kann.

3. Richter (Siemens & Halske): Eine aus Holzleisten bestehende zylinderförmige Trommel von 1 m Höhe und 2 m Umfang trägt außen die Magnetisierungswindungen aus starkem Kupferdraht, in welche 4 ganze Blechtafeln von den Dimensionen 100×200 cm eingeschoben werden können. Die durch Papiermanschetten isolierten Enden der Tafeln werden abwechselnd übereinander gelegt und durch eine Leiste festgedrückt. Der Apparat gestattet Messungen ohne Materialverlust, ist aber nur für Tafeln bestimmter Dimensionen zu verwenden.

Bei diesen Messungen hängt die Spannung e mit der Induktion $\mathfrak{B}$ zusammen durch die Formel: $e = \mathfrak{B} \cdot q \cdot N \cdot 4\,n \cdot \alpha \cdot 10^{-8}$. Hierin bedeutet q den Querschnitt der Blechprobe, N die Windungszahl der Magnetisierungsspule, ν die Wechselzahl und α den sogenannten Formfaktor, d. h. das Verhältnis der effektiven zur mittleren Spannung. α soll $= 1{,}11$ sein (sinusförmige Spannungskurve); hat der Formfaktor einen anderen Wert, so ist der aus den Beobachtungen berechnete Koeffizient β noch mit $\left(\dfrac{1{,}11}{\alpha}\right)^2$ zu multiplizieren; dementsprechend ist auch der Wert der Verlustziffer zu reduzieren. Mit wachsender Temperatur nimmt der Wirbelstromverlust ab, und zwar bei den gewöhnlichen Blechsorten für 1 Grad ungefähr um 0,5 %. Die oft recht beträchtliche Erwärmung macht sich bei der Berechnung von η und β dadurch geltend, daß die Werte von L_e/ν scheinbar nicht genau auf einer geraden Linie, sondern auf einer nach unten konkaven Kurve liegen; die Abweichung verschwindet bei Berücksichtigung der Temperatur (Messung am sichersten mit dem Thermoelement). Neuerdings ist es gelungen, magnetisch vorzügliche Eisensorten mit hohem Leitungswiderstand und entsprechend geringem Wirbelstromverlust herzustellen.

Searle (Electrician Bd. 36, S. 800) umwickelt die Eisenprobe vom Querschnitt Q mit zwei Spulen; die primäre hat K Windungen auf 1 cm Länge und wird von einem Strom I durchflossen, der auch durch die feststehende Spule eines Dynamometers geht; die sekundäre Spule hat N Windungen und ist mit der beweglichen Spule des Dynamometers, deren Schwingungsdauer t ist, verbunden; der Widerstand dieses sekundären Kreises R ist annähernd induktionsfrei. Läßt man nun den magnetisierenden Strom von der Stärke I mit Hilfe eines geeigneten Schalters die Werte von $+ I$ durch 0, $- I$, 0, $+ I$ nicht zu rasch durchlaufen, so erfährt die bewegliche Spule des Dynamometers einen Stoß, der den Ausschlag α hervorbringt. Wenn darauf die konstanten Ströme i_1 und i_2 durch die beiden Spulen des Dynamometers gesandt werden, so bringen sie eine Ablenkung α_0 (Einstellung) hervor. Dann ist die durch Hysterese verbrauchte Energie für diese springende Änderung der Magnetisierung, welche jedoch von dem Verbrauch bei stetiger Änderung nicht unbeträchtlich abweichen kann,

$$\frac{1}{4\pi} \int \mathfrak{H}\, d\mathfrak{B} = \frac{KR}{NQ} \cdot \frac{t}{2\pi} \cdot i_1 i_2 \cdot \frac{\alpha}{\alpha_0}.$$

Zeigt das Dynamometer Dämpfung, so ist α mit dem Dämpfungsfaktor (193) zu multiplizieren.

Schickt man in die primäre Spule einen Wechselstrom von der Stärke I und ν Perioden in der Sekunde, so ist

$$\frac{1}{4\pi} \int \mathfrak{H}\, d\mathfrak{B} = \frac{KR}{NQ} \cdot \nu \cdot i_1 i_2 \cdot \frac{\alpha}{\alpha_0}.$$

Hier ist α eine Einstellung; Schwingungsdauer des Dynamometers und Einfluß der Dämpfung fallen weg.

Praktische Apparate zur hysteretischen Untersuchung von Eisenproben sind angegeben worden von Ewing (ETZ 1895, S. 292) und Blondel-Carpentier (ETZ 1898, S. 178). In beiden Apparaten wird eine kleinere Menge des zu untersuchenden Eisenbleches in das Feld eines kräftigen Stahlmagnets gebracht. In Ewings Apparat wird die Eisenprobe, ein längliches Päckchen aus Blechen ($1,5 \times 8$ cm), gedreht, und der Stahlmagnet folgt der Drehung; in dem Blondelschen Apparat wird der Magnet gedreht, und die Eisenprobe folgt. Nach dem Ausschlag kann man die Hysterese berechnen. Jeder Apparat ist nur für eine bestimmte Induktion zu benützen.

(258) Entmagnetisieren von Eisenproben. Den völlig unmagnetischen Zustand erreicht man durch wechselnde Magnetisierungen mit abnehmender Stromstärke; man magnetisiert mit Wechselstrom, den man durch Einschalten von Widerstand allmählich schwächt, oder mit Gleichstrom, den man wendet und gleichzeitig schwächt. Auch kann man den zu entmagnetisierenden Körper einem Wechselstrommagnet nähern oder ihn davon entfernen oder ihn an einem Faden aufhängen und während rascher Drehung einem kräftigen Magnet rasch nähern und wieder entfernen.

Literatur. Du Bois, Magnetische Kreise, deren Theorie und Anwendung. Berlin 1894. Jul. Springer. — Ewing, Magnetische Induktion in Eisen und verwandten Metallen, deutsch von Holborn und Lindeck. Berlin 1892. Jul. Springer. — Erich Schmidt, Die magnetische Untersuchung des Eisens und verwandter Metalle. Halle a. S. 1900. Wilh. Knapp; dasselbe auch Zeitschr. f. Elektrochemie, 5. Jahrg. 1898/99. Dieser Aufsatz ist hier vielfach benutzt worden.

II. Abschnitt.

Technische Messungen.

Messungen an elektrischen Maschinen und Transformatoren.

Die Grundsätze für diese Messungen sind vom Verbande Deutscher Elektrotechniker aufgestellt in den Normalien für Bewertung und Prüfung von elektrischen Maschinen und Transformatoren (ETZ 1903, S. 684).

Hilfsapparate für Maschinenmessungen.

(259) **Die von einer Maschine aufgenommene mechanische Leistung.** Wirkt an dem Umfang der Riemenscheibe eine Kraft P kg*, ist der Radius der Riemenscheibe R m, die Umlaufzahl in der Minute $= n$, so ist die mechanische Leistung

$$L = \frac{P \cdot R \cdot n}{716} = 0{,}0014 \; P \cdot R \cdot n \; \text{Pferd.}$$

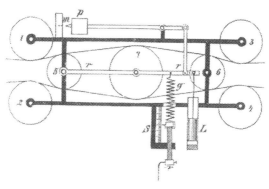

Fig. 103.

Dynamometer von v. Hefner-Alteneck. (El. Ztschr. 1881, S. 230.) Dasselbe wird unmittelbar an dem Riemen angebracht; die räumlichen Verhältnisse der Transmission sind dabei ohne Einfluß, da der Riemen durch das Instrument selbst die erforderliche Richtung und Symmetrie erhält.

Das Instrument (Fig. 103) wird auf den Riemen aufgebracht, indem man die eine Seitenwand wegnimmt, den Riemen so einlegt, daß der ziehende Teil auf der Seite der Feder g sich befindet, dann die Seitenwand wieder einsetzt; darauf befestigt man den Apparat an einem festen Holzgestell, welches ein Umkippen und Abwerfen der Riemen ausschließt. Das Gegengewicht p hält in jeder Lage der Rolle 7 das Gleichgewicht; der mit p verbundene Zeiger muß dann auf die Marke m einspielen.

Wenn der Riemen läuft, wird die Rolle 7 in die Höhe gedrückt; durch Spannung der Feder g bringt man sie wieder in die frühere Lage, so daß der Zeiger wieder auf m weist. Dann gibt die Skale S den Druck P in kg* an; gewöhnlich erhält man für 1 kg* 1 mm Verschiebung an der Skale. L ist eine Dämpfungsvorrichtung.

Nimmt man R und n an der getriebenen Scheibe, so erhält man die übertragene Arbeit ohne den durch Gleiten des Riemens verursachten Verlust; setzt man die Werte von R und n für die treibende Scheibe ein, so mißt man die Arbeit einschließlich des genannten Verlustes.

Prüfung. Der Zeiger an der Skale wird auf Null gestellt; dann muß der Zeiger bei p in jeder Stellung des Apparates auf die Marke m einspielen. Es ist erforderlich, durch fortgesetztes Klopfen mit einem Holzhammer die Reibungswiderstände des Instrumentes zu lösen. Ist die erwähnte Einstellung nicht erfüllt, so verstellt man den Zeiger an der Feder oder das Laufgewicht p.

Darauf bringt man das Instrument in eine nahezu senkrechte Lage und zieht zwei Schnüre oder Riemen durch dasselbe, die gerade so laufen müssen, wie der Riemen bei der Messung. Die durchgezogenen Schnüre werden an der Decke befestigt und unterhalb des Arbeitsmessers verschieden belastet. Der Zeiger an der Skale muß die Differenz der Gewichte in kg* angeben; trifft dies nicht zu, so fertigt man sich eine Berichtigungstabelle. Auch bei dieser Untersuchung ist das Klopfen mit dem Holzhammer nötig.

Dynamometer von Fischinger.

Bei diesem Apparat (Fig. 104) werden zwei auf derselben Achse lose drehbare Riemenscheiben benutzt, deren eine den von der Triebmaschine kommenden und deren andere den zur getriebenen Maschine gehenden Riemen aufnimmt. Die Verbindung zwischen den beiden Scheiben wird hergestellt durch einen Mitnehmer mn, der auf der Achse i befestigt ist; die Achse i ist an dem zur Welle a senkrecht stehenden Arm d gelagert und trägt einen seitlichen Ansatz g, der mittels Schlitzes und Zapfens die Drehung von i an den zweiarmigen Hebel ff' überträgt. Das Ende von f drückt auf die Stange b, die in der einerseits hohlen Welle a liegt; dem Drucke von f wird das Gleichgewicht gehalten durch die an dem Arme r angebrachte Wage. Der Arm d' mit dem Gewichte w dient dazu, den Schwerpunkt des Systems in die Achse zu verlegen. Wenn das Dynamometer eingeschaltet ist, so nimmt die treibende Scheibe mittels des zweiarmigen

Hebels mn die getriebene mit; hierbei dreht sich mn und damit die Achse i; durch Belastung der Wage (Druck auf b) wird die Achse i zurückgedreht, bis der Mitnehmer die ursprüngliche Stellung (Ruhelage) wieder einnimmt; dies wird an dem unteren Zeiger links erkannt. Die Wage mißt dann die Kraft P, oder vielmehr, da die Wage eine Dezimalwage ist, $^1/_{10}\,P$. Die Leistung in Pferd ergibt sich durch Multiplikation des Riemenzugs in kg* mit der Riemengeschwindigkeit in m/sec und Division durch 75; die Leerlaufleistung des Dynamometers ist für die gewählte Geschwindigkeit besonders zu bestimmen. In der Fig. 104 ist links die Wage und am rechten Ende von a ein Lagerbock weggelassen.

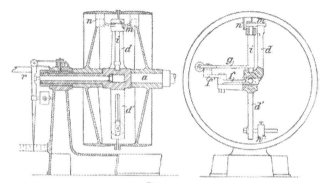

Fig. 104.

Das Dynamometer wird in folgenden 5 Größen gebaut:

Modell	I	II	III	IV	V
Umfang der Riemenscheibe in m	1,5	2,0	3,0	3,5	4,0
Höchste Belastung der Schale in kg*	6	12	22	50	75
Größte Umlaufzahl in der Minute	1200	900	600	510	450
Höchste gemessene Leistung bei 30 m/sec Riemengeschwindigkeit .	24	48	88	200	300

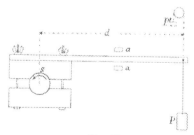

Fig. 105.

(260) **Die von einem Motor erzeugte mechanische Leistung.** Dieselbe wird entweder nach dem Vorigen durch ein Dynamometer oder mit dem Pronyschen Zaum gemessen. Bei dem letzteren wird die ganze Leistung des Motors durch Reibung verzehrt. Die Riemenscheibe wird zwischen zwei Backen eingeklemmt, an denen

sich ein langer Hebelarm befindet; der letztere trägt an seinem
äußersten Ende eine Vorrichtung zum Anhängen von Gewichten. Ist
das statische Moment des Zaumes samt angehängten Gewichten bezogen auf die Achse der Riemenscheibe $= D$, so ist in dem Fall, daß
der Hebel zwischen den beiden Anschlägen a wagerecht und frei
schwebt, die Leistung des Motors

$$L = \frac{D \cdot n}{716} \text{ Pferd.}$$

D ist der Hauptsache nach $= P \cdot d$ (vgl. Fig. 105). Das statische
Moment der Klemmvorrichtung und des Hebels bestimmt man dadurch, daß man den Zaum bei s auf eine Schneide legt und den
Hebel durch das Gewicht P' nach oben ziehen läßt, bis er wagrecht
steht; dann hat man

$$D = (P + P') \, d \text{ und}$$
$$L = \frac{(P + P') \, d \cdot n}{716} \text{ Pferd.}$$

P und P' in kg*, d in m.

Zweckmäßig ist es, das Gewicht P an einem starr mit dem wagrechten Arm des Zaumes verbundenen senkrechten Stabe anzuhängen;
der Aufhängepunkt liege etwas tiefer als die Achse des Motors.
Anstatt Gewichte anzuhängen, kann man auch einen am Hebelarm
befestigten senkrechten Stift auf eine Feder- oder Brückenwage drücken
lassen.

Während des Bremsversuches muß man die Klemmbacken durch
Benetzen mit Wasser (am besten Seifenwasser) schlüpfrig erhalten.

In vielen Fällen ist es bequem, am Ende des Hebelarms statt
eines Gewichtes eine Spiralfeder anzubringen, deren Ausdehnung und
Spannung an einer Skale abgelesen wird und die
nach kg* geeicht ist. Eine solche Feder vermag
der etwas wechselnden Leistung besser zu folgen,
als das einmal aufgelegte Gewicht, doch bleibt dabei
der Hebelarm nicht ganz wagrecht. — Oder man
befestigt an der Spiralfeder oder einem Dynamometer
ein Metallband, windet dieses um die Riemenscheibe
und belastet es so stark, daß es gut angespannt ist;
vgl. Fig. 106.

Fig. 106.

Der Zaum von Soames (El. Rev. Bd. 42, S. 214)
besteht aus einem Wagebalken, der mit seinem Drehpunkt senkrecht über der Achse der Riemenscheibe
aufgehängt wird. Unter letztere wird ein Band gelegt
und mit zwei Fäden am Wagebalken so befestigt,
daß der Abstand der Befestigungspunkte gleich dem
Durchmesser der Riemenscheibe ist und vom Drehpunkt halbiert wird. Man läßt nun den Motor laufen
und hebt den Wagebalken, so daß der Riemen genügend Reibung erfährt; darauf hängt man an einem Ende des Wagebalkens Gewichte
an, die die Wage einstellen. Die Umdrehungszahl mit dem angehängten Gewichte und der Konstante des Apparates multipliziert
gibt die Leistung in P.

Mechanische Bremsen pflegen namentlich bei großen Tourenzahlen
sehr unruhig zu arbeiten. Ruhigere Einstellungen und genauere Re-

sultate erhält man mit Wirbelstrombremsen (Pasqualini, Elettricista 1892, S. 177, Rieter ETZ 1901, S. 195; Feußner ETZ 1901, S. 608; Siemens & Halske Nachrichten 1902, No. 32). Bei diesen Bremsen rotiert eine auf die Achse des Motors aufgesetzte Metallscheibe zwischen den Polen eines Elektromagnetes. Der Elektromagnet ruht auf Schneiden; dem durch die Wirbelströme in der Metallscheibe auf ihn ausgeübten Drehmoment wird durch aufgelegte Gewichte das Gleichgewicht gehalten. Durch Regulieren der Erregung des Elektromagnetes kann man die abgebremste Leistung in weiten Grenzen ändern und in feinsten Abstufungen einstellen. Die Bremsen werden nur für kleinere Leistungen (bis maximal 5 P) gebaut. Die in der Bremsscheibe durch Wirbelströme erzeugte Wärme kann bei diesen Leistungen durch Wasserspülung abgeführt werden.

(261) **Zugkraft.** Man befestigt an der Ankerachse einen zur letzteren senkrecht stehenden Arm, an welchem eine Feder oder andere Kraft angreift, um die Drehung des Ankers zu verhindern, wenn dem Anker die zu seinem Betrieb bestimmten Ströme zugeführt werden. Die Kraft, welche erfordert wird, um den Anker festzuhalten, mißt den Zug.

(262) **Drehungsgeschwindigkeit.** Die Umlaufszahl wird mit einem einfachen Zählwerk, dem Umlaufszähler, Tourenzähler, gemessen; wenn man nach dem Schlag einer Uhr genau eine Minute das Zählwerk mitlaufen läßt, kann man leicht noch Fehler von $\frac{1}{2}$ bis 1% begehen; sollen die Bestimmungen genauer sein, so muß man mehrere Minuten lang mitlaufen lassen. Das Zählwerk muß ziemlich fest in die Bohrung der Maschinenachse eingedrückt werden, damit es auch sicher mitgenommen wird; sicherer ist es noch, auf die Achse einen kleinen Mitnehmer zu setzen.

Mays Umlaufzähler-Chronograph zählt gleichzeitig Sekunden und Umläufe. Er besteht aus einem Uhrwerk mit Sekundenzeiger und einem Zählwerk; beide werden gleichzeitig in und außer Tätigkeit gesetzt, wenn man die Körnerspitze an die Welle der zu untersuchenden Maschine andrückt.

Das Tachometer dient zur eigentlichen Geschwindigkeitsmessung; es besteht im wesentlichen aus einem mit der Maschinenachse gekuppelten Zentrifugalpendel, dessen Stellung mittels Zeiger und Skale abgelesen wird; es gibt die augenblickliche Geschwindigkeit der Maschine, ausgedrückt in Umläufen für die Minute, an. Es wird entweder durch einen Riemen oder besser durch einen Mitnehmer mit der Maschinenachse gekuppelt. Die Skale wird mit dem Umlaufszähler geeicht. — Das Tachometer wird auch in einer Form hergestellt, in der es sich für den Handgebrauch eignet; es wird dann in derselben Weise wie der Umlaufszähler mit der drehenden Achse verbunden.

Tachograph. Um die Geschwindigkeit der drehenden Achse zu registrieren und etwa eingetretene Schwankungen nachträglich feststellen zu können, verbindet man das Tachometer mit einer geeigneten Schreibevorrichtung, sowie mit einer Uhr. Bei dem von Buss-Sombart hergestellten Apparat schreitet der Papierstreifen in der Minute je nach dem Übersetzungsverhältnis um 5—20 mm fort, während die größte Ordinate der Kurve 40—50 mm beträgt. (ETZ.

1886, S. 126.) Ein anderer empfindlicher Tachograph wird von Dr. Th. Horn, Leipzig, gebaut.

Das Gyrometer von Braun besteht aus einer vertikal gestellten Glasröhre, die fast vollständig mit Glyzerin gefüllt ist. Wird das Gyrometer mit der Maschinenachse gekuppelt, so bildet die Glyzerinoberfläche ein Paraboloid, dessen tiefster Punkt ein Maß für die Tourenzahl ist. Auf der Röhre wird eine empirisch gefundene Skale angebracht.

Elektrische Tourenzähler. Der Anker einer kleinen Gleichstrommaschine, deren Feld gewöhnlich durch einen permanenten Magnet gebildet wird, wird mit der Welle gekuppelt, deren Tourenzahl ermittelt werden soll. Letztere wird durch ein geeignetes Gleichstromvoltmeter gemessen. Man kann auch eine kleine Wechselstrommaschine verwenden; man mißt dann die Periodenzahl des von ihr erzeugten Wechselstroms, zB. mit dem Frequenzmesser von Hartmann & Braun (247).

Ungleichförmigkeitsgrad. Schwankt die Winkelgeschwindigkeit einer Welle während einer Umdrehung, so ist $(v_{max} - v_{min})/(v_{max} + v_{min})$ der Ungleichförmigkeitsgrad (31).

a) Messung mit der Stimmgabel. Man läßt eine Stimmgabel auf dem Umfange des ungleichförmig rotierenden Zylinders ihre Schwingungen schreiben und mißt die Länge der einzelnen Schwingungen aus.

b) Vergleich mit einer gleichförmigen Bewegung. Man stellt der ungleichförmig rotierenden Scheibe eine gleichförmig rotierende gegenüber und zeichnet die relative Bewegung beider zueinander auf. (Göpel, Franke ETZ 1901, S. 887.)

c) Bestimmung durch Kurvenaufnahme. Man kuppelt mit der drehenden Welle eine kleine Gleichstrommaschine mit konstanter Erregung und nimmt mittels Kontaktmachers oder Oszillographen (249) die Spannungskurve innerhalb einer Umdrehung (vgl. Franke a. a. O.) auf.

Bei kleinen Maschinen und Motoren würde man durch Anlegen eines Zählapparates den Gang zu sehr beeinflussen. Benischke (ETZ 1899, S. 143) verwendet in diesem Fall einen zweiten Motor, dessen Geschwindigkeit reguliert werden kann; auf die Achse dieses Motors setzt er eine Scheibe mit sektorförmigen Ausschnitten und auf die Achse des zu untersuchenden Motors eine ähnliche Scheibe oder einen mehrstrahligen Stern. Beide Motoren werden in Drehung versetzt und die vom zu untersuchenden Motor gedrehte Scheibe durch die Ausschnitte der anderen angesehen. Man reguliert die Geschwindigkeit des Hilfsmotors so lange, bis die erstere Scheibe (oder Stern) still zu stehen scheint. Sind beide Scheiben gleich geteilt, so stimmen die Umdrehungsgeschwindigkeiten genau überein; bei verschiedener Teilung kann man das Verhältnis leicht bestimmen; enthält die Scheibe des zu untersuchenden Motors m Speichen, Schlitze oder Strahlen, die des Hilfsmotors p Speichen, so ist die Geschwindigkeit des Hilfsmotors, welche besonders gemessen wird, mit p/m zu multiplizieren.

(263) Der Schlipf, d. i. die Differenz zweier angenähert gleicher Tourenzahlen in Prozenten der Gesamttourenzahl, kann direkt durch

Messung jeder einzelnen Tourenzahl für sich gefunden werden. Verwendet man dabei die gewöhnlichen Tourenzähler, so wird das Resultat um so ungenauer, je geringer der Schlipf ist. Seemann (ETZ 1899, S. 764) hat eine Vorrichtung angegeben, durch welche das Einrücken und Ausrücken der Zählwerke auf elektrischem Wege genau gleichzeitig geschieht. Ziehl (ETZ 1901, S. 1026) mißt auf mechanischem Wege direkt die Differenz der Tourenzahlen und die Tourenzahl selbst, indem er zwei Tourenzähler derart kombiniert, daß die Welle des einen mit dem Gehäuse des anderen fest gekuppelt ist.

Von besonderer Wichtigkeit ist die Messung des Schlipfes bei Asynchronmotoren; hierfür kommen vorteilhaft stroboskopische Methoden zur Anwendung (Benischke, ETZ 1899, S. 142; Wagner, Glasers Annalen 1904). Man setzt zu diesem Zweck auf die Achse des zu untersuchenden Motors eine Scheibe mit abwechselnd p schwarzen und p weißen Sektoren, wo p gleich der Polzahl des Motors ist, und beleuchtet sie mit einer Bogenlampe, die vom gleichen Wechselstrom gespeist wird. Bei synchronem Lauf scheinen die Sektoren still zu stehen; schlüpft der Motor, so wandern sie; und zwar ist der Schlipf gleich 100 z/pN. Dabei bedeutet z die Zahl der schwarzen Sektoren, die in einer Minute vorüberwandern, N die minutliche Tourenzahl.

Statt der Bogenlampen kann man auch einen kleinen von demselben Wechselstrom angetriebenen Synchronmotor vor den zu untersuchenden Motor setzen und die in (262) beschriebene Methode zur Messung der Tourenzahl nunmehr zur Messung des Schlipfes verwenden (vgl. ETZ 1904, S. 392).

Setzt man auf die Welle des Asynchronmotors einen Joubertschen Kontaktmacher, den man mit einer dahinter geschalteten Glühlampe an die Betriebsspannung anlegt, so wird die Glühlampe abwechselnd aufleuchten und verlöschen. Leuchtet die Lampe y mal während einer Minute auf, so ist der Schlipf $= y/2\,pn$ (p Zahl der Polpaare, n Tourenzahl des auf gleiche Polzahl reduzierten Generators) (Seibt. ETZ 1901, S. 194). Über einen auf diesem Prinzip beruhenden Apparat s. Bianchi, ETZ 1903, S. 1046.

Man kann auch den im Anker fließenden Strom zur Schlipfmessung verwenden. Schaltet man zwischen zwei Schleifringe ein Drehspulen-Amperemeter, das zweiseitig für positive und negative Ströme geteilt ist, so pendelt der Zeiger langsam hin und her; macht er in t Sekunden z volle Schwingungen und ist ν die Periodenzahl des Betriebsstromes, so ist der Schlipf gleich $z/t\nu$ (ETZ 1901, S. 194).

Messungen an Gleichstrommaschinen.

(264) **Prüfung einer Gleichstrommaschine (Generator oder Motor).** Eine Gleichstrommaschine wird durch einen mehrstündigen Probebetrieb geprüft. Vor Beginn des letzteren mißt man die Widerstände des Ankers und der Schenkel, wobei die Voraussetzung gemacht wird, daß die Maschine die Temperatur der Umgebung habe.

Zur Messung des Ankerwiderstandes dienen gewöhnlich die Methoden zur Messung kleiner Widerstände (216, 217). Doch ist namentlich bei Wicklungen mit Parallelschaltung Vorsicht erforderlich und eventuell auf die Wicklungsart Rücksicht zu nehmen; der Widerstand der Feldmagnete ist meist so groß, daß er bequem mit der Wheatstoneschen Brücke gemessen werden kann. Der Galvanometerkreis soll bei diesen Messungen erst geraume Zeit nach Schluß des Hauptstromkreises geschlossen und früher als letzterer geöffnet werden, um die heftigen Induktionsstöße von dem Galvanometer fern zu halten.

Außerdem wird die Isolation der Maschine bestimmt, und zwar Anker gegen Schenkelbewicklung, Anker gegen Gehäuse und Schenkelbewicklung gegen Gehäuse (205, 309).

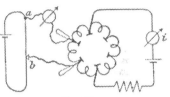

Um die Richtigkeit der Bewicklung eines Ankers zu prüfen, schickt man einen konstanten Strom durch den ruhenden Anker und berührt je zwei benachbarte Kommutatorteile mit zwei Kontakten, die zu einem ausgespannten von konstantem Strom durchflossenen Draht führen (Fig. 107). Der Kontakt b wird verschoben, bis das bei a eingeschaltete Galvanometer stromlos ist; der Abstand ab ist ein Maß für den Widerstand der Ankerspule. (Tinsley, The Electrician, Bd. 37.)

Fig. 107.

Nach Ausführung dieser Prüfungen läßt man die Maschine mit der vorgeschriebenen Geschwindigkeit laufen und schaltet sie auf einen solchen äußeren Widerstand, daß die geforderte maximale Stromstärke erreicht wird; dann soll auch die Klemmenspannung den vorgeschriebenen Wert besitzen; gewöhnlich wird man die Umlaufszahl so weit ändern, daß das letztere der Fall ist. Die Probe bezieht sich auf das ganze Verhalten, besonders die Erwärmung der Maschine bei dauerndem Betrieb; um diese festzustellen, wird von Zeit zu Zeit, zuerst etwa von Stunde zu Stunde, später auch in kürzeren Zwischenräumen, der Betrieb unterbrochen und der Widerstand von Anker und Schenkeln von neuem bestimmt; dies wird so lange fortgesetzt, bis Konstanz eingetreten ist. Die Temperaturen werden teils durch die Widerstandszunahme der Stromkreise gemessen, teils durch Thermoelemente oder Thermometer. Das Thermometergefäß muß dünn genug sein, um ganz zwischen die Drähte oder in andere enge Zwischenräume des Ankers eingeführt werden zu können; die Öffnung dieses Zwischenraumes wird im übrigen mit Baumwolle zugestopft.

Weitere Prüfungen der Maschine, die erst ausgeführt werden, wenn die Hauptprobe zufriedenstellend ausgefallen ist, gelten den Betriebsverhältnissen, besonders also der Änderung der Klemmenspannung mit dem Strom der Maschine.

Unzureichende Betriebsmaschine. Um eine Dynamomaschine, deren Leistung größer ist, als die der vorhandenen Betriebsmaschine, bei voller Leistung zu untersuchen, führt man den von der zu prüfenden Maschine erzeugten Strom einer zweiten Maschine zu, die als Elektromotor die empfangene Energie an die Antriebswelle zurückgibt (Sparschaltung). Man kann auf diese Weise Dynamomaschinen untersuchen, deren Leistung mehr als das Doppelte derjenigen der Betriebsmaschine beträgt. Ist die Betriebsmaschine ein Elektromotor, und hat die angetriebene Maschine ungefähr die gleiche Spannung, so kann man den Strom der letzteren wieder an die Leitung zurückgeben, aus der der Motor gespeist wird.

(265) **Charakteristik.** Die Leerlaufcharakteristik wird bei Nebenschluß- oder fremd erregten Maschinen aufgenommen; sie gibt die Klemmenspannung bei Leerlauf in Abhängigkeit vom Erregerstrom bei konstanter Tourenzahl und gestattet dadurch ein Urteil über die magnetische Sättigung der Maschine.

Die äußere Charakteristik einer Nebenschlußmaschine gibt den Zusammenhang zwischen Klemmenspannung und Belastungsstrom bei konstanter Tourenzahl bezw. Betriebstourenzahl. Nimmt man statt der Klemmenspannung die EMK der Maschine $(E = Kl.sp. + ir_a)$, so erhält man die sogenannte Gesamtcharakteristik.

(266) Der **Wirkungsgrad** wird nach einer der Methoden der Normalien § 37 bis 44 gefunden.

Eine Schaltung für die indirekte elektrische Methode (§ 38) ist von Kapp angegeben. B und C (Fig. 108) sind die Anker der zu untersuchenden Maschinen von ungefähr gleicher Größe, A der Anker einer kleineren Maschine, D eine Hilfsmaschine, welche die Schenkel sämtlicher anderen Maschinen speist. i und e sind Strom- und Spannungsmesser; die Ströme in den verschiedenen Feldmagneten

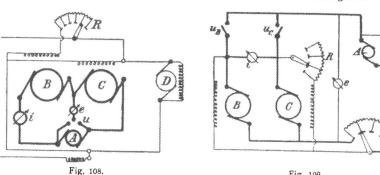

Fig. 108.   Fig. 109.

müssen besonders gemessen werden. B und C sind mechanisch gekuppelt und laufen mit gleicher Geschwindigkeit, B als Stromerzeuger, C als Elektromotor. A liefert $i\,(e_C - e_B)$, C empfängt $i \cdot e_C$ und B liefert $i \cdot e_B$; der Wirkungsgrad ist für jeden der beiden Anker $\sqrt{e_B/e_C}$. R und die dem Anker A zugeführte Leistung werden so reguliert, daß der Strommesser i den gewünschten Strom angibt und die Maschinen mit der gewünschten Geschwindigkeit laufen; e_B und e_C werden am Spannungsmesser e abgelesen, indem man den Umschalter u abwechselnd nach links und nach rechts stellt. A treibt man zweckmäßig mit einer Dampfmaschine ohne Regulator an. —

Statt hintereinander kann man die Maschinen auch nebeneinander schalten, Fig. 109. Sind u_B und u_C gleichzeitig geschlossen, so gibt der Spannungsmesser die gemeinsame Spannung an; wird nur u_C geöffnet, so fließt derjenige Strom i_C durch den Strommesser, der von A an C geliefert werden muß, um die ganze Vorrichtung in Bewegung zu halten. Wird u_C wieder geschlossen und u_B geöffnet, so mißt man den Strom i_B, den B liefert. Der Wirkungsgrad ist nun $\sqrt{i_B / i_C}$.

(267) **Messung der Verluste.** Für sehr viele Fälle der Praxis ist es am wichtigsten, die Verluste einzeln zu messen und aus den Einzelverlusten den Wirkungsgrad zu berechnen. Die Verluste entstehen durch Reibung in den Lagern und an den Bürsten, durch Hysterese, durch Wirbelströme im Eisen, in Wicklungen und in starken Konstruktionsteilen und durch Stromwärmeerzeugung in den stromführenden Teilen. Die Verluste sind z. T. von der Temperatur abhängig; man muß daher bei genauen Messungen erst die Maschine genügend lange Zeit unter Last laufen lassen.

Die Verluste durch Stromwärme sind nach dem Jouleschen Gesetz zu berechnen. Die übrigen Verluste werden mittels der Leerlaufkurve (269), der Auslaufkurve (268) und auf andere Weise bestimmt, entweder zusammen oder getrennt.

(268) **Auslaufkurve** (Deprez, C. R. Bd. 94, S. 861. — Routin, Electricien, Paris. Bd. 15, S. 42. — Dettmar, ETZ 1899, S. 203, 381. — Liebenow, ETZ 1899, S. 274. — Peukert, ETZ 1901, S. 393). Der Anker einer im Laufe befindlichen Maschine enthält einen Arbeitsvorrat $A = \frac{1}{2} \Theta \omega^2$, worin Θ das Trägheitsmoment, ω die Winkelgeschwindigkeit bedeutet. Hören äußere Zufuhr und Abgabe von Energie auf, so läuft der Anker weiter, und sein Verbrauch durch Reibung usw. ist

$$L = \frac{dA}{dt} = \Theta \omega \cdot \frac{d\omega}{dt},$$

wobei ω nach und nach bis zum Stillstand abnimmt. Man beobachtet ω zu verschiedenen Zeiten. Hierzu kann man das Tachometer nur verwenden, wenn sein eigener Arbeitsverbrauch den Versuch nicht beeinflußt. Dettmar empfiehlt, die Spannung im Anker unter Wirkung des remanenten Magnetismus zu benutzen und sie durch eine Messung am Anfang der Beobachtungsreihe auf das Tachometer zu beziehen. Auch kann man einen Umlaufzähler anlegen und alle Minute ablesen; er gibt angenähert die Geschwindigkeit für die Mitte der Minute.

Trägt man die Zeit als Abszisse, die Geschwindigkeit als Ordinate auf, so erhält man die Auslaufkurve. Die Tangente an die Kurve gibt für jeden Punkt auch $d\omega / dt$. Durch Multiplikation mit $\Theta \omega$ erhält man die Leistung L, die der Anker in jedem Augenblick zur Überwindung der Reibung usw. abgibt.

Beim ersten Versuch läuft die Maschine frei aus, d. h. ohne Erregung des Feldes. Bei einem zweiten Versuch wird sie durch einen Pronyschen Zaum unter Anwendung einer für den ganzen Versuch gleichbleibenden Kraft gebremst. Gehören zur gleichen Geschwindigkeit ω für die erste Auslaufkurve der Wert $d\omega / dt = \mathrm{tg}\,\alpha_1$, für die zweite $d\omega/dt = \operatorname{tg}\alpha_2$, und war für die gleiche Geschwindigkeit die gebremste Leistung am Zaum $= L_1$, so ist

$$L_1 = L' \cdot \frac{\operatorname{tg}\alpha_1}{\operatorname{tg}\alpha_1 - \operatorname{tg}\alpha_2},$$

wobei zweckmäßig L' so gewählt wird, daß $\operatorname{tg}\alpha_2$ etwa halb so groß wird, wie $\operatorname{tg}\alpha_1$.

Man kann nun bei erregtem Feld, bei abgehobenen Bürsten usw. gleichfalls Auslaufkurven aufnehmen und sie zur Trennung der Verluste benutzen.

(269) **Leerlaufkurve.** Man mißt den Verbrauch der Maschine, wenn sie a) mit konstanter Erregung und veränderlicher Geschwindigkeit, b) mit konstanter Geschwindigkeit und veränderlichem Feld leer, d. h. ohne Strom nach außen abzugeben, läuft. Dazu kann man sich eines geeichten Elektromotors bedienen, eine Methode, die allgemein nur bei direkter Kuppelung zu empfehlen ist und auch da nur, wenn der Motor nicht stark belastet wird. Besser ist es, die Maschine als Motor unter besonderer Erregung der Feldmagnete anzutreiben und den elektrischen Verbrauch des Ankers zu messen. Die Bürstenspannungen werden als Abszissen, Ankerstrom und Ankerverbrauch als Ordinaten aufgetragen. Zerlegt man den Verbrauch nach seinen verschiedenen Ursachen in Teile und dividiert durch die zugehörigen Spannungen, so erhält man die Teil-Verluststräme (270).

(270) **Trennung der Verluste.** a) Die Maschine läuft als Motor ohne Belastung mit konstanter Erregung durch Fremdstrom; der Strom im Anker ist noch so schwach, daß das Feld von ihm nicht gestört wird; die Spannung am Anker ist demnach der Geschwindigkeit proportional. Das Produkt Spannung am Anker × Strom gibt die Verluste, von denen Lager- und Bürstenreibung und Hysterese proportional der Geschwindigkeit n, Wirbelströme proportional n^2 sind. Hieraus folgt

$$ei = an + bn^2$$

und nach Division mit e, das zu n proportional ist,

$$i = A + Bn.$$

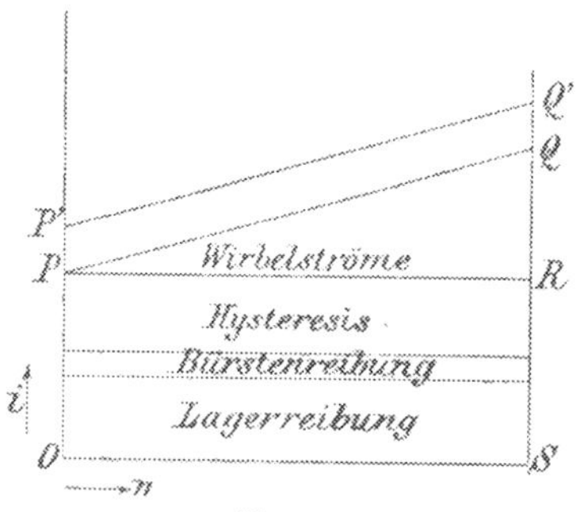

Fig. 110.

Trägt man also n als Abszisse, i als Ordinate auf (Fig. 110), so erhält man eine Gerade PQ für eine bestimmte Erregung ($P'Q'$ für eine andere); zieht man durch P die Wagrechte, so gibt für eine bestimmte Geschwindigkeit S die Fläche $OPRS$ den Verlust durch Hysterese, Bürsten- und Lagerreibung, das Rechteck $PR \times RQ$ den Verlust durch Wirbelströme. Kuppelt man mit dem Motor eine ebensolche Maschine und läßt deren Anker ohne Felderregung umlaufen, so kann man bei anliegenden Bürsten die Summe von Bürsten- und Lagerreibung, bei aufgehobenen Bürsten die Lagerreibung allein bestimmen. (K a p p, H o u s m a n n, The Electrician, London, Bd. 26.)

b) H u m m e l (ETZ 1891, S. 515) nimmt zwei Leerlaufkurven auf, eine mit konstanter Geschwindigkeit, die andere mit konstanter Erregung. Die Maschine wird besonders erregt und läuft als Motor leer. Die Kurve des Verbrauchs bei konstanter Geschwindigkeit (Abszisse Spannung) schneidet die Ordinatenachse in einem Punkte, der den Reibungsverlust allein angibt. Legt man durch diesen Punkt eine neue Abszissenachse und dividiert die neuen Ordinaten der Verbrauchskurve durch die Spannung, so erhält man den Verluststrom, der auf Hysterese und Wirbelströme zusammen entfällt; sein Verlauf, auch der jedes seiner beiden Summanden, wird durch eine Gerade dargestellt.

Die Kurve des Verbrauchs im zweiten Diagramm, dividiert durch die Spannung, gibt den gesamten Verluststrom als eine Gerade, deren Schnittpunkt auf der Ordinatenachse die Summe des konstanten Reibungs-Verluststromes und des konstanten Hysterese-Verluststromes abschneidet; eine neue Abszissenachse durch diesen Punkt macht den Gesamt-Verluststrom zu dem für die Wirbelströme allein. Das erste Diagramm liefert den Reibungsverlust allein, das zweite seine Summe mit dem hysteretischen Verlust, woraus der letztere bestimmt werden kann; außerdem das zweite den Wirbelstrom allein.

c) Nach D e t t m a r (ETZ 1899, S. 203) sind die Reibungsverluste nicht der Geschwindigkeit proportional, wie in den vorhergehenden Fällen angenommen wurde, sondern wachsen rascher als die Geschwindigkeit. D e t t m a r nimmt für mehrere in der Nähe der normalen gelegene Geschwindigkeiten Leerlaufkurven bei konstanter Geschwindigkeit auf, deren Verlängerung bis zur Ordinatenachse die Reibungsverluste allein ergibt; diese letzteren liefern, als Funktion der Geschwindigkeit dargestellt, die erheblich gekrümmte Reibungskurve. Darauf nimmt man eine Leerlaufkurve bei konstanter Erregung auf; der Verluststrom wird durch eine Gerade dargestellt. Aus der Reibungskurve ermittelt man den Verluststrom für Reibung, zunächst als Funktion der Geschwindigkeit, und überträgt ihn auf Spannung als Abszisse. Dieser Reibungs-Verluststrom ist vom Gesamtverluststrom abzuziehen; die Differenzlinie schneidet auf der Ordinatenachse den konstanten hysteretischen Verluststrom ab; legt man durch diesen Punkt eine neue Abszissenachse, so stellt die Differenzlinie, bezogen auf diese Achse, den Verluststrom durch Wirbelströme dar. Durch Multiplikation jeder Ordinate mit ihrer Abszisse (Spannung) erhält man die Verluste in Watt.

Die zahlreichen für diese Methode notwendigen Messungen werden verringert durch die Methode von K i n z b r u n n e r (ETZ 1903, S. 451). Kinzbrunner unterbricht den Erregerkreis und legt Spannungen von $^1/_5$ bis $^1/_{15}$ der Normalspannung an den Anker. Dann läuft die Maschine bei geeigneter Bürstenstellung, und zwar wird das Feld im wesentlichen durch den Ankerstrom selbst erzeugt. Hysteresis und Wirbelstromverluste sind hierbei außerordentlich gering; mißt man also die vom Anker aufgenommene Leistung und zieht davon die ohmischen Verluste ab, so erhält man die Reibungsverluste in Abhängigkeit von der Tourenzahl.

Die Reibungsverluste zerfallen in Bürstenreibung, Lagerreibung und Luftreibung. Die Bürstenreibung erhält man ohne weiteres als Differenz der Reibungsverluste bei aufgelegten und bei abgehobenen Bürsten. Um Lager- und Luftreibung zu trennen, schlägt F i n z i vor (ETZ 1903, S. 536), die Messungen bei verschiedenen Temperaturen (15 bis 80°C.) zu machen. Während nämlich der Lagerreibungskoeffizient umgekehrt proportional der Lagertemperatur angenommen werden kann, ist die Luftreibung von der Temperatur unabhängig.

d) Die Auslaufkurve liefert in der (268) angegebenen Weise den Reibungsverlust für verschiedene Geschwindigkeiten. Läßt man die Maschine nicht frei auslaufen, sondern im erregten Feld, so erhält man eine neue Kurve zu den beiden in (268) erwähnten, welche die Summe aller Verluste liefert. In der Bezeichnungsweise von (268) ist der Verbrauch für Hysterese und Wirbelströme:

$$L_3 - L_1 = L' \cdot \frac{\mathrm{tg}\, \alpha_3 - \mathrm{tg}\, \alpha_1}{\mathrm{tg}\, \alpha_1 - \mathrm{tg}\, \alpha_2}.$$

e) Die Verluste durch Hysterese und Wirbelströme kann man nach H u m m e l (ETZ 1891, S. 515) dadurch bestimmen, daß man die zu untersuchende Maschine durch einen Elektromotor antreibt, während sie nicht erregt ist; der elektrische Verbrauch des Motors wird gemessen. Nun erregt man die Maschine und führt ihrem Anker so viel Strom zu, daß der Motor genau ebensoviel verbraucht wie vorher. Der Verbrauch des Ankers der zu untersuchenden Maschine ist gleich dem Verlust durch Hysterese und Wirbelströme. Die Messung wird für verschiedene Geschwindigkeiten ausgeführt.

f) Z u s ä t z l i c h e   E i s e n v e r l u s t e. Die Verluste durch Hysterese und Wirbelströme, welche sich aus der Leerlaufkurve ergeben, gelten nicht auch für die stromliefernde Maschine; vielmehr sind sie für letztere größer, weil die Verteilung des Feldes ungleichmäßiger wird. Man nimmt für verschiedene Ankerstromstärken i die Feldkurven auf und ermittelt die höchste vorkommende Induktion im Eisen $\mathfrak{B}_i$, während für die Leerlaufkurve die Induktion $\mathfrak{B}_o$ gilt. Die Leerlaufkurve für konstante Geschwindigkeit soll hier nur die hysteretischen und Wirbelstromverluste darstellen; sie ist also auf eine Abszissenachse zu beziehen, welche die Reibungsverluste subtrahiert. Wird nun der Eisenverlust gesucht, der einer EMK E bei der Stromstärke i entspricht, so entnimmt man aus der Leerlaufkurve (für die zugehörige Geschwindigkeit) diejenige Ordinate, welche zur Abszisse $E \cdot \mathfrak{B}_i / \mathfrak{B}_o$ gehört. Es genügt auch, den aus der Leerlaufkurve ermittelten Verlust mit $(\mathfrak{B}_i / \mathfrak{B}_o)$ zu multiplizieren. (D e t t m a r, ETZ 1898, S. 251.)

(271) Feldkurve. Zwei Hilfsbürsten, deren Abstand so gewählt ist, daß sie zwei benachbarte Kommutatorstege berühren, werden, während die Maschine betriebsmäßig läuft, um den Kommutator herumgeführt und die Spannung, die in den einzelnen Spulen des Ankers erzeugt wird, gemessen. Statt dessen kann man auch eine einzige Hilfsbürste benutzen und die Spannung zwischen dieser und einer Hauptbürste bestimmen; aus den Differenzen ergeben sich die Spannungen für die einzelnen Spulen. Die Kraftlinienmengen je für eine Ankerspule lassen sich dann leicht berechnen, desgl. die magnetische Belastung des Ankerkerns und der Polschuhe.

(272) **Ankerfeld.** Kraftlinien des Ankers. Baumgardt (ETZ 95, S. 344) speist den Anker mit Fremdstrom von der Betriebsstärke, während die Feldmagnete stromlos sind, und dreht den Anker. Senkrecht zu den Arbeitsbürsten werden Hilfsbürsten angelegt, die zu einem Spannungsmesser führen. Ergibt dieser die Spannung E, ist die Drehungsgeschwindigkeit n Umläufe in der Minute, 2 N die Zahl der wirksamen Drähte des Ankers, so ergibt sich die Zahl der Ankerkraftlinien zu $\Phi = \dfrac{E \cdot 10^8 \cdot 60}{2 \cdot N \cdot n}$. Wegen des Kurzschlusses an den Arbeitsbürsten ist das Ergebnis zu vergrößern.

Einfluß der Ankerströme auf das Feld. Erregt man einmal die Schenkel der Maschine von einer besonderen Elektrizitätsquelle ohne Strom im Anker und das andere Mal in der gewöhnlichen Weise durch die Maschine selbst, während Strom nach außen geliefert wird, und mißt man in beiden Fällen die EMK, so wird diese für die gleiche erregende Stromstärke und gleiche Umlaufszahl im letzteren Falle geringer sein, als im ersteren, vgl. (265). Bei der Nebenschlußmaschine kann man die besondere Elektrizitätsquelle entbehren, indem man bei konstanter Umlaufszahl und voller Klemmenspannung [oberer Ast der Charakteristik] den äußeren Widerstand verändert und den Schenkelstrom durch einen Regulator konstant hält. Die EMK müßte dann dieselbe sein, ob der äußere Stromkreis offen ist oder ob die Maschine mit vollem Strom arbeitet; in der Tat erhält man eine Abweichung wie in der Kurve der Maschine mit Sondererregung.

(273) **Streukoeffizient.** Um die magnetische Streuung von Maschinen zu messen, werden verschiedene Teile des Magnetkreises mit Hilfswicklungen von gleicher Windungszahl versehen; letztere können mittels Umschalters an ein ballistisches Galvanometer angeschlossen werden, dessen Ausschläge bei Aus- und Einschalten bezw. Wenden des Erregerstromes abgelesen werden. Der Quotient aus der wirksamen Kraftlinienmenge im Anker durch die Kraftlinienmenge in den Feldmsgneten wird Streufaktor genannt. Über eine Kompensationsmethode zur Ermittlung der Streuung s. Goldschmidt, ETZ 1902, S. 314.

Messungen an Wechselstrommaschinen.

(274) **Wechselstromgeneratoren und Synchronmotoren.** Ist für einen Wechselstromgenerator eine induktive Last vorgeschrieben, so läßt man ihn am besten auf einen Synchronmotor arbeiten, durch dessen Erregung man auf den vorgeschriebenen Leistungsfaktor reguliert. Die beste Sparschaltung erhält man in der Weise, daß man den zu untersuchenden Generator von einem Gleichstrommotor antreiben läßt und durch einen Synchronmotor belastet, der seinerseits eine auf das Gleichstromnetz arbeitende Gleichstrommaschine antreibt.

Besitzt der Generator mehrere Wicklungen, so erhält man eine künstliche Belastung dadurch, daß man die Wicklung in zwei ungleiche Teile zerlegt und unter Zwischenschaltung eines geeigneten Widerstandes gegeneinander schaltet.

(275) **Leerlauf-, Belastungs- und Kurzschlußcharakteristik.** Die
Leerlaufcharakteristik wird bei konstanter Tourenzahl aufgenommen;
sie gibt die Spannung als Funktion des Erregerstromes. Die Be-
lastungscharakteristiken werden ebenfalls wie bei Gleichstrommaschinen
ausgeführt, doch werden sie für verschiedene Leistungsfaktoren getrennt aufgenommen.

Aus theoretischen Gründen ist die Aufnahme der Kurzschlußcharakteristik wichtig. Man schließt bei konstanter normaler Tourenzahl die einzelnen Phasen des Generators durch Amperemeter kurz,
und mißt die Kurzschlußstromstärke in Abhängigkeit vom Erregerstrom.

Eine weitere Charakteristik bildet die V-Kurve. Man läßt den
Generator als Synchronmotor laufen und bestimmt bei konstanter
Belastung den Ankerstrom in seiner Abhängigkeit vom Erregerstrom.

(276) **Asynchrone Induktionsmotoren.** Über D a u e r p r o b e
und Bestimmung des W i r k u n g s g r a d e s gilt das früher gesagte
(264, 266). In den Kurven trägt man zweckmäßig als Abszisse die
zugeführte elektrische Leistung, als Ordinate folgende Größen auf
1) Leistungsfaktor, 2) Stromstärke im Ständer, 3) Wirkungsgrad,
4) Schlipf, 5) abgegebene Leistung in P, 6) Drehmoment des Läufers,
7) Einzel- und Gesamtverluste.

Mißt man die Leerlaufarbeiten in Abhängigkeit von der Klemmenspannung, so erhält man eine Kurve für Verluste, die sich aus Eisenverlust im Ständer und Reibungsverlust zusammensetzt, wobei freilich
die geringen Eisenverluste im Läufer vernachlässigt werden. Will man
dies nicht tun, so muß man den Läufer während der Versuche durch
einen Synchronmotor antreiben.

B e n i s c h k e benutzt zur Trennung der Leerlaufverluste den Satz,
daß innerhalb sehr kleiner Leistungen der Schlipf der Belastung
proportional gesetzt werden darf. Trägt man also die Belastungen
als Abszissen, den Schlipf als Ordinaten auf, so erhält man eine
gerade Linie, die rückwärts verlängert auf der Abszissenachse ein
Stück abschneidet, welche die durch Luft- und Lagerreibung hervorgerufene Belastung bedeutet (vgl. auch ETZ 1903, S. 35, 92, 174,
448 und 662).

(277) Um das **Kreisdiagramm** des Induktionsmotors zeichnen
zu können, wird zunächst der Magnetisierungsstrom (aus Spannung
und Leerlaufseffekt) in Abhängigkeit von der Spannung aufgenommen.
Danach wird der Läufer festgebremst und kurzgeschlossen und bis zu
Spannungen, die etwa zwischen 5 bis 10 Prozent der normalen liegen,
Spannung, Strom und Effekt gemessen; daraus wird der ideale Kurzschlußstrom (für einen verlust- und widerstandslosen Motor) berechnet.

Messungen an Transformatoren.

(278) **Wirkungsgrad.** Man mißt die eingeleitete und die wieder-
gewonnene Leistung jede mit einem Leistungsmesser (Wattmeter);
das Verhältnis der letzteren zur ersteren ist der Wirkungsgrad.

Der Wirkungsgrad wird hierbei als das Verhältnis zweier nahe
gleichen Größen gefunden; besser ist es, den Unterschied der letzteren,
den Verlust zu bestimmen.

(279) Verlustmessung. a) Direkte Messung. Der Verlust durch Hysterese ist dem Quadrate, der durch Wirbelströme der ersten Potenz der Frequenz proportional. Bestimmt man bei gleichbleibender Induktion im Eisen die Verluste für verschiedene Frequenzen, so kann man hysteretische und Wirbelverluste ebenso trennen, wie es in (270) für Gleichstrommaschinen angegeben ist. Beide Verluste zusammen werden mit dem Leistungsmesser bestimmt, wobei man den Stromwärmeverlust im Kupfer, i^2r, von dem abgelesenen Meßergebnis abzuziehen hat; es wird also auch eine Strommessung erforderlich. **b) Mit dem Hilfstransformator nach Ayrton & Sumpner** (Electrician, Bd. 29, S. 615), Fig. 111. Zwei gleiche Transformatoren, T_1 und T_2 werden mit ihren primären Spulen parallel, mit ihren sekundären Spulen gegeneinander geschaltet. In Reihe mit der primären Spule des einen, T_2, liegt die sekundäre Spule eines kleinen Hilfstransformators, T_3, dessen primäre Spule mit einem Regulierwiderstand an die Hauptleitungen angeschlossen ist. Wenn u_3 offen, u_1 und u_2 geschlossen sind, so verbrauchen die Transformatoren fast keinen Strom. Schließt man aber u_3 und reguliert den Widerstand r_3, so fließt durch die primären Spulen ein starker Strom, der am Strommesser i gemessen wird. Dieser Strom bestreitet

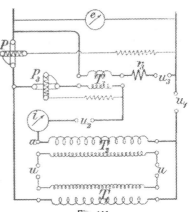

Fig. 111.

die Kupferverluste; er ist mit der Spannung e in gleicher Phase und wird von dem Transformator T_3 geliefert, dessen Leistung das Dynamometer P_3 mißt. Die Eisenverluste in T_1 und T_2 werden durch die Leistung L bestritten, welche das andere Dynamometer angibt. Von der Summe $L + L_3$ ist noch der Verlust im Kupfer der Leitungen und Meßinstrumente abzuziehen; öffnet man u_1, während u_2 und u_3 geschlossen und die Transformatoren T_1 und T_2 kurz geschlossen sind, so liefert T_3 diejenige Leistung, welche die Kupferverluste deckt. Nach Subtraktion dieser Leistung von $L + L_3$ bleibt als Verlust L'. Bei der Berechnung des Wirkungsgrades ist die Schaltung von T_3 zu beachten; kommt die sekundäre Spannung von T_3 zu der primären von T_2 hinzu, so ist die Belastung von $T_1 = ei$ (getrennt gemessen, vgl. Figur) und T_2 empfängt dieselbe Leistung vermehrt um die Verluste. Ist T_3 anders geschaltet, so daß die Spannung an T_2 kleiner ist als an T_1, so ist die Belastung in T_1 wieder ei, die von T_2 aber ei vermindert um die Verluste. Der Transformator mit der größeren Belastung nimmt diese von den Leitungen auf, der andere erstattet die kleinere Leistung an die Leitungen zurück. Der Wirkungsgrad eines der beiden Transformatoren ist

$$1 - \frac{1}{2} \cdot \frac{L'}{ei}$$

mit einer für praktische Zwecke genügenden Genauigkeit. Die Methode ist auf Transformatoren mit geschlossenem Eisenkerne beschränkt.

Für Transformatoren mit offenem Eisenkerne haben Ayrton und Sumpner eine andere Schaltung angegeben, bei der die sekundäre Spule von T_3 mit den sekundären Spulen von T_1 und T_2 in Reihe geschaltet ist. Man trennt die Leitung (Fig. 111), in der die primäre Spule von T_2 liegt, bei P_3 von der Hauptleitung und bei a von T_2, verbindet a mit der Hauptleitung, schaltet das Stück, welches P_3 und die sekundäre Spule von T_3 enthält, bei u zwischen die sekundären Spulen von T_1 und T_2, den Strommesser vor die primäre Spule von T_1. T_1 ist der zu untersuchende Transformator mit offenem magnetischem Kreise, T_2 ein schon vorher genau untersuchter Transformator mit geschlossenem Eisen. Man hält die sekundäre Spannung von T_1 konstant und schaltet T_3 so, daß die sekundäre Spannung von T_2 kleiner als die von T_1 ist; beide Spannungen werden gemessen. Die Verluste in T_1 und T_2 zusammen werden wie vorher gemessen; die von T_2 sind bekannt; subtrahiert man sie von der vorigen Summe, so erhält man die von T_1 allein.

c) Mit Umschaltung der Spulen nach Korda (ETZ 95, S. 813). Soll ein einziger Transformator vor seiner Fertigstellung untersucht werden, so kann man Teile der primären und der sekundären Windungen gegeneinander schalten, so daß zwar die Stromstärken des Betriebes erreicht werden, daß aber nur Bruchteile der Spannungen zur Geltung kommen. Es seien N_1 und N_2 die primäre und die sekundäre Windungszahl, ν die Zahl der Perioden in 1 Sekunde, $\mathfrak{B}$ der Höchstwert der Induktion im Eisen, q der Querschnitt des letzteren. Man teilt dann die primäre Spule in zwei Teile:

$$\frac{N_1}{2} + \frac{N_1}{N_2} \cdot N' \quad \text{und} \quad \frac{N_1}{2} - \frac{N_1}{N_2} \cdot N'$$

und die sekundäre gleichfalls in zwei Teile:

$$\frac{N_2}{2} + N' \quad \text{und} \quad \frac{N_1}{2} - N',$$

worin

$$N' = \frac{10^8}{\sqrt{2}} \cdot \frac{r_2 \, i_2}{2 \pi \nu \mathfrak{B} q},$$

schaltet die Teile der primären Spule gegen- und hintereinander und die der sekundären einfach gegeneinander; in den kurz geschlossenen sekundären Kreis legt man noch einen Strommesser, der primären Spule führt man die nach (234) gemessene elektrische Leistung zu. Hat man in beiden Spulen die Ströme, welche im Betrieb herrschen sollen, so gibt die zugeführte Leistung die Verluste an.

d) Verluste im Eisen allein, Eisenuntersuchung, vgl. (257).

(280) Spannungsabfall eines Transformators. 1. Methode nach Feldmann, Zwei gleiche Transformatoren werden mit den sekundären Spulen gegeneinander geschaltet und nur der eine belastet. Der Spannungsmesser e gibt den Spannungsabfall an (Fig. 112).

2. **Methode nach Kapp** (ETZ 95, S. 260). Die sekundäre Spule wird durch einen Strommesser kurzgeschlossen und die primäre mit einem Strom der passenden Frequenz und solcher Spannung gespeist, daß der Strommesser den regelmäßigen Betriebsstrom anzeigt. Mit der gemessenen primären Klemmenspannung, die noch durch das Umsetzungsverhältnis geteilt wird, beschreibt man von O (Fig. 113) aus einen Bogen, Radius OB; dann errichtet man in O eine Senkrechte, deren Länge OF gleich den Spannungsverlusten in beiden Spulen des Transformators ist, und in F eine Wagrechte FB. Nun beschreibt man aus O und B Kreise mit gleichem Radius, der gleich der sekundären Klemmenspannung bei Leerlauf nach dem Maßstab von OB ist. Die von O unter einem Winkel $\pm \varphi$ gegen FO gezogenen Strahlen werden von beiden Kreisen geschnitten; die Schnittstücke a sind die Spannungsabfälle oder -erhöhungen bei den verschiedenen Verzögerungs- oder Voreilungswinkeln. Die Richtung von OB bleibt bei derselben Frequenz dieselbe, die Länge ändert sich der Stromstärke proportional. Bei Verringerung der Frequenz rückt B gegen F hin.

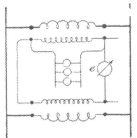

Fig. 112.

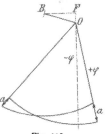

Fig. 113.

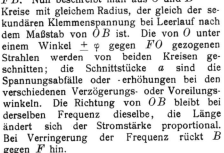

Messungen in elektrischen Beleuchtungsanlagen.

(281) Isolationsmessung. Die Isolationsmessung hat den Zweck, zu ermitteln, ob eine Anlage derart ordnungsmäßig installiert ist, daß im Betriebe nennenswerte fehlerhafte Stromentweichungen ausgeschlossen sind. Dementsprechend tragen die Isolationsprüfungen meistens den Charakter von Strommessungen; trotzdem drückt man gewohnheitsmäßig der Kürze halber die Isolationen in Ohm aus, indem man den Fehlerstrom i in die Betriebsspannung e dividiert und dadurch einen Isolationswiderstand W erhält, dessen Höhe für die Güte der Installation maßgebend ist.

Bei der Prüfung der Anlagen unterscheidet man

1. den Isolationswiderstand der einzelnen Leitungen gegen Erde;
2. den Isolationswiderstand der einzelnen Leitungen gegeneinander.

Für den einfachsten Fall, nämlich einer Hin- und einer Rückleitung hat Campbell (El. Ztschr. 1895, S. 115) eine Beziehung aufgestellt. Wird der Isolationswiderstand zwischen zwei Leitungen $= a$ gefunden, derjenige der beiden Leitungen gegen Erde $= b$ und $= c$, so sind die wirklichen Widerstände etwas größer, nämlich

$$a + \frac{(s-b)\,(s-c)}{s-a}, \quad b + \frac{(s-a)\,(s-c)}{s-b}, \quad c + \frac{(s-a)\,(s-b)}{s-c}, \quad \text{worin}$$

$s = \frac{1}{2}\,(a + b + c)$. — Vgl. auch Skutsch, ETZ 1897, S. 142.

Da die Isolationsprüfung die Ermittlung fehlerhafter Stromentweichungen im Betriebe bezweckt, ist es notwendig, wenn irgend angängig, die Isolationsmessungen mit der Betriebsspannung auszuführen; ist die Prüfspannung wesentlich niedriger als letztere, so ergibt die Isolationsmessung erfahrungsgemäß keine genügende Sicherheit.

Die Isolationsprüfungen sollen bei Herstellung der Anlage, bei ihrer Abnahme und alsdann in geeigneten Zwischenräumen angestellt werden, deren Dauer sich nach den Betriebsverhältnissen der einzelnen Anlagen richtet. Bezüglich der Höhe des zu fordernden Isolationswiderstandes, der Häufigkeit der Messungen und der Art und Weise, wie dieselben vorgenommen werden sollen, sei auf die Sicherheits- und die Betriebsvorschriften des Verbandes Deutscher Elektrotechniker verwiesen, sowie die zugehörigen Erläuterungen von Dr. C. L. Weber und der Vereinigung der Elektrizitätswerke. Für Niederspannungsanlagen ist als zulässige Stromentweichung für jede durch Herausnehmen von Sicherungen abtrennbare Teilstrecke einer Leitungsanlage 1 Milliampere festgestellt worden, bei einer Betriebsspannung von 110 Volt betrüge hiernach der mindestzulässige Isolationswiderstand 110 000 Ohm. bei 220 Volt 220 000 Ohm usw.

Ergibt sich bei der Isolationsmessung ein Fehler, so ist dieser zunächst durch Zerlegung der Anlage in ihre Teilstrecken zu lokalisieren; sobald eine weitere Unterteilung der fehlerhaften Strecke nicht mehr angängig, kann der Ort des Fehlers nach den für die Telegraphenleitungen angegebenen Methoden bestimmt werden (s. bes. 313, 318), sofern nicht eine Besichtigung der betr. Leitung die Fehlerstelle finden läßt (Apparate, Wanddurchgänge, feuchte Mauerstellen usw.).

Die Isolationsmessungen können vorgenommen werden, je nachdem die Betriebsverhältnisse es gestatten, entweder wenn die betr. Anlage abgestellt ist oder während des Betriebes.

(282) A. Isolationsmessung bei ruhender Anlage. In diesem Falle ist eine besondere Stromquelle erforderlich, eine Batterie oder kleine Dynamo (zB. Magnetmaschine). Das eine Ende der zu prüfenden Leitung wird mit dem einen Pole der Meßstromquelle verbunden, das andere Ende isoliert; der zweite Pol der Stromquelle wird an Erde gelegt oder mit der zugehörigen Nebenleitung verbunden, je nachdem die Isolationsprüfung einer Leitung gegen Erde oder zweier Leitungen gegeneinander gemessen werden soll. Man kann hierbei einen einfachen Stromkreis herstellen, in den noch ein Galvanometer eingeschaltet wird; dann geschieht die Messung des Isolationswiderstandes nach (205) oder nach folgender Methode: zeigt das Galvanometer den Strom i an, und ist die Spannung der Meßbatterie $= e$, so ist der Isolationswiderstand der ganzen Anlage gegen Erde $= e/i$; auch kann das Galvanometer, wenn es immer mit derselben konstanten Batterie verbunden ist, gleich nach Widerstand geeicht werden (218). Ferner empfehlen sich, besonders bei hoher Isolation, die für Telegraphenkabel angegebenen Methoden (309, 322, 324), besonders die Wheatstonesche Brücke (208).

Der Isolationsmesser von Siemens & Halske ist ein Drehspulengalvanometer mit 30 000 Ohm Eigenwiderstand. Bei ruhender Betriebsmaschine legt man die Meßbatterie mit einem Pol an die eine Klemme des Instruments, mit dem andern an Erde; an die zweite Klemme die zu untersuchende Leitung. Ist e die mit demselben Instrument als Spannungsmesser ermittelte Spannung der Batterie und liest man bei der Isolationsmessung die Spannung P ab, so ist der Isolationswiderstand

$$30\,000\ \frac{e - P}{P}.$$

Meßbereich etwa $15 \cdot 10^6$ Ohm.

(283) B. Isolationsmessung während des Betriebes. a) Mit dem Spannungsmesser. Direkte Messungen von Isolationen gegen Erde mit der Betriebsspannung setzen voraus, daß der eine Pol der Betriebsmaschine geerdet ist oder ohne Nachteil für die Dauer der Messung geerdet werden kann, beispielsweise bei Dreileiteranlagen mit geerdetem Mittelleiter oder Zweileiteranlagen, bei denen beide Pole von Erde isoliert sind. Die zu prüfende Leitung wird mit dem einen Pol des Netzes unter Zwischenschaltung eines Meßinstrumentes, wozu ein Spannungsmesser besonders sich eignet, verbunden. Der zweite Pol, wenn nicht betriebsmäßig geerdet, an Erde gelegt. Der Spannungsmesser zeige dabei $e_1 V$; sein Widerstand sei $= g$, die Betriebsspannung $= e$. Dann ist der Isolationswiderstand

$$R = \frac{g \cdot (e - e_1)}{e_1}.$$

Will man die Isolation zweier Leitungen gegeneinander prüfen, so verbinde man die eine Leitung direkt mit dem einen, die zweite unter Einschaltung des Spannungsmessers mit dem anderen Pole; erhält man hierbei unter der Betriebsspannung e den Ausschlag e_1, so berechnet sich die gesuchte Isolation nach der gleichen Formel wie oben bei der Messung gegen Erde.

Die Prüfung mit dem Spannungsmesser gegen Erde ist im allgemeinen nur bei Gleichstromanlagen angängig, sie versagt bei Wechselstromnetzen, weil hierbei eine Erdung des einen Poles meist nicht möglich ist. Durch Transformation kann man sich aber hierbei Einrichtungen schaffen, die die Erdung nur auf den Meßstromkreis beschränken. So verwendet Wilkens für Wechselstromanlagen ein Dynamometer, dessen feste Spule aus dem Netz einen Strom von etwa 1 A erhält und dessen bewegliche Spule wie der Spannungsmesser im Vorhergehenden geschaltet wird (ETZ 1897, S. 748). Um die hierbei nötigen Vorschaltwiderstände zu vermeiden, verwendet Benischke (ETZ 1899, S. 410) einen Meßtransformator mit einer primären und zwei sekundären Wicklungen; die erstere wird an das Netz angeschlossen, die eine der sekundären mit der festen Spule des Dynamometers verbunden, die andere einerseits mit der zu untersuchenden Leitung (Klemme „Installation"), anderseits über die bewegliche Spule des Dynamometers mit Erde; diese letztere Wicklung hat die gleiche Windungszahl wie die primäre, die Windungszahl der ersten sekundären Wicklung wird so gewählt, daß der Strom in der festen Spule stark genug wird. Zur Messung der Betriebsspannung werden die Klemmen „Installation" und „Erde" durch einen Draht verbunden. Die Skale zeigt Volt und Ohm; weicht die Betriebs-spannung bei der Messung (e') ab von derjenigen (e), für welche die Widerstandsteilung bestimmt ist, so ist der abgelesene Wider-standswert mit $(e/e')^2$ zu multiplizieren oder die oben angegebene Formel $R = g \cdot (e - e_1)/e_1$ zu benutzen, worin g den Leitungswider-stand des Instrumentes zwischen den Klemmen „Installation" und „Erde" bedeutet. Das Instrument wird als Isolationsmesser von der Allgemeinen Elektrizitätsgesellschaft gebaut.

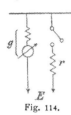

Fig. 114.

(284) b) Verzweigungsmethoden (Frölich, Über Isolations- und Fehlerbestimmungen an elektrischen Anlagen, Halle 1895). Nebenschlußmethode. An irgend einen Punkt des Leitungsnetzes legt man das Galvanometer (Widerstand g einschl. Vorschaltung) und mißt die Spannung gegen Erde $= E_1$. Darauf legt man neben das Galvanometer einen Nebenschluß r und mißt abermals die Spannung des Punktes gegen Erde $= E_2$ (Fig. 114). Dann ist der Isolationswider-stand R gegeben durch

$$\frac{1}{R} = -\frac{1}{g} + \frac{1}{r} \cdot \frac{E_2}{E_1 - E_2}.$$

Bequem ist es, r so lange zu verändern, bis $E_2 = \frac{1}{2} E_1$; dann hat man $\frac{1}{R} = \frac{1}{r} - \frac{1}{g}$.

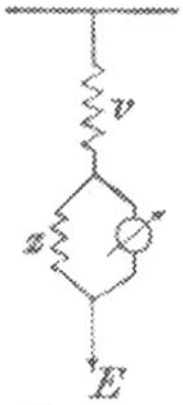

Ist außerdem g sehr groß, so wird $R = r$. — Be-nutzt man ein Galvanometer mit Nebenschlüssen von $1/9$, $1/99$ usw., so legt man vor das letztere einen Vorschalte-widerstand v (Fig. 115). Man gibt letzterem den größten möglichen Wert v_1 und wählt z so, daß das Galvano-meter eine brauchbare Ablenkung zeigt; darauf schaltet man den nächst kleineren Zweigwiderstand ein und wählt v_2 so, daß die Ablenkung dieselbe ist wie vorher. Dann ist

Fig. 115.

$$R = \frac{1}{9} (v_1 - 10\, v_2).$$

Bei sehr hohem und sehr niedrigem Isolationswiderstand bietet die Methode einige Schwierigkeiten.

Benutzt man statt des Galvanometers ein Elektrodynamometer (bei Wechselstromanlagen), so sind für den ersten Fall die Spannungen aus den Ablenkungen zu berechnen (149 u. f.).

Brückenmethode. Schaltet man die zu untersuchende Anlage nach Fig. 116 in die Wheatstonesche Brückenanordnung, so wird das Galvanometer seinen Ausschlag beim Öffnen und Schließen der Batteriediagonale nicht ändern, wenn $R = r_1 \cdot \dfrac{r_3}{r_2}$.

Um das Galvanometer auf der Skale zu halten, benutzt man einen Richtmagnet. Man kann auch statt des Galvanometers die primäre Spule eines Induktionsapparates einschalten, dessen sekundäre

Spule durch ein Galvanometer oder durch ein Telephon geschlossen ist. Unter Umständen kann man die Batterie in der einen Diago- nale weglassen.

Bei Wechselstromanlagen kann man die Brücke nach Fig. 116 mit Gleichstromquelle benutzen, ohne durch den Betriebsstrom der Anlage gestört zu werden; bei hoher Spannung in der letzteren muß man natürlich durch vorgeschaltete Widerstände, die dann in R mitgemessen werden, die Instrumente vor zu starkem Strom bewahren. Ebenso kann man häufig die Messung an einer Gleichstrom- anlage mit der Brücke und Wechselstrom aus- führen; doch ist hier die Induktion und

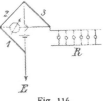

Fig. 116.

Ladungsfähigkeit der Apparate und Leitungen der Anlage zu bedenken.

Der Erdschlußanzeiger besteht aus einer Leitung, welche einen stromanzeigenden Apparat enthält, und deren eines Ende an Erde (Wasserleitung), deren anderes Ende an einem Pol der Maschine angelegt wird.

Bedeutet in Fig. 117 D die Dynamomaschine, L eine Lampe, welche den Strom in der Leitung anzeigen und zugleich als erheb- licher Widerstand dienen soll, ist ferner in der positiven Leitung ein Isolationsfehler, so wird die Lampe glühen, wenn die Erd- leitung mit Hilfe des angegebenen Umschalters mit dem negativen Pol der Maschine verbunden wird, dagegen wird sie nicht in Glut kommen, wenn man die Erd-

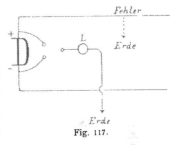

Fig. 117.

leitung mit dem positiven Pol verbindet. Der Grad des Glühens zeigt außerdem den Widerstand des Erdschlusses an. Will man den letzteren messen, so genügt es, den Strom in der Leitung zu be- stimmen, während man sowohl die gesamte Spannung, als auch den Widerstand der glühenden Lampe kennt.

Einen als Ohmmeter ausgebildeten Erdschlußanzeiger stellt die Firma Hartmann & Braun her, der vornehmlich zur dauernden Kontrolle des Isolationswiderstandes von Wechselstromanlagen während des Betriebes bestimmt ist. Der Apparat ist zur Anbringung an Schalttafeln gebaut, wird wie die Lampe in Fig. 117 geschaltet und mit einer besonderen Gleichstromquelle betrieben (kleiner Magnet- induktor für Dauerbetrieb). Die Einteilung seiner Skale ist direkt in Ohm.

(284) Selbsttätige Meldung der Isolationsfehler in großen Zentralen (Kallmann, ETZ 1893). Um einen in dem Leitungsnetze aufgetretenen Fehler sofort nach Entstehen in der Zentrale zu signali- sieren und seinen Ort zu bestimmen, benutzt man die in Speise- und Verteilungsleitungen vorhandenen Prüfdrähte, welche bezirksweise untereinander verbunden werden, so daß jeder in einer Speiseleitung

die Zentrale verlassende Prüfdraht nur in einem begrenzten Gebiete, nämlich dem Versorgungsgebiete der Speiseleitung, sich verzweigt. An einer besonderen Prüfdraht-Schalttafel in der Zentrale laufen die Prüfdrähte zusammen und sind mit Meldevorrichtungen versehen; sobald eine solche anspricht, erkennt man, in welchem Bezirk die Störung liegt, und kann dort leicht durch Trennen der Prüfdrähte das fehlerhafte Kabel finden.

1. System von Agthe. Die Prüfdrähte der positiven Kabel werden in den Verteilungskästen mit dem negativen Pol, die Prüfdrähte der negativen Kabel mit dem positiven Pol verbunden, und zwar stets unter Einschaltung eines Bleifadens. Die mit dem gleichen Pol verbundenen Prüfdrähte führen in der Zentrale durch einen ziemlich hohen Widerstand zu je einer Schiene; an diesen Prüfdraht-Sammelschienen selbst kann man die mittlere Netzspannung, vor den Widerständen jedoch die Spannung an bestimmten Punkten des Netzes messen. In jeden Prüfdraht ist ein Relais eingeschaltet, das seinen Anker gewöhnlich nicht anzieht. Bekommt ein Kabel zB. durch mechanische Verletzung Erdschluß, so wird auch der Prüfdraht in Mitleidenschaft gezogen; er bekommt dadurch Verbindung mit dem entgegengesetzten Pol, das Relais empfängt einen höheren Strom als vorher, zieht seinen Anker an und schaltet dabei sich selbst und den fehlerhaften Prüfdraht aus.

Bei dem Agtheschen Systeme ist die Spannung zwischen Prüfdraht und Kabelseele gleich der Außenleiterspannung, bei den neueren Zentralen, die mit einer Spannung von 2×220 Volt arbeiten, betrüge sie demnach ca. 440 Volt, wofür die Isolierung des Prüfdrahtes nicht ausreicht; es empfiehlt sich daher, das System wie folgt zu modifizieren.

Im Kabelkasten der Speiseleitung wird der Prüfdraht jedes Außenleiters unter Zwischenschaltung eines Widerstandes von mehreren tausend Ohm mit seiner eigenen Kabelseele verbunden. In der Zentrale endigt der Prüfdraht an einer schwachen Sicherung, an welche anderseits ein Relais sich anschließt, das wiederum mit der Prüfdraht-Sammelschiene verbunden ist. Zwischen Prüfdraht-Sammelschiene und Nullpol ist das Betriebsvoltmeter angeschlossen, dessen Vorschaltwiderstand demnach durch die parallelgeschalteten Prüfdrahteinrichtungen gebildet wird. Die Spannung zwischen Prüfdraht und Kabelseele beträgt hierbei ca. 200 Volt; entsteht an irgend einer Stelle des Kabelnetzes Kontakt zwischen Prüfdraht und Kabel, so wird der Widerstand im Kabelkasten kurzgeschlossen, die Stromstärke in dem betr. Relaisstromkreise steigt entsprechend, und das zugehörige Relais spricht an.

2. System von Kallmann. Die Prüfdrähte werden mit ihren Enden an Erde gelegt und auch auf der Zentrale durch eine empfindliche Signalklappe mit der Erdleitung verbunden. Tritt irgendwo im Netz ein stärkerer Strom zur Erde über, so erhöht sich dort das Erdpotential, ein schwacher Strom fließt durch den dort endigenden Prüfdraht zur Zentrale und erregt die zugehörige Signalklappe, während ein Galvanoskop die Stärke des übergehenden Stromes ungefähr anzeigt.

Die Wirksamkeit des Agtheschen Systems beschränkt sich auf Fehler in den Straßenleitungen selbst und ist anwendbar nur für

Kabelnetze, es funktioniert aber in seinem Anwendungsgebiete mit absoluter Zuverlässigkeit. Das die Erdpotentialdifferenzen benutzende Kallmannsche System erlaubt auch Anwendungen auf oberirdische Leitungen, Moniersysteme usw., sowie die Kontrolle von Isolationsfehlern in Installationen, sobald das Erdpotential dadurch merklich beeinflußt wird; anderseits ist die Anzeige bei diesem mit Schwachstrom arbeitenden Systeme nicht so scharf und direkt wie bei dem Agthe-System, auch werden seine Anzeigen leicht beeinflußt durch Erdpotentialdifferenzen anderer Herkunft, wie Bahnströme und dergleichen.

(285) **Strom- und Spannungsmessung.** a) Schalttafelinstrumente. Während des Betriebes müssen Strom und Spannung laufend gemessen werden. Dazu dienen die meisten der in (170) IV, S. 138 bis 140 aufgeführten Apparate. Manche davon erhalten besonders großen Durchmesser, damit sie weithin sichtbar sind; auch richtet man die Skale zum Durchleuchten ein (170, No. 131). Die Westonschen Profilinstrumente (170, No. 147, 129) haben ihren Zeiger senkrecht zur Fläche der Schalttafel, die Skale ist auf einem Stück Zylindermantel aufgetragen. Wird ein Meßinstrument wesentlich in einem engen Meßbereich (zB. Spannungsmesser zwischen 90 und 120 V) gebraucht, so richtet man es so ein, daß es in diesem Bereich besonders weite Teilstriche erhält; auch wird aus gleichem Grunde der Nullpunkt des Instrumentes häufig außerhalb der Teilung verlegt (unterdrückt; s. 170, No. 117).

Der Wert genauer, gut gedämpfter Meßinstrumente kann gerade an Schalttafeln garnicht hoch genug angeschlagen werden, so finden auch neuerdings immer allgemeiner in Gleichstromanlagen die Drehspuleninstrumente nach Deprez-d'Arsonval-Weston, in Wechselstromanlagen Induktionsinstrumente mit Strom- und Spannungswandlern Anwendung. Man erreicht in letzterem Falle noch den großen Vorteil, daß Hochspannungsleitungen von der Bedienungsseite der Schalttafeln vollständig fern gehalten werden; bei Gleichstrom und niedrig gespanntem Wechselstrom wird auch dadurch viel gewonnen, daß durch Verwendung von Nebenschlüssen bei den Strommessern bezw. Stromwandlern die von starken Strömen durchflossenen Leitungen und Schienen an der Schalttafel sehr beschränkt und durch dünne Meßdrähte ersetzt werden können.

b) Registrierinstrumente. Um den Verlauf der Betriebsspannung verfolgen zu können, benutzt man entweder photographierende oder schreibende Registrierapparate. Ein bequemer Apparat der letzteren Art wird von Siemens & Halske gebaut. Der Zeiger eines Drehspulengalvanometers spielt vor einem Papierstreifen, der von einem Uhrwerk langsam vorangezogen wird; alle 2 Sekunden schlägt ein Hebel den Zeiger gegen den Papierstreifen, wobei eine kleine, unter dem Zeiger angebrachte Spitze mit Hilfe eines Farbbandes einen Punkt auf dem Papier hervorbringt (ETZ 1897, S. 196). Andere Apparate werden von der Allgemeinen Elektrizitätsgesellschaft und von Hartmann & Braun hergestellt.

c) Signalapparate. In der Regel ist entweder die Spannung oder die Stromstärke konstant zu halten. Dies kann vermittels der an anderen Stellen des Buches besprochenen Regulatoren nach Angabe der Meßinstrumente geschehen. Es ist indes wünschenswert, bei eintretenden Änderungen die Aufmerksamkeit zu erregen; dazu dienen Apparate mit optischer und akustischer Signalgebung. Man braucht zu solchen Strom- oder Spannungsmesser, deren schwingende Teile erhebliche Trägheit und gute Dämpfung besitzen. Die Schaltung erfolgt nach dem Schema der Fig. 118.

An dem Zeigerarm des Apparates befinden sich zwei Kontakte, welche bei bestimmten Ausschlägen des Instrumentes entweder links

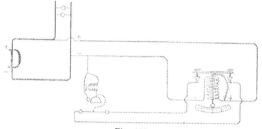

Fig. 118.

oder rechts den Strom durch eine der Lampen und das Klingelwerk schließen. Das letztere wird am besten so geschaltet, daß keine Unterbrechung des Stromes, sondern Kurzschluß der Elektromagnete eintritt. Die Kontakte am Apparat sind häufig nachzusehen und zu reinigen.

Will man einen Spannungsmesser zum Signalisieren bei verschiedenen Spannungen gebrauchen, so schaltet man einen Rheostat vor, dessen Widerstände entsprechend abgeglichen sind. Signalisierenden Strommessern legt man zu gleichem Zwecke Nebenschließungen von größerem Widerstand vor.

Messungen an elektrischen Strassenbahnen.

(286) **Leistung der Zentrale.** Für jede Maschine und Batterie wird ein Strommesser vorgesehen; in die positiven Speiseleitungen, seltener in die negativen, werden Meßwiderstände eingeschaltet, die mit einem gemeinsamen Meßinstrument verbunden werden können. Ferner wird in jede von der Schalttafel abzweigende Arbeits-Speiseleitung und in die Verbindung der Gleise mit dem negativen Pol ein Wattstundenzähler eingeschaltet. Als Hauptkontrolle dient ein Zähler an der positiven Sammelschiene für die gesamte Stromlieferung.

Die mittlere Tagesleistung erhält man aus den regelmäßigen (halbstündlichen) Ablesungen der Strom- und Spannungmesser, oder aus der Ablesung des Wattstundenzählers, welche durch die Betriebszeit zu dividieren ist. Hieraus ergibt sich die mittlere Stromstärke durch Division mit der Spannung. Die mittlere Belastung der Rückleitung als Grundlage für die Berechnung der Erdströme (Leitsätze des Verbandes Deutscher Elektrotechniker) wird durch Division der Zählerablesung durch 24 gefunden.

(287) **Spannungsmessung.** Die Speisekabel sind mit Prüfdrähten versehen, welche am entfernten Ende an die Kraftleitung der Bahn angeschlossen werden. Auch wo keine Kabel benutzt werden, zieht man zweckmäßig (oberirdische) Prüfdrähte. In der Zentrale schaltet man jeden Prüfdraht über einen Widerstand von ca. 500 Ohm an eine gemeinsame Schiene und mißt an letzterer die m i t t l e r e B a h n n e t z s p a n n u n g gegen etwaige Prüfdrähte, die zu den Schienen führen und die ebenso zu behandeln sind, wie die positiven Prüfdrähte; es genügt für die Messung schon ein solcher Prüfdraht. Die E i n z e l s p a n n u n g wird mit je einem einzelnen Prüfdraht in üblicher Weise gemessen.

Zwischen den Rückleitungen mißt man die Spannungen mit einem Spannungsmesser für ca. 10 Volt unter Benutzung der Prüfdrähte. Diese Messungen müssen regelmäßig vorgenommen werden, um die Gleisleitung und die Bildung der Erdströme zu überwachen. Bei gut angelegten Bahnen sind Spannungen von mehr als 2 Volt zwischen zwei Speisepunkten nicht zu erwarten.

(288) **Verbrauch der Bahn,** wenn der Strom in fremder Maschinenanlage erzeugt wird. Soll der Verlust in den Speiseleitungen nicht mitbezahlt werden, so schaltet man die Spannungswicklungen der Zähler an die Prüfdrähte. Die Zähler sind der Kontrolle wegen paarweise hintereinander zu schalten; aus den Ablesungen wird das Mittel genommen. Häufige Kontrolle der Eichung ist von Wert.

(289) **Isolationsmessung.** Die eine Klemme eines andererseits geerdeten Spannungsmessers für 600 Volt mit hohem Eigenwiderstand wird durch einen Umschalter der Reihe nach mit den von der Schalttafel abgetrennten Speisekabeln oder - Freileitungen verbunden. Die Teilung des Spannungsmessers kann gleich in Ohm ausgeführt sein. Diese Isolationsmessung ist täglich vor Betriebsbeginn auszuführen. Sie liefert die Isolation einer Speiseleitung nebst dem zugehörigen Teil des Arbeitsdrahtnetzes (dessen Teile nicht miteinander verbunden sind). Ergibt die Messung eine zu niedrige Isolation (weniger als 10^5 Ohm für 1 km Drahtlänge), so ist die Speiseleitung vom Arbeitsdraht zu trennen und besonders zu messen.

Die Rückleitungen pflegen nur geringere Isolation zu haben und brauchen dann nicht geprüft zu werden. Sind sie sorgfältiger isoliert, um auch im Notfalle nach Umschaltung als Speiseleitungen des Arbeitsnetzes dienen zu können, so ist ihre Isolation gleichfalls periodisch zu prüfen, wobei sie aber von den Schienen getrennt werden müssen.

(290) **Anzeigeapparate** für S p a n n u n g s a b w e i c h u n g e n , E r d - und K u r z s c h l u ß usw. werden wie in anderen elektrischen Anlagen gebraucht. Zur Überwachung der Automaten benutzt man einen einfachen Kurzschlußanzeiger, der beim Herausspringen eines Automaten mit der Speiseleitung in Verbindung kommt; am Aufglühen der Lampen erkennt man, ob es sich um dauernden Erdschluß oder nur um Stromstöße oder Überlastung handelt. Vgl. ferner ETZ 1896, S. 827 und 1898, S. 287.

(291) **Messungen an der Arbeitsleistung.** 1. S t r o m s t ä r k e . Man führt von zwei durch einen Streckenisolator getrennten Punkten der Luftleitung Hilfsdrähte zu einem Meßwiderstand, an dessen Klemmen ein Spannungsmesser gelegt wird (188).

2. Spannung. Man legt die eine Klemme des Spannungsmessers an die Schienen, die andere an einen der leicht zugänglichen
Handausschalter. Um eine Meßleitung auch an der Oberleitung selbst
anbringen zu können, verwendet man eine Bambusstange, an der ein
isolierter Draht entlang zu einem blanken Metallteil (Haken oder dergl.)
führt, um einen Kontakt mit der Luftleitung zu machen. Zur Ermittlung des Spannungsverlustes in der Leitung kann man den Prüfdraht verwenden.

3. Isolation. Das zu prüfende Stück wird vom Netz abgeschaltet (Stromabnehmer der Wagen dürfen das Stück nicht berühren).
Darauf verbindet man das zu prüfende Stück mit dem benachbarten
stromführenden Stück durch einen Spannungsmesser (etwa durch
Kontaktstangen). Liest man hierbei die Spannung e ab, ist E die
Betriebsspannung und R der Eigenwiderstand des Spannungsmessers,
so ist der Isolationswiderstand $R (E — e)/e$. In derselben Art läßt
sich auch die Isolation zwischen der Oberleitung und den für sich
isolierten Spanndrähten ermitteln. — Diese Messungen brauchen nicht
genau zu erfolgen, weil die Isolation doch infolge äußerer Umständen,
Witterung usw. stark wechselt.

(292) Messungen an den Geleisen. 1. Leitungswiderstand.
Nach Schluß des Betriebes belastet man das Netz am Ende einer un-
verzweigten Strecke, zB. mittels Wasserwiderstandes und ermittelt den
Spannungsverlust im Gleis mit Hilfe einer besonderen isolierten Draht-
leitung und eines Spannungsmessers bis 10 Volt. Der Leitungswider-
stand wird gefunden, indem man den Spannungsverlust durch die
Stromstärke dividiert. — Messung mit der Wheatstoneschen oder
Thomsonschen Brücke ist nicht zu empfehlen.

2. Schienenstoß. Man benutzt Stangen mit Kontaktspitzen,
die man auf die Schienen aufsetzt. Die eine Stange hat zwei Kontakte und wird so angebracht, daß die beiden Spitzen, die etwa
0,8 m voneinander entfernt isoliert befestigt sind, die Stoßstelle
zwischen sich fassen; die zweite Stange mit nur einer Spitze wird
auf einen Punkt der benachbarten Schiene aufgesetzt. Parallel zum
Schienenstoß wird die eine Windung eines Differentialgalvanometers
geschaltet, zwischen die einzelne Kontaktspitze und die benachbarte
des Paares die andere Windung. Man verschiebt die einzelne Spitze
so lange, bis das Galvanometer auf Null zeigt, und vergleicht demnach den Widerstand des Stoßes mit dem Widerstand eines Stückes
der ununterbrochenen Schiene.

3. Eine vollkommenere Methode, welche Stromentweichungen
zu ermitteln gestattet, beruht auf einer Differentialschaltung nach dem
Prinzip der Thomsonschen Doppelbrücke (Kallmann, ETZ 1898,
S. 683 und 1899, S. 163).

4. Der Übergangswiderstand zwischen Gleis und benachbarten
Rohren läßt sich manchmal durch Einschaltung von Strommessern und
von Spannungsmessern für niedrige Spannung messen. Hierbei ist
aber darauf zu achten, daß die Stromverteilung nicht durch die Ein-
schaltung der Meßinstrumente geändert werde (vgl. Leitsätze des
Verbandes Deutscher Elektrotechniker, betr. den Schutz metallischer
Rohrleitungen gegen Erdströme elektrischer Bahnen, § 10). Über die
Messungen an Geleisen vgl. ferner: ETZ 1895, S. 417; 1899, S. 163;

1901, S. 1038; 1902, S. 214, 841; 1903, S. 492, 691. J. f. Gasbel. u. Wasservers. 1901, S. 508, 723; 1903, S. 955. Eine erschöpfende Darstellung enthält: Michalke: „Die vagabondierenden Ströme elektrischer Bahnen" (Heft 4 der Elektrotechnik in Einzeldarstellungen, 1904).

Verbrauchsmessung.

(293) Elektrizitätszähler messen die in einem Stromkreis oder Stromsystem verbrauchte elektrische Arbeit; ihre Angaben werden benutzt, um die Vergütung für die von einer Zentrale an einen Abnehmer abgegebene elektrische Energie zu berechnen.

Je nach der Einheit, in der die Zähler ihre Angaben machen, unterscheidet man Wattstundenzähler, Amperestundenzähler und Zeitzähler.

Ist L die Leistung, die in einem Stromsystem verbraucht wird, t die Zeit, während deren sie verbraucht wird, so mißt der Wattstundenzähler die Größe Lt, und zwar in Wattstunden bezw. Kilowattstunden. Diese Zähler besitzen Spannungskreise und Hauptstromkreise, die je nach Art des Stromsystems wie die Leistungsmesser geschaltet werden (234). Dabei wird die Schaltung in den meisten Fällen so ausgeführt, daß von dem Eigenverbrauch im Zähler selbst der Energieverbrauch im Spannungskreis der Zentrale, derjenige in der Hauptstromspule dem Abnehmer zur Last fällt.

Ist die Betriebsspannung konstant, so ist die Leistung bei Gleichstrom proportional der Stromstärke; für diesen Fall genügt also ein Amperestundenzähler, der somit nur einen Hauptstromkreis, keinen Spannungskreis besitzt. Seine Angaben multipliziert mit der Betriebsspannung ergeben die gesuchten Wattstunden. Es ist aber auch gesetzlich durchaus zulässig, daß die Ablesungen eines Amperestundenzählers direkt in Wattstunden erfolgen, sofern auf dem Zähler sich der Vermerk findet, bei welcher Betriebsspannung er gebraucht werden darf.

Ist an einen Stromkreis von konstanter Spannung eine konstante Belastung angeschlossen, so ist auch die beim Einschalten abgegebene Leistung konstant; es genügt daher, lediglich die Zeit der Einschaltdauer mittels einer geeigneten Uhr zu messen. Dies geschieht durch die „Zeitzähler".

(294) Man kann folgende Anforderungen an einen Elektrizitätszähler stellen:

Seine Angaben müssen in den gesetzlichen Einheiten erfolgen, dürfen gewisse Verkehrsfehlergrenzen nicht überschreiten (vgl. 304 u. Anhang) und sollen sich mit der Zeit möglichst wenig ändern; er soll möglichst unempfindlich sein gegen Änderungen der Temperatur und Feuchtigkeit, gegen Kurzschlüsse, Staub, Stöße und Erschütterungen; er soll einen möglichst lautlosen Gang haben, verschließbar, plombierbar und leicht transportabel sein, dabei verhältnismäßig kleine Abmessungen haben und einen geringen Eigenverbrauch besitzen.

(295) **Elektrolytische Zähler** benutzen zur Verbrauchsmessung die aus einem Elektrolyt durch den Strom niedergeschlagene Metallmenge; sie sind also Amperestundenzähler und nur für Gleichstrom brauchbar. Hierhin gehört die älteste Zählerkonstruktion (E d i s o n). Dieser Zähler besteht lediglich aus zwei mit Zinksulfatlösung gefüllten Zersetzungszellen, in welche Zinkelektroden tauchen. Der Verbrauch wurde durch Wägen der Elektroden gemessen.

Ein modernen Ansprüchen angepaßter elektrolytischer Zähler ist von W r i g h t angegeben. Die Anode wird durch eine ringförmige Quecksilberrinne gebildet, welche einen als Kathode dienenden Platinkegel umschließt. Als Elektrolyt dient die Lösung eines Quecksilberoxydulsalzes. Das von der Kathode abtropfende Quecksilber wird in einer geteilten Röhre aufgefangen. Das den Zähler enthaltende Glasgefäß ist vollständig zugeschmolzen. Für größere Stromstärken wird der Zähler in den Nebenschluß zu einem geeigneten Widerstand gelegt.

(296) **Pendelzähler.** Die Wirksamkeit der Pendelzähler besteht darin, daß die Schwingungsdauer eines Pendels durch die elektromagnetischen oder elektrodynamischen Kräfte des Arbeitsstromes verändert wird.

A r o n s c h e   L a n g p e n d e l z ä h l e r. Zwei einander gleiche und genau gleichgehende Uhren arbeiten mittels des sogenannten Planetenrades auf ein Differenzialzeigerwerk, das somit die Gangdifferenz der beiden Pendel anzeigt. Das eine Pendel trägt eine dünndrähtige Spule mit horizontal liegender Windungsfläche, die unter Zwischenschaltung eines geeigneten Vorschaltwiderstandes an die Betriebsspannung angeschlossen wird (Spannungskreis). Unterhalb der Spannungsspule liegt mit paralleler Windungsebene die Hauptstromspule, so daß sie bei Stromdurchgang den Gang des Pendels beschleunigt. Die Gangdifferenz ist im großen und ganzen proportional dem Wattverbrauch, doch ist schon aus theoretischen Gründen die Proportionalität mit der Belastung keine vollkommene.

Wird die Spannungsspule durch einen permanenten Magnet ersetzt, so erhält man einen Amperestundenzähler. Dieser älteren Form der Aronschen Zähler, die noch in vielen Exemplaren im Betriebe ist, haften mehrere Mängel an, nämlich: 1. Mangel der Proportionalität, 2. der Zähler muß aufgezogen werden, 3. er geht nicht von selbst an, d. h. die Pendel müssen angestoßen werden, 4. er ist nicht verschließbar bezw. transportierbar, ohne seine Justierung zu ändern, 5. sind die Pendel nicht sehr sorgfältig einjustiert, so zeigt er Leerlauf (im unbelasteten Zustande). Diese Mängel sind beseitigt bei dem neueren, k u r z p e n d e l i g e n   U m s c h a l t z ä h l e r von Aron (EZT 1897, S. 372). Die Pendel des letzteren sind so kurz, daß sie nach dem Aufziehen der Uhrwerke von selbst in Schwingungen kommen; das Aufziehen wird automatisch auf elektrischem Wege besorgt. Beide Pendel tragen Spannungsspulen und zwar wird immer gleichzeitig das eine beschleunigt, das andere verzögert, eine Anordnung, die eine bessere Proportionalität zur Folge hat. Eine etwas komplizierte Umschaltvorrichtung verhindert selbst bei schlechter Einregulierung der Pendel den Leerlauf. Da der Zähler auf dem dynamometrischen Prinzip beruht, so ist er für Gleichstrom und Wechselstrom brauchbar, und zwar ist er für Ein- und Mehrleitersysteme, Ein- und Mehrphasenstrom ausgebildet. Bei Wechselstrom kommen für höhere Spannungen und große Stromstärken Spannungs- und Stromwandler zur Anwendung (245 c).

(297) **Motorzähler.** 1. **Elektrodynamische und elektromagnetische Motorzähler.** Die Wattstundenzähler dieser Klasse (Fig. 119), Motorzähler der Union E. G., von Schuckert & Co., der Luxwerke u. a. bestehen aus einer oder mehreren einander parallel gestellten Hauptstromspulen, die das Feld für den Anker bilden; der Anker bildet zusammen mit einem geeigneten Vorschaltwiderstand den Spannungskreis. Das den Anker antreibende Drehmoment ist daher proportional EI. Auf der Ankerachse sitzt eine Aluminum- oder Kupferscheibe, die sich zwischen den Polen eines permanenten Magnetes dreht; das dadurch hervorgerufene bremsende Drehmoment ist der Drehungsgeschwindigkeit proportional. Werden im stationären Zustand antreibendes und bremsendes Drehmoment einander gleich, so ist die Umdrehungsgeschwindigkeit des Ankers proportional der Leistung, d. h. ein mit der Ankerachse verbundenes Zählwerk gibt bei geeigneter Übersetzung der Räder den Energieverbrauch an.

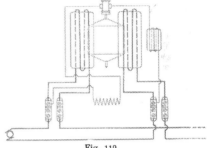

Fig. 119.

Dabei ist aber bisher die Reibung in Lager, Bürsten und Zählwerk unberücksichtigt geblieben. Um diese Reibung zu kompensieren, ist in den Spannungskreis eine feststehende Spule eingeschaltet, welche so angeordnet ist, daß sie die Wirksamkeit der Hauptstromspulen unterstützt; es wird also auch bei stromloser Hauptstromspule ein Drehmoment auf den Anker ausgeübt, das die Reibung kompensieren soll. Da aber die Reibung durch Einlaufen des Ankers sich ändert, und ohnedies von der Drehgeschwindigkeit abhängt, so fügt man eine konstante künstliche Reibung hinzu. Dies geschieht entweder in der Form, daß ein an der Bremsscheibe befestigter Stift gegen eine Feder schlägt, die bei der Drehung zurückgeschlagen werden muß, oder so, daß ein Eisenstift an der Bremsscheibe befestigt wird, der von den Bremsmagneten festgehalten wird.

Ein den Betrieb des Zählers gefährdender Teil ist der Kollektor des Ankers; damit die Bürstenreibung möglichst gering und gleichförmig wird, macht man den Kollektordurchmesser möglichst klein und sorgt dafür, daß die Bürsten leicht mit gleichmäßiger Federung aufliegen. Kollektorlamellen und Bürsten werden am besten aus Silber hergestellt. Um die Achsenreibung zu verringern, ist u. a. auch versucht worden, die stählerne Achse durch einen oberhalb stehenden permanenten Magnet so zu entlasten, daß sie frei schwebt (Evershed und Vignoles).

Die Zähler können durch fremde Magnetfelder, zB. durch diejenigen benachbarter Starkstromleitungen in ihren Angaben beeinflußt
werden. Deswegen ist auch, namentlich bei Zählern für große Stromstärken, genau die Lage der Hauptstromzuleitungen vorzuschreiben
und die Nähe starker fremder Ströme nach Möglichkeit zu vermeiden.
Um diesen Einfluß zu kompensieren, hat die Union Zähler mit
astatischem Anker konstruiert, das sind zwei einander gleiche Anker,
die auf derselben Achse übereinander sitzen und vom Strom in entgegengesetzter Richtung durchflossen werden; die eine Ankerwicklung
befindet sich im Hauptstromfeld, die andere außerhalb des letzteren.

(298) Flügel-Wattstundenzähler von Siemens & Halske (System
Peloux). Dieser Zähler besitzt nur feststehende Spulen. Auf der beweglichen Achse sitzen übereinander zwei ⌐förmige Eisenstücke,
die so gestellt sind, daß die horizontalen Flügel aufeinander senkrecht
stehen. Die vertikalen mittleren Stücke sind die Kerne von je zwei
Spulen; diese vier Spulen werden vermittels eines an der Achse befestigten Kommutators während einer Umdrehung nacheinander unter
Strom gesetzt und bilden mit einem geeigneten Vorschaltwiderstand
den Spannungskreis des Zählers. Um eine Funkenbildung am Kommutator zuverhüten, ist zu jeder der vier Spannungsspulen ein großer
induktionsfreier Widerstand parallel geschaltet. Zu beiden Seiten des
beweglichen Systems sind die beiden Hauptstromspulen angeordnet,
die auf die nacheinander durch die Spannungsspulen magnetisierten
Eisenflügel einwirken. Die Bremsung erfolgt ebenfalls durch Bremsscheibe zwischen permanenten Magneten.

Prinzipiell verschieden von den vorhergehenden Zählern ist der
von der Danubia fabrizierte Amperestundenzähler von O'Keenan.
Es ist dies ein Motorzähler, der keine Bremsscheibe besitzt, sondern
lediglich aus einem Gleichstromanker zwischen den Polen eines permanenten Magnetes besteht. Die Bürsten sind mit den Polen eines von
dem Arbeitsstrom durchflossenen Normalwiderstandes verbunden.
Wäre keine Reibung vorhanden, so würde sich der Anker mit solcher

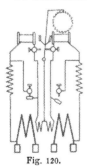

Geschwindigkeit drehen, daß die in ihm erzeugte
elektromotorische Gegenkraft gleich dem Potential-
abfall am Normalwiderstande ist, während der
Anker selbst stromlos bleibt. Der tatsächlich
durch den Anker fließende Strom dient lediglich
zur Deckung der Reibungsverluste. Ähnliche Zähler
mit Bremsung baut neuerdings die A.E.G.

(299) Oszillierende Zähler (Fig. 120) sind
gebaut worden, um den Kollektor der Motorzähler
unnötig zu machen. Bei dem von der Allgemeinen
Elektrizitäts-Gesellschaft ausgeführten Modell besteht die Spannungsspule aus zwei nebeneinander
liegenden, einander gleichen Wicklungen und ist

Fig. 120.   drehbar zwischen zwei Hauptstromspulen angeordnet. Die Drehung wird durch zwei Anschläge
begrenzt, bei deren Berührung ein Relais eingeschaltet wird; dieses
Relais bewirkt, daß immer nur eine Hälfte der beiden Spannungswicklungen vom Strom durchflossen wird, wobei die Stromrichtungen, die in den beiden Hälften fließen können, einander

entgegengesetzt gerichtet sind. Die Folge davon ist, daß im Moment des Anschlages die Kraftrichtung umgekehrt wird, so daß eine oszillierende Bewegung zustande kommt. Bremsung und Reibungskompensation erfolgt ebenso, wie bei Motorzählern. Die Fig. 120 zeigt die Schaltung der größeren Zählertype der AEG.

(300) 2. **Induktionsmotorzähler.** Induktionszähler sind Motorzähler für **Wechselstrom**; der Anker besteht aus einem Metallzylinder oder einer Metallscheibe, in der Wirbelströme induziert werden; die Zähler brauchen somit keine Stromzuführungen zum beweglichen System, wodurch die Zuverlässigkeit des Arbeitens gegenüber den Gleichstromzählern mit Kollektoren bedeutend erhöht wird. Die Wirksamkeit der Induktionszähler beruht auf folgendem Satz: ein Metallzylinder werde in zwei magnetische Wechselfelder gebracht, die radial und aufeinander senkrecht gestellt sind. Sind dann $\mathfrak{B}_1$ und $\mathfrak{B}_2$ die Effektivwerte der Felder, δ ihre Phasenverschiebung, so wird auf den Metallzylinder ein Drehmoment proportional $\mathfrak{B}_1\mathfrak{B}_2 \sin \delta$ ausgeübt.

Bei den Induktionszählern wird nun das eine Feld in der Regel durch ein in die Hauptstromleitung eingeschaltete Spule erzeugt; es ist also seiner Größe nach proportional dem Hauptstrom und besitzt dieselbe Phase, wie dieser. Um einen Wattstundenzähler zu erhalten, muß das zweite Feld zwar proportional der Höhe der Spannung, aber in der Phase um 90° gegen die Spannung verschoben sein. Bedeutet φ die Phasenverschiebung zwischen E und I, so wird das Drehmoment, wie das Diagramm (Fig. 121) zeigt, proportional $\mathfrak{B}_1\mathfrak{B}_2 \sin \delta \cdot$ d. h. proportional $EI \cos \varphi$.

Fig. 121.

Die verschiedenen Ausführungsformen der Induktionszähler unterscheiden sich im wesentlichen nur durch den Weg, auf dem die Kunstphase von 90° im Spannungskreis erzeugt wird. Dahin gehören folgende Methoden:

a) **Methode von Raab.** Zähler von **Schuckert & Co.** (ETZ 1898, S. 607). Der Spannungskreis besteht aus zwei nebeneinander geschalteten Kreisen, von denen jeder eine wirksame Spannungsspule enthält, die aber entgegengesetzt gerichtete Windungen besitzen. Der einen Spule ist ein großer induktiver Widerstand vorgeschaltet, der anderen ein nahezu induktionsloser, so daß das durch die eine Spannungsspule erzeugte Feld N_1 in der Phase stark gegen die Spannung verschoben ist, während das andere N_2 nahezu dieselbe Phase wie die Spannung besitzt. Das Diagramm (Fig. 122) zeigt, daß die beiden Felder sich zu einem Feld N zusammensetzen lassen, das gegen die Spannung E um 90° verschoben ist.

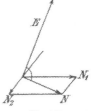

Fig. 122.

b) **Methode von Hummel.** Zähler der **Allgemeinen Elektrizitäts-Gesellschaft.** Der Spannungskreis enthält in Hintereinanderschaltung die Spannungsspule S und eine Drosselspule D; parallel zur Spannungsspule ist ein induktionsloser Wider-

stand r gelegt. I_s ist gegen I_r nach rückwärts verschoben (Fig. 123);
I_d ist die Resultante aus beiden Strömen und seinerseits stark gegen
die Spannung E verschoben. Man erkennt die Möglichkeit, I_s senkrecht auf E zu stellen.

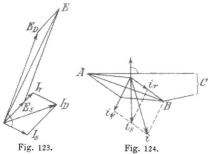

Fig. 123.   Fig. 124.

c) Methode von
Görges - Schrottke.
Zähler von Siemens
& Halske (ETZ 1901,
S. 657). Hinter eine
Drosselspule D ist eine
Wheatstonesche Brücke ge-
schaltet, welche in zwei
gegenüber liegenden Zwei-
gen zwei einander gleiche
Spannungsspulen ss ent-
hält, während die beiden
andern Zweige zwei ein-
ander gleiche induktions-
lose Widerstände rr enthalten; der Brückenzweig enthält ebenfalls
einen induktionslosen Widerstand ϱ. Dann hängen die Augenblickswerte der Ströme durch folgende Gleichungen zusammen: $i_s = i_\varrho + i_r$
und der unverzweigte Strom $i = i_\varrho + 2\,i_r$. Im Diagramm (Fig. 124)
sind diese Ströme eingezeichnet, wobei zu berücksichtigen ist, daß
i_s gegen seine Spannung stark verschoben ist, AB ist die Spannung
an den Enden der Wheatstoneschen Brücke, BC die Spannung an
der Drosselspule, AC also die Gesamtspannung E. Ihre Richtung
steht senkrecht auf der Richtung des Spannungsstromes i_s.

d) Methode von Görner. Zähler von Hartmann & Braun
(ETZ 1899, S. 750). Im Spannungskreis sind die Primärwicklungen
zweier Transformatoren hintereinander geschaltet. Die beiden Sekundärwicklungen sind hintereinander geschaltet und durch einen induktionslosen Widerstand r geschlossen. Das Eisen des einen Transformators
enthält einen Luftspalt, in dem durch geeignetes Regulieren von r ein Feld
erzeugt werden kann, das um 90^0 gegen die Spannung verschoben ist.

e) Methode von Theiler. Zähler der Union E. G. (ETZ
1902, S. 774). Bei diesen sind drei Eisenkerne nebeneinander
zwischen zwei einander parallele drehbare Aluminiumscheiben gestellt.
Der mittlere Kern ist mit der Nebenschlußspule, die äußeren mit den
Hauptstromspulen bewickelt. Ein Uförmiges Eisenjoch schließt den
magnetischen Kreis der Nebenschlußspule; die magnetischen Kreise
des Hauptstrom- und des Nebenschlußfeldes schneiden sich also senkrecht. Den Spannungsspulen ist ein hoher induktiver Widerstand
vorgeschaltet. Der Spannungsstrom ist also um weniger als 90^0
gegen die Spannung verschoben. Das Spannungsfeld wird aber
durch den Spannungsstrom und die Wirbelströme in den Scheiben
erzeugt. Es ist möglich, dies resultierende Feld genau um 90^0 gegen
die Spannung zu verschieben. In ähnlicher Weise werden neuerdings
auch die Zähler der Allgemeinen Elektrizitätsgesellschaft gebaut.

Für hohe Spannungen und hohe Stromstärken kommen für alle
Induktionszähler Spannungs- und Stromwandler zur Anwendung (245c).

Zur Messung von Drehstromenergien wird in der Regel die Schaltung (234b) angewandt, und zwar entweder unter Anwendung von zwei nebeneinander gehängten Zählern, oder man läßt zwei einander gleiche in der erwähnten Weise geschaltete Stromsysteme auf dieselbe Motorscheibe wirken. Darf eine gleichmäßige Belastung in allen drei Zweigen vorausgesetzt werden, so werden entsprechend vereinfachte Schaltungen angewandt.

(301) **Höchstverbrauchmesser und Zähler für besondere Tarife.** Für eine Zentrale ist ein möglichst gleichmäßiger Verbrauch von Energie vorteilhafter, als ein starker Verbrauch während einer kurzen Zeit. Man hat deshalb versucht, dementsprechend die einen Abnehmer gegenüber den anderen ungünstiger zu tarifieren. Zu dem Zwecke wird neben den Zähler ein Apparat gehängt, der den in einer gewissen Zeit erreichten maximalen Strom anzeigt. Ein derartiger Höchstverbrauchmesser ist zB. von Wright konstruiert worden; er besteht in einer Uförmigen Röhre, mit zwei Erweiterungen an den Enden; der untere Teil der Röhre ist mit einer schwach gefärbten Flüssigkeit gefüllt. Ein in den Hauptstromkreis geschalteter Widerstandsdraht ist um die eine Erweiterung gewickelt, an die andere ist ein Überfallrohr geschmolzen, das eine Teilung trägt. Das Ganze wirkt wie ein Luftthermometer; die in dem Überfallrohr angesammelte Flüssigkeit ist ein Maß für den Höchstverbrauch. Durch Umkippen des ganzen Apparates wird er zu einer neuen Angabe gebrauchsfertig.

Eine andere Methode besteht darin, daß der Zähler zwei Zählwerke bekommt, die abwechselnd eingeschaltet werden, so daß zB. des Nachts das eine, am Tage das andere Zählwerk in Kilowattstunden registriert. Die Ablesungen an den beiden Zifferblättern werden dann ungleich tarifiert. Eine neben dem Zähler aufgehängte Uhr besorgt das Umschalten der Zählwerke automatisch zu bestimmten Stunden.

(302) **Automatische Elektrizitätszähler.** Neuerdings beginnen Elektrizitätszähler in Verbindung mit einem Automaten sich einzubürgern. Nach Einwurf eines Geldstückes steht dem Abnehmer die Betriebsspannung zur Verfügung; nach Entnahme einer gewissen durch den Zähler gemessenen Energiemenge wird der Strom automatisch wieder abgeschnitten.

(303) **Prüfung von Elektrizitätszählern.** Um einen Zähler auf seine Richtigkeit zu prüfen, ist es nicht notwendig, die von ihm registrierte Arbeit wirklich zu verbrauchen. Vielmehr wird man durch Trennung der Stromkreise im Zähler den Apparat künstlich belasten.

a) Gleichstromzähler. Am besten arbeitet man mit Akkumulatoren und zwar für die Spannungskreise Batterien von der durch die Zähler vorgeschriebenen Spannung mit nur geringer maximaler Entladestromstärke, für die Hauptstromkreise Niederspannungsbatterien (ca. 4 Volt) von großer Stromkapazität.

b) Wechselstrom- und Mehrphasenzähler. Am besten eignen sich zwei miteinander gekuppelte Drehstrommaschinen, von denen die eine die Spannungskreise speist, die andere die Hauptströme liefert, eventuell unter Zwischenschaltung geeigneter Transformatoren. Der Anker der einen der beiden Maschinen ist im Gestell mittels Zahnrad und Schnecke drehbar angeordnet. Hierdurch kann jede beliebige Phasenverschiebung zwischen Betriebsspannung und Hauptstrom erzeugt werden (Reichsanstalt. Zeitschr. f. Instrk., Bd. 22, S. 124, 1902. Stern, ETZ 1902, S. 774). An die Spannungspole werden Voltmeter, Spannungskreise der Wattmeter und der zu untersuchenden Zähler nebeneinander ange- schlossen. Andererseits werden alle Hauptstromspulen der Zähler und Wattmeter und alle Amperemeter hintereinander geschaltet. Die Zeit- messung erfolgt durch geeignete Uhren oder Chronographen (ETZ 1900, S. 1035, 1901, S. 94).

(304) **Gesetzliche Bestimmungen über Elektrizitätszähler.** Für die Messung elektrischer Energie durch Zähler zum Zweck der Vergütung ist das Gesetz betr. die elektrischen Maßeinheiten vom 1. 6. 1898 maßgebend; namentlich sind die §§ 6, 9, 12 von Wichtig- keit. Zu diesem Gesetz hat der Bundesrat Ausführungsbestimmungen erlassen, durch welche die im Verkehr zulässigen Fehler für Elek- trizitätszähler festgesetzt worden sind (Verkehrsfehlergrenzen). Ab- druck vgl. Anhang.

Diese Bestimmungen lassen sich folgendermaßen in Formeln aus- drücken. Für eine Belastung, die gleich $1/n$ der Maximalbelastung ist, ist die zulässige Verkehrsfehlergrenze bei Gleichstromzählern gleich $\pm (6 + 0,6 \cdot n)$ Prozent, bei Wechselstromzählern $\pm (6 + 0,6 n + 2 \operatorname{tg} \varphi)$ Prozent, wo φ die Phasenverschiebung bedeutet.

(305) **Amtliche Prüfung und Beglaubigung.** Zähler können einer amtlichen P r ü f u n g und B e g l a u b i g u n g unterworfen werden. Hierzu sind berechtigt die physikalisch-technische Reichsanstalt und folgende elektrische Prüfämter.

Prüfamt 1 in Ilmenau   (für Gleichstromzähler bis 500 Volt 200 Amp.),
„   2 „ Hamburg („   „   „ 750 „ 1000 „),
„   3 „ München („   „   „ 1000 „ 3000 „),
„   4 „ Nürnberg („ Gleich- u.Wechselstromzähler bis 500V. 200 A.),
„   5 „ Chemnitz („   „   „   „   „ 500V. 200 A.),
„   6 „ Frankfurt a./M. (f. „   „   „   „   „   ).

Die Errichtung weiterer Prüfämter ist in den nächsten Jahren zu erwarten.

Durch die Beglaubigung eines Zählers soll ausgedrückt werden, daß ein Zähler die sogenannten „Beglaubigungsfehlergrenzen" einhält, die im großen und ganzen halb so groß sind, wie die Verkehrsfehler- grenzen, und daß vermöge seiner Konstruktion und den im prak- tischen Betriebe gesammelten Erfahrungen zu erwarten steht, daß der Apparat auch für längere Zeit (ca. 2 Jahre) bei sachgemäßer Behand- lung diese engeren Fehlergrenzen nicht überschreitet. Ein Zähler kann nur beglaubigt werden, wenn sein System nach eingehender Systemprüfung durch die physikalisch-technische Reichsanstalt zu einem beglaubigungsfähigen erklärt worden ist (vgl. Prüfordnung für elektrische Meßgeräte).

Beglaubigungsfähig sind bis jetzt folgende Systeme:
1. System: Umschaltzähler für Gleichstrom von H. Aron (ETZ 1903, S. 361).
2. System: Umschaltzähler für ein- und mehrphasigen Wechselstrom von H. Aron (ETZ 1903, S. 361).
3. System: Motorzähler der EAG. Schuckert & Co. (ETZ 1903, S. 383).

4. System: Flügelzähler für Gleichstrom von Siemens & Halske bezw.
den Siemens Schuckertwerken (ETZ 1904, S. 121).

5. System: Motorzähler für Gleichstrom der Union EG.
6. System: Motorzähler für einphasigen Wechselstrom der
Union EG.
7. System: Motorzähler für Drehstrom der Union EG.
} ETZ 1904, S. 333.

8. System: Motorzähler für Gleichstrom nach O'Keenan (Danubia)
ETZ 1904, S. 989.

Messungen an Telegraphenleitungen und Erdleitungen.

Telegraphenkabel.

(306) **Prüfung der Kabel während der Fabrikation und Verlegung.** 1. Leitfähigkeit. Der Widerstand eines Drahtstückes von 0,5 oder 1 m Länge wird nach einer der in (216) und (217) angegebenen Methoden bestimmt. Wiegt dieses Drahtstück von l m Länge m g, besitzt es einen Widerstand von r Ohm bei t^0 C., und ist der Widerstands-Temperaturkoeffizient $\Delta\varrho$, so ist die Leitfähigkeit

$$\gamma = 8,96 \cdot \frac{l^2}{r\,m}\,(1 + \Delta\varrho \cdot t),$$

8,96 ist die Dichte des Kupferdrahtes. Für $\Delta\varrho$ ist 0,004 anzunehmen, wenn der Temperaturkoeffizient der Probe nicht besonders bestimmt wird. Man verlangt von gutem Kupfer, sog. Leitungskupfer, eine Leitfähigkeit von mindestens 57 (spez. Widerstand 0,0175).

2. Isolation. Die mit der Isolationshülle umgebenen Kupferlitzen oder -Drähte werden auf hölzerne Trommeln gewickelt und in Wasserbottiche versenkt, wo sie mindestens 24 Stunden lang bei einer gleichbleibenden Temperatur von 25° C. belassen werden. Nach Verlauf dieser Zeit wird der Isolationswiderstand nach der in (205) angegebenen Methode gemessen; s. (309). Hierbei wird auch der Kupferwiderstand der Adern in der Wheatstoneschen Brücke bestimmt. Auch die zu einem Bündel verseilten Adern werden in dieser Art behandelt. Endlich wird das fertige Kabel in derselben Weise, wie für die Adern angegeben, geprüft.

Schutzring (Price). Um den Stromübergang über die Oberflächen an den Enden des Kabels oder am Rande einer zu untersuchenden Scheibe eines Isolationsstoffes zu vermeiden, bringt man nach Fig. 125 einen Schutzring an, der auf das Potential der Meßbatterie gebracht wird; das Galvanometer mißt nur den durch die Masse der Isolation gehenden Strom.

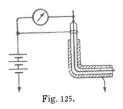

Fig. 125.

3. Prüfung von Lötstellen (Fig. 126). Die Lötstelle wird in einen mit Wasser gefüllten gut isolierten Trog gebracht, in dem sich eine Kupferplatte befindet, die mit einer Belegung eines Kondensators verbunden ist, während die andere Belegung an Erde liegt. Das Kabel, dessen Ende isoliert ist, wird mit einer starken Batterie geladen. Nach

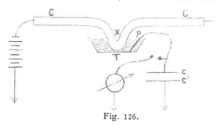

Fig. 126.

einigen Minuten wird die mit der Kupferplatte verbundene Kondensatorbelegung mit dem zur Erde abgeleiteten Galvanometer verbunden, so daß etwa durch die Lötstelle in den Kondensator übergegangene Elektrizität nunmehr durch das Galvanometer abfließt. Nimmt man nun anstatt der Ader mit der Lötstelle ein gut isoliertes Aderstück und macht den gleichen Versuch, so kann man durch den Entladungsstrom des Kondensators das Verhältnis der in beiden Fällen übergegangenen Elektrizitätsmengen feststellen.

Differentialmethode (Fig. 127). Die Lötstelle und ein fehlerfreies Aderstück kommen wie im vorigen in gut isolierte Tröge. Man

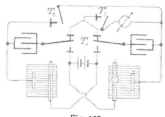

Fig. 127.

drückt zunächst die beiden Schlüssel T_1 gleichzeitig auf etwa 1 Minute nieder; hierbei laden sich die gleichen Kondensatoren durch die beiden Aderstücke hindurch. Darauf läßt man los, gleicht die Ladungen der Kondensatoren durch Druck auf T_2 aus und drückt, während T_2 geschlossen bleibt, auch T_3 nieder. Das Galvanometer zeigt den Unterschied der Ladungen an. Drückt man nun die linke Taste von T_1 1 Minute lang und entlädt durch Druck auf T_2 und T_3, so kann man berechnen, um wie viel und in welchem Sinne sich die beiden Isolationen unterscheiden.

4. Prüfung während der Legung. Diese erstreckt sich zunächst auf die Isolationsmessung der auszulegenden Kabelstücke, sowie der eben abgerollten Stücke, auf die Prüfung der gefertigten Lötstellen und endlich auf Messungen des Kupferwiderstandes, der Isolation und der Kapazität.

Die Messungen werden sowohl von der Strecke aus, als auch von demjenigen Amte aus, in welches das Kabel bereits eingeführt ist, nach den angegebenen Methoden bewirkt.

Die Kabelkarren der Reichs-Telegraphenverwaltung enthalten eine Batterie von 75 Trockenelementen nach Hellesen, und zwar 42 kleine von 7,3 cm Höhe und 3,2 × 3,2 cm Querschnitt, 30 mittlere von 10 cm Höhe und 3,8 × 3,8 cm Querschnitt und 3 große von 16,4 cm Höhe und 7,6 × 7,6 cm Querschnitt, welche nebeneinander in einem flachen Kasten untergebracht sind; die großen

Elemente dienen bei der Messung kleinerer Widerstände (Kupfer-
messung); die mittelgroßen für mittlere Widerstände und die mittelgroßen und kleinen zusammen (etwa 110 Volt) für Isolationsmessungen.
Es ist auf vorzüglich isolierte Aufstellung und Aufbewahrung zu sehen,
da die Elemente sich sonst vorzeitig erschöpfen; wenn die Batterie
nicht gebraucht wird. unterbricht man ihre Verbindungen an mehreren
Stellen, damit keine höheren Spannungen vorhanden sind.

(307) **Messungen an Unterseekabeln.** a) Während der
Fabrikation. Die einzelnen Längen, aus denen das Telegraphenkabel zusammengesetzt wird, werden während ihrer Herstellung auf
Güte und vertragsmäßige Beschaffenheit durch Messung des Isolations-
und Kupferwiderstandes, sowie der Kapazität nach den (308 bis 313)
angegebenen Methoden geprüft. Bei der Schlußprüfung eines größeren
Kabelstückes wird vor der Verlegung eine über einen Zeitraum von
je 30 Minuten sich erstreckende Isolationsmessung mit jedem Batteriepole gemacht. Kapazitätsmessungen lassen sich mit Rücksicht auf
die erheblichen Zeitkonstanten der in den Tanks aufgespulten Kabel
nicht mehr ausführen.

b) Während der Verlegung. Von beiden Enden, der Landstation und dem Schiffe aus, wird das Kabel dauernd überwacht. Eine
auf dem Schiffe befindliche, einpolig geerdete Batterie von 100 bis 150 V
sendet durch ein Galvanometer mit passenden Nebenschlüssen Strom in
das am Lande isolierte Kabel; die Stromrichtung wird alle 30 Minuten
gewechselt. Während der Lichtschein des Galvanometers infolge von
Erdströmen und von Induktionswirkungen durch die Schiffsbewegungen
in weiten Grenzen hin- und herschwankt, ergeben die Mittel aus den
Umkehrpunkten während je 5 Minuten bei gutem Zustande des Kabels
periodisch wiederkehrende Werte. Die Landstation ladet kurz vor dem
Ende der 30 Minuten aus dem Kabel einen Kondensator, durch dessen
Entladung sich das Potential des Kabelendes kontrollieren läßt,
während der in der Schiffsstation zu beobachtende Stromstoß bei der
Ladung des Kondensators den unverletzten Zusammenhang des Kupferleiters nachweist.

Bestimmung der Eigenschaften von Kabeln.

(308) **Leitungswiderstand I. mehradriger Kabel.** Die gesuchten
Widerstände der Adern seien $a_1 a_2 \ldots a_n$. Auf dem Endamt werden
je zwei Adern zur Schleife verbunden, während auf dem Meßamt die
beiden Enden der Schleife an die Wheatstonesche Brücke gelegt werden.
Die übrigen Adern werden auf beiden Ämtern isoliert gehalten. Aus
den für die Schleife gemessenen Werten lassen sich die Einzelwiderstände bestimmen.

Der Stromübergang durch die Isolation läßt den Kupferwiderstand
zu gering erscheinen. Ist die Isolation gleichmäßig und hoch, so ist
der gemessene Widerstand einer Schleife noch um $R^2/3\,w$ zu vergrößern, worin w den nach (309) bestimmten Isolationswiderstand
bedeutet.

Um die ermittelten Widerstände auf die Normaltemperatur umzurechnen, ist der Faktor F zu bestimmen, mit dem die gefundenen

Widerstandswerte $a_1 \ldots a_n$ zu multiplizieren sind. Es sei R_n der nach den Abnahmemessungen in der Fabrik bestimmte Normalwiderstand (bei 15° C.) aller Adern zusammen. Dann ist der Faktor:

$$F = \frac{R_n}{a_1 + a_2 + \ldots a_n}.$$

II. Einadrige Kabel werden unter Benutzung der Erde gemessen. Man werwendet die Wheatstonesche Brücke, Fig. 76, S. 164. Die Leitung bildet den Zweig b und wird am fernen Ende (Punkt D) an Erde gelegt; auch das zweite Ende von d und der zweite Batteriepol werden geerdet. Die Berichtigung wegen des durch die Isolation übergehenden Stromes ist dieselbe wie unter I.

(309) Einfluß des Erdstromes bei Widerstandsmessungen. Um den Widerstand einer Telegraphenleitung zu messen, in der ein Erdstrom fließt, benutzt man die im (308) II. beschriebene Schaltung; den Sitz des Erdstromes nimmt man in der fernen Erdleitung an. Ist die unbekannte EMK des Erdstromes E_1, die der Batterie E, so verschwindet der Strom im Galvanometer, wenn

$$\frac{E_1}{E} = \frac{a\,d - b\,c}{a\,(d + r) + c\,(a + r)},$$

worin r der Widerstand des Batteriezweiges ist. Dies kann man für zwei Meßmethoden benutzen:

1. Man gleicht mit beiden Polen der Meßbatterie ab. Ergeben sich dabei für d die Werte d_1 und d_2, so folgt

$$b = \frac{a}{c} \cdot \frac{d_1\,(d_2 + k) + d_2\,(d_1 + k)}{(d_1 + k) + (d_2 + k)},$$

worin

$$k = r + \frac{c}{a}\,(a + r).$$

2. Man macht die Brückenarme a und c gleich und bestimmt für zwei Werte a_1 und a_2 mit demselben Batteriepole die zugehörigen d_1 und d_2 (Mance). Dann ergibt sich

$$b = \frac{d_1\,(2\,r + a_2) - d_2\,(2\,r + a_1)}{(a_2 + d_2) - (a_1 + d_1)}.$$

Falscher Nullpunkt. Neben die Batterie wird ein Widerstand gelegt, der dem der Batterie gleich ist; eine Taste erlaubt, Batterie und Widerstand zu vertauschen. Man stellt die Brücke so ein, daß die Ablenkung des Galvanometers dieselbe ist, ob die Batterie oder der Widerstand eingeschaltet ist. Während der Umschaltung muß das Galvanometer kurz geschlossen werden.

(310) Chemische Veränderungen der Kupferader an der Fehlerstelle. Einflüsse der Bodensalze, des Seewassers, des elektrischen Stromes verändern die Berührungsstelle des Kupfers mit dem Erdreich oder dem Wasser.

Methode von Lumsden für Seekabel. Der Zn-Pol einer Batterie von 100 V wird 10—12 Stunden an die Leitung gelegt; gelegentlich kehrt man den Strom für einige Minuten um. Hierdurch wird das Kupfer an der Fehlerstelle rein. Man schickt darauf einen Strom von etwa 0,03 A in positiver Richtung in das Kabel, um an der Fehlerstelle Kupferchlorid zu erzeugen. Nach einiger Zeit legt man das Kabel zur Widerstandsmessung an die Brücke, während der positive Pol der Meßbatterie geerdet ist. Der Widerstand ändert sich fortgesetzt, da das Kupferchlorid an der Fehlerstelle reduziert wird, und man folgt den Änderungen, indem man den Vergleichswiderstand stets so regelt, daß das Galvanometer stromlos ist. In dem Augenblicke, wo alles Kupferchlorid zersetzt ist und Wasserstoffentwicklung beginnt, ändert sich der Widerstand plötzlich sehr bedeutend, so daß das Galvanometer plötzlich stark abgelenkt wird. Der vor diesem Sprunge zuletzt eingestellte Widerstand gibt den Wert bei reiner Fehlerstelle.

(311) **Isolationswiderstand.** a) Vertauschungsmethode (205). Zur Bestimmung der Empfindlichkeit (Ablenkungskonstante) des Spiegelgalvanometers wird die Batterie (etwa 100 V) durch den großen Widerstand W (gewöhnlich 100000 Ohm) und das mit einem geeigneten Nebenschlusse versehene Galvanometer geschlossen. Die Ablenkung sei A, der Umrechnungsfaktor für den benutzten Nebenschluß sei N. Aus den Messungen mit beiden Polen wird das Mittel genommen.

Dann wird jede einzelne Ader unter Einschaltung des mit passendem Zweigwiderstand versehenen Galvanometers an die Batterie gelegt. Der zweite Batteriepol liegt an Erde. Während der Untersuchung liegen die anderen Adern am Meßort an Erde, am Endpunkt sind sie isoliert.

Die Ablenkungen am Instrument werden in der Regel eine Minute nach Eintritt des Stromes abgelesen, wobei die Vorsicht gebraucht wird, daß man beim ersten Eintritt des Stromes in die Ader das Instrument kurzschließt und erst einige Zeit nachher einschaltet.

Die Ablenkung für eine bestimmte Ader sei a und der Umrechnungsfaktor des benutzten Nebenschlusses sei n. Dann ist der Isolationswiderstand

$$w = \frac{A}{a} \cdot \frac{N}{n} \ W \ \text{Ohm.}$$

Hiervon ist, wenn besondere Genauigkeit dies erfordert, als Korrektion $\frac{1}{3}$ des Kupferwiderstandes abzuziehen.

b) Aus dem Ladungsabfall (W. Siemens). Ist U_1 das Potential der Kabelseele nach vollendeter Ladung, U_2 sein Wert, nachdem das Kabel während t Sekunden der Selbstentladung überlassen war, ist ferner die Kapazität $C \, 10^{-6}$ F, so ist der Isolationswiderstand

$$R = \frac{t}{C \, \text{lognat} \, (U_1/U_2)} \ 10^6 \ \text{Ohm.}$$

Hierbei wird auf den Ladungsrückstand keine Rücksicht genommen, so daß die Messung ungenau wird. Nach Murphy bekommt man ein möglichst genaues Ergebnis, wenn man das Verhältnis $U_1 : U_2 = 3 : 2$ wählt; man beobachtet demnach die Zeit, in der das Potential sich um $\frac{1}{3}$ vermindert. Hierzu legt man an das vollständig geladene Kabel, das noch mit der ladenden Batterie verbunden ist, einen Nebenschluß an, der ein Galvanometer und den sehr großen Widerstand $r_1 \cdot 10^6$ Ohm enthält; der dauernde Ausschlag gibt U_1; man trennt die Batterie ab und mißt die Zeit t, bis der Ausschlag sich um $\frac{1}{3}$ vermindert hat. Dann ist

$$R = \frac{2,46 \cdot r_1 \cdot t}{r_1 C - 2,46 \cdot t} \ 10^6 \ \text{Ohm.}$$

Hat man das genaue Verhältnis der Ausschläge nicht getroffen, so verwendet man die vorige Formel.

(312) Reduktion. Aus der Messung des Kupferwiderstandes (308, I) ergibt sich die mittlere Temperatur t des Kabels zu

$$t = 15 - \frac{F - 1}{0,0037}.$$

Unter Benutzung einer Reduktionstafel für das Isolationsmaterial (siehe die Tafeln (4a) Seite 5 u. 6) erhält man den Faktor G, mit welchem der bei t^0 gemessene Isolationswiderstand zu multiplizieren ist, um den Wert für die Normaltemperatur (15° C.) zu erhalten. Des Vergleichs halber gibt man gewöhnlich den Widerstand in Megohm für 1 km an, welcher sich aus dem für L km gemessenen durch Multiplikation mit L ergibt.

(313) Kapazität. a) **Vergleich mit dem Normalkondensator.** Sämtliche Adern werden am Endpunkt isoliert, am Meßort an Erde gelegt und entladen. Zum Messen wird ein Kondensator von bekannter Kapazität C ($^{1}/_{2}$ bis 1 Mikrofarad) und eine kleine Batterie (gew. 10 Elemente), sowie ein Sabinescher Entladungsschlüssel benutzt. Vor und nach der Messung der Adern wird die Ablenkung A bestimmt, welche die Entladung des Kondensators für sich unter Einschaltung des Galvanometers gibt. Der Umrechnungsfaktor für den Nebenschluß sei N. Dann wird jede Ader geladen und entladen. Die Ablenkungen bei der Entladung seien a, der Umrechnungsfaktor sei n. Wegen der Vergleichbarkeit der Resultate empfiehlt es sich, die Entladung mittels des Schlüssels erst erfolgen zu lassen, wenn die Batterie eine bestimmte Zeit, in der Regel eine Minute angelegt gewesen ist.

Ist c die gesuchte Kapazität, C die des Kondensators, so ist

$$c = \frac{a}{A} \frac{n}{N} C \text{ (vgl. 228).}$$

b) **Differentialmethode** nach **Thomson**, s. S. 179 (228), Fig. 87. Ist C_2 in Fig. 87 das Kabel, dessen wahrer Isolationswiderstand $= w$, so hat man zur Berücksichtigung des Ladungsverlustes die gefundene Kapazität C_2 zu multiplizieren mit $(r_2 + w)/w$; nach einer genaueren Formel von Schwendler mit

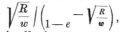

worin R der Kupferwiderstand des Kabels.

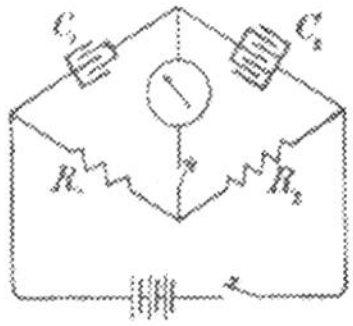

c) **In der Wheatstoneschen Brücke,** nach **Gott** (Journ. Soc. Tel. Eng. El. Bd. 10, S. 278, 1881), Fig. 128; C_2 sei das Kabel, dessen fernes Ende isoliert ist; die zweite Belegung von C_2 ist die äußere Kabelhülle und Erde; es liegt also der rechte Eckpunkt des Vierecks an Erde. Schließt man erst die Taste im Batteriezweig, nach wenigen Sekunden die Taste im Galvanometerzweig und gleicht R_1, R_2 und C_1 so lange ab, bis beim Schluß des Galvanometerzweiges das Instrument keinen Ausschlag zeigt, so ist

Fig. 128.

$$C_2 = C_1 \cdot \frac{R_1}{R_2}.$$

Um den Ladungsverlust durch die Isolationshülle des Kabels zu berücksichtigen, wird die gefundene Kapazität mit $K = e^{-\frac{t}{C_2 w}}$ multipliziert, worin w der wahre Isolationswiderstand des Kabels, t die Zeit, während deren die Batterie geschlossen wird. Werte von K s. (7).

(314) **Besondere Meßverfahren.**   a) Bei laufenden Kontroll- messungen an **mehradrigen Telegraphenkabeln** wird in der Reichs-Telegraphen-Verwaltung folgendes Verfahren angewendet.

Die zur Reduktion des Isolationswiderstandes erforderliche Er- mittlung der Kupfertemperatur geschieht in einer Wheatstoneschen Brücke, deren Arme gebildet sind 1. aus einer Kabelschleife, 2. aus einem Rheostaten, der auf den Widerstand der Kabelschleife bei der Normaltemperatur eingestellt ist, 3. und 4. aus zwei Widerständen von 1000 Ohm. Aus einem Zusatzkasten, welcher nach Vielfachen von 3,7 Ohm geeicht ist, fügt man soviel Widerstand zu dem einen oder anderen der beiden Widerstände von 1000 Ohm hinzu, bis das Gleichgewicht in der Brücke hergestellt ist.   Man sieht leicht, daß, wenn man bei Abgleichung der Brücke zB. zu dem an die Kabel- schleife anstoßenden Widerstande von 1000 Ohm $n \cdot 3{,}7$ Ohm hat zufügen müssen, das Kabel um n Celsiusgrade über der Normal- temperatur sich befindet.   Es wird also an dem Zusatzkasten ohne weitere Rechnung die mittlere Kabeltemperatur festgestellt.   Die ge- bräuchlichen Zusatzkästen reichen aus bis $\pm$ 19,°9 Abweichung von der Normaltemperatur.

Auch bei der Reduktion des Guttapercha-Widerstandes auf die Normaltemperatur wird ein mechanisches Hilfsverfahren verwendet. Der Ausdruck für den Isolationswiderstand für 1 km bei Normaltemperatur

$$w_0 = \frac{A}{a}\ \frac{N}{n}\ GWL\ 10^{-6}\ \text{Megohm}$$

wird, abgesehen von der Zehnerpotenz $\dfrac{N}{n}\ W \cdot 10^{-6}$ mit einem Rechenstabe besonderer Art ermittelt.   Dieser enthält auf der oberen Lineal- und der oberen Schieberkante in logarithmischer Teilung der- selben Einheit die Beträge $\dfrac{1}{a}$ und $\dfrac{1}{AG}$, wobei angenommen wird, daß A stets gleich 200 gemacht werde.   Die Beträge $\dfrac{1}{AG}$ sind für alle Temperaturen von -5^0 bis $+24^0$ berechnet und die Teilstriche nach Temperaturen beziffert; ähnlich ist die Teilung $\dfrac{1}{a}$ nach den a (Ablesungen) beziffert.   Stellt man eine bestimmte Temperatur auf dem Schieber einer bestimmten Ablesung gegenüber, so weist der Anfangspunkt der Schieberteilung auf den Betrag $\log \dfrac{1}{a} - \log \dfrac{1}{AG}$

$= \log \dfrac{A}{a} G$.   Die untere Schieberteilung, wie diejenige der unteren Linealkante ist eine einfache logarithmische.   Faßt man daher auf der unteren Schieberteilung einen bestimmten Teilpunkt, welcher der Kabellänge L entspricht, ins Auge, so entspricht diesem auf der unteren Linealteilung der Betrag $\dfrac{AGL}{a}$, welcher, abgesehen von einer Potenz von 10 gleich dem auf die Normaltemperatur reduzierten Isolationswiderstand für 1 km Länge ist.

b) Doppelleitungskabel werden für die Reichs-Telegraphen-verwaltung nach folgendem Verfahren abgenommen. Aus den Adern werden Meßgruppen gebildet, welche je nach der Aderzahl des Kabels aus je zwei bis zehn Adern bestehen; alle a-Leiter der Gruppen sind hintereinandergeschaltet, ebenso für sich alle b-Leiter.

Der Widerstand wird an den zu einer Schleife verbundenen a- und b-Leitern in der Wheatstoneschen Brücke gemessen.

Der Isolationswiderstand und die Kapazität werden durch Vergleich der Ablenkungen oder Ausschläge mit denen bei bekannten Widerständen und Kondensatoren bestimmt. Von der (311—313) beschriebenen Isolations- und Kapazitätsmessungen weichen die für Doppelleitungskabel darin ab, daß statt der Erdverbindung die zweite Leitung angelegt wird.

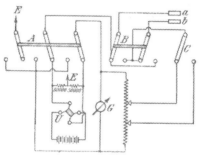

Fig. 129.

Für das von der Reichs-Telegraphenverwaltung vorgeschriebene Verfahren hat die A.-G. Siemens & Halske eine Schaltvorrichtung ausgearbeitet, welche schematisch in Fig. 129 dargestellt ist. Eine gut isoliert aufgestellte Batterie wird über einen Umschalter U mit einem in seiner Mitte geerdeten Widerstande von 100000 Ohm verbunden. Durch die Erdverbindung erhalten die Pole des Widerstandes gleiches und entgegengesetztes Potential. Sollen mehrere Meßsysteme aus einer Batterie gespeist werden, so wird diese in der Mitte geerdet und mit Zellenschaltern ausgerüstet. A und B sind Umschalter, welche aus drei und zwei gekuppelten Tasten bestehen, C ist ein einfacher Umschalter. B dient dazu, die a-Leitung mit der b-Leitung zu vertauschen, während A die Anlegung und Abschaltung der Stromquelle gegen das Kabel besorgt. In der Ruhelage von A (links) ist das Galvanometer kurzgeschlossen, die a- und b-Adern sind miteinander und der Erde verbunden. Wird A in die Arbeitslage gebracht (rechts), so fließen gleiche Ströme entgegengesetzter Richtung in die beiden Zweige der Doppelleitung; einer davon fließt zum Teile durch das Galvanometer G und dient zur Messung. Der Ayrtonsche Nebenschluß dieses Galvanometers ist mit zwei Kurbeln und zwei Sätzen von Abzweigkontakten für die Unterabteilungen versehen. Durch den Umschalter C kann die eine oder andere Kurbel eingeschaltet werden. Dies ermöglicht, da bei Kapazitäts- und Widerstandsmessung meist verschiedene Nebenschlüsse gebraucht werden, diese ohne Neueinstellung zu wechseln. Man stellt zuerst den Umschalter C auf den Nebenschluß für Kapazität, legt dann A um und beobachtet den ersten Ausschlag. Alsdann legt man C für Isolation um und beobachtet die verbleibende dauernde Ablenkung. A wird dann zurückgelegt und für die zweite Stellung von B die Messungsreihe wiederholt.

Ortsbestimmung von Fehlern in Kabeln.

I. Nebenschließungen in einadrigen Kabeln.

(315) **Allgemeine Gleichungen.** Die Leitung zwischen den beiden Ämtern I und II hat eine Nebenschließung; es bedeuten:

w Isolationswiderstand, gemessen, wenn das ferne Ende isoliert ist,

R Leitungswiderstand, wenn das ferne Ende an Erde liegt,

R' Leitungswiderstand, wenn am fernen Ende zwischen Leitung und Erde ein Widerstand r liegt,

f den Widerstand an der Fehlerstelle von der Leitung bis zur Erde.

Die Messungen können entweder von jedem Endamt der Leitung aus oder nur von einem Ende aus gemessen werden; im ersteren Falle wird die Bezeichnung des Endamtes als Index der gemessenen Größe beigesetzt; zB. w_I, w_{II}.

Der als bekannt vorausgesetzte Widerstand der fehlerfreien Leitung wird mit l, die unbekannten Widerstände der Teile von l mit x, y bezeichnet; es ist $l = x + y$.

Messungen vom

Endamt I.	Endamt II.
$w_I = x + f$	$w_{II} = y + f$
$R_I = x + \dfrac{y \cdot f}{y + f}$	$R_{II} = y + \dfrac{x \cdot f}{x + f}$
$R'_I = x + \dfrac{f(y + r)}{y + f + r}$	$R'_{II} = y + \dfrac{f(x + r)}{x + f + r}$

Zwischen diesen 6 ausführbaren Messungen bestehen folgende von der Beschaffenheit des Fehlers unabhängige Beziehungen:

$$\frac{w_I}{R_I} = \frac{w_{II}}{R_{II}}; \quad \frac{w_I}{r} = \frac{w_{II} - R'_{II}}{R'_{II} - R_{II}}; \quad \frac{w_{II}}{r} = \frac{w_I - R'_I}{R'_I - R_I}.$$

Es lassen sich von den 6 Messungen also nur drei beliebig ausgewählte zur Bestimmung der Unbekannten benutzen.

Hiernach gestaltet sich die Untersuchung in folgender Weise:

Die Messungen lassen sich von beiden Endämtern ausführen	Die Messungen lassen sich nur von einem Endamt ausführen.

$$l = x + y \text{ bekannt}$$

w_I und w_{II} gemessen	w und R gemessen

$$x = \frac{1}{2}l + \frac{w_I - w_{II}}{2} \qquad x = R - \sqrt{(w - R)(l - R)}$$

$$y = \frac{1}{2}l - \frac{w_I - w_{II}}{2} \qquad y = l - R + \sqrt{(w - R)(l - R)}$$

$$f = -\frac{1}{2}l + \frac{w_I + w_{II}}{2}. \qquad f = w - R + \sqrt{(w - R)(l - R)}.$$

$$l \text{ ist unbekannt}$$

w_I, w_{II}, R_I gemessen	w, R, R' gemessen

$$x = w_I - \sqrt{w_{II}(w_I - R_I)} \qquad x = w - \sqrt{\frac{r(w - R')(w - R)}{R' - R}}$$

$$y = w_{II} - \sqrt{w_{II}(w_I - R_I)} \qquad y = r\frac{w - R'}{R - R} - \sqrt{\frac{r(w - R')(w - R)}{R' - R}}$$

$$f = \sqrt{w_{II}(w_I - R_I)}. \qquad f = \sqrt{\frac{r(w - R')(w - R)}{R' - R}}$$

(316) Methode von Dresing. (El. Rev. vom 15. Nov. 1899.) Der Widerstand der am fernen Ende mit Erde verbundenen Ader wird mit der Brücke bestimmt. Man findet dadurch (vgl. d. vorige)

$$R = x + \frac{yf}{y + f}.$$

Dann schaltet man parallel zur Ader am Meßort einen Widerstand r zur Erde, während das ferne Ende isoliert wird, läßt aber den bei der ersten Messung gestöpselten Widerstand R ungeändert und verändert den parallel geschalteten Widerstand r so lange, bis Gleichgewicht eintritt. Dann ist

$$R = \frac{r(x + f)}{r + (x + f)}.$$

Ist nun der Widerstand der unbeschädigten Ader bekannt als $l = x + y$, so findet sich

$$x = R\left(1 - \sqrt{\frac{l - R}{r - R}}\right).$$

(317) Kenellys Methode. Der Widerstand eines Nebenschlusses in einem Kabel ist bei Strömen unter 0,025 A umgekehrt proportional der Wurzel aus dem Strome. Mißt man mit den beiden Strömen i_1 und i_2 die Widerstände w_1 und w_2, so ist der Widerstand des Kabels bis zur Fehlerstelle

$$\frac{w_1 \sqrt{i_1} - w_2 \sqrt{i_2}}{\sqrt{i_2} - \sqrt{i_1}}.$$

Methoden der Potentialmessung.

(318) Clarks Methode. (Näheres vgl. Kempe, El. Messungen.)
Voraussetzung ist, daß die Nebenschließung eine unvollkommene ist,
so daß das Potential
an der Fehlerstelle
nicht = Null sein kann
(also auch nicht Null
am fernen isolierten
Ende). Fig. 130.
Auf dem Amt I
wird zwischen Kabel-
ende und Batterie b
ein Widerstand r ein-
geschaltet, auf dem
Amt II bleibt das
Kabel isoliert.

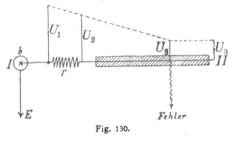

Fig. 130.

Die Potentiale vor und hinter dem Widerstande r seien U_1 und U_2,
das Potential am fernen isolierten Ende U_3 (= dem der Fehlerstelle),
dann ist

$$x = r \cdot \frac{U_2 - U_3}{U_1 - U_2}.$$

Die Potentiale bestimmt man an beiden Enden nach (197).

(319) Siemenssche Methode gleicher Potentialdifferenzen,
Fig. 131. Die Methode beruht darauf, daß bei der Einwirkung von
zwei entgegengesetzt geschalteten Batterien an beiden Enden des
Kabels durch Veränderung der elektromotorischen Kraft der Batterien
oder Einschaltung von Widerständen zwischen Kabel und Batterie das
Potential gerade an der Fehlerstelle zu Null gemacht wird.

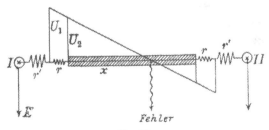

Fig. 131.

Auf beiden Ämtern werden die Spiegelgalvanometer auf gleiche
Empfindlichkeit gebracht und dann mit den Batterien, den regulierbaren Widerständen r' und den untereinander gleichen Widerständen
r, denen die Galvanometer parallel geschaltet sind, verbunden. Auf
einem der Ämter wird r' so lange verändert, bis die Galvanometer
gleichen Ausschlag zeigen, d. h. bis auf beiden Seiten die Spannungen
an den Widerständen r oder die Stromstärken in r gleich sind. Ist
dies erreicht, so ist auch

$$U_1 : U_2 = r + x : x; \quad x = r \frac{U_1 - U_2}{U_2}.$$

Man schaltet nun die Galvanometer aus und mißt U_1 und U_2 nach (197). Zweckmäßig ist es, r so zu wählen, daß es annähernd $= x$ ist, da dann das Ergebnis der Messung am zuverlässigsten wird.

Die beschriebene Methode eignet sich sowohl für ein einadriges, als auch für ein mehradriges Kabel. Bei einem einadrigen Kabel schaltet man am Kabelende eine Taste und einen kleinen Kondensator in eine Abzweigung ein, so daß beim Niederdrücken der Taste ein kleiner Teil der Ladung des Kabels in den Kondensator übergeht, wodurch das Spiegelinstrument jedesmal einen Ausschlag zeigt, und telegraphische Verständigung möglich wird.

II. Nebenschließungen in mehradrigen Kabeln.

(320) Erdfehler in einer oder mehreren Adern. Befinden sich in dem Kabel neben den fehlerhaften eine oder mehrere unverletzte Adern, so bildet man aus einer fehlerhaften a_1 und einer fehlerfreien Ader a_2 eine Schleife durch isolierte Verbindung am fernen Ende. Mißt man den Widerstand dieser Schleife, ohne eine Erdverbindung in dem Meßsystem anzubringen, so übt der Fehler auf das Resultat keinen Einfluß aus und man erhält

$$a_1 + a_2 = R_1.$$

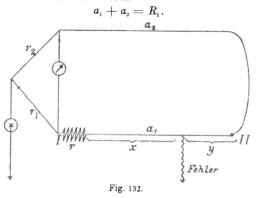

Fig. 132.

Man macht alsdann nach Fig. 132 (Erdfehlerschleife, loop-test) eine zweite Messung, indem man den einen Batteriepol an Erde legt und die Verbindungsstelle von r (Vergleichswiderstand) mit a_1 isoliert. Die Fehlerstelle bildet nunmehr einen Eckpunkt der Brücke und bei Gleichgewicht ist

$$r_1 (a_2 + y) = r_2 (r + x) \text{ und } a_1 + a_2 = R_1.$$

Da $x + y = a_1$, so ergibt sich

$$x = \frac{r_1 R_1 - r r_2}{r_1 + r_2}.$$

R_1 und r bedeuten die Mittel der Beobachtungen mit beiden Polen. Es ist demnach beim Vorhandensein nur einer fehlerfreien Ader möglich, den Widerstand der fehlerhaften Ader bis zur Fehlerstelle festzustellen. Um den Ort des Fehlers in km zu bestimmen, muß der Widerstand für 1 km bekannt sein.

Sind zwei oder mehr fehlerfreie Adern vorhanden, so kann man die zuerst besprochene Messung mit isoliertem Meßsystem auf jede Schleife aus zwei Adern anwenden, und erhält nach (308) den Wert des Widerstandes jeder Ader einzeln. Hat die Ader a_1 die Länge L km und den Widerstand a_1 Ohm, so ist die Entfernung der Fehlerstelle vom messenden Amte I

$$l_1 = L \, \frac{x}{a_1} \, .$$

Ist nur eine fehlerfreie Ader vorhanden, so muß zur Berechnung von l auf den als bekannt vorauszusetzenden Widerstand für 1 km von a_1 zurückgegriffen werden.

Man wird die Messung vom Amte II aus wiederholen und dadurch y und l_2 bestimmen. Ergibt $l_1 + l_2$ einen größeren Wert als L, so liegt der Fehler wahrscheinlich in der Entfernung

$$l_1 + \frac{1}{2} \, (l_1 + l_2 - L)$$

vom Amte I aus.

(321) **Berührung zweier Adern ohne gleichzeitigen Erdfehler.** Ist wenigstens eine fehlerfreie Ader (a_3) vorhanden, so macht man zunächst die Berührung durch Erdung einer der in Berührung befindlichen Adern (a_2) zum Erdfehler und mißt den Widerstand der anderen in Berührung befindlichen Ader (a_1) bis zur Fehlerstelle nach (320). Darauf isoliert man die vorher geerdete Ader a_2 an beiden Enden, legt dafür die Verbindung der Ader a_1 mit der fehlerfreien a_3 im fernen Amte an Erde und mißt diese Schleife (a_1, a_3) nach der Erdfehlerschleifenmethode. Man erhält auf diese Weise den Widerstand der Ader a_1 für die ganze Länge. Danach ist die Entfernung bis zur Fehlerstelle bekannt.

Ist keine fehlerfreie Ader vorhanden, so werden die Adern am fernen Ende isoliert und der Gesamtwiderstand je zweier Adern bis zur Fehlerstelle gemessen. Ist das Ergebnis der Messungen R, sind x_1 und x_2 die Widerstände der beiden Adern bis zur Fehlerstelle, f der Widerstand des Fehlers, so ist

$$R = x_1 + x_2 + f.$$

Man kann in der Regel $x_1 = x_2$ setzen und f gegen $x_1 + x_2$ vernachlässigen, so daß näherungsweise

$$x_1 = \frac{R}{2} \, .$$

Die Messungen werden vom fernen Amte aus wiederholt und aus beiden Messungsergebnissen das wahrscheinliche Resultat nach der Näherungsformel in (320) berechnet.

(322) **Berührung zweier Adern mit gleichzeitigem Erdfehler** wird wie ein Erdfehler in einer Ader behandelt, indem man die sich berührenden Adern an beiden Enden miteinander verbindet.

III. Unterbrechung von Adern.

(323) Ist eine Kabelader vollkommen unterbrochen, und die Fehlerstelle isoliert, so läßt sich der Fehler nur durch Ladungs-

messungen bestimmen, vorausgesetzt, daß die Kapazität für das Kilometer in normalem Zustande bekannt ist.

Ist ein mehradriges Kabel an einer Stelle durchschnitten, wobei eine Anzahl von Adern miteinander in leitende Verbindung kommen, so legt man jedesmal 2 Adern zur Schleife an die Brücke, mißt den Widerstand und wiederholt in allen möglichen Kombinationen diese Messung.

Ist x der Widerstand bis zur Fehlerstelle, f der Widerstand an der Unterbrechungsstelle, R das Meßergebnis, so ist für alle Messungen

$$R = 2\,x + f,$$

wobei durch die verschiedenen Fehlerwiderstände kleine Abweichungen des f begründet wird.

Falls f sehr klein ist, ist $x = \frac{1}{2}\,R$.

Das Ergebnis kann vom anderen Ende aus geprüft werden.

In anderer Weise kann man den Fehler näherungsweise bestimmen, wenn man als einen Zweig der Schleife eine Ader, als zweiten zuerst zwei miteinander verbundene Adern, dann 3, 4 usw. anlegt, unter gleichzeitiger Einschaltung eines Widerstandes r in den letzten Zweig. Sind die beiden anderen Brückenarme einander gleich gemacht und nur r veränderlich, so ergeben die Messungen für die gedachten Fälle:

1. 2 verbundene Adern bilden einen Schleifenzweig: $x = \frac{1}{2}x + r_1$,
2. 3 Adern bilden den Zweig der Schleife: $x = \frac{1}{3}x + r_2$,
3. 4 Adern bilden den Zweig der Schleife: $x = \frac{1}{4}x + r$

usw., woraus

$$x = 2\,r_1, \quad x = \frac{3}{2}\,r_2, \quad x = \frac{4}{3}\,r_3$$

usw., so daß ein Näherungswert erzielt werden kann.

Betriebsmessungen an Telegraphen- und Fernsprechleitungen.

(324) **Instrumente und Schaltungen.** In der Reichs-Telegraphenverwaltung wird in größeren Ämtern das Universalmeßinstrument, in solchen geringerer Bedeutung ein Differentialgalvanometer benutzt.

a) Das Universalmeßinstrument besteht aus einem Drehspulen-Zeigerinstrument hoher Empfindlichkeit (die Ablenkung aus der Skalenmitte nach einer der beiden Endstellungen = 120 Teilstrichen erfordert 0,0006 A), welches wie das Siemenssche Universalgalvanometer (214) mit einer Meßbrücke verbunden ist, die aus einem kreisförmig ausgespannten Meßdraht mit Laufkontakt und mehreren festen Vergleichswiderständen besteht.

b) Das benutzte Differentialgalvanometer enthält feststehende Spulen und eine Magnetnadel auf einer Spitze. Die Empfindlichkeit in der Nähe der Ruhelage ist annähernd dieselbe, wie diejenige des Universalmeßinstruments.

c) Beide Instrumente werden mit Schaltsystemen benutzt, welche dem Universalmeßinstrument unmittelbar eingebaut, dem

Differentialgalvanometer als Zusatzkasten beigegeben werden. Sie bestehen aus Hebelschaltern, durch deren Einstellung bestimmte Meßschaltungen selbsttätig hervorgebracht werden.

Die Schaltung für das U.M.I. (vgl. ETZ 1900, S. 538) ist in Fig. 133 schematisch dargestellt. Es bestehen drei unabhängige Kurbelsysteme. Die Doppelkurbel *(BU)* dient als Batterieumschalter, die dreifache Kurbel

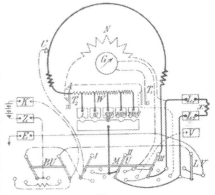

(MU) stellt in der äußersten Lage links die Brükkenschaltung her, in der mittleren Lage die Schaltung für Isolationsmessung, in der äußersten Lage rechts ist das Galvanometer zur Ausführung von Strom- und Spannungsmessungen unter Zuhilfenahme eines Zusatzkastens bereit gestellt (335). Die Einzelkurbel *(LU)* legt in der Endlage nach links den vierten Brückeneckpunkt und den einen Batteriepol an Erde, so daß in

Fig. 133.

Verbindung mit einer der beiden Stellungen des Schalters *MU* Widerstands- und Isolationsmessungen an einer Einzelleitung mit Erde ausgeführt werden können; in der Mittellage entfernt *LU* die Erde vollständig aus dem Meßsystem, so daß die genannten Messungen an Doppelleitungen gemacht werden können; in der Endlage rechts legt *LU* allein einen Batteriepol an Erde, und dient in Verbindung mit der Brückenschaltung zur Herstellung der Erdfehlerschleife. *BU* schaltet in der Mittellage die Batterie aus und ersetzt ihren Widerstand durch einen Drahtwiderstand; dies dient zur Einstellung auf den falschen Nullpunkt (308).

Die Ablesung der Brückenmessungen geschieht infolge besonderer Einteilung der Skale des Meßdrahtes unmittelbar in Ohm; je nach dem verwendeten Vergleichswiderstand ist ein auf dem zugehörigen Stöpselklotz angegebener Zehnerfaktor zu berücksichtigen.

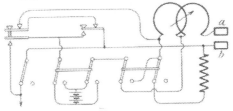

Fig. 134.

Die Schaltung des Zusatzkastens zum Differentialgalvanometer ist schematisch durch Fig. 134 dargestellt; in der wirklichen Ausführung sind die Umschalter und Tasten durch Hebelumschalter nach der Art der in Vielfachumschaltern gebräuchlichen Hörschlüssel ersetzt worden. Auch bei dieser Einrichtung ist Polwechsel sowie Widerstands- und Isolationsmessung an Einzel- wie Doppelleitung in beliebiger Zusammenstellung, endlich die Erdfehlerschleifenmessung ausführbar. Der Doppelumschalter rechts stellt in der einen Lage die Differentialschaltung, in der anderen die Isolationsschaltung für direkte Ablenkung her. Die einfache Taste dient zum Schließen und Öffnen der Batterie, die doppelte für die Messung in der Erdfehlerschleife.

(325) **Messung des Leitungswiderstandes.** a) Bei mehr als zwei Leitungen. Man bildet aus je zwei Leitungen Schleifen, deren Widerstand unter Ausschluß der Erdverbindung im Meßinstrument gemessen wird. Aus den Messungsergebnissen, zB. für drei Leitungen

$$R_1 = l_2 + l_3, \quad R_2 = l_3 + l_1, \quad R_3 = l_1 + l_2,$$

ergeben sich die Einzelwiderstände

$$l_1 = \frac{1}{2}(R_2 + R_3 - R_1), \quad l_2 = \frac{1}{2}(R_3 + R_1 - R_2), \quad l_3 = \frac{1}{2}(R_1 + R_2 - R_3).$$

b) Bei zwei Leitungen. Bei diesem besonders in der Fernsprechtechnik häufigen Falle mißt man zunächst den Widerstand der am Ende isoliert verbundenen Leitungen unter Ausschluß der Erde im Meßinstrument. Darauf läßt man die Verbindung der beiden Leitungen am fernen Ende erden und mißt die Doppelleitung nach der Methode der Erdfehlerschleife, indem man zweckmäßig die Messung unter Vertauschung der beiden Zweige wiederholt. Aus beiden Messungen zusammen ergibt sich der Widerstand jeder einzelnen Leitung.

Beim Universalmeßinstrument ist nach ETZ 1900, S. 538, folgende Formel anzuwenden.

Sind Vergleichswiderstand und Einstellung des Schleifkontaktes

    a) bei der Messung in isolierter Schleife R_1 und a_1,

    b) bei der Messung in der Erdfehlerschleife R_2 und a_2,

so ist der Widerstand des an die Klemme L_2 angelegten Zweiges bis zur Erdungsstelle

$$l_2 = \frac{R_1 a_1 - R_2 a_2}{1 + \dfrac{a_2}{3}}$$

Hat man bei Benutzung des Differentialgalvanometers die Schleife mit dem Zweige l_1 an das Meßinstrument, mit dem Zweige l_2 an den Rheostaten angelegt, ferner bei Messung der isolierten Schleife auf den Widerstand R_1 abgeglichen, bei Messung in der Erdfehlerschleife auf den Widerstand R_2, so ist

$$R_1 = l_1 + l_2, \quad R_2 + l_2 = l_1.$$

Daher ist also

$$l_1 = \frac{R_1 + R_2}{2}, \quad l_2 = \frac{R_1 - R_2}{2}.$$

c) Bei einer Einzelleitung. In der Meßeinrichtung werden sowohl der zweite Batteriepol, als auch der Anschlußpunkt zwischen Rheostat und Rückleitung geerdet; bei den beschriebenen Meßeinrichtungen geschieht dies unmittelbar durch Einstellung des zugehörigen Umschalters auf „Einzelleitung mit Erde". Die zu messende Leitung wird am fernen Ende an Erde gelegt. Um die Polarisation der Erdleitung zu eliminieren, ist die Messung mit beiden Polen auszuführen. Aus den Ergebnissen r_1 mit dem positiven und r_2 mit dem negativen Pol erhält man den Näherungswert

$$l = \sqrt{r_1 r_2}.$$

(326) **Messung des Isolationswiderstandes.** Zur Messung des Isolationswiderstandes wird die Leitung am fernen Ende isoliert. Die Meßeinrichtung wird derart geschaltet, daß die Batterie, die einpolig geerdet ist, durch das Galvanometer Strom in die Leitung sendet, welcher über die Stützen zur Erde zurückfließt. Will man die Isolation zweier Leitungen gegeneinander messen, so trennt man die Batterie an dem vorher geerdeten Pole von der Erdleitung und legt sie an die am fernen Ende ebenfalls isolierte Rückleitung. Bei den beschriebenen Meßeinrichtungen geschehen diese Schaltungen selbsttätig, wenn man die Kurbeln auf die Stellungen „Isolationswiderstand" und „Einzelleitung mit Erde" im ersten Falle, oder „Doppelleitung" im zweiten Falle bringt.

An Doppelleitungen hat man zu messen den Isolationswiderstand jeder Leitung gegen Erde und beider Leitungen gegeneinander.

Das Differentialgalvanometer bedarf einer Eichung der Gradteilung nach Widerständen für eine bestimmte Ablenkung. Es wird daher im allgemeinen in dieser Schaltung mehr zur Isolationsprüfung, als zur absoluten Messung zu verwenden sein; man kann den Isolationswiderstand, wenn erforderlich unter Benutzung eines Nebenschlusses zu einer Galvanometerwicklung, auch wie einen Leitungswiderstand messen.

Die Berechnung des Isolationswiderstandes aus der Ablesung am Universalmeßinstrument erfordert die Feststellung der Empfindlichkeit. Dazu setzt man den Stöpsel des Vergleichswiderstandes auf 10 000, stellt auf „Isolationswiderstand" und „Doppelleitung" und verbindet die Klemmen L_1 und L_2, gegebenen Falles am Linienumschalter. Bei voller Empfindlichkeit erhält man alsdann bei 15 V Meßbatterie etwa 120, allgemein N Skalenteile. Ist bei Isolationsmessungen die Ablenkung, auf volle Empfindlichkeit berechnet, n, so ist der Isolationswiderstand

$$W = \frac{N}{n}\, 30\,000 \text{ Ohm.}$$

Die Abstufung der Empfindlichkeit geschieht durch die Taste T_2, welche in der Ruhelage die Empfindlichkeit auf $1/_{10}$ des Betrages bei der Arbeitslage herabsetzt.

(327) **Kapazität.** Wegen der größeren Isolationsfehler ist die Kapazität oberirdischer Leitungen weit weniger sicher zu messen, als die von Kabeln. Man wählt am besten die Methode unter (313a) und mißt sowohl Ladungs- als Entladungsstoß; aus beiden nimmt man das Mittel. Auch die Methoden (313b und c) lassen sich verwenden und die Berichtigung wegen der Isolation anbringen. Voraussetzung ist, daß man bei möglichst hoher Isolation mißt.

Ortsbestimmung von Fehlern in oberirdischen Leitungen.

(328) Gewöhnliche Methoden. In den seltensten Fällen werden Rechnungen, die auf Grund von Messungen möglich sind, verwendet, weil die Leitungen technischer Verhältnisse halber häufig aus Drähten von verschiedenen Durchmessern zusammengesetzt werden.

In der Praxis findet man den Fehler durch fortgesetzte Teilung der Leitung an den sog. Untersuchungsstationen und durch Untersuchung dieser einzelnen Teile von dem Beobachtungsamt aus mittels eines Galvanometers.

Die Untersuchungsstationen gestatten in einfacher Weise die Leitung nach jeder Seite zu isolieren oder an Erde zu legen. Zu diesem Zwecke ist an einer Stange eine eiserne Konsole mit zwei Isolationsvorrichtungen befestigt; an jeder der letzteren endet ein Leitungszweig. In normalem Zustande sind die Zweige durch Hilfsdrähte mittels einer aufgesetzten Klemme verbunden. Eine bis zur Höhe der Konsole geführte Erdleitung ermöglicht nach Lösung der Klemme zwischen den Hilfsdrähten, die Leitung an Erde zu legen.

Ist eine Leitung stromlos, so wird zB. in der Mitte die Leitung nach beiden Seiten mit Erde verbunden und von beiden Endpunkten Strom gesendet. Die nicht stromfähige Strecke wird weiter untersucht, bis sich bei Erdverbindung auf einer Untersuchungsstation Strom zeigt. Damit ist der Fehler dann zwischen den beiden letzten benutzten Untersuchungsstationen eingegrenzt.

Beim Eintreten eines Nebenschlusses wird isoliert, Strom gesendet und der Fehler zwischen zwei Untersuchungsstationen eingegrenzt. Bei Berührungen ohne Erdschluß wird die eine Leitung an einem Ende isoliert, am anderen Ende mit Erde verbunden und dadurch die Berührung zu einem Nebenschluß gemacht.

Besteht die Leitung auf der ganzen Strecke aus gleichem Material, so lassen sich Messungen anwenden.

(329) Messung bei Nebenschließungen. a) Es steht nur die fehlerhafte Leitung zu Gebote.

Wird von beiden Seiten aus (falls die Endämter auf einem Umweg in Verbindung treten können) der Widerstand bei Isolation des fernen Endes gemessen, so hat man

von I aus (Leitung in II isoliert): $w_I = x + f$,

von II aus (Leitung in I isoliert): $w_{II} = y + f$.

Ist $l = x + y$ bekannt, so erhält man:

$$x = \tfrac{1}{2}\,(l + w_I - w_{II}); \quad y = \tfrac{1}{2}\,(l - w_I + w_{II}).$$

b) Wird von einem Amt aus Widerstand bei Isolation und bei Erdverbindung auf dem anderen Amt gemessen, so erhält man die in (315) für unterirdische Leitungen angegebenen Formeln.

c) Es steht eine fehlerfreie Leitung zur Verfügung. Man schaltet die beiden Leitungen so an das Meßinstrument, daß die fehlerhafte an die Klemme L_2 kommt und läßt sie im fernen Amte direkt verbinden. Man mißt zunächst mit den Stellungen „Widerstand" und „Doppelleitung" den Widerstand der Schleife mit isoliertem Meßsystem

und dann mit den Stellungen „Widerstand" und „Erdfehlerschleife".
Die Berechnung geschieht wie bei (323) b).

(330) Berührung zweier Leitungen. Fig. 135. a) Man läßt die
Leitungen auf dem entfernten Amt isolieren und mißt die Widerstände
der Doppelleitung von beiden Ämtern aus, r_I und r_{II}. Dann ist:

$$r_I = 2x + f \text{ und } r_{II} = 2y + f,$$

woraus: $$r_I + r_{II} = 2(x + y) + 2f,$$

$$f = \frac{r_I + r_{II}}{2} - l, \quad x = \tfrac{1}{4}(r_I - r_{II}) + \frac{l}{2}, \quad y = \tfrac{1}{4}(r_{II} - r_I) + \frac{l}{2}.$$

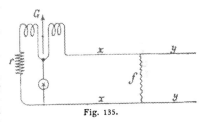

Diese Methode ist na-
türlich nur dann brauchbar,
wenn beide Leitungen gleich
lang sind und an beiden
Endpunkten in dieselben
Meßämter einmünden.

(331)   Unterbrechung.
Der Ort der Unterbrechung
kann nur durch Zuhilfe-
nahme der Verbindungen bei
den Untersuchungsstationen
(fortgesetzte Teilung der

Fig. 135.

Strecke) bestimmt werden. Eine Bestimmung durch Ladungsmessungen
ist bei sehr langen und aus gleichem Material bestehenden oberirdischen Leitungen zwar ausführbar, jedoch sehr unsicher.

Messungen an Erdleitungen.

(332) Die Messungen können entweder mit Hilfe gleichgerichteter
Ströme oder mit Wechselströmen vorgenommen werden. Verwendet
man Gleichstrom, so nimmt man zweckmäßig eine starke Batterie
und führt jede Messung auch mit umgekehrter Stromrichtung aus; in
diesem Falle wird aus den beiden Messungen das arithmetische Mittel
genommen. Verwendet man Wechselstrom, so bietet das Telephon in
Verbindung mit der Brücke ein sehr zweckmäßiges Mittel; vgl. (220).

(333) Methoden von Schwendler und Ayrton. Je 7 bis 10 m
weit von der zu untersuchenden Erdplatte entfernt werden 2 andere
Platten in die Erde eingegraben. Die Übergangswiderstände der drei
Platten seien P_1, P_2, P_3. Je zwei dieser Platten werden an die
Wheatstonesche Brücke gelegt, und der Gesamtwiderstand R ge-
messen. Die Ergebnisse der drei Messungen seien

$$R_{1,2} = P_1 + P_2; \quad R_{1,3} = P_1 + P_3; \quad R_{2,3} = P_2 + P_3,$$

$$\text{die Summe } R_{1,2} + R_{1,3} + R_{2,3} = S,$$

dann ist $$P_1 = \frac{S}{2} - R_{2,3}; \quad P_2 = \frac{S}{2} - R_{1,3}; \quad P_3 = \frac{S}{2} - R_{1,3}.$$

Die Methode kann mit Gleichstrom und Galvanometer oder mit
Wechselstrom und Telephon angewandt werden. Wegen der polari-

sierenden Wirkung der Erdplatten bei Anwendung gleichgerichteter
Ströme ist die Messung mit Wechselströmen vorteilhafter.

Diese Messungen lassen sich nach einer ähnlichen Anordnung
sehr bequem mit besonderen tragbaren Meßeinrichtungen, Telephon-
brücken genannt, von Hartmann und Braun, Mix und Genest
u. a. ausführen. Diese enthalten eine vollständige Wheatstonesche
Brücke, Induktionsapparat nebst Trockenelementen und Telephon.

Die kleine Telephonbrücke von Siemens und Halske (ETZ
1893, S. 478) benutzt keinen Wechselstrom, sondern unterbrochenen
Gleichstrom, der mit Hilfe eines Kontakträdchens erzeugt wird; das
letztere wird bewegt, so lange die Kurbel gedreht wird, mit der man
den Kontakt an dem ausgespannten Draht verschiebt; so lange die
Kurbel ruht, hört man demnach kein Geräusch im Telephon.

(334) **Methode von Nippoldt.** Um den Ausbreitungswiderstand
P einer Erdleitung zu bestimmen, sucht man in der Nachbarschaft,
aber in mindestens 10 m Entfernung von der zu prüfenden Erdleitung
den freien Spiegel des Grundwassers zu erreichen, legt horizontal auf
diesen eine Hilfsplatte und ermittelt die Summe R_1 der Widerstände
beider Erdleitungen. Darauf ersetzt man die Hilfsplatte durch eine
andere kleinere von beiläufig halb so großen Abmessungen und mißt
abermals die Summe R_2 der beiden Widerstände. Hat der benutzte
Leitungsdraht den Widerstand r (welcher indessen in den meisten
Fällen vernachlässigt werden kann) und ist das Verhältnis des Ausbreitungswiderstandes der kleineren zu dem der größeren Platte $= V$,
welches ein- für allemal bestimmt werden muß, so ist

$$P = \frac{R_1 V - R_2}{V - 1} - r.$$

Die Messungen werden am zweckmäßigsten mittels der vorhin
erwähnten Telephonbrücke ausgeführt.

(335) **Methode von Wiechert.** (ETZ 1893, S. 726) Fig. 136. Die
zu messende Erdleitung sei x; eine zweite Erdleitung y sei entweder
vorhanden oder werde für die Messung hergestellt. An einer anderen
Stelle wird in eine gut angefeuchtete Stelle des Erdreichs ein starker
Eisendraht eingetrieben, an dem man oben eine Leitung befestigt.

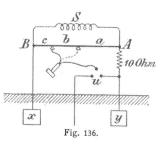

Fig. 136.

S ist die sekundäre Spule eines Induktionsapparates oder eine andere
Wechselstromquelle. AB der ausgespannte Draht oder dgl. einer
Wheatstoneschen Brückenanordnung. Der Umschalter u wird einmal links, einmal rechts gestellt
und die beiden Stellungen des Kontaktes abgelesen. Es ist dann

$$x = \frac{10c}{a}, \; y = \frac{10b}{a}.$$

Die Methode ist sehr empfehlenswert.

Tragbare Apparate in Form der
Telephonmeßbrüche werden von
Hartmann und Braun gebaut.

Messungen an Elementen und Sammlern.

Widerstand.

(336) Der innere Widerstand eines Elementes hängt nicht nur von den Abmessungen, der Beschaffenheit der Elektroden, der benutzten Füllung, der Temperatur und den chemischen Vorgängen im Element ab, sondern ändert sich auch mit der Stromstärke. Wie Frölich nachgewiesen hat (Elektrot. Ztschr. 1888, S. 148 und 1891, S. 370), erhält man bei allen Methoden, die zur Messung zwei verschiedene Ströme (den Strom Null mitgerechnet) benutzen, einen Widerstand, der sich vom wahren Widerstand unterscheidet. Die Größe des Unterschiedes hängt davon ab, wie sich EMK und Widerstand des Elementes mit der Stromstärke ändern. Widerstandsmessungen ergeben daher nur mehr oder weniger angenäherte, niemals genaue und konstante Werte. Eine Methode zur Messung der Widerstände bei verschiedener Stromstärke hat Uppenborn angegeben (Centrlbl. f. Elektrot., Bd. 10, S. 674).

(337) **Messung mit Galvanometer und Rheostat.** Vorausgesetzt wird bei dieser Messung, daß die Batterie sich auch bei den stärksten Strömen, die verwendet werden, nicht merklich polarisiert.

Die zu messende Batterie vom Widerstand b, ein Rheostat vom Widerstand r und ein Galvanometer vom Widerstand g werden in Reihe geschaltet. Wenn bei zwei verschiedenen Rheostatenwiderständen die Ströme sind:

$$i_1 = \frac{E}{b + r_1 + g} \text{ und } i_2 = \frac{E}{b + r_2 + g},$$

so ergibt sich

$$b = \frac{i_2 r_2 - i_1 r_1}{i_1 - i_2} - g.$$

Verwendet man einen Spannungsmesser von genügend hohem Widerstand, der an die Klemmen des Elementes gelegt wird, und mißt einmal die EMK E (196, 198), wenn nur der Spannungsmesser anliegt, und dann die Klemmenspannung K, wenn das Element durch den Widerstand R_a geschlossen ist, so ist der innere Widerstand

$$R_i = R_a \cdot \frac{E - K}{K}.$$

Zur Ausführung solcher Messungen erhält das in (322) beschriebene Universal-Meßinstrument einen Zusatzkasten mit Stöpselvorrichtung, Fig. 137. Durch leichtes Einsetzen des Stöpsels in eins der Löcher legt man das Galvanometer unter Vorschaltung eines größeren Widerstandes (für 1 V 300 Ohm) an die Klemmen; drückt man den Stöpsel tiefer ein, so werden die Klemmen noch außerdem durch einen verhältnismäßig niedrigen Widerstand (für 1 V 60 Ohm) geschlossen. Man führt die beiden Messungen rasch nacheinander aus; es gilt dann die Formel

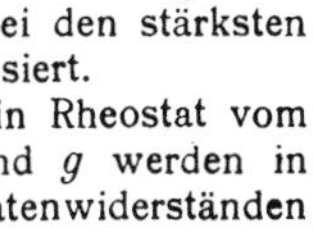

Fig. 137.

$$R_i = 500 \cdot \frac{E - K}{K}.$$

Für einfache Elementenprüfungen läßt sich ein Spannungsmesser für 3 V, dessen Spule 600 Ohm Widerstand hat, folgendermaßen einrichten: Die Spule erhält einen Nebenschluß von 10 Ohm, der durch Druck auf einen Knopf eingeschaltet wird. Das zu prüfende Element wird an die Klemmen des Spannungsmessers gelegt, und wie beim vorigen Fall rasch nacheinander die EMK und nach dem Niederdrücken des Knopfes die Klemmenspannung gemessen. Es ist dann $R_i = 10 \cdot \dfrac{E-K}{K}$.

Die von Fabrikanten der Elemente häufig benutzte Methode, das Element durch einen Strommesser von sehr geringem Widerstande zu schließen, ist zu verwerfen.

(338) Messung in der Wheatstoneschen Brücke mit dem Telephon (F. Kohlrausch) (220). Zweckmäßig ist die in Fig. 138

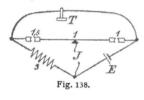

Fig. 138.

dargestellte Anordnung, worin J ein Induktorium oder andere Wechselstromquelle, T ein Telephon bedeutet; der ausgespannte Draht, auf dem der Kontakt verschoben werden kann, hat 1 Ohm; an den Enden können ihm 1 und 1,5 Ohm zugeschaltet werden; der Vergleichswiderstand beträgt 3 Ohm; auch J und T besitzen geringe Widerstände. Längs des ausgespannten Drahtes werden Teilungen angebracht, an denen man die gemessenen Widerstände von E abliest. Stöpselt man nur den Widerstand 1,5 neben dem ausgespannten Draht, so mißt man von 0 bis 3 Ohm; stöpselt man keinen der beiden Widerstände, so mißt man von 2,25 bis 7,5 Ohm; stöpselt man nur den zweiten Widerstand 1, so mißt man von 4,5 Ohm bis zu beliebiger Höhe. Für andere Meßbereiche lassen sich leicht die Widerstände des Drahtes und die Zuschaltwiderstände berechnen. (ETZ 1895, S. 20.)

Hat man den Widerstand einer Batterie aus mehreren Elementen zu messen, so teilt man sie in zwei Teile von möglichst gleichgroßer EMK und schaltet diese gegeneinander. Die Methode erlaubt auch, den Widerstand von Elementen bei verschiedenen Stromstärken zu bestimmen; man wählt die Widerstände der drei übrigen Seiten der Brückenanordnung so groß, daß der Strom die gewünschte Größe hat.

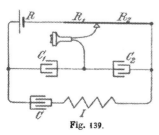

Fig. 139.

(337) Stromfreie Messung. (Nernst und Haagn, Ztschr. f. Elektrochemie 1897, Dolezalek und Gahl ebenda 1900.) Durch Einschalten von Kondensatoren in die Wheatstonesche Brücke vermeidet man, daß das zu messende Element Strom liefert (Fig. 139). $R_1 R_2$ ist ein ausgespannter Widerstandsdraht. Es ist darauf zu achten, daß R_1 gegen R_2 klein sei; andernfalls ist R_2 durch Zuschalten eines bekannten Widerstandes zu vergrößern.

Es ist $R = \dfrac{c_2}{c_1} \cdot R_2 - R_1$. Zur Eichung der Aufstellung schaltet man an Stelle von R bekannte induktionsfreie Widerstände. Diese Methode ist zur Messung des Widerstandes von Sammlerelementen geeignet. Auch durch Gegeneinanderschaltung zweier gleicher Elemente verhindert man das Zustandekommen eines merklichen Stromes.

Messung mit dem Universalgalvanometer von Siemens & Halske s. Seite 167 unter 6.

Elektromotorische Kraft.

(339) Die EMK von Elementen ändert sich gewöhnlich teils durch den Stromschluß, teils schon durch längeres Stehen im offenen Zustande. Genaue Werte für die EMK erhält man demnach nur bei offenem Elemente und nur für den Zeitpunkt der Messung, es sei denn, daß die Konstruktion des Elementes die störenden Diffusionsvorgänge beseitigt. Letzteres ist bei den Normalelementen das wichtigste Erfordernis.

(340) Messung bei offenem Stromkreis. a) mit dem Elektrometer. Schaltung s. (157). Es wird zuerst die Ablenkung gemessen, die ein Normalelement von bekannter EMK (166 u. f.) hervorbringt, und dann diejenige, welche das zu untersuchende Element erzeugt. Die EMKräfte verhalten sich wie die Ablenkungen.

b) mit dem Kondensator. Man lädt einen Glimmerkondensator mit dem zu untersuchenden Element und entlädt den Kondensator durch ein Galvanometer (193); ebenso verfährt man mit dem Normalelement. Die EMKräfte verhalten sich wie die Ablenkungen.

(341) Messung bei geschlossenem Stromkreis, aber stromloser Batterie. Kompensationsmethode. a) Methode von Poggendorff und Du Bois-Reymond. Fig. 140. Die Hilfsbatterie E_0, deren EMK größer ist, als die des zu messenden Elementes, wird durch den ausgespannten Draht mn geschlossen. Voraussetzung der Methode ist, daß zwischen m und n eine Spannung herrscht, die höher ist als E; die Hilfsbatterie darf keinen zu hohen Widerstand gegenüber dem Meßdraht mn besitzen. Der Kontakt p wird so lange verschoben, bis das Gal-

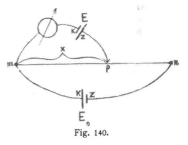

Fig. 140.

vanometer auf Null zeigt. Wiederholt man diese Messung, nachdem das Element E durch ein Normalelement ersetzt worden ist, so verhalten sich die EMKräfte wie die Längen x.

Steht kein Normalelement zur Verfügung, so erhält man das Verhältnis $E/E_0 =$ Widerstand von x/Widerstand von $mn +$ Batterie E_0. Will man trotzdem absolute Werte erhalten, so schaltet man zu E_0 einen Strommesser und mißt den Widerstand von $mn = r$. Dann ergibt die Einstellung $E = ir$.

Wenn mit Hilfe ausgespannter Drähte kein Ergebnis zu erzielen ist, so ersetzt man mn durch zwei Rheostaten, von denen der eine R_1 zwischen m und p, der andere R_2 zwischen p und n geschaltet wird. Dann erhält man $E : E_0 = R_1 : (R_1 + R_2 + b_0)$, worin b_0 der Widerstand von E_0 ist. Um diesen zu eliminieren, ändert man R_1 in R_1' und gleicht R_2 wieder ab, sodaß man R_2' erhält; dann ist $E : E_0 = (R_1 - R_1') : (R_1 - R_1' + R_2 - R_2')$.

Findet man für das Normalelement in derselben Weise $E_1 : E_0 = (r_1 - r_1') : (r_1 - r_1' + r_2 - r_2')$, so wird

$$E : E_1 = \frac{R_1 - R_1'}{r_1 - r_1'} \cdot \frac{r_1 - r_1' + r_2 - r_2'}{R_1 - R_1' + R_2 - R_2'}.$$

Hierin kann man noch $R_1 = r_1$ und $R_1' = r_1'$ wählen, wodurch die Formel etwas vereinfacht wird.

Messung mit dem Universalgalvanometer von Siemens & Halske s. Seite 167 unter 4.

Auch die Kompensationsapparate (179, 180) sind zu diesen Messungen vorteilhaft zu verwenden.

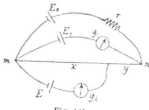

Fig. 141.

b) Methode von Clark. Fig. 141. E zu messendes, E_1 Normalelement, E_0 Hilfsbatterie. Ehe der Stromkreis von E geschlossen wird, gleicht man r so ab, daß g_1 keinen Strom anzeigt. Dann legt man den veränderlichen Kontakt, mit dem E in Verbindung steht, an und verschiebt so lange, bis auch g_2 keinen Strom zeigt. Dann ist

$$E = E_1 \frac{x}{x + y}.$$

Der Widerstand des Galvanometers muß sehr viel größer sein, als der des Meßdrahtes und letzterer wieder größer, als der Wert von $(b_0 + r) \cdot \dfrac{E}{E_0 - E}$, wobei b_0 den Widerstand der Hilfsbatterie bedeutet.

(342) **Messung bei Strom liefernder Batterie.** In diesem Falle bestimmt man nicht die EMK E, sondern die Klemmenspannung e, die um $i \cdot b$ kleiner ist als jene; i bedeutet den Strom, b den inneren Widerstand der Batterie.

$$E = e + i\,b.$$

Um die Bestimmung von b zu umgehen, macht man i sehr klein; dann wird nahezu $E = e$. Besitzt der äußere Stromkreis den Widerstand r und leistet das Element den Strom i, so ist $e = i \cdot r$ und also auch, vgl. (196), $E = i r$ (nahezu).

Hierzu kann jedes Galvanometer von bekanntem Widerstand, dessen Angaben in Ampere abgelesen oder umgerechnet werden können, benutzt werden, zB. das Spiegelgalvanometer, Drehspulengalvanometer, das Torsionsgalvanometer u. a. Das Nähere s. (196).

Prüfung von Batterien.

(343) a) Prüfung bei Einschaltung verschiedener Widerstände. Zunächst bestimmt man die EMK des Elementes oder mehrerer hintereinander geschalteter Elemente und den inneren Widerstand r. Darauf werden nacheinander verschiedene äußere Widerstände eingeschaltet und zwar jeder während eines solchen Zeitraumes, daß man eine hinlängliche Reihe von Messungen der Werte e und I, am besten in gleichen Zeitabschnitten, ausführen kann. Die nacheinander einzuschaltenden Widerstände läßt man vom Vielfachen des innern Widerstandes bis nahezu zum Kurzschluß sich ändern. Aus jeder Reihe von Messungen konstruiert man ein Diagramm, in dem die Widerstände als Abszissen und die Werte e, I und eI als Ordinaten aufgetragen werden. Die Diagramme geben einen Überblick über das Verhalten bei Einschaltung der einzelnen Widerstände.

Nach Beendigung einer jeden Reihe von Messungen und Ausschaltung des benutzten Widerstandes bestimmt man jedesmal vor Beginn der folgenden Meßreihe die EMK. Aus dem Ergebnis dieser zwischen je zwei Reihen liegenden Beobachtungen erhält man die Kurve der elektromotorischen Kraft (Widerstände als Abszissen).

Diese Werte von E in Verbindung mit den gleich darauf unter Einschaltung des neuen Widerstandes bei der ersten Beobachtung ermittelten Werten von e und I geben ferner einen Maßstab dafür, ob und um wie viel der innere Widerstand r während der vorher stattgefundenen Messungsreihe sich verändert hat; es ist $\dfrac{E-e}{I} = r$.

Bei einem zweiten gleichartigen Element werden die Widerstände in abnehmender Reihe rasch hintereinander eingeschaltet; nach jedesmaliger Einschaltung wird E, e und I sowie r gemessen. Aus den Meßwerten wird ein Diagramm hergestellt; als Abszissen dienen die Widerstände.

Bei der Messung von r benutzt man Wechselstrom und ein Telephon [vgl. (220)], damit die Elemente nicht jedesmal außergewöhnlich in Anspruch genommen werden.

b) Prüfung bei Einschaltung eines für bestimmte Betriebsverhältnisse passenden Widerstandes. Vor der Einschaltung geschieht die Messung von E und r wie vorhin angegeben. Der gewählte Widerstand R (bei der Prüfung auf Maximalleistung $= r$) wird je nach den in Aussicht genommenen Betriebsverhältnissen längere Zeit ununterbrochen oder mit Unterbrechungen eingeschaltet gehalten. Nach gleichen Zeitabschnitten wird e, I und eI bestimmt. Ebenso wird von Zeit zu Zeit nach Ausschaltung des Widerstandes E bestimmt und durch die Werte der darauf folgenden Messung von e und I der Wert r gewonnen. Für die Diagramme werden die Zeiten als Abszissen genommen. Nach Beendigung der Versuche wird der Widerstand R ausgeschaltet, der Wert E bestimmt und dann in gleichen Zeiträumen eine Beobachtung über das Ansteigen von E bei dem in Ruhe gelassenen Element angestellt.

Für den Betrieb von Morse- und Hughes-Apparaten berechnet sich der einzuschaltende Widerstand aus der Formel $x = 77\,E - r$.

E die EMK, r den Widerstand der ganzen Batterie. Bei der Prüfung für Mikrophonbetrieb schaltet man einen geringen Widerstand, der dem mittleren Widerstand eines Mikrophons gleich ist, etwa 5 bis 10 Ohm ein und schließt zB. den Strom in jeder Viertelstunde einmal auf fünf Minuten. Zu letzterem Zweck bedient man sich zweckmäßig einer Uhr mit einstellbaren Kontakten, die den Stromkreis des Elementes regelmäßig schließt und öffnet (ETZ 1895, S. 21).

c) Bei der Untersuchung gebrauchter Elemente ist das wichtigste, den Grad der Erschöpfung festzustellen. Das Element wird nach längerer Ruhe im offenen Zustande gemessen, und zwar E und r. Darauf wird es durch einen Widerstand geschlossen, der so bemessen wird, daß das Element den betriebsmäßigen Strom hergibt; hierbei beobachtet man die Klemmenspannung etwa so lang, als das Element im Betrieb geschlossen zu werden pflegt. Findet man starkes Sinken der Spannung, so ist das Element erschöpft. Bei Elementen für Mikrophonbetrieb wird verlangt, daß sie nach einem zwei Minuten dauernden Schluß durch 10 Ohm noch 0,8 V zeigen.

d) Die gelieferte Strommenge wird für eine bestimmte Zeit mittels eines Kupfervoltameters (genauer durch ein Silbervoltameter) gemessen (159 u. f.). Man kann sie auch berechnen aus der in regelmäßigen Zeitabschnitten wiederholten Messung der Stromstärke (194).

Ladung und Entladung der Sammler (Akkumulatoren).

(344) Die für die Praxis in Betracht kommenden elektrischen Größen werden im allgemeinen ebenso gemessen, wie diejenigen der Primärelemente. Bei den Messungen ist nur darauf zu achten, daß der innere Widerstand sehr klein ist und daß man deshalb einen starken Strom erhält, wenn man den Sammler durch einen geringen Widerstand schließt.

(345) Widerstand. Die genaue Kenntnis des inneren Widerstandes ist für die Praxis von untergeordneter Bedeutung, da sein Einfluß auf die Spannung im allgemeinen von dem der Polarisation übertroffen wird. Aus letzterem Grunde versagen auch die meisten der für Primärelemente angegebenen Meßmethoden. Man berechnet ihn genau genug aus der zwischen den Platten befindlichen Säure (Widerstand von 1 cm³ Akkumulatorensäure ca. 1,4 Ohm), wobei man zur Berücksichtigung der übrigen Widerstände für das geladene Element etwa 50 %, für das entladene 100 bis 150 % aufschlägt.

Zur genauen Messung dient für den stromlosen Akkumulator die Methode von Kohlrausch (220). Erforderlich sind: ein kleines Induktorium, ein Telephon und eine induktionsfreie Brücke nach Matthiessen und Hockin (216). Zur Vermeidung von Entladeströmen schaltet man zwei Akkumulatoren gegeneinander und mißt den Gesamtwiderstand, oder man fügt in die einzelnen Stromkreise Kondensatoren ein, die den Wechselstrom durchlassen, den Gleichstrom sperren.

Meßmethoden des inneren Widerstandes während der Ladung und Entladung haben Boccali, Uppenborn, Frölich (ETZ 1891) sowie

Nernst und Haagn (Zeitschrift für Elektrochemie 1897) angegeben, von denen besonders die letztere in der Ausführung von Dolezalek und Gahl (Zeitschrift für Elektrochemie 1900) einwandsfreie Resultate liefert. Die Vergleichswiderstände der Brücke sind hier durch Kondensatoren ersetzt. Vgl. (337). In Fig. 139 ist der Akkumulator allein gezeichnet; legt man die Ladespannung unter Vorschaltung eines großen Widerstandes, oder den Entladekreis an die Zelle, so wird hierdurch der gemessene Widerstand nur unmerklich geändert.

(346) **Arbeitsmessung.** Die von einer Sammlerbatterie während der Ladung aufgenommene, sowie die bei der Entladung abgegebene Energie wird bestimmt durch fortwährende Messungen von Klemmenspannung und Stromstärke.

Man geht hierbei von der vollständig geladenen Batterie aus, entlädt bis zu der vom Fabrikanten vorgeschriebenen Klemmenspannung (ca. 1,8 Volt) und lädt bis zur vollen Gasentwicklung (Klemmenspannung ca. 2,6—2,8 Volt).

Es bedarf einiger Übung, um bei der nachfolgenden Ladung genau wieder den Punkt zu treffen, von dem man ausgegangen ist. Man lade nicht zu lange, da die bereits bei 2,4 Volt allmählich einsetzende Gasentwicklung Energieverlust bedeutet; man lade aber auch nicht zu wenig, da im Betriebe die Batterie bei derartiger Behandlung notwendig sulfatieren muß. Will man zuverlässige Werte erhalten, so muß der ursprünglichen Ladung mindestens eine vollständige Entladung mit derselben Stromstärke möglichst unmittelbar vorausgegangen sein.

Aus den Messungen bei der Entladung ergibt sich die Kapazität der Batterie. Man unterscheidet die Kapazität in Amperestunden (C_a) von der Kapazität in Wattstunden (C_w).

Wird bei der Entladung die Stromstärke J konstant gehalten, so ist die Kapazität in Amperestunden:

$$C_a = JT,$$

worin T die Entladedauer in Stunden angibt. Je kleiner die Entladestromstärke gewählt wird, um so größer wird nicht nur die Entladedauer T, sondern auch die Kapazität C_a. Zwischen T und C_a findet nach Liebenow folgende einfache Beziehung statt:

$$C_a = \frac{k}{1 + \dfrac{b}{\sqrt{T}}}.$$

Von den Konstanten k und b hängt letztere nur von der Plattenkonstruktion ab; k ist der Anzahl der Plattenpaare des betreffenden Elements direkt proportional.

Ist die Stromstärke nicht konstant, so liest man am besten in regelmäßigen Zeitintervallen ΔT ab und hat dann:

$$C_a = \Sigma J \Delta T.$$

Mißt man in gleicher Weise während der Ladung die Stromstärken J' in den Zeitintervallen $\Delta T'$, so nennt man den Quotienten $\dfrac{\Sigma J \Delta T}{\Sigma J' \Delta T'}$ das Güteverhältnis des Akkumulators.

In gleicher Weise verfährt man zur Bestimmung der **Kapazität in Wattstunden**, wobei nur das Produkt $J\Delta T$ überall noch mit der Klemmenspannung zu multiplizieren ist.

Es ist
$$C_w = \Sigma PJ\Delta T.$$

Der Quotient $\dfrac{\Sigma PJ\Delta T}{\Sigma P'J'\Delta T'} = \eta$ heißt der Wirkungsgrad.

Güteverhältnis und Wirkungsgrad sind nicht ganz unabhängig von den Stromstärken.

Zur besseren Übersicht trägt man die Ablesungen in ein Koordinatennetz ein, wobei die Abszissen die Zeit, die Ordinaten bei konstanter Stromstärke die Spannungen und bei variabler die Leistung darstellen. Die zu einer Entladung gehörige Ladung zeichnet man auf dasselbe Blatt. Fig. 142 stellt eine solche Entladung und Ladung mit konstanter Stromstärke einer Zelle der Akkumulatoren-Fabrik A.-G. dar.

Mit Registrierinstrumenten erhält man ohne weiteres die fertigen Diagramme.

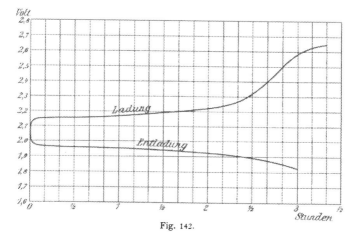

Fig. 142.

Für die genauere Untersuchung einer Zelle bedient man sich der **Fuchs**schen Methode, indem man eine Hilfselektrode aus Kadmium oder amalgamiertem Zink in das Elektrolyt einführt und bei jeder Ablesung nicht nur die Klemmenspannung des Elements, sondern auch die Spannungen sowohl zwischen Anoden und Hilfselektrode, als auch zwischen Kathoden und Hilfselektrode mißt. Diese drei Ablesungen trägt man wie oben als Ordinaten in ein Koordinatennetz ein und erhält so einen Überblick über die Kapazität sowohl der Anoden, wie der Kathoden. Die Kapazität des Elements ist erschöpft, sobald eine der beiden Elektroden-Arten erschöpft ist. Über Vorsicht bei dieser Messung siehe Liebenow, Zeitschrift für Elektrochemie, Bd. 8, 1902, S. 616.

An kleinen Akkumulatoren ermittelt man gelegentlich die entnommenen Amperestunden mit dem Voltameter. Es entspricht dann 1 AS 1,18 g Kupfer oder 626 ccm Knallgas bei 0° Cels. und 760 mm Druck.

Zur Bestimmung der Elektrizitätsmengen oder der ganzen Arbeit kann man die für elektrische Anlagen gebräuchlichen Elektrizitäts- und Arbeitsmesser benutzen.

Die Ermittlung des spezifischen Gewichtes der Säure gibt einen Aufschluß über die noch erforderliche Ladezeit bezw. über den noch vorhandenen Vorrat an Elektrizität (vergl. im Abschnitt Akkumulatoren), doch hat man darauf zu achten, daß der Säurestand nachhinkt und das spez. Gew. von der Temperatur abhängig ist.

III. Abschnitt.

Photometrie.

Photometer.

Die photometrischen Grundgesetze und Benennungen vergl. Seite 14 und 37/38.

(347) **Verschiedene Meßverfahren.** Die Photometer dienen zur Vergleichung zweier beleuchteter Flächen. In der Regel wird die eine von der zu messenden Lichtquelle, die andere von der Meßlampe ausschließlich beleuchtet, und es handelt sich darum, diese Beleuchtungen gleich zu machen.

1. Schiebephotometer. Man gleicht die Beleuchtungen ab durch verschiedene Bemessung der Abstände $l_1 l_2$ der Lichtquellen $J_1 J_2$ von den zu beleuchtenden Flächen. Dann ist

$$J_1 : J_2 = l_1^2 : l_2^2.$$

Die Voraussetzung ist, daß die Lichtstrahlen beide Flächen unter demselben Winkel treffen. Die Entfernungen l sollen mindestens 5 bis 10 mal so groß sein als die größten Abmessungen der Lichtquellen und der verglichenen beleuchteten Flächen. Letztere müssen gleichzeitig gesehen werden, doch brauchen ihre Abstände vom Auge nicht gleich zu sein.

2. Polarisationsphotometer. Die zu vergleichenden Lichtstrahlen sind senkrecht zueinander polarisiert. Man sieht die zwei Flächen durch den Analysator (Nicolsches Prisma) und kann durch Drehen des letzteren die Helligkeiten gleich machen. Wenn der Analysator auf 0 steht, werde das Licht der Meßlampe ausgelöscht; muß nun der Analysator um den Winkel α gedreht werden, um Gleichheit der Beleuchtung zu erhalten, so ist das Verhältnis der Lichtstärken tg α².

3. Sektorenscheiben mit veränderlichem Ausschnitt. Läßt man in den Strahlen einer Lampe eine Kreisscheibe rasch umlaufen, welche Ausschnitte trägt, so erscheint das durchtretende Licht geschwächt im Verhältnis der freien Sektoren zum ganzen Kreis.

4. Mischungsphotometer. Bei ungleicher Färbung der Lichtquellen läßt man die zu vergleichenden Flächen von beiden in meßbarem Verhältnis beleuchten.

5. Zerstreuungslinsen, Rauch- und Milchgläser, geschwärzte photographische Platten dienen dazu, die Stärke der Lichtstrahlen in gröberen Stufen zu vermindern.

Als Kennzeichen für die Gleichheit der Beleuchtung sieht man meist gleiche Flächenhelle an; diese ist erreicht, wenn die Flächen gleich hell aussehen. Außerdem benutzt Leonh. Weber die Erzielung gleicher Deutlichkeit feiner Zeichnungen (350). Vgl. auch das Flimmerphotometer v. Rood (358).

(348) Das Bunsensche Photometer. Eine Scheibe von ungleicher Durchlässigkeit für das Licht (Papier mit einem Fettfleck, zwei oder mehrere übereinander gelegte Papiere, in deren eines eine Öffnung ausgeschnitten ist u. dgl.) wird von beiden Lichtquellen beleuchtet, von jeder nur auf einer Seite. Die beiden Lichtquellen stehen mit der Mitte der Scheibe in einer Geraden, die Fläche der Scheibe steht zu dieser Geraden senkrecht. Gewöhnlich befindet sich hinter der Scheibe ein Paar Spiegel, in denen man die beiden Seiten der Scheibe gleichzeitig erblickt; man stellt so ein, daß der Fettfleck in beiden Spiegelbildern gleich viel dunkler erscheint als das umgebende Papier; Krüß benutzt statt der Spiegel einen Prismenapparat, der denselben Zweck hat. Joly und Elster verwenden als photometrischen Körper anstatt des Fettfleckpapiers ein parallelepipedisches Stück Paraffin oder halbdurchsichtiges Glas, das durch ein eingelegtes senkrechtes dünnes Metallblatt in zwei Hälften zerlegt wird; jede der letzteren erhält ihr Licht nur von einer der zu vergleichenden Quellen.

Die beiden Lichtquellen bleiben gewöhnlich an ihrem Platz, der Schirm wird dazwischen verschoben, um die Beleuchtung der beiden Seiten gleich zu machen. Ist dies erzielt, so ist nach (347), 1 das Verhältnis der beiden Lichtstärken

$$J_1 : J_2 = l_1^2 : l_2^2.$$

Genauigkeit der Beobachtung. Eine einzelne Messung mit dem Bunsenschen Photometer kann im allgemeinen auf etwa 3 % genau ausgeführt werden; ein geübter Beobachter erzielt auch eine etwas höhere Sicherheit. Die Beurteilung der Gleichheit der beiden gespiegelten Bilder des Photometerschirmes muß ziemlich rasch erfolgen, längeres Hinschauen und Prüfen erhöht die Genauigkeit nicht, sondern ermüdet nur das Auge. — Größere Genauigkeit erreicht man durch Wiederholung der Beobachtungen; von Vorteil sind dabei Vertauschungen der zu vergleichenden Lichtquellen oder Drehung des Photometerkopfes um 180°.

Aufstellung des Photometers. Am besten eignet sich dazu ein vollkommen dunkler, mattschwarz angestrichener und am besten an der Seite, wo das Photometer steht, in der Höhe des letzteren mit einem Streifen mattschwarzen Stoffes ausgeschlagener Raum. In manchen Fällen hilft man sich dadurch, daß man das Photometer geschlossen baut, entweder mit festem Blechmantel oder mit Tuchvorhängen. Es genügt auch, durch Schirme aus mattschwarzem Stoff mit Ausschnitten in der Mitte, welche auf die Photometerbank gestellt werden, das fremde Licht abzublenden; man darf vom Orte des Photometerkopfes nur das Licht sehen, welches von den zu vergleichenden Lichtquellen kommt. Das Auge des Beobachters darf nur Licht aus dem Photometerkopf empfangen.

— (349) Photometer von Lummer und Brodhun. Der Fettfleck des Bunsenschen Photometers wird durch zwei aneinander gepreßte

rechtwinklige Prismen ersetzt (*A, B,* Fig. 143). Die Hypotenusenfläche des einen Prismas ist bis auf einen ebenen mittleren Teil durch
eine Kugelfläche ersetzt, der gebliebene ebene Kreis *rs* wird an die
Hypotenusenfläche des anderen Prismas angedrückt. Die beiden zu
vergleichenden Lichtquellen *m* und *n* beleuchten die beiden Seiten des
weißen undurchsichtigen Schirmes *ik; f* und *e* sind zwei Spiegel,
welche das von *l* und λ diffus zurückgeworfene Licht senkrecht auf
die Kathetenflächen *dp* und *bc* leiten. Das durch *dp* eingetretene
Licht geht durch die Fläche *rs;* das durch *bc* kommende Licht wird
bei *rs* vollkommen durchgelassen, während der übrige Teil von *ab*

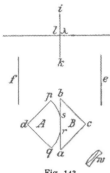

Fig. 143.

das dort auffallende Licht vollkommen
zurückwirft. Es erscheint so ein Kreis,
der nur von der Lichtquelle *m* Licht erhält, in einem Felde, das nur von *n* beleuchtet wird. Das Prisma *abc* wird
durch eine Lupe *w* von der Seite *ac* her
betrachtet; die Einstellung geschieht wie
beim Bunsenschen Photometer auf gleiche
Helligkeit des Kreises und des Feldes.
Die Ränder des ersteren verschwinden
vollkommen.

Um die Empfindlichkeit dieses Photometers noch weiter zu steigern, drückt
man die beiden Prismen mit ebenen
Hypotenusenflächen aneinander und bedeckt die nach *p* liegende Hälfte der
Kathetenfläche *dp* sowie die nach *c*

liegende Hälfte von *bc* mit durchsichtigen Glasplatten, welche einen
Teil des Lichtes absorbieren. Die Hypotenusenflächen werden demnach in zwei ungleich beleuchtete Hälften geteilt. Ätzt man nun
aus diesen Flächen geeignete Figuren heraus, so daß die Hypotenusenflächen teils vollkommen durchsichtig sind, teils vollkommen
zurückwerfen, so erhält man eine Einstellung auf gleiche Helligkeits-
unterschiede wie beim Bunsenschen Photometer mit Spiegeln (Kontrast-
photometer).

Im übrigen gilt für die Messung mit diesem Photometer alles im
vorhergehenden Gesagte. Die Genauigkeit ist erheblich größer als
beim Bunsenschen Photometer, bei Anwendung des Kontrastes
etwa $\frac{1}{4}$ %.

Krüß baut dieses Photometer mit einem senkrecht zur Photometerachse stehenden Okularrohr; der Photometerkopf ist staubdicht
abgeschlossen und kann zur Vertauschung der beleuchteten Seiten um
seine wagerechte Achse um 180° gedreht werden.

(350) **Das Photometer von Leonh. Weber** besteht aus zwei
innen geschwärzten Röhren, in denen sich Milchglasplatten *a, b* befinden. Die Röhren stehen aufeinander senkrecht; die eine, wagrechte, steht fest, die andere kann in einer senkrechten Ebene um
die Achse der feststehenden Röhre gedreht werden, um unter beliebigem Winkel zu messen.

Die Milchglasplatten in den Röhren werden von den zu vergleichenden Lichtquellen beleuchtet. Die Platte *a* in der wagrechten

Röhre ist verschiebbar; ihre Entfernung l_2 von der sie beleuchtenden kleinen Benzinflamme kann außen am Rohre abgelesen werden. Am Ende der beweglichen Röhre ist die zweite Platte befestigt, welche von der zu messenden Lichtquelle im Abstande l_1 beleuchtet wird. Diese Platte wird direkt angesehen, die bewegliche, welche senkrecht zu jener steht, erscheint durch Spiegelung in einem totalreflektierenden Prisma neben jener. Man verschiebt die bewegliche Platte bis auf gleiche Helligkeit der beiden Teile des Gesichtsfeldes. Dabei wird ein gefärbtes Glas vor das beobachtende Auge geschoben, so daß man nur die Stärke einer bestimmten Farbe in beiden Lichtern vergleicht.

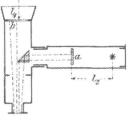

Fig. 144.

Es ist wie oben

$$J_1 : J_2 = l_1 : l_2.$$

Das Photometer muß mit einer Einheitslampe geeicht werden, da die Benzinlampe nur als Zwischenglied benutzt werden kann. Die Flammenhöhe der letzteren kann abgeglichen und an einem kleinen Maßstab oder am optischen Flammenmaß (367) abgelesen werden.

Um aus der Vergleichung bestimmter Teile der beiden Lichter, zB. der roten Strahlen, das wirkliche Verhältnis der Lichtstärken zu ermitteln, ist ein besonderer Versuch erforderlich. Dazu benutzt Weber die Definition, daß zwei Beleuchtungen gleich stark sind, wenn man gleich feine Unterschiede von Zeichnungen gleich deutlich erkennt.

Man beleuchtet (senkrechten Einfall der Strahlen vorausgesetzt) eine Milchglasplatte mit Zeichnungen konzentrischer Kreise in immer feinerer Wiederholung so, daß man gerade eine bestimmte Feinheit noch erkennt, einmal mit der Einheitskerze aus dem Abstand l, das andere Mal mit der zu messenden Lichtquelle, zB. einer Bogenlampe, aus dem Abstand L. Nun bringt man zuerst die Einheitskerze im Abstand l und darauf die Bogenlampe im Abstand L der festen Milchglasplatte des Photometers gegenüber und findet bei Betrachtung durch das rote Glas das Verhältnis der beiden nach der Definition gleich starken Beleuchtungen

[Beleuchtung durch Einheitskerze] : [Bel. durch Bogenlampe] = k.

Vergleicht man bei einer späteren Beobachtung nur die roten Strahlen der beiden Lampen und findet zB. die Lichtstärke der Bogenlampe unter Verwendung des roten Glases zu J Kerzen, so ist die Gesamtlichtstärke = $J \cdot k$ Kerzen. — Das Verhältnis k ist für jeden bestimmten Unterschied der Farben nur einmal zu ermitteln. Da der Farbenunterschied häufig nicht konstant ist — bei Bogen- und noch mehr bei Glühlampen hängt die Farbe von der Stromstärke ab —, so muß die Beobachtung der gleichen Deutlichkeit feiner Zeichnungen recht häufig angestellt werden; sie ist aber ziemlich ungenau und sehr ermüdend und anstrengend.

Wenn man bei gleich bleibendem Farbenunterschied eine größere Zahl von Messungen zu machen hat, so ist das Webersche Photometer wohl zu verwenden. Zur Aufstellung braucht man nur einen nicht ganz hellen Raum; künstliche Verdunklung und Schwärzung der Wände können meist unterbleiben.

Über die Messung der Beleuchtung (375).

Neuerdings wird dieses Photometer auch mit dem Prisma von Lummer und Brodhun (349) versehen; die Empfindlichkeit ist dabei indes nicht größer.

(351) **Das Photometer von Brodhun** (Fig. 145) wendet der Lichtquelle das einerseits offene Rohr T zu, auf dessen Grund eine Gipsplatte angebracht ist. Das Licht, welches letztere trifft, wird durch ein totalreflektierendes Prisma dem Lummer-Brodhunschen Photometerkörper P zugeführt und gelangt zum Okular o. Von der anderen Seite kommt das Licht, welches die von einer Meßlampe erleuchtete Milchglasplatte M aussendet, gleichfalls nach P. Die beiden Prismen p sitzen auf Scheiben, die mit einer rasch umlaufenden Achse fest verbunden sind; der Teil der Lichtstrahlen zwischen p und p beschreibt also einen Zylindermantel. Die in den Zeiger z auslaufende und mit der Hand drehbare Scheibe trägt zwei Sektorenausschnitte von 90°, welche gegen gleichgroße Ausschnitte der feststehenden Scheiben verstellt werden können, so daß das von rechts kommende Licht sowohl ganz abgeblendet, als auch während zweier Vierteldrehungen frei hindurchtreten kann. Durch Einstellen des Zeigers z auf dem Teilkreis kann man beliebige Schwächung des Lichts erzielen. — Das Rohr T und die Milchglasplatte M nebst Lampe können vertauscht werden.

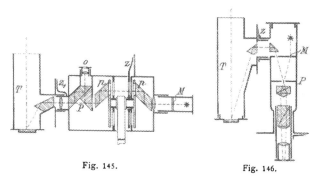

Fig. 145.   Fig. 146.

(352) **Das Photometer von Martens** (Fig. 146) zeigt das einerseits offene Rohr T wie das vorhergehende mit Gipsplatte; von da gelangt das Licht durch zwei total reflektierende Prismen in das Polarisationsphotometer P (347, 2). Hier wird die Flächenhelle der Gipsplatte verglichen mit derjenigen einer Milchglasplatte M, die von einer Meßlampe, zB. einer Glühlampe (368), erleuchtet wird. Die Neigung der Röhre T gegen die Wagrechte wird an einem Teilkreis abgelesen.

(353) **Universalphotometer von Blondel und Broca.** Das Photometer besteht aus einem viereckigen Gehäuse, dessen beide den

zu vergleichenden Lichtquellen zugewandte Seiten matte Glasscheiben tragen; dazwischen stehen zwei gekreuzte Spiegel, die von vorn mittels Prismen und Linse mit beiden Augen angesehen werden. Auf beiden Seiten des viereckigen Gehäuses können Röhren zur Aufnahme von matten Schirmen, Linsen und regulierbaren Blenden, sowie eines drehbaren geneigten Spiegels zur Messung unter verschiedenen Winkeln angesetzt werden. Man stellt ein durch Verschieben der Lichtquellen oder des Photometers wie bei anderen Apparaten, oder durch die Veränderung in der Breite der regulierbaren Blenden, wobei an den äußeren Enden der Ansätze sich Linsen befinden. Das Photometer dient auch zur Messung einer Beleuchtung und einer Flächenhelle. (Ecl. él. Bd. 8, S. 52; Bd. 10, S. 145.)

(354) **Kompensationsphotometer von Krüß.** Von den beiden Seiten des Fettfleckpapiers im Bunsen-Photometer wird die eine in gewöhnlicher Weise von der zu messenden starken Lichtquelle unmittelbar beleuchtet, während die andere mit Hilfe eines geeignet angebrachten Spiegels von derselben Lichtquelle einen berechenbaren Bruchteil der Beleuchtung der ersten Seite empfängt. Es werden also beide Seiten des Fettfleckpapiers von derselben Lichtquelle beleuchtet, aber die zweite Seite weniger stark wie die erste; um Gleichgewicht herzustellen, beleuchtet man die zweite Seite außerdem noch mit der zweiten als Maß dienenden Lichtquelle. Aus dem Winkel, den der Spiegel mit der Photometerachse einschließt, und den Entfernungen der beiden Lichtquellen vom Photometerschirm wird das Verhältnis der Lichtstärken berechnet (Elektrot. Ztschr. 1887, S. 305).

(355) **Mischungsphotometer von Große.** (Ztschr. f. Instrumentenkunde 1888, S. 95, 129, 347.) Bei diesem Photometer wird eine Vereinigung von Glas- und Kalkspatprismen benutzt. Die Strahlen, welche von den rechts- und links stehenden Lichtquellen herkommen, erleuchten matte Glastafeln; das von letzteren diffus ausgestrahlte Licht wird durch rechtwinklige Glasprismen in die Senkrechte zur Photometerachse abgelenkt. Durch geeignete Zufügung anderer Prismen aus Glas- und Kalkspat erreicht man, daß bestimmbare Teile des von der einen Seite kommenden Lichtes demjenigen auf der anderen Seite beigemischt werden; auch kann man auf jeder Seite des Gesichtsfeldes Licht von beiden Seiten in bestimmtem Verhältnis haben. Dadurch ist es möglich, wie mit dem Kompensationsphotometer Lichtquellen von sehr verschiedener Helligkeit zu vergleichen und außerdem die Färbungsunterschiede zu beseitigen oder zu mildern. Das Gesichtsfeld wird in den beiden Anordnungen, in denen eine Mischung des Lichtes erfolgt, entweder mit bloßem Auge oder unter Zwischenschaltung eines Nicolschen Prismas angesehen.

(356) **Einige einfache Photometer,** die man für weniger genaue Beobachtungen sich selbst leicht herstellen kann:

Photometer von Bouguer. Zwei innen geschwärzte Röhren sind an ihrem einen Ende offen, an dem anderen Ende mit durchscheinendem Papier geschlossen. Richtet man die offenen Enden nach den Lichtquellen, während die geschlossenen Enden nebeneinander dem Beobachter gegenüber stehen, so empfängt jede der Papierflächen ihre Beleuchtung nur von einer der Lichtquellen, und die Strahlen stehen senkrecht auf den beleuchteten Flächen, weil letztere zur

Richtung der Röhren senkrecht gemacht sind. Durch Veränderung der Abstände der Lichtquellen von den Röhren erzielt man gleiche Stärke der Beleuchtung, die man nach der Erleuchtung der Papiere an den geschlossenen Röhrenenden beurteilt.

(357) Photometer von Lambert, gewöhnlich Rumfordsches Photometer genannt. Vor einer weißen Tafel wird ein undurchsichtiger Stab aufgestellt; die beiden Lichter werden so angebracht, daß sie von diesem Stabe zwei Schatten auf die Tafel werfen, und daß diese Schatten nebeneinander erscheinen. Jeder von diesen Schatten empfängt nur von einer der beiden Lichtquellen Strahlen, da die andere für ihn verdeckt ist; reguliert man die Abstände der Lichter so, daß die beiden Schatten gleich stark beleuchtet sind, so kann man das Verhältnis der Lichtstärken berechnen; hierbei hat man noch dafür zu sorgen, daß die Strahlen in den beiden Schatten unter demselben Winkel einfallen. Die Abstände sind von der beleuchteten Fläche, nicht von dem davor stehenden Stabe, zu messen. — Eine von fremdem Licht herrührende gleichmäßige Beleuchtung der Fläche tut der Richtigkeit der Messung keinen Eintrag.

(358) **Verschiedenfarbige Lichtquellen.** Die praktisch vorkommenden Lichtquellen enthalten meistens alle Farben, während eine bestimmte besonders vorwiegt; man darf sie als gefärbtes Weiß auffassen und in diesem Sinne vergleichen. Es entstehen freilich noch erhebliche Schwierigkeiten der Einstellung, welche in vielen Fällen die Genauigkeit der Messung beeinträchtigen; beim Vergleich einer Bogenlampe und einer Petroleumlampe erscheint das eine Bild des Fettflecks gelbrot, das andere blau; man hilft sich in diesem Falle, indem man auf gleiche Deutlichkeit der Ränder des Fleckes einstellt, was etwa der Weberschen Definition von der Gleichheit der Beleuchtung (350) entspricht.

Leonh. Weber führt mit seinem Photometer (350) zwei Vergleichungen aus, indem er vor das beobachtende Auge einmal ein rotes und einmal ein grünes Glas bringt. Ist das Ergebnis im Grünen G, im Roten R, so ergibt eine dem Photometer beigefügte Tafel zu $G : R$ einen Faktor k, und die gesamten Lichtsärken stehen im Verhältnis $1 : k \cdot R$ (ETZ 1884, S. 166).

Flimmerphotometer von Rood. (El. World, Bd. 27, S. 21, 124. — Krüß, J. Gas. Wasser 1896, S. 393.) Rood bringt die zu untersuchende Farbe und ein passend gewähltes Grau in rascher Abwechslung vor das Auge; so lange man noch ein Flimmern sieht, sind die beiden Flächen ungleich. Handelt es sich um farbige Flächen, die zu untersuchen sind, zB. Papier, so wird aus dem gefärbten Stoff und dem (aus einer vorhandenen Stufenfolge ausgewählten) Grau eine Scheibe zusammengesetzt und in rasche Drehung versetzt. Ist das richtige Grau gefunden, so vergleicht man es mit Weiß. Sind Lichtquellen zu vergleichen, so stellt man auf der Photometerbank zwei gegen die Achse um 45° geneigte weiße Flächen auf, von denen die eine sich rasch drehen läßt und dabei mittels eines Ausschnittes die zweite bald erscheinen, bald verschwinden läßt; die Lichtquellen werden verschoben, bis das Flimmern aufhört. Photometer dieser Art werden von Franz Schmidt u. Haensch und von A. Krüß gebaut.

Einheit der Lichtstärke.

(359) **Die Hefnerkerze,** die Lichtstärke der Amylacetatlampe von v. Hefner-Alteneck, als Lichteinheit angenommen vom Elektrotechnischen Verein, dem Verein der Gas- und Wasserfachmänner und dem Verband Deutscher Elektrotechniker. Ihre Definition lautet (vgl. ETZ 1896, S. 139): „Als Einheit der Lichtstärke dient die frei, in reiner und ruhiger Luft brennende Flamme, welche sich aus dem horizontalen Querschnitt eines massiven, mit Amylacetat gesättigten Dochtes erhebt. Dieser Docht erfüllt vollständig ein kreisrundes Neusilberröhrchen, dessen lichte Weite 8 mm, dessen äußerer Durchmesser 8,3 mm beträgt, und welches eine freistehende Länge von 25 mm besitzt. Die Höhe der Flamme soll, vom Rande der Röhre bis zur Spitze gemessen, 40 mm betragen. Die Messungen sollen erst 10 Minuten nach der Entzündung der Flamme beginnen." — Die Lampe ist reproduzierbar; sie wird von der Phys.-techn. Reichsanstalt beglaubigt.

Abhängigkeit von Flammenhöhe, Luftdruck, Feuchtigkeit und Kohlensäuregehalt. Bei einer Flammenhöhe l von 40—60 mm ist die Leuchtkraft $= 1 + 0,025 \cdot (l - 40)$; ist l kleiner als 40, so ist die Leuchtkraft $= 1 - 0,03 \cdot (40 - l)$. Das Amylacetat soll öfters fraktioniert werden (Siedepunkt 138°). 40 mm Änderung des Barometerstandes ändern die Leuchtkraft um 0,4 %. Bedeutet e die Dampfspannung des Wasserdampfes, so ist die Leuchtkraft $= 1,050 - 0,0075 \cdot e$. Enthält 1 m³ Luft K Liter Kohlensäure, so beträgt die Berichtigung der Leuchtkraft $- 0,0072 \cdot K$; in gut gelüfteten Räumen ist sie zu vernachlässigen.

(360) **Platineinheit von Violle.** Nach den Beschlüssen der Pariser internationalen Konferenz 1884 wurde festgesetzt:

Die praktische Einheit des weißen Lichtes ist die Lichtmenge, welche in senkrechter Richtung von einem Quadratzentimeter der Oberfläche von geschmolzenem Platin bei der Erstarrungstemperatur ausgegeben wird.

Es ist bisher nicht gelungen, diese Einheit herzustellen; sie hat deshalb in der Praxis keine Aufnahme gefunden.

(361) **Andere Einheitskerzen.** 1. Die französische Carcellampe, eine Runddocht-Lampe; Durchmesser der Dochtes 30 mm, Flammenhöhe 40 mm, Verbrauch 42 g gereinigtes Rüböl in der Stunde. Lichtstärke 10,9 HK. (Laporte, Ecl. él. Bd. 15, S. 295).

2. Englische Normalkerze (London spermaceti candle), Wallratkerze; Flammenhöhe wird verschieden angegeben, 43 bis 45 mm (Krüß: 44,5 mm). Verbrauch 7,77 g (120 grains) in der Stunde. Lichtstärke 1,151 HK. (Lichtmeßkommission d. Vereins d. Gas- u. Wasserfachmänner).

3. Harcourts Pentangasflamme besitzt die Leuchtkraft der englischen Normalkerze. Sie wird mit Pentan gespeist (durch Destillation von amerikanischem Petroleum bei 50° zu erhalten), welches durch einen Docht emporgeführt, durch die Eigenwärme der Lampe verdampft und am oberen Rande eines Rohrs verbrannt wird.

4. Gasbrenner (auch der Giroudsche Einheitsbrenner) sind sehr unsicher und nicht zu empfehlen.

18 *

5. Die alte deutsche Vereinskerze, Paraffinkerze von 20 mm Durchmesser ist nach Lummer und Brodhun = 1,16 Hefnerkerzen; die Lichtmeßkommission des Vereins der Gas- und Wasserfachmänner hat dasselbe Verhältnis zu 1,224 ermittelt.

Hilfsmittel beim Photometrieren.

(362) Zerstreuungslinsen (Dispersions-, konkave Linsen). Bei der Messung sehr starker Lichtquellen kann man zur Abschwächung in den Gang der Strahlen eine Zerstreuungslinse einschalten. Ist — p die Brennweite der Linse (bei Zerstreuungslinsen negativ), l_1, l_2 die Abstände der Lichtquellen vom Photometerschirm, d der Abstand der Linse von letzterem, so ist

$$J_1 : J_2 = \left[l_1 + \frac{d}{p}(l_1 - d)\right]^2 : l_2^2 = \left[\frac{l_1}{l_2}\right]^2 \cdot \left[1 + \frac{d}{p} \cdot \frac{l_1 - d}{l_1}\right]^2.$$

p ist mit seinem absoluten Werte einzusetzen. Die Linse hat die größte Wirkung, wenn $d = \frac{1}{2} l_1$.

Bestimmung von p (Photometerbank). Man verwendet dazu zwei parallel oder hintereinander geschaltete Glühlampen von gleicher Lichtstärke. Bei einer Messung seien die Einstellungen folgende: erste Lampe fest auf 0 der Photometerbank; Photometerschirm auf 100 (l_1); zweite Lampe auf 197 (A_1). Nun bringt man die zu bestimmende Linse in die Mitte zwischen die Lampe und den Schirm, im angegebenen Beispiel also auf 50; um wieder Gleichheit der Beleuchtung zu erhalten, muß man die verschiebbare Lampe von dem Schirm entfernen, zB. bis auf 256 (A_2). Dann ist

$$p = \frac{l_1}{4} \frac{A_1}{A_2 - A_1}$$

im Beispiel $= \frac{100}{4} \cdot \frac{97}{59} = 41$; Brennweite $= - 41$ cm.

Lichtverlust. Bei der Messung mit Zerstreuungslinsen geht ein Teil des Lichtes an den beiden Flächen der Linse verloren; um dies auszugleichen, bringt man auf der anderen Seite des Photometers ein unbelegtes Spiegelglas in den Gang der Lichtstrahlen.

(363) Spiegel. Bei der Messung einer Lichtquelle unter verschiedenen Winkeln bedient man sich häufig eines Spiegels. In diesem Spiegel erscheint die Lichtquelle um so viel hinter der spiegelnden Fläche, als sie sich in der Tat davor befindet; zu der Entfernung des Spiegels vom Photometerschirm muß man also noch die der Lampe vom Spiegel addieren. Außerdem findet bei der Spiegelung ein Lichtverlust statt, der zwischen 10 und 40 % beträgt. Das Verhältnis der reflektierten zur einfallenden Lichtstärke nennt man Schwächungskoeffizient. Die mit dem Spiegel gefundene Lichtstärke ist mit dem Schwächungskoeffizient zu dividieren, um den Verlust am Spiegel in Rechnung zu setzen.

Schwächungskoeffizient. Zur Bestimmung verwende man zwei ebensolche Lampen, wie unter (362) angegeben. Die eine wird auf 0 der Photometerbank, die andere zunächst auf den Punkt N

der Bank gebracht, wobei der Photometerschirm die Einstellung P_1
ergibt. Dann bringt man die Lampe seitwärts der Bank auf ein
Stativ und lenkt ihre Strahlen durch einen Spiegel in die Achse der
Bank; der Spiegel stehe bei S der Bank, die Lampe habe von S einen
Abstand $= SN$ und wende dem Spiegel dieselbe Seite zu, wie vorher
dem Schirm; neue Einstellung P_2. Der Schwächungskoeffizient ist

$$= \left[\frac{N - P_2}{N - P_1} \cdot \frac{P_1}{P_2}\right]^2 \text{ oder nahe } = 1 - 2 \cdot \left(\frac{N}{P_2} \cdot \frac{P_2 - P_1}{N - P_1}\right).$$

Spiegelungswinkel α, den die Strahlen der gespiegelten Lampe
mit der Horizontalen einschließen. Gewöhnlich besitzt der Spiegel nur
eine wagrechte Drehungsachse, zu der die spiegelnde Fläche unter
45° geneigt ist; die Lampe muß sich in einer bestimmten senkrechten Ebene befinden; der Winkel der Lampenstrahlen gegen die
Horizontale kann am senkrechten Teilkreis abgelesen werden. —
Besitzt der Spiegel eine senkrechte und eine wagrechte Achse, und
liest man an der ersteren den Winkel φ, an der letzteren den Winkel
ω ab, so wird α gefunden aus den Gleichungen; $\alpha = 90° - \beta$;
$\cos 2\beta = \cos \varphi \cdot \cos \omega$. Dabei wird vorausgesetzt, daß φ und ω
gleich Null sind, wenn die Spiegelfläche zur Photometerachse senk-
recht steht.

Die Entfernung der Lampe vom Spiegel kann man entweder direkt mit dem Maßstab messen, oder in vielen Fällen bequemer
aus einem gemessenen Abstande und dem Winkel α berechnen.
Formel dazu vgl. (365, b).

Winkelspiegel. Um die mittlere räumliche Lichtstärke einer
Lampe mit einer Messung zu erhalten, bringt man eine Anzahl Spiegel
so hinter ihr an, daß gleichzeitig aus mehreren regelmäßig verteilten
Richtungen Licht in die Achse der Photometerbank geleitet wird; vgl.
Lumenmeter, Seite 281. Beim Messen von Glühlampen begnügt man
sich mit zwei Spiegeln, die einen Winkel von 120° einschließen, vgl.
(373) und Fig. 152. Der Lichtverlust durch die Spiegelung ist zu
berücksichtigen.

(364) Prüfung eines Photometerschirmes. Fettfleckpapiere und
ähnliche Vorrichtungen sind häufig einseitig; zur näheren Untersuchung
eines solchen Photometerschirmes bringt man den letzteren in die
Mitte der Photometerbank und stellt nahe hinter der Bank eine Lichtquelle auf. Ein undurchsichtiger Schirm hält die Strahlen der Lichtquelle von dem Photometer ab. An die Enden der Photometerbank
setzt man zwei vom selben Stück geschnittene Spiegel, welche das
von der Lichtquelle ausgestrahlte Licht in die Achse der Bank reflektieren.
Ist der Photometerschirm ungleichseitig, so erscheinen seine beiden
Seiten erst gleich, wenn man ihn um den Abstand d aus der Mitte
der Bank verschoben hat. Ist A die Länge der Bank (Abstand der
beiden Spiegel), c der Abstand der Lichtquelle von der Achse der Bank,
so ist das Maß der Ungleichheit der beiden Seiten des Photometerschirmes

$$\frac{4 d}{A\left(1 + \dfrac{c^2}{A^2}\right)} \text{ oder annähernd } \frac{4 d}{A}.$$

Um die Ungleichseitigkeit für die Beobachtung unschädlich zu machen, ist eine Vertauschung der zu vergleichenden Lichtquellen oder eine Umkehrung des Photometerschirmes zu empfehlen.

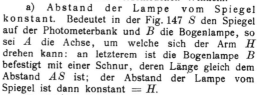

(365) **Aufhängung der Bogenlampen zum Photometrieren** unter verschiedenen Winkeln.

a) **Abstand der Lampe vom Spiegel konstant.** Bedeutet in der Fig. 147 S den Spiegel auf der Photometerbank und B die Bogenlampe, so sei A die Achse, um welche sich der Arm H drehen kann: an letzterem ist die Bogenlampe B befestigt mit einer Schnur, deren Länge gleich dem Abstand AS ist; der Abstand der Lampe vom Spiegel ist dann konstant $= H$.

Fig. 147.

b) **Abstand der Lampe vom Spiegel nach einer einfachen Formel zu berechnen.** Die Bogenlampe kann in einer Senkrechten verschoben werden, deren Abstand von der Spiegelmitte (Achse der Photometerbank) $= a$ ist; zu einer Stellung der Lampe, für welche der Spiegelungswinkel (363) $= α$ gefunden wird, ist der Abstand des Lichtbogens vom Spiegel $R = a/\cos α$.

(366) **Halter für Glühlampen.** Um Glühlampen unter verschiedenen Winkeln zu messen, braucht man keinen Spiegel zu verwenden, sondern kann einen dazu geeigneten Halter benutzen. Ein solcher muß eine wagrechte und eine senkrechte drehbare Achse und zwei Teilkreise besitzen. Heim hat in der ETZ 1896, S. 384 ein sehr bequemes Stativ für diesen Zweck beschrieben und abgebildet. Ähnliche Stative werden von Krüß und von Franz Schmidt und Haensch hergestellt.

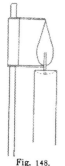

(367) **Flammenmaß.** Die Flammenhöhe einer Kerze wird am einfachsten mit einem Zirkel oder zwei horizontalen Drähten gemessen, deren Abstand gleich der gewünschten und vorgeschriebenen Flammenhöhe ist; man wartet mit der Messung, bis die Flamme diese Höhe gerade besitzt. Das Flammenmaß (Fig. 148) wird verschiebbar an einer senkrechten Stange befestigt.

Bei dieser Methode muß man mit dem Gesicht der Flamme ziemlich nahe kommen; häufig stört man durch die Bewegung des Körpers und den Atem die Flamme im ruhigen Brennen; auch leitet man durch die Drähte Wärme ab und es ist nicht unwahrscheinlich, daß dies auf die Leuchtkraft der Flamme von Einfluß ist.

Fig. 148.

Das **optische Flammenmaß von Krüß** besteht aus einer konvexen Linse, welche der Flamme ein Bild auf einer matten Glastafel erzeugt; an einer Teilung, die auf dieser Tafel eingeätzt ist, kann die Flammenhöhe abgelesen werden. Die Linse von der Brennweite f wird in der Entfernung $2f$ von der Flamme aufgestellt; die matte Glastafel ist in der Entfernung $2f$ mit der Linse fest verbunden. Es entsteht dann auf der letzteren ein reelles umgekehrtes Bild der Flamme, welches genau ebenso groß ist, wie die Flamme selbst. Scharfe Einstellung ist erforderlich.

Bei der Hefnerkerze wird die Konstanz der Flamme geprüft durch Visieren an zwei kurzen Schneiden, die von der Flamme selbst ziemlich weit entfernt sind; durch ein schwaches Fernrohr oder ein Opernglas läßt sich die Visiervorrichtung verbessern. Das optische Flammenmaß von Krüß läßt sich an der Lampe selbst befestigen.

Im Photometer von Leonh. Weber wird als Normalflamme ein Benzin- oder Amylacetatlämpchen verwendet, welches, in einem Gehäuse eingeschlossen, nahe vor einer vertikalen Millimeterteilung brennt; neben dieser Teilung befindet sich ein Spiegel; der tiefste und der höchste Punkt der Flamme werden mit Zuhilfenahme des Spiegelbildes abgelesen und ergeben so die Flammenhöhe; die letztere kann von außen reguliert werden. Auch das Krüßsche Flammenmaß wird an diesem Photometer angebracht.

(368) **Zwischenlichter.** Die Einheitsbrenner sind gegen Störungen von außen sehr empfindlich; auch ist häufig das Verhältnis der zu messenden Lampe zu der Einheitslampe zu sehr von 1 verschieden; man vergleicht dann die Lichteinheit zuerst mit einer Lampe, deren Lichtstärke eine mittlere Größe hat, und mit letzterer erst die zu messende Lampe. Als solche Zwischenglieder der Messung empfehlen sich Petroleumrundbrenner, Gasbrenner und besonders Glühlampen.

Große Petroleumrundbrenner (mit Kaiseröl gespeist) können bis 80 und 100 HK geben; zwischen diese und die Einheitslampe schaltet man noch eine Petroleumlampe von ca. 10—12 HK. Wenn solche Lampen rein gehalten werden, so brennen sie einige Zeit nach dem Anzünden und Aufstellen an ihrem Platz ohne bedeutendere Schwankungen (nach Krüß 1—2% in einer Stunde). Alle Gasflammen sind infolge des veränderlichen Gasdruckes mehr oder minder unsicher; ihre Konstanz muß fortwährend geprüft werden. Glühlampen als Zwischenlichter sind sehr zu empfehlen, bedürfen aber einer sorgfältigen Regelung der Stromstärke, weil die Lichtstärke sich 6 mal so rasch ändert, als der Strom. Man mißt den Strom (aus einer Sammlerbatterie) mit einem Kompensationsapparat und erhält ihn durch Änderung eines vorgeschalteten Widerstandes dauernd auf diesem Wert.

Die Glühlampen ändern ihre Lichtstärke mit der Zeit etwas, am wenigsten die Osmiumlampen. Es empfiehlt sich, eine Haupt-Maßlampe herzustellen, die man nur benutzt, um eine Gebrauchs-Maßlampe nach dem Verfahren unter (372, 373) von Zeit zu Zeit zu vergleichen.

Als sehr konstante Vergleichslichter empfiehlt Uppenborn die im Handel vorkommenden Benzinlämpchen in Form von Kerzenleuchtern mit Zylindern.

Räumliche Lichtstärke.

(369) **Räumliche Verteilung der Lichtstärke.** Die Lichtstärke ist bei vielen Glühlampen und bei allen Bogenlampen von der Strahlungsrichtung abhängig, so daß man die Lichtquellen unter verschiedenen Winkeln ausmessen muß. Bei Bogenlampen liegt ein Maximum der Leuchtkraft zwischen 30 und 60° Neigung gegen die

Wagrechte. Die Kohlen der Bogenlampen brennen meistens schief
ab, so daß die Helligkeit nach verschiedenen Seiten verschieden ist;
man nimmt als Lichtstärke unter einem bestimmten Winkel das Mittel
aus zwei (oder mehr) gleichzeitigen Messungen auf gegenüberliegenden
Seiten der Lampe (oder gleichmäßig um die Lampe verteilten
Richtungen). Wenn die Helligkeit einer Bogenlampe angegeben wird,
so ist immer notwendig, hinzuzufügen, auf welche Weise die Zahl
erhalten wurde, ob man in der Richtung der maximalen Helligkeit
gemessen hat, ob ein Mittel genommen wurde usw.

Nach (365) und (366) kann man zu diesen Messungen besondere
Halter und Spiegel benutzen. Bei dem Doppelspiegel von Martens,
Franz Schmidt und Haensch wird die Bogenlampe in der verlängerten Achse der Photometerbank aufgehängt; auf die Bank kommt
ein Gestell mit zwei fest miteinander verbundenen Spiegeln, die zusammen um die Photometerachse gedreht werden können; hierbei
geht der eine in der zur Bank senkrechten Ebene um die Lampe
herum und leitet in jeder Stellung das Licht der Lampe dem zweiten
Spiegel zu, der es in die Photometerachse richtet.

Statt Spiegel zu verwenden, kann man auch den Photometerschirm selbst neigen, um die Strahlen, die schräg zur Photometerachse einfallen, aufzunehmen. Der Schirm soll dann den Winkel
zwischen den Strahlen, die ihn beiderseits treffen, halbieren; der
Photometerkopf wird um eine wagrechte Achse drehbar gemacht und
erhält eine Gradeinteilung. Zur Einstellung wird die Meßlampe verschoben. Leonh. Weber wendet der zu messenden Lampe eine
Milchglasplatte zu, Brodhun ein einerseits offenes Rohr, in dessen
Boden eine Gipsplatte eingesetzt wird.

Das Photomesometer von Blondel (Ecl. él. Bd. 8, S. 49) dient
zur raschen Aufnahme der Lichtverteilungskurve einer Bogenlampe.
Der Lichtbogen brennt im Mittelpunkt einer undurchsichtigen Kugelhülle, die um die senkrechte Achse gedreht werden kann; sie ist mit
geeigneten Öffnungen versehen, die je nach ihrer Stellung die Strahlen
des Lichtbogens unter bestimmtem Winkel austreten lassen. Die
Kugel wird umgeben von einem Kranz kleiner Spiegel, die unter dem
gleichen Winkel gegen die Photometerachse geneigt sind und das
Licht der Bogenlampe ins Photometer werfen. Durch Drehung der
Kugelhülle bringt man je zwei gegenüberliegende Spiegel in den Gang
der Strahlen und mißt jedesmal die Lichtstärke unter dem zugehörigen
Winkel. — Der Apparat läßt sich auch zur Messung der mittleren
Lichtstärke verwenden, ist aber hierzu weniger bequem als das
Lumenmeter (370).

(370) **Mittlere räumliche Lichtstärke.** Man ermittelt, wie groß
die Beleuchtung ist, welche eine mit dem Radius r um die Lichtquelle
konstruierte Kugelfläche empfängt. Teilt man diese Kugelfläche wie
die Erdoberfläche durch Meridiane und Parallelkreise, so empfangen
die Punkte eines Meridianes im allgemeinen verschiedene Beleuchtungen,
die im gleichen Parallelkreis gelegenen dagegen gleiche. Trifft letzteres
wegen ungleichen Abbrandes der Kohlen nicht zu, so ist nach dem
obigen aus gleichzeitigen Messungen auf verschiedenen Seiten der
Lampe das Mittel zu nehmen. Die in irgend einem Meridian (senkrechte Ebene) unter den verschiedenen Winkeln gemessenen Licht-

stärken trägt man nach Figur 149 in ein Netz auf, welches von 5 zu
5° Strahlen und außerdem konzentrische Kreise enthält, deren Radien
die Lichtstärken angeben. Für praktische Zwecke wünscht man meist
nur die mittlere Lichtstärke in der unteren Halbkugel, deren eine

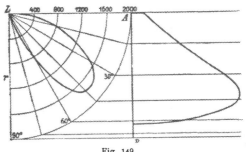

Fig. 149.

Hälfte Figur 149 darstellt; die Rechnung wird hier für diesen Fall
geführt. Die Punkte eines und desselben Parallelkreises erhalten gleiche
Beleuchtung. Demnach ist die Beleuchtung eines Punktes der Kugel-
oberfläche nach der Kurve der Figur 149 bestimmt, wenn man weiß,
auf welchem Parallelkreis er liegt. Die Einheit der Fläche auf dem
α^{ten} Parallelkreis erhält die Beleuchtung J_α/r^2; die Fläche des α^{ten}
Parallelkreises, als Kugelzone von der Winkelbreite $d\alpha$ gedacht, ist
gleich $2r^2\pi\cos\alpha\,d\alpha$: also empfängt diese Kugelzone den Lichtstrom
$2\pi J_\alpha\cos\alpha\,d\alpha$, und die Halbkugel das Integral dieses Ausdruckes von
0 bis $^1/_2\pi$. Beleuchtet man die Kugelfläche von ihrem Mittelpunkte
aus mittels einer Lichtquelle, die nach allen Seiten die gleiche Lichtstärke J besitzt, so empfängt die Halbkugel den Lichtstrom $2\pi J$;
setzt man dies dem obigen Integral gleich, so erhält man als mittlere
Lichtstärke

$$J = \int\limits_0^{\pi/_2} J_\alpha\cos\alpha\,d\alpha = \frac{1}{r}\int\limits_0^{\pi/_2} J_\alpha\,d\,(r\sin\alpha).$$

Zur graphischen Berechnung trägt man $r\sin\alpha$ als Abszisse von
A nach B aus auf und mißt das zugehörige J_α als Ordinate ab; die
Fläche zwischen der Kurve und der Geraden AB gibt den Wert des
Integrals zwischen $\pi/2$ und 0: dieser Flächeninhalt ist dann noch
durch r zu dividieren, um J zu erhalten.

Um die mittlere räumliche Lichtstärke durch eine einzige Messung
zu finden, setzt Blondel in seinem Lumenmeter (ETZ 1890,
S. 608) die Bogenlampe in eine undurchsichtige Kugel und läßt nur
auf der vom Photometer abgewandten Kugelseite zwei Sektoren von
je 18° frei, durch die $^1/_{10}$ der ganzen Lichtmenge auf ellipsoidische
Spiegel fällt; letztere werfen das Licht auf einen durchscheinenden
Schirm, der anderseits von der Maßlampe beleuchtet wird.

Matthews, Houston und Kennelly lassen einen zur Photometerachse parallelen kleinen Spiegel um die in der Photometerachse
aufgestellte Bogenlampe sich in einem größten Vertikalkreis drehen;
der kleine Spiegel wirft das Licht auf einen zweiten Spiegel, der es

in die Photometerachse führt; eine Blende, die sich mit dem ersten Spiegel gleichzeitig dreht, ändert die lichtgebende Öffnung vor dem zweiten Spiegel nach der Kosinusformel, so daß man bei rascher Drehung am Photometer die mittlere räumliche Lichtstärke erhält. Die Bogenlampe kann noch um die senkrechte Achse gedreht werden (El. World Bd. 27, S. 509).

Kugelphotometer von Ulbricht (ETZ 1900, S. 595). Eine Hohlkugel K (Fig. 150) aus Glas oder Metall wird innen mit einem

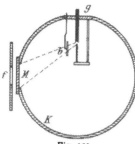

Fig. 150.

Anstrich aus Wasserglas und Kreide versehen, der nach dem Erhärten matt geschliffen wird; er läßt kein Licht hindurch. Die Kugel hat oben eine Öffnung, die mit dem ebenso angestrichenen Deckel D verschlossen werden kann, während die seitliche Öffnung mit einem durchscheinenden Milchglas M bedeckt wird. Die Kugel kommt in ein geschwärztes Gehäuse, dessen Vorderwand eine Öffnung f trägt, durch die man die Milchglasplatte M sieht. Jede Stelle der Innenfläche von k empfängt von der am Deckel befestigten Lampe einen Beleuchtungsanteil unmittelbar und den zweiten durch ein oder mehrmalige Reflexion des Lichtes an der Kugelwand. Der letztere Anteil ist für alle Elemente der Kugelfläche derselbe, welches auch die Verteilung der Lichtausstrahlung sei. Hält man die unmittelbare Beleuchtung durch eine kleine Blende b von der Milchglasplatte M ab, so ist die Beleuchtung der letzteren, die von außen gemessen werden kann, ein Maß für die mittlere räumliche Lichtstärke der Lampe. Man eicht das Photometer mit Hilfe einer Glühlampe, deren mittlere räumliche Lichtstärke anderweit gemessen worden ist. Benutzt man dabei die Milchglasplatte M als Lichtquelle, zB. beim Lummer-Brodhunschen Photometer, so kommt auch die Größe der Öffnung f in Betracht. Das Verhältnis der Flächenhelle e der Milchglasplatte zur räumlichen Lichtstärke J der Lampe ist eine Konstante der Anordnung; dasselbe gilt von dem Verhältnis $f \cdot e : J$. Die in der Kugel angebrachten Halter, die Lichtkohlen u. dgl. sind weiß anzustreichen. Bei allen Messungen, denen dieselbe Eichung zugrunde liegt, muß die innere Ausrüstung der Kugel gleich sein. Die Blende b soll klein gegen den Durchmesser der Kugel K sein; sie wird entweder ebenso angestrichen, wie die Kugel, oder man stellt sie aus geeigneten durchlässigen Gläsern zusammen.

Gleichzeitige photometrische und galvanische Messungen.

(371) Bogenlampen. Die Spannung der Lampe wird möglichst zwischen einem Punkte der oberen und einem der unteren Kohle gemessen; weniger gut zwischen den Zuleitungsklemmen der Lampe.

Spannungs- und Strommesser müssen sich rasch einstellen, damit man den Schwankungen der Lampe folgen kann. — Die Lichtstärke wird stets unter verschiedenen Winkeln gemessen. Die Bogenlampen brennen fast nie konstant; wenn man den Mechanismus noch so gut reguliert hat, wenn die Kohlen auch ganz regelmäßig abbrennen, so bemerkt man doch am Photometer und an dem Spannungs- und dem Strommesser fortwährende Schwankungen. Es werden mehrere Mittel angegeben, richtige Werte zu erhalten; das beste für einen einzelnen Beobachter dürfte wohl sein, bei ungeänderter Stellung der Lampe längere Zeit zu beobachten und eine Reihe von Messungen anzustellen, aus denen man dann das Mittel nimmt. Zwei Beobachter messen gleichzeitig auf zwei entgegengesetzten Seiten der Lampe unter gleichen Winkeln; auch hier empfiehlt es sich, aus je mehreren Messungen Mittel zu nehmen. Vorausgesetzt wird immer, daß die Lampe so konstant brennt, als immer zu erreichen ist; ein Hilfsmittel dabei ist die Verwendung einer weit größeren Spannung, als die Lampe allein gebraucht, und Vorschalten großer Drahtwiderstände; vgl. auch (369).

(372) **Glühlampen.** Man kann die galvanischen Messungen in derselben Weise ausführen wie bei der Bogenlampe; zum Regulieren der Spannung braucht man einen Rheostaten. Die Spannung an den zu messenden Glühlampen muß sehr genau konstant gehalten werden, weil sich die Lichtstärke sehr viel rascher ändert als die Spannung.

Hat man für eine Glühlampe die zusammengehörigen Werte für Lichtstärke, Spannung und Strom in Hefnerkerzen, Volt und Ampere ermittelt, so kann man diese Lampe als Maßlampe zu weiteren Messungen an ähnliche Glühlampen verwenden; man vergleicht dann die gleichartigen Größen einer zu messenden Lampe und der Maßlampe, mißt aber nicht diese Größen selbst, sondern nur die Beträge, um welche sich die zu vergleichenden beiden Lampen hinsichtlich der Spannung und des Stromes unterscheiden. Da man auf diese Weise von den gesuchten Größen nur mehr einen kleinen Teil wirklich mißt, so würde ein Fehler in dieser Messung sich im Schlußergebnis ebenfalls nur mit einem kleinen Betrage bemerkbar machen. Man kann also nach dieser Methode Spannung und Strom der zu untersuchenden Lampe mit derselben Genauigkeit bestimmen, mit der diese Größen für die Maßlampe bekannt sind, ohne an die Messungen, welche tatsächlich ausgeführt werden müssen, nur annähernd so hohe Forderungen zu stellen.

Die zu verwendende Methode beruht auf folgender Voraussetzung: Innerhalb gewisser Grenzen gelten für die Änderung der Glühlampen in Lichtstärke, Spannung und Strom für alle Exemplare desselben Systems und mit einer gewissen Annäherung auch für verschiedene Systeme dieselben Gesetze. Die Methode ist beschränkt auf die Messung verhältnismäßig geringer Unterschiede; man wird wohl daran tun, im äußersten Falle noch Größen zur Vergleichung zu bringen, die im Verhältnis 4 : 5 stehen.

Aufstellung. Die Maßlampe und die zu untersuchende Lampe werden auf dem Photometer aufgestellt, um das Verhältnis der Lichtstärken zu bestimmen; die beiden Lampen werden nach dem Schema der Fig. 151 in den Stromkreis eingeschaltet.

E ist die Maßlampe, deren regelmäßige Spannung $= e_1$ ist; bei dieser Spannung habe die Lampe die Lichtstärke J_1 und die Stromstärke i_1, L die zu messende Lampe, deren Spannung e_2, Lichtstärke J_2, Stromstärke i_2.

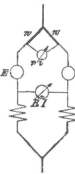

In jeden der beiden Lampenzweige werden regulierbare Widerstände, Rheostaten eingeschaltet. Die mit w bezeichneten Stücke stellen Drähte von bekanntem, ziemlich kleinem Widerstande w vor. Der mit den Buchstaben RI bezeichnete Spannungsmesser besitzt den großen Widerstand R; seine Stromstärke ist I Ampere; der mit ri bezeichnete hat den mäßig hohen Widerstand r, seine Stromstärke ist i Ampere.

Bei der Messung von Lampen mit hohem Widerstande legt man die Widerstände w, wie gezeichnet, während die Regulierungswiderstände auf der anderen Seite der Lampen eingeschaltet sind. Bei der Messung von Lampen mit geringem Widerstand legt man umgekehrt die beiden Drähte w mit den beiden Regulatoren auf dieselbe Seite der Lampen.

Fig. 151.

Beobachtung und Rechnung. Hat man die beiden Glühlampen auf dem Photometer mit Hilfe der Regulatoren auf die gewünschten Verhältnisse gebracht — zB. auf gleiche Lichtstärke —, so liest man die Stromstärken I und i ab. Dann hat man

$$e_2 = e_1 + RI,$$

$$i_2 = i_1 + i\left(\frac{r}{w} + 2\right).$$

wobei das Vorzeichen der Stromstärken I und i zu beobachten ist. Die Widerstände w müssen sehr genau gleich gemacht werden; r ist groß gegen w zu wählen, zB. $= 98\,w$, damit $r/w + 2 = 100$ ist; es ist gut, in den Kreis r noch einen Rheostaten einzuschalten.

Der Widerstand R, das Verhältnis r/w werden nur mit geringerer Genauigkeit bestimmt; die Eichungen der Galvanometer, an denen i und I abzulesen sind, brauchen ebenfalls nicht mit erheblicher Genauigkeit ausgeführt zu werden. Kennt man jede der vier Größen, R, r/w, i, I mit einer Sicherheit von etwa $2\,\%$ im absoluten Maße, so wird man auch in ungünstigen Fällen nicht $1\,\%$ Fehler haben, wenn die zu vergleichenden Größen im Verhältnis $4:5$ stehen.

Die Maßlampe hat bei der Messung die Spannung e_1; sie wird nach den Angaben eines gewöhnlichen guten Spannungszeigers bis auf etwa $2\,\%$ genau auf dieser Spannung gehalten; selbst Abweichungen von $5\,\%$ von der normalen Größe werden kaum erhebliche Fehler hervorrufen.

Wird für eine Spannung in der Nähe der normalen das Verhältnis der Lichtstärken J_1 und J_2, die Differenz der Spannungen und Stromstärken ermittelt, so gelten die gefundenen Werte dieser Größen auch für die normale und jede andere der letzteren nahe Spannung.

Die hier beschriebene Schaltung ist vom Verband Deutscher Elektrotechniker aufgenommen worden in seine:

(373) **Vorschriften für die Lichtmessung von Glühlampen.**
Unter Leuchtkraft wird die mittlere Leuchtkraft in der zur Lampen-
achse senkrechten Ebene verstanden. Sie wird bestimmt mit Hilfe der
in Fig. 152 skizzierten Anordnung. Es bedeutet ab eine gerade Photometerbank von
2,5 m Länge, A
den Photometer-
kopf, B eine
Hilfslichtquelle
(Vergleichlicht-
quelle), C die zu
messende Lampe
bezw. die Nor-
mallampe, D
einen Winkel-
spiegel. A und
B ruhen auf
Wagen oder

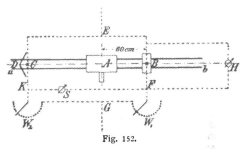

Fig. 152.

Schlitten und lassen sich miteinander fest verbinden, so daß sie gemeinschaftlich der Lampe C genähert oder von ihr entfernt werden
können. Die Entfernung zwischen A und B beträgt 60 cm und muß
um 6 cm nach jeder Seite verstellbar sein. Der Winkelspiegel besteht
aus zwei quadratischen Stücken guten, ebenen Glasspiegels (Silber-
spiegel) von 13 cm Seitenlänge und 2 bis 5 mm Dicke, welche einen
Winkel von 120° einschließen. Er ist mit vertikaler Scheitelkante am
Ende a der Bank so aufgestellt, daß er zu ihrer Längsachse symmetrisch steht und dem Photometerkopf zugewandt ist. Der Abstand
der Scheitelkante von der Achse der Lampe C beträgt 9 cm. Die
Achse der Lampe C soll vertikal stehen; die Endpunkte des Kohlen-
fadens müssen in einer zur Photometerachse senkrechten Ebene liegen.
Die Photometerbank trägt eine nach dem Entfernungsgesetz berechnete
Teilung in Kerzen, in der Weise, daß der Nullpunkt dem Scheitel des
Winkelspiegels entspricht und der Teilstrich 10 um 1 m von dem
Nullpunkt entfernt ist. Die Zehntelkerzen sollen noch durch Teil-
striche bezeichnet sein. Mit Hilfe von schwarzen Schirmen, am besten
Sammetschirmen, ist zu verhüten, daß fremdes Licht auf den Photo-
meterschirm gelangt. Anderseits darf kein Teil der Lampen oder ihrer
Spiegelbilder abgeblendet werden.

Als Normale dienen Glühlampen mit einem Energieverbrauch von
$3^1/_2$ bis $4^1/_2$ Watt für eine Kerze, welche ungefähr dieselbe Spannung
und genau dieselbe Lichtstärke besitzen, welche die zu messenden
Lampen haben sollen. Demnach sind zufolge der Einschränkung dieser
Bestimmungen auf Lampen bestimmter Lichtstärken Normallampen von
10, 16, 25 und 32 Kerzen erforderlich.

Als Hilfsquelle dient eine fehlerfreie Glühlampe von etwa 10 Kerzen
und für ungefähr dieselbe Spannung, für welche die zu messenden
Lampen bestimmt sind. Es empfiehlt sich, diese Lampe 20—30 Stunden vor der Benutzung zu brennen, um die bei neuen Lampen auftretenden Änderungen der Leuchtkraft zu vermeiden.

Zur Ausführung der Spannungsmessung liegen in den parallelen
Zweigen EFG und EKG einerseits die Lampe B und der Regulier-

widerstand W_1, anderseits die Lampe C und der Regulierwiderstand W_2. Bei K und F ist ein Spannungsmesser S für geringe Spannungen angelegt; außerdem liegt an B ein technischer Spannungszeiger H, welcher dazu dient, der Lampe B mit Hilfe von W_1 die vorgeschriebene Spannung zu geben, die Lampe C erhält jedesmal die ihr zukommende Spannung, indem man unter Benutzung von W_2 im Spannungsmesser S die entsprechende Spannungsdifferenz zwischen den Lampen C und B herstellt.

Die Lichtmessung geschieht nun folgendermaßen. Zunächst erhält die Hilfslichtquelle B die richtige Spannung mit Hilfe von W_1 und H. Dann wird:

1. Bei C die Normale aufgesetzt und mit Hilfe von S und W_2 einreguliert, hierauf wird der Photometerkopf A auf die der Leuchtkraft der Normale entsprechende Entfernung eingestellt und durch Veränderung der Entfernung AB eine photometrische Einstellung ausgeführt. Dann werden AB fest miteinander verbunden.

2. Nun wird bei C an die Stelle der Normale die zu messende Lampe gesetzt und unter Benutzung von S und W_2 einreguliert, d. h. auf die auf der Lampe verzeichnete Spannung eingestellt. Dann wird eine photometrische Messung durch Verschiebung des mit der Lampe B fest verbundenen Photometerkopfes ausgeführt.

Beleuchtung.

(374) **Angaben über Beleuchtungsstärken.** Nach Cohn liest man bei 50 Lx so schnell wie bei Tageslicht; 10 Lx ist das hygienische Minimum für Arbeiten mit den Augen. Die meist übliche Straßenbeleuchtung ist nach Wybauw ungefähr 0,1 Lx; für Hauptstraßen fordert man 1 Lx.

(375) **Messung der Beleuchtung.** Um die von einer oder mehreren Lichtquellen in einer bestimmten Ebene hervorgebrachte Beleuchtung zu messen, bringt man zB. die Milchglasplatte b des Weberschen Photometers (Fig. 144) in die fragliche Ebene; oder man ersetzt den Deckel mit Gipsplatte am Martensschen Photometer (Fig. 146) durch eine Milchglasplatte und bringt sie gleichfalls in die zu untersuchende Ebene. Ebenso kann man die Gipsplatte des Brodhunschen oder des Martensschen Photometers (Fig. 145, 146) in diese Ebene bringen. Das Webersche, das Brodhunsche und das Martenssche Photometer können auch nach Beseitigung der Milchglasplatte b bezw. des Deckels mit der Gipsplatte auf eine Fläche gerichtet werden, deren Erhellung gemessen werden soll; auf den Abstand von der Fläche kommt es nicht an. Außerdem muß einmal zur Eichung die Milchglas- oder Gipsplatte, im zuletzt erwähnten Falle die zu untersuchende Fläche eine bekannte Beleuchtung erhalten, indem sie etwa von der Hefnerkerze bei senkrechtem Einfall der Strahlen aus 1 m Abstand beleuchtet wird; diese Beleuchtung ist alsdann zu messen, und die übrigen Messungen sind darauf zu beziehen.

Wingens Helligkeitsprüfer (DRGM 166461) enthält eine regelbare Benzinlampe, welche in einem Kasten ein Stück weißen Kartons beleuchtet, während ein gleiches Stück an die zu untersuchende Stelle gelegt wird; die Benzinlampe wird so eingestellt, daß sie den Karton mit 10, 20, 30, 40, 50 Lux erleuchtet. In Wingens Beleuchtungsmesser (DRGM 208229) erleuchtet eine gleichmäßig brennende Benzinlampe einen drehbaren Karton, der durch das Okular angesehen wird, und dessen scheinbare Flächenhelligkeit durch seine Drehung geändert und gemessen wird. Für stärkere Beleuchtungen werden zur Lichtschwächung Milchglasplatten eingeschoben. Classen (Phys. Ztschr. 3. Jhrg., S. 137) verwendet einen Lummer-Brodhunschen Photometerkopf; die Beleuchtung an verschiedenen Stellen eines Raumes wird mit der Stelle der stärksten Beleuchtung verglichen. An letzterer wird ein weißer Schirm fest aufgestellt, welcher sein Licht durch zwei Nicolsche Prismen zum Photometer sendet; durch Drehen der Prismen wird das Licht in meßbarer Weise geschwächt. Der andere im Raum herumgeführte Schirm wird in einem Spiegel gesehen. In dem Krüßschen Apparat (J. Gasbd. Wasservers. 1902, S. 739) wird gleichfalls durch einen Lummer-Brodhunschen Photometerkopf einerseits eine weiße Fläche an der zu untersuchenden Stelle, anderseits eine von der verschiebbaren Hefnerlampe beleuchtete Milchglasplatte verglichen. Martens (Verh. dtsch. phys. Ges. 1903, S. 436) blickt durch eine Lupe nach einem Gesichtsfeld, das sein Licht zur Hälfte von der zu untersuchenden Fläche, zur anderen von einer Milchglasplatte erhält, die von einer Benzinlampe erleuchtet wird. Zur Änderung der letzteren Beleuchtung dient ein verschiebbarer Winkelspiegel (90°), mit dessen Hilfe der Weg, den das Licht der Benzinlampe zurücklegen muß, geändert werden kann.

III. Teil.

ELEKTROTECHNIK.

I. Abschnitt.

Elektromagnete.

(376) **Benennungen.** Das Grundelement aller elektrischen Maschinen und Apparate ist der Elektromagnet (Fig. 153). Man unterscheidet geschlossene, halb geschlossene und offene, je nachdem ob der magnetische Kreis ganz im Eisen verläuft, einen oder mehrere geringe Unterbrechungen durch unmagnetisches Material, namentlich auch Luft erfährt oder weit voneinander abstehende Endflächen des Eisens zeigt. Beim offenen Elektromagnet unterscheidet man die mit Wicklung versehenen Schenkel und das sie verbindende Joch. Die Pole werden durch den Anker magnetisch geschlossen. Der Elektromagnet erhält seine Erregerwicklung, entweder durch direktes Bewickeln oder (konstruktiv und in der Herstellung meist besser) durch Aufschieben von Spulen. Die Elektromagnete können zweipolig, vierpolig, sechspolig usw. ausgebildet werden.

(377) **Querschnittsform und Länge der Schenkel.** Die beste Querschnittsform für die Schenkel von Elektromagneten ist die kreisrunde, die man nach Möglichkeit benutzen soll. Allerdings bedingt sie Stahlguß. Bei Blechpolen ist eine Annäherung an die Kreisform nicht ausgeschlossen; man kann die Ecken eines quadr. Poles auf der Drehbank abrunden oder bei Wahl eines kreuzförmigen Querschnittes aussparen. An der Hand der folgenden Tabelle kann man sich ein Urteil über die zu wählende Querschnittsform bilden.

Die Umfänge gleich großer Querschnitte von nachstehend angegebener Form verhalten sich wie die beigesetzten Zahlen.

Kreis	1,00
Quadrat	1,13
Rechteck 2 : 1	1,20
Rechteck 3 : 1	1,30
Rechteck 4 : 1	1,41
Rechteck 10 : 1	1,96
Oval: 1 Quadrat, 2 Halbkreise . .	1,09
„ 2 „ 2 „ . .	1,21
2 Kreise getrennt	1,41
3 „ „	1,73
4 „ „	2,00
8 „ „	2,82

Bemerkenswert ist noch der Vergleich der einem Quadrat und einem Kreuzquerschnitt nach Fig. 154 umschriebenen Kreise, deren Umfänge sich, auf denselben Querschnitt wie vorher bezogen, ergeben zu

Kreis um Quadrat . . . 1,255,
Kreis um Kreuzquerschnitt 1,12.

Die Länge der Pole wird mit Rücksicht auf den Wickelraum bestimmt; zu kurze Pole führen zu ungünstigen Abkühlungsverhältnissen, zu lange Pole zu übermäßiger Streuung.

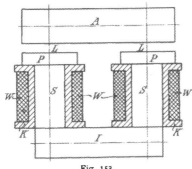

A Anker,
L Luftraum,
P Polschuh,
S Schenkel,
I Joch,
K Spulenkasten,
W Wickelung.

Fig. 153.

(378) Die **Wicklung** wird aus Kupferdraht, Kupferband, Kupferseil oder Flachkupfer hergestellt. Kupferseil oder Litze kann leicht vierkantig ausgewalzt werden, sollte aber der doch schlechten Raumausnützung und des hohen Preises wegen nur ausnahmsweise verwendet werden (wahrer Kupferquerschnitt nur etwa 75 % des in Anspruch genommenen Querschnittes).

Draht- und Bandwicklung wird auf Spulenkasten aus Vulkanasbest, Eisengummi, Adtit, Ambroin, Preßspan oder dergleichen untergebracht. Wo größere mechanische Festigkeit der Spulenkasten in Frage kommt, verwendet man mit Isoliermaterial bekleidete Blech- oder Gußkörper. Die Kasten müssen gegen den Kern etwas Luft haben, damit man sie gut überschieben kann. Bei Drahtwicklungen wird zweckmäßig an einem Flansch unter Zwischenpressung eines Hilfsflansches zunächst eine Lage Draht senkrecht zur Achse uhrfederartig aufgewickelt.

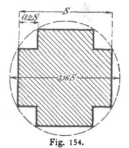

Fig. 154.

Diese Lage gestattet bei etwaigen Drahtbrüchen später eine bequeme Zugänglichkeit auch des inneren Endes und leichte Reparatur. Für die Anschlüsse bei Drahtwicklung läßt man auch zweckmäßig ein Stück sehr biegsames Seil mit in die Spule einlaufen, dessen angelötetes Ende durch die Drahtwindungen festgelegt wird. Flachkupfer wird, wenn irgend möglich, über die hohe Kante gebogen (sogenannte Rettichwicklung), wozu besondere Werkzeuge

(Rolliervorrichtungen) benutzt werden. Hierbei muß das Kupfer gut geglüht, darf aber nicht verbrannt sein. Der Krümmungsradius muß mindestens dreimal so groß sein wie die Kupferbandbreite. Der Querschnittsveränderung (außen Dehnung, innen Stauchung) ist Rechnung zu tragen; man verarbeite deshalb ev. Kupferband von trapezförmigem Querschnitt und wähle das Kupferband nicht unter 1 mm Stärke. Das Flachkupfer soll nicht scharfe, sondern verrundete Kanten haben.

(379) Zur Isolation der Drähte dient einfache, zweifache oder dreifache Bespinnung. Die Stärke der Bespinnung kann als Funktion des Drahtdurchmessers nicht durch eine Formel ausgedrückt werden, richtet sich vielmehr nach der Nummer der zur Bespinnung benutzten Baumwolle und der Zahl der Bespinnungen. Für überschlägige Rechnungen kann man annehmen, daß Drähte von 0,5—3 mm eine Verdickung um 0,3 mm, von 3—5 mm um 0,5 mm erfahren. Es empfiehlt sich im allgemeinen runde Drähte zu verwenden und Profildrähte nur ausnahmsweise zu gebrauchen. Kupferseil wird durch Umklöppeln isoliert und erfährt in Länge und Breite des Querschnittes dadurch je eine Verdickung um 0,75 mm. Flachkupferwicklungen werden durch zwischengelegte Papierstreifen von 0,10 bis 0,25 mm Stärke oder durch Umwicklung mit Leinenband isoliert. Einige Fabriken drehen oder hobeln die fertigen Flachkupferspulen auf den äußeren Flächen ab.

Die Isolation der Drähte für Wechselstrommagnete muß mit besonderer Sorgfalt behandelt werden. Wird nämlich eine Windung eines Wechselstromelektromagnets durch Beschädigung der Isolation in sich kurz geschlossen, so wirkt sie wie die Sekundärwicklung eines Transformators (vgl. 396) und verursacht, und zwar ohne merkliche Vermehrung der Stromaufnahme des Elektromagnets, eine anfänglich lokale Erhitzung und schließlich eine Zerstörung der ganzen Spule. Hierbei kann unter Umständen durch die trockene Destillation der Isolierstoffe eine Entwicklung explosiver Gase stattfinden (vgl. ETZ 1904, S. 184).

(380) Das Wickeln der Spulen auf den Eisenkörper selbst ist nur dann brauchbar, wenn es ohne Schwierigkeit auf der Wickelbank ausgeführt werden kann. Beim Wickeln der Spulen auf der Wickelbank wird der Draht durch eine besondere Vorrichtung gespannt und event. durch ein Zählwerk geführt und der Haspel, von dem der Draht abläuft, mehr oder weniger stark gebremst. Viele Firmen lassen dabei zugleich den Draht durch einen Isolierlack oder durch Paraffin gehen.

An Stelle der Spulenkasten wird häufig Einschnürung der Spulen mit Leinenband benutzt. Hierbei sind Luftsäcke zwischen Hülle und Wicklung sorgfältig zu vermeiden, da sie die Abkühlung verschlechtern. In anderen Fällen werden die Spulen auch auf Papierzylinder ohne Flansche gewickelt, und es werden die Drähte durch eingewickelte Verschnürungen und durch konisches Absetzen der oberen Lagen gesichert.

(381) Formeln für die Wicklung der Spulen von kreisrundem Kernquerschnitt. Es sei H die Höhe, D_1 der äußere, D_2 der innere Durchmesser der Wicklung, δ der Drahtdurchmesser des blanken,

δ' der des umsponnenen Drahtes, q und q' die entsprechenden Draht-querschnitte, so ist die Windungszahl

$$N = \frac{H\,(D_1 - D_2)}{2\,\delta'}, \tag{1}$$

die Drahtlänge

$$l = \frac{H\,(D_1 + D_2)\,(D_1 - D_2)\,\pi}{4\,\delta'^2}, \tag{2}$$

oder wenn V das Volumen des Wicklungsraumes

$$l = \frac{V}{\delta'^2}. \tag{3}$$

Ferner der Widerstand

$$R = \frac{\rho\,H\,(D_1 + D_2)\,(D_1 - D_2)}{\pi\,\delta^2\,\delta'^2} = \frac{4\,\rho\,V}{\pi\,\delta^2\,\delta'^2}. \tag{4}$$

Unterscheiden sich δ und δ' wenig voneinander, so kann man $\delta = \delta' = \delta_0$ setzen, woraus

$$\delta_0 = \sqrt[4]{\frac{\pi\,R}{4\,\rho\,V}} \tag{5}$$

in erster Annäherung zu berechnen ist, wenn V und R gegeben sind. Die Klemmenspannung ist beim Leistungsverbrauch L

$$P = \frac{2}{\delta\,\delta'}\sqrt{\frac{\rho\,V}{\pi}\,L}, \tag{6}$$

woraus wieder

$$\delta_0 = \sqrt{\frac{2}{P}}\sqrt{\frac{\rho\,V}{\pi}\,L}. \tag{7}$$

Die Amperewindungszahl

$$NI = \frac{1}{2}\,\frac{\delta}{\delta'}\sqrt{\frac{H\,(D_1 - D_2)}{\rho\,(D_1 + D_2)}\cdot L}. \tag{8}$$

Diese ist daher wenig abhängig von der Drahtstärke, ist direkt proportional der Wurzel aus dem Leistungsverbrauch und umgekehrt proportional der Wurzel aus dem spezifischen Widerstande. Mit Rücksicht auf die Erwärmung kann nur ein bestimmtes L zugelassen werden, das durch Versuch oder aus der Oberfläche unter Berücksichtigung der durch die Umgebung der Spule bedingten Abkühlungsverhältnisse zu bestimmen ist. Für Meßinstrumente sind mindestens 2000 mm² für 1 Watt, für andere Zwecke bei Dauereinschaltung 2000 mm²/W, bei intermittierendem Betrieb etwa 1000—500 mm²/W zu rechnen, falls nicht künstliche Kühlung eintritt.

Führt man den Füllungsfaktor k ein, wobei

$$k = \frac{N\,q}{Q} \tag{9}$$

und Q der Wicklungsquerschnitt, so ist für kreisrunden Querschnitt

$$k = \frac{\pi\,\delta^2}{4\,\delta'^2}, \tag{10}$$

und ganz allgemein

$$N = \frac{P}{NI}\cdot\frac{k\,Q}{\rho\,l_m}, \tag{11}$$

wenn l_m die mittlere Windungslänge bedeutet, ferner

$$NI = \sqrt{\frac{k\,Q}{\rho\,l_m}}\,L. \qquad (12)$$

(382) Erwärmung. Nach den Verbandsnormalien (§ 18) soll die aus der Erhöhung des Widerstandes zu berechnende Temperatursteigerung ergeben:

nicht mehr als 50 °C. für Baumwollisolation,
„   „   „   60 °C. „ Papierisolation,
„   „   „   80 °C. „ Glimmer- und Asbestisolation.

Für ruhende Wickelungen sind um 10 °C. höhere Werte zulässig. Hierbei ist für Kupfer angenähert zu setzen

$$R_{warm} = R_{kalt}\,(1 + 0,04\,[T_{warm} - T_{kalt}]).$$

Die Temperatur ist am höchsten bei den in der Mitte der Spulen liegenden Drähten und nimmt sowohl nach oben und unten, als auch nach außen und nach dem Kern zu ab. Zu große Wicklungstiefe ist daher zu vermeiden. Unterteilung der Erregerspulen hat für die Abkühlung nur Zweck, falls durch äußere Mittel Luftzug hervorgebracht wird. Als abkühlende Oberfläche wird vielfach die äußere Mantelfläche voll und die am Kern liegende Mantelfläche halb eingesetzt; alsdann kann man setzen

$$T_{warm} = 500\,\frac{\text{Verlust in Watt}}{\text{Oberfläche in cm}^2}.$$

Die Temperaturgrenzen beziehen sich auf die sogenannte End-temperatur, d. h. diejenige Erwärmung in Celsiusgraden, über die hinaus bei normaler Dauerbelastung eine Steigerung praktisch nicht mehr wahrgenommen werden kann. Beobachtet man im Betriebe der Temperatursteigerung in regelmäßigen Zeitabschnitten, so ergibt sich bei graphischer Darstellung der Temperaturen über der Zeit eine Kurve von logarithmischem Charakter. Theoretisch findet man bei der Voraussetzung, daß die von dem Apparat durch Strahlung und Konvektion abgegebene Wärme der Übertemperatur T proportional ist und bei Annahme konstanter spezifischer Wärme als Beziehung zwischen der Zeit t und der Übertemperatur T

$$t = \text{const} \cdot \text{lognat}\,\frac{T_{max}}{T_{max} - T}.$$

Vgl. ETZ 1900, S. 1059.

Wird nach erreichter Endtemperatur ausgeschaltet und die Abkühlung beobachtet, so ergibt sich eine Umkehrung der Erwärmungskurve als sogenannte Abkühlungskurve.

Die Zeit zur Erreichung der Endtemperatur nimmt zu mit den linearen Abmessungen und ab mit der Wirksamkeit der Kühlmethode. Für die Erwärmung maßgebend ist die Art des Betriebes. Man unterscheidet (§ 3 der Maschinennormalien):

a) intermittierenden Betrieb, bei dem nach Minuten zählende Arbeitsperioden und Ruhepausen abwechseln;

b) kurzzeitigen Betrieb, bei dem die Arbeitsperiode kürzer ist als nötig, um die Endtemperatur zu erreichen, und die Ruhepause lang genug, damit die Temperatur wieder annähernd auf die Luft-temperatur sinken kann;

c) Dauerbetrieb, bei dem die Arbeitsperiode so lang ist, daß die Endtemperatur erreicht wird.

Die Berechnung für b) und c) ergibt sich von selbst, für a) ermittelt man die zulässige Beanspruchung durch Aufstellung der Erwärmungs- und der Abkühlungskurve und durch Zusammensetzen der den jeweiligen Betriebszuständen entsprechenden Abschnitte (vgl. Fig. 155).

(383) Der magnetische Kreis. Zu unterscheiden sind die Feldstärke $\mathfrak{H}$ und die magnetische Induktion oder Kraftflußdichte $\mathfrak{B}$, zwischen denen die Beziehung $\mathfrak{B} = \mu \cdot \mathfrak{H}$ besteht, vgl. (49). Beide Größen werden durch die Menge der Linien auf 1 cm² gemessen. Die Linien $\mathfrak{B}$ bilden in sich geschlossene Bahnen. Umgrenzt man auf einer beliebigen Fläche, die die Linien $\mathfrak{B}$ schneidet, einen kleinen Teil durch eine in sich geschlossene Kurve, so bilden die durch diese Kurve

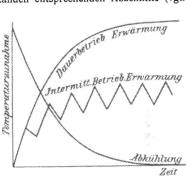

Fig. 155.

gehenden Linien $\mathfrak{B}$ eine Induktionsröhre. Diese kann sich durch beliebiges Material, zB. teilweise durch Eisen, teilweise durch Luft, erstrecken und schließt sich in sich selbst. Eine solche Röhre enthält in jedem Querschnitt gleich viele Induktionslinien $\mathfrak{B}$, aber verschieden viele Feldlinien $\mathfrak{H}$. Für letztere gilt der Satz vom Linienintegral der magnetischen Feldstärke

$$0,4 \, \pi \, NI = \int \mathfrak{H} \, dl,$$

wenn man das Integral auf die ganze in sich geschlossene Bahn der Kraftröhre erstreckt und I in Amp. ausdrückt. In der Technik werden die Induktionslinien **Kraftlinien**, der Induktionsfluß **Kraftfluß** genannt.

Näherungsweise kann man nach **Hopkinson**

$$0,4 \, \pi \, NI = \mathfrak{H}_0 l_0 + \mathfrak{H}_1 l_1 + \mathfrak{H}_2 l_2 + \cdots$$

setzen, worin $\mathfrak{H}_0, \mathfrak{H}_1, \mathfrak{H}_2 \ldots$ die als konstant angenommenen mittleren Feldstärken in den einzelnen Teilen, $l_1, l_2 \ldots$, die mittleren Längen dieser Teile bedeuten. Mit Hilfe der Beziehung $\mathfrak{H} = \mathfrak{B}/\mu$ erhält man endlich

$$NI = \frac{\mathfrak{H}_0}{0,4 \, \pi} \cdot l_0 + \sum_{1,n} \frac{\mathfrak{B}_n}{0,4 \, \pi \cdot \mu_n} \cdot l_n.$$

$\dfrac{\mathfrak{H}_0}{0,4 \, \pi}$ ist die auf 1 cm Länge zur Herstellung des Kraftflusses in der Luft erforderliche Amperewindungszahl (800 für je 1000 Kraftlinien),

$\dfrac{\mathfrak{B}}{0,4 \, \pi \cdot \mu}$ die zur Herstellung des Kraftflusses im Eisen auf 1 cm Länge erforderliche Amperewindungszahl. Letztere ist aus Magnetisierungs-kurven zu entnehmen, die in der Regel die Werte $\dfrac{\mathfrak{B}}{0,4\,\pi \cdot \mu}$ als Abszissen, $\mathfrak{B}$ als Ordinaten besitzen. Solche Kurven müssen für das

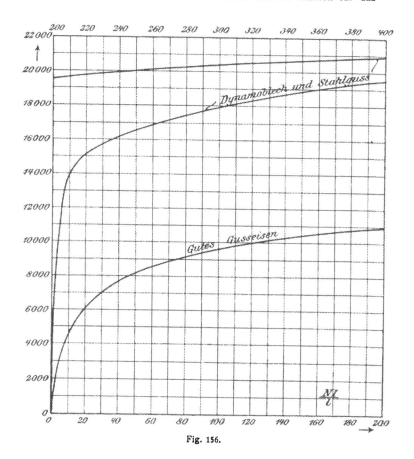

Fig. 156.

jeweilig zu verarbeitende Material aufgenommen werden. Mittlere Werte ergeben sich aus Fig. 156. Für größere Querschnitte gilt der Satz näherungsweise unter der Annahme einer mittleren Kraft-flußdichte für den ganzen Querschnitt und unter Zugrundelegung einer mittleren Kraftlinienlänge.

Beispiel: Elektromagnet Fig. 153.

Teil des Elektro-magnetes	Material	Kraftfluß-dichte $\mathfrak{B}$	AW für 1 cm Länge	Länge in cm	AW
2 Schenkel	Stahlguß	14000	10	40	400
2 Lufträume	Luft	9000	7200	1,6	11500
Joch	Gußeisen	7000	30	50	1500
Anker	Bleche	8000	3	30	90
					13490

(384) **Streuung.** Infolge des Fehlens magnetischer Isolatoren muß mit der Abweichung eines Teils der Kraftlinien vom gewünschten Wege gerechnet werden. Dieser Teil des Kraftflusses heißt Streuung. Man unterscheidet also Gesamtfluß, nützlichen oder Hauptfluß und Streufluß. Zur Vermeidung schädlicher Streuung wird die Wicklung am besten möglichst dort angebracht, wo der Kraftfluß ausgenutzt werden soll, im allgemeinen daher so nahe wie möglich am Luftraum.

Streuungskoeffizienten (vgl. Emde, die Arbeitsweise der Wechselstrommaschinen, Teil II).

Koeffizient von Hopkinson

$$\frac{\text{Kraftfluß im Feldmagnet}}{\text{Kraftfluß im Anker}} = \nu.$$

Est ist $\nu > 1$. Der Wert $\dfrac{1}{\nu}$ ist eine dem Wirkungsgrad analoge Zahl.

Erweiterung von Blondel. Von dem Kraftfluß Φ_1, den Spule 1 erzeugt, gehe Φ_1' durch Spule 2, dann ist, wenn M der Koeffizient der gegenseitigen, L_1 und L_2 die Koeffizienten der Selbstinduktion sind, das Verhältnis der die Spule durchsetzenden Kraftflüsse

$$\frac{\Phi_1}{\Phi_1'} = \frac{L_1}{M} = \nu_1,$$

ebenso wenn man von Spule 2 ausgeht

$$\frac{\Phi_2}{\Phi_2'} = \frac{L_2}{M} = \nu_2.$$

Koeffizient von Behn-Eschenburg. Es ist stets

$$M^2 < L_1 L_2.$$

Man kann daher

$$M^2 = (1 - \sigma)\, L_1 L_2$$

setzen, daraus folgt:

$$\sigma = 1 - \frac{M^2}{L_1 L_2},$$

oder auch

$$1 - \sigma = \frac{1}{\nu_1 \nu_2}.$$

Koeffizienten von Heyland:

$$\tau_1 = \nu_1 - 1$$
$$\tau_2 = \nu_2 - 1.$$

(385) **Berechnung der Streuung.** Der Streufluß kann nach
Hopkinson berechnet werden, wenn man den Verlauf der Streu-
linien näherungsweise durch Überlegung oder Versuch bestimmt.
Für einen magnetischen Kreis $AYBZA$ (Fig. 157 bis 159) sind folgende
Gesetze nützlich: Der Kreis bestehe in seinen einzelnen Teilen aus
beliebigem verschiedenartigen Material und sei mit Windungen um-
geben, von denen jede von einem Strom beliebiger Stärke und
Richtung durchflossen ist.   Jedoch sei MN eine Symmetrieebene.
Zwischen A und B und zwischen C und D befinde sich ein Streufluß.

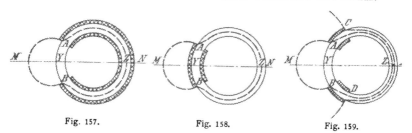

Fig. 157.   Fig. 158.   Fig. 159.

1. Die magnetische Potentialdifferenz zwischen A und B ist gleich
dem Überschuß der mit 0,4 π multiplizierten Amperewindungen auf
dem Teile BZA über die zur Magnetisierung dieses Teiles erforder-
liche MMK $\mathfrak{F}_{BA}$, Fig. 157. $\Delta V_{AB} = 0,4\,\pi \cdot (NI)_{BA} - \mathfrak{F}_{BA}$.

2. Die magnetische Potentialdifferenz zwischen AB ist gleich
dem Überschuß der zur Magnetisierung des Teiles AYB erforderlichen MMK $\mathfrak{F}_{AB}$ über die mit 0,4 π multiplizierten Amperewindungen
auf diesem Teile, Fig. 158. $\Delta V_{AB} = \mathfrak{F}_{AB} - 0,4\,\pi\,(NI)_{AB}$.

3. Die magnetische Potentialdifferenz zwischen C und D ist gleich
der Potentialdifferenz zwischen A und B vermehrt um den Überschuß
der zur Magnetisierung der Teile CA und BD erforderlichen MMKK
$\mathfrak{F}_{CA}$ und $\mathfrak{F}_{BD}$ über die mit 0,4 π multiplizierten Amperewindungen
auf diesen Teilen, Fig. 159. $\Delta V_{CD} = \Delta V_{AB} + (\mathfrak{F}_{CA} + \mathfrak{F}_{BD}) -$
$0,4\,\pi \cdot [(NI)_{CA} + (NI)_{BD}]$.

Die Amperewindungen sind positiv zu rechnen, wenn sie einen
Kraftfluß in der Richtung $AYBZA$ erzeugen.   Der Kraftfluß in einer
Röhre des Streuflusses ist gleich der magnetischen Potentialdifferenz
zwischen zweien ihrer Punkte dividiert durch ihren magnetischen
Widerstand zwischen den beiden Punkten.

Vgl. hierzu die Formeln von Forbes in (53).

Kapp gibt für die Berechnung der Streuung bei parallelen oder
nahezu parallelen Schenkeln an (Dynamomaschinen, 4. Auflage, S. 123),
Fig. 160, 161:

zw. d. Polschuhen $\Phi_{s_I} = 2,5\,NI\,\dfrac{hB}{a_0}$,

„ „ Schenkeln $\Phi_{s_{II}} = 1,25\,NI\,\dfrac{HB}{a}$, zw. d. Schenkelstirnseiten $\quad \Phi_{s_{III}} = 2\,NI \log\left(1 + \dfrac{\pi}{2}\left(\dfrac{a_1 - a}{a}\right)\right),$

„ „ Polschuhstirnseiten $\quad \Phi_{s_{IV}} = 4\,NI \log\left(1 + \dfrac{\pi}{2}\left(\dfrac{a_1 - a_0}{a_0}\right)\right).$

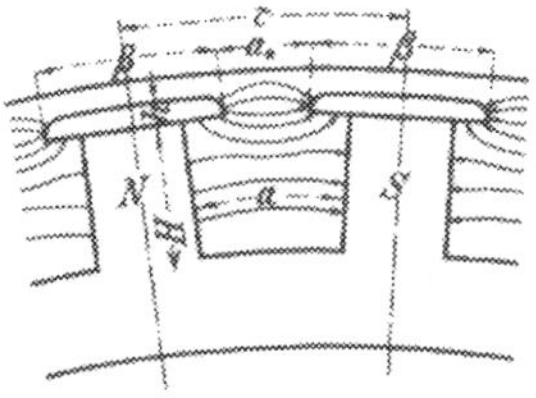

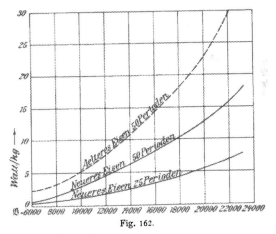

Fig. 160. 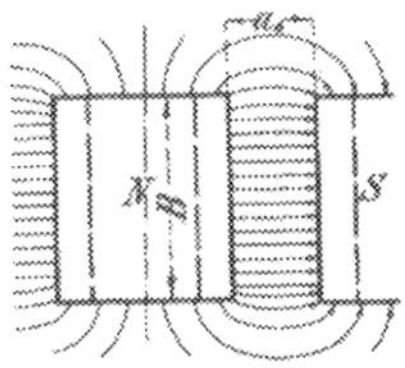   Fig. 161.

(386) **Hysterese und Wirbelströme.** Bei Wechselstromelektromagneten treten in dem vom Kraftfluß durchsetzten Eisen Verluste durch Hysterese und Wirbelströme, in sonstigen dem Kraftflusse ausgesetzten leitenden Körpern Wirbelströme auf. Die Verluste im Eisen können angenähert nach der Formel

$$V = \eta \cdot \nu\,\mathfrak{B}^{1/6} + \beta\,\nu^2\,\mathfrak{B}^2 \; \mathrm{Erg/cm^3}$$

berechnet werden (52). Man faßt diese Verluste unter der Bezeichnung Eisenverluste (besser Kernverluste, engl. coreloss) im Gegensatz

Fig. 162.

zu den Kupferverlusten (Wicklungsverlusten, Stromwärme), die in der Wicklung auftreten, zusammen. Für praktische Zwecke bedient man sich einer Darstellung in Kurven: Verlust in Watt-Sec für 1 cm³ oder für 1 kg Eisen und Periode, oder Verlust in Watt für bestimmte Periodenzahlen über der Kraftflußdichte, siehe Figur 162.

(387) Einfluß der Kurvenform der EMK. Wird durch den Wechsel im Magnetismus eine bestimmte effektive EMK induziert, so sind die Verluste bei flachen Kurven größer als bei sinusförmigen, und bei sinusförmigen größer als bei spitzen Kurven. Aus anderen Gründen ist trotzdem die Sinusform vorzuziehen.

Der Einfluß des Fabrikationsprozesses und der Behandlung der Bleche in den Werkstätten auf die hysteretischen Eigenschaften der Bleche ist ein bedeutender.

(388) Unterteilung des Eisens. Der Eisenkörper der Wechselstrommagnete ist mit Rücksicht auf die Ummagnetisierung behufs Einschränkung der Wirbelstrombildung zu unterteilen (Draht oder meistens auf Spezialmaschinen einseitig mit Papier von 0,03 mm Stärke beklebte oder lackierte Bleche von 0,5 mm bis 0,3 mm Stärke; Endbleche ca. 2 mm stark; zum Zusammenhalten durch Papierröhren isolierte Niete oder Schraubenbolzen). Die Papierisolation ist allein nicht zuverlässig genug, daher werden häufig in Abständen von 1—2 cm Einlagen von Zeichenpapier in die Kerne gebracht. Sofern die Kerne bearbeitet werden müssen, muß ein Verschmieren der Flächen vermieden werden. Man verwendet spezielle Drehstähle oder Stirnfräser. Die Blechstärken sind vom V. D. E. normalisiert worden.

Die Ebene der Bleche muß senkrecht zur Richtung der induzierten EMK gelegt werden. Beim Übertritt der Kraftlinien von einem Blech in ein benachbartes findet Wirbelstrombildung statt. Man vermeidet sie möglichst durch Anordnung sehr großer Übergangsquerschnitte, zB. durch breite Überlappung. Metallene Spulenkastenflansche sind so aufzuschneiden, daß sie den Magnetkern nicht metallgeschlossen einschließen. Bei alledem bleibt doch ein Rest von Wirbelströmen, der entmagnetisierend wirkt und die Wirkung des Magnets abschwächt. Bei der Ummagnetisierung wird das Eisen in Vibration versetzt und brummendes Geräusch verursacht. Das Geräusch ist bei mäßiger Kraftflußdichte verschwindend, besonders wenn der magnetische Kreis ganz eisengeschlossen gemacht oder fest verschraubt wird.

(389) Selbstinduktion der Spulen. Wenn Φ der die Spule durchsetzende Kraftfluß, L der Koeffizient der Selbstinduktion ist, so gilt für eisenfreie Spulen und angenähert für Spulen mit wenig gesättigtem Eisenkern

$$LI = N\Phi \cdot 10^{-8}$$

und

$$L = cN^2$$

$N\Phi$ sind die Kraftflußwindungen. Bei größerer Sättigung ist

$$L\frac{dI}{dt} = N \cdot \frac{d\Phi}{dt} \cdot 10^{-8},$$

woraus

$$L = N \cdot \frac{d\Phi}{dI} \cdot 10^{-8}$$

folgt. L hängt dann von der Sättigung ab.

Durchsetzt der ganze Kraftfluß nicht alle Windungen, so muß man den Kraftfluß jeder Windung feststellen. Die Kraftflußwindungen sind dann

$$\Sigma\Phi.$$

Der Selbstinduktionskoeffizient ist dem Quadrate der Windungszahl proportional. Bei Wechselstrom ist die Stromstärke

$$I = \frac{P}{\sqrt{R^2 + (2\pi\nu L)^2}},$$

worin P die Spannung, oder, wenn die Selbstinduktion gegenüber
dem Ohmschen Widerstand sehr groß ist, nahezu

$$I = \frac{P}{2\pi\nu L}.$$

Elektromagnete für Wechselstrom erhalten daher bei gegebener Spannung
erheblich weniger Windungen als solche für Gleichstrom und verlangen
für gleiche Amperewindungszahl höhere Stromstärke.

(390) **Zugkraft der Magnete.** Zwei einander gegenüberstehende
Pole üben (95) die Zugkraft

$$P = \frac{\mathfrak{B}^2 S}{8\pi \cdot 981 \cdot 10^3} \text{ kg}^*$$

aufeinander aus.

Bei 5000 Kraftlinien auf 1 cm² ist der Zug gleich 1,014 kg*/cm²
d. i. rund 1 kg*/cm². Die Entfernung der Polflächen ist zunächst
gleichgültig, doch ist zu beachten, daß die Kraftlinien sich ausbreiten, wenn man die Polflächen voneinander entfernt; S wird größer,
$\mathfrak{B}$ kleiner, der Zug kleiner. Bemerkenswert ist, daß Pole, besonders solche mit Polschuhen, eine starke Anziehung nach dem
Joch zu erhalten. Beträgt zB. die Fläche am Joch 20×20 cm, am
Polschuh 31×20 cm, so ist die Zugkraft am Joch für eine Kraftliniendichte von 14000 gleich 3180 kg*, an der Polfläche bei 10 % Streuung
und der Kraftliniendichte 9000 gleich 2400 kg*, der Pol wird daher
mit 1140 kg* gegen das Joch gedrückt.

(391) **Hubmagnete.** Elektromagnete mit entweder geradlinig
fortschreitender oder drehender Bewegung des Ankers finden vielfach

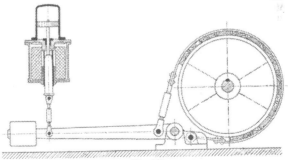

Fig. 163.

Anwendung zur Lüftung der Bremsen an Windwerken. Konstante
Kraft längs des ganzen Hubes ist nicht erforderlich, dagegen muß
der Übertragungsmechanismus der Arbeitsweise des Magnetes angepaßt sein. Die Größe des Hubmagnetes wird zweckmäßig nach der

Arbeit bemessen, die er leisten kann. Der zahlenmäßigen Vorausberechnung sind die Konstruktionen wenig zugänglich. Die Stromwärme darf meist groß sein (intermittierender Betrieb). Die Schaltung ist so zu treffen, daß der erregte Hubmagnet die Bremse lüftet, damit beim Ausbleiben des Stromes die Bremse einfällt. Die Bewicklung wird entweder als Reihenschlußwicklung (Hubmagnet im Ankerstromkreis des Windwerkmotors) oder als Nebenschlußwicklung (Hubmagnet parallel zum Motor) oder als Doppelschlußwicklung (Kombination beider Arten) ausgeführt. Bei Wechselstrom ist nur Nebenschlußschaltung möglich. Bei Nebenschlußwicklung ist mit Rücksicht auf die Selbstinduktion sehr starke Isolation erforderlich. Ausführungsarten zeigen schematisch Fig. 163 u. 164; der Formgebung des Ankers ist auf Grund von Versuchen besondere Sorgfalt gewidmet worden (vgl. ETZ 1901, S. 148, 175, 542; 1902, S. 131. Bei Wechselstrom wird auch das Prinzip des Induktionsmotors benutzt.

Hubmagnete finden auch Anwendung zur Bewegung von Schaltern (als sogenannte Stromschützen), insbesondere bei Ausrüstung von Motorwagen für Eisenbahnen. Vgl. Elektr. Bahnen, 1903, S. 74 ff.

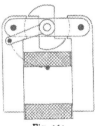

Fig. 164.

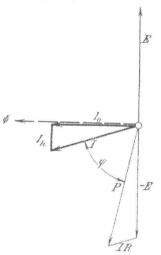

Fig. 165.

(392) **Drosselspulen.** Wechselstrommagnete können benutzt werden, um ohne großen Leistungsverlust überschüssige Spannung abzudrosseln. Die effektive EMK ist, sinusartiger Verlauf vorausgesetzt:

$$E = \frac{2\pi \nu N S \mathfrak{B}}{\sqrt{2}} \cdot 10^{-8} = 4{,}44 \, \nu N S \mathfrak{B} \, 10^{-8}$$

und eilt in der Phase dem Kraftfluß $\Phi = S\mathfrak{B}$ oder den Kraftflußwindungen $N\Phi$ um 90 Grad nach. Diagramm Fig. 165. Zur Erzeugung des Kraftflusses Φ dient die Stromstärke I bestehend aus der wattlosen Komponente I_o und der die Verluste durch Hysterese und Wirbelströme deckenden Wattkomponente I_h. Hiervon fällt I_o in die Richtung von Φ, I_h steht senkrecht auf Φ und ist E genau entgegengerichtet. Die Gesamtstromstärke I wird nach der Hopkinsonschen

Methode, die Arbeitskomponente I_h aus den Eisenverlusten nach der Formel $V_E = I_h \cdot E$ berechnet. Die Klemmenspannung P muß $-E$ und den durch den Widerstand R der Wicklung verursachten Spannungsverlust IR (IR hat gleiche Phase mit I) decken; P ist die geometrische Summe von $-E$ und IR; zwischen der Spannung P und der Stromstärke I besteht die Phasenverschiebung φ, die bei eisengeschlossenem Kreise etwa 40 bis 45°, bei offenem magnetischen Kreise bis zu 80° beträgt.

(393) **Berechnung der Drosselspulen.** Gegeben sind Drosselspannung und Stromstärke. Wird bei gegebener Netzspannung die Abdrosselung einer bestimmten Spannung verlangt, so ist zur Ermittlung der Drosselspannung die Phasenverschiebung zwischen Stromstärke und Drosselspannung und zwischen Netzspannung und Drosselspannung zu beachten. Die Einstellung der Stromstärke geschieht durch Wahl der passenden Länge l des Luftwegs. Bei Vernachlässigung des Widerstands des Kraftlinienweges im Eisen und Annahme konstanten Querschnitts S gelten folgende Gleichungen:

$$0{,}4\,\pi\,\sqrt{2}\,NI = \mathfrak{B}\,l$$
$$\sqrt{2}\,E = 2\,\pi\,\nu\,NS\mathfrak{B}\,10^{-8}$$

und daraus

$$V_L = Sl = 0{,}4\,\frac{IE}{\nu\mathfrak{B}^2}\,10^8.$$

Für die scheinbare Leistung EI ist also das Volumen des Luftweges bestimmend. Zur Vermeidung von Kraftlinienausbreitung mache man l klein im Verhältnis zu S und lege den Luftspalt möglichst in die senkrecht zur Längsachse stehende Symmetrieebene der Spulen. Der Luftspalt wird durch Preßspan, Eisenfilz oder dergleichen ausgefüllt, und die Eisenteile werden fest verspannt, um Brummen zu vermeiden. Drosselspulen mit offenem magnetischen Kreis sind wegen Streuung in den äußeren Raum, wegen Auftretens von Wirbelströmen in den Enden und wegen der Schwierigkeit der Justierung nicht zu empfehlen. Die Windungszahl ergibt sich aus obigen Gleichungen nach Wahl der Kraftliniendichte, der Drahtquerschnitt aus der zulässigen Stromwärme und dem vorgeschriebenem Leistungsverlust.

Liegen Querschnitt und Windungszahl fest, so ergibt sich von selbst die Bemessung des erforderlichen Wickelraumes der Spulen, der Länge des Eisenkerns, der Form und Länge der Jochstücke. Die Berechnung der Verluste im Eisen gibt ein Urteil darüber, ob die gewählten Größenverhältnisse beibehalten werden können, oder ob Abänderungen erwünscht sind. Die genaue Einstellung der bei gegebener Klemmenspannung gewünschten Stromstärke oder der bei gegebener Stromstärke gewünschten Klemmenspannung geschieht durch Veränderung der Luftstrecken.

II. Abschnitt.

Transformatoren.

(394) Benennungen. Transformatoren sind Apparate zur Umwandlung elektrischer in Form von Wechselströmen gegebener Leistung in elektrische Leistung, ohne Zuhilfenahme bewegter Teile, insbesondere zum Zweck der Herabsetzung oder Erhöhung der Spannung, während der Puls stets unverändert bleibt. Sie bestehen aus zwei oder mehr durch einen oder mehrere magnetische Kreise verketteten Wicklungssystemen. Die die elektrische Leistung vom Netz empfangende Wicklung heißt die primäre, die übrigen Wicklungen die sekundären. Das Verhältnis der Windungszahlen zweier durch einen magnetischen Kreis verketteten Spulen nennt man ihr Übersetzungsverhältnis Ein Transformator hat den Verbrauch an Leistung L_1 bei der Spannung P_1 und gibt die Leistung L_2 bei der Spannung P_2 ab; L_2 ist gleich L_1 vermindert um die Leistungsverluste im Transformator. Im belasteten Transformator sind die Stromstärken in der Primär- und Sekundärwicklung den Spannungen annähernd umgekehrt proportional.

Fig. 166.   Fig. 167.   Fig. 168.

Man unterscheidet Transformatoren für Wechselstrom, Zweiphasenstrom, Drehstrom usw., und solche für Übergang von Zweiphasenstrom in Drehstrom oder von Drehstrom in Zweiphasenstrom. Transformatoren für Wechselstrom haben in der Regel nur einen magnetischen Kreis, der entweder auch einfach geschlossen ist — Kerntransformatoren — oder mehrfach, meist zweifach geschlossen — Manteltransformatoren. Transformatoren für Mehrphasenstrom haben entsprechend der Phasenzahl mehrere magnetische Kreise. Gebräuchliche Typen stellen die Fig. 166, 167, 168 dar.

Transformatoren für Drehstrom werden entweder durch Kombination von 3 Wechselstromtransformatoren in Stern- oder Dreieckschaltung hergestellt, ein Verfahren, das besonders in der amerikanischen Praxis, bei uns dagegen nur bei sehr großen

Leistungen üblich ist, oder mit 3 Säulen für die drei Stromkreise mit gemeinsamen Jochen. Gebräuchlich sind namentlich 2 Formen. Entweder werden die 3 Säulen in einer Ebene angeordnet und durch gerade gestreckte Joche miteinander verbunden (Fig. 169), oder sie werden in gleichen Abständen parallel zueinander angeordnet und durch geeignete Joche verbunden, Fig. 170.

(395) Der magnetische Kreis der Transformatoren wird zur möglichsten Herabminderung des Leerlaufstromes (Magnetisierungskomponente) gewöhnlich in Eisen geschlossen. Die offene Form des magnetischen Kreises ist nur üblich bei den sogenannten Induktorien und ohne Erfolg von Swinburne bei seinem Igeltransformator angewendet. Transformatoren mit kurzen Lufträumen kommen vereinzelt für besondere Zwecke vor (vgl. 396 b) u. c)).

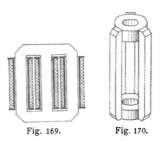

Fig. 169.   Fig. 170.

Bei der Herstellung des eisengeschlossenen magnetischen Kreises ist Rücksicht zu nehmen auf die Möglichkeit des Aufbringens der für sich hergestellten Wicklungsspulen. Es gibt zwei grundsätzlich verschiedene Lösungen. Entweder werden die einzelnen Teile des Blechkörpers an den erforderlichen Unterbrechungsstellen bearbeitet, wobei Verschmieren der Bleche (vergl. 388) durch Anwendung geeigneter Spezialwerkzeuge zu vermeiden ist, und dann mit stumpfem Stoß zusammengesetzt. Bei dieser Anordnung ist für sehr festes Aufeinanderpressen der einzelnen Teile zur Vermeidung von Brummen zu sorgen. Oder man verbindet die einzelnen Teile nach Art der Verzinkung von Kistenwänden durch Überblattung, indem man die Kerne aus Paketen von je etwa 10 längeren und 10 kürzeren Blechen abwechselnd zusammensetzt und die so gebildeten Zinken ineinandergreifen läßt (vergl. 388). Überblattung bietet mehrere Vorteile; man bekommt eine sehr einfache Zusammensetzung des Eisenkörpers, und man kann den erforderlichen Magnetisierungsstrom auf die Hälfte bis auf den dritten Teil des bei stumpfem Stoß erforderlichen Betrages herabsetzen. Überblattung wird schwierig und stumpfer Stoß ungünstig, wenn die Ebenen der Bleche an den Verbindungsstellen sich rechtwinklig kreuzen. Konstruktionen, die zu solchen Anordnungen führen, werden daher besser vermieden; sind sie unvermeidlich, so muß bei stumpfem Stoß durch Zwischenlegen von Papier die sonst sehr starke Wirbelstrombildung an der Stoßstelle eingeschränkt werden, was freilich nur auf Kosten einer Erhöhung des Magnetisierungsstromes möglich ist.

(396) Übersetzungsverhältnis. Die wirksamen Mittelwerte der in den beiden Wicklungen induzierten EMKK sind bei sinusartigem Verlauf

$$E_1 = \frac{2\,\pi}{\sqrt{2}} \cdot \nu N_1 \Phi_1 \cdot 10^{-8} \text{ Volt} = 4{,}44 \cdot \nu N_1 \Phi_1 \, 10^{-8} \text{ Volt,}$$

$$E_2 = 4{,}44 \cdot \nu N_2 \Phi_2 \cdot 10^{-8} \text{ Volt.}$$

In gut eisengeschlossenen Transformatoren ist bei Leerlauf $\Phi_1 = \Phi_2$, daher $\dfrac{E_1}{E_2} = \dfrac{N_1}{N_2}$. Vergl. Normalien-Definitionen. Aus dem Diagramm (Fig. 177) folgt, daß das Übersetzungsverhältnis $\dfrac{N_1}{N_2}$ dann auch gleich dem Verhältnis der Klemmenspannungen bei Leerlauf und gleich dem umgekehrten Verhältnis der Stromstärken bei kurzgeschlossener Sekundärwicklung ist. Man unterscheidet Transformatoren mit festem und solche mit veränderlichem Übersetzungsverhältnis.

Transformatoren mit festem Übersetzungsverhältnis erhalten primäre und sekundäre Wicklungen von bestimmten Windungszahlen und unveränderlicher Lage.

Transformatoren mit veränderlichem Übersetzungsverhältnis werden angewandt, wo eine Regulierung der Spannungen erwünscht ist. Man kann das Übersetzungsverhältnis ändern:

a) durch Zu- und Abschalten von Windungen mittels eines nach Art der Zellenschalter für Akkumulatoren gebauten Windungsschalters. Der Übergangswiderstand zwischen den beiden Bürsten ist dabei so zu bemessen, daß der Kurzschlußstrom in der ab- oder zuzuschaltenden Windungsgruppe den normalen Wert der Stromstärke nicht überschreiten kann. Bei Veränderung der primären Windungszahl ändert sich die Kraftliniendichte im Eisen, man darf diese also nicht zu weit verringern. Eine Veränderung der sekundären Windungszahl ist in weitesten Grenzen zulässig. Man beachte aber, daß die übrigbleibenden Windungen möglichst symmetrisch über den ganzen magnetischen Kreis verteilt sein müssen, damit örtliche Streuungen vermieden werden;

Fig. 171.   Fig. 172.

b) das Übersetzungsverhältnis kann geändert werden durch Veränderung der gegenseitigen Stellung der Spulen (Fig. 171). Solche Apparate gestatten kontinuierliche Veränderung und sehr feine Einstellung, bedingen aber des unvermeidlichen Luftraums wegen ziemlich große Magnetisierungsstromstärke. Konstruktion ähnlich der der Induktionsmotoren;

c) Veränderung ist auch möglich durch Verstellen eines Joches oder Ankers J (Fig. 172). Diese Methode ist ziemlich unvollkommen;

d) für Zwecke untergeordneter Art (Verdunklungsschalter) oder für kurzzeitige Regulierung findet sich vereinzelt die Anwendung metallischer Schirme vor der Sekundärwicklung zum Abdrosseln der Kraftlinien durch Wirbelstrombildung. Das Verfahren wird insbesondere auch bei Schweißeinrichtungen benutzt.

(397) Gerüst. Die Transformatoren erhalten in der Regel ein aus Gußeisen oder Schmiedeeisen hergestelltes Gerüst zur Versteifung, oder sie werden in ein Gehäuse eingesetzt, das mit Öl gefüllt wird. Zur Füllung verwendet man absolut säurefreie Spezialöle (zB. Transilöl, geliefert von der Vakuum-Öl Co. zu ca. 44 M. (verzollt) für 100 kg) mit hohem Entflammungspunkt. Die Gehäuse der Öltransformatoren sind geräumig und mit möglichst großer Oberfläche auszuführen, damit das Öl zirkulieren und seine Wärme leicht abgeben kann. Bis 10 KW genügen einfache Gußkasten. Für größere Leistungen verwendet man möglichst gelötete Wellblechkasten (Weißblech). Für sehr große Transformatoren führt die AEG die Gehäuse mit besonderen Seitenkasten aus, in denen das Öl während der Abkühlung spezifisch schwerer wird, herabsinkt und so das in dem kommunizierenden Hauptgefäß befindliche Öl zum Aufsteigen zwingt, so daß eine die Kühlung fördernde Flüssigkeitsbewegung entsteht. Wo Wasser verfügbar ist, werden die Gefäße sonst auch so ausgeführt, daß über dem eigentlichen Transformator ein größerer Ölraum verbleibt, in den eine Kühlschlange eintaucht, durch die beständig Kühlwasser fließt. Luftgekühlte Transformatoren werden entweder so ausgeführt, daß durch Gebläse Luft durch die einzelnen Teile des Transformators geblasen wird, oder so, daß lediglich die auf natürlichem Wege zum Transformator hinzutretende Luft die Wärme abführt. Das letztere Verfahren ist nur bei mittleren und kleineren Transformatoren anwendbar, bei großen Typen würde es zu unverhältnismäßig großem Materialaufwand zwingen. Kleine Transformatoren mit natürlicher Luftkühlung werden häufig zum Schutz gegen zufällige Berührung mit einem Schutzmantel aus gelochtem Blech versehen. Da auch bei grober Lochung eine sehr beträchtliche Luftdrosselung auftritt, ist sorgfältig darauf zu achten, daß die Luftzirkulation nicht beeinträchtigt wird und daß namentlich der Fuß und der Deckel des Transformators so gestaltet werden, daß ein möglichst großer Luftdurchzug verbleibt.

Die kühlende zirkulierende Flüssigkeit (Luft oder Öl) muß sowohl zu der Oberfläche des Eisenkörpers wie zu den inneren und äußeren Oberflächen der Wicklungen Zutritt haben, um die Wärme gut abzuführen.

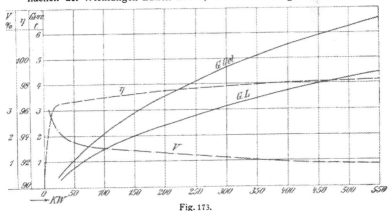

Fig. 173.

Mittlere Gewichte von Öltransformatoren mit Öl *(G Öl)* und ohne Öl *(GL)*, sowie ihre Kernverluste *(V)* und ihren Wirkungsgrad η zeigt Fig. 173.

(398) Bewicklung der Transformatoren. Man ordnet die Wicklungen stets so an, daß jeder Schenkel sowohl einen Teil der Primärwicklung wie einen Teil der Sekundärwicklung erhält. Die Spulen werden entweder konzentrisch übereinander geschoben — in diesem Falle ist es der Isolation wegen meist zweckmäßiger, die Niederspannung nach innen, die Hochspannung nach außen zu legen — oder man ordnet die Spulen nebeneinander an, wobei Primär- und Sekundärspulen miteinander abwechseln. Häufige Unterteilung ist dabei zur Verringerung der Streuung notwendig. Für die Herstellung der Wicklung gilt im allgemeinen dasselbe wie für die Herstellung der Wicklung gewöhnlicher Elektromagnete (vergl. 378).

Die Wicklung kann bei kleinen Transformatoren — bis höchstens 5 KW — direkt auf den mit Öltuch, Preßspan oder dergleichen isolierten Kern aufgebracht werden. Kupferaufwand und Streuung fallen dann besonders gering aus. In der Regel und bei größeren Transformatoren immer stellt man besondere Spulenkasten her, bei kleineren Leistungen gemeinsame Kasten für beide Wicklungen, bei größeren Leistungen und höheren Spannungen getrennte Kasten für beide Wicklungen. Die Spulenkasten können auch fortgelassen werden, wenn man dünndrähtige Spulen durch Umschnürungen in sich festigt und mit Hüllen von ausreichender Isolierfestigkeit umgibt. Wicklungen aus Flachkupfer besitzen in der Regel Halt genug und bedürfen lediglich isolierender Zwischenstücke, die einfach eingelegt werden. Beim Aufbau der Manteltransformatoren für große Leistungen werden häufig die Hochspannungs- und die Niederspannungsspulen nebeneinandergelegt. Die Querschnitte werden so gewählt, daß in radialer Richtung vom Eisenkern aus die Kupferabmessung möglichst gering bleibt (Kupferband), weil sich andernfalls eine oft bedeutende Erhöhung der Stromwärme infolge ungleichförmiger Verteilung der Stromstärke über den Kupferquerschnitt (auch Wirbelströmen im Kupfer zugeschrieben) einstellt, vergl. ETZ. 03, S. 674. Spulen mit vielen Windungen sind mit Rücksicht auf die Spannung zwischen benachbarten Drähten zu unterteilen. Bei der Herstellung der Spulenkasten ist namentlich auf gut abdichtende Isolation und die Vermeidung von Oberflächenleitung und kapillaren Wegen zu achten. Spulenkasten werden aus Preßspahn mit oder ohne Glimmereinlage, aus Ambroin, gepreßter Papiermasse, Eisengummi, Vulkanasbest und bei sehr hohen Spannungen aus Mikanit, Porzellan oder aus gewickeltem und präpariertem Papier hergestellt; zu beachten ist, daß gewöhnlich Mikanit nur bei luftgekühlten Transformatoren Verwendung finden darf. Öl beeinträchtigt die Isolierfestigkeit der meisten Mikanitsorten außerordentlich. Es empfiehlt sich, Spulen für luftgekühlte Transformatoren im Vakuumofen mit geeigneter Isolationsmasse zu imprägnieren. Hochspannungstransformatoren für Meßzwecke werden von einigen Firmen mit Spulenkasten aus Porzellan versehen und im Vakuum mit Isoliermasse ausgegossen.

Bei der Herstellung der Wicklung ist Rücksicht darauf zu nehmen, daß das Gewicht der einzelnen Spulenkörper in niedrigen Grenzen gehalten wird, damit das Hantieren beim Aufbau des Transformators nicht in unzulässiger Weise erschwert wird.

Bei Hochspannungsanlagen ist es häufig erforderlich, daß sehr kleine Hilfsapparate, zB. zum Antrieb selbsttätiger Reguliervorrichtungen und dergleichen angeschlossen werden. In diesem Fall ist es zweckmäßig, eine besondere sekundäre Spule für die entsprechende Spannung und Leistung neben der normalen sekundären Spule anzubringen.

(399) Isolation. Prüfung. Bei der Herstellung der Transformatorenspulen ist ebenso wie bei der Wicklung von Wechselstrommagneten (379) auf sorgfältige Isolation der einzelnen Windungen zu sehen. Die Spulen müssen nach ihrem Einbau einer scharfen Prüfung sowohl auf Isolierfestigkeit als auch auf tadellosen Zustand der Isolation unterworfen werden. Daher ist im allgemeinen zur Probe ein Betrieb des Transformators unter voller Belastung während einiger Stunden unumgänglich. Um einen solchen ohne große Energieverschwendung zu ermöglichen, kann man sich der von Kapp angegebenen Schaltung (Fig. 174) bedienen, wenn man zwei gleiche Transformatoren A und B zur Verfügung hat. Ein Zusatztransformator C, in dessen Primärwickelung noch ein Regulierwiderstand RW eingeschaltet ist, stört das Gleichgewicht und erzeugt die volle Stromstärke in den Transformatoren. Man kann auch durch Superposition von Gleichstrom und Wechselstrom in der Schaltung nach Fig. 175 den Leistungsverbrauch nach Möglichkeit herabsetzen.

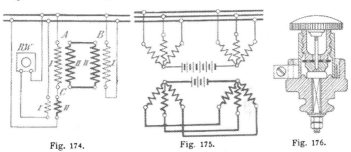

Fig. 174.　　　　Fig. 175.　　　　Fig. 176.

(400) Spannungssicherungen. Nach den Sicherheitsvorschriften des Verbandes Deutscher Elektrotechniker § 25 muß bei Transformatoren in besonderer Weise verhindert werden, daß ein Übertritt von Hochspannung in Stromkreise für Niederspannung, sowie das Entstehen hoher Spannungen in den letzteren vorkommt. Man versieht daher neuerdings durchweg die Niederspannungsspulen der Transformatoren mit Spannungssicherungen (Fig. 176). Das sind kurze Funkenstrecken, zB. durch zwei aufeinandergepreßte Metallplatten mit dazwischenliegender gelochter Glimmerscheibe in Form eines Stöpsels gebildet, die mit einer Zuleitung an der Sekundärwicklung (zB. deren Mittelpunkt) und mit der anderen an Erde liegen und durchschlagen werden, sobald Hochspannung in der Niederspannungswicklung auftritt. Durch Zusammenschweißen, das schon bei sehr geringen Stromstärken (zB. Ladungsströmen) eintritt, entsteht eine dauernde Erdung der Sekundärwickelung. Nach § 25d müssen Transformatoren außerhalb elektrischer Betriebsräume entweder allseitig in geerdete Metallgehäuse eingeschlossen oder in besonderen Schutzverschlägen untergebracht werden. Nach e sollen an jedem Transformator, mit Ausnahme von Meßtransformatoren, Vorrichtungen angebracht sein, die gestatten, das Gestell gefahrlos zu erden.

(401) **Streuung.** Die Kraftflüsse durch die primäre und die sekundäre Wicklung unterscheiden sich nach Größe und Phase. Stellt man sie durch Vektoren dar, so ist deren geometrische Differenz gleich der Streuung. Bei ineinanderliegenden Spulen bildet der zwischen der inneren und der äußeren Spule hindurchgehende Kraftfluß die Streuung. Die innere Spule erzeugt in diesem Raum überhaupt kein Feld oder nur ein so schwaches, daß man es für praktische Zwecke vernachlässigen kann. Die MMK für den Streufluß ist daher bei ineinanderliegenden Spulen $0,4 \pi N_a I_a$, wenn I_a die Stromstärke in der äußeren Spule ist. Als Querschnitt kann man den Ring ansehen, der den Raum zwischen den Wicklungen und nach jeder Seite noch ein Drittel der Wicklungstiefe umfaßt, als Länge, die für die Berechnung des magnetischen Kreises in Betracht kommt, die Spulenhöhe vermehrt um einen Zuschlag, dessen Größe sich nach der Konstruktion richtet und etwa 50 % (bei langen Spulen) bis 100 % (bei kurzen Spulen) beträgt. Es schließt sich nämlich ein großer Teil der Streulinien durch die Eisenjoche und der Rest findet in dem umgebenden Raume durch Ausbreitung einen so großen Querschnitt, daß der magnetische Widerstand verschwindend wird.

Bei nebeneinanderliegenden Spulen geht der Streufluß zwischen den primären und sekundären Spulen hindurch. Man kann als MMK $\dfrac{0,4 \pi \cdot (N_1 I_1 + N_2 I_2)}{2}$ annehmen, als Widerstand des Streuflusses den Pfad um eine Primärspule herum. Hierbei ist wieder zu beachten, daß innerhalb der Spule Eisen, außen der Querschnitt sehr groß, eventuell auch Eisen ist; es kommen also wesentlich die Teile des Pfades zwischen den Spulen in Betracht, wobei wieder ein Teil der Spulendicke (je etwa $^1/_6$) hinzuzuschlagen ist. Die Pfadlänge ist daher die doppelte radiale Abmessung vom Eisen bis zum Außenrand der Spulen, vermehrt um einen Zuschlag, der sich nach

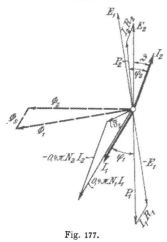

Fig. 177.

der Konstruktion richtet. Bei den Endspulen ist der magnetische Widerstand etwa halb so groß.

(402) **Transformatordiagramm bei konzentrischen Spulen und eisengeschlossenem magnetischen Kreis** (Fig. 177). Der die Sekundär-

wicklung durchsetzende Kraftfluß Φ_2 erzeugt die EMK E_2 in der Sekundärwicklung, gegen die die Stromstärke I_2 die Phasenverschiebung ϑ besitzt. Zieht man den Ohmschen Spannungsverlust $I_2 R_2$ von E_2 ab, so erhält man die sekundäre Klemmenspannung P_2. Zwischen I_2 und P_2 besteht die Phasenverschiebung φ_2. Zur Erzeugung von Φ_2 ist die MMK $\mathfrak{F}_2$ erforderlich. Da nun, geometrisch verstanden, $0,4\,\pi\,N_1 I_1 = [-\,0,4\,\pi\,N_2 I_2 + \mathfrak{F}_2]$ sein muß, so findet man leicht $0,4\,\pi\,N_1 I_1$ und durch Division mit $0,4\,\pi\,N_1$ die primäre Stromstärke I_1. Addiert man zu Φ_2 die Streuung Φ_s, die gleichphasig mit I_1 angenommen werden kann, so erhält man Φ_1 und senkrecht dazu die in der Primärwicklung erzeugte EMK E_1. Die primäre Klemmenspannung P_1 ist gleich $[-\,E_1 + I_1 R_1]$.

(403) **Spannungsverlust im Transformator.** Reduziert man alle Größen der Primärwicklung auf die Windungszahl der Sekundärwicklung, so hat man I_1 mit $\dfrac{N_1}{N_2}$, E_1, P_1 und die Spannungsverluste im Primärkreis mit $\dfrac{N_2}{N_1}$ zu multiplizieren. Die reduzierten Größen

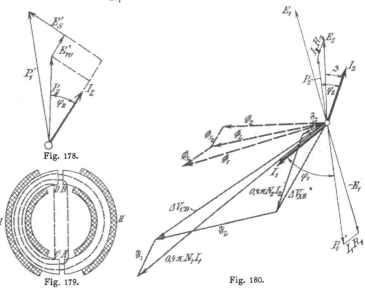

Fig. 178.

Fig. 179.   Fig. 180.

sollen durch einen Strich gekennzeichnet werden. Man kann sich nun denken, daß E_1' die Summe von zwei EMKK ist, nämlich von E_2 und E_s', wobei E_s' durch Φ_s erzeugt wird. Man hat nun

$$P_1' = [E_1' + (I_1 R_1)']$$
$$= [E_2 + E_s' + (I_1 R_1)']$$
$$= [P_2 + (I_2 R_2) + E_s' + (I_1 R_1)'],$$

daher $\qquad P_1' - P_2 = [E_s' + (I_2 R_2) + (I_1 R_1)'].$

Der **Spannungsabfall** setzt sich also zusammen aus den Spannungsverlusten durch Ohmschen Widerstand und aus dem induktiven Spannungsverlust E_s'. Da I_1 und I_2 bei größerer Belastung nahezu 180 Grad Phasenverschiebung gegeneinander haben, so sind im Diagramm mit großer Annäherung (I_2W_2) und $(I_1W_1)'$ zueinander und zu I_2 parallel zu zeichnen, während E_s' senkrecht auf I_2 steht (Fig. 178). Hierbei ist

$$(I_2R_2) + (I_1R_1)' = E'_w.$$

Der induktive Spannungsverlust ist um so geringer, je geringer der Querschnitt des Streuflusses ist. Hochspannungstransformatoren haben daher wegen des größeren Abstandes der Spulen der Primär- und der Sekundärwicklung voneinander und infolge der erforderlichen dickeren Isolierschichten einen höheren induktiven Spannungsverlust als Transformatoren für geringere Spannungen.

(404) Das allgemeine Transformatordiagramm für Transformatoren mit nebeneinanderliegenden Spulen und Luftspalt (Fig. 179). Der Kraftfluß Φ_2 erzeugt E_2, Fig. 180. Für gegebenes I_2 ergibt sich P_2 wie in (402). Die Magnetisierung der rechten Ringhälfte erfordert die MMK $\mathfrak{F}_2$. Die Potentialdifferenz zwischen A und B ist daher, vergl. (385,2)

$$\Delta V_{AB} = [\mathfrak{F}_2 - 0{,}4\,\pi\,N_2 I_2].$$

ΔV_{AB} erzeugt den sekundären Streufluß Φ_{s2}. Im Luftspalt herrscht daher der Kraftfluß

$$\Phi_L = [\Phi_2 + \Phi_{s2}].$$

Um diesen durch die Luft zu treiben, ist eine MMK $\mathfrak{F}_L$ erforderlich, die zu ΔV_{AB} addiert die Potentialdifferenz zwischen C und D ergibt, weil

$$\Delta V_{CD} = [\Delta V_{AB} + \mathfrak{F}_L].$$

ΔV_{CD} erzeugt den primären Streufluß Φ_{s1}, der zu Φ_L addiert den primären Kraftfluß Φ_1 ergibt. Um die rechte Ringhälfte zu magnetisieren, ist noch die MMK $\mathfrak{F}_1$ erforderlich, die zu ΔV_{CD} addiert die Größe $0{,}4\,\pi\,N_1 I_1$ ergibt, weil [vergl. (385,1)]

$$\Delta V_{CD} = 0{,}4\,\pi\,N_1 I_1 - \mathfrak{F}_1.$$

Dadurch ist die Phase von I_1 festgelegt. Die weitere Konstruktion ergibt sich genau wie in (402). Bei der in Fig. 179 skizzierten Anordnung ist die Streuung erheblich, sie wird um so mehr verringert, je öfter man primäre und sekundäre Spulen miteinander abwechseln läßt. Das Diagramm bleibt dabei im wesentlichen dasselbe.

(405) Einfluß der Phasenverschiebung auf den Spannungsabfall. Die Fig. 178 zeigt, daß der induktive Spannungsverlust einen großen Spannungsabfall bei stark induktiver Belastung (zB. durch Induktionsmotoren), einen geringeren Spannungsabfall bei induktionsfreier Belastung verursacht. Bei voreilendem Strom kann durch den induktiven Spannungsabfall sogar Spannungserhöhung eintreten. Für die Spannung, die Stromstärke und den Leistungsfaktor des Primärkreises findet man aus Fig. 178 die Formeln:

$$P_1' = \sqrt{(P_2 \cos \varphi_2 + E'_w)^2 + (P_2 \sin \varphi_2 + E'_s)^2},$$

$$\cos \varphi_1 = \frac{P_2 \cos \varphi_2 + E'_w}{P_1'}.$$

Kapps Diagramm für konstante Stromstärke und konstante Primärspannung bei variabler Phasenverschiebung (Fig. 181).

Wird die Richtung des Stromvektors I_2 festgehalten, so hat das Dreieck der Spannungsverluste ABC eine feste Lage. Der um C mit $P_1 = CO$ geschlagene Kreis ist der geometrische Ort des Punktes O. Die Verbindungslinie eines Punktes O auf diesem Kreise mit A ist die Sekundärspannung P_2. Schlägt man auch um A einen Kreis mit CO, so gibt der Schnittpunkt O_0 die Phasenverschiebung $O_0 A O$, bei der kein Spannungsverlust auftritt, und allgemein der Abschnitt OQ zwischen beiden Kreisen auf einem von A gezogenen Vektor den Spannungsverlust bei der Phasenverschiebung φ.

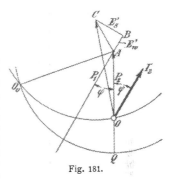

Fig. 181.

Aus dem Diagramm ist ersichtlich, daß, wenn AB größer als BC ist, der Spannungsabfall bei induktionsfreier Belastung nicht mehr geringer als bei induktiver ausfällt.

(406) **Einfluß des Pulses auf die Leistung.** Wenn bei gegebener Windungszahl N die Leistung konstant bleiben soll, so muß auch das Produkt $v\mathfrak{B}$ konstant bleiben. $\mathfrak{B}$ kann über eine bestimmte Grenze nicht gesteigert werden. Die Leistung muß daher mit sinkender Periodenzahl abnehmen. Die Wirbelstromverluste bleiben, so lange $v\mathfrak{B}$ konstant ist, auch konstant. Die Hystereseverluste wachsen mit abnehmendem Puls, daher auch die Gesamtverluste.

(407) Die **Überlastungsfähigkeit** von Transformatoren ist sehr groß, sofern der bei starker Überlastung auftretende Spannungsabfall keine Betriebsstörung verursacht. Für kurzzeitige Betriebe werden Überlastungen bis zu 300 %, für intermittierende solche bis zu 200 % zugelassen. Die Überlastungsfähigkeit von Öltransformatoren ist wesentlich eine Funktion der Wärmekapazität der Ölfüllung.

(408) **Der Wirkungsgrad eines Transformators** ändert sich mit der Belastung (vergl. Fig. 182).

Für wohlfeile Erreichung hohen maximalen Wirkungsgrades ist hohe Materialbeanspruchung günstig, doch stehen ihr Erwärmungsrücksichten im Wege: da sie sich am besten bei Öltransformatoren ermöglichen läßt, so kommt man mit Öltransformatoren auf sehr hohen Wirkungsgrad. Bei luftgekühlten Transformatoren läßt sich gleich hoher Wirkungsgrad nur bei sehr hohem Materialaufwande erreichen.

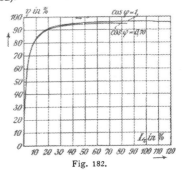

Fig. 182.

Jahreswirkungsgrad heißt das Verhältnis der in einem Jahre abgegebenen sekundären Arbeit zur im gleichen Zeitraum verbrauchten primären Arbeit. Der Jahreswirkungsgrad ist um so höher, je geringer die Eisenverluste des Transformators sind. Um einen hohen Jahreswirkungsgrad bei solchen Transformatoren zu erzielen, die mit verhältnismäßig großen Eisenverlusten arbeiten, sind besondere Transformatorenschalter in Vorschlag gebracht worden, die die Transformatoren primär erst dann einschalten, wenn sekundär Strom entnommen wird. Bei der Abmessung des Jahreswirkungsgrades ist nicht zu übersehen, daß der Verbrauch an Leerlaufsarbeit über Tag nicht zu den gleichen Kosten angesetzt werden darf, wie zB. der Verbrauch an elektrischer Energie zur Zeit der maximalen Stromabgabe mit Beleuchtungsmaximum. Eine unbedeutende Verringerung der Eisenverluste auf Kosten einer wesentlichen Verteuerung des ganzen Transformators ist zu verwerfen.

(409) **Anschlüsse und Schaltungen.** Es ist notwendig, bei Transformatoren normaler Fabrikation die Anschlüsse immer in gleichartiger Weise aus dem Transformator herauszuführen und zu bezeichnen, damit bei der Parallelschaltung mehrerer Transformatoren auf der Primär- und auf der Sekundärseite Kurzschlüsse vermieden werden.

Bei Drehstromtransformatoren ist es erforderlich, daß die Schaltung aller primären Wicklungen unter sich und ebenso aller sekundären unter sich gleichmäßig ausgeführt wird, d. h. entweder in Stern oder in Dreieck. Die gleichzeitige Parallelschaltung der Primär- und der Sekundärwicklungen zweier Transformatoren, von denen zB. der eine primär in Stern, der andere primär in Dreieck und beide sekundär in Stern geschaltet sind, ist unmöglich.

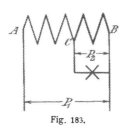

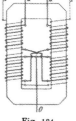

Fig. 183.   Fig. 184.

Bei Drehstromtransformatoren müssen alle Anschlüsse zu dem Kern symmetrisch liegen, sobald niedrige Spannung, also wenige Windungen in Frage kommen. Werden Unsymmetrien zugelassen, so treten erhebliche Ungleichheiten der sekundären Klemmenspannung auf.

(410) **Sparschaltung.** (Hauptsächlich für den Anschluß von Bogenlampen und für das Anlassen von Induktionsmotoren (amerikan. Autostarter) benützt.) Bei gewöhnlichen Transformatoren müssen Primär- und Sekundärwicklung sorgfältig voneinander isoliert sein. Braucht

diese Bedingung aber nicht erfüllt zu werden — zB. wenn beiderseits Niederspannung herrscht —, so gestattet die Sparschaltung, besonders bei nicht zu großem Übersetzungsverhältnis, die Transformatoren kleiner zu bauen (Fig. 183). Es wird nur eine fortlaufende Wicklung zwischen den Klemmen A und B vorgesehen, die Primärspannung wird an diese Klemmen gelegt, der Sekundärkreis dagegen von einem mittleren Punkte C und dem Punkte B abgezweigt. Es verhält sich dann bei Leerlauf genau und bei Belastung angenähert P_1 zu P_2 wie die Windungszahl zwischen AB zur Windungszahl zwischen CB. Die Stromstärken verhalten sich nahezu umgekehrt wie die Windungszahlen, weswegen der Teil CB stärkeren Querschnitt erhalten muß. Die Stromstärke im äußeren Sekundärkreis ist angenähert gleich der Summe der Stromstärken in AC und BC. Die Sparschaltung kann auch bei Drehstromtransformatoren angewandt werden, wenn die drei Wicklungszweige in Stern geschaltet sind.

(411) **Ausgleichtransformatoren und Spannungsteiler.** Man kann in Fig. 183 auch an AC einen Sekundärkreis anschließen. Der Transformator wirkt dann als Spannungsteiler (Divisor, Kompensator). Zum Anschluß von Osmiumlampen an 110 Volt-Netze werden häufig vier gleiche Abteilungen hergestellt, zu denen je eine (je zwei oder mehrere) Lampen parallel geschaltet werden. Die Lampen können dann einzeln ein- und ausgeschaltet werden. Den in der Mitte von AB liegenden Punkt C kann man mit dem Mittelleiter eines Dreileitersystems verbinden, um den Ausgleich zu sichern. Hierbei ist wieder zu beachten, daß die Wicklung auch bei ungleicher Stromverteilung magnetomotorisch möglichst symmetrisch wirken muß. Eine Ausführungsart von Dreileitertransformatoren zeigt Fig. 184. Ist der Unterschied der Stromstärken in beiden Hälften höchstens gleich ΔI, so muß der Ausgleicher für die Stromstärke $\frac{1}{2} \Delta I$ gebaut sein.

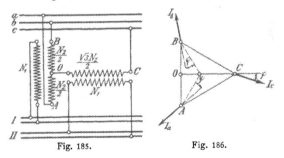

Fig. 185.   Fig. 186.

(412) **Zusatztransformatoren.** Man kann eine beliebige vorhandene Spannung durch Zusatztransformatoren erhöhen. Ist zB. zwischen den Schienen A und C (Fig. 183) eine Spannung gegeben, so kann man zwischen A und B eine höhere Spannung abnehmen. In ähnlicher Schaltung lassen sich Transformatoren als Saugtransformatoren verwenden, vergl. Elektr. Bahnen, 1904, S. 28.

(413) **Transformatoren für Anschluß von Bogenlampen** mit Hintereinanderschaltung der Primärspulenkreise. Die Apparate dienen

zum Anschluß von Lampen an Hochspannungskreise bei sehr einfacher Leitungsführung und gefahrloser Bedienung der Lampen. Zu
beachten ist, daß die Isolation des Transformators gegen Erde stark
genug sein muß, um der vollen Netzspannung zu widerstehen. Beim
Verlöschen einer Lampe fällt für den betreffenden Transformator die
entmagnetisierende Wirkung des Sekundärstroms fort, während die
Primärstromstärke nahezu konstant gehalten wird. Die hierdurch
verursachte Steigerung des Magnetismus kann eine übermäßige Erwärmung des Eisens zur Folge haben und muß möglichst vermieden
werden. Man hilft sich entweder durch Anordnung eines Luftraumes
wie bei Drosselspulen oder durch automatische Kurzschließer im
Sekundärkreise, die beim Verlöschen der Lampe in Wirksamkeit treten.
Beim Abschalten einer Lampe wird zugleich die Sekundärwickelung
des zugehörigen Transformators kurz geschlossen.

(414) **Transformatoren zum Übergang von Zweiphasenstrom
auf Dreiphasenstrom** (Scotts Schaltung). Zum Übergang von Zwei-
phasen- auf Dreiphasenstrom dienen zwei Transformatoren in der
Schaltung nach Fig. 185 und mit den in die Figur eingeschriebenen
Windungsverhältnissen. Die Erklärung der Wirkungsweise ergibt sich
aus dem Diagramm (Fig. 186). *AB, BC* und *CA* sind die drei Dreh-
stromspannungen des Sekundärkreises; die Potentiale der Punkte *A,
B, C* und *O* in Fig. 185 werden durch die gleichnamigen Punkte in
Fig. 186 dargestellt.

(415) **Transformatoren zum Übergang von Drehstrom auf
Sechsphasenstrom.** Die Transformatoren werden mit einem normalen
Primärsystem und mit einem doppelten Sekundärsystem versehen.
Diese Transformatoren finden namentlich Verwendung für Speisung
von Umformern.

(416) **Transformatoren für konstante Stromstärke.** Zur Speisung
von Bogenlampenstromkreisen sind in der amerikanischen Praxis
Transformatoren für konstanten Strom ausgebildet worden entweder
mit künstlicher, bei zunehmender Stromstärke steigender Streuung
oder unter Benutzung der magnetischen Abstoßung zwischen Primär-
und Sekundärspule und Einstellung durch ein Gegengewicht (General
Electric Company).

(417) **Transformatoren zum Anschluß von Drehstrommotoren
an ein monozyklisches Netz.** Die Schaltung geschieht nach Fig .187.

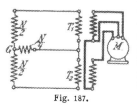

G bedeutet den Generator mit der Haupt-
wickelung (vertikale Spule) und der Neben-
wickelung (horizontale Spule), deren EMKK
90° Phasenverschiebung gegeneinander besitzen. T_1 und T_2 sind die beiden Transformatoren, deren Sekundärwickelungen
gegeneinander zu schalten sind, um Drehstrom zu erzeugen.

Fig. 187.

III. Abschnitt.

Dynamomaschinen.

Dynamomaschinen im allgemeinen.

(418) Arten der Maschinen. Maschinenteile. D y n a m o -
m a s c h i n e n heißen alle Maschinen zur Umwandlung mechanischer
in elektrische oder elektrischer in mechanische Leistung. Man unterscheidet Generatoren oder Stromerzeuger, die mechanische in elektrische
Leistung umwandeln und Motoren, die elektrische in mechanische
Leistung umwandeln. Der Übergang zwischen Generator- und Motorwirkung ist bei sämtlichen Dynamomaschinen möglich und wird in
vielen Fällen technisch ausgenutzt.

H a u p t b e s t a n d t e i l e der Dynamomaschinen sind die Feldmagnete
und der Anker, von denen ein Teil zur Ermöglichung mechanischer
Leistung umlaufen muß. Weitere wesentliche Bestandteile sind Kommutator (Kollektor) oder Schleifringe, Bürsten, Bürstenhalter, Bürstenträger, Klemmen-, Umschalte- oder Kurzschlußvorrichtungen, Gehäuse,
Welle, Lager und Grundplatte.

Nach der F o r m , i n d e r d i e e l e k t r i s c h e L e i s t u n g bei
Stromerzeugern geliefert und bei Motoren verbraucht wird, unter-
scheidet man Gleichstrom-, Wechselstrom , Zweiphasenstrom- und
Drehstrommaschinen.

Nach der A r t d e s A u f b a u e s unterscheidet man Außenpol-,
Innenpol- und Seitenpolmaschinen, sowie offene und gekapselte
Maschinen, nach der Z a h l d e r P o l e , zweipolige, vierpolige, sechs-
polige usw. Maschinen.

(419) Mechanischer Aufbau. Die Pole sollen mit Rücksicht
auf symmetrische Ausbildung des magnetischen Flusses und auf
magnetische Zugkräfte zum Anker symmetrisch stehen. Zweipolige
Maschinen können allerdings in Hufeisenform (Fig. 188) ausgeführt
werden, die geschlossenen Formen (Fig. 189, 190, 191) sind

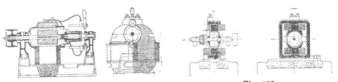

Fig. 188.   Fig. 189.

aber mit Rücksicht auf bessere Symmetrie und geringere Streuung in
dem äußeren Raum vorzuziehen. Außenpolmaschinen werden in der
Regel mit feststehendem Polgehäuse ausgeführt. Das Gehäuse kann

entweder zugleich die Füsse der Maschinen und die Lager für die
Welle (Lagerschilder) tragen oder auf einer besonderen Grundplatte
montiert werden. Die Entscheidung hierüber, sowie über Einzelheiten

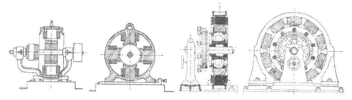

Fig. 190.   Fig. 191.

des mechanischen Aufbaues überhaupt richten sich nach den aus der
Leistung, der Umdrehungszahl, der Art des Antriebes, dem etwaigen
Einbau von Schwungmassen, der Einwirkung der Kühlung sich er-
gebenden Voraussetzungen.

(420) **Lagerschilder.** Kleine Maschinen bis ca. 75 Kilowatt bei
600 Umdrehungen erhalten in der Regel „Lagerschilder", die mit dem
Polgehäuse verschraubt werden (Fig. 192). Um solche Maschinen
nach Bedarf an Wand oder Decke eines Raumes befestigen zu können,
ohne daß dabei die Schmiervorrichtung in ihrer Brauchbarkeit beeinträchtigt wird, werden die Lagerschilder so konstruiert, daß sie in
verschiedenen Stellungen am Polgehäuse befestigt werden können.
Mit Rücksicht auf bequemes Demontieren der Maschine vermeide
man es, die Füße der Maschine an die Lagerschilder anzugießen,
bringe diese vielmehr immer am Gehäuse an. Größere Maschinen
bekommen besondere G r u n d p l a t t e n mit 2 oder 3 Lagern, letzteres
zur besseren Lagerung der Antriebsscheibe bei Riemen- oder Seilantrieb bei größeren Leistungen von etwa 200 P an. Bei Maschinen, die zwischen den Zylindern der Antriebsmaschinen aufgestellt
werden müssen, ist besonders zu überlegen, wie die einfache Montage
und das Einbringen der Welle usw. ermöglicht werden kann.

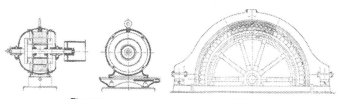

Fig. 192.   Fig. 193.

(421) **Polgehäuse.** Große P o l g e h ä u s e werden in der Regel
so ausgeführt, daß der untere Teil in die Fundamentgrube hinein-
hängt (Fig. 193); in dem Falle ist für besondere Zugänglichkeit Sorge
zu tragen. Man setzt solche Maschinen gern mit jedem Fuß auf
Druckschrauben, durch deren Einstellung der Luftraum der Maschine
nach beendeter Montage genau justiert werden kann und sorgt durch

Prisonstifte und Zugschrauben für Befestigung des Gehäuses nach der Einstellung. Das Ausrichten kann nach K l a s s o n durch Ausnützung der magnetischen Zugkraft zwischen den Polen und dem Anker bei Erregung nur eines Teils der Pole und vorsichtiger Regulierung der Erregerstromstärke geschehen (El. Bahnen u. Betriebe, 1904, S. 415). Um sehr große Gehäuse rund zu erhalten (Verziehen kann eintreten durch Bearbeitung, elastische Nachwirkung, Transport u. dgl.), werden besondere Vorrichtungen zur Anwendung gebracht. Entweder stellt man ein sehr steifes Gehäuse her; doch führt dies bei Gußeisen zu außerordentlichem Materialaufwand, wenn die seitlichen Öffnungen größer als der rotierende Teil bleiben sollen. Oder man baut ein schmiedeeisernes Gehäuse aus Blechträgern, gegen das man den rund zu erhaltenden Teil durch Druckschrauben abstützt. Oder man wählt eine nach Analogie der verspannten Träger ausgebildete Spannwerkskonstruktion. Erfahrungsgemäß treten Formveränderungen leichter bei dem unteren als bei dem oberen Gehäuseteil auf. Für den unteren Teil genügt es in vielen Fällen, der Durchbiegung durch Anbringung einer Druckschraube unterhalb der Maschine in der Richtung der vertikalen Symmetrieachse zu begegnen. — Vgl. bei den Tabellen ausgeführter Dynamomaschinen besonders die großen Maschinen der Allgem. El. Ges. und der Siemens-Schuckert-Werke.

Die Gehäuse werden bei kleinen Maschinen mit Lagerschildern in der Regel einteilig, bei Maschinen bis zu 6 m Durchmesser zweiteilig, darüber hinaus auch vier- und sechsteilig gebaut. Maßgebend sind Transportrücksichten (Normalprofil der Eisenbahn, bei Bergwerken Schachttransport, in manchen Gegenden Beschränkung des Gewichts der einzeln zu transportierenden Teile mit Rücksicht auf Träger oder Lasttiere).

(422) Erregung des Feldes. Die Pole erhalten eine E r r e g e r - w i c k l u n g nach Art der in (378) behandelten. Wird die Erreger-

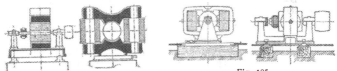

Fig. 194.   Fig. 195.

wicklung so angeordnet, daß jeder Pol bewickelt ist, und daß Nord- und Südpole abwechselnd aufeinanderfolgen, so spricht man von W e c h s e l p o l t y p e n; hierzu hat man auch den nur noch selten geauten M a n c h e s t e r t y p zu rechnen (Fig. 194). Maschinen, bei denen nur jeder zweite Pol eine Wicklung trägt (Fig. 195) — diese Ausführungsform kommt mehr und mehr ab — werden vielfach M a s c h i n e n m i t F o l g e - p o l e n genannt. Eine besondere, veraltete Ausführungsform einer vielpoligen Maschine mit einer

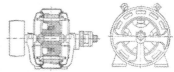

Fig. 196.

einzigen Erregerspule und mit Zungenpolen zeigt Fig. 196 („Lauffener Typ").

Der Feldmagnet kann auch so aufgebaut werden, daß ein Magnet-
rad mit 2 Kränzen von „Polhörnern" versehen wird, wobei zwischen
den Polhörnern jedesmal ein freier Raum bleibt, der mindestens
ebenso breit, meist aber breiter ist als ein Polhorn. Ein derartiges
Rad wird durch eine gemeinsame Erregerspule so magnetisiert, daß
an dem einen Kranz alle Polhörner zu Nord-, am anderen zu Süd-
polen werden. Die Erregerspule kann bei dieser Anordnung auch
dann feststehen, wenn der Feldmagnet der rotierende Teil ist. Jede
Polhornreihe bestrahlt eine besondere Ankerhälfte, und zwar in der
Weise, daß rings am Umfang gleichnamige Pole mit Lücken abwechseln. Daher werden so gebaute Maschinen „Gleichpoltypen"
genannt, andere brauchen auch den Namen „Induktormaschinen",
Fig. 197. Von diesen verschiedenen Typen hat sich der Wechselpoltyp
als der beste erwiesen, und zwar in den Formen Fig. 193 und 198.

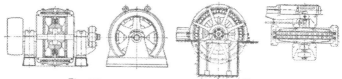

Fig. 197.   Fig. 198.

Folgepole ergeben störende Unsymmetrien, Zungenpole übermäßige
magnetische Streuung, ungünstige mechanische Beanspruchung infolge
biegender magnetischer Zugkräfte, Gleichpoltypen unverhältnismäßig
hohes Maschinengewicht.

Die beste Querschnittsform für Pole ist in (377) angegeben.

(423) Rücksicht auf Kühlung. Es ist wichtig bei der Feststellung der Polform streng darauf zu achten, daß die Oberfläche der Erregerspulen von dem durch die Maschine in Bewegung
gesetzten Luftstrom bestrichen werde, damit eine möglichst wirksame
Kühlung erreicht wird. Aus diesem Grunde ist namentlich ein zu
enges Zusammendrängen der Feldwicklung zu vermeiden. Neuerdings
werden die Polbewicklungen aus mehreren konzentrischen, durch Ver-
schnürung zusammengehaltenen Spulen mit passenden Holzzwischen-
lagen zusammengesetzt. Es bietet sich dann dem Zutritt der bei
richtigem Aufbau vom Anker in Bewegung gesetzten abkühlenden
Luft ein Weg durch die verschiedenen Öffnungen und Kanäle, und
die so weniger durch die senkrecht als durch die parallel zur Spulen-
achse liegenden Kanäle erreichte Vergrößerung der wirksamen Oberfläche gestattet eine Ersparnis an Erregerkupfer und vermeidet unzulässige Erwärmung im Spuleninnern.

(424) Schenkel und Polschuhe. Die Schenkel oder Pol-
schäfte werden in der Regel als solche einzeln hergestellt und mit
dem Joch verschraubt oder eingegossen. Bei Außenpolmaschinen
bildet das Joch zugleich das Gehäuse, bei Innenpolmaschinen die
Felge des Magnetrades. Es empfiehlt sich aus gießerei-technischen
Gründen nicht, die Pole mit dem Gehäuse oder dem Magnetrade in
einem Stück zu gießen, außer in einigen Spezialausführungen, zB. dem
Lundelltyp (Fig. 199).

Die Schenkel werden aus Blechen oder aus Stahlguß oder durch Schmieden im Gesenke oder durch Abschneiden von runden Walzeisenstücken hergestellt. Gußeisen bedingt zu große Querschnitte, daher zu großen Umfang und deshalb über-
mäßigen Aufwand an Erregerkupfer. Stahlguß-
schenkel müssen zur Erzielung dichten Gusses mit sehr großem Gußkopf gegossen werden. Der Polschuh wird aus Stahlguß oder Gußeisen, bei offenen Nuten aber meist zur möglichsten Verminderung von Wirbelstrombildung infolge des durch Einwirkung der Anker-Zähne ungleich-
förmig gemachten magnetischen Flusses aus Blechen hergestellt. Vereinzelt kommen Polschuhe

Fig. 199.

aus elektrisch besonders schlecht leitendem Gußeisen in Anwendung.

Fig. 200 bis 203 zeigen einige Polbefestigungen; die Flächen zwischen dem Fuß des Schenkels und dem Joch werden durch Drehen

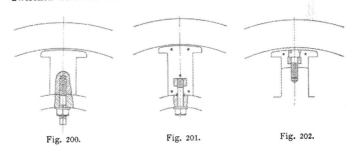

Fig. 200.   Fig. 201.   Fig. 202.

bearbeitet und haben daher runde Auflageflächen. Gerade Auflage-
flächen würden Abhobeln oder Fräsen und namentlich bei größerer Polzahl großen Aufwand an Arbeitslohn bedingen. Bei Innenpolmaschinen ist die Be-
festigung mit Rücksicht auf die oft sehr bedeutenden Fliehkräfte zu berechnen und entsprechend zu sichern. Es ist

$$P_z = \frac{G\,v^2}{g\,r},$$

worin bezeichen

P_z = Zentrifugalkraft in kg-Kraft,

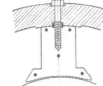

Fig. 203.

G = Gewicht in kg,

v = Geschwindigkeit d. Schwerpunktes d. Poles in m/sec.,

r = Schwerpunktsexzentrizität in m,

g = Erdbeschl. = 9,81.

Werden ruhende Blechaußenpole durch Verschrauben mit dem Gehäuse verbunden, so kann das Gewinde direkt in den mit starken End-
blechen versehenen Blechkörper geschnitten werden, wenn dieser hydraulisch zusammengepreßt und mit Bolzen von 4 bis 8 mm Durchmesser zusammengenietet ist. Sollen die Pole durch Eingießen befestigt werden, so erhalten sie am Polkopf passende Löcher, durch

die Bolzen gesteckt werden, die an beiden Stirnseiten der Pole durch
starke Ringe verbunden werden, so daß die gegenseitige Lage der
Pole während des Gusses genau bewahrt bleibt. Auf genaue
Stellung der Polköpfe ist überhaupt zu achten. Stahlguß-
pole sind an den Kanten der Polschuhe eventuell zu bearbeiten, ein-
geschraubte Pole sind durch Prisonstifte, Stellringe oder Bearbeitung
der Bolzen genau mit dem Gehäuse zu verbinden. Stellringe bieten
zugleich den Vorteil der sicheren Entlastung der Schraubenbolzen gegen
tangentiale Kräfte. Werden sie angewandt, so ist aber darauf zu
achten, daß sie den Anzug der Schrauben nicht stören.

Für Antrieb mit Dampfturbinen, System de Laval, sind besondere Polgehäuse z. B. von den Siemens-Schuckert-Werken nach

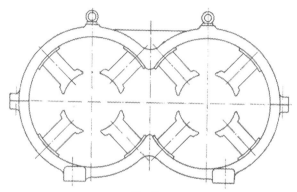

Fig. 204.

Fig. 204 konstruiert worden. Bei Antrieb durch Wasserturbinen und
nach amerikanischer Bauart ist bei Dampfturbinen auch häufig eine
Anordnung der Dynamos mit vertikaler Welle üblich; in diesem Falle
muß das Gehäuse der Dynamo horizontal aufgestellt und mit entsprechenden Füßen versehen werden.

(425) Die **Wicklung der Schenkel** wird ebenso ausgeführt wie
bei den gewöhnlichen Elektromagneten (vergl. 378), aber mit
Rücksicht auf die Stellung der Pole sind in vielen Fällen besondere
Vorrichtungen zum Festhalten der Spulen, wie angenietete Winkel,
mit Nasen versehene Stücke aus schmiedbarem Guß und dergleichen
erforderlich. Sofern die Pole umlaufen, ist mit Rücksicht auf die
Fliehkräfte eine festere Verbindung notwendig. Hierzu werden entweder die Polschuhe benutzt, oder es kommen, wenn bei sehr
großen Geschwindigkeiten die Kräfte sehr bedeutend werden, Spezial-
Anordnungen in Anwendung (vergl. Fig. 205—210). Bei umlaufenden
Polen ist darauf Rücksicht zu nehmen, daß ein Umbiegen der Drähte
unter der Wirkung der Fliehkräfte verhindert wird, doch vermeide
man tunlichst Konstruktionsteile, die die Luftzirkulation behindern.
Es empfiehlt sich nicht, die Feldspule von Hand in die fertige Maschine
anstatt auf den einzelnen Pol zu wickeln; eine solchne Wicklung fällt
meist unsauber aus und ist sehr kostspielig, sie sollte daher nur in
Ausnahmefällen zugelassen werden.

(426) **Schwungraddynamos.** Dynamos, die zur direkten Kupplung mit Dampfmaschinen, Gasmotoren usw. bestimmt sind, werden unter Umständen so ausgebildet, daß sie zugleich als Schwungrad dienen können. Als Vorteil kommt hierbei in erster Linie die etwaige Raumersparnis in Frage, doch ist dieser Vorteil meist nur zu erkaufen durch Erhöhung des Dynamomaschinenpreises, der bei Gleichstrommaschinen fast immer, bei Drehstrom- und Wechselstrommaschinen sehr oft wesentlich höher wird, als bei Anordnung besonderer Schwungräder. Bei der Formgebung des Schwungringes sorge man wieder dafür, daß die Ventilation der Maschine nicht beeinträchtigt wird.

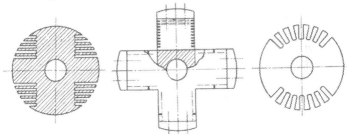

Fig. 205. Westinghouse Co. Fig. 205a. Westinghouse Co. Fig. 206. Brown, Boveri Co.
2 polig.   4 polig.   2 polig (Blechscheiben).

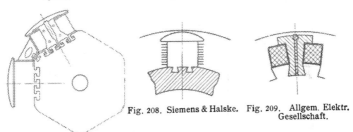

Fig. 208. Siemens & Halske. Fig. 209. Allgem. Elektr.
Gesellschaft.

Fig. 207. General Electric Co.
6 polig (Blechscheiben).

Fig. 205 bis 209. Felderregung von Turbodynamos.

Werden besondere Schwungräder angewandt, oder mehrere Dynamos mit einer Dampfmaschine starr gekuppelt, so sollen alle Schwungmassen möglichst unmittelbar nebeneinander auf der Welle angebracht werden, um Torsionsschwingungen und deren Folgen (u. a. a. flimmerndes Licht usw.) zu vermeiden. Vielfach wird das Schwungrad mit dem umlaufenden Teil der Maschine durch starke Bolzen verbunden.

(427) **Massenausgleich.** Dynamomaschinen verlangen einen guten Massenausgleich, und zwar natürlich um so mehr, je schneller sie laufen. Der umlaufende Teil soll vor und nach der Bewicklung

mit einer Welle versehen auf Schneiden gelegt oder beweglich gelagert und daraufhin geprüft werden, ob er in seiner Lage verharrt
bezgl. ob er ruhig läuft, oder sich nach „dem Schwerpunkt einstellt".
In letzterem Falle ist durch Hinzufügen oder Fortnehmen von Gewichten
für Ausgleich zu sorgen. Bei größerer achsialer Ausdehnung muß die
Schwerlinie mit der Wellenachse zusammenfallen. Die Ausgleichsgewichte
sind daher möglichst über die ganze Länge des Ankers zu verteilen.

    (428) **Lager.** Die Lager für Dynamomaschinen werden mit
sehr reichlichen Abmessungen, Zapfendruck 5 bis 12 kg, entweder als
Gleitlager oder als Kugellager ausgeführt. Der Lagerkörper wird in
jedem Falle bei normalen Typen aus Gußeisen, bei Spezialtypen mit
besonders niedrigem Gewicht (Fahrzeugmotoren) aus Magnalium hergestellt und entweder als Lagerschild, vergl. (420), oder als Lagerbock
ausgebildet. Für genaue Zentrierung der Lager ist Sorge zu tragen.
Zweckmäßig wird so entworfen, daß auf derselben Werkzeugmaschine
die Auflageflächen des Lagerkörpers und die Bohrungen des Ankers
oder des Polgehäuses hergestellt werden können. Bei gekapselten
Maschinen werden die Polgehäuse vielfach gleich für die Aufnahme
des Lagers eingerichtet. Mittlere und kleine Maschinen erhalten ein-
teilige Lager. Die Schalen werden aus Bronzemetall hergestellt; das
richtige Kaliber wird dadurch erzielt, daß man einen Dorn durch
das Lager drückt, so daß die Bohrarbeit erspart und zugleich eine
größere Dichte und Härte der Auflageflächen erreicht wird. Es ist
darauf zu achten, daß auch die Stirnseiten der Lagerschalen da,
wo Berührung mit Bunden oder Stahlringen beim Auftreten achsialer
Kräfte zu erwarten ist, bronzene oder weißmetallene Laufflächen
haben. Von besonderer Bedeutung bei Dynamomaschinen ist, daß die
Lager öldicht ausgeführt werden, und zwar sowohl so, daß das Öl
nicht verspritzt, als auch so, daß das Schmiermittel nicht aus dem
Ölsumpf austreten kann. Man versieht daher die Wellen mit sogenannten Spritzringen, deren Wirkung auf der Tatsache beruht, daß
das nicht abtropfende Öl infolge der Fliehkräfte längs der Welle
bis zur Stelle größten Durchmessers bewegt und dort abgespritzt
wird. Die saugende Wirkung des umlaufenden Teiles macht häufig
einen Verschluß (Filzdichtung) des Lagers nach der Maschinenseite
zu erforderlich.

    (429) Die **Schmierung** geschieht bei Gleitlagern normaler
Maschinen von nicht zu großer Leistung durchweg durch Ringe.
Kleine Lager bis zu 300 mm Länge erhalten einen, größere zwei,
drei oder mehr Ringe. Beim Entwurf des Lagers ist darauf zu
achten, daß ein bequemes Anbringen und Beobachten der Schmierringe und ihres Arbeitens jeder Zeit möglich ist. Für größere Lager
werden die Schmierringe mehrteilig ausgeführt. Die Ringe sollen
nicht zu tief in das Öl eintauchen, sie müssen durchaus glatt auf
dem Zapfen aufliegen, und die Aussparung in der oberen Hälfte der
Lagerschale soll nur wenige Millimeter breiter sein als der Schmier-
ring. Lager für Maschinen von sehr großer Leistung und Drehzahl
können mit Ringschmierung nicht mehr in ausreichender Weise ge-
schmiert werden. Man verwendet dann kleine Ölpumpen, mit denen
man das Öl unter Druck unter den Zapfen treten läßt, in ähnlicher
Weise wie bei der Ringschmierung sammelt und gebotenen Falles in

einer Rückkühlanlage kühlt. Auch Wasserkühlung von Lagern wird ausgeführt.

Maschinen, die starken Erschütterungen ausgesetzt sind, lassen sich nicht immer mit Ringschmierung versehen, weil die Erschütterung das sichere Laufen der Ringe beeinträchtigt. Transportable Maschinen, die gelegentlich schiefe Ebenen heraufbewegt werden, können in der Regel auch keine Ringschmierung erhalten, weil bei der schiefen Lage die Gefahr besteht, daß das Öl aus dem Ölsumpf ausläuft. Bei Fahrzeugmotoren kombinierte man gelegentlich Ring- und Fettschmierung derart, daß bei Warmlaufen des Lagers das erweichende Fett in Wirksamkeit trat. (Rieter.)

(430) **Kugellager** werden namentlich für Motoren und Maschinen kleinerer Leistung verwandt. Die Lager bestehen aus einem Laufringsystem mit eingelegten Stahlkugeln und werden von Spezialfabriken in den verschiedensten Typen hergestellt. Während man ursprünglich die Kugeln unmittelbar nebeneinander legte, fügt man neuerdings sogenannte Ausgleichfedern ein, deren Aufgabe es ist, Ungleichmäßigkeiten in der Bewegung der Kugeln zu regulieren (Fig. 210). Kugellager bieten den Vorteil verringerter Reibungsarbeit. Sie machen die Einlaufszeit entbehrlich und bringen die Wartung der Lager auf das erreichbare Mindestmaß. Auch gewähren sie die Möglichkeit, den Lagerkörper in achsialer Richtung mit sehr geringen Abmessungen auszuführen. Nach-

Fig. 210.

teilig ist, daß sie einen sehr genauen Einbau erfordern, und daß bei aller Sorgfalt der Fabrikation bisher Brüche der Kugeln noch nicht mit absoluter Sicherheit haben ausgeschlossen werden können. Auch sind Kugellager teurer als Gleitlager.

Anker.

(431) Die **Anker** der **Dynamomaschine** werden gegenwärtig durchweg aus runden Scheiben oder Ringen von Eisenblech von 0,3 bis 0,5 mm Dicke (nach den Verbandsnormalien, siehe Anhang) aufgebaut. Kleinere Scheiben und Ringe werden aus einem Stück, größere Ringe aus Segmenten mit Überblattung nach Art der Gallschen Kette zusammengesetzt. Die Unterteilung des Eisenkörpers bezweckt, wie beim Wechselstrommagnete, Vermeidung der Wirbelstrombildung und hat daher so zu erfolgen, daß die Ebenen der Bleche in Richtung des magnetischen Kraftlinienflusses liegen. Die Grenze für die eine oder andere Ausführungsform ergibt sich aus den normalen Größen für Dynamobleche. Diese sind $2000 \times 1000 \times 0,5$ und $1600 \times 800 \times 0,3$ mm. Beim Entwurfe achte man auf gute Ausnutzung der Tafeln.

Die Ankerbleche werden durch Druckringe gefaßt, die durch Verschrauben mit Bolzen, die gegen Ankerkörper und Bleche zu isolieren sind, oder bei größeren Maschinen durch vorgelegte Schrumpf- oder Sprengringe, Verkeilungen oder Eingüsse festgehalten werden. Bei der Herstellung bedient man sich zweckmäßig starker Schraub-

21*

pressen oder hydraulischer Pressen. Eine ältere Anordnung, die Druckringe bei umlaufendem Anker mit Hilfe eines auf die Welle geschnittenen Gewindes zu verschrauben, wird neuerdings vermieden.
Bei der Maschine der Maschinenfabrik Karl Dittmar in
Schüttorf, Fig. 212, liegen die Ankerbleche in Ebenen, die durch
die Achse gehen. Die Bleche werden in ähnlicher Weise wie die
Kommutatorteile (Fig. 229), durch eine zweiteilige Nabe gehalten.
Damit die Kraftlinien in den Ankerblechen bleiben, müssen zwei Pol-
kreuze und zwei Ankerwicklungen angeordnet werden, ähnlich wie
bei den Gleichpoltypen [vergl. (422) u. Fig. 197]. Die Wicklung liegt
entweder auf dem Ankerkörper, oder in den Zwischenräumen, die
zwischen den Blechpaketen entstehen müssen. Der Vorteil dieser
Maschine besteht darin, daß das Ankerfeld, weil es senkrecht zu den
Blechen verläuft, einen sehr großen Widerstand findet und daher die
Ankerreaktion gering ausfällt. Vergl. El. Bahn. u. Betr. 1905. S. 409.

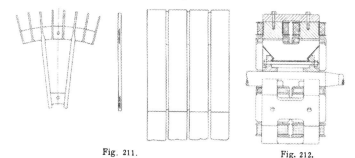

Fig. 211.   Fig. 212.

(432) **Lüftung des Ankers.** Da sich das Ankereisen beim Betriebe erwärmt, ist es vorteilhaft, es in geeigneten Abständen
(50—100 mm) mit Ventilationsschlitzen von ca. 10 mm Breite
zu versehen. Zur Aufrechterhaltung des Abstandes dienen Finger
nach Fig. 211 oder Bleche mit an 3 Seiten abgestanzten und dann
rechtwinklig aufgebogenen Lappen, wobei diesen Zwischenstücken zugleich die Rolle der Flügel eines Kreiselventilators zufällt; man bilde
daher die Finger in radialer Richtung so aus, wie es bei der jeweiligen Drehzahl zur Erreichung ausreichender Luftwirbelung erforderlich ist.

Die Endbleche werden in der Regel, um ein Aufblättern der
Blechpakete zu vermeiden, stärker (2—3 mm) hergestellt, oder der
Blechkörper wird an den Zähnen treppenartig abgesetzt.

(433) **Glatte und Zahnanker.** Die Anker werden entweder als
einfache Zylinder mit glatter Oberfläche (glatte Anker sind noch bei
einigen Fabriken, aber nur für Gleichstrommaschinen in Anwendung)
oder in weit überwiegenden Maße mit Nuten zur Aufnahme der
Wicklung ausgeführt. Die Nuten sind entweder ganz offen, oder
halb oder ganz geschlossen. Bei halb oder ganz geschlossenen
Nuten wird der stehenbleibende Steg am Umfange so schwach gemacht, als es die Herstellung und mechanische Rücksichten gestatten.

Die Nuten werden meist durch Stanzen hergestellt; Werkzeuge zum gleichzeitigen Ausstanzen ganzer Bleche oder großer Segmente mit vielen Nuten sind kostspielig. Es ist daher das Ausstanzen einzelner Nuten („Hacken"), bei denen das Ankerblech nach einer Teilvorrichtung mit selbsttätigem Vorschub vor dem Nutenschnitt vorbei bewegt wird, oft vorteilhafter. Hierbei läßt sich die Nutung ohne erhebliche Kosten für jede Maschine in den jeweilig am besten erscheinenden Abmessungen herstellen.

Offene Nuten können auch durch Fräsen hergestellt werden; ein Verschmieren der Trennungsfugen der Bleche ist dabei nicht in höherem Maße zu fürchten, als bei den gestanzten Nuten, schon deswegen nicht, weil die Bleche mit solchen meist nicht so genau zusammengesetzt („gepackt") werden, daß nicht ein Nacharbeiten mit der Feile oder mit Spezialmaschinen — solche werden zB. von der Maschinenfabrik Oerlikon gebaut — nötig wäre. Das Fräsen bietet den Vorteil, daß ohne Rücksicht auf die Nutenabmessungen die Ankerkörper in größerer Zahl auf Lager gehalten werden können; es ist aber nur anwendbar bei ganz offenen Nuten.

Mit Rücksicht auf die Stanzarbeit dürfen die Nuten nur so breit gemacht werden, daß die stehenbleibenden Zähne mindestens noch 2 mm Breite haben. Sollen genutete Anker nach dem Zusammenbau abgedreht werden, so muß bei offenen Nuten für sehr reichliche Zahnbreite gesorgt werden. Halboffene Nuten werden in dem Falle zweckmäßig geschlossen gestanzt und erst nach dem Abdrehen mit der Säge aufgeschnitten. Während des Abdrehens werden die Nuten mit Holz oder sonstwie ausgefüllt.

Manche Fabriken glühen die Ankerbleche nach dem Stanzen aus, um die durch die Bearbeitung hervorgerufene Verschlechterung der magnetischen Eigenschaften des Eisens aufzuheben.

(434) Befestigung des Ankers auf der Welle. Umlaufende Anker aus vollen Blechen werden in der Regel so mit der Welle verbunden, daß in der Mitte der Bleche ein zur Welle passendes Loch mit Federnnut eingestanzt wird, so daß das „aktive" Eisen direkt auf der Welle zusammengebaut werden kann. Dabei ist zu beachten, daß für Luftzutritt zu den Ventilationsschlitzen besondere Öffnungen vorgesehen werden müssen. Bestehen die Ankerbleche aus Ringen, so ist eine besondere Nabe vorzusehen.

(435) Ankerwicklungen. Man unterscheidet Ring-, Trommel- und Scheibenwicklung. Letztere wird kaum mehr ausgeführt, ihr Wicklungsprinzip ist in der Regel das der Trommelwicklung. Bei der Ringwicklung wird der isolierte Kupferleiter um einen Eisenring herumgewickelt. Die üblichste Wicklung ist die Trommelwicklung. Bei ihr liegen die Drähte nur auf der Außen- oder nur auf der Innenfläche eines Eisenzylinders und auf oder an dessen Stirnflächen. Daher kann jede einzelne Windung oder Spule, sofern der Anker glatt oder mit offenen Nuten versehen ist, vom Ankerkern abgehoben werden. Diese Art Wicklung läßt das für die Fabrikation der Maschinen wichtige Verfahren zu, die Spulen in Schablonen zu wickeln und dann auf den Anker zu bringen.

Die einzelnen Wicklungteile werden auf besonderen „Formen" oder „Schablonen" aus Holz, Messing oder Eisen vor dem Einlegen in den Anker fertig gebogen (bei Stabwicklung erst dann isoliert) und in die Nuten eingelegt. Die Wickelformen werden entweder so eingerichtet, daß jeder Draht oder jeder Stab (abgerundete Kanten!) gegebenen Falles unter Benutzung des Holzhammers in der Form in die gewünschte definitive Gestalt gebogen wird oder so, daß schmale Spulen von sehr langgestreckter Form auf geteilte Dorne gewickelt und dann, nachdem die verlangte Drahtzahl aufgelaufen ist, auseinander gezogen werden.

Bei Ankern von nahezu oder ganz geschlossenen Nuten kann die Wicklung nur durch „Einziehen" oder „Nähen" eingebracht werden. Drahtwicklungen dieser Art werden zweckmäßig so hergestellt, daß man anfänglich die Nut mit Stäben vom Durchmesser des isolierten Drahtes füllt und beim Wickeln Stab für Stab mit den einzuziehenden Windungen herausschiebt.

Liegt die Trommelwicklung auf der äußeren Zylinderfläche, so kann der Ankerkörper ein Vollzylinder — bei kleinen Durchmessern — oder ein Hohlzylinder (Eisenring) — bei größeren Durchmessern — sein. Liegt die Trommelwicklung an der Innenseite des Zylinders (Hohltrommelwicklung), so ist der Eisenkörper immer ein Ring, der sich in einem äußeren gußeisernen oder schmiedeeisernen Gehäuse befindet oder auch durch Verspannung gegen Deformationen gesichert ist.

(436) **Material der Wicklung.** Die Wicklung wird im allgemeinen aus bestleitendem Kupferdraht, -Band, -Seil oder -Stäben hergestellt. Hinsichtlich der Isolation der Ankerwicklung ist zu unterscheiden zwischen Isolation am Ankerkörper und Isolation der eigentlichen Wicklung. Zur Bekleidung des Ankerkörpers kommt in Frage für Spannungen bis zu ca. 500 Volt getränkte Leinwand, Mikanitleinwand, Empireclothes, Exzelsiorleinen, Leatheroid, Preßspan und andere präparierte Papiersorten, für Hochspannung Mikanit, Megomit usw. Nuten werden mit Preßspan, Rotpapier, Glimmer und dergleichen ausgefüttert. Bei Hochspannungsmaschinen wird fast nur Glimmer und Mikanit, seltener präpariertes Papier verwandt. Die Stäbe von Stabwicklungen werden durch Bewicklung mit Leinwand, Papier und dergleichen oder durch Einhüllen mit Preßspan oder Mikanit isoliert und mit einem Isolierlack getränkt. Drähte werden durch zwei- oder dreifaches Bespinnen mit Baumwolle oder Beklöppeln isoliert, Seile und Litzen werden beklöppelt. Neuerdings stellt die A. E. G. Drähte mit einem festen isolierenden Überzug her, sog. Acetatdrähte. Für Teile, die besonders leicht der Beschädigung ausgesetzt sind, verwendet man Schutzhülsen aus geklöppeltem Garn, sogenannte „Hosen".

Der durch Isolation der Leiter beanspruchte Raum kann im allgemeinen nach folgenden Angaben angenommen werden:

			einseitig mm	i. ganzen mm
Dicke der Bandwicklung	mit halber Überlappung		0,35,	0,70,
„ „ Papierbewicklung	„ „	„	0,5—0,25,	1—0,50,
„ „ Umspinnung von Runddraht von 0,1—1 mm				0,30,
„ „ „ „	„	„ 1—4 „		0,50,
„ „ „ „	„	„ 4—7 „		0,80,
„ „ Umklöpplung			0,35,	0,70,
„ „ Acetatumhüllung			0,05,	0,10.

Um an Raum für Isolation zu sparen, sucht man bei Nutenankern mit nicht zu hoher Nutenzahl auszukommen (grobe Nuten).
In vielen Fällen müssen dann in einer Nut viele Stäbe oder
Spulenseiten (bis zu 8) untergebracht werden. Die Bestandteile
solcher Bündel werden einzeln isoliert und vor dem Einlegen zu
einem Bündel vereint noch einmal mit Isolation umgeben. Besondere
Umkleidung der Nuten ist in dem Falle für niedrige Spannung entbehrlich. Einzelheiten geben die Figuren 213 bis 217.

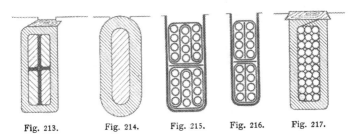

Fig. 213.   Fig. 214.   Fig. 215.   Fig. 216.   Fig. 217.

(437) **Hohe Spannungen im Anker.** Beim Entwurf irgend
einer Ankerwicklung ist mit großer Sorgfalt darauf zu achten, daß
hohe Spannungen zwischen nebeneinander liegenden Leitern, z. B. bei
der Anordnung nach der Fig. 217, vermieden werden. Es genügt
dabei nicht, nur mit den im normalen Betriebe auftretenden Spannungen zu rechnen, weil Umstände besonderer Art (Resonanzerschei-
nungen, Induktionsstöße und dergleichen) an einzelnen Stellen der
Wicklung starke Spannungserhöhungen hervorrufen können.

(438) **Prüfung der Isolation.** Die fertigen Spulen und der
fertig gewickelte Anker sind auf Isolation zu prüfen. Dabei ist
zu beachten, daß alle Isoliermaterialien bei steigender Temperatur
an Isolierfestigkeit verlieren; das Material muß daher bei derjenigen Höchsttemperatur geprüft werden, die im äußersten Fall in
der Maschine vorkommen kann, wobei zu bedenken ist, daß die für
gewöhnlich gemessenen Erwärmungen Mittelwerte darstellen, die
wesentlich unter dem Maximum der Temperaturerhöhung im Inneren
der Maschinenteile liegen.

Ankerspulen werden vor dem Einlegen auf Isolation der
Windungen gegeneinander geprüft, indem man sie mit offenen Enden
über einen Transformatorkern schiebt, der mit Hilfe einer Primärwicklung mittels Wechselstroms erregt wird. Hat eine Spule in sich
Schluß, so fließen bei der Prüfung in ihr starke Ströme; man erkennt
sie daher leicht aus den Erwärmungserscheinungen. Nach dem Einlegen der Spulen empfiehlt sich eine erneute Prüfung in der Weise,
daß ein mit Wechselstrom erregter Magnet durch einen Teil des
Ankers geschlossen wird, sodaß in den einzelnen Ankerspulen durch
den Wechselmagnetismus nicht zu kleine EMKK induziert werden.
Auf einfache Weise erreicht man das durch Überbringen eines hufeisenförmigen offenen Wechselstrommagnetes über den Anker.

(439) Anordnung der Wicklung. Bei der Trommelwicklung
wird der Kupferleiter stets auf der Zylinderfläche parallel zur Achse
unter einem Pole hin, unter dem benachbarten Pole zurückgeführt.
Hin- und Rückführung bilden eine Windung, mehrere solche in derselben relativen Lage zu den Polen neben oder übereinander liegende
Windungen eine Spule. Eine solche Spule oder auch die einzelne
Windung, wenn keine Spulen vorhanden sind, bildet ein Wicklungs-
element. Das einfachste ist, den Abstand der Hin- und Rückführung
— der beiden Spulenseiten — gleich oder nahezu gleich der Polteilung zu wählen. Man erhält dann lange Spulen oder Durchmesserwicklung (Fig. 218). Man kann den Abstand auch kürzer wählen,

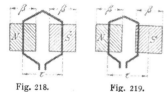

jedoch mindestens gleich dem
Polschuhbogen, damit nicht
beide Seiten unter demselben
Pol liegen können — kurze
Spulen,   Sehnenwicklung
(Fig. 219).

Fig. 218.   Fig. 219.

Man unterscheidet:
1. Käfigwicklungen,
2. Phasenwicklungen,

3. Fortlaufende in sich geschlossene oder aufgeschnittene
Wicklungen, auch schleichende Wicklungen genannt.

Die Käfigwicklung von von Dolivo-Dobrowolsky be-
steht aus Stäben, die parallel zur Achse an der Oberfläche des Ankers,
meist in Nuten, angebracht und sämtlich auf beiden Seiten durch
starke Ringe leitend miteinander verbunden sind.

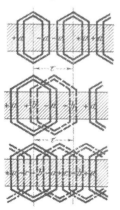

Die Phasenwicklung wird besonders
bei Wechselstrommaschinen, vereinzelt auch
bei Gleichstrommaschinen, zB. bei der
Thomson-Bogenlichtmaschine angewendet.
Sie besteht aus Spulen oder Spulengruppen,
die entweder sämtlich (bei Einphasenmaschinen) oder gruppenweise (bei Mehrphasenmaschinen) dieselbe relative Lage zu
den Polen einnehmen. Die Schaltung der
Spulen oder Spulengruppen ist sehr
mannigfaltig. Hintereinanderschaltung ist
im weitesten Maße möglich, Parallelschaltung
nur bei solchen Gruppen, in denen die
erzeugten EMKK gleiche Phase haben.
Fig. 220 a zeigt eine Einphasen- mit kurzen,
Fig. 220 b eine Zweiphasen-, Fig. 220 c eine
Dreiphasenwicklung mit langen, übergreifenden Spulen.

Fig. 220 a — c.   Fortlaufende in sich geschlossene Wicklungen werden
namentlich bei kommutierenden Maschinen, teilweise aber auch, insbesondere bei mäßigen Spannungen, für Drehstrom- und Wechselstrommaschinen benutzt. Sie bestehen aus aneinandergeschalteten
Wicklungselementen, die sich in verschiedenen relativen Lagen zu
den Polen befinden. Die Änderung der Lage aufeinander folgender·

Wicklungselemente zu den Polen nennt man ihre **Feldverschiebung**. Fortlaufende Wicklungen können als Ringwicklung (Pacinottischer oder Grammescher Ring), oder als Trommelwicklung (v. Hefner-Alteneck) ausgeführt werden. Bei letzterer — der üblichsten Wicklung — unterscheidet man Schleifen- und Wellenwicklung. Anfang und Ende jedes Wicklungselementes werden an zwei verschiedene Kommutatorteile angeschlossen. An jedem Kommutatorteil endet daher ein Element und beginnt ein neues. Mitunter wird zwischen die Verbindungsstellen der aufeinander folgenden Elemente und die Kommutatorteile noch je ein Draht oder Blechstreifen von höherem Widerstande geschaltet. Die Wicklungen können einfach oder mehrfach geschlossen sein. Mehrfach geschlossene Wicklungen entstehen, wenn man mehrere einfach geschlossene Wicklungen parallel zueinander auf dem Anker anbringt, zB. eine zweifach geschlossene Wicklung durch zwei einfach geschlossene Wicklungen, deren Spulenseiten räumlich miteinander abwechseln und von denen die eine an die geraden, die andere an die ungeraden Kommutatorsegmente angeschlossen ist.

Der Abstand zwischen den Hinführungen zweier unmittelbar miteinander verbundener Spulen ist der **Schritt** Y der Wicklung. Er setzt sich bei der Trommelwicklung aus den beiden Teilschritten y_1 und y_2 zusammen. y_1 ist der Abstand zwischen Hin- und Rückführung derselben Spule (zwischen den Mitten der Seiten einer Spule), y_2 ist der Abstand von der Mitte der Rückführung der ersten bis zur Mitte der Hinführung der zweiten Spule.

Ist der zweite Teilschritt rückwärts gerichtet, also $Y = y_1 - y_2$, Fig. 221a, so erhält man die Schleifenwicklung, ist er vorwärts gerichtet, sodaß $Y = y_1 + y_2$, Fig. 221b, so erhält man die Wellenwicklung. Bei der

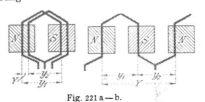

Fig. 221 a—b.

Schleifenwicklung ist der Gesamtschritt Y gleich der Verschiebung zweier benachbarter Wicklungselemente im Felde. Bei der Wellenwicklung ist der Gesamtschritt etwas kleiner oder etwas größer als die doppelte Polteilung, die Abweichung ist gleich der Feldverschiebung zweier benachbarter Elemente.

(440) **Stirnverbindungen.** In den weitaus meisten Fällen wird die Trommelwicklung so ausgeführt, daß zwei Lagen von Leitern am

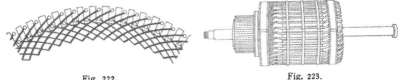

Fig. 222.   Fig. 223.

Ankerumfang hergestellt werden, von denen jeweilig durch die Stirnverbindungen ein oberer mit einem unteren Leiter verbunden wird (Fig. 222). Liegen hierbei die Stirnverbindungen ganz oder nahezu in der Mantelfläche des Ankers, so heißt die Wicklung „Mantel-" oder

„Faß-" oder „Oberflächenwicklung" mit „Gitterkopf", Fig. 223. Diese Ausführungsform gilt gegenwärtig für die vorteilhafteste. Sind dagegen die Verbindungen auf den Stirnseiten des Ankers nach der Welle hin abgebogen, so heißt die Wicklung „Stirnwicklung" mit „Gabelkopf". Die sog. Eickemeyerwicklung ist eine solche Stirnwicklung in spezieller Ausführung.

(441) Darstellung der Wicklungen. Zeichnerisch wird die Wicklung im Wicklungsschema entweder durch eine Projektion auf eine zur Ankerachse senkrechte Ebene dargestellt, indem man den Anker etwa von der Kommutatorseite aus betrachtet; oder durch eine Abwicklung der Zylinderfläche, wobei die Polflächen schraffiert eingezeichnet werden können. Bedient man sich dabei der in Fig. 218 angegebenen Schraffur, sodaß die Neigung der Linien dem schrägen Strich im N entspricht, so findet man beim Vorbeibewegen des Wicklungsschemas vor den Polen die Richtung der induzierten EMK in Übereinstimmung mit dem scheinbaren Wandern der Schraffurlinien über die Leiter. Die übereinander liegenden Spulenseiten werden in der Regel im Schema dicht nebeneinander gezeichnet und zweckmäßig durch die Strichstärke unterschieden. Bei großen Ankern verursacht die Zeichnung des ganzen Schemas unverhältnismäßig viel Mühe, ohne daß sie großen praktischen Nutzen gewährte. Man begnügt sich daher entweder mit der Aufzeichnung eines „reduzierten" Schemas (Arnold 1904), wobei man die Trommelwicklung durch eine äquivalente Ringwicklung ersetzt (das Verfahren ist nur für Wellenwicklung verwendbar) oder man gibt für die Wicklung eine Tabelle an, wobei verschiedene Verfahren benützt werden können (vergl. E. T. Z. 1902, S. 633).

(442) Einteilung und Wicklungsregeln für Trommelwicklungen. Man mißt den Schritt, die Feldverschiebung und die Polteilung entweder durch die Zahl der Stäbe (Spulenseiten) die auf die zu messende

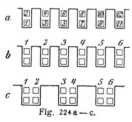

Größe entfallen, Fig. 224a, oder durch die Zahl der Nuten, Fig. 224b, indem man annimmt, daß auf jede Nute zwei Stäbe oder Spulenseiten wie in Fig. 222 entfallen. Enthält dagegen eine Nute 4, 6 ... Spulenseiten, so löst man sie in 2, 3 ... Nuten auf und zählt dementsprechend, Fig. 224c. Ist ein Kommutator an die Wicklung angeschlossen, so stimmt bei der letzten Art der Zählung die Zahl der Nuten mit der Zahl der

Fig. 224 a — c.

Kommutatorteile überein. Die Gesamtzahl der Spulenseiten auf dem Anker ist doppelt so groß wie die Zahl der Kommutatorteile m. Bei der Zählung nach Stäben hat der Gesamtschritt einen doppelt so großen Zahlenwert wie bei der Zählung nach Nuten, er muß eine gerade Zahl, die beiden Teilschritte müssen ungerade Zahlen sein. Im folgenden wird die Zählung nach Nuten angewendet. p ist die Zahl der Polpaare.

I. Schleifenwicklung.

A) Einfach geschlossen: $Y = \pm 1$.

B) Mehrfach geschlossen: $Y = \pm i$. Y und m durch i teilbar, i-fach geschlossen.

In beiden Fällen

a) **Durchmesserwicklung** (lange Spulen). Die Stirnverbindung überbrückt ungefähr einen der Polteilung entsprechenden Bogen,

$$y_1 \text{ ungefähr} = \frac{m}{p}.$$

b) **Sehnenwicklung** (kurze Spulen). Die Stirnverbindung überbrückt einen kleineren Bogen, als der Polteilung entspricht. Die Sehnenwicklung bietet den Vorteil einer geringeren Ankerrückwirkung (vergl. 455) und einer nicht unbedeutenden Ersparnis an Kupfer und totaler Ankerlänge. Die Spulenbreite muß mindestens etwas größer sein als der Polschuhbogen.

Wird die Schleifenwicklung auf mehrpolige Maschinen angewandt, so ergibt sich ein Anker, dessen Wirkung derjenigen gleich ist, die p parallelgeschaltete zweipolige Maschinen geben würden. Man spricht daher von „reiner Parallelschaltung" der Ankerwicklung.

(443) II. **Wellenwicklung** ist bei zweipoligen Ankern elektrisch gleichwertig mit der Schleifenwicklung, von der sie sich nur durch die Lage der Stirnverbindungen unterscheidet.

Bei der mehrpoligen Wellenwicklung ist der Schritt Y ungefähr gleich der doppelten Polteilung τ, jedoch entweder etwas größer oder etwas kleiner; denn wäre er genau gleich der doppelten Polteilung, so würde sich die Wicklung schon nach einem Umgange schließen, während sie sich erst nach einer Anzahl von Umläufen schließen soll. Wenn p die Zahl der Polpaare ist, so möge die Feldverschiebung nach p Schritten eine Nute (vorwärts oder rückwärts), Fig. 225, betragen. Bei m Nuten auf dem Umfange ist demnach

Fig. 225.

$$pY = m \pm 1.$$

Beim Durchlaufen der ganzen Wicklung findet ein Richtungswechsel der EMK statt, wenn die gesamte Feldverschiebung gleich der Polteilung geworden ist. Da sich aber die Wicklung in sich schließt, wenn die Feldverschiebung gleich Y, d. h. ungefähr gleich der doppelten Polteilung geworden ist, so finden nur zwei Richtungswechsel der EMK statt, es sind daher immer nur zwei parallele Ankerzweige vorhanden. Man braucht bei Kommutatorankern aus diesem Grunde auch nur an zwei Stellen, die um die Polteilung voneinander entfernt sind, Bürsten aufzulegen. Um jedoch an Kommutatorlänge zu sparen, pflegt man die Bürsten, wenn sie leicht zugänglich sind, über den Umfang des Kommutators zu verteilen, wie bei der Schleifenwicklung, und die gleichpoligen Bürsten miteinander zu verbinden.

Reihenparallelschaltung (Arnold). Die Feldverschiebung kann bei Wellenwicklung nach einem Umgange auch größer als ein Ankerteil sein, nämlich gleich a Teilen. Dann ist

$$p \cdot Y = m \pm a.$$

Die Feldverschiebung erreicht jetzt bereits nach Y/a Umläufen einen vollen Schritt. Wenn sich dann aber nicht schon die Wicklung in sich schließen soll, darf Y nicht durch a teilbar sein. Noch mehr: damit alle Windungen durchlaufen werden, bevor sich die Wicklung schließt, dürfen Y und a keinen gemeinsamen Teiler haben. Andernfalls gibt der größte gemeinsame Teiler an, wie viel unabhängige in sich geschlossene Wicklungen auf dem Anker vorhanden sind. Da ferner bei einer Feldverschiebung um die doppelte Polteilung zwei Richtungswechsel der EMK stattfinden, so sind für je Y/a Umläufe zwei Stromabnahmestellen, also für Y Umläufe, bei denen sich die Wicklung in sich schließt, $2a$ Stromabnahmestellen und mithin $2a$ Parallelstromkreise vorhanden. Die Stromabnahmestellen sind im allgemeinen nicht regelmäßig verteilt.

Für die Wellenwicklung gelten daher folgende Formeln.

A) Einfach geschlossene Reihenwicklung $Y = \dfrac{m \pm 1}{p}$,

Y und m ohne gemeinsamen Teiler.

B) Einfach geschlossene Reihenparallelwicklung (Arnoldsche Wicklung):

$$Y = \frac{m \pm a}{p},$$

Y und m ohne gemeinsamen Teiler.

C) Mehrfach geschlossene Reihenwicklung:

Y und m durch i teilbar, i-fach geschlossene Wicklung. In allen Fällen:

a) Durchmesserwicklung:

$$y_1 \text{ ungefähr} = \frac{Y}{2}, \quad y_2 \text{ ungefähr} = \frac{Y}{2}.$$

b) Sehnenwicklung. Der eine Teilschritt ist verkürzt, der andere vergrößert:

$$y_1 \gtrless \frac{Y}{2}, \quad y_2 \lessgtr \frac{Y}{2}.$$

Bestehen die Wicklungselemente aus Spulen, so werden die Verbindungen benachbarter Spulen entweder nach den Regeln der Schleifenwicklung oder der Wellenwicklung hergestellt. Beispiel der Wellenwicklung mit Spulen ist der übliche Straßenbahnmotor.

(444) **Beispiele von Wicklungen.** In den Fig. 226 bis 228 sind drei sechspolige einfach geschlossene Trommelwicklungen dargestellt. Setzt man die EMK jedes im Felde gelegenen Stabes gleich Eins, so ergeben sich die in die Kommutatorteile eingeschriebenen Potentiale, woraus sofort die Stellung der Bürsten und die Spannung der Maschine zu entnehmen ist. Man erkennt, daß bei der Reihenwicklung die gleichpoligen Bürsten durch nicht im Felde liegende Stäbe miteinander verbunden sind. Es genügen daher zwei Bürsten, etwa $+$ I und $-$ II.

(445) **Ausgleichleitungen.** Bei vielpoligen Maschinen ist es für die Güte des Betriebes wichtig, daß sich die Leistung gleichmäßig über die ganze Wicklung verteilt. Um den Ausgleich zu befördern,

ordnet man Ausgleichleitungen (Äquipotentialverbindungen) an, die sich besonders bei Schleifenwicklung und bei Reihenparallelschaltung

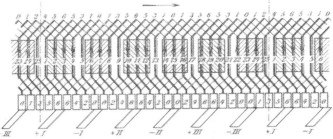

Fig. 226. Sechspolige Schleifenwicklung.
$y = 1$, $y_1 = 4$, $y_2 = 3$, $m = 25$, $p = 3$.

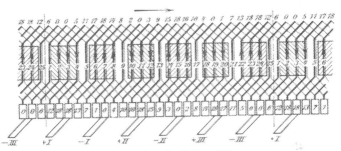

Fig. 227. Sechspolige Reihenwicklung.
$y = 8$, $y_1 = 4$, $y_2 = 4$, $m = 25$, $p = 3$, $a = 1$.

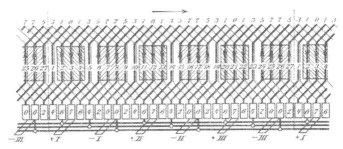

Fig. 228. Sechspolige Reihenparallelschaltung.
$y = 8$, $y_1 = 4$, $y_2 = 4$, $m = 27$, $p = 3$, $a = 3$.

leicht anbringen lassen. Man verbindet durch Drahtringe, die z. B. zwischen Wicklung und Kommutator untergebracht werden, solche

Punkte der Wicklung miteinander, die dauernd gleiches Potential haben, vergl. Fig. 228. Wichtig ist dabei eine theoretisch ganz regelmäßige Potentialverteilung, wie sie vorhanden ist, wenn m durch p teilbar ist. Bei Reihenschaltung ist dies nicht der Fall. Arnold fügt daher hier noch eine Hilfsschleife ein (vergl. Arnold, Dynamomasch., S. 60 ff.).

Schleifringe, Kommutator, Bürsten.

(446) Die Stromzuführung zu solchen Teilen der Wicklung, die umlaufen, wird je nach Bedarf durch Bürsten und Schleifringe, von denen jeder nur die Verbindung mit einem oder einigen Punkten der Wicklung herstellen kann, oder Kommutatoren, die eine Einführung des Stromes an ständig miteinander abwechselnden Punkten der Wicklung gestatten, bewirkt. Schleifringe werden aus Gußeisen, Bronze oder Kupfer hergestellt. Es ist bei größeren Durchmessern zu empfehlen, die Schleifringe zweiteilig zu machen, um die Auswechslung zu erleichtern; man vermeide große Umfangsgeschwindigkeiten mit Rücksicht auf Verschleiß und Leistungsverluste. Die Schleifringe werden auf isolierende Buchsen gesetzt, die Anschlußdrähte fest mit ihnen verschraubt und gegen die Fliehkräfte gesichert.

(447) Die Kommutatoren bestehen aus Segmenten aus hart gezogenem Kupfer. Zur Isolation der einzelnen Segmente dient Glimmer oder ein geeignetes Glimmerpräparat von 0,5—1,2 mm Stärke. Der Glimmer muß so ausgesucht werden, daß er keine schwächere Abnutzung erfährt als die Kupfersegmente, damit die Lauffläche des Kommu-

Fig. 229.

tators glatt bleibt. Wird letztere unrund, so werden die auf dem Kommutator schleifenden Bürsten von den Unebenheiten stoßweise abgehoben, in Schwingungen versetzt, und es entstehen Funken. Die Segmente werden meist auf einer zweiteiligen Buchse aus Gußeisen aufgebaut, die durch Glimmerkappen von 1,5—5 mm Dicke isoliert und durch Anziehen der Spannschrauben verspannt wird (Fig. 229). Bedingung für einen guten Zusammenbau ist äußerst sorgfältige Einhaltung der Abmessungen der Segmente und gutes Aus- bezw. Geraderichten der einzelnen Teile. Bei sehr großen Kommutatoren werden die Preßringe geteilt. In einzelnen Fällen befestigt man bei solchen auch die Segmente durch Preßstücke, die durch radiale Schrauben mit der Kommutatorbuchse verschraubt werden. Letztere Anordnung bedarf aber, wenn sie betriebstüchtig sein soll, sehr sorgfältiger Durchbildung und Ausführung. Auch bei Erwärmung darf keine Veränderung irgend eines Teiles des Kommutators bemerkbar werden.

Die Segmente und die Isolationsstücke werden zwischen Spannringen von Hand lose aufgereiht und durch Anziehen der Spannringe fest miteinander verspannt; dann werden die inneren und die Stirnflächen des so gebildeten Körpers abgedreht, die Glimmerkappen und die Kommutatorbuchse übergeschoben, die äußeren Spannringe entfernt und die äußere Fläche überdreht. Schließlich wird die Isolation der Segmente gegeneinander und gegen den Körper mit

Hochspannung geprüft. Der Kommutator wird dann mit dem Anker zusammengebaut, verlötet und auf der Welle erneut abgedreht.

Zur Entlastung der Befestigungsteile erhalten Kommutatoren mit sehr großer Umfangsgeschwindigkeit (zB. bei Turbodynamos) starke Bänder in Form von Ringen aus Nickelstahl. Ein wesentlicher Nutzen kann hierbei allerdings nur dann erwartet werden, wenn der Durchmesser nicht sehr groß ist. Zur Isolation der Bandage dient Glimmer.

Die radiale Abnutzungstiefe der Segmente ist reichlich zu bemessen, damit nach längerer Betriebsdauer durch Abdrehen erneut eine glatte Oberfläche des Kommutators hergestellt werden kann. Zweckmäßig ist es, auf der Ankerseite des Kommutators bei A, Fig. 229 einen Einschnitt einzudrehen, durch dessen Tiefe zugleich angedeutet wird, bis zu welchem geringsten Durchmesser abgedreht werden darf. Kommutatoren müssen immer als ein Ganzes ausgeführt werden. Mehrteilige Ausführungen würden Komplikationen, namentlich für die Montage bedingen. Es ist zweckmäßig, die Kommutatoren so zu bauen, daß die Innenseite von abkühlender Luft bestrichen wird. Sehr lange Kommutatoren können durch Ventilationsschlitze unterteilt werden (D.R.P. 142339). Dabei kann durch Teilung der Kommutatorbuchse in achsialer Richtung auch eine Erhöhung der Festigkeit des Kommutators erreicht werden. Die Kommutatorbuchse wird zweckmäßig bei großen Maschinen mit dem Ankerkörper verschraubt, so daß Anker und Kommutator ein von der Welle unabhängiges Ganzes bilden. Bei kleinen Maschinen wird der Kommutator einfach mit Feder und Nut auf der Welle befestigt. Der Betrieb der Kommutatoren verursacht Erwärmung, die von dem Übergangswiderstand zwischen Bürsten und Kommutator, von der Reibung der Bürsten auf dem Kommutator und unter Umständen von Wirbelstrombildung und Stromwärme in den Segmenten herrührt. Zur Berechnung der Temperaturzunahme benutzt A r n o l d (Gleichstrommasch. S. 530) die Formel

$$\Delta T = \frac{100 \text{ bis } 150}{1 + 0,1 \, v_k} \cdot \frac{W_k}{S_k}$$

worin v_k die Kommutatorgeschwindigkeit in m/sek, W_k die gesamten Verluste im Kommutator in Watt und S_k die Oberfläche des Kommutators in cm² bedeutet.

(448) Funkenbildung. Kommutatoren, die unter Funkenbildung laufen, unterliegen in der Regel einer erheblich höheren Erwärmung und schnellem Verschleiß, Funkenbildung ist daher durchaus zu vermeiden. Ist ein Kommutator abgedreht worden, so ist sorgfältig zu prüfen, ob die Drehspäne nicht die Isolation zwischen zwei Segmenten überbrückt haben. Solche Überbrückungen gefährden die Ankerwicklung und sind daher zu entfernen. Zum Abdrehen dient ein spitzgeschliffener Stahl; nach dem Drehen schleift man mit Glaspapier (weniger gut Karborundum-Papier) event. bei Anwendung von etwas Öl bis zur Herstellung einer spiegelglatten, hochglanzpolierten Oberfläche. Es empfiehlt sich, den Kommutator regelmäßig nach dem Betriebe mit feinstem Sandpapier ablaufen zu lassen, wobei man das Sandpapier mit Hilfe eines nach der Rundung des Kommutators geschnittenen Holzes andrückt.

(449) Die Bürsten bestehen aus Kohle, Kupferblech, Kupferdraht, Kupfergaze, Kohle mit Metallblatteinlagen, gepreßten verkupferten Kohlenkörnern, Kupfergaze mit Graphitfüllung, Messing, Aluminium usw.

Metallbürsten haben den Vorteil, daß sie verhältnismäßig hohe Stromdichten an der Auflagestelle gestatten (25—35 A/cm²) und infolge ihrer Elastizität auch bei einem unrunden Kommutator eine innige Berührung gewährleisten. Dagegen arbeiten sie mit höherem Reibungskoeffizienten (im Mittel 0,3), verursachen großen Verschleiß und bedingen sehr sorgfältige Wartung des Kommutators, wenn er nicht durch ungleichmäßige Benutzung bald unbrauchbar werden soll. Bei Anwendung von Metallbürsten empfiehlt es sich, den Kommutator mit geeigneten Mitteln ganz leicht zu schmieren. Wenn der Kommutator mit wechselndem Drehsinn umläuft, so sind Metallbürsten in der Regel nicht verwendbar.

Kohlenbürsten gestatten nur geringe Stromdichten (5—15 A/cm²), sie arbeiten aber mit geringerem Reibungskoeffizienten (im Mittel 0,2) und verursachen infolge der schmierenden Wirkung des Graphits im allgemeinen geringen Verschleiß. Die Fabriken fertigen verschiedene Qualitäten an, die sich hinsichtlich der Härten und des Widerstandes unterscheiden; je höher die Maschinenspannung ist, um so größer pflegt man den Härtegrad und um so geringer die Leitfähigkeit der Kohle zu wählen. Um den Stromübergang von der Kohle zum Bürstenhalter zu verbessern, verkupfert man vielfach die dem Kommutator abgewandte Seite der Bürste, im Betriebe soll aber die Verkupferung niemals mit dem Kommutator selbst irgendwie in Berührung kommen. Das Schmieren des Kommutators mit Öl oder dergl. ist bei Anwendung von Kohlenbürsten zu vermeiden.

Ein Umtauschen von Metallbürsten gegen Kohlenbürsten an älteren Maschinen erscheint oft erwünscht, ist aber nur dann möglich, wenn der Kommutator groß genug ist, um eine genügende Anzahl von Kohlenbürsten aufzunehmen.

Nach dem Einsetzen neuer Kohlen ist durch Aufschleifen dafür Sorge zu tragen, daß die beabsichtigte Auflagefläche auf dem Kommutator wirklich hergestellt wird.

Bürsten aus Kohle mit eingepreßten Kupferblättern haben sich vereinzelt gut bewährt. Sie werden hergestellt von der galvanischen Metallblattpapierfabrik Berlin N., Gerichtsstraße.

(450) Übergangswiderstand. An jeder Bürsten-Auflagestelle entsteht ein Übergangswiderstand, dessen Größe sich mit dem Auflagedruck, mit der Umfangsgeschwindigkeit und mit der Stromdichte ändert und zwar so, daß der Widerstand mit abnehmender Stromdichte, mit zunehmender Geschwindigkeit (nur, solange diese gering ist) und mit abnehmendem Auflagedruck größer wird (vergl. ETZ 1900, S. 429). Der Übergangswiderstand ist bei Kommutatoren größer als bei Schleifringen. Er ist von der Geschwindigkeit in beiden Fällen aus naheliegenden Gründen umsomehr abhängig, je weniger Kommutator oder Schleifring rund laufen und je weniger gut der Bürstenhalter den Bewegungen des Kommutators folgt. Für die Größenordnung des Übergangswiderstandes kann man nähere Angaben

der folgenden Darstellung im Drei-Koordinaten-System (Fig. 230) entnehmen.

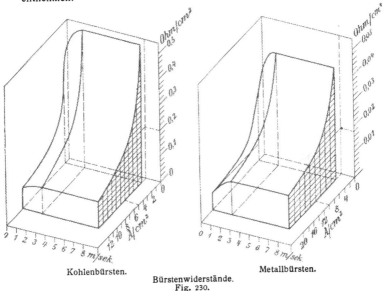

Kohlenbürsten.　　Bürstenwiderstände.　　Metallbürsten.
Fig. 230.

(451) Die **Bürstenhalter** werden aus Messing, Aluminium, Kupfer oder Eisen als Massenartikel hergestellt, wobei Konstruktionsteile, die durch Stanzen hergestellt werden können, zu bevorzugen sind. Zur Erzielung gefälligen Aussehens werden vielfach schwarze oder metallisch glänzende Niederschläge auf die Bürstenhalter gebracht. Die Bürstenhalter haben die Aufgabe, die Bürste mit passendem Auflagedruck in der richtigen Lage gegen den Kommutator zu drücken. Der Druck beträgt bei ortsfesten Maschinen für Kupferbürsten 120 g/cm², für Kohlenbürsten 140 g/cm²; bei bewegten oder nicht erschütterungsfrei aufgestellten Motoren, zB. Fahrzeugmotoren, kommen nur Kohlenbürsten in Frage, denen man einen Auflagedruck von 250 g/cm² gibt. Ein übermäßiges Andrücken der Bürsten, zu dem die Maschinisten namentlich bei schlecht gepflegten Kommutatoren neigen, ist schädlich und daher zu vermeiden. Die Bürstenhalter müssen eine Vorrichtung zur Einstellung der richtigen Lage und des richtigen Drucks besitzen, weiter müssen sie so eingerichtet sein, daß die Bürsten leicht ausgewechselt werden können. Die Führung der Bürste ist so zu gestalten, daß ein Aufkanten weder bei radialer, noch bei tangentialer Verstellung oder Durchfederung des Bürstenhalters eintritt. Eine gewisse Beweglichkeit muß gewahrt bleiben, weil ein genaues Rundlaufen der Kommutatoren auf die Dauer nicht zu erhalten ist. Die Federung soll daher eine gute sein, hart gefederte Bürsten verursachen schnellen Verschleiß und

Hilfsbuch f. d. Elektrotechnik. 7. Aufl.　　22

starkes Geräusch. Je leichter der Bürstenhalter, um so besser kann er geringen Ungleichheiten der Kommutatoroberfläche folgen.

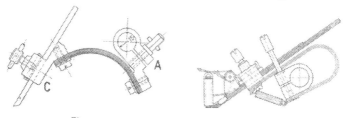

Fig. 231.   Fig. 232.

Figur 231 zeigt einen Bürstenhalter für tangential anliegende Bürsten, meist für Metallbürsten angewandt. Figur 233 u. 234 zeigen typische Konstruktionen für Kohlenbürstenhalter. Beim Reaktionsbürstenhalter liegt die Kohle an der dem Kommutator schräg zugeneigten Fläche frei und wird durch dessen Gegendruck an die Gleitfläche des Bürstenhalters gedrückt. Die Konstruktion hat etwas bestechendes, findet aber bei Praktikern doch nur geteilten Beifall.

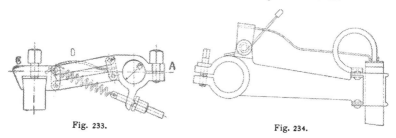

Fig. 233.   Fig. 234.

Figur 232 zeigt einen Doppelbürstenhalter von Schuckert, der gestattet, bis zu einem gewissen Grade die Vorzüge der Metallbürste mit denen der Kohlenbürste zugleich auszunützen.

(452) **Bürstenträger.** Die Bürstenhalter werden meist mit Klauen, seltener mit Schwalbenschwänzen am Bürstenstift befestigt. Der Bürstenstift oder Bürstenbolzen wird aus Eisen, hin und wieder auch aus Messing oder Kupfer hergestellt. Er ist kräftig zu halten, damit er nicht schwingt. Die freitragende Länge der Bürstenstifte sollte über ein gewisses Maß nicht hinausgehen; bei sehr langen Kommutatoren müssen die Bürstenstifte beiderseits mit Tragringen verschraubt werden, so daß eine Art Käfig entsteht. Die Isolation der Bürstenstifte gegen den sie tragenden Bürstenträger geschieht durch Buchsen aus Stabilit, Vulkanasbest, Eisengummi, Mikanit usw., die allenthalben einige Millimeter über die Metallteile herausstehen sollen. Die Buchsen müssen möglichst mit übergreifenden Kanten ausgeführt werden, weil stumpfgestoßene Kanten in der Regel zu Durchschlägen Veranlassung geben.

Die Bürstenträger werden entweder am Motorgehäuse oder Lager-schild durch Schrauben befestigt oder in Form von sogenannten Brillen ausgeführt und auf das Lager gesetzt (Fig. 235). Verstell-barkeit der Bürsten ist bei neueren Maschinen vielfach nicht mehr erforderlich. Ist sie doch nötig, so wird die Bürstenbrille kleinerer Abmessung nach Lockern einer Klemmschraube von Hand, der Bürsten-träger großer Maschinen mittels Schraubenspindeln und Muttern ver-schoben. Die Bürstenträger werden häufig zugleich zur Befestigung von Sammelschienen benutzt, die zur Verbindung der gleichpoligen Bürstenstifte dienen.

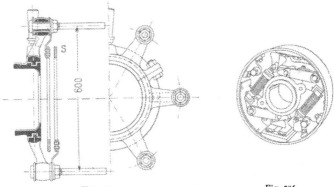

Fig. 235. Fig. 236.

(453) **Kurzschließer.** Bedarf man der Anwendung von Schleif-ringen und Bürsten nur während bestimmter Zeiten, zB. beim An-lassen von Motoren, so verwendet man Vorrichtungen, die zugleich das Abheben der Bürsten und das Kurzschließen der Schleifringe ermöglichen. Einen selbsttätigen Kurzschließer der Siemens-Schuckert-Werke, besonders für Gegenschaltung, zeigt Fig. 236.

(454) Zur Stromab- und zuführung zur Maschine als solcher werden entweder Anschlußseile vorgesehen oder Klemmen angebracht. Die Klemmen sind mit Rücksicht auf die jeweilige Stromstärke zu bemessen und so anzubringen, daß sowohl eine bequeme Zuführung der äußeren Leitungen möglich — in der Regel ist es dafür am zweckmäßigsten, die Klemmen am unteren Teil der Maschine anzubringen — als auch ein Kurzschließen durch zufällig auf die Klemmen fallende oder aus Unachtsamkeit oder Unkenntnis darauf gelegte Metallteile ausgeschlossen ist. Gegen diese Regel sind früher sehr viel Fehler gemacht worden. Bei Wechselstrommaschinen ist darauf zu achten, daß die durch Eisenteile der Maschine zB. durch das Gehäuse zu führenden Leitungen stets durch ein gemeinsames Loch gehen, anderenfalls entstehen infolge wechselnder Magnetisie-rungen starke Verluste und örtliche Erwärmungen durch Hysterese und Wirbelströme.

Ankerrückwirkung und Kommutierung.

(455) **Ankerrückwirkung.** Durch den Ankerstrom wird auch der Anker zum Sitz einer magnetomotorischen Kraft, die bei Leerlauf nicht vorhanden war. Der magnetische Zustand der Maschine ändert

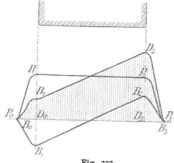

sich daher, und zwar stets so, daß eine Verzerrung der bei Leerlauf vorhandenen Kraftlinienverteilung eintritt. Fig. 237 bis 240 zeigt, wie diese Verzerrung dadurch zustande kommt, daß die Ankerwindungen einen magnetischen Gegendruck erzeugen. In Fig. 237 stellt die obere wagrechte Gerade die Polfläche dar. $P_0 P_1 P_2 P_3$ ist die magnetische Potentialdifferenz, die am Anker wirkt, wenn nur der Feldmagnet Strom führt, wie in Fig. 238. $B_0 B_1 B_2 B_3$ entspricht dem in Fig. 239 dargestellten Fall, wo

Fig. 237.

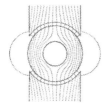

Fig. 238.

Fig. 239.

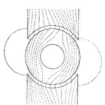

Fig. 240.

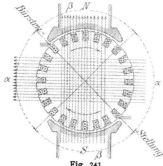

Fig. 241.

nur der Anker vom Strom durchflossen wird. Die schraffierte Fläche $B_0 D_1 D_2 B_3$ gibt die resultierende magnetische Potentialdifferenz an, wenn die Maschine im regelmäßigen Betrieb steht, Fig. 240.

Nach Fig. 241 kann man die Amperewindungen des Ankers zerlegen in eine Gruppe, die in dem Winkel $\alpha\alpha$ liegt und entmagnetisierend wirkt, und eine Gruppe, die in dem Winkel $\beta\beta$ liegt und quermagnetisierend wirkt.

Läuft eine Maschine als Generator, so sind im Anker die EMKK und die Ströme gleich gerichtet; läuft sie als Motor, so sind die EMKK den Strömen entgegen gerichtet. Unter sonst gleichen Verhältnissen haben die Ströme daher bei Motorwirkung und bei Generatorwirkung entgegengesetzten Verlauf, und entsprechend wirken sie auch magnetomotorisch in entgegengesetztem Sinne. Es gilt die Regel: im Generator wird die anlaufende Polkante magnetisch geschwächt, die ablaufende verstärkt; beim Motor wird die ablaufende Polkante geschwächt und die anlaufende verstärkt.

Die Wirkung der Ankerrückwirkung tritt um so deutlicher in die Erscheinung, je größer das Verhältnis Ankeramperewindungen zu Feldamperewindungen ist; von Einfluß ist außerdem die Bürstenstellung bei kommutierenden Maschinen und die Phasenverschiebung bei Wechselstrom- oder Drehstrommaschinen. Vgl. (528).

Die Ankerrückwirkung äußert sich im allgemeinen auch in einer Vergrößerung der Streuung zwischen den Schenkeln und insbesondere an den Polschuhen. Da nämlich bei Belastung im allgemeinen eine Verstärkung der Erregung vorgenommen werden muß, so erhöht sich auch der magnetische Druck zwischen den benachbarten Kanten der Polschuhe und mit ihm die Zahl der dort übergehenden Streulinien. Dieser Erscheinung hat der Konstrukteur von vornherein Rechnung zu tragen, damit die Kraftliniendichte in den Schenkeln nicht die Sättigungsgrenze erreicht, so daß es nicht mehr möglich ist, den für die Erzeugung der verlangten Spannung erforderlichen Kraftfluß durch die Maschine zu drücken. Tritt dieser Fall bei einer ausgeführten Maschine ein, so kann man entweder durch Vermehrung der Erregeramperewindungen oder durch Verringerung der Luft zwischen Polschuhen und Anker, im letzten Falle zB. durch Zwischenlegen von Blechen zwischen Schenkel und Joch Abhilfe schaffen.

(456) Die Kommutierung. Während die Kommutatorteile sich vor den Bürsten vorbeibewegen, werden von einer Bürstengruppe aus betrachtet Ankerspulen auf der einen Seite des Ankers fortwährend ab-, auf der anderen zugeschaltet; dabei schließen die Bürsten eine oder mehrere Spulen für die Zeit des Vorüberganges kurz und es tritt eine einfache oder mehrfache Stromverzweigung ein in der Weise, daß ein Teil des Ankerstromes, sobald ein Kommutatorteil die Bürste berührt, sogleich zu dieser und in den äußeren Stromkreis abfließt, während ein anderer Teil in die nächste kurzgeschlossene Spule eintritt und entweder hinter ihr zur Bürste gelangt oder sich abermals teilt. Der Kommutierungsvorgang besteht nun darin, daß die Stromstärke i_k in einer Spule während des Kurzschlusses von $- i_a$ auf $+ i_a$ gebracht wird, wenn i_a die Stromstärke in den benachbarten Ankerzweigen ist. Jede stromdurchflossene Ankerspule erzeugt aber eine MMK, also auch die unter Kurzschluß stehenden Spulen, und da die Kurzschlußstromstärke veränderlich ist, so macht sich unter dem Einfluß dieser MMK eine EMK der Selbstinduktion geltend. Werden beim Vorübergehen an der Bürste mehrere Spulen gleichzeitig unter Kurzschluß gehalten, so werden die verschiedenen Kurzschlußströme alle genau oder annähernd demselben Gesetze folgen, gegeneinander aber Phasenverschiebungen besitzen. Da nun immer ein Teil des von der einen kurzgeschlossenen Spule erzeugten Kraftflusses auch mit den andern kurzgeschlossenen Spulen verschlungen ist, so findet auch eine **gegenseitige Induktion** der kurzgeschlossenen Spulen statt. Es tritt daher in der kurzgeschlossenen Spule eine EMK der Selbstinduktion und der gegenseitigen Induktion e_s (auch Reaktanzspannung genannt) auf, die einer Änderung der Stromstärke in der kurzgeschlossenen Spule widerstrebt. Es ist daher eine besondere **kommutierende EMK** e_k erforderlich, um die Kommutierung des Stromes in der Zeit T des Kurzschlusses zu erzwingen. Diese EMK wird dadurch erhalten, daß sich die Drähte der Spule während des Kurzschlusses in einem magnetischen Felde von bestimmten Eigenschaften — dem **kommutierenden Felde** — bewegen. Die Kommutierung ist dann gut, wenn i_k sich weder zu Anfang noch am Schlusse der Kurzschlußperiode sprungweise ändert, d. h. wenn zwischen den Segmenten im Augenblicke des Übertritts der Bürste keine Potentialdifferenz besteht, und i_k während des Kurzschlusses niemals unzulässig große Werte annimmt; denn dann kann weder ein Lichtbogen zwischen der Bürste und den Kommutatorteilen, zwischen denen die Spule liegt, noch eine übermäßige Erwärmung auftreten, die zu einem Glühendwerden und Abschmelzen der Kommutatorteile und der Bürsten führen würde.

Die theoretische Behandlung der Kommutierung kann nur ausnahmsweise bis zu einer in quantitativer Richtung befriedigenden Genauigkeit entwickelt werden; im allgemeinen muß man sich mit einer allgemeinen Erklärung der Vorgänge und mit experimenteller Weiterverfolgung begnügen, wobei aber die Beobachtung des ersten Auftretens von Funken wieder ein unsicheres Moment in die Betrachtung hineinbringt[*]).

(457) **Die Hauptgleichung der Kommutierung.** Die einzelnen Kommutatorteile stehen vielfach durch besondere Leiter AB, Fig. 242 bis 244, mit der Wicklung $A_1 A_2 A_3 \ldots$ in Verbindung. In ihnen mögen die Ströme $i_1, i_2, i_3 \ldots$ fließen, deren Gesamtheit der in die Bürste fließende Strom ist. Diese Ströme erfordern einmal für den Durchgang durch die Verbindungen AB Potentialdifferenzen p_{AB} verschiedener Größe und ferner zum Übertritt von den Kommutatorteilen in die Bürste Potentialdifferenzen p_B verschiedener Größe. Zwischen den Punkten A werden daher Potentialdifferenzen auftreten, die aus der Differenz der genannten Potentialdifferenzen zu berechnen sind, z. B. zwischen A_3 und A_4

$$p_k = (p_{AB} + p_B)_3 - (p_{AB} + p_B)_4.$$

Bei Betrachtung der Spule $A_3 A_4$ darf man daher nicht etwa die Punkte A_3 und A_4 als kurz miteinander verbunden ansehen, sondern muß zwischen ihnen die Potentialdifferenz p_k annehmen. p_k wird nur dann zu Null, wenn $i_3 = i_4$ ist, und kann vernachlässigt werden, wenn die einzelnen Potentialdifferenzen sehr klein sind. Häufig aber gibt man den Verbindungen AB absichtlich einen größeren Widerstand, und

---

[*]) Literatur: Parshall u. Hobart: Electric Generators 1899; Arnold: Gleichstrommasch. 1902; Railing: Kommutierungsvorgänge 1903; Punga: Das Funken von Kommutatormotoren 1905; Pohl: Über magn. Wirkungen der Kurzschlußströme in Gleichstromankern. 1905. — Im letzten Buch ausführlicher Nachweis auch über Zeitschriftenliteratur.

außerdem betragen die Potentialdifferenzen P_{AB} zwischen Kommutator und Bürste unter Umständen mehrere Volt. Bei der rechnerischen Behandlung des Kommutierungsvorganges muß man daher vier Größen, nämlich die kommutierende EMK e_k, die EMK der Selbstinduktion und der gegenseitigen Induktion e_s, den Spannungsverlust in der Spule $i_k R$, wenn R deren Widerstand ist, und die Potentialdifferenz p_k (von Punga Funkenspannung genannt) zueinander in Beziehung setzen. Man erhält danach die Gleichung

$$e_k + e_s = i_k R + p_k.$$

Der Teil $i_k R$ kann am ehesten vernachlässigt werden. Die Gleichung lautet dann

$$e_k + e_s = p_k.$$

(458) **Die Energiewandlungen.** Die kommutierende EMK muß bei einem Generator in dem ersten Teile des Kommutierungsvorganges der Stromstärke i_k entgegenwirken, in dem zweiten Teile gleiche Richtung mit ihr haben. Demnach leistet die kurzgeschlossene Spule im ersten Teil mechanische Arbeit, d. h. sie wirkt treibend, während sie im zweiten Teile elektrische Arbeit leistet, also bremsend wirkt. Es finden daher Energiewandlungen während der Kommutation statt. Die potentielle magnetische Energie der Spule würde vor und nach dem Kurzschluß abgesehen vom Vorzeichen gleich sein, wenn die Koeffizienten der Selbstinduktion und der gegenseitigen Induktion konstant wären (vergl. E. T. Z. 1899, S. 32).

(459) **Das kommutierende Feld** muß im wesentlichen eine solche Richtung haben, wie sie für die Induktion des Stromes i_a nach der Kommutierung erforderlich ist. Die Bürsten müssen daher streng genommen immer aus der neutralen Zone bei Generatoren in der Drehrichtung des Ankers, bei Motoren in entgegengesetzter Richtung verschoben werden. Das Feld muß ferner um so stärker sein, je größer die Ankerstromstärke ist. Da aber das Feld in der Nähe der „auflaufenden Polkante" durch das Ankerfeld um so mehr geschwächt wird, je größer die Ankerstromstärke ist, so wird das kommutierende Feld geringer, wenn es größer sein müßte. Die Bürsten müßten daher um so mehr verstellt werden, je stärker die Belastung wird. In der Regel wird aber verlangt, daß die Maschinen bei jeder Belastung ohne Bürstenverstellung feuerfrei arbeiten. Dies ist am vollkommensten durch besondere Kompensationswicklungen auf den Feldmagneten oder magnetische Hilfspole (Wendepole), (vergl. 464), zu erreichen, angenähert bei einer mittleren Bürstenstellung durch zweckmäßige Wahl aller magnetischer Größen. Im letzteren Falle wird man die Verhältnisse so wählen, daß die Kommutierung bei halber Belastung am besten vor sich geht, sie wird dann bei Leerlauf und bei Vollbelastung weniger vollkommen sein. Bei Motoren, die in jeder Richtung ohne Verstellung laufen sollen, verdoppelt sich die Schwierigkeit, weil man die Bürsten dann nicht in eine mittlere Stellung verschieben darf, sondern in der neutralen Zone stehen lassen muß.

(460) **Die Kurzschlußstromstärke** i_k. Gute Kommutierungsverhältnisse sind vorhanden, wenn die Stromdichte unter der Bürste
konstant bleibt. Die Kurzschlußstromstärke i_k muß dann beim Beginn
des Kurzschlusses mit dem Werte $- i_a$ einsetzen und linear bis zum
Ende des Kurzschlusses auf $+ i_a$ wachsen — lineare Kommutierung —.
Die kommutierende EMK muß dann ebenfalls in drei Abteilungen
linear wachsen und zwar steiler zu Anfang und zum Schluß der
Periode, solange einer der Kommutatorteile, zwischen denen die Spule
liegt, nur teilweise von der Bürste bedeckt ist, weniger steil in dem
mittleren Abschnitt, solange beide Kommutatorteile ganz von der Bürste
bedeckt sind. Der mittlere Teil fällt weg, wenn die Bürstenbreite
weniger als die doppelte Kommutatorteilung beträgt. Die kurzgeschlossene Spule muß demnach während des Kurzschlusses in ein
immer stärkeres Feld gelangen. Dies muß um so schneller anwachsen,
je kürzer die Zeitdauer des Kurzschlusses, d. h. je dünner die Bürste
ist und je größer die Widerstände sind. Vergl. Arnold, Dynamomasch. S. 278.

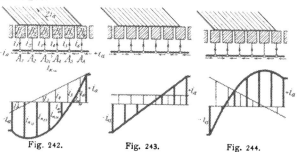

Fig. 242.   Fig. 243.   Fig. 244.

Wenn die Bürsten eine größere Anzahl Kommutatorteile überdecken, Fig. 242—244, so stellt die örtliche Verteilung der Stromstärke i_k und i_n zugleich angenähert ihren zeitlichen Verlauf dar.
Sind die Stromstärken i_n konstant, Fig. 243, so erhält man die geradlinige Kommutierung, die mit der vorher betrachteten übereinstimmt,
wenn man von den beiden Endströmen i_1 und i_6 absieht, die mit den
Berührungsflächen zwischen den entsprechenden Kommutatorteilen und
den Bürsten kleiner werden sollen. Ist das Feld zu schwach, so erhält
man die Verteilung und den Verlauf von i_k nach Fig. 242 — verspätete Kommutierung —, ist das Feld zu stark, den Verlauf nach
Fig. 244 — verfrühte Kommutierung —. In Fig. 242 u. 244 ist angenommen, daß die Stromstärken i_n linear wachsen oder abnehmen; natürlich sind hier auch andere Gesetze möglich. In beiden
Fällen findet stellenweise sogar eine Umkehr der Richtung der Ströme
nach den Kommutatorteilen statt, die durch eine Verstärkung der
übrigen Ströme ausgeglichen werden muß. Die durch den Übergangswiderstand von den Punkten A bis zur Bürste erzeugte Stromwärme
ist ein Minimum bei der geradlinigen Kommutierung, Fig. 243, und kann

sehr erheblich größer sein bei unvollkommener Kommutierung, Fig. 242 u. 244. Die aus der mittleren Stromdichte unter den Bürsten berechnete Stromwärme stellt somit das Minimum dar, das oft erheblich und zwar bis zum mehrfachen Betrage überschritten wird. Es kann dann ein Funken unter der Bürste infolge zu großer Stromwärme eintreten. Die verspätete Kommutierung, Fig. 244, hat ein Glühen an der ablaufenden Kante, die verfrühte Kommutierung, Fig. 242, ein Glühen an der auflaufenden Kante zur Folge. Auch bei Leerlauf können i_k und i_n bedeutende Werte erreichen und große Verluste erzeugen.

(461) **Diagramm des Kommutierungsvorganges.** Günstig erscheint auch eine Stromverteilung nach Fig. 246, bei der i_k nach einem Sinus variiert. Bei größerer Zahl kurzgeschlossener Spulen ist dann auch die Verteilung von i_n sinusförmig. Nimmt man den Selbstinduktionskoeffizienten als konstant an, so variiert auch die EMK der

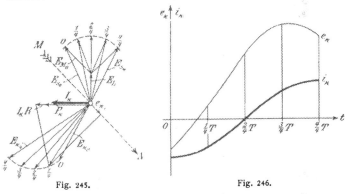

Fig. 245.   Fig. 246.

Selbstinduktion sinusförmig. Begreift man unter e_s auch die EMK der gegenseitigen Induktion, so kann man die Vorgänge durch ein Vektordiagramm, Fig. 245, darstellen, wobei man annehmen muß, daß die im Sinne des Uhrzeigers rotierende Zeitlinie zu Beginn des Kurzschlusses horizontal nach rechts, bei Beendigung horizontal nach links gerichtet ist. Nimmt man den Vektor I_k vom Nullpunkt nach links gerichtet an, so ist E_s um 90° verdreht nach aufwärts gerichtet, etwa wie E_L. Die Spannungsverluste $I_k R$ und P_k müssen beide dieselbe Phase wie I_k haben, und die Gleichung des Kommutierungsvorgangs (vergl. 457) ergibt die Lage von E_k nach links unten gerichtet. Bei Berücksichtigung der gegenseitigen Induktion zwischen der betrachteten und den übrigen kurzgeschlossenen Spulen ist zu beachten, daß die letzteren sich zu Beginn der Kommutierung in einem vorgeschritteneren Stadium, bei Beendigung in einem zurückgebliebenen befinden. Man kann dies dadurch berücksichtigen, daß man die Lage von E_s sich ändern läßt, indem man es aus dem festen

Vektor E_L und dem veränderlichen Vektor E_M zusammensetzt, von denen der letztere während der Kurzschlußzeit T um etwa 90° in der Richtung des Uhrzeigers herumschwenkt, wie Fig. 245 zeigt.

Zeichnet man den resultierenden Vektor E_k unter Berücksichtigung der variablen Lage von E_s für eine Anzahl gleicher Zeitintervalle und projiziert ihn auf die zugehörige Lage der Zeitlinie, so erhält man aus Fig. 245 den Verlauf für die kommutierende EMK e_k in Fig. 246.

Nach diesem Diagramm muß die kommutierende EMK e_k zuerst negativ sein, ein Maximum überschreiten und wieder etwas abnehmen. Je größer die Widerstände der Verbindungen zwischen Kommutator und Wicklung sowie die Übergangswiderstände zwischen Kommutator und Bürste gewählt werden, um so größer wird P_k und um so mehr nähert sich die Richtung von E_k der Horizontalen, um so mehr muß also die Kommutierung in einem negativen Felde beginnen und in einem positiven aufhören, oder mit anderen Worten: in der neutralen Zone stattfinden. Sind umgekehrt die Widerstände verschwindend gering, so müssen E_k und E_s einander gleich und entgegengesetzt gerichtet sein.

(462) **Die EMK der Induktion e_s.** Theoretisch gibt es für jede Größe und jeden Verlauf von e_s eine kommutierende EMK e_k, die die Kommutierung zu einer vollkommenen macht. Dies setzt aber für jede Belastung ein räumlich bestimmt verteiltes und mit der Belastung der Intensität nach verschiedenes kommutierendes Feld voraus. Ist dieses Feld nicht vorhanden, so erzeugt die Abweichung von dem richtigen Wert, die sogenannte zusätzliche EMK e_z, zusätzliche Ströme, die um so stärker werden, je kleiner die Widerstände sind. Als Widerstände werden zweckmäßig in erster Linie die Übergangswiderstände vom Kommutator zur Kohlenbürste gewählt, weil sie mit der Abnahme der Berührungsfläche eines Kommutatorteiles mit der Bürste von selbst zunehmen, während die Widerstände der Verbindungsleitungen zwischen Wicklung und Kommutator konstant bleiben. Da ferner e_s mit der Belastung stark variiert, so darf es einen Höchstwert nicht überschreiten, der bei den üblichen Konstruktionen 1,2 bis 1,8 Volt beträgt. e_s ist abhängig von dem magnetischen Widerstande des mit der Spule verschlungenen Kraftflusses, und wird daher wesentlich von der Formgebung der Maschine, von der Größe des Luftraumes und von der Höhe der Eisensättigung beeinflußt. Starke Sättigung der Zähne verkleinert die Induktion, weil nach (389) die Beiträge zu L von allen Teilen des magnetischen Kreises, für die $\dfrac{d\,\Phi}{d\,i}$ gleich Null ist, in Wegfall kommen. Es bleibt daher nur der Kraftfluß in den Zähnen, die schwach gesättigt sind, die also zwischen den Polen und in der Nähe der kurzgeschlossenen Spulen liegen, zu berücksichtigen. Man kann als erregende Amperewindungen die der kurzgeschlossenen Spule, als magnetischen Pfad den Weg durch die schwach gesättigten Zähne und durch die Luft ansehen. Die Selbstinduktion ist dem Quadrat der Windungszahl proportional, d. h.

der aus der Amperewindungszahl berechnete Kraftfluß ist noch einmal mit der Windungszahl zu multiplizieren (vergl. 389). Die gegenseitige Induktion ist um so größer, je größer die Zahl der gleichzeitig kurzgeschlossenen Spulen ist. Die benachbarten Spulen wirken um so weniger stark auf die betrachtete Spule ein, je weiter sie von ihr entfernt sind, es kommt also auch wesentlich darauf an, ob sie in derselben Nute oder in den benachbarten Nuten liegen. Man kann ihre Wirkung im Durchschnitt nach Pichelmayer (E. T. Z. 1901, S. 967) zu 0,4—0,6 der Wirkung der Spule auf sich selbst annehmen. In die Praxis hat sich das Verfahren von Parshall und Hobart (Electric Generators, S. 159) eingeführt, nach dem auf Grund experimenteller Erfahrung unter Vernachlässigung der etwaigen Verschiedenheit der Einbettung der Spulen (bei mehr als zwei Spulenseiten für die Nute) bei den Maschinen der heutigen Bauart die EMK der Selbstinduktion durch eine äquivalente EMK von sinusartigem Charakter ersetzt werden kann. Ihre Größe ergibt sich aus der Annahme, daß bei 1 A Stromstärke für je 1 cm ins Eisen eingebetteter Ankerdrahtlänge 4 und für je 1 cm in Luft liegender Ankerdrahtlänge 0,8 Kraftlinien auf jede Spule zu rechnen sind. Wenn also z. B. eine Spule im Eisen einseitig 20 cm lang liegt und in Luft einschließlich etwaiger Ventilationsschlitze des Ankers 18 cm, so ist bei 3 Windungen der Spule zu rechnen auf den Kraftfluß

$$\Phi_s = (3 \times 4 \times 40 + 3 \times 0.8 \times 36) I = 566.4 I.$$

Der Maximalwert der EMK der Selbstinduktion ist dann nach der bekannten Gleichung zu bestimmen

$$E_s = 2 \pi \nu \, \Phi_s \, z \cdot 10^{-8},$$

worin

ν der Puls der Kommutierung $\nu = \dfrac{v}{2\,(b+\beta)} = \dfrac{m\,n\,(\beta+\delta)}{2\cdot 60\,(\beta+b)}$,

z die Zahl der Leiter in der Spule, I die Stromstärke in jedem Leiter, m die Zahl der Kommutatorteile, n die Drehzahl, b die Bürstendicke, β die Dicke eines Kommutatorteiles, δ die Dicke der Isolierschicht bedeutet, b, β, δ in mm.

Werden mehrere Spulen gleichzeitig kurz geschlossen, so wird nach dem Hobartschen Verfahren so gerechnet, daß die MMK aller kurz geschlossenen Spulen der Ermittlung des äquivalenten Streuflusses zugrunde gelegt wird, während nach Pichelmeyer eine Reduktion einzutreten hat, wie vorher angegeben.

(463) Bedingungen für gute Kommutierung. Bei der Kommutierung ohne Wendepole oder Kompensationswicklungen ist vor allem die EMK der Induktion e_s klein zu halten. Mittel hierzu sind Verringerung der Windungszahl der Spulen, also Anwendung einer großen Zahl Kommutatorteile, starke Sättigung der Ankerzähne und Wahl einer längeren Kurzschlußzeit T durch Anwendung dickerer Bürsten. Allerdings wächst mit der Bürstendicke auch die gegenseitige Induktion. Zur Erzielung kleiner Induktionskoeffizienten sind glatte Anker günstiger als Nutenanker, flache Nuten günstiger als tiefe und offene günstiger als halb oder ganz geschlossene Nuten. Günstig sind ferner im allgemeinen nicht zu geringe Bürstenüber-

gangswiderstände, doch sollen diese auch nicht zu groß sein, damit
die Stromwärme nicht zu groß wird. Dickere Bürsten sind besonders
zu verwenden, wenn das kommutierende Feld schwach ist. Die
Kurzschlußzeit nimmt ab und e_s nimmt zu mit zunehmender Geschwindigkeit der Kommutierung. Die Schwierigkeiten der Kommutierung sind daher bedeutend bei sehr schnell laufenden
Maschinen, z. B. Turbogeneratoren. Gleichartige Maschinen von
gleicher Leistung sind bei niedrigen Spannungen, da dann die
Windungszahl der Spulen geringer gewählt werden kann, bequemer
für funkenfreien Gang zu entwerfen als für höhere Spannung. Doch
liegt hierbei die untere Grenze bei der Spannung, bei der jede Spule
nur noch aus einer Windung besteht. Maschinen für sehr starke
Ströme — z. B. für chemische Zwecke — können daher in der Konstruktion ebenfalls Schwierigkeiten bereiten. Für eine gute Kommutierung ist ferner nötig, daß die Feldverzerrung infolge der Ankerrückwirkung gering, die Umfangsgeschwindigkeit von Anker und
Kommutator durchaus gleichförmig, die Kommutatorteilung und die
Polschuhform mit mathematischer Genauigkeit ausgeführt sind, der
Anker zentrisch läuft und das Feld konstant ist, daß die Breite der
Isolation zwischen zwei Segmenten gegenüber der Breite der Segmente sehr klein ist, daß der Übergangswiderstand zwischen Bürsten
und Kommutator auf der ganzen Auflagefläche konstant ist und
alle Spulen möglichst gleichartig in die Ankernuten eingebettet sind.

(464) **Erzwungene Kommutierung.** Gelingt es, den Schwierigkeiten lediglich durch die Formgebung, Wicklungsbemessung und
Wahl der Bürstenart zu begegnen, so kann man von freier Kommutierung sprechen. Hierzu steht im Gegensatz die erzwungene
Kommutierung. Eine solche tritt ein, wenn man durch Herstellung
besonderer magnetischer Hilfsfelder eine kommutierende EMK herstellt, die einen funkenfreien Gang gewährleistet. Dies kann im
wesentlichen auf dreierlei Weise erreicht werden:

1. durch Verschiebung der Bürsten aus der neutralen Zone
heraus (beim Generator in der Drehrichtung, beim Motor in entgegen
gesetzter Richtung), so daß die kurz geschlossenen Windungen sich in
einem geeigneten äußeren kommutierenden Felde befinden. Die Polschuhe
sind mit Rücksicht hierauf zu entwerfen. Starke Sättigung der Pol-
schuhenden ist günstig, damit das Ankerfeld das resultierende Feld
an der auflaufenden Kante nicht zu sehr schwächt (z. B. bei Blechpolen durch Weglassung jedes zweiten Bleches an den Kanten). Damit das Feld nicht zu schnell anwächst, läßt man den Abstand zum
Anker allmählich nach den Kanten hin größer werden, oder man stellt
die Kanten windschief zur Achse der Maschine;

2. durch besondere Hilfspole (Menges, Swinburne) in der
neutralen Zone — Wendepole —, die mit einer zum Anker in Reihe
liegenden Erregerwicklung versehen werden und ein kommutierendes
Feld herstellen, dessen Stärke mit den Ankerströmen zunimmt (vergl.
E. T. Z. 1905, S. 509 u. 640). Die MMK der Wendepole muß der des
Ankers entgegengesetzt gerichtet sein und sie um eine bestimmte
Größe übertreffen; zur Justierung kann man parallel zur Wicklung der
Wendepole einen Regulierwiderstand schalten;

3. durch eine **Kompensationswicklung** (Fischer-Hinnen) auf den Feldmagneten, die räumlich um etwa 90 elektrische Grade gegen die Haupterregerwicklung verschoben und mit dem Anker in Reihe geschaltet ist. Denkt man sich eine an den Feldmagneten angebrachte ruhende Wicklung von derselben Windungszahl wie die Ankerwicklung, die von denselben Strömen entgegengesetzter Richtung durchflossen wird, wie die konzentrisch innerhalb ihrer liegende Ankerwicklung, so kann die Wirkung der Ankerwicklung ganz oder — der Streuung wegen — angenähert aufgehoben werden. Die Stromstärke in der Kompensationswicklung kann ebenfalls durch einen zu dieser parallel geschalteten Widerstand eingestellt werden. Versieht man nach Déri (vergl. E. T. Z. 1902, S. 817) den Feldmagnet nicht mit ausgeprägten Polen, sondern stellt ihn aus einem Ring mit inneren Nuten her, so liegen die Haupterregerwicklung und die Kompensationswicklung zueinander wie die zwei Wicklungen einer Zweiphasenmaschine. Die letztere Anordnung erscheint theoretisch als die vollkommenste, erfordert aber für die Kompensationswicklung bedeutend mehr Kupfer als die Wendepole. Beide Anordnungen ermöglichen einwandfreie Kommutierung auch unter den schwersten Bedingungen, nämlich Entnahme der vollen Ankerstromstärke bei schwach oder ganz unerregten Feldmagneten.

Die in den kurz geschlossenen Windungen fließenden Ströme verursachen ihrerseits unter Umständen eine erhebliche zusätzliche Ankerreaktion (vergl. Pohl, Über magnetische Wirkung der Kurzschlußströme in Gleichstromankern, Ferd. Enke, Stuttgart).

(465) EMK durch variables Hauptfeld. In den kurz geschlossenen Spulen treten noch weitere EMKK auf, wenn das magnetische Hauptfeld nicht konstant ist. Dies ist besonders bei Kommutatormotoren für Wechselstrom der Fall; es werden dann in den Ankerwindungen ähnlich wie bei einem Transformator EMKK erzeugt, die durch geeignete Vorkehrungen unschädlich gemacht werden müssen. Bei einigen neueren Arten der Wechselstrommotoren werden diese durch Variation des Kraftflusses erzeugten EMKK bei synchronem Lauf und in dessen Nähe durch EMKK kompensiert, die durch Bewegung der Spulen in dem vom Anker erzeugten Querfelde hervorgerufen werden. Diese Motoren zeigen daher bei normaler Geschwindigkeit kein Feuer an den Bürsten, doch ist es bisher noch nicht gelungen, das Feuer beim Anlauf oder bei übersynchroner Geschwindigkeit völlig zu beseitigen. Bei Gleichstrommaschinen werden die Fälle, in denen Transformatorspannungen Einfluß gewinnen, zu den Ausnahmen gehören, sie kommen indessen gelegentlich — z. B. bei einseitiger Ankerlage oder sehr grober Nutung — vor und der Maschinist pflegt dann zu sagen: „Die Maschine bockt". In besonders auffälliger Weise kann man dies z. B. mitunter bei vierpoligen Maschinen mit Parallelschaltung im Anker beobachten, deren Bürsten um etwa 90 elektrische Grade aus der neutralen Zone verschoben sind. Wenn eine solche Maschine bei unerregtem Felde in Gang gesetzt wird, so kann ein Drehfeld entstehen, das in den Feldmagneten sehr hohe Spannungen erzeugt und einen sehr beträchtlichen Leistungsverbrauch verursacht.

Verluste und Wirkungsgrad.

(466) Beim Betrieb einer Dynamomaschine entstehen folgende Verluste:

A) **Reibungsverluste.**
  1. durch Lagerreibung,
  2. durch Luftreibung und beabsichtigte Ventilation,
  3. durch Reibung der Bürsten auf dem Kommutator oder den Schleifringen,
  4. durch Vibrationen.

B) **Verluste in den Feldmagneten.**
  5. durch Wirbelströme im Eisen der Polschuhe,
  6. durch Stromwärme in der Kupferwicklung,
  7. durch Stromwärme im Regulierwiderstand.

C) **Verluste im Anker.**
  8. durch Hysterese und Wirbelströme im Ankereisen,
  9. durch Stromwärme des Nutzstromes, event. der Wirbel- und Ausgleichströme in der Kupferwicklung.

D) **Verluste an den Stromabnahmestellen.**
  10. durch den Übergangswiderstand zwischen den Bürsten und dem Kommutator oder den Schleifringen,
  11. durch Stromwärme des Ankerstromes und event. der Wirbelströme in den Segmenten.

Die unter A) genannten Verluste sind von der Belastung der Maschine wenig abhängig, ebenso bei konstanter Spannung die unter B) und C) 8. genannten; will man daher auch bei geringer Last guten Wirkungsgrad erzielen, so hat man diese Verluste auf ein Mindestmaß herabzudrücken. Dies ist namentlich für Dauerbetriebe mit geringer oder schwankender Belastung wichtig. Bei intermittierenden Betrieben kommt es meist mehr auf Billigkeit und geringes Trägheitsmoment der Maschinen an; dabei sind relativ größere „Leerlaufverluste" zulässig.

Mit Hilfe der Verlustbestimmung ergibt sich die Bilanz der Dynamomaschine

$$\text{Verbrauch} = \text{Leistung} + \text{Verluste}$$

und der **Wirkungsgrad** für irgend einen Arbeitszustand

$$\text{Wirkungsgrad} = \frac{\text{Leistung}}{\text{Verbrauch}}.$$

Mittlere Wirkungsgrade von Motoren ergeben sich aus der folgenden Tabelle (s. S. 351).

Es ist zur Zeit noch üblich, den „Verbrauch", unkorrekt vielfach auch „Kraftbedarf" genannt, in P anzugeben, sofern es sich um einen Generator handelt (1 P = 0,736 KW); die Leistung wird dann in KW angegeben. Bei Motoren wird umgekehrt die Leistung in P, der Verbrauch in KW angegeben.

Der Wirkungsgrad bezieht sich nach der Definition auf einen momentanen Arbeitszustand; im Betrieb interessiert oft mehr das Verhältnis des in einer bestimmten Zeit eingetretenen Arbeitsverbrauches in KW-Stunden zu der in der gleichen Zeit abgegebenen Arbeit in KWS. Vergl. hierüber (408).

I.

Wirkungsgrade von Gleichstrommotoren in % bei normaler Belastung in Abhängigkeit von der Umdrehungszahl bei Spannungen bis 500 Volt (nach Preislisten; die wahren Werte liegen etwas höher).

Leistungen in P	Umdrehungen pro Minute										
	1800	1500	1200	1000	800	600	500	400	300	200	100
½		76			73	72,5		69,5	67		
1	82	81,5	80,5	80	79,5	79,5					
2		87	86	84,5	82	80	79,5	76			
3		87	86	84,5	82	80,5	80	78	75,5	75	
5		88	87,5	85	83	82,5	82	81	80	78	
8		90	89	86,5	85	84	83	83	82,5	82	
10		90	89	86,5	85	84	83	83	82,5	82	
20			91	91	90	88,5	85	85	84	84	
30			91	90	89,5	88,5	88,5	88,5	88		
50			91	90	90	90	90	90	90		
70				91	91	90,5	90	90	90	90	90
100				91	92	93	91				
200					92	93	94	92			
300						94	94				
400							95	92			

II.

Wirkungsgrade von Drehstrommotoren in % bei Vollast in Abhängigkeit von der Umdrehungszahl bei Spannungen bis 500 Volt (nach Preislisten; die wahren Werte liegen etwas höher).

Leistungen in P	Umdrehungen pro Minute						
	1500	1000	750	600	500	430	375
½	77	77					
1	81	80					
2	84	83	80				
3	85	83,5	82				
5	86	84	84				
8	86	86	86	84	83		
10	87	87	86	86	85		
20	89	89	88	88	88	87	87
30	90	90	89	89	89	88	87,5
50	91	91	90	90	90	89	89
70	92	91	91	91	90	90	89,5
100	93	92	91	91	91	91	90
200	93	93	92	92	92	92	92
300	93	93	93	93	93	93	93

Gleichstromdynamos.

Stromerzeuger.

(467) **Kommutatormaschinen.** Die übliche Ankerwicklung ist die geschlossene Wicklung mit Kommutator. Bei einem konstanten, sonst aber beliebigen Felde unter den Polen ist die Summe der EMKK in den Drähten, die sich unter den Polen befinden, wesentlich konstant. Schwankungen der EMK werden daher besonders durch die Drähte oder bei Nutenankern durch die Zähne hervorgerufen, die in den Bereich der Pole eintreten oder aus ihm austreten. Sie werden daher um so geringer sein, je mehr Drähte unter den Polen liegen und je weniger Windungen eine Spule enthält. Um bei Nutenankern die Konstanz des Feldes zu sichern, vermeide man Nutenzahlen, die durch die Polzahl teilbar sind. Stark pulsierenden Gleichstrom liefert die veraltete Thomson-Houston-Maschine mit offener Wicklung (Sternschaltung) und dreiteiligem Kommutator.

(468) **Unipolarmaschinen** (Siemens). Vollkommenen Gleichstrom liefern die Unipolarmaschinen. Dies sind Maschinen, bei denen sich die Stromleiter dauernd in einem homogenen Felde, gleichsam nur der Wirkung eines Poles ausgesetzt, bewegen. Damit hierbei Ströme auftreten können,

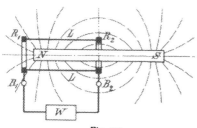

Fig. 247.

müssen Anfang und Ende jedes Leiters an Schleifringe angeschlossen sein, denn es tritt nur dann eine Änderung des den gesamten Stromkreis durchsetzenden Kraftflusses ein, wenn ein Teil des Stromkreises fest, der andere beweglich ist. Eine dauernde Bewegung eines Teiles des Stromkreises ist aber nur bei Verwendung von Schleifringen möglich. Aus demselben Grunde ist eine Hintereinanderschaltung der Stromleiter nur durch Vermittlung von Schleifringen möglich (Kirchhoff). Jede Unipolarmaschine muß daher mindestens zwei Schleifringe haben. Zwischen diesen können beliebig viele gleichmäßig über die Peripherie eines Eisenzylinders verteilte, stabförmige Leiter oder auch ein Kupferzylinder geschaltet werden.

Fig. 247 zeigt die einfachste Anordnung einer solchen Maschine. Konzentrisch zu dem ruhenden Stabmagnet NS sind zwei Schleifringe $R_1 R_2$, der eine am Ende, der andere um die Mitte des Magnets angebracht. Die Ringe sind durch die Leiter LL miteinander verbunden. Sie bilden den beweglichen, der äußere Stromkreis $B_1 W B_2$ den ruhenden Teil des ganzen Stromkreises.

Solche Maschinen sind bei Anwendung einer genügenden Anzahl Bürsten für sehr starke Ströme bei niedrigen Spannungen geeignet.

Sollen mehrere Gruppen von Leitern, die untereinander parallel geschaltet sind, hintereinander geschaltet werden, so ist für jede Gruppe
ein Paar Schleifringe erforderlich. Bei hohen Drehzahlen sind solche
Maschinen auch zur Erzeugung höherer Spannungen geeignet. So
hat die Gen. El. Co. nach dem Entwurf von Noeggerath eine
Turbodynamo mit 12 Paar Schleifringen für 500 Volt bei 300 KW
Leistung und 3000 Umdrehungen in der Minute gebaut, deren Anordnung schematisch durch Fig. 248 dargestellt wird. Vergl. El. Bahn.
u. Betr. 1905, S. 233, E. T. Z. 1905, S. 831. Ständer und Läufer sind
Rotationskörper aus Stahlguß; auch der mittlere äußere Teil steht fest
(und sollte umgekehrt schraffiert sein). Bei AA sind Öffnungen zur
Anordnung der Bürsten und zur Herausführung der Zu- und Ab-
leitungen sowie der festen Wicklung B vorgesehen. Die Maschine
wird durch zwei konzentrisch zur Welle gelagerte Spulen SS so
erregt, daß der Kraftfluß auf der ganzen zylindrischen Oberfläche des Läufers die-
selbe radiale Richtung
und Dichte besitzt.
Die Wicklung besteht
aus Flachkupferstäben
auf der Oberfläche des
Läufers, die in regel-
mäßiger Verteilung an
die Schleifringe ange-
schlossen sind, näm-
lich Stab 1 an Schleif-
ringe II, Stab 2 an
Schleifringe IIII,
Stab 3 an Schleifringe
IIIIII usw., sodaß
die Anschlüsse eine
Spirale mit einem Um-
gang bilden. Auch
die Verteilung der
Bürsten ist wichtig.

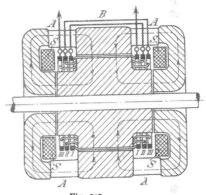

Fig. 248.

Der Wirkungsgrad und die Ankerrückwirkung sind annähernd
ebenso groß, wie bei Kommutatormaschinen. Der Vorzug der Unipolarmaschinen besteht in ihrer einfachen Konstruktion, ihr Nachteil
in der großen Reibung und der starken Abnutzung der Bürsten.

(469) Entwerfen der Maschinen. Die Leistung der Maschinen
kann angenähert aus der Formel

$$L = C \cdot D^2 l n$$

bestimmt werden, worin L die Leistung in KW (auch bei Motoren),
C eine Konstante, D den Durchmesser, l die Länge des Ankers in
cm, n die Drehzahl in der Minute bedeutet. Die Formel geht aus
der Überlegung hervor, daß die Leistung der wirksamen Oberfläche
des Ankers und der Umfangsgeschwindigkeit proportional gesetzt
werden kann. Die Konstante C heißt der Ausnützungsgrad und
liegt für Dauerbetrieb bei offenen Maschinen zwischen den Grenzen 4 bis 1.
Ist die Leistung gegeben, so hat man daher noch zwischen Durchmesser, Länge und Drehzahl abzuwägen. In vielen Fällen wird auch

die Drehzahl vorgeschrieben sein. Eine Maschine von gegebener
Leistung muß bei direkter Kupplung mit einer Kolbenmaschine
langsam, bei direkter Kupplung mit einer Dampfturbine sehr schnell
laufen, während man bei Riemen- und Seilantrieb eine mittlere Drehzahl wählen wird. Je höher die Drehzahl gewählt wird, um so kleiner
fallen die Abmessungen der Maschine aus, allerdings nur so lange,
wie die Stromabnahme nicht besonders große Abmessungen des
Kommutators bedingt. Die wirksame Ankerlänge l wird am besten so
gewählt, daß der Querschnitt der Feldmagnete etwa quadratisch oder
kreisförmig wird; sie wird daher verschieden ausfallen je nach der
Polzahl der Maschine. Bei Wahl einer zu geringen Polzahl wird die
Maschine schwer (schweres Joch), die Ankerrückwirkung groß und
die Kommutierung schwierig. Zu beachten ist, daß je größer die
Polzahl, um so höher auch der Puls ist und um so größer die Eisenverluste in den Zähnen werden. Bei Wahl einer größeren Zahl von
Polen darf der Abstand der Bürstenbolzen voneinander und die Zahl
der Kommutatorteile nicht zu klein werden. Die neuere Praxis
arbeitet mit größeren Polzahlen als es früher üblich war, man
wählt bei den üblichen Drehzahlen vierpolige Maschinen bereits bei
Leistungen von etwa 5 KW, sechspolige bei etwa 20 KW usw.
Sehr schnell laufende Maschinen für große Leistungen (Turbogeneratoren) werden mit einer geringen Zahl Pole ausgeführt. Der
Durchmesser richtet sich auch nach der Umfangsgeschwindigkeit, die
bei kleinen Maschinen bei etwa 10 bis 15 m/Sek., bei größeren bei
15 bis 30 m/Sek. liegt, und in besonderen Fällen, z. B. bei direkter
Kupplung mit Dampfturbinen bis zu 70 und 80 m/Sek. getrieben
wird. Die Ankerzähne werden so bemessen, daß in den jeweilig
unter den Polen stehenden Zähnen eine Kraftliniendichte von 20 bis
24000 Kraftlinien auf 1 cm² entsteht. In der Luft beträgt die Kraftliniendichte dann je nach dem Verhältnisse von Zahnbreite zu Nutenbreite etwa 8 bis 9000. In den Feldmagneten geht man bei Schmiedeeisen und Stahlguß unter Berücksichtigung der Streuung nicht über
14000 bis 16000 Linien auf 1 cm², während endlich Gußeisen im
allgemeinen mit höchstens 8 bis 9000 Linien auf 1 cm² belastet wird.
Neuerdings kommen allerdings Gußeisensorten in den Handel, die
etwas höhere Belastungen zu gestatten scheinen.

　　Da Gleichstrommaschinen in der Regel als Außenpolmaschinen
ausgeführt werden, so ergibt sich bei kleinen Ankerdurchmessern eine
beträchtliche Abnahme des Zahnquerschnittes nach dem Kranz zu.
Man muß dann, da die Kraftliniendichten meist sehr hoch sind, bei
der Berechnung der Amperewindungen der Veränderlichkeit des Querschnittes Rechnung tragen, was am besten durch Zerlegung der Zähne
in Schichten und Bestimmung der mittleren Dichte für jede Schicht
geschehen kann.

　　Sobald die Kraftliniendichte in den Zähnen über 20000 getrieben
wird, kann der Teil der Kraftlinien, der durch die Nuten und
Ventilationsschlitze geht, nicht mehr vernachlässigt werden.

　　(470) Die **Ankerrückwirkung** wird in der Weise berechnet, daß
man sich über die Polteilung die von den Feldmagneten herrührenden
Feldstärken aufträgt, sodann in gleicher Weise die von der Ankerwicklung ausgehenden MMKK ermittelt und einträgt und nunmehr

beide Wirkungen zusammensetzt. Aus der so gefundenen resultierenden MMK kann dann die Kraftliniendichte im Luftraum und in den Zähnen nach der Hopkinsonschen Methode gefunden werden, vergl. Fig. 237.

(471) **Die EMK.** Jeder Leiter, der sich durch das Feld unter den Polen hindurchbewegt, ist Sitz einer elektromotorischen Kraft e, die der Kraftliniendichte $\mathfrak{B}$, der Umfangsgeschwindigkeit v in cm/sek. und der Länge l des Leiters in cm proportional ist. Es ist also

$$e = \mathfrak{B} v l \cdot 10^{-8} \text{ Volt.} \qquad 1)$$

Da gleichzeitig bei einer zweipoligen Maschine $\dfrac{\beta}{2\pi} z$ Drähte unter einem Pole liegen, worin β der Polschuhwinkel und z die Stabzahl für zwei Pole bedeutet, so erhält man für die gesamte EMK zwischen zwei Bürsten bei Schleifenwicklung

$$E = \frac{\beta}{2\pi} z \cdot \mathfrak{B} v l \cdot 10^{-8} \text{ Volt.} \qquad 2)$$

Da nun

$$v = \frac{2\pi r n}{60}, \qquad 3)$$

und

$$\beta r l \mathfrak{B} = \Phi, \qquad 4)$$

so wird

$$E = \Phi z \frac{n}{60} \cdot 10^{-8} \text{ Volt.} \qquad 5)$$

Diese Formel gilt für eine zweipolige Maschine. Bei mehrpoligen Maschinen findet man in gleicher Weise

$$E = \Phi \frac{p z}{a} \frac{n}{60} \cdot 10^{-8} \text{ Volt,} \qquad 6)$$

worin p die Polpaarzahl, $2a$ die Zahl der parallel geschalteten Ankerzweige und z die gesamte Stabzahl bedeutet.

Bei Belastung der Maschine sinkt die EMK etwas, weil die Ankerrückwirkung das Feld schwächt.

Die Spannung P_a des Ankers zwischen den Bürsten ist um den Spannungsverlust $I_a W_a$ kleiner als die EMK entsprechend der Gleichung

$$P_a = E - I_a W_a. \qquad 7)$$

(472) **Schaltungen der Maschinen.** Man unterscheidet selbsterregende und fremderregte Maschinen. Bei den selbsterregenden Maschinen wird entweder die volle Ankerstromstärke oder ein Teil von ihr oder eine Kombination der ganzen Ankerstromstärke und eines Teils davon für die Erregung der Feldmagnete nutzbar gemacht. Demnach sind drei Schaltungen möglich.

Bei der **Reihenschlußmaschine** (auch Hauptschluß-, Hauptstrom-, Serienmaschine, Maschine mit direkter Wicklung genannt) durchfließt der ganze Ankerstrom die Feldmagnetwicklung, Fig. 249. Da die Amperewindungszahl eine bestimmte Größe haben muß, so erhält die Erregerwicklung in diesem Falle wenig Windungen und zwar mit Rücksicht auf Leistungs- und Spannungsverlust (ca. $2-5\%$) von starkem Querschnitt.

Bei der Nebenschlußmaschine (Fig. 250) liegt die Erregerwicklung direkt zwischen den Ankerbürsten. Die Wickelung erhält
jetzt die volle Ankerspannung und muß daher, und zwar wiederum
mit Rücksicht auf den Leistungsverlust, einen entsprechend großen
Widerstand besitzen, was durch die Wahl vieler Windungen verhältnismäßig dünnen Drahtes erreicht wird. In diesem Falle beträgt
die Stromstärke wenige Prozent der Ankerstromstärke.

Bei der Doppelschlußmaschine (auch Compoundmaschine
oder Maschine mit gemischter Wicklung genannt) sind beide
Schaltungen vereinigt, Fig. 251 und 252; es überwiegt hierbei in der
Regel der Einfluß der Nebenschlußwicklung. Man kann zwei An-
ordnungen unterscheiden. Die Nebenschlußwicklung liegt entweder
direkt zwischen den Ankerbürsten, Fig. 251, oder zwischen der einen
Ankerbürste und der freien Klemme der Reihenschlußwicklung, Fig. 252.
Die erste Anordnung ist die üblichere.

(473) Das Angehen der Maschine erfolgt nach dem dynamo-
elektrischen Prinzip von Werner Siemens mit Hilfe des remanenten
Magnetismus. Bei der Reihenschlußmaschine muß dazu der äußere

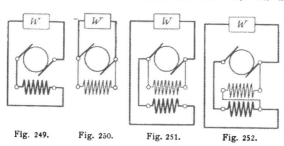

Fig. 249.   Fig. 250.   Fig. 251.   Fig. 252.

Stromkreis geschlossen sein, damit ein Strom in der Erregerwicklung
auftreten kann. Ferner muß die Erregerwicklung so geschaltet sein, daß
der entstehende Strom den remanenten Magnetismus verstärkt. Spricht
daher eine Reihenschlußmaschine auch bei richtiger Drehzahl nicht an,
so kann der Grund in einem zu großen Widerstand des Stromkreises
— Abhilfe: Verringerung des äußeren Widerstandes W oder momentanes
Kurzschließen —, in einer falschen Schaltung der Erregerwicklung
— Abhilfe: Vertauschen der Anschlüsse — oder in einem zu geringen
remanenten Magnetismus — Abhilfe: Erregung von einer besonderen
Stromquelle aus während einiger Minuten — liegen.

Die Nebenschlußmaschine spricht am besten an, wenn der äußere
Stromkreis offen und ein etwa vorhandener Nebenschluß-Regulierwider-
stand kurz geschlossen ist. Im übrigen gelten dieselben Bedingungen
für das Angehen, wie bei der Reihenschlußmaschine. Bei schnellem
Abstellen der Maschine oder bei Kurzschlüssen können die Feldmagnete umpolarisiert werden, so daß nun beim Wiederanlassen die
im Anker induzierte EMK und der Strom einander entgegengesetzt
gerichtet sind. Falsche Stromrichtung ist für Bogenlicht, Parallelbetrieb
mit anderen Maschinen und mit Akkumulatoren und für chemische

Betriebe unzulässig; es muß daher durch Fremderregung während
kurzer Zeit Abhilfe geschafft werden. Der Grund dieser Erscheinung
liegt im Überwiegen der Anker-MMK über den zu geringen rema-
nenten Magnetismus. Es muß im übrigen auf richtige Bürstenstellung geachtet werden,
die je nach der Art der Verbindung der Ankerdrähte mit dem Kommutator verschieden sein kann. Die richtige Stellung wird von der
Fabrik durch irgend eine Marke bezeichnet, auf die zu achten ist.

Bei den modernen Maschinen sind in der Regel die Stirnverbindungen, so hergestellt, daß die Kommutatorsegmente gerade auf
den Mittellinien der entsprechenden Ankerspulen liegen. In diesem
Falle müssen die Bürsten vor der Mitte der Pole stehen.

(474) **Charakteristiken der Maschinen.** Charakteristiken werden bestimmte Kurven in einem rechtwinkligen Koordinatensystem
genannt, die über das Verhalten der Maschinen Aufschluß geben.
Die Drehzahl wird dabei überall als konstant angenommen.

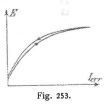

Die magnetische Charakteristik
(Fig. 253) zeigt die Abhängigkeit der EMK
von der Erregung bei Leerlauf. Bei Aufnahme dieser Kurve wird die Maschine fremd
erregt. Diese Charakteristik hat die Form der
Magnetisierungskurven und liegt etwas tiefer
oder höher, je nachdem man sie mit steigenden
oder fallenden Werten der Erregung aufnimmt.
Sie hat bei allen Arten von Schaltungen dasselbe Aussehen, weil die Maschine fremd erregt ist.

Fig. 253.

Die Belastungscharakteristik kann man entweder bei Fremderregung, die dann konstant zu halten ist, oder bei Eigenerregung
aufnehmen. Als Abszissen wählt man die
Ankerstromstärken, als Ordinaten entweder
die EMKK — innere Charakteristik —
oder die Klemmenspannungen der Maschine
— äußere Charakteristik. Die Belastungscharakteristik bei Fremderregung zeigt Fig. 254.
Die EMK verläuft anfangs horizontal, fällt
jedoch bei größeren Stromstärken infolge der
Ankerrückwirkung. Die Klemmenspannung
liegt um den Spannungsverlust $I_a W_a$, der
durch die Gerade OA dargestellt ist, tiefer
als die innere Charakteristik.

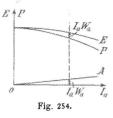

Fig. 254.

Die Charakteristik der Reihenschlußmaschine (Fig. 255)
zeigt annähernd die Form der Magnetisierungskurve. Sie liegt jedoch
etwas tiefer und fällt wegen der Ankerrückwirkung nach Überschreitung einer bestimmten Stromstärke wieder. Die Charakteristik der
Nebenschlußmaschine (Fig. 256) fällt erst langsam, mit zunehmender Stromstärke schneller, kehrt bei einem maximalen Wert
der Stromstärke um und zur Abszissenachse zurück. Es gehören daher im allgemeinen zu jeder Ankerstromstärke zwei Werte
der EMK und der Klemmenspannung, ein größerer und ein kleinerer.

Praktisch benutzt wird bei der Reihenschlußmaschine der Teil oberhalb des Knies, bei der Nebenschlußmaschine der höchste Teil der Kurve, längs dessen die Spannung wenig sinkt. Die Nebenschlußmaschine hat innerhalb dieses Bereiches die Eigenschaft, daß sie unabhängig von der Belastung die Klemmspannung nahezu konstant hält. Sie ist daher die gegebene Maschine für alle Anlagen, die mit konstanter Spannung arbeiten.

(475) **Der Beharrungszustand der Maschinen** ist mit Hilfe der Charakteristik leicht zu finden. Da $I = \dfrac{E}{W_{tot}}$, so kann bei konstantem W_{tot} die Beziehung zwischen I und E durch eine Gerade OA (Fig. 255) dargestellt werden; OA schneide die Charakteristik der Reihenschlußmaschine in B. Links von B liegt die Charakteristik über der Geraden OA, d. h. die EMK ist größer, als zur Erzeugung der vorhandenen Stromstärke erforderlich ist; rechts von B liegt die Charakteristik unterhalb der Geraden OA, d. h. die EMK ist kleiner, als zur Erzeugung der vorhandenen Stromstärke erforderlich ist. Die

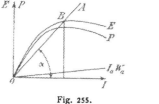

Fig. 255.

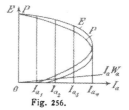

Fig. 256.

Stromstärke muß daher fallen. Gleichgewicht ist nur im Punkte B vorhanden. Für den Winkel α aber gilt die Beziehung

$$\tan \alpha = \frac{I}{E} = W_{tot}.$$

Ist der Widerstand des gesamten Stromkreises W_{tot} zu groß, so kann der Fall eintreten, daß α zu groß wird und die Kurven sich nicht schneiden. Dabei ist angenommen, daß die Charakteristik durch O geht, d. h. die Remanenz verschwindend gering ist. Die Maschine kann dann keinen Strom liefern, sie geht nicht an. Fällt die Gerade OA mit dem geradlinig ansteigenden Teil der Charakteristik zusammen, so ist die Stromstärke labil. Ein richtiges Arbeiten der Maschine ist also nur möglich, wenn man hinter dem Knie arbeitet. W_{tot} darf um so größer sein, je größer die Drehzahl ist, und wenn umgekehrt W_{tot} konstant ist, darf die Drehzahl nicht unter einen bestimmten Wert sinken. Diesen Wert nennt man die **toten Umdrehungen** für den betreffenden Widerstand.

Ist der äußere Stromkreis offen, so erfolgt die Erregung der Nebenschlußmaschine ebenso wie der Hauptschlußmaschine, weil der ganze Ankerstrom durch die Erregerwicklung fließt.

Ist die Maschine belastet, so kann man, Fig. 257, eine Schar von Kurven konstruieren, die P über I_{err} bei verschiedenen konstanten Werten der Ankerstromstärke darstellen. Da I_{err} und P_{err} einander proportional sind, so werden die Werte von P_{err} durch die Ordinaten einer durch den Nullpunkt gehenden Geraden OA dargestellt. Bei Selbsterregung muß $P_{err} = P$ sein. Dies trifft für die Schnittpunkte der Geraden mit den P-Kurven zu. Es kann daher im allgemeinen dieselbe Ankerstromstärke I_a für zwei Werte von P eintreten, wobei natürlich der Widerstand des äußeren Kreises verschieden groß sein muß, nämlich

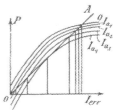

Fig. 257.

$$W_{a_1} = \frac{P_1}{I_{a_1}}, \quad \text{und} \quad W_{a_2} = \frac{P_2}{I_{a_2}}.$$

Trägt man die Werte der aus Fig. 256 für die verschiedenen Stromstärken I_a entnommenen Spannungen über I_a als Abszissen auf, so erhält man die Belastungscharakteristik Fig. 256.

(476) Durch die **Doppelschlußwicklung** kann man erreichen, daß die äußere Belastungscharakteristik annähernd horizontal verläuft — die Maschine ist dann „kompoundiert" — oder sogar bei Belastung ansteigt — die Maschine ist dann „überkompoundiert". Man findet hierbei die nötige Windungszahl der Reihenschlußwicklung in folgender Weise: Man berechnet zunächst die Amperewindungszahl der Nebenschlußwicklung, die zugleich die Erregung bei Leerlauf darstellt, bei normaler Spannung. Ist die Wicklung bereits vorhanden, so stellt man die Erregerstromstärke für die normale Spannung bei Leerlauf fest und berechnet daraus die Amperewindungszahl. Erregt man nun die Maschine fremd und stellt die gewünschte normale oder erhöhte Spannung bei verschiedenen Ankerstromstärken ein, so gibt der Überschuß der jetzt erforderlichen Amperewindungen über die vorhergefundenen die Amperewindungen an, die in der Reihenschlußspule vorhanden sein müssen. Diese Amperewindungszahl durch die Ankerstromstärke dividiert ergibt die Windungszahl der Reihenschlußspule. Man findet im allgemeinen für verschiedene Belastungen verschiedene Zahlen und wählt zweckmäßig die für annähernd normale Belastung zutreffende aus.

(477) **Regulierwiderstände.** Zur Einstellung der gewünschten Spannung ist bei Nebenschluß- und Doppelschlußmaschinen ein Regulierwiderstand im Nebenschlußkreise erforderlich. Da die Maschinen sich durch den Betrieb erwärmen und mithin der Widerstand des Nebenschlußkreises mit der Zeit zunimmt, so muß zu Anfang ein größerer Teil des Regulierwiderstandes eingeschaltet sein, der bei zunehmender Erwärmung ausgeschaltet wird. Außerdem aber muß bei Nebenschlußmaschinen die Erregung bei stärkerer Belastung erhöht werden. Es muß also auch in warmem Zustande der Maschine bei Leerlauf ein Teil des Widerstandes eingeschaltet sein. Die Größe des Widerstandes ist daher so zu berechnen, daß bei höchster Temperatur und größter Belastung sicherheitshalber noch etwas Widerstand eingeschaltet bleiben kann und daß der Widerstand

anderseits ausreicht, um die Spannung der kalten, leerlaufenden Maschine bis auf den normalen Betrag herunter zu bringen. Die einzelnen Stufen der Regulierwiderstände werden vielfach gleichgroß gemacht, richtiger ist es, sie so zu bemessen, daß überall dem Abschalten einer Stufe bei konstanter Belastung möglichst die gleiche Spannungserhöhung entspricht. Die Stufenzahl ist so groß zu wählen, daß die Sprünge nicht größer als etwa 1% werden.

(478) Die Widerstände werden zweckmäßig mit einem **Kurz-schlußkontakt** versehen, um die Erregerwicklung ohne Spannungserhöhung stromlos zu machen. Die Schaltung ist durch Fig. 258 gegeben. Durch Bewegung der Kurbel im Sinne des Uhrzeigers wird erst der ganze Widerstand vor die Wicklung

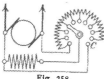

Fig. 258.

geschaltet, sodann wird bei Berührung des Kurzschlußkontaktes C die Erregerwicklung kurz geschlossen und endlich der äußere Erregerkreis unterbrochen. Die durch das Verschwinden des Magnetismus hervorgerufene EMK kann keine hohe Spannung erzeugen, da die Wicklung kurzgeschlossen ist. Der durch sie hervorgerufene Strom läuft sich nach einiger Zeit — einigen Sekunden bis 1 Minute — tot, ohne Schaden anzurichten. Der Kurzschlußkontakt muß eine Verriegelung besitzen, damit die Erregung nicht aus Versehen während des Betriebes stromlos gemacht werden kann. Die Verriegelung muß selbsttätig wirken, vorgesteckte Stöpsel sind unzulässig.

(479) **Aufbau der Regulierwiderstände.** Die Regulierwiderstände werden gewöhnlich aus Spiralen von Rheotan, Nickelin oder Kruppindraht hergestellt, die mit Porzellanrollen oder durch Schieferplatten an einem Eisengestell befestigt oder in Email oder dergl. eingebettet werden. Dünne Drähte werden auf Porzellanzylinder gewickelt, die mit Gewinde versehen sind. Die Widerstandskörper werden in einem Gehäuse aus gelochtem Blech untergebracht, um der Luft freien Zu- und Austritt zu gewähren, oder in Öl versenkt. An der vorderen Seite wird in der Regel der **Stufenschalter** angeordnet, der aus den auf einem Kreisbogen oder ganz im Kreise angeordneten, häufig auf einer Schieferplatte montierten Kontaktknöpfen besteht, über die die Schaltkurbel hinweggleitet. Bei höheren Spannungen muß und bei niedrigen Spannungen sollte der ganze Stufenschalter durch eine Schutzkappe abgedeckt werden. Beim Einbau in Schaltanlagen wird der Widerstand mit dem Stufenschalter zweckmäßig hinter der Schalttafel angeordnet und von vorn durch ein Handrad bedient. Außer dieser einfachsten Anordnung gibt es zahlreiche andere Konstruktionen, z. B. Stufenschalter, die nach Art eines flachen oder auch zylindrischen Kommutators gebaut sind.

Die Beanspruchung des Drahtmaterials ist so zu bemessen, daß für ein Watt bei freier Ausspannung etwa 6—700 mm² und bei Aufwicklung auf Porzellanzylinder etwa 500 mm² Drahtoberfläche vorhanden sind. Bei Widerständen, die in Öl versenkt sind, ist die Oberfläche des Gehäuses reichlich (15 cm² für 1 Watt) zu bemessen, was z. B. durch Wellblechgehäuse erreicht wird; vergl. auch (511).

(480) **Maschine für konstante Spannung bei variabler Dreh-**
zahl. Vergl. E. T. Z. 1905, S. 393 (Fig. 259). Besondere Wirkungen
lassen sich erzielen, wenn man nach Rosenberg die Gegenkom-
poundierung vom Anker aus vornimmt. Bringt man nämlich bei
einer fremderregten Maschine auf dem Kommutator einen zweiten
Bürstensatz BB für jedes Polpaar an, so daß einmal Bürsten in der
üblichen Stellung (bb) und außerdem Bürsten in der Mitte zwischen
den ersteren vorhanden sind, und schließt man die Bürsten bb kurz,
so erzeugt der im kurzgeschlossenen Kreise fließende Strom ein Querfeld, dessen Ausbildung durch die Form-
gebung der Polschuhe unterstützt werden
kann. Unter dem Einfluß des Querfeldes
entsteht am Bürstenpaar BB eine Spannung. Legt man an diese Bürsten irgend
einen Stromkreis, so kann von ihnen
Strom abgenommen werden. Dieser
eigentliche Nutzstrom erzeugt aber seinerseits ein neues Querfeld, das gegen das
ursprüngliche Querfeld um 90 Grad,
gegen das Feld der Feldmagnete also
um 180 Grad räumlich verschoben ist

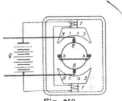

Fig. 259.

und daher den Magnetismus der Feldmagnete schwächt. Wie leicht
einzusehen ist, kann bei geeigneter Wahl der Windungszahlen
erreicht werden, daß bei steigender Drehzahl der Magnetismus der
Maschine mit Hilfe dieses zweiten Querfeldes proportional abgeschwächt, die Klemmenspannung also unabhängig von der Drehzahl
in weiten Grenzen konstant gehalten wird. Da die Stromrichtung
in dem kurz geschlossenen Kreise von der Drehrichtung der Maschine
abhängt, so werden mit der Umkehrung der Drehrichtung auch die
Quermagnetisierungen umgekehrt. Die Maschine liefert also trotz
der Fremderregung bei beliebiger Drehrichtung einen Strom von
gleichbleibender Richtung. In der Praxis wird die Anordnung u. a. für
den Betrieb elektrischer Eisenbahnwagenbeleuchtung verwendet.

(481) **Dreileitermaschinen** sind Maschinen, an die auch der
Mittelleiter eines Dreileitersystems angeschlossen werden kann. Anordnungen, bei denen der Hilfsleiter direkt an
eine auf dem Kommutator schleifende Bürste angeschlossen wird, sind von Kingdon und Dettmar angegeben worden, vergl. E. T. Z. 97, S. 230.
Es wechselt immer ein Paar Nordpole mit einem
Paar Südpole ab, während der Anker für die
halbe Polzahl gewickelt ist. Nach Dettmar werden
die Spulen der ungeraden und die der geraden
Pole zu je einem Erregerkreise zusammengefaßt,
die durch getrennte Regulierwiderstände einzeln
reguliert werden können. Neuerdings kommt hierfür auch die Maschine von Rosenberg (480) in

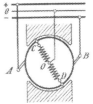

Fig. 260.

Betracht. Zu gleichem Zwecke dient der Spannungsteiler von
von Dolivo-Dobrowolsky. Er besteht aus einer meistens
außerhalb der Maschine angebrachten Drosselspule (Fig. 260), die
(durch Schleifringe) mit zwei Punkten C und D der Ankerwicklung

verbunden ist. Die Phasenverschiebung zwischen den Potentialen von C und D muß 180 Grad betragen. Der Nulleiter wird an den Mittelpunkt O der Drosselspule angeschlossen. In der Drosselspule fließt dauernd ein Wechselstrom, dessen Stärke wegen der hohen Selbstinduktion nur sehr gering ist. Da in jedem Augenblick die Spannung zwischen A und C gleich der zwischen B und D ist, und Punkt O die Spannung zwischen C und D in zwei gleiche Teile teilt, so muß auch stets die Spannung zwischen A und O gleich der zwischen B und O sein. Bei Belastungsverschiedenheiten in den beiden Hälften des Dreileitersystems fließt die Differenz der Ströme über O zum Anker zurück. Dabei können Wechselströme von dreifachem Pulse auftreten, die sich im äußeren Stromkreise über den Gleichstrom lagern und z. B. ein Singen der Bogenlampen verursachen; man kann sie durch eine kleine Spule abdrosseln. Vgl. E.T.Z. 1901, S. 357.

Bei der Dreileiter-Maschine von Ossanna ist auf dem Anker außer der Kommutatorwicklung noch eine Drehstromwicklung, etwa eine aufgeschnittene (522), in Sternschaltung angebracht. Die Enden dieser Wicklung sind an drei Punkte der Gleichstromwicklung angeschlossen, deren Potentiale je 120 Grad Phasenverschiebung gegeneinander haben; der Nullpunkt wird über einen Schleifring mit dem Nullleiter verbunden. Die Wirkungsweise ist ähnlich, wie im vorigen Fall.

Ein Nachteil dieser Spannungsteilungen ist der, daß man die Spannungen der beiden Netzhälften nicht unabhängig voneinander regulieren kann. Sie eignen sich daher nur für Anlagen mit geringen Spannungsverlusten in den Leitungen und nicht allzugroßen Verschiedenheiten in der Belastung der Netzhälften (bei v. Dobrowolsky 15%, bei Ossanna 25% der Maschinenleistung).

(482) Parallel- und Reihenschaltung der Maschinen. In größeren Anlagen werden in der Regel mehrere Maschinen aufgestellt, die durch Parallel- oder Reihenschaltung miteinander verbunden werden. Am bequemsten und häufigsten ist die Parallelschaltung der Nebenschlußmaschinen. Es ist nur darauf zuachten, daß die Maschinen gleiche Spannung und gleiche Polarität besitzen. Die Polarität ist gewährleistet bei der Netzerregung (Fig. 261a). Man schließe bei der zuzuschaltenden Maschine den

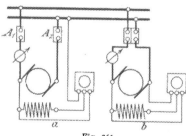

Fig. 261.

Erregerkreis durch den linken Schalter A_1 und den Regulierwiderstand, stelle die richtige Spannung ein und schließe dann den rechten Schalter A_2. Die Maschine läuft nunmehr auch nach dem Parallelschalten leer und wird erst dadurch belastet, daß man sie stärker erregt. Der Ankerstrom ist nämlich

$$I_a = \frac{E - P}{W_a},$$

d. h. gleich dem Überschuß der EMK E über die Sammelschienen-spannung P dividiert durch den Ankerwiderstand W_a. Bei der Selbsterregung (Fig. 261 b) ist auf richtige Polarität zu achten, man verwende daher polarisierte Spannungszeiger, z. B. Drehspulen-instrumente. In diesem Falle versieht man die Ankerkreise zweck-mäßig mit doppelpoligem Schalter.

Bei D o p p e l s c h l u ß m a s c h i n e n müssen nicht bloß die Maschinen im ganzen, sondern auch die Anker für sich parallel geschaltet werden (Fig. 262). Man schaltet zunächst den Anker ein, nachdem man seine Spannung auf die richtige Höhe gebracht hat, dann erst wird auch die Reihen-schlußwicklung geschlossen. Hierbei wird die bereits arbeitende Maschine plötzlich schwächer, die zuzuschal-tende Maschine plötzlich stärker erregt, so daß Stöße in der Belastungsverteilung auftreten. Will man sie vermeiden, so muß man die Reihenschlußkreise mit Hilfe von Anlaßwiderständen ein-

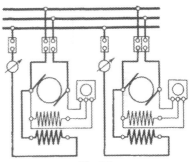

Fig. 262.

schalten. Bekommt eine Doppelschlußmaschine Rückstrom, so wirkt die Reihenschlußwicklung entmagnetisierend und somit verstärkend auf den Rückstrom ein. Hierdurch entsteht die Gefahr der Um-polarisierung der Maschinen. Der Parallelbetrieb der Doppelschluß-maschine erfordert daher größere Aufmerksamkeit, und man vermeidet diese Art von Maschinen besonders bei allen Akkumulatorenanlagen.

(483) Auch R e i h e n s c h l u ß m a s c h i n e n lassen sich parallel schalten, indem man ähnlich wie bei den Doppelschlußmaschinen zu-nächst die Anker selbst parallel schaltet, doch wird dies nur in Spezialfällen angewendet, unter anderem bei der Kurzschluß-bremsung von Fahrzeugen mit mehreren Motoren. Dagegen werden **Reihenschlußmaschi-nen** mit Erfolg in großen An-lagen, die dann mit konstanter Stromstärke arbeiten, hinterein-ander geschaltet (Fig. 263),

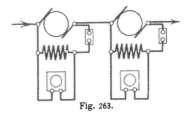

Fig. 263.

System Thury. Zur Regulierung der Spannung erhalten sie einen Regu-lierwiderstand, der parallel zur Erregerwicklung geschaltet ist. Wird der Widerstand kurz geschlossen, so verliert die Maschine ihre Spannung; je mehr Widerstand eingeschaltet wird, um so stärker wird der Strom, der durch die Erregung geht, und um so höher die Spannung der Maschine. Zum Einschalten einer Maschine wird zunächst der Ausschalter, der sie kurzschließt, geöffnet. Die Maschine wird sodann bei kurz geschlossener Erregerwicklung in Gang gesetzt und auf normale Drehzahl gebracht. Sodann wird der Regulierwiderstand soweit verstellt oder auch die Drehzahl soweit erhöht, bis die gewünschte Spannung erreicht ist. Vergl. E. T. Z. 1902, S. 1001.

Gleichstrommotoren.

(484) Generator und Motor. Sinkt an einer Gleichstrom-Dynamo die Spannung soweit, daß in der Gleichung

$$I_a = \frac{E - P}{W_a} \qquad 1)$$

E kleiner als P wird, so kehrt sich die Richtung des Stromes um, und der Generator wird zum Motor. Während beim Generator EMK und Strom gleichen Richtungssinn hatten, fließt nun der Strom entgegengesetzt der EMK; man spricht daher von „gegenelektromotorischer Kraft". Es gilt aber nach wie vor

$$E = c_1 n z \Phi \quad \text{oder} \quad n = \frac{E}{c_1 z \Phi}, \qquad 2)$$

worin z die Drahtzahl, und für das Drehmoment

$$D = c_2 \frac{z}{2a} I_a \Phi, \qquad 3)$$

woraus folgt, daß

$$E I_a = c_3 D n, \qquad 4)$$

oder in Worten: Die vom Anker aufgenommene elektrische Leistung ist der mechanischen Leistung äquivalent. Letztere kann man wie folgt schreiben:

$$
\begin{aligned}
L_{mech} &= \frac{2\pi n}{60} D \; \frac{\text{mkg}}{\text{sek}} \\
&= \frac{2\pi n}{60} \, 9{,}81 \cdot D \; \text{Watt} \qquad 5) \\
&= \frac{2\pi n}{60 \cdot 736} \cdot D \; \text{Pferd,}
\end{aligned}
$$

worin D in mkg einzusetzen und n die Drehzahl in der Minute ist.

Bei sonst gleich gebauten Motoren ändert sich mit der Drahtzahl auf dem Anker direkt proportional das Drehmoment und umgekehrt proportional die Drehzahl, wie aus Gl. 3) und 2) ohne weiteres hervorgeht. Will man davon Gebrauch machen, um Motoren von verschiedenen Geschwindigkeiten zu bauen, so ist zu beachten, daß sich mit der Windungszahl auch der Widerstand des Ankers und zwar angenähert quadratisch ändert.

(485) Umsteuerung der Motoren. Soll die Drehrichtung eines Gleichstrommotors geändert werden, so muß die Stromrichtung entweder in der Erregerwicklung oder im Anker umgekehrt werden, während die Umkehrung der Richtung des dem Motor zugeführten Gesamtstromes auf die Drehrichtung ohne Einfluß ist.

(486) **Einteilung.** Die Gleichstrommotoren werden nach der Art, wie die Erregung geschaltet ist, eingeteilt in

1. fremderregte Motoren ⎫ (wesentlichste Eigenschaft: angenähert
2. Nebenschlußmotoren ⎬ gleich bleibende Drehzahl bei allen
                  ⎭ Bremsbelastungen),

3. Reihenschlußmotoren ⎫ (wesentlichste Eigenschaft: Abfall der
                  ⎬ Drehzahl bei zunehmender Brems-
                  ⎭ belastung),

4. Doppelschlußmotoren
     a) mit gegensinnig geschalteten Erregerwicklungen (wesent-
        lichste Eigenschaft: konstante Drehzahl),
     b) mit gleichsinnig geschalteten Erregerwicklungen (Eigen-
        schaften zwischen denen der Nebenschluß- und der
        Reihenschlußmotoren).

Gleichstrommotoren werden normal ausgeführt für 110, 220, 440 und 500 V. Es ist neuerdings gelungen, die Spannung höher zu treiben, sofern es sich nicht um zu kleine Motoren handelt; doch dürfte die durch den Kommutator gegebene Spannungsgrenze im allgemeinen bei 1000 V, in Ausnahmefällen bei 2000 V gefunden werden.

(487) **Bauart der Motoren.** Die Motoren werden in der Regel äußerlich genau so ausgeführt, wie die Gleichstromgeneratoren.

Für Betriebe, bei denen der gegen Staub und Feuchtigkeit immerhin empfindliche Kommutator und Anker Beschädigungen ausgesetzt sein würde (Fahrzeugbetrieb, Kranbetrieb usw.), kommt die ganz oder nahezu geschlossene Bauart in Anwendung (vgl. bei den Tabellen ausgeführter Maschinen, insbesondere einige Konstruktionen der Allgemeinen Elektrizitätsgesellschaft (Motor EG 5-650) und der Siemens-Schuckert-Werke (Motor PGM).

(488) **Der fremderregte Motor.** Hält man die Erregung konstant, so ist, so lange die Ankerrückwirkung keinen Einfluß gewinnt, das Drehmoment und die Anzugskraft proportional mit $\dfrac{z}{2\,a}\,I_a$. Die Kurve der Stromstärke über dem Drehmoment steigt daher geradlinig vom Nullpunkt aus an und geht später in eine konkav nach oben gekrümmte Kurve über, sobald der Einfluß der Ankerrückwirkung bemerkbar wird. Ändert man die Erregung, so nimmt bei schwach gesättigtem Eisen das Drehmoment proportional mit der Erregung zu oder ab, die Ankerstromstärke bei gleichbleibender Bremsbelastung daher entsprechend ab oder zu, bei gesättigtem Eisen erweist sich die Veränderung der Erregung innerhalb der Sättigungsgrenze natürlich als wirkungslos. Unerregte Motoren haben keine Anzugskraft, falls nicht durch extreme Verstellung der Bürsten die Maschine vom Anker aus erregt wird, oder nennenswerte Remanenz vorhanden ist.

(489) **Bei Leerlauf** kann, da dann die Stromstärke entsprechend der lediglich zur Überwindung der Reibung aufzuwendenden Leistung sehr klein ist, $E = P$ gesetzt werden. Die Geschwindigkeit ist daher bei Leerlauf und, wenn die Bürsten in der neutralen Zone stehen, praktisch gleich der, die beim leerlaufenden Generator zur Erzeugung der Spannung P erforderlich ist. Wird der Motor belastet, so sinkt bei konstantem P die Drehzahl und die Gegen-EMK

E so weit, bis der Strom genügend stark geworden ist, um das erforderliche Drehmoment zu erzeugen. Dieser Abfall ist bei großen Motoren sehr gering, bei kleinen Motoren mit verhältnismäßig hohem Ankerwiderstand bemerkbarer.

(490) Geschwindigkeitsregelung. Vergrößert man den Spannungsabfall künstlich durch Vorschalten von Widerstand vor den Anker, so kann man eine dem Spannungsabfall im Vorschaltwiderstand proportionale Verringerung der Drehzahl erreichen, allerdings nur auf Kosten der im Widerstand verlorenen Leistung und immer nur dem jeweiligen Werte des Produktes $I_a W_a$ entsprechend so, daß bei stark belastetem Motor ein großer, bei schwach belastetem Motor ein geringer Abfall der Drehzahl eintritt. Läßt man beim fremderregten Motor die Ankerspannung unverändert und ändert man die Erregung, so folgt aus

$$E = c_1 n z \, \Phi,$$

daß die Drehzahl um so größer wird, je geringer der Kraftfluß wird. Man kann auf diese Weise also in umgekehrtem Sinne regulieren, wie bei der soeben beschriebenen Methode. Das Verfahren ist in zweifacher Hinsicht besser. Der Leistungsverlust im Regulierwiderstande ist gering, weil im ganzen Erregerkreis nur einige Prozent der Leistung verbraucht werden; und die Einstellung der Drehzahl ist von der Belastung unabhängig. Anderseits ist zu beachten, daß infolge der Abschwächung des Kraftflusses das Drehmoment für gleiche Ankerstromstärke geringer wird, die gleiche Bremsbelastung also nur mit erhöhter Stromstärke durchgezogen werden kann. Daß größere Stromstärke eintreten muß, ergibt sich übrigens auch daraus, daß ja durch die höhere Drehzahl höhere Leistung bedingt wird. Wird in sehr weitgehendem Maße im Nebenschluß reguliert, so macht sich die infolge der Ankerrückwirkung auftretende Feldverzerrung durch starkes Feuern des Kommutators sehr störend bemerkbar. Will man daher in weiten Grenzen regulieren, so ist der Feldverzerrung durch Kompensationswicklungen, Wendepole oder dgl. zu begegnen. Vgl. (464). Wird die Ankerstromstärke künstlich konstant gehalten (Reihenschaltung mehrerer Motoren), so bewirkt die Abschwächung des Feldes eine Verringerung der Drehzahl bei gleichzeitigem Sinken der Ankerspannung.

(491) Durchgehen des Motors. Bei allzusehr geschwächter Erregung, z. B. bei Unterbrechung des Erregerkreises, nimmt der einmal laufende Motor bei geringer Bremsbelastung eine sehr hohe Drehzahl an („er geht durch"), und es tritt eine Gefährdung des Ankers durch die Zentrifugalkräfte ein. Es ist daher der Konstruktion und Ausführung der Erregerkreise besondere Aufmerksamkeit zuzuwenden; Sicherungen dürfen im Erregerkreise nicht angebracht werden, und etwaige Schalter sind so anzuordnen, daß sie ihn nicht öffnen oder kurzschließen können, ohne daß zugleich der Ankerkreis geöffnet wird.

(492) Wird bei einem fremderregten Motor die Drehzahl durch äußeren Antrieb (z. B. die niedergehende Last eines Hebezeuges) über die natürliche Drehzahl gesteigert, so kehrt der Motor seine Wirkung ohne weiteres in eine Dynamowirkung um, gibt Strom ans Netz zurück und verhält sich auch im übrigen wie ein Generator; vgl. unter (494).

(493) Der Nebenschlußmotor verhält sich, so lange er mit konstanter Spannung gespeist wird, durchaus wie der fremderregte Motor. Er hat daher die Eigenschaft, seine Drehzahl unabhängig von der Größe der Belastung im wesentlichen konstant zu halten. Bemerkenswert ist, daß bei dauerndem Betrieb die Erregerwicklung warm und ihr Widerstand daher größer wird. Der Erregerstrom selbst wird dann schwächer und ein mit geringer Eisensättigung arbeitender Motor läuft, weil weniger erregt, schneller. Die Geschwindigkeitsregulierung geschieht analog der beim fremderregten Motor beschriebenen. Da bei sinkender Klemmenspannung die Erregung nachläßt, so ist das Drehmoment und die Anzugskraft des Nebenschlußmotors von der Spannung sehr stark abhängig. Wo also große Zugkräfte bei hohem Widerstand der Zuleitungen zum Motor gefordert werden (z. B. im Straßenbahnbetrieb), erweist sich der Nebenschlußmotor als ungünstig.

(494) Kritische Geschwindigkeit des Nebenschlußmotors. Bei einer bestimmten Geschwindigkeit, die nur infolge Antriebs des Motors von einer anderen Kraftquelle aus eintreten kann, wird, wie beim fremderregten Motor, die EMK gleich der Ankerspannung. Der Anker wird dann stromlos und nimmt weder elektrische Leistung auf, noch gibt er solche ab. Unterhalb dieser kritischen Geschwindigkeit, deren Höhe durch Verstellen der Erregung beeinflußt werden kann, ist

$$P > E,$$

der Anker nimmt daher elektrische Leistung auf, und die Maschine läuft als Motor. Oberhalb der kritischen Drehzahl ist

$$E > P,$$

der Strom fließt jetzt im Anker umgekehrt, während der Erregerstrom seine Richtung beibehält. Das Drehmoment hat sich daher auch umgekehrt. Der Motor nimmt jetzt mechanische Leistung auf und gibt elektrische Leistung ab, er läuft als Generator.

Kuppelt man daher zwei gleiche fremderregte oder Nebenschlußmaschinen und schaltet sie bei gleicher Erregung beide auf dasselbe Netz, so laufen beide Maschinen leer als Motoren. Erregt man nun die eine Maschine um ein Geringes stärker, so wächst ihre EMK und sie läuft als Generator, die andere Maschine als Motor. Durch stärkere Erregung der anderen Maschine kehrt sich der Vorgang um. Äußerlich kann man den Maschinen nicht ansehen, welche als Generator, welche als Motor läuft. Da eine absolut genaue Übereinstimmung zweier Motoren praktisch kaum zu erreichen ist, so bedingt die Anwendung mechanisch gekuppelter und parallel geschalteter Nebenschlußmotoren (Fahrzeugantrieb) große Vorsicht. Anderseits macht man von diesem Verhalten nützlichen Gebrauch zum Ausgleich der Belastungen der beiden Netzhälften von Dreileiteranlagen (Ausgleicher), ferner zur Belastung und Prüfung von Maschinen. Man hat bei diesem Verfahren die Möglichkeit, alle Größen in bequemer Weise auf elektrischem Wege zu messen, es fällt der Bremszaum zur Bestimmung der mechanischen Leistung fort und man arbeitet sehr wirtschaftlich, da das Netz nur die Verluste der beiden Maschinen zu decken hat.

Auch der Nebenschlußmotor wirkt, wie der fremderregte Motor, bremsend, sobald er die kritische Geschwindigkeit überschreitet.

Diese Geschwindigkeit entspricht dem Synchronismus der asynchronen Drehstrommotoren. Man macht hiervon z. B. Gebrauch bei der Talfahrt auf elektrischen Bahnen und beim Niederlassen von Aufzügen.

(495) **Der Reihenschlußmotor** (auch Hauptstrommotor oder Serienmotor genannt) wird durch den Ankerstrom erregt, daher ist

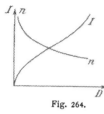

Fig. 264.

sein Drehmoment lediglich von der Stromstärke abhängig. Das Sinken der Klemmenspannung kann keine Verminderung der Anzugskraft und des Drehmomentes, sondern nur eine Abnahme der Drehzahl zur Folge haben, bis Stillstand erreicht ist. Der Kraftfluß Φ ist bei geringer Stromstärke proportional mit I und das Drehmoment proportional mit I^2. Bei größerer Sättigung wird Φ annähernd konstant und D nimmt dann proportional mit I zu. Wird endlich die Ankerrückwirkung beträchtlich, so nimmt D langsamer zu, als dem linearen Gesetz entspricht. Daraus ergibt sich die Kurve des Drehmomentes über der Stromstärke und umgekehrt der Stromstärke über dem Drehmoment, Fig. 264.

(496) Abhängigkeit der Drehzahl von der Belastung. Da sich beim Reihenschlußmotor die Erregung mit der Belastung ändert, so läuft der stark belastete Motor langsamer, der schwach belastete schneller. Man übersieht die Verhältnisse leicht bei Betrachtung von Fig. 265. Es ist stets

$$P = E + IW,$$

und

$$n = \frac{E}{c \cdot z \Phi}$$

Kennt man die Magnetisierungskurve Φ über I und den Widerstand W des Motors, so findet man aus dieser Formel

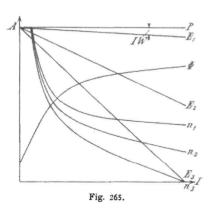

Fig. 265.

die Drehzahl n für einen beliebigen Belastungszustand I, indem man Φ und E aus den Kurven, Fig. 265, abgreift. Wird dem Anker Widerstand vorgeschaltet, so erhöht sich der Spannungsverlust IW; im Diagramm nimmt die Gerade AE eine zur Abszissenachse stärker geneigte Lage (AE_2, AE_3 ...) an. Aus dem neuen Werte der Gegen-EMK ermittelt man wie vorher den Verlauf von n. In Fig. 265 sind die Drehzahlen für W, 8 W und 16 W eingetragen.

(497) Abhängigkeit der Drehzahl von der Wicklung. Sind die Betriebsverhältnisse eines Motors für eine bestimmte Wicklung bekannt, z. B. durch Versuch festgestellt, so findet man die Betriebseigenschaften desselben Motors bei veränderter Wicklung wie folgt. Eine Änderung der Schenkelwicklung verändert den Abszissenmaßstab in Fig. 265 und ist daher leicht zu berücksichtigen. Bei Änderung der Ankerwicklung ändert sich das Drehmoment bei konstanter Stromstärke wie die Drahtzahl:

$$\frac{D_2}{D_1} = \frac{z_2}{z_1}.$$

Die Drehzahl folgt für gleiche Stromstärke aus

$$\frac{n_2}{n_1} = \frac{E_2/z_2\,\Phi}{E_1/z_1\,\Phi} = \frac{E_2}{E_1} \cdot \frac{z_1}{z_2}.$$

Die Werte von E_2 sind unter Berücksichtigung der Änderung des Ankerwiderstandes zu berechnen. Es ist nämlich angenähert

$$\frac{W_{a_2}}{W_{a_1}} = \frac{z_2{}^2}{z_1{}^2},$$ und daher

$$W_2 = W_m + W_{a_2} = W_m + \frac{z_2{}^2}{z_1{}^2}\,W_{a_1},$$

wenn W_m der Widerstand der unverändert gebliebenen Schenkelwicklung ist. Fig. 266 zeigt die Drehzahlen n_1 und n_2 bei einfacher und doppelter Stabzahl auf dem Anker, wobei

$$W_m = \frac{2}{3}\,W_a$$

angenommen ist.

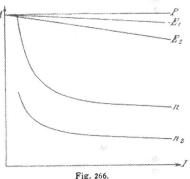

Fig. 266.

Das Verhalten des Reihenschlußmotors bringt die Gefahr des Durchgehens bei schwacher Belastung mit sich, hat aber für viele Betriebe die Annehmlichkeit, daß die Drehzahl von selbst um so geringer wird, je größer die Belastung wird. Es steigt daher die vom Motor aufgenommene elektrische Leistung nicht proportional mit dem Drehmoment, wie es angenähert beim Nebenschlußmotor der Fall ist, sondern in geringerem Maße.

(498) Geschwindigkeitsregulierung durch Feldveränderung (490) ist beim Reihenschlußmotor möglich, indem ein Regulierwiderstand parallel zur Erregerwicklung geschaltet wird. Für diesen Fall findet man die Drehzahlen aus Fig. 265, wenn man die Stromverzweigung im Erregerkreis berücksichtigend den Abszissenmaßstab so wählt, daß nur die wirklich zur Erregung dienende Stromstärke darin zum Ausdruck kommt.

(499) Sehr beliebt zur Drehzahlregulierung ist endlich bei Reihenschluß die Verwendung zweier mechanisch verbundener Motoren und deren Reihen- oder Parallelschaltung nach Wahl. Diese

ergibt eine Geschwindigkeitsveränderung im Verhältnis 1 : 2. Parallelschaltung zweier Reihenschlußmotoren ist im Gegensatz zur Parallelschaltung gekuppelter Nebenschlußmotoren unbedenklich. Hier ist ja
die Erregung eine Funktion der Leistung, und es ergibt sich daher
eine praktisch ausreichende Selbstregulierung der Belastungsverteilung.

(500) Die Umkehrung der Motorwirkung in Generatorwirkung tritt beim Reihenschlußmotor ein, wenn seine Drehrichtung
geändert wird. Eine momentane Generatorwirkung tritt ferner ein,
wenn ein noch im Gang befindlicher Motor umgesteuert, d. i. auf entgegengesetzten Drehsinn geschaltet

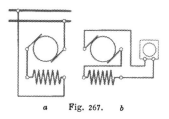

a   Fig. 267.   b

wird. Dies letzte Verfahren, das
vielfach „Gegenstrom geben" genannt wird, gefährdet infolge der
auftretenden außerordentlichen Erhöhung der Stromstärke den Motor
und ist daher im allgemeinen unzulässig. Eine Generatorwirkung kann
endlich erzielt werden, wenn der
Reihenschlußmotor vom Netz abgeschaltet und auf geeignete Widerstände geschlossen wird. Hierbei ist
aber eine Umschaltung der Erregung erforderlich (Fig. 267 a und b),
weil sonst der Motor den Magnetismus verliert. Von dieser dritten
Möglichkeit wird vielfach Gebrauch gemacht, wo es gilt, das in bewegten Massen aufgespeicherte Arbeitsvermögen schnell zu beseitigen;
man nennt das Verfahren „Kurzschlußbremsung".

(501) Die Doppelschlußschaltung der Erregung kann in zweierlei
Weise Anwendung finden. Sie kann erstens dazu benutzt werden, die
Drehzahl noch mehr von der Belastung unabhängig zu machen, als
dies beim Nebenschlußmotor erreicht wird. Wenn nämlich bei
letzterem infolge stärkerer Belastung die Drehzahl sinkt, so kann
man durch eine vom Ankerstrom durchflossene Wicklung, die magnetisch der Nebenschlußwicklung entgegenwirkt, das Feld schwächen
und damit die Geschwindigkeit wieder erhöhen. Eine genaue Einstellung ist natürlich nur für solche Sättigungszustände möglich, bei
denen zwischen $\Delta \Phi$ und den Δ *(NI)* Proportionalität besteht. Die
Schaltung ist dann genau dieselbe, wie die des Doppelschluß-Generators;
da aber beim Motor der Ankerstrom umgekehrte Richtung hat, so
wirken hier die beiden Erregerwicklungen einander entgegen, und es
kann bei starker Belastung eine gänzliche Entmagnetisierung und das
Durchgehen des Motors eintreten. Derartig geschaltete Motoren sind
also mit Vorsicht zu benutzen und werden selten angewendet.

Schaltet man zweitens die Reihenschlußwicklung so, daß sie die
Nebenschlußwicklung unterstützt, so erhält man einen Motor, dessen
Verhalten in der Mitte zwischen dem eines Nebenschluß- und eines
Reihenschlußmotors steht. Seine Geschwindigkeitsschwankungen sind
bei Belastungsänderungen daher größer, als die des Nebenschlußmotors,
anderseits ist sein Drehmoment weniger von der Spannung abhängig.
Motoren dieser Art gestatten eine ziemlich weitgehende Regulierung
der Drehzahl ohne Anwendung von Widerständen im Ankerkreis.
Sie ermöglichen ferner eine Generatorwirkung bei Antrieb durch die

Last, sowie ein sicheres Durchziehen großer Überlasten und finden daher neuerdings hin und wieder Verwendung bei Walzenzugsmaschinen, Fahrzeugbetrieb u. dergl. Vergl. Hobart, Motoren S. 155, Elektr. Bahnen u. Betriebe 1905, S. 632.

(502) Ein bisher nicht erwähntes Mittel zur Geschwindigkeitsregulierung von Gleichstrommotoren besteht in der Benutzung verschiedener Betriebsspannungen für den Ankerstromkreis. Beim Nebenschlußmotor muß die Erregung ungeändert bleiben. Während daher die Erregerwicklung mit konstanter Spannung gespeist wird, werden dem Anker verschieden große Spannungen zugeführt, z. B. durch Anschluß an die Außenleiter oder an eine Hälfte eines Dreileitersystems, oder durch Anschluß an mehr oder weniger Zellen einer Akkumulatorenbatterie oder endlich durch Einfügung einer z. B. durch eine Hilfsmaschine erzeugten elektromotorischen Kraft in den Ankerkreis, die entweder die Gegenspannung unterstützt oder ihr entgegenwirkt. Die eingehendere Erörterung dieser Methoden gehört in das Kapitel der Kraftübertragung und der elektrischen Bahnen.

Ein weiteres Verfahren, die Geschwindigkeit zu ändern, besteht in einer Verstellung der Feldmagnete, die dazu bei Außenpolmaschinen radial verschiebbar im Joch angeordnet sein müssen. Bei Verringerung des Luftzwischenraumes verringert sich auch die Drehzahl.

(503) **Anlassen der Gleichstrommotoren.** Bei Stillstand ist die GegenEMK gleich Null; daher würde die volle Ankerspannung einen unzulässig starken Strom durch den Anker und bei Nebenschlußmotoren eine Verringerung der Anzugskraft infolge des großen Spannungsabfalls auf den Zuleitungen zur Folge haben. Die Stromstärke muß daher durch einen Widerstand — Anlasser — in den zulässigen Grenzen gehalten werden. Der Anlasser wird genau wie der Regulierwiderstand für die Geschwindigkeitsregulierung beim Reihenschlußmotor in den Hauptkreis und beim Nebenschlußmotor (Fig. 268) in den Ankerkreis geschaltet, er kann aber kleiner bemessen werden als jener Regulierwiderstand, da er nur kurze Zeit vom Strom durchflossen wird. Der Widerstand des Anlassers wird bei größeren

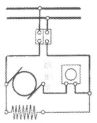

Fig. 268.

Motoren in der Regel so gewählt, daß beim Einschalten nur ein Bruchteil der vollen Stromstärke, etwa ein Drittel, auftreten kann. Durch Abschalten der ersten Stufen wächst die Stromstärke, bis der Motor anläuft. Bei vollem Drehmoment erfolgt dies bei etwas größerer Stromstärke als der normalen, weil Beschleunigungsarbeit zu leisten und weil die Reibung der Ruhe erheblich ist, für geringere Drehmomente sind entsprechend geringere Stromstärken erforderlich. Sowie der Motor läuft, entsteht im Anker eine GegenEMK, die ein Sinken der Stromstärke veranlaßt. Die Drehzahl steigt dabei solange, bis die Ankerstromstärke den kleinsten Wert erreicht hat, bei dem das erforderliche Drehmoment noch vorhanden ist, während vorher das überschüssige Drehmoment zur Beschleunigung verwendet wurde.

Durch weiteres Ausschalten von Widerstand steigt I_a wieder, und es entsteht aufs neue ein überschüssiges Drehmoment, das wieder zur Beschleunigung verwandt wird. Der Motor nimmt daher fortgesetzt höhere Drehzahlen an, bis aller Widerstand ausgeschaltet ist.

(504) Die **Abstufung der Anlasser** (vergl. ETZ 1894, S. 644, ETZ 1899, S. 277) wird am besten so gewählt, daß jeder Stufe derselbe Sprung in der Stromstärke entspricht. Die Belastung möge die Ankerstromstärke I_{norm} verlangen, bei der der Beharrungszustand eintritt, die beim Abschalten auftretende größte Ankerstromstärke sei I_{max}. Letztere richtet sich nach der Stufenzahl und nach der gewünschten Beschleunigung des Ankers. Beim Nebenschlußmotor können wir Φ innerhalb der Grenzen I_{norm} und I_{max} als konstant

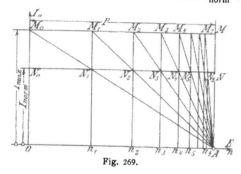

Fig. 269.

ansehen. Mithin ist die EMK E einfach der Drehzahl n proportional. Stellen daher die Abszissen einer Geraden AM, Fig. 269, z. B. AM_1, die EMKK dar und OA die Betriebsspannung P, so ist bei normaler Stromstärke die EMK im Anker gleich N_0N_2, der Spannungsverlust in dem den Anlaßwiderstand enthaltenden Ankerkreise N_2N, und die Drehzahl kann auch durch N_0N_2 dargestellt werden. Die Strecke OA entspricht dann der kritischen Drehzahl (494). Wird nun eine Stufe des Anlassers abgeschaltet, so steigt die Stromstärke auf I_{max} $= n_2M_2$. Das überschüssige Drehmoment vergrößert n und damit zugleich E, das längs der Geraden M_2A steigt, bis bei N_3 wieder der Beharrungszustand erreicht ist. Wie leicht zu sehen, ist

$$\frac{N_1N_2}{N_2N_3} = \frac{I_{max}}{I_{norm}} = \lambda.$$

Die Geschwindigkeitsstufen bilden daher eine geometrische Reihe. Die Widerstände des Ankerkreises einschließlich des Ankerwiderstandes selbst verhalten sich weiter, wie die Spannungsverluste, also ist

$$\frac{W_a + W_1}{W_a + W_2} = \frac{N_1N}{N_2N} = \lambda.$$

Die Gesamtwiderstände und die Widerstandsstufen selbst wachsen also wie eine geometrische Reihe. Ist $NN_3 = W_a$, so ist $NN_1 = \lambda W_a$, $NN_0 = \lambda^2 W_a$ usw. Je mehr Stufen gewählt werden, um so geringer wird der Unterschied zwischen I_{max} und I_{norm}. Allgemein ist für m Stufen im ganzen

$$\lambda^m = \frac{P}{W_a I_{\text{norm}}} \quad \text{oder} \quad \lambda = \sqrt[m]{\frac{P}{W_a I_{\text{norm}}}},$$

woraus eine der beiden Größen λ und m zu berechnen ist, wenn die andere gegeben ist. Für 3 % Spannungsverlust im Anker $\left(\dfrac{W_a I_{\text{norm}}}{P} = 0,03\right)$ erhält man folgende Tabelle:

$m = 5$	10	15	20	25	30	40	60
$\lambda = 2,02$	1,42	1,26	1,19	1,15	1,12	1,092	1,060

Die letzten Stufen müssen kleiner als der Ankerwiderstand werden, eine Regel, gegen die sehr oft gefehlt wird.

(505) Für die **Abstufung des Anlassers beim Reihenschlußmotor** ist zu beachten, daß Φ mit I wächst. Es ist jetzt

$$E = c \cdot n \Phi.$$

Für I_{norm} sei der Kraftfluß Φ_{norm}. Hierbei ist

$$E_{\text{norm}} = c \cdot n \Phi_{\text{norm}} = c_1 \cdot n.$$

Man kann daher wie vorher, wenn OA (Fig. 270) die Spannung P darstellt, E_{norm} und n durch die Abszissen einer Geraden AM, z. B. AM_1, darstellen.

Bei I_{norm} stellt daher z. B. $N_0 N_2$ die EMK und die Drehzahl, $N_2 N'$ den Spannungsverlust WI_{norm} in der Wicklung der Maschine und dem Anlasser dar. Wird nun eine Stufe des Anlassers abgeschaltet, so steigt die Stromstärke auf I_{max} und der Kraftfluß auf Φ_{max}. Bei derselben Geschwindigkeit muß die EMK im Verhältnis $\Phi_{\text{max}}/\Phi_{\text{norm}}$ steigen. Bestimmt man daher den Punkt P, für den

$$\frac{P M_0}{P N_0} = \frac{\Phi_{\text{max}}}{\Phi_{\text{norm}}},$$

zieht PN_2 und verlängert es bis zum Schnittpunkt M_2 mit $M_0 M'$, so ist $M_0 M_2$ die neue EMK. Nunmehr steigt aber die Drehzahl und die EMK wächst weiter bis $N_0 N_3$, wo bei der Stromstärke I_{norm} ein neuer Beharrungszustand eintritt. Da nun

$$\frac{M_1 M_2}{N_1 N_2} = \frac{\Phi_{\text{max}}}{\Phi_{\text{norm}}} = \mu,$$

und

$$\frac{M_1 M_2}{N_2 N_3} = \frac{I_{\text{max}}}{I_{\text{norm}}} = \lambda,$$

so folgt

$$\frac{N_1 N_2}{N_2 N_3} = \frac{\lambda}{\mu}.$$

Demnach bilden die Geschwindigkeitsstufen wieder eine geometrische Reihe. Bei geringer Sättigung fallen P und O zusammen und μ wird gleich λ. Dann werden alle Stufen gleich groß. Bei großer Sättigung rückt P ins Unendliche und Fig. 270 geht in Fig. 269 über. Die Abstufungen müssen dann genau wie beim Nebenschlußmotor erfolgen.

Der dem Punkte N in Fig. 269 entsprechende Konvergenzpunkt der Fig. 270 fällt in die Verbindungslinie PA. Deshalb bilden die gesamten Widerstände hier keine geometrische Reihe, sondern nur die einzelnen Stufen. Aus einem Vergleich der Fig. 269 und 270 erkennt man, daß bei einem Reihenschlußmotor bei Zulassung derselben Schwankungen in der Stromstärke viel weniger Stufen erforderlich sind, und ihre Abnahme viel geringer ist, als beim Nebenschlußmotor.

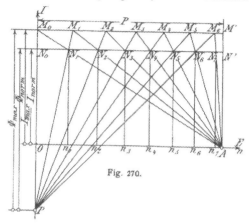

Fig. 270.

Die bisher betrachteten Widerstände sind nur so groß, daß beim Einschalten sofort die maximale Stromstärke I_{max} auftritt. Dies ist aber in der Regel mit Rücksicht auf die Netzspannung unzulässig. Man muß daher noch eine Anzahl Stufen hinzufügen, so daß nur $^1/_5$ bis $^1/_3$ der vollen Stromstärke auftritt. Diese Stufen sind alle gleich groß zu wählen.

(506) Bei **Nebenschlußmotoren** ist es wichtig, daß die Erregerwicklung beim Abstellen nicht unterbrochen wird, man wähle daher

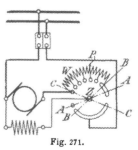

Fig. 271.

eine solche Schaltung, daß der Erregerkreis stets durch den Anker geschlossen bleibt, wie z. B. in Fig. 271. Eine Schleifkurbel verbindet den Zapfen Z und zwei auf einem Kreis einander gegenüber liegende Kontakte miteinander. In der Stellung AA ist der Motor ausgeschaltet, die Erregerwicklung durch W und den Ankerkreis geschlossen. In Stellung BB ist der Motor eingeschaltet und voll erregt, der Anker aber durch W vor zu starkem Strom geschützt. In Stellung CC sind die Feldmagnete voll erregt und W ganz abgeschaltet; dies entspricht der Stellung bei normalem Lauf. Will man den Zapfen nicht benutzen, so kann man den Nebenschluß auch an einen Punkt P anschließen, der etwa der vollen Stromstärke im Anker bei Stillstand entspricht. Sowohl in der Stellung BB wie in der CC erhält dann die Erregerwicklung nicht ganz die volle Spannung, doch ist der Verlust im letzten Fall nicht erheblich, da der Anlaßwiderstand viel geringer ist als der Widerstand der Erregung.

(507) **Konstruktion der Anlasser.** Wie bei allen Regulierwiderständen sind die Schaltvorrichtungen und der Widerstand zu unterscheiden. Beide sind meistens in einem Apparat vereinigt, häufig aber auch getrennt, z. B. bei elektrischen Fahrzeugen. Die Schaltvorrichtungen sind häufig ähnlich wie die der Regulierwiderstände gebaut und weisen die mannigfaltigsten Formen auf. Sie bestehen z. B. aus einer Anzahl Metallkontakte, die in einem Kreisbogen auf einer Steinplatte angeordnet sind und von der Schleifkurbel bestrichen werden. Mitunter werden die Kontakte nach Art eines zylindrischen oder flachen Kommutators zusammengebaut. Für größere Motoren müssen Schalter mit Metallkontakten sehr viele Stufen erhalten, wenn nicht Feuer an den Kontakten auftreten soll. Man hat daher zu Kohlenkontakten gegriffen, die entweder fest angeordnet und von einer Kupferrolle bestrichen werden oder federnd nebeneinander gestellt und unter starkem Druck mit Kupferschienen in Berührung gebracht werden.

Bei der Konstruktion sind bei Luftkühlung brennbare Stoffe zu vermeiden. Die Grundplatte wird aus Marmor, Schiefer, Porzellan oder dergl. hergestellt. Die Abmessungen sind so zu wählen, daß keine schädliche Erwärmung im Betriebe eintreten kann (vergl. Sicherheitsvorschriften § 11). Man beanspruche Blattfederkontakte mit höchstens 0,8 A/mm², massive federnde Kontakte mit höchstens 0,16 A/mm². Massive Kontakte verbrennen weniger leicht, weil sie die entstehende Wärme leichter aufnehmen und abführen. Etwa auftretende Lichtbogen müssen mit Sicherheit gelöscht werden, wozu vielfach magnetische Funkenlöschung angewendet wird. Blanke stromführende Teile sind abzudecken. Von dieser Regel kann nur bei niedrigen Spannungen und auch dann nur abgesehen werden, wenn sich aus dem Wegfall des Schutzes erhebliche Vorteile ergeben. Der Anschluß der Leitungen erfolgt am besten unter Verwendung von Kabelschuhen; die Verschraubung der Anschlüsse ist besonders zu sichern, damit sie sich auch bei dauernder Erschütterung nicht lösen kann. Die Kontaktschrauben sind mit Rücksicht auf Strombelastung nach den Normalien des V. D. E. über einheitliche Kontaktgrößen und Schrauben zu bemessen.

Mitunter, z. B. für Kranbetriebe, werden die Anlasser für mehrere Motoren durch einen einzigen in verschiedenen Richtungen umlegbaren Hebel bedient, so daß die Richtung der Umlegung zugleich andeutet, welche Bewegung die Last ausführen soll (Universalsteuerung).

Häufig werden die Anlasser mit selbsttätiger Auslösung für Maximalstrom oder Minimalspannung oder für beides gleichzeitig ausgestattet. Im ersteren Fall wird eine in den Ankerkreis geschaltete Spule angeordnet, die bei zu starkem Strom den Schalthebel freigibt, worauf ihn eine Feder in die Ausschaltestellung zurückführt, im letzteren Falle wird ein kleiner Elektromagnet in den Erregerkreis geschaltet, der den Hebel in der Betriebsstellung festhält, solange die Spannung nicht unter einen geringsten zulässigen Wert sinkt.

(508) **Selbsttätige Anlasser.** Für Aufzüge und Motoren, die aus der Ferne bedient werden sollen, werden selbsttätige Anlasser verwendet, die nach Schluß des Stromkreises den Ankerwiderstand allmählich ausschalten. Dies kann beispielsweise durch einen Zentrifugalregulator geschehen, der bei wachsender Geschwindigkeit mehr und mehr Widerstand abschaltet. Damit der Motor sicher anläuft, darf die gesamte Größe des durch ihn abzuschaltenden Widerstandes nur so groß bemessen werden, daß die volle Ankerstromstärke auftritt. Bei anderen Konstruktionen gleiten die Bürsten, durch ihre Schwere oder eine Feder getrieben und in ihrer Geschwindigkeit durch eine Luftpumpe, eine Ölbremse oder ein Echappement, geregelt, über die Kontakte; wieder bei anderen Konstruktionen wird die Klemmenspannung des Ankers benutzt, um mit Hilfe von Relais die Bewegung der Bürsten zu beeinflussen.

(509) Eine besondere Form der Schaltvorrichtung ist der **Walzenschalter,** der in erster Linie bei elektrischen Straßenbahnen, ferner aber auch häufig in allen den Fällen in Anwendung kommt, wo der Motor fortwährend aus- und eingeschaltet wird. In diesem Falle trägt eine vertikal oder horizontal angeordnete aus Isoliermaterial (imprägniertem Holz) hergestellte oder mit Isolation umkleidete Walze eine Anzahl nebeneinander angeordneter, bei höheren Spannungen durch Scheidewände voneinander getrennter Ringe oder Ringstücke, auf denen kräftige abklappbare Bürsten schleifen. Mittels dieser Walzen, deren einzelne Stellungen durch eine federnde in Vertiefungen einer Rastenscheibe eingedrückte Rolle fühlbar gemacht und gesichert werden, lassen sich nicht nur die einzelnen Stufen des Widerstandes bequem abschalten, sondern es können auch noch anderweitige Schaltungen, z. B. Bremsschaltungen, hergestellt werden. Die Walzenschalter sind in der Regel mit magnetischen Gebläsen ausgestattet, um Stehfeuer, d. h. Stehenbleiben des Lichtbogens an den Kontakten zu vermeiden.

(510) Das **Widerstandsmaterial** (Nickelin, Rheotan, Kruppin, Eisen, Gußeisen u. dergl.) besteht in der Regel aus Draht, Band oder Blech und wird in einfachen gut ventilierten Gehäusen (Massenfabrikation) untergebracht und zwar entweder in Spiralen oder gewellten Bändern frei ausgespannt (empfehlenswert, wenn gute Kühlung wegen häufiger Benutzung erwünscht ist) oder in geeigneter Weise zwischen Asbest, Glimmer oder dergl. eingepackt (empfehlenswert, wenn hohe Wärmekapazität erwünscht ist). Vielfach wird das Widerstandsmaterial auch unter Öl angeordnet. Überall, wo die Anlasser Erschütterungen ausgesetzt sind, muß dafür gesorgt werden, daß nicht durch Schwingungen Kurzschlüsse der einzelnen Elemente miteinander auftreten können. Drahtspiralen sind nur bei starkem Draht und geringer Länge zulässig, dünne Drähte sind auf Porzellanzylinder oder dergl. zu wickeln. Festgepackte Widerstände für schwache Ströme werden aus Blechstreifen hergestellt, die abwechselnd von beiden Längsseiten aus eingeschnitten sind, so daß eine Art Mäanderband entsteht. Ähnlich sind auch die Widerstandselemente aus Gußeisen gestaltet.

Bei Bemessung des Widerstandsmaterials ist zu unterscheiden, ob der Anlasser für Anlauf unter voller Last oder für Anlauf bei verminderter Last oder für Leerlauf bestimmt ist, ferner, in welcher

Zeit der Motor auf die volle Drehzahl kommt. Große Motoren laufen im allgemeinen langsamer an als kleine. Bei Transmissionsantrieben und dergl. rechnet man auf 20 bis 30 Sekunden, bei Zentrifugen muß man mit 5 Minuten und mehr, bei Schwungradumformern mit noch längeren Zeiten rechnen. Man unterscheidet ferner Anlasser für Dauerbetriebe, die selten benutzt werden und daher für große Wärmekapazität bei langsamer Abkühlung zu bauen sind, und Anlasser für intermittierende Betriebe, die häufig benutzt werden und daher für schnelle Abkühlung zu berechnen sind. Im letzteren Falle muß der Berechnung ein Betriebsplan zugrunde gelegt werden (382).

(511) **Materialbeanspruchung.** Wenn das Widerstandsblech oder der Draht frei in der Luft ausgespannt ist, so daß die kühle Luft stets zutreten und die erwärmte frei abziehen kann, so kann man

$$I^2 W = \alpha \cdot S d$$

setzen, worin α eine Konstante, S die gesamte Oberfläche in mm² und d die Temperaturdifferenz zwischen dem Material und der Luft in Celsiusgraden ist. Daraus folgt

$$\frac{S}{I^2 W} = \frac{1}{\alpha \cdot d} = c.$$

c ist die für ein Watt zur Verfügung stehende Oberfläche in mm². Hieraus folgt für Länge L und Breite B von Blechen bei gegebener Stromstärke

$$B = I \cdot \sqrt{\frac{\rho c}{2 \delta}},$$

$$L = \frac{B \delta}{\rho} W,$$

wenn δ die Blechstärke in mm ist; ferner für Drähte

$$\delta = \sqrt[3]{\frac{4 \rho c I^2}{\pi^2}}.$$

wenn δ die Drahtstärke in mm ist, oder auch

$$I = \pi \cdot \sqrt{\frac{\delta^3}{4 \rho c}}.$$

ρ ist der spezifische Widerstand, bezogen auf mm Länge und mm Querschnitt. Die Größe α steigt mit der Temperatur, weil der Luftzug dann stärker wird. Unterhalb 500° kann α gleich $\frac{1}{15000}$ gesetzt werden, so daß

$$c = \frac{15000}{d} \text{ mm}^2/\text{Watt}$$

Bei niedrigen Temperaturen — 100 bis 200° C. — erfolgt die Wärmeabgabe hauptsächlich durch die Berührung mit der Luft und nur zum geringen Teile durch Strahlung. Letztere kommt fast gar nicht in Betracht bei Widerständen, die eine größere Zahl nebeneinander angeordneter Widerstandskörper enthalten. Da dann auch die Luftzirkulation geringer ist, so ist zu empfehlen, c etwas größer zu nehmen, als obiger Formel entspricht.

(512) Zur Berechnung von Widerständen aus Rheotandraht und -band dienen die folgenden Tabellen.

Tabelle zur Berechnung von Widerständen aus Rheotandraht. Spez. Widerstand $\rho = 0,45$ m/mm². Spez. Gew. 8,9.

Draht durchm.	Quersch. in	Gewicht	Länge	Widst.	Länge	Stromstärke für $c =$							
mm	mm²	g/m	m/kg	Ohm/m	Ohm/m	100	200	300	400	500	600	700	800
0,25	0,049	0,44	2295	9,17	0,109	0,93	0,66	0,54	0,46	0,41	0,38	0,35	0,33
0,30	0,071	0,63	1590	6,36	0,157	1,21	0,86	0,70	0,61	0,54	0,50	0,46	0,43
0,40	0,126	1,12	895	3,58	0,279	1,87	1,33	1,08	0,94	0,84	0,77	0,71	0,66
0,50	0,196	1,75	572	2,29	0,436	2,62	1,85	1,53	1,31	1,17	1,07	0,99	0,93
0,60	0,283	2,53	396	1,590	0,629	3,44	2,43	1,99	1,72	1,54	1,40	1,30	1,22
0,70	0,385	3,42	292	1,170	0,855	4,34	3,07	2,50	2,17	1,94	1,77	1,64	1,53
0,80	0,503	4,47	224	0,995	1,118	5.30	3,75	3,30	2,65	2,37	2,17	2,00	1,88
0,90	0,636	5,66	177	0,708	1,414	6,33	4,48	3,66	3,17	2,83	2,59	2,39	2,24
1,00	0,785	6,98	143	0,572	1,745	7,40	5,23	4,27	3,70	3,31	3,19	2,80	2,62
1,10	0,950	8,45	118	0,474	2,11	8,56	6,06	4,95	4,28	3,83	3,50	3,23	3,03
1,25	1,227	10,9	91,7	0,367	2,73	10,3	7,31	5,96	5,17	4,62	4,22	3,91	3,66
1,50	1,767	15,7	63,6	0,255	3,93	13,6	9,63	7,85	6,80	6,07	5,55	5,14	4,81
1,75	2,40	21,4	46,8	0,1870	5,35	17,2	12,2	9,94	8,60	7,69	7,02	6,50	6,08
2,00	3,14	28,0	35,8	0,1432	6,99	20,9	14,8	12,1	10,5	9,36	8,55	7,92	7,40
2,25	3,98	35,4	28,3	0,1132	8,83	25,0	17,7	14,4	12,5	11,2	10,2	9,45	8,85
2,50	4,91	43,7	22,9	0,0917	10,93	29,3	20,7	16,9	14,6	13,1	12,0	11,0	10,3
2,75	5,94	52,8	18,9	0,0758	13,20	33,8	23,9	19,5	16,9	15,1	13,8	12,8	12,0
3,00	7,07	62,9	15,9	0,0637	15,72	38,5	27,3	22,2	19,3	17,2	15,7	14,5	13,6
3,50	9,62	85,6	11,7	0,0469	21,4	48,5	34,3	28,0	24,2	21,7	19,8	18,3	17,2
4,00	12,6	112	8,97	0,0358	27,9	59,3	42,0	34,3	29,6	26,5	24,2	22,4	21,0

Tabelle zur Berechnung von Widerständen aus Rheotanband von 0,3 mm Stärke. Spez. Widerstand $\rho = 0,485$ m/mm².

Breite	Querschnitt	Gewicht	Widst.	Länge	Stromstärke für $c =$										
mm	mm²	g/m	Ohm/m	m/Ohm	35	50	75	100	150	200	300	400	500	600	700
6	1,8	16,0	0,270	3,71	35,7	29,9	24,4	21,1	17,2	14,9	12,2	10,6	9,4	8,6	8,0
8	2,4	21,4	0,202	4,95	47,6	39,8	32,5	28,1	23,0	19,9	16,3	14,1	12,6	11,5	10,6
10	3,0	26,7	0,162	6,18	59,5	49,8	40,7	35,2	28,7	24,9	20,3	17,6	15,7	14,4	13,3
12	3,6	32,1	0,135	7,41	71,5	59,8	48,8	42,2	34,5	29,9	24,4	21,1	18,9	17,3	16,0
14	4,2	37,4	0,115	8,68	83,3	69,7	57,0	49,2	40,2	34,9	28,5	24,7	22,1	20,2	18,6
16	4,8	42,7	0,101	9,90	95,3	79,6	65,0	56,2	46,0	39,8	32,5	28,2	25,2	23,0	21,3
18	5,4	48,0	0,090	11,1	107	89,5	73,2	63,3	51,7	44,8	36,6	31,7	28,3	25,9	23,9
20	6,0	53,4	0,081	12,4	119	99,5	81,4	70,4	57,4	49,8	40,7	35,2	31,5	28,8	26,6

(513) Eine besondere Gattung der Anlasser bilden die **Flüssig-keitsanlasser**; sie bestehen in der Regel aus schmalen gußeisernen, mit Sodalösung gefüllten Gefäßen, in die passend zugeschnittene Eisenbleche eingetaucht werden. Wenn das Blech völlig eingetaucht ist, wird meistens durch einen Metallschalter ein Kurzschluß des Flüssigkeitsanlassers hergestellt. Man kann auch die Bleche ein für allemal in die Gefäße eingesenkt lassen und den Widerstand durch Heben der Flüssigkeit verringern. Für große Leistungen benutzt die AEG eine Pumpe, die das erwärmte Öl durch ein Kühlgefäß zirkulieren läßt. Die Flüssigkeitsanlasser zeichnen sich besonders bei größeren Motoren durch Billigkeit aus, doch gestatten sie nicht ein so stoß-freies Anlassen des Motors, wie die Metallanlasser; der metallische Kurzschluß erzeugt nämlich in der Regel einen stärkeren Stoß. Wegen der Gefahr der Knallgasentwicklung müssen sie gut ventiliert sein.

Statt der Flüssigkeit wird endlich auch **Graphit** in Flockenform verwendet, in das Metallbleche hineingedrückt werden. Hierbei zeigt sich als Nebenerscheinung eine gewisse Fritterwirkung.

Wechselstrom- und Drehstromdynamos.

(514) **Synchrone und asynchrone Generatoren.** Die synchronen Generatoren überwiegen in der heutigen Praxis bei weitem. Sie be-stehen in der Regel aus einem feststehend angeordneten Anker mit offenen, halboffenen oder geschlossenen Nuten und dem entsprechend umlaufenden Feldmagnet. Als asynchrone Generatoren können In-duktions- und Kommutatormotoren benutzt werden (593). Maß-gebend für den Bau eines Synchrongenerators ist die Stromart, die Leistung, die Spannung, der Puls, der durch die Belastung bestimmte Leistungsfaktor und die Drehzahl. Die Bauart der Wechselstrom-, Drehstrom-, Zweiphasen- usw. Maschinen ist äußerlich dieselbe, der Unterschied liegt nur in der Wicklung und deren Schaltung.

Zur Beurteilung der Arbeitsweise irgend einer Drehstrom- oder Wechselstrommaschine bedarf man einer Darstellung ihres „Blech-schnittes". Fig. 272 gibt ein Beispiel.

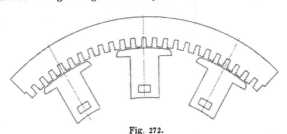

Fig. 272.

Maßgebend für die magnetische Disposition sind die Rücksichten auf die „Spannungskurve" (523), auf die Verluste im Eisen (386), und auf die Beeinflussung der Klemmenspannung durch die wechselnde Belastung der Maschine (533). Außerdem ist die Polzahl zu berücksichtigen.

(515) Die **Umfangsgeschwindigkeit** der synchronen Generatoren liegt bei Maschinen mit mäßiger Umdrehungszahl zwischen 20 und 40 m/sek. Man erreicht dabei die Möglichkeit, günstige Schenkelquerschnitte (377) anzuwenden. Große Umfangsgeschwindigkeit verteuert die Herstellung der Maschine (große Durchmesser), ergibt aber vorteilhafte Anordnung der Feldmagnete in bezug auf Streuung. Bei sehr hohen Umdrehungszahlen (Turbodynamos) ist man gezwungen, die Umfangsgeschwindigkeit bis auf 70—80 m/sek zu steigern. In diesem Falle ist es erforderlich, die Festlegung aller Teile gegen die Wirkung der Fliehkräfte mit besonderer Sorgfalt auszuführen, den umlaufenden Teil aufs vorsichtigste auszuwuchten und gegen übermäßige Luftbewegung geeignete Vorkehrungen zu treffen.

Die **Drehzahlen** sind bei Wechsel- und Drehstrommaschinen nicht beliebig, vielmehr bei gegebenem Puls durch die Polzahl festgelegt, die stets gerade sein muß. Als normale Umdrehungszahlen hat der V. D. E. die in den Normalien angegebenen empfohlen. Abweichungen sind aber infolge der Verschiedenartigkeit der Antriebsmaschinen unvermeidlich.

Bei großen Maschinen ist es der Teilbarkeit wegen zu empfehlen, daß die Polzahl durch 4 teilbar sei.

Die **Polzahl** richtet sich nach dem verlangten Puls und der Drehzahl. Es gilt die Gleichung:

Zahl der Polpaare $\times$ sekundl. Umdrehungszahl = Puls

$$p \cdot \frac{n}{60} = v.$$

(516) Der **Blechschnitt** des Ankers wird zur Ermöglichung einheitlicher Fabrikation meist so entworfen, daß die Nutenzahl durch drei teilbar ist; damit werden die Schnitte ohne weiteres zur Ausführung von Drehstrommaschinen geeignet. Eine Rücksichtnahme auf Zweiphasenmaschinen war bisher kaum notwendig; ob das Aufkommen der Bahnen für einphasigen Wechselstrom den Bedarf an Zweiphasenmaschinen zur Speisung zweier Strecken vergrößern wird, kann zur Zeit nicht gesagt werden.

Für den Pol und Stromkreis sieht man ungefähr 2 bis 5 Nuten vor. Große Nutenzahl ist günstig für Erzeugung einer möglichst sinusartigen Kurve der elektromotorischen Kraft und für geräuschlosen Gang der Maschine; sie beeinträchtigt aber den für Isolation verfügbaren Raum und ist daher bei Maschinen für sehr hohe Spannung im allgemeinen nicht anwendbar, und zwar um so weniger, je höher der Puls ist.

Die N u t e n f o r m e n , vgl. (436), Fig. 213—217 werden sehr verschieden gewählt. Die bei weitem bequemste und sauberste Fabrikation gestatten ganz offene Nuten; sie bedingen aber lamellierte Polschuhe, weil anderenfalls die Verschiedenheit der Kraftliniendichte, die unter den Zähnen größer und unter den Nuten geringer ist, starke Wirbelströme in den Polschuhen erzeugt. Offene Nuten vergrößern ferner den Widerstand für den Übergang des Kraftflusses von den Polen zum Anker durch die Luft und begünstigen endlich die Bildung von unerwünschten Oberschwingungen in dem periodischen Verlauf von Strom und Spannung. Wenn die radiale Tiefe des Luftspaltes gering ist, zeigen sich alle diese Einflüsse in empfindlicherer Weise und sind dann nur durch Anordnung relativ sehr großer Nutenzahlen zu beheben. Ganz geschlossene und halb geschlossene Nuten sind in magnetischer Hinsicht und auch bezüglich der Fabrikation ziemlich gleichwertig, sie ermöglichen eine sehr gleichmäßige Verteilung des Kraftflusses im Luftraum, schließen übermäßige Wirbelstrombildung in den Polschuhen aus, wenn sie sie auch nicht beseitigen, und erzeugen, solange die Zahnsättigung mäßig ist, Oberschwingungen in geringerem Maße. Der Eisenpfad, der an der der Bohrung zugekehrten Seite der Nut stehen bleibt, begünstigt das Abirren der Kraftlinien, insbesondere bei starker Belastung und größerer Phasenverschiebung zwischen Strom und Spannung (induktive Belastung), d. i. er erhöht die sogenannte Ankerstreuung. Wird aber die Nute, wie bei halb geschlossener Ausführung, geschlitzt, wodurch zugleich u. U. vom Stanzen herrührende Materialspannungen beseitigt werden, so ist bei geeigneter Ausführung der Zahnköpfe, wie in Fig. 214, die Ankerstreuung nicht bedenklich. Die halb geschlossenen Nuten sind daher sehr beliebt. Unzweifelhaft bedingen sie aber den namentlich bei vieldrähtigen Wicklungen fühlbaren Nachteil, daß die Wicklung einzeln durch die Nuten gefädelt („genäht") werden muß.

Die Nutenbreite ergibt sich aus dem für Wicklung und Isolation erforderlichen Raum; sie darf nur so groß gewählt werden, daß die stehenbleibenden Zähne genügende mechanische Festigkeit für das Stanzen und etwaiges Ausdrehen des Ankers (wird meist nicht vorgenommen) und ausreichenden Querschnitt für den Durchgang des Kraftflusses behalten. Die Kraftliniendichte ist dabei durch Rücksichten auf die Eisenverluste gegeben und wird bei Leerlauf und dem üblichen Puls von 50 Per/sek gegenwärtig zu 16 bis 18000 angenommen; bei belasteter Maschine wird sie dannerheblich höher (455).

Die Nutentiefe darf ziemlich groß genommen werden (50 bis 80 mm), doch wächst sie mit voller Ausnutzung des Wickelraumes die Ankerstreuung.. Sie muß um so weiter getrieben werden, je geringer die Umfangsgeschwindigkeit gewählt wird.

(517) Die **Pole** müssen so gestaltet werden, daß sie zugleich eine geeignete Gestaltung des Kraftlinienflusses beim Übertritt in den Anker geben und außerdem eine bequeme und billige Anordnung der Erregerwicklung (kreisförmigen oder quadratischen Querschnitt) ermöglichen. Allmählich hat sich als Normalform für die Pole die der Fig. 200 bis 202 herausgebildet. Über die Ausführung der Erregerwicklung s. (378) u. (425).

Der Abstand der Mittellinien zweier aufeinander folgender Pole τ im Längenmaß am Umfang oder auch im Winkelmaß gemessen heißt: „Polteilung".

Von großer Bedeutung für die Wirkungsweise der Maschine ist die Wahl der Polschuhform, die namentlich durch das Verhältnis des Polschuhbogens zur Teilung τ (Fig. 160) charakterisiert wird. Die Polschuhform ist in erster Linie maßgebend für die Form der „Spannungskurve", d. i. den periodischen Verlauf der Kurve der Leerlaufspannung oder EMK aufgetragen über den Zeiten als Abszissen.

(518) Das Schema der normalen Drehstromgeneratorwicklung zeigen die Fig. 273 und 274, erstere mit 1 Nute für 1 Zweig und 1 Pol, letztere mit 3 Nuten für 1 Zweig und 1 Pol. Setzt man die Teilung gleich τ, so liegt der Anfang des Stromzweiges II um $^1/_3\,\tau$ hinter dem Stromzweig I und der Anfang des Stromzweiges III wieder um $^2/_3\,\tau$ hinter dem Stromzweig II. Laufen die Pole nach rechts um, so entsteht daher die eingeschriebene Zählung I III II I III II. Eine Umkehr der Umlaufrichtung der Pole bewirkt eine Veränderung in der Reihenfolge der Stromzweige.

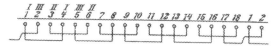

Fig. 273.

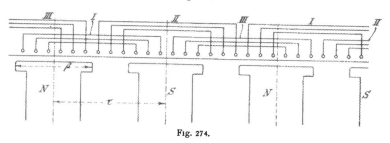

Fig. 274.

Bei Ausführung der Wicklung als Phasenwicklung mit Spulen oder Stäben ergibt sich, wenn die Zahl der Polpaare ungerade ist, die Notwendigkeit eine Spule unsymmetrisch auszuführen (verschränkte Spule), vgl. Fig. 273, Spule 17, 2.

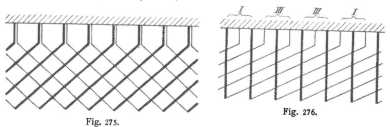

Fig. 275.

Fig. 276.

Einige Stabwicklungen zeigen schematisch Fig. 275 und 276. Wenn zwei Stäbe in einer Nute liegen, so kann man die Wicklung in überaus regelmäßiger Form nach Fig. 275 ausführen, die der Fig. 222 entspricht. Ist die Zahl der Nuten für einen Stromzweig und Pol ungerade, so kann man die Wicklung mit einem Stab in der Nute nach Fig. 276 ausführen, wobei natürlich auch eine Abbiegung der stark gezeichneten Stäbe nach rechts möglich ist.

(519) Die **Verbindung** der drei Zweige kann in „Stern-" oder in „**Dreieckschaltung**" erfolgen. Zunächst sind genau die drei Anfänge und die drei Enden festzustellen. Schaltet man z. B. die Spulen je eines Zweiges hintereinander, so kann man als die Anfänge die Zuführungen zu drei Nuten ansehen, die in Abständen von je $^2/_3$ τ aufeinander folgen, z. B. in Fig. 273 die Zuführungen zu den Nuten 1, 3 und 5, in Fig. 274 die zu der ersten, siebenten und dreizehnten Nute. Die drei Enden ergeben sich dann von selbst. Bei der Sternschaltung werden nun die drei Enden zu einem Nullpunkt, der meistens unbenutzt bleibt, miteinander verbunden und die drei Anfänge zu den Klemmen geführt, Fig. 277. Bei der Dreieckschaltung wird Ende I mit Anfang II, Ende II mit Anfang III und Ende III mit Anfang I verbunden, dabei werden die

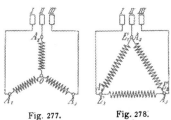

Fig. 277.   Fig. 278.

drei Verbindungspunkte zu den Klemmen geführt, Fig. 278. In den Schaltungen werden die drei Zweige in der Regel mit 120° Verstellung gegeneinander, entsprechend den Phasenverschiebungen der EMKK in ihnen gezeichnet, es ergibt sich dann Fig. 277 für die Stern-, Fig. 278 für die Dreieckschaltung.

Die Größe der drei Spannungen zwischen den Klemmen A_1 und A_2, A_2 und A_3, A_3 und A_1 heißt schlechthin die „**Drehstromspannung**", die bei der Sternschaltung auftretenden Spannungen zwischen dem Nullpunkt 0 und je einer der Klemmen A_1, A_2, A_3 ist das $\dfrac{1}{\sqrt{3}}$fache jener Spannungen und ihre Größe heißt die „**Sternspannung**". Bei der Dreieckschaltung ist die Stromstärke schlechthin die Stärke der von den Klemmen nach außen führenden Ströme; in den drei Zweigen $A_1 E_1$, $A_2 E_2$, $A_3 E_3$ fließen Ströme, deren Stärke das $\dfrac{1}{\sqrt{3}}$fache jener Stromstärken ist.

Die **Leistung der Drehstrommaschine** ist bei gleicher Belastung der drei Zweige $\sqrt{3} \cdot PI \cos \varphi$, wenn φ die Phasenverschiebung zwischen der Spannung P und der Stromstärke I ist.

(520) Die **Wicklung der Zweiphasenmaschinen** besitzt zwei Spulengruppen, die um eine halbe Polteilung, d. h. um 90° elektrische Grade gegeneinander verschoben sind. Die **Wicklung der Wechselstrommaschinen** wird entweder wie die der Drehstrom- oder Zweiphasenmaschinen ausgeführt, indem man einen Zweig fortläßt — man kann dann die Wicklung

Fig. 279.

Fig. 280.

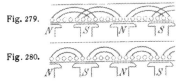

immer wieder zu einer Mehrphasenwicklung ergänzen — oder aber die Stirnverbindungen werden so ausgeführt, daß die Überkreuzungen wegfallen. Im letzteren Falle erhält man kurze Spulen. Fig. 279 zeigt die erste, Fig. 280 die zweite Art der Wicklung.

Die Leistung der Zweiphasenmaschine ist $2\,PI\cos\varphi$, wenn sich P und I auf je einen der Stromkreise beziehen; die Leistung der Wechselstrommaschine $PI\cos\varphi$.

Fig. 281.

(521) Vektor- und Potentialdiagramm. Führt man für die in den einzelnen Ankerleitern induzierten EMKK die äquivalenten Sinuskurven ein, so findet man für irgend einen Augenblick die EMK eines Leiters leicht mit Hilfe eines Kreisdiagrammes, Fig. 281, in dem $x_1\,x_2$ die Nullinie, Q die augenblickliche Lage irgend eines Leiters, gemessen durch den Winkel QOy und Qy den Augenblickswert der EMK darstellt.

Werden die Leiter zu einer fortlaufenden Wicklung verbunden, so läßt das Diagramm noch eine andere Deutung zu. Durchläuft man nämlich die Wicklung, bei einer bestimmten Lage des Ankers, indem man von dem in x_1 liegenden Stab ausgeht, so gelangt man von Stab zu Stab fortschreitend zu wechselnden Potentialen, die nach der topographischen Methode (vgl. E. T. Z. 1898, S. 164, Z. f. El. 1899, E. T. Z. 1901, S. 563) für die Stabenden einer Ankerseite auf dem Kreisbogen liegend dargestellt werden können. Denn die geometrische Addition aller Vektoren gleicher Länge, die um gleiche Winkel gegen-einander verdreht sind, ergibt ein regelmäßiges Polygon. Es stellt dann z. B. Punkt Q das Potential dar, das man nach Durchlaufen aller Stäbe von x_1 bis Q erreicht. Diese Darstellung ermöglicht es, in sehr einfacher Weise die Potentialdifferenz, d. h. die Spannung zwischen zwei beliebigen Stäben zu finden; denn diese ergibt sich nach Größe und Phase einfach als Sehne zwischen den der Lage der Stäbe entsprechenden Punkten.

Hieraus ergibt sich, daß man aus geschlossenen Wicklungen ohne weiteres Wechselstrom, Zweiphasenstrom, Drehstrom und allgemein n-Phasenstrom entnehmen kann. Man macht hiervon besonders bei den (Einanker-)Umformern (612) Gebrauch.

(522) Aufgeschnittene Wicklungen*). Die geschlossenen Wicklungen lassen keine Hintereinanderschaltung von Wicklungsteilen mit

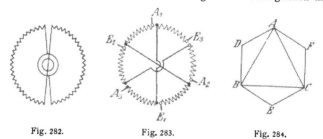

Fig. 282.   Fig. 283.   Fig. 284.

---

*) Vergl. Ossanna, Über Schaltungen mit aufgeschnittenen Gleichstrom-wicklungen. Z. f. E. 1899, S 347.

EMKK gleicher Phase zu und ergeben auch ungünstige Drehstrom-
wicklungen, da stets (Trommelwicklung vorausgesetzt) Drähte neben-
oder übereinander liegen, die Ströme verschiedener Phase zu führen
haben. Dies läßt sich durch Aufschneiden der Wicklung vermeiden,
zugleich ist dann die Hintereinanderschaltung möglich. Fig. 282 zeigt
eine aufgeschnittene Wicklung für Wechselstrom mit zwei hintereinander
geschalteten Teilen. Die geschlossene Wicklung gibt z. B. die Spannungen AB, BC und CA, Fig. 284, die sechsmal aufgeschnittene und
nach Fig. 283 geschaltete Wicklung gibt die drei Spannungen (AD
$+ CE$), ($BE + AF$), ($CF + BD$). Die Leistungen der Maschine
verhalten sich bei gleicher Stromstärke wie AB zu ($AD + DB$).
Die drei Zweige A_1E_1, A_2E_2 und A_3E_3 können nach Belieben in
Dreieck oder Stern geschaltet werden. Bei mehrpoligen Maschinen
mit Reihenschaltung schneidet man die Wicklung ebenfalls an sechs
Stellen auf (schleichende Wicklung); bei Parallelschaltung ist für jedes
Polpaar eine Zerlegung in sechs Teile erforderlich, von denen die
elektrisch gleichwertigen nach Belieben parallel oder hintereinander
geschaltet werden können.

(523) Bei der **Vorausberechnung der Kurve der EMK** hat
man davon auszugehen, daß in jedem Augenblick für irgend eine
Ankerspule

$$e = - N \frac{d\,\Phi}{d\,t}\ 10^{-8}\ \text{Volt.}$$

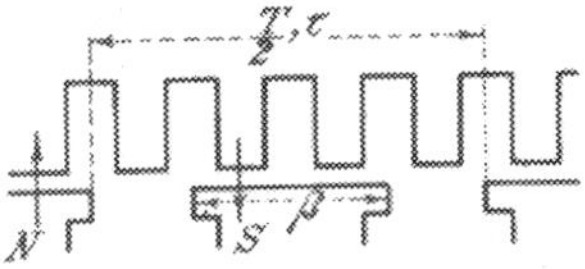

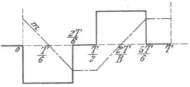

Fig. 285.

Man kann sich unter der Annahme,
daß der umlaufende Teil der
Maschine gleichförmige Umfangsgeschwindigkeit einhält, daß also die
Stellungen der Polmittellinien jeweilig als Maß der Zeit benützt
werden können, den Verlauf des magnetischen Zustandes einer Ankerspule leicht in einem Koordinatensystem darstellen, dessen Abszissen die
Stellung der Polmittellinie,
dessen Ordinaten die Menge
der die Spule durchsetzenden Kraftlinien m dar-
stellen. Dies ist in Fig. 286
beispielsweise für das Verhältnis 2 : 3 des Pol-
bogens zur Teilung, Fig.
285, geschehen. Aus der
Darstellung ergibt sich

Fig. 286.

dann ohne weiteres der gebrochene Linienzug für die EMK einer Spule.

Das Verfahren bedeutet nur eine grobe Annäherung, weil die
Verteilung des Magnetismus infolge der Ausbreitung und Brechung
der Kraftlinien an der Polaustrittsfläche das Bild etwas verschieben.
Eine wirklich genaue Ermittlung ist nur auf umständliche und schwer
einwandsfrei zu gestaltende Weise möglich; sie hätte übrigens wenig
praktischen Wert, weil die Kurve der EMK im Betrieb doch nie un-
gestört in die Erscheinung tritt, da sie weder mit der Kurve der
Klemmenspannung noch mit der des Stromes gleichgestaltet ist. Die

Gestalt dieser Kurven hängt noch ab von der Ankerreaktion (vgl. 455) und von der Art der Belastung der Maschine, also von äußeren, dem Konstrukteur nicht im voraus vollständig bekannten Einflüssen.

Der effektive Wert ist gleich der Quadratwurzel aus dem Mittel der Quadrate der Augenblickswerte (111). Also

$$E = \sqrt{M(e)^2}.$$

Den Mittelwert findet man leicht graphisch. Teilt man zB. in Fig. 286 die Abszisse in sechs Teile, so daß jeder Teil $\frac{1}{6}T$, wobei T die Zeit der vollen Periode, so ist für eine Windung, wenn Φ gleich dem maximalen Kraftfluß (gleich dem Abschnitt von m auf der Null-Ordinate),

von 0 bis $\frac{1}{6}T$ $\qquad e = -\dfrac{\Phi}{T/6}$ $\qquad e^2 = \dfrac{\Phi^2}{T^2}\,36$ $\qquad \dfrac{T}{6}\,e^2 = \Phi^2\,\dfrac{6}{T}$

„ $\frac{1}{6}T$ bis $\frac{2}{6}T$ $\qquad e = -\dfrac{\Phi}{T/6}$ $\qquad e^2 = \dfrac{\Phi^2}{T^2}\,36$ $\qquad \dfrac{T}{6}\,e^2 = \Phi^2\,\dfrac{6}{T}$

„ $\frac{2}{6}T$ „ $\frac{3}{6}T$ $\qquad e = \quad 0$ $\qquad e^2 = \;0$ $\qquad \dfrac{T}{6}\,e^2 = 0$

„ $\frac{3}{6}T$ „ $\frac{4}{6}T$ $\qquad e = -\dfrac{-\Phi}{T/6}$ $\qquad e^2 = \dfrac{\Phi^2}{T^2}\cdot 36$ $\qquad \dfrac{T}{6}\,e^2 = \Phi^2\cdot\dfrac{6}{T}$

„ $\frac{4}{6}T$ „ $\frac{5}{6}T$ $\qquad e = -\dfrac{-\Phi}{T/6}$ $\qquad e^2 = \dfrac{\Phi^2}{T^2}\cdot 36$ $\qquad \dfrac{T}{6}\,e^2 = \Phi^2\cdot\dfrac{6}{T}$

„ $\frac{5}{6}T$ „ $\frac{6}{6}T$ $\qquad e = \quad 0$ $\qquad e^2 = \;0$ $\qquad \dfrac{T}{6}\,e^2 = 0$

$$\Sigma\,\frac{T}{6}\,e^2 = 24\,\frac{\Phi^2}{T}$$

Die e^2-Fläche ist also $24\,\dfrac{\Phi^2}{T}$; daraus ergibt sich der Mittelwert durch Division mit T

$$M(e^2) = 24\,\frac{\Phi^2}{T^2}\quad\text{und}$$

der Effektivwert

$$E = \sqrt{M(e^2)} = \frac{\Phi}{T}\sqrt{24} = 4{,}90\,\frac{\Phi}{T}.$$

Setzt man den Puls $= \nu$, so ist $\nu = \dfrac{1}{T}$ (Zahl der Perioden pro Sekunde) und folglich

$$E = 4{,}90\,\nu\,\Phi,$$

allgemein

$$= k\,\nu\,\Phi.$$

Dieser Ausdruck gilt für eine einzige Windung und gibt E in (c.g.s.)-Einheiten. Werden N in denselben Nuten liegende Windungen hintereinander geschaltet und wird durch Multiplikation mit 10^{-8} auf Volt umgerechnet, so kommt

$$E = k \cdot \nu\,N\,\Phi\,10^{-8}\ \text{Volt}.$$

Wird statt mit Windungen mit am Anker liegenden „Leitern" gerechnet, so ist für k nur der halbe Wert einzusetzen. Die Konstante k hängt vom Verhältnis Polbogen: Teilung und von der Nutenzahl ab; sie wird, da sie in erster Linie aus den Kappschen Lehrbüchern bekannt ist, häufig die „Kappsche Konstante" genannt. Die einzelnen Werte von k können den folgenden Tabellen entnommen werden.

I. Drehstrom.
Nutenanker.

Nutenzahl für je ein Polpaar	σ	$\frac{\beta}{\tau}=\frac{1}{2}$			$\frac{\beta}{\tau}=\frac{2}{3}$			$\frac{\beta}{\tau}=\frac{5}{6}$		
		k_Δ	k_λ	$\frac{k_\lambda}{k_\Delta}$	k_Δ	k_λ	$\frac{k_\lambda}{k_\Delta}$	k_Δ	k_λ	$\frac{k_\lambda}{k_\Delta}$
6	1	5,65	9,22	1,63	4,90	8,49	1,73	4,39	8,08	1,84
12	2	5,16	8,64	1,67	4,59	7,95	1,73	4,16	7,07	1,70
18	3	5,07	8,53	1,68	4,53	7,84	1,73	4,08	6,96	1,71
24	4	5,03	8,50	1,69	4,50	7,80	1,73	4,07	6,95	1,71
30	5	5,01	8,47	1,69	4,49	7,77	1,73	4,05	6,93	1,71

Glatter Anker.

Phasenwicklung und aufgeschnittene Wicklung		4,99	8,45	1,69	4,47	7,75	1,73	4,04	6,91	1,71
Geschlossene Wicklung		4,22	—	—	3,88	—	—	3,46	—	—

II. Zweiphasenstrom.
Nutenanker.

Nutenzahl für je ein Polpaar	σ	$\frac{\beta}{\tau}=\frac{1}{2}$ k	$\frac{\beta}{\tau}=\frac{2}{3}$ k	$\frac{\beta}{\tau}=\frac{5}{6}$ k
4	1	5,65	4,90	4,39
8	2	4,90	4,41	3,92
12	3	4,74	4,32	3,87
16	4	4,69	4,27	3,82
20	5	4,67	4,25	3,80

Glatter Anker.

Phasenwicklung Aufgeschnittene Wicklung Geschlossene Wicklung	4,62	4,21	3,78

σ gibt an, wie vielfache Nuten gewählt werden. k_Δ ist die Konstante für Dreieck =, k_λ die Konstante für Sternschaltung.

25 *

Für andere Werte von β/τ kann hieraus k leicht interpoliert werden. Vielfach wird mit Rücksicht auf Geräuschlosigkeit und weiche Form der Spannungskurve eine Abschrägung oder Verrundung der Polschuhkanten vorgenommen. Bei Ableitung der EMK-Kurven kann man diese Abrundungen durch Einführung entsprechender Kraftfluß-dichte berücksichtigen, indem man annimmt, daß die Dichte der Kraftlinien stets der radialen Tiefe des Luftraumes umgekehrt proportional ist.

(524) **Erregung.** Die Schenkel der synchronen Drehstrom- und Wechselstrommaschinen müssen von einer besonderen Gleichstrom-quelle her erregt werden; Selbsterregung ist zwar bei Anwendung eines Kommutators möglich, bisher aber nur selten ausgeführt worden (534). Der Erregerstrom wird entweder einer vorhandenen Gleich-stromquelle von konstanter Spannung entnommen und der Schenkel-wicklung der Wechselstrommaschine unter Vorschaltung eines Regulier-widerstandes zugeführt oder in einer besonderen Erregermaschine erzeugt. Die Erregermaschine kann mit der Hauptmaschine unmittelbar gekuppelt werden, fällt dann aber namentlich bei großen Maschinen mit Kolbenmaschinenantrieb infolge der geringen Drehzahl teuer aus und ist zugleich mit der Hauptmaschine allen störenden Einflüssen der Geschwindigkeitsschwankungen der Antriebsmaschine ausgesetzt, so daß diese Einflüsse sich in der Wirkung auf die Spannung der Hauptmaschine potenzieren; in größeren Anlagen erhält die Erreger-maschine besonderen Antrieb und kann dann als normale Gleichstrom-maschine ausgeführt werden. In vielen Fällen wird die Erregermaschine dauernd oder gelegentlich in Parallelschaltung mit einer Akkumulatoren-batterie betrieben; es ist zweckmäßig, sie dann so zu bemessen, daß sie mit genügender Spannungserhöhung laufen kann, um die Ladung der Batterie übernehmen zu können. Anderenfalls muß die Anlage noch eine besondere Ladezusatzmaschine erhalten.

Die Erregermaschinen selbst können als Nebenschlußmaschinen oder als Reihenschlußmaschinen ausgeführt werden. Im ersteren Falle braucht man in der Regel, um stabilen Gang der Erregermaschine zu sichern, zwei Regulierwiderstände, nämlich einen im Nebenschluß-kreis des Erregers und einen im Erregerkreis der Wechselstrommaschine.

(525) Die **Regulierwiderstände** müssen eine genügende Anzahl von Stufen erhalten. Ihre Gesamtgröße richtet sich nach den Be-dingungen, die man aus der Belastungscharakteristik ableitet (533), wobei es sich empfiehlt, eine Sicherheit von etwa 25 % einzuschließen. Die Einteilung geschieht bei Nebenschlußerregermaschinen zweckmäßig so, daß die Stufen gleich groß werden. Ist die Erregerdynamo eine Reihenschlußmaschine, so darf der Regulierwiderstand nicht in gleiche Stufen geteilt werden, er muß vielmehr unter Benützung der Maschinen-charakteristik so geteilt werden, daß jeder Stufe eine gleich große Zunahme der Stromstärke entspricht (475).

Die Kontakte der Regulierwiderstände sollten während des Be-triebes unzugänglich sein, besonders, wenn an der Schalttafel kein isolierender Bedienungsgang vorgesehen ist.

(526) Die **Ausschaltung** eines Erregerkreises bedingt große Vor-sicht, weil infolge der großen Selbstinduktion der Wicklung bei plötzlichem Öffnen des Stromkreises sehr große Überspannungen entstehen können. Man hat daher vor dem Ausschalten die Strom-stärke mit Hilfe des Regulierwiderstandes möglichst zu erniedrigen und

dann entweder unter Benützung eines Kurzschlußkontaktes (478) oder mit Hilfe eines lichtbogenziehenden Ausschalters zu unterbrechen. Direkt gekuppelte und lediglich auf den zugehörigen Generator geschaltete Erreger brauchen in der Regel überhaupt nicht ausgeschaltet zu werden; man macht sie durch Abstellen der Antriebsmaschine stromlos. Als Reihenschlußmaschinen ausgeführte Erreger können dadurch stromlos gemacht werden, daß man ihre Erregung, also die Schenkelwicklung der Erregermaschine kurz schließt.

(527) Zur selbsttätigen Regulierung der Spannung ordnet man vielfach Relais an, die entweder einen Elektromotor einschalten oder durch magnetische Kupplungen Bewegungsmechanismen einrücken, wodurch die Kurbel des Regulierwiderstandes verstellt wird. Solche Apparate wirken aber infolge der Trägheit der vielen mitwirkenden Bestandteile langsam und bei stark schwankenden Betrieben unbefriedigend. Neuerdings ist durch den Tirrillschen Regulator ein neues Prinzip zur Anwendung gelangt, das durch das Schema (Fig. 287) dargestellt wird. Das Prinzip dieses Regulators besteht darin, daß ein kleiner Schalter (mit Kontakt a), durch einen elektrischen Hammer mit Selbstunterbrechung (Kontakt g) unter dem Einfluß eines besonderen Relais

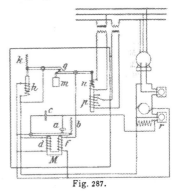

Fig. 287.

(mit Nebenschlußspule n und Reihenschlußspule p) in langsamere oder schnellere Schwingungen versetzt, den Regulierwiderstand r der Nebenschlußerregermaschine schneller oder langsamer periodisch kurz schließt. Dabei kommt in der Erregermaschine ein variables Feld von veränderlichem Mittelwert zustande, und dementsprechend ändert sich deren EMK und mit ihr die Erregerstromstärke für den Wechselstrom- oder Drehstromgenerator (vgl. El. Bahnen u. Betr. 1903, S. 412).

(528) Ankerrückwirkung. Die Ankerströme erzeugen bei Drehstrom ein Drehfeld, das synchron mit den Feldmagneten rotiert. Der Maximalwert der Anker-Amperewindungen für einen Pol schwankt (562) zwischen $\frac{1}{2} \sqrt{2} \cdot N_a I_a$ und dem $\frac{1}{2} \sqrt{3}$ - fachen hiervon. Der Mittelwert hieraus ist $0,44 \cdot N_a I_a$. Die entmagnetisierende Wirkung der Ankerströme hängt von der Phasenverschiebung $\vartheta \ (= \varphi + \alpha, 536)$ zwischen E_λ und I ab und ist am größten, wenn $\vartheta = 90^\circ$. Bei $\vartheta = 0^\circ$, ein Fall, der nur bei phasenvoreilender Stromstärke eintreten kann, wirken die Ankerströme auf der einen Hälfte des Poles schwächend, auf der anderen verstärkend, Fig. 288 (Quermagnetisierung). Nur bei geringer Sättigung in den Ankerzähnen wird dann auch der Kraftfluß in demselben Maße verstärkt, die gesamte Entmagnetisierung ist dann gleich Null; bei größerer Sättigung muß die Abschwächung überwiegen. Bei geringer Ankersättigung findet man

$$\Phi_{Luft} = \beta \cdot \mathfrak{H}_f \left[1 - \frac{\mathfrak{H}_a}{\mathfrak{H}_f} \cdot \frac{\sin \frac{\beta}{2\tau} \pi}{\frac{\beta}{2\tau} \pi} \cdot \sin \vartheta , \right.$$

worin $\mathfrak{H}_a = 0.55 \dfrac{N_a I_a}{\delta}, \quad \mathfrak{H}_f = \dfrac{0.4 \pi N_f I_f - \mathfrak{F}_f}{2 \delta}.$

N_a und N_f sind die Windungen auf ein Polpaar, Φ_{Luft} der Kraftfluß für einen Pol und 1 cm achsialer Länge, $\mathfrak{F}_f$ die für die Magnetisierung der Schenkel erforderliche MMK, δ die Dicke des Luftspaltes.

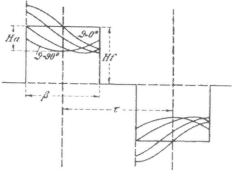

Fig. 288.

Da $I_a \sin \vartheta$ die wattlose Komponente des Ankerstromes ist, so ist ihr die entmagnetisierende Wirkung proportional. Die Wattkomponente $I_a \cos \vartheta$ wirkt quermagnetisierend und kann mit der Ankerstreuung zusammengefaßt werden. Letztere wird nach (566) berechnet. Die Wattkomponente wirkt besonders verzerrend auf die Kurve der EMK ein; vergl. Zeitschr. f. Elektrotechn. 1905, S. 681.

Bei Wechselstrom ist das Ankerfeld pulsierend, die Selbstinduktion der Feldmagnetwicklung und die Wirbelströme mäßigen jedoch die Schwankungen des Kraftflusses. Man kann das Wechselfeld des Ankers in zwei entgegengesetzt umlaufende Felder von der halben Stärke zerlegen und sieht daraus, daß die Pulsationen einen doppelt so großen Puls haben, wie der Wechselstrom. Die Gesamtwirkung des Ankerstromes auf den Spannungsabfall ist bei gleicher Stromstärke gleich groß, einerlei, ob man aus der Maschine Drehstrom oder nach Unterbrechung einer Leitung Wechselstrom entnimmt.

(529) Das **Diagramm der Wechselstrommaschine** gibt qualitativ einen guten Einblick in die Vorgänge bei Belastung. Die umlaufenden durch Gleichstrom erregten Feldmagnete werden durch einen ruhenden mit Mehrphasenstrom erregten Ring ersetzt gedacht, der dieselbe Nutenzahl und dieselbe Windungszahl besitzt wie der Anker. Alle Magnetismen sind durch die EMK zu messen, die sie im Anker bei Leerlauf erzeugen würden, wenn sie einzeln für sich allein vorhanden wären.

Der wirksame Kraftfluß (Fig. 289) im Anker Φ_a erzeugt die um 90° gegen ihn verschobene EMK E, die Klemmenspannung P ist die geometrische Differenz von E und $I_a R_a$. Die Magnetisierung des Ankereisens erfordert die MMK $\mathfrak{F}_a$, die wegen der Wirbelströme und der Hysterese eine gewisse Voreilung vor Φ_a hat. Die für die Ankerstreuung in Rechnung zu ziehende magnetische Potentialdifferenz ΔV_a ist die geometrische Summe von $\mathfrak{F}_a$ und $- 0{,}4\,\pi\,N_a I_a$. Die Ankerstreuung Φ_s kann proportional und phasengleich

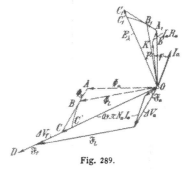

Fig. 289.

mit ΔV_a angenommen werden. Wenn $\mathfrak{R}_s$ der Widerstand des Ankerstreuflusses ist, so ist

$$\Phi_s = \frac{\Delta V_a}{\mathfrak{R}_s}.$$

Der die Luft durchsetzende Magnetismus Φ_L ist die geometrische Summe von Φ_a und Φ_s. Um Φ_L durch die Luft zu treiben, ist die MMK $\mathfrak{F}_L$ erforderlich, proportional und phasengleich mit Φ_L. Man hat daher

$$\mathfrak{F}_L = \mathfrak{R}_L \Phi_L,$$

wenn $\mathfrak{R}_L$ der Widerstand des Luftweges ist. Die magnetische Potentialdifferenz zwischen den Polen der Feldmagnete ist

$$\Delta V_f = [\Delta V_a + \mathfrak{F}_L].$$

ΔV_f erzeugt die Feldstreuung, die die Bedeutung größerer magnetischer Belastung der Feldmagnete hat (455). Um den gesamten Kraftfluß durch die Feldmagnete zu treiben, ist noch die MMK $\mathfrak{F}_f$ erforderlich. Die Summe von ΔV_f und $\mathfrak{F}_f$ ist der Amperewindungszahl der Feldmagnete proportional.

(530) **Leerlauf.** Läßt man die Erregung konstant und verringert man I_a allmählich bis auf Null, so wird der Ankerstreufluß sehr klein, A und B fallen nahezu mit C zusammen. AB wird gleich Null und OA fällt vollkommen mit OC zusammen, wenn man $\mathfrak{F}_a$ und $\mathfrak{F}_f$ vernachlässigt, d. h. bei geringer Eisensättigung. Bei Leerlauf würde dann der Ankerkraftfluß gleich OC und die EMK gleich OC_1 ($\perp OC$) sein. Die AB entsprechende EMK $A_1 B_1$ heißt die EMK der Ankerstreuung, die BC entsprechende EMK $B_1 C_1$ heißt die durch Ankerrückwirkung hervorgerufene EMK. OC_1 ist die EMK bei Leerlauf E_λ. Starke Sättigung der Feldmagnete, d. h. relativ großer Wert von $\mathfrak{F}_f$ verhindert bei Entlastung ein allzustarkes Anwachsen der EMK; in diesem Falle bewegt sich A nicht nach C, sondern etwa nach C'. Man hat daher hierin ein Mittel, die Spannungsschwankungen bei ver-

änderlicher Belastung in geringeren Grenzen zu halten, beraubt sich dadurch aber der Möglichkeit, die Spannung — etwa zur Deckung größerer Spannungsverluste bei starker Belastung — genügend zu erhöhen und läuft überhaupt Gefahr, daß die Spannung nicht in allen Fällen aufrecht erhalten werden kann. Ankerstreufluß und Ankerrückwirkung ergeben zusammen die „Selbstinduktion" des Ankers. $A_1 C_1$ ist demnach die durch (die gesamte) Selbstinduktion hervorgerufene EMK des Ankers.

(531) **Diagramm der EMK.** Trägt man (Fig. 289) die Klemmenspannung $P = OK$ senkrecht nach oben auf, so ist die tatsächlich in der Maschine vorhandene EMK $E = OA_1$ gleich der geometrischen Summe von P und $I_a R_a = KA_1$. Dieselbe Erregung würde aber bei Leerlauf eine EMK $E_\lambda = OC_1$ erzeugen, die sich von E um $A_1 C_1$ unterscheidet. $A_1 C_1$ ist die EMK der Selbstinduktion. Bei schwacher Sättigung der Feldmagnete steht $A_1 C_1$ senkrecht auf dem Vektor der Stromstärke, also auch senkrecht auf KA_1. Bei wachsender Stromstärke bewegt sich der Endpunkt des Vektors E_λ auf der Geraden KC_1, bei stärkerer Sättigung dagegen auf einer konkav nach unten gekrümmten Linie KC_1'.

(532) **Spannungsabfall durch Belastung.** Die Klemmenspannung der unbelasteten Maschine sei gleich $E_\lambda = OC_1$. Dann sinkt bei konstanter Erregung die Klemmenspannung auf den Betrag OK. Man nennt KA_1 den Ohmschen, $A_1 C_1$ den induktiven Spannungsverlust. Der Spannungsverlust ist durch die algebraische Differenz zwischen OC_1 und OK gegeben. Diese ist bei konstanter Stromstärke um so größer, je größer der Winkel φ der Phasenverschiebung zwischen Klemmenspannung und Stromstärke ist.

(533) **Charakteristiken der Wechselstromamschinen** nennt man Kurven in einem rechtwinkligen Koordinatensystem, die über das Verhalten der Wechselstrommaschinen Aufschluß geben. Man unterscheidet die Leerlauf-, die Kurzschluß- und die Belastungscharakteristik. Bei der Aufnahme wird die Drehzahl konstant gehalten.

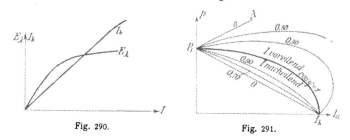

Fig. 290.   Fig. 291.

Die Leerlaufcharakteristik, auch statische Charakteristik (Fig. 290)*), stellt die Abhängigkeit der EMK bei Leerlauf E_λ von der Erregung I_{err} dar. Sie hat die Form der Magnetisierungskurve und

---

*) An der Abszissenachse sollte I_{err} statt I stehen.

liegt, wenn sie bei steigenden Werten aufgenommen wird, wegen der
Remanenz etwas tiefer, als wenn sie bei fallenden Werten aufgenommen
wird (Fig. 253).. Man wählt häufig eine mittlere, durch den Nullpunkt
gehende Kurve.

Die Kurzschlußcharakteristik (Fig. 290) stellt die Abhängigkeit der Stromstärke I_k im kurzgeschlossenen Anker von der
Erregung I_{err} dar. Sie verläuft wegen der geringen Eisensättigung
vom Nullpunkt ausgehend sehr lange geradlinig und biegt erst bei
weit über normaler Ankerstromstärke nach rechts um. Bei der Aufnahme dieser Kurve braucht die Drehzahl nicht konstant zu sein.

Die Belastungscharakteristik, auch dynamische Charakteristik genannt (Fig. 291), stellt die Abhängigkeit der Klemmenspannung P von der Ankerstromstärke I_a bei konstanter Erregung
und konstantem Leistungsfaktor dar. Man erhält für jeden cos φ
eine besondere Kurve. Bei cos φ = 1 ist sie angenähert eine Ellipse,
deren Achsen mit den Koordinatenachsen zusammenfallen. Bei cos φ
= 0 geht sie in eine gerade Linie über, und zwar bei nacheilender
Phasenverschiebung von 90° in die Gerade $P_1 I_k$, bei voreilender in
die Gerade $P_1 A$. Bei voreilender Phasenverschiebung steigt die
Spannung zunächst, bei nacheilender sinkt sie gleich bedeutend stärker
als bei cos φ = 1.

(534) Selbsterregung und Kompoundierung der Wechselstrommaschinen ist wiederholt versucht worden, mit besonderem
Erfolge (vergl. E. T. Z. 1903, S. 844 u. S. 1036) von Heyland. Ein
zweipoliger Elektromagnet sei mit einer oder mehreren Wicklungen
versehen, die wie Fig. 292 zeigt, an gegenüberliegende oder zu der
Querachse symmetrisch gelegene Kommutatorteile angeschlossen sind.
Um den Kommutator seien eine große Anzahl Bürsten regelmäßig
verteilt und das Potential verändere sich an ihnen, wenn man einmal
herumgeht, wie ein Sinus. Wenn dann der Elektromagnet in demselben Sinne und ebenso schnell umläuft wie die Potentialwelle, so
wird in den Wicklungen ein Gleichstrom fließen, dessen Stärke von
der relativen Stellung der Potentialwelle zu der Querachse abhängt.
Fällt die größte Potentialdifferenz zwischen zwei einander diametral
gegenüber liegenden Bürsten mit der Querachse zusammen, so ist
die Stromstärke gleich Null; eine Voreilung der Potentialwelle
läßt eine Stromstärke entstehen, die zum Maximum wird, wenn
die größte Potentialdifferenz mit der Längsachse zusammenfällt. Dies
Verhalten trifft weniger vollkommen auch noch zu, wenn man
die Bürsten bis auf drei gleich weit voneinander abstehende Bürsten
entfernt und ihnen Drehstrom zuführt. Nur muß man dann die
Bürsten breiter wählen und auf alle Fälle mehrere Parallelwicklungen
anwenden, damit bei Unterbrechung einer Wicklung die gegenseitige
Induktion mit den übrigen eingeschalteten die Entstehung von Kom-
mutatorfeuer verhindert. Die zweipolige Anordnung wird dann durch
Fig. 294 dargestellt, während für mehrpolige Anordnung der Kommutator 12 Teile für je ein Polpaar und Verbindungsringe erhält, wie
in (590) beschrieben. Die drei Bürsten werden mit der Sekundärwicklung eines kleinen Transformators CT, Fig. 293, verbunden,
dessen Primärwicklung von den drei Maschinenströmen durch-

flossen wird. Die Bürsten werden so eingestellt, daß bei induktionsfreier Belastung der Kompoundierungsstrom gleich Null ist. Tritt
eine Phasenverschiebung zwischen Spannung und Stromstärke des
Generators auf, so äußert sie sich in einer Voreilung der Feldmagnete
gegenüber ihrer Lage bei derselben Stromstärke ohne Phasenverschiebung. Dies ist aber gleichbedeutend mit einer Verdrehung
der Potentialwelle, so daß
nun ein Kompoundierungs-
strom entsteht, der dem
Sinus der Phasenverschie-
bung und der Stromstärke
proportional ist. Dadurch
ist eine Kompoundierung
möglich, die nur durch
die Eisensättigung gestört
wird und bei geringer
Sättigung ausgezeichnet ist.
Die Leerlauferregung kann dabei entweder durch Gleichstrom oder durch die Kom-
poundwicklung und den Kommutator erfolgen. Im letzteren Falle sind drei weitere
um $90^0/p$ gegen die ersten

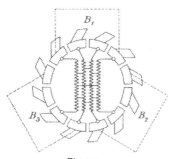

Fig. 292.

verschobene Bürsten erforderlich, denen der Strom von einem besonderen Erregertransformator geliefert wird. Diese Bürsten können
gespart und der Erregerstrom durch die ersten drei Bürsten zugeführt
werden, wenn man die dann erforderliche Phasenverschiebung des
Erregerstromes um 90^0 bereits im Transformator vornimmt. Dies
kann z. B. dadurch geschehen, daß dessen Primärwicklung in Stern,
dessen Sekundärwicklung in
Dreieck geschaltet wird. Die
gesamte Schaltung zeigt
dann Fig. 293. Bei G sieht
man die drei Zweige der
Generatorwicklung, mit
denen die Primärwicklung
des Kompoundierungstrans-
formators CT in Reihe, die
des Erregertransformators
ET in Nebenschluß geschaltet
ist. Die Sekundärwicklung
des ersten Transformators
ist in Stern, die des zweiten ist in Dreieck geschaltet
und außerdem mit einem
Regulierwiderstand versehen.
Der stärker ausgezogene

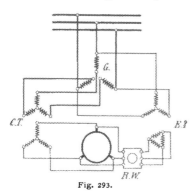

Fig. 293.

Kreis ist der Kommutator des Generators, dem nur durch drei
Bürsten die Ströme zugeführt werden. Eine Störung der beiden
Ströme muß durch die gemeinsamen Bürsten bis zu einem gewissen

Grade eintreten, scheint aber nicht so bedeutend zu sein, um diese Anordnung unmöglich zu machen. Als Vorteile dieser Selbsterregung und Kompoundierung werden genannt der Wegfall der Erregermaschine, das Konstantbleiben der Spannung bei wechselnder Belastung und vor allem die Möglichkeit, die Maschinen mit großer Ankerreaktion und daher billig zu bauen, da ja der Spannungsabfall aufgehoben ist.

Parallelbetrieb der Wechselstrommmaschinen*).

(535) **Allgemeine Bedingungen.** Zum Parallelbetrieb ist erforderlich, daß die Maschinen gleichen Puls, gleiche Spannung und annähernd gleiche Kurven der EMK haben. Parallel geschaltet müssen die Maschinen „synchron" laufen. Dies schließt in sich, daß gleiche Maschinen gleich schnell, verschiedenpolige Maschinen mit Umdrehungszahlen laufen müssen, die sich umgekehrt wie die Polzahlen verhalten. Es schließt ferner ein, daß die Pole dauernd nahezu gleiche relative Stellungen zu den Ankerwicklungen bewahren müssen. Anderenfalls fallen sie „außer Tritt", wodurch der Betrieb gestört wird, sodaß er unterbrochen werden muß. Der Synchronismus wird durch ein „synchronisierendes Moment" von den Maschinen selbst aufrecht erhalten.

(536) **Leistungslinien.** Aus dem Diagramm (Fig. 289) ergibt sich, daß der Vektor von E_λ eine Voreilung vor dem Vektor der Klemmenspannung P hat, die mit der Belastung wächst.

Denkt man sich zwei gleiche Maschinen, von denen die eine leer läuft und deren E_λ daher mit P zusammenfällt, während die zweite belastet ist, so muß die letztere eine Voreilung vor der leer laufenden Maschine haben. Diese Voreilung würde bei zweipoligen Maschinen gleich dem Winkel $\alpha = C_1 O K$ sein, bei p Polpaaren ist dagegen die räumliche Voreilung nur der p-te Teil, also α/p.

Man denke sich, daß eine Maschine auf Sammelschienen arbeite, deren Spannung durch den nach Größe und Richtung unveränderlichen Vektor $P = O K$ (Fig. 294) dargestellt werde. Nimmt man nun weiter geringe Sättigung der Feldmagnete an, so daß die geraden Linien in Fig. 291 gelten, so kann man leicht nachweisen, daß die Leistung der Maschine unverändert bleibt, solange der Endpunkt C des Vektors

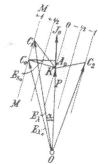

Fig. 294.

E_λ sich auf einer bestimmten Geraden MM durch C_0 bewegt. Diese Gerade MM wird gefunden, indem man den Vektor E_{λ_0} für den Fall, daß keine Phasenverschiebung vorhanden ist, bei der gegebenen

---

*) Vergl. Kapp, E. T. Z. 1899, S. 134, Görges, E. T. Z. 1900, S. 188, 1903 S. 561, Rosenberg, E. T. Z. 1902, S. 425, ferner Diskussion zwischen Benischke Görges u. Rosenberg, E. T. Z. 1902 u. 1903.

Leistung konstruiert und durch seinen Endpunkt C_0 eine Senkrechte zu KC_0 zieht. Zu jeder Leistung gehört eine Leistungslinie, deren Abstand vom Punkte K der Leistung proportional ist. Wird die der Maschine von ihrer Antriebsmaschine zugeführte Leistung größer, so wird der Winkel α größer, der Endpunkt C des Vektors E_λ gelangt auf eine andere Leistungslinie und die Maschine gibt mehr Leistung ab, ohne daß sich ihre Geschwindigkeit ändert. Es hat sich nur infolge einer vorübergehenden Beschleunigung die relative Lage des rotierenden Teiles der Maschine, d. i. ihre Voreilung, geändert. Entspricht überhaupt aus irgend einem Grunde die momentane relative Lage nicht dem Gleichgewicht zwischen zugeführter und abgegebener Leistung, so tritt ein synchronisierendes Moment auf, das die Voreilung vergrößert oder verkleinert und dadurch die richtige Lage wieder herstellt. Aus dem Diagramm der Leistungslinien läßt sich ableiten, daß das synchronisierende Moment M der Winkelabweichung $\Delta\alpha = C_0OC_1$ von der richtigen Lage proportional ist. Das der Abweichung Eins entsprechende Moment kann man als die synchronisierende Direktionskraft D_s bezeichnen. Man erhält dann

$$M = D_s \cdot \Delta\alpha$$

und
$$D_s = \frac{p^2}{2\pi\nu} \cdot L\left(\frac{P}{E_{s_0}} + \operatorname{tang}\varphi\right).$$

Hierin bedeutet

p die Polpaarzahl,

ν die Periodenzahl in der Sekunde,

L die normale Leistung in Watt,

P die Klemmenspannung,

E_{s_0} den induktiven Spannungsverlust bei normaler Leistung und $\cos\varphi = 1$,

φ die bei normaler Leistung vorhandene Phasenverschiebung zwischen Stromstärke und Klemmenspannung der Maschine.

(537) Eigenschwingungen (Boucherot). Das synchronisierende Moment hat zur Folge, daß bei Abweichungen von der richtigen Lage α Schwingungen um diese Lage auftreten, deren Dauer durch die Beziehung

$$T = \frac{2\pi}{p} \cdot \sqrt{\frac{2\pi\nu\Theta}{L \cdot \left(\dfrac{P}{E_{s_0}} + \operatorname{tang}\varphi\right)}}$$

gegeben ist. Hierin bedeutet

T die Dauer einer ganzen Schwingung in Sek.,

Θ das Trägheitsmoment im absoluten Maßsystem in m²kg,

L die Leistung in Watt.

Eigenschwingungen können bei jeder Art des Antriebes auftreten, sie werden aber stets nach kurzer Zeit durch Dämpfung beseitigt, wenn sie nicht immer wieder neu erregt werden.

(538) Erzwungene Schwingungen. Es kann auch die Antriebsmaschine die Urheberin von Schwingungen sein, wenn nämlich ihre Leistungsabgabe während einer Umdrehung nicht konstant ist, sondern periodischen Variationen, wie bei Kolbenmaschinen, unterliegt. Man kann diese Variationen durch eine Reihe von Sinusschwingungen ersetzen, deren erste eine Schwingungsdauer gleich der Dauer einer Umdrehung (bei Dampfmaschinen) oder gleich der Dauer eines Arbeitsprozesses (zB. bei Viertaktmotoren), und deren folgende die halbe, ein Drittel, ein Viertel der Schwingungsdauer der ersten Schwingung usw. haben. Jede solche Schwingung in der Leistungszufuhr ruft eine entsprechende Schwingung in der Geschwindigkeit hervor. Der Gang wird daher ungleichförmig, und in der Stellung finden Abweichungen von der „Sollstellung" statt. Man nennt diese Schwingungen, deren Dauer von der Antriebsmaschine abhängt, „erzwungene Schwingungen". Wenn eine Maschine für sich allein arbeitet, derart, daß ihre Belastung im wesentlichen als konstant angesehen werden kann, so ergibt sich der Ungleichförmigkeitsgrad im Gange der Maschine aus dem Tangentialdruckdiagramm und dem Trägheitsmoment nach den Regeln des Maschinenbaues. Wenn dagegen mehrere Maschinen parallel arbeiten, so findet eine Vergrößerung des Ungleichförmigkeitsgrades infolge von „Mitschwingen" statt. Infolgedessen finden mehr oder minder große Schwingungen in der Stromstärke, der Leistung, ja auch der Spannung statt und die Maschinen sind der Gefahr ausgesetzt, aus dem Tritt zu fallen. Das Mitschwingen wird durch Dämpfung verkleinert.

(539) **Resonanzmodul.** Die Vergrößerung des Ungleichförmigkeitsgrades wird für den Fall, daß keine Dämpfung vorhanden ist, durch den Resonanzmodul ζ angegeben, wobei

$$\zeta = \pm \frac{T_0^2}{T_0^2 - T_a^2} = \pm \frac{z_a^2}{z_a^2 - z_0^2}.$$

Hierin ist T_0 die Eigenschwingungsdauer (537), T_a die Schwingungsdauer der Antriebsmaschine, z_0 und z_a sind die entsprechenden Schwingungszahlen. Ist $T_0 = T_a$, so ist vollkommene Resonanz vorhanden und ein Betrieb ohne Dämpfung unmöglich. Für einen sicheren Betrieb muß T_0 größer als T_a gewählt werden. Hierzu ist ein um so größeres Trägheitsmoment erforderlich, je geringer die Drehzahl ist.

Resonanzmodul.

$\dfrac{z_0}{z_a}$	ζ	$\dfrac{z_0}{z_a}$	ζ
1,00	∞	0,50	1,333
0,95	10,257	0,45	1,254
0,90	5,263	0,40	1,191
0,85	3,604	0,35	1,140
0,80	2,778	0,30	1,099
0,75	2 286	0,25	1,067
0,70	1,961	0,20	1,042
0,65	1,732	0,15	1,023
0,60	1,563	0,10	1,010
0,55	1,434		

(540) **Dämpfung.** Die Ankerströme erzeugen ein rotierendes
Feld, das in der Feldmagnetwicklung, in den massiven Teilen der
Pole oder in besonderen Dämpfungswicklungen Ströme induziert, sobald die Feldmagnete Schwingungen ausführen. Hierdurch werden
die Schwingungen gedämpft. Die Dämpfungswicklung von Hutin
und Leblanc besteht aus starken Kupferbolzen, die nahe der Peripherie durch die Polschuhe gezogen und auf beiden Seiten entweder
sämtlich oder, soweit sie einem und demselben Polschuh angehören,
durch starke Kupferstücke gut leitend miteinander verbunden sind.

Die Dämpfung kann schädlich oder nützlich wirken. Eine mäßige
Dämpfung wirkt immer nützlich, indem sie die Eigenschwingungen
beseitigt. Eine starke Dämpfung verringert die erzwungenen Schwingungen, damit aber auch zugleich die Wirksamkeit des Schwungrades,
das Energie nur bei Geschwindigkeitsänderungen aufnehmen und abgeben kann. In diesem Falle können die Schwankungen der abgegebenen Leistung größer ausfallen. Die Rechnung ergibt, daß der
Ungleichförmigkeitsgrad der Leistungsabgabe infolge der Dämpfung
größer wird, wenn $\zeta < 2$, dagegen kleiner, wenn $\zeta > 2$. Starke
Dämpfung ist daher nur zu empfehlen, wenn $\zeta > 2$. Bei Maschinen,
die mit großen Schwungmassen ausgestattet sind, ist die Dämpfung
schädlich; nützlich kann sie sein bei Maschinen mit geringem
Schwungmoment, deren Antrieb ziemlich gleichförmig ist, die aber infolge von Resonanz trotzdem stark schwingen.

(541) **Berechnung des Trägheitsmomentes.** Das erforderliche
Trägheitsmoment kann ohne Rücksicht auf Dämpfung nach folgender
Formel berechnet werden:

$$\Theta = c \cdot \frac{\nu \cdot L}{n^4} \cdot 10^7 \ \text{m}^2\text{kg},$$

worin ν die Periodenzahl in der Sek.,
      L die normale Leistung in Watt,
      n die Tourenzahl in der Minute bedeutet.
Die Konstante c muß um so größer sein, je größer der Kurzschlußstrom bei Leerlauferregung ist. Bei dreifachem Kurzschlußstrom kann
man für Tandemdampfmaschinen $c = 0,125$, bei Dampfmaschinen mit
versetzten Kurbeln $c = 0,100$ setzen.

Das von den Maschinenfabriken gewöhnlich angegebene Schwungmoment GD^2 ist gleich dem vierfachen Trägheitsmoment, beide in
m²kg gemessen.

(542) **Bedingungen für den Regulator.** Der Unempfindlichkeitsgrad des Regulators muß größer sein als der Ungleichförmigkeitsgrad
der Maschine. Er darf nicht durch die Geschwindigkeitsschwankungen,
die innerhalb jeder Umdrehung auftreten, ins Spiel kommen. Ein
Regulator, der bei Einzelbetrieb ausgezeichnet arbeitet, kann beim
Parallelbetrieb versagen, weil der Ungleichförmigkeitsgrad dann durch
Mitschwingen vergrößert wird. In einem solchen Falle kann eine am
Regulator angebrachte Dämpfung, zB. eine Ölbremse, den Fehler beseitigen. Man tut aber gut, von vornherein gut statische Regulatoren
vorzusehen, die zwischen Leerlauf und Vollbelastung eine Änderung der
Drehzahl um mindestens 5 % verursachen. Die Regulatoren müssen
während des Betriebes verstellbar sein, um die zugeführte Leistung

bei konstanter Geschwindigkeit einstellen zu können. Denn da die Periodenzahl konstant gehalten wird, muß die Leistung jeder Maschine beim Zu- und Abschalten bei gegebener Geschwindigkeit auf Null gebracht und während des Betriebes auf jeden Betrag bis zur Höchstleistung eingestellt werden können.

(543) **Parallelschalten und Hilfsmittel dazu.** Grundgesetz ist, daß Punkte, die beliebigen Stromkreisen angehören, immer direkt miteinander verbunden werden dürfen, wenn sie gleiches Potential haben. Man kann die verschiedenartigsten Elektrizitätsquellen parallel schalten, zB. eine Einphasenwechselstrommaschine mit einem Zweige einer Drehstromquelle, ja eine Gleichstromquelle mit einer Wechselstrommaschine, wenn die Verbindung nur kurze Zeit dauert (zB. für Meßzwecke). Wenn zwei Stromkreise gut voneinander und von Erde isoliert sind und die Kapazität der Stromkreise gegeneinander und gegen Erde gering ist, kann man einen beliebigen Punkt des einen Kreises mit einem beliebigen Punkt des anderen Kreises verbinden, ohne daß eine Störung eintritt. Man kann daher einen Pol einer Wechselstrommaschine mit einem Pol einer anderen verbinden. Die beiden noch freien Pole dürfen miteinander verbunden werden, wenn sie dasselbe Potential haben, also keine Spannung zwischen ihnen herrscht. Man erkennt dies daran, daß man einen geeigneten Spannungszeiger zwischen die Pole schaltet oder eine Reihe hintereinandergeschalteter Glühlampen, deren Gesamtspannung gleich der Summe der EMKK beider Maschinen ist. Ist die Spannung sehr hoch, so nimmt man kleine Transformatoren, deren Hochspannungswicklungen zwischen die Klemmen je einer Maschine und deren Niederspannungswicklungen unter Einschluß eines Spannungszeigers oder einer Glühlampe gegeneinander geschaltet werden. Das Verschwinden des Ausschlags beim Zeiger und das Erlöschen der Lampen zeigt den Augenblick an, in dem parallel zu schalten ist. Der Symmetrie halber schaltet man zwischen je zwei zu verbindende Pole eine (oder die gleiche Anzahl) Glühlampen. Haben die Maschinen verschiedene Periodenzahlen, so werden die Lampen abwechselnd hell und dunkel. Dies erzeugt bei großer Verschiedenheit ein Flimmern der Lampen, bei geringer ein langsames Aufleuchten und Verlöschen. Dieser letztere Zustand ist durch Verstellung des Regulators der Antriebsmaschine gut herzustellen. In den Fällen, wo eine Regulierung durch Verstellung des Regulators unmöglich ist, muß eine Belastungsbatterie angewendet werden, doch geschieht dies heutzutage selten.

(544) **Gleichlaufzeiger.** Die Spannung, die jede Lampe oder Lampengruppe erhält, ergibt sich aus dem Diagramm, Fig. 295. A_1B_1 ist die Klemmenspannung der einen, A_2B_2 die der anderen Maschine. Läuft Maschine II langsamer, als Maschine I, so müßte man annehmen, daß ihre Zeitlinie langsamer läuft, als die andere, oder aber man nimmt an, daß nur eine Zeitlinie vorhanden ist, dafür aber A_2B_2 sich langsam im Sinne des Uhrzeigers dreht. Dadurch werden die Spannungen A_1A_2 und B_1B_2, denen die Glühlampen

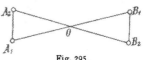

Fig. 295.

ausgesetzt sind, erst größer, bis sie die volle Spannung einer Maschine erreicht haben, und dann wieder kleiner. Die Parallelschaltung muß erfolgen, wenn A_1B_1 und A_2B_2 einander genau decken. Diese Anschauung erklärt die Vorgänge beim Parallelschalten von Drehstrommaschinen besonders einfach. Man schalte zwischen je zwei zusammengehörige Klemmen eine Glühlampe oder eine Gruppe von solchen und vertausche nötigenfalls die Anschlüsse an einer Maschine solange, bis alle Lampen zugleich hell und dunkel werden. Die Pole, die nun durch Lampen miteinander verbunden sind, müssen auch beim Parallelbetrieb verbunden sein. Man schaltet wieder parallel im Augenblicke, wo die Lampen dunkel sind wie vorher. Im Diagramm (Fig. 296) sind die Lampenspannungen A_1A_2, B_1B_2, C_1C_2. Jede Lampengruppe muß, wie das Diagramm zeigt, das Doppelte der Sternspannung, d. h. das $\dfrac{2}{\sqrt{3}}$-fache der Drehstromspannung aushalten können. Schaltet

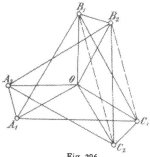

Fig. 296.

man aber nach Michalke eine Lampengruppe zwischen A_1 und A_2, die zweite zwischen B_1 und C_2, die dritte zwischen C_1 und B_2, so werden die Lampengruppen nacheinander hell und dunkel. Wenn man sie in den Ecken eines gleichseitigen Dreiecks anordnet, so sieht man den Lichtschein rotieren und zwar in einen oder anderen Sinne, je nachdem Maschine II zu langsam oder zu schnell läuft. Man kann dies am Diagramm leicht verfolgen, wenn man das Diagramm der Maschine II langsam nach links oder rechts dreht. Die Parallelschaltung muß jetzt erfolgen, wenn die Lampengruppe A_1A_2 dunkel ist. Die Vorrichtungen zur Einstellung des Synchronismus und der Phasengleichheit nennt man „Phasenvergleicher". Die Firma Schuckert hat nach Angaben von Herm. Müller Phasenvergleicher nach ähnlichem Prinzip gebaut, bei denen die Rotation des Lichtscheines, indem mindestens sechs Lampen in zyklischer Reihenfolge aufleuchten, noch besser zu verfolgen ist.

(545) **Verteilung der Last auf parallellaufende Maschinen.** Nachdem die Maschinen parallel geschaltet worden sind, kann man ihre Leistung nicht durch Verstellung des Regulierwiderstandes einstellen, sondern nur durch Verstellung des Regulators der Antriebsmaschine. Man wird zB. bei Dampfmaschinen den Regulator der zugeschalteten Maschine auf größere Dampfzufuhr einstellen, die übrigen auf verminderte Dampfzufuhr. Zur Erkennung der Leistung erhält jede Dynamomaschine zweckmäßig einen Leistungszeiger. Wie die Leistungslinien zeigen (536), kann die Stromstärke bei gegebener Leistung sehr verschieden groß sein. Man verstellt daher die Regulierwiderstände so, daß alle Maschinen bei gleicher Leistung auch dieselbe Stromstärke liefern.

Zum Zwecke des Abschaltens vermindert man durch Verstellung des Regulators der Antriebsmaschine die Leistung bis auf Null und verringert dann mit Hilfe des Nebenschlußregulierwiderstandes auch die Stromstärke bis auf Null. Die Schalter können dann ohne Funken und ohne die geringste Störung im Betriebe geöffnet werden.

Über asynchrone Generatoren (sogenannte Induktionsgeneratoren) vergl. (593).

Wechselstrommotoren.

(546) Arten der Motoren. Man unterscheidet
1. Synchronmotoren,
2. Asynchronmotoren.
   a) Nicht kommutierende Motoren, sog. Induktionsmotoren mit Schleifring- oder Kurzschlußanker.
   b) Kommutierende Motoren mit Kommutatoranker.

Synchronmotoren.

(547) Synchronmotoren unterscheiden sich in der Bauart nicht von den Synchrongeneratoren; sie sind nichts anderes als in der

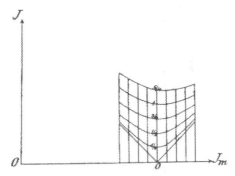

Fig. 297.

Wirkung umgekehrte Generatoren. Ihre Arbeitsweise kann daher in derselben Art, wie die der Generatoren, an der Hand der Darstellung der Leistungslinien (536) erklärt werden. Entzieht man nämlich einem Synchrongenerator nach dem Parallelschalten zu anderen Generatoren die antreibende Kraft, so läuft er als Motor weiter, wobei sich lediglich die relative Lage der Pole zum Anker verstellt, was gleichbedeutend ist mit einer Veränderung der Phase der EMK E_λ, Fig. 294. Der Endpunkt C des Vektors E_λ der EMK bewegt sich im Diagramm nach rechts, bis er eine Leistungslinie erreicht, die der von der

Maschine abzugebenden mechanischen Leistung entspricht, etwa in die Lage OC_2. KC ist stets der Stromstärke proportional. Wird die Erregung geändert, so ändert sich bei geringer Eisensättigung pro-portional mit ihr, bei höherer Eisensättigung doch wenigstens im gleichen Sinne auch die EMK E_λ, und C wandert auf derselben Leistungslinie, so daß sich eine andere Stromstärke und eine andere Phasenverschiebung als vorher ergibt. Konstruiert man für ver-schiedene Erregungen die Stromstärken bei unveränderter Leistung, so ergibt sich, wenn man die Erregerstromstärken als Abszissen und die Ankerstromstärken als Ordinaten in ein Koordinatensystem einträgt, die sogenannte V-Kurve. Die V-Kurve ist am spitzesten bei Leerlauf und flacht sich mit der Belastung des Motors immer mehr ab (Fig. 297).

(548) **Phasenverschiebung.** Die graphische Darstellung in Leistungslinien zeigt also die bemerkenswerte Tatsache, daß, gleich-gültig was für Belastung vorhanden ist, durch Änderung der Er-regung jede beliebige Phasenverschiebung, also auch Phasenvoreilung eingestellt werden kann, daß daher die Stromstärke unabhängig von der Leistung in weiten Grenzen veränderlich ist und daß selbst im Leerlauf bedeutende Stromstärken aufgenommen werden können.

(549) **Überlastungsfähigkeit.** Aus dem Leistungsliniendiagramm erkennt man, daß Synchronmotoren eine bedeutende Überlastung ver-tragen, sofern vom Netz her auch bei großer Stromentnahme die Klemmenspannung aufrecht erhalten werden kann. Die größte zu-lässige Belastung ist durch die Leistungslinie gegeben, die den mit dem Vektor der EMK um O geschlagenen Kreis berührt. Da sich annähernd OK zu KC, Fig. 294, wie die Kurzschlußstromstärke bei Erregung für E_λ zur Normalstromstärke verhält und bei höchster Belastung $OK = 0$ wird, so folgt, daß sich die größte Leistung zur Normalleistung ungefähr wie der Kurzschlußstrom zum Normalstrom verhält, oder mit anderen Worten, daß die Überlastungsfähigkeit um so größer ist, je geringer der induktive Spannungsabfall im Motor ist. Es ergibt sich daraus auch weiter, daß die Zugkraft proportional der Klemmenspannung ist und proportional der EMK, also bei geringer Sättigung auch proportional der Erregung.

(550) **Vorzüge und Nachteile der Synchronmotoren.** In der Einstellbarkeit der Phasenverschiebung besteht der Hauptvorteil des Synchronmotors; man kann den Synchronmotor mit ihrer Hilfe sogar als **Phasenregler** in stark mit nacheilenden wattlosen Strömen be-lasteten Netzen benützen, indem man ihn mit Phasenvoreilung laufen läßt. Von dieser Möglichkeit ist wiederholt Gebrauch gemacht worden, doch ergibt sich in der Regel, daß relativ große Maschinen notwendig werden, wenn man etwas nennenswertes erreichen will. Unter Um-ständen ist es in Kraftwerken möglich, die diensttuenden Maschinen dadurch von wattlosen Strömen zu entlasten, daß man die Reserve-maschine von der Antriebsmaschine abkuppelt, leer mitlaufen läßt und so erregt, daß sie den wesentlichen Teil der wattlosen Ströme kompensiert.

Ein anderer Vorteil liegt u. U. darin, daß es leicht möglich ist — gerade so wie die Synchrongeneratoren —, die Synchronmotoren für sehr hohe Spannungen zu bauen, ohne hinsichtlich des Raumes für Isolation auf unüberwindliche Schwierigkeiten zu stoßen.

Diesen Vorteilen stehen als empfindliche Nachteile die Notwendigkeit einer besonderen Erregung mit Gleichstrom und die Unmöglichkeit des Anlassens unter Last bei normalem Puls gegenüber. Der Synchronmotor kann nur bei Synchronismus Zugkraft ausüben; soll er daher unter Last von selbst anlaufen, so ist dies nur zu erreichen, wenn der als Stromquelle dienende Generator zu gleicher Zeit angelassen und synchron mit dem Motor beschleunigt wird. Hierbei ergibt sich aber im allgemeinen die Unmöglichkeit der praktischen Ausführung dadurch, daß zwischen Generator und Motor eine mit Widerstand und Selbstinduktion behaftete Leitung liegt; in dieser entsteht bei der der Zugkraft entsprechenden Stromstärke ein gröfserer Spannungsverlust, als der Generator bei der ganz geringen Anfangsgeschwindigkeit Spannung liefern kann.

Ohne Belastung kann man bei Aufwendung großer Stromstärken Synchronmotoren anlassen, wenn man die Erregung ganz ausschaltet; der Anlauf geschieht dann infolge von Wirbelstrombildung in den Polschuhen, jedoch mit sehr geringer Kraft. Im Erregerkreis werden dabei sehr hohe, für die Isolation und für das Bedienungspersonal gefährliche Spannungen induziert, so daß diese Anlaufmethode besondere Vorsichtsmaßregeln bedingt. Die Gefahr besteht bei Wechselstromsynchronmotoren so lange, wie die Erregerwicklung nicht geschlossen wird; bei Drehstrom- und Zweiphasenmotoren ist sie am größten, so lange der Motor steht, und nimmt mit zunehmender Geschwindigkeit des Motors ab. Vergl (528) u. (567).

Man hat die Erregerwicklung beim Anlassen durch besondere Schalter in eine Anzahl Teile zerlegt, die erst nach Erreichung des Synchronismus durch Hintereinanderschaltung zu einem Stromkreis vereinigt werden. Indessen ist auch in diesen Fällen die Erregerwicklung als Hochspannungswicklung anzusehen.

Das beste Mittel zum Anlassen ist die Anordnung eines besonderen Anlaßmotors (Motor für kurzzeitigen Betrieb).

Einphasen-Synchronmotoren können in beliebiger Richtung, Drehstrom- und Zweiphasen-Synchronmotoren nur in einer bestimmten Richtung betrieben werden. Soll bei letzteren der Drehungssinn geändert werden, so hat man beim Drehstrom zwei Zuleitungen zu vertauschen, beim Zweiphasenstrom den Richtungssinn des Stromes in einem Stromkreise umzukehren.

Zum Kapitel Synchronmotoren vergl. unter „Umformer", (617).

Asynchronmotoren.

(551) **Nicht kommutierende** oder **Induktionsmotoren** sind Transformatoren, deren Wicklungen möglichst nahe beieinander, aber auf getrennten Eisenkörpern liegen, von denen der eine konzentrisch im anderen rotieren kann; es ergibt sich hierbei eine Kraftwirkung, die zur Abgabe mechanischer Leistung ausgenützt werden kann. Induktionsmotoren werden entweder als Mehrphasenmotoren (Drehstrom-, Zweiphasen-, n-Phasenmotoren) ausgeführt und sind dann ohne weiteres selbstanlaufend, oder als Wechselstrominduktionsmotoren (Einphaseninduktionsmotoren) und können in dieser letzteren Form nur unter Anwendung besonderer Hilfsmittel in Gang gebracht werden.

Die Mehrphasenmotoren sind verbreiteter als die Wechselstrommotoren, weil sie letzteren hinsichtlich Preis und Betriebseigenschaften erheblich überlegen sind.

(552) Arbeitsweise der Induktionsmotoren. Die mechanische Wirkung kommt bei den Mehrphasenmotoren dadurch zustande, daß ein magnetisches Drehfeld erzeugt wird, das sich über den sekundären Teil hinwegbewegt und dabei in letzterem Ströme induziert, die mit dem Drehfeld zusammen eine Zugkraft ergeben, so daß — entsprechend dem Lenzschen Gesetz — der sekundäre Teil dem Drehfeld gewissermaßen nachläuft. Diese Vorstellung entspricht der allgemeineren Ausführung der Induktionsmotoren mit feststehendem primären und beweglichem sekundären Teil, die den Vorteil bietet, daß für die primäre Wicklung mehr Raum verfügbar und daher die Isolation für hohe Spannung leichter ausführbar ist. Auch die umgekehrte Anordnung mit beweglichem Primärteil kommt vor. Bei ihr ist die Vorstellung vom Nachlaufen des sekundären Teiles genau so gut zulässig, wenn man nur statt absoluter Bewegung an die relative Bewegung zwischen feststehendem und umlaufendem Teil denkt. Auch bei den Einphasenmotoren entsteht ein Drehfeld, wenn der Motor rotiert.

Das Drehfeld läuft mit einer solchen Geschwindigkeit um, daß es in einer Periode des in der Wicklung fließenden Wechselstromes um die doppelte Teilung, d. i. um den einem Polpaar entsprechenden Teil des Umfanges fortschreitet. Die Zahl der minutlichen Umdrehungen des Drehfeldes im Raum ist daher

$$n = \frac{60\,\nu}{p}, \quad \text{worin} \quad \begin{array}{l} \nu = \text{Puls}, \\ p = \text{Polpaarzahl}. \end{array}$$

Man nennt diese Zahl die Drehzahl des Synchronismus.

Der Läufer rotiert, während er dem Felde nachläuft, bei Leerlauf nahezu synchron; bei Belastung nimmt er eine „Schlüpfung" von einigen Prozent an (567). Die Drehzahl eines Induktionsmotors ist daher angenähert gleich der des Drehfeldes und nach ihr zu berechnen. Man ersieht, daß für geringe Drehzahlen hohe Polzahlen und umgekehrt erforderlich sind und ferner, daß bei gegebenem Puls die Drehzahl nicht ganz beliebig gewählt werden kann (vergl. hierzu auch Normalien).

(553) Konstruktion. Für ein gutes Arbeiten der Induktionsmotoren ist es erforderlich, daß das Zustandekommen des Drehfeldes nicht durch Schwankungen des magnetischen Widerstandes gestört wird; Induktionsmotoren werden deshalb mit genuteten Eisenkörpern in Hohlzylinder- und Walzenform sowohl für den primären, als auch für den sekundären Teil ausgeführt. Aus demselben Grunde dürfen beide Teile nicht dieselbe Nutenzahl besitzen. Man spricht deshalb bei ihnen vielfach nicht mehr von „Feldmagnet" und „Anker", sondern von „Primäranker" und „Sekundäranker"; doch ist daneben auch die Bezeichnung Feld für den primären und Anker für den sekundären Teil gebräuchlich.

Äußerlich unterscheidet man den „feststehenden Teil", auch Ständer, Stator, Lauf, Mantel, Gehäuse genannt, und den „beweglichen oder umlaufenden Teil", auch Läufer, Rotor, Anker genannt. Im folgenden soll der feststehende Teil S t ä n d e r, der umlaufende L ä u f e r genannt werden. Aus der Transformatoreigenschaft der Induktionsmotoren folgt, daß zur „Erregung" eine als Magnetisierungsstrom zu bezeichnende wattlose Komponente der Stromstärke aufgewendet werden muß, die im Interesse eines guten Leistungsfaktors und geringer Strombelastung der Wicklung möglichst klein sein soll. Diese Rücksicht verlangt, daß der Luftraum zwischen Ständer und Läufer so klein gemacht werden muß, als es sonstige, namentlich mechanische Gründe gestatten. Kleine Motoren werden mit Luftspalt bis zu 0,3 mm herab, große mit Luftspalt von höchstens 2 mm radialer Tiefe ausgeführt. Im Hinblick auf kleinen magnetischen Widerstand führt man die normalen Motoren auch fast durchweg mit nahezu oder ganz geschlossenen Nuten aus. Bei Anordnung von Ventilationsschlitzen beachte man das unter (432) Gesagte hinsichtlich der Länge der eingesetzten Finger.

Bei allen Motoren müssen Ständer und Läufer aus geteiltem Eisen hergestellt werden, damit keine Wirbelströme entstehen können.

(554) **Kommutatormotoren** sind von Görges (ETZ 1891, S. 699), Latour (L'Ecl. El. Bd. 29, S. 294 u. Bd. 31, S. 50) und Winter und Eichberg (Z. f. E. 1903, S. 213) für Mehrphasenstrom vorgeschlagen worden. Der Kommutator macht eine Kompensierung des wattlosen Stromes möglich, sodaß man den Leistungsfaktor auf Eins bringen kann*). Zu demselben Zwecke kombiniert Heyland den Kommutator mit der Kurzschlußwicklung. Eingang in die Praxis haben diese Motoren bis jetzt wenig gefunden.

Wichtig sind die Kommutatormotoren für einphasigen Wechselstrom. Der Läufer erhält dann eine Wicklung wie der Anker der Gleichstrommotoren, während der Ständer entweder mit ausgeprägten Polen oder ähnlich dem der Induktionsmotoren gebaut wird.

Mehrphasenmotoren.

(555) **Der Ständer** bildet in der Regel den Primäranker. Das Drehfeld wird in den Drehstrommotoren mit drei unter sich genau gleichen Wicklungszweigen (in der Werkstattssprache wohl auch schlechtweg „Phasen" genannt) erzeugt, deren Symmetrieachsen am Umfang in ähnlicher Weise wie bei den Generatoren um je 2/3 Polteilung gegeneinander verschoben sind und einander entsprechend übergreifen (Fig. 274). Die Nutenzahl für Pol und Zweig wird möglichst hoch gewählt, doch ist bei ihrer Festlegung eine Berücksichtigung der Massenfabrikation zu empfehlen, sobald es sich um kleinere oder mittlere Typen handelt (516). Für Zweiphasenmotoren wird das Drehfeld in entsprechender Weise durch Anordnung von zwei um 1/2 Polteilung gegeneinander verschobenen Wicklungszweigen erzeugt. Die Schaltungs- und Wicklungsmöglichkeiten entsprechen genau denen der Generatoren, (518—522).

(556) **Das Drehfeld.** Von dem Zustandekommen des Drehfeldes bekommt man eine Vorstellung, wenn man sich den einfachsten Fall einer Drehstromwicklung, drei um je 120° räumlich gegeneinander

---

*) Vergl. Blondel, L'Eclairage Electrique Bd. 35, S. 121.

verstellte, um denselben Eisenkern gewickelte Spulen, aufzeichnet, der Reihe nach für die in den drei zugehörigen Stromkreisen fließenden Stromstärken I sin ωt, I sin ($\omega t + 120^0$), I sin ($\omega t + 240^0$) eine Anzahl Werte für die in gleichen Intervallen aufeinander folgenden Zeiten t_1 t_2 t_3 ... berechnet oder dem Vektordiagramm durch Projektion der Vektoren auf die um gleiche Winkel verstellte Zeitlinie entnimmt und die ihnen entsprechenden MMKK in der Richtung der magnetischen Achsen der Spulen nach dem Parallelogramm der Kräfte zusammensetzt. Es ergibt sich in dem Falle eine mit gleichbleibender Größe umlaufende Resultante, entsprechend dem Dreikurbeltrieb.

(557) Die **Grenze der Spannung**, bis zu der die Motoren rationell gebaut werden können, liegt bei kleinen Typen bis etwa 10 P bei 500 Volt, bei mittleren Typen bis etwa 30 P bei 3000 Volt und bei großen Typen bei 7000 bis 10000 Volt. Sie ergibt sich aus dem Anwachsen einmal des für Isolation erforderlichen Raumes — in der Hinsicht sind Motoren mit geringer Nutenzahl für hohe Spannungen besser geeignet als andere — und aus der größten Zahl dünner Drähte, die man noch durch eine Nut fädeln kann. Die Schwierigkeiten der großen Annäherung der hochspannungführenden Wickelköpfe des Primärankers an die Wickelköpfe des Sekundärankers sind nicht zu verkennen, sind aber nicht unüberwindlich. Bei Motoren für sehr hohe Spannung ist man in der Regel gezwungen, um mit dem Wickelraum auszukommen und dabei vernünftige Abmessungen des Motors einzuhalten, im Wirkungsgrad und Leistungsfaktor etwas schlechtere Werte zuzulassen als bei normalen Spannungen.

(558) **Schaltung und Klemmen.** Beide Teile können nach Belieben Dreieck- oder Sternschaltung erhalten. Die Enden der Wicklung werden bei Drehstrommotoren zu drei Klemmen geführt, wenn ein für allemal Dreieckschaltung, oder wenn Sternschaltung ohne Herausführung des Nullpunktes vorgesehen ist. Bei Herausführung des Nullpunktes ergeben sich vier Klemmen. Will man Dreieck- oder Sternschaltung wählen können, wie es bei Motoren für zweierlei Spannung (zB. 110 und $\sqrt{3} \times 110 =$ ca. 190 Volt) vorkommt, so sind sechs Klemmen erforderlich. Bei solchen Motoren wird oft falsch angeschlossen, so daß die Stromrichtung in einem Wicklungszweig die verkehrte ist; in dem Falle laufen die Motoren auch, nehmen aber sehr große Stromstärken auf, ziehen nur geringe Belastung durch und brummen in der Regel stark. Man hat daher durch Vertauschen der Anschlüsse an dem betr. Zweig die richtige Stromrichtung herzustellen.

Zweiphasenmotoren erhalten in der Regel vier, selten drei Klemmen. In letzterem Falle dient eine Klemme zwei Stromzweigen und führt die $\sqrt{2}$-fache Stromstärke der beiden anderen.

Drehstrommotoren sind ohne weiteres durch Vertauschen zweier Zuleitungen umsteuerbar, da durch eine solche eine Umkehrung des Drehsinnes des Drehfeldes herbeigeführt wird. Zweiphasenmotoren werden durch Umkehrung der Stromrichtung in einem Wicklungszweig umgesteuert.

Die Anschlußklemmen aller Drehstrom- und Zweiphasenmotoren sollten im normalen Betrieb der Berührung nicht zugänglich sein.

(559) **Der Läufer** bildet in der Regel den Sekundäranker. Auch die Läufer werden vielfach mit drei Wicklungszweigen ausgeführt (sogenannte Phasenanker); zum Anschluß von Anlaßwiderständen (580) werden drei Punkte der Wicklungen mit Schleifringen verbunden, die entweder zwischen die Motorlager eingebaut oder fliegend angeordnet und dann unter Benützung einer Bohrung durch die Welle angeschlossen werden. Es empfiehlt sich, alle Motoren für Dauerbetrieb ohne Umsteuerung mit Bürstenabhebevorrichtung und umlaufender Kurzschlußvorrichtung für die Schleifringe auszuführen (geringer Verschleiß, guter Kontakt).

(560) **Kurzschlußläufer.** Wo ein Anlaßwiderstand entbehrt werden kann, d. h. namentlich bei kleinen, schnell laufenden Motoren bis 3 P, ferner bei solchen Motoren, die ohne wesentliche Belastung angehen, z. B. für Ventilatoren und Kreiselpumpen, dann, wenn die Trägheit des beweglichen Teiles nicht bereits den Anlauf erschwert, kommen sogenannte Kurzschlußläufer zur Verwendung. Kurzschlußläufer (neuerdings auch abgekürzt Schlußanker genannt) werden nach v. Dolivo - Dobrowolsky vielfach als sogenannte Käfiganker (Fig. 298) ausgeführt; ihre Wicklung besteht dann aus Stäben (für die Nute ein Stab), die an den Stirnseiten des Läufers sämtlich durch Kurzschlußringe unmittelbar miteinander verbunden sind. Diese Form stellt die einfachste Wicklung dar und verdient wegen ihrer mechanischen Vorzüge und des geringen Preises die größte Beachtung; ihre Anwendung darf

Fig. 298.   Fig. 299.

aber aus elektrischen Gründen nicht übertrieben werden (579). Die Käfigwicklung ist eine hinsichtlich der Polzahl indifferente Wicklung. Derselbe Läufer paßt daher zu beliebigen Polzahlen (vergl. Polumschaltung, 578). Bei Anwendung von Kurzschlußläufern in Käfigform empfiehlt es sich, die Ringe so aufzuschneiden, daß eine Reihe von Stabgruppen entsprechend der Polzahl entsteht, die hintereinander geschaltet erscheinen. Hierdurch wird vermieden, daß bei mehrpoligen, im Primärteil mit Hintereinanderschaltung ausgeführten Motoren im Sekundärteil störende Ausgleichströme auftreten. Aus dem gleichen Grunde empfiehlt es sich, die Eisenkörper der Sekundärteile nicht massiv auszuführen, sondern aus Blechen aufzubauen. Neben dem Käfigläufer finden sich Kurzschlußläufer auch so gewickelt, daß je ein Stabpaar (eine Windung) in sich kurz geschlossen ist.

Der kurzgeschlossene Phasenläufer, Fig. 299, ergibt eine geringere Ausnutzung als die vorher genannten Kurzschlußanker.

(561) **Die Windungszahl** auf dem Läufer kann beliebig gewählt werden, wenn er Sekundäranker ist. Stabwicklung ermöglicht die beste Ausnützung des Wickelraumes und ergibt eine sehr solide und sauber aussehende Wicklung. Dabei ist zugleich gute Abkühlung zu erreichen; man überlege aber die Möglichkeit des Entstehens

pfeifenden Geräusches durch die sirenenartige Wirkung der Wickelköpfe. Neben der Beachtung der besten Ausnützung des Wickelraumes hat indessen der Konstrukteur zu berücksichtigen, daß
geringe Leiterzahl auf dem Läufer hohe Läuferströme und daher
unbequeme Abmessung der Schleifringe und der Verbindungsleitungen
zum Anlasser, sowie große Spannungsverlust an den Übergangs-
kontakten (Bürsten, Anlasserkurbeln) ergibt; die Rücksicht hierauf
führt vielfach doch zur Entscheidung zugunsten der Drahtwicklung.

Bei großen Motoren ist zu beachten, daß bei Stillstand und
geringer Drehzahl — auch bei einfacher Stabwicklung — an den
Läufern hohe Spannungen auftreten können, die sowohl hinsichtlich
der Isolierfestigkeit als auch mit Rücksicht auf Gefährdung von
Personen vom Konstrukteur zu berücksichtigen sind.

Die Spannung zwischen den einzelnen Drähten, soweit sie
benachbart liegen, ist indessen meist sehr gering; deshalb ist es
möglich (Masch.-Fabr. Oerlikon) sich in vielen Fällen mit Auskleidung
der Nuten zu begnügen und im übrigen blanke Drähte zu wickeln.

(562) **Genauere Betrachtung des rotierenden Feldes bei Mehrphasenstrom.** Legt man durch die Achse eines mit Drehstromwicklung
versehenen Läufers in beliebiger Richtung eine Ebene, so wird diese
auf jeder Seite des Motors eine Anzahl Spulen schneiden. Zählt
man die Amperewindungen aller auf einer Seite des Motors geschnittenen Spulen zusammen, so findet man bei guten Wicklungen,
daß, wenn man die Schnittebene in beliebiger Richtung um eine Polteilung dreht, in der neuen Stellung genau dieselbe Amperewindungszahl, jedoch mit entgegengesetztem Vorzeichen vorhanden ist. An
der einen Stelle treten Kraftlinien aus dem äußeren in den inneren
Teil ein, an der anderen Stelle ebensoviel Kraftlinien aus dem inneren
in den äußeren aus. Wir können uns dann vorstellen, daß die
Amperewindungen der an einer Stelle geschnittenen Spulen genau für
die eine Weghälfte derjenigen Kraftlinien aufgebracht werden, die
an der Schnittstelle durch die Luft gehen. Sieht man von dem Verbrauch an MMK für den Eisenweg ab, so kommen für die Luft an
jedem Zahn die Amperewindungen zur Geltung, die bei einem durch
diesen Zahn und die Wicklung an dieser Stelle geführten Schnitt in
den geschnittenen Spulen vorhanden sind, Fig. 300. Unter dieser
Voraussetzung kann man leicht die auf jeden Zahn entfallenden
Amperewindungen bestimmen.

Ein Beispiel bei vierfachen Nuten ($m = 4$) nach Fig. 300 möge
dies deutlich machen. Die Amperewindungen der geschnittenen
Spulen betragen:

Zahn No.	AW	Zahn No.	AW
1	$4\,a$	8	$a + 4\,b$
2	$4\,a + b$	9	$4\,b$
3	$4\,a + 2\,b$	10	$4\,b + c$
4	$4\,a + 3\,b$	11	$4\,b + 2\,c$
5	$4\,a + 4\,b$	12	$4\,b + 3\,c$
6	$3\,a + 4\,b$	13	$4\,b + 4\,c$
7	$2\,a + 4\,b$	14	$3\,b + 4\,c$

Dabei bezeichnen a, b, c die auf eine Nute entfallenden AW der drei Stromkreise des Drehstroms. Die Polteilung enthält in diesem Falle 12 Nuten. Man erhält an AW zB. für Zahn 2: $(4a + b)$ für Zahn 14: $(3b + 4c)$ oder da $(a + b + c) = 0$, $-(4a + b)$.

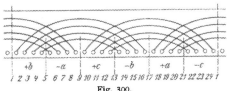

Fig. 300.

Die einzelnen Amperewindungszahlen lassen sich leicht graphisch darstellen, wenn man annimmt, daß die einzelnen Stromstärken sinusartig variieren. Es mögen OA, OB, OC, Fig. 301, die drei Stromstärken und zugleich die Amperewindungszahlen $4a$, $4b$, $4c$ (allgemein ma, mb, mc) darstellen. Zeichnet man nun das regelmäßige Sechseck $AFBDCE$, teilt die Seiten in je vier (allgemein m) gleiche Teile und zieht von O aus die Radienvektoren nach den Teilpunkten, so stellen diese Vektoren der Größe und Phase nach die auf jeden Zahn entfallenden AW dar, so zB. der Vektor OA die AW für Zahn 1, $O2$ die für Zahn 2, $O3$ die für Zahn 3.

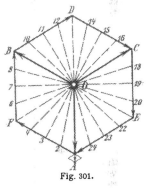

Fig. 301.

Der Scheitelwert von a, b, c ist $\dfrac{1}{m} \cdot \dfrac{N}{3} \cdot \sqrt{2}\,I$, wenn N die Windungszahl eines Polpaares und m die Zahl der Zähne für Pol und Zweig ist. Die Vektoren OA, OB, OC haben daher, wenn sie Amperewindungszahlen bedeuten, den Zahlenwert

$$\frac{N}{3} \cdot \sqrt{2}\,I = \frac{\sqrt{2}}{3} \cdot NI.$$

Man kann hieraus die Verteilung des Magnetfeldes in jedem Augenblicke feststellen. Man halte die Zeitlinie in einer beliebigen Lage fest und projiziere alle Vektoren auf die Zeitlinie, so geben die Projektionen

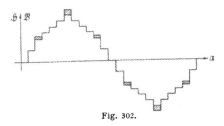

Fig. 302.

die augenblicklichen Werte des magnetischen Feldes von Zahn zu Zahn an. Geht die Zeitlinie durch eine der Ecken des Sechs-

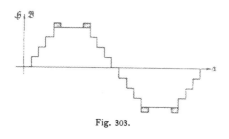

Fig. 303.

ecks, so erhält man für die Darstellung der Verteilung über einer Abszissenachse, die den Umfang des Motors darstellt, die spitze Treppenform (Fig. 302), steht die Zeitlinie senkrecht auf einer der Seiten, so erhält man die flache Treppenform (Fig. 303). Dazwischen kann man leicht die Übergänge konstruieren.

Die Amplitude des magnetischen Drehfeldes schwankt zwischen zwei Werten hin und her; der größere Wert $\dfrac{\sqrt{2}}{3} NI = 0{,}471\ NI$ wird immer dann erreicht, wenn die Zeitlinie mit einem der Stromvektoren in gleiche Richtung fällt und einen Grenzzahn zwischen zwei Wicklungsabteilungen trifft, die kleinere $\dfrac{\sqrt{2}}{3} NI \cos 30° = 0{,}408\ NI$, wenn die Zeitlinie den mitten zwischen zwei Grenzzähnen liegenden Zahn trifft, falls ein solcher vorhanden ist. Die Amplitude der Schwankung ist von der Zahl der Zähne für Pol und Stromzweig unabhängig; sie ist bei Drehstrommotoren kleiner $\left(1 : \dfrac{1}{2} \sqrt{3}\right)$, als bei Zweiphasenmotoren $\left(1 : \dfrac{1}{2} \sqrt{2}\right)$, weil bei letzteren im Diagramm statt des Sechsecks ein Quadrat erscheint.

(563) **Die Kraftflußdichte.** Ist die Sättigung im Eisen gering, so ist die maximale Kraftflußdichte bei Drehstrom in der Luft unter den Grenzzähnen

$$\mathfrak{B} = \frac{0{,}4\,\pi \cdot \sqrt{2}}{3} \cdot \frac{NI}{\delta},$$

wenn δ die einfache Luftstrecke zwischen Ständer und Läufer in cm. Hieraus folgt

$$NI = \frac{3}{0{,}4\,\pi \cdot \sqrt{2}} \cdot \delta\mathfrak{B} = 1{,}69 \cdot \delta\mathfrak{B}.$$

Zu diesen AW NI kommt noch der für den Verlauf der Kraftlinien in den Eisenkörpern aufzuwendende Betrag hinzu. Die Summe ergibt die gesamten AW.

Der aus einem Pol austretende Gesamtkraftfluß variiert zeitlich nur sehr wenig. Man kann, wenn man einfache Nuten, die bei Motoren nicht angewendet werden dürfen, ausschließt, mit genügender Genauigkeit setzen bei Drehstrom: $\qquad \Phi = 1{,}74 \cdot m\,\Phi_z$,

bei Zweiphasenstrom: $\qquad \Phi = m \cdot \Phi_z$.

Φ_z ist der maximale Kraftfluß eines Grenzzahnes.

Hieraus ergibt sich der Kraftfluß im Kranz zu $\dfrac{1}{2}\,\Phi$.

Bei starker Sättigung der Zähne werden die Kraftliniendichten den Feldstärken nicht genau proportional sein, die Unterschiede werden also geringer werden.

Von Einfluß sind natürlich auch die Nutenformen und das Verhältnis der Zahl der Nuten auf dem Primäranker zu der auf dem Sekundäranker, weil die obige Ableitung gleichförmigen magnetischen Widerstand über den ganzen Ankerumfang voraussetzte und diese Gleichförmigkeit durch die Nutung etwas beeinträchtigt wird.

(564) **Die EMK.** Um die in einer Drehstrom-Sechsphasenwicklung durch das Drehfeld induzierte EMK [die inbezug auf Primäranker bei Motoren als „Gegen-EMK" aufzufassen ist, da sie der vom Netz aufgedrückten Spannung das Gleichgewicht hält] zu berechnen, muß man eine Annahme über die Kraftlinienverteilung machen. Wir nehmen nun an, daß auch die Dichte $\mathfrak{B}$ der aus den einzelnen Zähnen austretenden Kraftlinien durch das Vektordiagramm (Fig. 301) dargestellt werde, obwohl infolge der Sättigung eine geringe Abweichung eintreten wird. Es sei Φ_z das Maximum des Kraftflusses, der aus einem der Grenzzähne austritt und $\mathfrak{B}$ die zugehörige Kraftflußdichte in der Luft, E die EMK für Polpaar und Zweig. Dann ist bei m-fachen Nuten, wenn S die wirksame Oberfläche eines Polpaares ist,

für Drehstrom: $\qquad \Phi_z = \dfrac{S}{6\,m}\,\mathfrak{B}$,

$$E = \frac{\sqrt{2}\,\pi}{3} \cdot C_3 \cdot \nu\,N m\,\Phi_z \cdot 10^{-8}\ \text{Volt}$$
$$= 0{,}247\,C_3 \cdot \nu\,N S \mathfrak{B} \cdot 10^{-8}\ \text{Volt},$$

für Zweiphasenstrom: $\qquad \Phi_z = \dfrac{S}{4\,m}\,\mathfrak{B}$,

$$E = \frac{\pi}{2} \cdot C_2 \cdot \nu\,N m\,\Phi_z \cdot 10^{-8}\ \text{Volt}$$
$$= 0{,}393\,C_2 \cdot \nu\,N S \mathfrak{B} \cdot 10^{-8}\ \text{Volt}.$$

Die EMKK werden durch Streuung etwas vergrößert.

C_3 und C_2 sind aus folgender Tabelle zu entnehmen:

m	C_3	C_2
1	2,000	2,000
2	1,750	1,500
3	1,705	1,409
4	1,688	1,375
5	1,681	1,360
6	1,677	1,352
7	1,672	1,347
$\vdots$	$\vdots$	$\vdots$
∞	1,667	1,333

Ist ein bestimmtes E vorgeschrieben, so kann man nach diesen Formeln Φ_s und daraus $\mathfrak{B}$ berechnen.

Bei Dreieckschaltung ist E mit der Anzahl der hintereinandergeschalteten Polpaare zu multiplizieren, um die gesamte EMK zu erhalten; bei Sternschaltung ist außerdem noch mit $\sqrt{3}$ zu multiplizieren.

(565) **Streuung zwischen den Zähnen.** Die magnetische Streuung zwischen zwei benachbarten Zähnen ist der magnetischen Potentialdifferenz zwischen ihnen proportional, und deren Scheitelwert wird im Diagramm, Fig. 301, durch die Abschnitte auf den Seiten des Sechsecks (oder Quadrats bei Zweiphasenstrom) dargestellt. Solange nun die magnetische Sättigung das Diagramm nicht verzerrt, ist der Maximalwert der Streuung von Zahn zu Zahn konstant, auch hat eine Anzahl von Streuflüssen immer dieselbe Phase und nur an den 6 Grenzstellen tritt innerhalb eines Polpaares ein Sprung in der Phase um je 60° auf. Die Zähne, in die der Phase und Größe nach ein ebensolcher Streufluß aus- wie eintritt, werden durch die Streuung nicht stärker belastet. Es werden also nur die Grenzzähne, die sich zwischen zwei Wicklungsabteilungen befinden, zB. 1, 5, 9 . . . in Fig. 300 infolge von Streuung magnetisch stärker belastet. Ist der Streufluß von Zahn zu Zahn Φ_s, ein Wert, der sich berechnen läßt, sobald der Widerstand des Streuflusses zwischen zwei benachbarten Zähnen bekannt ist, so sind die Grenzzähne durch Streuung um die geometrische Summe zweier Streuflüsse Φ_s, die 120° Phasenverschiebung gegeneinander haben, also um Φ_s stärker belastet, als sie es ohne Streuung wären. Die Streuung ist in Fig. 302 und 303 schraffiert angegeben.

(566) **Berechnung der Streuung.** Die magnetische Potentialdifferenz zwischen zwei Zähnen ist bei Drehstrom $0,4 \pi \cdot \dfrac{N}{3\,m} \sqrt{2}\,I$
$= 0,59 \cdot \dfrac{N\,I}{m}$. Ist $\mathfrak{R}_s$ der magnetische Widerstand des Streuflusses, so ist der Streufluß selbst

$$\Phi_s = \frac{0,4\,\pi \cdot \sqrt{2}}{3} \cdot \frac{N\,I}{m\,\mathfrak{R}_s} = 0,59 \cdot \frac{N\,I}{m\,\mathfrak{R}_s}.$$

Dieser Streufluß umschlingt alle Windungen eines Zweiges zweimal, daher ist für einen Zweig und ein Polpaar die EMK der Streuung

$$E_s = 2 \cdot \frac{2\,\pi\,\nu}{\sqrt{2}} \cdot \frac{N}{3}\,\Phi_s \cdot 10^{-8} \text{ Volt}$$

$$= 1,76 \cdot \frac{\nu\,N^2\,I}{m\,\mathfrak{R}_s} \cdot 10^{-8} \text{ Volt}.$$

Aus (564) ergibt sich ferner das Verhältnis

$$\tau = \frac{E_s}{E} = \frac{12\,\delta}{C_s\,m\,S\,\mathfrak{R}_s},$$

worin τ der Heylandsche Streuungskoeffizient ist (384).

Die letzte Gleichung läßt den Einfluß der Nutenzahl erkennen. Unter der Annahme, daß $\mathfrak{R}_s$ konstant gehalten wird, gilt für τ folgende Tabelle:

m	τ in $\%$
1	100
2	57,2
3	39,1
4	29,7
5	23,8
6	19,9
7	17,1
.	.
.	.
.	.
∞	0

d. h. die Streuung nimmt mit wachsender Nutenzahl stark ab.

Zur Berechnung von $\mathfrak{R}_s$ ist der ganze Pfad in eine Anzahl paralleler Teile zu zerlegen, deren Leitfähigkeiten zunächst bestimmt und addiert werden. Der reziproke Wert der Summe ist $\mathfrak{R}_s$. Es kommen besonders folgende Teile in Betracht: Steg oder Nutenöffnung, Teil zwischen Nutenöffnung und Drähten, Nute selbst [von diesem Teil ist nur der dritte Teil der Leitfähigkeit einzusetzen], Luftspalt zum gegenüberliegenden Teil und zurück. Dieser letztere, auch Zickzackstreuung genannte Teil liefert im allgemeinen den größten Betrag und darf nicht vernachlässigt werden. Endlich kommt noch die sogenannte Flankenstreuung in Betracht, d. h. der Teil, der an den Stirnseiten des Ankers aus und eintritt, und der den außerhalb des Eisens liegenden Teil der Wicklung umgibt. Nach (384) findet man ferner

$$\nu_1 = 1 + \tau_1, \quad \nu_2 = 1 + \tau_2,$$
$$\sigma = 1 - \frac{1}{\nu_1\,\nu_2}.$$

(567) **Wirkungsweise der Mehrphasenmotoren.** Die Winkelgeschwindigkeit des magnetischen Feldes sei ω_0, die des rotierenden Teiles ω. Ihre Differenz heißt Schlüpfung, auch Schlipf (263). Bei p Polpaaren ist

1) $$\omega_0 = \frac{2\pi\nu}{p}, \quad \omega = \frac{2\pi n}{60}.$$

Die Schlüpfung wird gewöhnlich in Prozenten von ω_0 angegeben, also

2) $$s = 100\,\frac{\omega_0 - \omega}{\omega_0}.$$

Die Schlüpfung ist die relative Geschwindigkeit zwischen dem rotierenden Feld und dem Läufer. Die im Sekundäranker induzierte EMK ist der Schlüpfung und den sekundären Kraftflußwindungen M_2 proportional:

3) $$E_2 = c_1\,M_2\,(\omega_0 - \omega).$$

Wenn der Anker kurz geschlossen ist, so ist die Stromstärke

4) $$I_2 = \frac{E_2}{R_2} = \frac{c_1}{R_2}\,M_2\,(\omega_0 - \omega),$$

wobei alle Größen auf einen Zweig zu beziehen sind. Ihr entspricht
die Stromwärme

5)
$$W_2 = R_2 I_2^2 = \frac{E_2^2}{R_2}$$

$$= \frac{c_1^2}{R_2} M_2^2 (\omega_0 - \omega)^2.$$

Das zugleich auftretende Drehmoment ist proportional mit M_2 und
I_2, daher

6)
$$D = c_2 M_2 I_2 = \frac{c_1 c_2}{R_2} M_2^2 (\omega_0 - \omega).$$

Das Drehmoment ist also proportional der Schlüpfung und dem
Quadrat der sekundären Kraftflußwindungen.

Das Produkt $D \omega$ stellt die mechanische Leistung L_m dar, von
der noch die Reibungsverluste abzuziehen sind, um die Nutzleistung
zu erhalten; das Produkt $D (\omega_0 - \omega)$ die zur Stromwärme verbrauchte
Leistung W_2. Es verhält sich also

7)
$$\frac{W_2}{L_m} = \frac{\omega_0 - \omega}{\omega},$$

und, wenn $L_2 = W_2 + L_m$ die gesamte dem Anker zugeführte
Leistung ist,

8)
$$\frac{W_2}{L} = \frac{\omega_0 - \omega}{\omega_0} = \frac{s}{100} \quad \text{und} \quad \frac{L_m}{L} = \frac{\omega}{\omega_0}.$$

Die prozentuale Schlüpfung s ist daher gleich dem prozentualen
Leistungsverlust durch Stromwärme im Sekundäranker. Dies Resultat
gilt genau nur bei einem vollkommenen Drehfeld; ist es unvollkommen, so ist der Verlust größer, als sich aus der Schlüpfung ergibt. Beim Wechselstrommotor ist der Verlust bei normalem Betrieb
nahezu doppelt so groß (607).

Gl. (6) zeigt, daß zur Erzielung desselben Drehmomentes bei
konstantem M_2 (konstanter Primärspannung) die Schlüpfung proportional dem Ankerwiderstand sein muß. Vergrößerung des Ankerwiderstandes vergrößert also die Schlüpfung bis zum Stillstand des
Motors ohne Beeinträchtigung des Drehmomentes. Daher Anlassen
und Geschwindigkeitsregulierung durch Einschaltung von Widerständen
in den Sekundärkreis.

(568) Heylandsches Kreisdiagramm[*]). Nach 2) und 6) kommt der
Motor ohne wesentliche Änderung der magnetischen und elektrischen
Vorgänge zur Ruhe, wenn der Widerstand im Sekundärkreise von R_2 auf

$$100 \frac{R_2}{s}$$

vergrößert wird. Er verhält sich dann wie ein Trans-

---

[*]) Literatur: Heyland, Eine Methode zur experimentellen Untersuchung
an Induktionsmotoren. Voitsche Sammlung 1905. Berkitz-Behrend, In-
duktionsmotoren. Berlin, Krayn 1903. Heubach, D. Drehstrommotor, Berlin,
Springer 1903. Emde, D. Arbeitsweise d. Wechselstrommaschinen. Berlin,
Springer 1902. Ossanna, Theorie der Drehstrommotoren, Z. f. El. 1899. S. 223.
Sumec, Kreisdiagramm des Drehstrommotors bei Berücksichtigung des primären
Spannungsabfalles (Ossanna). Z. f. El. 1901, S. 177, außerdem Lehrbücher.

formator mit großer Streuung, (404). Es seien die primären Kraftflußwindungen $M_1 = OA$, Fig. 304, und also auch die primäre EMK E_1 konstant. Die primäre Klemmenspannung P_1 wird dann etwas, jedoch nur wenig variieren. Setzt man $\varphi_2 = 0$ und vernachlässigt man $\mathfrak{F}_2$, d. h. die Eisenverluste im Läufer, so geht Fig. 180 in Fig. 304 über und $\angle\, OQI$ wird ein Rechter. Der Schnittpunkt der Verlängerung von QI mit M_1 sei B. Zieht man IC parallel QO, AF parallel JO und FD parallel OQ, so läßt sich nachweisen, daß D, B und C feste Punkte auf AO sind. Daher müssen Q, I und F auf Kreisen über BO, BC und BD als Durchmessern liegen. Wählt man M so, daß $\triangle MAI$ ähnlich $\triangle M'A'O$, so ist MI parallel und proportional zu $M'O$ und FI parallel und proportional zu $F''O$, MI stellt daher

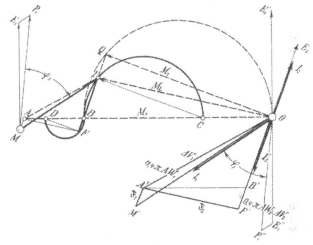

Fig. 304.

I_1 und FI bei gleichen Windungszahlen im Sekundär- und Primärkreise I_1 in demselben Maße dar. Auch QI und BI sind I_2 proportional. Gewöhnlich werden nur die Kreise über BC und BD gezeichnet und E_1 und P_1 von M aus eingetragen, Fig. 305. $E_1 P_1$ ist parallel zu MI und gleich $R_1 I_1$, P_1 bewegt sich auf einem Kreise, der ähnlich dem Kreise über BC ist. $\angle P_1 MI$ ist gleich der primären Phasenverschiebung φ_1. Bei Leerlauf fällt I mit I_λ, bei Stillstand mit I_k zusammen.

(569) **Beziehungen im Kreisdiagramm.** Aus der leicht erkennbaren Ähnlichkeit einer Anzahl Dreiecke und den Grundbeziehungen

1)
$$AI = \frac{A'O}{\rho_1}, \quad QI = \frac{OF'}{\rho_2}, \quad OI = \frac{A'F'}{\rho},$$

worin die Größen ρ von den magnetischen Widerständen abhängige Konstanten bedeuten, folgt, Fig. 304,

2)
$$\frac{AB}{OB} = \frac{FB}{IB} = \frac{DB}{CB} = \frac{\rho}{\rho_1},$$

ferner

3)
$$\begin{cases} IF = \dfrac{OF'}{\rho_1} \\[2mm] QI = \dfrac{OF'}{\rho_2} \\[2mm] BI = \dfrac{OF'}{\rho + \rho_1}. \end{cases}$$

Daraus folgt ferner mit $\dfrac{\rho}{\rho_1} = \tau_1$ und $\dfrac{\rho}{\rho_2} = \tau_2$

4)
$$\frac{AB}{BC} = \frac{\rho}{\rho_1} \cdot \frac{\rho + \rho_1 + \rho_2}{\rho_2}$$
$$= \tau_1 + \tau_2 + \tau_1\tau_2 = \nu_1\nu_2 - 1,$$

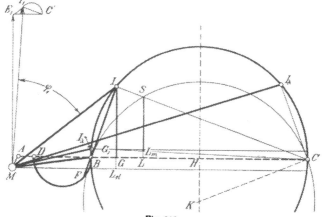

Fig. 305.

und

5)
$$\frac{AB}{AC} = 1 - \frac{1}{\nu_1 \nu_2} = \sigma.$$

Primärer Leistungsfaktor. Angenähert läßt man wohl M mit A zusammenfallen, d. h. man vernachlässigt die primären Magnetisierungsverluste. Dann wird I_1 durch AI dargestellt. Vernachlässigt man auch I_1R_1, so fällt P_1 mit E_1 zusammen. In diesem Falle wird der Maximalwert von $\cos\varphi_1$ gleich $\dfrac{1-\sigma}{1+\sigma}$, ein Wert, der demnach nur angenähert gilt.

(570) Schlüpfung. Nach (567) Gl. 4 kann man I_2R_2 proportional zu $M_2 s$ setzen. Anderseits ist I_2 zu BI, M_2 zu CI proportional. Demnach ist
$$s = c \cdot \frac{BI}{CI} = c \tan\alpha,$$

wenn c eine Konstante. Bei 100 % Schlüpfung sei $I_1 = MI_k$, **also**

$$100 = c \cdot \frac{BI_k}{CI_k}.$$

Demnach $\quad s = 100 \cdot \dfrac{CI_k}{BI_k} \cdot \dfrac{BI}{CI} = 100 \cdot \text{tang } \beta \cdot \dfrac{BI}{CI}.$

6) $\qquad = 100 \cdot \dfrac{BI \cdot \text{tang } \beta}{CI} \cdot = 100 \cdot \dfrac{SI}{CI}.$

S liegt auf einem Kreise (d.Schlüpfungskr.), dessen Mittelpunkt K der Schnittpunkt der Mittelsenkrechten auf BC und der Parallele zu BI_k durch C ist. Denn dann ist $\angle IBS = \angle \beta$ konstant. Die prozentuale Schlüpfung ist durch die letzte Gleichung gegeben.

(571) Drehmoment. Nach (567) Gl. 6 kann man das Drehmoment proportional zu $QB \cdot QO$, Fig. 304, oder $BI \cdot CI$, Fig. 304 u. 305, setzen. Da BC konstant, so stellt die Höhe IG das Drehmoment dar. Zieht man hiervon einen konstant angenommenen Betrag GG_1 für Überwindung der Reibung ab $(MI_\lambda = $ Leerlaufstromstärke, G_1 auf der Parallelen durch I_λ zu $AC)$, so ist IG_1 das nützliche Drehmoment. Das maximale Drehmoment wird erreicht, wenn J auf der Mittelsenkrechten von BC liegt, bei noch größerer Schlüpfung wird D wieder kleiner, während I_1 und I_2 weiter wachsen. Das Maximum von D ist

7) $\qquad D_{max} = \dfrac{I_\lambda \cdot E_1}{9,81 \cdot \omega_0} \cdot \dfrac{1-\sigma}{2\sigma}$ mkg.

(572) Leistung. Die gesamte mechanische Leistung L_{tot} würde proportional mit IG sein, wenn keine Schlüpfung vorhanden wäre. Die Schlüpfung verkleinert die Gesamtleistung im Verhältnis $CS : CI$, die Reibungsleistung im Verhältnis $GG_1 : LL_m$ $(L_m$ auf $G_1C)$, so daß

8) $\qquad L_{tot} = SL$ und $L_m = SL_m,$

worin L_m die Nutzleistung. Zieht man noch durch M eine Parallele zu AC, so stellt das Lot IL_{el} die elektrische Leistung abzüglich der vernachlässigten Eisenverluste im Sekundäranker und der primären Stromwärme dar, weil IL_{el} gleich der Wattkomponente von I_1. Demnach ist der Wirkungsgrad

9) $\qquad \eta = \dfrac{m_l \cdot SL_m}{m_l \cdot IL_{el} + I_1^2 R_1}.$ Wegen m_l siehe (575).

(573) Reduktion auf konstante P_1*). Winkel und Schlüpfung bleiben ungeändert, Spannungen, Stromstärken, Kraftflußwindungen ändern sich im einfachen, Drehmomente und Leistungen im quadratischen Verhältnis mit E_1, oder, wenn der ohmische Spannungsverlust vernachlässigt werden darf, proportional mit P_1. Man kann daher sehr hohe Zugkraft der Motoren dadurch erzielen, daß man den Motor durch Wahl geringer Leiterzahlen auf dem Primäranker

---

*) **Ossanna** hat ein Diagramm für konstante Spannung auf rechnerischer Grundlage angegeben, vergl. Z. f. Et. 1899, S. 223 und Z. f. El. 1901, S. 177.

hoch magnetisiert. Hierbei ist es möglich, trotz hoher Verluste für
1 kg Eisen bei Vollbelastung guten Wirkungsgrad zu erreichen, weil
die Leistung bedeutend steigt; dagegen wird bei geringer Last der
Leistungsfaktor natürlich ungünstig und bei allen Belastungs-
stufen die Erwärmung groß. Trotzdem lassen sich bei intermittierenden Betrieben solche Motoren vorteilhaft verwenden (geringer Preis)
und bei gewissen intermittierenden Betrieben (Fahrzeuge, Hebezeuge)
ist die Verwendung hoch magnetisierter Motoren dringend zu
empfehlen (Erzielung leichter Konstruktion und geringer Trägheit).

Wird Steigerung des Drehmomentes nur vorübergehend gewünscht,
so empfiehlt sich die Aufstellung von Reguliertransformatoren, mit
deren Hilfe die Klemmenspannung verändert wird. In einzelnen
Fällen wäre auch eine Umschaltung von Stern auf Dreieck im
Primäranker ein zulässiges Mittel.

(574) Maßstäbe für das Diagramm. Sind die Maßstäbe E und
I durch m_e und m_i festgelegt, so folgt aus

10)
$$E_1 = m_e \cdot ME_1, \quad I_1 = m_i \cdot MI,$$
$$L = m_l \cdot IL_{el} = E_1 I_1 \cdot \cos(E_1 I_1),$$
$$= E_1 \cdot m_i \, MI \cdot \cos(E_1 I_1),$$
$$= E_1 m_i \cdot I L_{el}.$$

11)   Daher $m_l = E_1 \, m_i$ als Maßstab für L_{el} in Watt.

Der Maßstab für L_m in P ist $\dfrac{m_l}{736}$, für das Drehmoment in mkg

12)
$$m_d = \frac{m_l}{9{,}81 \cdot \omega_0} = \frac{E_1 m_i}{9{,}81 \cdot \omega_0}.$$

Bei Stillstand ist $E_2 = R_2 I_2 = m_2 IC$, bei laufenden Motor ist
E_2 im Verhältnis IS/IC kleiner. Hieraus ergibt sich

13)
$$R_2 = \left(\frac{N_2}{N_1}\right)^2 \cdot \frac{E_1}{CD} \cdot \frac{IS}{m_i \cdot FI}.$$

(575) Herstellung des Diagramms durch Rechnung. Man
trage ME_1 vertikal nach oben auf, berechne für die entsprechende
Magnetisierung die Komponenten des Teiles MA von I_1, der zur
Magnetisierung des Ständers notwendig ist, und trage die Wattkomponente parallel zu ME_1, die wattlose Komponente rechtwinklig
dazu nach rechts an. Man erhält dadurch A und die Richtung von
AC. Die für die Durchmagnetisierung der Luft erforderliche Komponente von I_1 ist gleich AB. Man berechne nun σ (566) und
daraus $AC = AB/σ$. Der Kreis über BC kann nun geschlagen
werden. Aus der für eine bestimmte Belastung festgesetzten
Schlüpfung ist dann Punkt S zu konstruieren und durch BSC der
Schlüpfungskreis zu legen. Für die Schlüpfung sind Gl. 5) und 7)
in (567) maßgebend.

(576) Herstellung des Diagrammes auf Grund von Versuchen.
Werden I_1, P_1 und L_1 bei synchronem Leerlauf (Antrieb durch
fremden Motor bei offenem Sekundärkreis), ferner bei normalem
Leerlauf, endlich bei Stillstand (Motor bei verringerter Spannung festgebremst, Mittelwerte bei verschiedenen Stellungen nehmen) gemessen,

so kann man nach Festlegung des Vektors E_1 die Punkte B, I_λ, I_k konstruieren, indem man I_1 auf konstantes E_1 reduziert. Dadurch sind der Kreis über BC, ferner die Strecke ABC rechtwinklig zu ME_1 und die zu ihr parallelen Geraden durch l_λ und M festgelegt. Der Mittelpunkt des Schlüpfungskreises ergibt sich als Schnitt der Mittelsenkrechten auf BC mit der Parallelen zu BI_k durch C.

(577) **Einfluß der Polzahl und des Pulses.** Die Drehzahl n hängt von der Polpaarzahl p und dem Pulse ν ab, denn bei Synchronismus ist

14)
$$n_0 = \frac{60 \cdot \nu}{p}.$$

Die Umlaufzahlen n_0 ergeben sich daher aus der folgenden Tabelle.

p	n_0 für	
	$\nu = 25$	$\nu = 50$
1	1500	3000
2	750	1500
3	500	1000
4	375	750
6	250	500
12	125	250
24	62,5	125
28	53,5	107
32	46,9	93,8
36	41,7	83,3
40	37,5	75,0

Motoren für mehr als 3000 Umdrehungen (zB. für Holzbearbeitungsmaschinen) verlangen einen höheren Puls als 50; in der Regel sind niedrigere Drehzahlen erwünscht und daher die kleinsten normalen Motoren bei 50 Perioden vierpolig.

Die Winkelgeschwindigkeit ω_0 des Drehfeldes bleibt ungeändert, wenn die Polzahl $2\,p$ und der Puls ν proportional zueinander geändert werden. Betreibt man denselben Motor mit verschiedenem Puls, so läuft er entsprechend schneller oder langsamer. Bei konstanter Spannung bleibt $\nu\mathfrak{B}$ nahezu konstant, mit wachsendem Puls wird daher $\mathfrak{B}$ kleiner, das Drehmoment sinkt, und zwar fällt das Maximum des Drehmomentes prozentual um so ungünstiger aus, als die Einflüsse der Streuung nun mehr hervortreten, die Leistung bleibt dieselbe. Vergrößert man auch P_1 entsprechend ν, so bleibt $\mathfrak{B}$ annähernd konstant, die Leistung wächst, aber auch der Eisenverlust.

Soll die Drehzahl des Motors dieselbe bleiben, so müssen (nach Gl. 14) die Polzahl $2\,p$ und der Puls ν proportional miteinander geändert werden. Bleiben die Bohrung und die achsiale Länge des Motors dieselben, so bleibt auch die Leistung dieselbe, doch wachsen die Eisenverluste in den Zähnen und insbesondere die Streuung bei Vergrößerung der Polzahl. Anderseits werden die Ankerkränze dünner, die Windungslängen der Wicklung, d. h. das außerhalb der

Nuten an den Stirnseiten liegende Kupfer, geringer; der Motor wird
also leichter. Es gibt daher bei gegebener Leistung und Drehzahl
einen günstigsten Puls. Geringe Drehzahlen werden am besten vermieden; wo sie unerläßlich sind, erreicht man gute Konstruktion
leichter mit geringerem Puls als mit höherem.

(578) **Änderung der Umlaufzahl.** Soll bei konstantem Puls die
Drehzahl verändert werden, so stehen dazu drei Mittel zur Verfügung,
sofern man nur einen einzigen Motor verwenden will:

1. **Vergrößerung der Schlüpfung durch Einschalten
von Widerstand in den Sekundäranker.** Dies ist mit einfachen Mitteln bei jedem Motor mit Phasenanker ausführbar, sobald
Schleifringe vorhanden sind, bedingt aber starke Verluste durch Strom-

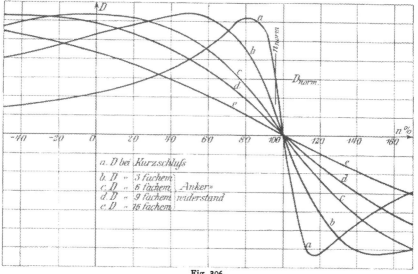

Fig. 306.

wärme im Regulierwiderstand und ergibt eine bestimmte Einstellung
nur für eine bestimmte Belastung. Wird der Motor entlastet, so läuft
er schneller, und wird er belastet, langsamer. Fig. 306 zeigt die Abhängigkeit des Drehmomentes von der Schlüpfung bei verschiedenen
Widerständen im Sekundäranker. Die Abszissen stellen darin die Drehzahlen in Prozent der Drehzahl bei Synchronismus, die Ordinaten die
Drehmomente dar.

2. **Herstellung einphasiger Wicklung im Sekundäranker.** Öffnet man zB. bei Drehstrom einen Stromzweig (durch
Abheben einer Bürste), so fällt der Motor bei stärkerer Belastung aus
der normalen auf die halbe Drehzahl, beim Anlaufen erreicht er
nur die halbe Drehzahl. Bei Überschreitung der halben Drehzahl
läuft er als Generator. Leistungsfaktor und Wirkungsgrad sind un-

befriedigend, letzterer jedoch größer als bei 50 % Schlüpfung nach der ersten Methode (vergl. ETZ 1896, S. 517). Diese Erscheinung tritt vorwiegend bei geringen Nutenzahlen auf.

3. **Polumschaltung.** Die Veränderung der Umlaufsgeschwindigkeit des Drehfeldes durch Änderung der Polzahl (Krebs) bedingt eine besondere, in eine größere Anzahl Abteilungen zerlegte Wicklung, einen entsprechenden Umschalter und eine größere Anzahl Verbindungsleitungen zwischen beiden, ist aber hinsichtlich der Einstellung einer bestimmten Drehzahl ausgezeichnet, verursacht nur geringe Verluste im Motor selbst und ergibt Unabhängigkeit der Drehzahl von der Belastung. Polumschaltung ist aber nur bei mäßiger Spannung im Primäranker ohne weiteres ausführbar. Der Läufer erhält Kurzschlußwicklung. Vergl. noch (560).

Verwendet man mehrere Motoren, so ist ein viertes Mittel die

4. **Kaskadenschaltung zweier Motoren (Görges)*).** In dem Sekundäranker eines Drehstrommotors fließt Drehstrom, dessen Puls ν_2 der Schlüpfung s proportional ist. Man hat also

$$\nu_2 = s \nu_1.$$

s ist hier nicht in Prozent ausgedrückt, sondern ein echter Bruch. Mit dem Strom des Sekundärankers kann man einen zweiten Motor betreiben. In diesem Falle geht bei verminderter Drehzahl des ersten Motors die infolge der Schlüpfung in dessen Sekundäranker erzeugte Leistung nicht in Widerständen verloren, sondern wird zum Betriebe des zweiten Motors nutzbringend angewandt. Bezeichnet man mit n_{10} die synchrone, mit n_1 die wahre Drehzahl des ersten Motors, mit n_{20} und n_2 die entsprechenden Drehzahlen des zweiten, so ist

$$\nu_1 = \frac{n_{10}}{60} \, p_1, \quad n_1 = (1 - s) \, n_{10},$$

$$\nu_2 = s \nu_1 = s \, \frac{n_{10}}{60} \, p_1,$$

$$n_{20} = \frac{60 \, \nu_2}{p_2} = s \, n_{10} \cdot \frac{p_1}{p_2}.$$

Daher
$$\frac{n_1}{n_{20}} = \frac{1-s}{s} \cdot \frac{p_2}{p_1},$$

$$n_1 + n_{20} = \left([1-s] + s \, \frac{p_1}{p_2} \right) n_{10}.$$

Bei gleichen Polzahlen folgt

$$\frac{n_1}{n_{20}} = \frac{1-s}{s} \quad \text{und} \quad n_1 + n_{20} = n_{10}.$$

Die Summe der Drehzahlen beider Motoren ist bei gleicher Polzahl daher nahezu gleich der synchronen Drehzahl der ersten Motors.

Gekuppelt laufen zwei Drehstrommotoren mit gleichen Polzahlen in Kaskadenschaltung daher mit der Hälfte der Drehzahl, die sie für sich allein annehmen würden. Am besten verbindet man die gleich gewickelten Läufer beider Motoren miteinander, Fig. 307. In diesem Falle kann man die Kaskadenschaltung anwenden, um Schleifringe zu sparen, indem der Anlasser in die feststehende

---

*) Vergl. Breslauer, Das Kreisdiagramm des Drehstrommotors u. seine Anwendung auf die Kaskadenschaltung. Voitsche Sammlung 1903.

Wicklung des zweiten Motors eingeschaltet wird. Die Umschaltung
von Normal- auf Kaskadenschaltung wird bei elektrischen Bahnen

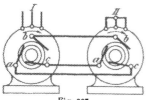

angewendet, um verschiedene Geschwindigkeiten zu erzielen. Zu
beachten ist, daß die Stromstärke
im Läufer des ersten Motors jetzt
eine 'Phasenverschiebung gegen die
EMK besitzt; für das Drehmoment
kommt aber nur die Leistungs-
komponente in Betracht. Die Beanspruchung des ersten Motors ist
daher größer als die des zweiten.
Der erste Motor wird daher bei

Fig. 307.

dauernder Kaskadenschaltung zweckmäßig größer als der zweite
gebaut.

Danielson erzielt mit der Kombination zweier Motoren von
verschiedenen Polzahlen vier verschiedene Drehzahlen. Vergl. E. T. Z.
1902, S. 656 und 1904, S. 43.

Kaskadenschaltung gleich gebauter Motoren ergibt geringen
Wirkungsgrad und niedrigen Leistungsfaktor. Bei Anwendung besonderer Bauart des zweiten Motors (Hintermotors) läßt sich der
Wirkungsgrad und auch der Leistungsfaktor etwas verbessern. In
dem Falle ist aber der Hintermotor nur bei Betrieb in Kaskadenschaltung zu benützen und muß im übrigen leer laufen.

5. Kupplung eines Induktionsmotors mit einem Synchronmotor
anderer Polzahl (Lahmeyer, vgl. El. Bahn. u. Betr. 1905, S. 661).

(579) Anlassen der Drehstrommotoren. Kleine Motoren bedürfen überhaupt keiner Anlaßvorrichtung. Man führt sie dann mit
Kurzschlußläufer aus. Bei größeren Motoren ist eine Anlaßvorrichtung
erforderlich, um stoßfreies Einschalten und genügendes Anlaufmoment
zu erzielen. Zum Anlassen dienen Widerstände und Umschaltungen.

(580) Anlaßwiderstände. Motoren mit Kurzschlußläufer erhalten
hin und wieder einen in den Primäranker zu schaltenden Anlasser.
Dieser kann aber nur ein zu starkes Anwachsen der Stromstärke

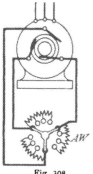

verhindern, wobei zugleich das an sich geringe
Anlaufdrehmoment noch verringert wird. Man
kann in solchen Fällen eine Umschaltung der
Primärwicklung von Sternschaltung beim Anlassen auf Dreieckschaltung für Dauerbetrieb
anordnen. In ähnlicher Weise wirkt ein mit
Sparschaltung ausgeführter Transformator mit
veränderlichem Übersetzungsverhältnis (410).
Zum Anschluß an öffentliche, auch Beleuchtungszwecken dienende Elektrizitätswerke werden
Motoren mit Kurzschlußläufer in der Regel nur
für kleine Leistungen, bis zu etwa 3 P zugelassen.

Der Anlasser im Läuferkreis (Fig. 308)
erfordert Schleifringe, verbürgt aber größtes
Drehmoment beim Anlaufen und normales Drehmoment bei etwa normaler Stromstärke, vgl.

Fig. 308.

Fig. 306. Die Kombination mit einem Anlasser im Primäranker wird zuweilen an gewendet, um auch in elektrischer Hinsicht ganz stoß-freies Anlaufen zu erzielen.

(581) **Berechnung des Anlaßwiderstandes.** Für eine bestimmte Stufe des Widerstandes sei $I_2 = B I_1$, $s_1 = 100 \cdot \dfrac{S_1 I_1}{C I_1}$, Fig. 309.

Wird eine Stufe abge-schaltet, so möge I_2 bei derselben Schlüpfung auf $B I_2$ wachsen. Die zu-gehörigen primären Stromstärken sind $M I_1$ und $M I_2$. Da das Dreh-moment nun zu groß ist, tritt eine Beschleunigung ein, bis das alte Dreh-moment wieder erreicht ist und die Schlüpfung sinkt auf

$$s_2 = 100 \cdot \frac{I_1 S_2}{I_1 C}.$$

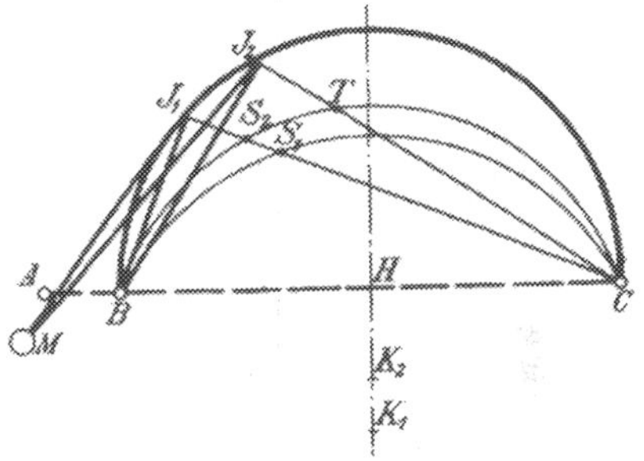

Demnach ist

Es ist aber auch

Fig. 309. *)

$$\frac{I_2 T}{I_2 C} = \frac{I_1 S_1}{I_1 C}.$$

$$\frac{I_1 S_1}{I_1 S_2} = \frac{R_1 + R_a}{R_2 + R_a},$$

worin R_a der Ankerwiderstand, R_1 und R_2 die vorgeschalteten Widerstände bedeuten, und

$$\frac{I_2 T}{I_1 S_2} = \frac{B I_2}{B I_1} = \varepsilon.$$

Es sind nun die Widerstände so abzustufen, daß die Ver-größerung der Stromstärke, d. h. ε immer gleich groß bleibt. Man findet aus den drei Beziehungen

$$\frac{R_2 + R_a}{R_1 + R_a} = \frac{1}{\varepsilon} \cdot \frac{I_2 C}{I_1 C} = \lambda.$$

Da auch $I_2 C / I_1 C$ eine Konstante, so müssen die einzelnen Widerstandsstufen nach einer geometrischen Reihe abnehmen. Schaltet man immer mehr Stufen vor, so erreicht man bei derselben Strom-stärke und demselben Drehmoment endlich 100 % Schlüpfung, d. h. Stillstand. Durch weitere Stufen kann man I_1 bis auf die Leerlauf-stromstärke verkleinern. Ist s die Schlüpfung ohne vorgeschalteten Widerstand in Prozent, R_n der ganze bei Stillstand und normalem Drehmoment vorgeschaltete Widerstand, so ist

$$\frac{R_a}{R_n + R_a} = \lambda^n = \frac{s}{100}.$$

*) In Fig. 309 ist irrtümlich J statt I gesetzt worden.

Für ein gegebenes λ kann man hieraus die erforderliche Stufenzahl n berechnen.

(582) Konstruktion der Anlasser. Die Anlasser werden als
Drahtwiderstände oder als Flüssigkeitsanlasser ausgeführt und in Stern
geschaltet (Fig. 308). Dreieckschaltung ist bei Draht-Anlassern zu vermeiden, weil sie zu komplizierter Gestaltung der Kontaktbahn führt.
In der Regel wird die Kontaktbahn so ausgebildet, daß sie drei Reihen
von Kontaktknöpfen enthält, entsprechend den drei Zweigen des
Sekundärankers, der fast immer, auch bei Zweiphasenmotoren dreiphasig gewickelt wird). Die Kontaktbürsten sitzen dann unisoliert an
einer drehbaren Metallscheibe, die den äußeren Nullpunkt der Stromkreise bildet.

Die Anlasser sollten in der Regel so ausgeführt werden, daß alle
stromführenden Teile, also auch die Kontaktbahn gegen Berührung
durchaus abgedeckt wird; sie müssen in dieser Weise nach den
Verbandsvorschriften § 13a ausgeführt werden, sobald sie nicht für
elektrische Betriebsräume bestimmt sind, und die Spannung an den
Schleifringen bei Stillstand 250 Volt überschreitet.

Um einen niedrigen Preis des Anlassers zu erzielen, beansprucht
man das Widerstandsmaterial hinsichtlich Erwärmung hoch; Dauereinschaltung des Anlassers zur Regulierung der Drehzahl ist also
nur möglich, wenn der Anlasser für diesen Zweck ganz besonders
berechnet worden ist. Motoren, die mit nur geringer Belastung an-
zulaufen haben, werden mit besonders stark beanspruchten, viel
billigeren „Anlassern für halbe Last" versehen.

Flüssigkeitsanlasser sind billig, sie verursachen allerdings
leicht größere Stromstöße beim Kurzschluß, der für Dauerbetriebe
durch einen metallischen Schalter herzustellen ist. Für reine Motoren-
betriebe und für Fahrzeugbetriebe, bei denen die Rücksichtnahme
auf Beleuchtungseinrichtungen zurücktritt, haben sie aber trotzdem
große Bedeutung gewonnen, wobei die leichte Bedienbarkeit aus der
Entfernung (Heben der Flüssigkeit durch Druckluft), und die Möglichkeit beliebiger Abstufung als besonders wertvoll erscheinen. (507
bis 513).

Zur Verbindung zwischen den Bürsten und dem Anlasser dienen
starke Leitungen, weil der Spannungsverlust mit Rücksicht auf
Wirkungsgrad und Schlüpfung auf ein Minimum herabgedrückt werden
muß. Die Stromstärke in diesen Leitungen kann nur bestimmt
werden, wenn die Spannung an den Bürsten bei Stillstand bekannt
ist; diese muß daher für jeden Motor angegeben werden. Ist sie
P_2, so ist

$$I_2 = \frac{L_2}{P_2 \sqrt{3}}.$$

$L_2 =$ Leistung des Sekundärankers bei Stillstand.

(583) Die Gegenschaltung (Görges) besteht darin, daß beim Anlauf
zwei in Stern geschaltete Abteilungen auf dem Sekundäranker entweder
mit verschieden großen Windungszahlen in gleicher relativer Lage
zueinander, Fig. 310, oder mit gleichen Windungszahlen bei einer Verdrehung um 60 elektrische Grade, Fig. 311, mit ihren gleichnamigen
Anfängen zusammengeschaltet werden, während diese für Dauerbetrieb

sämtlich untereinander kurz geschlossen werden.   In Schaltung I wirkt
die algebraische, in Schaltung II die geometrische Differenz der EMKK
auf die Summe der Widerstände; der Kurzschluß zwischen A, B, C
macht die Wicklungsabtei-
lungen voneinander unab-
hängig.   Die erste Wicklung
eignet sich für Drahtbewicklung und gestattet verschiedene
Abstufungen, die zweite Wicklung für Stabwicklung mit
zwei Stäben für 1 Nute. Geht
bei derselben Schlüpfung durch
Gegenschaltung die Strom-
wärme im Sekundärkreis auf

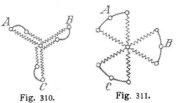

Fig. 310.   Fig. 311.

den m-ten Teil zurück, so muß die Schlüpfung zur Herstellung des
früheren Drehmomentes m-mal so groß werden, wobei die Stromwärme ebenfalls m-mal so groß wird, wie bei Normalschaltung.
Sind bei Drahtwicklung die Drähte für eine Nute 2 und 1, so
wirkt bei Gegenschaltung die einfache EMK auf den Widerstand dreier Drähte, bei Normalschaltung die einfache EMK auf
den Widerstand eines Drahtes, die doppelte EMK auf den Widerstand zweier Drähte.   Demnach verhalten sich die Stromwärmen
wie $\dfrac{1^2}{3} : \left(\dfrac{1^2}{1} + \dfrac{2^2}{2}\right) = \dfrac{1}{9}$.   Bei Gegenschaltung ist also die
Schlüpfung die neunfache, sie wirkt daher so, als wenn die achtfache
Ankerwiderstand vorgeschaltet wäre.   Bei der zweiten Art wirkt die
einfache E M K entweder auf jeden Draht oder auf zwei Drähte;
die Schlüpfungen verhalten sich daher hier immer wie 1 : 4.   Dies
Verhältnis genügt in den meisten Fällen, um den Motor mit über-
normalem Moment anlaufen zu lassen.   Die Umschaltung erfolgt am
besten durch einen selbsttätigen Kurzschließer, der auf der Welle fest-
gekeilt ist und bei einer bestimmten Geschwindigkeit (etwa 80 %)
durch Zentrifugalkraft den Kurzschluß herstellt, vgl. (453) u. Fig. 236.

(584) Die Methode von Boucherot besteht darin, daß zwei
Ständer, von denen einer verdrehbar ist, auf zwei mit gemein-
samer Kurzschlußwicklung versehene Läufer wirken.   Bei einer
relativen Verstellung der Ständer gegeneinander um 180 elektrische
Grade bleibt die Sekundärwicklung stromlos, bei allmählicher
Verringerung der Verstellung bis auf 0° wächst die EMK bei gleicher
Schlüpfung bis zum Maximum.   Diese Stellung entspricht daher dem
Dauerbetrieb.

(585) Verfahren von Zani.   In den Sekundäranker werden drei
induktive Widerstände, zB. Drosselspulen geschaltet, die mit induktionsfreien Widerständen parallel verbunden sind.   Das Verfahren wirkt
selbsttätig.   Bei Stillstand werden in den Zweigen des Sekundärankers nämlich Wechselströme vom Puls der Primärströme induziert;
diesen bietet die Selbstinduktion der Drosselspulen eine gegen-
elektromotorische Kraft, die den größeren Teil der Ströme in die
relativ hohen induktionsfreien Widerstände abdrängt; in dem Maße,
wie der Läufer sich in Bewegung setzt, verringert sich der sekundäre

Puls, bis schließlich der Puls und mit ihm die Drossel-EMKK so klein geworden sind, daß die Drosselspulen die induktionsfreien Widerstände durch ihre Wicklungen gewissermaßen kurz schließen.

(586) **Das Anlassen mit Stufenankern** kann in der Weise vor sich gehen, daß auf dem Sekundäranker mehrere Kurzschlußwicklungen vorgesehen werden, von denen eine mit hohem Widerstand beständig kurz geschlossen ist, während die anderen der Reihe nach durch Zentrifugalapparate oder von Hand jeweilig nach Erreichung einer bestimmten Drehzahl kurz geschlossen werden.

Werden Stufenanker so ausgeführt, daß alle Wicklungen von vornherein kurz geschlossen sind, daß aber die einzelnen Wicklungen konzentrisch im Sekundäranker liegen und zwar so, daß die Wicklung mit dem größten Widerstande an der Peripherie der Bohrung zunächst liegt, so erhält man den „Siebanker" von Boucherot, dessen Wirkung auf der magnetelektrischen Schirmwirkung beruht. Wird er nämlich eingeschaltet, so wird in der äußersten Wicklung bereits ein starker Strom induziert, der den Kraftfluß durch Ankerrückwirkung abweist; erst in dem Maße, wie bei sich steigernder Drehzahl des Sekundärankers die in der äußersten Lage induzierten Ströme geringer werden, dringt der Kraftfluß tiefer ein und induziert die inneren Stablagen.

(587) **Anlassen mit Polumschaltung.** Motoren, die mit Polumschaltung versehen sind, können in sehr rationeller Weise so angelassen werden, daß man zuerst die größte Polzahl einstellt und so bei geringer Drehzahl des Drehfeldes anfährt, und allmählich auf die höheren Drehzahlen durch Verringerung der Polzahlen übergeht. Dies Verfahren ist hauptsächlich von der Maschinenfabrik Oerlikon ausgebildet worden.

(588) **Anlassen mit Kaskadenschaltung.** Bei Kaskadenschaltung kann man ebenfalls in ziemlich rationeller Weise anfahren. Benützt man die Kaskadenschaltung, wie gewöhnlich, lediglich zum Anfahren, so kann der Hintermotor mit Käfiganker von verhältnismäßig hohem Widerstande ausgeführt und magnetisch hoch gesättigt werden. Man erreicht dann eine einfache Schaltung und sehr große Zugkraft auch noch dann, wenn die Netzspannung nicht ganz konstant gehalten wird (Eisenbahnbetrieb, zB. Veltlinbahn, vergl. El. Bahnen u. Betr. 1904, S. 394 u. 407, 1905, S. 25 u. 454).

(589) **Kompensierung des wattlosen Stromes*).** Versieht man den Sekundäranker eines Mehrphasenmotors außer der Kurzschlußwicklung mit einer Kommutatorwicklung, und führt dieser durch regelmäßig verteilte Bürsten (bei Drehstrom 3 bis $3\,p$ je nach Art der Wicklung) Mehrphasenstrom von dem Pulse des Primärstromes zu, so kann man im Sekundäranker ein rotierendes Feld von derselben Polzahl wie im Primäranker erzeugen, das unabhängig von der Drehzahl des Motors und bei richtiger Schaltung in demselben Sinne umläuft wie der Sekundäranker. Der Resultierenden der Amperewindungen der beiden Wicklungen kann man durch geeignete Bürstenstellung jede beliebige Phase geben. Verdreht man den entsprechenden Vektor $\overline{I_2}$

---

*) Vergl. Aufsätze von Heyland: E. T. Z. 1901 bis 1903. Blondel, Théorie des alternateurs polyphasés à collecteur. L'Ecl. El. XXXV, S. 121.

in Fig. 180 (403) so weit nach links, daß er eine geeignete Voreilung gegen E_1 erhält, so kann man die Phasenverschiebung φ_1
zwischen I_1 und P_1 zum Verschwinden bringen. Die Kompensation
ist nur bei einer bestimmten Belastung vollkommen; stimmt sie bei
normaler Belastung, so ist der Motor bei Leerlauf überkompensiert,
d. h. die Phasenverschiebung negativ. Die zwischen den Bürsten erforderliche Spannung ist sehr gering, da wegen des geringen Pulses
der Ströme in der rotierenden Wicklung die Gegen-EMK verschwindend
klein und somit fast nur der ohm-sche Spannungsverlust zu decken
ist. Zur Gewinnung der geringen Spannung ist entweder ein Transformator oder eine Abzweigung von einem geringen Teile der Wicklung des Primärankers erforderlich. Der Transformator kann auch in
dem Primäranker bestehen, wobei dieser zwei Wicklungen erhält.

(590) **Kompensierter Motor von Heyland.** Tatsächlich wird
auf dem Läufer nur eine Wicklung angebracht, die zugleich
Kurzschluß- und Kommutatorwicklung ist. Man könnte hierzu eine

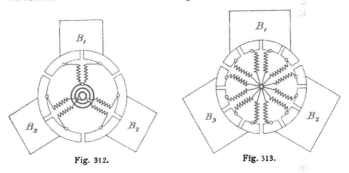

Fig. 312.   Fig. 313.

normale in sich geschlossene Kommutatorwicklung nehmen und je
zwei benachbarte Kommutatorteile durch Widerstände von passender
Größe miteinander verbinden. Vorzuziehen ist aber eine Mehrphasenwicklung mit zwei oder mehreren parallel gewickelten, also in denselben Nuten liegenden Zweigen, die so an den Kommutator angeschlossen sind, daß bei Unterbrechung eines Zweiges immer der
oder die mit ihm parallelen Zweige geschlossen bleiben. Durch die
gegenseitige Induktion wird dann das Feuer am Kommutator vermieden. Beispiele solcher Wicklungen zeigen Fig. 312 mit 3 Gruppen
von je 2 parallelen Zweigen und 6 Kommutatorteilen, Fig. 313 mit
3 Gruppen von je 4 parallelen Zweigen und 12 Kommutatorteilen.
Die Widerstände zwischen den Kommutatorteilen können hierbei weg-
bleiben, weil der Schluß der Wicklung über die Bürsten durch die
Transformatorwicklung genügt.

Wenn man den Nullpunkt auflöst und die drei Enden zu Schleifringen führt, so kann man zum Anlauf einen Anlasser einschalten.
Man kann die Schleifringe auch mit drei äußeren Enden der Wicklung
verbinden, die gleichzeitig an den Kommutator angeschlossen bleiben.
Beim Anlassen sind dann die Kommutatorbürsten, für den Dauerbetrieb die Bürsten von den Schleifringen abzuheben.

Hat der Motor 2 p-Pole, so kann man sich den Kommutator durch Aneinanderreihung von p aufgeschnittenen und abgewickelten Kommutatoren der beschriebenen Art hergestellt denken. Er besitzt also 6 bis 12 Teile für jedes Polpaar. Um auch jetzt mit 3 Bürsten auszukommen, werden soviel Verbindungsringe (Mordey-verbindungen) angeordnet, wie die Wicklung Anschlüsse braucht, und in regelmäßiger Folge mit einem Kommutatorteil für jedes Polpaar verbunden. Fig. 314 zeigt diese Anordnung für 6 Pole.

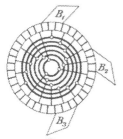

Fig. 314.

Der Vorteil der Kompensation liegt einerseits in der Vergrößerung des Leistungsfaktors, andererseits in einer besseren Ausnutzung des Materials, so daß die Motoren bei gleichem Gewicht mehr leisten, endlich auch in der Möglichkeit, den Luftspalt größer zu wählen; der Nachteil in der Anordnung des Kommutators der, wenn auch überaus einfach, doch groß ausfällt und dem Motor einen Teil seiner Einfachkeit nimmt.

(591) **Kompoundierung nach Heyland.** Die Kompensation gilt nur für einen Strom von bestimmter Stärke und Phase im Läufer. Um sie vollkommen zu machen, müßten die Bürsten verstellbar und die zugeführte Stromstärke regulierbar sein. Man kann denselben Zweck aber auch durch eine Kompoundierung erreichen, die in der Zuführung eines zweiten Stromes in den Sekundäranker besteht. Dieser Strom muß dem im Primäranker proportional und mit ihm phasengleich sein, und die Bürsten, durch die er zugeführt wird, müssen um $\dfrac{90^{\circ}}{p}$ gegen die anderen verstellt sein.

(592) **Der Induktionsmotor als Generator*).** Bewegt sich Punkt I, Fig. 305, auf der unteren Hälfte des Kreises, so sind D und s negativ. Der Motor muß also mechanisch angetrieben werden. Liegt I unterhalb der Horizontalen durch M, so ist auch L_{el} negativ. Der Motor nimmt dann mechanische Leistung auf und gibt elektrische Leistung vom Primäranker aus ab, er läuft als Generator. Punkt C wird bei unendlich großer Schlüpfung in der einen oder anderen Richtung, d. h. bei unendlich großer Drehzahl in beliebiger Richtung erreicht.

Die Generatorwirkung des Induktionsmotors bei Übersynchronismus hat bei stark schwankenden Kraftbetrieben den Vorteil eines Belastungsausgleiches, da bei Belastungsschwankungen in der Regel vorübergehend eine Verringerung der Drehzahl der Generatoren eintritt und damit ein Nachlassen des Pulses, dem sämtliche in dem Augenblick laufenden Motoren unter momentaner Generatorwirkung folgen.

---

*) Feldmann, Asynchrone Generatoren für ein- und mehrphasige Wechselströme. Berlin, Springer 1903.

Hiervon ist insbesondere im Eisenbahnbetrieb Gebrauch gemacht worden (El. Bahn. u. Betr. 1905, S. 514 u. a. a. O.

Generatorwirkung anderer Art kann eintreten, wenn ein Drehstrommotor in einem Netz mit stark unsymmetrisch verteilter Spannung läuft. In dem Falle gibt er von der aus dem einen Wicklungszweig aufgenommenen Leistung solche an den anderen ab, wirkt also ausgleichend. Hierbei können indessen Überlastungen einzelner Teile der Wicklung auftreten. Im äußersten Falle, wenn in einem Zweig die Netzspannung auf Null gesunken ist, kann der Motor diese Spannung wieder herstellen. Damit ergibt sich das Prinzip eines von Arno angegebenen Phasenumformes.

(593) Man kann den Induktionsmotor daher in Verbindung mit Synchrongeneratoren als asynchronen **Stromerzeuger** verwenden. Der erhebliche wattlose Erregerstrom muß dabei von den parallel geschalteten Synchrongeneratoren geliefert worden und dadurch ist zugleich der Puls des von ihm erzeugten Stromes bestimmt. Es ist sogar möglich, daß der Induktionsgenerator einen Synchronmotor speist und zugleich von ihm die wattlose Erregerkomponente erhält. Wegen der starken Belastung der Synchrongeneratoren mit wattlosen Strömen sind die Induktionsgeneratoren nicht in Gebrauch gekommen, obwohl der asynchrone Lauf den Parallelbetrieb erleichtern könnte. Heyland hat daher den kompensierten und kompoundierten Induktionsgenerator, vergl. (590 u. 591), fallen lassen.

(594) **Doppelfeldgenerator von Ziehl** (E. T. Z. 1905, S. 617.) Da der Puls des Stromes im Sekundäranker bei Synchronismus gleich Null ist, bei abnehmender sowie bei zunehmender Geschwindigkeit mit der Schlüpfung wächst und bei dem Doppelten der synchronen Geschwindigkeit gleich dem des Primärstromes ist, so kann man dann Primär- und Sekundäranker hintereinander oder auch parallel schalten. Beide Teile nehmen dann an der Stromerzeugung teil. Die Maschine kann bei Parallelbetrieb wieder vom Netz aus, oder aber durch eine besondere von einem Drehstromerreger gespeiste besondere Wicklung erregt werden. Der wattlose Strom geht gegenüber dem des normalen Induktionsgenerators auf die Hälfte zurück, da die Geschwindigkeit doppelt so groß ist.

(595) Endlich ist es möglich, Induktionsmotoren über die Schleifringe durch Zuführung von Gleichstrom zu erregen und dadurch zu Synchrongeneratoren oder Synchronmotoren zu machen. Will man in dem Falle streng synchronen Lauf erzielen, so kann man dies durch Kurzschließen eines Wicklungszweiges des Läufers und Erregung des anderen Zweiges erreichen (Verfahren von Joost).

(596) **Der Induktionsmotor als Transformator.** Der Induktionsmotor für Mehrphasenstrom ist bei Stillstand ein Transformator, durch den man die Phase des sekundären Stromes beliebig ändern kann, indem man die beiden Teile gegeneinander verdreht. Damit er nicht ins Laufen gerät, muß er mit einer selbstsperrenden Drehvorrichtung versehen oder aus zwei gleichen Teilen zusammengesetzt werden, deren Drehmomente entgegengesetzt gerichtet sind (Kübler). Benutzt man den Induktionsmotor in dieser Form als Zusatztransformator, so kann man die resultierende Spannung um die

doppelte Zusatzspannung kontinuierlich verändern. Zu dem Zweck werden die drei Zweige des Ständers entkettet und mit den Wicklungszweigen des Haupttransformators in Reihe geschaltet, während die Läuferwicklung wie üblich in Dreieck oder Stern geschaltet wird und den Primärstrom aufnimmt, der am besten dem Sekundärnetz entnommen wird.

Einphasenmotoren.

(597) Einteilung.

1. Induktionsmotoren. Sie sind wie die Induktionsmotoren für Mehrphasenstrom gebaut, haben jedoch auf dem Primäranker nur einen Stromkreis, so daß dieser für sich nur ein pulsierendes Feld erzeugen kann.

    a) ohne Kommutator.

    b) mit Hilfs-Kommutator (nach Heyland) zur Kompensation.

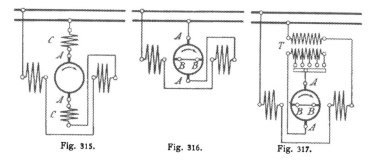

Fig. 315.   Fig. 316.   Fig. 317.

2. Kommutatormotoren*).

    a) Reihenschlußmotor. Schaltung wie bei dem entsprechenden Gleichstrommotor, meist mit ausgebildeten Polen gebaut, mit Kompensationswicklung auf den Feldmagneten oder mit Hilfspolen (Fig. 315).

    b) Motor von Latour, Winter und Eichberg. Ständer wie bei den Induktionsmotoren. Schaltung im einfachsten Falle, Fig. 316, wie beim Reihenschlußmotor, außerdem aber mit einem um $\dfrac{90^{0}}{p}$ gegen das erste verdrehten kurzgeschlossenen Bürstensatze BB; oder mit Reguliertransformator, Fig. 317, um das Verhältnis des durch die Bürsten AA fließenden Stromes zu dem im Ständer ändern zu können.

---

*) Literatur: Latour, l'Ecl. él. Bd. 34, S. 225 und Bd. 36, S. 313. Eichberg, E. T. Z. 1904, S. 75 u. Z. f. E. 1904, S. 119. Blondel, l'Ecl. él. Bd. 37, S. 321. Niethammer: Z. f. El., 1904, S. 167 u. a. Eine Zusammenstellung zahlreicher Schaltungen siehe bei Osnos, die einphasigen Wechselstrom-Kommutatormotoren, E. T. Z. 1904, S. 1.

c) **Repulsionsmotor** (**Thomson**). Nur dem Ständer, der wie bei den Induktionsmotoren ausgebildet ist, wird Strom zugeführt. Auf dem Kommutator liegt nur ein kurzgeschlossener Bürstensatz, der um einen bedeutenden Winkel (20 bis 45°) aus der neutralen Zone verdreht ist, Fig. 318.

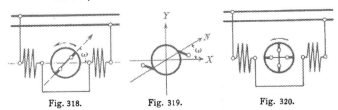

Fig. 318.   Fig. 319.   Fig. 320.

(598) **Ersetzung der Kommutatorwicklung durch zwei getrennte Wicklungen.** Die magnetische Wirkung einer beliebigen Windung des Läufers eines zweipoligen Motors mit dem Strome I_2 kann der Resultierenden der Wirkungen zweier Windungen gleich gesetzt werden, die senkrecht aufeinander stehen und in denen die Ströme $I_{x_2} = I_2 \cos \alpha$ und $I_{y_2} = I_2 \sin \alpha$ fließen, wenn α der Winkel ist, den die Normale der Windung mit der $X =$ Achse einschließt. Die magnetische Wirkung der Kommutatorwicklung bleibt daher dieselbe, wenn man sie durch zwei getrennte Wicklungen ersetzt, die bei einem zweipoligen Motor einen rechten Winkel, allgemein den Winkel $\dfrac{90°}{p}$ miteinander einschließen. Die Achse der Ständerwicklung möge immer mit der X-Achse, die Achsen der beiden Kommutatorwicklungen, deren Richtungen durch die Verbindungslinien der Bürstenauflagepunkte gegeben sind, mit der X- und der Y-Achse zusammenfallen. In den beiden Wicklungen müssen die Ströme $I_{x_2} = I_2 \sin \omega$ und $I_{y_2} = I_2 \cos \omega$, Fig. 319 fließen, wenn ω der Winkel ist, den die Verbindungslinie der Bürstenauflagestellen mit der X-Achse einschließt. Auch die Gesamtstromwärme bleibt dieselbe, wenn die beiden Wicklungen je denselben Widerstand besitzen, wie die wahre Wicklung. Die Kurzschlußwicklung des Induktionsmotors läßt sich ebenfalls durch zwei solche kurzgeschlossene Wicklungen mit Kommutator ersetzen.

Hiernach ergibt sich folgende für die Untersuchung der Motoren wichtige Einteilung, indem man stets zwei Kommutatorwicklungen, wie eben beschrieben, annimmt.

a) Ständerwicklung mit Y-Wicklung (Bürsten AA) in Reihe geschaltet — **Reihenschlußmotor**, Fig. 315.

b) Ständerwicklung mit X-Wicklung in Reihe geschaltet, X-Wicklung (Bürsten BB) kurzgeschlossen — **Reihenschluß-Kurzschluß-Motor** (**Latour**, **Winter und Eichberg**), Fig. 316.

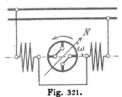

Fig. 321.

c) Ständerwicklung am Netz, X- und Y-Wicklung je kurz geschlossen — Doppelkurzschluß- oder Induktionsmotor,
Fig. 320.

d) Ständerwicklung am Netz, X- und Y-Wicklung hintereinander
kurz geschlossen — Einfachkurzschluß- oder Repulsions-
Motor, Fig. 321.

(599) **EMKK in der Kommutatorwicklung.** Zwischen den
Bürsten entstehen bei jeder beliebigen Drehzahl EMKK, deren Puls
genau gleich dem Pulse des magnetischen Feldes ist, in dem der

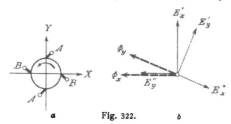

a   Fig. 322.   b

Anker läuft. Man kann daher bei jeder Drehzahl Wechselstrom von
diesem Pulse durch den Anker schicken. Die EMKK sind zweierlei Art,

1. solche, die in der ruhend gedachten Wicklung durch die
Änderungen des Kraftflusses erzeugt werden (Bezeichnung: E'). Sie
sind wattlose Komponenten der EMK.

2. solche, die durch Rotation der Wicklung im konstant gedachten Felde entstehen (Bezeichnung: E''). Sie sind Wattkompo-
nenten der EMK.

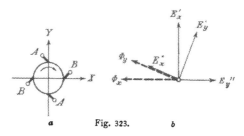

a   Fig. 323.   b

Bei der durch den Winkel ω gekennzeichneten Bürstenstellung,
Fig. 319 entstehen zwischen den Bürsten

1. durch Transformation

a) im X-Felde: $E_x' = + \sqrt{2} \cdot \nu N \Phi_x \cos \omega \cdot 10^{-8}$ Volt,

b) im Y-Felde: $E_y' = + \sqrt{2} \cdot \nu N \Phi_y \sin \omega \cdot 10^{-8}$ Volt.

mit je 90^0 Phasenverschiebung gegen das erzeugende magnetische
Feld. Φ_x und Φ_y bedeuten die Amplituden der Kraftflüsse in den Richtungen der X- und der Y-Achse.

2. durch positive Rotation (entgegen dem Uhrzeiger):

   a) im X-Felde: $E_y'' = + v \cdot \sqrt{2} \cdot v\, N\,\Phi_x \sin \omega \cdot 10^{-8}$

   b) im Y-Felde: $E_x'' = - v \cdot \sqrt{2} \cdot v\, N\,\Phi_y \cos \omega \cdot 10^{-8}$

beide ohne Phasenverschiebung gegen das erzeugende magnetische Feld. v ist das Verhältnis der wahren zur synchronen Geschwindigkeit; $v = 1$ entspricht also dem Synchronismus.

Für die X-Wicklung ist $\omega = 0^0$, daher

$$E_x' = + \sqrt{2} \cdot v\, N\,\Phi_x \cdot 10^{-8} \text{ mit } 90^0 \text{ Phasenverschiebung,}$$

$$E_x'' = - v \cdot \sqrt{2} \cdot v\, N\,\Phi_y \cdot 10^{-8} \text{ ohne Phasenverschiebung.}$$

Für die Y-Wicklung ist $\omega = 90^0$, daher

$$E_y' = + \sqrt{2} \cdot v\, N\,\Phi_y \cdot 10^{-8} \text{ mit } 90^0 \text{ Phasenverschiebung,}$$

$$E_y'' = + v \cdot \sqrt{2} \cdot v\, N\,\Phi_x \cdot 10^{-8} \text{ ohne Phasenverschiebung.}$$

Vergl. Fig. 322 a u. b für positive, Fig. 323 a u. b für negative Drehung. Richtung und Größe von Φ_x und Φ_y sind hierin beliebig angenommen.

(600) **Drehmomente.** Die Y-Wicklung erleidet im X-Felde, die X-Wicklung im Y-Felde ein Drehmoment. Est ist, wenn man die Drehmomente mit $(\Phi_x I_y)$ und $(\Phi_y I_x)$ bezeichnet,

Drehmoment $(\Phi_x I_y)$ negativ, Drehmoment $(\Phi_y I_x)$ positiv.

Die Drehmomente sind periodische Funktionen der Zeit mit doppelt so großem Puls wie der des magnetischen Feldes. Der Mittelwert der Drehmomente ist dem Ausdruck $\Phi I \cdot \cos (\Phi, I)$ proportional und daher am größten, wenn keine Phasenverschiebung zwischen Feld und Stromstärke vorhanden ist, und gleich Null bei 90^0 Phasenverschiebung.

(601) **Diagramm des Reihenschlußmotors** *), Fig. 324. Der Strom I erzeugt in der X-Richtung die Kraftflüsse Φ_{x_1} im Ständer und Φ_{x_2} im Läufer, die um den Streufluß voneinander verschieden sind; ferner in der Y-Richtung Φ_{y_2} im Läufer. Diese Kraftflüsse haben alle dieselbe Phase wie I, wenn man von der Hysterese und den Wirbelströmen im Eisen absieht. Das Drehmoment $(I_{y_2} = I, \Phi_{x_2})$ ist bei Stillstand bedeutend, da beide Vektoren dieselbe Richtung haben und nach (600) negativ. Der Motor läuft daher im Sinne des Uhrzeigers mit großer Kraft an. Φ_{x_1} erzeugt im Ständer die EMK E_{x_1}' mit 90^0 Phasen-

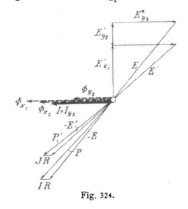

Fig. 324.

---

*) H e u b a c h, Der Wechselstrom-Serienmotor. Voit sche Samml. 1903.

Hilfsbuch f. d. Elektrotechnik. 7. Aufl.   28

verschiebung gegen I, Φ_{y_2} im Läufer E_{y_2}'' mit 180^0 Phasenverschiebung gegen I, Φ_{y_2} im Läufer E_{y_2}' mit 90^0 Phasenverschiebung gegen I. Die geometrische Addition von E_{x_1}', E_{y_2}' und E_{y_2}'' ergibt die gesamte Gegen-EMK E. Die Vektorsumme $[-E + IR]$ ist gleich der Klemmenspannung P des Motors. Durch Hilfspole (bei ausgeprägten Polen am Ständer) oder durch eine Hilfswicklung (bei ringförmigem genutetem Ständer), die ebenfalls vom Strome I gespeist werden, kann man Φ_{y_2} aufheben und zugleich auch ein geeignetes kommutierendes Feld schaffen. Die EMK sinkt dann von E auf E', die Klemmenspannung von P auf P' und die Phasenverschiebung von φ auf φ'. Die Hilfswicklung kann auch kurz geschlossen werden, sie ist dann aber nicht so wirksam.

Zur Erzielung eines großen **Leistungsfaktors** ist es nötig, daß $[E_{x_1}' + E_{y_2}']$ klein, E_{y_2}'' dagegen möglichst groß sei. Der Puls ist daher gering (gleich 15 bis 25 Per/Sek.), die Geschwindigkeit groß zu wählen.

Das **Drehmoment** ist wie beim Gleichstrom nur von der Stromstärke abhängig, und nimmt bei konstanter Spannung mit zunehmender Drehzahl ab, jedoch wegen der wattlosen Komponenten der EMK nicht in so starkem Maße wie bei Gleichstrom.

Wegen der Schwierigkeiten bei der Herstellung der Läuferwicklung für gute Kommutierung wird der Motor nur für Spannungen bis etwa 300 Volt gebaut.

(602) **Verhalten des Motors von Latour, Winter u. Eichberg**[*]). Im einfachsten Falle ist der die Ständerwicklung durchfließende Strom I zugleich der Strom I_{y_2} in der Y-Wicklung des Läufers, Fig. 316. Er erzeugt ein Feld in der Y-Achse, das Hauptfeld, während die kurzgeschlossene X-Wicklung ein Kompensationsfeld in der X-Richtung erzeugt. Der Übersichtlichkeit halber sollen die Eisenverluste wieder vernachlässigt werden.

Bei Stillstand kann das Y-Feld nicht auf die X-Wicklungen wirken, weil die Feld- und die Wicklungsachse senkrecht aufeinander stehen. Die X-Wicklungen bilden einen kurzgeschlossenen Transformator, dessen Diagramm nach (404) gezeichnet werden kann. Es ergeben sich dann zwei negative Drehmomente, ein geringes und ein großes. Der Motor läuft daher mit großer Kraft im Sinne der Uhrzeigerdrehung an. Φ_{x_2} ist sehr klein, da die von ihm erzeugte EMK

$$E_{x_2}' = \sqrt{2} \cdot \nu N \Phi_{x_2} \cdot 10^{-8}$$

nur den Spannungsverlust $I_{x_2} R_2$ zu decken hat. Φ_{x_1} unterscheidet sich nur um die Streuung von Φ_{x_2}, demnach ist die Spannung an der Ständerwicklung gering. Die Y-Wicklung des Läufers erzeugt einen starken Kraftfluß und wirkt wie eine Drosselspule. An ihr tritt daher eine große EMK auf. Die Phasenverschiebung ist bedeutend.

Wenn der Motor läuft, tritt in der kurzgeschlossenen X-Wicklung noch eine EMK

$$E_{x_2}'' = -v \cdot \sqrt{2} \cdot \nu N \Phi_{y_2} \cdot 10^{-8}$$

[*]) Literatur siehe unter (597).

auf. Diese muß, da die resultierende EMK wieder nur $I_{x_2} R_2$ zu decken hat, nahezu ebenso groß wie E_{x_2}' und entgegengesetzt zu ihr gerichtet sein. Es ist also nahezu bei allen Geschwindigkeiten

$$\Phi_{x_2} = v \cdot \Phi_{y_2},$$

dabei müssen Φ_{x_2} und Φ_{y_2} stets nahezu 90^0 Phasenverschiebung gegeneinander besitzen.

(603) **Diagramm des Motors von Latour, Winter u. Eichberg.** Fig. 325. Nimmt man $\Phi_{x_2} = OA$ nach Größe und Richtung beliebig an, so ergibt sich $E_{x_2}' = OD$ rechtwinklig dazu und $E_{x_2}'' = DE$ nahezu gleich und gleichgerichtet mit DO, so daß $OE = I_{x_2} R_2$. Daß E in den linken oberen Quadranten fallen muß, ergibt sich aus der Weiterentwicklung des Diagramms, denn jede andere Annahme führt zu Unmöglichkeiten.

Nach (599), Fig. 323, müssen Φ_{y_2} und bei Vernachlässigung der Eisenverluste auch $0,4 \pi N_2 I_{y_2}$ und $I_{y_2} = I$ gleiche Richtung mit DE haben. Zeichnet man nun wie in (404) $OF = -0,4\pi$. $N_2 I_{x_2}$, $Str_2 = AB$, $\Phi_{x\,Luft} = OB$, $FG = H_{x\,Luft}$, so muß G auf einer Parallelen zu DE durch O liegen. Dabei ist OF mit EO, AB mit OF, FG mit OB, BC mit OG parallel und proportional. Das Drehmoment $(\Phi_{x_2} I_{y_2})$ ist klein, weil die beiden Vektoren nahezu einen Rechten einschließen, das Drehmoment $(\Phi_{y_2} I_{x_2})$ bedeutend. Beide Drehmomente sind negativ.

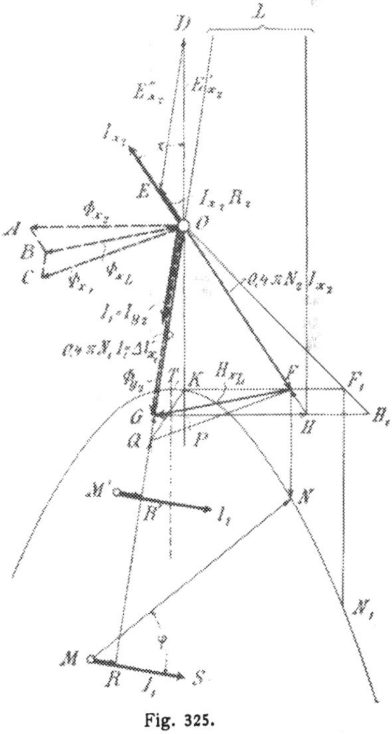

Zieht man GH parallel zu OA, wobei H auf der Verlängerung von OF liegt, und zeichnet Dreieck OHL ähnlich Dreieck EOD, so ist einerseits GH, anderseits HL proportional mit Φ_{x_2}. Demnach ist $\not\!\angle L$ konstant. Φ_{x_2} und Φ_{y_2} schließen also bei allen Belastungen einen konstanten Winkel von nahezu 90^0 miteinander ein.

Fig. 325.

Verlängert man DO bis zum Schnittpunkt P mit GH und zieht FK parallel zu GH, wobei K auf OP liegt, so teilt F die Strecke

OH und K die Strecke OP in einem festen Verhältnis, weil OF und FH beide proportional mit AB sind.

Nimmt man $I = I_{y_2}$ und daher Φ_{y_2} als konstant an, so haben die Punkte G, P und K eine unveränderliche Lage. OL ist proportional mit $DE = E_{x_2}''$ und daher jetzt proportional mit v, daher sind auch PH und KF proportional mit v. Die Geschwindigkeit kann daher durch KF gemessen werden. GH ist proportional mit $OA = \Phi_{x_2}$ und mißt daher Φ_{x_2} oder auch E_{x_2}'. Bei Stillstand ist daher Φ_{x_2} proportional mit GP. Nimmt man für die Wicklung des Ständers und die X-Wicklung des Läufers gleiche Windungszahlen an, so findet man die EMK der Ständerwicklung, indem man zu GH die EMKK der sekundären Streuung HF und der primären Streuung QG addiert, wobei

$$GH : HF : QG = AO : BA : CB.$$

Die EMK der Ständerwicklung ist daher gleich QF und bei Leer-auf gleich QK.

Aus den Proportionen

$$\frac{PH}{GH} = \frac{OL}{GL} \text{ und } \frac{GO}{PO} = \frac{GL}{HL},$$

folgt $\quad \dfrac{PH}{GH} \cdot \dfrac{GO}{PO} = \dfrac{OL}{HL} = \dfrac{E_{x_2}''}{E_{x_2}'} = \dfrac{v\,\Phi_{y_2}}{\Phi_{x_2}},$

oder $\text{tang } \alpha = \dfrac{PH}{PO} = \dfrac{GH}{GO} \cdot \dfrac{v\,\Phi_{y_2}}{\Phi_{x_2}},$

wenn α der Winkel zwischen OH und OP.

Es ist aber anderseits

$$\Phi_{x_2} = \frac{GH}{\rho_{Luft}} \text{ und } \Phi_{y_2} = \frac{\varkappa \cdot GO}{\rho_{Luft}},$$

wenn ρ_{Luft} der Widerstand der magnetischen Kreise und $\varkappa$ eine Konstante ist, die proportional der Windungszahl der Y-Wicklung ist und zu Eins wird, wenn alle drei Wicklungen dieselbe Windungszahl haben. Daraus folgt

$$\text{tang } \alpha = \varkappa v,$$

und für $v = 1$

$$\text{tang } \alpha = \varkappa.$$

Bei gleichen Windungszahlen und Sychronismus ist daher $\alpha = 45°$.

Demnach können KF und GH für Synchronismus gefunden werden.

In der Y-Wicklung des Läufers treten die EMKK $E_{y_2}' = RQ$ und $E_{y_2}'' = FN$ auf, die Klemmenspannung ist daher unter Berücksichtigung des Spannungsverlustes RM in der Ständerwicklung und der Wicklung des Läufers gleich MN. Die Stromstärke muß dabei durch MS dargestellt werden, da alle Spannungen um $90°$ gegen ihre wahre Lage inbezug auf die Kraftflüsse verdreht sind.

Da $\qquad E_{y_2}'' = c\,v \cdot \Phi_{x_2} = c_1\,v \cdot (GP + PH)$
$$= c_1\,v \cdot (\text{const} + c_2\,v),$$

und da ferner

$$KF = c_s\, v,$$

so liegt N auf einer Parabel, die durch K geht, deren Achse parallel zu OK liegt und deren Scheitel in der Nähe von K bei T liegt.

(604) Wird durch **Anwendung eines Transformators** (Fig. 317) der Erregerstrom abgeschwächt, was durch Vergrößerung der sekundären Windungen des Transformators geschieht (die Ampere-Windungen müssen primär und sekundär stets nahezu gleich groß bleiben), so kann man statt dessen annehmen, die Stromstärke I_{y_2} sei dieselbe geblieben, die Windungszahl N_{y_2} der Y-Wicklung aber verkleinert worden. Die Figur bleibt dann bis auf die Punkte M, R und S genau dieselbe, sobald man v soweit vergrößert, daß $v\,\Phi_{y_2}$ wieder die alte Größe hat, denn dann ist OL wieder ebenso groß wie früher. Dagegen nimmt QR jetzt proportional mit $N_{y_2}{}^2$ ab, es hat also bei Verkleinerung der Windungszahl auf die Hälfte nur noch den vierten Teil der früheren Größe.

(605) Das **Gesamtdrehmoment** ist wie beim Reihenschlußmotor eine Funktion der Stromstärke. Verkleinert man das Übersetzungsverhältnis des Transformators, so wird bei konstanter Spannung die Stromstärke im Ständer und das Drehmoment größer oder bei gleichem Drehmoment die Geschwindigkeit größer. Man kann den Reguliertransformator so abstufen, daß man bei verschiedenen Geschwindigkeiten immer mit einem sehr hohen Leistungsfaktor arbeitet. Dreht sich der Motor in umgekehrter Richtung, so wird die aufgenommene Leistung bei einer bestimmten Geschwindigkeit zu Null und darüber negativ. Der Motor verwandelt sich dann in einen Generator. Nach Eichberg erregt er sich dabei sogar selbst.

(606) **Konstruktion des Induktionsmotors.** Die Eisenkörper beider Anker und ihre Nutung sind in der Regel ebenso wie für Mehrphasenstrom ausgebildet, der Sekundäranker erhält genau dieselbe Wicklung wie bei Drehstrom, der Primäranker dagegen nur einen Stromkreis, indem man zum Beispiel in einem Drehstrommotor einen Zweig der in Stern geschalteten Wicklung unterbrochen und fortgenommen denkt. Der Einphasenmotor hat bei Stillstand kein Drehmoment, es entwickelt sich erst bei Rotation in der Drehrichtung, daher Betrieb in jeder Drehrichtung möglich.

(607) **Diagramm des Induktionsmotors**[*]. Beim Induktionsmotor entwickelt sich infolge der Rotation im X-Felde ein Querfeld $\Phi_{y_2} = OA$, Fig. 326, das durch den Strom I_{y_2} erzeugt wird. In der kurzgeschlossenen Y-Wicklung des Läufers müssen die beiden EMKK $E_{y_2}{}' = OB$ und $E_{y_2}{}'' = BC$ nahezu gleich groß und einander entgegengesetzt gerichtet sein. Es ist nämlich

$$OC = I_{y_2} R_2 = [E_{y_2}{}' + E_{y_2}{}''].$$

Die Phase von $I_{y_2} R_2$ ergibt sich daraus, daß I_{y_2} eine geringe Voreilung vor Φ_{y_2} haben muß. Φ_{x_2} hat bei positiver Drehrichtung

---

[*] Literatur: Görges, E.T.Z. 1903, S. 271. Sumec, Z. f. E. 1903, S. 517.

gleiche Phase mit $BC = E_{y_2}''$. Da auch die X-Wicklung des Läufers kurz geschlossen ist, so ist ebenso

$$I_{x_2}R_2 = [E_{x_2}' + E_{x_2}''].$$

Bei positiver Drehrichtung ist $E_{x_2}'' = DE$ parallel mit Φ_{y_2}, aber entgegengesetzt gerichtet, während $E_{x_2}' = OD$ 90° Verdrehung im Sinne des Uhrzeigers gegen Φ_{x_2} besitzen muß. Dadurch ist die Phase von $OE = I_{x_2}R_2$ und von I_{x_2} festgelegt. Die Vektoren der Kraftflüsse Φ_{x_2}, Φ_{xL} und Φ_{x_1} sowie die von I_1 und P_1 der Ständerwicklung können nun nach (404) konstruiert werden.

Nimmt man an, daß I_{y_2} und Φ_{y_2} gleiche Phasen haben, so ist

$$E_{y_2}' = E_{y_2}'' \sin OCB = E_{y_2}'' \cdot \sin \alpha$$

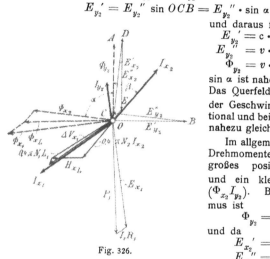

Fig. 326.

und daraus folgt, da

$$E_{y_2}' = c \cdot \Phi_{y_2} \text{ und}$$
$$E_{y_2}'' = v \cdot c \cdot \Phi_{x_2},$$
$$\Phi_{y_2} = v \cdot \Phi_{x_2} \cdot \sin \alpha.$$

$\sin \alpha$ ist nahezu gleich Eins. Das Querfeld Φ_{y_2} ist daher der Geschwindigkeit proportional und bei Synchronismus nahezu gleich Φ_{x_2}.

Im allgemeinen sind zwei Drehmomente vorhanden, ein großes positives $(\Phi_{y_2}I_{x_2})$ und ein kleines negatives $(\Phi_{x_2}I_{y_2})$. Bei Synchronismus ist

$$\Phi_{y_2} = \Phi_{x_2} \sin \alpha$$

und da

$$E_{x_2}' = c \Phi_{x_2} \text{ und}$$
$$E_{x_2}'' = v \cdot c \Phi_{y_2},$$

so erhält man

$$E_{x_2}'' = E_{x_2}' \cdot \sin \alpha.$$

Der Vektor I_{x_2} fällt dann in die Richtung von OB. In diesem Falle bleibt nur das kleine negative Drehmoment $(\Phi_{x_2}I_{y_2})$ bestehen. Mit wachsender Schlüpfung wird E_{x_2}'' proportional mit v^2 kleiner, infolgedessen wächst I_{x_2}, während der Winkel β kleiner wird. Das positive, vom Querfluß Φ_{y_2} erzeugte Drehmoment wächst daher schnell bis zu einem Maximum, das eintreten muß, weil zugleich Φ_{y_2} mit v abnimmt. Von da an nimmt das Drehmoment bis zum Werte Null ab, der bei Stillstand erreicht wird. Der Widerstand im Läufer muß möglichst gering sein, damit sich ein starkes Querfeld ausbilden kann.

Mit Vergrößerung des Widerstandes sinkt das Drehmoment schnell, eine Regulierung der Drehzahl durch Einschaltung von Widerständen in den Sekundäranker, wie bei Mehrphasenstrom, ist daher unmöglich. Bei Übersynchronismus läuft der Motor als Generator. Die Ankerstromwärme ist prozentual bei normalem Betriebe etwa gleich der doppelten Schlüpfung und geht bei Synchronismus durch ein Minimum. Die Leistung ist etwa 60 bis 70 % von der eines gleich großen Drehstrommotors, der Wirkungsgrad einige Prozent geringer. Sumec hat aus diesem Diagramm ein Kreisdiagramm abgeleitet.

(6o8) Anlassen. Zum Anlassen ist eine Kunstphase erforderlich. Man benutzt einen zweiten räumlich um $\left(\dfrac{90}{p}\right)^0$ verschobenen Strom-

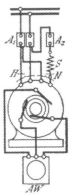

Fig. 327.

kreis, zB. den dritten für den Betrieb weggelassenen Zweig des Drehstrommotors, in dem durch einen Flüssigkeitskondensator oder eine Drosselspule eine Phasenverschiebung gegen den Strom im Hauptkreis hergestellt wird (Fig. 327). Etwa bei doppelter Normalstromstärke im Primäranker kann man normales Anlauf-Drehmoment erzielen. Der Hilfskreis muß nach dem Anlassen unterbrochen werden. Außerdem ist noch eine der für Mehrphasenstrom nötigen Anlaßvorrichtungen (Widerstand im Sekundäranker, Gegenschaltung usw.) anzuwenden. Heyland (E. T. Z. 1897, S. 523 u. 1903, S. 346) vermeidet die zum Anlassen erforderliche Selbstinduktionsspule, indem er den Hilfskreis aus verhältnismäßig wenigen Windungen herstellt und ihn in wenigen vergrößerten Nuten unterbringt. Dies erfordert jedoch Spezialblechschnitte mit verschieden gestalteten Nuten.

Corsepius (E. T. Z. 1903, S. 1012 u. 1904, S. 118, El. B. u. Betr. 1905, S. 633) ordnet einen Haupt- und einen Hilfsmotor, letzteren mit lose auf der gemeinschaftlichen Welle sitzendem Kurzschlußläufer, in einem gemeinsamen Gehäuse an. Beide Ständer haben Zweiphasenwicklungen mit hintereinander geschalteten Zweigen; die Vereinigungspunkte der Zweige beider Wicklungen sind miteinander verbunden. Zuerst wird der leerlaufende Hilfsmotor mit einer Kunstphase angelassen, dann die Ständerwicklung des Hauptmotors der des Hilfsmotors parallel geschaltet. Die durch die Rotation des Hilfsmotors erzeugten EMKK rufen eine solche Potentialverschiebung des Mittelpunktes der Ständerwicklung hervor, daß die Stromstärken in den beiden Zweigen des Hauptmotors annähernd 90° Phasenverschiebung besitzen. Der Motor läuft mit zwei- bis dreifachem Anzugsmoment bei mäßigen Stromstärken an.

Arnold und Schüler (E. T. Z. 1903, S. 565) versehen den Läufer mit Kommutatorwicklung und lassen ihn als Repulsionsmotor anlaufen. Arnold verwandelt dann die Läuferwicklung durch Kurzschluß der Kommutatorteile miteinander in eine Kurzschlußwicklung. Schüler schließt geeignete Punkte der Ankerwicklung über Schleifringe und Bürsten an einen Drehstromanlasser an, der beim Betrieb kurzgeschlossen ist. Das resultierende Drehmoment ist dann beim Anlauf nahezu gleich der Summe der Drehmomente, die der Motor einzeln als Repulsionsmotor und als Induktionsmotor entwickelt. Die Ausnutzung der Läuferwicklung ist in diesem Falle ungünstig (522).

(609) Kompensation nach Heyland. Wie bei Mehrphasenstrom kann man den Wechselstrom-Induktionsmotor kompensieren, indem man den Sekundäranker mit einem Kommutator versieht und ihm durch zwei (oder 2 p) in der Richtung der Y-Achse aufgelegte Bürsten vom Netz aus Strom von geringer Spannung zuführt. Schließt man nämlich am Kommutatormotor die Y-Wicklung nicht kurz, sondern legt eine Spannung an die Bürsten, deren Vektor in die Richtung von P_1, Fig. 326, fällt, so kann man E_{y_2}'' in eine Lage unterhalb OB bringen. Dann fällt auch Φ_{x_2} unter die Horizontale und Punkt E rückt auf die linke Seite von OA. Dadurch erhält I_{x_2} eine Voreilung vor E_{x_1} und die Phasenverschiebung zwischen P_1 und I_{x_1} wird nun bei bestimmter Belastung verschwinden. Tritt dies zB. bei normaler Belastung ein, so ist der Motor bei Leerlauf überkompensiert. Die Ausführung des Sekundärankers ist genau dieselbe wie beim kompensierten Mehrphasenmotor.

(610) Diagramm des Repulsionsmotors *) Fig. 328. Denkt man sich den Repulsionsmotor, wie in Fig. 321 ausgeführt, mit einer X- und einer Y- Wicklung auf dem Läufer, so richtet sich der Winkel ω der Bürstenverdrehung der wahren Wicklung nach dem Verhältnis der Windungszahlen N_{x_2} und N_{y_2} der beiden Ersatz-Wicklungen. Es ist

$$\tan \omega = \frac{N_{y_2}}{N_{x_2}}.$$

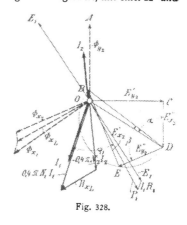

Fig. 328.

Bei Stillstand treten in der ganzen Läuferwicklung nur die beiden EMKK E_{x_2}' und E_{y_2}' auf, die wegen des Kurzschlusses der Wicklung nahezu gleich groß und entgegengesetzt gerichtet sein müssen. Dasselbe gilt von den Kraftflüssen Φ_{x_2} und Φ_{y_2}. I_2 hat aber mit Φ_{y_2} nahezu gleiche Phase, weil es der einzige Strom ist, der für die Erzeugung von Φ_{y_2} in Betracht kommt. Die Drehmomente $(\Phi_{y_2} I_2)$ und $(\Phi_{x_2} I_2)$ sind daher beide positiv und fast gleich groß. Der Motor läuft daher mit großer Kraft in positiver Richtung an.

Wenn der Motor läuft, treten noch E_{x_2}'' und E_{y_2}'' infolge der Rotation auf. Es muß nun

$$[E_{y_2}' + E_{x_2}'' + E_{y_2}'' + E_{x_2}'] = I_2 R_2$$

---

*) Literatur siehe (597).

sein. $I_2 R_2 = OB$ ist klein und hat wegen der Eisenverluste eine geringe Voreilung vor Φ_{y_2}, $E_{y_2}' = OC$ steht rechtwinklig auf $OA = \Phi_{y_2}$, $E_{x_2}'' = CD$ ist parallel zu OA und ihm entgegengesetzt gerichtet, weil der Drehungssinn positiv ist.

Die beiden EMKK E_{y_2}'' und E_{x_2}' müssen die Katheten eines rechtwinkligen Dreiecks über BD als Hypotenuse bilden. Nun ist

$$OC = E_{y_2}' = c\, N_{y_2}\, \Phi_{y_2}$$
$$CD = E_{x_2}'' = v \cdot c\, N_{x_2}\, \Phi_{y_2}$$
$$DE = E_{y_2}'' = v \cdot c\, N_{y_2}\, \Phi_{x_2}$$
$$EB = E_{x_2}' = c\, N_{x_2}\, \Phi_{x_2}.$$

Daher

$$\operatorname{tang} ODC = \operatorname{tang} \alpha = \frac{OC}{CD} = \frac{N_{y_2}}{v\, N_{x_2}} = \frac{\operatorname{tang} \omega}{v},$$

$$\operatorname{tang} BDE = \operatorname{tang} \beta = \frac{BE}{DE} = \frac{N_{x_2}}{v\, N_{y_2}} = \frac{1}{v\, \operatorname{tang} \omega}.$$

Der Punkt E auf dem Halbkreis über BD kann daher leicht gefunden werden. Die Vektoren von Φ_{xL} und Φ_{x_1} sowie von E_1 und P_1 können dann wie im Transformatordiagramm (404) konstruiert werden.

Besonders übersichtlich wird das Diagramm, wenn man $I_2 R_2$ vernachlässigt und B mit O zusammenfallen läßt. Dann ist

$$(N_{y_2}^2 + v^2 N_{x_2}^2)\, \Phi_{y_2}^2 = (N_{x_2}^2 + v^2 N_{y_2}^2)\, \Phi_{x_2}^2$$

oder $\qquad (\operatorname{tang}^2 \omega + v^2)\, \Phi_{y_2}^2 = (1 + v^2 \operatorname{tang}^2 \omega)\, \Phi_{x_2}^2.$

Bei beliebigem ω folgt hieraus für

Synchronismus $(v = 1)$ $\Phi_{x_2} = \Phi_{y_2}$,

Stillstand $\qquad (v = 0)$ $\Phi_{x_2} = \Phi_{y_2} \cdot \operatorname{tang} \omega$.

Für $\omega = 45^0$ ist bei jeder Geschwindigkeit $\Phi_{x_2} = \Phi_{y_2}$. In diesem Falle haben Φ_{x_2} und Φ_{y_2} außerdem bei Synchronismus 90^0 Phasenverschiebung, es besteht dann also ein rotierendes Feld, das in demselben Sinne umläuft wie der Anker, so daß die Kommutierungsverhältnisse günstig werden. Mit zunehmender Geschwindigkeit dreht sich, bei fester Lage von Φ_{y_2}, Φ_{x_2} im Sinne des Uhrzeigers. Bei Stillstand sind Φ_{x_2} und Φ_{y_2} einander genau entgegengerichtet, bei Synchronismus schließen sie einen Rechten miteinander ein und bei unendlich großer Geschwindigkeit fallen sie in dieselbe Richtung. Das Drehmoment $(\Phi_{x_2} I_2)$ wird dabei immer kleiner, ist bei Synchronismus gleich Null und wird dann negativ. Das Gesamtdrehmoment sinkt daher von Stillstand bis zum Synchronismus bis auf die Hälfte und wird bei unendlich großer Geschwindigkeit zu Null. Eine Phasenverschiebung bleibt in der Ständerwicklung zwischen Spannung und Stromstärke immer bestehen, der Leistungsfaktor kann daher nie den Wert Eins erreichen.

Stromumformungen.

(611) **Umformer** sind Maschinen, bei denen die Umformung des Stromes in einem gemeinsamen Anker stattfindet (im Gegensatz zu Transformatoren, die nur ruhende Teile besitzen, und zu Motorgeneratoren, die aus zwei direkt miteinander gekuppelten Maschinen bestehen). Man unterscheidet

1. Umformer mit zwei Wicklungen:

   a) mit zwei Kommutatorwicklungen zur Umformung von Gleichstrom in Gleichstrom anderer Spannung,

   b) mit einer Kommutatorwicklung und einer Wechselstrom- oder Drehstromwicklung zur Umformung von Gleichstrom in Wechselstrom oder umgekehrt. Die beiden Wicklungen können völlig voneinander getrennt sein — das Übersetzungsverhältnis ist dann ganz beliebig, oder sie können zusammenhängen — Sparschaltung. Man kann zB., wenn es sich nur um eine mäßige Erhöhung der Wechselstrom- oder Drehstromspannung handelt, die Zweige einer aufgeschnittenen Wicklung (522) an geeignete Punkte einer geschlossenen Kommutatorwicklung anschließen.

2. Umformer mit einer geschlossenen Wicklung, mit einem Kommutator und mit 2 bis 6 Schleifringen zur Umwandlung von Gleichstrom in Wechselstrom oder umgekehrt.

Erregt werden die Maschinen stets durch eine Nebenschluß- oder eine Doppelschlußwicklung, die von der Gleichstromseite aus gespeist wird. Am verbreitetsten ist der Umformer mit einer geschlossenen Wicklung zur Umformung von Mehrphasenstrom in Gleichstrom.

Der Umformer kann auch als Doppelgenerator zur gleichzeitigen Erzeugung beider Stromarten, oder auch gleichzeitig als Umformer und Motor benutzt werden.

(612) **Verhalten der Umformer.** Alle Umformer haben ein festes, von Drehzahl und Belastung unabhängiges Übersetzungsverhältnis, weil nur ein magnetisches Feld vorhanden ist. Das Verhältnis der Spannungen ändert sich daher nur infolge des Ohmschen Spannungsverlustes in der Ankerwicklung und der Verzerrung des magnetischen Feldes ein wenig. Wenn nur eine geschlossene Wicklung für Gleichstrom und Wechselstrom vorhanden ist, so werden die Schleifringe an solche Punkte der Wicklungen angeschlossen, deren Potentiale

(521) für n-Phasenstrom $\dfrac{360^{\,0}}{n}$ Phasenverschiebung haben. Bei sinusartig verteiltem Felde verhalten sich daher die EMKK zwischen den Schleifringen zueinander wie die Sehnen zwischen den Anschlußpunkten. Setzt man die EMK bei Gleichstrom gleich Eins, so gilt folgende Tabelle.

Umformer für	EMK		
	bei sinusartigem Felde	bei $\dfrac{\text{Polbreite}}{\text{Polteilung}}$	
		$\dfrac{\beta}{\tau} = \dfrac{1}{2}$	$\dfrac{\beta}{\tau} = \dfrac{2}{3}$
Einphasenstrom . .	$\dfrac{1}{\sqrt{2}} = 0{,}707$	0,82	0,75
Drehstrom . . .	$\dfrac{\sqrt{3}}{2\sqrt{2}} = 0{,}612$	0,71	0,65
Vier- oder Zwei-phasenstrom . .	$\dfrac{1}{2} = 0{,}500$	0,58	0,53
Sechsphasenstrom .	$\dfrac{1}{2\sqrt{2}} = 0{,}354$	0,42	0,37

Wenn der primäre Strom Gleichstrom ist, so läuft die Maschine als Gleichstrommotor und daher je nach der Erregung verschieden schnell. Der Puls des Wechselstromes ist daher veränderlich und stark von der Art und Größe der Belastung abhängig, da die Ankerrückwirkung des Wechselstromes je nach der Phasenverschiebung sehr verschieden ist (528). Bei starker Phasenverschiebung ist sogar ein Durchgehen des Umformers nicht ausgeschlossen. Unter Umständen sind daher selbsttätige Regulatoren erforderlich.

Ist der Wechselstrom oder Drehstrom die primäre Stromart, so läuft der Umformer als Synchronmotor und teilt dessen Eigenschaften. Er kann zB. gegen den Generator ins Schwingen geraten. Seine Eigenschwingungszahl liegt in der Regel zwischen denen der Grundschwingung und der ersten Oberschwingung. Man versieht ihn daher mit Dämpfungswicklung oder mit einem Schwungrade (540).

(613) Der **Bau der Umformer** gleicht im wesentlichen dem der Gleichstrommaschinen. Der Kommutator wird auf der einen Seite, die Schleifringe werden auf der anderen Seite des Ankers angeordnet. Beide erhalten entsprechend der großen Leistung im Vergleich zum Anker große Abmessungen. Bei der Benutzung für einphasigen Wechselstrom entsteht ein so stark pulsierendes Feld, daß in massiven Polen große Verluste und starke Erwärmung auftreten. Der Puls wird, wenn irgend möglich, gleich 25 gewählt, da bei höherem Puls die Kommutierung und der Parallelbetrieb schwieriger und die Maschine teurer wird.

(614) Die **Leistung der Umformer** ist wesentlich durch die Erwärmung begrenzt. Die Übereinanderlagerung des Gleichstromes und des Wechselstromes in derselben Ankerwicklung hat eine andere Stromwärme zur Folge, als wenn derselbe Gleichstrom allein im Anker fließt. Setzt man die Leistung im letzten Falle gleich Hundert, so ergibt sich die Leistung des Ankers bei gleicher Stromwärme, wenn die Maschine als Umformer benutzt wird, aus folgender Tabelle:

Umformer für	Leistung		
	bei sinusartigem Felde	bei $\dfrac{\text{Polbreite}}{\text{Polteilung}}$	
		$\dfrac{\beta}{\tau} = \dfrac{1}{2}$	$\dfrac{\beta}{\tau} = \dfrac{2}{3}$
Einphasenstrom . . .	85	95	88
Drehstrom	134	144	138
Vierphasen - oder Zwei- phasenstrom . . .	164	170	167
Sechsphasenstrom . .	196	190	198

Es empfiehlt sich daher, Sechsphasenstrom zu verwenden. Dies ist fast immer möglich, da die Umformer meistens zur Umwandlung von hochgespanntem Drehstrom in Gleichstrom benutzt werden und dann wegen des festen Übersetzungsverhältnisses im Umformer die Vorschaltung von Transformatoren nötig ist. Anfang und Ende eines jeden Zweiges der Sekundärwicklung wird dann an Schleifringe angeschlossen, die mit diametral gegenüberliegenden Punkten der Ankerwicklung verbunden sind, wie Fig. 329 zeigt. Eine Verteuerung durch die größere Zahl von Schleifringen tritt kaum ein, weil die zugeführte Stromstärke und daher die gesamte Bürstenzahl ungefähr dieselbe bleibt, wie bei Drehstrom und bei Schleifringen, andererseits aber die Ausnützung der Maschine selbst bedeutend besser ist. Die Größe der zugeführten Stromstärke ergibt sich aus der Überlegung, daß jedes

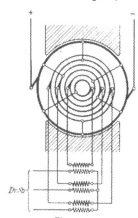

Fig. 329.

Schleifringpaar den dritten Teil der Leistung aufzunehmen hat und die Spannung zwischen zwei Schleifringen gleich dem $\dfrac{1}{\sqrt{2}}$ fachen der Gleichstromsspannung ist. Der Leistungsfaktor kann nahezu gleich Eins gehalten werden, da der Umformer als synchroner Motor läuft.

(615) Der Wirkungsgrad der Umformer mit einer Wicklung ist sehr hoch und beträgt je nach der Größe 90—95 %. Für die gesamte Umwandlung des Drehstroms in Gleichstrom ist dieser Wirkungsgrad noch mit dem der Transformatoren zu multiplizieren.

(616) Eine Spannungsregulierung ist, da das Übersetzungsverhältnis konstant ist, nur dadurch zu erzielen, daß man entweder die zugeführte oder die gewonnene Spannung ändert. Da in den Transformatoren durch Streuung ein induktiver Spannungsverlust

entsteht, kann man diesen zu einer Spannungsregulierung um etwa 6—10 % benutzen. Die Phasenverschiebung des Drehstroms ist nämlich bei einer bestimmten Erregung gleich Null, bei größerer negativ, bei geringerer positiv (548). Dadurch ändert sich aber zugleich die Sekundärspannung des Transformators. Auch der induktive Spannungsverlust der Fernleitung wirkt in derselben Weise. Unter Umständen wird auch eine Drosselspule vor den Umformer geschaltet, um diese Wirkung zu erhöhen. Man kann daher durch Änderung der Erregung die Gleichstromspannung regulieren, entweder mit Hilfe eines Regulierwiderstandes oder durch Anordnung einer Doppelschlußwicklung auf dem Umformer.

(617) Das **Anlassen der Umformer** erfolgt, wenn Gleichstrom zur Verfügung steht, stets von der Gleichstromseite aus mit einem Anlasser; für die Wechselstromseite gelten dann die Regeln des Parallelschaltens wie für Wechselstromgeneratoren. Steht kein Gleichstrom zur Verfügung, so muß der Umformer wie ein Wechselstrom-synchronmotor in Gang gesetzt werden.

(618) Der **Kaskadenumformer** (Arnold und la Cour; vergl. Sammlg. elektrotechn. Vorträge, Bd. VI) besteht aus einem asynchronen Motor und einem Umformer, deren Läufer auf derselben Welle sitzen. Der Läufer des Motors speist den Anker des Umformers. Besitzen beide Teile gleiche Polzahl, so laufen sie mit der halben Geschwindigkeit des Drehfeldes, die eine Hälfte der dem Motor zugeführten Leistung wird in mechanische Leistung verwandelt und als solche dem Umformer zugeführt, die andere Hälfte wird transformiert und im Umformer in Gleichstrom umgesetzt. Diese Kombination gestattet dem Umformer bequeme Abmessungen zu geben und eignet sich besonders für höheren Puls (50 bis 60), da die Polzahl geringer gewählt werden kann.

(619) **Umformer mit ruhenden Wicklungen.** Die kinematische Umkehrung des Umformers ergibt eine Maschine, bei der der Anker mit den Schleifringen und dem Kommutator stillsteht, die Feldmagnete und die Bürsten rotieren. Die Schleifringe für den Mehrphasenstrom können wegfallen, dagegen sind zur Stromabnahme von den Gleichstrombürsten zwei Schleifringe nötig. Statt der rotierenden Feldmagnete kann man auch ein rotierendes Feld anwenden, das durch Mehrphasenstrom erzeugt wird. Hierzu kann man die schon auf dem feststehenden Anker befindliche Mehrphasenwicklung und den gegebenen Mehrphasenstrom benutzen, eine besondere Erregerwicklung fällt daher weg. Das Eisen der Feldmagnete kann laufen oder stillstehen. Im letzten Falle bilden die beiden Wicklungen mit dem stillstehenden Eisenkern einen Transformator, dessen Sekundärwicklung an einen Kommutator angeschlossen ist. Da die magnetisierenden Ströme wattlose Ströme sind, so besteht jetzt auf der Mehrphasenstromseite eine Phasenverschiebung zwischen Spannung und Stromstärke. Die Bürsten müssen auf irgend eine Weise in synchrone Drehung versetzt werden und zB. durch Gegengewichte gegen die Wirkung der Zentrifugalkraft im Gleichgewicht gehalten werden.

Leblanc (E. T. Z. 1901, S. 806) ordnet beide Wicklungen und außerdem Kompensationswicklungen zur Vernichtung von Oberschwingungen in denselben Nuten eines Eisenringes an, sodaß die

Streuung verschwindend klein wird. Die kurzgeschlossenen Kompensationswicklungen sind so angeordnet, daß der Hauptkraftfluß
keine Ströme in ihnen erzeugt, wohl aber die den Oberschwingungen
entsprechenden Kraftflüsse, sodaß diese dadurch stark abgedrosselt
werden. Ein kleiner mit Dämpfungswicklung (540) versehener
Synchronmotor treibt die Bürsten an, die innerhalb des Kommutators
rotieren.

Rougé (La Révue électrique Bd. III, 1905) läßt die Kompensationswicklungen weg, ordnet aber dafür die Gleichstromwicklung durch
eine sinnreiche Verteilung jedes Wicklungselementes auf acht Nuten
so an, daß das durch Gleichstrom und das durch Drehstrom erzeugte
magnetische Feld annähernd dieselbe räumliche Verteilung besitzen.
Ein Teil des Eisens und zwar ein innerer Zylinder ist auf eine zugleich die Bürsten tragende Welle aufgekeilt und mit einer geschlossenen Wicklung versehen, die von der Gleichstromseite aus
gespeist wird. Der ganze Apparat ist vertikal angeordnet und nimmt
daher wenig Grundfläche ein. Sein Vorteil gegenüber dem Umformer
soll in der größeren Materialausnutzung und dem geringeren Preis
liegen.

(620) Gleichrichter sind Apparate, die auf mechanischem oder
chemischem Wege ein- oder mehrphasigen Wechselstrom in gleichgerichteten Strom verwandeln.

Rotierende Gleichrichter sind von Liebenow (DRP.
Nr. 73 053) und Pollak (E. T. Z. 1894, S. 109) vorgeschlagen worden.
Sie bestehen aus einem Kommutator besonderer Konstruktion, der
durch einen Synchronmotor angetrieben wird. Diese Apparate haben
sich bisher praktisch nicht bewährt.

Der oszillierende Gleichrichter von Koch (E. T. Z. 1901,
S. 853 und 1903, S. 841; gebaut von Nostiz und Koch, Chemnitz
und von Koch u. Sterzel, Dresden) besteht aus einem polarisierten
Anker, der durch einen Wechselstromelektromagnet in synchrone
Schwingungen versetzt wird, und den Stromkreis in den Augenblicken
der Stromlosigkeit öffnet und schließt. Dies wird durch einen Kon-
densator erreicht, der in den Erregerkreis des Elektromagnets eingeschaltet wird. Sollen Akkumulatoren geladen werden, so wird der
Elektromagnet mit einer zweiten zur Batterie im Nebenschluß liegenden
Wicklung versehen, um der variablen Gegen-EMK Rechnung zu tragen.
Endlich hat sich in diesem Falle die Vorschaltung einer Drosselspule
vor die ganze Kombination als günstig gezeigt, um bei großer Gegen-
EMK die Zeitdauer des Stromschlusses zu vergrößern. Die Apparate
werden für galvanotechnische Zwecke für elektrolytische Stromstärken
(arithmetische Mittelwerte) bis zu 100 A bei etwa 10 Volt, zum Laden
von Akkumulatoren maximal für 66 Zellen und 30 A gebaut. Da in
der Regel nur eine Stromrichtung des Wechselstromes entnommen wird,
handelt es sich sinngemäß genommen um einen Stromrichtungswähler. Die
Kombination mehrerer Apparate ergibt einen Gleichrichter. Wird nur eine
Stromrichtung benutzt, so ist bei Ausnutzung der vollen halben Welle
und sinusartigem Verlauf des Wechselstromes das Verhältnis des
elektrolytischen Mittelwertes I' in dem Widerstande W gegenüber dem
wirksamen Mittelwert des ununterbrochenen Wechselstromes E/W
gleich 0,444, bei Akkumulatorenladung naturgemäß kleiner und zwar

umso mehr, je höher deren Gegenspannung ist. Der Wirkungsgrad ist von der Gegenspannung der Akkumulatoren abhängig, der bis zu etwa 85 % des wirksamen Mittelwertes der Wechselspannung genommen werden kann. Der Wirkungsgrad muß bei gutem Arbeiten des Apparates groß sein, da die Verluste gering sind. Versuche darüber sind bisher nicht mitgeteilt worden.

(621) **Elektrolytische Gleichrichter**[*]). Eine Aluminiumanode polarisiert sich in verdünnter Schwefelsäure, alkalischer oder Alaunlösung oder anderem Elektrolyt so stark, daß sie den Strom bei Spannungen von mehr als 110 V nicht mehr durchläßt. Es bildet sich nämlich eine isolierende Haut von Aluminiumhydroxyd $Al_2(HO_6)$. Als Kathode dagegen bietet sie keinen erheblichen Widerstand. Schaltet man zwei solcher Zellen in einem Wechselstromkreis einander parallel, sodaß ungleiche Elektroden miteinander verbunden sind, so geht durch jede Zelle eine Hälfte des Wechselstromes als unterbrochener Gleichstrom. Grätz bildet eine Wheatstonesche Brücke aus vier Zellen, indem er die Zellen der gegenüberliegenden Seiten eines Vierecks gleichsinnig, in nebeneinander liegenden Seiten gegensinnig schaltet. Im Brückenzweig fließt dann Gleichstrom. Grisson[**]) lagert die Elektroden horizontal, unten Blei, darüber Aluminium, um die störenden Wirkungen durch das Aufsteigen der Gasblasen zu vermeiden. Eine Zelle von 30 cm Höhe, 22 cm Länge und 18 cm Breite ist für 110 V und Stromstärken bis 25 A. geeignet. Snowdon[***]) nimmt außen einen Doppelzylinder aus Eisen, innen einen Zinkaluminiumstab und gesättigte Ammoniumphosphatlösung. Der Wirkungsgrad ist sehr mäßig (60—75 %), die Haltbarkeit begrenzt, größere Anwendungen haben diese Gleichrichter daher kaum gefunden. Diese Zellen besitzen zugleich eine sehr erhebliche elektrostatische Kapazität.

(622) **Quecksilberdampf-Gleichrichter** von **Cooper-Hewitt** (E. T. Z. 1903, S. 187). Eine weite, nahezu kugelförmige, luftleer gepumpte Glasröhre ist oben mit drei eingeschmolzenen Stahlelektroden versehen, die dem die vierte Elektrode bildenden Quecksilber am Grunde der Röhre gegenüberstehen. Werden die oberen drei Elektroden mit den drei Leitungen eines Drehstromsystems verbunden, so fließt zwischen dem Quecksilber und dem Nullpunkt des Drehstromsystems ein pulsierender Gleichstrom. Der Stromübergang wird durch einen Stromstoß mit hoher Spannung zwischen einer fünften, oberen Elektrode und dem Quecksilber eingeleitet. Die angewandte Spannung läßt sich auf 3000, ja wahrscheinlich bis auf 10000 Volt steigern. Die Angaben über den Wirkungsgrad widersprechen einander, wahrscheinlich ist er gering.

---

[*]) Pollak, CR. Bd. 124, S. 1443, E. T. Z. 1897, S. 358. — Graetz, Wied Ann. Bd. 62, S. 323, E. T. Z. 1897, S. 423. — Wilson, E. T. Z. 1898, S. 615. — Norden, Zschr. f. Elektrochemie, 6. Jhrg., S. 159, wo auch die ältere Literatur angegeben ist.
[**]) E. T. Z. 1903, S. 432.
[***]) E. T. Z. 1903, S. 424.

(623) Tabellen ausgeführter Dynamomaschinen und Transformatoren

in alphabetischer Ordnung der Firmen.

1. Aktiengesellschaft Brown, Boveri & Cie., Baden (Schweiz).
2. Allgemeine Elektricitäts-Gesellschaft, Berlin.
3. Bergmann - Elektricitäts - Werke Aktiengesellschaft, Berlin.
4. Berliner Maschinenbau - Actien - Gesellschaft vormals L. Schwartzkopff, Berlin.
5. Conz Elektricitätsgesellschaft m. b. H., Hamburg.
6. Deutsche Elektrizitäts-Werke zu Aachen — Garbe, Lahmeyer & Co., — Aktiengesellschaft.
7. Electricitäts-Actien-Gesellschaft vormals Kolben & Co., Prag-Vysočan.
8. Elektricitäts-Aktiengesellschaft vormals Hermann Pöge, Chemnitz.
9. Elektrizitäts-Gesellschaft Alioth, Münchenstein-Basel.
10. Elektricitäts-Gesellschaft Sirius m. b. H., Leipzig.
11. Fabrik elektrischer Apparate Dr. Max Levy, Berlin.
12. C. & E. Fein, Stuttgart.
13. Felten & Guilleaume - Lahmeyerwerke, Actien-Gesellschaft, Mülheim a. Rhein, Frankfurt a. M.
14. Gesellschaft für elektrische Industrie, Karlsruhe (Baden).
15. J. Carl Hauptmann, G. m. b. H., Leipzig-Stötteritz.
16. Maschinenfabrik Eßlingen, Abt. f. Elektrotechnik, Cannstadt.
17. Maschinenfabrik Örlikon, Örlikon bei Zürich.
18. Sachsenwerk, Licht- und Kraft-Aktiengesellschaft, Niedersedlitz-Dresden.
19. Siemens - Schuckertwerke, Berlin und Nürnberg.
20. Vereinigte Elektricitäts-Actiengesellschaft, Wien.

Z = Zeichen, Modell, Type, P = Verbrauch oder Leistung in Pferd, KW = Leistung oder Verbrauch in Kilowatt, U/M = Umdrehungen in der Minute, t = Gewicht in Tonnen, kg in Kilogramm.

---

1. Aktiengesellschaft Brown, Boveri & Co., Baden (Schweiz).

Gleichstrommaschinen.

Stromerzeuger, Modell O für Riemenbetrieb, Fig. 330, O 1 bis 10 2 Lager, Riemenscheibe fliegend; O 11,12,13 3 Lager, O 11—13 auch für direkte Kuppelung mit 2 Lagern für 115, 230, 470 u. 550 V; die Zahlen der Spalte U/M gelten für 230 V.

Z	P	KW	U/M	t	L	B	H
O 1	5,7	3,5	1500	0,14	640	350	425
2	9,5	6	1400	0,21	805	400	495
3	14	9	1300	0,32	975	460	560
4	20	13	1200	0,46	1100	545	650
5	27	18	1050	9,63	1230	630	735
6	39	26	960	0,87	1360	710	825
7	52	35	830	1,2	1480	810	915
8	68	46	700	1,54	1590	890	1010
9	97	65	650	2,1	1850	1010	1140
10	144	90	550	3	2085	1220	1370
11	195	130	550	5	2850	1390	1535
12	270	180	450	7,2	3125	1630	1765
13	345	230	400	9,5	3380	1820	1960

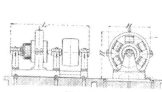

Fig. 330.

Die Maschinen O 7—13 auch für direkte Kuppelung mit Außenlager und Kuppelungsflansch, ohne Grundplatte, Fig. 331.

Z	t	L	B	H
O 7	0,90	1050—1150	950	585
8	1,13	1125—1225	1050	645
9	1,55	1220—1340	1150	755
10	2,60	1330—1460	1350	910
11	3,50	1450—1600	1560	1045
12	4,70	1575—1775	1850	1215
13	6,30	1665—1865	2050	1360

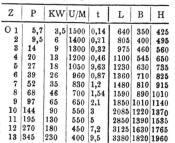

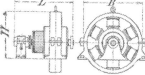

Fig. 331.

Die Modelle O 10 — 13 auch als Motoren;
U/M für 220 V.

Z	P	KW	U/M
O 10	110	88	450
11	160	128	400
12	220	176	360
13	290	232	320

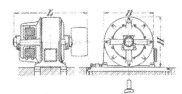

Fig. 332.

Motoren, Modell OG, Fig. 332, mit und
ohne Riemenspanner für 110, 220, 440 und
500 V; die Zahlen der Spalten P und KW
gelten für 110 und 220 V, die der Spalte
U/M für 110 V.

Z	P	KW	U/M	t	L	B	H
OG 00	1,3	1,32	1350	0,065	475	290	295
0	2,5	2,4	1300	0,095	570	330	335
1	4	3,5	1250	0,130	650	370	375
2	7	6	1150	0,19	725	415	425
3	11	9,4	1050	0,29	845	475	485
4	16	13,4	950	0,40	965	550	560
5	22	18	850	0,60	1100	650	660
6	32	26	750	0,82	1245	720	730
7	44	36	600	1,16	1385	820	830
8	60	49	550	1,58	1475	920	930
9	80	65	500	2,00	1570	1040	1050

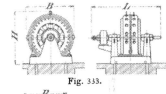

Fig. 333.

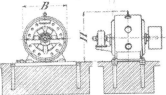

Fig. 334.

Wechselstrommaschinen.

Stromerzeuger für Ein- und Mehrphasenstrom, Modell D, Fig. 333 u. 334 für
40—50 Per./Sek. und hohe Spannung; die Tabelle gilt für 50 Per./Sek., die höchste
Spannung, bis zu der jedes Modell gebaut wird, ist in Spalte V angegeben.
D 60 bis 33 mit Lagerschildern und fliegender Riemenscheibe nach Fig. 334, die
größeren Maschinen mit 3 Stehlagern für Riemen oder Seil; auch für direkte
Kupplung (Fig. 333) mit und ohne Grundplatte. Das Gewicht t gilt für
Maschinen mit 2 Lagern ohne Gleitschinen und Riemenscheibe; das Längen-
maß L bezieht sich bei D 60 — 83 auf Fig. 334, bei D. 121—246 auf Fig. 333
Die Spalten P und KW gelten für mehrphasige Ausnutzung; bei einphasiger
Wickelung sind sie um 30 % niedriger.

Z	P	KW	U/M	t	L	B	H	Z	P	KW	U/M	t	L	B	H
D 60	54	36	1000	1000	1485	810	945	D 165	480	524	375	8000	2860	2260	2315
61	72	48	1000	1300	1520	970	1100	166	625	420	375	8700	2860	2260	2315
62	90	60	1000	1500	1550	970	1100	201	216	144	300	6300	2860	2260	2315
83	114	78	750	2000	1885	1150	1310	202	282	192	300	6800	2860	2260	2315
84	150	102	750	2300	1885	1150	1310	203	354	240	300	7400	2860	2260	2315
121	135	90	500	3400	2310	1480	1700	204	456	312	300	10000	3135	2650	2700
122	180	120	500	3700	2310	1480	1700	205	576	396	300	10800	3135	2650	2700
123	234	156	500	4100	2310	1480	1700	206	738	504	300	11800	3135	2650	2700
124	306	204	500	5300	2650	1920	2010	241	246	168	250	9000	3135	2650	2700
125	378	252	500	5800	2650	1920	2010	242	318	216	250	9600	3135	2650	2700
126	480	324	500	6400	2650	1920	2010	243	420	288	250	10600	3135	2650	2700
161	178	120	375	4700	2650	1920	2010	244	564	384	250	13000	3425	3030	3080
162	230	156	375	5000	2650	1920	2010	245	672	480	250	14000	3425	3030	3080
163	300	240	375	5500	2650	1920	2010	246	876	600	250	15200	3425	3030	3080
164	372	252	375	7200	2860	2260	2315								

Wechselstrommotoren.

Ein- und Dreiphasenmotoren, Modell EMK und MMK, Fig. 335 mit Kurzschlußläufer, Modell EMG und MMG mit gewickeltem Läufer Fig. 336 für 50 Per./Sek.
und 500 V bei Dauerbetrieb.

Z	P	KW	U/M	Motor allein ca. kg		L	B	H
MMK								
0 a, 0 b	$^1/_3$—$^1/_2$	0,24—0,51	1500	30	35	290	245	252
1 a, 1 b	$^3/_4$—1	0,75—0,96	1500	45	50	346	275	282
2 a, 2 b	1,5—2	1,43—1,91	1500	65	75	416	325	332
3 a, 3 b	3—4	2,75—3,65	1500	95	110	470	370	380
4 a, 4 b	6—8	5,38—7,15	1500	145	160	540	425	438
5 (a, b, c)	10.12,5.10	8,75—11—9	1500-1000	210, 230, 230		600	465	480
6 (a, b)	12,5—15	10,8—12,8	1000	275, 300		690	515	528
MMG I								
3 a, b	2—3	1,91—2,82	1500	115	130	610	370	380
4 a, b	4,5—6	4,13—5,42	1500	175	195	725	425	438
5 a, b, c	8,5-10-8,5	7,5—8,75—7,6	1500-1000	245, 270, 270		785	465	480
6 a, b	12,5—15	10,7—12,8	1000	325	355	870	515	528
7 a, b, c	20, 25, 30	16,9—21—24,75	1000	420	470, 520	1005	585	598
8 a, b	40, 50	33,1—40,08	1000	700	770	1115	670	680
MMG II								
9 a, b	60, 70	49—56,5	1000	920, 1000		1245	755	768
10 a, b, c	70,85,100	56,5—68,5—80	750	1280, 1380, 1500		1470	875	888
11 a, b	125, 150	100—120	750	1850, 2000		1655	975	988
12 a, b	175—200	140—159	750	2400	2600	1810	1100	1115
13 a, b	230—300	182—237	750	3550	3800	2010	1270	1285

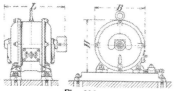

Fig. 335.

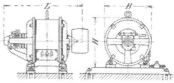

Fig. 336.

Z	P	U/M	Z	P	U/M	Z	P	U/M
EMK			**EMG I**			**EMG. II**		
0 a, 0 b	$^1/_6$—$^1/_4$	1500	3 a, b	1—1,25	1500	9 a, b	30—35	1000
1 a, 1 b	$^1/_3$—$^1/_2$	1500	4 a, b	2—2,5	1500	10 a, b, c	35-40-50	750
2 a, 2 b	$^3/_4$—1	1500	5 a, b, c	3,2—5—4	1500	11 a, b	60—70	750
3 a, 3 b	1,5—2	1500	6 a, b	6—7,5	1000	12 a, b	85—100	750
4 a, 4 b	3—4	1500	7 a, b, c	10-12,5-15	1000	13 a, b	125—150	750
5 a, 5 b	5—6	1500	8 a, b	20—25	1000			

t, L, B, H wie für MMK und MMG.

Transformatoren

für Ein- und Dreiphasenstrom, mit Ölisolation, die größeren Modelle von 200 KW an mit Wasserkühlung. Die Zahl in der Modellbezeichnung gibt die Leistung in KW bei $\cos \varphi = 1$ an. Der Wirkungsgrad η gilt für Vollast und $\cos \varphi = 1$. Im Gewicht t ist Öl nicht eingeschlossen; letzteres beträgt annähernd die Hälfte von t. Von 175 KW an steht unter V_{II} die höchste sekundäre Spannung, die niederste ist 1000 V, von 1000 KW an 2000 V.

D = Dreiphasen, E = Einphasen-, O = Ölisolation allein, W = Ölisolation und Wasserkühlung.

Z	V_I	V_{II}	η	t	L	B	H	Z	V_I	V_{II}	η	t	L	B	H
DO								DO							
1	3000	50	90,0	0,09	630	290	610	200	30000	6000	97,2	2,54	1500	1150	2050
3	3000	bis	93,0	0,125	610	400	570	225	10000	4000	97,6	2,36	1350	1050	2050
6	3000	250	94,0	0,18	610	400	920	225	20000	6000	97,4	2,56	1400	1100	2200
6	6000		93,6	0,18	610	400	920	225	30000	6000	97,3	2,71	1500	1150	2200
10	3000		94,7	0,35	770	540	670	250	10000	4000	97,7	2,51	1350	1050	2150
10	6000		94,5	0,39	830	580	650	250	20000	6000	97,5	2,71	1400	1100	2300
15	3000	100	95,1	0,41	770	540	820	250	30000	6000	97,4	2,86	1500	1150	2300
15	6000	bis	95,0	0,46	830	580	810	300	10000	4000	97,9	2,80	1350	1050	2350
15	10000	550	94,8	0,48	830	580	840	300	20000	6000	97,7	3,00	1400	1100	2500
20	3000		95,6	0,49	830	580	870	300	30000	6000	97,6	3,20	1500	1150	2500
20	6000		95,5	0,56	900	650	860	DW							
20	10000		95,4	0,58	900	650	890	200	10000	4000	97,5	1,94	1100	800	1850
30	3000		96,1	0,56	830	580	1070	200	20000	6000	97,3	2,12	1200	900	2000
30	6000		96,0	0,63	900	650	1050	200	30000		97,2	2,32	1300	950	2200
30	10000		95,9	0,65	900	650	1080	250	10000	4000	97,7	2,17	1100	800	1850
40	3000		96,4	0,71	900	650	1190	250	20000	6000	97,5	2,35	1200	900	2000
40	6000	100	96,3	0,75	930	680	1160	250	30000		97,4	2,57	1300	950	2200
40	10000	bis	96,2	0,77	930	680	1190	300	10000	4000	97,8	2,41	1100	800	1900
50	3000	550	96,7	0,77	900	650	1300	300	20000	6000	97,6	2,61	1200	900	2100
50	6000		96,6	0,80	930	680	1260	300	30000		97,5	2,83	1300	950	2300
50	10000		96,5	0,84	930	680	1320	400	10000	4000	97,9	2,93	1200	900	1900
60	3000		96,9	0,84	900	650	1440	400	20000	6000	97,8	3,15	1300	950	2100
60	6000		96,8	0,88	930	680	1380	400	30000		97,7	3,28	1300	950	2300
60	10000		96,7	0,91	930	680	1450	500	10000	4000	98,0	3,37	1200	900	1950
80	3000		97,3	0,98	930	680	1520	500	20000	6000	97,9	3,60	1300	950	2100
80	6000		97,2	1,02	960	710	1570	500	30000		97,8	3,79	1400	1050	2300
80	10000		97,1	1,06	960	710	1650	600	20000	6000	98,0	3,98	1400	1050	2150
100	3000	125	97,5	1,09	930	680	1780	600	30000		97,90	4,12	1400	1050	2300
100	6000	bis	97,4	1,14	960	710	1790	600	40000	10000	97,85	4,35	1500	1100	2450
100	10000	550	97,3	1,18	960	710	1870	800	20000	6000	98,10	4,79	1400	1050	2200
125	3000		97,6	1,25	960	710	2020	800	30000		98,05	5,04	1500	1100	2350
125	6000		97,5	1,31	1000	750	1950	800	40000	10000	98,00	5,24	1550	1200	2450
125	10000		97,4	1,35	1000	750	2050	1000	20000	6000	98,20	5,74	1500	1100	2250
150	3000		97,7	1,42	1000	750	2120	1000	30000		98,15	5,94	1550	1200	2350
150	6000		97,6	1,46	1000	750	2210	1000	40000	10000	98,10	6,19	1550	1300	2450
150	10000		97,5	1,51	1000	750	2320	1250	20000	6000	98,25	6,78	1550	1200	2250
175	10000	4000	97,4	2,02	1350	1050	1800	1250	30000		98,20	7,05	1650	1300	2400
175	20000	6000	97,2	2,20	1400	1100	1900	1250	40000	10000	98,15	7,19	1650	1300	2500
175	30000	6000	97,1	2,33	1500	1150	1900	1500	20000	6000	98,30	7,86	1650	1300	2350
200	10000	4000	97,5	2,21	1350	1050	1950	1500	30000		98,25	8,00	1650	1300	2450
200	20000	6000	97,3	2,40	1400	1100	2050	1500	40000	10000	98,20	8,26	1750	1350	2550

29*

Linke Tabelle

Z	V_I	V_{II} max.	V_{II} min.	η	t	L	B	H
EO								
1	3000			91,3	0,065	460	300	620
3	3000	250	50	94,0	0,095	430	390	620
6	3000			94,9	0,135	460	430	850
6	6000			94,7	0,15	500	470	830
10	3000			95,6	0,29	570	540	720
10	6000			95,4	0,33	620	590	840
15	3000			96,0	0,36	620	590	780
15	6000	550	100	95,8	0,38	650	620	840
15	10000			95,6	0,38	650	620	930
20	3000			96,5	0,40	650	620	840
20	6000			96,4	0,47	710	690	840
20	10000			96,2	0,48	710	690	930
30	3000			96,9	0,47	650	620	1010
30	6000			96,8	0,54	710	690	990
30	10000			96,7	0,56	710	690	1020
40	3000			97,1	0,59	710	690	1080
40	6000			97,0	0,62	740	720	1100
40	10000	550	100	96,9	0,64	740	720	1130
50	3000			97,2	0,66	710	690	1250
50	6000			97,1	0,69	740	720	1240
50	10000			97,0	0,71	740	720	1310
60	3000			97,4	0,72	710	690	1360
60	6000			97,3	0,75	740	720	1350
60	10000			97,2	0,77	740	720	1420
80	3000			97,6	0,85	740	720	1550
80	6000			97,5	0,88	760	750	1550
80	10000	550	125	97,4	0,90	760	750	1630
100	3000			97,8	0,95	740	720	1740
100	6000			97,7	0,99	760	750	1740
100	10000			97,6	1,02	760	750	1840
125	3000			97,9	1,09	760	750	1950
125	6000			97,8	1,13	790	790	1950
125	10000	550	150	97,7	1,16	790	790	2060
150	3000			98,0	1,20	760	750	2190
150	6000			97,9	1,25	790	790	2200
150	10000			97,8	1,29	790	790	2320
175	10000	4000		97,8	1,80	1100	1050	1700
175	20000	6000		97,7	1,86	1100	1050	1900
175	30000	6000		97,6	2,00	1150	1150	1950
200	10000	4000	1000	97,85	1,98	1100	1050	1850
200	20000	6000		97,75	2,10	1150	1150	1900
200	30000	6000		97,65	2,16	1150	1150	2100

Rechte Tabelle

Z	V_I	V_{II} max.	V_{II} min.	η	t	L	B	H
EO								
225	10000	4000		97,9	2,14	1100	1050	2050
225	20000	6000		97,8	2,27	1150	1150	2100
225	30000	6000		97,7	2,32	1150	1150	2300
250	10000	4000		97,9	2,28	1100	1050	2250
250	20000	6000		97,8	2,41	1150	1150	2300
250	30000	6000		97,75	2,53	1250	1250	2200
300	10000	4000		98,0	2,63	1150	1150	2350
300	20000	6000		97,9	2,77	1250	1250	2300
300	30000	6000		97,85	2,81	1250	1250	2450
EW								
200	10000	4000	1000	97,8	1,82	900	900	1800
200	20000		6000	97,7	1,91	950	950	1950
200	30000			97,6	1,98	1000	1000	2100
250	10000	4000		97,9	2,03	900	900	1850
250	20000		6000	97,8	2,11	950	950	2000
250	30000			97,7	2,21	1000	1000	2150
300	10000	4000		98,0	2,27	950	950	1900
300	20000		6000	97,9	2,37	1000	1000	2100
300	30000			97,8	2,47	1050	1050	2200
400	10000	4000		98,1	2,71	1000	1000	2000
400	20000		6000	98,0	2,86	1050	1100	2150
400	30000			97,95	2,88	1050	1100	2250
500	10000	4000		98,15	3,06	1000	1000	2000
500	20000		6000	98,1	3,19	1050	1100	2150
500	30000			98,05	3,30	1100	1200	2250
600	20000	6000		98,25	3,51	1050	1100	2250
600	30000		10000	98,20	3,64	1100	1200	2350
600	40000			98,15	3,80	1200	1300	2500
800	20000	6000		98,35	4,29	1100	1200	2350
800	30000		10000	98,30	4,44	1200	1300	2450
800	40000			98,25	4,51	1200	1300	2550
1000	20000	6000	2000	98,45	4,95	1100	1200	2350
1000	30000		10000	98,40	5,13	1200	1300	2500
1000	40000			98,35	5,34	1300	1400	2600
1250	20000	6000		98,50	5,91	1200	1300	2750
1250	30000		10000	98,45	6,00	1200	1300	2850
1250	40000			98,45	6,24	1300	1400	3000
1500	20000	6000		98,55	6,70	1200	1300	2750
1500	30000		10000	93,50	6.97	1300	1400	2900
1500	40000			98,50	7,05	1300	1400	3000

Allgemeine Elektricitäts-Gesellschaft, Berlin.

Gleichstrommaschinen.

Stromerzeuger, Fig. 337 u. 338 EG 5—650
für 150 V, EG 800—2800 für 220—230 V.

Z	V	P	KW	U/M	t	L	B	H
EG 5		1,0	0,5	1950	0,05	445	240	315
30	Volt	4,8	2,75	1550	0,12	605	400	455
150	150	22,0	14,0	1080	0,60	1010	710	795
650		97,0	65,0	590	2	1500	1010	1140
800	230	119	80	560	2,80	2225	1240	1550
1500	230	220	150	390	5,85	2665	1430	1845
2200	230	325	220	340	9,528	3260	1600	1990

bei Maschinen EG 800 bis 2800 mit Spannungsteiler L bez. = 2345—2785—3380.

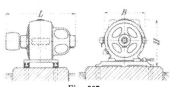

Fig. 337.

Dieselben Maschinen als M o t o r e n :

Z	P	WK	U/M
EG 5	0,5	0,52	1500
30	3,0	2,85	1280
150	16,0	13,5	880
650	78	63	520
800	95	76,5	500
1500	180	14,5	350
2200	265	210	300

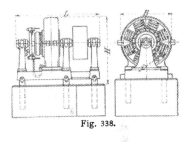

Fig. 338.

Maschinen nur für direkte Kupplung,
Fig. 339, 230 V.

Z	P	KW	U/M	t	L	B	H
LEG 800	121	80	170	4,050	860	1660	1580
1600	239	160	155	7,350	900	1910	1705
3200	515	350	130	16,950	1000	2690	2095
7000	1100	750	100	33,400	1220	3450	2625

bei Maschinen mit Spannungsteiler L
bez. = 1010—1050—1150—1370.

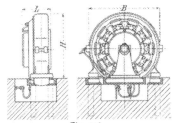

Fig. 339.

Wechselstrommaschinen.

Schnelllaufende Drehstrommaschinen, Fig. 340 und Fig. 341.
Der Kraftbedarf in P ist einschl. Erregung bei cos $\varphi = 1$ zu verstehen.

Z	Drehstrom		Einphasenstrom		U/M	t	Fig.	L	B	H
	KVA	P	KVA	P						
ESD 750/20	20	31	14	22,5	750	0,65	340	1100	870	965
750/100	100	148	70	106	750	1,8	340	1745	1110	1200
750/200	200	292	140	210	750	3,6	341	2730	1140	1390
500/100	100	150	70	109	500	3,2	341	2130	1330	1645
500/250	250	363	175	260	500	5,1	341	2600	1640	1810
375/100	100	150	70	110	375	3,4	341	2180	1400	1680
375/400	400	580	280	416	375	7,6	341	3210	1900	2110

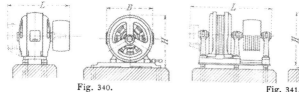

Fig. 340.   Fig. 341.

Große Drehstrommaschinen, Fig. 342 und Fig. 343.

Z	KVA	P	U/M	t	Fig.	L	B	H
NSD 300/145	145	209	300	7,8	342	3230	2650	2700
300/475	475	670	300	11.2	342	4250	2650	2750
KSD 150/130	130	190	150	8,0	342	720	3810	1965
150/640	640	905	150	19,3	343	1140		
83/240	240	350	83	15,9	342	820	5950	3115
83/1150	1150	1630	83	38,3	343	1240		
NSD 215/205	205	295	215	9,1	342	745	3800	1960
215/1200	1200	1690	215	28,4	343	1410		
83/520	520	750	83	29,0	342	845	7500	4010
83/3100	3100	4370	83	86,0	343	1510		
GSD 250/480	480	680	250	14,3	343	810	4190	2155
250/1900	1900	2660	250	40,5	343	1410		
83/1450	1450	2060	83	59,0	342	1240	9900	5055
83/5750	5750	8000	83	170,0	343	1840		

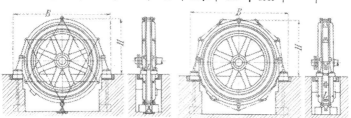

Fig. 342.   Fig. 343.

Wechselstrommotoren.

Schnellaufende Drehstrom- und Elektromotoren, Fig. 344.

Z	P	KVA	U/M	t	L	B	H
D 1500/7,5	7,5	7,3	1450	0,20	835	430	490
1500/40	40	36,4	1460	0,58	1140	675	750
750/25	25	23,8	720	0,58	1030	735	825
750/75	75	66,0	725	1,26	1435	920	1000
500/125	125	111,0	485	2,28	1475	1160	1280

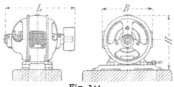

Fig. 344.

Große Drehstrommotoren, Fig. 345 und Fig. 346.

Z	P	KVA	U/M	t	Fig. 345			Fig. 346		
					L	B	H	L	B	H
KSM 375/175	175	160	363	3,85	2430	1400	1680	—	—	—
375/250	250	225	363	4,55	2550	1400	1680	—	—	—
NSM 375/300	300	270	365	6,15	2730	1910	2115	735	1910	1355
375/600	600	520	365	10,—	3470	2050	2225	965	2050	1425
GSM 375/700	700	625	368	11,55	3840	2280	2340	950	2280	1540
375/1000	1000	870	368	13,9	4340	2280	2340	1120	2280	1540
KSM 107/100	100	125	103	8,9	3020	3000	2820	660	3130	1800
107/320	320	408	103	13,5	3710	3000	2820	990	3130	1800
NSM 107/400	400	452	104	20,2	3650	4000	3360	825	4270	2300
107/900	900	935	104	30,6	—	—	—	1260	4270	2300
GSM 107/1050	1050	1125	104	33,9	—	—	—	900	6300	3300
107/2000	2000	2025	104	47,3	—	—	—	1260	6300	3300

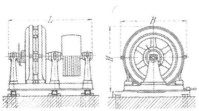

Fig. 345.

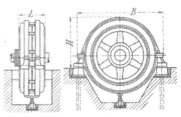

Fig. 346.

Transformatoren

für 50 Per./Sek., Fig. 347 bis 352.

Öltransformatoren für Einphasenstrom.

Z		KW	V	η	t	L	B	H	Figur No.
AWO	1	1	4000	92,9	0,08	410	275	515	} 347
	5	5	6000	95,2	0,215	530	355	705	
	10	10	6000	96,5	0,430	605	485	875	
	15	15	6000	96,9	0,535	730	570	800	
	30	30	6000	97,5	0,855	790	620	910	} 348
	50	50	6000	97,8	1,255	890	720	1010	
BWO	1	1	3000	91,8	0,08	410	275	515	
	5	5	6000	95,1	0,162	530	355	705	} 347
	10	10	6000	95,9	0,335	605	485	875	
	15	15	6000	96,4	0,420	730	570	800	
	30	30	6000	97,2	0,620	790	620	910	} 348
	50	50	6000	97,5	0,905	890	720	1010	
GWO	40	40	30000	96,6	0,865	850	600	1250	
	90	85	30000	97,4	1,510	1000	650	1650	} 349
	130	130	30000	97,6	2,260	1100	700	1950	
	170	170	30000	97,6	2,815	1120	1200	1900	
	260	260	30000	98,0	3,860	1220	1450	2000	} 350
	330	330	30000	98,15	4,180	1220	1450	2100	

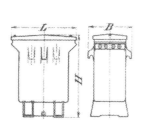

Fig. 347.

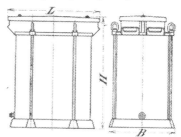

Fig. 348.

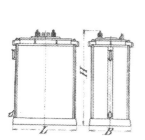

Fig. 349.

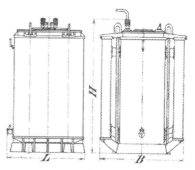

Fig. 350.

Öltransformatoren für Drehstrom.

Z	KW	V	η	t	L	B	H	Fig. No.
ADO 1	1	4000	91,3	0,160	475	425	575	} 347
5	5	6000	94,6	0,285	595	480	680	
10	10	6000	95,6	0,420	660	560	770	
30	30	6000	96,6	0,810	840	730	815	} 348
65	70	6000	97,5	1,770	970	860	1120	
BDO 1	1	3000	89,0	0,090	385	360	465	} 347
6	6	3000	94,4	0,250	595	480	680	
10	10	4000	95,2	0,310	660	560	770	
30	30	4000	96,4	0,655	840	730	815	} 348
55	55	4000	97,1	1,100	920	850	1020	
CDO 5	7,5	10000	93,7	0,430	690	530	805	
20	27	10000	96,0	0,770	840	630	1020	} 351
50	60	10000	97,0	1,315	970	760	1230	
GDO 60	60	30000	96,5	1,355	1150	600	1450	} 349
110	100	30000	96,9	2,070	1350	650	1650	
150	150	30000	97,2	3,100	1420	1150	1700	
250	250	30000	97,6	4,550	1580	1375	1950	} 350
400	400	30000	98,0	5,815	1640	1500	2150	
500	500	30000	98,1	6,500	1640	1500	2350	

Lufttransformatoren für Drehstrom.

ADL 1	1	3000	90,7	0,055	410	320	450	} 352
10	10	6000	95,8	0,285	570	475	650	
20	20	6000	96,6	0,490	670	510	775	
40	40	6000	97,3	0,990	830	610	975	

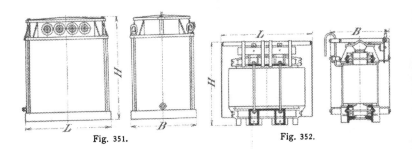

Fig. 351.   Fig. 352.

Bergmann-Elektrizitäts-Werke, Aktiengesellschaft, Berlin.

Gleichstrommaschinen.

Modell NC, Fig. 353.

Stromerzeuger

Z	P	KW	U/M bei 120—300 V	440—500 V
NC 1	5,0	3	440	490
1	6,4	4	590	650
2			385	430
1	8,0	5	735	815
2			480	535
3			315	315
1	9,4	6	880	980
2			580	640
3			380	380
1	12,5	8	1175	1300
2			770	855
3			500	500
1	15,6	10	1475	1630
2			965	1070
3			630	630
4			425	425
5			280	280
2	18,5	12	1160	1285
3			755	755
4			510	510
5			330	330
2	23,3	15	1450	1600
3			945	945
4			640	640
5			420	420
6			310	310
3	27,5	18	1135	1135
4			765	765
5			500	500
6			370	370
3	31	20	1265	1265
4			850	850
5			560	560
6			410	410
4	34,0	22	935	935
5			615	615
6			450	450
4	38,5	25	1065	1065
5			700	700
6			510	510
4	43,2	28	1200	1200
5			785	785
6			570	570
5	46,0	30	840	840
6			615	615
5	53,5	35	980	980
6			715	715
5	56,5	37	1040	1040
6	62,0	40	815	815
6	70,0	46	940	940

Motoren

Z	P	KW	U/M bei 120—300 V	440—500 V
NC 1			550	600
2	5	4,6	365	395
3			240	260
1	6	5,5	660	720
2			440	475
3			290	315
1	8	6,9	880	960
2			585	630
3			385	420
4			240	260
1	10	8,5	1100	1200
2			730	790
3			480	525
4			300	325
1	12,5	10,5	1375	1500
2			915	990
3			600	655
4			375	410
5			250	275
2	15	12,5	1095	1185
3			720	785
4			450	490
5			305	330
6			220	235
2	17,5	14,5	1280	1385
3			840	915
4			525	570
5			355	385
6			255	275
3	20	16,5	960	1045
4			600	650
5			405	440
6			290	315
3	22	17,8	1050	1150
4			750	815
5	25	20,6	505	550
6			360	390
4	30	24,7	900	980
5			610	660
6			430	470
4	33	26,8	990	1075
5	35	28,7	710	770
6			505	550
5	40	32,7	810	880
6			575	630
5	45	36,4	910	990
6			650	705
6	50	39,6	720	785
6	55	44,0	790	865
6	60	48,0	865	940

Maße und Gewichte der Maschinen NC.

Z	t	L	B	H
NC 1	0,37	928	620	688
2	0,46	966	630	690
3	0,59	1048	635	693
4	0,72	1083	800	858
5	1,07	1308	825	900
6	1,29	1365	840	905

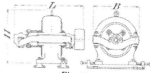

Fig. 353.

Modell NF, Fig. 354,
für Spannnungen bis 550 V.

Die Tabelle gibt die höchsten Leistungen der Maschinen; sie werden wie die
NC-Maschinen auch für andere Leistungen gebaut.

Type	P	KW	U/M	t	L	B	H
NF 10	54	36	710	1,20	1290	900	1025
12	66	44	720	1,30	1340	900	1025
14,5	80	54	740	1,45	1420	900	1025
17,5	93	63	720	1,60	1470	900	1025
21	112	76	730	1,9	1465	1060	1190
25	135	92	740	2,3	1535	1060	1190
30	153	105	700	2,5	1675	1090	1205
35	175	120	690	2,6	1725	1090	1205
41	177	120	575	3,1	1775	1220	1355
48	206	140	575	3,3	1805	1240	1365
57	242	165	575	3,6	1845	1240	1365
67	270	185	550	4,0	1885	1240	1365
78	290	200	520				
92	320	220	480				
110	350	240	440				
130	377	260	400				
155	405	280	360				
185	435	300	325				
220	477	330	300				
265	520	360	270				
315	565	390	250				
370	605	420	225				
440	650	450	205				
520	720	500	190				
600	795	550	180				
720	865	600	165				
850	940	650	155				
1000	1040	725	145				
1200	1150	800	135				
1450	1290	900	125				
1750	1430	1000	115				

Gewichte und Maße der Maschinen
NF 78 bis 1750 sind von der Art der
Ausführung abhängig.

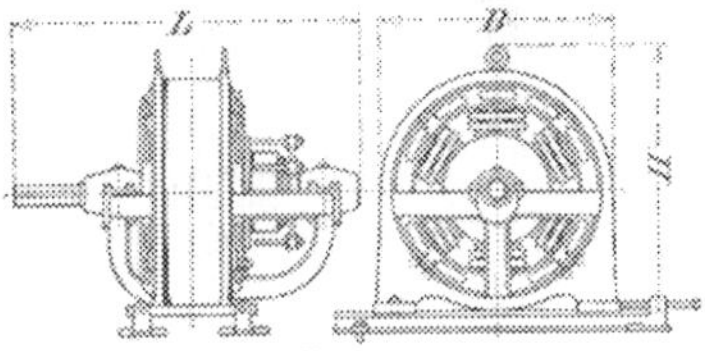

Fig. 354.

Dieselben Maschinen auch als Motoren.

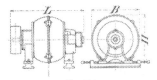

Fig. 355.

Modell **K**, gekapselte Ausführung mit Lüftung,
Modell **KO**, offene Ausführung. Fig. 355
für Spannungen von 65—500 V.

Z	P	KW	U/M bei 120—300 V	440—500 V	Z	P	KW	U/M bei 120—300 V	440—500 V
K 3	0,40	0,18	1950	—	KO 4	0,90	0,45·	1725	—
4	0,70	0,36	1725	—	5	1,05		750	—
5	1,05		880	—	5½	1,12	0,5	500	—
5½	1,12	0,5	600	—	6	1,20		345	—
6	1,2		415	—	5	1,55	0,93	—	1650
5	1,45	0,85	1500	1700	5	1,70		1500	—
5½	1,75		1200	1400	5½	1,75	1	1000	—
6	1,80	1	830	—	6	1,80		690	—
7	1,85		550	—	5½	2,13	1,3	—	1500
7½	1,90		415	—	5½	2,45		1500	—
5½	2,17	1,25	1500	—	6	2,50	1,5	1040	—
6	2,50		1250	1380	7	2,60		700	—
7	2,60	1,5	830	—	6	3,24		1380	1530
7½	2,63		620	—	7	3,44	2	930	1060
8	2,65		460	—	7½	3,50		740	—
6	2,95	1,8	1500	—	8	3,56		560	—
7	3,44		1100	1250	6	3,60	2,25	1560	—
7½	3,50	2	830	—	7	4,00		1170	1330
8	3,56		615	—	7½	4,15	2,5	920	1050
9	3,60		490	—	8	4,25		700	790
7	3,85	2,25	—	1400 .	7	4,70		1400	1600
7	4,15		1380	—	7½	4,85	3	1100	1260
7½	4,20	2,5	1035	1150	8	4,90		840	950
8	4,30		765	845	9	5,00		650	750
9	4,35		615	675	7½	5,76	3,75	1380	1580
7½	4,85		1240	1380	8	6,20		1120	1265
8	4,90	3	920	1010	9	6,28	4	865	1000
9	5,00		735	810	10	6,35		650	745
10	5,10		565	625	8	7,50	4,75	1330	1500
7½	5,50	3,5	1450	—	9	7,90		1080	1240
8	6,20		1225	1350	10	8,00	5	815	930
9	6,28	4	980	1080	9	8,60	5,5	—	1370
10	6,35		755	835	9	9,40		1300	—
8	7,00	4,5	1380	—	10	9,50	6	980	1115
9	7,90	5 —	1225	1350	10	10,9	7	1140	1300
10	8,00		940	1040	10	11,5	7,5	1225	—
9	8,50	5,4	1325	—					
10	9,50	6	1130	1250					
10	10,3	6,5	1225	—					

Maße und Gewichte der Maschinen K und KO.

Z	t	L	B	H	Z	t	L	B	H
K u. KO					K u. KO				
3	0,022	343	206	208	7	0,165	657	405	408
4	0,045	398	259	262	7½	0,200	726	424	442
5	0,075	498	305	308	8	0,245	774	448	454
5½	0,105	547	318	314	9	0,335	845	490	518
6	0,130	595	365	388	10	0,400	893	514	530

Drehstromerzeuger,

Modell KDD und DD, Aufbau ähnlich wie Fig. 354,
für 50 Per./Sek., und bis 6000 V (die höchste Spannung ist für jedes Modell
in der Tabelle angegeben.
In der Modellbezeichnung gibt die erste Zahl die Leistung in KVA,
die zweite die Umlaufsgeschwindigkeit an.

Z	P	V	t	Z	P	V	t
KDD 10/1000	16,0	2000	0,50	KDD 15/750	23,5	2000	0,70
15/1000	23,5	2000	0,55	22/750	35,0	3000	0,80
20/1000	31,0	3000	0,60	30/750	46,0	3000	0,90
25/1000	38,5	3000	0,65	37/750	57,0	4000	0,95
30/1000	46,0	3000	0,70	45/750	67,5	4000	1,05
35/1000	53,0	4000	0,75	52/750	78,5	5000	1,15
40/1000	60,5	4000	0,80	60/750	89,5	5000	1,25
DD 50/1000	75,0	4000	1,05	DD 70/750	103	5000	1,55
6C/1000	89,5	5000	1,15	85/750	126	6000	1,77
70/1000	103	5000	1,30	100/750	147	6000	1,90
80/1000	118	5000	1,40	110/750	162	6000	2,05
90/1000	133	6000	1,55	125/750	183	6000	2,20
100/1000	147	6000	1,65	140/750	205	6000	2,40

Z	P	V	t	Z	P	V	t
KDD 37/600	56,5	4000	1,30	KDD 45/500	68	5000	1,7
50/600	75,5	5000	1,45	60/500	90	5000	1,9
62/600	92,5	5000	1,55	75/500	111	6000	2,1
75/600	111	6000	1,75	90/500	133	6000	2,3
87/600	129	6000	1,95	105/500	155	6000	2,5
100/600	147	6000	2,10	120/500	177	6000	2,7
115/600	169	6000	2,55	135/500	199	6000	2,9
DD 135/600	198	6000	2,70	150/500	220	6000	3,0
155/600	227	6000	2,90	DD 165/500	242	6000	3,5
175/600	256	6000	3,05	185/500	270	6000	3,7
190/600	277	6000	3,20	210/500	306	6000	4,0
210/600	306	6000	3,40	235/500	342	6000	4,3
				260/500	379	6000	4,6
				280/500	408	6000	4,9

Z	P	V	t	Z	P	V	t
KDD 60/430	90	5000	2,2	KDD 80/375	118	6000	2,8
75/430	112	6000	2,4	100/375	148	6000	3,1
90/430	133	6000	2,6	120/375	178	6000	3,3
105/430	156	6000	2,8	140/375	206	6000	3,6
120/430	177	6000	3,0	160/375	236	6000	3,8
135/430	199	6000	3,2	180/375	264	6000	4,1
150/430	220	6000	3,4	200/375	293	6000	4,3
165/430	242	6000	3,6	220/375	322	6000	4,6
DD 190/430	278	6000	4,1	DD 240/375	352	6000	5,3
215/430	315	6000	4,4	270/375	396	6000	5,6
240/430	352	6000	4,7	300/375	437	6000	5,9
270/430	394	6000	5,1	330/375	480	6000	6,3
300/430	437	6000	5,5	360/375	522	6000	6,7
325/430	470	6000	5,8	390/375	565	6000	8,1
350/430	517	6000	6,1	420/375	610	6000	8,5

Berliner Maschinenbau-Aktien-Gesellschaft, vormals L. Schwartzkopff, Berlin.

Gleichstrommaschinen, Modell Ng, Fig. 356.

Stromerzeuger.

Z	P	KW	U/M	t	L	B	H
Ng 1	1,12 / 2,1	0,55 / 1,15	900 / 1700	0,055	437	310	364
2	2,1 / 3,8	1,1 / 2,2	850 / 1600	0,08	478	350	406
3	3,66 / 6,5	2,0 / 4	800 / 1500	0,125	587	400	457
4	5,65 / 10,3	3,25 / 6,5	750 / 1450	0,17	650	450	520
5	8,25 / 15,4	5 / 10	700 / 1325	0,24	670	530	590
6	10 / 19,1	6,25 / 12,5	600 / 1200	0,285	700	530	590
7	13,6 / 26	8,5 / 17	550 / 1100	0,385	802	590	687
8	19,2 / 36,5	12 / 24	525 / 1050	0,565	893	720	790
9	23,7 / 45	15 / 30	525 / 1050	0,64	928	720	790
10	29 / 56	18,5 / 37	450 / 900	0,87	1010	800	863
11	38,5 / 75	25 / 50	400 / 800	1,025	1091	900	978
12	49,5 / 97	32,5 / 65	400 / 800	1,16	1126	900	978
13	68,5 / 133	45 / 90	325 / 650	2,4	1230	980	1067

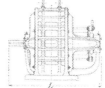

Fig. 356.

Dieselben Maschinen als Motoren.

Z	P	KW	U/M	Z	P	KW	U/M
Ng 1	0,75 / 1,5	0,825 / 1,47	850 / 1650	Ng 8	14 / 28	12,1 / 23,2	450 / 900
2	1,5 / 3	1,55 / 2,8	800 / 1550	9	17,5 / 35	15 / 28,6	450 / 900
3	2,5 / 5	2,49 / 4,4	700 / 1400	10	22,5 / 45	19 / 36,8	400 / 800
4	3,7 / 7,5	3,49 / 6,45	600 / 1250	11	30 / 60	25,1 / 48,5	350 / 700
5	6 / 12	5,35 / 10	550 / 1150	12	40 / 80	33,1 / 64,7	350 / 700
6	7,5 / 15	6,53 / 12,4	500 / 1050	13	55 / 110	45,5 / 89	300 / 600
7	10 / 20	8,66 / 16,55	475 / 950				

Asynchrone Drehstrommotoren, Modell Nd, Fig. 356.

Nd 01 bis Nd 13 mit Lagerschilden, Nd 14—16 mit zwei oder drei, Nd 17—22 mit drei Stehlagern; für Nd 14—16 mit drei Lagern sind bez: t = 2,3 — 3,0 — 3,6; L = 2190 — 2405 — 2550.

Z	P bei U/M							KW			t	L	B	H
	1440	960	720	580	480	360	290							
Nd 01	0,25							0,24			0,032	298	285	280
0	0,5							0,45			0,037	312	285	280
1	1							0,88			0,046	345	310	305
2	2							1,7			0,07	369	350	344
3	4	2,5						3,4	2,2		0,108	579	400	402
4	7	5						5,9	4,3		0,151	650	450	450
5	8,5	6						7,1	5,1		0,218	676	530	520
	10	7						8,4	5,9					
5b	12	8,5						10	7,2		0,257	706	530	520
	14	10						11,6	8,4					
6	16	10						13,2	8,4		0,355	808	590	600
	18	12						14,9	10					
7	22	14	10,5					18,4	11,6	8,8	0,423	808	640	650
	24	16	12					20	13	10,1				
8		22	16	10				18	13,3	8,66	0,525	899	720	710
		24	18	12				20	15	10,4				
9		27	20	13				22	16,7	11,1	0,593	934	720	710
		30	22	15				25	18,4	12,8				
10		36	27	20				29,5	22,4	16,9	0,804	1017	800	780
		40	30	22				31,8	24,8	18,6				
11			40	32	24			32,6	26,5	20,3	0,937	1097	900	890
			45	36	27			36,8	29,8	22,8				
12			54	43	32			44,2	35,6	26,9	1,034	1133	900	890
			60	48	36			49	39,8	30,3				
13			80	65	50			65,6	53,8	41,8	1,23	1237	980	990
			90	72	55			73,6	59,6	46				
14			110	90	70			89	73,6	58	1,95	1560	1320	1120
15				140	115	80		113	94	66,2	2,7	1840	1500	1260
16				180	150	105		146	124	87	3,0	1925	1500	1260
17					240	180	135	193	146	111	5,5	1840	2030	1580
18					310	225	175	248	182	143	6,3	1950	2030	1580
19						375	300	300	241		7,5	2000	2570	2000
20						500	400	400	324		8,8	2140	2570	2000
21							650	520			13,5	2240	3310	2620
22							850	680			15	2470	3310	2620

Transformatoren,

für Hochspannung bis 5000 Volt und etwa 50 Per/Sek, Fig. 357.

Einphasentransformatoren.

Z	K.V.A.	η Voll-last	Halb-last	t	L	B	H
TEL 1	1	93,6	91,0	0,050	375	280	305
2	2	94,5	92,3	0,065	435	340	320
3	3,5	95,4	93,7	0,095	435	340	345
4	5	96,0	94,5	0,120	480	370	380
5	7,5	96,6	95,3	0,165	520	400	425
6	10	96,9	95,8	0,210	560	425	435
7	15	97,2	96,3	0,300	635	480	510
8	20	97,5	96,6	0,380	635	480	560
9	25	97,6	96,8	0,460	700	500	600
10	30	97,8	96,9	0,540	750	550	650
11	40	98,0	97,3	0,680	800	580	700
12	50	98,2	97,6	0,820	850	620	750

Mit Ölisolation.

Z	K.V.A.	η Voll-last	Halb-last	t	L	B	H
OEL 1	1	93,3	91,7	0,065	360	270	450
2	2	93,9	92,6	0,080	450	340	510
3	3,5	94,7	93,6	0,115	470	360	520
4	5	95,1	94,2	0,140	515	410	575
5	7,5	95,7	94,8	0,170	555	425	600
6	10	96,1	95,3	0,200	610	500	620
7	15	96,6	95,8	0,250	650	520	675
8	20	96,8	96,0	0,300	650	520	700
9	25	97,0	96,1	0,350	690	545	730
10	30	97,1	96,2	0,400	690	545	800
11	40	97,3	96,4	0,500	750	620	850
12	50	97,5	96,6	0,580	750	620	900
13	60	97,7	96,8	0,660	830	690	950
14	80	98,0	97,1	0,830	900	750	1070
15	100	98,2	97,4	1,000	950	790	1150

Dreiphasentransformatoren.

Z	K.V.A.	η Voll-last	Halb-last	t	L	B	H
TDL 1	1	92,0	89,2	0,055	375	280	560
2	2	93,7	91,7	0,070	375	280	580
3	3,5	94,7	92,9	0,090	375	280	645
4	5	95,3	93,7	0,110	435	340	670
5	7,5	95,8	94,7	0,145	435	340	735
6	10	96,1	95,2	0,170	480	370	760
7	15	96,6	96,0	0,250	520	400	850
8	20	96,9	96,4	0,310	520	400	915
9	25	97,1	96,7	0,380	560	425	935
10	30	97,2	96,9	0,450	560	425	1000
11	40	97,5	97,2	0,580	635	480	1090
12	50	97,6	97,3	0,730	635	480	1220
13	60	97,8	97,5	0,870	700	500	1300
14	80	98,1	97,8	1,140	700	550	1400
15	100	98,3	98,0	1,420	800	580	1500

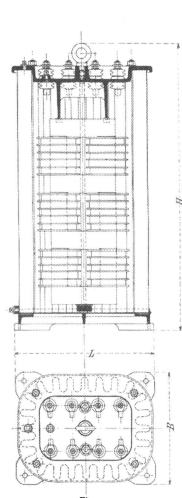

Fig. 357.

Mit Ölisolation

Z	KVA	η Vollast	Halblast	t	L	B	H
ODL 1	1	92,0	89,8	0,050	350	250	660
2	2	93,0	91,3	0,070	360	270	660
3	3,5	93,9	92,6	0,095	360	270	750
4	5	94,4	93,1	0,110	450	340	785
5	7,5	94,9	93,8	0,135	450	340	850
6	10	95,2	94,3	0,155	470	360	850
7	15	95,7	94,8	0,190	515	410	900
8	20	96,0	95,2	0,230	555	425	980
9	25	96,2	95,5	0,265	555	425	980
10	30	96,4	95,7	0,300	610	500	1050
11	40	96,7	96,1	0,365	650	520	1100
12	50	96,8	96,4	0,425	690	545	1200
13	60	97,0	96,6	0,500	690	545	1265
14	80	97,4	96,9	0,625	750	620	1365
15	100	97,6	97,2	0,750	750	620	1500
16	125	97,8	97,5	0,920	830	690	1570
17	150	98,0	97,7	1,080	830	690	1700
18	175	98,1	97,8	1,250	900	750	1800
19	200	98,2	97,9	1,430	900	750	1900
20	250	98,3	98,1	1,760	950	790	2050
21	300	98,4	98,1	2,100	1000	830	2200

Die Gewichte der Öltransformatoren verstehen sich ohne Ölfüllung.

Conz Elektrizitäts-Gesellschaft m. b. H., Hamburg.

Gleichstrommaschinen,

Modell K, als Stromerzeuger für 110/220 V, als Motoren für 110/500 V. Fig. 358.

Z	P	KW	U/M	t	L	B	H
K ¼	0,25	0,25	2100	0,04	370	270	270
½	0,50	0,50	1900	0,05	390	270	270
1	1,0	1,0	1700	0,065	495	310	310
2	2	1,8	1600	0,08	530	400	400
3	3	2,7	1450	0,11	635	460	460
5	5	4,5	1400	0,15	680	460	460
7,5	7,5	6,5	1300	0,20	790	530	530
10	10	8,0	1250	0,29	840	530	530
15	15	12	1150	0,35	955	645	650
20	20	15	1050	0,42	1015	645	650

P ist die Leistung des Motors, KW die des Stromerzeugers. Unter U/M steht die Umlaufszahl für Stromerzeuger normaler Spannung; für erhöhte Spannung ist sie bei K 2 um 250, bei den größeren Maschinen um 200 höher, normale Spannung 110/120, 220/240, erhöhte Spannung 110/160, 220/320 V. Die Umlaufszahlen für die Motoren sind normal um 300 bis 100 geringer: 1800 — 1600 — 1500 — 1400 — 1300 — 1250 — 1200 — 1100 — 1000 — 950, bei Motoren für 500 V um 15 % höher als letztere Zahlen.

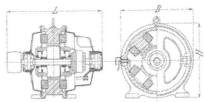

Fig. 358.

Deutsche Elektrizitäts-Werke zu Aachen
— Garbe, Lahmeyer & Co. — Aktiengesellschaft.

Gleichstrommaschinen.

Stromerzeuger, Modell V, Fig. 359 für V 2 bis V 60a und Fig. 360 für V 250 bis V 750. Die Maschinen V 2 bis V 15 haben feststehende Bürsten, die Zuführungsklemmen sind am Lagerarm angebracht; die größeren Maschinen haben eine Bürstenbrille, die Klemmen sitzen oben am Kollektor-Lagerschild.

Z	Stromerzeuger			Motoren			t	L	B	H
	P	KW	U/M	P	KW	U/M				
V 2	0,46	0,22	2400	0,25	0,28	1700	0,025	385	235	285
5	0,88	0,45	2200	0,5	0,53	1600	0,035	430	270	322
7	1,3	0,7	2100	0,75	0,76	1600	0,05	459	275	322
10	1,6	0,9	1900	1	1	1500	0,065	523	340	400
15	2,3	1,3	1900	1,5	1,5	1500	0,075	547	345	400
17	3,5	2,0	1830	2,2	2,1	1500	0,105	623	380	480
35a	5	2,9	1830	3	2,3	1400	0,120	650	405	485
35b	6,7	4	1740	4,5	4,1	1370	0,150	695	410	485
40a	8,8	5,3	1650	6	5,4	1300	0,180	755	455	545
50a	14	8,8	1470	10	8,8	1170	0,280	870	530	625
50b	15	9,3	1120	11	9,8	950	0,350	930	535	630
50b	17	11	1320	13	11	1140	0,350	930	535	630
55a	21,5	14	1250	17	14,5	1040	0,430	1015	610	705
55b	23	17,5	1150	21	17,5	950	0,490	1045	615	710
60a	35	23	1030	27	23	860	0,620	1165	680	805
250	45	29	890	34	29	750	1	1350	850	1085
320	57	37	840	44	37	710	1,25	1505	910	1160
400	70	46	790	55	46	670	1,7	1620	1000	1240
500	87	57	730	69	57	625	2	1790	1060	1325
600	104	69	680	82	68	590	2,5	1895	1160	1435
750	130	86	630	103	85	550	3,1	2065	1230	1495

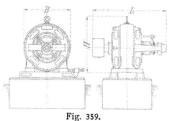

Fig. 359.

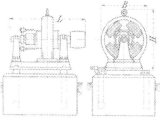

Fig. 360.

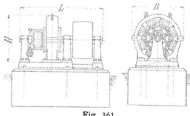

Fig. 361.

Modell A, Fig. 361.

Z	Stromerzeuger			t	L	B	H
	P	KW	U/M				
A 27	41	27	900	0,94	1375	760	897
36	54	36	800	1,26	1515	800	937
48	72	48	750	1,62	1685	860	1100
67	100	67	700	2	1865	970	1115
85	126	85	600	2,85	2105	1080	1150
103	153	103	550	3,15	2235	1190	1245
120	177	120	500	4	2485	1340	1375
145	214	145	450	4,8	2525	1440	1550

Als Motoren:
A	27	36	48	67	85	103	120	145
P	33,5	45	60	83	106	128	150	182
KW	28	37	49	68	86	104	122	147
U/M	790	710	680	620	520	500	460	410

Elektrizitäts-Aktiengesellschaft vorm. Kolben & Co. Prag.

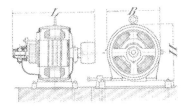

Fig. 362.   Fig. 363.

Gleichstrommaschinen, Fig. 362 u. 363.

Z	Stromerzeuger.			Motoren		t	L	B	H
	P	KW	U/M	P	U/M				
GM 1a	2	1,1	1600	1,15	1500	0,08	465	270	275
1b	2,4	1,25	1750	1,3	1650	0,08	465	270	275
1½a	3,1	1,8	1500	1,9	1400	0,11	530	315	325
1½b	3,5	2	1700	2,1	1600	0,11	530	315	325
3a	6,4	4	1400	4,6	1300	0,15	610	375	385
3b	7,4	4,6	1600	5,3	1500	0,15	610	375	385
5a	7,8	5	1200	6	1100	0,21	685	440	530
5b	9,4	6	1400	7	1300	0,21	685	440	530
6	12,3	8	1100	9,5	1000	0,26	765	475	585
9	15,2	10	1000	12	950	0,39	940	550	670
15a	24	16	950	19,5	900	0,56	1060	650	795
15b	10,9	7	400	8	380	0,52	1060	650	795
20a	33	22	900	27	800	0,71	1190	700	850
20b	14	9	380	10	350	0,67	1190	700	850
28a	45	30	850	38	760	0,96	1250	700	850
28b	18,5	12	350	15	320	0,90	1250	700	850
40a	67,2	45	750	57	700	1,3	1600	820	930
40b	28	18	320			1,15	1600	820	930
55a	81	55	600	70	550	2,3	1900	1070	1130
55b	50	33	325			2,1	1900	1070	1130
80a	117	80	500			3,6	2100	1130	1285
80b	146	00	550	100	450	3,75	2100	1130	1285
80c	61	140	250			3,2	2100	1130	1285

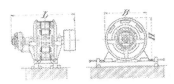

Fig. 364.

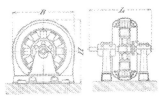

Fig. 365.

Wechselstrommaschinen.

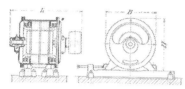

Fig. 366.

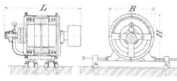

Fig. 367.

Drehstromerzeuger, 50 Per/Sek,
cos φ = 0,9 für Spannungen von 200—5500 V.
Fig. 364 und 365.

Z	P	KW	U/M	t	L	B	H
DG 3	3	2,2	1500	0,185	670	400	405
6	6	4,7	1500	0,665	830	490	495
15	15	12	1500	1,065	1140	570	575
25	25	20	1000	1,5	1300	740	745
50	50	40	750	1,7	1580	1050	1070
75	75	62	750	2,18	1960	1050	1070
100	100	83	750	2,5	2215	1130	1165
100 b	100	83	600	2,88	2215	1130	1165
150 a	150	125	500	5,15	2505	1470	1495
150 b	250	210	1000	5,7	2505	1470	1495
150 c	300	250	600	6,1	2505	1470	1495
225	225	187	430	7,5	2590	1740	1750
275 a	145	120	200	8,8	2720	2000	2000
275 b	275	230	375	9,87	2720	2000	2000
275 c	320	270	430	9,87	2720	2000	2000
275 d	500	425	500	10,5	2720	2000	2000

Drehstrommotoren für Niederspannung,
für 50 Per/Sek, Fig. 366, 367 u. 368.

Z	P	KW	U/M	kg	L	B	H
MD 1/4	1/4	0,13	1410	33	264	192	196
1/2	1/2	0,24	1420	50	330	192	190
1	1	0,89	1430	55	410	272	276
2	2	1,75	1435	80	420	324	328
3	3	2,6	1440	100	515	324	328
4	4	3,45	1440	140	545	324	328
6	6	5,12	1440	175	670	396	405
9	9	7,62	1440	225	760	490	495
12	12	10,1	1440	340	830	490	495
16	16	13,25	960	500	940	570	575
22	22	18,2	960	720	1156	645	655
30	30	24,5	960	810	1220	740	745
40	40	32,7	960	930	1300	740	745
50	50	40,75	725	120	1345	830	835
60	60	48,5	960	1300	1400	830	835
80	80	64,5	725	1680	1525	1050	1070
100	100	81,0	725	1980	1670	1050	1070
150	150	121	485	2880	1900	1220	1160

Einphasen-Wechselstrommotoren
für Niederspannung, 50 Per/Sek,
Fig. 366—368.

Z	P	KW	U/M	kg	L	B	H
MD 1/4	1/6	0,225	1310	33	274	192	196
1/2	1/3	0,42	1350	50	330	192	196
1	2/3	0,78	1390	55	440	272	276
2	1,25	1,22	1400	80	470	324	328
3	2	1,26	1400	100	535	324	328
4	2,75	2,7	1410	140	585	324	328
6	4	3,85	1425	175	750	396	405
9	6	5,65	1425	225	860	490	495
12	8	7,2	1425	340	930	490	495
16	10	8,9	1450	505	1020	570	575
16	7,5	6,9	950	505	1020	570	575
22	14	12,3	950	720	1250	645	655
30	20	17,3	950	810	1330	740	745
40	26	22,2	950	930	1400	740	745

Dieselben Motoren auch für 42 Per/Sek mit entsprechend verminderter
Leistung und Umlaufszahl.

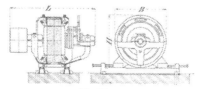

Fig. 368.

Drehstrom-Transformatoren mit Luftkühlung, 40 bis 50 Per/Sek. Sekundärspannungen bis 500 Volt. DT Fig. 369, DTO Fig. 370.

Z	KW			kg	Wirkungsgrad % ca.	L	B	H
	3000 V	5000 V	8000 V					
DT 2	2	1,5	—	100	92	510	215	450
3	3	2,5	—	130	92	650	250	550
5	5	4	3	200	93	700	280	600
8	8	7	5,5	280	94	735	305	680
15	15	14	12	500	96	920	340	850
22	22	22	20	600	96	950	350	970
30	30	30	27	850	96,5	970	390	1100
45	45	45	45	1000	97	1135	410	1200
60	60	60	60	1250	97	1150	440	1400
80	80	80	80	1700	97	1270	520	1400
100	100	100	100	2200	97	1270	500	1450
125	125	125	125	2600	97	1380	520	1450

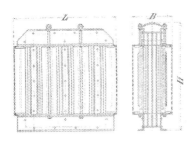

Fig. 369.

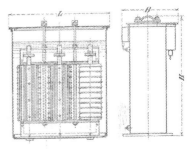

Fig. 370.

Z	KW	Wirkungsgrad % ca.	kg	L	B	H
DTO 8	6	91,5	400	770	480	860
15	15	93	700	905	510	1015
22	30	94	850	1010	730	1150
30	40	96	1150	1070	760	1400
45	60	96	1400	1100	800	1400
60	80	96	1700	1180	800	1540
80	110	96,5	2250	1335	630	1540
100	140	96,5	2850	1650	700	1650
125	170	96,5	3350	1650	700	1800
200	200	97	3800	1800	850	1950

Elektricitäts-Aktiengesellschaft vorm. Hermann Pöge, Chemnitz.

Gleichstrommaschinen,

Stromerzeuger, Modell NT, Fig. 371 u. 372.

NT 4½ bis NT 14 für Riemenantrieb, Fig. 371, NT 11—NT 20 für unmittelbare Kupplung, Fig. 372. In letzterem Falle schließt das Gewicht unter t das Außen-lager nicht ein.

NT 4½ bis NT 10 vierpolig, NT 11 u. 12 sechspolig, NT 12½ bis 14 achtpolig, NT 15 u. 16 zehnpolig, NT 20 sechszehnpolig.

Fig. 371.

Fig. 372.

Z	P	KW	UM	t	L	B	H
NT 4½	29	18,70	925				
	32,5	20,90	1050	0,51	1100	722	705
5	34	22,00	875				
	38	24,75	1000	0,65	1215	760	758
5½	39	25,30	850				
	43,7	28,60	980	0,80	1300	808	808
6	43,7	28,60	800				
	48,5	31,90	925	0,95	1350	865	865
7	53	35,20	750				
	57,5	38,50	875	1,10	1535	932	943
8	61	41,25	720				
	67	45,10	825	1,20	1700	982	978
10	82	55,00	650	1,77	1915	1086	1070
11	106	71,50	600	2,20	2115	1190	1167
12	131	88,00	500	3,20	2295	1250	1215
12½	162	110,00	500	3,70	2260	1320	1320
13	220	115,00	350	4,50	2445	1625	1545
14	278	190,00	350	6,92	2950	1720	1735
NT 11	33	22	200	1,45	1050	1190	1120
12	52	35	200	1,77	1075	1250	1145
12½	60	40	180	2,10	1150	1320	1185
13	111	75	180	3,55	1315	1625	1300
14	118	80	150	4,65	1400	1720	1430
15	243	165	150	5,80	1450	2100	1615
16	290	200	125	9,35	1500	2400	1760
20	480	330	125	12,20	1750	3100	1960

Motoren, Modell V, Fig. 373.

V 2 bis 5 vierpolig, die größeren sechspolig.

Z	P	KW	U/M	t	L	B	H
V 2	2	1,76	1350	0,075	528	374	425
3	3,5	3,08	1250	0,100	542	419	470
4	5	4,29	1150	0,145	608	438	496
5	7,5	6,27	1050	0,175	647	497	560
6	10	8,25	1000	0,200	705	526	588
7	12,5	10,45	950	0,250	735	530	590
	15	12,64	1150				
8	16,5	13,75	850	0,370	882	636	710
	18,5	15,40	975				
9	20	16,61	800	0,410	910	636	710
	23	19,14	950				
10	24	20,00	750	0,590	940	692	790
	28	23,40	850				

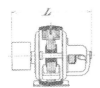

Fig. 373.   Fig 374.

Wechselstrommaschinen.

Drehstrommotoren, Modell SDM, Fig. 374.

Z	P	KW	U/M	t	L	B	H
SDM							
2/1500	2	1,73	1440	0,070	535	334	386
3½/1500	3,5	3,0	1440	0,095	575	386	450
5/1500	5	4,3	1450	0,145	680	432	495
7/1500	7,5	6,45	1450	0,180	710	465	530
10/1500	10	8,55	1450	0,210	730	496	565
12½/1000	12,5	10,60	960	0,325	800	532	596
15/1000	15	12,50	960	0,390	815	620	625
20/1000	20	16,50	965	0,430	910	635	705
25/1000	25	20,60	965	0,485	955	635	705
35/1000	35	28,60	970	0,590	1089	690	770
50/1000	50	40,40	975	0,800	1095	790	890
65/1000	65	52,50	975	0,950	1230	835	940
80/1000	80	64,70	980	1,20	1180	955	1070
80/750	80	64,60	735	1,42	1205	1040	1160
100/750	100	80,80	735	1,60	1385	1152	1300
150/750	150	120,00	740	2,00	1635	1260	1410

Transformatoren.

Modell DT. Fig. 375.

Z	KW	t	L	B	H
DT 2	3	0,142	640	270	440
3	5	0,170	675	285	520
5	7,5	0,270	800	346	580
7,5	12	0,356	840	360	630
10	18	0,442	905	375	660
15	30	0,680	1050	420	800
20	50	0,970	1090	450	875
40	75	1,550	1270	550	1160

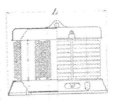

Fig. 375.

Außerdem Öltransformatoren für Drehstrom, ODT in 19 Größen von 1 bis 250 KW.

Elektrizitäts-Gesellschaft Alioth, Münchenstein-Basel.

Gleichstrommaschinen.

Stromerzeuger, Modell GG und HG, Fig. 376, in 4 Formen: I mit 2 Lagern für Riemenantrieb, L I = Achsenlänge; II (Fig. 376) und III (wenig von II verschieden) mit 3 Lagern für Riemenantrieb, L II und L III = Außenmaß an den Achslagern. IV für unmittelbare Kupplung mit einem Lager und Kupplungsflansch, L IV = Außenmaß Flansch-Lager. GG für niedere und mittlere Spannung mit größerer Polzahl, HG für höhere Spannung mit kleinerer Polzahl. GG für 550 V.

Z	P	KW	U/M	t	L II	B	H
GG 50	98	65	600	2,3	2030	1290	1150
65	120	80	540	2,9	2220	1380	1200
80	135	90	500	3,6	2435	1470	1260
100	163	110	470	4,2	2605	1740	1370
125	205	135	430	4,9	2800	1850	1460
150	280	190	400	6,9	2690	1880	1520
200	370	250	375	8,5	3035	2100	1650
			HG für 750 V				
HG 50	77	50	750	3,3	2190	1380	1365
67	100	67	500	5,1	2450	1740	1380
100	149	100	430	6,8	2540	1880	1520
150	220	150	400	8,8	3050	2100	1650
200	295	200	375	10,4	3120	2200	1710
GG 50	65	80	100		125	150	200
L I	1580	1710	1860	1910	2005	1985	2230
L III	2030	2220	2435	2605	2800	2690	3035
L IV	1070	1160	1255	1355	1480	1450	1635
HG 50	67	100	150		200		
L I	1755	1910	1985	2230	2350		
L III	2170	2450	2840	3055	3120		

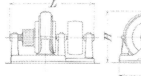

Fig. 376.   Fig. 377.

Motoren, Modell MG, Fig. 377, für 110 V.

Z	P	KW	U/M	t	L	B	H
MG 4	5	4,5	1200	0,155	600	450	555
5	7,5	6,7	1150	0,235	680	555	655
7,5	10,5	9,1	1000	0,330	750	605	730
10	15	12,9	925	0,425	870	655	790
15	24	20,6	875	0,590	990	710	875
20	31	26	775	0,890	1140	775	965
30	44	36,5	700	1,110	1295	845	1045
40	55	45,7	600	1,139	1350	930	1145

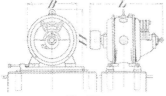

Fig. 378.   Fig. 379.

Wechselstrommaschinen.

Stromerzeuger für Ein- und Mehrphasenstrom in 121 normalen Modellen von 30 KW bis zu den größten Leistungen, für Riemenantrieb und unmittelbare Kupplung, in Formen ähnlich wie Fig. 376 bis 379; große Maschinen; ähnlich Fig. 346; auch mit senkrechter Achse.

Drehstrommotoren, IMD 3 bis 25, Fig. 378, IMD 30 bis 125, Fig. 379. Die Tabelle gibt für jedes Modell die höchste Leistung bei der höchsten Geschwindigkeit an.

Z	P	KW	U/M	t	L	B	H	Z	P	KW	U/M	t	L	B	H
IMD								**IMD**							
3	4	4	1425	0,15	675	455	590	30	45	41	1000	1,30	1065	850	940
5	6	5,85	1435	0,19	725	455	590	40	60	55	1000	1,07	1145	850	940
7,5	9	9	1440	0,27	835	530	675	50	70	64	1000	1,33	1335	920	1020
10	12	12	1450	0,32	870	530	675	65	90	82	1000	1,45	1410	920	1020
12,5	15	15	1450	0,4	950	660	805	75	110	100	750	2,24	1670	1190	1330
15	23	23	1460	0,51	1020	660	805	100	150	135	750	2,59	1880	1190	1330
20	35	35	1460	0,58	1040	760	910	125	180	161	750	2,96	1980	1190	1330
25	40	40	1460	0,65	1085	760	910								

Transformatoren.

WTA = einphasiger Wechselstromtransformator mit wagerechten Schenkeln.

DTA = Drehstromtransformator mit wagerechten Schenkeln, Fig. 380.

WTB und DTB mit senkrechten Schenkeln, DTBs, Fig. 381.

Mit wagerechten Schenkeln bis etwa 50 KW, mit senkrechten bis 250 KW mit natürlicher Lüftung. Für höhere Leistungen, von 150 KW an, mit künstlicher Luftkühlung, senkrechte Schenkel. Für kleinere Leistungen bei sehr hoher Spannung Öltransformatoren WTD, von 50 KW an mit Luft- oder Wasserkühlung. Die nachstehenden Tabellen gelten für natürliche Luftkühlung.

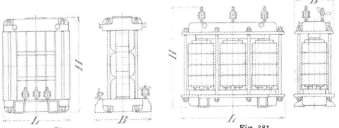

Fig. 380. Fig. 381.

Z	KW	t	L	B	H	Z	KW	t	L	B	H
WTA 0,5	1	0,46	300	320	304	**DTA** 0,5	0,8	0,41	250	290	365
1	3	0,80	350	350	350	1	1³/₄	0,65	300	320	425
2	5	1,15	400	390	380	2	4	1,10	350	350	490
3,5	7¹/₂	1,65	450	430	440	3,5	6³/₄	1,60	400	390	540
5	10¹/₂	2,25	500	480	495	5	10	2,15	450	430	620
7	12¹/₂	2,75	550	510	535	7	12¹/₂	2,90	500	480	690
10	18	3,65	600	540	575	10	18	3,90	550	510	755
16	25	4,70	650	580	630	16	25	5,	600	540	820
23	35	6,20	725	610	695	23	35	6,55	650	580	890
WTB 10	27	0,52	760	450	1045	33	50	8,60	725	610	985
16	38	0,71	795	460	1145	**DTB** 16	36	0,81	1120	420	1045
23	55	0,93	860	470	1235	23	54	1,10	1160	445	1145
33	76	1,23	950	510	1360	33	75	1,45	1260	455	1235
46	108	1,62	1050	580	1475	46	108	1,90	1400	500	1360
66	155	2,25	1160	610	1585	66	155	2,63	1550	550	1475
100	250	3,25	1330	690	1805	100	240	3,69	1720	600	1585

Elektricitäts-Gesellschaft Sirius m. b. H. Leipzig.

Gleichstrommaschinen. Modell AG und G, Fig. 382.

Z	Stromerzeuger			Motoren			t	L	B	H
	P	KW	U/M	P	KW	U/M				
AG ¹/₂	1,2	0,63	1900	0,6	0,62	1600	0,034	390	240	216
1	2	1,15	1800	1,25	1,14	1550	0,051	477	281	337
1,5	3,2	1,84	1550	2	1,8	1350	0,075	543	310	376
G 2	4,5	2,64	1500	3	2,6	1300	0,082	547	354	420
3	6,0	3,45	1350	4	3,4	1150	0,115	625	396	473
5	7,8	4,6	1350	5	4,2	1200	0,145	675	396	473
6	8,5	5,16	1300	6,5	5,4	1150	0,180	696	446	523
8	10,5	6,9	1260	8	6,8	1100	0,215	756	446	523
10	14,5	8,6	1200	10	8,2	1050	0,260	820	498	582
15	18,0	12,0	1080	15	12,0	950	0,350	925	548	634
20	24,0	15,0	960	18	14,7	850	0,470	1032	600	702
30	31,0	20,0	800	24	19,4	720	0,660	1140	640	742
40	45,0	30,0	780	36	28,8	700	0,920	1280	700	847
50	60,0	40,0	740	50	40,0	660	1,5	1626	790	932
Kleinmotoren.										
AG ¹/₁₀				¹/₁₀	0,120	2600	0,004	200	114	115
¹/₆				¹/₆	0,200	2400	0,008	223	156	158
¹/₃				¹/₃	0,360	2000	0,017	285	197	200
G ¹/₂				0,5	0,520	1800	0,018	336	227	254

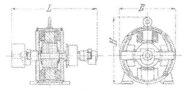
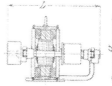

Fig. 382.   Fig. 383.

Niederspannungsmaschinen
für 4 Volt, Modell AN und N, Fig. 383; N 6 bis N 15 mit zwei Kollektoren.

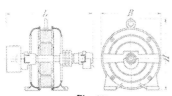

Fig. 384.

Z	P	KW	U/M	t	L	B	H
AN ¹/₆	0,27	0,12	2400	0,0085	245	156	158
¹/₃	0,62	0,3	2200	0,019	340	197	200
¹/₂	1,18	0,6	2100	0,039	455	240	296
1	1,8	1,0	1800	0,062	550	281	337
1,5	2,6	1,44	1650	0,092	635	310	376
N 2	3,5	2,0	1600	0,102	662	354	420
3	4,3	2,4	1350	0,17	750	396	473
5	5,3	3,0	1350	0,22	800	396	473
6	6,3	3,6	1100	0,35	1000	446	523
8	8,4	4,8	1100	0,425	1060	446	523
10	10,5	6,0	1000	0,5	1180	498	582
15	17,5	10,00	1000	0,68	1500	548	634

Drehstrommotoren,
Modell AD und D, für 50 Per/Sek., Fig. 384.

mit Schleifringen.   mit Kurzschlußläufer.

Z	P	KW	U/M	t	L	B	H	Z	P	KW	U/M	t	L	B	H
D								AD 1/10	1/10	0,123	3000	0,004	182	116	118
1	1	0,945	1500	0,046	428	268	320	1/4	1/4	0,264	3000	0,009	260	166	168
1,5	1,5	1,380	1500	0,053	444	268	320	D 1/4	1/4	0,256	1500	0,018	255	204	208
2	2	1,800	1500	0,065	460	306	363	1/3	1/3	0,327	1500	0,020	265	204	208
2,5	2,5	2,200	1500	0,073	480	306	363	1/2	1/2	0,478	1500	0,028	287	235	277
3	3	2,660	1500	0,082	518	338	397	3/4	3/4	0,708	1500	0,033	300	235	277
4	4	3,500	1500	0,091	538	338	397	1	1	0,945	1500	0,041	336	268	320
5	5	4,330	1500	0,116	570	364	437	1,5	1,5	1,380	1500	0,048	352	268	320
6	6	5,140	1500	0,126	595	364	437	2	2	1,800	1500	0,058	373	306	363
8	8	6,850	1500	0,170	632	445	501	2,5	2,5	2,200	1500	0,066	392	306	363
10	10	8,460	1500	0,220	660	445	501	3	3	2,660	1500	0,076	395	338	397
12	12	10,000	1500	0,300	826	540	565	4	4	3,500	1500	0,085	415	338	397
14	14	12,500	1500	0,350	860	540	565	5	5	4,330	1500	0,105	440	364	437
15	15	12,500	1000	0,370	851	570	646	6	6	5,140	1500	0,117	465	364	437
20	20	16,350	1000	0,440	873	570	646								
25	25	20,400	1000	0,510	1035	670	762								
30	30	24,500	1000	0,750	1055	670	762								
35	35	28,600	1000	0,850	1069	670	762								

Fabrik elektrischer Apparate Dr. Max Levy, Berlin.
Gleichstrommaschinen. Fig. 385.

Z	Stromerzeuger			Motoren			t	L	B	H
	P	KW	U/M	P	KW	U/M				
N 4	0,4	0,2	2100	0,25	0,26	1700	18	330	210	205
5	0,9	0,5	2000	0,5	0,48	1600	35	412	275	260
10	1,3	0,75	1900	1	0,62	1600	46	475	280	262
13	3,6	2,2	1750	3	2,6	1450	85	585	385	380
14	4,85	3	1750	4	3,46	1450	105	645	390	380
16	6,5	4	1500	5	4,52	1250	118	675	410	405
19	11	7	1500	8	6,7	1150	160	700	465	462
23	14	9	1400	12	9,93	1150	215	770	480	470
26	21	13,75	1250	16	13,1	950	310	936	595	590
31	23	15	1150	20	16,5	905	400	1000	600	590

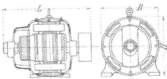

Fig. 385.

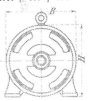

Fig. 386.

Wechsel- und Drehstrommotoren. Fig. 386.

Z	Wechselstrom			Z	Drehstrom			t	L	B	H
	P	KW	U/M		P	KW	U/M				
W 1	1/20	0,09	1380	D 3,5	0,2	0,26	1400	7,5	181	150	150
4	1/8	0,2	1380	4	0,3	0,3	1410	17,5	210	220	225
5	1/4	0,34	1400	5	0,5	0,48	1420	22	230	220	225
10	1/2	0,56	1400	10	1,0	0,9	1430	40	260	250	255
20	1	1,05	1410	20	2,0	1,77	1440	60	365	300	305
30	1,5	1,5	1410	30	3,0	2,6	1445	80	400	300	305
50	2,5	2,45	1430	50	5,0	4,25	1445	110	415	365	370
75	4	3,9	1430	75	7,5	6,5	1450	170	450	365	370

C. & E. Fein, Stuttgart.

Gleichstrommaschinen.

Stromerzeuger, Modell PC mit Ringlagern, Fig. 387, PC I—V für 65—220 Volt,
PC VI—XV für 65—500 Volt.

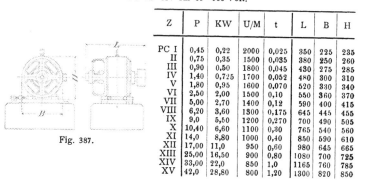

Z	P	KW	U/M	t	L	B	H
PC I	0,45	0,22	2000	0,025	350	225	235
II	0,75	0,35	1500	0,035	380	250	260
III	0,90	0,50	1800	0,045	430	275	285
IV	1,40	0,725	1700	0,052	480	300	310
V	1,80	0,95	1600	0,070	520	330	340
VI	2,50	2,00	1500	0,10	550	360	370
VII	5,00	2,70	1400	0,12	590	400	415
VIII	6,20	3,60	1300	0,175	645	445	455
IX	9,0	5,50	1200	0,270	700	490	505
X	10,40	6,60	1100	0,30	765	540	560
XI	14,0	8,80	1000	0,40	850	590	610
XII	17,00	11,0	950	0,60	980	645	665
XIII	25,00	16,50	900	0,80	1080	700	725
XIV	33,00	22,0	850	1,0	1165	760	785
XV	42,0	28,80	800	1,20	1300	820	850

Fig. 387.

Modell PF mit Stehlagern, Fig. 388, PF I—XI für 65—500 Volt,
PF X u. XI mit 3 Stehlagern.

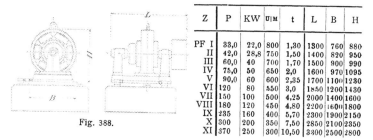

Z	P	KW	U/M	t	L	B	H
PF I	33,0	22,0	800	1,30	1300	760	880
II	42,0	28,8	750	1,50	1400	820	950
III	60,0	40	700	1,70	1500	900	990
IV	75,0	50	650	2,0	1600	970	1095
V	90,0	60	600	2,35	1700	1100	1230
VI	120	80	550	3,0	1850	1200	1430
VII	150	100	500	4,25	2000	1400	1600
VIII	180	120	450	4,80	2200	1600	1800
IX	235	160	400	5,70	2300	1900	2150
X	300	200	350	7,50	2850	2100	2350
XI	370	250	300	10,50	3300	2500	2800

Fig. 388.

Dieselben Maschinen als Motoren; PC I—V für 65 - 220 Volt, PC VI—XV
für 65—500 Volt; PF I—XI für 65—500 Volt.

Z	P	KW	U/M	Z	P	KW	U/M
PC I	$^1/_8$	0,16	1700	PF I	28	23,5	750
II	$^1/_4$	0,29	1600	II	35	28,5	700
III	$^1/_2$	0,53	1500	III	45	36,0	650
IV	$^3/_4$	0,76	1400	IV	60	50,0	600
V	1	0,98	1300	V	75	60,0	550
VI	2	1,90	1200	VI	100	80,0	500
VII	3	2.75	1150	VII	130	100	450
VIII	4	3,60	1100	VIII	175	140	400
IX	6	5,30	1000	IX	230	180	350
X	8	6,90	950	X	285	225	300
XI	10	8,60	900	XI	380	300	250
XII	15	12,7	850				
XIII	20	16,7	800				
XIV	28	23,5	750				
XV	35	28,5	700				

Geschlossene Motoren, Modell GM mit Ringlagern. Fig. 389.
GM I—V für 65—220 V. GM VI—XII für 65—500 V.

Z	P	KW	U/M	t	L	B	H
GM I	$^1/_{16}$	0,095	2200	0,0075	250	110	120
II	$^1/_{12}$	0,120	2100	0,0095	265	120	135
III	$^1/_8$	0,160	2000	0,0115	300	130	150
IV	$^1/_6$	0,22	1900	0,015	325	150	170
V	$^1/_4$	0,20	1800	0,019	350	170	190
VI	$^1/_3$	0,40	1700	0,025	375	190	210
VII	$^1/_2$	0,50	1600	0,045	430	210	240
VIII	$^3/_4$	0,76	1500	0,050	485	235	265
IX	1	0,98	1400	0,068	540	260	300
X	2	1,90	1300	0,090	590	285	330
XI	3	2,75	1200	0,130	625	310	360
XII	4	3,60	1100	0,190	675	340	390

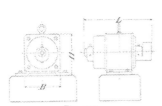

Fig. 389.   Fig. 390.

Wechselstrommaschinen.

Stromerzeuger und Motoren für Ein- und Mehrphasenstrom.
Modell RF, SF, TF, Fig. 390, I—IX mit 2, X u. XI mit 3 Stehlagern.
SF Stromerzeuger für Einphasenstrom, TF Stromerzeuger für Mehrphasenstrom,
RF Motoren für Mehrphasenstrom.
Größe I u. II bis 1000 V, III—VII bis 3000 V, VIII—XI bis 5000 V.

Z	P	KW	U/M	t	L	B	H
SF I	25	16,5	750	1,0	1150	760	880
II	33	22,0	750	1,2	1250	820	950
III	42	28,8	750	1,4	1400	900	990
IV	54	35,0	600	1,6	1500	970	1095
V	63	42,0	600	2,0	1600	1100	1230
VI	85	56,0	600	2,5	1700	1200	1420
VII	105	70,0	600	4,0	1800	1400	1600
VIII	127	85,0	500	5,5	1900	1600	1800
IX	165	110	500	7,0	2000	1900	2150
X	210	140	375	9,0	2500	2100	2350
XI	260	175	375	12,5	3000	2500	2800

Z	P	KW	Z	P	KW
TF I	33	22,0	RF I	28	23,5
II	42	28,8	II	35	28,5
III	60	40	III	45	36
IV	75	50	IV	60	50
V	90	60	V	75	60
VI	120	80	VI	100	80
VII	150	100	VII	130	100
VIII	180	120	VIII	175	140
IX	235	160	IX	230	180
X	300	200	X	285	225
XI	375	250	XI	380	300

Modell QC, RC, SC, TC, Fig. 391 u. 392, mit Ringlagern. SC Stromerzeuger für Einphasenstrom, QC Motoren f. Einphasenstrom, RC Motoren f. Mehrphasenstrom.
Größe I—XV Fig. 391; I—V für 220 V, VI—IX für 500 V, X—XV für 1000 V.
Größe XVI—XXII Fig. 392; XVI—XX bis 3000 V, XXI u. XXII bis 5000 V.
QC und RC I—V mit Kurzschlußläufer, größere mit Schleifringen.

Z	P	KW	U/M	t	L	B	K
SC I	0,25	0,127	1500	0,02	350	225	235
II	0,35	0,175	1500	0,03	380	250	260
III	0,75	0,35	1500	0,04	430	275	285
IV	1,0	0,55	1500	0,05	480	300	310
V	1,20	0,65	1500	0,065	520	330	340
VI	2,50	1,40	1500	0,095	550	360	370
VII	3,50	2,0	1500	0,10	590	400	415
VIII	5,0	2,75	1500	0,15	645	445	455
IX	6,20	3,60	1500	0,20	700	490	505
X	7,50	4,65	1500	0,30	765	540	560
XI	10,0	6,50	1000	0,40	825	590	610
XII	13,0	7,70	1000	0,50	900	645	665
XIII	17,0	11,0	750	0,60	950	700	725
XIV	25,0	16,5	750	0,85	1000	760	785
XV	33,0	22,0	750	1,0	1100	820	850
XVI	42,0	28,8	750	1,20	1200	900	990
XVII	54,0	35,0	600	1,40	1300	970	1095
XVIII	63,0	42,0	600	1,60	1400	1100	1230
XIX	85,0	56,0	600	2,0	1500	1200	1420
XX	605	70,0	600	3,5	1550	1400	1600
XXI	127	85,0	500	5,2	1600	1600	1800
XXII	165	110	500	6,5	1650	1900	2150

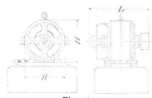

Fig. 391.

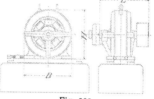

Fig. 392.

Z	P	KW	Z	P	KW	Z	P	KW
TC I	0,30	0,15	RC I	1/8	0,16	QC I	1/10	0,14
II	0,50	0,25	II	1/4	0,29	II	1/5	0,27
III	0,90	0,50	III	1/2	0,53	III	1/2	0,38
IV	1,40	0,75	IV	3/4	0,76	IV	1/3	0,55
V	1,80	0,95	V	1	0,98	V	3/4	0,80
VI	3,50	2,0	VI	2	1,90	VI	1,5	1,50
VII	5,0	2,75	VII	3	2,75	VII	2	2,0
VIII	6,20	3,60	VIII	4	3,60	VIII	3	2,90
IX	9,00	5,50	IX	6	5,30	IX	4	3,80
X	10,40	6,60	X	8	6,90	X	6	5,50
XI	14,0	8,80	XI	10	8,60	XI	8	7,0
XII	17,0	11,0	XII	15	12,70	XII	10	8,80
XIII	25,0	16,50	XIII	20	16,70	XIII	15	13,0
XIV	33,0	22,0	XIV	28	23,50	XIV	20	17,5
XV	42,0	28,8	XV	35	28,50	XV	28	24,5
XVI	60,0	40	XVI	45	36			
XVII	75,0	60	XVII	60	50			
XVIII	90,0	50	XVIII	75	60			
XIX	120	80	XIX	100	80			
XX	150	100	XX	130	100			
XXI	180	120	XXI	175	140			
XXII	235	160	XXII	230	180			

Felten & Guilleaume-Lahmeyerwerke Aktien-Gesellschaft, Mülheim a. Rh. — Frankfurt a. M.

Gleichstrommaschinen.

Große Stromerzeuger, Modell G C, Fig. 393, für 110—550 V, zur unmittelbaren Kupplung mit der Antriebsmaschine.

Z	KW	U/M	t	L	B	H	Z	KW	U/M	t	L	B	H
GC 31	100	94	9,55	1730	2700	2200	GC 40	500	125	24,4	1860	4750	4000
	100	125	8,30	1720	2350	1850		500	125	21,5	1900	3900	3250
	100	150	7,75	1680	2250	1800		500	150	18,0	1960	3900	3250
	100	187	7,00	1710	2150	1750		500	150	19,2	1850	3700	3100
32	125	94	10,95	1800	2700	2200	41	650	83	36,2	2100	4750	4000
	125	125	9,25	1760	2500	2000		650	94	37,6	2430	4500	3750
	125	150	8,45	1750	2350	1850		650	94	34,9	2150	4200	3500
	125	187	7,70	1820	2150	1750		650	125	27,6	2380	4200	3500
33	150	94	11,60	1680	3050	2550		650	125	29,3	2020	4200	3500
	150	125	10,25	1800	2700	2200	42	800	83	38,7	2250	5350	4550
	150	150	9,25	1800	2500	2000		800	83	42,6	2090	5350	4550
	150	187	8,20	1820	2350	1850		800	94	36,7	2170	5350	4550
34	175	94	12,60	1750	3050	2550		800	94	42,6	2270	4750	4000
	175	125	11,60	1870	2700	2200		800	125	30,1	2050	5350	4550
	175	150	10,60	1870	2700	2200		800	125	38,3	2140	4500	3750
35	200	94	13,75	1770	3150	2650	43	1000	83	45,6	2390	5800	4800
	200	125	12,75	1710	3050	2550		1000	83	51,6	2370	5800	4800
	200	150	10,45	1740	3050	2550		1000	94	43,1	2350	5800	4800
	200	150	11,30	1740	2700	2200		1000	94	49,7	2330	5800	4800
36	250	94	16,90	1950	3400	2800		1000	125	33,3	2350	5200	4400
	250	125	13,25	1800	3050	2550		1000	125	40,7	2370	4800	4000
	250	150	11,90	1760	3050	2550	44	1300	83	66,1	2540	6200	5200
37	300	94	18,40	1910	3700	3100		1300	83	61,3	2430	6200	5200
	300	94	19,53	1870	3500	2900		1300	94	52,0	2470	6200	5200
	300	125	14,93	1740	3500	2900		1300	94	59,2	2570	5800	4800
	300	125	15,35	1650	3150	2650		1300	107	45,7	2610	5800	4800
	300	150	11,83	1750	3400	2800		1300	107	52,6	2560	5800	4800
	300	150	13,25	1620	3050	2550	45	1600	83	68,6	2640	6500	5500
38	350	94	20,40	2080	3700	3100		1600	94	65,1	2590	6200	5200
	350	94	22,05	1930	3550	2950		1600	107	60,2	2620	6200	5200
	350	125	17,10	1900	3550	2950	46	2000	83	87,3	2820	7100	5900
	350	125	17,70	1800	3400	2800		2000	94	77,8	2770	7100	5900
	350	150	15,00	1820	3500	2900		2000	107	63,7	2660	6500	5500
	350	150	13,30	1700	3150	2650	47	2500	75	105,4	2960	8200	7000
39	400	94	22,75	2060	4070	3400		2500	83	101,4	2910	8200	7000
	400	94	24,15	2000	3700	3100		2500	94	96,0	2910	8200	7000
	400	125	18,85	1980	3700	3100	48	3000	75	127,0	3090	8500	7300
	400	125	19,98	1910	3500	2900		3000	83	120,1	3120	8000	6800
	400	150	16,50	1980	3550	2950		3000	94	110,4	3000	8000	6800
	400	150	17,30	1800	3400	2800	49	4000	75	157,1	3220	9500	8000
40	500	94	26,40	2100	4750	4000		4000	83	150,1	3240	9500	8000
	500	94	27,10	1990	4200	3500		4000	94	129,7	3300	8500	7300

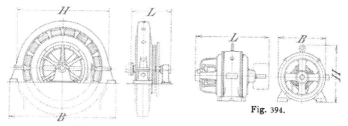

Fig. 394.

Fig. 393.

Motoren, Modell G, Fig. 394

für 110—500 V, die Tabelle gilt für 110 V, G O—G II nur für 110 und 220 V, die übrigen außerdem für 440 und 500 V bei höherer Umlaufsgeschwindigkeit.

Z	P	KW	U/M	t	B	H	L
G O	$1/_6$	0,2	2000	0,030	235	275	290
G I	$1/_4$	0,33	1850	0,048	310	370	370
G II	$1/_2$	0,6	1650	0,058	310	370	400
G III	1	1	1450	0,085	380	450	450
G IV	2	1,9	1350	0,105	380	450	490
G V	3	2,75	1250	0,170	470	550	595
G VI	5	4,4	1175	0,225	470	550	625
G VII	7,5	6,4	1050	0,300	570	660	720
G VIII	10	8,6	1000	0,39	570	660	770
G IX	12,5	10,5	950	0,48	670	760	880
G X	17	14	925	0,64	670	760	945
G XI	25	21	800	0,70	720	850	1030
G XII	30	25	750	0,85	720	850	1100
G XIII	40	33	750	1,20	870	1020	1240
G XIV	50	41	750	1,40	870	1020	1320
G XV	70	57	675	1,72	1000	1150	1455
GXVI	95	77	600	2,42	1100	1280	1615
G XVII	125	101	540	3,35	1250	1430	1860

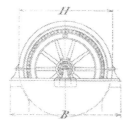
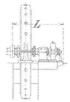

Fig. 395.

Wechselstrommaschinen.

Drehstromerzeuger, Modell K F, Fig. 395, für unmittelbare Kupplung mit geringem Schwungmoment.

Z	KW	U/M	t	L	B	H	Z	KW	U/M	t	L	B	H
KF 31	100	94	15,8	3300	4600	3800	KF 37	300	94	25,5	3650	5900	4900
	100	125	12,9	3100	3800	3200		300	125	22,4	3400	4700	3900
	100	150	11,6	2900	3400	2800		300	150	21,0	3250	4300	3500
	100	187	9,6	2750	3000	2400	38	350	94	26,3	3650	5900	4900
			10,8	2900	3400	2800		350	125	22,8	3400	4700	3900
	125	94	17,6	3350	4800	4000		350	150	21,5	3250	4300	3500
32	125	125	13,3	3100	3800	3200		400	94	32,4	3700	6400	5400
	125	150	12,0	2900	3400	2800	39	400	125	25,6	3500	4900	4100
	125	187	10,0	2750	3000	2400		400	150	23,3	3350	4500	3700
			11,6	2900	3400	2800		500	94	37,5	3750	6600	5600
	150	94	18,3	3350	4800	4000	40	500	125	29,2	3550	5200	4400
	150	125	15,9	3250	4200	3400		500	150	24,0	3350	4500	3700
33	150	150	13,9	3100	3600	3000		650	94	38,8	3750	6600	5600
	150	187	11,0	2900	3200	2600	41	650	125	33,4	3600	5700	4700
			12,0	3050	3400	2800		650	150	27,9	3400	4900	4100
	175	94	21,2	3500	5000	4200		800	94	43,5	3900	6900	5900
34	175	125	16,2	3250	4200	3400	42	800	125	34,5	3600	5700	4700
	175	150	14,1	3100	3600	3000		800	150	30,0	3400	4900	4100
	200	94	21,6	3500	5000	4200		1000	94	49,5	3900	7300	6100
35	200	125	18,3	3350	4500	3700	43	1000	125	41,5	3700	6200	5200
	200	150	16,0	3150	3800	3200		1000	150	34,7	3550	5300	4500
	250	94	24,3	3550	5300	4500							
36	250	125	18,9	3350	4500	3700							
	250	150	16,6	3150	3800	3200							

Drehstromerzeuger,

Modell F, Fig. 395, für unmittelbare Kupplung mit der Antriebsmaschine.

Z	KW	U/M	t	L	B	H	Z	KW	U/M	t	L	B	H
F 31	100	94	18,0	3300	6000	5000	F 40	500	94	40,0	3750	7300	6100
	100	125	15,3	3150	5200	4400		500	125	33,8	3600	6500	5500
	100	150	13,3	2900	4400	3600		500	150	28,1	3400	5700	4700
	100	187	11,8	2800	4100	3300		650	83	54,7	3900	8300	7100
	125	94	18,4	3300	6000	5000	41	650	94	49,0	3800	7800	6600
32	125	125	16,0	3150	5200	4400		650	125	40,3	3550	6700	5700
	125	150	13,6	2900	4400	3600		800	83	56,5	3950	8300	7100
	125	187	13,2	2800	4400	3600	42	800	94	50,5	3850	7800	6600
	150	94	22,8	3400	6200	5200		800	125	41,6	3600	6700	5700
33	150	125	19,4	3250	5700	4700		1000	83	72,2	4150	9300	7800
	150	150	15,4	3100	4700	3900	43	1000	94	59,1	3950	8300	7100
	150	187	13,4	2950	4400	3600		1000	125	52,0	3800	7300	6100
	175	94	.23,2	3400	6200	5200		1300	83	77,7	4150	9300	7800
34	175	125	19,8	3250	5700	4700	44	1300	94	70,9	4050	8400	7200
	175	150	15,7	3100	4700	3900		1300	107	68,3	3900	8400	7200
	200	94	25,9	3500	6500	5500		1600	83	93,3	4300	9800	8300
35	200	125	21,7	3350	6000	5000	45	1600	94	78,3	4150	9300	7800
	200	150	19,1	3150	5000	4200		1600	107	72,7	4000	8400	7200
	25C	94	26,5	3400	6500	5500		2000	83	99,4	4300	9800	8300
36	250	125	22,3	3350	6000	5000	46	2000	94	96,3	4200	9800	8300
	250	150	19,7	3150	5000	4200		2000	107	86,0	4050	8700	7500
	300	94	31,4	3550	6700	5700		2500	75	142,7	4500	10800	9300
37	300	125	26,7	3400	6200	5200	47	2500	83	124,0	4400	10100	8600
	300	150	24,1	3250	5200	4400		2500	94	99,9	4250	9800	8300
	350	94	32,2	3600	6700	5700		3000	75	153,2	4550	10800	9300
38	350	125	27,4	3450	6200	5200	48	3000	83	130,4	4450	10100	8600
	350	150	24,6	3300	5200	4400		3000	94	110,6	4300	9800	8300
	400	94	39,0	3750	7300	6100		4000	75	166,0	4700	10800	9300
39	400	125	33,4	3600	6500	5500	49	4000	83	151,0	4600	10400	8900
	400	150	27,8	3400	5700	4700		4000	94	131,7	4400	10100	8600

Drehstromerzeuger, Modell F, Fig. 396

für Riemenantrieb. F I—VI mit 2 Lagern und fliegender Riemenscheibe, F VII bis XII mit 3 Lagern. Die Tabelle gibt für jede Maschinengröße die höchste Leistung und höchste Geschwindigkeit an.

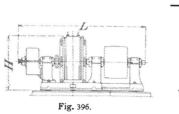

Fig. 396.

Z	KW	U/M	t	L	H
F I	20	1000	1,35	1800	950
II	30	1000	1,62	1900	1010
III	50	1000	2,15	2100	1000
IV	65	1000	2,33	2130	1055
V	80	750	2,80	2370	1105
VI	100	750	3,50	2540	1165
VII	120	600	4,75	3000	1220
VIII	150	600	5,80	3400	1470
IX	175	500	7,65	3500	1560
X	220	428	9,65	3850	1730
XI	260	375	12,4	4500	1960
XII	320	333	16,2	4800	2120

Drehstrom-Dynamomaschinen, Modell DFE,
mit eingebautem Erreger, Fig. 397.

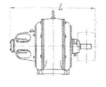 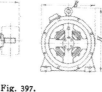

Fig. 397.

Z	KW	U/M	t	L	B	H
DFE XI	15	1000	0,75	1115	720	850
XII	20	1000	0,86	1180	720	850
XIII	30	1000	1,20	1285	870	1020
XIV	40	1000	1,35	1370	870	1020
XV	60	1000	1,9	1485	1000	1150
XVI	75	750	2,3	1645	1100	1280
XVII	100	750	3,05	1880	1250	1430
XVIII	120	600	3,27	1910	1250	1430

Die Maschinen werden auch ohne Erreger gebaut (Modell DF) und sind dann um etwa 0,2 t leichter und 200 mm in der Achsenrichtung kürzer.

Asynchrone Drehstrommotoren, Modell D und Ds, Fig. 398,

für 110—5000 V. Modell D 0 bis D VIII bis 500 V, D IX—XI bis 1000 V, D XII, XIII bis 2000 V, D XIV—XVI bis 3000 V, D XVII, XVIII bis 5000 V. Die Tabelle gilt für 110 V.

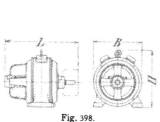

Fig. 398.

Z	P	KW	U/M	t	L	B	H
D 0	1/4	0,28	1500	0,026	263	235	275
I	1/2	0,53	1500	0,043	280	310	370
II	1	0,96	1500	0,050	310	310	370
III	1,5	1,4	1500	0,075	450	380	450
IV	2,5	2,3	1500	0,085	490	380	450
V	4	3,5	1500	0,140	595	470	550
VI	6,5	5,6	1500	0,170	625	470	550
VII	7,5	6,4	1000	0,270	720	570	660
VIII	10	8,5	1000	0,34	770	570	660
IX	15	12,8	1000	0,45	880	670	760
X	22	18,6	1000	0,52	945	670	760
XI	30	25,2	1000	0,66	1030	720	850
XII	40	33,3	1000	0,77	1100	720	850
XIII	50	40	750	1,03	1240	870	1020
XIV	60	49	750	1,13	1320	870	1020
XV	75	61.5	600	1,65	1455	1000	1150
XVI	110	89,5	600	2,25	1615	1100	1280
XVII	140	113	600	2,80	1730	1250	1430
XVIII	180	145	500	3,42	1810	1250	1430

Wechselstrom - Transformatoren.

Einphasentransformatoren, Modell WDK,
Fig. 399.

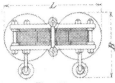

Fig. 399 a.

Z	KW	η	t	L	B	H
WDK 0,7	2	93,5	0,125	375	300	590
1,3	3	94	0,155	400	310	675
2	5	94,5	0,195	445	330	755
3,3	7,5	95	0,220	510	340	835
5	10	95,5	0,300	560	365	930
6,7	14	96	0,340	580	375	980
10	18	96	0,475	610	390	1100
13,3	25	96,5	0,575	640	400	1175
20	30	96,5	0,750	700	430	1215
40	40	96,5	1,480	850	470	1470
53	55	97	1,860	870	490	1550
67	70	97	2,155	890	550	1655
84	85	97	2,420	1020	590	1750
100	100	97,5	2,640	1060	620	1790
115	115	97,5	3,185	1150	660	1820
130	130	97,5	3,700	1180	680	1965

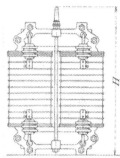

Fig. 399 b.

Drehstrom - Transformatoren,

Modell DK, Fig. 400.

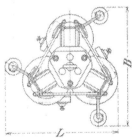

Z	KW	η	t	L	B	H
DK 1	2,5	93,5	0,175	530	550	590
2	4	94,5	0,220	550	565	675
3	7	95	0,280	575	580	755
5	10	95,5	0,315	610	610	835
7,5	14	96	0,425	640	640	930
10	18	96	0,475	650	650	985
15	25	96,5	0,675	695	690	1100
20	30	96,5	0,770	735	720	1170
40	40	96,5	1,370	825	800	1325
60	60	97	2,110	975	925	1470
80	80	97	2,655	1020	980	1530
100	100	97,5	3,080	1045	1020	1655
125	125	97,5	3,450	1180	1140	1750
150	150	97,5	3,770	1190	1150	1790
175	175	97,5	4,550	1290	1250	1820
200	200	67,5	5,300	1260	1200	1965

Fig. 400 a.

Zu WDK und DK:
Die Transformatoren bis 4 KW werden für
Spannungen bis 5000 V gebaut, die von 5 bis
10 KW bis 8000 V, WDK 6,7 und DK 7,5 u.
10 bis 12000 V, die größeren bis 15000 V.

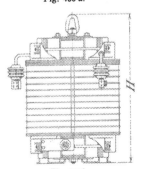

Fig. 400 b.
31*

Gesellschaft für elektrische Industrie, Karlsruhe (Baden).

Gleichstrom - Maschinen

mit Ringschmierlager und mit Kugellager, Fig. 401 und 402. Modell GD und GM; die Leistung in KW oder PS wird vor-, die Drehgeschwindigkeit nachgesetzt. 0,2 GD 1300 = 0,2 KW und 1300 U/M.

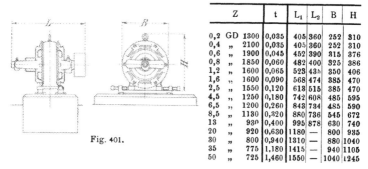

Z		t	L_1	L_2	B	H
0,2	GD 1300	0,035	405	360	252	310
0,4	„ 2100	0,035	405	360	252	310
0,6	„ 1900	0,045	452	390	315	376
0,8	„ 1850	0,060	482	400	325	386
1,2	„ 1600	0,065	523	435	350	406
1,6	„ 1600	0,090	568	474	385	470
2,5	„ 1550	0,120	618	515	385	470
4,5	„ 1250	0,180	742	608	485	595
6,5	„ 1200	0,260	843	734	485	590
8,5	„ 1130	0,320	880	736	545	672
13	„ 930	0,400	995	878	630	740
20	„ 920	0,630	1180	—	800	935
30	„ 800	0,940	1310	—	880	1040
35	„ 775	1,180	1415	—	940	1105
50	„ 725	1,460	1550	—	1040	1245

Fig. 401.

Die gleichen Maschinen auch als Motoren (in derselben Bezeichnungsweise).

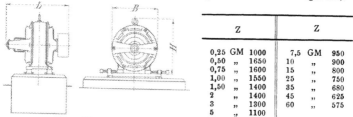

Z			Z		
0,25	GM	1000	7,5	GM	950
0,50	„	1650	10	„	900
0,75	„	1600	15	„	800
1,00	„	1550	25	„	750
1,50	„	1400	35	„	680
2	„	1400	45	„	625
3	„	1300	60	„	575
5	„	1100			

Fig. 402.

Drehstrom - Motoren

mit Ringschmierlager u. Kugellager (vgl. Fig. 403). Die Motoren bis zu 3 P haben Kurzschlußläufer, die größeren besitzen eine Kurzschlußvorrichtung, Fig. 403. Die größere Länge L_1 gilt für das Ringschmierlager, die kleinere L_2 für das Kugellager. Bezeichnungsweise der Motoren wie oben.

Fig. 403.

Z		t	L_1	L_2	B	H	Z		t	L_1	L_2	B	H
0,25	DM 1000	0,025	350	272	252	310	10	DM 1500	0,270	880	700	545	663
0,50	„ 1500	0,025	370	307	252	310	10	„ 1000	0,320	970	787	600	700
0,50	„ 1000	0,030	375	312	252	310	12	„ 1500	0,300	880	700	545	663
1	„ 1500	0,045	450	360	315	368	12	„ 1000	0,340	970	787	600	700
1	„ 1000	0,050	450	360	315	368	15	„ 1500	0,360	970	787	600	700
2	„ 1500	0,075	478	387	360	415	15	„ 1000	0,42	975	820	675	780
2	„ 1000	0,075	478	387	360	415	15	„ 750	0,500	1151	1025	600	715
3	„ 1500	0,100	550	440	395	475	20	„ 1500	0,450	1050	875	630	740
3	„ 1000	0,110	550	440	395	475	20	„ 1000	0,500	975	820	675	780
5	„ 1500	0,150	725	640	450	532	25	„ 1000	0,525	1151	1025	600	715
5	„ 1000	0,175	800	660	495	600	30	„ 1000	0,670	1338	1'68	740	876
7,5	„ 1500	0,200	800	660	495	600	30	„ 750	0,700	1370	1176	800	928
7,5	„ 1000	0,250	880	700	545	663	40	„ 1000	0,700	1370	1176	800	928

J. Carl Hauptmann, G. m. b. H., Leipzig-Stötteritz.

Gleichstrommaschinen.
Stromerzeuger für Niederspannung, Modell GGD, Fig. 404, meistens für Galvanoplastik.

Z	P	KW	U/M	kg	L	B	H	Z	P	KW	U/M	kg	L	B	H
GGD								GGD							
1	$^2/_{15}$	0,075	1500	15	220	165	170	7	2,5	1,4	1200	110	565	310	365
2	$^2/_7$	0,15	1400	17	260	185	190	8	3,4	2,0	1100	180	675	360	420
3	$^3/_5$	0,30	1300	28	370	2 0	200	9	5,6	2,7	1100	240	700	430	510
4	$^9/_{10}$	0,50	1300	50	400	240	250	10	6,0	3,5	1000	280	815	430	510
5	1,3	0,70	1300	60	420	240	250	11	8,5	5,0	1000	350	1100	500	600
6	1,8	1,0	1250	80	490	265	310	12	10,5	6,5	700	420	1350	560	680

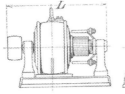

Fig. 404.

Motoren, Modell GM, Fig. 405, mit Ringschmierung; von $^1/_2$ P an vierpolig.

Z	P	KW	U/M	kg	L	B	H
GM1	$^1/_{25}$	0,05	2000	7	150	120	125
2	$^1/_{15}$	0,06	1800	8	180	120	125
3	$^1/_{10}$	0,11	1600	10	200	145	150
4	$^1/_5$	0,22	1500	13	240	185	190
5	$^1/_4$	0,28	1500	14	260	185	190
6	$^1/_3$	0,34	1500	20	280	220	230
7	$^1/_2$	0,50	1450	22	300	220	230
8	$^3/_4$	0,74	1450	30	340	240	250
9	1	0,98	1450	32	360	240	250
10	$1^1/_2$	1,50	1400	45	430	265	275
11	2	1,90	1400	70	480	310	320
12	3	2,75	1300	100	560	360	375
13	4	3,70	1300	140	690	430	450
14	5	4,62	1200	155	740	430	450
15	$7^1/_2$	6,80	1100	210	980	500	525
16	10	8,80	1000	270	1200	560	590

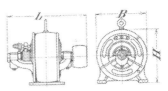

Fig. 405.

Wechselstrommaschinen.
Repulsionsmotoren, Modell WM, Fig. 406. Diese Motoren laufen mit voller Belastung ohne besondere Einrichtung (wie Hilfsphase) an und sind regulierbar.

Z	P	U/M	kg	L	B	H
WM						
1	$^1/_{15}$	1400	10	170	220	225
2	$^1/_{10}$	1400	15	180	220	225
3	$^1/_5$	1400	18	250	220	225
4	$^1/_4$	1350	20	260	220	225
5	$^1/_8$	1400	24	290	240	250
6	$^1/_2$	1350	30	310	240	250
7	$^3/_4$	1350	36	340	270	280
8	1	1350	42	370	310	320
9	$1^1/_2$	1350	50	400	360	370
10	2	1350	65	450	420	430

Fig. 406.

Maschinenfabrik Eßlingen, Abt. f. Elektrotechnik, Cannstadt.

Gleichstrommaschinen.

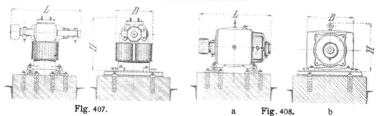

Flg. 407.   a   Fig. 408.   b

Modell K (offene Bauart), Fig. 407.

Stromerzeuger.

Dieselben Maschinen als Motoren:

Z	P	KW	U/M	t	L	B	H	Z	P	KW	U/M
K ¹/₂	—	—	—	0,080	415	240	400	K ¹/₂	0,5	0,525	1800
1	2	1,100	1800	0,120	485	265	455	1	1	0,980	1600
2	3,5	1,980	1600	0,190	590	350	540	2	2	1,840	1300
2¹/₂	4,5	3,30	1300	0,250	680	400	620	2¹/₂	4	3,590	1150
3	8,0	4,90	1200	0,355	725	440	700	3	6	5,110	1000
4	13,0	7,0	1100	0,475	840	480	745	4	8	6,930	950
5¹/₂	16,0	10,0	1050	0,670	1010	520	655	5¹/₂	12	10,270	900
6	21,0	13,2	1000	0,800	1150	600	715	6	16	13,520	850
7	25,0	16,5	950	0,070	1200	680	785	7	20	16,740	800

Modell G (geschlossene Bauart), Fig. 408.

Stromerzeuger.

Dieselben Maschinen als Motoren:

Z	P	KW	U/M	t	L	B	H	Z	P	KW	U/M
G 110	—	—	—	0,070	420	285	290	G 110	0,5	0,525	1800
125	2	1,100	1800	0,095	480	320	325	125	1	0,980	1600
150	3,5	1,98	1600	0,170	590	380	380	150	2	1,840	1300
175	5,5	3,30	1300	0,240	675	430	440	175	4	3,590	1150
200	8	4,90	1200	0,340	740	490	500	200	6	5,110	1000
230	13,0	7,0	1100	0,490	865	560	560	230	8	6,930	950
260	16,0	10,0	1050	0,680	940	620	630	260	12	10,270	900
290	21	13,2	1000	0,870	1015	680	685	290	16	13,520	850
320	25	16,5	950	1,070	1110	730	765	320	20	16,740	800

Vier- und sechspolige Stromerzeuger, Fig. 409.

Dieselben Maschinen als Motoren:

Z	P	KW	U/M	t	L	B	H	Z	P	KW	U/M
4 POL 150	24	15	1000	0,850	1135	760	945	4 POL 150	18	15	950
165	31	20	900	1,070	1210	820	1000	165	24	20	850
180	39	25	800	1,270	1320	890	1100	180	30	25	750
195	49	32	750	1,620	1420	960	1190	195	36	32	700
210	58	42	700	1,790	1540	1020	1225	210	48	42	650
6 POL 180	75	50	600	2,330	1590	1050	1260	6 POL 180	60	50	550
210	97	65	520	3,140	1820	1160	1400	210	75	65	480
225	120	80	500	3,740	1980	1320	1490	225	90	80	460
6 AP 280	146	100	500	4,640	2130	1340	1560	6 AP 280	120	100	460

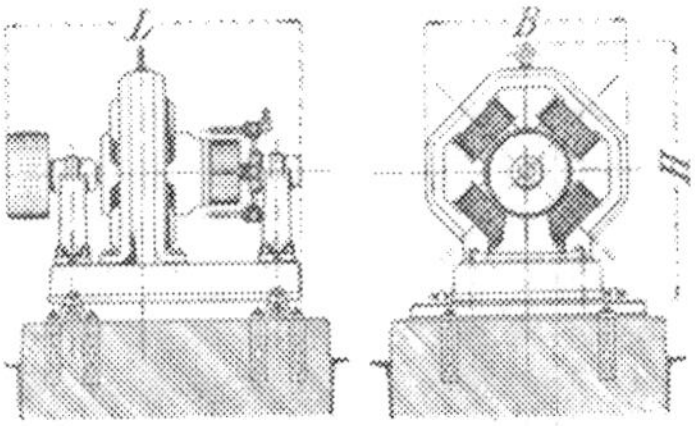

Fig. 409.

Acht- und mehrpolige Stromerzeuger, Fig. 410.

Z	P	KW	U/M	t	L	B	H
8 POL 195	185	125	460	4,20	1450	1350	1300
8 „ 225	207	140	430	4,65	1450	1550	1600
8 „ 240/260	222	150	380	6,30	1475	1650	1650
8 „ 260	265	180	325	6,55	1575	1750	1675
10 POL 225/245	250	170	350	6,51	1500	1800	1675
10 „ 240	257	175	310	7,94	1550	1900	1700
10 „ 260	204	200	300	8,73	1600	2000	1750
10 „ 300	380	260	190	11,45	2050	2300	2000
12 AP 450	527	360	110	22,70	2360	2900	2100
16 POL 300/400	700	480	110	26,00	2370	3500	2400

Motoren, Modell V, Fig. 411.

Z	P	KW	U/M	t	L	B	H
V 1/2	1/2	0,525	2000	0,055	390	230	295
1	1	0,980	1600	0,090	445	275	340
2	2	1,840	1500	0,100	520	370	435
4	4	3,590	1350	0,185	650	450	520
6	6	5,110	1200	0,180	730	490	560
8	8	6,930	1150	0,300	790	560	640
12	12	10,270	1100	0,400	960	680	760
16	16	13,520	1000	0,525	1025	740	820
20	20	16,740	900	0,660	1120	760	850

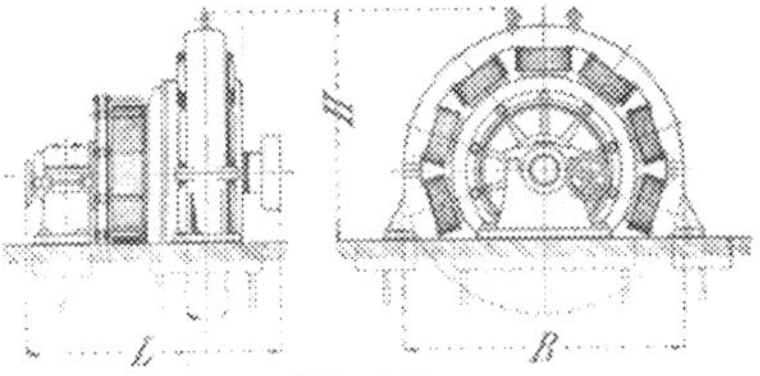

Fig. 410.

Drehstrommotoren,
Modell AS, Fig. 412.

Z	P	KW	U/M	t	L	B	H
4 AS 2	2	2.2	1430	0,075	500	350	410
4	3	3,1	1440	0,100	515	405	460
5	5	5,1	1440	0,160	610	435	470
7,5	7,5	7,4	1440	0,200	640	475	530
10	10	9,5	1450	0,250	735	555	600
15	15	14,0	1450	0,300	750	580	650
20	20	18,5	1450	0,350	865	680	700
6 AS 5	5	5,5	940	0,200	640	475	530
6	6	6,2	950	0,240	710	575	570
7,5	7,5	7,6	955	0,270	735	555	600
10	10	9,8	960	0,320	750	580	635
15	15	14,4	960	0,380	785	690	665
20	20	19,0	960	0,450	890	650	720
25	25	23,5	960	0,500	960	690	770
30	30	28	960	0,600	1025	690	770
40	40	37	970	0,740	1050	755	840
50	50	46	970	0,950	1210	890	985
60	60	54	970	1,050	1250	890	985

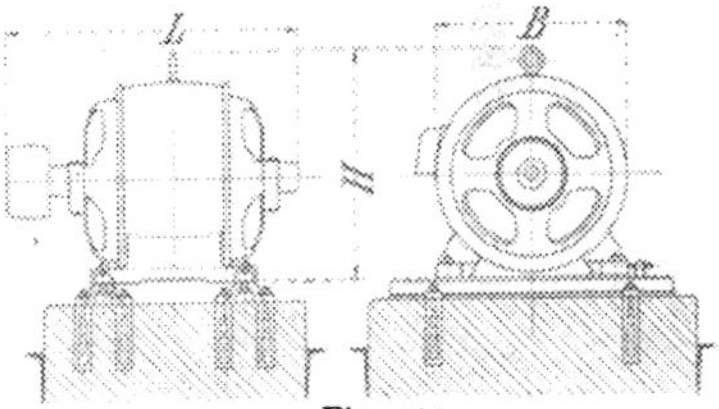

Fig. 411.

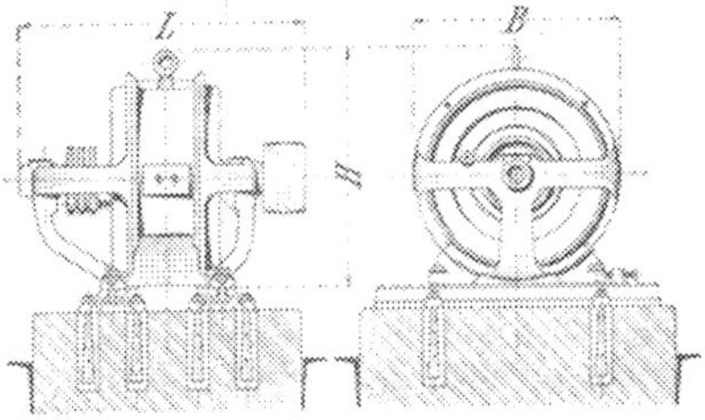

Fig. 412.

Die Fabrik wird im Jahre 1906 neue Modelle aller ihrer Maschinentypen auf den Markt bringen.

Maschinenfabrik Oerlikon, Oerlikon bei Zürich.
Gleichstrom-Nebenschluß-Motoren
mit regulierbarer Tourenzahl, in halbgeschlossenem Gehäuse, ähnlich Fig. 415.
Normalspannungen 110—220 und 500 V.

Z	P	KW	V	U/M Min.	U/M Max.	η	t	Z	P	KW	V	U/M Min	U/M Max.	η	t
H 21 R	1	1,15	110 bis 220	700	2100	0,65	0,13	H 36 R	6	5,6	110 bis 220	500	1500	0,78	0,435
	1,5	1,60		1100	2100	0,70			7	6,5	110 bis 500	750	1500	0,78	
H 27 R	1,5	1,85	110 bis 220	500	1500	0,60	0,18		5	4,8	500	500	1500	0,76	
	2	2,4		750	1500	0,60		H 40 R	8	7,3	110 bis 500	500	1500	0,80	0,50
	1,5	1,60	500	750	1500	0,70			10	9,2		750	1500	0,80	
H 30 R	2,5	2,5	110 bis 220	500	1500	0,75	0,25	H 41 R	15	13,2	110 bis 500	500	1500	0,82	0,60
	3	2,9		750	1500	0,77									
	2,5	2,5	500	750	1500	0,75		H 44 R	25	21,5	110 bis 500	400	1200	0,85	1,200
H 32 R	4	3,80	110 bis 220	500	1500	0,77	0,325								
	5	4,6	110 bis 500	750	1500	0,80									
	3	3	500	500	1500	0,75									

Bei vollständig geschlossenem Gehäuse, wie Fig. 415, ist die Dauerleistung etwa 30 % geringer.

Kleinmotoren für Gleichstrom.
Offene Motoren, Modell G, G 6 und G 10 zweipolig, Fig. 413, G 15 u. folg. vierpolig, Fig. 414. Normalspannungen 110 und 220 V.

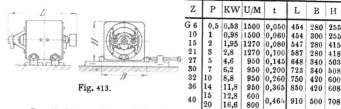

Fig. 413.

Z	P	KW	U/M	t	L	B	H
G 6	0,5	0,53	1500	0,050	454	280	255
10	1	0,98	1500	0,060	454	300	255
15	2	1,95	1270	0,080	547	280	415
21	3	2,8	1270	0,100	587	280	418
27	5	4,6	950	0,145	648	340	503
30	7	6,2	950	0,200	723	340	508
32	10	8,8	950	0,260	750	420	600
36	14	11,8	950	0,365	850	420	608
40	15	12,8	600	0,465	910	500	708
	20	16,6	800				

Für die Motoren G 6 und G 10 ist die Tourenzahl bei 105 resp. 210 V um 7 % niedriger; und bei 120 resp. 240 V um 7 % höher als diejenige vorstehender Tabelle, für die Motoren G 15 bis G 40 ist sie 6 % niedriger bezw. 6 % höher.

Sämtliche Motoren dieser Tabelle können auch für die halbe Tourenzahl bei der halben Leistung verwendet werden mit dem Wirkungsgrad der Halblast und zwar kommen für 110 V die Daten vorstehender Liste in Betracht, während für 220 V diejenigen der Tabelle für die 500 V-Motoren maßgebend sind.

Alle Motoren erhalten Kohlenbürsten.

Die größeren der vorstehenden Motoren werden auch für 500 V gebaut:

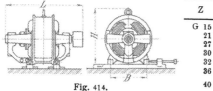

Fig. 414.

Z	P	KW	U/M
G 15	1	1	1450
21	2	1,9	1450
27	4	3,8	1100
30	6	5,5	1100
32	9	8	1050
36	12	10,4	1050
40	12	10,3	700
	20	16,7	900

Geschlossene und halbgeschlossene Motoren, Modell H, H6 und H10 zweipolig, Fig. 413, H15 u. folg. vierpolig, Fig. 415; Normalspannungen 110 u. 220 Volt.

Die Bemerkungen zu der vorhergehenden Tabelle gelten auch für die H-Motoren.

Die Temperaturerhöhung beträgt bei den geschlossenen Motoren 50°C., wenn sie bei der angegebenen Leistung 3 Stunden voll belastet werden. Halbgeschlossene Motoren können um 25% höher belastet werden.

t ist das Gewicht mit Zahnradübersetzung, vgl. Fig. 416.

Z	P	KW	U/M	t	L	B	H
H 6	0,25	0,26	1500	0,065	454	280	255
10	0,5	0,53	1500	0,075	454	300	255
15	1	1,05	1475	0,092	552	280	423
21	1,5	1,6	1475	0,115	592	280	423
27	3	2,95	1350	0,170	653	340	510
30	5	4,2	1100	0,230	728	340	510
32	7	6,5	1100	0,300	755	420	610
36	10	8,7	1100	0,420	855	420	610
40	10	8,8	750	0,530	915	500	710
	14	12,3	900				
41	20	17,1	900	0,700	985	500	710
44	35	29	900	1,200	1375	660	938

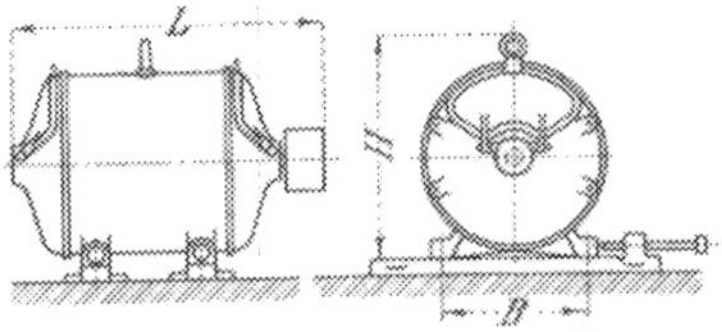

Fig. 415.

Die größeren der vorstehenden Motoren werden auch für 500 Volt gebaut.

Z	P	KW	U/M
H 15	0,75	0,8	1600
21	1	1	1600
27	2,5	2,45	1350
30	4	3,80	1200
32	6	5,5	1150
36	8	7,2	1150
40	8	7,1	800
	14	12,5	1000
41	20	17,5	1000
44	35	30	1000

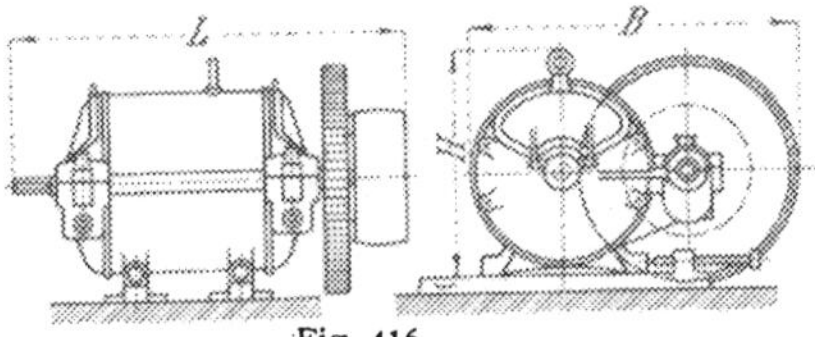

Fig. 416.

Dieselben Motoren für intermittierenden Betrieb mit der anderthalbfachen bis doppelten Leistung; zum Zusammenbau mit Hebezeugen, Modell HK für anderthalb- bis dreifache Leistung.

Wechselstrommaschinen.

Mehrpolige Drehstromerzeuger mit umlaufenden Magnetspulen (Wechselpolfeld), Fig. 417. Normale Spannungen 200, 400, 1900, 3600, 5200 Volt. Die der Modellbezeichnung beigefügte Ziffer gibt die Zahl der Pole an. Modell 6490/6 nur bis 3000 V, Leistung bei dieser Spannung 10% geringer als angegeben; bei Spannungen von 2100—5200 V leisten die Maschinen 6500 u. 6510 um 20% weniger, bei Spannungen über 3600 V die Maschinen 6520—6540 um 10% weniger. Die größeren

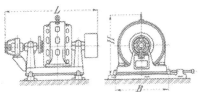

Fig. 417.

Maschinen, von 6540.10 an erhalten Erregerspulen aus Kupferband. Die Maschinen bis 6550 werden nach Fig. 417 mit 2 Lagern gebaut, 6560 und 6570 mit 2 oder (normal) 3 Lagern, die größeren normal für direkte Kupplung, für Riemenantrieb mit 3 Lagern.

Die Angaben der Tabelle gelten für 50 Per/Sek.

Dieselben Maschinen für Einphasenstrom mit einer um etwa 10—20% geringeren Leistung.

Z	P	KVA	U/M	t	L	B	H	Z	P	KVA	U/M	t	L	B	H
6490 . 6	46	30	1000	1,04	1550	780	850	6570 . 8	394	270	750	5,25	3125 *)	1485	1500
6500 . 6	61	45	1000	1,20	1645	890	975	6570 . 10	362	250	600	5,10			
6500 . 8	46	30	750	1,14				6570 . 12	307	210	500	4,95			
6510 . 6	91	60	1000	1,54	1825	885	975	6580 . 8	477	330	750	6,25	2440	1485	1500
6510 . 8	61	40	750	1,49				6580 . 10	433	300	600	6,05			
6520 . 6	120	80	1000	1,84	1965	890	975	6580 . 12	380	260	500	5,85			
6520 . 8	84	55	750	1,79				6590 . 12	440	300	500	7,25	2660	1845	1935
6530 . 6	165	110	1000	2,37	2180	1100	1145	6590 . 14	395	270	429	7,05			
6530 . 8	135	90	750	2,22				6590 . 16	370	250	375	6,85			
6530 . 10	92	60	600	2,12				6590 . 18	295	200	333	6,65			
6540 . 6	190	130	1000	2,82	2355	1100	1145	6590 . 20	236	160	300	6,45			
9540 . 8	165	110	750	2,67				6600 . 12	610	420	500	8,65	2660	1845	1945
6540 . 10	121	80	600	2,65				6600 . 14	555	380	429	8,45			
6550 . 8	250	170	750	3,80	2405	1500	1535	6600 . 16	510	350	375	8,25			
6550 . 10	221	150	600	3,65				6600 . 18	410	280	333	8,05			
6550 . 12	192	130	500	3,45				6600 . 20	340	230	300	7,85			
6560 . 8	321	220	750	4,35	2955 *)	1485	1500	6610 . 12	790	550	500	10,35	2660	1845	1945
6560 . 10	277	190	600	4,25				6610 . 14	725	500	429	10,15			
6560 . 12	236	160	500	4,15				6610 . 16	650	450	375	9,85			
								6610 . 18	525	360	333	9,65			
								6610 . 20	440	300	300	9,45			

*) Für 3 Lager.

Vierpolige Drehstromerzeuger mit umlaufendem Anker, Fig. 418., normal 200 und 400 V, 50 und 40 Per/Sek, 1500 und 1200 U/M, Gewicht einschl. Erreger; Erregung 200 bis 600 W.

Die Angaben der Tabelle gelten für 50 Per/Sek.

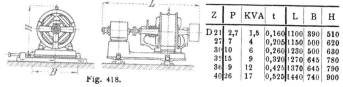

Fig. 418.

Z	P	KVA	t	L	B	H
D 21	2,7	1,5	0,160	1100	390	510
27	7	4	0,205	1150	500	620
30	10	6	0,260	1230	500	630
32	15	9	0,320	1270	645	780
36	9	12	0,425	1370	645	790
40	26	17	0,525	1440	740	900

Die gleichen Maschinen für Einphasenstrom als W 21 bis 40 mit einer etwa um 10 bis 20% geringeren Leistung.

Drehstrommotoren für 40 und 50 Per/Sek. Die Angaben der Tabellen beziehen sich auf 50 Per/Sek; für 40 Per/Sek beträgt die Tourenzahl 80% und die Leistung 90% der Tabellenwerte.

Motoren ohne Schleifringe, Gehäuse offen. Die der Modellbezeichnnng nach dem Punkt beigefügte Ziffer gibt die Polzahl an. Fig 419, ohne die Schleifringe. Für Spannungen bis 380 V *).

Z	P	KW	U/M	t	L	B	H	Z	P	KW	U/M	t	L	B	H
D								D							
348.4	$1/16$	0,10	1400	0,007	202	110	180	826.4	4	3,5	1430	0,145	466	335	351
349.4	$1/8$	0,20	1400	0,012	175	120	193	827.4	5	4,4	1430	0,155	500	380	404
350.4	$1/4$	0,30	1400	0,018	255	180	235	355.4	6,5	5,7	1430	0,165	500	380	404
818.4	$1/2$	0,50	1430	0,033	285	240	275	356.4	8	7	1430	0,175	552	400	448
820.4	1	0,90	1430	0,042	291	250	296	357.4	12	10,3	1430	0,225	582	400	448
822.4	2	1,8	1430	0,080	362	250	296	832.4	20	17	1430	0,325	770	500	545·
824.4	3	2,6	1430	0,100	405	320	327								

*) Für 500 V ist die Leistung 10% kleiner als für 380 V bei derselben Tourenzahl bis zu Modell 827.4. Von Modell 355.4 aufwärts gelten für 500 V dieselben Daten wie für 380 V.

Motoren mit Schleifringen, Gehäuse offen, Fig. 419.
Für Spannungen bis 380 V, für 500 V wie bei der vorigen Tabelle. Motoren von 8 P Leistung und mehr erhalten normal Kurzschlußvorrichtung und Bürstenabhebevorrichtung. Die Motoren mit kleinerer Leistung bis zu 1 P ausschl. erhalten nur auf Wunsch Kurzschluß- und Bürstenabhebevorrichtung.

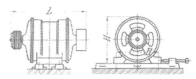

Fig. 419.

Z	P	KW	U/M	t	L	B	H	Z	P	KW	U/M	t	L	B	H
D								D							
0820.4	½	0,5	1440	0,042	368	250	296	0355.4	6,5	5,6	1440	0,190	628	380	404
0822.4	1	0,9	1440	0,060	439	250	296	0356.4	8	7	1440	0,220	687	400	448
0824.4	2	1,8	1440	0,090	550	320	327	0357.4	12	10,2	1450	0,280	726	400	448
0826.4	3	2,6	1440	0,110	600	335	351	0832.4	20	16,5	1450	0,345	955	500	545
0827.4	5	4,3	1440	0,170	628	380	404								

Motoren mit Schleifringen*), Fig. 419 für 835 bis 3060, Fig. 420 für 838 u. folg.
Für Spannungen bis 500, 2000 und 5000.
Sämtliche Maschinen dieser Tabelle erhalten außer Schleifringen noch Kurzschluß und Bürstenabhebevorrichtung; arbeiten also ohne Bürsten.

Z	P	KW	V	U/M	t	L	B	H	Z	P	KW	V	U/M	t	L	B	H
D									D								
0835.6	25	20,5	500	970	0,54	1038	540	635	8040.6	60	48,5	2000	980	1,22	1355	820	958
8035.6	20	16,5	2000	975						50	41	5000	985				
0360.6	35	28,6	500	970	0,56	1038	540	635	0844.8	85	68	500	730	1,47	1500	1090	960
3060.6	25	20,5	2000	975					8044.8	85	68	2000	730				
0838.6	50	41		500	980					75	60	5000	735				
8038.6	40	33	2000	980	0,95	1155	820	958	0848.8	100	80	500	730	1,95	1595	1090	960
	30	25	5000	985					8048.8	100	80	2000	730				
0840.6	70	57		500	980	1,22	1355	820	958	90	73	5000	735				

*) wie bei den vorigen Tabellen.

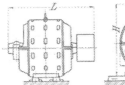 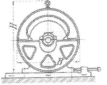

Fig. 420.

Motoren mit Schleifringen, äußerer Aufbau ähnlich wie Fig. 417, für Spannungen bis 2000 Volt. Für Spannungen über 2000 Volt bis 6000 Volt ist die Leistung um 10 % geringer.

Z	P	KW	U/M	t	L	B	H	Z	P	KW	U/M	t	L	B	H
0365. 8	130	105	730					0852.14	130	107	418				
0365.10	110	90	585	2,4	1695	1080	1260	0852.16	110	90	365	2,8	1670	1350	1510
0365.12	95	78	485					0366.10	210	170	590				
0852.10	150	120	588					0366.12	190	154	490				
0852.12	140	114	488	2,8	1670	1350	1510	0366.14	170	138	420	3,0	1815	1350	1510
								0366.16	150	122	367				

Motoren mit Schleifringen, äußerer Aufbau ähnlich wie Fig. 417, für Spannungen bis 3000 Volt. Für Spannungen über 3000 Volt bis 6000 Volt vermindert sich die Leistung um 10 %.

Z	P	KW	U/M	t¹)	L¹)	B¹)	H¹)	Z	P	KW	U/M	t¹)	L¹)	B¹)	H¹)
0367.10	260	205	590					0368.14	240	192	420	4,8	1875	1350	1460
0367.12	225	180	490	4,52	1860	1350	1460	0368.16	220	178	368	5,5	2460	1350	1460
0367.14	200	160	420	4,9	2460	1360	1460	0369.12	340	270	490				
0367.16	180	146	367					0369.14	320	255	420	7,0	2063	1845	1910
0368.10	300	240	590	4,8	1875	1350	1460	0369.16	280	225	368	8,0	2810	1845	1910
0368.12	260	205	490	5,5	2460	1350	1460	0369.18	260	206	325				
								0369.20	250	200	290				

Einphasenmotoren

mit und ohne Schleifringe. Dieselben Motoren werden auch für Einphastenstrom gebaut; die Leistung ist bei gleicher Größe erheblich (auf $1/2$ bis $1/8$) vermindert, die Drehgeschwindigkeit bleibt annähernd dieselbe Die Bezeichnung ist D 148.4 statt D 348.4, D 718.4 statt D 818.4.
Es werden nicht als einphasige Motoren gebaut: D 827.4 — 832.4 — 0820.4 — 0827.4 und die Hochspannungsmotoren, deren Nummern mit 30 und 80 beginnen. Von den größeren Motoren von 0365.8 an nur D 0165.8 — 0752.10 und 0166.10.

Z	P	KW	U/M	t¹)	L¹)	B¹)	H¹)	Z	P	KW	U/M	t¹)	L	B	H
0370.12	420	335	490					0371.18	430	340	327	9,0	1937	2160	2260
0370.14	380	300	420	8,0	2065	1815	1910	0371.20	400	315	292	9,5			
0370.16	350	275	368	9,25	2810	1845	1910	0372.14	580	450	420				
0370.18	330	260	325					0372.16	540	420	368	12,0	2117	2320	2360
0370.20	310	245	290					0372.18	500	390	327	14,0			
0371.14	500	395	420	9,0	1937	2160	2260	0372.20	470	365	292				
0371.16	460	365	368	9,5											

Transformatoren, Fig. 421, 40 — 50 Per/Sek.

Einphasenstromtransformatoren mit künstlicher Lüftung. Aufstellung über einem Luftkanal, in dem ein Ventilator eingebaut ist; Luftdruck 20 mm Wassersäule.

Z	1000 — 7000 V				14 000 V				L	B	H
	KVA	η (induktionsfrei)		t	KW	η (induktionsfrei)		t			
		Vollast	Halblast			Vollast	Halblast				
1736	160	97	96	1,005	125	97	96	0,915	940	700	1280
1742	220	97,5	96,5	1,250	100	97,5	96,5	1,190	930	770	1280
1748	350	98	97	1,730	300	97,5	97	1,580	1010	810	1275
1754	550	98	97,5	2,240	450	98	97,5	2,150	1030	820	1540
1760	700	98	97,5	2,635	600	98	97,5	2,400	1030	800	1660
1766	800	98,2	97,8	2,975	700	98	97,5	2,900	1030	870	1700

Drehstromtransformator mit künstlicher Lüftung; vgl. die Einphasentransformatoren.

3636	240	97	96,5	1,500	190	97	96	1,440	1320	700	1280
3642	340	97,5	96,5	2,150	300	97,5	96,3	2,060	1320	770	1280
3648	550	97,5	96,5	2,540	450	97,5	96,5	2,500	1420	800	1310
3654	750	98	97,4	3,490	650	98	97,3	3,410	1530	860	1540
3660	1000	98	97,5	4,000	900	98	97,5	3,830	1530	840	1660
3666	1200	98,7	97,8	4,725	1000	98	97,5	3,570	1620	900	1700

¹) Die obere Zahl gilt für Ausführung mit 2, die untere für 3 Lager.

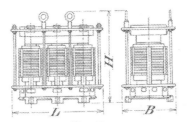

Fig. 421.

Einphasentransformatoren mit Öl.

Z	KVA	η (induktionsfrei) Vollast	Halblast	t*)	KVA	η (induktionsfrei) Vollast	Halblast	t*)
		1000 - 7000 V				14000 V		
2700	5	94	91	0,30	4	93	90	0,30
2704	12,5	95	94	0,40	10	94	93	0,40
2708	17,5	95,5	94,3	0,50	15	95	93,5	0,48
2716	37,5	96,5	95,5	0,75	25	96	94,3	0,68
2720	50	96,5	95,5	0,96	37,5	96	94,5	0,87
2724	62,5	97	96	1,14	50	96,5	95,2	1,07
2730	100	97	96,5	1,25	75	97	96	1,16
2736	160	97,3	96,5	1,80	125	97,2	96	1,72
2742	225	97,6	96,7	2,40	200	97,5	96,5	2,33
2748	380	97,8	97	2,90 3,20	350	97,8	97	2,76 3,10
2754**)	600	98	97,5	4,23 4,80	500	98	97,5	3,98 4,45
2760**)	700	98	97,5	4,90 5,40	650	98	97,5	4,70 5,25
2766**)	800	98,5	98	5,54 6,25	700	98,3	97,8	5,30 6,00

Einphasentransformatoren mit natürlicher Luftkühlung.

		1000 - 5000 V				10000 V		
1600	1	92	87,5	0,060	0,75	92	87,5	0,055
1700	3	94	92,5	0,130	2	93	89	0,120
1704	5	94,8	92,6	0,171	3	94,5	91	0,165
1708	7	95,4	93,5	0,220	5	95,2	92	0,206
1716	15	96,3	95,3	0,376	10	95,5	93,5	0,340
1720	20	96,5	95,5	0,450	15	96	93,5	0,410
1724	25	96,8	96	0,528	20	96,5	95,5	0,503
1730	40	97	96,5	0,672	30	97	95,8	0,640
1736	65	97,2	96,5	1,005	50	97	96,2	0,935
1742	90	97,5	96,8	1,280	75	97,5	96,5	1,220
1748	130	98	97,2	1,720	100	97,6	96,5	1,610
1754	180	98	97,5	2,270	150	98	97,5	2,175
1760	250	98,2	97,5	2,715	200	98	97,5	2,510
1766	300	98,2	97,5	3,165	250	98	97,5	3,015
1772	350	98,2	97,6	3,930	300	98,2	97,6	3,860

*) Das Öl beträgt etwa $1/4$ bis $1/3$ des Gesamtgewichtes t. — **) Die oberen Gewichte beziehen sich auf Transformatoren mit Wasserkühlung.

Drehstromtransformatoren mit Öl.

| Z | 1000—7000 V | | | | 14000 V | | | |
| | KVA | η (induktionsfrei) | | t | KVA | η (induktionsfrei) | | t |
		Vollast	Halblast			Vollast	Halblast	
4600	7,5	94	91	0,52	6	93	90	0,48
4604	18,5	95	93	0,67	15	94	92	0,66
4608	26	95,2	94	0,74	22,5	95	93	0,73
4616	55	96,5	95,5	1,10	37,5	95,5	94,3	1,03
4620	75	96,5	95,5	1,48	55	96	95,4	1,41
4624	95	96,5	96	1,58	75	96,5	95,4	1,47
4630	150	97	96,5	1,94	115	97	96	1,80
4636	240	97,2	96,5	3,23	190	97,2	96	3,00
4642	340	97,5	96,5	4,46	300	97,5	96,2	4,15
4648	570	97,5	96,5	6,11 7,00	525	97,7	96,5	5,55 6,40
4654	950	98	97,4	7,40 8,50	900	98	97,3	7,05 8,00
4660	1150	98	97,5	8,53 9,60	1100	98	97,5	7,97 9,00

Die oberen Gewichte beziehen sich auf Transformatoren mit Wasserkühlung.

Drehstromtransformatoren mit natürlicher Luftkühlung.

| Z | 1000—5000 V | | | | 10000 V | | | |
| | KVA | η (induktionsfrei) | | t | KVA | η (induktionsfrei) | | t |
		Vollast	Halblast			Vollast	Halblast	
3600	4,5	94	92,5	0,19	3	93	89	0,17
3604	7,5	94,5	92,5	0,26	4,5	94	91	0,25
3608	10,5	95,3	93,3	0,33	7,5	94,5	92	0,31
3616	22,5	96,2	95	0,56	15	95,3	93,4	0,52
3620	30	96,5	95,5	0,65	22,5	96	93,5	0,62
3624	37,5	96,7	95,5	0,79	30	96,3	95	0,76
3630	60	97	96,5	1,00	45	97	95,6	0,97
3636	100	97	96,5	1,61	75	97	96	1,50
3642	135	97,5	96,5	2,20	100	97,5	96,2	2,10
3648	190	98	97,2	2,70	150	97,5	96,5	2,55
3654	270	98	97,4	3,60	225	98	97,3	3,50
3660	375	98,2	97,5	4,20	300	98	97,5	4,02
3666	450	98,2	97,5	4,90	375	98	97,5	4,81
3672	525	98,2	97,5	6,04	450	98	97,6	5,90

Stangentransformatoren für Ein- und Dreiphasenstrom zum Befestigen am Querriegel eines Doppelgestänges.
Einphasig: Modell L 2600 bis 2607 Leistung bis 10 KW, Gewicht bis 350 kg,
η bei Vollast 90—95%.
Dreiphasig: Modell L 4400 bis 4407 bis 15 KW, 475 kg.

Sachsenwerk, Licht- und Kraft-Aktiengesellschaft, Niedersedlitz-Dresden.

Gleichstrommaschinen.

Gleichstromerzeuger, Modell G, Fig. 422 u. 423, bis 460 V, für Riemenantrieb und unmittelbare Kupplung (Fig. 422), G 125 bis G 650 auch für Spannungsteilung (Fig. 423). Das Maß L gilt für Riemenantrieb.
Die Tabelle verzeichnet die höchste Leistung jeder Maschine. Diese Maschinen werden auch in Kapselung gebaut. Bei wasserdichter vollkommener Kapselung ist die höchste Leistung 20—36 % geringer, als die Tabelle angibt. Bei gelüfteter Kapselung beträgt die Verminderung nur 10—20 %.

Z	P	KW	U/M	t	L	B	H	Z	P	KW	U/M	t	L	B	H
G 10	1,8	1,0	1800	0,065	420	305	360	G175	26,0	17	1050	0,65	970	670	790
20	3,25	1,85	1700	0,090	461	352	410	200	30,5	20	1000	0,80	1010	730	855
30	4,7	2,75	1560	0,120	548	380	450	250	38,0	25	950	0,88	1110	790	900
50	7,4	4,60	1440	0,190	623	445	530	300	45	30	900	0,95	1178	830	950
75	10,5	6,7	1300	0,245	678	485	560	400	60	40	820	1,46	1345	930	1095
100	14,0	9	1200	0,360	765	525	615	500	75	50	750	2,30	1490	1012	1170
125	17,0	11	1140	0,460	812	560	655	650	97	65	680	2,65	1640	1070	1245
150	20,0	13	1100	0,52	905	615	705								

Dieselben Maschinen als Motoren.

Z	P	KW	U/M	Z	P	KW	U/M
G				G			
1	0,125	0,165	2000	125	12,5	10,5	950
2	0,25	0,3	2000	150	15,0	12,5	900
5	0,5	0,52	1600	175	20	16,5	860
10	1,0	0,95	1500	200	24	19,6	830
20	2,0	1,90	1400	250	30	24,5	800
30	3,0	2,75	1300	300	36	29,5	750
50	5,0	4,33	1200	400	50	40,5	700
75	7,5	6,4	1100	500	62	50,0	630
100	10,0	8,5	1000	650	80	64,5	550

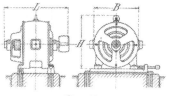

Fig. 422.

Gleichstromerzeuger, Modell H, Fig. 424, bis 460 V, für Riemenantrieb und unmittelbare Kupplung, mit und ohne Spannungsteiler. Die Maße L, B, H der Tabelle gelten für die Anordnung nach Fig. 424.

Z	P	KW	U/M	t	L	B	H
H 500	75,5	50	700	1,55	1000	1170	1020
600	90	60	650	1,80	1040	1250	1060
750	112	75	600	2,20	1080	1350	1150
1000	148	100	550	2,8	1160	1450	1200
1250	185	125	500	3,5	1240	1580	1330
1500	220	150	475	4,2	1280	1680	1460
1750	260	175	450	5,0	1320	1900	1550
2000	297	200	425	6,0	1380	2000	1670
2500	370	250	400	8,0	1430	2200	1790
3000	445	300	350	10,5	1510	2450	1940
4000	590	400	300	14,5	1550	2700	2080

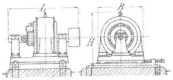

Fig. 423.

Dieselben Maschinen als Motoren.

Z	P	KW	U/M	Z	P	KW	U/M
H				H			
500	60	49	630	1750	220	176	400
600	74	60	580	2000	250	200	375
750	93	75	550	2500	310	249	360
1000	125	100	500	3000	375	300	320
1250	150	120	450	4000	500	400	270
1500	185	148	430				

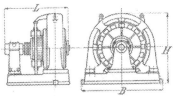

Fig. 424.

Wechselstrommaschinen.

Drehstromerzeuger, Moedell DG, Fig. 425.
Die Modellbezeichnung gibt als erste Zahl die Leistung in KW (scheinbar), als zweite die Umlaufsgeschwindigkeit.

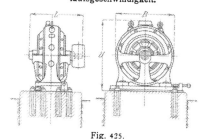

Fig. 425.

Z	L	B	H
DG 30/1000	1050	1210	1430
40/1000	1075	1210	1430
50/1000	1135	1210	1430
75/1000	1185	1210	1430
40/750	1175	1210	1430
50/750	1195	1210	1430
75/750	1420	1420	1655
100/750	1460	1420	1655
75/600	1450	1450	1685
100/600	1490	1450	1685
125/600	1470	1560	1790
150/600	1520	1560	1790
125/500	1450	1720	1960
150/500	1515	1720	1960
175/500	1650	1760	2000
200/500	1710	1760	2000

Drehstrommotoren, mit Kurzschluß- und Schleifringläufer, Fig. 427, für 1500, 1000, 750, 600, 500, 375 Umdrehungen in der Minute bei Leerlauf, etwa 4 % weniger bei voller Last. Die Modellbezeichnung gibt als erste Zahl die Leistung in P, als zweite die Umlaufsgeschwindigkeit. Die Motoren werden bis zu 1150 P gebaut; die Tabelle gibt die Maße für die kleineren, und zwar im ersten Teil für Kurzschlußläufer, im zweiten für Schleifringläufer.

Z	t	L	B	H	Z	t	L	B	H
D 0,33/1500	0,022	242	260	262	D 2/1500, 1,5/1000	0,085	492	355	408
0,5/1500	0,032	296	274	325	3/1500, 2,2/1000	0,110	560	380	462
1/1500, 0,7/1000	0,055	350	300	350	5/1500, 4/1000	0,160	610	440	515
2/1500, 1,5/1000	0,078	412	355	408	7,5/1500, 6/1000	0,215	669	486	575
3/1500, 2,2/1000	0,105	470	380	462	10/1500, 7,5/1000, 6,5/750	0,280	765	522	610
5/1500, 4/1000	0,150	516	440	515	15/1500, 11/1000, 8,5/750	0,360	802	560	655
7,5/1500, 6/1000	0,200	551	486	575	20/1500, 16/1000, 12/750, 10/600	0,42	895	610	730
10/1500, 7,5/1000	0,240	619	522	610	25/1500, 21/1000, 18/750, 15/600	0,50	1000	670	795
15/1500, 11/1000	0,315	661	560	655	30/1500, 25/1000, 22/750, 20/600, 18/500	0,58	1000	670	795
20/1500, 16/1000	0,390	730	610	730	40/1500, 30/1000, 26/750, 22/600, 21/500	0,72	1085	740	870
					50/1500, 40/1000, 30/750, 26/600, 25/500	0,85	1208	820	945
					57/1500, 46/1000, 40/750, 35/600, 32/500	0,96	1218	830	950
					72/1500, 60/1000, 50/750, 45/600, 40/500	1,20	1335	930	1093
					90/1500, 75/1000, 60/750, 53/600, 48/500	1,30	1497	1015	1175
					115/1500, 95/1000, 80/750, 70/600, 65/500	1,60	1547	1020	1190

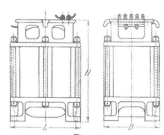

Fig. 426.

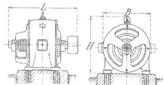

Fig. 427.

Wechselstromtransformatoren, Modell WT, Fig. 426 für Spannungen bis 8000 V. Die Modellbezeichnung enthält als Zahl die Leistung in KW (scheinbar).

Z	t	L	B	H	Z	t	L	B	H
WT 1	0,06	300	270	230	WT 30	0,7	840	570	430
2	0,08	350	300	250	40	0,9	910	630	460
3	0,12	390	325	260	50	1,1	970	680	480
5	0,175	480	365	280	60	1,3	1020	730	480
7,5	0,24	560	410	310	70	1,5	1050	770	500
10	0,31	620	435	330	80	1,8	1080	810	520
15	0,42	700	485	360	100	2,2	1120	890	550
20	0,54	750	510	380	125	2,8	1170	980	550
25	0,60	800	550	410	150	3,4	1220	1050	550

Das gesamte Wechselstrommaterial wird zurzeit (1906) neu konstruiert.

Siemens-Schuckertwerke, Berlin und Nürnberg.

Gleichstrommaschinen.

Modell GM, Fig. 428 a und 428 b.

GM 61 bis 141 besitzen Lagerschilde, Fig. 428 a; GM 201 bis 241 2 Stehlager, fliegende Riemenscheibe, Gehäuse aus einem Stück; GM 251 bis 311 2 Stehlager, fliegende Riemenscheibe, Gehäuse geteilt; GM 321 bis 331 3 Stehlager, Gehäuse geteilt, Fig. 428 b.

Stromerzeuger.

Z	P	KW	U/M	t	L	B	H	Z	P	KW	U/M	t	L	B	H
GM 61	3,4 4,0	2 2,4	1680 2000	0,09	500	365	432	GM 231	37 44,5	24 29	950 1160	1,0	1340	750	920
81	5,4 6,6	3,2 4	1640 1950	0,13	565	405	480	241	43,3 53,5	28 35	850 1040	1,3	1455	830	1020
101	8,3 9,8	5 6	1500 1850	0,185	645	450	526	251	55 68	36 45	800 970	1,7	1580	980	1110
121	10 13	6,4 8	1400 1750	0,25	720	480	575	261	69 84	46 56	750 915	2,1	1695	1095	1217
141	13 16	8 10	1300 1600	0,345	805	520	630	271	94 115	63 77	700 850	2,8	1828	1160	1319
201	17,6 22,1	11 14	1200 1460	0,45	1075	570	715	281	123 150	82 100	650 790	3,7	2025	1250	1455
211	22,1 27,2	14 17,5	1100 1340	0,6	1185	620	770	301	172	115	720	4,0	2040	1192	1414
221	29,6 35,5	19 23	1050 1280	0,8	1270	680	847	311	215	145	660	5,1	2280	1312	1545
								321	265	180	600	6,6	2800	1470	1736
								331	325	220	540	8,0	2890	1610	1810

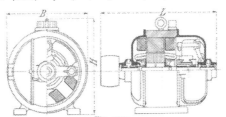

Fig. 428 a.

Die gleichen Maschinen als Motoren:

Z	P	KW	U/M	Z	P	KW	U/M
GM 61	2,5 3	2,3 2,7	1400 1700	GM 231	30 36	25,1 30	870 1080
81	4 5	3,6 4,5	1400 1700	241	36 45	30 37,1	780 970
101	6 7,5	5,4 6,6	1280 1600	251	46 58	38 48	740 915
121	8 10	7,1 8,7	1220 1500	261	60 72	49 58	700 860
141	10 12,5	8,7 10,8	1150 1400	271	82 100	67 81	650 800
201	14 17,5	11,8 15	1080 1340	281	105 130	85 105	600 740
211	17,5 21	15 17,8	1000 1250	301	145	117	680
221	24 29	20,2 24,1	960 1190	311	185	149	620
				321	230	184	560
				331	280	225	510

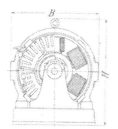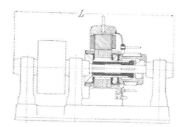

Fig. 428 b.

Stromerzeuger, Modell Gc, Fig. 429.

Z	P	KW	U/M	t	L	B	H	Z	P	KW	U/M	t	L	P	H
Gc								Gc							
1½	1,9	1	1260	0,12	723	282	453	6½	10,5	6,5	1060	0,33	967	380	639
	2,4	1,3	1550						13	8	1300				
2	2,8	1,6	1220	0,14	753	310	493	9	13	8	1020	0,375	1101	390	659
	3,5	2	1500						16	10	1250				
3	4,2	2,5	1220	0,17	817	340	548	11	17	10,5	980	0,48	1166	432	676
	5,0	3	1500						20	13	1200				
3½	5,3	3,2	1180	0,19	847	320	548	14	22	14	900	0,63	1271	470	733
	6,5	4	1450						26,5	17	1100				
5	8,2	5	1140	0,24	912	330	579	18	26,5	17	790	0,78	1361	470	773
	9,7	6	1400						32,5	21	970				

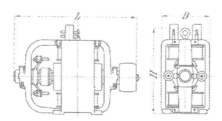

Fig. 429.

Die gleichen Maschinen als Motoren.

Z	P	KW	U/M	Z	P	KW	U/M
Gc 1½	1,3	1,3	1040	Gc 6½	7,5	6,6	870
	1,6	1,6	1250		9,5	8,4	1070
2	2,0	1,9	980	9	10	8,8	840
	2,5	2,4	1200		12	10,4	1030
3	3	2,8	980	11	13	11,3	790
	3,6	3,3	1200		16	13,5	970
3½	4	3,6	950	14	17	14,5	760
	5	4,5	1170		21	18,0	930
5	5,5	5,0	920	18	21	18	680
	7	6,2	1130		26	22,0	840

Modell hKGc ohne Riemenscheibe, Fig. 430, Modell KGc mit Riemenscheibe.
Dieselben Motoren in geschlossener Form für Dauerbetrieb. Umlaufszahlen wie
bei den gleichen Modellen Gc, Gewicht 5—10% höher.

Z	P höhere Tourenzahl		P niedere Tourenzahl		L	B	H
	ohne Lüftung	mit Lüftung	ohne Lüftung	mit Lüftung			
KGc 1½	0,6 0,8	1,1 1,3	0,35 0,45	0,5 0,6	723	340	453
2	1,0 1,2	1,6 2,0	0,6 0,7	0,7 0,9	753	360	493
3	1,4 1,8	2,5 3,0	0,8 1,1	1,1 1,4	817	370	548
3½	1,9 2,4	3,5 4,2	1,1 1,4	1,5 1,8	847	370	548
5	2,8 3,5	5,0 6,0	1,7 2,1	2,2 2,7	912	380	579
6½	3,8 4,7	6,5 8,0	2,3 2,8	2,9 3,6	967	420	639
9	4,7 5,8	8,5 10,5	2,8 3,5	3,7 4,6	1101	440	659
11	6,0 7,5	11,0 13,5	3,6 4,5	5,0 6,1	1166	480	676
14	7,8 9,6	14,2 17,5	4,6 5,7	6,5 8,0	1271	510	733
18	9,8 12	18 22	5,9 7,2	8 10	1361	530	773

  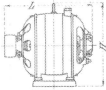

Fig. 430. Fig. 431.

Ventiliert gekapselte Gleichstrommotoren, Modell PGMv, Fig. 432.

Z	P	KW	U/M	t	L	B	H	Z	P	KW	U/M	t	L	B	H
PGMv								PGMv							
61	3	2,7	1700	0,095	565	365	435	221	29	24,1	1190	0,79	1235	700	805
81	5	4,5	1700	0,140	630	405	480	231	36	30	1080	1,02	1265	770	870
101	7,5	6,6	1600	0,2	700	450	526	241	45	37,1	970	1,38	1400	850	970
121	10	8,7	1500	0,265	785	480	575	251	58	48	915	1,83	1500	940	1060
141	12,5	10,8	1400	0,36	865	520	635	261	72	58	860	2,35	1615	1045	1170
201	17,5	15	1340	0,47	1040	600	685	271	100	81	800	2,98	1720	1120	1260
211	21	17,8	1250	0,62	1115	650	730	281	130	105	740	3,6	1870	1220	1385

Kleinmotoren, Mod. GM 1,5 — GM 5,5, Fig. 431.

Z	P	KW	U/M	t	L	B	H
GM1,5	0,01	0,02	2200	0,001	106	68	94
2	0,025	0,043	2200	0,002	140	88	113
2,5	0,062	0,084	2000	0,005	184	122	145
3	0,166	0,19	1900	0,008	215	148	182
3,5	0,166 0,25	0,19 0,27	1500 2100	0,018	262	192	236
4	0,33 0,5	0,36 0,52	1400 2000	0,030	302	218	281
4,5	0,5 0,75	0,52 0,75	1350 1850	0,042	346	245	317
5	0,75 1	0,75 0,97	1800 1700	0,054	384	264	336
5,5	1 1,5	0,97 1,4	1200 1550	0,085	465	300	399

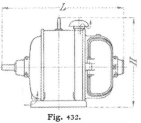

Fig. 432.

32*

Wechselstromerzeuger,

Modell WJ für 50 Per/Sek und Spannungen bis 5000 V, Fig. 433 bis 436.

Die Angaben der Tabelle gelten für Mehrphasenmaschinen; dieselben Modelle können als Einphasenmaschinen verwendet und hierbei mit $^3/_4$ der angegebenen Leistung ausgenutzt werden,
Die oberen Zahlen unter t und L gelten für die Ausführung nach Fig. 433 für Zusammenbau ohne Erreger, die unteren für Ausführung nach Fig. 436, gleichfalls ohne Erreger; von WJ 90 an nach Fig. 435.

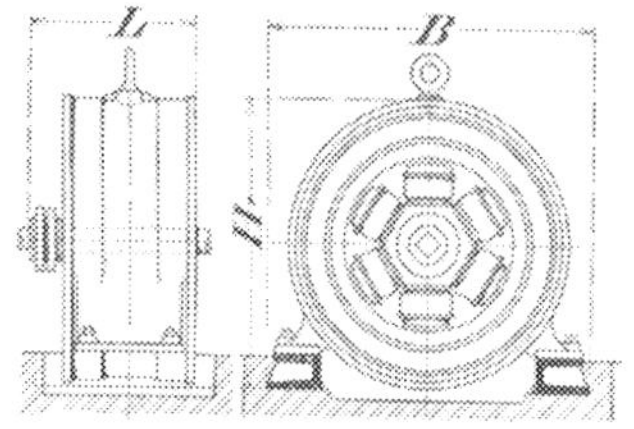

Fig. 433.

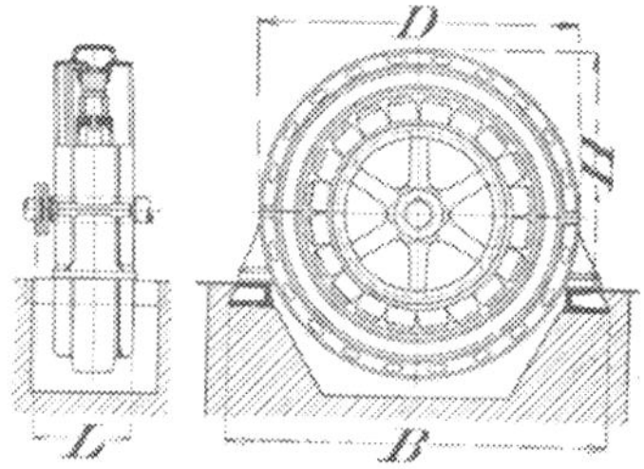

Fig. 434.

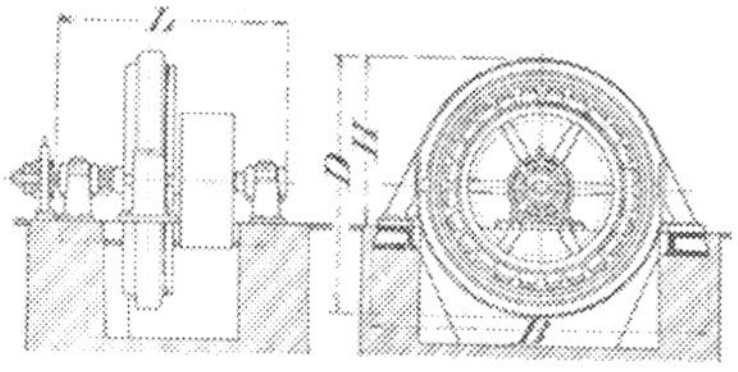

Fig. 435.

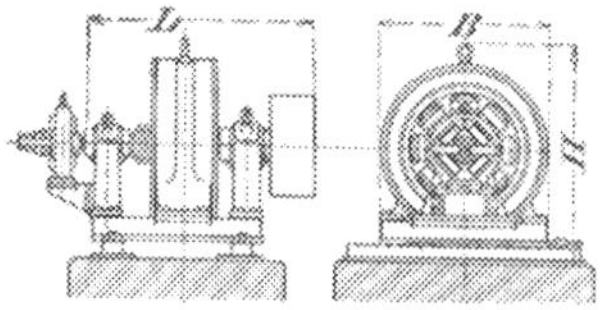

Fig. 436.

Z	P	KW	U/M	t	L	B	H
WJ							
12	19	12	1000	0,45 / 0,65	470 / 1000	760	810
24	37	24	1000	0,65 / 0,90	480 / 1170	940	960
36	54	36	1000	0,80 / 1,10	500 / 1200	940	960
48	72	48	1000	1,10 / 1,50	555 / 1430	1080	1020
64	95	64	1000	1,40 / 2,00	560 / 1510	1130	1045
75	111	75	1000	1,65 / 2,35	570 / 1575	1130	1045
90	133	90	1000	1,90 / 2,90	630 / 1770	1560	1035
110	162	110	1000	2,10 / 3,2	630 / 1890	1560	1035
135	198	135	1000	2,30 / 4,0	710 / 2050	1770	1155
WJ							
32	48	32	750	1,00 / 1,4	495 / 1240	1070	1035
48	72	48	750	1,30 / 2,0	570 / 1490	1130	1045
64	94	64	750	1,70 / 2,5	570 / 1535	1150	1200
85	125	85	750	1,95 / 2,9	605 / 1680	1220	1230
100	147	100	750	2,20 / 3,5	605 / 1870	1630	1085
120	176	120	750	2,40 / 3,8	610 / 1990	1770	1085
150	219	150	750	2,80 / 4,5	640 / 2090	1820	1185
180	261	180	750	3,10 / 4,9	640 / 2180	1820	1185
220	318	220	750	3,30 / 5,25	640 / 2210	1820	1185
280	404	280	750	4,20 / 6,8	675 / 2460	1900	1275
350	503	350	750	4,70 / 7,4	685 / 2750	2100	1375
60	89	60	600	1,5 / 2,4	555 / 1580	1150	1200
80	118	80	600	2,25 / 3,6	590 / 1870	1750	1120
105	154	105	600	2,4 / 3,8	605 / 1930	1800	1145
125	182	125	600	2,8 / 4,5	625 / 2040	1800	1170
150	218	150	600	2,9 / 4,7	640 / 2090	1870	1195

Modell WJ 60 bis WJ 1980
Drehstrom- bezw. Einphasenstromerzeuger
für Spannungen bis 6500 V.
Die oberen Zahlen unter t und L gelten für die Ausführung nach Fig. 433 bezw.
434 für WJ 150 bis 1980, die unteren für die Ausführung nach Fig. 435.

Z	P	KW	UM	t	L	B	H	D
60	89	60	500	2,0 2,9	585 1710	1770	1050	
75	112	75	500	2,4 3,4	600 1790	1800	1115	
96	141	96	500	2,9 4,1	605 1870	1820	1140	
125	183	125	500	3,4 4,8	675 1950	1930	1225	
150	219	150	500	3,9 5,5	855 2190	2400	1075	1800
180	263	180	500	4,5 6,2	865 2320	2500	1125	1900
225	328	225	500	4,8 6,7	875 2390	2500	1125	1900
270	392	270	500	5,7 6,9	925 2590	2700	1775	2050
330	478	330	500	6,7 8,1	930 2860	2850	1550	2200
420	617	420	500	7,3 8,9	935 3060	2850	1575	2250
525	756	525	500	8,1	955	3000	1600	2300
660	950	660	500	9,2	960	3150	1675	2450
810	1155	810	500	10,7	1015	3300	1750	2600
1020	1464	1020	500	12,7	1020	3400	1800	2700
1260	1803	1260	500	15,0	1025	3650	1850	2900
1590	2270	1590	500	18,5	1040	3850	2050	3100
1980	2830	1980	500	20,6	1450	1450	2125	3250

Außerdem werden normale WJ-Modelle gebaut:

U/M	KW	Höchste Spannung V
375	85—2120	8500
300	80—2100	10000
250	90—2040	10000
215	85—1890	9500
187	130—2160	9500
150	125—2700	9500
127	155—2640	9500
107	180—2450	9000
94	255—2800	9000
83	290—3150	9000

Die WJ-Maschinen werden auch als Schwungradmaschinen ausgebildet.

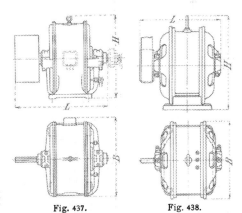

Fig. 437.　　　　　Fig. 438.

Drehstrommmotoren,

Modell Nd, Fig. 437, für 50 Per/Sek., in Ausführung mit Schleifring- oder Kurzschlußläufer. Die Längen L gelten für Schleifringläufer; für Motoren mit Kurzschlußläufer sind sie etwas kleiner, für solche mit Bürstenabhebe-Vorrichtung
bis zu 365 mm größer.

Z	P	KW	U/M	t	L	B	H	Z	P	KW	U/M	t	L	B	H
Nd10	10	8,6		0,565	890	710	745	Nd25	25	21		0,68	1005	890	927
12	12	10,3		0,620	875	800	860	35	35	28,8		0,84	1045	890	927
20	20	16,9		0,785	1025	940	975	48	48	39,3		1,05	1105	940	975
28	28	23,3	590	0,950	1065	940	975	70	70	56,6	980	1,38	1265	1050	1065
43	43	35,4	bis	1,23	1220	1050	1064	100	100	80,5	bis	2,0	1395	1070	1065
60	60	48,8	580	1,55	1335	1070	1065	120	120	96	950	2,3	1500	1190	1260
75	75	60,7		1,95	1395	1030	1064	150	150	120		2,75	1540	1190	1260
90	90	72,5		2,55	1460	1280	1315	180	180	143		3,1	1500	1190	1195
110	110	88,5		2,8	1530	1280	1315	225	225	179		3,5	1650	1190	1270
140	140	112		3,4	1575	1465	1570	300	300	238		4,0	1770	1190	1270
7	7	6,1		0,32	735	665	686	3	3	2,8		0,125	600	419	452
9	9	7,7		0,415	820	705	745	4	4	3,6		0,155	615	515	526
15	15	12,6		0,62	875	800	860	5	5	4,5		0,175	695	515	526
25	25	20,7	735	0,79	1045	890	927	7	7	6,2		0,22	695	555	575
35	35	28,6	bis	0,95	1065	940	975	9	9	7,8		0,26	765	555	575
50	50	40,5	720	1,23	1220	1050	1064	12	12	10,3		0,31	735	665	686
70	70	56,5		1,55	1335	1070	1065	17	17	14,5		0,415	820	705	745
90	90	72,5		1,95	1395	1030	1064	26	26	21	1480	0,57	955	775	812
115	115	92		2,5	1260	1280	1315	35	35	28,8	bis	0,7	1060	810	827
140	140	112		2,8	1320	1280	1315	45	45	36,6	1430	0,83	1100	830	883
2	2	1,9		0,135	615	512	526	60	60	48,3		1,02	1360	830	883
3	3	2,7		0,175	695	512	526	90	90	72		1,5	1395	990	1015
4	4	3,6	980	0,215	695	555	575	130	130	103		2,0	1440	990	1025
5	5	4,4	bis	0,235	700	615	642	160	160	127		2,3	1500	1190	1260
6	6	6,1	950	0,27	730	615	642	200	200	158		2,7	1540	1190	1260
9	9	7,7		0,32	735	665	686	240	240	190		3,0	1500	1190	1195
12	12	10,2		0,41	820	705	745	300	300	238		3,4	1650	1190	1270
17	17	14,4		0,56	890	710	745	400	400	317		3,9	1770	1190	1270

Modell MD, Fig. 438, für 50 Per/Sek., in Ausführung mit Schleifring- oder Kurzschlußläufer. Betr. das Maß L vgl. zu Modell Nd.

Z	P	KW	U/M	t	L	B	H	Z	P	KW	U/M	t	L	B	H
MD								MD							
200	10	8,6		0,46	1030	596	675	280/20	100	80	730	1,53	1400	1040	1150
210	15	12,8		0,53	1065	645	720	280/25	125	100	bis	1,77	1500	1040	1150
220	20	16,9		0,6	1105	675	740				710				
221	25	21,2		0,65	1165	675	740	111	2.5	2,4		0,115	530	380	450
230	30	25,0		0,8	1220	695	810	131	4	3,7		0,16	615	420	504
240/20	40	33,0	585	0,95	1240	740	873	132	5	4,6		0,19	645	420	512
240/25	50	40,8	bis	1,1	1340	740	873	150	6	5,5		0,25	820	474	542
260/20	50	40,5	570	1,16	1210	905	1017	160	7,5	6,7		0,27	840	505	585
240/30	60	48,5		1,25	1440	740	873	170	10	8,7		0,32	855	505	585
260/25	60	48,5		1,28	1310	905	1017	180	15	12,7	975	0,37	920	545	615
260/30	75	60,7		1,4	1410	905	1017	190	20	16,7	bis	0,4	960	560	650
280/20	80	64,6		1,53	1400	1040	1150	200	25	20,6	930	0,46	1030	596	675
290/20	100	80,0		1,77	1500	1040	1150	210	30	24,6		0,53	1065	645	720
280/30	120	94,5		2,0	1630	1040	1150	220	35	28,6		0,6	1105	675	740
								221	40	32,7		0,67	1165	675	740
180	10	8,6		0,37	920	545	615	230	50	40,6		0,8	1220	695	810
190	12	10,2		0,4	960	560	650	240/20	60	48,8		0,95	1240	740	873
200	15	12,7		0,46	1030	596	675	240/25	75	60,5		0,11	1340	740	873
210	20	16,7		0,53	1065	645	720	240/30	90	72		0,125	1440	740	873
220	25	20,8	730	0,6	1105	675	740								
221	30	24,7	bis	0,65	1165	675	740	81	3,5	3,2		0,082	475	344	415
230	35	28,8	710	0,8	1220	695	810	111	5	4		0,115	530	380	450
231	40	32,7		0,85	1270	695	810	131	7	6,2	1440	0,16	615	420	504
240/20	50	40,6		0,95	1240	740	873	150	10	8,6	bis	0,25	820	474	542
240/25	60	48,5		1,1	1340	740	873	160	12	10,1	1430	0,27	840	505	585
260/25	75	60,5		1,28	1310	905	1017	170	15	12,7		0,29	945	560	650
260/30	90	72		1,4	1410	905	1017	180	20	16,7		0,34	1000	596	685

Kleinmotoren, Modell MD, für Drehstrom. 50 Perioden bis 500 Volt. Diese Motoren werden auch mit Zahnradvorgelege (Übersetzung 1 : 6) geliefert, Fig. 439. Die oberen Zahlen unter kg, L, B, H gelten für Ausführung ohne, die unteren für Ausführung mit Zahnradvorgelege.

Z	P	KW	U/M	kg	L	B	H	Z	P	KW	U/M	kg	L	B	H
MD 3	$1/_{10}$	0,145		9	195	136	158	MD							
				12	242	176	270	5,5	$1/_4$	0,27		20	234	206	228
4,5	$1/_4$	0,305		12	212	177	199					30	300	252	385
				20	264	210	330	21	$1/_2$	0,53		40	278	260	314
5,5	$1/_2$	0,565		20	234	206	228					50	361	300	465
				30	300	252	385	40	$3/_4$	0,79	940	45	291	275	345
20	$3/_4$	0,79	1420 bis 1350	30	267	258	314				bis 920	65	375	310	485
				40	350	300	465	41	1	1,02		50	316	275	385
21	1	1,02		40	278	260	345					75	400	310	485
				50	361	300	465	70	1,5	1,47		60	—	—	—
41	1,5	1,47		60	325	305	361					80	—	—	—
				75	426	354	540	71	2	1,94		75	—	—	—
61	2	1,94		70	350	325	396					110	—	—	—
				95	—	—	—								

Die Drehstrommotoren MD und ND werden auch als ventiliert gekapselte und als geschlossene Motoren ausgeführt, und erhalten dann die Bezeichnung PMDv und KNDv bezw. PMD und KNd.

Die Leistung der ventiliert gekapselten Motoren beträgt 80% der Leistung der offenen Motoren, die der PMD-Modelle 35% der Leistung der offenen u. die der KNd-Modelle 60% der Leistung der offenen Typen.

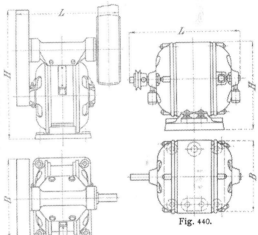

Fig. 439.

Fig. 440.

Einphasenmotoren.

Modell Ne, Fig. 437, für 50 Per/Sek. Mit Schleifring- oder Kurzschlußläufer. Die Angaben gelten für Spannungen bis 500 V, die Motoren werden für Spannungen bis 3000 V gebaut.

Z	P	KW	U/M	t	L	B	H
Ne							
$1^1/_2$	1,5	1,6		0,100	615	419	452
3	3	3,1	1465	0,155	695	512	526
$4^1/_2$	4,5	4,5	bis	0,225	795	579	575
6	6	5,9	1430	0,245	845	579	575
8	8	7,7		0,320	835	684	686
6	6	5,7		0,320	855	684	636
8	8	7,7	980	0,420	920	731	745
12	12	11,2	bis	0,550	1000	733	745
17	17	15,7	970	0,650	1125	890	927
24	24	21,8		0,800	1165	890	927
32	32	28,8		1,000	1265	940	975

Modell WM, Fig. 440 für 50 Per/Sek. Hauptstrommotoren f. Einphasenstrom; auch mit Zahnradvorgelege.

Z	P	KW	U/M	kg	L	B	H
WM							
2	$1/_{100}$	0,035	2000	2	140	96	113
2,5	$1/_{50}$	0,060	1600	5,3	184	120	145
3	$1/_{20}$	0,140	1200	8,5	215	160	182

Modell MW, Kleinmotoren für 50 Per/Sek; für Spannungen bis 500 Volt. Auch mit Zahnradvorgelege; die unteren Zahlen unter t, L, B, H beziehen sich auf Ausführung mit Zahnradvorgelege; 1350—1425 Umdrehungen in der Minute,

Z	P	KW	t	L	B	H	Z	P	KW	t	L	B	H
MW 3	1/20	0,125	9 / 12	195 / 242	136 / 176	158 / 270	MW 21	1/2	0,615	35 / 45	278 / 361	260 / 300	314 / 465
4,5	1/10	0,185	12 / 20	212 / 264	177 / 210	199 / 330	41	3/4	0,85	55 / 75	325 / 426	305 / 354	361 / 540
5,5	1/4	0,37	20 / 30	234 / 300	206 / 252	228 / 385	61	1	1,1	65 / 95	350 / —	325 / —	396 / —

Transformatoren

für Ein- und Mehrphasenstrom. Manteltypus, Modell Em und Emc für Einphasen-, Dm und Dmc für Drehstrom. Em und (Fig. 441) Dm mit Luftisolation, Emc und Dmc (Fig. 442) Öltransformatoren. Die Modelle E und D unterscheiden sich nur durch die Zahl der Eisenkerne und Spulen. Oberspannung bei Luftisolation 110 bis 5250 Volt, für Ölisolation 525 bis 10000 Volt, Unterspannung 115, 230 oder 525 Volt. Für Emc und Dmc ist t das Gewicht einschl. Öl.

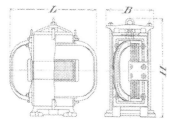

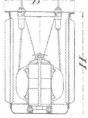

Fig. 441.   Fig. 442.

Z	KW	η	t	L	B	H	Z	KW	η	t	L	B	H
Em 0,5	0,75	90,0	0,045	370	174	360	Em 14	20	96,7	0,410	745	344	710
1	1,75	92,3	0,055	380	184	380	14 a	25	96,8	0,460	820	344	710
3	3,2	94,1	0,092	460	208	430	20	30	97	0,530	800	374	770
3,5	5	95	0,140	520	234	483	24 a	40	97,1	0,660	925	384	790
5	7	95,2	0,183	580	254	530	33 a	55	97,3	0,870	1000	418	869
7	10	95,8	0,230	605	290	594	40 a	75	97,5	1,050	1090	432	866
10	14	96,2	0,315	700	310	634	100 a	100	97,6	1,300	1225	450	900
Dm 1	1,5	91	0,070	355	285	335	Dm 21 a	38	96,6	0,820	694	745	670
1,5	2,5	91,8	0,085	355	335	345	28 a	50	96,9	1,000	732	828	705
3	5	93,9	0,135	420	380	400	60 a	65	96,9	1,120	770	880	745
3,5	7	94,9	0,220	474	440	455	75 a	86	97,	1,350	805	970	775
7	10	95,2	0,300	517	515	495	100 a	100	97,2	1,650	860	1040	820
11	15	95,4	0,375	558	600	530	125 a	125	97,3	2,000	920	1100	896
14	21	95,9	0,520	635	635	602	150 a	150	97,4	2,300	970	1145	940
14 a	25	96,2	0,590	635	670	602	200 a	175	97,4	2,600	1010	1215	950
21	32	96,5	0,740	694	715	660	255 a	200	97,5	3,000	1038	1265	960
Emc 2	5	93,6	0,170	540	355	600	Emc 20	50	96,7	0,860	825	560	1230
3,5	10	94,5	0,255	635	420	630	29	75	96,8	1,300	910	610	1590
5	14	95,0	0,330	670	440	750	33	100	97,0	1,650	940	700	1730
7	20	95,5	0,415	695	475	830	45	140	97,4	2,000	—	—	—
10	27	96,0	0,530	750	495	950	50	180	97,7	2,400	—	—	—
14	35	96,3	0,690	775	530	1080							
Dmc 3	8	93,5	0,265	600	540	530	Dmc 14	40	95,5	0,940	810	670	1160
5	15	94,2	0,420	650	580	·750	21	55	95,7	1,300	870	720	1390
7	21	94,6	0,545	690	600	900	28	70	96,0	1,550	910	740	1555
11	30	95,2	0,720	730	640	1060							

Kerntypus, Modell LWT und OWT für Einphasen-, LDT und ODT für Mehrphasenstrom, LWT (Fig. 443) und LDT (Fig. 444) mit Luftisolation, OWT (Fig. 445)
und ODT (Fig. 446) Öltransformatoren.
Oberspannung: 5250—10000 V. Unterspannung: 115, 230 und 525 V.

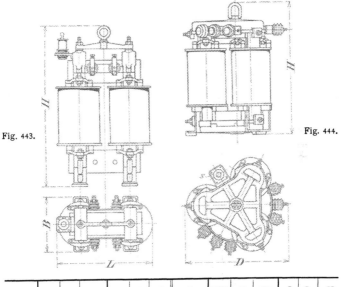

Fig. 443.   Fig. 444.

Z	KW	η	t	L	B	H	Z	KW	η	t*)	L	B	H
LWT							**LWT**						
120	7,5	95,0	0,130	450	250	680	220	30	96,5	0,460	680	380	1125
150	10	95,5	0,160	460	268	750	240	50	97,0	0,680	725	410	1320
180	15	96,0	0,240	515	288	855	260	70	97,5	0,900	830	465	1440
200	20	96,5	0,320	560	330	950	280	100	98,0	1,200	940	500	1575
LDT				**D**			**LDH**				**D**		
90	5	94	0,130		470	582	241	60	97,0	1,000		900	1250
120	7,5	94,5	0,175		500	632	261	80	97,0	1,580		1000	1370
150	12,5	95,5	0,250		560	700	281	100	97,5	2,000		1000	1450
180	20	96,0	0,370		620	825	300	150	97,5	2,600		1130	1525
200	30	96,5	0,520		660	880	350	200	97,5	3,500		1250	1725
220	40	96,5	0,640		710	1070							
OWT					**B**		**OWT**					**B**	
120	7,5	94,5	0,180	600	496	580	240	70	97,0	0,850	1020	800	940
150	12,5	95,0	0,220	650	525	660	260	100	97,3	1,130	1140	860	1055
180	20	95,5	0,300	710	530	675	280	150	97,5	1,520	1200	900	1250
200	30	96,0	0,400	770	600	795	300	200	97,5	2,000	1260	980	1605
220	50	96,5	0,630	900	680	810							
ODT				**D**			**ODT**				**D**		
90	5	93,5	0,200		675	790	220	60	96,0	0,800		1085	1345
120	10	94,5	0,290		730	855	241	90	96,5	1,330		1225	1555
150	15	95,0	0,370		800	945	261	120	97,0	1,940		1350	1805
180	25	95,5	0,470		865	1070	281	150	97,0	2,450		1450	1735
200	40	96,0	0,620		940	1125	300	200	97,5	3,030		1500	1820

*) Bei OWT und ODT ausschließlich Öl.

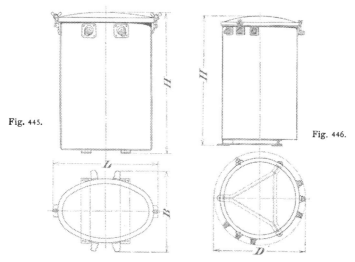

Fig. 445.

Fig. 446.

Vereinigte Elektricitäts-Actiengesellschaft, Wien.

Gleichstrommaschinen.

Stromerzeuger für Riemenantrieb, 220 V, Modell NS, Fig. 447, Modell NV, Fig. 448.

Z	P	KW	U/M	t	L	B	H	Z	P	KW	U/M	t	L	B	H
NS								**NV**							
40	60	40	850	1,10	1320	830	860	1,3	2,5	1,4	1750	0,073	512	345	358
50	77	50	800	1,33	1476	890	890	2	4,1	2,4	1620	0,109	545	374	387
56	85	56	720	1,65	1490	905	1075	3	5,9	3,6	1450	0,130	588	420	425
67	99	67	640	1,93	1660	1020	1010	4,5	8,8	5,4	1400	0,178	650	475	483
82	123,5	82	550	2,56	1905	1120	1093	6,5	12,6	7,8	1300	0,235	715	520	530
105	157	105	475	3,05	2105	1190	1170	9	16,6	10,5	1200	0,304	790	550	560
135	202	135	420	3,96	2315	1265	1250	12	22,1	14	1140	0,394	870	600	610
165	246	165	380	4,44	2600	1400	1355	16	25	16	1070	0,504	949	650	665
								20	31	20	1020	0,621	1046	700	715
								25	38,4	25	980	0,754	1146	750	765
								33	50,2	33	900	0,980	1234	800	815

Die gleichen Maschinen auch als Motoren für 220 V.

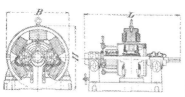

Fig. 447.

Z	P	KW	U/M	Z	P	KW	U/M
NS				**NV**			
40	50	41	770	1,3	1,2	1,55	1550
50	64	53,2	680	2	3	2,75	1350
56	72	59,2	630	3	4	3,54	1270
67	90	73,5	550	4,5	6	5,3	1200
82	105	85	480	6,5	9,6	8,35	1100
105	135	109	400	9	12,5	10,8	1050
135	175	141	350	12	16	13,7	1000
165	210	168	320	16	21	17,8	930
				20	25	21,1	880
				25	31	25,8	850
				33	40	33,2	810

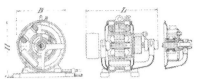

Fig. 448.

Wechselstrommaschinen.

Drehstromerzeuger, Modell DD, Fig. 449 u. 450, 50 Per/Sek; DDg 6 für 1000 V, DDh 8 für 2000 V, DDi 8 u. 10, DDk 10, DDlk 10 für 3000, die größeren für 5000 V, DDr 40 u. 54, DDs 20, 24, 30, 54 für 5500 V. Unter t steht das ganze Gewicht der Maschine einschl. der angebauten Erregermaschine.
Die Maschinen der ersten Reihe haben Lagerkreuze, Fig. 449, fliegende Riemenscheibe und angebauten Erreger; die der zweiten und dritten sind mit drittem Lager ausgestattet, Fig. 449; bei der dritten Reihe tritt an Stelle der Riemenscheibe eine Seilscheibe. Die vierte Reihe, für direkte Kupplung und ohne angebauten Erreger ist nach Fig. 450 gebaut.
Für Niederspannung sind die Leistungen um 25—40% höher.

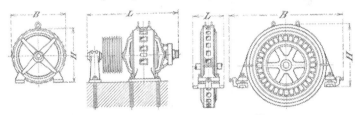

Fig. 449.   Fig. 450.

Z	P	KVA	U/M	t	L	B	H	Z	P	KVA	U/M	t	L	B	H
DD								DD							
g 6	39	25	1000	0,73	1100	690	725	p 12	376	260	500	8,53	3150	1850	1675
h 8	46	30	750	1,09	1350	900	950	p 14	378	260	428	9,10	3150	1960	1780
i 8	61	45	750	1,67	1425	1080	1125	p 18	379	260	333	10,15	3250	2100	1950
i 10	83	55	600	1,84	1425	1080	1125	o 24	294	200	250	7,20	1100	3680	2000
k 10	106	75	600	2,06	1610	1170	1225	p 22	379	260	272	7,30	1000	3400	1850
lk10	136	90	600	2,6	1985	1275	1328	p 26	381	260	230	8,05	1100	3680	2000
l 10	178	120	600	3,34	2085	1275	1328	p 32	381	260	188	8,75	1200	4070	2190
l 12	179	120	500	4,14	2150	1320	1380	p 40	383	260	150	10,07	1300	4500	2395
l 14	179	120	428	4,41	2150	1460	1480	p 54	385	260	111	13,10	1350	5130	2700
l 16	180	120	375	4,65	2250	1540	1570	q 16	492	340	375	7,10	1000	3100	1690
n 10	237	160	600	6,24	2800	1500	1700	q 20	493	340	300	8,25	1050	3410	1860
n 12	237	160	500	6,83	2850	1620	1810	q 24	495	340	250	9,05	1150	3660	1985
n 14	239	160	428	7,28	2900	1710	1895	q 30	496	340	200	10,20	1250	4100	2220
n 16	239	160	375	7,75	2950	1750	1925	q 40	496	340	150	12,75	1300	4820	2555
n 18	239	160	333	8,33	3000	1780	1940	q 54	500	340	111	15,35	1350	5500	2895
n 10	240	160	600	5,82	2800	1500	1500	r 16	645	450	375	8,73	1100	3400	1850
n 12	240	160	500	5,77	2850	1620	1610	r 20	647	450	300	9,25	1200	3680	2000
n 14	243	160	428	6,20	2900	1710	1695	r 24	649	450	250	10,43	1300	4060	2170
n 16	243	160	375	6,75	2950	1750	1725	r 30	652	450	200	11,70	1350	4500	2400
n 18	243	160	333	7,38	3000	1780	1740	r 40	656	450	150	15,98	1350	5340	2810
n 24	245	160	250	8,45	3100	2000	1900	r 54	658	450	111	19,40	1400	6150	3270
o 10	290	200	600	6,60	3000	1700	1600	s 20	856	600	300	11,40	1300	3940	2120
o 12	291	200	500	7,22	3100	1810	1730	s 24	862	600	250	12,33	1300	4220	2280
o 14	292	200	428	7,76	3300	1920	1810	s 30	868	600	200	15,05	1350	4830	2560
o 16	292	200	375	8,20	3400	1970	1885	s 40	870	600	150	18,20	1350	5600	2950
o 24	295	200	250					s 54	874	600	111	22,75	1400	6320	3360

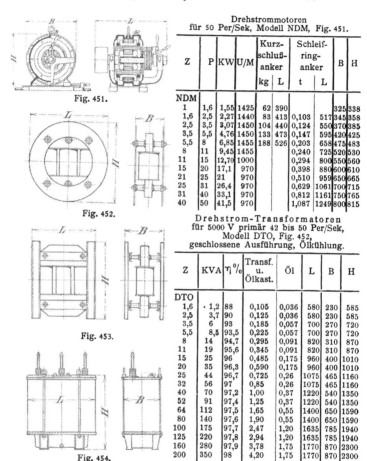

Fig. 451.

Fig. 452.

Fig. 453.

Fig. 454.

Drehstrommotoren
für 50 Per/Sek, Modell NDM, Fig. 451.

Z	P	KW	U/M	Kurz-schluß-anker		Schleif-ring-anker		B	H
				kg	L	t	L		
NDM									
1	1,6	1,55	1425	62	390			325	338
1,6	2,5	2,27	1440	83	413	0,103	517	345	358
2,5	3,5	3,07	1450	104	440	0,124	550	370	385
3,5	5,5	4,76	1450	133	473	0,147	595	420	425
5,5	8	6,85	1455	188	526	0,203	658	475	483
8	11	9,45	1455			0,240	725	520	530
11	15	12,70	1000			0,294	800	550	560
15	20	17,1	970			0,398	880	600	610
21	25	21	970			0,510	959	650	665
25	31	26,4	970			0,629	1061	700	715
31	40	33,1	970			0,812	1161	750	765
40	50	41,5	970			1,087	1249	800	815

Drehstrom-Transformatoren
für 5000 V primär 42 bis 50 Per/Sek,
Modell DTO, Fig. 452,
geschlossene Ausführung, Ölkühlung.

Z	KVA	η %	Transf. u. Ölkast.	Öl	L	B	H
DTO							
1,6	· 1,2	88	0,105	0,036	580	230	585
2,5	3,7	90	0,125	0,036	580	230	585
3,5	6	93	0,185	0,057	700	270	720
5,5	8,5	93,5	0,225	0,057	700	270	720
8	14	94,7	0,295	0,091	820	310	870
11	19	95,6	0,345	0,091	820	310	870
15	25	96	0,485	0,175	960	400	1010
20	35	96,3	0,590	0,175	960	400	1010
25	44	96,7	0,725	0,26	1075	465	1160
32	56	97	0,85	0,26	1075	465	1160
40	70	97,2	1,00	0,37	1220	540	1350
52	91	97,4	1,25	0,37	1220	540	1350
64	112	97,5	1,65	0,55	1400	650	1590
80	140	97,6	1,90	0,55	1400	650	1590
100	175	97,7	2,47	1,20	1635	785	1940
125	220	97,8	2,94	1,20	1635	785	1940
160	280	97,9	3,78	1,75	1770	870	2300
200	350	98	4,20	1,75	1770	870	2300

Modell DT, Fig. 453 und 454. Offene Ausführung. DT 1,6 bis 15 Fig. 453,
DT 20 bis 300 Fig. 454.

Z	KVA	η %	kg	L	B	H	Z	KVA	η %	kg	L	B	H
DT 1,6	1,1	90	65	560	240	560	**DT 40**	40	96,6	875	1050	520	1100
2,5	2	91,2	100	620	250	620	52	52	96,8	1100	1130	580	1180
3,5	3,2	92,7	130	680	260	680	64	64	97	1300	1185	600	1290
5,5	5,2	93,6	180	760	280	760	80	80	97,2	1550	1280	665	1390
8	7,6	94,2	235	840	300	840	100	100	97,3	1900	1340	680	1500
11	10,5	94,9	330	900	320	900	125	125	97,4	2390	1410	700	1580
15	14	95,4	420	960	350	960	160	160	97,5	2890	1500	760	1680
20	19	95,9	530	930	440	930	200	200	97,7	3300	1590	790	1800
25	24	96,1	650	950	460	960	250	250	97,8	4000	1690	840	1890
32	31	96,3	720	1000	500	1020	300	300	97,9	4600	1780	877	2010

IV. Abschnitt.

Galvanische Elemente.

Primärelemente*).

(624) Allgemeines. Die gebräuchlichen Primärelemente bestehen in der Regel in der Zusammenstellung zweier Elektroden aus zwei verschiedenen Metallen oder einer Metall- und einer Kohlenelektrode mit einer Flüssigkeit (Elektrolyt) und einem Depolarisator. Die Flüssigkeit löst eines der Metalle (negative oder Lösungselektrode, Kathode) auf und erzeugt Wasserstoff- oder Metallionen. Letztere wandern durch das Elektrolyt zur anderen Elektrode (positive oder Leitungselektrode, Anode), und geben hier ihre Elektrizität ab; der Wasserstoff wird hierbei von dem die Anode umgebenden Depolarisator oxydirt, die Metalle scheiden sich aus.

Es sind bis jetzt verwendet worden:

für die Kathode: Zn, Fe, Mg, Al, K und Na (letztere als Amalgame);

für die Anode: Cu, C, Pt, Pb, Ag, Fe;

als Elektrolyt: anorganische Säuren, Salze und Basen, hauptsächlich H_2SO_4, HCl, KOH, $NaOH$, NH_4Cl, $NaCl$, $ZnSO_4$, $ZnCl_2$.

als Depolarisatoren: gasförmige, flüssige und feste Oxydationsmittel, hauptsächlich CuO, MnO_2, PbO_2, HNO_3, CrO_3, $CuSO_4$, $CuCl_2$, $AgCl$, $HgSO_4$, $KMnO_4$, $K_2Cr_2O_7$, Cl, O (Luft), S.

Bei der nachfolgenden Zusammenstellung wird keine Rücksicht genommen auf Elemente, bei denen starke Polarisation eintritt, weil diese für die Praxis keine Bedeutung haben.

Aus der sehr großen Anzahl der vorkommenden Elemente sind nur die bekanntesten und am meisten in der Praxis verwendeten hervorgehoben. Eingehende Angaben findet man in Niaudet, Traité de la pile électrique; Hauck, Galvanische Batterien; Tommasi, Traité des piles électriques, und Carhart-Schoop, Die Primärelemente.

(625) Die gebräuchlichen Elemente. (Siehe die Tabelle S. 510).
I. Daniellsche Elemente. Zink in verdünnter Schwefelsäure, in Lösung von Zinkvitriol oder Magnesiumsulfat (Bittersalz), Kupfer in Kupfervitriol. Durch den Strom wird Zink aufgelöst und Kupfer

---

*) Unter dieser Abteilung sind der Übersichtlichkeit wegen auch die Thermoelemente aufgenommen.

No.	Element	Elektroden positiv	Elektroden negativ	Elektrolyt	Depolarisator	EMK etwa Volt
				I. Typus Daniell.		
				a) mit Diaphragma		
1	Daniell	Cu	Zn amalgamirt	H_2SO_4 dil.	$CuSO_4$ conc. od. $Cu(NO_3)_2$ conc.	1
2	Siemens (Pappelement)	„	„	$ZnSO_4$	$CuSO_4$ conc.	„
				b) ohne Diaphragma		
3	Callaud (franz. Telgr. Verw.)	Cu	Zn amalgamirt	$ZnSO_4$ oder $MgSO_4$	$CuSO_4$ conc.	1
4	Meidinger (preuß. Eisenb. Verw.)	„	„	„	„	„
5	Krüger (dtsch. Telegr. Verw.)	Pb verkupfert	„	$ZnSO_4$	„	„
				II. Abgeleitete Daniellsche Elemente.		
6	Marié-Davy	Pb verkupfert	Zn amalgamirt	H_2SO_4 dil.	Hg_2SO_4	1,5
7	Warren de la Rue (Normal-Element)	Ag	„	NH_4Cl conc.	$AgCl$ geschmolzen	1,04
8	Clark (Normal-Element)	Pt amalgamirt	„	$ZnSO_4$	Hg_2SO_4	1,44
9	Weston (Normal-Element)	„	Cd Amalgam	$CdSO_4$	„	1,02
				III. Typus Grove.		
				a) mit Diaphragma		
10	Grove	Pt	Zn	H_2SO_4 dil.	HNO_3 fum.	1,9
11	Bunsen	C	„	„	„	1,95
12	Poggendorf	„	„	„	$K_2Cr_2O_7$	2—2,2
				b) ohne Diaphragma		
13	Bunsen (Tauchelement)	C	Zn	H_2SO_4 dil.	$K_2Cr_2O_7$	2—2,2
				IV. Typus Lalande.		
14	Edison-Lalande	Fe	Zn	KOH conc. oder $NaOH$ conc.	CuO	0,7-0,9
15	Cupron-Element	„	„	„	„	„
16	Wedekindsches El.	„	„	„	„	„
				V. Typus Leclanché.		
17	Leclanché	C	Zn	NH_4Cl conc.	MnO_2	1,4
				VI. Trockenelemente.		
18		C	Zn	verschieden		1,5

ausgeschieden; so lange der Vorrat an gelöstem Kupfervitriol reicht, tritt keine Polarisation ein. Die Kupfervitriollösung muß vom Zink getrennt gehalten werden; dies geschieht durch a) Diaphragma, poröse Zelle, b) die Schwerkraft, indem die Lösungen der Schwere nach übereinander geschichtet werden. In beiden Fällen mischen sich die Flüssigkeiten langsam durch Diffusion. Die Daniellschen Elemente zeichnen sich durch sehr konstante EMK aus; sie haben aber einen erheblichen, oft recht großen inneren Widerstand und eignen sich daher nicht zur Hergabe stärkerer Ströme. Sie verbrauchen Zink auch während der Ruhe. Das Kupfervitriol soll rein sein (mindestens 25% Cu), besonders frei von As; Fe und Bi in erheblichen Mengen sind wegen der entstehenden Niederschläge nachteilig; die Lösung ist gesättigt zu nehmen. Das Zink soll gleichfalls kein As enthalten und rein sein (99%).

Zu den einzelnen Elementen dieser Gruppe ist zu bemerken:

I. Daniellsche Elemente.

1. **Gewöhnliches Daniellsches Element mit Tonzelle.** In der Zelle ein Zinkstab, in der Regel von kreuzförmigem Querschnitt, amalgamirt, mit eingegossenem Poldraht; im äußeren Glase ein größeres Kupferblech, welches die Tonzelle umgibt. Die Schwefelsäure soll in der Zelle mindestens $\frac{1}{8}$ höher stehen, als außen die Kupfervitriollösung.

2. **Pappelement von Siemens.** Diaphragma aus Papiermasse, bereitet durch Tränkung von Papier mit konzentrierter Schwefelsäure, Auswaschen mit Wasser und Pressung. Die Papiermasse schließt die am Boden des Glases befindliche Kupferelektrode ab. Durch die Masse reicht ein Glas- oder Tonzylinder bis zum Kupfer. Der Poldraht geht durch den mit Kupfervitriolstücken gefüllten Zylinder. Der Zinkring steht oben auf der Papiermasse. Füllung: beim Zn verdünnte H_2SO_4.

3. **Meidingersches Element, Sturzflaschenform.** Kupferelektrode am Boden des Elementes in einem kleinen Glas, ihr Poldraht führt isoliert durch die Flüssigkeit. In das untere kleine Glas taucht ein Trichter oder umgekehrter Ballon (Sturzflasche), welcher mit $CuSO_4$-stücken und Wasser gefüllt ist.

4. **Callaudsches Element.** Zinkring an drei Nasen auf Glasrand in $ZnSO_4$ oder $MgSO_4$. Eine Kupferplatte mit angenietetem, durch Guttapercha isoliertem Draht am Boden des Gefäßes in $CuSO_4$lösung. Trennung der Flüssigkeiten durch den Unterschied im spezifischen Gewicht.

5. **Krügersches Element.** Zink wie bei Nr. 4. Als positive Elektrode dient eine Bleischeibe, die am Boden des Gefäßes liegt und mit Kupfervitriolstücken und -lösung bedeckt ist; an der Scheibe sitzt ein Stiel (gleichfalls Blei), der in der Mitte des Gefäßes in die Höhe ragt und oben eine Klemmschraube trägt. Das Blei überzieht sich beim Beginn der Stromlieferung mit Kupfer und wirkt dann wie eine Kupferelektrode.

II. **Abgeleitete Daniellsche Elemente.** Statt des Kupfers kann man Kohle (Marié-Davy), Platin (Clark), Silber (Warren de la Rue) nehmen. Der Depolarisator ist in den beiden ersten Fällen Quecksilbersulfat, in letzterem Chlorsilber. Als negative Elektrode dient Zink. Ersetzt man im Clarkschen Element das Zink durch Cadmium, so bekommt man das Westonsche Element. Diese Elemente sind als Normalelemente wichtig, vgl. (167, 168).

III. Grovesche Elemente. Zink in verdünnter Schwefelsäure, Platin oder Kohle (Bunsen) in einem flüssigen Depolarisator, der leicht Sauerstoff hergibt, Salpetersäure oder Chromsäure (auch Übermangansäure). Die Salpetersäure wird konzentriert, sogar rauchend genommen, auch wird, um sie konzentriert zu halten, konzentrierte Schwefelsäure zugefügt. Um die oxydierende Wirkung zu erhöhen, kann man $^1/_4$ Salzsäure zufügen. Elemente mit Salpetersäure stoßen übelriechende, sogar giftige Dämpfe aus und können nicht im geschlossenen Raume benutzt werden. Die Chrom- und Übermangansäure werden als Kali- oder Natronsalze beigefügt, die Chromsäure durch Mischen der Bichromatlösung mit Schwefelsäure freigemacht. Das $Na_2Cr_2O_7$ liefert bei gleichem Gewicht mehr Sauerstoff und ist leichter löslich als $K_2Cr_2O_7$. Man nimmt etwa 5 Teile Wasser, 1 Teil Bichromat und $1^1/_2$ Teile Schwefelsäure; die Vorschriften sind ziemlich verschieden. Die Flüssigkeiten werden entweder durch ein Diaphragma (Tonzelle) getrennt, oder (bei Chromsäure) beide Elektroden tauchen in dieselbe Flüssigkeit. In letzterem Falle hebt man die Elektroden zur Zeit der Ruhe aus dem Elektrolyt (Tauchelement),

Bei dem Bunsenschen Tauchelement (Tab. S. 510, Nr. 13) sind an einem gemeinschaftlichen Rahmen aus Holz Paare von Zn u. C platten befestigt, welche in hohe Gläser hinabgelassen werden können. Trouvé verbindet viele Platten aus C und Zn zu einem Element. Grenets Flaschenelement hat 2 C elektroden an dem Deckel des Elementgefäßes befestigt; dazwischen ist eine bewegliche Zn elektrode.

Die Elemente dieser Art haben eine ziemlich konstante EMK, die mit Salpetersäure auf 1,7—1,9 V steigt, geringen Widerstand und vermögen ohne zu polarisieren, starke Ströme herzugeben. Sie sind in der Bedienung etwas umständlich.

IV. Lalandesche Elemente. Als Depolarisator dient Kupferoxyd, welches seinen Sauerstoff leicht abgibt, als Elektrolyt Natron- oder Kalilauge. Die negative Elektrode besteht aus Zink. Diese Elemente können starken Strom hergeben, ohne sich merklich zu polarisieren; die Spannung ist nicht hoch (0,7 bis 0,9 V) und sinkt während der Entladung merklich. Der innere Widerstand ist gering. Lalande stellte Platten aus Kup.eroxyd auf chemischem Wege, durch Erhärten, her, Edison preßte sie durch hohen Druck, Böttcher bildete einen porösen Überzug aus Kupferoxyd auf dem Boden des eisernen Elementengefäßes. Die zu Kupfer reduzierten Platten lassen sich durch den Sauerstoff der Luft wieder oxydieren, besonders leicht die Böttcherchen. Das Cupronelement von Umbreit und Matthes enthält zwischen zwei Zinkplatten eine poröse Kupferoxydplatte; es wird gefüllt mit Natronlauge von 20—22° Baumé. Nach der Entladung kann die Kupferoxydplatte durch Liegen an der Luft oder rascher durch mäßiges Erhitzen wieder oxydiert werden.

Das Wedekindsche Element enthält die Kupferoxydschicht auf den Innenflächen des eisernen Elementengefäßes, die Zinkelektrode wird am Deckel befestigt. Zur Oxydation des Kupfers wird das entleerte Gefäß eine Zeit lang an der Luft erhitzt. Das Elektrolyt ist Natronlauge von 25—27° Baumé.

Die Cupronelemente von Umbreit und Matthes werden in 4 Größen hergestellt:

Größe	Strom A	Kapazität AS	Innerer Widerstand Ohm	Gewicht (ohne Wasser) kg	Ätznatron für 1 Füllung kg
I	1—2	40—50	0,06	1,5	0,2
II	2—4	80—100	0,03	3	0,4
III	4—8	160—200	0.015	5	0.8
IV	8—16	350—400	0,0075	9	1,6

Die Wedekindschen Elemente werden in 3 Größen gebaut:

1 a	1—1,5	100—75		4,1	0,25
1 a b	1—2,5	150—100		5,4	0,30
4 a b	5—20	1200—400		50	3,50

V. **Leclanché-Elemente.** Der Depolarisator ist Mangansuperoxyd, Braunstein, Pyrolusit, MnO_2, welcher vom Wasserstoff zu Mn_2O_3 reduziert wird. Das Elektrolyt ist Salmiaklösung, häufig mit Zusätzen in kleinen Mengen. Der Depolarisator kann bei einfachen Formen der Elemente in losen Stücken auf den Boden des Gefäßes gelegt werden; er wird häufig als Brikett gepreßt und an der Kohlenelektrode befestigt, oder die Kohle samt dem Braunstein erfüllt einen porösen Tonzylinder. Bei anderen Bauarten mischt man die Kohle mit grob gepulvertem Braunstein und preßt daraus Elektroden, die alsdann noch stark erhitzt werden, um das Bindemittel zu verkohlen und die Kohle hart und fest zu machen. Die Zinkelektrode besteht meist in einem runden Stab, der entweder in eine Ecke des Elementes gestellt wird, oder auch (beim Barbierschen Element) in der Mitte der hohlzylinderförmige Kohlenelektrode hängt.

Die Elemente dieser Art sind nicht polarisationsfrei; sie eignen sich nicht für ununterbrochenen Betrieb mit einigermaßem starkem Strom, bedürfen vielmehr stets längerer Ruhepausen zur Erholung. Ihre EMK sinkt bei stärkerer Beanspruchung bald auf 1 V, auch darunter. Der innere Widerstand ist klein.

Durch die Auflösung des Zinks bildet sich Zinkoxychlorür, welches mit Salmiak ein Doppelsalz bildet. Dieses ist in Wasser unlöslich, in starker Salmiaklösung, auch in Salzsäure löslich; es kristalisiert bei Anwendung schwacher Salmiaklösung aus und überzieht die Zinkelektroden mit einer harten Kruste, die den Widerstand erhöht. Bei Anwendung reinen Salmiaks wird während der Ruhe des Elements kein oder wenig Zink verbraucht.

VI. **Trockenelemente.** Die Anode ist in der Regel C, die Kathode Zn. Das Elektrolyt ist eine feuchte Paste, häufig von Chloriden (NH_4Cl, $ZnCl_2$, $AgCl$, $HgCl_2$). Der Depolarisator ist ebenfalls fest und meist ein Oxyd oder Chlorid, oder die Depolarisation geschieht durch den Sauerstoff der Luft. Die feuchte Paste wird meist bereitet durch Beimischung eines porösen, trockenen Körpers zum Elektrolyt z. B. Sägemehl, Asbestfaser, Sand, Kieselgur, Gips, Tonerdehydrat,

Kieselsäurehydrat. In der Regel befindet sich die C-Elektrode in der
Mitte; sie wird umgeben vom Depolarisator, der manchmal von einem
Beutel festgehalten wird; dann folgt die Paste mit dem Elektrolyt, und
die Zinkelektrode schließt das ganze ein. Man umgibt häufig noch
das Zink mit einem viereckigen oder runden Becher aus Pappe oder
Isolit; Glasbecher empfehlen sich weniger. Die Trockenelemente verhalten sich im allgemeinen ähnlich wie die Leclanché-Elemente.

Die Trockenelemente werden in der Haustelegraphie, im Fernsprechwesen, als Meßbatterie und im allgemeinen als tragbare Stromquelle benutzt. Als Stromquelle für ein Mikrophon verwendet man
1—2 Elemente von etwa 180 mm Höhe und 80 mm Durchmesser; bei
sehr stark belasteten Sprechstellen auch größere Elemente. Zum Betriebe von Weckern können die kleinen Nummern, etwa 120—160 mm
Höhe benutzt werden. Meßbatterie vgl. S. 240 (306, 4). Sollen die
Elemente längere Zeit in Vorrat lagern, so werden sie so vorgerichtet,
daß sie nur mit Salmiaklösung oder Wasser gefüllt zu werden brauchen,
um benutzbar zu sein (Lagerelement).

(626) **Elektrische Größen und Maße einiger Elemente.** Die
EMK von Elementen hängt ab von der Beschaffenheit der verwendeten
Materialien, der Stärke der Lösungen und der Temperatur, der innere
Widerstand außerdem von den Abmessungen der Elemente, der Be-
schaffenheit der Tonzelle sowie der zur Verwendung kommenden
Stromstärke. Die in der nachstehenden Tabelle (von der Firma
Siemens & Halske) aufgeführten Zahlen können daher ebensowenig,
wie die in anderen Werken angegebenen, auf Genauigkeit Anspruch
machen, sondern nur als Durchschnittswerte für den praktischen Gebrauch angesehen werden. Der innere Widerstand eines Elementes
ist beim Gebrauch jedesmal besonders zu bestimmen, da er mit den
Größenverhältnissen der Elemente und der Beschaffenheit der Füllung
wesentlich schwankt.

Bezeichnung des Elements	EMK Volt	Innerer Widerstand Ohm	Gewicht	Maße in Millimetern		Höhe ohne Klemmen	Höhe mit Klemmen
				Länge	Breite		
Meidinger Ballon-element . . .	1,18	ca. 5	3,5	110 mm ⌀		235	235
Großes Leclanché .	1,5	ca. 0,4	3,0	100	100	260	310
Mittleres Leclanché	1,5	ca. 0,6	1,5	90	90	145	185
Großes Papp-Element . . .	1,20	4 bis 6	2,9	115 mm ⌀		160	210
Kleines Papp-Element . . .	1,1	6 bis 10	0,85	75 mm ⌀		110	145
Bunsen	1,90	0,2	4,2	115 mm ⌀		170	270
Amerikanisches Element . . .	1,18	1,5 bis 2	7,0	155 mm ⌀		180	240
Daniell	1,15	ca. 1,0	3,0	115 mm ⌀		160	180
Fleischer	1,45	ca. 0,4	2,4	105 mm ⌀		155	220

Gute Trockenelemente haben eine EMK von etwa 1,45 bis 1,55 V,
manchmal auch mehr; der innere Widerstand beträgt bei kleinen

Elementen von weniger als 0,5 kg Gewicht etwa 0,5 bis 0,6 Ohm, bei etwas größeren von 0,5 bis 1 kg etwa 0,15 bis 0,25 Ohm und bei den großen von über 1 kg Gewicht meist 0,10 bis 0,15 Ohm.

Die von einem Elemente zu liefernde Elektrizitätsmenge hängt außer von der chemischen Zusammensetzung und der Konstruktion noch von seiner Größe ab.

(627) Amalgamierung der Zinkelektroden in Elementen. Um das Zink gegen den Angriff des Elektrolyts im Zustande der Ruhe zu schützen, wird es amalgamiert, verquickt.

1. 200 g Quecksilber werden in 1000 g Königswasser (250 g Salpetersäure und 750 g Salzsäure) unter vorsichtigem Erhitzen aufgelöst. Nach Auflösung gibt man unter Umrühren langsam 1000 g Salzsäure zu. Die zu amalgamierenden Zinkelektroden werden einige Sekunden lang in die Flüssigkeit getaucht und dann abgewaschen.

2. Verfahren nach Reynier. Hiernach wird dem Zink in geschmolzenem Zustande 4% Quecksilber beigemischt. Beim Zugießen ist große Vorsicht zu beobachten, um zu verhüten, daß das geschmolzene Metall spritzt. Zinkelektroden aus solchem legierten Zink sollen sich sehr langsam abnutzen.

3. Nach Tommasi erhält man sehr gute Zinkelektroden, indem mittels einer Bürste eine Paste aus Quecksilberbisulfat, feinem Sand und verdünnter Schwefelsäure aufgerieben wird.

4. Dem Zink wird durch Eintauchen in verdünnte Salzsäure eine metallische Oberfläche gegeben und dann Quecksilber mit einer Bürste oder einem Lappen eingerieben.

(628) Thermoelemente. Die Thermosäulen sind für Kleinbetrieb ein sehr bequemes Mittel zur Erzeugung eines konstanten andauernden Stromes. Man wendet sie hauptsächlich an zur Gewinnung von Metallniederschlägen in der analytischen Elektrolyse und zur Ladung kleiner Akkumulatoren; außerdem zu Temperaturmeßungen. Seitdem man fast überall Anschluß an ein Stromverteilungsnetz haben kann, werden die Thermoelemente weniger benutzt. Die Thermosäulen werden in der Regel auf höchste Stromleistung geschaltet, wobei der Wirkungsgrad 0,50 ist (629). Eine Säule, deren EMK 4 V ist, und die 3 A liefern kann und dabei 170 l Gas zu 16 Pf/cm³ verbraucht, leistet unter solchen Bedingungen 1 KWS für 4,5 Mark. Der Betrieb stellt sich hiernach etwa ebenso teuer, wie bei Primärelementen, aber sehr viel teurer, als bei Verwendung von Maschinenstrom. Daher wird man Thermoelemente wohl nur in besonderen Fällen (Laboratorium, ärztliche Zweke, Galvanoplastik, Schulen) als Stromquelle benutzen.

1. Säule von Noë. Positive Elektrode: Stäbchen aus einer Legierung von Antimon und Zinn; negative: ein mit der Legierung vergossenes Bündel von Neusilberdrähten. Die einzelnen Elemente sind auf einem isolierenden Ring angeordnet und mit Heizstiften versehen, so daß die Heizstifte gegen den Mittelpunkt des Ringes zusammenlaufen (Sternform). Heizung durch Bunsenbrenner. Abkühlung durch spiralförmig gebogene, senkrecht stehende Kupferbleche, welche außen an die Elemente angelötet sind. E für jedes Element etwa 0,06 V.

2. Säule von Rebizek. Abänderung der Säule von Noë. Querschnitt der positiven Legierung quadratisch; als negatives Metall

wird ein Blechstreifen aus einer besonderen Legierung benutzt. Kupferne Heizstifte. Äußere Form im wesentlichen wie in der Noë- schen Säule. E für das Element etwa 0,1 Volt. Die Säulen zu 12, 20 und 25 Elementen haben Sternform. Bei den größeren Säulen werden die Elemente in zwei Reihen geradlinig angeordnet. Säule von 50 El. großen Modells: $E = 4,3$ V; $w = 0,778$, für das Element 0,015 Ohm. Gasverbrauch 0,54 m³ in der Stunde, Strom 3,3 A (Ztschr. f. Elektrot. 1884, S. 179).

3. S ä u l e v o n C l a m o n d. Eisenblechstreifen und Legierung von Zink mit Antimon oder Wismut mit Antimon. Elemente ange- ordnet in Form eines hohlen Zylinders. $E = $ etwa 0.02 für jedes Element. Mit einer Clamondschen Säule der üblichen Größe schlägt man bei 170 l Gasverbrauch 20 g Kupfer nieder.

4. S ä u l e v o n C h a u d r o n. Ähnlich wie die von Clamond konstruiert; Elektroden Eisen und eine Legierung von Antimon und Zink. E für jedes Element etwa 0,06 V. Aus je 10 Elementen werden strahlenförmige Kränze gebildet, die in Reihen übereinander durch Asbest isoliert sind. Eine Säule für galvanoplastische Zwecke besteht aus 50 Elementen. $E = 2,9$ V. Widerstand $= 0,38$ Ohm. Nutz- leistung 5 W. Gasverbrauch 200 l in der Stunde.

5. S ä u l e v o n G ü l c h e r (Elektrot. Ztschr. 1890, S. 188 und 434). Positive Elektroden aus dünnen Röhrchen von chemisch reinem Nickel, in zwei Reihen auf einer Schiefertafel befestigt. Leuchtgas (Gasdruck höchstens 50 mm Wassersäule) tritt aus einem unterhalb der Platte befindlichen Kanal in die Röhrchen. Am Ende der Röhren tritt das Gas aus Öffnungen von Specksteinhülsen und wird dort an- gezündet. Die Flammen erwärmen ein kreisförmiges Verbindungsstück der beiden Elektroden aus Stahl oder Schmiedeeisen. Die negative Elektroden haben die Form zylindrischer Stäbe und bestehen aus einer antimonhaltigen Legierung. Die Gülcherschen Säulen werden von Julius Pintsch in Berlin in drei Größen geliefert mit 26, 50, 66 Ele- menten von 1,5; 3,0; 4 Volt bei 0,25; 0,65 Ohm Widerstand. Die Maximalleistung der Säule ist 3 A. Der Gasverbrauch in der Stunde 70, 130 und 170 l.

6. Das Dynaphor von A. H e i l, Frankfurt a. M., wird in sechs verschiedenen Größen für Leuchtgas- oder Petroleumbetrieb gebaut. Leistung von 6 und 12 Watt, Spannungen von 1,5 bis 10 V; Gewicht 6 bis 10 kg; Gasverbrauch 2,7 l/St. für 1 Watt-, Petroleum 0,015 l/St. für 1 Watt.

7. T h e r m o s ä u l e n z u M e s s u n g s z w e c k e n. Die P y r o - m e t e r dienen zur Messung von hohen Temperaturen in Öfen u. dgl. Das Thermoelement aus Platin und Platin-Rhodium (L e C h a t e l i e r), welches von der Physikalisch-Technischen Reichsanstalt geeicht wird, erlaubt von etwa 300° bis 1600° zu messen (für 100° etwa 0.001 V). Es wird in der Regel in Form langer Drähte von 0,5 bis 0,6 mm Stärke in doppeltem Porzellanrohr oder anderer Bewehrung verwendet. Die Klemmen werden mit einem empfindlichen Drehspulengalvanometer mit Zeigerablesung verbunden (S i e m e n s & H a l s k e A.-G., H a r t - m a n n & B r a u n A.-G.). Für höhere Genauigkeit hat L i n d e c k eine Kompensationsschaltung angegeben (Zschr. f. Instrkunde 1900; S. 285). Wo es nur darauf ankommt, die Erzielung einer bestimmten hohen

Temperatur bei der Fabrikation zu überwachen, empfehlen Siemens
& Halske das billigere Thermoelement Platin-Platiniridium. Tempe-
raturen zwischen —190 und 600⁰ werden mit einem Kupfer-Konstantan-
Element (Siemens & Halske) oder einem Konstantan-Silber-Element
(Hartmann & Braun) gemessen (für 100⁰ C. etwa 0,004 V.). Die
Elemente können auch mit Registriergalvanometern verbunden werden
(Siemens & Halske, Hartmann & Braun).

Zu Strahlungsmessungen empfiehlt Rubens (Zschr. f. Instrkunde, 1898) eine Thermosäule aus 20 Elementen Eisen-Konstantan,
welche für 1⁰ C. etwa 0,001 V gibt und mit einem empfindlichen
Spiegelgalvanometer $2 \cdot 10^{-6\,0}$ C. zu messen gestattet (Keiser &
Schmidt).

Güteverhältnis, Arbeitsleistung, Wahl und Schaltung von Elementen.

(629) Das Güteverhältnis einer Batterie wird durch den inneren
Widerstand bedingt. Bezeichnet R den Nutzwiderstand, r den inneren
Widerstand, so ist das Güteverhältnis

$$\eta = \frac{R}{R+r} = \frac{e}{E}$$

η nimmt zu, wenn r kleiner oder wenn R größer wird.

Die Leistung einer arbeitenden Batterie in Watt wird ausgedrückt durch das Produkt aus der Klemmenspannung e der Batterie
und der Stromstärke I im äußeren Stromkreis. Die Leistung ist
gleichwertig $\dfrac{e\,I}{9,81}$ kgm/sec oder $\dfrac{e\,I}{736}$ P oder 0,24 $e\,I$ g-cal/sec.

Die Maximalleistung einer Batterie tritt ein, wenn $R = r$ ist
(wodurch $e = \frac{1}{2}\,E$). Dann ist $\eta = \frac{1}{2}$ oder 50%. Für diesen Fall
gilt $e\,I$max $= \dfrac{1}{2}\dfrac{E^2}{r}$ Watt oder $\dfrac{E^2}{40\,r}$ kgm/sec oder 0,06 $\dfrac{E^2}{r}$ g-cal/sec.

(630) Schaltung und Wahl der Elemente. Die für einen bestimmten Betrieb geeignete Art und Größe der Elemente bestimmt man
nach den Anforderungen an die Konstanz der EMK des Elementes
und an die Stärke des zur Verwendung kommenden Stromes.

Ist E die EMK, r der innere Widerstand eines Elementes, R der
Widerstand des Stromkreises, sind n Elemente nebeneinander und h
Gruppen hintereinander geschaltet, so ist für

gemischte Schaltuug	Reihenschaltung	Parallelschaltung
$I=\dfrac{h\,E}{\dfrac{h}{n}\,r+R}=\dfrac{E}{\dfrac{r}{n}+\dfrac{R}{h}}$	$I=\dfrac{h\,E}{h\,r+R}=\dfrac{E}{r+\dfrac{R}{h}}$	$I=\dfrac{E}{\dfrac{1}{n}\,r+R}$

Hieraus ergibt sich: Ist r verschwindend klein gegen R, so wird
für die Reihenschaltung $I = h\,E/R$, die Stromstärke wächst mit der
Zahl der Elemente. Ist dagegen R verschwindend klein gegen r, so
ist für Reihenschaltung $I = E/r$, die Stromstärke wird durch Ver-

mehrung der Elemente nicht vergrößert; für Parallelschaltung ergibt sich aber $I = n\,E/r$, die Stromstärke wächst proportional der Anzahl der Elemente. Ganz allgemein erfordern hohe Stromstärken Elemente mit starkem (am besten flüssigem) Depolarisator und geringem inneren Widerstand [große Elemente]. Für niedrige Stromstärken kann man mit Vorteil Elemente von großem inneren Widerstand [kleine Elemente] verwenden; der Depolarisator kann fest sein.

Schaltung einer gegebenen Zahl z von Elementen für einen gegebenen Widerstand R auf Maximalleistung. Aus dem Werthe $hn = z$ (Zahl der Elemente) und der Bedingung $hr/n = R$ ergibt sich:

$$h = \sqrt{\frac{z\,R}{r}}; \quad n = \sqrt{\frac{z\,r}{R}}; \quad I = \frac{E}{2}\sqrt{\frac{z}{r\,R}}; \quad hE = E\sqrt{\frac{z\,R}{r}}$$

Schaltung zur Erlangung eines Stromes von bestimmter Stärke bei einem bestimmten Güteverhältnis der Batterie. Werden aus z Elementen z/n hintereinander geschaltete Gruppen gebildet, so daß je n Elemente nebeneinander sind, so ist

$$I = \frac{\dfrac{z}{n}\,E}{\dfrac{z}{n^2}\,r + R}; \quad \eta = \frac{R}{\dfrac{z}{n^2}\,r + R}$$

Aus den beiden Gleichungen erhält man

$$n = \frac{I\,r}{E\,(1 - \eta)}; \quad z = \frac{r\,R\,I^2}{E^2\,\eta\,(1 - \eta)}$$

Aus den Formeln für n und z läßt sich die Zahl und Schaltung einer bestimmten Art von Elementen berechnen, wenn die Stromstärke I bei einem Güteverhältnis η in einem Nutzwiderstand R gefordert wird.

Soll die Batterie auf maximale Leistung beansprucht werden (wobei $\eta = \frac{1}{2}$ wird), so wird

$$z = \frac{4\,r\,R\,I^2}{E^2}$$

Eine Batterie längere Zeit auf Maximalleistung zu beanspruchen, ist nicht zweckmäßig, weil sehr bald eine Erschöpfung eintritt, und die Leistung dann schnell sinkt. In der Regel richtet man die Schaltungen so ein, daß bei geringerer Leistung ein hohes Güteverhältnis erzielt wird. Für die Praxis ist die Forderung eines hohen Güteverhältnisses von wesentlicher Bedeutung, wenn man bei bestimmter Stromstärke eine länger andauernde Benutzung der Batterie verlangt. Bei der Berechnung verfährt man zweckmäßig in der Weise, daß man zuerst anstatt z den Wert n berechnet, nach oben abrundet und diesen Wert dann in die durch Elimination von η sich ergebende Formel

$$z = \frac{n^2\,I\,R}{E\,n - I\,r}$$

einsetzt. Dadurch erhält man ein etwas größeres Güteverhältnis als das geforderte.

(631) **Wirkungsgrad und Berechnung des Materialverbrauchs einer Batterie.** Ein Element der EMK E, das mit dem Strom I und mit dem Güteverhältnis η arbeitet, leistet nützlich $E\,I\,\eta$ W und verbraucht in 1 Sec von jedem Stoff, der durch die Stromerzeugung ver-

ändert wird, rund $10^{-5} \alpha I \mathrm{g}$ (76). Für 1 WS werden demnach verbraucht

$$\frac{0,063 \, \alpha}{E \eta} \mathrm{g}.$$

Tatsächlich verbraucht ein Element mehr als die theoretisch berechnete Menge, oft ein Vielfaches. Der Quotient aus dem theoretischen Verbrauch durch den tatsächlichen heißt der Wirkungsgrad des Elementes.

Sammler oder Akkumulatoren.

(632) **Konstruktionen.** Als Material zur Herstellung der Sammler ist am wichtigsten das Blei und die Art, in welcher es chemisch in Tätigkeit gesetzt wird.

Als Elektrolyt dient verdünnte Schwefelsäure.

Sammler aus anderem Material als Blei und mit anderem Elektrolyten als verdünnte Schwefelsäure haben bisher keine Bedeutung in der Technik erlangt.

Man unterschied ursprünglich:

I. Sammler mit Plantéschen Platten aus massivem Blei,

II. Sammler mit Faureschen Platten mit Bleiverbindungen als Füllmasse leitender Gitter oder Rahmen.

Die erste Klasse ist die älteste. Doch kommen reine Plantéakkumulatoren kaum noch vor. Nur die positiven Platten und zwar diejenigen der meisten stationären Sammler gehören diesem Typus an. Die wirksame Schicht auf den Platten wird ausschließlich durch den elektrischen Strom hergestellt. Die frühere langwierige Formierung der Platten ist durch besondere Verfahren bedeutend abgekürzt, die Aufnahmefähigkeit der Zellen im Verhältnis zum Gewicht ist geringer, als bei Faure-Platten; dagegen besitzen die Sammler die Eigenschaft, sehr starke Entladungen vertragen zu können.

Die zweite Klasse enthält gegossene Gitter aus Blei, deren Zwischenräume mit Bleiverbindungen ausgefüllt werden. Nach diesem Verfahren werden alle negativen Platten hergestellt, sowie ein großer Teil der positiven, insbesondere wenn es auf geringes Gewicht für transportabele Akkumulatoren ankommt. Als Füllmasse der positiven Platten wird Mennige, mit verschiedenartigen Bindemitteln, wie verdünnte Schwefelsäure, Glyzerin oder dgl. vermischt, eingestrichen oder eingepreßt und nachher durch Elektrolyse in Bleisuperoxyd verwandelt. In die Zwischenräume der negativen Platten wird Bleiglätte, ebenfalls mit Bindemitteln vermischt, eingebracht und durch den elektrischen Strom zu schwammigem Blei reduziert. Statt der Mennige für die positiven und der Bleiglätte für die negativen Platten wird auch ein Gemisch von Mennige und Bleiglätte für die einen oder die anderen verwendet.

Die Fabriken leisten für die Güte und Dauerhaftigkeit ihrer Erzeugnisse in der Regel mehrjährige Garantie unter der Bedingung, daß die Sammler vorschriftsmäßig behandelt werden. Auch übernehmen die Fabriken zu bestimmten, nach dem Anschaffungspreis der Batterie bemessenen Sätzen — etwa 6—10% jährlich — die fortdauernde Unterhaltung der Sammler, den Ersatz schadhaft werdender Teile und verpflichten sich außerdem, die Batterie nach einem bestimmten Zeitraum in bestem Zustande zu übergeben.

(633) **Technisch wichtige Sammler.** Die wichtigsten Sammler werden nachstehend beschrieben. Auf Seite 521 bis 524 finden sich Angaben über ausgeführte Sammler.

Sammler mit positivem Großoberflächenplatten.

1. Stationäre Sammler der **Akkumulatorenfabrik A.-G.** Die positiven Platten mit großer Oberfläche werden dadurch hergestellt, daß mit zahlreichen tiefen und schmalen Rinnen versehene Bleiplatten nach Planté formiert werden. Die abgewickelte Oberfläche ist reichlich 8 mal so groß, als die Projektionsoberfläche. Das Formierverfahren ist gegen das früher übliche bedeutend abgekürzt. Die negativen Platten sind Gitterplatten, welche durch perforierte Bleibleche vollständig geschlossen sind. Diese Sammler sind für gleiche Leistung schwerer, als manche Akkumulatoren anderer Bauarten; dafür sind sie auch zuverlässiger, weil die vollen Bleiplatten sich viel weniger verbiegen können, als Gitter; sie zeichnen sich auch dadurch aus, daß ungeeignete Behandlung — zu starker Strom, zu weit gehende Entladung — ihnen wenig schadet.

2. Stationäre Sammler von **Böse.** Die positiven Platten sind gebildet aus einer Anzahl senkrechter Rippen von rechteckigem Querschnitt, welche durch viele keilförmige, wagerecht verlaufende Querrippen untereinander verbunden sind, und sind ebenfalls nach Planté formiert. Die Gitter der negativen Platten sind eng rostförmig und durch senkrechte und wagerechte Rippen in viele rechteckige Felder geteilt.

Sammler aus Gittern mit eingetragener Masse.

3. Sammler von **Gottfried Hagen.** Um das Herausfallen der Masse aus den Gittern zu verhindern, verwendet Gottfried Hagen eine Gitterdoppelplatte; zwei Gitter mit rechtwinkligen, sich nach außen verengenden Maschen stehen in geringer Entfernung einander gegenüber und sind durch zahlreiche Stege mit einander verbunden. Als positive Platten dienen auch Großoberflächenplatten.

4. Gülchersche Sammler. Die wirksame Masse wird von einem Gewebe aus Bleidrähten als Kette und Glaswolle als Schuß getragen. In die Maschen des Gewebes ist die wirksame Masse eingetragen. Die Platte besitzt einen kräftigen Rahmen. Die dünnen Bleidrähte des Gewebes vermitteln die Leitung.

Sammler aus Rahmen mit harter Masse.

5. Sammler von **Böse.** In einen viereckigen Rahmen aus Hartblei werden Bleioxyde eingestrichen und durch einen chemischen Prozeß in eine steinharte Masse übergeführt.

Transportable Sammler.

Für Traktionszwecke liefern sämtliche Akkumulatorenfabriken leichte Gittersammler, welche etwa 25 Wattstunden und darüber für 1 kg Gesamtgewicht zu leisten imstande sind.

---

(634) Tabellen ausgeführter Sammler.
mitgeteilt von den Fabrikanten.
Firmenverzeichnis, Erläuterung zu den Tabellen u. Fußnoten s. S. 524.

I. Stationäre Sammler.

Firma	Bezeichnung	Art der Platten +	Art der Platten −	Zahl der Größen geführten	Normale Entladung St.	Kapazität der normalen Entladung kleinste Zelle AS	größte Zelle AS	Ladestrom kleinste Zelle A	größte Zelle A	Gesamtgewicht kleinste Zelle kg	größte Zelle kg	Art des Gefäßes
Akk. Fab.	J¹)	Rippenplatten	Gitterpl. mit Bleigläte in perforiertem Bleiblech	79	3	18	13 608	6	4536	13	3400	G bis 648 AS
	JS²)	n. Planté		79	1	12	9321	6	4536	13	3400	G bis 444 AS
	GS³)	formiert		79	1	12	4995	7	3060	13	2250	G bis 380 AS
												HB für größere
Boese	S	Oberflächenplatte nach DRP 104 243	Gitterplatten	51	3	27	6000	9	2000	13,5	1970	G bis 600 AS
	SS			42	1	19	2185	9	1060	13,5	1040	HB für größere
G. Hagen	B⁴)	Pastierte Gitterplatten oder formierte Großoberflächenplatten	Gitterplatten	5	3	15	76	4	20	10	262	G
	A⁴)			13	3	99	495	35	122	35	137	G
	D⁴)			24	3	248	1386	61	342	72	383	G u. HB
	E⁴)			17	3	1886	2970	342	732	519	1064	HB
	F⁵)			15	3	3168	5940	781	1464	1119	2018	HB
Gülcher	A	Träger aus Glasgewebe mit aktiver Masse gefüllt		8	6	12	100	25	20	3,2	14,2	G
	C			4	6	125	200	25	40	18,5	27,5	G
	E			8	6	250	600	50	120	37	78	G

II. Trag- und fahrbare Sammler.

Firma	Bezeichnung	Verwendung	Art der Platten +	Art der Platten −	Zahl der geführten Größen	Normale Entladung St.	Kapazität für normale Entladung kleinste Zelle AS	Kapazität für normale Entladung größte Zelle AS	Ladestrom kleinste Zelle A	Ladestrom größte Zelle A	Gesamtgewicht kleinste Zelle kg	Gesamtgewicht größte Zelle kg	Art des Gefäßes
Akk. Fab.	A 55, SO 50, SO 100, SC 126	für Selbstfahrer, Zugbeleuchtung, Traktionszwecke	Rippenplatten nach Planté formiert	Gitterplatten	6, 8, 8, 10	1, 3, 1, 1	17, 26, 37, 46	102, 208, 296, 460	10, 10, 20, 25	60, 80, 160, 250	5,5, 8,5, 15, 15	34, 42, 95, 120	Hg, Hg, Hg, Hg
	Verschiedene	für Beleuchtung, automatische Musikapparate, Zündbatterien, Meßelemente usw.	Rippenplatten nach Planté formiert	Gitterplatten	20	3	4,5	208	1,5	80	1,25	42	Hg, C
	Verschiedene	dto	Rippenplatten nach Planté formiert	Gitterplatten	6	3	4,5	36	1,5	10	1,5	8,5	G
	Verschiedene	dto	Gitterplatten		20, 10	5, 5	10, 2,5	160, 80	1,2, 0,35	18, 10	2, 1,15	20, 13,5	Hg, C; G
	Telegraphenelemente	für Telegraphier- und Telephonierzwecke	Rippenplatten nach Planté formiert	Gitterplatten	1	10	12,5	—	2,5	—	4	—	G
	AM	für Selbstfahrer	Gitterplatten		13	3	25	325	10	130	3,5	32	Hg
Boese	Tr⁶)	Straßenbahn, Boote, Selbstfahrer	Großoberflächenplatten	Gitterplatten	11	1/2	21,5	256	12	144	12,4	99,5	Hg, HB

II. Trag- und fahrbare Sammler (Fortsetzung).

Firma	Bezeichnung	Verwendung	Art der Platten +	Art der Platten −	Zahl der gefüllten Größen	Normale Entladung St.	Kapazität kleinste Zelle AS	Kapazität größte Zelle AS	Ladestrom kleinste Zelle A	Ladestrom größte Zelle A	Gesamtgewicht kleinste Zelle kg	Gesamtgewicht größte Zelle kg	Art des Gefäßes
Boese	Bo[7]	Boote	Großoberflächenplatten	Gitterplatten	18	3	20	400	4	80	6,0	90	Hg, HB
	At[7]	Selbstfahrer	Gitterplatten	Gitterplatten	{ 12	3 / 5	6	185	1,2	30	1,0	10,5	Hg / Hg
	M	Transp. Batt., Telephon, telegr. u. mediz. Zwecke, Zugbeleuchtung	Masseplatten, sowie Gitterplatten und Plantéplatt.	Gitterplatten	120	2—20	1,2	245	0,3	19,5	0,5	21,5	C, Hg, G
G. Hagen	C B H J	Straßenbahn, Zugbeleuchtung, mediz. Zwecke, fahrbahre Zündung	Gitterplatten		4 5 7 1	3 3 3 3	7,5 30 4,5 4,5	30 90 27	2 8 1 1	8 24 6	1,9 5,5 2 1,7	5,4 13,8 8,1	HB, Hg, C
	W W extra L	Selbstfahrer, Boote usw.			13 4 12	5 5 5	48 92,5 72	320 370 360	9 15 16	60 60 80	5 6,5 4,3	31 25 218	Hg
Gülcher	$\frac{A}{2}$, A, B, C, E	Beleuchtung, Selbstfahrer, medizinische Zwecke, Mikrophon	Glasgewebeträger mit aktiver Masse gefüllt			6	6	260	1,52	52	0,9	20	HGK

Sammler oder Akkumulatoren.

Umrechnungstabelle für die Kapazität.
I. Stationäre Sammler.

Firma	Bezeichnung	Entladezeit in Stunden							
		1	**2**	**3**	**5**	**7**	**10**		
Akk. Fab.	J JS	1	1,19	1	1,11	1,20	1,34		
Boese	S SS	1	1,19	1 1,46	1,11	1,22	1,34		
G. Hagen	A, B, C, D, E, F	0,66	0,88	1	1,26	1,38	1,59		
		1	**2**	**3**	**4**	**6**	**7**	**10**	**15**
Gülcher	A, C, E	0,62	0,75	0,83	0,91	1	1,08	1,14	1,30

II. Trag- und fahrbare Sammler.

Firma	Bezeichnung	**0,5**	**1**	**2**	**3**	**5**	**7½**	**10**	**15**
Akk. Fab.	Elemente mit + Rippenplatten Elemente mit + Gitterplatten		1	1,2	1 1,46 1	1,15 1,65 1,18	1,25 1,80 1,39	1,37 2,00 1,53	1,45 1,67
		0,5	**1**	**2**	**3**	**5**	**7**	**10**	
Boese	Tr Bo A	1	1,16	1,34	1,5 1 { 1 0,875	1,15 1,24 1	1,06	1,4 1,081	
G. Hagen	A, B, C, D, E, F					wie oben			
Gülcher	A/2, A, B, C, E							**6 St.** 1,00	**12 St.** 1,23 **30 St.** 1,65

Verzeichnis der Firmen und abgekürzte Bezeichnung der letzteren.

Acc.-Fab.   Accumulatorenfabrik Aktiengesellschaft, Berlin.
Boese   Accumulatoren- und Elektricitätswerke Actiengesellschaft vormals
           W. A. Boese & Co., Berlin.
G. Hagen   Kölner Accumulatorenwerke Gottfr. Hagen, Kalk bei Köln a. R.
Gülcher   Gülcher-Akkumulatorenfabrik, Berlin.

Erläuterungen zu den Tabellen S. 521 bis 524.

Bei jeder Art der Zellen wird angegeben, in wie viel verschiedenen Größen sie gebaut wird, welches die normale kürzeste Entladezeit ist, und welches die Kapazität, der Ladestrom und das Gewicht der kleinsten und der größten Zelle jeder Art sind. Die Art des Gefäßes ist entweder G Glas, oder HB Holz mit Bleiausschlag, HGK Holz mit Hartgummiausschlag, Hg Hartgummi, C Zelluloid.

Zur Umrechnung von Kapazitäten dient die obige Tabelle. Um die Kapazität bei anderer als der normalen Entladezeit zu finden, ist die normale Kapazität mit dem unter der gewählten Entladezeit angegebenen Faktor zu multiplizieren; die normale Entladezeit wird durch die 1 in jeder Zeile angegeben.

Fußnoten zu den Tabellen S. 521 bis 524.

[1]) Für mittlere Beanspruchung.
[2]) Für starke Beanspruchung.
[3]) Für Pufferbatterien.
[4]) Bei pastierten Platten für Pufferbatterien kürzere Entladezeit als 1 St.
[5]) Für starke Beanspruchung.
[6]) Für starke Beanspruchung Ladung und Entladung auch unter 1 Stunde.
[7]) Für mittlere Beanspruchung, langsame Ladung und Entladung.

Eigenschaften des Sammlers.

(635) **Elektromotorische Kraft und Klemmenspannung.** Die EMK einer Zelle beträgt rund 2 Volt; sie ist abhängig von der Säuredichte. Nach D o l e z a l e k beträgt sie für chemisch reine Materialien bei 15° C.

Dichte	% H_2SO_4	EMK (15° C,)
1,050	7,37	1,906
1,150	20,91	2,010
1,200	27,32	2,051
1,300	39,19	2,142
1,400	50,11	2,233

Die Abhängkeit der EMK von der Temperatur ist sehr klein und praktisch ohne Bedeutung.

Die Klemmenspannung ist ferner abhängig von der Stromstärke und dem Entladezustand. Sie fällt im Laufe der Entladung erst langsam, später schneller, bis die von den Fabrikanten zugelassene Endspannung (ca. 1,8 Volt) erreicht ist. Bei der Ladung steigt sie an. Die Ladung gilt als beendet, wenn bei positiven Gitterplatten 2,5 Volt, bei Plantéplatten ca. 2,7 Volt erreicht ist.

(636) **Der innere Widerstand** ist bei guten Sammlern sehr gering und beträgt selbst bei kleinen Elementen weniger als 0,1 Ohm. Ist S die Gesamtoberfläche der positiven Platten (Projektionsfläche) eines Elementes in dm², so beträgt der innere Widerstand im allgemeinen etwa $\dfrac{0,03}{S}$ Ohm. Außer durch den inneren Widerstand wird die Klemmenspannung einer Zelle beim Stromdurchgang wesentlich durch die Polarisation beeinflußt.

(637) **Stromstärke und Stromdichte.** Die maximale Stromstärke der Ladung und Entladung wird von den Fabriken angegeben, welche die Sammler liefern. Je nachdem der Sammler für stationäre oder transportable Zwecke dienen soll, ist sie für 1 kg Plattengewicht sehr verschieden. Bei stationären Sammlern kann man für maximale Entladungen etwa 4 A, für mittlere etwa 1,3 A und für schwache etwa 0,8 A auf 1 kg Plattengewicht rechnen; transportable leisten gelegentlich das Dreifache.

Die Stromdichte drückt man durch die auf 1 dm² entfallende Stromstärke aus. Sie beträgt gewöhnlich maximal ca. 2 A.

(638) **Die Kapazität** (Aufnahmefähigkeit) wird bestimmt durch die Amperestunden, welche der geladene Sammler bei Entladung bis zur vorgeschriebenen Spannungsgrenze (etwa 1,8 Volt) abgeben kann. Man erzielt bei starker Entladung etwa 4—10, bei schwacher etwa 8—25 AS auf 1 kg Plattengewicht, wobei man wieder denselben Unterschied macht zwischen Zellen, welche fortbewegt werden, und solchen, die an ihrem Orte stehen bleiben.

(639) **Wirkungsgrad.** Man hat hier zwei verschiedene Größen zu unterscheiden. Der eigentliche Wirkungsgrad ist das Verhältnis

der aus dem Sammler entnommenen Energiemenge (in Wattstunden) zu der bei der Ladung vom Sammler aufgenommenen; man hat bei der Ladung und bei der Entladung Klemmenspannung und Stromstärke fortlaufend zu messen und hieraus die an den Klemmen des Sammlers aufgewandte und wiedererhaltene Arbeit zu berechnen. Außerdem pflegt man auch anzugeben, wieviel von der ganzen Strommenge, die der Sammler bei der Ladung aufnimmt, bei der Entladung zurückgewonnen wird, und bezeichnet das Verhältnis beider als das Güteverhältnis. Der Wirkungsgrad wird jetzt bei guten Sammlern meist zu 70 bis 80 %, manchmal auch höher gefunden; die wiedererhaltene Strommenge beträgt bis 97 % der aufgewandten.

Der Verlust an Energie von 25 %, den man bei Verwendung von Sammlern erleidet, bedeutet nicht eine Erhöhung der Kosten des Stromes um 25 %; denn es werden hauptsächlich nur die Kosten für die Kohlen, die bekanntlich einen verhältnismäßig geringen Teil der Gesamtkosten ausmachen, um 25 % erhöht; dagegen kann man die aufgespeicherte Elektrizität weit wirtschaftlicher erzeugen und ausnutzen, so daß man den Verlust wieder einbringt.

Aufstellung und Bedienung einer Batterie.

(640) **Allgemeines.** Der Batterieraum soll luftig genug sein, daß die bei der Ladung entwickelten Dünste einen Weg ins Freie finden; die Größe des Raumes muß erlauben, vor jedem Batteriegestell 0,75 bis 1 m zur Bedienung der Zellen frei zu lassen. Außerdem muß der Raum trocken und verhältnismäßig kühl sein. Decke und Wände müssen so beschaffen sein, daß Kalk, Mörtel usw. nicht in die Elemente fallen können. Hölzerne Fußböden werden gut geteert. Besser ist ein Fußboden aus Sand und Trinidadasphalt resp. in letzteren gelegten Mettlacher Platten. In der Nähe der Batterie bringt man an langen säuredichten Leitungsschnüren Glühlampen an geeigneten Handhaben an, mittels deren die Batterie abgeleuchtet werden kann. Für größere Elemente dienen zum Ableuchten bis auf den Gefäßboden in die Säure eintauchbare Glühlampen (Untersäurelampen). Bei der Aufstellung ist genügend Rücksicht darauf zu nehmen, daß man jede Zelle genau besichtigen kann.

(641) **Isolation.** Bei der Aufstellung ist besonders Sorgfalt auf gute Isolation der Zellen sowohl untereinander als auch von der Erde zu verwenden. Man benutzt ein Batteriegestell aus Holz, in dem große Zellen in einer Reihe, kleinere in mehreren Reihen übereinander stehen. Doch sollte auch im letzteren Falle der Übersichtlichkeit wegen die Übereinanderstellung nach Möglichkeit vermieden werden. Zwischen den Zellen jeder Reihe und zwischen den Reihen läßt man einen größeren Zwischenraum. Unter die Füße des Gestelles kommen Isolatoren aus Glas oder Porzellan. Die Teile des Gestelles sollen nicht durch metallene Schrauben, Bolzen usw., sondern durch Holzpflöcke verbunden werden, da das Metall unter dem Angriff der zerstäubten Säure bald leidet. Das Gestell darf nicht mit dem Mauerwerk in Berührung kommen, und nicht durch eiserne Klammern an einer Mauer befestigt werden. Die einzelnen Zellen erhalten nochmalige Isolation, indem man sie auf besondere Isolatoren aus Porzellan oder

Glas stellt. An Glasgefäße sind häufig statt besonderer Isolatoren Füße angeblasen.

Soll die Isolation einer Sammlerbatterie gegen Erde gemessen werden, so verfährt man nach Liebenow (ETZ 1890, S. 360) in der Weise, daß man die Batterie zunächst vom Netz und der übrigen Anlage trennt und hierauf (nach Einschaltung einer Bleisicherung) zunächst den einen Pol der Batterie durch ein Amperemeter mit möglichst kleinem Widerstand an Erde legt. Man liest den durch das letztere fließenden Strom i_1 ab und wiederholt dann dasselbe Verfahren am anderen Pol. Ergibt sich hier die Stromstärke i_2 und ist die Spannung der Batterie gleich e, so erhält man als Gesamtisolationswiderstand der Batterie.

$$w = \frac{e}{i_1 + i_2}.$$

(642) **Zusammensetzen der Zellen.** Wo dies nicht von der Fabrik ausgeführt wird, erhält man in der Regel die nötigen Anweisungen, die für die vorliegende Bauart der Batterie am geeignetsten sind. Im allgemeinen ist zu beachten, daß in jeder Zelle die Zahl der negativen (grauen) Platten um 1 größer ist als die der positiven (braunen bis schwarzen); die äußersten Platten sind immer negativ, dann kommen abwechselnd positive und negative. Die Platten werden einander im richtigen Abstand gegenübergestellt; zum Auseinanderhalten dienen meist Glasröhren von passendem äußeren Durchmesser. Zwischen äußerster Platte und Gefäßwand werden zum Zusammenhalten des Plattensatzes gewöhnlich Federn aus Hartblei eingeschoben. Die Gefäße selbst bestehen aus Glas oder Holz mit Bleiausschlag.

Zwischen dem unteren Rande der Platten und dem Boden des Gefäßes soll ein ganz freier Raum bleiben, der die abfallenden leitenden Teile aufnehmen kann; es ist nicht zweckmäßig, die Platten mit dem unteren Ende aufzustützen, weil sich auf der Unterlage immer Überleitungen bilden. Man hängt daher die Platten mit besonders angegossenen Fahnen bei Glasgefäßen meistens direkt auf die Gefäßwand. Bei Holzgefäßen hat sich die in Fig. 455 abgebildete Anordnung bewährt. Die Platte ist mittels der beiden Fahnen n auf zwei gläsernen Stützscheiben g aufgehängt. Für kleinere Zellen verwendet man auch Glasgefäße mit eingepreßten

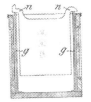

Fig. 455.

Nuten zur Führung der Platten; die Plattenränder tragen Ansätze, mit denen sie sich auf besondere, im Glase eingepreßte Ränder stützen. Für transportable Zellen benutzt man auch Gefäße aus Hartgummi oder Zelluloid u. a.

An den Fahnen der Platten werden auch die Verbindungen der Platten untereinander ausgeführt. An jeder Zelle müssen die stromführenden Fahnen der positiven Platten nach der einen, die der negativen Platten nach der entgegengesetzten Seite stehen, damit man an ihnen durch übergelötete Bleistreifen die Verbindungen herstellen kann. Die Zellen werden nach Fig. 456, welche eine Ansicht von oben bildet, in Reihen aufgestellt, die positiven Platten sind durch die stärkeren, die negativen Platten durch die schwächeren Striche angedeutet. Durch die übergelöteten Bleistreifen werden die positiven

Platten der ersten Zelle untereinander und mit den negativen Platten
der zweiten Zelle verbunden usw. Bei größeren Zellen wählt man
eine andere Anordnung, welche in Fig. 457 dargestellt wird; zur
Verbindung dienen breite Bleileisten. Die Lötungen müssen ohne
Verwendung von Zinn mit dem Gebläse ausgeführt werden; nur
wo Kupferleitungen in die Bleileisten einzulöten sind, gebraucht man
Zinn, das aber nach außen vollständig mit Blei zu überdecken ist.
Die Zellen kann man mit Glasplatten bedecken, um die Verdunstung und das Versprühen der Säure zu verringern; häufig leidet
indes darunter die Übersichtlichkeit der Batterie.

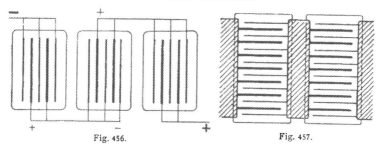

Fig. 456.   Fig. 457.

Spezifisches Gewicht und Prozentgehalt ($\frac{15^0}{4^0}$, luftl. Raum) verdünnter Schwefelsäure bei 15° C. nach Lunge und Isler.

Spez. Gew.	Grad Baumé	H₂SO₄		Spez. Gew.	Grad Baumé	H₂SO₄	
		in %	in kg/l			in %	in kg/l
1,025	3,4	3,76	0,039	0,175	21,4	24,12	0,283
1,050	6,7	7,37	0,077	1,200	24,0	27,32	0,328
1,075	10,0	10,90	0,117	1,225	26,4	30,48	0,373
1,100	13,0	14,35	0,158	1,250	28,8	33,43	0,418
1,125	16,0	17,66	0,199	1,275	31,1	36,29	0,462
1,150	18,8	20,91	0,239	1,300	33,3	39,19	0,510

Bei Erhöhung der Temperatur um 1° C. nimmt das spez. Gew.
um etwa 0,0006 ab.

(643) Schwefelsäure. Die Säure muß ganz rein, besonders frei
von Arsen, Salpeter- oder Salzsäure sein. Sie wird mit reinem Wasser
verdünnt; am besten verwendet man destilliertes Wasser. Zur vollkommenen Reinigung der Säure von Spuren schädlicher Metalle leitet
man Schwefelwasserstoff ein, oder setzt etwas Schwefelbaryum zu,
doch muß man die Säure vor der Verwendung sich von dem entstandenen Niederschlag klar absetzen lassen. Das Mischen der Säure
mit Wasser wird in großen Gefäßen vorgenommen; man gießt die
Säure langsam und nach und nach unter Umrühren zum Wasser
(nicht umgekehrt!); die Mischung erhitzt sich beträchtlich. Das spezifische Gewicht soll etwa 1,15 bis 1,23 bei 18° C. betragen; die Vorschriften hierüber sind etwas verschieden.

Am besten bezieht man die Säure im verdünnten Zustand von Säurefabriken, welche speziell sogenannte Akkumulatorensäure herstellen und für deren Reinheit garantieren.

Der Säure noch etwas Soda oder saures schwefelsaures Natron zuzusetzen, um die störende Bleisulfatbildung zu vermeiden, ist nach einer Mitteilung der Akkumulatorenfabrik Aktiengesellschaft in Hagen nicht zu empfehlen, weil es die Lebensdauer des Sammlers verringert.

(644) Die **Dichte der Säure** nimmt bei der Ladung zu, bei der Entladung ab. Die Vorschriften über die Dichte bei vollendeter Ladung sind etwas verschieden, meist wird indes als größte Dichte 1,23 (27 ⁰ Baumé) angegeben. Die Dichte ist bei allen Zellen nach Vollendung der Ladung von Zeit zu Zeit aufzuschreiben. Zeigt sich die Dichte trotz reichlicher Ladung zu gering, so ist eine Zeitlang mit schwacher Säure statt mit reinem Wasser nachzufüllen. Geht dagegen die Dichte infolge von Sulfatation der Platten zurück, so sind die betreffenden Elemente zu überladen resp. mit Ruhepausen aufzuladen.

Zum Messen der Säuredichte benutzt man Aräometer. Die Säure ist am Boden der Gefäße unterhalb der Platten gewöhnlich bedeutend dichter als zwischen und über ihnen.

Die Dichte der Säure zwischen den Platten gibt ein ungefähres Maß für die verbrauchte Strommenge. Hat man z. B. gefunden, daß die Säuredichte bei vollgeladener Batterie 1,210 beträgt und nach Entnahme der vollen Kapazität von beispielsweise 600 Amperestunden auf 1,180 gesunken ist, so entspricht eine Differenz von 0,030 des spez. Gew. 600 Amperestunden. Liest man daher zu einer anderen Zeit z. B. 1,195 vom Aräometer ab, so weiß man, daß ungefähr

$$\frac{1,210-1,195}{0,030} \cdot 600 = 300 \text{ Amperestunden der Batterie entnommen sind.}$$

(645) **Erste Ladung.** Die erste Ladung einer Batterie hat möglichst bald nach dem Einfüllen der Säure zu erfolgen. Man beginnt daher mit dem Einfüllen der Säure erst, wenn die Batterie vollständig montiert und die Maschine betriebsfertig ist. Ist die Säure eingefüllt, so läßt man die Dynamo anlaufen, bis ihre Spannung gleich derjenigen der Batterie ist, und schließt den Strom, nachdem man sich etwa vermittels Polreagenzpapier überzeugt hat, daß der positive Pol der Maschine auch mit dem positiven Pol der Batterie verbunden wird. Man sorgt dafür, daß die Säure stets 15—20 mm über dem oberen Plattenrand steht. Die Ladung ist beendet, wenn alle Platten lebhaft Gas entwickeln und diese Gasentwicklung nach einer Stromunterbrechung von $\frac{1}{4}$ bis $\frac{1}{2}$ Stunde fast unmittelbar nach Einschaltung des Stromes wieder einsetzt. Die Farbe der positiven Platten muß dunkelbraun, die der negativen hellgrau sein.

(646) **Tägliche Besichtigung.** Die Batterie muß jeden Tag nachgesehen werden. Man hat sich davon zu überzeugen, daß die Säure überall genügend hoch steht, daß sich in keiner Zelle ein Kurzschluß befindet, daß am Schluß der Ladung die Gasblasen in allen Zellen gleichzeitig und gleich stark auftreten und daß die Farbe der Platte die richtige ist. Zum Nachfüllen der Zellen benutzt man destilliertes Wasser oder stark verdünnte Säure.

(647) **Kurzschluß** in einer Zelle zeigt sich außer bei genauer Besichtigung der Platten daran, daß gegen Ende der Ladung die

Gasentwicklung ausbleibt oder doch später eintritt, als in den Nachbarelementen. Ebenso bleibt gegen Ende der Ladung die Spannung der Zelle zurück. Man untersucht die Zellen am bequemsten mit Hilfe eines kleinen Spannungsmessers für 0—3 V. Zellen, die einen Kurzschluß haben, oder bei denen die Gasentwicklung zu spät oder gar nicht eintritt, müssen genau unter-sucht werden. Kann man die Ursache, welche meist in metallischer Verbindung der positiven und negativen Platten besteht, nicht vermittels eines Holzstäbchens beseitigen, so muß die Zelle ausgebaut werden; an ihrer Stelle wird eine starke Kupferleitung eingesetzt. Die Zelle wird entleert, aus einander genommen und untersucht. Verbogene Platten richtet man wieder gerade. Ehe man die Zelle wieder in die Batterie einschaltet, ist es zu empfehlen, sie mehrmals zu laden und zu beobachten, ob nun alles in Ordnung ist.

(648) Bei der Bedienung der Akkumulatoren sind wegen der ätzenden Eigenschaft der Schwefelsäure einige Vorsichtsmaßregeln zu empfehlen. Man trage Wollenkleider (die Wolle wird von der Schwefelsäure wenig angegriffen). In der Nähe der Batterie stellt man, wenn keine Wasserleitung vorhanden ist, einen Behälter mit Wasser und ein wenig Soda auf, in dem man sich von Zeit zu Zeit die Hände abspült; auch muß stets eine Flasche Ammoniak zur Hand sein zum Neutralisieren etwaiger auf die Kleider gespritzter Säure.

(649) **Ladung und Entladung.** Die Klemmenspannung einer Batterie ist während der Ladung anfänglich 2,2 Volt für die Zelle und steigt schließlich bis 2,5 u. U. bis 2,7 Volt; man braucht zur Ladung eine Nebenschlußmaschine, welche diese Spannung zu liefern vermag. Im Schenkelkreis der Maschinen befindet sich ein Widerstandsregulator, mittels dessen die EMK der Maschine im Anfange der Ladung niedriger gehalten wird. Die Zellen werden meistens mit konstanter Stromstärke geladen, welche von den Fabriken für jede Zellengröße angegeben wird. Es ist zu empfehlen, von einer Ladespannung von etwa 2,4 V für die Zelle ab mit vermindertem, schließlich mit halbem Maximalstrom zu laden. Nach Beendigung der Ladung läßt man die Spannung der Maschine etwas herabgehen, bis der Strom nahezu Null wird; dann unterbricht man zunächst den Hauptstrom und dann den Schenkelkreis der Maschine. Soll zur Ladung eine Maschine mit gemischter Wicklung benutzt werden, so ist die Ladeleitung von den Bürsten abzuzweigen. Häufig ist es zweckmäßig, der Dynamomaschine, welche zur Speisung der Beleuchtungsanlage dient, für die Ladung der Batterie eine kleinere Maschine vorzuschalten (Zusatzmaschine), welche den Ladestrom dauernd aushalten und etwa die Hälfte der Spannung der Lichtleitung liefern kann.

Bei der Entladung sinkt die Spannung schnell von 2,05 auf 1,95 resp. 1,90 und dann langsam bis zur zulässigen Spannungsgrenze (ca. 1,8 V). Wenn die Spannung rascher zu sinken beginnt, hört man mit der Entladung auf; weitere Stromentnahme verdirbt die Zellen.

Sollen Zellen einander parallel geschaltet werden, so muß dafür gesorgt werden, daß die parallelen Teile ihrer Größe entsprechend Strom erhalten und liefern; es empfiehlt sich, in jedem Zweig einen Strommesser und einen regulierbaren Widerstand einzuschalten.

Sollen verschiedenartige Batterien oder neue und alte Elemente in dieser Weise zusammengeschaltet werden, so schaltet man am besten die neuen und die alten Elemente unter sich parallel und erst diese parallel geschalteten Reihen hintereinander.

In Zellen, welche zu weit oder mit zu starkem Strome entladen werden, oder bei denen ein Isolationsfehler oder ein Kurzschluß vorliegt, wie auch in Zellen, welche längere Zeit ungeladen stehen, nehmen die positiven Platten eine helle rötliche bis graue Farbe an, indem sich Bleisulfat bildet. Dieses kann man, nachdem der etwaige Fehler der Zelle beseitigt ist, durch fortgesetztes Laden mit Ruhepausen wieder in das braune Superoxyd der positiven Platten verwandeln.

Wenn es nötig ist, die Akkumulatoren für längere Zeit unbenutzt stehen zu lassen, so müssen sie vorher voll geladen werden, und man muß darauf achten, daß die Platten ganz mit Flüssigkeit bedeckt sind. Wenn möglich, soll etwa alle 14 Tage einmal solange geladen werden, bis Glasblasen entweichen.

Bei längerem Stehen verlieren die Sammler allmählich einen Teil ihrer Ladung. Sollen die Elemente monatelang unbenutzt bleiben, so zieht man am besten die Säure ab. Nach dem Wiedereinfüllen hat man dann zunächst gründlich aufzuladen.

(650) **Elektrische Messungen. Meß- und Schaltapparate.** Es ist für einen sicheren Betrieb vorteilhaft, fortlaufende Messungen nach Art der in (346) angegebenen anzustellen. Diese sollen zur Beobachtung der Sammler dienen und die Überwachung eines regelmäßigen Betriebes ermöglichen. Zu solchen Messungen benutzt man gelegentlich Registrierapparate, welche selbsttätig den Verlauf der Ladung und Entladung aufzeichnen (285, b). Neben Strom- und Spannungsmessern braucht man noch Stromrichtungsanzeiger.

Zur Sicherung der Maschine gegen Rückstrom schaltet man zwischen ihr und der Batterie einen Minimalausschalter ein, der den Stromkreis unterbricht, sobald die Stromstärke nahezu auf Null herabsinkt. Ferner sind Bleisicherungen zur Vermeidung zu starker Ströme nötig, sowie Ausschalter, um die Batterie gelegentlich von der übrigen Anlage trennen zu können. Mit dem Netz ist die Batterie in der Regel durch Zellenschalter verbunden, durch welche man bei Ladung und Entladung für die Erhaltung möglichst konstanter Spannung im Netz Zellen ab- und zuschalten kann. Die Regulierung der Zellenschalter geschieht häufig automatisch.

Über Akkumulatorenanlagen s. a. Abschn.: Leitung und Verteilung.

(651) **Technische Verwendung.** Die Sammler werden hauptsächlich in folgenden Fällen verwendet:

1. zur Aufspeicherung von Elektrizität, wenn man auch nach dem Aufhören des Maschinenbetriebes noch Strom zur Verfügung haben will. In größeren Beleuchtungsanlagen pflegt der Anspruch an die Leistung der Maschinen ein sehr ungleichmäßiger zu sein; nach einer bestimmten Zeit großen Stromverbrauchs brennen in später Nacht und früher Morgenstunde nur noch wenige Lampen. Muß man dafür die ganze Anlage in Betrieb halten, so kann man nur mit schwerem Nachteil arbeiten; besitzt man aber eine Akkumulatorenbatterie, so kann man mit dem Maschinenbetrieb aufhören, sobald der Stromverbrauch dauernd unter einen bestimmten Betrag gesunken ist. Ein

dem vorigen ähnlicher Fall tritt ein, wenn die Maschinenanlage einer Fabrik auch die Kraft für die Dynamomaschinen liefert und Beleuchtung verlangt wird, nachdem der Maschinenbetrieb eingestellt ist;

2. zur Aufspeicherung der Elektrizität, welche erzeugt wird, wenn überflüssige Betriebskraft vorhanden ist. Die aufgespeicherte Elektrizität wird dann verwendet, wenn die vorhandene Betriebskraft nicht ausreicht, den Bedarf zu decken. Ein solches System ist sehr ökonomisch für größere Anlagen. Zur Zeit des stärksten Betriebes der Beleuchtung arbeiten Dynamomaschine und Akkumulatoren zusammen; läßt der Stromverbrauch nach, so stellt man den Maschinenbetrieb ein, so daß die Sammler allein den Strom liefern. Statt dessen kann man auch die Maschine und die Batterie etwas stärker wählen, um die Beleuchtungsanlage lediglich mit Akkumulatoren zu speisen und während des letzteren Betriebes die Maschinen abzustellen;

3. zur Ausnutzung einer konstanten Betriebskraft, z. B. einer Wasserkraft; man kann dann die Stunden, in denen der Werkbetrieb still steht, zur Aufspeicherung von Betriebskraft benutzen;

4. zum Ausgleich der Belastung einer elektrischen Anlage mit stark schwankendem Kraftverbrauch, wie elektrische Straßenbahnen. Hier übersteigt der Bedarf an Energie, wenn viele Wagen gleichzeitig anfahren, den mittleren Bedarf oft plötzlich um ein Vielfaches, um gleich darauf tief unter das Mittel zu sinken. Ohne Batterie müßte die Dampfmaschinenanlage für die höchste Leistung eingerichtet sein und würde, da sie im Mittel viel weniger belastet wäre, mit nur geringem Wirkungsgrad arbeiten. Schaltet man dagegen eine Akkumulatorenbatterie (Pufferbatterie) parallel, so hat man nur eine Maschinenanlage für die mittlere Leistung nötig, da die Batterie den plötzlichen Mehrverbranch leistet und beim Minderbedarf den Überschuß aufnimmt. Die Maschinenanlage arbeitet dann beständig mit voller Belastung, also unter den wirtschaftlich günstigsten Bedingungen;

5. als Regulatoren für konstante Spannung. Wenn die Geschwindigkeit der Maschine nicht vollkommen konstant ist, sondern im raschen Tempo auf- und abwärts schwankt, schaltet man eine kleine Akkumulatorenbatterie der Maschine parallel; sie wirkt im Sinne einer Dämpfung der Zuckungen. Man kann in solchem Falle auch die Maschine mit schwankender Geschwindigkeit die Akkumulatoren laden lassen und später erst den Strom aus letzteren entnehmen;

6. als Gleichstromtransformatorn, um z. B. den Strom elektrischer Zentralanlagen von 110 V für galvanoplastischen Betrieb in einen Strom von 2 bis 20 V zu verwandeln. 40 Zellen werden hintereinander geladen und nachher, in passende Gruppen geteilt, durch die Bäder entladen;

7. als Sicherung des Betriebes gegen Störungen, insbesondere bei Theaterbeleuchtungen usw.;

8. für Zwecke der Krafterzeugung bei elektrischer Fortbewegung von Fahrzeugen, als Straßenbahnen und Booten;

9. für transportable Beleuchtungen, z. B. Beleuchtung von Fahrzeugen (Eisenbahnen);

10. zum Betrieb von Telegraphenleitungen auf großen Ämtern oder an solchen Stellen, wo geringer Batteriewiderstand gefordert wird; auch im Fernsprechbetrieb. Näheres im Abschnitt Telegraphie.

V. Abschnitt.

Das elektrische Kraftwerk.

Kraftmaschinen.

(652) Kolbendampfmaschinen. Der Dampf tritt mit einer Admissionsspannung, die unter gewöhnlichen Verhältnissen etwa 0,5 Atm. niedriger ist als die Kesselspannung, in den Zylinder und leistet hier Arbeit durch Expansion. Die Arbeit wird durch die Fläche des Indikator-Diagramms a-b-d-g (Fig 458) dargestellt; auf die Zeit bezogen ergibt das Diagramm die indizierte Leistung (L_i), diese mit dem mechanischen Wirkungsgrad η (siehe nächste Übersicht) multipliziert die effektive Leistung (L_e), die an der Schwungrad-Achse abgenommen werden kann. Auf dem Kolbenweg f strömt frischer Kesseldampf zu, auf dem Wege e expandiert das zugeströmte Dampfvolumen, auf

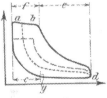

Fig. 458.

dem Wege c wird ein Teil des Arbeitsdampfes zum stoßfreien Herbeiführen des Hubwechsels komprimiert, $f : e + f$ heißt Füllung. Die Arbeitsleistung wird wirtschaftlich günstiger geregelt durch Veränderung der Füllung (in Fig. punktiert) als durch Veränderung der Admissionsspannung, d. h. Drosselung (gestrichelt). Je nachdem die Expansion in einem Zylinder oder stufenweise in mehreren Zylindern stattfindet, unterscheidet man Dampfmaschinen mit einfacher Expansion und Verbundmaschinen mit 2- und 3-facher Expansion (Hoch-, Mittel-Niederdruckzylinder). Tandemmaschinen sind Verbundmaschinen, bei denen die Zylinder in einer Achse liegen. Zwillingsmaschinen bestehen aus zwei parallel auf dieselbe Kurbelwelle arbeitenden Einzylindermaschinen. Nach der Verwendung der technischen Hilfsmittel für die Dampfverteilung unterscheidet man Schieber-, Ventil- und Hahnsteuerungen; nach dem Aufbau der Maschinen stehende, liegende und Wanddampfmaschinen. Bei Auspuffmaschinen verläßt der expandierte Dampf die Maschinen mit einer Spannung, die über dem Atmosphärendruck liegt, und ist alsdann noch zu Heizzwecken gut verwendbar, bei Kondensationsmaschinen wird er im Kondensator niedergeschlagen und zwar entweder dadurch, daß er mit der etwa

30-fachen Gewichtsmenge Kühlwasser gemischt (Mischkondensation) oder in gekühlte Behälter eingeführt wird (Oberflächenkondensation). Das Kondensat wird durch Pumpen aus dem Kondensator entfernt. Beim Fehlen der genügenden Kühlwassermenge verwendet man sog. Rückkühlanlagen (offene und geschlossene Gradierwerke, Kaminkühler). Das Kondensat kann zur Kesselspeisung nur verwendet werden, nachdem es durch Ölabscheider gereinigt ist. In die öffentliche Kanalisation darf es meist nur geführt werden, wenn es genügend gereinigt und abgekühlt ist. Über Ölabscheider für Abdampf und Kondensationswasser s. Zschr. V. d. I. 1904, S. 551.

Liegende[1]) Dampfmaschinen
für 60—145 minutliche Umdrehungen[2]).

	Maschinenart	L_e	η in %	Verbrauch an gesättigtem[3]) Dampf in kg/P_e	übliche Admissionsspannung in Atm.	Preise[5]) in 1000 M.	Bemerkungen
1	gewöhnliche Einzylinder	10 30 50	74 79 80	24 22 20 ohne Kondensator[4])	4—10	2,8 4,2 6,0	für kleine Leistung und billigen Brennstoff. Einfach; kleine Grundfläche. Totlage. Schwungrad schwer, sonst ungleichförmig
2	Zwillings	ungef. wie bei 1				teurer wie bei 1	größere Breite und gleichförmiger als 1. Läuft aus jeder Stellung an. 2 Triebwerke
3	Verbund, 2-fache Expansion	50 100 400	74 77 81	9 8,75 8 mit Kondensator[4])	6—10	9,5 16 47	wie 2, jedoch wirtschaftlicher
4	Tandem	ungef. wie bei 3				billiger wie bei 3	geringe Breite, große Länge; Totlage; Schwungrad schwer, sonst ungleichförmig; wirtschaftlich wie 3
5	Verbund, 3-fache Expansion	400 1000	80 82	6,5 mit Kondensator	9—15	52 100	sehr gleichförmig und wirtschaftlich, 2 bis 3 Triebwerke

Literatur: Hrabak, Hilfsbuch für Dampfmaschinentechniker; Haeder, die Dampfmaschine; Leist-Blaha, die Steuerung der Dampfmaschinen.

---

[1]) Stehende Dampfmaschinen beanspruchen weniger Grundfläche, sind 10 bis 20 % billiger, weniger zugänglich.

[2]) Schnellaufende Maschinen (200—600 minutl. Umdrehungen) beanspruchen weniger Raum, sind billiger, nutzen sich stärker ab und sind nur ausnahmsweise mit Vorteil zu verwenden.

[3]) Durch Überhitzen des Dampfes (250° bis 300°) werden bis zu 30 % Dampf erspart. Überhitzersysteme: Schwörer, Böhmer, Hering (Ausführliches siehe Dingl. polyt. Journal 99, Heft 1 ff.) sowie Schenkel, Überhitzter Dampf. Dampferzeugungsfähigkeit von 1 kg Kohle s. (654) Anm. 4.

[4]) Durch Kondensation vermindert sich der Dampfverbrauch um etwa 25 %.

[5]) Preise gelten für mittlere Admissionsspannungen; sie steigen mit sinkender Admissionsspannung. Für Fundamente und Rohrleitungen sind 20—25° der Beschaffungskosten der Dampfmaschinen zu rechnen.

Abwärmekraftmaschinen. Die Wärme des heißen Kondensats sowie der heißen Auspuffgase der Gasmaschinen werden neuerdings dazu benutzt, sog. Kaltdämpfen, die man z. B. aus schwefliger Säure erzeugt, erhöhte Spannung zu geben. Durch Expansion der gespannten Dämpfe wird dann in besonders hierzu gebauten Kolbendampfmaschinen nutzbare Arbeit gewonnen, die bis 40 % der das Kondensat liefernden Dampfmaschine betragen können (Josse, Zeitschr. d. V. d. J. 04, S. 971). Versuchsergebnisse s. Zschr. V. d. I. 1905, S. 745.

Lokomobilen sind eine Vereinigung von Dampfkessel und Dampfmaschine durch Zusammenbau. Sie werden ortsfest (mit und ohne Kondensation) bis zu 400 P_e, für kleinere Leistungen auch fahrbar ausgeführt. Zwischenleitungen und die in solchen auftretenden Spannungs- und Wärmeverluste werden vermieden. Der Dampfkessel braucht nicht eingemauert zu werden, sodaß die Aufstellung einfach ist. Lokomobilen verwendet man, wenn eine Dampfkraftanlage vorübergehend oder bei Raummangel hergestellt werden soll. Heißdampf-Lokomobilen (u. a. von R. Wolf, Magdeburg-Buckau hergestellt) ergeben Dampfkraftanlagen mit hoher Wirtschaftlichkeit bei gedrängter Anordnung. Die Lokomobilanlage wird etwas billiger, als eine gleich leistungsfähige gewöhnliche Dampfmaschinenanlage. Gute Lokomobilen haben bei Prüfung für die gebremste P_e-Stunde einen Verbrauch von 5,5 kg Dampf oder 0,65 kg Steinkohle (von 7500 WE) ergeben und kommen u. U. bezüglich des Kohlenverbrauchs den größten Dampfmaschinenanlagen gleich. Über Entwicklung, Versuchswerte, Gütegrade der Lokomobilen s. Zschr. V. d. I. 1906, S. 314.

(653) Dampfturbinen setzen die Energie des Dampfes dadurch in Arbeit um, daß der Dampf durch Düsen oder einen Düsenkranz (Leitrad, Leitapparat) gegen Schaufeln des durch Umdrehung die Arbeit übertragenden Laufrades geleitet wird. Je nachdem der Dampf in Form reiner Druckwirkung (Reaktion) oder reiner Strömwirkung (Druck der Massenteilchen infolge ihrer kinetischen Energie) die Arbeit auf das Laufrad überträgt, unterscheidet man Gegendruck-, Überdruck- (Reaktions-) und Druck- (Aktions-) Turbinen. Zur vollen Dampfausnutzung muß die Umfangsgeschwindigkeit der Druckturbine möglichst gleich der halben, die der Reaktionsturbine möglichst gleich der vollen Geschwindigkeit des aus der Düse austretenden Dampfes sein. Die Dampfgeschwindigkeiten können bis über 1000 m/Sek steigen. Bis zu diesen Umfanggeschwindigkeiten nimmt der spezifische Dampfverbrauch mit zunehmender Umdrehungszahl ab. Zum Vermindern der wirtschaftlich günstigsten Umfangsgeschwindigkeit (Umdrehungszahl) nutzt man das zur Verfügung stehende Spannungsgefälle nicht einstufig (in je einem Leit- und Laufrad) sondern mehrstufig aus. Man spricht dann von mehrstufigen Reaktions-

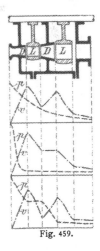

Fig. 459.

turbinen und bei Druckturbinen von Geschwindigkeits- und Druck-
Stufen. Diese Unterschiede sind durch die in Fig. 459 dargestellten
Beziehungen zwischen Dampfspannung und -Geschwindigkeit gekenn-
zeichnet.

Dabei bedeuten D Düsen, L Laufräder, v Geschwindigkeits- und
p Druck-Kurven. Je nach der Zuströmungsrichtung des Dampfes zum
Laufrad unterscheidet man seitliche und Stirn-Beaufschlagung. Durch
seitliche Beaufschlagung entstehen in der Achsenrichtung Druckkräfte,
die durch besondere Vorrichtungen aufgenommen werden müssen:
bei Parsons Entlastungskolben. Veränderliche Beaufschlagung, d. h. Zuführung des Dampfes nur zu einem Teil der Laufraddüsen (u. a. durch
Abschützen der Düsen) wird zum Regeln der Turbinenleistung benutzt.
Bei mehr und vielstufigen Turbinen bietet diese Art der Regelung
technische Schwierigkeiten, sodaß hier die Regelung durch Drossel-
klappe angewendet wird. Der Dampf soll möglichst trocken sein und
wird deshalb meist überhitzt angewandt.

Turbinensysteme: de Laval (einstufige Druckturbine, 10000
bis 30000 minutliche Umdrehungen, die durch ein mit der Turbine
zusammengebautes Zahnradvorgelege auf 750—3000 umgesetzt werden,
für Leistungen von 5—300 KW geeignet). Parsons (vielstufige
Reaktionsturbine, bis 70 Stufen, Leistungen bis 18000 KW, 500—4000
minutliche Umdrehungen). Stumpf (Druckturbine, bis zu 4 Druck-
stufen und 2 Geschwindigkeitsstufen, 1500—3000 minutliche Umdrehungen, im Gegensatz zu andern Turbinen Laufräder bis 3 m und
mehr). Zoelly, Curtis, Rateau. Ausführlicheres s. Stodola,
Zschr. V. d. I. 1903, S. 1 ff., sowie Wagner: Die Dampfturbinen;
Stodola: Die Dampfturbinen.

Durch Einführung der Kondensation wird die Dampfausnutzung
bis 40% günstiger. Und zwar kann das im Kondensator zweckmäßig
benutzte Vakuum niedriger sein, als bei Kolbendampfmaschinen, sodaß
schon zur Ausnutzung der Auspuffdämpfe von Kolbenmaschinen
Niederdruckdampfturbinen zum Teil unter Anwendung von Wärme-
speichern mit Erfolg verwendet werden. Der Dampfverbrauch (7 bis
8 kg/KWS) reicht an gute Dampfmaschinen heran. Näheres über
Dampfverbrauch s. Gutermuth, Zschr. V. d. I. 1904, S. 1554. Die
Vorteile der Turbinen gegenüber den Kolbenmaschinen sind:

Kein Kurbelmechanismus, sehr gleichförmiger Gang auch bei stark
wechselnder Belastung, geringer Raumbedarf und geringes Gewicht
(bis $^1/_5$ der Grundfläche und des Gewichts von Kolbendampfmaschinen),
kleine Fundamente, geringer Ölverbrauch, ölfreies, unmittelbar zur
Kesselspeisung geeignetes Kondensat. Nachteile: hohe Material-
beanspruchungen, große Umlaufszahl.

(654) Dampfkessel. Die wichtigsten Kesselarten sind bezüglich
ihrer Eigenart in der auf S. 537 folgenden Übersicht gekennzeichnet.

1 kg Koks erzeugt etwa $^4/_5$, 1 kg Braunkohle etwa $^2/_5$ der Dampfmenge. Es kosten in der Nähe der Fördergruben 10 t für Dampf-
kesselfeuerung geeignete Steinkohlen 80—100 Mk., Braunkohlen 60 Mk.

Bei Verwendung vorgewärmten Speisewassers erhöht sich die
durch 1 kg Brennstoff erzeugbare Dampfmenge um rund 10%. In
Vorwärmern wird das Kessel-Speisewasser entweder durch die Aus-

	Kesselart[1]	Auf 1 m² Heizfläche bezogen						Preis für 100 kg in Mark	Wärmeausnutzung	Reinigung von Kesselstein	Bemerkungen
		Uebliche Heizfl. in m²[2]	Grundfläche in m²	Wasserinhalt in l[3]	Dampfinhalt in kg[4]	Verdampfende Oberfl. in m²[4]	Gewicht in kg				
1	Einfacher Walzenkessel	5 bis 38	1,0	400	175	0,75	200	48	nicht gut	einfach	einfach, bei minderwertigem Brennmaterial (Torf, Sägemehl) und schlechtem Speisewasser geeignet
2	Mehrf. Walzenkessel 1 Unterkessel	15 bis 40	0,55	300	85	0,25	180	52	besser als bei 1	einfach	
	Mehrf. Walzenkessel 2 Unterkessel	30 bis 80	0,45	310	75	0,20	140	53			
3	Einflammrohrkessel	5 bis 50	0,55	210	75	0,25	200	56	günstiger als bei 6, ungünstiger als bei 1 u. 2	gut	obige Vorzüge nicht in so hohem Maße. Durch Einbau von Galloway-Röhren wird die Leistungsfähigkeit erhöht
4	Zweiflammrohrkessel	20 bis 100	0,5	200	90	0,22	230	56			
5	Heizröhrenkessel liegend	3 bis 200	0,25	80	40	0,9	135	64	sehr umständl.		weniger geeign. f. schlecht. Speisewasser, sorgf. Bedieng. erford.
	Heizröhrenkessel stehend		0,08	65	25	0,8					
6	Wasserröhrenkessel mit 1 Oberkessel	15 bis 300	0,14	75	35	0,1	120	70	umständlich		ähnlich wie 5, doch weniger empfindlich

Die Zahlen sind übliche Durchschnittswerte.

puffdämpfe oder in dem sog. Economiser durch abziehende Heizgase der Kesselfeuerung erwärmt.

Bei Vorfeuerungen wird das Brennmaterial in einem besonderen vor dem Kessel gelegenen Heizraum verbrannt; bei Innenfeuerungen ist der Verbrennungsraum ringsherum von wasserberührten

---

[1] Flammrohrkessel besitzen ein oder zwei 58 bis 140 cm starke Rohre, Heizröhrenkessel viele 5–10 cm starke Röhren, durch welche die Heizgase streichen. Bei Wasserröhrenkesseln werden die mit Wasser angefüllten, an den Enden in Wasserkammern eingesetzten Röhren von außen geheizt; dabei wird der Dampf meist aus ein oder zwei zylindrischen Oberkesseln entnommen, durch deren Größe der Wasser- und Dampfinhalt, sowie die verdampfende Oberfläche wesentlich beeinflußt werden. In manchen Fällen ist es vorteilhaft, in Kraftwerken Kessel verschiedener Art (zB. Großwasserraum u. Röhrenkessel) zu verwenden (659).

[2] Heizfläche ist die vom Wasser berührte Fläche, durch welche die Wärme übertragen wird.

[3] Der Wasserinhalt wirkt als Wärmeakkumulator und soll bei stark schwankender Dampfentnahme groß, bei Betrieben, in denen der Kessel schnell angeheizt werden muß, klein sein. Man hat über den Dampfkesseln besondere Kessel mit großem Wasserinhalt, d. h. Wärmespeicher angeordnet, deren Wasser

Kesselwandungen (Flammrohr) umgeben: bei Unterfeuerungen wird der Heizraum teils durch Mauerwerk, teils durch Kesselwandungen gebildet. Rostanordnung (Planrost, Treppenrost), Roststäbe, Rostspalten und Schütthöhe sind dem Brennmaterial anzupassen. Neuerdings kommen automatische Rostbeschickungsapparate in Aufnahme. Sie sollen namentlich die wirtschaftlich günstigste Beschickung herbeiführen und so Brennmaterialverschwendung verhindern, die bei ungeschickten oder nachlässigen Heizern mehr als 30% des bei richtigem Betrieb benötigten Materials betragen kann. Brennmaterialersparnis und zugleich Befreiung von der Rußplage sollen die sog. Rauchverbrennungsapparate (unter vielen der von Kowitzke) bringen. Über das Wesentliche selbsttätiger rauchfreier Feuerungen s. Zschr. V. d. I. 1904, S. 175.

Wasser ist zum Speisen der Dampfkessel ungeeignet, wenn es sauer reagiert oder kohlensauren Kalk ($Ca\,CO_3$), kohlensaure Magnesia ($Mg\,CO_3$) oder schwefelsauren Kalk ($Ca\,SO_4$) in größeren Mengen enthält. In Wasserreinigungsapparaten oder auch erst im Kessel werden die Salze durch Soda, Kalkwasser u. ä. gefällt, sodaß Kesselsteinbildung verhindert wird.

Eigenschaften und Abmessungen des Baumaterials für Kessel sind in den vom internationalen Verband der Dampfkesselüberwachungsvereine aufgestellten Hamburger Normen festgesetzt. Über Bau, Ausrüstung, Genehmigung, Abnahme, Revision, Aufstellungsort und Betrieb der Dampfkessel enthalten die Reichs-Gewerbeordnung und Landesgesetze sehr eingehende Vorschriften (u. a. dürfen größere Kessel für mehr als 6 Atm. Überdruck nicht unter Räumen aufgestellt werden, in denen sich Menschen aufzuhalten pflegen). Näheres s. Haeder, Bau und Betrieb der Dampfkessel.

(655) Verbrennungsmaschinen. Der Kraftstoff (permanentes oder durch verdampftes Öl erzeugtes Gas) wird unter Druck im Arbeitszylinder entzündet und plötzlich oder allmählich·(Dieselsches Verfahren) verbrannt. Die auf 10—20 (beim Bankischen Motor auf 40) Atm. gespannten Verbrennungsgase übertragen durch Expansion die Arbeit auf den Kolben. Der Arbeitsvorgang spielt sich bei den sog. Viertaktmotoren in 4 Hüben ab: Ansaugen des Gemisches von Gas und Luft, Verdichten der Ladung, Verbrennen unter Leisten von Arbeit, Ausstoßen der verbrannten Gase. Bei Zweitaktmaschinen führt eine besondere Pumpe dem Zylinder das bereits verdichtete Gemisch

---

die Wärme des jeweilig nicht verwendbaren Dampfes der Kesselanlage aufspeichert und in Zeiten starken Dampfverbrauchs zur Unterstützung der Kesselanlage wieder abgibt (S. ETZ 1904, S. 790.)

⁴) Mit Zunehmen des Dampfinhalts und der verdampfenden Oberfläche verringert sich bei gleicher Anstrengung der Feuerung und bei gleicher Dampfspannung das mit dem Dampf mitgerissene Wasser. In größeren Mengen mitgerissenes Wasser kann die Wärmeausnutzung sehr ungünstig beeinflussen.

Anstrengung der Feuerung (Kohlenverbrauch in Kilogramm von 1 m² Heizfläche	1,2	2	3	5
1 kg Kohle (7500 WE) erzeugt Kilogramm Dampf	10	8,5	7	6
1 m² Heizfläche erzeugt Kilogramm Dampf	12	17	21	30

zu; die verbrannten Gase werden durch das frische Gemisch oder durch Spülluft aus dem Zylinder getrieben. Je nachdem der Druck der expandierenden Gase nur in einer Bewegungsrichtung des Kolbens oder in beiden wirken kann, unterscheidet man einfach und doppeltwirkende Motoren. Vorteile der Viertaktmaschinen gegenüber den Zweitaktmaschinen sind: Einfacher billiger Bau, hohe Umdrehungszahl möglich; Nachteile: geringer Gleichförmigkeitsgrad und daher schweres Schwungrad. Zwillings- und Drillingsanordnung von Viertakt- wie von Zweitaktmotoren bieten gleichförmigeren Gang und namentlich bei größeren Leistungen wirtschaftlicheren Betrieb.

Die Regelung der Umdrehungen oder Leistung erfolgt durch Ausfall der Zündung (Aussetzer), durch Verändern des Mischverhältnisses zwischen Gas und Luft, der Zylinderfüllung oder der Zündungszeit. Näheres s. Zschr. d. V. d. I. 1905, S. 825. Gezündet wird das Gemisch durch Glührohr, elektrischen Induktionsfunken oder durch die Wärmeentwicklung bei der Kompression (Diesel). Das Anlassen größerer Gasmotoren erfordert besondere Vorrichtungen, indem der Motor z. B. zunächst durch Druckluft oder durch seine als Elektromotor zu schaltende Dynamomaschine in Umdrehung versetzt wird.

Maschinen			Kraftstoff		
für	übliche Größe in P_e	minutliche Umdreh.-Zahl	mittl. Heizwert in WE	Kosten in M	Verbrauch*) für 1 P_e-St.
Leuchtgas	5—20 20—100 100—1000	200 180 130	5600/m³	0,08 bis 0,16/m³	650 l 550 l 500 l
Kraftgas	20—100 100—1000	180 130	7800/kg Die Zahlen beziehen sich auf Anthrazit	26—40/t	0,5 kg**) 0,4 „
Benzin	5—100	—	11000/kg	0,32/kg	0,5—0,28 kg
Petroleum	5—30	—	10750/kg	0,2/l	0,5 kg
Spiritus	5—60	—	6000/kg	0,40/l	0,47 kg
Paraffinöl (f. Diesel-Motor)	10—250	205 bis 150	10000/kg	0,09/kg	0,25 bis 0,19 kg

Näheres siehe Güldner: Verbrennungsmotoren, Haeder: die Gasmaschine, Riedler: Großgasmaschinen, erweiterter Abdruck v. Zschr. V. d. I. 1904, S. 273.

---

*) Der Verbrauch bezieht sich auf normale Leistung. Mit abnehmender Leistung steigt der spezifische Gasverbrauch, z. B. bei halber Leistung um rund 30%. Beim Dieselmotor steigt der spezifische Verbrauch bei abnehmender Leistung nicht so stark. Zur Kühlung des Zylinders werden etwa 40 l Kühlwasser für die Pferdekraftstunde benötigt.
Die Kosten für Fundamente und Rohrleitungen usw. betragen 15—20% der Kosten der Maschinen.
**) Siehe hierzu auch (657).

Die Herstellung des Gases aus Öl (Karburation) wird bei leichten Kohlenwasserstoffen (z. B. Benzin) dadurch bewirkt, daß diese in den Luftstrom gespritzt werden oder der Luftstrom durch sie hindurchgeleitet wird. Hochsiedende Kraftstoffe (z. B. Spiritus, Petroleum u. ä.) werden durch heiße Teile des Vergasers verdampft. Zum Anlassen der Maschine können deshalb schwersiedende Öle nur nach vorheriger Heizung des Vergasers benutzt werden.

Bei den sehr in Aufnahme gekommenen sog. Sauggasanlagen saugt der Motor ein Gemisch von Luft und Wasserdampf durch eine im Gaserzeuger (Generator) glühende Schicht von Anthrazit oder Koks (neuerdings auch Braunkohlenbriketts) und erzeugt sich so die für jeden Arbeitsvorgang jeweilig benötigte Menge an Kraft-, Generator- oder Dowson-Gas mit mittlerer volumetrischer Zusammensetzung von 50% N, 25% CO, 18% H, 6% CO_2, 1% CH_4. In den Weg des Gasstroms sind noch Apparate zum Waschen und Kühlen (mit Koks gefüllte Skrubber) und erforderlichenfalls zum Reinigen (Sägespäne-reiniger) eingebaut. Beim Ingangsetzen des Generators ist ein Gebläse zum Anblasen erforderlich. Über Höhe usw. der Betriebsräume besteht ein Erlaß des Ministers für Handel und Gewerbe vom 20. Juni 1904. Zschr. V. d. I. 1904, S. 1268.

(656) Wassermotoren. Die Energie des Wassers kann in Wasserrädern und Turbinen in Arbeit umgesetzt werden. Dabei leistet eine Wassermenge von Q m³/sec bei einem Gefälle von h Metern und einem

Wirkungsgrad η: $\dfrac{1000 \cdot Q \cdot h \cdot \eta}{75}$ Pferd. η ist bei geringen Gefäll-

höhen niedriger, bei guten oberschlächtigen oder mit Kulisseneinlauf ausgeführten Wasserrädern bis 0,85, bei guten Turbinen bis 0,82. Zum Antrieb von Dynamomaschinen werden Turbinen wegen ihrer größeren Umdrehungszahl, die meist ein unmittelbares Kuppeln mit der Dynamomaschine gestatten, vor den langsam laufenden Wasserrädern bevorzugt. Turbinen können sehr kleine Wassermengen und Gefälle von 0,5 bis 500 m und mehr mit hohem Wirkungsgrad ausnutzen. Bezüglich der Bezeichnungen: Gegendruck- (Überdruck-, Reaktions-) und Druck (Aktions-, Strahl-)Turbinen, seitlicher und Stirn-Beaufschlagung sowie veränderlicher Beaufschlagung gilt unter sinngemäßer Anwendung das im Abschnitt über Dampfturbinen (653) gesagte. Reaktionsturbinen können in beliebiger Höhe des Gefälles angebracht werden und trotzdem das gesamte Energiegefälle ausnutzen. Sie werden bei höherer Lage über dem Unterwasser mit einem Saugrohr ausgerüstet. Durch Arbeiten im Unterwasser (Tauchen) werden sie wenig beeinflußt. Für kleine Wassermengen und hohe Gefälle eignet sich besonders das Peltonrad, eine Turbine, bei der das Wasser aus einer oder mehreren Düsen gegen die Schaufeln geleitet wird. Über Einteilung der Turbinen s. Zschr. V. d. I. 1904, S. 92 u. 380. Die Leistung der Turbinen wird durch Drosseln (Vernichten der Energie), vollkommener durch teilweises Abdecken der Leitkanäle, oder bei Anwendung sog. Drehschaufeln durch Veränderung des Querschnitts der Leitkanäle geregelt.

(657) Vergleich der Betriebskräfte. Als Kraftmaschinen kommen für größere Kraftwerke, die wirtschaftlich gut ausgenutzt werden sollen, hauptsächlich nur Dampf-, Gas- (Kraftgas, Sauggas), Diesel- und Wasser-

kraftmaschinen in Frage, wohingegen die Verbrennungsmaschinen für Benzin und Spiritus wegen ihres kostspieligen Betriebes nur für kleinere Kraftstationen unter besonderen Verhältnissen geeignet sind. So sind die schnellaufenden Verbrennungsmaschinen u. a. gut brauchbar, wenn sie nur kurze Zeit im Betrieb sein sollen, so daß die Ausgaben für Brennstoff gegenüber den Kosten für Verzinsung und Tilgung weniger ins Gewicht fallen, oder wenn sie häufiger sehr schnell in Betrieb gesetzt werden müssen, oder wenn der Raum für die Kraftstation beengt ist. Bei Wasserkräften ist zu prüfen, ob die Kosten für Anlage der Wasserbauten (Wehre, Sammelteiche, Ober- und Unter-Wassergräben u. a.) sowie die Kosten für die Kraftübertragung bis zur Verbrauchsstelle und die bei der Kraftübertragung auftretenden Energieverluste nicht zu groß sind. Weiter ist zu prüfen, ob die Wasserkraft entsprechend den Anforderungen des Betriebes so regelmäßig zur Verfügung steht, daß eine etwa erforderliche Dampfkraftreserve die Wirtschaftlichkeit des Betriebes nicht zu ungünstig gestaltet. Die Kosten für die Bedienung und Unterhaltung des maschinellen Teils der Turbinenanlage sind gering.

Zur Entscheidung, ob im einzelnen Falle die Verwendung von Dampf- oder Gasmaschinen günstiger ist, bedarf es meist besonderer Rechnung und Prüfung, wobei u. a. zu berücksichtigen sind: Kosten für Grunderwerb, Tilgungskosten für Maschinen und Gebäude, Verteilung des Kraftverbrauchs auf die verschiedenen Tages- und Jahres-Stunden, Art des Betriebes, Beschaffung und Preis der zur Verfügung stehenden Brennmaterialien: bei Anlagen bis etwa 50 P ist unter mittleren Verhältnissen die Sauggasanlage wirtschaftlich am günstigsten; je größer die Anlage wird, und je ungleichmäßiger die von den Maschinen zu leistende Arbeit ist, umso mehr verdient die Dampfkraftanlage den Vorzug. Der spezifische Brennstoffverbrauch steigt mit abnehmender Belastung bei Gasmaschinen ungleich schneller, als bei Dampfmaschinen. In Dampfkesseln mit großem Wasserraum besitzt die Dampfkraftanlage eine starke jederzeit verfügbare Kraftreserve. Im Vergleich zur Normalleistung können Dampfmaschinen um 50 %, Gasmaschinen nur um 10 % überlastet werden. Dabei sind Beschaffungskosten der Dampfkraftanlage nur wenig höher als die einer Sauggasanlage gleicher Normalleistung. Verbrauch an Schmier- und Putz-Mitteln, Kosten für Instandsetzung und Tilgung (661) sind im allgemeinen bei Dampfmaschinen geringer als bei Gasmaschinen. An Schmier- und Putzmitteln sind 0,2—0,5 Pf. für die Pferdekraftstunde zu rechnen, die niedrigen Werte für größere, die höheren für kleinere Maschinen (bis 50 P), oder rund 10 % der Kosten an Brennstoff.

Der für das Aufstellen benötigte Raum ist bei Verwendung liegender Kolbendampfmaschinen etwa der gleiche wie bei Sauggasanlagen. An Grundfläche kann durch Anwendung stehender Dampfmaschinen und ganz besonders von Dampfturbinen gespart werden, sowie durch Lagern der Dampfkessel über den Maschinen. Bei Sauggasanlagen ist man auf Anthrazit, Koks und Braunkohlenbriketts als Brennstoff angewiesen, wohingegen bei Dampfkesseln auch minderwertige Kohlensorten, Braunkohlen, Torf, Holzabfälle u. ä. verfeuert werden können. Wirtschaftlich besonders günstig kann der Betrieb mit Dampfkraft werden, wenn Dampf in größeren Mengen zu Heizzwecken benötigt wird. Die

Brennstoffwärme wird ausgenutzt in guten, normal beanspruchten Anlagen bei Dampfkraft bis zu 15 %, bei Kraftgas bis zu 25 %, beim Diesel-Motor bis zu 35 %. Für Anheizen, Abkühlen und Abbrand sind bei Dampfkraftanlagen in normalen Betrieben 12 %, bei Kraftgasanlagen wenigstens 15 %, in ungünstigen Fällen über 50 % des für die eigentliche Krafterzeugung gebrauchten Brennstoffes in Ansatz zu bringen. Diese Brennstoffmenge wächst mit der Länge und Anzahl der Betriebsunterbrechungen.

Ausführlicheres s. Marr, Kosten der Betriebskräfte, sowie Die neueren Kraftmaschinen, ihre Kosten und ihre Verwendung. Eberle, Kosten der Krafterzeugung. Lewicki, Wirtschaftlichkeit und Betriebssicherheit moderner Dampfkraftanlagen im Vergleich mit Sauggenerator-Gaskraft-Anlagen.

Anlage des Kraftwerks.

(658) Die Verbindung zwischen Kraftmaschine und Dynamomaschine wird durch unmittelbare Kupplung oder durch Riemen (Seile) oder durch Zahnräder hergestellt. Als größte Übersetzung für Riemen kommt 1 : 6 in Betracht. Zwischenschaltung eines Vorgeleges ist wegen der hierdurch erhöhten Energieverluste zu vermeiden und nur ausnahmsweise zweckmäßig, z. B., wenn eine langsam laufende Kraftmaschine einen Teil ihrer Arbeit zum Antrieb einer Dynamomaschine abgeben soll. Für die unmittelbare Kupplung mit Kolbendampfmaschinen werden langsam laufende Dynamos gebraucht. Diese sind meist erheblich teurer als die bei Riemenantrieb verwendbaren schnelllaufenden gleicher Leistung. Dies unmittelbare Kuppeln besitzt jedoch gegenüber dem Riemenbetrieb so große Vorzüge (Wegfall des der Störung unterworfenen Übertragungsmittels, konstruktiv einheitlicher Zusammenbau, geringer Raumbedarf und somit geringe Kosten für Grunderwerb und Gebäude), daß es häufig, für sehr große Werke in der Regel, angewandt wird. Bei Dampf- und Wasserturbinen kommt infolge deren hoher Umdrehungszahl meist nur unmittelbare Kupplung (bei vielen Konstruktionen senkrechter Wellen) in Frage. Mehrfach gelagerte Wellen werden zum Erleichtern der Montage durch eine elastische Kupplung verbunden (s. S. 31, (27).

Bei Riemenantrieb ist die Dynamomaschine auf Fundamentschienen zu lagern, auf denen sie durch Schrauben oder Klinkwerk von der Antriebsmaschine weg bewegt werden kann, so daß der Riemen während des Betriebes nachgespannt werden kann. Ein gleichmäßiges Anspannen der Riemen ist für einen guten Parallelbetrieb von Wechselstrommaschinen erforderlich.

(659) Größe und Anzahl der einzelnen Maschinen sind unter eingehender Würdigung aller Betriebsverhältnisse und der Betriebskraft zu wählen. Allgemeine Gesichtspunkte hierfür sind: das Kraftwerk muß den — ev. unter Berücksichtigung der zukünftigen Entwicklung — größten Energiebedarf ohne schädliche Überlastung decken können und dabei, entsprechend der Wichtigkeit des Betriebes, noch einen Überschuß an Maschinenkraft zur Aushilfe (Reserve) besitzen. Die

Höchstleistung und Aushilfe ist nach Möglichkeit einzuschränken, weil durch Verzinsung und Tilgung der hierfür erforderlichen Maschinen usw. die Betriebskosten meist wesentlich beeinflußt werden. Günstig ist es danach, für Dauerbelastung wirtschaftlich arbeitende, wenn auch teure Maschinen und Kessel, dagegen zur Aushilfe und zur Unterstützung bei starker Belastung des Kraftwerks diese in billigerer Ausführung zu nehmen, auch wenn sie wirtschaftlich weniger günstig arbeiten. (Vgl. auch 654, Anm. 1). Viele kleine Maschinen sind zu vermeiden, weil sie in Beschaffung, Verbrauch an Betriebsmaterial und in Bedienung verhältnismäßig teurer sind als große Maschinen. In Größe und Art gleiche Maschinen bieten Vereinfachung für das Bedienungspersonal und beim Vorhalten von Ersatzteilen.

Die teilweise sich entgegenstehenden Forderungen lassen sich bei Gleichstrom meist durch Verwendung einer Sammlerbatterie erfüllen. Die Batterie kann bei einem auf kurze Zeit gesteigerten Energiebedürfnis die jeweilig betriebene Maschine unterstützen (Pufferbatterie), oder sie kann Energie aufspeichern, die bei wirtschaftlich günstiger Leistung der Maschine nicht verbraucht wird, und die aufgeladene Energie zu Zeiten abgeben, in denen ein Energiebedürfnis vorliegt, das entweder die Inbetriebnahme einer Maschine noch nicht lohnt, oder das eine wirtschaftlich ungünstige Belastung erfordern würde. Dabei kann die Batterie — zwar zeitlich beschränkt — eine gewisse Reserve bieten. Bei Benutzung der Batterie ist indessen zu berücksichtigen, daß die aufgeladene elektrische Energie einen Verlust von wenigstens 25% erleidet (s. S. 526, 531/2).

Die richtige gegenseitige Größe zwischen Maschinen und Batterie ist für die Wirtschaftlichkeit des Betriebes sehr wichtig und wird u. a. bestimmt durch Beschaffungskosten der Maschinen und Batterie, Energieverluste in der Batterie und den Zusatzmaschinen, Bedienungskosten, Kosten für die Betriebskraft namentlich auch bei verschiedener Belastung der Maschinen.

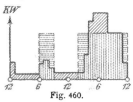

Fig. 460.

Die Beurteilung dieser Fragen wird durch zeichnerische Darstellung erleichtert, indem der Energiebedarf und die Leistung der Maschinen und der Sammlerbatterie zB. in KWS. wie in Fig. 460 aufgetragen werden. Es bedeuten darin die schräg und senkrecht schraffierten Flächen den Tagesbedarf an Energie, die senkrecht und wagerecht schraffierten Flächen die Normalleistung der Maschine, wovon die wagerecht schraffierte Fläche die in die Batterie geladene und somit einem Verlust von wenigstens 25% unterworfene, die senkrecht schraffierte die unmittelbar abgegebene Leistung darstellt. Die schräg schraffierte Fläche gibt die Leistung der Batterie an.

(66o) Allgemeines über den Bau von Kraftwerken. Kraftwerke für Lichtbetrieb sollen Antriebsmaschinen mit hohem Gleichförmigkeitsgrad erhalten (S. 34, 534). Soll zugleich Energie für Motoren abgegeben werden, so muß eine genügend starke Pufferbatterie in Zeiten der Beleuchtung eingeschaltet werden, falls durch häufiges Einschalten oder durch schwankende Belastung der Motoren Zucken des Lichtes zu befürchten ist. Günstig ist es, wenn die Leitungen für Kraft und Licht von der Schalttafel an getrennt geführt werden. Im Interesse eines sicheren und zuverlässigen Betriebes sollen die Maschinen übersichtlich und zugänglich angeordnet werden. Namentlich ist auf gute Zugänglichkeit der Stromabgeber Bedacht zu nehmen. Es ist nach Möglichkeit erst der Grundriß der günstigsten Maschinenanordnung und danach der des Gebäudes zu projektieren.

Die Kosten massiver Maschinenhäuser für Kraftwerke belaufen sich bei einfacher Ausführung auf etwa 50 Mk., bei besserer Ausführung auf 70 Mk. für 1 m² bebauter Fläche.

Die Lage des Elektrizitätswerks soll so sein, daß genügend Raum für Erweiterung sowie geeignetes Wasser zur Kesselspeisung oder Gasmotorenkühlung vorhanden ist. Zufuhr des Brennmaterials, sowie Abführen der Wässer (des Kondensats) sowie der Aschenabfälle muß billig sein (vergl. Wikander, ETZ. 1903, S. 511). Über Wahl der Stromart, Spannung, Art der Verteilung s. Abschnitt VI.

Wirtschaftlichkeit des Kraftwerks.

(661) Betriebskosten der Kraftwerke. Die jährlichen Betriebskosten setzen sich zusammen aus den Aufwendungen für:

1. Betriebsmaterial: Kraftstoff, Schmier- und Putzmittel und Wasser, Beleuchtung. Angaben hierüber s. Kraftmaschinen S. 534 ff.
2. Gehälter und Löhne (Verwaltung, Bedienung, Reinigung);
3. Instandhaltung (Ausbesserung, Erneuerung);
4. Zinsen und Tilgung des Anlagekapitals, Versicherung, Steuern, Abgaben an die Gemeinde.

An Bedienung ist für eine Anlage bis zu rund 60 P ein Maschinist, für größere mehr (bei Dampfkraftanlagen Kessel- und Maschinen-Wärter) erforderlich. Für einen tüchtigen Maschinisten sind 1600 bis 2400 Mk. zu rechnen.

Die jährlich aufzuwendenden Beträge für Tilgung und Instandsetzung sind für die einzelnen Teile des Kraftwerks in der folgenden Übersicht gegeben.

Es sind in Ansatz zu bringen:

Für	Zur		Für	Zur	
	Tilgung $^0/_0$	Instand-setzung $^0/_0$		Tilgung $^0/_0$	Instand-setzung $^0/_0$
Dampf-Kessel . .	7	2	Dynamo-{ Gleichstr.	5	1,5
Dampf-Maschinen .	5	2	masch. {Drehstrom	4,5	1,5
Dampf-Turbinen .	5	2	Akkumulatoren . .	10	2,5
Lokomobilen . .	6	2	Schaltanlagen . .	6,5	2
Gasmaschinen . .	6	2,5	Elektr. Leitungen .	4	1
Sauggasanlagen .	6	2,5	Rohrleitungen . .	5	1,5
Wasserturbinen .	4,5	1,5	Maschinenhaus .	1,5	0,75

Die Tilgungsbeträge können durch beschränkte Benutzungszeit (zB. kurzzeitige Konzessionen) oder Entwertung der Anlage (zB. infolge Entstehens wirtschaftlich günstiger arbeitender Maschinen) wesentlich erhöht werden.

Setzt man zur Berechnung des am Ende jedes Jahres zurückzulegenden Tilgungsbetrages a der einzelnen Konti den zu tilgenden Betrag $= S$, den Zinsfuß $= z$ (zB. 3% $= 0,03$), die Zahl der Jahre, innerhalb deren getilgt werden soll $= n$, dann ist $a = S \dfrac{z}{(1+z)^n - 1}$. Man erhält so für jedes Konto ein a, deren Summe jährlich abzuschreiben und aus deren Ansammlung die Erneuerung u. am Schlusse der n-Jahre die Liquidation zu bestreiten ist. Vergl. Prücker, ETZ. 1895, S. 43; Haas, S. 121.

Kallmann hat für 7 größere Werke die Kosten für 1 KWS nutzbar abgegebenen Stromes zusammengestellt: (in Pfennig)

Kohlen	3,2 bis	6,3	4,5
Öl	0,2 „	1,8	0,75
Gehälter und Löhne	8,5 „	10,6	9
Zinsen	16 „	24	19,5
Tilgung	20 „	25	21
	Zusammen rund		55

In einer städtischen Zentrale in Breslau (1089 KW normai) betrugen 1905 für 1 KWS die Kosten für Kohlen 1,7, die direkten Ausgaben (Kohlen, Öl, Gehälter) 7,3, die gesamten Selbstkosten einschl. Zinsen und Tilgung 17,25 Pf.

Die Kosten der Errichtung einer Zentralstation werden von Kallmann (ETZ 95, S. 795) zu 1160 Mk. für die Stromerzeugungs- und 930 Mk. für die Verteilungsanlage, zusammen 2090 Mk. für ein installiertes Kilowatt berechnet. Die jährlichen Einnahmen lassen sich auf 300 bis 350 Mk. für 1 installiertes Kilowatt veranschlagen.

(662) Stromlieferungsverträge, Tarife. Ein Kraftwerk arbeitet wirtschaftlich umso günstiger, je gleichmäßiger sich unter normaler Ausnutzung möglichst großer Maschinensätze die Energieabgabe auf die einzelnen Tage im Jahr und an diesen wieder auf die einzelnen Stunden verteilt: Verzinsung, Versicherung, Steuern und die Tilgungsquote verteilen sich auf eine große Leistung; die Maschinenarbeiten mit geringstem Verbrauch von Betriebstoff; Anheiz- u. Abkühl-Verluste sind gering.

Diese Forderung wird bei den meisten Werken nur sehr unvollkommen erfüllt, indem der Energiebedarf — abhängig von Jahres- und Tageszeit, Wochentagen, Art- und Betriebsverhältnissen — in weiten Grenzen schwankt. D. h. der Ausnutzungsfaktor (Σ aller jährlich abgegebenen KWS geteilt durch höchste mögliche jährliche Leistung der Station in KWS) und der Verschiedenheitsfaktor (Σ des Höchstverbrauchs der einzelnen Verbrauchsstellen in KW geteilt durch höchste mögliche Leistung der Station in KW) sind gering. Mit besonders niedrigem Ausnutzungsfaktor (6—8%) und Verschiedenheitsfaktor (1,5) arbeiten meist Kraftwerke mit vorwiegendem Lichtbetrieb. Es ist deshalb eine bessere Ausnutzung, d. h. Vergrößerung dieser Faktoren anzustreben, zB. durch Abgabe von Energie an

Bahnen, gewerbliche oder elektrochemische Industrien, für elektrothermische Arbeiten u. ä. (Heben der Tagesbelastung).

Die Stromlieferung erfolgt auf Grund eines zwischen dem Lieferer
und Abnehmer abgeschlossenen Vertrages. Dieser enthält u. a. Bestimmungen über Spannung und Art des gelieferten Stromes, Zeit
der Stromlieferung, Prüfung und Überwachung der Hausinstallation,
Größe und Miete der Verbrauchsmesser, Kündigung und als wesentlichen Bestandteil einen Tarif zur Preisbestimmung für die gelieferte
Energie.

Der Tarif soll in möglichst einfacher, betriebs- und verwaltungs-
technisch billiger, übersichtlicher und dem Abnehmer verständlicher
Weise den Preis so festsetzen, daß jeder Abnehmer die durch ihn
dem Werke verursachten Gestehungskosten nebst einem angemessenen
Zuschlag, dem Unternehmergewinn, bezahlt. Dabei soll der Tarif zu
einer für das Werk günstigen Ausnutzung und zur Erweiterung der
Anlage anregen. Bei Berechnung der auf den einzelnen Abnehmer
entfallenden Gestehungskosten des Werks ist zwischen den Bereitstellungskosten und den eigentlichen Erzeugungskosten zu unterscheiden. Die Bereitstellungskosten entstehen dadurch, daß das Werk
einen Teil seiner Anlagen für den einzelnen Abnehmer zur Stromlieferung bereit halten muß. Dieser Teil ist abhängig von dem von
diesem Abnehmer während voller Belastung des Werks benötigten
Höchstverbrauch und unabhängig von der Benutzungsdauer des An-
schlusses. Die eigentlichen Erzeugungskosten (Verbrauch an Betriebsmaterial) nehmen dagegen proportional der Benutzungsdauer zu. In
Brighton betrugen z. B. für das angeschlossene KW die Bereitstellungskosten rund 200 M., die Erzeugungskosten für 1 KWS 5 Pf. Infolge
der genannten verschiedenartigen, zum Teil sich widersprechenden
Forderungen handelt es sich darum, im einzelnen Fall unter Abwägung
der Vor- und Nachteile von den verschiedenen bestehenden und im
folgenden gekennzeichneten den geeignetsten Tarif zu wählen.

Pauschaltarif: Auf installierte Lampenzahl oder geschätzten
Verbrauch gegründet, vermeidet er Verwaltungskosten für die Preisbestimmung, berücksichtigt die Erzeugungskosten, aber nicht genügend
und ist u. U. zweckmäßig, wenn die Erzeugungskosten (z. B. bei
billigen Wasserkräften) sehr gering sind oder wenn Gewähr für
Stromentnahme in den Grenzen der Vereinbarung gegeben ist.
Stundentarif: Mittels Zeitzählern wird die Stundenzahl bestimmt,
während der eine Lampe oder eine Lampengruppe eingeschaltet ist.
Aus Zeit und durchschnittlichem Verbrauch werden die Stromkosten
ermittelt. Zum Zweck genauerer Berechnung ist für alle voneinander
unabhängigen Verbrauchsstellen je ein Zeitzähler erforderlich;
Schwankungen im Verbrauch der Stelle werden nicht berücksichtigt.

Zur Bestimmung des Verbrauchs dienen Verbrauchsmesser und
zwar Elektrizitätszähler oder — unter Voraussetzung gleicher Spannung des gelieferten Stroms — Strommesser (s. S. 231).

Die Bezahlung des Energieverbrauchs erfolgt meist nach einem,
für die Energieeinheit (KWS) festgesetzten Grundpreis, der durch
Rabatt oder anderweitig noch beeinflußt wird.

Geldrabatt: Es werden von den im Jahre bezahlten Beträgen
Prozente in Abzug gebracht, die mit der Höhe der Beträge steigen.

Dieser Rabatt berücksichtigt die Bereitstellungskosten wenig. Brennstundenrabatt: Der Grundpreis ist nur für eine vom mittleren Effektverbrauch der Anlage abhängige jährliche Brennstundenzahl zu entrichten. In dem Maße, wie diese Zahl überschritten wird, wird Rabatt am Grundpreis bewilligt. Die Feststellung des mittleren Effektverbrauchs ist umständlich. Die Vereinigung des Brennstundenmit dem Geldrabatt hat die Vor- und Nachteile der beiden in abgeschwächter Form. Die Rabattsätze richten sich dabei nach dem Produkt aus den bezahlten Beträgen in Mark und der Brennstundenzahl. Die Tarife, die vom Abnehmer für jede installierte Lampe eine Lampengebühr oder, entsprechend einer Mindestbrennzeit, einen bestimmten vorher festgesetzten Betrag entrichten lassen, berücksichtigen ebenso wie der Brennstundentarif die wirklichen Gestehungskosten des Werks schon besser, jedoch die Bereitstellungskosten insofern nicht genügend, als sie zB. keinen Unterschied zwischen Abnehmern machen, die das Werk für kurze Zeit stark und denen, die das Werk langdauernd, aber immer nur schwach belasten. Ebenso berücksichtigen sie die wichtige Frage nicht, ob die Belastung in die Zeit der stärksten Belastung des Werks fällt oder nicht. Zum Vermeiden des zuletzt genannten Nachteils hat man Zweitarif- und Viertarif-Zähler (Rasch, ETZ. 1904, S. 532) angewendet. Diese notieren je nach der Tagesstunde verschiedene Kosten für die verbrauchte Stromeinheit. In diese Klasse gehören auch die häufig benutzten Doppeltarife (getrennte Zähler) für sog. Kraftstrom und Lichtstrom. Hierbei wird jedoch nur berücksichtigt, wozu — was unwesentlich ist — und nicht, wann der Strom benutzt wird.

Am vollkommensten und dabei verhältnismäßig einfach bestimmt der Wrightsche Tarif die auf den einzelnen Abnehmer entfallenden Gestehungskosten. Hier wird ein Höchstverbrauchmesser aufgestellt, der überhaupt den höchsten, oder besser in Verbindung mit einem Zeitschalter nur den zu Zeiten der höchsten Belastung des Kraftwerks entnommenen höchsten Strom angibt. Von letzterem hängt es ab, bei welchen Grenzen des Energieverbrauchs ermäßigte Grundpreise eintreten, derart, daß die Grenzen umso höher gesetzt werden, je höher der höchste festgestellte Stromverbrauch war. (Herzog u. Feldmann, Handbuch der elektrischen Beleuchtung; Wright ETZ. 1902, S. 90.)

VI. Abschnitt.

Leitung und Verteilung.

Verteilungsysteme.

(663) Direkte und indirekte Verteilung. Die Verteilungsysteme kann man einteilen in solche, bei denen die Stromerzeuger mit den Verbrauchstellen in einem und demselben Stromkreise liegen, und in solche, bei denen Stromerzeuger und Verbrauchstellen in getrennten Stromkreisen liegen. Die erste Art nennt man direkte, die zweite Art indirekte Verteilung; in beiden Fällen kann man Gleich- oder Wechselstrom verwenden; bei der indirekten Verteilung gebraucht man zur Vermittlung zwischen beiden Kreisen besondere Umformer-Apparate, die bei Wechselstrom namentlich Transformatoren heißen.

Ein Mittelding zwischen direkter und indirekter Verteilung bieten die Systeme, welche Sammlerbatterien benutzen. Der eigentliche Stromerzeuger ist die Dynamomaschine; in vielen Fällen speist sie die Sammler und zugleich die Verbrauchstellen; oft auch werden die Sammler gesondert geladen und haben erst nach Einstellung des Maschinenbetriebes die Aufgabe, den Verbrauchstellen Strom zu liefern.

In jeder dieser Arten von Verteilungsystemen kann man die Verbrauchstellen in verschiedener Weise schalten.

(664) Schaltung der Verbrauchstellen. Serien-, Hintereinander-, Reihenschaltung. Die Verbrauchstellen werden in einfachem Stromkreise hintereinander verbunden; im ganzen Kreise herrscht dieselbe Stromstärke. Bei dieser Schaltung braucht man verhältnismäßig wenig Leitungsmaterial, da der leitende Querschnitt für die eine bestimmte Stromstärke, die außerdem meist gering ist, berechnet wird. Die Leitung wird von einer Verbrauchstelle zur nächsten gezogen, so daß auch in diesem Punkte die Reihenschaltung am sparsamsten ist. Der Nachteil dieser Verbindungsweise ist, daß eine Stromunterbrechung an einer Stelle sogleich den ganzen Betrieb aufhebt, wenn nicht durch besondere Vorrichtungen dem Strom ein Nebenweg geschlossen wird. Dies kann geschehen durch Anbringung von Kurzschlußvorrichtungen, die im Fall des Versagens eines Abnehmers, also z. B. einer Lampe oder eines Motors, die Unterbrechungstelle selbsttätig durch einen Ersatzwiderstand überbrücken, oder bei Verwendung von Wechselstrom durch eine parallel zu jedem Verbraucher geschaltete Drosselspule.

Parallel-, Nebeneinander- oder Zweigschaltung. Die Hauptleitung (positiv und negativ) durchzieht die ganze Anlage und entsendet an den geeigneten Stellen Abzweigungen. Die Verbrauchstellen erhalten hier alle annähernd dieselbe Klemmenspannung. Die Stromstärke in der Leitung ist von Abnehmer zu Abnehmer wechselnd, was im Leitungsquerschnitt berücksichtigt werden muß; während bei der Reihenschaltung die Stromstärke in der ganzen Leitung so groß ist, wie in einer Verbrauchstelle, hat man bei der Parallelschaltung das Vielfache dieser Stromstärke, so daß die Querschnitte erheblich größer werden. Dazu bedingt die Führungsweise eine größere Länge der Leitungen. Die Anlagekosten sind bei dieser Schaltung beträchtlich; der wesentliche Vorteil ist die gegenseitige Unabhängigkeit der einzelnen Verbrauchstellen.

Gemischte Schaltung. Um die Vorteile der beiden vorigen Schaltungsarten zu vereinigen, hat man sie in zweierlei Weise gemischt.

Bei der Reihenschaltung von Gruppen, Fig. 461, wird je eine Anzahl von Verbrauchstellen, z. B. von Glühlampen, parallel verbunden und solche Gruppen von gleichen Lampenzahlen hintereinander geschaltet. Verlöscht eine Lampe, so erhalten die übrigen in dieser Gruppe einen zu starken Strom, und es muß daher jeder Lampe eine selbsttätige Umschaltevorrichtung beigegeben werden, welche beim Ausbrennen einer Lampe einen gleichwertigen Widerstand oder eine Ersatzlampe einschaltet; da diese Umschalter kostspielig sind, wird das System nur wenig verwendet. Die Reihenschaltung von Gruppen kommt eigentlich nur noch bei Bogenlampen vor, wo man Reihen aus 2 Lampen mit Vorschaltwiderstand bei 110 V Klemmenspannung oder Reihen aus 4 Bogenlampen bei 220 V, u. U. auch bis zu 10 Lampen bei 500—550 V Klemmenspannung anwendet.

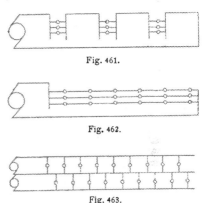

Fig. 461.

Fig. 462.

Fig. 463.

Bei der Parallelschaltung von Reihen, Fig. 462, verbindet man je eine bestimmte, große oder kleine, Anzahl von Lampen hintereinander und schaltet die erhaltenen Reihen parallel. Die Reihen sind voneinander unabhängig; aber die Lampen einer und derselben Reihe sind voneinander abhängig. Jede Lampe erhält eine Kurzschlußvorrichtung, welche im Falle einer Beschädigung der Lampe den Stromkreis selbsttätig wieder schließt. Die Regulierung der Stromstärke der einzelnen Zweige geschieht in der Maschinenstation. Auch dieses System hat für Glühlampen wesentlich nur noch geschichtlichen Wert.

Dreileitersystem, Fig. 463. Diese Schaltung bildet die Vereinigung der beiden vorhergehenden. Die Verbrauchstellen werden in zwei Hälften mit möglichst gleicher Löschung geteilt, und für jede Hälfte eine besondere Leitung mit eigener Stromquelle errichtet, jedoch so, daß beide Anlagen einen Leiter, den Mittelleiter, gemeinsam haben. Der Vorteil dieses Systems ist eine bedeutende Ersparnis an Leitungsmaterial, während die einzelnen Verbrauchstellen voneinander unabhängig bleiben. Die Verteilung in die beiden Hälften der Anlage muß aber so ausgeführt werden, daß zu allen Zeiten in beiden Hälften nahezu gleich viel Strom gebraucht wird. Dann kann der Mittelleiter $^1/_4$ bis $^1/_2$ so stark wie die Außenleiter gewählt werden. Wegen der Verdopplung der Spannung zwischen den Außenleitern hat man für dieselbe Anlage bei dem nämlichen prozentischen Verlust nur $^1/_8 + ^1/_8 + ^1/_{16} = 0,313$ des Leitungsmaterials wie zuvor aufzuwenden.

Das Fünfleitersystem läßt sich als eine Erweiterung oder eine Verdopplung des Dreileitersystems ansehen. (Vergl. 674.)

(665) Elastizität einer Verteilungsanlage nennt man nach Herzog und Feldmann die Eigenschaft der Selbstregelung, vermöge deren man Verbrauchstellen ein- und ausschalten kann, ohne die anderen zu beeinflussen. Parallelschaltungs - Anlagen für Glühlicht erfordern eine sehr hohe Elastizität, für reine Bogenlichtbeuchtung und für Motorenbetrieb eine geringere; Reihenschaltungs - Anlagen lassen sich in der Regel nur mit sehr geringer Elastizität herstellen, weil bei hoher Elastizität der Wirkungsgrad zu gering wird; man sieht bei solchen Anlagen in der Regel von der Forderung der Elastizität ab. Leitungsstränge, an deren Ende man künstlich die Spannung konstant erhält, brauchen nicht elastisch zu sein. Mehrleitersysteme sind nur bedingt elastisch; es wird gleichmäßige Verteilung des Strombedarfs auf die Teile der Anlage vorausgesetzt.

Durch die Forderung der Elastizität wird die obere Grenze eines Spannungsverlustes vorgeschrieben, die nach Rücksichten der Selbstregulierung gewählt wird. Bei unelastischen Leitungen wird der Spannungsverlust nur nach wirtschaftlichen Gesichtspunkten bestimmt. (Teichmüller, Die elektrischen Leitungen.)

Direkte Verteilung.

Parallelschaltungs - Systeme.

(666) Maschinen und Lampen. In Parallelschaltungsanlagen verwendet man meistens Nebenschlußmaschinen, seltener Maschinen mit gemischter Wicklung, erstere hauptsächlich in großen Anlagen, wenn die Regulierung der Spannung durch einen Maschinenwärter erfolgt, letztere vorzugsweise in den kleineren Anlagen. Die Spannung beträgt meistens 110—120 V, selten 65 V; seitdem man Glühlampen für Spannungen bis 250 V herstellt, verwendet man vielfach Spannungen bis zu dieser Höhe. Bogenlampen können mit den Glühlampen parallel gebrannt werden; dazu eignen sich Differential- und Nebenschlußlampen. In Anlagen von 105 V und mehr schaltet man zwei oder mehrere Bogenlampen und einen Zusatzwiderstand hintereinander, in

Anlagen von 65 V gibt man jeder Bogenlampe einen Zusatzwiderstand. Mittels besonderer Einrichtungen und bei Wahl entsprechender Kohlenstifte ist es möglich, bei einer Spannung von 120 V drei Bogenlampen in einer Reihe zu brennen, Dreierschaltung, s. unter Bogenlampen.

(667) Zweileitersystem, einfache Parallelschaltung. Fig. 464 und 465. Von den beiden Polen der Stromquelle führen die positive und die negative Leitung nebeneinander durch die ganze Anlage; sie verzweigen sich nach dem vorhandenen Bedürfnis.

Gewöhnlich wird im Maschinenraum ein Schaltbrett angebracht; daran befinden sich die Sammelschienen S (+ und —), wo die von den Dynamomaschinen gelieferten Ströme sich vereinigen, und von wo die Leitungen (je eine + und —) nach den verschiedenen Teilen der Anlage führen. Am Schaltbrett werden ferner die Unterbrecher u für die einzelnen Dynamomaschinen und U für die Leitungen, ferner die Schmelzsicherungen B, die selbsttätigen Maximal- und Minimal-

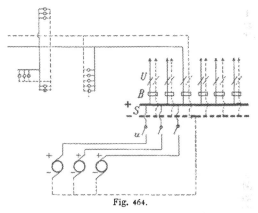

Fig. 464.

ausschalter und die Strom- und Spannungsmesser angebracht; in unmittelbarer Nähe werden die Regulierwiderstände für die Dynamomaschinen und, wo erforderlich, für die Hauptleitungen aufgestellt. In kleineren Anlagen verzweigt sich jede der vom Schaltbrett abgehenden Leitungen in der Art, wie in Fig. 464 für eine davon angegeben wird. Bei großen Anlagen, besonders bei Zentralen (Fig. 465) läßt man die vom Schaltbrett der Zentrale ausgehenden Leitungen unverzweigt bis zu den Verteilungskästen, deren Lage durch die Verteilung der zu speisenden Lampen im Bezirk bestimmt wird, gehen; dort schließen sich die Verteilungsleitungen an, welche unter sich eine Art Ringleitung bilden, und von denen an den passenden Stellen nach Bedarf die Leitungen in die einzelnen Häuser führen. Dies ist schematisch in einem Teil der Fig. 465 angegeben. Man sieht, daß die Leitungen zum großen Teil wieder ineinander zurücklaufen; dies hat den Vorteil geringen Spannungsverlustes in der Leitung und größere Sicherheit, da bei Beschädigung einer Leitung immer ohne weiteres Ersatz vorhanden ist.

(668) **Regulierung.** In einer Anlage nach Fig. 465 herrscht nicht überall die gleiche Spannung zwischen den Hauptleitungen. Wenn in einem Teil der Anlage viele Abnehmer eingeschaltet sind, so ist der Spannungsverlust nach dieser Seite groß; nach einer anderen Seite, wo zufällig nur ein geringer Teil der angeschlossenen Lampen brennt, ist der Spannungsverlust geringer; im Laufe des Betriebes verändert sich die Größe des Verlustes und der Ort des größten Verlustes im Netz. Es entsteht hierdurch das Bedürfnis, die Spannung im Verteilungsnetz zu regeln. Dies kann auf verschiedene Weise geschehen.

Widerstandseinschaltung. In die Hauptleitungsstränge werden (in der Zentrale) Rheostaten von passendem Querschnitt und Widerstand eingeschaltet; von den Verteilungskästen werden Spannungs-

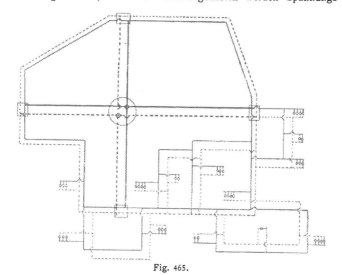

Fig. 465.

leitungen, Prüfdrähte (gewöhnlich in den Kabeln schon vorgesehen) gezogen und zu einem Umschalter geführt, durch den sie nach Belieben mit einem Spannungsmesser verbunden werden können. Man schaltet nun soviel Widerstand in die Hauptleitungen ein, daß die Spannung in allen Verteilungskästen einen und denselben vorher bestimmten Wert hat. Die Methode ist wegen der großen Stromwärmeverluste nicht allgemein zu empfehlen.; sie wird auch nur aushilfsweise und bei einzelnen Speiseleitungen gelegentlich verwendet.

Lahmeyers Fernleitungs-Dynamomaschine. In jeden Hauptleitungsstrang wird eine kleine Dynamomaschine eingeschaltet, durch deren Schenkel- und Ankerwicklung der zu regulierende Strom fließt, Fig. 466. Der Anker wird von den Dampfmaschinen der Zentrale oder von einem besonderen Motor getrieben; er erzeugt eine Spannung, welche bei schwach gesättigtem Eisen dem Strom, der die Schenkel durchfließt, proportional ist; diese Spannung addiert sich zu der in der Zentrale herrschenden. Da der Verlust in der Leitung gleichfalls

diesem Strom proportional ist, so kann man die Maschine so wählen, daß sie den Verlust in der Leitung in jedem Augenblicke gerade ersetzt; die Spannung in den Verteilungskästen ist dann immer gleich derjenigen, welche die Stromerzeuger in der Zentrale besitzen. Diese Hauptstrommaschine wird zuweilen

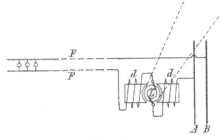

Fig. 466.

in den Netzen elektrischer Bahnen gebraucht; die Amerikaner nennen sie Booster, wofür im Deutschen Z u s e t z e r vorgeschlagen worden ist.

R e g e l u n g. Von den Anschlußpunkten werden Meßleitungen (alle von gleichem Widerstand) nach der Zentrale gezogen und dort die positiven Meßdrähte mit der einen, die negativen mit der anderen Klemme eines Spannungsmessers verbunden; man mißt dann die mittlere Netzspannung.

Reihenschaltungs-Systeme.

(669) **Maschinen und Lampen.** Als Stromquelle benutzt man Hauptstrommaschinen. Von Bogenlampen eignen sich am besten die Differentiallampen für die Reihenschaltung; doch können auch Nebenschlußlampen gut verwendet werden. Glühlampen werden nur selten in reinen Reihensystemen angeordnet. Einen Sonderfall bildete die Beleuchtung des Kaiserwilhelmkanals, wo man die 100 km lange Strecke mit Wechselstrom durch Reihen von 250 Stück 25 kerzigen Glühlampen von je 25 Volt Klemmenspannung beleuchtet, indem man eine Drosselspule parallel zu jeder Glühlampe schaltete. (Vergl. Herzog und Feldmann, Handbuch der elektr. Beleuchtg.)

(670) **Bogenlampen in Reihen.** Bei den direkten Systemen werden B o g e n l a m p e n   i n   R e i h e n von 2, 4, bis etwa 10 Stück verwendet (vergl. 664). In Amerika findet man aber noch die alte Anordnung von Bogenlampen in Reihen bis zu 100 Stück und mehr, die von Gleichstrommaschinen bis zu 6000 Volt betrieben werden. Dann brennt eine solche Reihe Bogenlampen ohne Änderung der Zahl; sollen einzelne Lampen gelöscht werden, so werden Ersatzwiderstände eingeschaltet. Für jede Lampenreihe hat man eine Maschine; ein Umschalter aus zwei gekreuzten Systemen paralleler Schienen mit Stöpselvorrichtung an den Kreuzungspunkten erlaubt, jede Maschine mit jeder beliebigen Lampenreihe zu verbinden. In jeden Stromkreis wird ein Strommesser eingeschaltet.

(671) **Thurysches System.** Thury schaltet eine Reihe von Motoren verschiedener Größe hintereinander, von denen jeder mit einem selbsttätigen Kurzschließer versehen ist. Die Stromstärke ist dann im Kreise konstant, die Spannung je nach der Größe des Motors verschieden.

Die Motoren können zur Kraftübertragung verwendet werden, oder es kann jeder von ihnen mit einer Gleichstrommaschine gekuppelt sein, die Strom zu Beleuchtungszwecken an ein Netz abgibt. Im ersteren Falle ist das System ein direktes Reihenschaltungssystem. Im zweiten wäre es zu den indirekten Systemen zu zählen, da jede Gruppe aus einem Motor und einem Generator einen rotierenden Gleichstromtransformator darstellt. Das System findet sich an verschiedenen Stellen mit Spannungen bis 22 000 Volt und bis etwa 2000 Volt in der einzelnen Maschine mit Erfolg durchgeführt.

Systeme mit gemischter Schaltung.

(672) **Dreileitersystem.** Das wesentliche ist bereits in (664) mitgeteilt worden. Die Regelung geschieht ebenso, wie bei der gewöhnlichen Parallelschaltung. Statt zwei besondere getrennte Maschinen, wie in Fig. 463 dargestellt, zu verwenden, kann man auch die beiden Maschinen vereinigen, oder nur eine Maschine (Dreileitermaschine) benutzen, vgl. (481).

Die folgende Regulierung hat E. Thomson angegeben, Fig. 467. Die äußeren Leitungen werden mit einer Maschine entsprechend hoher Spannung verbunden; S ist die Nebenschluß-Schenkelbewicklung, A der Anker einer Hilfsmaschine; der letztere besitzt zwei gleiche Bewicklungen von sehr geringem Widerstande und zwei Stromabgeber, deren Schaltung die Figur ergibt.

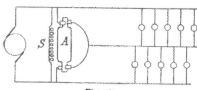

Fig. 467.

Sie hat die Aufgabe, das Potential des Mittelleiters genau in der Mitte zwischen den Potentialen der äußeren Leiter zu halten. Solange in beiden Hälften der Anlagen gleich viel Lampen brennen, fließt durch den Anker A nur soviel Strom, als zur Aufrechterhaltung der Drehung nötig ist. Werden auf einer Seite Lampen gelöscht, so würde auf dieser Seite die Spannung an den Lampen steigen; aber die parallel geschaltete Ankerhälfte nimmt soviel Strom auf, daß die Spannung konstant bleibt. Da beide Ankerhälften sich mit derselben Geschwindigkeit in demselben Felde drehen, so erzeugen sie gleiche EMK; das Potential des Mittelleiters bleibt also in der Mitte zwischen den äußeren Leitern. Die Differenz der Ströme in den Ankerhälften wird dem Mittelleiter zugeführt. Statt der Maschine mit Doppelanker werden meist zwei gekuppelte Dynamos verwendet, die von einem an die Außenleiter angeschlossenen Motor angetrieben werden.

(673) **Blanker Mittelleiter.** Besondere Vorteile bietet es, den Mittelleiter nicht zu isolieren, sondern als blanke Leitung in die Erde zu legen. Ein Isolationsfehler in einem Außenleiter wirkt dann wie ein Erdschluß und kann wie ein solcher aufgesucht und beseitigt werden; die Spannung, unter der in diesem Fall die Fehlerstelle steht, ist nur die zwischen Mittel- und Außenleiter, während es nur selten vorkommen kann, daß an einem Fehler die volle Betriebsspannung wirkt. Der Verband deutscher Elektrotechniker hat deshalb bestimmt, daß

der neutrale Leiter von Gleichstrom-Dreileiteranlagen geerdet werden muß, sofern die effektive Gebrauchsspannung zwischen den zwei Außenleitern 500 Volt nicht überschreitet. Gleichzeitig ist festgesetzt worden, daß die neutralen Leitungen als betriebsmäßig geerdete Leitungen keine Sicherungen erhalten dürfen. Die Reichstelegraphenverwaltung verlangt, daß der blanke oder geerdete Mittelleiter nicht mit Gas- oder Wasserleitungsnetzen verbunden wird, an welche die vorhandenen Telegraphen- oder Fernsprechleitungen angeschlossen sind.

(674) Das Fünfleitersystem kann als Verdoppelung des Dreileitersystems nach Fig. 463, besser aber als Verdoppelung der Schaltung nach Fig. 467 ausgeführt werden; letzteren Fall stellt Fig. 468 dar. In der Maschinenstation unterhält man eine Spannung von etwa 440 V und verteilt die letztere nach dem gewöhnlichen Zweileitersystem; die Verteilungspunkte, wo die Hauptleitungen endigen,

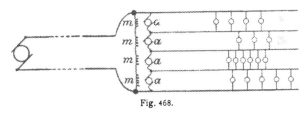

Fig. 468.

werden als Regulierungsstationen eingerichtet; von hier aus führen je fünf Drähte weiter. Zur Regulierung des Ausgleichs dienen vier kleine Dynamomaschinen, deren Feldmagnete m von den Hauptleitungen aus gespeist werden, und deren Anker a auf einer gemeinsamen Welle sitzen; die Ankerwiderstände sind möglichst niedrig. Die Wirkungsweise der Regulierung ist die in (672) beschriebene. Wo die Ungleichmäßigkeiten der Stromverteilung nicht zu groß sind, kann man mit Vorteil zum Regulieren Sammlerbatterien verwenden.

(675) Mehrphasensysteme. Die zumeist vorkommenden Systeme, das Zwei- und Dreiphasensystem, erscheinen äußerlich als dreidrähtige Systeme, also etwa in Form der Fig. 469 oder 470.

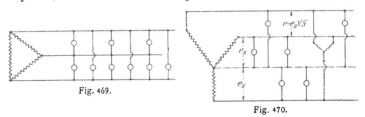

Fig. 469.

Fig. 470.

Wenn Fig. 463 ein Zweiphasensystem darstellen soll, müssen die beiden Dynamos Wechselspannungen gleicher Größe liefern, die um $^{1}/_{4}$ Periode oder 90^{0} gegeneinander verschoben sind. Es könnten also zB. zwei mechanisch gekuppelte Einphasendynamos sein, die im entsprechenden Winkel gegeneinander versetzt sind; dann führen die beiden Außenleiter der Fig. 463 um 90° gegeneinander versetzte Wechselströme, und der Mittelleiter führt die geometrische Summe oder einen $\sqrt{2}$ mal stärkeren Strom. Wird das Zweiphasensystem vierdrähtig durchgeführt, so hat man zwei völlig getrennte Wechselstromsysteme, deren Ströme und Spannungen gegeneinander um $1/4$ Per. verschoben sind. Beim Dreiphasen- oder Drehstromsystem wirken drei gleich große, gegeneinander um $1/3$ Periode oder 120° verschobene Spannungen auf drei Leiter, zwischen denen drei Gruppen von Abnehmern (Fig. 469 u. 470) eingeschaltet werden können. Stromquelle und Abnehmer können dabei entweder im Dreieck ($\triangle$, Fig. 469) oder im Stern (Y, Fig. 470) geschaltet sein. Im letzteren Falle kann man auch den neutralen oder Sternpunkt, dessen Spannung gegen die Schenkel (Schenkelspannung) $\sqrt{3}$ mal kleiner ist als die Hauptspannung e, als Ausgangspunkt einer neutralen Leitung verwenden, sodaß man zB. Motoren mit 190 V zwischen den Hauptleitungen und Lampen mit 110 V zwischen der neutralen Leitung und je einer der Hauptleitungen betreiben kann.

Systeme mit Sammelbetrieb.*)

(676) Regulierung der Batteriespannung. Zellenschalter. Da die Spannung einer Sammlerbatterie während der Entladung abnimmt,

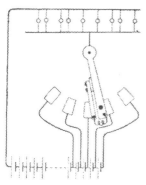

so muß die Zahl der Zellen der Batterie bei fortschreitender Entladung allmählich vergrößert werden. Dazu dient der Zellenschalter, Fig. 471. Von dem äußeren Pol der Batterie führt eine Leitung zum letzten Kontakt des Umschalters; von den Verbindungsstellen zwischen zwei benachbarten Zellen führen Leitungen zu den anderen Kontakten; die Zwischenräume sind breiter, als die Kontaktstücke. Der Schalthebel besteht aus zwei Teilen, zwischen welche eine Widerstandspirale eingeschaltet wird; der Hauptteil hat etwa die Breite eines Kontaktstückes. Beim Übergang von einem Kontakt zum nächsten wird Stromunterbrechung durch den Nebenteil des Hebels vermieden; damit

Fig. 471.

der Kurzschlußstrom der zu- oder abzuschaltenden Zelle nicht zu hoch steigt, wird der die Teile des Hebels verbindende Widerstand richtig bemessen.

Wenn bei der Ladung der Akkumulatorenbatterie gleichzeitig auch Lampen brennen sollen, dann ist die Spannung der Dynamo, der Ladespannung der Akkumulatoren entsprechend, höher als die Lampen-

---

*) Nach dem Schaltungsbuch der Akkumulatorenfabrik Aktien-Gesellschaft Berlin-Hagen.

spannung. In diesem Falle muß eine Anzahl der Elemente von der Lichtleitung abgeschaltet werden, damit die Lampen keine zu hohe Spannung erhalten sollen, da sie sonst durchbrennen würden. Zu diesem Zwecke dient der Doppelzellenschalter mit zwei Schaltern, von welchen der eine mit dem negativen Pol der Maschine, der andere mit der Lampenrückleitung verbunden ist. Die Schaltzellen sind mit den Kontakten beider Schalter verbunden, wie dies die schematische Anordnung, Fig. 472, zeigt.

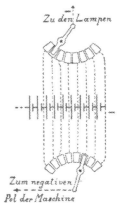

Fig. 472.

Beide Schalter werden in der Regel auf eine gemeinschaftliche Schiefer- oder Marmorplatte montiert, als Kurbelschalter, oder als Gleitschalter mit Geradführung und Ketten- oder Spindelbewegung ausgebildet, und von Hand aus bedient.

Es gibt auch selbsttätige Zellenschalter, welche durch die zu regulierende wechselnde Spannung automatisch eingestellt und durch kleine Elektromotoren oder Elektromagnete betrieben werden.

(677) **Wahl der Dynamomaschine und der Batterie.** Wenn die Spannung an den Glühlampen und die tägliche Stromentnahme aus den Akkumulatoren festgesetzt sind, kann man zunächst die Größe und Anzahl der Zellen, sowie die Spannung der Dynamo bestimmen. Die Größe der Zellen wird durch die während eines Tages der Batterie zu entnehmende Strommenge und durch die benötigte maximale Stromstärke bestimmt, für welche die Kapazität und die zulässige Entladestromstärke der zu wählenden Akkumulatorentype ausreichen müssen. Man wähle die Zelle lieber etwas größer, weil dies die Haltbarkeit der Batterie vermehrt, und weil eine Reserve in der Leistungsfähigkeit vorteilhaft ist.

Wird bei der Einrichtung der Anlage eine spätere Vergrößerung vorgesehen, wobei die Kapazität der Akkumulatoren vergrößert werden soll, so kann man für die einzelnen Zellen gleich bei der Aufstellung größere Gefäße wählen, in welche man später weitere Akkumulatorenplatten einbauen und hierdurch die Leistungsfähigkeit der Batterie erweitern kann. Die Zahl der Zellen ergibt sich, wenn man die Betriebsspannung mit der Endspannung eines Elementes dividiert, da die Betriebsspannung auch am Schluß der Batterieentladung, nach Zuschaltung sämtlicher Schaltzellen, aufrecht erhalten werden muß. Die Endspannung der Elemente ist bei zehnstündiger Entladung mit 1,83 V, bei dreistündiger Entladung mit 1,80 V, bei einstündiger Entladung mit 1,75 V anzunehmen. Die Maschine, welche mit der Akkumulatorenbatterie zusammenarbeiten soll, soll eine Nebenschlußdynamo sein, damit sie durch eventuellen Rückstrom aus der Batterie nicht umpolarisiert werden kann. Statt einer Nebenschlußdynamo darf eventuell auch eine Kompoundmaschine verwendet werden; doch ist dann eine besondere Schaltung erforderlich.

Die Dynamo soll mit derselben Betriebsspannung arbeiten, wie
die Akkumulatorenbatterie, damit Dynamo und Batterie dasselbe
Lampennetz speisen sollen können. Es ist bei kleinen Anlagen zweckmäßig, die Dynamo so zu konstruieren, daß ihre Spannung durch
Änderung der Magneterregung um ca. 50 % der Betriebsspannung
erhöht werden kann, damit die Ladung der Akkumulatoren durch
dieselbe Dynamo ohne besondere Hilfsmittel vorgenommen werden
kann. Bei größeren Anlagen verwendet man besondere Zusatzmaschinen für die Ladung, vergl. (682).

(678) **Batterie mit der Maschinenanlage verbunden.** I. Die
Batterie wird außer der Beleuchtungszeit geladen, sodaß
während der Ladung gar keine Lampen brennen. Fig. 473 zeigt eine
Schaltung dieser Art. Da die Spannung der Elemente während der
Entladung um ca. 10 % sinkt, (von 2 V auf 1,8 V), müssen ca. 10 %
der Elementenanzahl während der Entladung zugeschaltet werden, und
aus diesem Grunde an die Kontakte des Einfachzellenschalters angeschlossen werden.

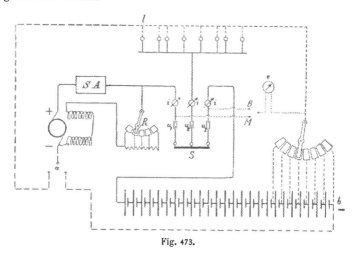

Fig. 473.

Die in Fig. 474 dargestellte Schaltung zeigt in der Leitung zwischen
dem negativen Pol der Maschine und den Lampen L einen Ausschalter a_1, durch welchen die Maschine von den Lampen abgeschaltet
werden kann, wenn die Ladung der Batterie vorgenommen werden
soll. Der in derselben Leitung befindliche selbsttätige Ausschalter sa
schützt die Maschine gegen Rückstrom aus der Batterie und unterbricht selbsttätig den Stromkreis, wenn die Stromstärke auf Null
herabsinkt. In der vom positiven Pol der Maschine ausgehenden
Leitung befindet sich ein von Hand aus zu bedienender Ausschalter a_2,
durch welchen man die Maschine ausschaltet, wenn die Batterie allein
die Lampen speisen soll. Sind die Ausschalter a_1, a_2 und der selbsttätige Ausschalter sa geschlossen, so arbeiten die Maschine und die

Batterie parallel auf das Lampennetz. Das Schaltungsschema enthält ferner 2 Strommesser i, welche den Strom in der Maschinen- und in der Batterieleitung anzeigen. In die Batterieleitung ist noch ein

Stromrichtungsanzei-
ger r eingefügt, wel-
cher anzeigt, ob die
Batterie Ladestrom er-
hält oder Entlade-
strom abgibt. An
Stelle eines Strom-
messers und eines
Stromrichtungsanzei-
gers kann auch ein
Amperemeter verwen-
det werden, dessen
Skala den Nullpunkt
in der Mitte enthält
und den Lade- und
den Entladestrom
durch Ausschläge

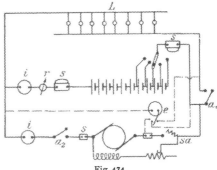

Fig. 474.

nach der einen oder nach der anderen Richtung anzeigt. Auf das Schaltbrett wird noch ein Spannungsmesser e mit zugehörigem 3poligem Umschalter montiert, welche gestatten, die Spannung an den Klemmen der Maschine, an der Batterie und an den Lampen gesondert zu messen. Beide Pole der Dynamo wie auch der Batterie sind mit Sicherungen s versehen, damit bei übermäßig hoher Stromstärke der Strom durch Abschmelzen der Bleistreifen unterbrochen werde und die Maschine resp. die Batterie keinen Schaden erleiden. Die Siche-rungen an den 2 Polen der Batterie können zweckmäßigerweise heraus-nehmbar eingerichtet werden, um bei gewissen Anlässen erreichen zu können, daß die Batterie unabhängig von der Handhabung der Schaltung weder geladen, noch entladen werden kann.

(679) II. Die Batterie wird
während der Beleuchtungszeit
geladen, Fig. 475. In diesem Falle
muß ein Doppelzellenschalter verwendet
werden, damit durch den Ladehebel h_1
die Zellen nach Bedarf zur Ladung an
die Maschine angeschlossen oder abgeschaltet werden können, während
durch den Entladehebel h_2 so viele
Elemente an die Lichtleitung angeschlossen werden, als für die Lampenspannung erforderlich sind. Der
vom positiven Pol der Maschine ausgehende Strom geht dann zum Teil als
Ladestrom durch die Stammbatterie,
zum Teil durch die Lampen; der
letztere Teilstrom gelangt durch den
Entladehebel h_2 in die Schaltzellen,
durchfließt diese mit dem Ladestrom

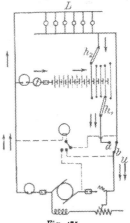

Fig. 475.

der Batterie vereinigt, und gelangt durch den Ladehebel h_1 zum negativen Pol der Maschine zurück. Jene Zellen, welche bei der Ladung zwischen den 2 Hebeln des Doppelzellenschalters h_1 und h_2 liegen, erhalten demnach nicht nur den vollen Ladestrom der Stammbatterie, sondern auch den durch die Lampen gehenden Strom. Wenn während der Ladung viele Lampen mitbrennen, kann dieser Strom so hoch ausfallen, daß er mit Rücksicht auf die Haltbarkeit der Akkumulatoren für die gewählte Type unzulässig ist. In diesem Falle pflegt man für die Schaltzellen eine der höheren Stromstärke entsprechende größere Akkumulatorentype zu wählen, als für die Stammbatterie. Der Entladehebel h_2 muß stets auf der Seite des Ladehebels h_1 liegen, die im Schaltungsschema angedeutet ist. Wäre nämlich die Lage der zwei Hebel die umgekehrte, so würde der von den Lampen zur Maschine zurückfließende Strom die zwischen den 2 Hebeln befindlichen Schaltzellen in umgekehrter Richtung durchfließen, und statt sie zu laden, sie vollständig entladen. Um dies zu verhindern, pflegt man die 2 Hebel mit entsprechenden Ansätzen zu versehen und durch das so geschaffene mechanische Hindernis zu vermeiden, daß der Ladehebel jenseits des Entladehebels gelange. Die Spannung der einzelnen Zellen beträgt am Schluß der Ladung ca. 2,7 Volt, am Schluß der Entladung ca. 1,8 Volt, die Differenz demnach 1/3 der maximalen Ladespannung. Infolgedessen pflegt man bei Verwendung eines Doppelzellenschalters 1/3 der Elemente als Schaltzellen auszubilden, und mit den Kontakten des Doppelzellenschalters zu verbinden. Die Regulierung der Lichtspannung erfolgt dann in Stufen von etwa 2 Volt. Bei höheren Lampenspannungen (220 Volt) ist eine so genaue Regulierung nicht erforderlich. In diesem Fall kann man bei größeren Zentralanlagen, um die Zahl der teuren Zellenschalterleitungen zu vermindern, je 2 Elemente zwischen 2 benachbarte Kontakte des Zellenschalters schalten. Die Regulierung der Lampenspannung erfolgt dann in Stufen von etwa 4 Volt. Außer dem Doppelzellenschalter und der hierdurch bedingten weiteren Sicherung an der Leitung zum Ladehebel besitzt die Schaltung nach Fig. 474 gegenüber der Schaltung nach Fig. 475 nur noch den einen Unterschied, daß an Stelle eines Ausschalters ein Umschalter u verwendet wird. Dieser ist erforderlich, um die Maschine entweder zur Ladung mit dem Ladehebel oder für den Parallelbetrieb mit dem Entladehebel des Doppelzellenschalters verbinden zu können. Dieser Umschalter wird zweckmäßigerweise so ausgeführt, daß bei dem Ausschalten des Stromschluß bei a noch nicht unterbrochen wird, wenn der Kontakt bei b eben geschlossen wird, damit bei dem Umschalten keine momentane Unterbrechung der Beleuchtung erfolge. Vor dem Umschalten muß dann die Maschine auf die entsprechende Spannung reguliert und die 2 Hebel des Doppelzellenschalters müssen auf Kontakte desselben Elementes gestellt werden, damit bei dem Umschalten kein Kurzschluß der zwischen den Schalthebeln befindlichen Elemente durch den Umschalter erfolgt.

Die zuletzt betrachtete Schaltung mit Doppelzellenschalter ist die zweckmäßigste, wenn die Ladung der Batterie durch Erhöhung der Dynamospannung möglich ist. Wo dies nicht der Fall ist, wo die Dynamo nur für die Lampenspannung konstruiert worden ist, muß die Ladung auf andere Weise erfolgen.

(680) III. Besonderes Leitungsnetz für einige Lampen. Man kann in dem Fall, wenn die Batterie nur eine geringe Anzahl von Lampen speisen soll, zB. für Notbeleuchtung, für diese Lampen ein getrenntes Leitungsnetz anlegen und dieses an die Batterie anschließen. Dann besorgt die Maschine die Hauptbeleuchtung, und soll auch während derselben Zeit die Batterie laden. Es empfiehlt sich für die von der Batterie zu speisenden Lampen eine geringere Spannung zu wählen als für die Hauptbeleuchtung, so daß die Ladung der Batterie ohne Spannungserhöhung der Dynamo möglich wird. Zu Beginn der Ladung muß die überflüssige Spannung in einem Vorschaltwiderstand vernichtet werden.

In der Regel jedoch ist es nicht angängig, für die von der Batterie zu speisenden Lampen eine geringere Spannung zu verwenden und für sie ein getrenntes Leitungsnetz anzulegen, sondern dasselbe Lampennetz muß sowohl von der Maschine, wie auch von der Batterie gespeist werden können.

(681) IV. Gruppenschaltung. Dann kann die Ladung der Batterie nach dem Schaltungsschema in Fig. 476 auf die Weise

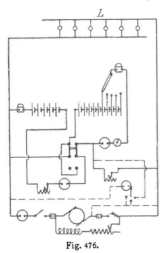

Fig. 476.

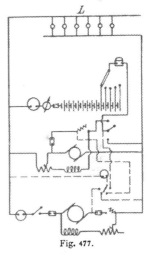

Fig. 477.

erfolgen, daß man die Batterie in 2 Hälften teilt und die 2 Elementgruppen parallel geschaltet durch die Dynamo ohne Spannungserhöhung bei gleichzeitiger Beleuchtung ladet. Man muß einen Vorschaltwiderstand zur Spannungsvernichtung in der ersten Zeit der Ladung verwenden und außerdem noch einen Ausgleichswiderstand in die eine Gruppenleitung schalten, um etwaige Ungleichheiten in der Spannung der 2 Gruppen auszugleichen. Bei der Entladung werden die 2 Elementgruppen in Reihe geschaltet und können mit der Dynamo parallel das Lampennetz speisen. Bei dieser Schaltung benötigt man nur einen Einfachzellenschalter, und die erforderlichen Apparate sind aus der Fig. 476 ersichtlich. Infolge der Spannungsvernichtung im Vorschaltwiderstand ist diese Schaltung im Betriebe nicht so ökonomisch, wie die Schaltung mit Spannungserhöhung der Dynamo und Doppelzellenschalter.

Statt in zwei Gruppen kann man die Batterie auch in drei oder vier Gruppen teilen und dann eine größere Elementenzahl in Reihe geschaltet laden. Der Energieverlust in den Widerständen wird dann etwas geringer, der Betrieb etwas ökonomischer als bei Teilung in zwei Gruppen. Für solche Anordnungen gibt es spezielle Schaltungen mit den eigens hierfür konstruierten Schaltapparaten. Die Schaltungen mit Ladung in Gruppen haben jedoch alle den Nachteil, daß sie die Dauer der Ladung verlängern.

(682) V. Zusatzmaschine. Will man die Gruppenschaltung vermeiden, und läßt die zur Verfügung stehende Maschine die Erhöhung der Spannung nicht zu, so kann man die Ladung der Batterie mit Zuhilfenahme einer Zusatzmaschine vornehmen. Fig. 477 zeigt die Schaltung mit allen erforderlichen Apparaten. Zur Erhöhung der Spannung wird bei der Ladung in Reihe mit der Dynamo und der Batterie noch eine Zusatzmaschine geschaltet, durch welche der ganze Ladestrom hindurchgeht, und deren Spannung so reguliert werden kann, daß sie der Differenz zwischen der jeweiligen Ladespannung der Batterie und der Spannung der Hauptdynamo gleich ist. Die Zusatzdynamo kann von der Hauptbetriebsmaschine, von einer besonderen Kraftmaschine, von der Transmission oder von einem Elektromotor angetrieben werden. Zumeist wird sie von einem Elektromotor angetrieben, der den Strom zu seinem Betrieb vom Beleuchtungsnetz entnimmt.

Es gibt noch eine große Anzahl von Schaltungen für besondere Zwecke, deren eingehende Darstellung hier zu weit führen würde. Es sei hier auf das Schaltungsbuch der Akkumulatorenfabrik A.-G. Berlin-Hagen verwiesen, welches für die verschiedenen Zwecke 31 Schaltungen enthält, und welchem auch die hier angeführten Schaltungen entnommen wurden.

(683) Dreileitersystem. Besondere Wichtigkeit besitzen noch die Schaltungen für das Dreileitersystem. Hierbei können die in Fig. 463 oder in Fig. 467 gezeigten Schaltungen verwendet werden, indem einfach für jede Hälfte des Dreileiternetzes für sich eine solche Schaltung verwendet wird, und der positive Außenleiter des einen Schaltungsschemas mit dem negativen Außenleiter des anderen ganz gleichen Schemas zum Mittelleiter des Dreileitersystems vereinigt wird. Die 2 Doppelzellenschalter können dann entweder an den Mittelleiter oder an die 2 Außenleiter des Dreileitersystems angeschlossen werden. Bei Dreileitersystemen kann für jede Hälfte eine Dynamo mit Spannungserhöhung oder eine Dynamo ohne Spannungserhöhung, jedoch mit Zusatzdynamo kombiniert, verwendet werden. Es kann jedoch auch nur eine einzige Dynamo für die Spannung zwischen den 2 Außenleitern benutzt werden, wobei der Mittelleiter des Dreileitersystems an die Mitte der Batterie angeschlossen wird. In diesem Falle können durch ungleiche Beanspruchung der 2 Hälften des Dreileiternetzes die 2 Batteriehälften ungleich entladen werden. Um diese Ungleichheit auszugleichen, muß dann eine Ausgleichsmaschine verwendet werden.

Sie besteht aus einem Elektromotor, welcher den Strom von der voll-
geladenen Batteriehälfte erhält, und einer von ihm angetriebenen Dynamo,
welche ihren Strom zur Ladung der stärker entladenen Batteriehälfte
abgibt; vgl. auch (672). Bei kleineren Dreileiteranlagen ist eine Ausgleichsmaschine unnötig; es müssen dann die Anschlüsse der einzelnen
Lampengruppen auf die 2 Netzhälften so verteilt werden, daß eine
gleichmäßige Beanspruchung beider Netzhälften erfolgt. Schließlich
gibt es auch Dynamomaschinen mit Spannungsteilern, wobei die
Maschine an die 2 Außenleiter angeschlossen ist, jedoch noch eine
dritte Bürste besitzt, an welche der Mittelleiter angeschlossen wird.
Da eine solche Bürste auf dem Stromwender zur Funkenbildung
neigt, verwendet man besser den Spannungsteiler von Dolivo-Dobro-
wolský (481).

(684) **Pufferbatterien** für Kraftübertragungen und besonders für
elektrische Bahnen dienen dazu, plötzliche Belastungen und Ent-
lastungen des Netzes auszugleichen. Bei Entlastung des Netzes wird
die Batterie geladen, bei Belastung mit entladen, so daß die Maschine,
trotz der großen Betriebsschwankungen gleichmäßig belastet wird und
günstig arbeitet.

(685) **Batterien in Unterstationen.** Bei den bisher betrachteten
Systemen mit Sammlerbetrieb wurde vorausgesetzt, daß die Akku-
mulatorenbatterie in der unmittelbaren Nähe des Maschinenhauses auf-
gestellt wird. Bei größeren städtischen. Elektrizitätswerken befindet
sich die Zentralstation oft außerhalb der Stadt, zB. im Falle einer
Wasserkraft oder einer Dampfanlage, deren Einrichtung innerhalb der
Stadt nicht gestattet wurde. Von der Zentralstation wird die elektrische
Energie zumeist als hochgespannter zwei- oder dreiphasiger Wechsel-
strom nach mehreren Unterstationen geleitet, die in Mittelpunkten der
Stromversorgungsbezirke errichtet werden.

In den Unterstationen befinden sich Motorgeneratoren oder
rotierende Umformer mit Transformatoren, welche den hochgespannten
Wechselstrom in Gleichstrom von der Lichtspannung umwandeln.
In Verbindung mit der Dynamoseite der Motorgeneratoren stehen
Akkumulatorenbatterien, welche tagsüber geladen und abends entladen
werden. Auf diese Weise wird die Zentralstation auch in den Tagesstunden voll ausgenutzt und abends in den Stunden des Hauptkonsums
durch den Parallelbetrieb der Akkumulatoren-Unterstationen entlastet.
Durch die bessere Ausnutzung der Maschinenanlage und des Kabelnetzes kann bei diesem System eine günstige Rentabilität des Elektrizitätswerkes erreicht werden.

Eine besondere Art der Unterstationen bilden die sogenannten
Anschlußbatterien. Es sind dies Akkumulatorenbatterien, welche im
Anschluß an das Gleichstromverteilungsnetz eines Elektrizitätswerkes
von größeren Konsumenten errichtet werden können. Diese Batterien
werden in den Tagesstunden vom Netz aus geladen, und speisen
dann abends die Anlage des Konsumenten. unabhängig vom Netz.
Die Elektrizitätswerke liefern zumeist den Strom an große Konsumenten für solche Anschlußbatterien (mit Ausnahme gewisser Sperr-
stunden in den Wintertagen zu Zeiten des Hauptkonsums) sehr billig,
um ihre Maschinenanlage und ihr Kabelnetz zu dieser Zeit entlasten
und in den Tagesstunden voll ausnutzen zu können. Da diese An-

schlußbatterien mit der konstanten Netzspannung geladen werden
müssen, erfolgt die Ladung mit Hilfe einer Zusatzmaschine, deren
Elektromotor vom Netz an getrieben wird.

Indirekte Verteilung.

Verteilung durch Gleichstrom.

(686) Gleichstromtransformatoren. Um das unter (664) beschriebene Reihenschaltungssystem für große Anlagen, zB. Städte-
beleuchtung zu verwenden, schaltete Bernstein eine Anzahl Gleichstromtransformatoren hintereinander in den Kreis einer Hauptstrommaschine und ließ durch die sekundären Bewicklungen der Transformatoren die einzelnen Gruppen von Lampen speisen.

Hierher gehört auch das unter (671) bereits erwähnte Thurysche
System.

(687) Motorgeneratoren und rotierende Umformer bilden einen
Übergang zur indirekten Verteilung durch Wechselstrom. Man verteilt den hochgespannten Wechselstrom und formt ihn an den Stellen,
wo Gleichstrom nötig ist, in solchen um, indem man einen Synchronmotor oder einen Induktionsmotor betreibt und ihn mit einer Gleichstromdynamo zum synchronen oder asynchronen Motorgenerator direkt
oder durch Riemen kuppelt, oder indem man eine mit Kollektor und
Schleifringen versehene Gleichstromdynamo von den Schleifringen aus
mit Wechselstrom speist und dem Kollektor Gleichstrom entnimmt.
Da hier nur eine Wicklung auf dem Anker vorhanden ist, ist die
Gleichstromspannung stets höher als die effektive Spannung an den
Schleifringen. Man muß deshalb meistens noch Wechselstromtransformatoren verwenden, um die Netzspannung auf den entsprechenden
Wert herabzutransformieren. Veränderung der Erregung beeinflußt
die Gleichstromspannung bei konstanter Wechselspannung im allgemeinen nicht, sondern bewirkt nur die Entstehung wattloser Ankerströme; durch Einschaltung von Selbstinduktion in die Wechselstrom-
zuleitung kann man es aber dahin bringen, daß bei stärkerer Erregung
die Gleichstromspannung steigt, bei schwächerer fällt. Dies ist dann
eine Folge der Reaktion der wattlosen Ankerströme auf das resultierende Feld.

Verteilung durch Wechselstrom.

(688) Bei Verwendung der Wechselstromtransformatoren benutzt
man in der Regel Parallelschaltung im primären und im sekundären
Kreis. Hält man die primäre Spannung konstant, so bleibt auch die
sekundäre gleich, vorausgesetzt, daß die inneren Widerstände der
Transformatoren und ihre magnetische Streuung klein sind. Die
Reihenschaltung wird nur in besonderen Fällen verwendet, wenn die
Belastung der Transformatoren unveränderlich. Vgl. hierzu (664).

Für die Parallelschaltung, die von Zipernowski, Déri und Bláthy
eingeführt wurde, hat man mehrere Anordnungen, von denen die
wichtigsten in Fig. 478 bis 480 dargestellt werden.

(689) Einzeltransformatoren. Fig. 478. Die primäre Leitung sendet an den Stellen, wo sie nahe bei den zu speisenden Lampengruppen vorüberführt, Zweigleitungen aus, in welche die primären Spulen von Transformatoren eingeschaltet werden. Die sekundären Spulen speisen die Lampengruppen. Die Anordnung ist eine einfache Parallelschaltungsanlage nach Fig. 464 u. 465 mit der Änderung, daß unmittelbar vor den Lampen die Transformatoren sitzen, und daß die Leitungen bis zu den Transformatoren geringen Querschnitt erhalten. Für jede Hausbeleuchtungsanlage wird mindestens ein Transformator gebraucht. Vorteil: Jeder Abnehmer ist völlig unabhängig von anderen insbesondere in bezug auf Erdschlüsse der Sekundärleitung. Nachteil: Verhältnismäßig großer Verlust an Magnetisierungsarbeit, wenn keine selbsttätigen Ausschalter für den unbelasteten Transformator angewendet werden.

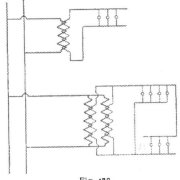

Fig. 478.

(690) Zusammenhängendes Sekundärnetz. Zuerst 1885 von Josef Herzog ausgeführt. Fig. 479. Die primäre Leitung durchzieht den zu speisenden Bezirk und enthält in passenden Abständen die Transformatoren, deren sekundäre Spulen gleichfalls parallel geschaltet werden. Von der sekundären Leitung führen die Abzweigungen in die Häuser. Dies hat den Vorteil daß die Transformatoren sich gegenseitig ergänzen können, und daß man größere Transformatoren verwenden kann, deren Wirkungsgrad höher und Gesamtpreis für gleiche Leistung etwas niedriger ist, als der der entsprechenden kleineren.

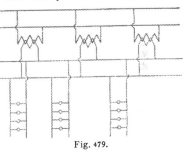

Fig. 479.

(691) Mehrfache Transformation. Fig. 480. Die Wechselstrommaschine liefert niedrige Spannung, welche in der Zentrale durch einen Transformator in hohe Spannung verwandelt wird; dieser Transformator speist die Verteilungsleitung, in welcher die hohe Spannung durch abermalige Transformation auf niedere Spannung zurückgebracht wird. Es ist bei Spannungen über 10000 V vorteilhafter, von der Maschine niedere Spannung erzeugen und diese durch den Transformator erhöhen zu lassen, als gleich durch

die Maschine die hohe Spannung hervorzubringen. Die Fig. 480 zeigt
eine Anlage nach dem Dreileitersystem, wobei es gleichgültig ist, ob

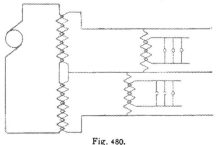

die Teilung der Spann-
ung von der Mitte der
Sekundärspule eines
Transformators er-
folgt oder ob man zwei
getrennte Transforma-
toren verwendet.

(692) **Mehrpha-**
sensysteme. Auch
bei den Mehrphasen
systemen ist es gleich-
gültig, ob man für
jede Phase einen be-
sonderen Transfor-

Fig. 480.

mator verwendet oder alle Phasen auf einen gemeinsamen Eisenkern wirken läßt. In Deutschland werden bei Zweiphasenanlagen, die
selten vorkommen, in der Regel getrennte Transformatoren für jede
Phase verwendet, bei Drehstromsystem dagegen meistens Transformatoren mit drei Schenkeln, von denen jeder einer Phase seiner
primären und sekundären Bewicklung nach angehört. Die Mehr-
phasensyteme sind besonders dann zu empfehlen, wenn der Motorenbetrieb stark überwiegt. In diesem Falle wäre es sogar vorteilhafter,
die Frequenz auf etwa 25 Per. in der Sekunde zu verringern, doch
ist dann der Glühlichtbetrieb mangelhaft, der Bogenlampenbetrieb
unmöglich. Im übrigen kann jede Phase eines Mehrphasensystems
als ein Wechselstromsystem betrachtet und behandelt werden. Der
Vorteil dieses Systems besteht darin, daß wegen der zeitlichen Aufeinanderfolge der einzelnen Stromimpulse die Energie-
strömung niemals Null wird, wie beim Einphasensystem. Es laufen
deshalb die Motoren mit größerer Zugkraft ohne besondere Vorrichtungen an (vergl. 551) und es tritt außerdem eine Ersparnis an
Leitermaterial ein. Bei gleicher Spannung an den Verbrauchsstellen
und gleichem Verlust ist der Materialaufwand für dieselbe Anlage
beim Zweiphasensystem mit vier Drähten ebenso groß, wie bei Gleichstrom, mit drei Drähten 72,9% davon, beim Dreiphasensystem Δ-
Schaltung 75%, Y-Schaltung 25%, Y-Schaltung mit neutralem Draht
33,3% (vergl. Herzog u. Feldmann, Handbuch der el. Beleuchtung
1901, oder Berechnung elektr. Leitungsnetze, II. Aufl., 1904).

(693) **Gefahren.** Bei diesen Systemen wird gewöhnlich hohe
Spannung verwendet, die erhebliche Gefahren für das Leben derjenigen
in sich birgt, die mit dem Stromkreise in Berührung kommen; allerdings ist nicht eigentlich die Spannung selbst gefährlich, sondern in
erster Linie der Strom, den sie im Körper erzeugt; es kommt also
außer der Spannung noch auf die Art an, wie die Leitungen berührt
werden, und auf die Größe des Widerstandes, den der Körper dem
Strome bietet. Die Hauptgefahr besteht dann, wenn die primäre
Leitung einen Isolationsfehler gegen Erde und gleichzeitig Schluß
gegen die Sekundärleitung bekommt, so daß die sekundäre Leitung
mit der primären irgendwie in Berührung gerät. Dann ist jeder, der

die sekundäre Leitung berührt, der Gefahr ausgesetzt, einen Schlag von der primären Leitung zu erhalten. Bei diesen Anlagen ist (wie bei allen Anlagen mit hoher Spannung) eine vorzügliche Isolation und dauernde Fürsorge für deren Aufrechterhaltung unbedingtes, aber verhältnismäßig leicht zu erfüllendes Erfordernis. Bei sehr hoch gespannten Wechselströmen erhält auch eine gut isoliert aufgestellte Person bei Berührung nur einer Leitung durch Ladung elektrische Schläge.

Vgl. die Sicherheitsvorschriften des Verbandes Deutscher Elektrotechniker im Anhang.

Herstellung elektrischer Beleuchtungs-Anlagen.

Wahl des Verteilungssystems.

(694) Als erster Grundsatz ist zu beachten, daß die Anlage um so billiger und die Verteilung um so wirtschaftlicher wird, je höher man die Spannung der Anlage wählt. Bei gleicher Leistung und gleichem Verlust nimmt der Materialaufwand quadratisch mit der Betriebsspannung ab. Er sinkt also bei ihrer Verdoppelung auf $^1/_4$. Beliebig hoch kann man jedoch die Spannung aus Rücksichten für den Betrieb nicht wählen. In Mehrleitersystemen, Drei- und Fünfleiter, werden Spannungen bis zu 500 V angewendet, ebenso bei Kraftverteilungsanlagen, zB. bei Straßenbahnen. Bahnen mit eigenem Bahnkörper gehen mit der Spannung noch wesentlich höher. Kraftübertragung mit Wechselströmen ist bis zu 60 000 V gelungen (Telluride, V. St. Amerika, 56 km; ETZ 1899, S. 118, 154); die Frage der Lebensgefahr und der Störung benachbarter Betriebe läßt indes hier noch kein Urteil über die zulässige Grenze der Spannung zu. Soll die Anlage mit günstigstem Wirkungsgrad arbeiten, so hat man die Spannung V nach der übertragenen Leistung L zu bemessen; wird die letztere in KW angegeben, so wähle man $V = \sqrt{2\,L}$ Kilovolt. (Breisig, ETZ 1899, S. 383.) Bei Beleuchtungsanlagen des Zweileitersystems kann man bis 250 V gehen, da es gelungen ist, Glühlampen für solche Spannung herzustellen; die meisten derartigen Anlagen werden bis jetzt noch mit 110—120 V betrieben. Beleuchtungsanlagen mit sehr hoher Spannung werden in der Regel mit Wechselstrom und Transformatoren betrieben. Die Reihenschaltung hat ihre großen Bedenken wegen der Möglichkeit der Unterbrechung des Stromkreises; ist es bei Verwendung der vorhandenen Sicherungen auch sehr unwahrscheinlich, daß durch gewöhnliche Betriebsvorkommnisse eine Unterbrechung eintritt, so gibt man doch auf der anderen Seite jedem Abnehmer die Möglichkeit, die Leitung, sei es aus Unvorsichtigkeit, sei es aus böser Absicht, zu unterbrechen. Elektrolytische oder galvanoplastische Anlagen erfordern meist eine sehr geringe Spannung, die in der Regel weit unter 100 V bleibt, wenn nicht eine große Anzahl von Bädern in Serie geschaltet wird.

Befindet sich die Maschinenanlage weit von der Verwendungsstelle des Stromes, so ist es besonders wichtig, hohe Spannung zu wählen; dies ist zB. der Fall, wenn eine Wasserkraft ausgenutzt werden soll, welche einige Kilometer weit von einer Stadt entfernt liegt. Städtebeleuchtungen werden immer nach dem Parallelschaltungssystem ausgeführt; gegenwärtig wird meistens das Dreileitersystem oder das Drehstromsystem mit Transformatoren zur Reduktion der hohen Verteilungsspannung auf die niedere Verbrauchsspannung angewandt. Beim Dreileitersystem für 2×220 bis 2×250 V findet man häufig auch Kombinationen derart, daß dieselben Maschinen und Kessel für Bahnbetrieb mit 500 V verwendet werden.

Die Verwendung von Akkumulatoren, welche stets Gleichstrom (oder Umformung in solchen aus Wechselstrom- oder Drehstromnetzen) voraussetzt, empfiehlt sich da, wo die Maschinenstation während längerer Zeit nur einen geringeren Teil ihrer möglichen Leistung zu liefern hat, sowie da, wo es auf besondere Betriebssicherheit ankommt, wie zB. bei Theaterbeleuchtungen; ferner, wenn die Anlage besonders entlegene Teile enthält, die man durch Unterstationen mit Akkumulatoren speist. Im übrigen vgl. (687).

Maschinenanlage.

(695) **Größe der Dynamomaschinen und Reserve.** Nach dem Vorigen kennt man die Spannung und die Stromstärke, welche im ganzen von der Anlage gefordert werden. Bei kleinen Anlagen stellt man nur eine Maschine auf, welche imstande ist, die ganze Leistung zu bewältigen. Bei großen Anlagen gebraucht man mehrere Maschinen, die je nach den Betriebserfordernissen parallel geschaltet werden. Sehr viele kleinere Maschinen in einer Anlage aufzustellen, hat den Nachteil sehr umständlicher Bedienung; auch kosten mehrere kleinere Maschinen mehr als eine große Maschine, die ebensoviel leisten kann, wie die kleinen zusammen; dagegen werden die gerade im Betriebe befindlichen kleineren Maschinen wirtschaftlich besser ausgenutzt und man braucht als Reserve auch nur eine kleinere Maschine. Wenige große Maschinen sind verhältnismäßig einfach zu bedienen und sind billiger, als viele kleine; dagegen müssen sie oft einen Strom liefern, der nur einen geringen Bruchteil ihrer ganzen Leistungsfähigkeit beansprucht, und sie arbeiten in diesem Fall sehr wenig wirtschaftlich, ferner muß man als Reserve eine ebenso große Maschine haben, welche niemals oder selten in Betrieb kommt. Es ist also je nach den vorliegenden Umständen die Wahl der richtigen Größe und Zahl der Maschinen zu treffen.

(696) **Betriebskraft für die Dynamomaschine.** Bei vielen Anlagen ist bereits eine bestimmte Kraftquelle vorhanden, welche so weit gesteigert werden kann, daß man ihr die erforderliche Betriebskraft für die elektrische Anlage noch entnehmen kann. Dies ist besonders häufig bei kleinen Beleuchtungsanlagen der Fall. Wo angängig, empfiehlt es sich, für eine Beleuchtungsmaschine einen besonderen Motor aufzustellen, nicht die Dynamomaschine von einer Haupttransmission aus anzutreiben, welche zugleich eine wechselnde Zahl anderer Maschinen in Bewegung setzt. Die hierbei unvermeidlichen Tourenschwankungen machen sich im Licht unangenehm fühlbar.

Eine vorhandene Wasserkraft ist mit Vorteil zu benutzen, wenn sie bedeutendes Gefälle hat und genügend konstant ist; am geeignetsten betreibt man damit eine Turbine.

Ist für den Betrieb eine Kraftquelle noch nicht vorhanden, so wird man unter Berücksichtigung aller Verhältnisse eine Wahl zu treffen haben. Vgl. hierzu Abschn. V.

Bei den großen Zentralen verwendet man meistens langsam laufende Dampfmaschinen bester Bauart, direkt gekuppelt mit vielpoligen Gleichstrom-, Wechselstrom- oder Drehstrommaschinen. Bei den letzteren ist man durch die als normal angenommene Frequenz des Wechselstromes, in Deutschland meistens 50 Perioden in der Sek. oder 6000 Polwechsel in der Min., nicht frei in der Wahl der Polzahlen $2\,p$ für geg. Umdrehungszahl n. Das Produkt $2\,p\,n$ muß gleich 6000 sein. Das ergibt zB. bei 100 Umläufen 60 Pole, was bei Maschinen über 400 KW schon gut möglich ist. In neuerer Zeit verwendet man zuweilen auch große Gasmotoren, insbesondere solche für Gichtgase, dann auch Dampfturbinen, denen wegen des geringeren Raumbedarfs eine große Zukunft bevorsteht. Hier besteht die Schwierigkeit darin, daß man nur bestimmte Tourenzahlen bei 6000 Polwechseln zB. nur 1500, 1000, 750, 600 Umläufe verwenden kann und daß es schwer ist, die Umlaufszahl niedrig genug zu machen. Besonders bei Gleichstrommaschinen ergeben sich dadurch Schwierigkeiten in der Herstellung und Instandhaltung des Kollektors. Dampfturbinen kommen deshalb vorläufig wesentlich für hohe Leistungen und ein- oder mehrphasige Wechselstrommaschinen in Betracht, doch haben sie auch für Gleichstrommaschinen und für mittlere Leistungen bereits Anwendung gefunden.

Berechnung der Leitungen.

(697) **Größter und kleinster Querschnitt.** Die mechanischen Anforderungen der Festigkeit und Biegsamkeit setzen die Grenzen für die absolute Größe des Querschnittes fest; Drähte unter 1 mm² Querschnitt sind im allgemeinen zu schwach, sie zerreißen beim Verlegen leicht; Leiter über 1000 mm² Querschnitt sind zu steif, um aufgerollt zu werden. Ihr Transport ist deshalb zu umständlich.

(698) **Zusammenhang zwischen Querschnitt und Verlust.** Der Querschnitt einer unverzweigten Leitung wird berechnet nach der maximalen Stromstärke, welche die Leitung im regelmäßigen Betriebe zu ertragen hat, unter Umständen auch nach der zulässigen Erwärmung und immer nach dem zulässigen Spannungsverlust. Bedeutet

e den zulässigen Verlust längs der Leitung in V,

i die maximale Stromstärke in A,

q den zu ermittelnden Querschnitt in mm²,

l die Entfernung der Verwendungsstelle von der Stromquelle, die einfach gemessene Länge der Leitung in m (d. h. Hin- und Rückleitung zusammen $= 2\,l$),

so ist für Kupfer
$$q = \frac{1}{27{,}5} \cdot \frac{i\,l}{e},$$

für Aluminium um ²/₃ größer.

Um diese Rechnung zu erleichtern, gebraucht man die Tafel (3), S. 4. Die Abszissen enthalten das Produkt il, d. i. Ampere × Meter für den zu leitenden Strom, die Strahlen geben den zulässigen Spannungsverlust in Volt, die Ordinaten liefern den Querschnitt des Leiters; neben letzterem ist außerdem der zugehörige Durchmesser eines runden Drahtes angegeben.

Ist das Produkt Ampere × Meter größer als 1500, so schneidet man soviel Stellen ab, daß der Rest kleiner als 1500 wird, sucht für die erhaltene Zahl den Querschnitt und hängt an die Zahl, welche den Querschnitt angibt, soviel Nullen, bezw. versetzt das Dezimalkomma um soviel nach rechts, als man vorher Stellen abgeschnitten hat.

Umgekehrt kann man auch an ein kleines li Nullen ansetzen, um etwas genauer rechnen zu können, hat dann im Resultat wieder ebensoviel Nullen abzuschneiden. Für derartige Berechnungen enthält der rechte Rand der Tafel die Durchmesser zu den Querschnitten 10 bis 100 mm², welche man am linken Rande nicht ablesen kann.

(699) **Erwärmung.** Der nach dem vorigen bezeichnete Querschnitt muß so groß sein, daß der Leiter nicht erheblich erwärmt wird; in der Regel läßt man 10, auch bis zu 30° C Erwärmung zu.

Die Stromstärke, welche ein Kupferdraht vom Durchmesser d mm zu führen vermag, wenn die zulässige Erwärmung auf 10° C festgesetzt wird, ist angenähert[*)]

$$I = 5\ \sqrt{d^3}\ \text{für isolierte und verlegte Drähte}$$

Werte von $\sqrt{d^3}$.

$d =$	2	3	4	5	6	7	8	9	10	11	12	13
$\sqrt{d^3} =$	2,83	5,20	8,00	11,2	14,7	18,5	22,6	27,0	31,6	36,5	41,6	46,9

$d^3 =$	14	15	16	17	18	19	20	21	22	23	24	25
$\sqrt{d^3} =$	52,3	58,1	64,0	70,0	76,4	82,8	89,4	96,2	103	110	117	125

Die zulässigen Betriebsstromstärken sind vom Verbande Deutscher Elektrotechniker festgesetzt worden; vgl. Anhang.

Für blanke Leitungen ergeben sich verwickeltere Beziehungen, weil hier außer der Wärmeabgabe durch Strahlung auch die Abgabe durch Wärmeleitung in Betracht kommt. Bei einfachen Kabeln von Querschnitt q mm² ist die zulässige Stromstärke I für die Erwärmung t proportional $\sqrt{q}$, also dem Durchmesser des Kabels, und zwar $I = 7,5\ \sqrt{tq}$. Bei verseilten zwei- oder dreiadrigen Kabeln wird die Konstante von der Wurzel $\sqrt{2}$ bezw. $\sqrt{3}$ mal kleiner.

Bei aussetzendem Betrieb kann die vorübergehende Belastung höher genommen werden.

(700) **Abnahme der Spannung längs einer verzweigten Leitung**[**).] Ist die Spannung zwischen dem positiven und negativen Strang einer Leitung an einer Stelle bekannt, sind ferner die Strom-

---

[*)] Herzog und Feldmann. Die Berechnung elektrischer Leitungsnetze Berlin, 1903, 1904. Julius Springer. J. Teichmüller, Die Erwärmung der elektr. Leitungen. 1905, F. Enke.
[**)] Hochenegg, Zeitschrift für Elektrotechnik (Wien) 1887, S. 11, 62.

stärken in dieser Leitung und ihren sämtlichen Seitenzweigen gegeben, so kann man die Abnahme der Spannung längs der Hauptleitung zeichnen. Es sei die Spannung im Anfang O der Leitung J, und die Abzweigungen führen die Stromstärken i_1, i_2 usw.

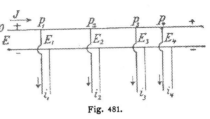

Auf der Abszissenachse eines rechtwinkligen Koordinatensystems trägt man die aufeinander folgenden Strecken der Hauptleitung und zwar

Fig. 481.

die Länge der Hin- und Rückleitung, von einer Abzweigungsstelle bis zur nächsten gerechnet, auf: OP_1, P_1P_2, P_2P_3 usw. An der Ordinatenachse bezeichnet OJ_1 die Stromstärke in der ersten Leiterstrecke OP_1, OJ_2 $= i_1$ die in P_1 abzweigende Stromstärke, J_1J_2 die Stromstärke in P_1P_2, $J_2J_3 = i_2$ den in P_2 abzweigenden Strom, J_1J_3 den Strom in P_2P_3 usw. Die Maße für die Leiterlängen und die Stromstärken sind willkürlich. Durch J_1 wird eine zur Abszissenachse parallele Gerade gelegt und auf derselben J_1C = Querschnitt $\times$ spezifischem Leitungsvermögen ($Q_1 \cdot \gamma_1$) für die

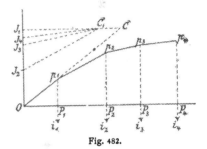

Fig. 482.

erste Leiterstrecke OP_1 abgemessen. Zieht man nun OC und die Ordinate in P_1, so ist $P_1p_1 : OP_1 = J_1O : J_1C$ oder $P_1p_1 = L_1 \cdot J_1/Q_1\gamma_1$ und dies ist der Spannungsverlust längs OP_1; L_1 bedeutet die Länge der Hin- und Rückleitung. Für die zweite

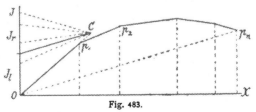

Fig. 483.

Strecke P_1P_2 sei der Querschnitt ein anderer als für OP_1, so daß $Q_2\gamma_2 = J_1C_1$ wird: ziehe nun J_2C_1 und hierzu die Parallele durch p_1, so ist P_2p_2 der Verlust von O bis P_2. Bleibt für die dritte Strecke Q derselbe wie für P_1P_2, so zieht man J_3C_1, parallel dazu $p_2p_3 : P_2p_3$ Verlust von O bis P_3 usw. Bei passend gewählten Maßstäben kann

man die Ordinaten ohne weiteres in Volt ablesen; dazu ist erforderlich, daß 1 A und 1 V durch die gleiche Länge, und 1 m Leiterlänge
wie 1 mm² Leitungsquerschnitt durch eine und dieselbe Länge dargestellt werden.

Erhält der Leiter OX von beiden Seiten Stromzuführung, so ist
zunächst zu ermitteln, welcher Teil des ganzen Stromes von der
einen, welcher von der anderen Seite zuströmt. Man wiederholt die
obige Konstruktion, indem man auf der Achse OX nicht mehr die
Längen, sondern L/Q aufträgt; an der Ordinatenachse werden die Stromstärken so aufgetragen, als wenn die Stromzuführung nur auf dieser
Seite stattfände. Der Punkt C wird im Abstand $= \gamma$ (spezifisches
Leitungsvermögen) von der Ordinatenachse beliebig, am praktischsten
nahe der Mitte von OJ gegenüber gewählt. Die Ausführung der Konstruktion nach dem vorigen gibt die Fig. 484; zieht man durch den
letzten Punkt der aufeinanderfolgenden Linien Op_1, p_1p_2 usw., durch
p_n eine Gerade nach O und zu Op_n eine Parallele, so wird die
Stromstärke OJ in zwei Teile zerlegt, von denen J_l bei O, J_r auf
der anderen Seite zugeführt wird. Verlegt man den Teilungspunkt
von J_r und J_l nach O, wählt C im richtigen Abstand $(= \gamma)$ in der
Achse OX, so findet man durch eine neue Konstruktion den richtigen
Spannungsverlust längs der Leitung, der an beiden Enden Null sein
muß, sowie auch die Stromstärken für jeden Teil der Leitung in leicht
ersichtlicher Weise.

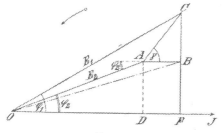

Fig. 484.

Dieselbe Rechnung kann auch analytisch durchgeführt werden,
indem man die Summe der Strommomente $\Sigma\, i\, l$ (Stromstärke
$\times$ Leitungslänge) entweder als das Doppelte von $i_1 \cdot OP_1 + i_2 \cdot OP_2$
$+ \ldots$ oder von $J \cdot OP_1 + J_{1,2} + \ldots$ bildet. Dann ist

a) bei gleichbleibendem Querschnitt $Q = \Sigma\, i\, l \cdot \rho/e$;

b) bei gleichbleibender Stromdichte $d = e\,/(\rho L)$, worin L die
doppelte Leitungslänge; $Q_n = J_n/d$. Beide Berechnungen führen zu
der gleichen Menge Leitungsmetall [*]);

c) geringste Menge Leitungsmetall. $Q_n = \dfrac{\rho}{e} \sqrt{J_n} \cdot \Sigma\, l \sqrt{J}$, worin

---

[*]) E. Müllendorff, ETZ 1892, S. 48.

l die Stücke der Leitung, J die Ströme in den Stücken der Hauptleitung sind. ρ ist hierin der spezifische Widerstand des Leitermaterials.

Bei Mehrleitersystemen rechnet man die beiden Außenleiter in
dieser Weise und wählt dann die neutralen Leiter etwa $\frac{1}{4}$ oder $\frac{1}{2}$
(oder selten sogar $\frac{1}{1}$) vom Querschnitt der Außenleiter.

Bei Wechselstrom muß man darauf achten, ob die Abnehmer der
Leitung verschobene Ströme entnehmen und ob die Leitung selbst
merkbare Induktanz L besitzt. Ist v die sek. Periodenzahl, $\omega = 2\pi v$,
so ist $\Re = \sqrt{R^2 + L^2\omega^2}$ die Impedanz oder (nach Herzog u. Feldmann) der Richtungswiderstand der Leitung. Ist $\overline{OA} = E_2$ die
Spannung am Ende der Linie, $\overline{OJ} = I$ der um φ_2 gegen sie ver-
zögerte Strom, $\overline{AB} = IR$ der ohmsche Verlust $\| \overline{OJ}$, $\overline{BC} = IL\omega$
der induktive Abfall $\perp \overline{OJ}$, also $\overline{AC} = I \cdot \Re$ der Verlust im Richtungswiderstand der Leitung, so stellt $E_1 = \overline{OC}$ nach Größe und Richtung
die Spannung dar, die dem Anfang der Linie zugeführt werden muß.
Aus der Figur kann man ableiten

$$E_1 = \sqrt{E_2{}^2 + (\Re I)^2 + 2 E_2 I (R \cos \varphi_2 + L\omega \sin \varphi_2)}$$
$$\sin \varphi_1 = \frac{E_2 \sin \varphi_2 + L\omega I}{E_1}.$$

Für induktionsfreie Leitung ($\Re = R$ und $\gamma = 0$) erhält man in
$\varphi_1 = \frac{E_2}{E_1} \cdot \sin \varphi_2$, und für $\varphi_2 = 0 : E_1 = E_2 + RI$, das Ohmsche Gesetz
in der einfachsten Form.

Den Faktor $f = \dfrac{\Re}{R}$ hat Kennelly als Impedanzfaktor bezeichnet.
Der tatsächliche Verlust ist kleiner als der, den man erhält, wenn
man den Ohmschen Verlust mit f multipliziert, weil E_1 und E_2 in
der Richtung nicht übereinstimmen.

(701) **Schwerpunktsprinzip.** Wenn längs einer Leitung an verschiedenen Stellen Ströme abgenommen werden, so kann man für
Berechnungszwecke die Einzelabnahmen durch eine einzige Abnahme
ersetzen. Die Stromstärke der letzteren ist gleich der Summe aller
einzeln abgenommenen Ströme. Sind r_1, r_2, $r_3 \ldots r_n$ die Widerstände,
i_1, i_2, $i_3 \ldots i_n$ die Ströme in den aufeinanderfolgenden Abschnitten
der Leitung, so ist der Widerstand der Leitung bis zu dem gesuchten
Punkte, wo der Ersatzstrom abfließt,

$$\sum_1^{n-1} (ir) \Big/ \sum_1^{n-1} i.$$

(702) **Stromkomponenten.** Wenn von einem mittleren Punkte
eines Leiters in einem verzweigten Stromkreise der Strom i abgenommen wird, so fließen die beiden Teile i_1 und i_2 des letzteren
von den beiden Seiten zu. Die Abnahmestelle des Stromes zerlege
den Leiter in zwei Teile von den Widerständen r_1 und r_2. Dann ist
$i_1 = i \cdot \dfrac{r_1}{r_1 + r_2}$ und $i_2 = i - i_1 = i \cdot \dfrac{r_2}{r_1 + r_2}$. Haben die Endpunkte
des Leiters verschiedene Potentiale U_1 und U_2, so kommt zu jedem

der beiden Ausdrücke noch der Wert $(U_1 - U_2) / (r_1 + r_2)$ hinzu. Werden längs der Leitung mehrere Ströme abgegeben, so hat man nach (701) den Ersatzstrom zu berechnen und erhält $i_1 = \Sigma i r / \Sigma r$, $i_2 = i - i_1$. Spannungen zwischen den Endpunkten werden durch Hinzufügen von $(U_1 - U_2 / \Sigma r$ berücksichtigt.

Dieses Prinzip gestattet die von Herzog und Feldmann eingeführte Verlegung der Belastungen auf die Knotenpunkte eines Netzes und dadurch immer eine Vereinfachung der Berechnung der Stromverteilung in einem mehrfach geschlossenen Netze.

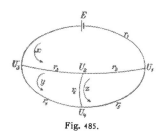

Fig. 485.

(703) **Maxwells Regel.** In einem Netze, Fig. 485, seien U die Werte des Potentials an den Knotenpunkten, r die Widerstände der Zweige zwischen den Knotenpunkten. Das Stromnetz zerfällt in drei Maschen, in denen man die Ströme x, y, z annimmt. Die positive Richtung dieser gedachten Maschenströme ist die dem Uhrzeiger entgegengesetzte. Die wirklich in den Leitern fließenden Ströme sind demnach:

in	r_1	r_2	r_3	r_4	r_5	r_6
Strom	x	$x-z$	$x-y$	y	z	$y-z$.

Für die erste Masche erhält man:
$$U_3 - U_1 = E - r_1 x; \quad U_3 - U_2 = r_3(x-y); \quad U_2 - U_1 = r_2(x-z).$$
Die Subtraktion der beiden letzten Gleichungen von den ersten ergibt
$$E = x(r_1 + r_2 + r_3) - r_2 z - r_3 y.$$
Solche Gleichungen erhält man so viele, als Maschen vorhanden sind; man berechnet aus ihnen die Maschenströme und aus letzteren die wirklich vorhandenen Ströme.

(704) Die älteste Methode ist die von Herzog ersonnene Schnitt-methode. (ETZ 1890, S. 221, 445.) Ein Verteilungsnetz besteht aus Haupt- und Speiseleitungen; von letzteren führen die Zweig-leitungen zu den Verbrauchs-stellen. Jede Speiseleitung, von einer Hauptleistung bis zur nächsten gerechnet, erhält im allgemeinen Strom von beiden Enden; die Spannungen an letzteren seien V_I und V_{II} (Fig. 486); sie können entweder gleich sein, weil die Spannung durch geeignete Regulierung an den Verteilungspunkten konstant gehalten wird, oder sie sind ungleich und unterscheiden sich um die Größe v. Von der Speiseleitung zweigen die Ströme i_1 bis i_4 ab; sie werden z. T. von I her, z. T. von II her geliefert. Bei einem mittleren Punkte, zB. bei 2, treffen sich die Ströme von links und rechts; man kann also im Punkte 2 die Leitung aufschneiden, wie im oberen Teil

Fig. 486.

der Fig. 486 geschehen und kann nun die Spannungsverluste längs
der Leitung berechnen; die Spannungen bei 2 von links und von
rechts her sind gleich. Man erhält allgemein

$$V_I - 2(x_2 R_2 + i_1 R_1) = V_{II} - 2[y_2(R - R_2) + i_3(R - R_3) + i_4(R - R_4)]$$

und da $x_2 + y_2 = i_2$ und $V_I - V_{II} = v$, so erhält man

$$x_2 = \frac{v}{2R} + i_2 + i_3 + i_4 = \frac{\overset{4}{\underset{1}{\Sigma}} i_n R_n}{R}.$$

Hat man den richtigen Schnittpunkt getroffen, so besitzen x und y
gleiches Vorzeichen; ist dies nicht der Fall, so ergibt sich bei Ein-
zeichnung der Stromverteilung der richtige Schnittpunkt ohne neue
Rechnung an der Stelle, wo zwei entgegengesetzte Komponenten-
ströme sich zum Strom eines Abnehmers i_n zusammensetzen.

Ist die Leitung ein in sich geschlossener Ring mit nur einer
Stromzuführung, so fallen I und II zusammen und $V_I = V_{II}$.

Um ein ganzes Leitungsnetz zu behandeln, denke man sich jede
Masche in einem Verzweigungspunkt aufgeschnitten, so daß das Netz
in lauter offene Teile zerfällt, und daß kein Leiterstück ohne Zusammenhang mit der Zentrale bleibt. Die in den Leiterstücken
fließenden Ströme sind die Unbekannten, für die man die Bedingungs-
gleichungen aufstellt; aus letzteren erhält man die Ströme, ausgedrückt
durch die Stromabnahmen an den Abzweigepunkten und die Widerstände der Leitungen. Die wahren Schnittpunkte, d. h. diejenigen,
in denen man das Netz aufschneiden kann, ohne die Stromverteilung
zu stören, findet man, soweit man sie bei dem vorigen Verfahren
nicht schon getroffen hat, indem man in der Richtung der berechneten
Ströme fortschreitet, bis die zwei Ströme x und y in bezug auf denselben Schnittpunkt positiv sind. Aus den wahren Schnittpunkten
berechnet man die Zahlenwerte der Spannungsverluste. Will man
den Einfluß der Veränderung von Leitungsquerschnitten oder von
Stromentnahmen auf die Stromverteilung bestimmen, so läßt sich ein
aus Rechnung und graphischer Darstellung zusammengesetztes Verfahren einschlagen, das in der ETZ 1890, S. 446 beschrieben ist. Bei
Leitungsnetzen für Wechselstrom kann man näherungsweise dasselbe
Verfahren verwenden. Die genauen Rechnungen sind hier, wenn die
Leitungen selbst mit Induktanz und Kapazität behaftet sind und die
Konsumenten phasenverschobene Ströme der Leitung entnehmen,
meist ziemlich verwickelt.

(705) **Transfigurationsmethode.** Um die vielen Gleichungen,
die sich bei einem mehrfach geschlossenen Netz ergeben, zu verringern, kann man einzelne Teile des Netzes transfigurieren
und auf diese Weise die Rechnung vereinfachen. Das Prinzip der
Umwandlung eines Dreiecks in einen widerstandstreuen Stern ist von
Kennelly für Drehstrom ausgesprochen und von Herzog und Feldmann
auf Netzteile und ganze Netze angewandt worden.

Wollen wir das Dreieck mit den Eckpotentialen A, B, C und den
Widerständen a, b, c durch den widerstandstreuen Stern α, β, γ er-
setzen, so ist $\alpha = \dfrac{b \cdot c}{a + b + c}$, $\beta = \dfrac{a c}{a + b + c}$, $\gamma = \dfrac{a b}{a + b + c}$. Ist

der Stern D (Fig. 487 u. 488) mit den Schenkeln AD, BD, CD, deren Leitfähigkeiten k_α, k_β, k_γ sind, durch das Dreieck mit den Leitfähigkeiten k_a, k_b, k_c zu ersetzen, dann ist $k_a = \dfrac{k_\beta k_\gamma}{k_\alpha + k_\beta + k_\gamma}$ und für k_b, k_c gelten analoge Ausdrücke.

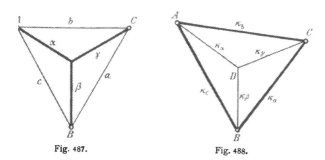

Fig. 487.   Fig. 488.

Sind zwei Dreiecke durch zwei Zwischenleiter miteinander verknüpft, so läßt sich Fig. 489 durch zwei Schnitte der Querleiter $O_1 O_2$ und $O_1' O_2'$ und Transfigurations- und Schnittmethode der Fall behandeln. Die Schnitte können auch in den Zwischenleitern $O_1 O_1'$ und $O_2 O_2'$ gewählt werden. Nach dem Prinzip der Transfiguration genügt es, die beiden Dreiecke in die Sterne M und M' umzuwandeln und dann die parallel geschalteten Widerstände $MO_1 O_1' M'$ und $MO_2 O_2' M'$ durch einen äquivalenten zu ersetzen.

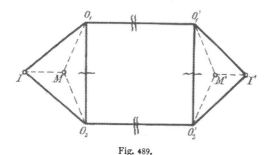

Fig. 489.

Dies kann rechnerisch, oder auch graphisch geschehen. Eine Reihe von Methoden auch für induktive Widerstände findet sich bei Herzog u. Feldmann, Leitungsnetze, samt der Anwendung der Transfiguration auf ganze Netze.

Berechnung von Anlagen.

(706) Wirtschaftlicher Spannungsverlust. In der Leitung wird eine Wärmemenge erzeugt, welche nach (79) in der Sekunde 0,24 $i^2 r$ g-cal beträgt. Die dieser Wärmemenge gleichwertige Elektrizitätsmenge muß in der Dynamomaschine erzeugt werden; da sie ohne praktischen Nutzen an die Umgebung abgegeben wird, so stellt sie einen Betriebsverlust dar. Man kann diese Wärmeerzeugung verringern durch Verwendung stärkerer Leitungen; allein für letztere hat man wieder höhere Anlagekosten aufzuwenden, deren jährliche Zinsen und Tilgung als Betriebskosten in Rechnung gesetzt werden müssen. Zwischen den beiden Extremen: dünne Leitungen, d. i. geringe Anlagekosten und großer Betriebsverlust, und starke Leitungen, d. i. große Anlagekosten und geringer Betriebsverlust, ist die richtige Mitte, das Minimum der Summe beider Kostenpunkte zu suchen.

Während des Jahres wird in der Leitung eine gewisse Energiemenge in Wärme verwandelt, welche von der höchsten Stromstärke I und der Art und Dauer des Betriebes abhängt: diese Energiemenge sei $= T I^2 r$ Wattstunden $= \frac{1}{500} T I^2 r$ Pferdestunden, worin T eine gewisse Anzahl von Betriebsstunden angibt. Es wird hier angenommen, daß 1 Pferd 500 Watt liefert; dies trifft im allgemeinen zu, da ja die Maschinen während des Betriebes oft längere Zeit hindurch nur verhältnismäßig geringen Strom zu liefern haben; dann kommt aber der ganze Leerlauf auf eine geringe Nutzleistung. Die Zahl 600 Watt für 1 P dürfte demnach hier zu hoch gegriffen sein.

Bestimmung von T. Wollte man die Wärmemenge, welche im Jahr in der Leitung erzeugt wird, genau berechnen, so müßte man das Integral $\int i^2 dt$ ausrechnen; dies wäre aber unausführbar, besonders da es sich in der Regel nicht um eine Bestimmung aus vorliegenden Betriebsberichten, sondern um eine Veranschlagung nach mutmaßlichen Verhältnissen handelt. Es ist demnach an Stelle der mathematisch strengen Berechnung ein praktisches Näherungsverfahren zu setzen. Schreibt man zunächst $\int i^2 dt = I^2 \cdot \int \left(\frac{i}{I}\right)^2 dt$, und setzt fest, daß als Zeitelement dt eine Stunde gilt, so wird verlangt, daß man für alle Betriebsstunden die vorhandene Stromstärke im Verhältnis zur maximalen Stromstärke kennt; diese Anforderung ist aber für jeden einzelnen Fall mit genügender Genauigkeit durch Abschätzung zu erfüllen; außerdem sind Kurven, welche den Verbrauch einer Anlage nach seinem zeitlichen Verlauf während des Tages darstellen, für eine große Zahl verschiedener Anlagen und für die verschiedenen Jahreszeiten bekannt. Man stellt also einen mutmaßlichen Betriebsbericht auf, welcher für das ganze Jahr das Verhältnis der vorhandenen Stromstärke zur maximalen i/I enthält; dabei kann man sich auf eine kleine Zahl von Tagen, die gleichmäßig über das ganze Jahr verteilt werden, beschränken. Für jede Stunde bildet man das Quadrat des Verhältnisses i/I; darauf summiert man alle Quadrate und dies gibt den Wert des Integrals $\int \left(\frac{i}{I}\right)^2 dt$ mit der erforderlichen

Genauigkeit. Als Beispiel diene die nachfolgende Tabelle, nach deren Schema die Berechnung jedes vorliegenden Falles mit beliebiger Ausführlichkeit angestellt werden kann; die Zahlen dieses Beispieles sind willkürlich zusammengestellt. Die Summe der $(i/I)^2$ ergibt sich für 8 Tage zu 39,78, also fürs ganze Jahr $\dfrac{365}{8} \cdot 39,78 = 1800$.

Die im Jahre in der Leitung verlorene Energie beträgt $1800 \cdot \dfrac{1}{500} I^2 r$ Pferdestunden.

Setzt man in diesem Beispiel etwa $I = 10\,000$ A, $r = 0,0004$ Ohm, so geht jährlich verloren:

$$\frac{1800}{500} \cdot 10\,000^2 \cdot \frac{4}{10\,000} = 144\,000 \text{ Pferdestunden.}$$

Tagesstunden	21. Dezember		5. Febr.		22. März		7. Mai		21. Juni		6. Aug.		21. September		6. November	
Nachmittag	$\frac{i}{I}$	$\left(\frac{i}{I}\right)^2$	$\frac{i}{I}$	$\left(\frac{i}{I}\right)^2$	$\frac{i}{I}$	$\left(\frac{i}{I}\right)^2$	$\frac{i}{I}$	$\left(\frac{i}{I}\right)^2$	$\frac{i}{I}$	$\left(\frac{i}{I}\right)^2$	$\frac{i}{I}$	$\left(\frac{i}{I}\right)^2$	$\frac{i}{I}$	$\left(\frac{i}{I}\right)^2$	$\frac{i}{I}$	$\left(\frac{i}{I}\right)^2$
2—3																
3—4	0,3	0,09	0,1	0,01											0,1	0,01
4—5	0,4	0,16	0,3	0,09	0,1	0,01							0,1	0,01	0,3	0,09
5—6	0,6	0,36	0,5	0,25	0,3	0,09	0,1	0,01			0,1	0,01	0,3	0,09	0,5	0,25
6—7	0,7	0,49	0,6	0,36	0,6	0,36	0,2	0,04	0,1	0,01	0,2	0,04	0,6	0,36	0,6	0,36
7—8	0,8	0,64	0,7	0,49	0,7	0,49	0,4	0,16	0,2	0,04	0,4	0,16	0,7	0,49	0,7	0,49
8—9	0,9	0,81	0,9	0,81	0,9	0,81	0,8	0,64	0,3	0,09	0,8	0,64	0,9	0,81	0,9	0,81
9—10	1,0	1,00	1,0	1,00	1,0	1,00	0,9	0,81	0,6	0,36	0,9	0,81	1,0	1,00	1,0	1,00
10—11	1,0	1,00	1,0	1,00	1,0	1,00	1,0	1,00	0,9	0,81	1,0	1,00	1,0	1,00	1,0	1,00
11—12	0,9	0,81	0,9	0,81	0,9	0,81	0,9	0,81	0,8	0,64	0,9	0,81	0,9	0,81	0,9	0,81
Mitternacht																
12—1	0,8	0,64	0,8	0,64	0,7	0,49	0,7	0,49	0,6	0,36	0,7	0,49	0,7	0,49	0,8	0,64
1—2	0,6	0,36	0,6	0,36	0,5	0,25	0,4	0,16	0,3	0,09	0,4	0,16	0,5	0,25	0,6	0,36
2—3	0,4	0,16	0,3	0,09	0,2	0,04	0,1	0,01	0,1	0,01	0,1	0,01	0,2	0,04	0,3	0,09
3—4	0,2	0,04	0,1	0,01											0,1	0,01
4—5	0,1	0,04														
5—6																
		6,57		5,92		5,35		4,13		2,41		4,13		5,35		5,92

(707) Nachdem T ermittelt worden, ist es leicht, die gesamten Betriebskosten der Leitung durch den Querschnitt auszudrücken. Da $r = \rho \cdot \dfrac{l}{q}$, so ist die verlorene Energiemenge $= \dfrac{1}{500} T \cdot I^2 \cdot \rho \cdot \dfrac{l}{q}$ Pferdestunden, und wenn eine Pferdestunde m Mark kostet, so ist der Wert dieser verlorenen Energiemenge

$$\frac{\rho \cdot m}{500} \cdot T\, I^2 \cdot \frac{l}{q} \text{ Mark.}$$

Die Anlagekosten betragen $l \cdot (aq + b)$, worin der Klammerausdruck den Preis von 1 m der Leitung bei Querschnitten über 10—20 mm² bedeutet; a und b hängen von der gewählten Isolation ab. Von den Anlagekosten hat man jährlich einen bestimmten Teil als Zins- und Tilgungsbetrag in Rechnung zu setzen; dieser Teil werde mit z bezeichnet (z. B. $12\% : z = 0{,}12$). Dann sind die gesamten jährlichen Kosten der Leitung

$$\frac{\rho \cdot m}{500} \cdot T\, I^2 \cdot \frac{l}{q} + z l\,(a q + b).$$

worin alles außer q bekannt und gegeben ist. Dieser Ausdruck wird ein Minimum für

$$q_r = \sqrt{\frac{\rho \cdot m}{500}\ T\, I^2 \cdot l \cdot \frac{1}{z \cdot l \cdot a}} = I \cdot \sqrt{\frac{q m\ T}{500\, z a}}.$$

Die Größe $\sqrt{\dfrac{\rho m\ T}{500\, z a}}$ gibt demnach eine Konstante, mit der die Stromstärke (in A) zu multiplizieren ist, um den Querschnitt (in mm²) zu erhalten. Ist z. B. $T = 1800$, $\rho = \frac{1}{55}$, $m = 0{,}1$, $z = 0{,}1$, $a = \frac{1}{30}$, so wird diese Konstante $= 1{,}4$, d. h. für jedes Ampere ist 1,4 mm² Kupferquerschnitt zu rechnen. Man hat hiernach nicht eine allgemein gültige Zahl von etwa 2 A auf das Quadratmillimeter, sondern eine je nach den Betriebsverhältnissen (m und T), der Wahl des Kabels (a) und der Beschaffung der Anlagekosten (z) abhängige Größe, welche für jede Anlage einen dieser eigentümlichen Wert besitzt.

Der mit diesen Konstanten berechnete Querschnitt heißt der „wirtschaftliche Querschnitt"; ebenso gibt es auch einen wirtschaftlichen Spannungsverlust, welcher sich aus dem ersteren leicht berechnen läßt. Es ist nämlich

$$p_r = I \cdot r_r = I \cdot \rho \cdot \frac{l}{q_r} = l \cdot \sqrt{\frac{500\ z a \rho}{m\ T}}.$$

Der Verlust beträgt also für jedes Meter: $\sqrt{\dfrac{500\ z a \rho}{m\ T}}$ Volt, z. B. für die oben angegebenen Werte der Konstanten für 1 m 0,013 V.

Dieser wirtschaftliche Spannungsverlust ist unabhängig von der Spannung, mit welcher die Anlage betrieben wird.

(708) Ausnützung einer Zentrale. Maßgebend ist das Verhältnis der gesamten Jahres-Stromabgabe zur größten, während des Jahres vorkommenden stündlichen Stromabgabe; dieses Verhältnis gibt eine ideelle Brennstundenzahl an. Statt dessen wird häufig das Verhältnis der Jahres-Stromabgabe zur Zahl der installierten Lampen, gleichfalls in Form einer Brennstundenzahl benutzt. Die erstere Zahl ist bei großen Zentralen ungefähr doppelt so groß als die letztere; doch hängt diese wesentlich von der Art des Strombedürfnisses (Läden, Wirtschaften, Privatwohnungen usw.) ab, während die zuerst definierte ziemlich konstant ist und z. B. bei den Gasanstalten 1400 bis 1600 Stunden beträgt; die Berliner Elektrizitätswerke erreichten 1893/94 schon 1300. (ETZ 1896, S. 43.) Man kann darauf rechnen, daß von dem Strombedarf aller angeschlossenen Lampen zur stärksten Betriebszeit höchstens $\frac{1}{2}$ bis $\frac{2}{3}$ zu decken ist. Die durchschnittliche Jahresbelastung der Maschinen ist auf etwa 6 bis 8 % des Strombedarfs aller angeschlossenen Lampen zu veranschlagen.

(709) Gang der Berechnung eines Leitungsnetzes. a) **Ort
der Maschinenanlage.** Soweit es die vorliegenden Umstände, die
verfügbaren Grundstücke usw. gestatten, wird ein Platz gewählt, der
in bezug auf Kohlen- und Wasserzufuhr günstig liegt; bei Niederspannungsanlagen soll er außerdem möglichst nahe dem Schwerpunkt
des zu versorgenden Gebietes liegen. Bei Hochspannungsanlagen
entfällt dieser Gesichtspunkt, da man nach den Schwerpunkten des
Verteilungsgebietes, das man sich in entsprechende Bezirke eingeteilt
denkt, die Speiseleitungen ohne erheblichen Verlust führen kann. Man
wählt diese (für die Leitungsberechnung zuerst von Teichmüller
verwendeten) Bezirke nach Kenntnis der örtlichen Verhältnisse, indem
man der Bedeutung der anzuschließenden Objekte, der Löschbarkeit,
der Betriebssicherheit bei Beschädigungen einzelner Stränge, u. a.
Gesichtspunkten tunlichst Rechnung trägt. Wichtig ist insbesondere
die bequeme Beschaffung des Kondens- und Kesselspeisewassers, doch
können u. U. andere Gesichtspunkte, zB. der der gemeinsamen Verwaltung des Elektrizitätswerkes mit einem anderen zB. dem Wasser-
oder Gaswerk ausschlaggebend sein. In den Plan werden die durch
Umfragen nur annähernd zu ermittelnden voraussichtlichen Stromentnahmen eingetragen und dann kann mit dem Entwurfe des Netzes
begonnen werden. b) **Speise- oder Verteilungspunkte.** An geeigneten Stellen in dem zu versorgenden Bezirk werden Speisepunkte
angeordnet; für die Wahl dieser Punkte ist in erster Linie eine wirtschaftliche Betrachtung nach Art der in (706 u. 707) dargestellten maßgebend; die Kosten für Speiseleitungen und Verteilungsnetz soll ein
Minimum, zugleich auch die Jahreskosten des ganzen Netzes ein Minimum
werden. Man findet eine günstigste Zahl Speisepunkte, die aber in
jedem Fall, je nach Art, Größe und Gestalt des zu versorgenden Be-
zirkes, verschieden ist. Ausführlichere Betrachtungen s. Teichmüller,
Die elektrischen Leitungen, ferner A. Sengel, ETZ 1899, S. 807, und
Herzog und Feldmann, Leitungsnetze, II. Aufl. Die Speisepunkte, an
denen die Spannung gleich gehalten wird, sind für ihre Nachbarschaft
als Stromquelle zu betrachten; sie werden durch die Verteilungsleitungen zum Netze verbunden, so daß sie sich gegenseitig unterstützen. Besonders starke Abnahmestellen, und solche, deren Verbrauch stark schwankt, sollen nicht zu nahe bei einem Speisepunkt,
sondern besser in der Mitte zwischen mehreren liegen. Die Speisepunkte werden an geeignete Stellen, besonders Straßenkreuzungen,
gelegt. Ihre Entfernung beträgt bei Niederspannung (120 V) im allgemeinen zwischen 150 m (im dichteren Teil des Netzes) und 250 m
(im weniger stark belasteten Gebiete), bei Hochspannung erheblich
mehr. c) **Speiseleitungen.** Nach jedem Speisepunkt führt eine
Speiseleitung (die Straßen entlang), die sich im allgemeinen nicht
verzweigt. Verfolgen mehrere Speiseleitungen auf einen größeren Teil
ihrer Längen den gleichen Weg, so kann man sie zu Sammelleitungen
vereinigen. Für die Speiseleitungen gelten die Betrachtungen aus (706
u. 707); der Spannungsverlust beträgt meist $10-12\%$. Besonders kurze
Speiseleitungen werden durch Vorschaltung von Widerstand künstlich
verlängert. Bei Verwendung von Akkumulatoren kann man auch die
Spannung an verschiedenen Speisepunkten verschieden hoch halten.
Bei der Berechnung der Speiseleitungen ist auf Elastizität (665)

keine Rücksicht zu nehmen. d) Verteilungsleitungen. Sie verbinden die Speisepunkte zu einem vollständigen Netz; sie führen, wie die Speiseleitungen, die Straßen entlang und senden hier Abzweigungen in die Häuser aus; in Straßen mit starker Stromabnahme empfiehlt es sich häufig, Verteilungsleitungen auf beiden Straßenseiten zu legen. Das Verteilungsnetz wird zuerst gezeichnet, ehe man die Speisepunkte endgültig wählt; die Stromabnahmen werden an ihrer Stelle mit ihrer höchsten Stromstärke und nach ihrer Art eingetragen. Dann schneidet man nach (704) die Leitungen auf, wobei die Stromabnahmen auf die Kreuzungspunkte der Verteilungsleitungen und schließlich auf die Speisepunkte übertragen werden. Größere Netze kann man in Bezirke teilen; da in allen Speisepunkten dasselbe Potential herrscht, so kann man durch eine Linie, welche nur durch Speisepunkte geht, aber keine Verteilungsleitung (ausgenommen solche von ganz geringer Bedeutung) schneidet, das Netz zerlegen. Jeder Bezirk kann für sich behandelt werden und die sich ergebenden Speiseleiterströme benachbarter Bezirke werden dann superponiert.

Hat man die Ströme im Netz, so ergibt sich der Querschnitt nach den Forderungen der Löschbarkeit; die Spannung darf nirgends im Netz um mehr als 2% schwanken, oder der Spannungsverlust darf vom Speisepunkt bis zur Verwendungsstelle bei voller Löschung nur 2% betragen.

Es ergeben sich bei der Rechnung sehr verschiedene Querschnitte. Zunächst darf der Querschnitt sich von einem Kreuzungspunkt zum nächsten nicht ändern; dann sollen auch die wichtigsten Verteilungsleitungen, die den Ausgleich zwischen den Speisepunkten vermitteln, von einem Speisepunkt zum andern denselben Querschnitt beibehalten. Schließlich ist es zweckmäßig, überhaupt nur eine mäßige Zahl verschiedener Querschnitte im Netz zu verwenden.

(710) Entwurf kleiner Anlagen. Es wird eine genaue Grundrißzeichnung der betreffenden Baulichkeit zugrunde gelegt; u. U. werden auch Teile von Aufrißzeichnungen notwendig. In dem Grundriß vermerkt man zunächst die Verbrauchsstellen mit ihrem Bedarf; darauf bestimmt man den Ort des Stromerzeugers ebenso, wie in (709, a) angegeben. Meistens ist indes eine andere Rücksicht für die Wahl des Maschinenraumes maßgebend, so daß man den Schwerpunkt überhaupt nicht zu suchen braucht.

Nachdem nun die Stelle der Stromquelle und die Verbrauchsstellen bestimmt sind, handelt es sich um die Verbindung beider. Bei einfacher Reihenschaltung wäre dies eine rein geometrische Aufgabe, vielleicht mit einigen Bedingungen elektrischer Natur. Bei Parallelschaltungen vereinigt man nahegelegene Lampen zu Gruppen mit gemeinschaftlicher Leitung; mehrere benachbarte Gruppen führt man wieder in eine größere Leitung zusammen. Dabei bedenke man indes, daß das Ideal einer Parallelschaltungsanlage in bezug auf die genaue Regulierung darin besteht, daß jede einzelne Verbrauchsstelle von der Maschine aus ihre eigene Leitung erhält; so wenig man dies in der Praxis ausführen wird, so mag man doch die Vereinigung der Verbrauchsstellen zu Gruppen mit gemeinschaftlicher Leitung nicht allzu weit treiben. Maßgebend für die Aufstellung der Pläne von Leitungsanlagen sind die Sicherheitsvorschriften des Verbandes Deutscher

Elektrotechniker (im Anhang), wo auch die Zeichen für die Eintragung der Leitungen, Lampen, Sicherungen usw. in die Pläne angegeben werden.

Sind die Leitungen im Plane eingezeichnet, so bestimmt man die Stromstärken und die Längen; ist der zulässige Gesamtspannungsverlust angenommen, so verteilt man ihn auf die Leitungsstrecken, für welche man mit Hilfe der Tafel (3), Fig. 1, Seite 4, den Leitungsquerschnitt bezw. Durchmesser ermittelt. Diese ganze Rechnung richtet man so ein, daß man die Ausführung rein mechanisch nach bestimmter Schablone bewirken kann; denn andernfalls ermüdet sie unnötig. Vor allem vergesse man bei diesen Rechnungen nicht, daß die geforderte Genauigkeit nur eine geringe ist. Hat man schließlich die Zahlen für die Querschnitte gefunden, so ist es doch unmöglich, die Leitungen genau nach diesen Zahlen auszuführen, weil man sich nach den im Handel vorkommenden Querschnitten richten muß; man verändert also die berechneten Zahlen doch wieder um mehrere Prozent und es hat deshalb wenig Wert, bei der Berechnung der Leitungen genauer als auf etwa 5% zu rechnen. Jedenfalls ist der Rechenschieber das geeignetste und brauchbarste Hilfsmittel hierbei.

Ist die Rechnung durchgeführt, so kann man sich nach der in (704) angegebenen Methode davon überzeugen, ob die Widerstände für eine gleichmäßige Netzspannung richtig berechnet sind.

Schaltapparate und Sicherungen.

(711) Aus- und Umschalter. Diese Apparate dienen zur Ein- und Ausschaltung von Stromkreisen und Verbrauchsapparaten bezw. zu deren Umschaltung, d. h. zur Änderung ihrer Verteilung und Gruppierung. Man unterscheidet zwei Hauptgruppen:

1. die **Installationsschalter**, überwiegend für geringere Energiemengen bemessen, die hauptsächlich in Licht- und Kraftanlagen privater Stromabnehmer Verwendung finden;

2. **Betriebsschalter** für größere Verbrauchsapparate in technischen Betrieben, sowie zur Umschaltung eventuell stark belasteter Stromerzeuger und Leitungsgruppen.

Die Installationsschalter, jetzt meistens als Drehschalter ausgebildet, sind Massenartikel, die meist von wenig sachverständigem Personal gehandhabt werden, sie müssen daher einfach und dauerhaft sein. Auf den Schutz der unter Spannung stehenden Teile vor zufälliger Berührung ist besondere Sorgfalt zu verwenden.

Die Betriebsschalter müssen in erster Linie ihrem besonderem Zwecke entsprechend sorgfältig durchgebildet sein, zumal wenn sie für große Energiemengen, sei es unter hoher Spannung oder bei hohen Stromstärken, bestimmt sind. Die Betriebsschalter haben meist den Bedürfnissen des regulären Betriebes zu entsprechen, bieten aber häufig auch die letzte Möglichkeit, schwere Betriebsstörungen abzuwenden (Kurzschluß, Überlastung usw.). Besonders der letztere Gesichtspunkt ist von Einfluß auf ihre Konstruktion und auf ihre örtliche Anordnung.

Die Kontaktflächen sollen groß und eben sein, im Kontakte müssen die Flächen mit großer Kraft festgehalten werden. Man kann im allgemeinen auf je 5 Ampere Normalstromstärke 1 cm² einseitige Kontaktfläche rechnen, bei spezieller konstruktiver Durchbildung, beispielsweise bei gut unterteilten federnden Kontakten, erheblich mehr, ev. bis 30 Ampere.

Um den zerstörenden Einfluß der Funkenbildung bei der Ausschaltung unschädlich zu machen, werden bisweilen zwei Unterbrechungsstellen nebeneinander verwendet; die eine, aus Metallflächen gebildet, dient zur Herstellung des eigentlichen innigen Kontaktes; diese wird bei der Ausschaltung zuerst unterbrochen. Ihr parallel geschaltet besteht ein zweiter Kontakt aus zwei gegeneinander gepreßten Kohlenstäben oder Blöcken, bei deren Unterbrechung erst sich der Ausschaltungsfunke bildet.

Betriebsschalter für Niederspannung sind meist als Hebelschalter ausgebildet; außer in elektrischen Betriebsräumen müssen sie Momentschalter sein. Bei Ausschaltern für höhere Spannungen tritt die Notwendigkeit rascher Stromunterbrechung unter Umständen zurück; hier ist besonderes Augenmerk darauf zu richten, daß der sich bildende Funke sicher unschädlich gemacht wird, sei es durch mechanische Vorrichtungen, oder durch ein magnetisches Gebläse, bei Hochspannung neuerdings meist durch Stromunterbrechung unter Öl (Ölausschalter). Bei Hochspannungsschaltern ist es unter Umständen auch empfehlenswert, durch besondere Vorrichtungen (Widerstände und Relais) den Strom allmählich zu unterbrechen, um die bei plötzlichen Stromänderungen auftretenden Überspannungen zu verhindern.

(712) **Selbsttätige Ausschalter.** Diese bilden den Übergang zu den Sicherheitsapparaten; sie sollen Leitungen oder Apparate vor übermäßiger Erwärmung oder überhaupt vor den Folgen anormaler Ströme schützen. Sie bestehen aus einem Betriebsschalter, der durch ein elektromagnetisches oder thermisches Relais bewegt wird, sobald der den zu schützenden Teil der Anlage durchfließende Strom einen bestimmten Wert über- oder unterschreitet. Vielfach werden auch Schmelzsicherungen, besonders solche für höhere Energiemengen, durch entsprechend gebaute Selbstschalter (Zeitschalter) ersetzt.

(713) **Schmelzsicherungen.** Ihre Wirkung beruht darauf, daß ein in die zu schützenden Leitungen eingeschalteter Metalldraht abschmilzt, wenn die Stromstärke so hoch anwächst, daß eine unzulässige Erwärmung der Leitungen oder Apparate befürchtet werden muß. Als Material für die Schmelzdrähte verwendete man früher meistens Blei oder dessen Legierungen, neuerdings nach dem Vorgange der Allgemeine Elektrizitäts-Gesellschaft (ETZ 1898, S. 463) immer häufiger Silber. Dieses Material ist so gut wie unveränderlich an der Luft, mit Leichtigkeit in chemisch reinem Zustande zu erhalten, hat einen sehr geringen spezifischen Widerstand und gestattet daher die Masse des verdampfenden Metalles in den Sicherungen erheblich zu reduzieren.

Die Sicherungen für Niederspannung und geringere Stromstärken bis ca. 60 Ampere werden in Deutschland vorwiegend nach zwei Systemen gebaut, dem Gewindestöpsel (Edison, Allgemeine Elektrizitäts-Gesellschaft) und dem Patronensystem (Siemens & Halske). Sicherungen für höhere Stromstärken werden zurzeit noch meist in der Form einfacher Schmelzstreifen mit Kontaktbacken her-

gestellt (Fig. 519 bis 521), jedoch dürften in Kürze auch diese zum großen
Teil durch Schmelzpatronen verschiedener Konstruktion, bei denen die
Schmelzdrähte in isolierendes Material eingebettet sind, verdrängt werden.

Schmelzsicherungen, die in gewöhnlichen Installationen vorwiegend
Verwendung finden (6 bis 30 Ampere), müssen unverwechselbar, das
heißt so eingerichtet sein, daß die irrtümliche Verwendung zu starker
Schmelzeinsätze ausgeschlossen ist.   Solche Sicherungen, die nicht
dauernd unter sachverständiger Aufsicht stehen, werden mit Rücksicht
auf Isolation und Feuersicherheit in Dosen oder ähnliche Konstruktionen
aus Porzellan usw. eingeschlossen.

Alle Sicherungen müssen so konstruiert sein, daß beim Durchbrennen des Schmelzdrahtes kein Lichtbogen bestehen bleibt; besonders
wichtig ist die Erfüllung dieser Bedingung bei Hochspannungs-
sicherungen in Zentralstationen mit starker Maschinenleistung, da hier
im Störungsfalle alle Vorgänge mit äußerster Heftigkeit sich abspielen.
Es ist gelungen, zuverlässige Sicherungen auch hierfür zu konstruieren,
indem man die Schmelzdrähte in Röhren durch enge Öffnungen zieht
oder mit einem isolierenden Pulver umgibt usw.; auch werden unter
gleichzeitiger Anwendung verschiedener dieser Mittel geeignete Schmelzpatronen hergestellt.

(714) Blitzableiter.   Ein sehr wichtiges Schutzmittel für Anlagen
mit ausgedehnten Leitungsnetzen, besonders oberirdischen, sind die
sogenannten Blitzableiter.   Ob sie gegen einen wirklichen Blitzschlag selbst Schutz bieten, ist zum mindesten fraglich, immer dienen
sie aber als Spannungssicherungen zum Ausgleich von Überspannungen,
die in einem Leitungsnetze sich bilden, sei es in einem oberirdischen
durch atmosphärische (statische) Ladung, sei es in einem unterirdischen
Kabelnetze mit oder ohne Freileitungsstrecken durch die vereinigte
Wirkung von Kapazität und Selbstinduktion, besonders beim Auftreten
von Erd- und Kurzschlüssen.

Die in solchen Fällen auftretenden Überspannungen sollen, ehe
sie eine für die Isolierung der Maschinen oder Leitungsteile gefährliche Höhe erreichen, zur Erde abgeleitet bezw. ausgeglichen werden;
hierbei ist besonders dafür zu sorgen, daß bei diesem Ausgleiche der
Maschinenstrom dem Ladungsstrom nicht folgen kann, wobei die
ganze Anlage durch den Kurzschluß der Maschinen gefährdet wäre.
Das nähere vergl. Abschnitt Blitzableiter.

(715) Schalttafeln.   Bei jeder größeren Anlage ist es notwendig,
die von den Stromerzeugern ausgehenden und die nach den Ver-
brauchsstromkreisen führenden Leitungen an einer Stelle zu vereinigen.
Dies geschieht an der Schalttafel, an welcher außer den Leitungs-
anschlüssen noch die erforderlichen Ausschalter und Sicherungen, die
Regulatoren der Dynamomaschinen, sowie die für den Betrieb notwendigen Meßinstrumente und Signalapparate angebracht werden.

Die Hauptschalttafel ist der Schlüssel der ganzen Anlage, die von
ihr aus geleitet wird; eine falsche Bewegung kann Leitungen,
Maschinen und Lampen gefährden, sachgemäße Handhabung im Falle
der Gefahr empfindliche Betriebsstörungen vermeiden.   Sie ist daher
so anzuordnen, daß der Schalttafelwärter alle Vorgänge an der ganzen
Maschinenanlage gut überblicken und dabei selbst möglichst gut gesehen werden kann.

Die Anordnung der einzelnen Teile der Schalttafel ist zu sehr von den eigenartigen Bedürfnissen jeder Anlage abhängig, um allgemeine Grundsätze für deren Bau, welcher zu den wichtigsten Teilen der Projektierungsarbeit gehört, festzulegen, indessen mögen die folgenden Gesichtspunkte stets im Auge behalten werden:

Größte Einfachheit und Übersichtlichkeit der Schaltungen. — Möglichste Vermeidung aller Kreuzungen von Leitungen untereinander und mit geerdeten Metallteilen. — Vermeidung ungeschützter unter Spannung stehender Teile an der Vorderseite der Schalttafel. — Anordnung der Meßinstrumente derart, daß sie von den Strömen an und in der Nähe der Schalttafel nicht beeinflußt werden. — Anordnung der Sicherungen derart, daß sie bequem und ohne Gefahr ersetzt werden können und so, daß durch die eventuell beim Abschmelzen entstehenden Metalldämpfe keine leitende Verbindung zwischen den Leitungen und Apparaten an der Schalttafel bezw. zwischen diesen und Erde hergestellt wird.

Als Material für den Aufbau der Schalttafeln dienen feuersichere und isolierende Stoffe, wie Marmor, Schiefer usw., eventuell in Umrahmungen oder an Gerüsten von Metall oder Holz.

Kleinere Schalttafeln finden Verwendung in den Installationen usw., woselbst die Sicherungen für einzelne Leitungsgruppen, sowie etwa erforderliche Schaltapparate u. dergl. an ihnen vereinigt werden (Verteilungstafeln).

Ausführung der Leitungen.

Freileitungen.

(716) **Leitungsdraht.** Wenn Leitungen außerhalb von Gebäuden und jeder Berührung entzogen verlegt werden können, bedarf es für sie im allgemeinen keiner besonders isolierten Drähte. Es genügt, die blanken Drähte an Porzellan- oder Glasisolatoren befestigt und durch diese von ihren Trägern, hölzernen oder eisernen Masten, Gestellen oder dergl., isoliert frei zu spannen. Solche Freileitungen finden sowohl Verwendung innerhalb der Grundstücke wie außerhalb als Freileitungsverteilungsnetze, wie als Fernleitungen für hochgespannte Ströme, besonders solche höchster Spannung; für letztere sind sie, sei es aus wirtschaftlichen Rücksichten, sei es, weil die Herstellung entsprechend isolierter Kabel noch nicht gelungen ist, vielfach unentbehrlich (Kraftübertragungsversuch Laufen-Frankfurt a. M. 30 000 Volt, Anlagen der Washington Water Power Co. und der Kern River Power Co. Californien und andere mehr, welche mit 60 000—70 000 V arbeiten).

Als Leitungsmaterial finden meistens blanke Kupferdrähte Verwendung, bisweilen auch Aluminiumdrähte, die durch geringes Gewicht sich auszeichnen und bei hohen Kupferpreisen billiger sind als Kupferdrähte. Die wichtigsten Daten für beide Materialien sind in folgender Tabelle gegeben.

Vergleichstabelle
für Kupfer- und Aluminium-Leitungen.

Querschnitt mm²		Leitungs- widerstand für 1000 m bei 15° Ohm	Anzahl der einzelnen Drähte		Durchmesser der einzelnen Drähte mm		Gesamtdurchmesser ca. mm		Netto-Gewicht für 1000 m ca. kg	
Kupfer	Aluminium		Kupfer	Aluminium	Kupfer	Aluminium	Kupfer	Aluminium	Kupfer	Aluminium
4	6,6	4,363	1	1	2,258	2,90	2,25	2,90	36	17,2
6	9,88	2,908	1	1	2,762	3,55	2,8	3,55	53	25,7
10	16,47	1,745	1	1	3,565	4,58	3,56	4,58	89	43
16	26,35	1,091	1	7	4,520	2,18	4,5	6,50	142	69
25	41,18	0,698	1	7	5,640	2,74	5,64	8,20	223	107
35	57,64	0,499	7	19	2,522	1,97	7,6	9,85	311	150
50	82,35	0,349	19	19	1,831	2,35	9,1	11,75	445	214
70	115,29	0,249	19	19	2,163	2,78	10,8	13,90	623	300
95	156,46	0,184	19	19	2,522	3,24	12,6	16,18	846	407
120	197,64	0,145	19	19	2,840	3,64	14,2	18,20	1068	514

(717) **Isolatoren und Stützen.** Die Gestalt der Isolatoren ist mannigfach, im wesentlichen bestimmt durch die Höhe der Spannung, die sie beherrschen sollen; der Isolator muß nicht nur mechanisch hinreichend sicher sein, d. h. keine Sprünge aufweisen, die einen Durchschlag von der Leitung nach der Stütze herbeiführen, er muß auch derart ausgebildet sein, daß eine Oberflächenleitung durch Feuchtigkeit, Staub oder dergl. ausgeschlossen ist. Er erhält aus diesem Grunde, besonders für höhere Spannungen, doppelte bezw. mehrfache Mäntel. Früher glaubte man, in sogen. Ölisolatoren, bei denen die Außenfläche von der inneren durch eine mit Öl ausgegossene Rinne getrennt war, besondere Sicherheit zu erhalten (Johnson & Philips, Kraftübertragung Kriegsstetten-Solothurn) doch ist man von diesen Formen so gut wie abgekommen und verwendet fast durchweg trockene Isolatoren aus Porzellan oder Glas. Die Fig. 490 a bis h stellen eine Reihe von Isolatorformen dar, wie sie von der Firma H. Schomburg & Söhne A.-G. hergestellt werden.

Fig. 490 a bis h in ⅕ der nat. Gr.

	Gewicht kg	Höhe mm	Größter Durchmesser mm		Gewicht kg	Höhe mm	Größter Durchmesser mm
a	0,050	55	40	e	1,0	120	98
b	0,170	64	55	f	1,1	122	145
c	0,245	64	70	g	1,6	165	157
d	0,270	84	59	h	5,6	280	280

Die ersten vier Isolatoren, Fig. a bis d, sind für Schwachstrom bezw. niedrig gespannten Starkstrom bestimmt, Fig. e bis h für Hochspannung von 5000—40000 V. Die beiden letzten Glocken, Fig. g und h, sind zweiteilig ausgebildet, damit ein Sprung in

Fig. 490:

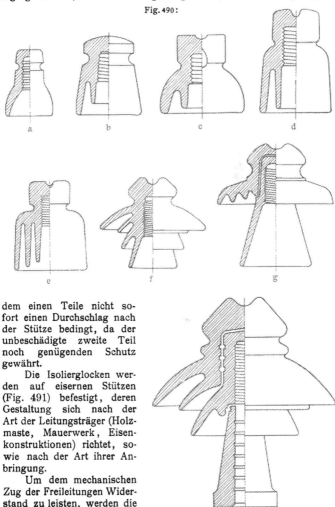

dem einen Teile nicht so-
fort einen Durchschlag nach
der Stütze bedingt, da der
unbeschädigte zweite Teil
noch genügenden Schutz
gewährt.

Die Isolierglocken wer-
den auf eisernen Stützen
(Fig. 491) befestigt, deren
Gestaltung sich nach der
Art der Leitungsträger (Holzmaste, Mauerwerk, Eisen-
konstruktionen) richtet, sowie nach der Art ihrer Anbringung.

Um dem mechanischen
Zug der Freileitungen Widerstand zu leisten, werden die
Stützen, wenn erforderlich,
verstärkt (Fig. 492).

(718) **Spannweite, Durchhang.** Die mittlere Spannweite der
Freileitungen dürfte etwa 40 m betragen, doch richtet sie sich in
weiten Grenzen nach dem Gelände, der Möglichkeit, geeignete Stütz-

punkte anzubringen usw. Nach der Spannweite ist der Durchhang der Leitungen zu wählen, wobei für Kupfer- und Aluminiumleitungen folgende Tabelle benutzt werden kann.

Durchhang der Freileitungen in cm.

Temp.	Kupferleitungen								
	bis 25 mm²					bis 120 mm²			
	bei Spannweiten von								
	10 m	20 m	30 m	40 m	50 m	10 m	20 m	30 m	40 m	50 m
— 20 ⁰	2,0	8,0	18	30	48	3,0	10	25	45	75
0 ⁰	2,5	9,0	19	33	50	3,5	14	27	50	80
+ 20 ⁰	3,0	12	20	35	55	4,0	16	30	54	84
+ 40 ⁰	3,5	15	22	40	58	4,5	18	32	60	90
	Aluminiumleitungen								
	bis 42 mm²					bis 197 mm²			
— 20 ⁰	1,5	5,0	12	20	32	1,5	5,0	14	26	37
0 ⁰	1,5	6,0	13	24	34	2,0	6,0	15	28	41
+ 20 ⁰	1,5	6,0	15	26	40	2,0	7,0	16	30	45
+ 48 ⁰	2,0	7,0	17	28	44	2,5	8,0	18	32	50

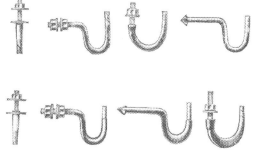

Fig. 492.

(719) **Maste.** Als Leitungsträger finden vorwiegend Holzmaste (Fig. 493) Verwendung; diese bedürfen indessen wegen der Zerstörung ihres in das Erdreich eingelassenen Fußes dauernder und sorgfältiger Überwachung und regelmäßigen Ersatzes. Aus diesem Grunde werden vielfach die wenn auch teureren, dafür aber weit haltbareren Eisenmaste vorgezogen, besonders bei wichtigen Leitungsstrecken und Verteilungspunkten (Hochspannungshauptleitungen usw.), wofür sorgfältig für den betr. Verwendungszweck durchgebildete Gittermaste und Leitungstürme (Fig. 494—496) aufgestellt werden.

Die Einrichtungen der Verteilungspunkte für Freileitungen bis 1000 V werden im folgenden nach den Konstruktionen der Allgem. Elektrizitäts-Gesellschaft dargestellt.

Die Isolatoren sind in einem gußeisernen Ring (Fig. 497) befestigt, der mittels besonderer Einsätze für verschiedene Mastendurchmesser passend gemacht werden kann; sie tragen Verteilungsschienen (Fig. 498), von denen mittels besonderer Abzweigstücke eine größere Anzahl von Freileitungen nach allen Richtungen abgezweigt werden kann.

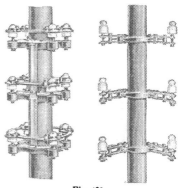

Zur Befestigung der Freileitungen an den Isolatoren dienen Kabelschuhe (Fig. 499), die mittels Keilverbindung an die Leitungen angeschlossen werden, wobei durch den Zug der letzteren selbst inniger

Fig. 493.

Kontakt herbeigeführt wird. Für Seile finden konische Dorne in Rundmuffen Verwendung (Fig. 500), bei Einzeldrähten flache Muffen mit ebensolchen Keilen, in deren Rinne der Draht gelegt und gespannt wird (Fig. 501).

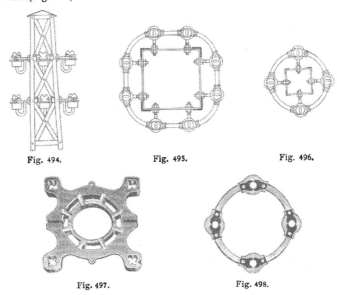

Fig. 494.   Fig. 495.   Fig. 496.

Fig. 497.   Fig. 498.

(720) **Sicherungen, Schutzvorrichtungen.** Bei Verjüngungen
des Leitungsquerschnittes, bei Abzweigungen zu Hausanschlüssen,
werden Sicherungen in die Leitungen eingebaut, wie aus den Fig. 502,
503 und 504 ersichtlich.

Freileitungen werden bisweilen mit Schutzdrähten, Schutznetzen
und ähnlichen Einrichtungen versehen, welche verhindern sollen, daß
bei Eintritt eines Drahtbruches die unter Spannung stehenden Leitungen
zur Erde fallen und bei Berührung durch Dritte zu Unfällen Ver-

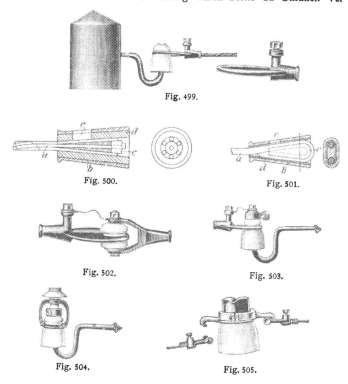

Fig. 499.

Fig. 500.

Fig. 501.

Fig. 502.

Fig. 503.

Fig. 504.

Fig. 505.

anlassung geben. Solche Schutznetze sind aber selbst häufig die
Ursache von Störungen und verteuern überdies, wenn sie einen vollständigen Schutz gewähren sollen, die Anlagekosten ganz erheblich.
Ein Mittel, auf anderem Wege den Drahtbruch ungefährlich zu machen,
bietet die Gouldsche Sicherheitskupplung Fig. 505. Hierbei werden
die Leitungsstücke zwischen je zwei Isolatoren mit Kabelschuhen
versehen und in gespanntem Zustande in die Nasen der Kupplungen
eingefügt. Bei Drahtbruch lösen sich die Kabelschuhe aus den
Kupplungen und beide Teile der Leitung fallen spannungslos zur Erde.

Kabelleitungen.

(721) Verlegungsarten. Bei Verlegung von Starkstromleitungen in dem Erdboden sind dieselben gegen chemische und mechanische Einflüsse zu schützen. Hierfür finden vorwiegend bandarmierte Bleikabel (728, 729) Verwendung, die, sofern nicht besonders ungünstige Verhältnisse vorliegen oder bei Erdarbeiten rücksichtslos mit der Picke gearbeitet wird, vollständigen Schutz bieten; von der Verwendung weniger gut geschützter Kabel ohne Armierung ist abzuraten, da chemische Einflüsse fast nie ganz ausgeschlossen werden können und überdies ein gewisser mechanischer Schutz, wofür ein Bleimantel allein nicht ausreicht, immer notwendig ist.

Kabelleitungen werden im allgemeinen mindestens 60 cm tief in das Erdreich verlegt; bei größeren Verteilungsnetzen kommen meistens die Verteilungsleitungen zu oberst zu liegen, da von diesen die Hausanschlüsse abgezweigt werden; darunter liegen die Speisekabel, welche nur im Falle einer Störung oder Untersuchung aufgenommen zu werden brauchen. Da jede Unterbrechungsstelle den Zustand der Gesamtleitung beeinträchtigt, sind Muffenverbindungen nach Möglichkeit zu vermeiden und möglichst große Kabellängen zu verwenden.

Mit der Verlegung unterirdischer Leitungen in Kanälen (Moniersystem) hat man keine günstigen Erfahrungen gemacht, da die Kanäle schwer vollständig trocken zu halten sind, überdies bei Erdarbeiten der Beschädigung unterliegen und, was das bedenklichste ist, Gase in ihnen sich bisweilen ansammeln, die bei Funkenbildung Entzündungen und Explosionen herbeiführen können. Man ist deswegen so gut wie vollständig von diesem Systeme abgekommen. Günstiger sind eiserne Röhren, die eine fortlaufende Röhrenleitung bilden und in welche man die Kabel einzieht. Das Röhrenleitungsnetz muß aus lauter geraden Strecken bestehen: wo eine Biegung erforderlich ist, wird ein Untersuchungs- und Einführungsbrunnen angelegt. Zum Zwecke des Einziehens wird beim Verlegen der Röhren ein verzinkter Eisendraht hineingebracht, an dem man darauf ein Drahtseil und mittels des letzteren das Kabel einzieht. Um in ein fertig verlegtes Rohr, in dem sich kein Draht befindet, das Drahtseil einzubringen, verfährt man folgendermaßen: Eine größere Zahl Gasrohrstücke von 1 m Länge werden zum Aneinanderschrauben eingerichtet; von einem Untersuchungsbrunnen der Rohrleitung aus schiebt man eine dieser dünnen Röhren nach der anderen in den Rohrstrang ein, indem man sie aneinander schraubt; ist man am anderen Ende angekommen, so werden dort die Röhren wieder voneinander getrennt; an der letzten ist das Drahtseil befestigt. Statt der Gasröhren werden auch Holzstäbe verwandt, die an ihren Enden mit Vorrichtungen zum Zusammenstecken versehen sind.

(722) Verbindungen der Leitungen. Bei starken Leitungen stellt man die Verbindungen und Abzweigungen am besten mittels Klemmen her. Die Leitungen müssen an den Verbindungsstellen von ihren Umhüllungen befreit und nach Herstellung der Verbindung von neuem mit Isolierung versehen werden; beim Verlegen in die Erde umschließt man außerdem die Verbindungsstellen mit besonderen Muffen, die man mit isolierendem Material ausgießt. Beispiele solcher Muffen

s. (730). Die Verzweigungsstellen größerer Leitungsnetze werden durch eiserne Kästen geschützt; letztere sind von außen zugänglich, die Verbindungen liegen dort frei, und die Leitungen können von diesen Stellen aus untersucht werden. Zum Anschluß von Faserstoffkabeln an Klemmen, Schaltbretter u. dgl. dienen Endverschlüsse, welche die Aufgabe haben, die Isolationsschichten der Kabel gegen das Eindringen der Feuchtigkeit zu schützen; Beispiele hierzu s. (730).

(723) **Schutz der Schwachstromleitungen.** Die Reichs-Telegraphenverwaltung verlangt zum Schutze ihrer eigenen Anlagen bei der Herstellung elektrischer Starkstromanlagen (abgesehen von elektrischen Bahnen) die Beobachtung bestimmter Vorschriften, deren wesentlicher Inhalt etwa folgendes ist.

Bei ober- und unterirdischen Anlagen soll die Erde im allgemeinen nicht als ein Teil der Leitung benutzt werden; vielmehr sind Hin- und Rückleitung besonders herzustellen und einander so nahe zu führen, als die Sicherheit des Betriebes zuläßt. Ausnahmen hiervon werden gestattet bei Mehrleitersystemen, bei denen geerdete Mittelleiter benutzt werden dürfen, bei der Sternschaltung in Mehrphasen-Schaltung, wo die beiden Scheitelpunkte geerdet werden können, und bei elektrischen Bahnen, wo die Rückleitung durch nicht isolierte Schienen gestattet wird.

Wenn oberirdische Leitungen Telegraphen- oder Telephonleitungen kreuzen, so soll die Kreuzung unter rechtem Winkel erfolgen; die Telegraphen- oder Telephonleitung bleibt einige (mindestens 1 m) Meter oberhalb der Starkstrom-Leitung. Beträgt die Spannung der letzteren nicht mehr als 250 V, so genügt es, sie an der Kreuzungsstelle besonders zu isolieren; auch wenn derartige Starkstrom- und Telegraphenleitungen überhaupt einander so nahe (auf weniger als 10 m) kommen, daß beim Zerreißen eines Drahtes oder beim Umbrechen einer Stange eine Berührung möglich ist, kann eine von beiden Leitungen mit gut isolierender Hülle versehen werden; die isolierende Hülle ist immer nur bei Spannungen bis 250 V zulässig. Bei höherer Spannung bringt man ein Netz stromfreier geerdeter Schutzdrähte zwischen die Leitungen; die Netzmaschen müssen aber eng genug sein. In manchen Fällen genügen statt des Netzes schon zwei parallele Drähte. Den Arbeitsdraht der elektrischen Bahn kann man daher mit einem einzelnen Draht, oder auch mit aufgesattelten Holz- oder Gummileisten schützen.

Unterirdische Starkstromleitungen sind von Telegraphenkabeln tunlichst entfernt zu halten (andere Straßenseite), auch bei Kreuzungen ist ein nicht zu geringer Abstand einzuhalten.

Ist das Telegraphenkabel in einem Zement- oder gemauerten Kanal verlegt, so bedarf es bei einer Kreuzung mit einem oberhalb gelegenen Starkstromkabel oder bei seitlicher Annäherung eines solchen nur einer Verstärkung des Zementkanals durch eine Betonschicht oder mit Zement verputzte Ziegelsteine, so daß die obere und die seitlichen Wände überall mindestens 6 cm stark sind; dieser Schutz muß sich auf 15 cm zu jeder Seite der Kreuzungs- oder Annäherungsstelle erstrecken. Liegt das Starkstromkabel unten, so ist kein weiterer Schutz erforderlich. Wird dagegen ein Telegraphenkabel gekreuzt, das ohne weiteren Schutz verlegt ist, so muß zwischen dieses und das Starkstromkabel ein Wärmeschutz gebracht werden, der aus Zement-Halbmuffen von 6 cm Wandstärke besteht; liegt das Starkstromkabel unten, so wird das Telegraphenkabel zur Verhütung mechanischen Angriffs mit Eisenrohr oder Landkabelmuffen umkleidet. Die Starkstromkabel dürfen an Kreuzungs- und Näherungsstellen nicht mit metallenen Rohren umkleidet werden.

Kabelkonstruktionen s. (732).

Leitungen innerhalb der Häuser.

(724) Sicherheitsvorschriften des Verbandes Deutscher Elektrotechniker. Während in der ersten Entwicklungszeit der Elektrotechnik einer sachgemäßen Ausführung der Installationsarbeiten mangels ausreichender Erfahrung häufig nicht die nötige Beachtung zuteil wurde, hat das letzte Jahrzehnt auch der Ausbildung der Installationstechnik ernste Arbeit gewidmet, deren Ergebnisse in den Sicherheitsvorschriften des Verbandes Deutscher Elektrotechniker (abgedruckt im Anhang) niedergelegt sind. Mit dem weiteren Ausbau dieser wichtigen Bestimmungen im Anschluß an die Fortschritte der Technik ist eine ständige Kommission des V. D. E. beschäftigt, Parallel mit den Vorschriften selbst werden ausführliche Erläuterungen dazu herausgegeben*).

Die Verbandsvorschriften behandeln Anlagen für Niederspannung und für Hochspannung. Installationen und Apparate für letztere Stromart erfordern bei der Eigenart der betreffenden Betriebe und der Gefährlichkeit hochgespannter Ströme fast immer spezielle technische Bearbeitung; die folgenden Bemerkungen beziehen sich daher nur auf Anlagen mit Gebrauchsspannungen von nicht mehr als 250 V gegen Erde oder 500 V zwischen zwei Leitungen, das heißt auf Installationen, die für Privathäuser und kleinere gewerbliche Betriebe hauptsächlich in Frage kommen.

(725) Gefahren und deren Verhütung. Eine sachgemäße Installation hat im wesentlichen zu berücksichtigen die Feuersgefahr und die Einwirkung des elektrischen Stromes auf den Organismus, wenn ersterer bei fahrlässiger oder zufälliger Berührung unter Spannung stehender Leiter oder Teile von Apparaten seinen Weg durch den menschlichen Körper nimmt.

Feuersgefahr kann eintreten durch übermäßige Erwärmung der Leitungen oder Apparate durch den elektrischen Strom, insbesondere bei Eintritt eines Fehlers, wie Erdschluß oder Kurzschluß. Hiergegen bieten die Schmelzsicherungen ein fast absolut sicheres Mittel, besonders wenn die Disposition der Anlage derart ist, daß ein etwaiger Isolationsfehler rasch zum Kurzschluß führt, wobei die Sicherungen sofort abschmelzen und die fehlerhafte Leitung ausschalten.

Wenngleich die physiologischen Wirkungen niedrig gespannter Ströme im allgemeinen nicht gefährlich sind, so kann, unter besonders ungünstigen Verhältnissen, wenn dem Stromdurchgange durch den

---

*) C. L. Weber, Erläuterungen zu den Sicherheitsvorschriften für die Errichtung elektrischer Starkstromanlagen. Achte vermehrte und verbesserte Auflage, 1906. Berlin, Julius Springer.

menschlichen Körper geringer Widerstand geboten wird (Arbeiten in durchtränkten Räumen, Anfassen unter Spannung stehender Teile mit voller feuchter Handfläche usw.) doch Gefahr bestehen. Der moderne Apparatebau strebt daher dahin, daß alle Metallteile, soweit sie unter Spannung stehen, durch die Konstruktion der Berührung entzogen werden.

(726) **Isolierung der Leitungen.** Als Isoliermittel für Starkstromleitungen findet fast ausschließlich Gummi Verwendung, die innere isolierende Gummischicht wird durch eine Umhüllung aus faserigem, gleichfalls mit isolierenden Stoffen durchtränktem Material, umgeben und erhält dadurch einen gewissen Schutz vor mechanischer Beschädigung. Mit anderen Isolierstoffen und Imprägnierungsmitteln (Papier, Leinöl mit Mennige usw.) werden zurzeit vielfache Versuche angestellt, ein abschließendes Urteil über hiermit isolierte Drähte ist zurzeit nicht möglich.

Leitungen, welche betriebsmäßig geerdet sind, wie die geerdeten Mittelleiter von Gleichstromdreileitersystemen, bedürfen streng genommen keiner Isolierung und werden zuweilen auf ihrem ganzen Wege blank verlegt. Da indessen auch in den Mittelleitern und Nullleitern Ströme und dementsprechend, wenn auch geringe, Spannungen auftreten, ist bei solch blanken, unisoliert verlegten Leitungen eine gewisse Vorsicht gegen elektrolytische Einwirkung geboten, die an feuchten Stellen zur Zerstörung der Leitungen führen kann, vornehmlich wenn die Befestigungsmittel (Krampen usw.) aus einem anderen Metalle als Kupfer bestehen.

(727) **Leitungsverlegung.** Der größte Feind einer guten Isolation und damit auch aller elektrischen Leitungen ist die Feuchtigkeit, deren Wirkung um so stärker wird, je mehr sie chemisch wirksame Substanzen saurer oder alkalischer Natur enthält, wie beispielsweise die Ausschwitzungen frischen Mauerwerks und in noch höherem Maße die in Brauereien, chemischen Fabriken u. dergl. auftretenden feuchten und ätzenden Dünste. Die chemischen Einwirkungen greifen die Isolierhülle der Drähte an, ermöglichen dadurch Fehlerströme, die wiederum elektrolytisch zerstörend auf die Isolierung einwirken. Zweck einer sachgemäßen Verlegung ist demnach die dauernde Aufrechterhaltung guter Isolation und der Schutz der Leitungen vor schädlichen Einflüssen, besonders solchen chemischer Natur.

Obigen Anforderungen entsprechen nicht das früher sehr beliebte Anheften der Starkstromleitungen mit Metallkrampen sowie die Einbettung der Leitungsdrähte in Holzleisten; diese beiden Verlegungsarten sind daher für nicht betriebsmäßig geerdete Leitungen verboten. Die Leitungsdrähte werden jetzt entweder an besonderen, meist aus Porzellan (bisweilen auch Glas) bestehenden Isolatoren, wie Rollen, Klemmen, Glocken usw. befestigt und frei in bestimmtem Abstande von der Wand gehalten, oder sie werden in Rohre aus Isoliermaterial oder in Metallrohre mit oder ohne isolierende Auskleidung eingezogen.

Die freie Verlegung an Rollen, Glocken oder dergleichen bietet zwar bei sachgemäßer Ausführung eine sehr gute Isolation und einen hohen Grad von Betriebssicherheit, eignet sich aber ihres ungefälligen Aussehens halber wenig für bessere Innenräume und findet daher

hauptsächlich Verwendung in Werkstätten, Betriebsräumen und Neben-
räumen von Wohnungen. Zwar wurde durch Peschel eine gefällige
Form für die offene Verlegung in den Ring-Isolatoren gefunden, die
als Träger von Leitungsschnüren gerade für Wohnungen häufig angewendet wurden, indessen hat auch dieses System sich überlebt und
besonders wegen der häufig mangelhaften Qualität der Leitungsschnüre
zu Störungen Anlaß gegeben. Zur Einrichtung von Häusern, besonders
von Wohngebäuden, dürfte die Verlegung der Leitungen in Rohren
voraussichtlich die übrigen Installationsmethoden allmählich verdrängen.

(728) Rohrverlegung. Grundbedingungen für die Brauchbarkeit sind die jederzeitige Zugänglichkeit und Auswechselbarkeit der
Leitungsdrähte, Forderungen, die in vollem Umfange zum ersten Male
in einem von Bergmann ausgearbeiteten Systeme erfüllt worden sind.
Alle Rohre gehen hierbei von Abzweigungen oder Dosen aus, in denen
die nötigen Verbindungen, Verlötungen usw. hergestellt werden; in
größere Rohrwege sind außerdem noch kleine Dosen eingefügt, so daß
bei Benutzung genügend weiter Rohre das ganze Rohrsystem für sich
allein verlegt werden kann und erst nach Fertigstellung der Bauarbeiten
und event. Austrocknen des Baues die Leitungen nachträglich mit Hilfe
eines Stahlbandes eingezogen zu werden brauchen und jederzeit auswechselbar sind. Passende Muffen, Winkel- und Krümmerstücke erleichtern die Montage; vgl. S. 603.

Dieses System läßt sich im Prinzip auf Rohre aus jedem Material
verwenden, ursprünglich wurden hauptsächlich solche aus Hartgummi
oder Metall benutzt. Hartgummirohre haben den Vorteil, daß sie selbst
noch eine isolierende Einbettung für die Leitungsdrähte bieten, sie sind
leicht zu hantieren und zu verlegen. Gegen mechanische Beschädigung
bieten sie dagegen keinen Schutz; wo solcher erforderlich, sind Metallrohre vorzuziehen; da diese indessen selbst leitend sind, müssen die
Leitungsdrähte besonders gute Isolierung besitzen, und es sind daher
hierfür nur Gummiaderleitungen zulässig.

Bergmann hat zuerst Isolierrohre in den Handel gebracht, die aus
Papier hergestellt und mit Isoliermasse getränkt sind. Jetzt werden
solche Papierrohre auch von anderen Firmen fabriziert (Gebr. Adt,
AEG., Beermann, Herkules-Werke).

Einfache Papierrohre haben sich bei Verlegung unter Putz vielfach nicht bewährt, da sie nach einiger Zeit Feuchtigkeit aufnehmen,
sie dürfen daher in dieser Weise nicht verwendet werden und sind
auch in feuchten Räumen unzulässig. Sie erhalten jetzt meistens
eine Metallhülle als Schutz, die entweder aus umfalztem dünnem
Messing- oder Stahlblech, neuerdings häufig aus verbleitem Stahlblech, oder aus stärkerwandigen Stahlrohren besteht (Panzerrohr).
Da der dünne Mantel der umfalzten Rohre von der Mauerfeuchtigkeit
verhältnismäßig leicht angegriffen wird, versieht man ihn vor der
Verlegung unter Putz mit einem Schutzanstrich von Mennige, Asphalt
oder Emaillelack. Widerstandsfähiger, vor allem auch gegen mechanische Beschädigung, ist unter allen Umständen das Panzerrohr.

Da in größeren Rohrnetzen leicht Feuchtigkeit sich niederschlägt,
ist stets mit Sorgfalt darauf zu achten, daß die Rohre mit Gefälle
verlegt werden und solche Stellen, an denen Schwitzwasser sich ansammeln kann (Wassersäcke), nicht vorkommen.

In der Absicht, etwa sich bildender Feuchtigkeit die Möglichkeit des Abflusses oder der Aufsaugung durch das Mauerwerk zu bieten, werden auch dünnwandige längsgeschlitzte Metallrohre verwendet, welche infolge des Schlitzes federn. Auf diesem Material hat P e s c h e l ein Installationssystem aufgebaut (ETZ 1902), das besonders dadurch eine Vereinfachung erstrebt, daß nur die eine Stromleitung aus gut isoliertem Drahte besteht, während das Metallrohr selbst, eventuell unter Zuhilfenahme eines miteingezogenen blanken Drahtes als geerdete Rückleitung dient. Für Verteilungssysteme ohne geerdeten Leiter bietet das Peschelsche System keine besonderen Vorteile.

Für alle Rohrverlegungen ist von größter Wichtigkeit, daß der Querschnitt der Rohre reichlich groß bemessen und alle scharfen Biegungen vermieden werden; die beste Kontrolle hierüber besteht in dem nachträglichen Einziehen der Leitungen nach Verlegung des gesamten Rohrnetzes. — Einzelheiten der Konstruktion s. (735).

(729) Anbringung von Sicherungen. Alle unter Spannung stehenden Leitungen müssen mit Sicherungen versehen sein, diese bieten den wirksamsten Schutz gegen Feuersgefahr und größere Betriebsstörungen. Es ist zweckmäßig, die Sicherungen gruppenweise auf kleinen Tafeln in leicht zugänglichen Stellen zu zentralisieren und sie mit Bezeichnungen zu versehen, aus denen hervorgeht, welche Räume von den einzelnen Stromkreisen versorgt werden. Eine zu weit gehende Zentralisierung dagegen ist schädlich, da sie die Übersichtlichkeit der Leitungen an der Sicherungstafel behindert und die Installation verteuert.

Die Stärke der Sicherungen ist der Betriebsstromstärke der einzelnen Abzweige genau anzupassen, sie darf keinesfalls die zulässige Maximalbelastung der Drähte übersteigen, kann aber meist schwächer gewählt werden, da aus Festigkeitsgründen und mit Rücksicht auf Spannungsverluste der Leitungsquerschnitt oft stärker bemessen wird, als der im Betriebe auftretenden Stromstärke entspricht; eine reichlich bemessene Sicherung würde aber im Störungsfalle erst später wirken, als eine für die Betriebsstromstärke gerade ausreichende. Konstruktionen s. (736).

Leitungs- und Installationsmaterial.

(730) Leitungsnormalien. Für die wichtigsten Leitungsmaterialien sind während der letzten Jahre Normalien festgelegt worden, auf Grund deren ihre Herstellung von sämtlichen Fabriken in gleicher Weise erfolgt. Diese Normalien schließen die Fabrikation anders isolierter Leitungen nicht aus, ebensowenig wie die Verwendung von Leitungsquerschnitten, die in der Normalientabelle nicht enthalten sind; sie sollen vielmehr lediglich für bestimmte am häufigsten gebrauchte Materialien feste, von dem Belieben des Herstellers möglichst unabhängige Qualität gewährleisten.

Normalquerschnitte für Kupferleitungen in mm²:

0,75	4	25	95	240	625
1,0	6	35	120	310	800
1,5	10	50	150	400	1000
2,5	16	70	185	500	

Konstruktionsnormalien bestehen für Gummibandleitungen — Gummiaderleitungen — Gummiaderschnüre — Fassungsadern — Pendelschnüre — Einfache Gleichstromkabel mit und ohne Prüfdraht für Spannungen bis 700 V — Konzentrische, bikonzentrische und verseilte Mehrleiterkabel mit und ohne Prüfdraht für Spannungen bis 700 V.

Bezüglich der Normalien selbst wird auf den Anhang verwiesen.

(731) Leitungen außerhalb der Normalien. Die Typenbezeichnungen der Firmen: AEG Allgemeine Elektrizitäts-Gesellschaft, SSW Siemens-Schuckertwerke, CC Dr. Cassirer & Co. werden in Klammern beigesetzt.

Biegsame Doppelleitungen mit Aufzugseilen für Bogenlampen. Zwei litzenförmig aus dünnen Drähten hergestellte Leiter nach den Normalien isoliert, und ein mit Band oder Baumwolle umwickeltes Stahldrahtseil sind oval oder gurtförmig mit Baumwolle umklöppelt und imprägniert. (AEG: OSHN — SSW: MBT 2, MAT 2, MBT G 2. CC: LVb mit Tragseil.)

Biegsame Motoranschlußkabel. Zwei oder drei Gummiaderleitungen nach Normalien mit einem Stahldrahtseil und Jute rund verseilt, mit gummiertem Band umwickelt und in Leder eingenäht (AEG: OKN).

Biegsame Anschlußleitungen für Maschinen und Schalttafeln. Kupferlitze aus dünnen unverzinnten Drähten mit starker Umklöpplung aus schwarzem Glanzgarn. (AEG: OB — SSW: AS).

Hackethaldrähte. Nach dem Vorgang von Hackethal werden die Kupferdrähte mit Papier umwickelt, mit Baumwolle oder Jute umklöppelt und dann mit einer Imprägniermasse aus Leinöl und Mennige getränkt. Diese Drähte können zwar nur an Stelle blanker Leitungen verwendet werden, haben sich aber besonders in Räumen, wo die Leitungen zerstörenden chemischen Einwirkungen ausgesetzt sind, als widerstandsfähig bewährt.

Isolierte Leitungsdrähte für Verwendung in Maschinen und Apparaten. Bei diesen Drähten wird die Isolierung, um den Wicklungsraum möglichst gut ausnützen zu können, nur so stark gewählt, als es die vorkommenden Spannungsdifferenzen erfordern. Alle stärkeren Drähte erhalten daher nur ein- oder mehrfache Baumwollumspinnung (bei Hochspannung auch Umklöpplung). Die ganz dünnen Drähte sind mit Seide umsponnen. Da der Raumbedarf der Baumwoll- oder Seidenumspinnung bei dünnen Drähten im Verhältnis zum wirksamen Kupferquerschnitt beträchtlich ist, werden neuerdings diese Umspinnungen auch durch einen gut isolierenden, elastischen Lacküberzug ersetzt wie bei dem sog.

Acetatdraht und Emailledraht der AEG. Der Acetatdraht wird für Drahtdurchmesser von 0,07—0,17 mm blank, der Emailledraht für Drahtdurchmesser von 0,2—2 mm blank hergestellt. Beide Drähte haben neben besonders günstiger Raumausnützung auch eine grosse Widerstandsfähigkeit gegen Hitze und Feuchtigkeit.

(732) Bleikabel. (Normalien s. Anhang. Allgemeines s. (721). Die Kupferleiter der Bleikabel bestehen nur bei den kleinsten Querschnitten aus einem einzelnen Drahte, sonst aus einer größeren Zahl verseilter Drähte. Bei Gleichstrom wird jede Leitung in einem

besonderen Kabel geführt; bei Wechsel- und Drehstromkabeln sind die zwei bezw. drei Leiter in einem Kabel entweder konzentrisch oder nebeneinander (bezw. im Dreieck) und verseilt angeordnet. Die Isolierung der Kupferleiter wird aus imprägnierter Jutefaser, vielfach auch aus Papier (besonders bei Hochspannungskabeln) hergestellt. Da wo auf Zerstörung der Isolierung einwirkende Einflüsse besonders stark auftreten, wird bisweilen auch vulkanisierte Gummi-Isolierung angewendet. Die Felten & Guilleaume-Lahmeyer Werke verwenden in solchen Fällen Isolierung aus Okonit, einer gummiähnlichen Mischung. Mitunter trifft man auch abwechselnde Schichten verschiedener Isolierungsarten. Zum Schutze gegen Feuchtigkeit wird das isolierte Kabel mit einem Bleimantel umpreßt und dieser noch durch einen Asphaltanstrich und eine Lage geteerter und asphaltierter Jute geschützt. Zum Schutze gegen mechanische Beschädigungen

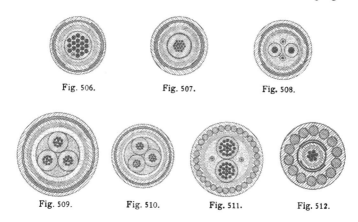

Fig. 506.   Fig. 507.   Fig. 508.

Fig. 509.   Fig. 510.   Fig. 511.   Fig. 512.

dient, wenn erforderlich, noch eine Armierung aus zwei spiralförmig aufgewickelten Eisenbändern, über denen sich nochmals eine Lage asphaltierter und geteerter Jute befindet, oder eine Bewehrung aus Eisendrähten. Beispiele von Kabelquerschnitten siehe Fig. 506—509*).

Gruben- und Schachtkabel: Für diese Kabel ist besonders starke Armierung erforderlich. Diese wird bei kleinen Kabelquerschnitten aus verzinkten Rundeisendrähten, bei grösseren Querschnitten und bei Hochspannungskabeln aus verzinkten Flacheisendrähten hergestellt. Letztere bilden einen dichtschließenden Mantel für das ganze Kabel. Siehe Fig. 510 u. 511*).

Flußkabel haben gleichfalls eine besonders kräftige Armierung aus starken verzinkten Rundeisendrähten ausser der üblichen doppelten Eisenbandarmierung. Siehe Fig. 512*).

---

*) Die Abbildungen sind den Listen der Kabelwerke der AEG und der Siemens-Schuckert-Werke entnommen.

(733) **Kabelgarnituren.** An allen Stellen, wo ein Kabel endet, in eine Haus- oder Freileitung übergeht oder mit einem andern Kabel verbunden wird, muss besondere Sorgfalt auf sichere Verbindung und gute Isolierung der blanken Leiterteile verwendet werden; auch ist die freigelegte Kabelisolierung gut abzuschließen. Hierzu dienen die sogenannten Garniturteile:

Endverschlüsse.

Fig. 513. Einfacher Endverschluß eines Einleiterkabels durch übergeschobene Gummikappe.

Fig. 513.

Fig. 514. Endverschluß der AEG für ein dreifach verseiltes Hochspannungskabel mit Prüfdrähten. Die Enden der Kabelleitungen sind mit den Anschlußleitungen durch starke Verbindungsklemmen k mittels

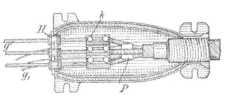

Fig. 514.

Schrauben verbunden. Die Verbindung ist in einem gußeisernen Kasten untergebracht, der mit Isoliermasse vollständig ausgegossen wird.

Fig. 515. Außenansicht eines Überführungs-Endverschlusses der AEG zum Übergang von Hochspannungskabeln auf Freileitungen.

Verbindungsmuffen. Fig. 516. Verbindungsmuffe der Siemens-Schuckert-Werke für armierte Einfachkabel. Die Verbindung der beiden Kabelenden geschieht durch die Löthülse K, welche mit Spitzschrauben versehen ist und ein Loch zur Verlötung der Kabelenden zeigt. Die Muffe besteht aus einem gußeisernen Kasten, der nach Herstellung der Verbindung mit Isoliermasse ausgegossen wird.

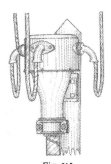

Fig. 515.

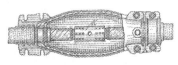

Fig. 516.

Fig. 517.

Fig. 517. Verbindungsmuffe der Land- und Seekabelwerke für dreifach verseilte Bleikabel.

Abzweigmuffen. Fig. 518. Abzweigmuffen der AEG für dreifach verseilte Bleikabel bis 2000 V Spannung.

An Stelle der Verschraubung der Leiterteile an Verbindungs- und Abzweigstellen mittels Verbindungsklemmen wird bisweilen auch die Verlötung angewandt, um unzulässige Erwärmung durch schlecht ausgeführte Schraubenverbindungen auszuschließen. Die einzelnen Leiterteile müssen dann gespleißt und sorgfältig miteinander verlötet werden und auch die beiden Bleimäntel sind durch Verlötung zu verbinden; die Lötstelle wird hierauf durch eine Schutz-

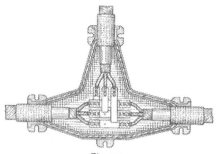

Fig. 518.

kappe bedeckt. Das Lötverfahren erfordert ein sehr zuverlässiges und gut geschultes Arbeitspersonal.

Kabelkästen: An Vereinigungspunkten mehrerer Kabel verwendet man Kabelkästen, die auch Sicherungen für die einzelnen Leitungen enthalten können. Diese Kästen werden nicht ausgegossen, müssen aber äußerst sorgfältig gegen das Eindringen von Feuchtigkeit geschützt werden.

Bei den Kabelkästen der Siemens-Schuckert-Werke (Fig. 519) und der Deutschen Kabelwerke (Fig. 520) erfolgt die Abdichtung durch Gummizwischenlagen zwischen Deckplatte und Kastenrand.

Fig. 521 zeigt einen Kabelkasten der AEG zur Einführung von 4×3 Einfachkabeln, die durch Silberdrahtschmelzeinsätze gesichert sind. Der Kasten wird durch eine Abdeckglocke nach Art einer Taucherglocke verschlossen, so daß das Eindringen von Wasser in den Kasten ausgeschlossen ist.

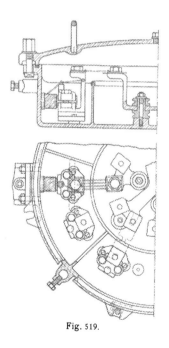

Fig. 519.

(734) Verlegung auf Rollen usw. Soweit die Leitungen frei
verlegt werden können und mechanischen Beschädigungen nicht ausgesetzt sind, werden sie auf Rollen oder ähnlichen Vorrichtungen
angebunden bezw. festgeklemmt. Die Rollen selbst werden, da Holz-

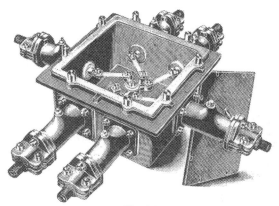

Fig. 520.

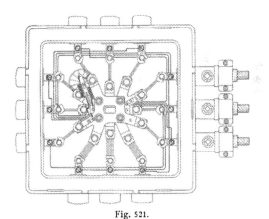

Fig. 521.

dübel mit der Zeit sich lockern, jetzt meistens auf eisernen Trägern
und Leisten festgeschraubt (Fig. 522 a u. b). In gut ausgestatteten
Räumen, Wohnzimmern usw. werden die kleineren und besser aus-
sehenden Klemmrollen vorgezogen, an die die Leitung nicht festgebunden, sondern mit Schraube und Mutter zwischen beiden Teilen

des Isolators selbst festgeklemmt wird. Fig. 523 zeigt eine von Peschel angegebene Klemmrolle der Hartmann & Braun-Aktiengesellschaft auf einem gleichfalls von Peschel angegebenen vierkantigen Stahldübel.

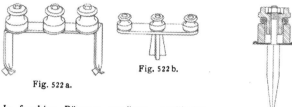

Fig. 522 b.

Fig. 522 a.

In feuchten Räumen genügen gewöhnliche Rollen vielfach nicht, da herabtropfende Feuchtigkeit an jeder Befestigungsstelle Isolationsfehler herbeiführen kann. Hier finden die für solche Räume besonders ausgebildeten Mantelrollen Verwendung, an deren äufserem Mantel die

Fig. 523.

Fig. 524 a.　　　Fig. 524 b.　　　Fig. 524 c.

Feuchtigkeit abtropfen kann, ohne über die Bindestelle zu fliefsen, und bei denen die Stromwege für Oberflächenleitung möglichst vergröfsert sind (Fig. 524 a—c).

Für Hochspannung sind die sog. Rillenisolatoren (Fig. 525) gebräuchlich, die sowohl zur Verlegung der Leitungen selbst, wie auch beim Apparatebau für

Fig. 525.

Hochspannung in den mannigfachsten Formen angewendet werden.

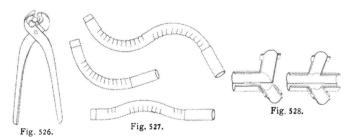

Fig. 526.　　　Fig. 527.　　　Fig. 528.

(735) **Rohre und Zubehör.** Normalien siehe Anhang, Allgemeines siehe S. 595. Rohre werden entweder offen oder unter Putz verlegt, Hartgummirohre nur unter Putz. Die Verlegung ungeschützter

Fig. 529 a.   Fig. 529 b.   Fig. 529 c.

Papierrohre unter Putz ist nach den Verbandsvorschriften nicht zulässig.

Rohre werden in Baulängen von etwa 3 m hergestellt. Die Verbindung der einzelnen Rohre unter sich geschieht durch übergeschobene

Fig. 530 a.   Fig. 530 b.   Fig. 530 c.

und verkittete Muffen aus Messing- oder Eisenblech. Die Rohre mit umfalztem Metallmantel können mittels besonderer Biegezangen (Fig. 526) in beliebigen Kurven gebogen werden; für die am häufigsten vorkommenden Kurven und Winkel werden auch besondere

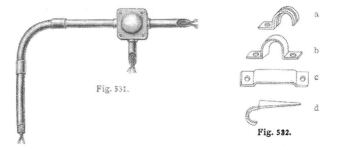

Fig. 531.

Fig. 532.

Formstücke (Ellbogen, Kröpfungs- und Übergangsbogen) angefertigt (Fig. 527). An Winkel- und Abzweigstellen können auch aufklappbare Winkel- und T-Stücke (Fig. 528) Verwendung finden, die den Zugang zu den Leitungen ermöglichen. Für die verschiedenen Arten

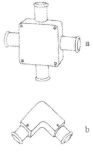

von Leitungsverzweigungen werden Abzweig-
und Schaltdosen benutzt, die aus Hartgummi-
oder Papiermasse mit oder ohne Metallüberzug
hergestellt werden (Fig. 529 a—c). Innerhalb dieser Dosen werden vielfach Unterlagstücke aus
Porzellan montiert, welche die verschiedenen
Abzweigklemmen tragen und voneinander isolieren (Fig. 530 a—c). Die Verlegung der Stahl-
panzerrohre ist ähnlich wie die der Gasrohre,
die Verbindungs- und Abzweigdosen sind ähnlich, nur kräftiger gehalten, als diejenigen für das
schwächere Material (Fig. 531). Die Befestigung
der Rohre auf der Wand geschieht durch Rohr-
schellen, Rohrhaken oder Krammen (Fig. 532 a-d).

Bei dem Peschelschen Rohrsystem werden die geschlitzten Stahlrohre durch übergeschobene Muffen federnd verbunden. Die Abzweigdosen, Winkel- und T-Stücke dieses
Systems sind in Fig. 533 a—c dargestellt.

Fig. 533.

(736) Schmelzsicherungen für Hausanlagen.
Die Siemens-Schuckertwerke verfertigen im
wesentlichen 3 Systeme von Sicherungspatronen.

Die Type S. P. für max. 40 Ampere 250 Volt
    „   „ H. P „   „   30   „   500 „
    „   „ P. III. „   „ 100   „   500 „

Fig. 534 zeigt eine Patrone Type S. P. mit dem zugehörigen
Patronenfuß im Schnitt. Die Unverwechselbarkeit der Patrone wird
durch verschieden große Aussparungen in ihrer Mitte erreicht, denen entsprechende Ansätze auf dem Patronen-
bolzen gegenüber stehen. Letztere werden durch 5 mm
hohe Stellmuttern gebildet; jeder Normalstromstärke entspricht eine bestimmte auf der zu-
gehörigen Patrone angegebene Zahl
von Stellmuttern.

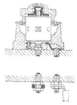

Die Patronen ent-
halten silberne
Schmelzdrähte, die
in ihrer ganzen
Länge im Innern
der aus Porzellan
bestehenden, nach
außen völlig ab-

Fig. 534.   Fig. 535.   Fig. 536.

geschlossenen Pa-
tronenkörper liegen. Parallel zum Schmelzdraht ist ein nach außen hin
sichtbarer Kenndraht angeordnet, der erst nach dem Durchbrennen der
von außen nicht sichtbaren Silberdrähte abschmilzt und so erkennen
läßt, ob die Sicherung noch unverletzt oder durchgeschmolzen ist.

Fig. 535 zeigt ein Sicherungselement für Marmortafeln mit eingesetzter Patrone, der Kenndraht ist von vorn sichtbar.

Fig. 536 stellt eine Freileitungssicherung auf Isolator dar, bei der der Patronendeckel schutzglockenartig ausgebildet ist.

Die Patronen H. P. (Fig. 537) sind in dem gleichen Patronenfuße verwendbar wie diejenigen der Type S. P., erhalten jedoch außer den normalen noch eine größere unterste Stellmutter, die das Einsetzen der für niedrigere Spannungen bemessenen Patronen unmöglich macht.

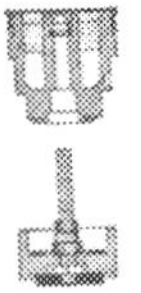

Die Patronen P. III werden nicht durch Schraubvorrichtungen befestigt, sondern mit ihren Stirnflächen zwischen zwei schwach geneigte Flächen der Anschluß-kontakte gepreßt. Die Unverwechselbarkeit wird da-

Fig. 537.

durch erzielt, daß der eine Kontakt der Patrone für verschiedene Stromstärken verschiedene Formen besitzt, während der Sicherungskörper ein mit entsprechender Durchgangsöffnung versehenes Einsatzstück aus Metall erhält. Die Schmelzdrähte auch dieser Patronen bestehen aus Silber, jede Patrone hat einen Kenndraht. Fig. 538 zeigt eine Patrone für sich, Fig. 539 eine solche eingesetzt in das zugehörige Sicherungselement mit seinen Kontaktstücken.

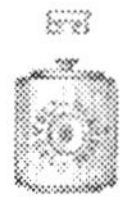

Außer den oben genannten drei Haupttypen fabrizieren die Siemens-Schuckertwerke für Spezialzwecke auch eine kleinere Type für 6—10 A 250 V bezw. 6 A 500 V.

Fig. 538.   Fig. 539.

Die Allgemeine Elektricitäts-Gesellschaft verwendet für ihre Sicherungen bis 60 A einschließlich das System der Schraubstöpsel Edisonscher Erfindung und stellt letztere im wesentlichen in drei Abstufungen her, nämlich

1. Bis maximal 40 A bei 250 V Normalgewinde
2.   „   „   30 „   „   550 „   „
3.   „   „   60 „   „   550 „   vergrößertes Modell

Abgesehen von diesen drei Haupttypen wird für Spezialzwecke noch ein kleines Modell bis maximal 10 A bei 250 V angefertigt.

Bei den Schraubstöpseln der Allgemeinen Elektricitäts-Gesellschaft wird die Unverwechselbarkeit durch die verschiedene Länge der Stöpsel gewährleistet, sowie durch die Kontaktschrauben gleichfalls verschiedener Höhe, die in die Sammelschienen der einzelnen Sicherungselemente eingeschraubt werden. Die Länge der Stöpsel von ihrer Auflage-fläche bis zum Widerlager am Stöpselkopfe ebenso wie die Höhe der Kontaktschrau-

Fig. 540.   Fig. 541.

ben sind derart bemessen, daß Stöpsel für eine höhere Betriebsstrom-stärke, als der eingesetzten Kontaktschraube entspricht, mit letzterer keinen Kontakt machen. Fig. 540 zeigt ein Sicherungselement für Edisonstöpsel, Fig. 541 dasselbe mit abgehobenem Deckel, Fig. 542

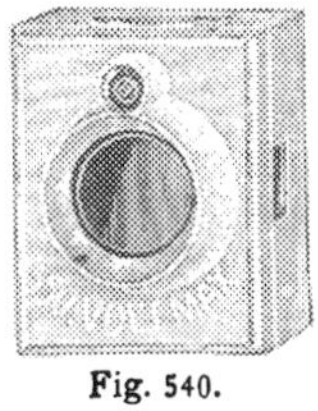

ein solches im Schnitt mit eingesetztem Stöpsel. In dem letzten Falle
ist auf die Sammelschienen beiderseitig ein isolierendes Schutzplätt-

chen (s) aufgeschraubt, welches verhindern soll,
daß die unter Spannung stehende Sammelschiene
seitlich berührt werden kann. Fig. 543 zeigt einen
Edisonstöpsel der Type 2 bis 550 V nebst einer
Kontaktschraube, Fig. 544 a u. b einen solchen
Stöpsel im Schnitt und zwar unversehrt, sowie
in abgeschmolzenem Zustande. In letzterem

Fig. 542.

Falle hat der gleichfalls abgeschmolzene Hilfsdraht H die Kennmarke K freigegeben und
letztere tritt, getrieben durch die Feder F, aus
dem Deckel des Stöpsels hervor, sodaß durch Betasten auch im
Dnkeln sich erkennen läßt, ob die Sicherung unversehrt ist oder
abgeschmolzen. Die Sicherungen der Type 1, bis 250 V, unter-

Fig. 544a.   Fig. 544 b.

Fig. 543.

Fig. 545.

scheiden sich von den vorgenannten äußerlich
dadurch, daß die Kennvorrichtung lediglich aus
einem Draht hinter Fenster besteht, das Erkennen des Durchschmelzens daher nicht so leicht
ist. Fig. 545 zeigt den großen Edisonstöpsel,
welcher bis 60 A hergestellt wird.

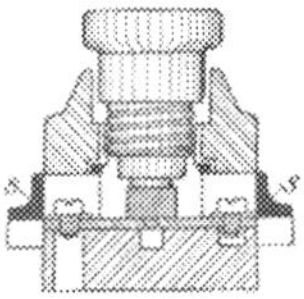

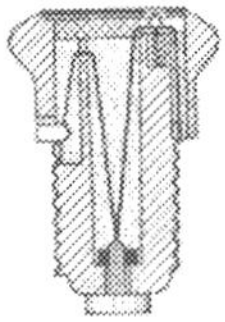

Außer den Edisonsicherungen fertigt die
Allgemeine Elektricitäts-Gesellschaft noch zwei
Arten von Schmelzpatronen an, die aus einem
Porzellankörper bestehen, in den luftdicht, mit
entsprechender Füllung, silberne Schmelzdrähte
eingebettet sind. Der Porzellankörper trägt
wieder ein Fenster mit Kenn-
draht, die Patronen erhalten
entweder Kabelschuhe zum Ein-
schrauben in Sicherungsböcke
(Fig. 546), oder einfache Kupfer-
lamellen zum Einschieben in

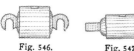

Fig. 546.   Fig. 547.

federnde Kontakte (Fig. 547). Diese Patronen werden bis zu Betriebsstromstärken von 200 A hergestellt.

VII. Abschnitt.

Elektrische Beleuchtung.

---

(737) **Arten der elektrischen Beleuchtung.** Bei der elektrischen Beleuchtung, wie sie allgemein im Gebrauch steht, unterscheidet man nach der Beschaffenheit des Leuchtkörpers zwei Hauptarten: das Glühlicht und das Bogenlicht und bezeichnet dementsprechend die zugehörigen Lampen als Glühlampen und Bogenlampen.

Bei Glühlicht wird der Leuchtkörper durch einen festen Körper gebildet, der in den Stromkreis eingeschaltet, vom Strom durchflossen wird. Hierbei tritt eine Erwärmung ein, welche die Lichtausstrahlung bewirkt. Die Höhe der Erwärmung ist durch die Abmessungen des Leuchtkörpers bestimmt und wird so hoch getrieben, als es der Leuchtkörper zuläßt. Je nach dem Stoffe, aus welchem letzterer hergestellt ist, unterscheidet man Glühlampen mit Metall-, mit Kohlenfaden-, mit Metalloxyd-Leuchtkörpern.

Bei Bogenlampen wird zwischen zwei Leitern, die in einer gewissen Entfernung einander gegenüberstehen, ein Lichtbogen erzeugt, wobei entweder dieser allein, oder mit ihm gleichzeitig die Leiter an der Lichtausstrahlung beteiligt sind. Je nach der Herstellung des Lichtbogens unterscheidet man Bogenlampen mit Lichtbogen im luftleeren Raum und mit Lichtbogen in der atmosphärischen Luft.

Weitere Versuche, die Elektrizität für Beleuchtungszwecke auszubeuten, haben bisher noch keine Bedeutung für die Elektrotechnik gewonnen. So hat man insbesondere versucht, in Glasröhren mit guter Luftleere Wechselströme von sehr hoher Spannung und Periodenzahl zur Lichterzeugung auszunutzen. Hierher gehören die Lampen von Tesla und Moore (Electric Engineer New-York, Bd. 21, S. 430, 438, 558, 595, Elektrot. Zeitschr. 1905, S. 187).

(738) **Spezifischer Verbrauch.** Eine Lampe von der Lichtstärke J, welche ei Watt verbraucht, hat den spezifischen Verbrauch $p = \dfrac{ei}{J}$.

Glühlampen.

1. Glühlampen mit Metall-Leuchtkörpern.

(739) **Arten.** Um ein Metall als Leuchtkörper in einer Glühlampe verwenden zu können, muß es in physikalischer Beziehung
eine sehr hohe Temperatur aushalten; in mechanischer Beziehung muß
es sich in die Form sehr feiner Fäden bringen lassen, dabei aber eine
für die Verwendung genügende Festigkeit behalten. Bisher haben
sich nur zwei Metalle hierzu als geeignet erwiesen: das Osmium und
das Tantal.

(740) **Osmium-Lampe.** Konstruktion. Fein verteiltes Osmium
wird mit organischen Bindemitteln zu einem zähen Brei gemischt,
welcher durch Düsen aus Diamanten oder Saphiren unter hohem Druck
gepreßt wird. Hierdurch entsteht ein fadenförmiger Strang einer im
wesentlichen Osmium und verkohlbares Material enthaltenden Masse.
Diese Fäden werden hierauf getrocknet und unter Abschluß von Luft
geglüht, wobei das Bindemittel verkohlt. Die Fäden werden hierauf
in einer viel Wasserdampf und eine gewisse Menge reduzierender Gase
enthaltenden Atmosphäre mittels elektrischen Stromes unter allmählich
fortschreitender Erwärmung, schließlich längere Zeit bei Weißglut
erhitzt, und hierdurch der reine Osmiumfaden erhalten. Letzterer wird
nun in die Enden der Zuleitungsdrähte mittels elektrischen Flammenbogens eingeschmolzen und das Ganze in einer luftleer ausgepumpten
Glasbirne untergebracht.

Das bei gewöhnlicher Temperatur spröde Osmium wird in der
Glühhitze weich. Die Fäden sind deshalb in ihrer Mitte durch eine
an der Glasbirne befestigte Öse noch einmal besonders gehalten.
Trotzdem ist es erforderlich, die Lampen in senkrechter, nach
unten hängender Lage zu brennen, da bei einer anderen Stellung die
weichen Fäden sich leicht durchbiegen können.

Ausgebrannte Lampen werden wegen des Metallwertes des
Osmiums von der ausführenden Firma wieder zurückgekauft.

Die Osmiumlampen werden hergestellt von der Deutschen Gas-
glühlicht-Gesellschaft, Berlin (Elektrot. Zeitschr. 1905, S. 196).

Verhalten im Betriebe. Die Osmiumlampe ist besonders
geeignet für Niederspannungen und wird hergestellt für Betriebsspannungen bis zu 77 V. Sie muß daher für Gleichstrom bei den
üblichen Betriebsspannungen von 110 und 220 V in entsprechender
Anzahl hintereinander geschaltet werden. Bei Wechselstrom kann
man durch Zwischenschalten kleiner Transformatoren die Spannung
für die Lampenstromkreise entsprechend erniedrigen, um reinen
Parallelbetrieb zu erhalten.

Osmiumlampen werden normal in folgenden Sorten angefertigt:

Für Hintereinander- und Parallelschaltung:

Spannung:	19—68	25—77	32—77 V
Lichtstärken:	16	25	32 HK

Nur für Einzel- und Parallelschaltung:

Spannung:	2	2—15	8—15	12—22	16—22 V
Lichtstärken:	0,5—0,6	1—13	16	25	32 HK

Der spezifische Verbrauch stellt sich auf ca. 1,5 Watt/HK.

Die Nutzbrenndauer, d. h. diejenige Zeit, innerhalb deren die Leuchtkraft um 20% gegen die ursprüngliche abgenommen hat, beträgt ca. 2000 Stunden.

Lampenform. Die gewöhnliche Form der Lampe ist die einer Glasbirne mit einem oder zwei Osmiumfäden, je nach der anzuwendenden Spannung. Die Lampe wird aber auch in Kugelform oder als Kerzenlampe hergestellt. Der Lampenfuß kann für jede gewünschte Fassung eingerichtet werden.

(741) Tantal-Lampe. Konstruktion. Zunächst wird durch Schmelzen von metallischem Tantalpulver im luftleeren Raum reines Tantal hergestellt und dieses hierauf durch Walzen und Ziehen zu einem Faden in der gewünschten Stärke ausgestaltet.

Um die Lampe für 110 V verwenden zu können, muß man einen verhältnismäßig langen Faden anwenden, der zwischen zwei Reihen von feinen Tragarmen zickzackförmig ausgespannt ist. Die Tragarme sind mittels eines kurzen Glasstabes in der Glasbirne untergebracht und letztere luftleer ausgepumpt.

Die Tantallampen werden hergestellt von der Firma Siemens & Halske (Elektrot. Zeitschr. 1905, S. 105, 943).

Verhalten im Betriebe. Die Tantallampe wird hergestellt für Spannungen bis zu 120 V, aber nur für eine beschränkte Anzahl von Lichtstärken.

Spannung:	50	55	60	65	73—75	100	105	110	115	120 V
Lichtstärken:	12	13	14	15	17	23	24	25	26	27 HK

An Strom verbraucht jede dieser Lampenarten im Mittel 0,34 bis 0,38 A. Der spezifische Verbrauch stellt sich daher auf ca. 1,5 bis 1,7 W für 1 HK, unter Bezugnahme auf die Anfangs-Lichtstärke.

Die Tantallampe besitzt eine mittlere Nutzbrenndauer von 400 bis 600 Stunden.

Lampenform. Die Form der Lampe ist die einer Glasbirne und wird normal für Lampenfuß mit Edison-Gewinde oder Swan-Bayonett hergestellt.

---

2. Glühlampen mit Kohlenfaden-Leuchtkörpern.

(742) Konstruktion. Der Leuchtkörper wird gegenwärtig fast ausschließlich aus reduzierter Nitrozellulose hergestellt. Diese wird zunächst durch feine Öffnungen von entsprechendem Durchmesser gepreßt und zu langen Fäden ausgezogen. Die Fäden werden dann in entsprechender Länge abgeschnitten, in Bügelform gebogen und in Kohlenretorten ausgeglüht. Da hierdurch Durchmesser und Oberfläche der Fäden noch nicht die genügende Gleichmäßigkeit erhalten, so werden sie meist noch in einem gasförmigen oder flüssigen Kohlenwasserstoff erhitzt, wobei die Poren des Fadens ausgefüllt werden, ein sehr fester und dichter Kohlenüberzug gebildet und ein ganz

bestimmter Widerstand jedes Fadens, der der gewünschten Lichtstärke und Betriebsspannung entspricht, erhalten wird. Für jede Sorte Kohlenbügel muß durch Versuche festgestellt werden, welche Strom-stärke ein bestimmter Querschnitt aushalten kann, damit die daraus angefertigte Lampe eine genügend hohe Nutzbrenndauer besitzt.

Ist somit für eine Lampe von bestimmter Lichtstärke J bei der Spannung e und Stromstärke i die Länge des Kohlenfadens l und der Durchmesser d, so kann man durch die nachfolgenden Formeln an-nähernd die Abmessungen l_1 und d_1 für andere Lampen berechnen, unter der Voraussetzung, daß sie den gleichen spezifischen Verbrauch für die Normalkerze haben, wie die Musterlampe (Strecker, Elektrot. Rundschau, 1887, S. 91).

1. Vorgeschrieben: die Spannung e_1 der zu konstruierenden Lampe

$$d_1 = d \cdot \sqrt[3]{\left(\frac{e \cdot J_1}{e_1 \cdot J}\right)^2}; \quad l_1 = l \cdot \sqrt[3]{\frac{e_1^2 J_1}{e^2 J}}; \quad i_1 = i \cdot \frac{e}{e_1} \cdot \frac{J_1}{J};$$

2. Vorgeschrieben: die Stromstärke i_1 der zu konstruierenden Lampe

$$d_1 = d \cdot \sqrt[3]{\left(\frac{i_1}{i}\right)^2}; \quad l_1 = l \cdot \frac{J_1}{J} \cdot \sqrt[3]{\left(\frac{i}{i_1}\right)^2}; \quad e_1 = e \cdot \frac{i}{i_1} \cdot \frac{J_1}{J}.$$

3. Soll zugleich der spezifische Verbrauch p für 1 HK geändert werden, so ist, wenn $p = \dfrac{e \cdot i}{J}$:

$$d_1 = d \cdot \left(\frac{p_1}{p}\right)^{5/6} \sqrt[3]{\left(\frac{e \cdot J_1}{e_1 \cdot J}\right)^2}; \quad l_1 = l \cdot \left(\frac{p_1}{p}\right)^{2/3} \sqrt[3]{\frac{e_1^2 \cdot J_1}{e^2 \cdot J}}; \quad i_1 = \frac{p_1 J_1}{e_1}.$$

Hierbei wird vorausgesetzt, daß alle Lampen auf gleiche Art hergestellt werden. Diese Formeln können indessen nur einen all-gemeinen Anhalt geben. Für die tatsächliche Herstellung der Lampe lassen sich genaue Formeln wegen der vielen dabei in Frage kom-menden Faktoren nicht aufstellen; es hat vielmehr hier der Versuch die letzte Entscheidung zu bringen. Die Formeln sind dagegen sehr geeignet, um sich eine Vorstellung über die Größenordnung der Lampenabmessungen machen zu können.

Die Kohlenfäden sind derartig fest, daß die Lampen in jeder beliebigen Lage brennen können, und daß sie sogar bei dem Brennen, wie es zB. vielfach für Reklamezwecke notwendig ist, in dauernder Bewegung sich befinden können.

Von mehreren Seiten sind Verfahren vorgeschlagen worden, aus-gebrannte Glühlampen mit frischen Kohlenfäden zu versehen, doch hat sich keines dieser Verfahren eingeführt, insbesondere weil die Herstellung der Kohlenfäden - Glühlampen auf einem außerordentlich hohen Grad der Vollkommenheit angelangt ist und demnach die Aus-besserungskosten gegenüber den Kosten einer neuen Glühlampe zu hoch ausfallen. Die Kohlenfaden - Glühlampe wird von zahlreichen Fabriken hergestellt.

(743) **Verhalten im Betrieb.** Lichtstärke, Spannung, gesamter und spezifischer Verbrauch sind für die hauptsächlichsten in Ver-wendung befindlichen Sorten von Kohlenfaden-Glühlampen in folgender Tabelle 1 zusammengestellt:

Tabelle 1.

Lichtstärke HK	Lampensorten Betriebsspannung	A		B		C	
		W	W/HK	W	W/HK	W	W/HK
5	45—112	—	—	19	3,8	21	4,2
5	116—125	19	3,8	22	4,2	24	4,8
10	45—115	28	2,8	33	3,3	36	3,6
10	116—155	31	3,1	36	3,6	40	4,0
10	156—240	35	3,5	41	4,1	45	4,5
16	45—115	43	2,7	50	3,1	55	3,4
16	116—155	46	2,9	53	3,3	59	3,7
16	156—240	49	3,1	57	3,6	63	3,9
25	45—115	67	2,6	78	3,1	86	3,4
25	116—155	72	2,9	84	3,3	92	3,7
25	156—240	76	3,0	89	3,6	98	3,9
32	45—115	86	2,7	100	3,1	110	3,4
32	116—155	92	2,9	107	3,3	118	3,7
32	156—240	98	3,1	114	3,6	126	3,9

Außerdem werden noch Lampen mit einer Lichtstärke von 50 und 100 HK hergestellt für Spannungen von 100 bis 240 V, sowie auch Lampen bis zu den kleinsten Lichtstärken und entsprechend niedrigen Spannungen.

Für die Lebensdauer der Lampen ist die Nutzbrenndauer maßgebend, d. h. diejenige Brenndauer in Stunden, innerhalb deren die Lampe um 20% der in Tabelle 1 angegebenen ursprünglichen Lichtstärke abgenommen hat. Diese Nutzbrenndauer ist im Mittel für die Lampensorte A gleich 300 Stunden, für B gleich 600 Stunden, für C gleich 800 Stunden. Die Tabelle zeigt, daß unter der Voraussetzung gleichen spezifischen Verbrauches bei Lampen für höhere Spannung die Lebensdauer abnimmt, gegenüber Lampen für niedrigere Spannung: daß dagegen unter der Voraussetzung gleicher Lebensdauer der spezifische Verbrauch für Lampen mit höherer Spannung zunimmt gegenüber Lampen mit niedrigerer Spannung.

Wird eine Lampe mit einer Spannung gebrannt, die höher ist, als die normale, für welche sie gebaut ist, so nimmt die Lebensdauer umsomehr ab, je höher die Spannung getrieben wird, während gleichzeitig die Lichtstärke sich wesentlich erhöht. Der gesetzmäßige Zusammenhang von Spannung, Energieverbrauch und Lebensdauer ließ sich bisher noch nicht feststellen. Die Zunahme der Lichtstärke mit der Spannung und den zugehörigen Verbrauch für eine 16 HK-Lampe bei 110 V und bei 220 V zeigt nachstehende Tabelle 2.

Tabelle 2.

Lampen-sorte	V	A	HK	W/HK	Lampen-sorte	V	A	HK	W/HK
	100	0,46	9,0	5,1		210	0,255	12,0	4,5
	105	0,49	12,2	4,1		**216**	**0,263**	**14,5**	**3,9**
Normal	**108**	**0,50**	**14,5**	**3,7**	Normal	**218**	**0,265**	**15,0**	**3,8**
16 HK	**110**	**0,51**	**16,0**	**3,5**		**220**	**0,270**	**16,0**	**3,7**
	112	**0,52**	**18,0**	**3,3**	16 HK	**222**	**0,274**	**17,0**	**3,6**
110 V	115	0,54	21,0	3,0	220 V	**224**	**0,278**	**18,0**	**3,5**
	120	0,57	26,5	2,6		230	0,285	21,0	3,1
	125	0,60	32,8	2,3		235	0,295	24,5	2,8
						240	0,305	27,5	2,6

Die in dieser Tabelle fett gedruckten Zahlen lassen erkennen, in welcher Weise sich die Lichtstärke der normalen 16 HK-Lampe bei Schwankungen von 4% der Betriebsspannung verhält.

Tabelle 1 zeigt, daß Kohlenfaden-Glühlampen für Spannungen bis zu 240 V hergestellt werden. Für höhere Spannungen ist eine fabrikmäßige Anfertigung bisher nicht möglich gewesen. Infolgedessen wird die Betriebsspannung für Beleuchtungsanlagen auch nicht höher als 240 V gewählt, sodaß die Glühlampen ohne weiteres für die fast allgemein übliche Parallelschaltung bis zu dieser Spannung geeignet sind. Nur ausnahmsweise wird, insbesondere bei ungewöhnlich großen Entfernungen unter Anwendung einer entsprechend höheren Betriebsspannung eine Hintereinanderschaltung der Lampen angewendet, so zB. bei der Beleuchtung des Nordostseekanals (Handbuch der elektrischen Beleuchtung von Herzog und Feldmann, 1901, S. 603).

In etwas größerem Umfang findet die Hintereinanderschaltung für Lampen kleinerer Lichtstärke statt, so zB. bei Reklamebeleuchtungen.

(744) Wirtschaftlicher Betrieb. Um für bestimmte Betriebsverhältnisse die geeignete Glühlampe auszuwählen, hat man zu beachten, daß die gesamten Kosten der Beleuchtung sich aus den Kosten für die elektrische Energie und den Kosten für Lampenersatz zusammensetzen. Beträgt die mittlere Lebensdauer einer Lampe T Stunden, kostet die Anschaffung der Lampe M Mark, braucht sie während der T Stunden S KW-Stunden, deren jede m Mark kostet, so sind die Gesamtkosten einer Brennstunde für diese Lampe $\dfrac{mS + M}{T}$ Mark. Diese Formel lehrt, daß bei niedrigen Herstellungskosten der elektrischen Energie, wie sie zB. bei Fabrikbetrieben mit eigener Zentrale vorliegen, Lampen mit großem spezifischen Verbrauch (Sorte A der Tabelle 1) zu wählen sind. Für höhere Kosten der KW-Stunde, wie sie meist bei Elektrizitätswerken in Frage kommen, sind dagegen selbst bei einem größeren Aufwande für Lampenanschaffung und Ersatz, Lampen mit geringerem spezifischem Verbrauch (Sorte C der Tabelle 1) die günstigeren. Vgl. Teichmüller, J. Gasbel., Wasserversorg. 1906.

(745) Prüfung der Glühlampen. Um zu untersuchen, ob ein bestimmtes Fabrikat oder eine bestimmte größere Sendung von Glühlampen gut sei, genügt es, wenn man ca. 20% der Gesamtzahl prüft. Zunächst wird photometrisch gemessen, ob die Lichtstärke bei der Betriebsspannung, für welche die Lampe bestimmt ist, den richtigen Wert hat. Hierauf ist an einigen Lampen die Lebensdauer festzustellen. Dabei ist es nicht möglich, die zu prüfenden Lampen in regulären Betrieb zu nehmen, weil eine solche Probe monatelang dauern würde; man schlägt ein abgekürztes Verfahren ein, indem man die Lampen bei einer Spannung brennt, welche 10% oder in anderen Fällen 15%, auch 25% über der normalen Spannung der Lampen liegt.

Brennt man die Lampe mit einer um 25% gesteigerten Spannung so nimmt ihre Leuchtkraft sehr rasch ab; man kann der Abnahme mit photometrischen Messungen nicht folgen. Dagegen erhält man in diesem Falle Aufschluß über einige besondere Fehler der Lampen, wie zB. schlechte Kohlenbügel, die schon nach ganz kurzer Zeit durchgebrannt sind, geringe Haltbarkeit des Kohlenüberzuges der Bügel; wenn die Bruchstellen der durchgebrannten Bügel zum größeren Teile an derselben Stelle liegen, so liegt irgend ein Fabikationsfehler vor. Eine solche Probe ist meist in wenigen Stunden zu Ende.

Brennt man die Lampe bei einer um 10% oder um 15% gesteigerten Spannung, so kann man die Veränderung der Leuchtkraft durch Messung verfolgen; man läßt die Lampen bei der gesteigerten Spannung jedesmal eine Stunde brennen und photometriert dann wieder; häufige Kontrolle der Spannung der Lampen ist erforderlich; im späteren Verlaufe dieser Untersuchung kann man Zwischenräume von mehreren Stunden wählen. Im Anfang beobachtet man häufig eine Zunahme der Leuchtkraft, später eine fortgesetzte Abnahme; zugleich bemerkt man an den Bügeln solche Veränderungen, welche sich im regulären Betrieb auch zeigen würden. Eine Umrechnung auf die Verhältnisse des letzteren ist nicht möglich; nur kann man annehmen, daß bei einer derartigen Probe um so zuverlässigere Resultate erhalten werden, je weniger man die Spannung der Lampen über ihr normales Maß steigert. Den richtigen Maßstab für die Beurteilung derartiger Versuche kann nur die Erfahrung geben.

Einige Fehler, die an Glühlampen vorkommen, lassen sich leicht auffinden. Ungenügendes Vakuum erkennt man an der Trägheit der Schwingungen des Bügels, wenn man die Lampe erschüttert. Schwache Stellen des Kohlenbügels kommen zum Vorschein, wenn man die Lampe mit schwächster Rotglut brennt; wo der Bügel ein wenig zu dünn ist, erglüht er heller als die benachbarten Teile. Etwaige Fehler im Kohlenüberzug des Bügels werden bei aufmerksamem Betrachten im reflektierten Licht leicht gefunden.

Um die Luftleere der Glühlampen zu prüfen, verbindet man den Lampenfuß mit dem einen Pole eines Funkeninduktors für etwa 2 cm Funkenlänge, dessen anderer Pol mittels eines Ringes oder einer Metallkappe an das andere Ende der Glasbirne gelegt wird. Gute Lampen zeigen nur unbedeutendes Leuchten; eine weniger gute Luftleere zeigt eine weißliche Lichtfüllung, schlechte Luftleere wird am Leuchten des Kohlenfadens und Streifen von purpurnem Licht erkannt, das von glühendem Stickstoff herrührt. (Marsh, El. World. Bd. 28, S. 651.)

(746) Lampenformen. Die gewöhnliche Form des Glaskörpers ist die Birne. Die kürzeren Kohlenfäden sind einfach bügelförmig; längere Fäden erhalten an der Krümmung des Bügels eine Spiralwindung, besonders lange, für 200 bis 240 V bestimmte Fäden werden als Doppelbügel hergestellt und im mittleren Teil zwischen den Zuleitungen nochmals befestigt; insbesondere für kleinere Lampen wählt man statt der Birne auch öfter die Kugel. — Ungewöhnliche Formen: Kerzenlampe in der Form und zur Nachahmung einer Kerze, gerade oder abgestumpft-kegelförmig, auch spiralig gewunden; Röhrenlampe zum Ausleuchten enger Räume, wie Geschütze, oder Räume mit enger Öffnung, wie Fässer u. dgl.; Pilzform, breiter als hoch; Focuslampen, in denen der Glühfaden durch spiralige Gestaltung möglichst in die Nähe eines Punktes gebracht wird; Lampen mit geradem Faden, beide für wissenschaftliche und Laboratoriumszwecke, zB. für spektralanalytische und photometrische Untersuchungen, für Projektionszwecke, objektive Skalenablesung u. dgl., die letztere Form auch vielfach für Schaufensterbeleuchtung und Reklamezwecke; Ringform für ärztliche Zwecke; Reflektorlampen mit teilweise versilbertem Glase. Außer Lampen mit klarem Glas werden mattierte oder teilweise mattierte, gefärbte und aus farbigem Glas hergestellte fabriziert. — Die Form des Lampenfußes ist sehr mannigfach.

---

3. Glühlampen mit Metalloxyd-Leuchtkörpern.

(747) Nernst-Lampe. Konstruktion. In der Nernst-Lampe wird ein Leuchtkörper verwendet, bestehend aus einer Mischung verschiedener Metalloxyde, vornehmlich Thoroxyd und Zirkonoxyd und den damit verwandten seltenen Erden, wie Yttriumoxyd, Ceroxyd usw. Diese Stoffe werden in passender Menge sorgfältig gemischt und dann zu feinen Stäbchen oder dünnen Röhrchen geformt. Ihre Enden werden mit den aus Platin bestehenden Zuleitungsdrähten umwickelt und die Umwicklungsstellen mit einer Paste bedeckt, die aus dem gleichen Material besteht, wie der Leuchtkörper selbst. Hierauf erfolgt das Zusammenschmelzen.

Die für den Nernstkörper verwendeten Stoffe sind indessen im kalten Zustande Nichtleiter; sie beginnen erst bei einer Temperatur von etwa 600 Grad den Strom wahrnehmbar zu leiten. Um sie als Lichtgeber zu benutzen, müssen sie zunächst also auf diese Temperatur vorgewärmt werden. Ist dies geschehen, so erfolgt die weitere Erwärmung bis auf die für die volle Lichtausstrahlung erforderliche Temperatur durch den elektrischen Strom selbst. Die Vorwärmung wird bewirkt durch eine selbsttätige Heizvorrichtung, die aus einem 10 bis 20 cm langen, etwa 1 mm starken Stäbchen aus porzellanartiger Masse hergestellt ist. Dieses Stäbchen wird mit einem sehr feinen Platindraht in Spiralform umwickelt und dann mit einer dünnen Schicht feuerfesten Materials überzogen, die den Platindraht festhält. In die zur Wärmeabgabe geeignete Form wird das Stäbchen dadurch gebracht, daß man es in einer Gebläseflamme erweicht und biegt. Am geeignetsten hat sich die Form der Spirale erwiesen, die entweder in ziemlich weiten Windungen einen geradlinigen Leuchtkörper umgibt, oder in engen Windungen innerhalb eines hufeisenförmigen Leuchtkörpers angebracht ist. Der Heizstab kann auch in Form einer in einer Ebene liegenden Schlangenlinie gebogen werden, in welchem Falle der Leuchtkörper unterhalb der Heizvorrichtung befestigt wird, sodaß das Licht unbehindert nach unten ausstrahlen kann.

Die elektrische Vorwärmung erfordert etwa 35 W bei den kleineren Lampen und bis zu 100 W bei den größeren. Die Konstruktion der Nernst-Lampe (Fig. 548) ist derartig, daß beim Einschalten ein im Sockel der Lampe befindlicher Magnetausschalter (S) zunächst geschlossen bleibt. Hierdurch wird der Strom die Heizspirale (H) durchfließen und den Nernstkörper (N) erwärmen. Je wärmer letzterer wird, desto mehr Strom nimmt seinen Weg durch ihn und damit auch durch die Windungen des Schaltmagnets (S), bis die Stromstärke hier genügend hoch ist, um den Anker des Magnets zur Anziehung zu bringen, womit der Heizkörper ausgeschaltet wird und nunmehr nur noch Strom durch den Nernstkörper hindurchgeht. Die Vorwärmung bis zur vollen Helligkeit des Nernstkörpers dauert bei den kleinen Sorten 12 bis 15 Sekunden, bei den größeren etwas länger.

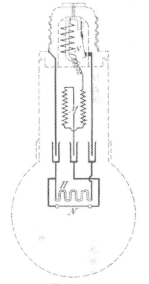

Fig. 548.

Um den Nernstkörper Spannungsschwankungen gegenüber genügend unempfindlich zu machen, ist ein Vorschaltwiderstand (M, Fig. 548) vorgesehen. Dieser ist in der Lampe selbst untergebracht und besteht aus einer Eisenspirale, die sich in einer mit verdünntem Wasserstoff angefüllten kleinen Glasröhre befindet. Der Vorschaltwiderstand verbraucht ca. 10% der insgesamt für die Lampe aufgewendeten Energie.

Nernstkörper mit Heizspirale bilden auf gemeinsamer Porzellanplatte angebracht den Brenner. Dieser ist leicht auswechselbar, sodaß der übrige Teil der Lampe nach Ersatz des abgenutzten Brenners weiter verwendbar bleibt.

(748) Verhalten im Betrieb. Lichtstärke, Spannung und Energieverbrauch der gebräuchlichsten Nernst-Lampen sind aus der Tabelle 3 S. 616 zu ersehen.

Die Nernstlampen werden auch noch für andere Spannungen hergestellt, nämlich für solche von 96 bis 160 V und solche von 196 bis 300 V. Die Stromstärke bleibt dabei annähernd die gleiche, wie in obiger Tabelle 3 angegeben, während die Lichtstärken sich entsprechend der angewandten Spannung ändern.

Tabelle 3.

Sorte	HK	V	A	W	W/HK
B	16	110	0,26	29	1,8
B	32	110	0,50	55	1,7
B	32	210	0,25	52,5	1,6
A u. C	64	110	1,00	110	1,7
A	64	200	0,50	100	1,6
A u. C	160	240	1,00	240	1,5

Für Betriebsspannungen bis 160 V sind Widerstände von 15 V anzuwenden, für alle höheren Betriebsspannungen solche von 20 V. Der Brenner wird für eine derartige Spannung so gewählt, daß die Summe der Spannungen von Brenner und Widerstand nicht niedriger ist, als die höchste in der Lichtanlage auftretende Betriebsspannung.

Die Nutzbrenndauer der Nernstlampe beträgt bei den kleineren Sorten ca. 300 Brennstunden; bei den größeren ist sie meist eine längere (Bußmann, Elektrot. Zeitschr. 1903, S. 281, Wedding, ebenda, S. 442).

Die Nernstlampe wird für Gleichstrom und für Wechselstrom hergestellt. Die Widerstände sind für beide Stromarten gleich, nicht aber Sockel und Brenner. In den für Gleichstrom hergestellten Sockeln würde der Magnetausschalter summen, sobald die Lampe für Wechselstrom benutzt würde. Bei Gleichstromlampen ist streng darauf zu achten, daß die Stromrichtung immer die gleiche bleibt. Zu diesem Zwecke soll bei Lampen mit Gewindesockel immer das Gewinde am negativen Pol und die Kontaktplatte am positiven Pol liegen. Bei Lampen mit Bajonettverschluß und bei den größeren Lampenmodellen sind die Pole seitens des Fabrikanten entsprechend bezeichnet. Um die Pole zu erkennen, werden besondere Polsucher angefertigt.

Die Nernstlampe wird nach den Patenten von W. Nernst (Elektrot. Zeitschr. 1903, S. 206) durch die Allgemeine Elektrizitäts-Gesellschaft hergestellt.

(749) Lampenformen. Die Lichtstärken, für welche die einzelnen Lampenformen Verwendung finden, sind aus Tabelle 3 zu ersehen. Die Sorten A und C werden hergestellt mit wagerechtem Leuchtkörper, wenn es sich um besonders gute Bodenbeleuchtung handelt, mit senkrechtem, wenn eine gleichmäßigere Lichtverteilung gewünscht wird. Sie besitzen ein eigenes vollständiges Gehäuse, sodaß sie keine besondere Fassung mehr gebrauchen, sondern direkt an die Leitung angeschlossen werden. Sorte C ist in den Abmessungen kleiner als A, da bei ihr der Vorschaltwiderstand getrennt von der Lampe angeordnet ist. Für größere Helligkeiten werden die Lampen Modell A auch als Mehrfachlampen mit je drei Brennern ausgeführt, wobei sie die dreifache Lichtstärke der in der Tabelle angegebenen leisten.

Die Lampen-Sorten B und D werden mit Gewindesockeln oder mit Bajonettsockeln hergestellt, sodaß sie in die normale Glühlampen-

fassung eingesetzt werden können. Sorte B wird auch als Kerzenlampe ausgeführt.

Damit auch bei Verwendung von Nernstlampen sofort nach dem
Einschalten Licht vorhanden ist, können diese Lampen mit kleinen
Kohlenfaden-Glühlampen vereinigt werden. Mit dem Einschalten des
Heizkörpers werden dann gleichzeitig diese Glühlampen eingeschaltet,
sodaß zunächst eine vorläufige Beleuchtung vorhanden ist. Sobald
der Nernstkörper selbst anfängt zu leuchten, sobald also die Heizspirale sich ausschaltet, werden auch gleichzeitig selbsttätig die
kleinen Glühlampen mit ausgeschaltet, so daß man also nunmehr das
Nernstlicht allein brennen hat (Salomon, ETZ 1904, S. 610).

Bogenlampen.

1. Bogenlampen mit Lichtbogen im luftleeren Raum.

(750) **Quecksilberdampflampe.** Konstruktion. Die Quecksilberdampflampe besteht aus einem geschlossenen Glasrohr, in das
an beiden Enden Platindrähte für die Stromzuführung eingeschmolzen
sind. An dem einen Ende ist das Rohr zu einer Kugel erweitert und
diese mit etwas Quecksilber angefüllt, in welches der hier befindliche
Platindraht hineinragt. Das Quecksilber bildet dabei die negative
Elektrode der mit Gleichstrom zu betreibenden Lampe. An dem
anderen Ende ist an dem Platin eine meist aus Eisen bestehende
Metallelektrode als positive Elektrode angeschlossen. Auch andere
Metalle als Eisen, zB. Nickel, lassen sich hierfür verwenden, so daß
die Art des Metalles nicht von allzugroßer Wichtigkeit zu sein scheint.
Das Rohr selbst ist luftleer ausgepumpt.

Bei der Inbetriebsetzung wird die Lampe zunächst in eine mehr
oder weniger wagerechte Lage gebracht, so daß das Quecksilber als
schmales Band eine direkte Verbindung der beiden Stromzuführungs-
stellen herstellt. Hierauf wird die Lampe etwas geneigt, wobei das
Quecksilber in die Kugel zurückfließt. Gleichzeitig bilden sich unter
Einwirkung der elektrischen Spannung Quecksilberdämpfe in dem
Rohre, welche, indem sie einen Leitungsweg für den Strom bilden,
als Lichtbogen das Leuchten der Lampe hervorrufen. Länge und
Durchmesser der Gasstrecke, also auch Länge und Durchmesser der
Röhre, sind bestimmt durch die Stromstärke und Spannung, mit
welcher die Lampe brennen soll, sowie durch die gewünschte Licht-
stärke. Der Einfachheit der Herstellung wegen werden meist gerade
Rohre verwendet.

Verhalten im Betrieb. Die Lampenspannung ist direkt proportional der Länge und umgekehrt proportional dem Durchmesser der
stromführenden Gasstrecke.

Für das gute Arbeiten der Lampe ist die Beziehung der Gasdichte
zur Leitfähigkeit von Bedeutung; denn der Widerstand ist abhängig
von der Dichte bezw. der Temperatur des Gases, und zwar scheint

für jede Lampe die höchste Leistungsfähigkeit und günstigste Lichtstärke einer bestimmten Gasdichte und Temperatur zu entsprechen.
Die Temperatur des Gases hängt aber wesentlich ab von der nach
außen abgegebenen Wärme und letztere kann ihrerseits durch geeignete Abmessung der Kugel für jede Lampe eingestellt werden. Die
Glaskugel regelt also hauptsächlich die Temperatur und wirkt somit
als Kühlkammer für die Lampe.

Die Lampen müssen im Betriebe einen Vorschaltwiderstand erhalten, der 5 bis 20 % der Betriebsspannung aufnimmt. Die bisher
angefertigten Quecksilberdampflampen beruhen meist auf der Konstruktion von Hewitt (Recklinghausen, ETZ 1902, S. 492).

Lampenformen. Auf der Weltausstellung in Lüttich 1905
waren Hewitt-Lampen in zwei Größen im Betrieb ausgestellt von der
Westinghouse-Gesellschaft, Paris. Das kleinere Modell gab bei 50 V
Betriebsspannung und ca. 3 bis 3,5 A eine Lichtstärke von 300 HK,
das größere Modell bei 100 V und gleich viel Strom eine Lichtstärke
von 700 HK. Die Brenndauer der Lampen wird im Mittel auf 1000
Brennstunden angegeben (Corsepius, Elektrot. Zeitschr. 1905, S. 940).

Das Glaswerk Schott und Genossen, Jena, baut Quecksilberdampflampen von 178 cm Länge und 19 mm Durchmesser, welche bei
220 V Betriebsspannung zu 3 hintereinander brennen und einen
spezifischen Verbrauch von 0,52 W/HK, bezw. einschließlich der
Vorschaltwiderstände von 0,64 W/HK besitzen (Honigmann, ETZ
1905, S. 1182).

Die Quecksilberdampflampe liefert ein fahles blaugrünes Licht, da
es keine roten und nur wenige gelbe Strahlen aussendet. Dagegen
ist es reich an chemisch wirksamen ultravioletten Strahlen. Um diese
auszunutzen, darf aber für das Rohr nicht gewöhnliches Glas verwendet werden, weil dieses die genannten Strahlen nur unvollkommen
durchläßt. Eine Lampe mit besonders geeignetem Glas ist hergestellt
worden in der Uviol-Quecksilberlampe des Glaswerkes Schott und
Genossen, Jena (Axmann, ETZ 1905, S. 627, Hahn, ebenda, S. 720).
Heräus in Hanau hat eine Lampe aus Quarz hergestellt (ETZ 1905,
S. 627). Die ultravioletten Strahlen rufen leicht Entzündungen der
Haut, besonders der Augen hervor.

---

2. Bogenlampen mit Lichtbogen in der atmosphärischen Luft.

(751) Konstruktion. Eine Bogenlampe dient dazu, durch den
zwischen zwei Kohlenstiften erzeugten Lichtbogen eine Lichtausstrahlung zu bewirken. Hierzu ist eine Vorrichtung erforderlich,
welche beim Einschalten die Zündung des Lichtbogens bewirkt und
während des Brennens der Lampe die Kohlenstifte ihrem Abbrande
entsprechend nachschiebt. Diesem Zwecke gemäß sind an einer Bogenlampe folgende wesentliche Teile zu unterscheiden:

1. Kohlenhalter; sie greifen in den übrigen Mechanismus der
Lampe ein, sind aber häufig noch für sich verschiebbar, damit

man nach dem Herausnehmen der niedergebrannten Kohlen neue lange Kohlen einsetzen kann. 2. Vorrichtung, um die Kohlen zusammenzuführen, wenn kein Strom in der Lampe ist, und sie auf eine bestimmte, der richtigen Lichtbogenlänge entsprechende Entfernung auseinander zu ziehen, sobald der Strom zustande kommt. 3. Vorrichtungen zum Nachschub der Kohlen nach Maßgabe des Abbrandes und zur Regulierung der Geschwindigkeit, mit der die Kohlen vorangeschoben werden. 4. Lampengehäuse mit Glasglocke zum Schutze des Reguliermechanismus und des Lichtbogens.

Dazu kommen noch bei besonderen Konstruktionen: 5. Vorrichtung, um den Lichtbogen an derselben Stelle zu halten. 6. Vorrichtung zum selbsttätigen Auswechseln der Kohlenstäbe und 7. selbsttätige Kurzschließer für Lampen in Reihenschaltung, um den Stromkreis wieder herzustellen, wenn eine der Lampen den Dienst versagt.

Die Vorrichtung, welche beim Eintritt des Stromes die Kohlen auseinander führt, ist meist ein im Hauptstrom liegender Elektromagnet, an dessen Anker der eine der beiden Kohlenhalter sitzt. Verschwindet der Strom, so reißt gewöhnlich eine Feder den Anker des Elektromagnets ab, so daß sich die Kohlen wieder berühren. Oft wird zum Zusammenbringen der Kohlen eine im Nebenschluß zum Lichtbogen liegende elektromagnetische Vorrichtung benutzt, welche beim Zusammentreffen der Kohlen kurz geschlossen wird: zum Auseinanderführen wird dann meist die Schwerkraft verwendet.

Der Nachschub der Kohlen wird bei den meisten Bogenlampen auf elektromagnetischem Wege vermittelt; ein Elektromagnet löst eine Kraft, meist die Schwerkraft der oberen Kohle, aus oder hält sie an. Dieser Elektromagnet oder statt dessen oft eine Spule mit beweglichem Eisenkern liegt mit seiner Bewickelung entweder im Hauptstrom, oder im Nebenschluß zum Lichtbogen, oder die Bewickelung besteht aus zwei einander entgegen wirkenden Teilen, deren einer im Hauptstrom, deren anderer im Nebenschluß liegt: Hauptstrom-, Nebenschluß-, Differentiallampen. In den letzteren können auch zwei getrennte Magnete oder Spulen verwendet werden, von denen der eine im Hauptstrom, der andere im Nebenschluß liegt.

Der Nachschub der Kohlen wird in vielen Fällen dadurch bewirkt, daß beim Nachlassen der magnetischen Kraft des regulierenden Elektromagnets die Fassung der oberen Kohle vorübergehend gelockert wird, so daß die obere Kohle ein wenig nachsinken kann. Von großem Vorteil ist, wenn der Reguliermechanismus die Kohlen nicht nur einander nähern, sondern auch ein wenig voneinander entfernen kann.

In anderen Lampen wird ein Räderwerk benutzt, in welches der obere Kohlenhalter durch seine Schwerkraft eingreift. Die Bewegung wird, nachdem die Kohlen genügend genähert sind, durch Sperrung wieder aufgehalten; oder man benutzt ein Bremsrad, welches unter dem Einfluß des regulierenden Elektromagnets gebremst oder losgelassen wird. Eine weitere Art der Regulierung ist die durch Rolle und Schnur; an der letzteren hängen die beiden Kohlen und passende Eisenkerne, die von Solenoiden angezogen werden. In wieder anderen Lampen besorgt ein kleiner Elektromotor die Bewegung der Kohlen. Außer diesen gibt es noch andere Vorrichtungen, so daß im ganzen die für Bogenlampen vorhandenen Konstruktionen sehr zahlreich sind

(Handbuch der elektr. Beleuchtung von Herzog und Feldmann 1901; die elektrischen Bogenlampen von Zeidler 1905). Die Konstruktion der Bogenlampen richtet sich außerdem in ihren Einzelheiten danach, ob dieselben mit Gleichstrom oder mit Wechselstrom gebrannt werden sollen.

Nach der Zusammensetzung der Kohlen und nach der Art, in welcher der Lichtbogen brennt, unterscheidet man folgende Lampen:

Gewöhnliche Bogenlampen. Die Kohlen bestehen aus reinem gepreßten Kohlenstoff und der Lichtbogen brennt bei freiem Zutritt der atmosphärischen Luft.

Dauerbrandlampen. Die Kohlen bestehen gleichfalls aus reinem gepreßten Kohlenstoff, der Lichtbogen ist aber in einem dicht abgeschlossenen mit Luft gefüllten Raum eingeschlossen.

Flammenbogenlampen. Die Kohlenstifte sind mit besonderen Zusätzen getränkt, im übrigen brennt der Lichtbogen bei freiem Zutritt der Luft, wie bei den gewöhnlichen Bogenlampen.

(752) **Regulierung der Bogenlampen.** Die Hauptstromlampen regulieren auf konstanten Strom und eignen sich nur zum Einzelbetrieb; die Nebenschlußlampen regulieren auf konstante Spannung und werden am besten in Parallelschaltungsanlagen verwendet; sie erhalten bei solcher Verwendung einen Vorschaltewiderstand, bei Wechselstrom eine Drosselspule; die Differentiallampen regulieren auf konstanten Widerstand und lassen sich in Reihen- und in Parallelschaltung betreiben.

In der Regulierung ist die Differentiallampe der Nebenschlußlampe bei weitem überlegen (Görges, ETZ 1899, S. 444). Es bedeuten E die Netzspannung, I die Lampenstärke, $L = e I$ den elektrischen Verbrauch der Lampe, der zugleich für die Lichtstärke maßgebend ist, W den Vorschaltwiderstand, $R = e/I$ den scheinbaren Widerstand der Lampe; die prozentische Änderung einer der elektrischen Größen wird durch das Zeichen $\triangle$ dargestellt:
$$\triangle E = 100 \cdot dE : E.$$
Die Grundgleichung ist $E - e = W \cdot I.$

Nebenschlußlampe	Differentiallampe
1. bei Änderungen der Netzspannung:	
$e = $ konst.	$e = R \cdot I,\ R = $ konst.
$\triangle I: \triangle E = E : (E - e)|$	$\triangle I: \triangle E = 1$
$\triangle L: \triangle E = E : (E - e)$	$\triangle L: \triangle E = 2$
2. bei Änderungen an der Lampe und konstanter Netzspannung:	
$E = $ konst.	$e = R \cdot I,\ E = $ konst.
$\triangle I: \triangle e = -e : (E - e)$	$\triangle I: \triangle R = - e : E$
$\triangle L: \triangle e = - (2e - E) : (E - e)$	$\triangle L: \triangle R = - (2e - E) : E.$

$E - e$ ist der Verlust im Vorschaltwiderstand; je geringer dieser ist, um so größer werden die Quotienten für die Nebenschlußlampe. Bei der Differentiallampe sind die Quotienten entweder konstant oder enthalten die Netzspannung im Nenner; ihr Wert ist also gering. Die Gleichungen zeigen, daß einer Änderung der Netzspannung oder einer Änderung an der Lampe bei der Nebenschlußlampe eine Änderung der Stromstärke, des Verbrauchs und der Lichtstärke folgt, welche mehrmals größer ist als bei der Differentiallampe.

(753) **Ungleichmäßige Lichtausstrahlung.** Der frei brennende Lichtbogen sendet unter verschiedenen Neigungen verschieden große Lichtmengen aus. Die höchste Lichtstärke besitzt bei Gleichstrom-Bogenlampen die positive Kohle, welche gewöhnlich die obere ist; nach oben wirft sie selbst, nach unten die untere Kohle Schatten. Der letztere erfährt aber eine Einschränkung, da man schon, um eine gleichmäßige Verkürzung beider Kohlen bei dem Abbrand zu erreichen, die untere Kohle entsprechend dünner wählt. Um die Lichtausstrahlung der oberen Kohle möglichst zu steigern, wird sie als Dochtkohle hergestellt. Die größte Helligkeit wird in einer Richtung von etwa 30—45° unter dem Horizont ausgestrahlt (vgl. Fig. 149, S. 281). Bei Wechselstromlampen hat man ohne Lichtreflektor über dem Lichtbogen zwei Maxima, das eine etwa 30° unter, das andere ebenso hoch über dem Horizont. Die gebräuchlichsten Kohlenarten und deren Abmessungen sind in den Tabellen 4 a—f enthalten.

(754) **Spannung und Leuchtkraft der Bogenlampe.** Die Spannung an den Kohlenstäben, d. h. also die Lichtbogenspannung, hängt ab von der Stromstärke, von Art und Abmessung der Kohlenstifte, sowie ganz besonders von der Lichtbogenlänge; bei Wechselstrom ferner noch von den Kurvenformen für Stromstärke und Spannung. Die gleichen Faktoren sind auch von maßgebendem Einfluß auf die Leuchtkraft der Lampe. Ein genauer gesetzmäßiger Zusammenhang dieser verschiedenen Werte konnte indes bisher noch nicht gefunden werden (Hertha Ayrton, Electrician Bd. 34, S. 335, 364, 397, 471, 541, 610, Bd. 35, S. 418, 635, Simon, ETZ. 1905, S. 818, 839).

Die Erfahrung hat die in den folgenden Tabellen 4 a bis f angegebenen Werte als zweckmäßig herausgebildet; die Helligkeit ist dabei als mittlere hemisphärische Lichtstärke in HK ausgedrückt und zwar für Lichtbogen ohne Glocken, bei Dauerbrandlampen ohne Außenglocken:

Tabelle 4a. Gewöhnliche Bogenlampe, Gleichstrom.
Gültig für Nebenschluß- und Differentiallampen.
Zwei Lampen hintereinander bei 110 V; vier Lampen hintereinander bei 220 V.

Stromstärke A	2	3	4,5	6	8	10	12	15
Lichtbogenspannung V . . .	36	37	38	39	40	41	42	43
Dochtkohle, Durchm. mm .	8	11	13	15	16	18	20	21
Homogenkohle, Durchm. mm	5	7	8	9	10	12	13	14
Lichtstärke HK	80	120	240	400	620	900	1200	1700
Watt für die Lampe bei 55 V	110	165	248	330	440	550	660	825
Watt/HK	1,38	1,38	1,03	0,83	0,71	0,61	0,55	0,55

Länge jeder Kohle mm: 200   290   325
Brenndauer in Stunden: 10—12   16—18   18—23

Tabelle 4b. Gewöhnliche Bogenlampe, Gleichstrom.

Gültig für Differentiallampen.

3 Lampen hintereinander bei 110 V, 6 Lampen hintereinander bei 220 V.

Stromstärke A	4,5	6	8	10	12
Lichtbogenspannung V . . .	35	35	35	35	35
Dochtkohle, Durchm. mm . .	11	13	14	16	18
Homogenkohle, Durchm. mm .	7	8	9	10	11
Lichtstärke HK	200	330	530	780	1020
Watt für die Lampe bei 40 V .	180	240	320	400	480
Watt/HK	0,90	0,73	0,60	0,51	0,47

Länge jeder Kohle mm:	200	290	325
Brenndauer in Stunden·	10—12	16—18	18—23

Tabelle 4c. Gewöhnliche Bogenlampe, Wechselstrom.

Gültig für Nebenschluß- und Differentiallampen.

Mit Lichtreflektor über dem Lichtbogen.

Stromstärke A	8	10	12	15	20
Lichtbogenspannung V . . .	28—30	29—31	29—31	29—31	31—33
Dochtkohlen, Durchm. mm . .	11	12	13	14	16
Lichtstärke HK	210	300	400	550	800
Watt für die Lampe bei 40 V .	320	400	480	600	800
Watt/HK	1,52	1,33	1,20	1,09	1,00

Länge jeder Kohle mm:	200	290	325
Brenndauer in Stunden:	8—9	12—14	14—16

Tabelle 4d. Dauerbrandlampe, Gleichstrom.

Gültig für Hauptstrom- und Differentiallampe.

1 Hauptstromlampe bei 110 V, 2 Differentiallampen hintereinander bei 220 V.

Stromstärke A	4	5	6
Lichtbogenspannung V	70—75	75—80	80
Homogenkohlen, Durchm. mm . .	10	13	13
Lichtstärke H/K	310	440	560
Watt für die Lampe bei 110 V .	440	550	660
Watt/HK	4,42	1,25	1,18

Länge jeder oberen Kohle 300 mm, jeder unteren Kohle 150 mm.

Brenndauer bei einer Dauer der einzelnen ununterbrochenen Brennzeiten von ca. 5 Stunden:

Amp.	4	5	6
Stunden	90—100	130—150	110—120.

Tabelle 4e. Flammenbogenlampe, Gleichstrom.
Gültig für Differentiallampen, Kohlen in Winkelstellung nach unten.
2 Lampen hintereinander bei 110 V, 4 Lampen hintereinander bei 220 V.

Stromstärke A	8	10	12
Lichtbogenspannung V	45	45	45
Positive Dochtkohle, Durchm. mm.	8	9	10
Negative Dochtkohle, Durchm. mm	7	8	9
Lichtstärke HK	1750	2360	2960
Watt für die Lampe bei 55 V . .	440	550	660
Watt/HK	0,25	0,23	0,22

Länge jeder Kohle mm:	325	500	650
Brenndauer in Stunden:	6—7	11—12	15—16

Tabelle 4f. Flammenbogenlampe, Wechselstrom.
Gültig für Differentiallampen, Kohlen in Winkelstellung nach unten.

Stromstärke A	8	10	12
Lichtbogenspannung V	45	45	45
Dochtkohlen, Durchm. mm . . .	7	8	9
Lichtstärke HK	1360	1940	2520
Watt für die Lampe bei 55 V . .	400	500	600
Watt/HK	0,28	0,26	0,24

Watt für die Lampe = 0,9 I. E. wegen Form der Spannungskurve
(Die Elektrischen Bogenlampen von Zeidler, 1905, S. 96).

Länge jeder Kohle mm:	300	500	600
Brenndauer in Stunden:	6—7	11—12	15—16

Wenn man bei einer und derselben Lampe die Bogenlänge
(Spannung) ändert und den Strom konstant läßt, so bleibt der spez.
Verbrauch der Lampe ungefähr konstant (Vogel, Centralbl. El.
1887, S. 180, 216). Läßt man Spannung und Strom konstant und
wählt Kohlen von anderer Stärke, aber derselben Beschaffenheit, so
bekommt man bei den dünneren Kohlen eine höhere Leuchtkraft, bei
den dickeren eine geringere; und zwar gilt die Regel, daß die mittleren räumlichen Lichtstärken unter der Horizontalen sich umgekehrt
verhalten, wie die Kohlendurchmesser (Schreihage, Centralbl. El.
1888, S. 591).

Der spezifische Verbrauch der Bogenlampen ist geringer bei
Lampen, die mit starker Glut der Kohlen (großer Stromdichte) arbeiten,
als bei solchen, deren positive Kohlen nur in der Mitte des gebildeten
Kraters glühen. Als Kohlenstäbe bei den mit Gleichstrom betriebenen
Bogenlampen nimmt man als obere, positive Kohle eine Dochtkohle,
als untere, negative Kohle eine homogene Kohle. Die Verwendung
der Dochtkohle macht das Licht ruhiger und geräuschlos. Für die
Erhöhung der Leuchtkraft ist es vorteilhaft, die untere Kohle dünner
zu nehmen, als die obere; diese wählt man nach der beabsichtigten
Brenndauer (man verbraucht etwa ³/₄ g der oberen Kohle für 1 Ampere-Stunde), jene nach der Stromstärke. Diese Brenndauer ist un-

gefähr proportional dem Durchmesser der Kohle. Von der negativen
Kohle verbrennt nur etwa halb so viel, wie von der positiven. Für
kurze Lichtbogen wählt man härtere, für lange Bogen weichere Kohlen.
Gute Kohlen klingen metallisch und lassen sich mittels Stahls nicht
ritzen; sie liefern eine graue Asche.

Bei Wechselstrom-Bogenlampen nimmt man oben und unten
Kohlen gleicher Abmessung und zwar Dochtkohlen.

Die Kohlen müssen auf das sorgfältigste hergestellt und von
gleichmäßiger Beschaffenheit und Dichte sein, da diese Eigenschaften
von größtem Einfluß auf das ruhige Brennen der Lampe sind.

(755) Betrieb der gewöhnlichen Bogenlampe. Bei der gewöhnlichen Bogenlampe brennt der Lichtbogen derartig offen, daß die
atmosphärische Luft immer freien Zutritt hat. Die Kohlenstäbe bestehen aus reiner Kohle und stehen senkrecht übereinander.

Die Hauptstrom-Bogenlampe kann nur einzeln gebrannt
werden; wenn mehrere in einer Anlage gleichzeitig Verwendung
finden sollen, müssen sie parallel geschaltet werden. Diese Lampen
finden indessen nur selten Verwendung.

Die Nebenschluß-Bogenlampen eignen sich sowohl für
Einzelschaltung, als auch für Hintereinanderschaltung. Bei einer Betriebsspannung von ca. 110 V sind im allgemeinen 2 Lampen, bei
ca. 220 V sind 4 Lampen hintereinander zu brennen. Der für eine
Lampe dabei erforderliche Mindestteil der Betriebsspannung beträgt
bei Gleichstrom 55 V, bei Wechselstrom 40 V (Tabelle 4a und e).

Die Differential-Bogenlampe kann gleichfalls in Einzelschaltung, wie in Hintereinanderschaltung gebrannt werden; es gelten
im allgemeinen dieselben Werte, wie soeben für die Nebenschlußlampe
angegeben.

Um die Lichtausbeute noch weiter zu steigern, kann man auch
die Differentiallampe für Gleichstrom bei einer Betriebsspannung von
110 V zu 3 hintereinander, bei 220 V bis zu 6 hintereinander schalten
(Tabelle 4b). Hierbei müssen indessen die nachfolgenden Bedingungen
erfüllt sein: die Lampen müssen gut und sicher regulieren, die Kohlenstäbe bei der gegebenen Lichtbogenspannung von ca. 35 V einen genügend langen Lichtbogen bilden, sie müssen ferner von bester Beschaffenheit sein und dürfen besonders keinen Anlaß zu öfterem Auf-
flackern des Lichtbogens geben. Infolge der angegebenen Lichtbogenspannung sind Leitungsverluste von mehr als 2 bis 3 V nicht zulässig; endlich dürfen die Netzschwankungen nicht zu groß sein, sofern
ein ruhiges Licht erzielt werden soll, weil alle Schwankungen von
den Bogenlampen selbst aufgenommen und ausgeglichen werden
müssen. Bei dieser Mehrfachschaltung erfolgt das Einschalten zweckmäßig mittels eines besonderen Anlaßwiderstandes, der im Anfang
eine zu große für die Hauptschlußspulen schädliche Stromstärke verhindert. In Fällen, in welchen dieser Handanlasser, sei es aus Zeit-
mangel, sei es wegen Unzuverlässigkeit des Bedienungspersonals nicht
richtig bedient werden kann, empfiehlt die Allgemeine Elektrizitäts-
gesellschaft selbsttätige Anlaßapparate.

Die gesamte Lichtausbeute steigt bei Anwendung dieser Drei-
Lampenschaltung an Stelle der Zwei-Lampenschaltung bei 110 V,
bezw. der Sechs-Lampenschaltung an Stelle der Vier-Lampenschaltung

bei 220 V bei gleichem Energieverbrauch im Verhältnis 4 : 3, während man gleichzeitig bei der Mehrfachschaltung eine günstigere Verteilung des Lichtes erhält. Denn eine größere Anzahl schwächerer Lichtquellen läßt sich bei gleicher Gesamthelligkeit vielfach den Verhältnissen besser anpassen, als eine kleinere Anzahl stärkerer Lichtquellen.

Die gewöhnliche Bogenlampe wird auch als Doppelbogenlampe hergestellt. Es sind dann 2 Bogenlampenmechanismen entweder für Nebenschlußlampen oder für Differentiallampen in einem Gehäuse vereinigt und beide Lichtbogen sind nebeneinander angeordnet. Die Lampen können hintereinander geschaltet werden, dann brennen beide Lichtbogen zu gleicher Zeit; sie können aber auch parallel geschaltet werden, wobei sich die Anordnung derartig treffen läßt, daß zunächst der eine Lichtbogen zur Wirkung kommt und nach Abbrennen seiner Kohlenstäbe, also nach Verlöschen dieses ersten Lichtbogens, selbsttätig der zweite sich einschaltet.

(756) **Betrieb der Dauerbrandlampe.** Bei den Dauerbrandlampen bestehen die Kohlenstäbe aus reiner Kohle und stehen senkrecht übereinander. Der Lichtbogen ist aber gegenüber dem offenen Lichtbogen der gewöhnlichen Lampen gegen Luftzutritt abgeschlossen. Hierzu ist die untere Kohle, der Lichtbogen und der unterste Teil der oberen Kohle durch eine kleine Glasglocke von länglicher Form eingeschlossen, bei welcher die Öffnung zum Einführen der oberen Kohle mit möglichst luftdichtem Abschluß versehen ist. Durch den Lichtbogen wird der Sauerstoff der in kleiner Menge eingeschlossenen Luft binnen kurzer Zeit aufgezehrt und ein Gemisch von Stickstoff und Kohlenoxyden gebildet, das infolge seiner Armut an Sauerstoff den Verbrennungsprozeß der Kohlenstäbe wesentlich verlangsamt. Die Dauerbrandlampe besitzt daher gegenüber den Lampen mit offenem Lichtbogen eine bedeutend verlängerte Brenndauer. Der Lichtbogen selbst muß aber dabei eine größere Länge besitzen, sodaß seine Spannung und damit der Energieverbrauch der Lampe entsprechend steigt (Tabelle 4 d).

Die Brenndauer der Lampe ist unter sonst gleichen Verhältnissen umso größer, je länger die einzelnen ununterbrochenen Brennzeiten der Lampe sich gestalten, je weniger also die Lampe ein- und ausgeschaltet wird. Der Grund hierfür liegt darin, daß bei jedem längeren Ausschalten der Lampe sich der Raum innerhalb der kleinen Glasglocke wiederum mit Luft füllt und infolgedessen beim Einschalten jedesmal wieder Sauerstoff vorhanden ist, was einen entsprechend größeren Abbrand der Kohlenstifte hervorruft.

Das langsame Abbrennen der Kohlen bewirkt eine ziemlich flache Brennfläche derselben. Die Flächen beider Kohlenstäbe stehen sich aber, da ein gleichmäßiges Abbrennen nicht immer möglich ist, in veränderlicher Weise ungenau gegenüber, wodurch ein Wandern des Lichtbogens an dem Rande der Kohlen bewirkt wird und damit eine gewisse Unstetigkeit des Lichtes gegenüber dem ruhigen Licht der gewöhnlichen Bogenlampen.

Dauerbrandbogenlampen sind daher dort vorteilhaft verwendbar, wo es auf ein vollkommen ruhiges Licht weniger ankommt, wo dagegen der Strompreis entweder sehr niedrig ist oder gegenüber den Bedienungskosten zurücktritt, sodaß also eine größere Gesamtersparnis

durch die Verringerung der Bedienungskosten erzielt werden kann.
Es handelt sich daher besonders um Betriebe, bei welchen die einzelnen Bogenlampen schwer zugänglich oder auf weite Strecken, deren
Begehen viel Zeit erfordert, verteilt sind.   Hierher gehören ausgedehntere Bahnhofsanlagen, Straßenbeleuchtungen, Außenbeleuchtungen
in höheren Stockwerken usw.   Der dichte Luftabschluß macht die
Dauerbrandlampe auch für feuchte und staubhaltige Räume geeigneter
als die gewöhnlichen Lampen, also für viele Fabrikbetriebe, insbesondere chemische Fabriken, ferner für Spinnereien, Webereien usw.
Schließlich ist noch hervorzuheben, daß das Licht der Dauerbrandlampe
in seiner Zusammensetzung dem Tageslicht sehr ähnlich ist, weshalb
es sich für Beleuchtungen gut eignet, die Farbenunterscheidungen
gestatten sollen, also für Papierfabriken, Schaufenster, Geschäfte für
farbige Stoffe usw.

Die Dauerbrandlampe kann verwendet werden in Einzelschaltung
bei 110 V und in Hintereinanderschaltung zu 2 bei 220 V· Im ersteren
Falle ist sie als Hauptstromlampe eingerichtet, im übrigen als Differentiallampe.

Die Dauerbrandlampen lassen sich auch zweckmäßig für kleine
Stromstärken verwenden.   Dies ist zB. bei der Liliput-Bogenlampe der
Siemens-Schuckertwerke der Fall, welche nur eine kleine Glasglocke für die Luftabsperrung besitzt, die gleichzeitig als Schutzglocke
dient.   Die Lampe wird für 2 und 3 A bei 130 bezw. 280 HK aus
geführt und hat eine Brenndauer von 12 bis 20 Stunden.

(757) Betrieb der Flammenbogenlampe.   Bei der Flammenbogenlampe ist freier Luftzutritt zu dem Lichtbogen vorhanden.   Die
Kohlen stehen entweder senkrecht übereinander oder zweckmäßiger in
einem spitzen Winkel gegeneinander, sodaß sie an ihrer untersten
Stelle nahe genug zusammenkommen, um hier den Lichtbogen zu
bilden.   Das wesentlichste bei diesen Lampen besteht darin, daß die
Kohlenstifte mit besonderen Leuchtzusätzen durchtränkt sind, welche
eine sehr viel höhere Lichtausbeute geben als die gewöhnlichen, aus
reiner Kohle hergestellten Kohlenstäbe.   Die Lampen können sowohl
für Gleichstrom, wie auch für Wechselstrom hergestellt werden und
sind für Hintereinanderschaltung geeignet.   Die Teilbetriebsspannung
beträgt für beide Stromarten 55 V, sodaß bei 110 V 2 Lampen hintereinander, bei 220 V 4 Lampen hintereinander brennen können.   Bei
gleichem Energieverbrauch gibt eine Gleichstrom-Flammenbogenlampe
eine Vergrößerung der Lichtausbeute bis zu dem $2^1/_2$fachen der entsprechenden gewöhnlichen Bogenlampe, eine Wechselstrom-Flammen-
bogenlampe eine Vergrößerung bis zum 4fachen (Tabelle 4e und f;
Wedding, ETZ 1902, S. 702, 972, Zeidler, ebenda 1903, S. 167).

Besonders bei den im Winkel geneigten Kohlenstäben bildet sich
durch die Leuchtzusätze ein flammenartig ausgebreiteter Lichtbogen.
Damit dieser möglichst gut nach unten brennt, sind in seiner Nähe
besondere vom Strom durchflossene Blasmagnete angebracht.   Diese
Lampen erzeugen bei ruhigem Licht die beste Bodenbeleuchtung.
Für kleine wenig gelüftete Innenräume ist die Beleuchtung durch
Flammenbogenlampen weniger zweckmäßig, weil beim Abbrennen
durch die Leuchtzusätze, wenn auch in geringer Menge, salpetrige
Säuredämpfe usw. entstehen.   Die Lampen kommen daher haupt-

sächlich für Außenräume in Betracht. Die Dämpfe verlangen auch einen guten Abschluß des Bogenlampenmechanismus gegen den unteren Teil der Lampe, in welchem der Lichtbogen brennt. Je nach der Art der Leuchtzusätze kann die Farbe des Lichtbogens verschieden sein. Als besonders zweckmäßig hat sich goldgelbes und weißes Licht erwiesen.

(758) **Vorschaltwiderstände und Drosselspulen.** Für sämtliche Bogenlampen ist im allgemeinen ein Vorschaltwiderstand zu verwenden, welcher meist dauernd in dem Lampenstromkreis eingeschaltet bleibt. In einzelnen Fällen, wie bei Mehrfachschaltung der Lampe (Tabelle 4b) wird er nur während der Anlaßzeit gebraucht.

Für Gleichstrom bestehen die Widerstände aus Drähten von möglichst großem Widerstand. Diese Drähte werden, um möglichst kleine Abmessungen zu erhalten, sehr stark belastet, sodaß eine Erhitzung auf mehrere 100 Grad eintreten kann; infolgedessen sind sie auf feuersicherem Material aufzuwickeln. Um die Bogenlampen auf die richtige Stromstärke einregulieren zu können, sind die Widerstände mit Einstellvorrichtungen versehen.

Bei Wechselstrom verwendet man zweckmäßig an Stelle der Widerstände Drosselspulen, da hierdurch der Verbrauch des vorzuschaltenden Apparates ein geringerer wird. Das Einregulieren der Wechselstrombogenlampe erfolgt durch Einstellen eines Luftzwischenraumes in dem Eisenkern der Drosselspulen.

Je nachdem die Widerstände oder Drosselspulen in geschlossenen Räumen oder im Freien Verwendung finden sollen, sind sie mit einer entsprechenden Schutzkappe versehen.

(759) **Schutzglocken, Laternen.** Teils um die Lichtausstrahlung gleichmäßiger zu machen und scharfe Schatten zu vermeiden, teils um die blendende Wirkung des Lichtbogens zu mildern, umgibt man die Bogenlampen mit Laternen, welche Glocken oder Scheiben aus klarem, mattem oder opalisierendem Glas besitzen. Diese Laternen haben außerdem die Aufgabe, den Lichtbogen und die Lampe gegen Witterungseinflüsse zu schützen; nach Erfordernis bekommen sie ein wetterdichtes Regen-Schutzdach. Im Unterteil der Laterne oder Glocke befindet sich eine Aschenschale aus Metall zur Aufnahme abfallender glühender Teile der Kohlen; die Glocken werden meistens mit einem Drahtgeflecht umstrickt.

(760) **Lichtverlust durch Glasglocken.** v. Hefner-Alteneck gibt den Verlust bei mattgeschliffenem und Alabasterglas zu 15%, bei Opalglas zu über 20%, bei Milchglas über 30% an. An den Lampen, welche in Berlin Unter den Linden brennen (Differentiallampen von 14—15 A), hat Wedding Messungen ausgeführt; die Verminderung der mittleren räumlichen Lichtstärke unter der Horizontalen betrug bei den drei verwendeten Glasglocken 40, 41 und 53%; wenn über der günstigsten Glocke noch ein Reflektor angebracht wurde, so betrug die Verminderung nur 32%.

Nach Messungen von Nerz wurde die mittlere sphärische Lichtstärke einer Bogenlampe von 10 A durch Übersetzen einer klaren Glasglocke mit Drahtgeflecht um 6%, durch Übersetzen einer Glocke aus Überfangglas von Fr. Siemens in Dresden um 11% vermindert. (Stort, ETZ 1895, S. 500).

(761) **Indirekte Beleuchtung.** Diese Beleuchtung findet dann
Anwendung, wenn es sich um möglichst gleichmäßig verteiltes diffuses
Licht handelt.   Zu diesem Zwecke wird das vom Lichtbogen ausgestrahlte Licht nicht direkt in den zu erleuchtenden Raum geworfen,
sondern zunächst gegen eine Fläche (meist die Decke), von welcher
es dann zerstreut in den Raum reflektiert.   Hierdurch wird zwar die
Lichtausbeute eine etwas geringere, aber das Licht wesentlich gleichmäßiger, von scharfen Schatten frei, also dem Tageslicht wesentlich
ähnlicher. Die Eigentümlichkeit des Gleichstrombogenlichtes, nach welcher die weitaus größte Lichtmenge von dem Krater der positiven Kohle
ausgestrahlt wird, macht dieses Licht für indirekte Beleuchtung besonders geeignet. Man kehrt hierzu die Kohlen um, sodaß die starke positive Kohle unterhalb der negativen zu stehen kommt und das Hauptlicht
direkt nach oben geworfen wird. Den Lichtbogen blendet man nach unten
durch Mattglas ab, oder verdeckt ihn vollständig durch eine Blech-
verkleidung.   Besonders geeignet für diese Schaltung sind infolge
ihrer feinen Regulierung die Differentiallampen, doch ist es zweckmäßig, bei 110 V höchstens 2 hintereinander, bei 220 V höchstens
4 hintereinander zu brennen.

Sind die Ansprüche in bezug auf die Ruhe der Beleuchtung
besonders groß, so verwendet man auch für indirektes Licht Gleich-
strombogenlampen mit normal angeordneten Kohlen, also oberer
positiver Kohle.   Da hierbei das Licht zunächst hauptsächlich nach
unten geworfen wird, muß es durch einen unterhalb des Lichtbogens
angebrachten Reflektor erst nach der Decke zurückgeworfen werden,
um von dort aus in den Raum sich zu zerstreuen. Diese doppelte
Reflexion bedeutet allerdings einen doppelten Lichtverlust.

Den Reflektor kann man entweder aus Blech herstellen, in welchem Falle nur Licht nach oben geworfen wird, oder aus Milchglas,
in welchem Falle ein Teil der Lichtstrahlen direkt nach unten durchgelassen wird. In letzterem Falle wird der Wirkungsgrad verbessert,
der Charakter des rein indirekten Lichtes dagegen entsprechend
beeinträchtigt.   Bei normaler Kohlenanordnung kann auch eine
Mehrfachschaltung der Lampen (Tabelle 4b) vorgenommen werden.

In entsprechender Weise läßt sich auch Wechselstrom zur
Erzeugung indirekten Lichtes verwenden.

Lampen mit umgekehrt angeordneten Kohlen sind besonders
geeignet für Fabrikbeleuchtungen.   Für Arbeitssäle, in welchen feine
Arbeit geleistet wird, also in Druckereien usw. verwendet man für
das indirekte Licht Lampen mit normalen Kohlen und Milchglas-
reflektor, während überall da, wo die höchsten Ansprüche an die
Güte der Beleuchtung gestellt werden, also in Zeichensälen, Bureau-
räumen usw. Lampen der letzten Art mit Blechreflektor die besten sind.

Anwendungen der elektrischen Beleuchtung.

Vergleich der gebräuchlichen Lichtquellen.

(762) Vergleich der Kosten. Für die aufzuwendende Energie und deren Kosten bei den gebräuchlichsten Lichtquellen gibt folgende Tabelle 5 einen Vergleich in bezug auf die HK-Stunde.

Tabelle 5.

Lichtart	Licht-stärke HK	Stündl. Ver-brauch	Materialpreis Pf.		Kosten einer HK-St. Pf.
Petroleumlampe, 14liniger Brenner	*wage-recht* 15	44 g	1000 g	= 25 Pf.	0,073
Spiritusglühlicht . . .	65	129 g	1000 g	= 29 „	0,058
Gasglühlicht ohne Glocke	74	112 l	1000 l	= 16 „	0,024
„ mit Klarglasglocke	67	112 l	1000 l	= 16 „	0,027
Lucas- Gasglühlicht mit Klarglasglocke . . .	520	630 l	1000 l	= 16 „	0,019
Kohlenfaden-Glühlampe .	16	50 WS	1000 WS	= 50 Pf.	0,156
Nernstlampe (Osmium-lampe).	32	51 „	1000 „	= 50 „	0,080
Tantallampe.	25	40 „	1000 „	= 50 „	0,080
10 A-Bogenlicht f. Wech-selstrom mit Opalglas-glocke	*hemi-sphärisch* 225	400 „	1000 „	= 50 „	0,089
10 A-Bogenlicht f. Wech-selstr. m. Klarglasglocke	270	400 „	1000 „	= 50 „	0,074
10 A-Bogenlicht f. Gleich-strom mit Opalglasgl.	675	550 „	1000 „	= 50 „	0,041
10 A-Bogenlicht f. Gleich-strom mit Klarglasgl.	810	550 „	1000 „	= 50 „	0,034
10 A - Flammenbogenlicht mit Opalglasglocke .	1770	550 „	1000 „	= 50 „	0,016
10 A - Flammenbogenlicht mit Klarglasglocke. .	2120	550 „	1000 „	= 50 „	0,013

In dieser Tabelle ist für jede Lichtart eine Lampe für eine der am meisten verwendeten Lichtstärken ausgewählt worden und läßt sich hiernach für andere Lichtstärken der Vergleich leicht erweitern.

(763) Vergleich der Lichtquellen. Es ist indessen darauf hin-zuweisen, daß ein Vergleich der verschiedenen Lichtarten nur nach den für die HK-Brennstunde aufgewendeten Kosten ganz einseitig sein würde. Für eine vollkommene Vergleichung ist vielmehr die Berück-sichtigung aller anderen Betriebseigenschaften erforderlich: In erster Linie darf man nur solche Lampen streng miteinander vergleichen, die in ihrer Lichtstärke nicht zu sehr verschieden sind; insbesondere sind ferner zu beachten Einfachheit und Schnelligkeit des Aus- und

Einschaltens, Anpassung an die verschiedenen Verwendungszwecke, Einfachheit und Sicherheit der Energiezuführung und des Betriebes usw. Hierfür sind die erforderlichen Grundbedingungen immer von Fall zu Fall genau festzustellen. Erst dann ist es möglich, eine endgültige Entscheidung über die zweckmäßigste Lichtart zu treffen.

(764) Neuere Literatur über elektrische Beleuchtung.
Handbuch der Elektrotechnik von Heinke und Ebert, 1904, Band I, 2.
Die Ziele der Leuchttechnik von Lummer 1903.
Handbuch der elektrischen Beleuchtung von Herzog u. Feldmann 1904.
Die elektrischen Bogenlampen von J. Zeidler 1905.
Über den Wirkungsgrad und die praktische Bedeutung der gebräuchlichsten Lichtquellen von Wedding 1905.

Verteilung der Beleuchtung.

(765) Stärke der Beleuchtung. Durch den Zweck der zu beleuchtenden Räume wird meist schon eine bestimmte Forderung an die Helligkeit und die Verteilung des Lichtes gestellt. Für einige Zwecke verlangt man die Beleuchtung kleiner Bezirke des Raumes, für andere eine gleichmäßige Beleuchtung größerer wagerechter Flächen, für wieder andere eine allgemeine Erhellung des ganzen Raumes. Für erstere verwendet man mit Vorteil Glühlampen, für letztere Bogenlampen.

(766) Lampenzahl. Gewöhnlich wird die erforderliche Lampenzahl und Lichtstärke nach Tabellen festgestellt, in denen bestimmte Verhältnisse zwischen der Größe der Bodenfläche und der Summe der Lichtstärken aller Lampen angenommen werden; dabei werden stillschweigend oder ausdrücklich noch bestimmte Voraussetzungen bezüglich der Höhe der Lampen über der Bodenfläche gemacht.

Das Hilfsbuch der Allgemeinen Elektrizitäts-Gesellschaft folgende Regeln:

Man verwendet bei Glühlichtbeleuchtung in Kerzen auf 1 m² gibt Bodenfläche für

Wohnungen	Bureau-räume	Geschäfts-räume	Gasthöfe
in Salons 4—5	Haupträume 5—6	Verkaufsläden (ohne Auslage) 4—7	Festräume 9—13
„ Wohn- und Speisezimmer 3—3,5	Nebenräume 2—2,5	Kontor und Lager 2—2,5	Gesellschaftsräume 5—7
„ Schlafzimmer 1,5—2	Privaträume 1,5—3	(Schaufenster f. lfd. m. 3—6 Lampen)	Eleg. Zimmer 3—4
„ Nebenräume 1—2			Einf. Zimmer 2—3
			Gänge und Neben-räume 1—1,5
			Wirtschaftsräume 1—2

Für Straßenbeleuchtung mit Glühlampen beträgt der Abstand der Laternen 25 bis 30 m, in Nebenstraßen bis 45 m; Höhe der Lampen über der Straßenfläche 3 bis 3,6 m; bei Ersatz von Gasflammen durch Glühlicht können die Gaslaternen beibehalten werden.

In Fabriken hat man für Allgemeinbeleuchtung 0,5 bis 1 HK für 1 m² Bodenfläche zu rechnen. Jede einzelne Maschine bekommt mindestens eine Glühlampe; ob mehr erforderlich ist, hängt von der Größe der Maschine, der Art der Arbeit u. dgl. ab.

(767) Berechnen der Beleuchtung. Manchmal ist es erforderlich, die verlangte Beleuchtung in jedem einzelnen Falle einer Berechnung zugrunde zu legen, durch welche man die Zahl und Verteilung der zu verwendenden Lampen ermittelt. Dazu dienen die folgenden Gleichungen (Fig. 549):

L sei die Lichtquelle, r ihre Entfernung von dem zu beleuchtenden Punkte P in Metern, α der Winkel, welchen die von L kommenden Strahlen mit dem Lot auf die Ebene bilden, in der der Punkt P liegt, h die senkrechte Höhe von L über P, b die wagrechte Entfernung des Fußpunktes unter L von P, J die Lichtstärke von L in Kerzen (Fig. 549).

Dann ist die Beleuchtung, welche P empfängt in Lux gleich:

$$\frac{J \cos \alpha}{r^2} = \frac{J \cos \alpha}{h^2 + b^2}$$

(768) Beleuchtete wagrechte Ebene. Liegt die Ebene von P wagrecht, so ist die Beleuchtung von P in Lux gleich:

$$\frac{J \cdot h}{\left(h^2 + b^2\right)^{3/2}}$$

Die günstigste Beleuchtung in P bei konstantem b wird erzielt, wenn man $\alpha = 55^0$, $h = 0,7 \cdot b$ wählt; ist eine Kreisfläche zu beleuchten, so bringt man die Lampe über der Mitte des Kreises in der Höhe $=$ dem 0,7 fachen des Radius an. Dies geschieht bei der Beleuchtung eines wagrechten Arbeitsplatzes, zB. eines Schreib-, Zeichen- oder Lesetisches, eines Werktisches und ähnl., wenn nur ein beschränkter Platz mit einer Lampe beleuchtet werden soll. Bringt man die Lampe so an, daß $h = 0,7 \cdot b$ ist, b der Radius der zu beleuchtenden horizontalen Fläche, so ist die Beleuchtung

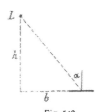

Fig. 549.

in der Mitte gleich $\dfrac{2\,J}{b^2}$ Lux, am Rande gleich $\dfrac{0,385\,J}{b^2}$ Lux

Unter Beibehaltung der Festsetzung $h = 0,7 \cdot b$ erhält man für die Beleuchtung einer horizontalen Kreisfläche mit einer 16 kerzigen Glühlampe folgende Verhältnisse:

Vorgeschriebene Beleuchtung in der Mitte des Kreises	Höhe der Glühlampe über der Fläche	Beleuchtung am Rande des Kreises	
Lux	Meter	vom Radius $b = \dfrac{h}{0,7}$ Meter	in Lux
50	0,56	0,8	9,6
40	0,63	0,9	7,6
30	0,70	1,0	6,1
25	0,79	1,1	4,8
20	0,89	1,3	3,8
15	1,02	1,5	2,9
10	1,25	1,8	1,9

Durch Anbringen von weißen oder blanken Schirmen und Reflektoren über der Lampe kann man die Verteilung der Beleuchtung gleichmäßiger machen; im allgemeinen muß der Schirm um so flacher werden, je größer die Fläche ist, auf welcher gleichmäßige Beleuchtung gewünscht wird. Sind mehrere Lampen anzubringen, so ist die Berechnung umständlicher und richtet sich nach den jeweiligen besonderen Verhältnissen (Meisel, ETZ 1905, S. 860).

(769) **Beleuchtung großer Flächen.** Sind große Flächen gleichmäßig zu beleuchten, so ist indirektes Bogenlicht am geeignetsten.

Kommt es dagegen bei großen Flächen nicht auf besondere Gleichmäßigkeit an, so verwendet man andere starke Lichtquellen, zB. gewöhnliche Bogenlampen; es bleibt dann $h = 0,7 \cdot b$. Wird dabei am Rande des Bodenkreises eine gewisse Beleuchtungsstärke verlangt, und hat man eine horizontale Fläche zu beleuchten, so gilt dieselbe Formel wie vorher. Soll eine bestimmte Lampengröße verwendet werden, so wird b gesucht; ist die Zahl der Lampen gegeben, so wird J gesucht.

Über die erforderliche Beleuchtungsstärke muß man sich nach den Verhältnissen des einzelnen Falles ein Urteil bilden. Wenn mit den Augen gearbeitet werden soll, muß die Beleuchtung zwischen 10 und 50 Lux liegen; handelt es sich lediglich um eine Erhellung des Raumes, so kann man unter 10 Lux heruntergehen.

(770) **Beleuchtete senkrechte Ebene.** (Fig. 550.) Die Berechnung für die Beleuchtung senkrechter Ebenen sind denen für wagrechte Ebenen ähnlich.

Es ist hier die Beleuchtung gleich: $\dfrac{J b}{(h^2 + b^2)^{3/2}}$ Lux.

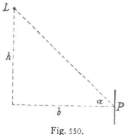

Fig. 550.

Soll eine senkrechte Fläche von einer Lichtquelle beleuchtet werden, so stellt man die letztere der Mitte der Fläche gegenüber in einem Abstand $= 0,7 \cdot r$, worin r den Radius der Fläche bedeutet. Ist die Stärke der Lichtquelle nach den verschiedenen Richtungen sehr ungleichmäßig verteilt, so muß man darauf natürlich Rücksicht nehmen. Oft kann man die Lichtquelle nicht der Mitte der Fläche gegenüberstellen, zB. bei Gemälden, auch wird häufig gerade bei den senkrechten Flächen eine größere Gleichmäßigkeit verlangt; dann wählt man den Abstand der Lichtquelle groß und wendet Reflektoren an, die das Licht auf die zu beleuchtende Fläche vereinigen.

(771) **Straßenbeleuchtung.** Die Lampen werden am geeignetsten nicht wie die Gaslaternen am Rande der Bürgersteige angebracht, sondern über der Mitte der Straße hoch aufgehängt; rechnet man auf die Bodenbeleuchtung 2 Lux (was im allgemeinen reichlich ist), so erhält man einen Abstand von nahezu 50 m der Lampen; diese müßten dann aber 35 m hoch aufgehängt werden. Da letzteres bei uns in Städten nicht üblich ist, man vielmehr schwerlich über 15 m Höhe hinausgehen wird, so ist hier die Beleuchtung zu berechnen aus dem Ausdruck

$$\frac{J\,h}{(h^2 + b^2)^{3/2}} \text{ Lux.}$$

Durch Einsetzen bestimmter Werte von h und J findet man die Zahlen folgender Tabelle.

Abstand zweier Straßenlaternen in Metern.

Minimum der Beleuchtung einer horizontalen Fläche in Lux	$J = 500$			600			700			800			900			1000		
	$h=6$	10	14	6	10	14	6	10	14	6	10	14	6	10	14	6	10	14
$1/2$	44	50	54	47	54	58	50	57	62	52	60	67	54	64	68	56	65	71
1	34	38	39	37	41	43	39	44	46	41	46	49	43	48	52	44	50	54
2	26	28	26	28	30	30	30	33	32	32	35	35	31	36	37	34	38	39

Eine senkrechte Fläche, welche sich in der beleuchteten Straße befindet und welche dem Licht voll zugekehrt ist, erhält eine Beleuchtung, welche nicht unbeträchtlich stärker ist, als die Beleuchtung der wagrechten Ebene.

(772) **Freie Plätze.** Die Lampen, welche zur Beleuchtung von freien Plätzen dienen, werden zweckmäßig in die Ecken von gleichseitigen Dreiecken gestellt; stärkere Lichtquellen bei größerem Abstande sind hier vorteilhafter als schwächere bei kleinerem Abstande; die Höhe der Lampe über der zu beleuchtenden Ebene wird so gewählt, daß das Minimum der Beleuchtung, welches im Schwerpunkt des gleichseitigen Dreiecks liegt, den an die Beleuchtung zu stellenden Anforderungen entspricht, also zB. 0,5, oder 1, oder 1,5 usw. Lux beträgt. Es ist für wagrechte Flächen, wenn a die Seite des Dreiecks, das Minimum der Beleuchtung gleich

$$3 \cdot \frac{J}{h^2} \cdot \frac{1}{\left(1 + \left(\frac{a}{3\,h}\right)^2\right)^{3/2}}, \text{ Lux.}$$

Bequemer, und meist ausreichend ist es, senkrechten Einfall der Strahlen vorauszusetzen; man nimmt dann das Minimum der Beleuchtung etwas größer an, als für die vorige Formel und hat:

$$3 \cdot \frac{J}{h^2 + \frac{1}{3}\,a^2} \text{ Lux}$$

(773) **Raumbeleuchtung.** In den meisten Fällen hat man nicht wagrechte oder senkrechte Ebenen zu erleuchten, sondern Gegenstände, welche sich in solchen Ebenen befinden und deren Flächen alle möglichen Richtungen besitzen. Die mathematische Lösung der Aufgabe, in solchen Fällen die Beleuchtung zu berechnen, ist gewöhnlich unmöglich, mindestens aber höchst umständlich. Nach Wybauw's Vorschlag hilft man sich dadurch, daß man die Verteilung der Lichtquellen einmal so berechnet, als wären nur wagrechte Flächen zu beleuchten, das andere Mal so, als ob man nur senkrechte Flächen vor sich hätte; aus den Ergebnissen nimmt man mittlere Werte.

Es ist dabei immer zu berücksichtigen, daß die angebrachten Reflektoren, sowie die Decken und Wände des Raumes, die Wände der Häuser auf den Straßen die Verteilung der Beleuchtung wesentlich beeinflussen, auch hat man in der Praxis niemals leuchtende Punkte, die nach allen Seiten gleich viel Licht ausstrahlen; man kann also nicht darauf rechnen, daß man aus den angegebenen Formeln mehr erhält als brauchbare Fingerzeige.

Das Reflexionsvermögen verschiedenartiger Oberflächen ist nach Sumpner im Mittel folgendes: Für gelbe Tapete $40\,\%$, für blaue Tapete $25\,\%$, für braune Tapete $13\,\%$, für reine gelb getünchte Wände $40\,\%$, für unreine gelb getünchte Wände $20\,\%$.

Theaterbeleuchtung.

(774) **Umfang der Anlage.** Für die Beleuchtung eines Theaters wird sowohl Glühlicht als auch Bogenlicht verwendet, und es kommen dabei im allgemeinen die in der nachfolgenden Tabelle I angegebenen Räumlichkeiten in Betracht. Die angeführten Zahlen beziehen sich auf das als Beispiel herangezogene Prinzregenten-Theater in München.

Tabelle I.

Beleuchtungskörper für	Glühlampen	Bogenlampen
Szenerie auf der Bühne	2312	12
Seitengänge der Bühne, Untermaschinerie und Gallerie	173	—
Orchester	72	—
Zuschauerraum	50	14
Hausbeleuchtung und Garderoben . .	630	8
Wandelgänge, Erfrischungsräume, Restaurant	201	8
Summa	3438	42

(775) **Lampenschaltung.** Die Glühlichtbeleuchtung für die Szenerie auf der Bühne kann nach dem Einlampensystem oder dem Mehrlampensystem erfolgen. Bei ersterem ist jeder Beleuchtungskörper nur mit weißen Glühlampen versehen und die Farbeneffekte werden durch Vorziehen bunter, durchsichtiger, meist zylinderförmig um jede Lampe angeordneter Schirme bewirkt. Dieses

System wird jedoch in neuerer Zeit nur noch vereinzelt bei kleineren Anlagen angewendet.

Fast überall hat dagegen das Mehrlampensystem Eingang gefunden, bei welchem jeder Beleuchtungskörper drei oder vier Abteilungen gefärbter Lampen enthält und je nach der auf der Bühne gewünschten Färbung die zugehörigen Lampen mit entsprechender Helligkeit eingeschaltet werden. Bei dem Dreilampensystem finden weiße, rote und blaugrüne Lampen Verwendung; bei dem Vierlampensystem kommen noch gelbe Lampen hinzu.

(776) **Bühnenbeleuchtungskörper.** Die Hauptarten der Bühnenbeleuchtungskörper sind in Tabelle II auf S. 636 zusammengestellt. Die Tabelle zeigt außerdem als Beispiel, in welcher Anzahl und Größe diese Beleuchtungskörper bei dem schon oben erwähnten Prinzregenten-Theater vorhanden sind. Aus der Tabelle ist gleichzeitig die Anzahl, Farbe und Lichtstärke der zu jedem Beleuchtungskörper gehörigen Glühlampen zu ersehen.

(777) **Bühnenregulator.** Der Bühnenregulator dient zur Bedienung und Regulierung der gesamten Bühnenbeleuchtung. Er besteht aus dem Stellwerk mit Regulierhebeln und den Regulierwiderständen. Für jeden Bühnenbeleuchtungskörper oder für eine Gruppe solcher Körper sind je drei Hebel am Stellwerk vorhanden. Der eine Hebel ist für die weiße Farbe, der zweite für die rote und der dritte für die blaugrüne. Beim Vierlampensystem kann dieser dritte Hebel durch einen Umschalter auch auf die gelben Lampen geschaltet werden. Jeder dieser Hebel bewegt den Schleifkontakt eines Regulierwiderstandes. Letzterer ist in 50—100 Unterabteilungen eingeteilt, die eine äußerst feinstufige Regulierung der Helligkeit gestatten. Da jeder Hebel unabhängig von den anderen sich handhaben läßt, so ist es möglich, jeden gewünschten Beleuchtungseffekt und jeden Farbenübergang herzustellen. Während zB. die eine Farbe allmählich verdunkelt wird, kann man schon vor deren Erlöschen eine andere Farbe von der geringsten Helligkeit an allmählich einschalten und so einen durchaus gleichmäßigen Übergang schaffen.

Der Aufstellungsort für den Bühnenregulator ist so zu wählen, daß der Beleuchter nicht nur die Bühne bequem übersehen und erreichen kann, sondern daß auch der zur schnellen und leichten Handhabung des Apparates nötige Raum zur Verfügung steht. Eine der geeignetsten Arten der Aufstellung ist diejenige auf einem erhöhten Podium an der Proszeniumswand, gegebenenfalls auch unterhalb des Bühnenfußbodens neben dem Souffleurkasten (Wiehenbrauk ETZ 1905, S. 290).

Die Widerstände werden meist getrennt vom Stellwerk aufgestellt und zwar am besten über letzterem gleichfalls an der Proszeniumswand. Die Verbindung erfolgt mittels Schnurscheiben und durch Schnüre, welche mit Laufgewichten gespannt gehalten werden.

Die Anzahl der Hebel und zugehörigen Widerstände ist meist eine sehr erhebliche. So sind am Bühnenregulator des Prinzregenten-

Tabelle II.

Anzahl	Beleuchtungskörper	Länge m	weiß 50 Kerzen	weiß 32 Kerzen	grün 32 Kerzen	rot 32 Kerzen	gelb 32 Kerzen
2	Rampen	je 5,5	je 16 = 32		je 12 = 24	je 10 = 20	je 10 = 20
9	Soffitten	„ 14,0	„ 40 = 360		„ 30 = 270	„ 25 = 225	„ 25 = 225
14	Kulissen	„ 5,0	„ 5 = 70		„ 6 = 84	„ 5 = 70	„ 5 = 70
1	Portalsoffitte . .	„ 14,0	40				
2	Portalkulissen .	„ 5,0	„ 16 = 32				
4	Versatzständer .			je 6 = 24	„ 6 = 24	„ 6 = 24	„ 6 = 24
4	Versatzständer .			„ 5 = 20	„ 5 = 20	„ 4 = 16	„ 4 = 16
6	Versatzständer .			„ 3 = 18	„ 3 = 18	„ 3 = 18	„ 3 = 18
4	Versatzständer .			„ 4 = 16			
4	Versatzständer .			„ 2 = 8			
4	Versatzlatten . .	„ 5,0		„ 14 = 56	„ 10 = 40	„ 8 = 32	„ 8 = 32
6	Versatzlatten . .	„ 3,0		„ 10 = 60	„ 7 = 42	„ 6 = 36	„ 6 = 36
4	Versatzlatten . .	„ 3,0		„ 35 = 140			
4	Versatzlatten . .	„ 1,0		„ 8 = 32			
12	Effektlampen zu je 20 A.						
		Sa.	534	374	522	441	441

Theaters 69 Hebel und Widerstände vorhanden, die sich folgendermaßen verteilen:

Rampe rechts und links 2 × 3 = 6 Hebel
Transparent . . . . 2 × 3 = 6 „
Versatz . . . . . . 2 × 3 = 6 „
Mondversatz . . . . 2 × 3 = 6 „
Soffitten . . . . . 10 × 3 = 30 „
Kulissen . . . . . 4 × 3 = 12 „
Portalbeleuchtung . .   = 1 „
Zuschauerraum . . .   = 2 „

(778) **Berechnung der Widerstände.** Für eine genügende Anzahl der zu verwendenden Glühlampen ist bei abnehmender Span-

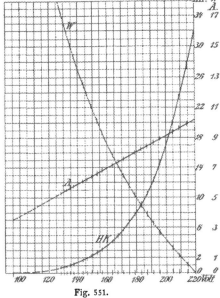

nung die Helligkeit (Kurve HK der Fig. 551) und die Stromstärke (Kurve A der Fig. 551) durch Messung zu bestimmen. Hierauf werden für eine bestimmte Anzahl Stufen, zB. 25, die Lichtstärken so berechnet, daß dieselben nach einer geometrischen Reihe abnehmen. Soll die Abnahme bis zB. $\frac{1}{50}$ der ursprünglichen Helligkeit abnehmen, so gelten folgende Formeln:

$$J \cdot v^{25} = \frac{1}{50} J;$$

also $v = \sqrt[25]{\frac{1}{50}} = 0{,}855,$

wobei v den Quotienten zweier aufeinander folgender Glieder der Reihe darstellt. Man berechnet nun zunächst die im Widerstand zu vernichtende Spannung für jede Helligkeitsstufe und hieraus den zu-

Fig. 551.

gehörigen Widerstand. Letzteren trägt man gleichfalls als Kurve auf (Kurve W der Fig. 551) und kann nun aus dieser den Widerstand jeder Stufe abgreifen. Hiernach ergeben sich zB. für den Regulierwiderstand einer Soffitte mit 20 Glühlampen von je 32 HK für eine Farbe bei 220 V Netzspannung die folgenden Werte der Tabelle III:

Tabelle III.

Stufe	Leucht-kraft	Spannung		Strom für 20 Lampen zu je 32 HK	Widerstand	
		an der Lampe e	am Wider-stand $220-e$		ins-gesamt	für jede Stufe
	HK	Volt	Volt	A	Ohm	Ohm
0	32,0	220	0	10,20	0	
1	27,4	214,5	5,5	9,92	0,56	0,56
2	23,4	209	11	9,65	1,14	0,58
3	20,0	204,5	15,5	9,39	1,65	0,51
4	17,1	200	20	9,14	2,19	0,54
5	14,6	195,5	24,5	8,90	2,75	0,56
6	12,5	191	29	8,66	3,35	0,60
7	10,7	187	33	8,43	3,91	0,56
8	9,17	183	37	8,21	4,51	0,60
9	7,83	179	41	8,00	5,12	0,61
10	6,72	175	45	7,80	5,77	0,65
11	5,74	171	49	7,60	6,45	0,68
12	4,91	167	53	7,40	7,17	0,72
13	4,19	163,5	56,5	7,20	7,84	0,67
14	3,58	160	60	7,00	8,57	0,67
15	3,06	156,5	63,5	6,80	9,33	0,76
16	2,62	153	67	6,60	10,15	0,72
17	2,24	149,5	70,5	6,40	11,01	0,86
18	1,92	146	74	6,22	11,90	0,89
19	1,64	143	77	6,06	12,70	0,80
20	1,40	140	80	5,90	13,55	0,85
21	1,20	137	83	5,76	14,40	0,85
22	1,02	134,5	85,5	5,62	15,21	0,89
23	0,88	132	88	5,50	16,00	0,79
24	0,75	130	90	5,38	16,75	0,75
25	0,64	128	92	5,27	17,46	0,71

Jede dieser Stufen wird nun weiter in drei gleiche Unterabteilungen geteilt, sodaß bis zur Abnahme der Helligkeit von 32 HK auf 0,64 HK insgesamt 75 Stufen vorhanden sind. Für die weitere Abnahme der Helligkeit bis zum völligen Verlöschen der Lampe sind schließlich noch 25 weitere Stufen anzufügen, wobei die Stromstärken aus der verlängerten Kurve A zu entnehmen sind.

(779) Notbeleuchtung. In allen Teilen des Theaters, sowohl im Zuschauerraum wie auf der Bühne, ist eine Notbeleuchtung vor-zusehen, die sicher funktioniert, selbst wenn die gesamte übrige An-lage versagt.

Hierzu wird vielfach ein besonderes Leitungsnetz verlegt, das an eine besondere Akkumulatoren-Batterie angeschlossen ist.

Dieses System hat aber den Nachteil, daß durch eine Beschädigung der Leitungsanlage die Notbeleuchtung ganz oder zu einem erheblichen Teil außer Betrieb gesetzt werden kann. Es ist daher zweckmäßig, die

Einrichtung so zu treffen, daß jede Notbeleuchtungslampe ihren eigenen kleinen Akkumulator hat. Dieser braucht nur aus einer Zelle zu bestehen, sodaß die Notlampe mit etwa 2 V brennt. Bei 1 A hat man dabei etwa 2 HK Helligkeit. Für diese Lampen niedriger Spannung sind besonders die Osmiumlampen geeignet. Eine derartige Anlage von 150 Stück solcher Notlampen, deren jede eine Entladezeit ihres Akkumulators von 60 Stunden besitzt, befindet sich in der Komischen Oper zu Berlin. Das Laden der Akkumulatoren geschieht in Hintereinanderschaltung. Hierzu können die Zellen entweder nach einem besonderen Laderaum gebracht werden (Schwabe & Co., Berlin) oder aber es kann eine besondere Leitungsanlage die Akkumulatoren verbinden, sodaß bei der Ladung jeder Akkumulator an seiner Stelle bleiben kann (C. Hochenegg, Zeitschr. f. Elektrotechnik, Wien 1905, S. 62). Das letztere System gestaltet sich in der Bedienung einfacher, doch ist dabei nicht zu vermeiden, daß die beim Laden auftretenden Säuredämpfe sich bemerkbar machen können.

Beleuchtung von Eisenbahnwagen.*)

(780) Systeme. I. Beleuchtung lediglich durch Sammlerbatterien. Die Batterien werden für geschlossen bleibende Züge in einem oder zwei Wagen des Zuges, sonst in jedem Wagen aufgestellt. Zur Ladung werden die Batterien entweder herausgenommen und durch frisch geladene ersetzt, oder besser sie bleiben in dem Wagen und werden während des Aufenthalts der Züge auf den Abstellbahnhöfen geladen. Zweckmäßig werden hier die Leitungen bis zu den Gleisen geführt und enden in verschließbaren Anschluß- und Schalttafeln. Diese Beleuchtungsart wird verwandt bei Bahnpostwagen der Reichspost, der bayerischen und österreichischen Post, ferner bei Klein- und Nebenbahnen. Für größere Bahnnetze finden die folgenden Systeme mit Vorliebe Verwendung.

II. Beleuchtung mit Maschinenbetrieb. A. Verwendung von Dampfturbinen auf der Lokomotive für geschlossene Züge. (Preußische Staatsbahn: D-Züge Berlin-Hamburg, Berlin-Sassnitz**), Dampfturbine de Laval (20 P) mit Dynamomaschine auf dem Kessel der Lokomotive, Batterien unter jedem Wagen, Regulierung durch Eisendrahtwiderstände.

B. Antrieb der Maschine von der Wagenachse. Wichtigste Bauarten: Stone, Vicarino, Kull-Aichele, Dick, Gesellschaft für elektrische Zugbeleuchtung (GEZ) (Bauart der Königlich Preußischen Staatsbahn-Verwaltung).

a) Der Antrieb der Maschine findet fast ausschließlich durch Riemen statt. Königl. Preußische Staatsbahn, Beleuchtung des geschlossenen Zuges: Dynamomaschine im Gepäckwagen zur Beleuchtung des ganzen Zuges direkt auf der Achse.

---

*) Büttner, Die Beleuchtung von | Eisenbahnpersonenwagen, Julius Springer, Berlin.
**) Wichert, Beleuchtung einiger D-Züge, Glasers Annalen 1902, Bd. 51, Seite 65.

b) Als Vorrichtung zur Regelung der Maschinenspannung für die Beleuchtung und Ladung der Batterien verwendet Stone einen nach Erreichung einer bestimmten Geschwindigkeit gleitenden Riemen, so daß die Umdrehungszahl der Dynamomaschine bei weiterer Geschwindigkeitssteigerung konstant bleibt; Vicarino verwendet eine Hauptstromwicklung auf den Feldmagneten, welche Spannungssteigerungen beschränkt; Kull-Aichele und Dick selbsttätige Regelung der Nebenschlußerregung auf elektromagnetische Weise; GEZ benutzt die Rosenbergsche Maschine (480), früher Akkumulatorenfabrik A.-G.: Maschine mit Gegenwicklung für die Königl. Preuß. Staatsbahn: 2 D-Züge Berlin-Köln, 2 D-Züge Berlin-Frankfurt-Basel, Maschine auf der Achse des Gepäckwagens, Batterie unter jedem Wagen.

c) Um die Spannung an den Lampen gleichmäßig zu halten, verwendet Stone, Vicarino und Dick 2 Batterien, von denen eine in Ladung, die andere in Entladung sich befindet; Umschaltung der Batterien von Ladung auf Entladung erfolgt bei Stone bei Fahrtrichtungswechsel, bei Dick nach jedem Einschalten der Maschine, bei Vicarino nach bestimmten Zeiträumen.

Eine Batterie verwendet Kull-Aichele, Vorschaltung von Widerstandsspulen vor den Stromkreis mit steigender Spannung, und GEZ, Verwendung eines Eisendrahtwiderstandes (Nernstlampenwiderstand) vor jeder Lampe, welcher Spannungsschwankungen aufnimmt.

d) Um die Maschine bei Erreichung der Spannung in den Lampen- und Batteriestromkreis einzuschalten, werden bei Stone auf mechanische Weise durch Fliehkraftregler bei bestimmter Umdrehungszahl entsprechende Kontakte geschlossen. Andere Systeme verwenden einfache elektromagnetische Apparate, GEZ außerdem noch Aluminiumzellen (Aluminiumplatten und Eisenplatten in einem alkalischen Elektrolyt), welche den Strom nur in einer Richtung durchlassen und Rückstrom verhindern.

e) Um ein Parallelarbeiten der Maschine mit der Batterie zu ermöglichen, müssen bei Fahrtrichtungswechsel die Pole der Maschine umgeschaltet werden. Stone schaltet mittels des oben erwähnten Fliehkraftreglers bei Fahrtrichtungswechsel die Pole um. Bei Vicarino werden die Dynamobürsten bei Fahrtrichtungswechsel entsprechend verschoben. Kull-Aichele und Dick schalten auf elektromagnetische Weise um, bei der Bauart der GEZ ist eine Polwechselvorrichtung nicht erforderlich, da die Rosenbergsche Maschine stets gleichgerichteten Strom gibt.

In Deutschland ist bei Bahnpostwagen und den meisten Klein- und Nebenbahnen reine Akkumulatoren-Beleuchtung eingeführt. Die Bahnpostwagen enthalten Batterien von 16 Zellen, zu je 4 in einen Kasten eingebaut; Kapazität etwa 120 AS, Lade- und Entladestrom 6 A, Gewicht der ganzen Batterie 172 kg; die zu speisenden Lampen, im ganzen 11 zu 12 HK, sind einzeln ausschaltbar. Die Batterien werden zum Laden ausgewechselt. Bei Hauptbahnen hat die preußische Staatsbahn Beleuchtung geschlossener D-Züge mit Dampfturbinen-Dynamo und mit Gepäckwagen-Maschinen*), Maschinen zu 20 P.

---

*) Büttner, Glasers Annalen, Jahrg. 1905, Bd. 56.

Abteile I. Klasse 2 Deckenlampen zu 20 HK.
    „ II. „ 2 „ „ 16 „
Jedes Abteil 4 Leselampen „ 6 „
Abteile III. Kl. 1 Deckenlampe „ 20 „

Die Preußische Staatsbahn führt in den mit Gas beleuchteten D-Zügen elektrische Leselampenbeleuchtung ein nach Bauart GEZ, Königl. Sächsische Staatsbahn hat Einzelwagen-Beleuchtung, Bauart GEZ und Stone. Bayerische Staatsbahn Einzelwagenbeleuchtung Bauart GEZ. Pfalzbahn Einzelwagenbeleuchtung, Bauart Stone. Dänemark reine Batteriebeleuchtung in 2 Wagen des Zuges. Schweiz Zugbeleuchtung Bauart Stone und Kull-Aichele. Italienische Bahnen reine Batteriebeleuchtung. England und Kolonien Einzelwagenbeleuchtung, für Vorortzüge geschlossene Zugbeleuchtung, Bauart Stone. Russische Bahnen Bauart Vicarino, Französische Bahnen Bauart Stone, Vicarino, Auvert, GEZ. Anatolische und Bagdadbahn Bauart GEZ.

Außereuropäische Bahnen meist Stone und reinen Akkumulatorenbetrieb; Vereinigte Staaten von Amerika im wesentlichen System der Consolidated Electric Lighting and Ecquipment Co.: Riemenantrieb, Spannungsregulierung durch Beeinflussung der Felderregung mittels selbsttätigen Nebenschlußregler und elektromagnetischen Schaltapparaten.

(781) Die Kosten der elektrischen Wagenbeleuchtung setzen sich zusammen aus Verzinsung und Tilgung der gesamten Beleuchtungsanlage, ferner den Kosten für die Unterhaltung der Batterien, welche von den Fabrikanten für 6—10% des Anschaffungswertes übernommen werden, den Kosten für den Strom, den die Glühlampen verbrauchen, welcher bei Maschinenbetrieb von der Wagenachse naturgemäß sehr gering ist, für den Glühlampenersatz, Bürsten, Riemenverschleiß und Ölverbrauch. Für Glühlampen kann man bei gutem Fabrikat eine mittlere Lebensdauer von 300—500 Std. einsetzen. Osmiumlampen werden besonders bei reinem Akkumulatorenbetrieb mit Vorteil verwandt, in neuerer Zeit auch Tantallampen.

Die Kosten für die Glühlampen-Brennstunde und der für Verzinsung und Tilgung anzusetzenden Beträge sind je nach Ausnutzung der Anlage naturgemäß sehr verschieden. Sie können bei größerem Betriebe für die 10stündige Brenndauer zu 1—3 Pf., je nach der durchschnittlichen Brennstundenzahl, angenommen werden.

Die Anlagekosten der elektrischen Beleuchtung sind höher als die der Gasbeleuchtung, dagegen sind die Betriebskosten wesentlich niedriger (Mischgas kostet der Preußischen Staatsbahn das Kubikmeter 60—65 Pf.), bei geringerer Beleuchtungszeit ist daher Gasbeleuchtung billiger, bei einer Beleuchtungsdauer von ca. 3 Stunden mittlerer täglicher Brenndauer werden die Kosten etwa gleich, bei höherer Ausnutzung ist die elektrische Beleuchtung vorteilhafter.

Der allgemeinen Einführung der elektrischen Beleuchtung der Eisenbahnbahnwagen auf den Preußischen Staatsbahnen steht entgegen, daß erst vor nicht langer Zeit mit großen Kosten die Beleuchtung mit Fettgas eingeführt worden ist. Verbesserung dieser Beleuchtung soll zunächst bei den D-Zugwagen durch Einfügung von Leselampen bewirkt werden.

Elektrische Kraftübertragung.

Elektrische Kraftverteilung.

Allgemeines.

(782) **Vergleich elektrischer mit anderen Kraftübertragungen.** Die Kraftübertragung wird wesentlich beeinflußt durch die Verhältnisse, unter denen die mechanische Energie zur Verfügung steht (Lage des Kraftwerks zur Verbrauchsstelle, Kosten der Energie u. a.), sowie durch die Form und Größe der an der Verbrauchsstelle benötigten Energie. Zugleich sind diese Verhältnisse für die Beurteilung wichtig, ob die Kraft vorteilhafter anstatt durch Elektrizität durch andere Mittel übertragen wird. Als Mittel zur Kraftübertragung kommen außer der Elektrizität noch in Betracht: Riemen, Seile, Wellen, Gestänge, Luft, Wasser, Dampf und Gas. Die elektrische Kraftübertragung wird fast ausschließlich angewendet, wenn die an der Verbrauchsstelle benötigte Energie nur oder wenigstens vorwiegend in rein elektrischer Form, zu elektrischem Licht, elektrochemischen oder elektrothermischen Zwecken oder als Energie zum Antrieb von nicht ortsfesten Motoren (Bahnmotoren) verbraucht, sowie wenn die Energie über einen größeren Flächenraum verteilt oder auf weite Strecken übertragen werden soll. In anderen Fällen, namentlich wenn die Energie zum Antrieb von Maschinen dienen soll, können andere Arten der Kraftübertragung zweckmäßiger sein.

Wichtig für die Entscheidung ist der gesamte Wirkungsgrad der Kraftübertragung. Er setzt sich bei der elektrischen Kraftübertragung zusammen aus den Einzelwirkungsgraden der Umwandlung der mechanischen Energie des Kraftmotors in elektrische $(0,6-0,9$, je nach Größe der Maschinensätze, der Betriebsverluste usw.), der Leitung $(0,9-0,97)$ und der Rückverwandlung der elektrischen in mechanische Energie $(0,6-0,85$ einschl. Übersetzungsverlusten), so daß er im allgemeinen zwischen $0,32$ und $0,75$ liegen wird. Bei den anderen Kraftübertragungen schwanken die Wirkungsgrade ähnlich in weiten Grenzen, so daß sie ebenso wie bei der elektrischen im einzelnen Falle nur auf Grund der Ort- und Betriebsverhältnisse durch genaue Berechnung festgestellt werden können. Für kurze geradlinige Übertragung der Kraft auf eine oder mehrere Maschinen wird sich im allgemeinen der mechanische Antrieb empfehlen.

Die Vorteile der elektrischen Kraftübertragung sind jedoch in vielen Fällen so groß, daß sie häufig auch bei ungünstigerem Wirkungsgrade angewendet wird. Die Lage des Kraftwerks zu den Verbrauchsstätten ist in weitesten Grenzen unabhängig. Dieses kann deshalb dort gebaut werden, wo die Gestehungskosten der Energie durch billigen Grunderwerb, vorhandene Wasserkraft, billige Zufuhr der Betriebsmaterialien, günstige Zu- und Abflußverhältnisse des Wassers sehr niedrig ausfallen, wo die Belästigung durch Geräusch (Entwerten der Nachbargrundstücke) ausgeschlossen ist u. ä. Die örtliche Beschaffenheit der Verbrauchsstätten ist infolge des bequem aufstellbaren und fast geräuschlos arbeitenden Elektromotors an wenig Bedingungen geknüpft (Benutzung im Kleingewerbe). Bezüglich weiterer Vorzüge des Elektromotors vgl. (785).

Die Leitung bedarf in geringerem Maße der Unterhaltung als die für andere Übertragungsmittel: Feste Übertragungsmittel wie Riemen verschleißen und müssen nachgespannt werden; Transmissionen müssen geölt, Leitungen für Luft müssen dicht gehalten werden, ebenso die für Wasser und Dampf, die außerdem noch gegen Einfrieren oder Wärmeausstrahlung zu schützen sind. Die elektrischen Leitungen können ihre Richtung unter beliebigem Winkel ändern, sie können ober- und unterirdisch geführt und selbst für Übertragung großer Energiemengen sehr gedrängt ausgeführt werden, sodaß sie in jeder Weise den örtlichen Verhältnissen angepaßt werden können. Die übertragene Energie kann in einfachster Weise verteilt, genau gemessen, ihre Verluste genau bestimmt werden.

(783) **Stromart.** Die Kraftübertragung durch Gleichstrom bietet folgende Vorteile: Gleichstrommotoren sind bezüglich ihrer Umlaufszahl und Leistung in weiteren Grenzen veränderlich, bezüglich des An- und Abstellens, sowie der Schaltungen einfacher und deshalb u. a. für automatischen Betrieb geeigneter als Wechselstrommotoren (vgl. 503, 550, 579); Bogenlampen brennen bei Gleichstrom ruhiger und wirtschaftlich günstiger als bei Wechselstrom (754); nur die Flammenbogenlampe ist auch bei Wechselstrom vorteilhaft. Gleichstrom kann ohne weiteres in Akkumulatoren aufgespeichert und zu elektrochemischen Zwecken benutzt werden. Wechselstrom muß dazu erst in Gleichstrom umgewandelt werden (611—622), wobei Energieverluste unvermeidlich sind. Bei gleicher Spannung ist Wechselstrom in physiologischer Beziehung gefährlicher als Gleichstrom. Ein besonderer Nachteil des Wechselstroms besteht noch darin, daß die Leitung infolge der Selbstinduktion unter sonst gleichen Verhältnissen eine geringere Energiemenge übertragen kann, als bei Verwendung von Gleichstrom. Als fast alleiniger, für viele Kraftanlagen allerdings wesentlicher Nachteil des Gleichstroms ist der zu nennen, daß die Verwendung hoher Spannungen und das Umformen der Spannung bei Gleichstrom schwieriger, als bei Wechselstrom ist. Herstellung und Betrieb von Gleichstrom-Motoren und -Dynamomaschinen für hohe Spannungen ist mit technischen Schwierigkeiten verbunden. Wandlung der Spannung des Gleichstroms ist nur durch bewegliche Maschinen möglich. Man ist deshalb in der Ausnutzung der durch hohe Spannungen bedingten Vorteile geringer Kosten für die Leitungsanlage und, hiermit im Zusammenhang stehend, in der Wahl der Lage des

Kraftwerks zu den Verbrauchsstellen beschränkt. Sobald jedoch die Kraftübertragung nur auf geringere Entfernung stattfinden soll, verdient im allgemeinen der Gleichstrom den Vorzug. Bei welcher Entfernung die eine oder andere Stromart zu bevorzugen ist, hängt wesentlich von der im einzelnen Falle verwendbaren höchsten Spannung ab und ist unter Würdigung der vorliegenden Betriebsverhältnisse zu berechnen. Der Vorteil, daß von Wechselstrom-Bogenlampen, die in Reihe geschaltet sind, ohne erhebliche Energieverluste einzelne ausgeschaltet werden können, wird selten ausschlaggebend sein. Dagegen wird die gute Eigenschaft der Drehstrommotoren, einfacher und widerstandsfähiger als Gleichstrommotoren zu sein und unbedingt funkenlos zu arbeiten, bei Wahl der Stromart bestimmend sein können, namentlich wenn die Motoren in staubigen oder mit leicht entzündlichen Stoffen angefüllten Räumen oder schwer zugänglich betrieben werden müssen.

Die Periodenzahl soll bei Kraftübertragungen für rein motorischen Betrieb niedrig (etwa 25 i. d. Sek.), für Bogenlicht jedoch wenigstens 50 i. d. Sek. sein. Gleichwohl machen sich auch bei noch höheren Periodenzahlen in Werkstätten mit umlaufenden Teilen immer noch die von der periodisch wechselnden Helligkeit der Bogenlampen herrührenden stroboskopischen Erscheinungen unangenehm bemerkbar.

In manchen Fällen ist eine Kombination von Gleichstrom und Wechselstromanlagen wirtschaftlich und betriebstechnisch günstig.

(784) **Spannung und Verteilung.** Die Kosten der Leitungsanlage und der Verluste der in dieser übertragenen Energie werden wesentlich durch die Höhe der benutzten Spannung beeinflußt. Und zwar steigt die Energie, die in einer Leitung bei gleichbleibenden Verlusten übertragen werden kann, mit dem Quadrat der Spannung. Einer beliebigen Erhöhung der Spannung steht die Schwierigkeit entgegen, die Leitung in betriebstechnisch zuverlässiger Weise sowie gegen Verluste durch Überspringen oder Überstrahlen der Energie in wirtschaftlich günstiger Weise zu isolieren. Zurzeit dürften 60 000 V als höchste im praktischen Betriebe für Kraftübertragung benutzte Spannung gelten. Die wirtschaftlich günstigste Spannung liegt indessen im allgemeinen niedriger und ist abhängig von der übertragenen Leistung. Ist diese L KW, so wähle man die Spannung $V = \sqrt{2\,L}$ Kilovolt (Breisig, ETZ 1899, S. 383). Über den Einfluß des Abstandes der Leiter auf den Leitungsverlust s. ETZ 1902, S. 1067.

Als niedrigste Spannungen kommen, abgesehen von solchen, die für elektrochemische Zwecke und ähnliche Betriebe benutzt werden, 110 V, für kleine Anlagen bloß für Bogenlicht allenfalls noch 65 V in Betracht.

Zur Verminderung des Kupfergewichts und der Energieverluste ist weiter das Verteilungssystem noch von großem Einfluß (vgl. 663 bis 675, 686 bis 694), insbesondere die Verwendung der Mehrleitersysteme. Diese gestatten zugleich die Abnahme von zwei oder mehr verschiedenen Spannungen an den Verbrauchsstellen. Zum Übertragen gleicher Energie auf gleiche Entfernungen bei gleichem Energieverlust benötigen an Kupfer, wenn der Kupferbedarf des zweidrähtigen Systems für Gleichstrom oder Einphasenstrom gleich 100 gesetzt wird: von den **dreidrähtigen** Systemen das Gleichstrom- und Einphasensystem bei gleichem (halbem) Querschnitt des Mittelleiters gegenüber den einzelnen Außenleitern 37,5 (31,3), das verkettete Zweiphasensystem bei gleicher Dichte in den Leitern 72,9, das Dreiphasensystem bei Dreieckschaltung 75,0, bei Sternschaltung 25; von den vierdrähtigen Systemen, das Gleichstrom- und Einphasensystem bei gleichem (halbem) Querschnitt der innern gegenüber den äußeren Leitern 22,2 (16,7), Dreiphasensystem bei Sternschaltung mit neutralem Draht 33,3.

Welche Spannung zwischen den oben genannten Grenzen, sowie welches Verteilungssystem im einzelnen Falle am günstigsten ist, bedarf der eingehenden Berechnung unter Berücksichtigung der Betriebsverhältnisse. Hier kommt u. a. in Frage, in welcher Spannung die Energie verbraucht werden soll (zB. bei Glühlampen möglichst mit 110 V), welche Beträge der übertragenen Energie umgeformt werden müssen (Unterhaltung und Verluste der Umformung) und dgl. Übliche Spannungen und Verteilungssysteme sind u. a. die folgenden: 110 (220 V) sind wirtschaftlich bei Verteilungsradien bis zu 500 (800) m zu verwenden, darüber hinaus kommen 440 V in Frage. Soll die Energie in größerem Umfange für Glühlampenbeleuchtung ausgenutzt werden, so empfiehlt es sich, durch Anordnung von Mittelleitern die Möglichkeit zu geben, die Lampen bei 110 V, wenigstens aber bei 220 V zu speisen (2 × 110, 4 × 110, 2 × 220). Über Verwendung höherer Spannungen für Maschinen, Bogenlampen und Glühlampen in Reihenschaltung s. (669—675).

Für elektrische Bahnen und ausgedehntere Straßenbeleuchtung sind bei Anwendung des Gleichstroms Spannungen von 500—800 V im Gebrauch. Übliche Wechselstromspannungen liegen zwischen 3000 und 5000 V. Kraftanlagen, die auf sehr große Entfernungen zB. aus Kohlenrevieren oder aus abgelegenen Gegenden mit Wasserkräften elektrische Energie übertragen, verwenden Spannungen zwischen 5000 und 60000 V (Herzog-Feldmann, Handbuch der elektrischen Beleuchtung).

Elektrischer Antrieb.

Elektrisch-mechanischer Antrieb.

(785) Antriebsmaschinen. Als Antriebsmaschinen werden hauptsächlich der Elektromotor, seltener der Elektromagnet und das Solenoid verwendet.

Über Elektromotoren vgl. (484 bis 513, 546 bis 610). Es sei hier nur darauf hingewiesen, daß u. U. mit Vorteil verwendet werden: langsam laufende Motoren, Motoren, deren Gestell so eingerichtet ist, daß sie an der Decke oder Wand befestigt werden können, Motoren, deren Gehäuse wasser- oder staubdicht abgeschlossen ist. Außer den (782) genannten Vorzügen des Elektromotors seien hier noch folgende erwähnt: Der Elektromotor kann wegen seiner gedrungenen

Bauart, namentlich mit schnellaufenden Maschinen organisch verbunden werden. Er kann in einfacher und schneller Weise von Hand
oder automatisch angelassen, in Leistung und Umlaufzahl geregelt,
umgestellt und abgestellt werden. Dabei kann er in weiten Grenzen
unter und über seiner Normalbelastung ohne wesentliche Verringerung
des Wirkungsgrades arbeiten. Bezüglich Bedienung, Reinigung und
Unterhaltung stellt er geringe Anforderungen.

Wegen der in einzelnen Fällen wichtigen Beziehungen zwischen
Umlaufzahl, Spannung, Anzugsmoment bei Hauptstrom-, Nebenschluß
und Verbundmotoren s. (488 ff). Bei der in den meisten praktischen
Betrieben vorhandenen gleichbleibenden Spannung besitzt der Hauptstrommotor das größte Anzugsmoment, das sich namentlich gerade
beim Anfahren besonders steigert, der Nebenschluß- und besonders der
Verbundmotor die größte Gleichmäßigkeit in der Umdrehungszahl.

Elektromagnete für größere Arbeitsleistungen sollen eine
möglichst gleichbleibende Kraft auf großem Wege erzeugen. Sie
werden als Kern- oder Mantel- (Zylinder-, Topf-) Magnete ausgebildet.
Mantelmagnete haben geringere Kraftlinien-Streuung; ihre Drahtwicklungen sind gegen Verletzungen wirksamer geschützt. Je nachdem der Weg des Ankers geradlinig oder kreisförmig ist, unterscheidet
man Hub- und Drehmagnete (376 ff.).

Beispielsweise leisten 8 A bei 110 V bei einem Drehwinkel von
160° 580 kgcm, 100° 660 kgcm, 50° 780 kgcm, 5° 880 kgcm. Hubmagnete in der besten Ausführungsform als Mantelmagnete leisten bei
gleichem Energieverbrauch nur etwa den vierten Teil wie Drehmagnete
(ETZ 1902, S. 131). Berechnung der Tragkraft der Elektromagnete
s. (390).

Das Solenoid kann in einfacher Weise ohne mechanische
Zwischenglieder eine hin und hergehende Bewegung erzeugen. Es
wird in größerem Umfang bei den Solenoid-Gesteinsstoßbohrern angewendet. Zeitschr. d. V. deutsch. Ing. 1901, S. 1492. Die Solenoid-
Wirkung wird auch bei Motoren benutzt, um dem Anker beim Anlassen oder Abstellen eine Bewegung in der Längsrichtung der Achse
zu erteilen und hierdurch zB. besondere Schalter zu bewegen.

(786) **Die Verbindung zwischen Motor und Arbeitsmaschine**
wird meist in derselben Weise wie die Verbindung zwischen Kraftmaschine und Dynamomaschine hergestellt (27, 658), falls jede Arbeitsmaschine ihren eigenen Antriebsmotor erhält (Einzelantrieb). Häufig
findet jedoch die Kraftübertragung auch vermittels Wellentransmissionen
statt und zwar bei ausgedehnteren Anlagen oft in der Weise, daß von
jeder Welle nur eine Gruppe von Arbeitsmaschinen angetrieben wird
(Gruppenantrieb). Welche der beiden Antriebsarten im einzelnen
Falle den Vorzug verdient, ist auf Grund der Betriebsverhältnisse zu
entscheiden. Bei Gruppenantrieb sind die Anschaffungskosten geringer,
der Motor, meist der empfindlichste Teil der Kraftübertragung, kann
geschützt aufgestellt und von einem Arbeiter für die ganze Gruppe
überwacht und bedient werden; er braucht nur so grofs zu sein, als
der Kraftbedarf aller gleichzeitig zu betreibenden Arbeitsmaschinen
erfordert; dabei kann er zum Antrieb von Maschinen, die immer nur
auf kurze Zeit eingeschaltet werden, vorübergehend überlastet werden;

ein gröfserer Motor hat einen besseren Wirkungsgrad als mehrere, die zusammen dasselbe leisten. Ungünstig ist der Gruppenantrieb insofern, als durch die ständige Bereitstellung der Energie Verluste auftreten, auch wenn keine Energie von der Welle abgenommen wird. Ferner gestattet er keine betriebstechnisch so günstige Raumausnutzung und so einfache Verlegung wie der Einzelantrieb. Dieser ist aufserdem in gesundheitlicher Beziehung sowie mit Rücksicht auf Verminderung der Unfallgefahr dem Gruppenantrieb überlegen (Ausführliches s. Lasche, Zschr. V. dtsch. Ing. 1900, S. 1189). In vielen Fällen ist eine Vereinigung von Gruppenantrieb und Einzelantrieb betriebstechnisch und wirtschaftlich am günstigsten.

Sobald die Antriebswelle der Arbeitsmaschine eine andere Umdrehungszahl haben muß, als der zur Verfügung stehende Motor, muß eine Übersetzung zwischen beiden eingeschaltet werden: Riemen, Seile, Zahnräderpaare, Grissonsches Getriebe, Schnecke mit Schneckenrad in einfacher oder mehrfacher Anordnung oder kombiniert (17, 23 bis 29). Über Wirkungsgrade dieser Übertragungen s. S. 22. Zahnräder übertragen zuverlässig, aber nicht geräuschlos.

Die Spannung des die Kraft übertragenden Riemens wird außer durch die (658) erwähnten Fundament-Gleitschienen auch dadurch geregelt, daß der Motor auf einer Unterlage befestigt ist, die um eine zur Motorwelle parallele Achse drehbar ist. Infolge des Motor-Gewichtes oder durch Federkraft sucht sich die Unterlage (Riemenschwinge) zu drehen und spannt dabei den Riemen, der an der Riemenscheibe angreifend die Drehung zu verhindern sucht, gleichmäßig an.

Soll eine Lagenveränderung zwischen Motor und Arbeitsmaschine stattfinden, so können, falls keine Übersetzung eingebaut werden muß, teleskopartig ineinander verschiebbare Röhren, die an beiden freien Enden eine Kreuzgelenk-Kupplung tragen, oder biegsame Wellen mit Vorteil verwendet werden.

(787) Verbindung des Motors mit der Hauptleitung. In den meisten Fällen ist der Motor an die aus dem Netz gespeisten Schienen einer Schalttafel angeschlossen. Diese enthält im allgemeinen die Sicherungen, den Anlasser und zuweilen noch ein Amperemeter.

Falls der Motor ortsveränderlich angebracht werden muß, werden biegsame Kabel, die auf Trommeln aufgewickelt und so befördert werden können, verwendet, oder es wird das Anschließen an den verschiedenen Gebrauchsstellen durch Stöpselkontakte ermöglicht. In manchen Fällen (zB. bei elektrisch anzutreibenden Feuerspritzen oder Maschinen zur Bearbeitung des Bahnoberbaus) hat man den Motor mit Vorteil an die Oberleitung der Bahn angeschlossen, indem man die an Stangen befestigten Kontakte der Zuführungskabel auf dem Oberleitungsdraht aufgehängt hat.

Über Anlasser siehe Näheres (503 ff.). Hier sei nur erwähnt, daß sich ihre Größe danach richtet, ob der Motor unter voller oder geringerer Belastung anlaufen soll. Zuweilen werden durch den Fuß verstellbare oder automatische Anlasser mit Vorteil verwendet.

Elektrisch angetriebene Maschinen.

(788) **Allgemeines.** Der Elektromotor kann infolge seiner vielen Vorzüge (782, 785) zum Antrieb fast aller Arten Maschinen verwendet werden.

Im allgemeinen empfiehlt es sich, gleich beim Herstellen der Arbeitsmaschinen auf die Eigenart des elektrischen Antriebs, im besondern auf den Antriebsmotor Rücksicht zu nehmen. Dadurch entstehen Maschinen, bei denen der antreibende Motor und die eigentliche Arbeitsmaschine in der vollkommensten Weise organisch verbunden sind. Einige Anwendungsgebiete, wo die Eigenart des Elektromotors in besonderer Weise für den Bau und Betrieb von Maschinen ausgenutzt wird, sind in den folgenden Abschnitten erwähnt. Indessen wird häufig die Arbeitsmaschine auch mit einer Riemenscheibe ausgerüstet, deren Durchmesser im einzelnen Falle danach bemessen wird, ob die Maschine von einem Elektromotor oder anderweitig angetrieben werden soll.

Um die Möglichkeit zu geben, Maschinen, die nicht besonders für elektromotorischen Antrieb eingerichtet sind, auch in den Fällen durch Elektromotor betreiben zu können, wo die Antriebswelle der Arbeitsmaschine so wenig Umdrehungen haben muß, daß eine einfache Riemenübersetzung zur Motorriemenscheibe nicht ausführbar ist, sind Elektromotoren im Handel, die auf gemeinsamer Grundplatte mit einem Zahnradvorgelege zusammengebaut oder mit einer sog. Zentratorkupplung ausgerüstet sind. Die Riemenscheiben dieser einheitlichen Maschinensätze besitzen dann nur $^1/_4$ bis $^1/_6$, bei Verwendung der Zentratorkupplung nur bis $^1/_{12}$ der Umdrehungszahl der Ankerwelle (s. Fig. 416 u. 439).

Will man mehrere Arbeitsmaschinen betreiben, die nie zu gleicher Zeit benutzt werden sollen, kommen auf fahrbarem Wagengestell montierte Motoren in Frage, die mit Hohlwelle oder biegsamer Welle (26), Riemenscheibe, biegsamen Kabeln mit Stöpseln, sowie mit den üblichen Schalt- und Regelvorrichtungen ausgerüstet sind, sodaß sie in einfacher Weise zum Antrieb verschiedenartiger Maschinen benutzt werden können.

(789) **Hebemaschinen.** Die wichtigsten Arten der Hebemaschinen, die für elektromotorischen Antrieb in Frage kommen sind Winden, Aufzüge und Krane.

Winden können als Zahnstangenwinden, Schraubenwinden und Räderwinden ausgeführt werden und dienen dazu, erforderlichenfalls unter Zwischenschaltung von Flaschenzügen die eigentliche Hubbewegung (Heben und Senken der Last) zu vermitteln. Sie können einzeln und zwar ortsfest, leicht transportabel oder fahrbar angewandt werden oder sie bilden einen wesentlichen Bestandteil der übrigen Hebezeuge.

Bei Aufzügen wird die Nutzlast auf einem geführten Träger (Fahrstuhl, Förderkorb, Plattform) gehoben.

Soll die Hebevorrichtung einen größeren Raum bestreichen, so wendet man Krane an. Bei diesen ist die Winde fahrbar, als sog. Laufkatze ausgebildet und kann sich auf Schienen geradlinig bewegen. Durch eine Bewegung des ganzen Krans, senkrecht zur Laufkatzenbewegung, kann das Hebezeug eine Fläche bestreichen. Bei Drehkranen ist dies eine Kreisfläche, deren Größe von der äußersten möglichen Stellung der Laufkatze abhängt. Bei Laufkranen und Portalkranen ist die Fläche ein Rechteck, abhängig von der Spannweite des Trägers und der möglichen Beweglichkeit des Krans. Laufkrane werden meist in größeren Kraftwerken vorgesehen, wo bei Montage- oder Instandsetzungsarbeiten schwere Maschinenteile an verschiedenen Stellen der Maschinenhalle gehoben und befördert werden müssen. Die Träger und Schienen für den Laufkran werden am besten oben an den Längswänden verlegt. Portalkrane werden verwendet, wenn, wie zB. auf Lagerplätzen, keine hochgelegene Auflager für die Laufschienen vorhanden sind. Die Schienen können dann auf dem Boden verlegt werden. Der Strom wird durch Schleifkontakte oder biegsame Kabel zugeführt.

Bei den Kranen sind danach meist drei Bewegungen auszuführen (Heben und Senken der Last, Längsbewegung der Laufkatze einerseits und des Krans andererseits). Diese Bewegungen können durch einen im gleichen Sinne umlaufenden Elektromotor (meist der Nebenschluß oder Verbund-Art) ausgeführt werden (Einmotorensystem). Meist werden sie jedoch jede durch einen besonderen in beiden Richtungen drehbaren Motor mit Hauptstromwicklung angetrieben. Man hat sogar zwei Motoren allein für das Hubwerk verwendet, um je nach dem Gewicht der Nutzlast die Hubgeschwindigkeit in weiteren Grenzen verändern zu können. Die Drei- und Mehrmotorensysteme sind zwar in der elektrischen Ausrüstung teurer als die Einmotorsysteme. Sie vermeiden dafür aber die umständlichen mechanischen Zwischenglieder wie Umkehrgetriebe und dgl., und geben in einfachster Weise die Möglichkeit im Interesse der Zeitersparnis die drei Bewegungen gleichzeitig auszuführen.

Das Steuern der einzelnen Motoren erfolgt meist durch Walzenschalter. Zwei dieser Schalter können durch mechanische Zwischenglieder so verbunden werden, daß sie durch einen Hebel gesteuert werden. Dieser läßt sich, im Gegensatz zu den üblichen Hebeln nicht nur in einer Ebene, sondern räumlich drehen. Die Bewegung des Hebels soll möglichst in der Richtung ausgeführt werden, in der die Last bewegt werden soll.

Zum Senken der Last werden u. a. Bremsmagnete und Anker-Kurzschlußbremsen angewendet. Eisenteile, zB. mehrere übereinander liegende Eisenbleche können zum Heben in einfacher Weise mittels starker Magnete angefaßt werden.

Aufzüge für Personenbeförderung werden meist mit selbsttätigen Anlassern ausgerüstet, die durch einen mechanischen oder elektromagnetischen Anstoß vom Aufzug aus allmählich die Widerstände ausschalten (508).

Neuerdings kommen bei Aufzügen sog. Druckknopf-Steuerungen in Aufnahme. Bei ihnen wird durch eine einfache Kontaktgebung der Aufzug in Bewegung gesetzt und je nach dem Kontaktknopf, der jeweilig gedrückt worden ist, in einem bestimmten Stockwerk selbsttätig angehalten. Zugleich werden durch diese Steuerung die erforderlichen Schutzvorrichtungen derart überwacht, daß sich der Aufzug nicht in Bewegung setzen läßt, falls damit Gefahr verbunden ist, zB. wenn die Fahrstuhltür nicht geschlossen ist und dgl.

Über Anlage, Bau und Überwachung von Aufzügen bestehen ausführliche polizeiliche Vorschriften. Danach darf u. a. ein Aufzug für Personenbeförderung nur von einem geprüften Wärter in Bewegung gesetzt werden. Für Aufzüge mit Druckknopfsteuerung wird u. U. von dieser Bedingung abgesehen. Über Fördermaschinen s. (794).

Mit Druckwasser angetriebene Aufzüge sind im allgemeinen im Betrieb teurer, als elektrisch angetriebene.

Wegen der ungünstigen Beanspruchung durch Aufzüge (hohe kurzzeitige Leistung bei intermittierendem Betrieb) erheben viele Elektrizitätswerke für angeschlossene Aufzüge eine besondere Grundtaxe.

Literatur: Ernst, die Hebezeuge.

(790) **Pumpen.** Für den Antrieb durch Elektromotor kommen besonders Kolbenpumpen und Kreiselpumpen in Betracht. Die Kreiselpumpen eignen sich infolge ihrer hohen Umdrehungszahl ganz besonders für unmittelbare Kupplung und geben, mit dem Motor auf derselben Grundplatte aufgestellt, einen billigen, gedrungenen, in der Bedienung einfachen, leicht aufstellbaren und transportablen (u. U. fahrbaren) Pumpensatz, der sich besonders zum Fördern großer Wassermengen eignet. Die gewöhnlichen einfachen Kreiselpumpen können nur eine Förderhöhe bis etwa 12 m überwinden; hintereinandergeschaltet als sog. Hochdruck-Kreiselpumpen werden sie dagegen für Förderhöhen bis über 500 m gebaut. Kreiselpumpen sind, bevor sie angelassen werden, mit Flüssigkeit anzufüllen. Sie fördern auch stark verunreinigtes Wasser.

Die gewöhnlichen Kolbenpumpen sind langsam laufende Maschinen und können vom Elektromotor nur unter Anwendung einer starken Übersetzung, die häufig aus 2 Vorgelegen bestehen muß, angetrieben werden. Die Mängel der Übersetzung (u. a. Energieverluste, Geräusch der Zahnräder), sowie das Bestreben, kleine Maschinensätze zu erhalten, haben zur Ausführung schnellaufender Pumpen, der sog. Expreßpumpen geführt. Sie stellen in gut durchgeführtem Zusammenbau mit Elektromotoren gedrängte Pumpenanlagen mit hohem Wirkungsgrade dar.

Der rein mechanische Wirkungsgrad guter Kolbenpumpen kann bis auf 93% steigen, wohingegen der von Kreiselpumpen höchstens 80%, meist aber erheblich niedriger ist.

Besondere Vorzüge, die der elektrische Antrieb bei Pumpen aufweist, sind u. a. folgende: Die Pumpen können, namentlich mit wasserdicht eingekapselten Motoren, in der Nähe tiefliegender Wasserspiegel (zB. als Abteufpumpen in Bergwerken), u. U. sogar im Wasser aufgestellt werden; Pumpen, die Wasser in einen Behälter fördern, können abhängig vom Wasserstand in dem Behälter auf weitere Entfernungen selbsttätig an- und abgestellt werden.

(791) **Gebläse.** Man unterscheidet Schleuder-, Schraubenrad-, Kapsel- und Zylinder-Gebläse. Letztere, auch Kompressoren genannt, sind im allgemeinen langsam laufende Maschinen und müssen ebenso wie die langsam laufenden Kolbenpumpen unter Zwischenschalten einer starken Übersetzung angetrieben werden. Die neuerdings gebauten schnellaufenden Zylindergebläse (Expreß-Kompressoren von

Riedler u. a.), namentlich aber die Schleuder- und Schraubenrad-Gebläse werden vorteilhaft unmittelbar mit dem Motor gekuppelt. Schleuder- und Schraubenrad-Gebläse werden besonders zum Bewegen großer Luftmengen bei geringem Druck benutzt. Die Schraubenrad-Gebläse mit unmittelbar gekuppeltem Motor auf Sockel oder Grundplatte montiert, werden als Lüfter bis zu sehr geringen Leistungen ausgeführt. Sie lassen sich leicht in Wand- oder Decken-Öffnungen einbauen und bieten ein in der Bedienung sehr einfaches, in Anschaffung und Betrieb billiges Mittel zum Lüften kleiner Räume.

Zur Erzeugung höherer Drucke (bis zu 3 m Wassersäule) werden, bei allerdings nicht hohem Wirkungsgrade, die im Betrieb sehr einfachen Kapselgebläse verwendet. Für höhere Drucke kommen nur die teuren, im Betriebe aber billigen Zylinder-Gebläse in Frage. Ihr Antriebsmotor kann so eingerichtet werden, daß er abhängig von dem Druck, der in den von dem Gebläse gespeisten Behältern herrscht, sich selbsttätig an- und abstellt.

(792) **Werkzeugmaschinen** werden vielfach mit Vorteil durch Elektromotoren angetrieben. Für Einzelantrieb sind durch Zusammenbau mit dem Elektromotor sehr vollkommene Arbeitsmaschinen geschaffen worden. Der Einzelantrieb hat dabei noch den Vorzug, daß der Raum über den Werkzeugmaschinen für die Beförderung der Werkstücke durch Krane freibleibt.

Die Holzbearbeitungsmaschinen eignen sich infolge ihrer hohen Umdrehungszahl ganz besonders für den elektromotorischen Antrieb. Im Interesse erhöhter Feuersicherheit werden hier am besten Drehstrom-Motoren verwendet. Bei den langsam laufenden Metallbearbeitungsmaschinen müssen meist stärkere Übersetzungen angeordnet werden.

Die elektrische Energie wird im besonderen bei Maschinen für Eisenbearbeitung noch zum elektromagnetischen Festspannen des Werkstücks benutzt.

Großen Nutzen zieht der Maschinenbau aus den elektrisch angetriebenen leicht tragbaren oder fahrbaren Werkzeugmaschinen zum Bohren und Aufreiben von Löchern, Fräsen usw. Hierdurch ist es möglich, die Werkzeugmaschinen an schwere Werkstücke oder an schwer zugängliche Stellen der Werkstücke zu bringen und so Kosten für Transport oder kostspielige Handarbeit zu sparen.

(793) Im **Eisenbahnbetrieb** wird der Motor außer zum Antrieb von Motorwagen u. a. zum Antreiben von Drehscheiben, Schiebebühnen, Rangierspillen, sowie zum Umstellen von Weichen und Signalen benutzt. Bei allen diesen Betrieben handelt es sich im allgemeinen um intermittierenden Energieverbrauch an Stellen, wo die Krafterzeugung erschwert ist, sodaß der Elektromotor ganz besonders am Platz ist. Bei Drehscheiben und Schiebebühnen wird der Strom durch Schleifkontakte zugeführt.

Für das Umstellen von Weichen und Signalen werden kleinere Motoren benutzt, die in wasserdicht abgeschlossenen Gehäusen unmittelbar bei den Signalen oder Weichen aufgestellt und vom Stellwerk aus durch Bewegen kleiner Schalthebel in Tätigkeit gesetzt werden. Durch Überwachungs- und Rückmelde-Strom sind der ordnungsgemäße Zustand und die Stellung der Weichen und Signale im Stellwerk stets festzustellen und sowohl ihre gegenseitige Abhängigkeit wie die Abhängigkeit von den Strecken-Blockapparaten, dem Befehlsapparat der Station u. ä. in einfachster Weise automatisch durchzuführen.

(794) **Elektrischer Betrieb in der Landwirtschaft, im Bergbau und auf Schiffen.** In der Landwirtschaft werden mit Vorteil fahrbare Motoren benutzt, weil die Arbeitsmaschinen häufig zu verschiedenen Zeiten und an Orten, die voneinander weiter entfernt sind, angetrieben werden müssen. Die Energie wird durch biegsame Kabel oder bei größeren Entfernungen durch Leitungen zugeführt, die auf dauernd oder vorübergehend aufgestellten Masten verlegt sind.

Bei Zentrifugen wird die hohe Umdrehungszahl des Elektromotors durch unmittelbare Kupplung ganz besonders gut ausgenutzt.

Im Bergbau hat sich der elektrische Antrieb, besonders durch Drehstrommotor, infolge der für andere Arten der Kraftübertragung ungünstigen Verhältnisse (Aufstellung vieler, voneinander weit entfernter Maschinen, Feuchtigkeit, beschränkter Raum, vorübergehende Anlagen) mehr und mehr Eingang verschafft. Im besondern ist der Ausnutzung der Hochofengase durch Gas-Dynamos dadurch ein weites Feld erschlossen.

Durch Elektromotor angetriebene Hauptschacht-Fördermaschinen erfordern wegen ihres eigenartigen Betriebes, der stark unterbrochen ist und große Kräfte zur Beschleunigung der Massen beim Anfahren und zu deren Verzögern beim Anhalten verlangt, besondere Einrichtungen zum Erzielen eines wirtschaftlichen Betriebes. Solche sind: Akkumulatoren, große Schwungmassen bei großer Umdrehungszahl u. U. mit Hilfsdynamo, veränderliche Spannung (Ztschr. Ver. dtsch. Ing. 1902. Köttgen, S. 701, Kammerer, S. 1377).

Für den elektrischen Betrieb kommen u. a. noch in Frage: Wasserhaltungsmaschinen, Abteufpumpen, Ventilatoren, Gesteinsbohrmaschinen (785), Grubenlokomotiven.

Auf Schiffen erstreckt sich der elektrische Antrieb hauptsächlich auf die Signal- und Kommando-Apparate sowie auf die Hilfsmaschinen: Steuerapparat, Hilfs-Steuerapparat, Krane, Winden, Pumpen, Ankerlichtmaschinen u. ä. Hier verdrängt er mehr und mehr die kleinen ungünstig wirkenden Dampfmaschinen. Die Möglichkeit, die elektrischen Leitungen so außerordentlich einfach und zuverlässig in den häufig sehr beengten Schiffsräumen verlegen zu können, ist in vielen Fällen für die Anwendung des elektrischen Antriebs ausschlaggebend (Näheres s. Abschnitt: Die Elektrizität auf Schiffen).

Elektrische Bahnen.

(795) **Allgemeines.** Man benutzt die Elektrizität als bewegende Kraft sowohl bei Straßenbahnen als bei Bahnen mit eigenem Bahnkörper.

Man verwendet Motorwagen, Züge von Motorwagen und Anhängewagen, oder endlich elektrische Lokomotiven, welche Züge gewöhnlicher Wagen ziehen.

Die zum Betrieb notwendige Elektrizität wird entweder dem Wagen durch Leitungen, welche längs der Bahn befestigt sind, zugeführt, oder aus Akkumulatoren, die sich auf den Wagen selbst befinden, entnommen, oder endlich durch eine Maschinenanlage auf dem Wagen selbst erzeugt.

Vorteil der beiden letzteren Methoden ist die Unabhängigkeit von einem Zentralpunkt, der Nachteil dagegen die große mitzunehmende Last. Durch Verwendung von Turbodynamos oder Gasdynamos wird es wohl gelingen, die Gewichtsfrage weniger bedenklich zu machen. Die Unabhängigkeit der selbständigen Wagen (821) weist dahin, sie dort zu verwenden, wo große Entfernungen mit seltenen und ungleich verteilten Zügen zu bedienen sind, vielleicht also auch bei geleislosen Bahnen.

Im folgenden sind zunächst die Bahnen mit besonderer Berücksichtigung des Stadt- und Vorortverkehrs, also vorzugsweise mit Gleichstromzuführung behandelt, dann erst die Selbstfahrer und die Bahnen mit eigenem Bahnkörper, und mit ihnen die Benutzung von hochgespanntem Gleichstrom, einphasigem und mehrphasigem Wechselstrom.

Bahnen mit Zuführungsnetz.

(796) **Leitungen.** Die Motorwagen entnehmen ihren Strom einer Leitung, welche entweder ihrer ganzen Länge nach vom Strom durchflossen ist, oder aber in Abteilungen geteilt ist, derart, daß nur die dem Wagen nächstliegenden Teile der Leitung Strom erhalten. Der zweite Fall (Teilleitersysteme) hat trotz vieler sinnreicher Versuche nur wenige dauernde Verwendungen*) gefunden (siehe 6. Aufl.).

Die Zuführungsleitungen können oberirdisch sein, oder sich in einem offenen unterirdischen Kanal befinden.

Es kann entweder nur die Zuführung der Elektrizität zu den Wagen isoliert sein und die Rückleitung durch die Schienen stattfinden, oder aber die Hin- und die Rückleitung isoliert sein.

Oberirdische Zuleitung.

(797) Die weitgrößte Anzahl elektrischer Bahnen besitzt oberirdische Zuleitung. Ein Kupferdraht von meist 50 mm² Querschnitt ist durch Isolatoren und Querdrähte derart in etwas über Wagenhöhe aufgehängt, daß er nahezu der Mittellinie der Schienenbahn folgt. Die Stützpunkte sind 35—40 m voneinander entfernt.

Der Draht wird mittels provisorischer Führungsstücke aufgehängt und mit einer Spannung von 6—8 kg für 1 mm² gespannt. Dann wird er in den Isolatorenklemmen befestigt, sei es durch Lötung, sei es durch einfache Einführung.

------

*) Die Linie Paris-Enghien verwendet innerhalb der Stadt das System Claret-Wuilleumier; die Tramways du Bois de Boulogne in Paris verwenden auf kurzer Strecke das Diatto-Doltersche System).

Man gibt oft dem Draht einen anderen, als kreisförmigen Querschnitt. So ist die Form einer Acht (Fig. 552), deren oberer Teil

kleiner ist, als der untere, günstig zum
Befestigen in den Isolatorenklemmen,
auch erlaubt eine solche Form eine
breitere Kontaktfläche bei gleicher Masse
zu erzielen.

Fig. 552.

Für den Durchhang eines Drahtes von M kg Gewicht für 1 m,
der zwischen zwei Punkten von der Entfernung a m aufgehängt und
mit F kg* gespannt ist, gilt die Formel: $c = \dfrac{Ma^2}{8\,F}$.

Der gewöhnliche Arbeitsdraht wiegt rund 0,5 kg für 1 m; die
Entfernung der Stützpunkte ist 40 m, die Spannung 400 kg*, woraus
sich der Durchhang zu etwa 0,25 m ergibt.

Bei höherer Temperatur dehnt sich der Draht aus und dementsprechend wird seine Spannung geringer, und zwar für 1° C um etwa
0,15 kg/mm². Bei Temperaturabnahme nimmt die Spannung entsprechend zu. Wählt man den Zug des Drahtes bei 20° zu 400 kg*,
so erhält man folgende Zahlen:

Temperatur	-20	0	$+20$	$+40$	°C
Zug	700	550	400	250	kg*
Spannung	14	11	8	5	kg*/mm²
Durchhang bei 40 m Spannweite	14	18	25	40	cm

Es ist also weder die Spannung noch der Durchhang übermäßig
zwischen $-20°$ und $+40°$.

Was die Querdrähte anbetrifft, so ist ihre Länge meist geringer
als 20 m. Man kann ihnen einen mittleren Durchhang von 0,5 m
geben und hat dann Zugkräfte von etwa 150 kg*.

Im allgemeinen genügt es also, daß die Stützpunkte für eine
mittlere Zugkraft von 150 kg* berechnet sind. Bei 30 m Tragweite
müßte man 200 kg* annehmen. Nur bei Kurven braucht man Stützpunkte für 300 bis 500 kg*. An den Endpunkten rechnet man
500 kg* für einen Liniendraht. Bei Berechnung von Spannung und
Durchhang des Querdrahtes muß das Gewicht des Arbeitdrahtes und
der Isolatoren berücksichtigt werden.

Die wichtigste Berechnung bei oberirdischen Linien ist jene der
Zugspannung an den Befestigungspunkten der Spann- und Auf-
hängungsdrähte. Sie geschieht am besten graphisch durch einfache
Kraft-Parallelogramme*).

Die Anzahl der Aufhängepunkte hängt bei gerader Strecke von
dem Gewicht des Arbeitsdrahtes ab, in den Kurven jedoch auch von
der Art der Stromabnehmer und zwar hauptsächlich davon, ob dieser
eine seitliche Bewegung und in welchen Grenzen zuläßt.

(798) Stromabnehmer. Es gibt im wesentlichen drei Arten
Abnehmer: Die Rolle, der Bügel und der Schuh. Die Rolle ist eine
bronzene Rolle, welche sich leicht in einer Gabel dreht und mit seitlichen federnden Stromabnehmern versehen ist. Das Ganze ist an

---

*) Schiemann, Elektrische Bahnen (O. Leiner, Leipzig). Rasch, ETZ 1897.

einer langen elastischen Stange befestigt, welche vom Dache des Wagens getragen und durch Spannfedern nach oben gegen den Draht gedrückt wird.

Der Bügel besteht aus einer Stange aus weichem Metall oder einer Legierung, welche ähnlich wie die Rolle durch Federn gegen den Draht angedrückt wird.

Der Schuh ist im wesentlichen eine festgehaltene Rolle, deren überflüssige Teile weggelassen sind. Sie hat also auch nur einen Punktkontakt, aber keinen rollenden, sondern reibenden Kontakt. Man kann allerdings den Krümmungsradius groß wählen, so daß der Draht auf einer größeren Länge auf dem Reiber ruht.

Die Rolle und der Schuh haben nur eine äußerst geringe seitliche Bewegung, welche durch die Elastizität der Stange gegeben ist und also mit einem starken seitlichen Druck auf den Aufhängedraht in den Aufhängepunkten verbunden ist. Der Draht muß also wesentlich genau über der Mittelachse der Schienenbahn aufgehängt werden. Beim Bügel ist dagegen die seitliche Grenze, in welcher der Arbeitsdraht aufgehängt werden kann, durch die Breite des Bügels gegeben und kann leicht 60—75 cm auf jeder Seite der Bahnachse erreichen.

Aus diesem Grunde können für Bügelabnehmer schon Kurven von 180 m Radius als gerade Strecke behandelt werden.

Um auch mit der Rolle sich von der genauen achsialen Aufhängung des Arbeitsdrahtes unabhängig zu machen, hat man sie an drehbaren Seitenarmen mit Kugelgelenken befestigt (Dickinson); man kann dann den Arbeitsdraht in Entfernungen von 1,5 bis 2 m von der Bahnaxe aufhängen.

(799) **Vorteile und Nachteile der drei Abnehmerarten.** Außer dem schon erwähnten Unterschied in bezug auf die Anzahl der Aufhängepunkte in den Kurven kann noch folgendes bemerkt werden.

Die Rolle hat den wesentlichen Vorteil der rollenden Reibung, was den Draht am meisten schonen sollte — aber da es unmöglich ist, den Draht so aufzuhängen, daß die Rollenflanschen keinen seitlichen Druck auf ihn üben, so ist schließlich auch gleitende Reibung vorhanden und besonders starker seitlicher Druck; dadurch wird besonders die Rolle stark angestrengt, aber in Kurven auch der Draht, die Aufhängungen und selbst die Pfähle. Beim Bügel ist kein Seitendruck vorhanden, man muß nur dafür sorgen, daß die Linie etwas im Zickzack aufgehängt ist, damit alle Teile der reibenden Fläche des Bügels gleichmäßig zur Arbeit kommen. Dafür hat der Bügel gleitende Reibung — jedoch ist es möglich, durch passende Wahl des Metalls (Aluminium, Antifriktion) der eigentlichen reibenden Fläche den Draht zu schonen, allerdings auf Kosten des Bügels, dessen reibende Fläche wohl ebenso oft wie die Rollen erneuert werden muß. Im ganzen hat sich der Kontakt des Bügels inniger gezeigt, als jener der Rolle, so daß sogar sein induktiver Einfluß auf Telephonlinien gering ist. Der Schuh bildet die Mitte zwischen den beiden anderen — er hat den Fehler der Rolle, seitlichen Druck zu üben, den Vorteil des Bügels, innigeren Kontakt zu geben. Der wesentlichste Vorteil des Bügels ist, daß er den Gebrauch jeglicher Weiche unnötig macht, da er ebensogut von mehreren Drähten als von einem einzigen Strom abnimmt, und daß der Liniendraht gar keine führende Wirkung auf ihn hat.

Eine andere wichtige Eigenschaft des Bügels ist, daß er sich leicht selbständig umdreht, sobald der Wagen seine Fahrtrichtung wechselt; Rolle und Schuh müssen dagegen umgelegt werden.

(800) **Rückleitung durch die Schienen.** Die Schienen einer Straßenbahn wiegen im Mittel 40 kg für 1 m, sodaß für ein einfaches Geleise der Schienenquerschnitt gleichkommt einem Kupferquerschnitt von mehr als 1000 mm² (reduzierter Querschnitt). Bei Bahnen mit schwerem Verkehr geht man sogar bis zu Schienen von 70—80 kg für 1 m.

Man wird also naturgemäß dazu geführt, die Schienen als Rückleitung zu benutzen. Dazu ist es nötig, daß die Verbindung zwischen den einzelnen Schienenlängen so vorzüglich als möglich sei. Es ist also sowohl in elektrischer als in mechanischer Richtung wünschenswert, daß die Schienen aus möglichst langen Stücken zusammengesetzt werden. Die Laschenverbindung genügt nicht als elektrische Verbindung, und man verwendet stets Kupferverbindungsstücke, welche die Lasche überbrücken und in beiden aufeinander folgenden Schienenenden vernietet sind. Der nützliche Querschnitt einer solchen elektrischen Verbindung ist selten größer als 100 mm². Es ist also von Wichtigkeit, sie möglichst kurz zu machen. Man hat daher auch versucht, durch passende Konstruktion der Laschen genügend Raum zwischen diesen und der Schienenseele zu lassen, um die Kupferverbindung ganz kurz zu machen. Bei langen Verbindungen gelingt es selten, weniger als 500 mm Länge zu haben, und eine solche Verbindung, bei 100 mm² Querschnitt, verlängert die Schienen virtuell um 2,5 m. Haben die Schienen, wie meist, 8 m, so kommt dies also einer virtuellen Verlängerung von 30 % gleich*). Daraus sieht man, wie wichtig es ist, große Schienenlängen von 10—12 m und mehr zu nehmen. Die kurzen Verbindungen unter den Laschen können leicht nur 100 mm haben und ihr Querschnitt kann ohne Schwierigkeit vergrößert werden, so daß sie eine virtuelle Verlängerung von höchstens 0,5 m geben.

Die Versuche, endlose Schienen durch elektrische Lötung oder umgeschmolzene Muffen herzustellen, haben gute Resultate in elektrischer Beziehung gegeben; dagegen hat die endlose Schiene den Nachteil, die freie Ausdehnung nicht zu gestatten. Man schweißt also nur etwa 8—10 Schienenlängen zusammen und verlascht die so gewonnenen Längen wie gewöhnlich.

(801) **Elektrolytische Wirkung des Stromes in den Schienenrückleitungen. Spannungsverlust**). Der große Querschnitt der

---

*) Der Übergangswiderstand guter Nietverbindungen bei elektrischen Verlaschungen ist sehr gering; bei einer solchen Verlaschung (ein Kupferdraht von 50 mm² in zwei Eisenstöpsel vernietet, und diese Stöpsel ihrerseits in der Schienenseele vernietet) war der Widerstand der Stöpsel samt allen Übergangswiderständen gleich dem Widerstande von 60 mm des Kupferdrahtes; darin ist der größte Teil der wirkliche Widerstand der eisernen Stöpsel. Bei umschmolzenen Verlaschungen war der Widerstand der Verlaschung geringer wie der eines gleichlangen Stückes Schiene.

**) Bei Berechnung der Spannungsverluste in den Schienen ist es bequemer, nicht mit Widerständen zu rechnen, sondern mit Querschnitten und Längen und zwar mit dem „reduzierten Querschnitt" des Geleises, also dem Querschnitt eines Kupferdrahtes gleichen Widerstandes für die Längeneinheit, und der „virtuellen Länge", wie sie im Text erklärt ist.

Schienen hat oft dazu verleitet, den Spannungsverlust darin als unwichtig zu betrachten. Dies ist bei kurzen Strecken in der Tat der Fall; denn der reduzierte Querschnitt der Schienen ist 10—20 mal größer als jener der oberirdischen Leitung — und da man in jener selten mehr als 10% Verlust zuläßt, so wird er in den Schienen kaum 1% sein; das heißt der Spannungsverlust in den Schienen wird nicht 5 V übersteigen.

Sobald aber die Linien länger sind — und als Grenze mag gelten: sobald die Arbeitsleitung von 50 mm² ohne Speiseleitungen einen größeren Verlust gäbe als 50 V — so muß an Mittel gedacht werden, auch den Verlust in den Schienen zu vermindern, um zu vermeiden, daß der Potentialunterschied zwischen verschiedenen Punkten des Schienennetzes größer als 5 V sei.

Diese Grenze von 5 V ist etwas willkürlich. Ihre Wahl beruht auf dem Gedanken, daß, um elektrolytisch zu wirken, der Strom die Schienen verlassen, in andere unterirdische Leitungen eindringen und jene wieder verlassen muß, um dann auf irgend eine Weise wieder zur Maschine zu gelangen. Es muß also der Strom zwei metallische Polpaare durchströmen, und da die Polarisation an einem Plattenpaar ungefähr 2,2 V beträgt, so gehört eine Spannung von 5 V dazu, um einen elektrolytisch wirkenden Kreis herzustellen. Es ist klar, daß je nach der Beschaffenheit des Erdbodens, je nach der Art des Metalls der in Frage kommenden Rohrleitungen (Gußeisen, Walzeisen, Blei usw.) jener Grenzwert stark variieren kann, und daß nur lange Erfahrung ergeben wird, ob man bei den 5 V bleiben kann.

Bei Vorortsbahnen hat man diese enge Grenze schon aufgegeben, und läßt einen Spannungsverlust in den Schienen von 1 V/km zu. Man wird aber kaum je über 10 V hinausgehen, da ja dies schon einem Verlust in der Oberleitung von 100 V entspricht.

Wenn man annimmt, daß der Verlust in den Schienen 1 V/km betragen darf, so ist die Anzahl der Wagen, die ein Speisekabel bedienen kann, unabhängig von der Länge der Linie. Es wiege zB. ein Wagen t Tonnen, so wird er als Mittelwert t. $3/2$ A erfordern. Sei s der reduzierte Querschnitt der Schienenbahn, in mm² Kupfer ausgedrückt, so ist die Anzahl Wagen, die von einem Speisekabel bedient werden können, ohne größere Verlust als 1 V/km

$$n = \frac{80\,s}{1000\,t} - 1,\ \text{also für } s = 600 \text{ und Wagengewicht von 10 Tonnen}$$

$n = 4$. Es hängt also die Anzahl der Speisepunkte nur von der Wagenzahl ab und nicht von der Länge der Linien.

(802) **Besondere Rückleitung.** Je nach dem Gewicht der Schienen wird man finden, sobald die Bahnlängen 3—5 km übersteigen, daß der Schienenquerschnitt nicht mehr als Rückleitung genügt. Man muß dann das Schienennetz ähnlich behandeln, wie ein Beleuchtungsnetz und es mit der Zentrale durch isolierte Hauptleitungen verbinden. Der Querschnitt dieser Hauptleitungen kann unmöglich sich den Querschnitten der Schienen (reduziert auf Kupfer) nähern; denn jene haben nur aus mechanischen Gründen so große Metallmasse. Man wird also plötzlich von einem Spannungsverlust von höchstens 5 V auf solche von mindestens 40—50 V springen.

Die geringste Anzahl der Schienenspeiseleitungen wird wieder vom Schienenquerschnitt gegeben, unter Berücksichtigung der Frequenz und des mittleren Verbrauches der Wagen. Die Entfernung zwischen zwei Schienenspeiseleitungen wird so groß sein müssen, daß zwei zwischen ihnen liegende Punkte nicht mehr als 5 V Spannung haben. Die Schienenspeiseleitungen werden derart zu berechnen sein, daß ihr mittlerer Spannungsverlust derselbe ist.

(803) **Rückleitungs-Dynamomaschinen.** Es ist vorgeschlagen worden, den Speiseleitungen geringen Querschnitt zu geben (solchen, der gerade den Maximalstrom ohne große Erhitzung leiten kann) und sie mit Spannungserhöhungsmaschinen (booster) zu versehen. Dies

Fig. 553.

kann wichtig sein, wenn die Zentrale gerade in der Nähe eines Hauptkreuzungspunktes des Netzes liegt — und man also für einen Umkreis von 3—5 km keine Schienenspeiseleitungen braucht. Dann lohnt es sich in der Tat, für die Netzteile, welche entfernter als 3—5 km liegen, Schienenzuleitungen zu wählen, welche ihrerseits nicht mehr als 5 V verlieren und da ihr Querschnitt zu gewaltig sein würde, so kann man mäßigen Querschnitt wählen und ihren großen Widerstand durch Einschaltung einer elektromotorischen Kraft zum Teil ausgleichen. Ein Vorteil dieser Anordnung ist, daß das Feld jener Zuschaltemaschinen von dem die Speiseleitung durchfließenden Strom erregt werden kann, so daß die EMK sich von selbst dem Bedürfnisse anpaßt; Nachteil dagegen ist die Vermehrung der Maschinen der Anlage, welche die sonst sehr einfache Zentralenanlage zu einer komplizierten macht (668), Fig. 466. — Die Ersparnis an Anlagekosten wird meist reichlich durch die laufende Ausgabe an Energie und durch die Unterhaltungs- und Bedienungskosten aufgewogen. Bei ausgedehnten Anlagen wird die Rechnung meist ergeben, daß es vorteilhaft ist, mehrere Zentralen zu haben, welche jede einen mäßigen Umkreis (3—5 km) bedienen, oder aber eine große Zentrale mit mehreren Unterzentralen.

(804) **Leitungsnetz.** In letzterem Falle ist es am besten, wenn die Zentrale Drehstrom von 3 bis 5000 V gibt, welcher in den Unterstationen zu Gleichstrom von 500 V umgeformt wird. Jede Unterstation bedient dann einen Umkreis von etwa 1 Kilometer Radius. Ist unmittelbar an der Zentrale starker Betrieb vorhanden, so kann sie einige Gleichstromgruppen haben oder Gruppen, welche zugleich Gleichstrom und Drehstrom abgeben können. Es wird dann das nahe Gebiet mit Gleichstrom direkt bedient, und das entfernte mit Drehstrom, welcher in Unterzentralen in Gleichstrom verwandelt wird.

Fig. 553 zeigt das Straßenbahnnetz einer Hafenstadt. Die Zentrale erzeugt Drehstrom von 5500 V und bedient damit 6 Unterstationen, wovon eine in der Zentrale selbst steht. In diesen wird der Drehstrom in Gleichstrom von 550 V verwandelt und fast ohne Speiseleitungen dem Netz zugeführt. Jede Unterstation hat ihr eigenes Netz und ist mit einer Akkumulatorenbatterie versehen.

Die Speiseleitungen, welche den hochgespannten Drehstrom verteilen, folgen in der Ausführung natürlich möglichst denselben Wegen, um an Erdarbeiten zu sparen. Jede Unterstation wird durch zwei Kabel gleichen Querschnitts bedient, von denen jedes $^2/_3$ des notwendigen größten Querschnitts hat, sodaß Reserve vorhanden ist. Die Streckenunterbrecher liegen an den Bezirksgrenzen, deren Lage durch graphische Berechnung gefunden wird (siehe 700).

Da, wo aus einem dichten zentralen Netz nur ein oder wenige Ausläufer mit schwachem Betrieb ausgehen, wird es vorteilhafter sein, daß die Zentrale nur Gleichstrom abgibt, und daß die Ausläufer durch je ein Speisekabel mit Spannungserhöhungsmaschinen bedient werden, und zwar derart, daß letztere gerade den Spanungsverlust des Speisekabels ersetzt.

Die Beschränkung des Spannungsverlustes in den Schienen mit Rücksicht auf elektrolytische Wirkungen bringt also im wesentlichen dazu, ein ausgedehntes Bahnnetz ganz wie eine Beleuchtungszentrale zu behandeln. Es ist sogar wahrscheinlich, daß man im Verlauf der Zeit die Benutzung der Schienen in ausgedehnten Netzen ganz aufgeben und die Rückleitung wie die Hinleitung behandeln wird. Bei solchen städtischen Netzen wird dann wahrscheinlich die unterirdische Kanalzuleitung mit Hin- und Rückleiter die beste Lösung geben.

Kanalsysteme.

Das Vorbild der elektrischen Bahnsysteme mit Zuleitung in offenem Kanal ist die wohlbekannte Budapester Anlage.

(805) **Kanal.** Die Schwierigkeiten, welche ein Kanalsystem darbietet, liegen darin, daß der Kanal kräftig genug gebaut werden muß, um die Gewichte der Lastwagen, welche darüber längs oder quer verkehren, auszuhalten; daß der Schienenschlitz durch den Seitendruck des Pflasters nicht verengert oder gar geschlossen werden darf; daß der Kanal durch den Staub, den Schlamm usw., welche durch den

offenen Schlitz hineingelangen, nicht verstopft werden darf; daß die elektrischen Leitungen, welche dem Stromabnehmer der Wagen den Strom zuführen und notwendigerweise nackte Leitungen sind, gut isoliert bleiben müssen. Alles dies führt zu einer sehr kräftigen Konstruktion. Es zeigt sich ferner die Notwendigkeit, daß die Isolatoren, welche die Leitungen tragen, zugänglich seien, was durch kleine Untersuchungskästen, welche im Pflaster eingebettet sind, erreicht wird. Die andere Schwierigkeit, welche ursprünglich an den Kreuzungen und Weichen durch die Kreuzung der positiven und negativen Leitung bestand, hat man vielfach durch Unterbrechung jeder Zuleitung an solchen Stellen umgangen. Die Wagen gehen dort durch die gewonnene lebendige Kraft über die Unterbrechungsstelle hinweg. Man hat aber auch versucht, richtige Weichen konstruiert oder versucht, einen Stromabnehmer im Kanal zu verwenden, welcher, wie der Bügel, den Leiter nur einseitig berührt, und zwar in diesem Fall nur von oben, so daß wenigstens die Schwierigkeit der Weichen, wenn auch nicht die der Kreuzungen, beseitigt ist.

(806) **Abnehmer.** Ein schwieriger konstruktiver Punkt bei Kanalbahnen ist der Stromabnehmer, welcher bei beschränkten Abmessungen und unter sehr ungünstigen Verhältnissen den schweren Anforderungen der Isolation und äußerster Widerstandsfähigkeit genügen muß. Die geringe Öffnung des Schlitzes beschränkt die Breite seines Gestells, die Krümmung der Kurven beschränkt seine Länge, die Aufstellung der Leitungen in dem aller Feuchtigkeit und allem Straßenschmutz zugänglichen Kanal verlangt ein kräftiges und doch elastisches Andrücken des Abnehmers gegen die Leitungen, die Unterbrechung der Leitungen an Kreuzungen, Weichen usw. bedingt eine nicht zu große Ausbiegung des Abnehmers auch dort, wo er nicht den Gegendruck der Leitungen findet. — Augenblicklich machen die gemischten Verhältnisse des Straßenbahnbetriebs in Städten die Schwierigkeiten noch größer, da neben den Kanallinien meist noch Luftleitungslinien und Pferdebahnen oder selbständige Automobilen (Akkumulatoren, Luftdruck usw.) bestehen. Dadurch wird eine durchgehende und zusammenhängende Konstruktion des Kanals verhindert.

Die Kanal-Stromabnehmer sind so vervollkommnet worden, daß man gemischte Linien baut, in welchen gewisse Strecken mit Kanal versehen sind und andere mit oberirdischem Draht. Der Kanal-Abnehmer geht dann an den Übergangsstellen auf kurzen schiefen Ebenen aus dem Kanal empor und wird während der Fahrt auf der oberirdischen Leitungsstrecke oben festgehalten, während durch eine Rolle oder einen Bügel der Strom von der oberirdischen Leitung abgenommen wird.

(807) **Leitungsnetz.** Das Leitungsnetz eines Kanalsystems berechnet sich ganz wie ein Lichtverteilungsnetz. Die Entfernung der Zuleitungen wird durch den Querschnitt der Kanalleiter und die Zahl und das Gewicht der Wagen gegeben; der zulässige Verlust fällt halb auf die Hin- und halb auf die Rückleitung.

Geleis.

(808) In nur seltenen Fällen ist es möglich, Schienen ohne Gegenschiene zu verwenden. Es ist dies ein bedeutender Nachteil der Straßenbahnen, einmal weil die Gegenschiene Material darstellt, welches nur mangelhaft zur Kräftigung der eigentlichen Bahn verwendet wird, anderseits weil der Zugwiderstand von Rillenschienen größer wie der von einfachen Vignole-Schienen ist. Ob Rillen-Schienen in Art der Phönix-Schienen oder zweiteilige wie Haarmann usw. besser sind, ist noch nicht genügend festgestellt, doch scheint bei passender und ökonomischer Konstruktion eine zweiteilige Schiene vorteilhafter zu sein. Sie gestattet bessere Kurven- und Weichen-Konstruktion und gibt geringeren Zugwiderstand.

Bei Anlage der Linie sind scharfe Kurven besonders bei Steigungen zu vermeiden. Man soll vermeiden, daß Punkte, an denen oft angehalten und angefahren wird, in Kurven oder Steigungen liegen. Man soll die Schienen so legen, daß der übrige Straßenverkehr möglichst wenig den Bahnverkehr stört, so daß möglichst selten ein Anhalten wegen Gedränges notwendig ist. Darauf ist ganz besonders bei Steigungen und Kurven zu achten. Oft zwingt eine unvorteilhaft angelegte Kurve selbst von großem Radius zum Anhalten an einer steilen Stelle, weil sie das zeitige Ausweichen der anderen Wagen fast unmöglich oder gar zu unbequem macht.

Wagen.

(809) **Motorwagen.** Bei Bahnen mit Zuführungsleitung ist der Wagen der Empfänger. Er trägt die Motoren und die Reguliervorrichtungen. Die Motoren, einer bis zwei bei Straßenbahnen und oft drei und vier bei Lokomotivbahnen, sind bisher meist Hauptstrommotoren. Man wählt Hauptstrommotoren wegen ihrer in (495) und (496) angegebenen Eigenschaften, mit großer Zugkraft und geringer Geschwindigkeit anzugeben.

(810) **Nebenschlußmotoren.** Der allgemeinen Einführung dieser Motoren steht die Befürchtung entgegen, daß beim Angehen die volle Linienspannung durch den Anker kurzgeschlossen wird, bevor das Feld erregt ist. Dies könnte allerdings leicht vorkommen, wenn der Stromabnehmer bei Übergang über einen Isolator schlechten Kontakt gibt oder gar Kontakt verliert, um gleich darauf wieder in Kontakt zu kommen. Doch hat man automatische Vorrichtungen, die diese Gefahr umgehen.

Man könnte übrigens auch durch eine leichte Akkumulatoren-Batterie die absolute Sicherheit erreichen, daß das Feld niemals verschwindet, und in vielen Fällen genügt schon die Anwendung eines doppelten Stromabnehmers, um den Fall auszuschließen, daß eine unvorhergesehene Kontaktunterbrechung sich ereignet.

Ein geeigneter Schalter genügt dann, um zu verhindern, daß beim Angehen der Ankerkreis vor dem Feldkreis geschlossen werde, und um die nötigen Widerstands-Abstufungen zu sichern.

Die Eigenschaft der Nebenschlußmotoren, daß ihre Geschwindigkeit fast vollständig von der Steigung und Belastung unabhängig ist, kann je nach Umständen als Vorteil oder als Nachteil gelten. Ein Vorteil ist die Regulierung durch Widerstände und Umschaltungen im Nebenschlußkreise, also in einem Kreise von geringer Stromstärke, welche die Schwierigkeit der Starkstromkontakte bedeutend verringern würde; der Hauptvorteil, welcher schon in einigen Fällen zur Verwendung von Nebenschlußmotoren geführt hat, ist auch ihre leichte Umkehrbarkeit vom Stromempfänger zum Stromgeber, welche ermöglicht, bei der Hinabfahrt die vom Wagengewicht geleistete Arbeit als Elektrizität zu gewinnen und dem Netz und den anderen Wagen zuzuführen. Bei Hauptmotoren hindert der große Unterschied zwischen der Klemmenspannung und der Bürstenspannung oder gar der EMK daran. Konstruktiv nachteilig ist die dünne Wickelung der Feldspulen, welche einen größeren Wickelungsraum erfordern, und höhere Selbstinduktion bieten.

(811) **Hauptstrommotoren.** Die Regulierung kann sehr einfach durch Einschaltung von Widerständen vor den Motor geschehen; man vermindert dadurch die wirkende Spannung und die Geschwindigkeit; jedoch ist diese Regulierung wenig ökonomisch. Man zieht gemischte Regulierung vor, welche außer vorgeschalteten Widerständen beim Angehen auch Widerstände im Nebenschluß zur Feldwickelung gebraucht, also Verringerung der Feldstärke, um die Geschwindigkeit zu vermehren, und Umschaltung der (meist zwei) Feldspulen von hintereinander zu nebeneinander. Letzteres vermindert zu gleicher Zeit die Feldstärke und vergrößert die Bürstenspannung, so daß die Geschwindigkeit bedeutend erhöht wird.

Sind zwei Motoren vorhanden, so kann man sie als ganzes parallel oder hintereinander schalten und hat dann im zweiten Falle genaue Halbierung der Klemmenspannung und fast genaue Verminderung um die Hälfte der Geschwindigkeit.

Es wird also schließlich ein vollständiger Regulator ziemlich verwickelt und zwar, weil er dem hohen Veränderlichkeit der Geschwindigkeit eines Hauptstrommotors mit der Belastung abhelfen soll. Beim Nebenschlußmotor wäre es etwas schwerer, die Teile der Feldwickelung umzuschalten, oder gar die Motoren als Ganzes, dort wo zwei sind. Aber andererseits ist eine Regulierung außer beim Angehen, kaum notwendig und es genügte daher ein Anlaßwiderstand und ein Nebenschlußwiderstand.

Der oft zu Gunsten des Hauptstrommotors angegebene Grund, daß er beim Angehen große Zugkraft entwickele, ist wenig stichhaltig, da man ja in allen Fällen große Widerstände vorschalten muß, um ein beim Angehen gefährliches Übermaß von Zugkraft und Stromstärke zu verhindern. Vorteilhaft kann eher erscheinen, daß die Geschwindigkeit mit wachsender Leistung abnimmt, insofern, als die Anforderung an die Zentrale dadurch etwas gleichmäßiger wird, als bei gleichmäßiger Geschwindigkeit.

(812) **Bau und Aufhängung der Motoren** *). Da die Motoren meist unter dem Wagenkasten am Wagengestell aufgehängt werden,

---

*) Siehe: M ü l l e r und M a t t e r s d o r f f, Die Elektromotoren für Gleichstrom (Berlin, Julius Springer). Es werden dort reichhaltige Angaben über Bau der Motoren und deren Eigenschaften gegeben.

so muß ihre Konstruktion wasserdicht und sehr kräftig sein. Anderseits ist es geboten, große Leichtigkeit und geringe Umdrehungszahl zu suchen. Dies führt zu kastenförmigen Motoren, bei denen das Feldgerüst den Anker möglichst ganz einschließt. Der Anker wird vorzugsweise als Trommelanker gebaut, weil bei solchen die Spulen leicht zu ersetzen sind und fertig gewickelt bereit liegen können. Die neuen Motoren sind meist 4polig, doch haben viele nur zwei Feldwickelungen. Der Motor muß geringe Höhe haben, da ja der Kasten selten höher als 0,60 bis 0,70 m über dem Erdboden steht; er muß geringe Länge besitzen, da die Bahnen meist 1 m Spurweite haben. Meist ist der Motor an einer Seite an einer Radaxe und an der anderen durch Federn am Gestell befestigt (Fig. 554). Das Wesentlichste ist bei Zahnradübertragung, daß die Entfernung zwischen Wagenachse und Motorachse unverändert bleibt, ihre gegenseitige Lage kann sich dagegen verändern. Man kann daher beide Seiten des Motors elastisch aufhängen, nur muß dann eine steife Verbindung die Entfernung zwischen beiden Achsen konstant halten.

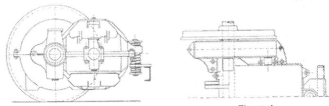

Fig. 554 a.   Fig. 554 b.

(813) Bremsen und Gegenstrom. Die Schalter können das Bremsen durch Kurzschluß der Motoren erlauben. Es ist wichtig, den Kurzschluß abzustufen, d. h. den Motor erst auf einen Widerstand zu schließen, der die Überschreitung einer gewissen Stromstärke nicht erlaubt, und dann diesen Widerstand stufenweise auszuschalten. Die Kurzschlußbremse wirkt äußerst kräftig und kann daher als Notbremse gebraucht werden. Gibt man dem Kurzschlußwiderstand eine Anzahl Abstufungen, die im Verhältnis zum mittleren Gewicht des Wagens und zu den verschiedenen Neigungen des Bahnprofils stehen, so erhält man eine vorzügliche Regulierung der Talfahrtgeschwindigkeiten. Statt einen Widerstand beim Kurzschluß zu verwenden, kann man den Motor auf einen Elektromagnet schließen, welcher seinerseits, entweder rein magnetisch, oder mittels mechanischer Reibung die Achsen bremst. Ein solcher Apparat wird meist bei den Anhängewagen benutzt.

Oft zieht man es vor, auf dem Motorwagen durch einen kleinen elektrischen Motor Druckluft zu erzeugen und diese dann zum Bremsen zu verwenden.

(814) Schalter und Sicherheits-Apparate. Um die starken Ströme, welche bei elektrischen Wagen in Frage kommen, zu leiten und zwar auf beweglicher, stets erschütterter Unterlage, sind sehr kräftig gebaute Umschalter notwendig. Sie müssen so konstruiert

sein, daß sie im Augenblick, wo der Strom schwach ist, unterbrechen, und zwar an mehreren Punkten zugleich, oder mit magnetischer Funkenlöschung an der Unterbrechungsstelle.

Jeder Wagen trägt einen Blitzableiter, oft auch Bleisicherungen, deren Wirkung zweifelhaft ist; besser ist ein Maximalausschalter, welcher freilich sicher genug sein muß, um nicht durch die Fahrerschütterung in Tätigkeit gesetzt zu werden. Ein einfacher Blitzableiter genügt in letzterem Falle, da der sich bildende Starkstromkreis durch den Ausschalter unterbrochen wird. Ein Handausschalter auf jedem Perron ist vorteilhaft.

Berechnung der Wagen.

(815) **Fahrplan und Wagengröße.** Die Grundlage jeder Berechnung sind das Linienprofil, der Fahrplan, die Schienenart und die Wagengröße. Dazu kommt die Lage der Zentrale.

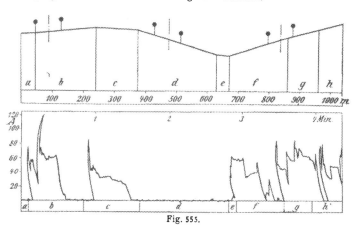

Fig. 555.

In Städten kann eine elektrische Bahn auf einen Verkehr zwischen beliebigen Punkten, oft für Entfernungen von wenigen hundert Metern, rechnen. Es ist also wichtig, Wagen in kurzen Entfernungen fahren zu lassen und lieber kleine, leichte Wagen zu wählen.

Bei Vororten ist meist nur auf Verkehr von Hauptpunkt zu Hauptpunkt zu rechnen. Die Reisenden steigen also auf, um tausend und mehr Meter zurückzulegen. Die Wagen können in entsprechend größerer Entfernung aufeinander folgen und müssen meist größer sein.

Maßgebend für die Wahl der Wagengröße wird auch sein, ob die Straßen eng, die Kurven scharf, die Steigungen steil sind. Je mehr dies der Fall ist, desto vorteilhafter ist es, kleine Wagen zu haben.

(816) **Widerstand** *). Der Widerstand, welchen ein Wagen der Bewegung entgegensetzt, hängt ab von der Steigung, auf der er sich befindet, von dem Gewicht, von dem Reibungswiderstand des Wagens mit den Schienen, von den inneren Reibungswiderständen und dem Widerstand der Luft. Bei Motorwagen sind die inneren Widerstände größer als bei Anhängewagen.

Für den Gesamt-Zugwiderstandskoeffizient zwischen Wagen und Schienen nimmt man meist 12 bis 15 kg/t. Dieser Wert ist jedoch ein Mittelwert, der empirisch sich ergeben hat und welcher viele Bestandteile enthält. Versuche **) zeigen, daß der eigentliche Koeffizient nur etwa 5 kg/t ist. Der Wert 12 bis 15 kg/t enthält außerdem einen mittleren Wert der Kurven und schwachen Steigungen, einen mittleren Wert des Windwiderstandes, und einen mittleren Wert der Anfahrts-arbeit, welche bei Straßenbahnlinien bedeutend ist.

Fig. 555 zeigt den Stromverbrauch eines Straßenbahnwagens. Im oberen Teil wird die durchfahrene Strecke dargestellt; ihre Eigen-schaften sind:

Teil-strecke	Länge m	Steigung	Gefälle	Dauer der Fahrt Sek.	Mittlere Geschw. m/Sek.
a	45,9	0,0091		6	7,6
b	195,3	0,0082		45	4,3
c	136,0		0,0069	45,5	3,0
d	258,7		0,0287	73	3,5
e	43,0		0,0136	6	7,1
f	187,7	0,0267		38,5	4,9
g	101,2	0,0250		23	4,4
h	76,2	0,0292		24,5	3,1
	1044,0			261,5	4,0

Kurven. Der durch Kurven hervorgebrachte Widerstand wird in kg/t annähernd berechnet durch die Formel

$$W_e = \frac{500\,e}{\rho},$$

wo e der Radstand in Metern, ρ der Radius der Kurve in Metern ist.

Steigungen. Die Zugkraft, welche zur Bewegung eines Wagens auf Steigungen nötig ist, wird gegeben durch die Formel

$$P = Q\,(w \cos \vartheta + 1000 \sin \vartheta)\ \text{kg}^*$$

wo Q die Last in Tonnen, w der Bewegungswiderstand zwischen Wagen und Schiene auf ebener Bahn in kg/t, ϑ der Neigungswinkel der Bahn ist.

Im allgemeinen genügt der vereinfachte Ausdruck

$$P = Q\,(w \pm s)$$

wo s die Steigung in tausendstel bedeutet.

---

*) Siehe: Müller u. Mattersdorff, auch: Schreiber, Berechnung des Stromverbrauchs elektrischer Bahnen (Enke).
**) Versuche von Pirani, 1897.

Winddruck. Der Widerstand des Windes ist in kg* ungefähr

$$W_w = 0,08 \, S v^2$$

wo S die dem Wind gebotene Fläche in m² (ungefähr 7 m² bei Straßenbahnen) und v die Geschwindigkeit in m/sec ist.

Anfahren. Der Bewegungswiderstand beim Anfahren ist bedeutend größer und hängt von der Geschwindigkeit der Anfahrt ab. Man kann die zur Anfahrt nötige Zugkraft ähnlich berechnen, wie den zur Bremsung nötigen Druck auf die Bremsklötze. Wenn ein Wagen von Q Tonnen, welcher mit einer Geschwindigkeit von v m/sec läuft und einen Bewegungswiderstand von w kg/t erfährt, auf einer Länge von l Meter anhalten soll, so ist der mittlere auf den Radkranz auszuübende Reibungswiderstand in kg*

$$P = \frac{Q \; 1000 \; v^2}{2 \, g \, l} - Qw$$

Man kann dem entsprechend annehmen, daß derselbe Wagen, wenn er nach l Meter die Geschwindigkeit v erreichen soll, die Zugkraft benötigt

$$P = \frac{Q \; 1000 \; v^2}{2 \, g \, l} + Qw$$

Ist die Bahn geneigt, und zwar steigt sie um s tausendstel der Länge, so muß statt w gesetzt werden $w + s$. Soll zum Beispiel ein Wagen von 10 Tonnen auf ebener Erde anfahren und in 30 m die Geschwindigkeit 4 m/sec (ungefähr 15 km in der Stunde) erreichen und ist $w = 6$ kg/t, so werden nur 330 kg* mittlere Zugkraft nötig sein. Soll die Anfahrt auf einer Steigung von 20 ‰ stattfinden, so wäre die nötige Zugkraft 530 kg*.

Die so erhaltenen Zahlen sind eher zu gering, denn sie setzen voraus, daß während der ganzen Anfahrt eine gleichmäßige Zugkraft ausgeübt wird, während sie in Wirklichkeit veränderlich ist. Im allgemeinen wird die Zugkraft bei der Anfahrt erst schnell anwachsen und dann bis zur Erreichung der richtigen Fahrgeschwindigkeit langsam abnehmen.

Wenn man berücksichtigt, daß am Ende der Anfahrt die Zugkraft nur Qw ist, so kann man annehmen, daß sie am Anfang ist

$$P_a = \frac{2 \, Q \; 1000 \; v^2}{2 \, g \, l} + Qw$$

Da die mittlere Geschwindigkeit während der Anfahrt $\frac{1}{2} \, v$ ist, so kann für l gesetzt werden $\frac{1}{2} \, v \, t$ wo t die Anfahrtzeit ist und man erhält

$$P_a = \frac{2 \, Q \; 1000 \; v}{g \, t} + Qw.$$

Die Formel

$$P = \frac{Q \; 1000 \, v^2}{2 \, g \, l} - Qw$$

gibt ein vorzügliches Mittel zur Ermittelung des Bewegungswiderstandes auf einer gleichmäßig ebenen Bahnstrecke (oder einer von geringer Neigung, wo dann w ersetzt wird durch $w \pm s$). Wird ein Motorwagen in gleichmäßige Fahrtgeschwindigkeit v gebracht und dann plötzlich der Strom ohne Bremsung abgeschaltet, so wird der Wagen in l m stehen bleiben und es ist

$$w = \frac{1000 \, v^2}{2 \, g \, l}$$

Bei derartigen Versuchen muß aber berücksichtigt werden, daß die Motoren eines Wagens nach Abschneiden des Stromes wie Schwungräder wirken, d. h. sie geben den Wagen diejenige Energie wieder, welche für die Aufrechterhaltung ihres Leerlaufs nötig war. Anderseits ist die Wirkung des Luftwiderstandes nicht konstant, wie bei der gleichmäßigen Fahrt, sondern nur der Mittelwert der Luftwiderstände bei den verschiedenen Geschwindigkeiten von v bis 0. Infolge aller dieser Umstände wird der Wert von w, den man so erhält, kleiner als der richtige.

(817) **Leistung.** Die Leistung, welche erforderlich ist, um einen Wagen mit einer gewissen Geschwindigkeit v zu bewegen, ist gegeben in Pferdestärken durch

$$L = \frac{P \, v}{75} = \frac{Q \, v}{75} \, (w \pm s) \text{ Pferd}$$

und in Watt durch

$$L = P \, v \cdot 9{,}81 = Q \, v \, (w \pm s) \cdot 9{,}81 \text{ Watt.}$$

Jedoch muß diese Leistung um den Verlust in den Motoren vermehrt werden. Ist ihr Wirkungsgrad η, so wird

$$L = \frac{Q \, v \, (w \pm s) \, 9{,}81}{\eta} \text{ Watt.}$$

In Städten ist die erlaubte Geschwindigkeit meist 10—12 km in der Stunde, in Vororten steigt sie bis zu 18—20 km und zwischen Ortschaften erreicht sie 30 km, sodaß sich v zwischen 3 und 8 m/sek bewegt.

(818) **Adhäsion.** Die zulässige Steigung ist von der Adhäsion abhängig. Bei Straßenbahnen, bei denen die Schienen selten rein zu halten sind, ist es nicht vorsichtig, auf mehr als 100 kg* Adhäsion für die Tonne zu rechnen. Ist also jede Achse eine Motorachse, und ist der Gesamtbewegungswiderstand 12 kg/t, so ist 88 $^0/_{00}$ die Grenze der zulässigen Steigung.

Ist nur jede zweite Achse Motorachse, so wirkt nur die Hälfte des Gewichts als Adhäsionsgewicht und die Grenze wäre 38 $^0/_{00}$.

Im allgemeinen kann man durch Anwendung von Sandstreuern und passende Verteilung des Gewichts etwas höhere Steigungen bewältigen, doch sollten 100 $^0/_{00}$ und 50 $^0/_{0}$ als Grenzen in beiden Fällen gelten. Man sieht leicht, daß, wenn Anhängewagen gezogen werden sollen, die Steigung wenig über 50 $^0/_{00}$ gehen darf. Da der Motorwagen durch die Motoren schwerer gemacht wird, so kann man annehmen, daß noch bei 60 $^0/_{00}$ ein Anhängewagen von derselben Fassung wie der Motorwagen zulässig ist.

(819) **Motorstärke.** Die Wahl der Motoren auf einem Wagen hängt von allen im Vorigen erwähnten Punkten ab.

Man wird zunächst untersuchen, ob die Adhäsionsverhältnisse einen Motor oder zwei verlangen, wobei von vornherein bestimmt werden muß, ob Anhängewagen verwendet werden oder nicht. Sodann wird untersucht, welches die höchste Leistung ist, die der Wagen wird geben müssen und zwar mit Berücksichtigung der Zugkraft, mit der sie geleistet werden muß.

Bei Berechnung der Zugkraft müssen sämtliche unter (816) angegebenen Punkte berücksichtigt werden und ganz besonders die Anfahrtverhältnisse und die Fahrtdauer auf größeren und langen Steigungen.

Im allgemeinen wird es sich darum handeln, unter vorhandenen Motoren nach ihren Diagrammen zu wählen, und besonders das passende Übersetzungsverhältnis zu bestimmen.

Meist wird man so wählen, daß der Wagen, wenn ein Motor außer Betrieb kommt, durch den andern noch in brauchbarer Weise sich helfen kann.

(820) **Beispiel der Berechnung der Zugkraft und des Energieverbrauchs auf gegebenem Profil.** Es sei w der reine Reibungskoeffizient des Wagens mit den Schienen bei ebener Bahn und ohne Berücksichtigung der anderen Zugwiderstände. Wir können dafür den Wert 5 nehmen. Zeigt das Profil namhafte Steigungen, so müssen sie in zwei Teile geteilt werden. Jene, welche geringer sind als $w/1000$, heben sich in ihrer Wirkung bei der Hinfahrt und Rückfahrt auf; jene, welche größer als $w/1000$ sind, heben sich dagegen nicht auf, denn die Geschwindigkeit bei der Talfahrt kann nicht sehr von jener bei Auffahrt verschieden sein, und man muß daher durch Anwendung von Bremsmitteln einen Teil der bei Talfahrt sich entwickelnden Energie vernichten. Man kann also annehmen, daß die erste Gruppe einer mittleren Steigung 0 entspricht; die mittlere Steigung, welche der zweiten Gruppe entspricht, ist gleich der Summe der Niveauunterschiede vermindert um w m für 1 km.

Folgender Fall diene als Beispiel:

Aufeinander folgende Längen	Steigungen	Niveauunterschiede
100 m	0 ‰	0 m
200 „	+ 20 „	+ 4 „
300 „	+ 10 „	+ 3 „
200 „	− 20 „	− 4 „
500 „	− 5 „	−2,5 „
300 „	0 „	0 „
400 „	+ 30 „	+ 12 „
2000 m		+ 12½ m

Es sind also 900 m vorhanden, deren Steigung geringer ist als 5 ‰, die übrigen Längen zeigen bei der Hinfahrt 19 m und bei der Rückfahrt 4 m Niveauunterschiede auf zusammen 1100 m Länge.

Die mittlere zur Rechnung kommende Steigung ist also

$$\frac{23 - \dfrac{1100 \cdot 5}{1000}}{4000} = 4{,}4\,‰.$$

Und der mittlere Bewegungswiderstand ist daher

$$5 + 4{,}4 = 9{,}4 \text{ kg/t}.$$

Es wäre also für 1 Tonne der Verbrauch an Energie auf dieser Strecke bei Hin- und Rückfahrt, d. h. auf 4 km

$$\frac{4 \cdot 9{,}4 \cdot 9{,}81 \cdot 1000}{0{,}80 \cdot 3600} = 130 \text{ Wattstunden,}$$

also 32 Wattstunden für das Tonnenkilometer.

Wenn etwa 200 m Kurven von 25 m Radius auf der Strecke vorhanden sind, und der Radstand 1 m ist, so ist $\dfrac{500\ e}{\rho} = 20$ kg* und die Wirkung der Kurven ist im ganzen 4000 kgm.

Da die Strecke 2000 m lang ist, so kommt auf 1 m 2 kg* und für das Tonnenkilometer $\dfrac{2000 \cdot 9{,}81}{0{,}8 \cdot 3600} = 6{,}8$ Wattstunden.

Sei die Geschwindigkeit 4 m/sek. Der Winddruck wird sein $0{,}08 \cdot 7 \cdot 16 = 8{,}96$ kg*. Aber der Wagen wiegt 10 Tonnen, so daß nur 0,896 kg* auf die Tonne kommen, das ist für das Tonnenkilometer 3 Wattstunden. Im ganzen also für das Tonnenkilometer $32 + 6{,}8 + 3 = 41{,}8$ Wattstunden.

Anfahrt. Bei diesen Berechnungen ist aber auf die Verluste durch Anhalten und Anfahren keine Rücksicht genommen worden. Es werde angenommen, daß der Wagen in 10 Sekunden angehalten werde, d. h. auf ebener Bahn in etwa 20 m, und daß er beim Anfahren in 20 Sekunden, also etwa nach 40 m seine volle Geschwindigkeit von 4 m/sek. annnehme.

Um den Wagen in 10 Sekunden anzuhalten, muß die Bremse angezogen werden mit einer Zugkraft für die Tonne Wagengewicht von

$$P = \frac{1000 \cdot 4}{9{,}81 \cdot 10} - 6 = 34 \text{ kg*}$$

und da die mittlere Geschwindigkeit 2 m ist, so ist die mittlere Leistung 68 kgm und die verrichtete Arbeit 6670 Wattsekunden.

Bei der Anfahrt soll der Wagen in 20 Sekunden die Geschwindigkeit 4 m/sek. erreichen. Es wird also für die Tonne die Zugkraft nötig sein

$$\frac{1000 \cdot 4}{9{,}81 \cdot 20} + 6 = 24 \text{ kg*}$$

und die zur Anfahrt geleistete Arbeit wird sein

$$\frac{24 \cdot 2 \cdot 20 \cdot 9{,}81}{0{,}80} = 11\,772 \text{ Wattsekunden}$$

Bei voller Fahrt hätte der Wagen für die 60 Meter $\dfrac{6 \cdot 60 \cdot 9{,}81}{0{,}80}$ $= 4414$ Wattsekunden gebraucht; man hat also 7308 Wattsekunden mehr aufgewendet, d. h. soviel wie für die Fahrt über 100 m; außerdem hat man 15 Sekunden für den Weg verloren, dazu natürlich die eigentliche Haltezeit.

Im allgemeinen hält ein Wagen dreimal auf 1 km. Die Mehrausgabe ist also 21 924 Wattsekunden $= 6{,}1$ Wattstunden für das Tonnenkilometer. Der gesamte Energieverbrauch an dem Wagen ist also 48 Wattstunden für das Tonnenkilometer.

Dazu kommt aber der Verlust durch den Umschalter und in den Widerständen, die ja in den Übergangsstufen einen Teil der Spannung verzehren, die Verluste durch Geschwindigkeitsveränderungen während der Fahrt, und endlich der Verlust in Oberleitung und Schienen, die zusammen leicht 20% betragen. Es wäre also bei den angenommenen Verhältnissen der mittlere Energieverbrauch am Ausgang der Zentrale 60 Wattstunden für das Tonnenkilometer.

Um den scheinbaren mittleren Bewegungswiderstand zu finden, der den Zahlen 48 und 60 Wattstunden für das Tonnenkilometer entspricht, kann man zB. setzen:

$$48 = \frac{x \cdot 1000 \cdot 9{,}81}{3600}$$

woraus $x = 17{,}5$ und, wenn man den Wirkungsgrad der Motoren 0,80 berücksichtigt, $x' = 14$. Man sieht daraus, daß die Zahlen 12 bis 15 kg/t außer dem eigentlichen Zugwiderstand auch die Wirkung der Kurven, des Windes und der Anfahrten bei Linien von mäßiger Steigung enthalten. Anderseits sieht man, daß es unrichtig ist, mittlere empirische Werte anzunehmen, und daß es weit besser ist, den „scheinbaren Zugwiderstand" bei jeder Linie aus seinen Bestandteilen auszurechnen.

Die mittlere Zugkraft ist also bei diesem Beispiel für den Wagen von 10 Tonnen 140 bis 179 kg*, und wenn man die Trägheit der Masse berücksichtigt, höchstens 200 kg*. In der größten Steigung von 20%‰, selbst wenn eine der Kurven von 25 m mit ihr zusammenfällt, ist die Zugkraft ungefähr 312 kg*; bei der Anfahrt auf ebener Strecke ist sie fast 300 kg*, sodaß bei Anfahrt auf der größten Steigung die Gesamtzugkraft 600 kg* beträgt. Bei 4 m/sek. Geschwindigkeit wird also der Wagen im Mittelwert 10 P brauchen, in der Steigung wird er 15—16 P erfordern, und doch wird er wegen der Möglichkeit, in der Steigung anzufahren, über eine Zugkraft verfügen können müssen, welche 32 P entspricht. Um im Notfalle mit einem einzigen Motor den Dienst leisten zu können, wird man also doch zwei 25 P-Motoren nehmen, sodaß man meist mit einem Zehntel der normalen Kraft fahren wird.

Selbständige Wagen.

(821) **Akkumulatoren-Wagen.** Eine Batterie, deren Kapazität K Amperestunden ist und welche sich mit einer mittleren Stromstärke von I Ampere entlädt, braucht zur Entladung $\frac{K}{I} = t$ Stunden. Aber K ist keine Konstante, sondern man kann folgendes Abhängigkeitsgesetz (P e u k e r t) annehmen:

$$I^n t = \text{Konst.}$$

also

$$K = It = \sqrt[n]{t^{n-1}} \text{ Konst.}$$

Der Wert von n ist verschieden, je nach der Konstruktion; für gute Batterien kann man $n = 1{,}4$ nehmen.

Eine Batterie mit Zellen, von denen jede 20 kg (alles inbegriffen) wiegt, kann bei langsamer Entladung, etwa in 10 Stunden, 100 AS

geben. Sie wird danach, je nach der Stromstärke der Entladung,
folgendes ergeben:

Mittlere Stromstärke der Entladung	Anwendbare Kapazität	Dauer der Entladung
10 A	100 AS	10 Stunden
11,2 „	89,6 „	8 „
16,3 „	81,5 „	5 „
23,4 „	70,2 „	3 „
31,4 „	62,8 „	2 „
51,6 „	51,6 „	1 „
84,7 „	42,3 „	0,5 „

Nun kann man annehmen, daß die Beförderung einer Tonne Gesamtlast auf fast ebener Bahn 45 Wattstunden für 1 km erfordert und
zwar bei etwa 520 Watt mittlerer Abgabe. Eine Tonne Akkumulatoren
kann also bei 10 stündigen Betrieb im ganzen etwa zwei Tonnen
befördern, während sie bei einstündigem Betrieb etwa 10 Tonnen
befördern kann.

Nun wird aber ein Akkumulatorenwagen von 12—13 Tonnen
Gesamtlast nur etwa 3 Tonnen Akkumulatoren aufnehmen können. Es
muß also jede Tonne Akkumulatoren wenigstens 4 Tonnen Gesamtlast befördern, damit sie praktische Verwendung findet. Die Tafel
zeigt, daß also die höchste Fahrtdauer einer Batterie, bei fast ebener
Bahn, 3 Stunden beträgt.

Sobald aber Steigungen hinzukommen, wird die Leistungsfähigkeit
der Batterien sehr stark beeinträchtigt. Man sieht leicht, daß bei der
sehr geringen Geschwindigkeit von 3 m der obige Wagen auf einer
Steigung von 14 ‰ nur höchstens 2 Stunden fahren könnte, auf
Steigung von 30 ‰ nur eine Stunde, und 'auf Steigung von 50 ‰
nur eine halbe Stunde.

Dabei ist keine Rücksicht auf den starken Energieverbrauch bei
Anfahrten genommen worden, welcher die obigen Zahlen noch ver-
ringern würde. Man wird also bei Akkumulatorenwagen etwas längere
Steigungen von mehr als 30 ‰ vermeiden und auf höchstens eine
Stunde Fahrtdauer rechnen müssen.

Die Ladung einer solchen schnell entladenen Batterie kann entsprechend schnell geschehen; so würden bei einstündiger Entladung
etwa 20 Minuten zur Ladung genügen; dabei wird vorteilhaft mit
konstanter Spannung gearbeitet, so daß die Ladestromstärke am Anfang bedeutend ist und gegen Ende stark abnimmt.

Was den Verbrauch für 1 Wagenkilometer anbetrifft, so kann
man erfahrungsmäßig annehmen, daß die Zentrale ebensoviel für das
Tonnenkilometer liefern muß, wie bei Zentralen mit oberirdischer
Zuleitung; man hat also einen dem Gewicht der Batterien entsprechend
größeren Konsum; da aber die Zentrale gleichmäßiger arbeitet, so
braucht man dieselbe verfügbare Kraft wie bei einer Zentrale, welche
ebensoviel Wagen ohne Akkumulatoren durch ein oberirdisches Netz
bedient.

Werden Batterien in der Art gebraucht, daß sie geringe Kapazität
bei großer Stromabgabe liefern, so kann man ein gemischtes System
verwenden, wie solches zum ersten Mal in Hannover verwendet
worden ist. Man legt dann oberirdische Leitung nur in äußeren

Stadtteilen und die Wagen verkehren im Innern der Stadt durch Akkumulatoren, während sie in den äußeren Teilen durch Stromabnehmer und Leitung gespeist werden.

Während des Verkehrs auf der Linie mit Oberleitung bekommen die Akkumulatoren schon einen Teil ihrer Ladung und werden dann während des Aufenthaltes an der Endstelle vollständig geladen.

Von Zeit zu Zeit muß dann die Batterie eine besondere Ladung erhalten, bei welcher man den Zustand der Zellen genau untersucht. Gut ist diese Methode besonders da, wo weder in der Stadt noch in den Vororten große Steigungen vorkommen. Sind große längere Steigungen in der Stadt vorhanden, so wird die Batterie schwer. Sind die Steigungen nur außerhalb vorhanden, so ist immer noch die Akkumulatorenlast auf jener Steigung zu bewegen.

Im allgemeinen hat sich die Verwendung von Akkumulatoren als Elektrizitätsquelle auf den Wagen nicht bewährt. Die Unterhaltungs- und Erneuerungskosten sind zu groß.

(822) **Wandernde Zentralen.** Statt Akkumulatoren als Stromerzeuger zu verwenden, kann man da, wo lange Fahrzeiten notwendig sind, auf dem Wagen eine vollständige Stromerzeugungsanlage anbringen. Es ist aber dann die Elektrizität nur noch ein Mittel zur bequemen Arbeitsübertragung zwischen dem Krafterzeuger — Dampfmaschine, Petroleummotor usw. — und den Rädern. Ganz besonders wertvoll kann diese Übertragung da werden, wo außer dem Erzeugerwagen noch eine Anzahl Anhängewagen vorhanden sind, denn in solchem Falle kann man sämtliche Wagenachsen mit elektrischen Motoren versehen, so daß totale Adhäsion vorhanden ist und der Erzeugerwagen so gut wie keine Zugkraft auszuüben braucht. Bedingung ist aber für solche Erzeugerwagen, daß ihre Kraftmaschine möglichst leicht ist. Schnellgehende Kolbendampfmaschinen, oder Dampfturbinen mit sehr leichter Kesselanlage, mit Petroleumfeuerung werden vielleicht gute Resultate geben.

Starke Steigungen müssen natürlich bei solchem Betrieb vermieden werden, da sonst das Gewicht der Erzeugerwagen übermäßig wird. Weist das Profil der zu befahrenden Strecke wenige sehr starke Steigungen auf, so kann an jenen Stellen eine kleine feste Erzeugerstation ein kurzes Netz speisen, aus welchem der Selbsterzeugerzug den nötigen Zuschuß an elektrischer Energie nimmt.

Stromerzeugungs-Anlage.

(823) **Maschinen und Apparate.** Die Eigenschaften der Zentrale gehören mehr ins Gebiet des allgemeinen Maschinenbaues; das wichtigste ist in Abschn. V., Das elektrische Kraftwerk zusammengestellt. Kessel und Maschinen sollen derart sein, daß sie dem höchst veränderlichen Strombedarfe des Netzes Rechnung tragen. Es müssen kräftige Schwungräder vorhanden sein und kräftige, wenn auch nicht sehr empfindliche, Regulatoren. Die Stromerzeuger müssen mit starkem Querschnitt bewickelt sein, damit sie die kurzschlußartigen Stromabgaben aushalten können.

Bei kleinen Zentralen mit wenigen Wagen ist es vorteilhafter, Maschinen mit mäßiger Drehungsgeschwindigkeit zu verwenden; bei großer Wagenzahl kommen Maschinen mit langsamem Gang besser zur Geltung. Man verwendet fast nur noch Dampfdynamomaschinen, d. h. Dampfmaschinen mit direkt auf der Motorachse befestigtem Anker. Das Schaltbrett ist höchst einfacher Natur; vorteilhaft ist es, Maximum-Ausschalter in jeden Linienspeisedraht einzuschalten.

(824) **Größe der Anlage.** Zum Verbrauch an Energie im Wagen selbst kommt bis zur Zentrale noch etwa $10\,\%$ als Verlust in den Leitungen hinzu; man kann also 65—70 Wattstunden für 1 Tonnenkilometer als Verbrauch am Schaltbrett der Zentrale ansehen.

Für die Berechnung der Zentrale kommt es darauf an, mit welcher Geschwindigkeit die Wagen fahren. Ist zum Beispiel die mittlere Fahrgeschwindigkeit 15 km/h, so wird eine Tonne die 70 Wattstunden in 4 Minuten verbrauchen und wird also eine mittlere Leistung von $70 \cdot 15 = 1050$ Watt in der Zentrale voraussetzen.

Bei Zentralen, welche viele Wagen betreiben, braucht man die so berechnete Leistung nur um Weniges zu vermehren, um der Maximalleistung Rechnung zu tragen.

Sind dagegen nur wenige Wagen im Betrieb oder bietet das Profil sehr starke Steigungen, so wird die möglichst ungünstige Lage der Wagen auf dem Profil gewählt werden müssen, und für jeden die Maximalleistung vorgesehen werden müssen.

Im allgemeinen kann man annehmen, daß für kleinere Bahnen zwei effektive P für 1 Tonne vorgesehen werden müssen. Für größere genügen $1\frac{1}{2}$ P für 1 Tonne.

Je kleiner die Wagen, also je gleichmäßiger die Lastverteilung im Netze ist, desto geringer ist die für die Tonne nötige verfügbare Leistung.

(825) **Akkumulatoren in Zentralen.** Bei wenigen Wagen wird die Zentralanlage äußerst kostspielig, weil die Dampfmaschine verhältnismäßig sehr stark sein muß. So nimmt ein Wagen von etwa 8 t auf mittlerem Profil leicht 60 bis 80 A bei Anfahrten auf nicht ganz ebener Bahn, oder gar wenn einmal die Anfahrt in Kurven oder Steigungen nicht zu vermeiden ist. Soll die Spannung und die Geschwindigkeit der Maschine nicht gar zu sehr sinken, so muß also schon für den Wagen eine Kraft von $50-60$ P vorhanden sein, und eine solche Maschine wird mit äußerst geringer mittlerer Belastung laufen, da ein Wagen auf ebener Bahn kaum 5—6 P braucht. Der Kohlenverbrauch ist bei so geringen Belastungen äußerst hoch, da ja der Leerlauf der Maschine fast ebenso viel erfordert, wie die Nutzleistung. Man kann durch Verwendung von Akkumulatoren den Betrieb der Zentrale sehr regelmäßig machen und dadurch den Kohlenverbrauch und die notwendige Maschinenkraft verringern. So würde für den Wagen von 8 t, auf mittlerer Bahn, eine Leistung von 15 P genügen, wenn eine Batterie vorhanden ist, welche im Notfall etwa 50 A geben kann. Da die Reservemaschine ebenfalls nur 15 P zu haben braucht, so wird die Anlage billiger und der Kohlenverbrauch geringer. Soll aber eine Batterie wirklich erlauben, daß die Maschine mit fast konstanter Belastung laufe, so muß sie sich automatisch dem Kraftbedarf anpassen.

Nebenstehende Anordnung gibt gute Resultate *). Parallel zum Stromerzeuger D liegt eine Batterie B mit Zuschaltemaschine d — welch letztere von einem elektrischen oder sonstigen Motor mit gleich-

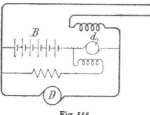

Fig. 556.

mäßiger Geschwindigkeit gedreht wird. Die Zuschaltemaschine hat zwei einander entgegenwirkende Feldwicklungen. Die eine ist im Nebenschluß zu der Batterie, die zweite im äußeren Strom-kreis. Ist nur die Nebenschluß-wicklung tätig, so gibt die Zu-schaltemaschine eine Zusatzspan-nung, welche zur Ladung der Batterie genügt, und zwar ist diese Zusatzspannung desto stär-ker, je stärker die Batterie geladen ist. Die im äußeren Stromkreise liegende Wicklung schwächt das Feld der Zuschaltemaschine und kann es sogar umdrehen, sodaß dann die Batterie, mit ihrer eigenen Spannung oder um jene der Zuschalte-maschine verstärkt, parallel der Hauptmaschine ins äußere Netz arbeitet. Wird also die äußere Stromabnahme größer, so nimmt die Ladung der Batterie entsprechend ab, hört ganz auf, und gleich dar-auf fängt die Batterie an, Strom abzugeben. Die Hauptmaschine hat dabei fast unveränderliche Stromabgabe und äußerst gleichmäßige Spannung.

Man kann auch Batterien so anwenden, daß sie in den Stunden geringen Betriebs geladen werden und in den Hauptbetriebszeiten ein-fach als parallele Elektrizitätsquelle dienen.

Bahnen mit eigenem Bahnkörper.

(826) **Stromzuführung.** Bei Hauptlinien und Nebenlinien von Bahnen ist man nicht durch dieselben Rücksichten wie bei Straßen-bahnen behindert, und man kann oberirdische Zuleitungen von starkem Querschnitt gebrauchen. Doch bietet die Schwere solcher Leitungen bald Grenzen, denn um sie zu tragen, sind richtige Gerüste notwendig. Man hat denn auch vorgezogen, isolierte Kontaktschienen (dritte Schiene) zu verwenden, welche in ziemlich geringer Höhe über dem Erdboden von kräftigen Isolatoren getragen werden.

Bei Weichen und Kreuzungen unterbricht man die Kontaktschiene; da jeder Motorwagen jedoch meist vorne und hinten mit Strom-abnehmern versehen ist, so kann die Unterbrechung schon 8—10 m betragen, ohne daß die Stromzuführung unterbrochen ist. Da wo mehrere Wagen Züge bilden, kann die Unterbrechung viel länger sein. Die Hauptschwierigkeit für die Stromabnehmer bei Bahnen mit eigenem Körper liegt in der Geschwindigkeit der Wagen, welche mindestens

---

*) Methode von P i r a n i, welche zuerst in Fontainebleau und Remscheid verwendet wurde und seitdem große Verbreitung gefunden hat.

so groß sein muß, wie bei Dampfbahnen, und also 30—50 km für die Stunde bei Sekundärbahnen beträgt und bei Hauptbahnen weit mehr betragen wird. Bei solchen Geschwindigkeiten müssen die Stromabnehmer sehr kräftig gebaut sein, dabei aber möglichst leicht, und die Leitung einen äußerst gleichmäßigen Reibungswiderstand bieten. Bei Weichen, Kreuzungen usw. muß selbstverständlich die Fahrgeschwindigkeit verringert werden.

Nachteil der dritten Schiene ist, daß die Unterhaltungsarbeiten am eigentlichen Schienenweg dadurch erschwert und gefährlich werden, und daß wiederum die gute elektrische Kontinuität der Kontaktschiene durch die Arbeiten an den Schienen gefährdet und gestört wird.

(827) Hochgespannter Gleichstrom. Da anderseits, selbst bei den großen Querschnitten, die der Schiene gegeben werden können, bald eine Grenze erreicht wird, so muß, wie bei der elektrischen Beleuchtungstechnik, gesucht werden, die Betriebsspannung zu erhöhen. Bei Gleichstrom ist man, besonders durch Verwendung von Motoren mit Wendepolen, von den üblichen 500 V auf 700, ja 1000 V gegangen. Dann hat man Dreileiter verwendet, indem jeder Zug von einem positiven und einem negativen Leiter Strom abnimmt, jeder Stromabnehmer bedient einen Motor, und die entgegengesetzten Pole der beiden Motoren werden an Erde gelegt. Man kann so mit Motoren, welche nur 1000 V Spannung zu tragen haben, eine Gesamtbetriebsspannung von 2000 V erreichen. Statt beide Außenspannungen in jeden Zug einzuführen, hat man auch positive und negative Züge verwendet. Doch ist in diesem Fall die Belastung der beiden Verteilungszweige weniger gleich.

Man hat auch wohl Systeme ersonnen, wo sämtliche Züge hintereinander geschaltet sind, doch ist noch nichts erprobtes darin vorhanden. Um höher in der Bedienungsspannung zu gehen, muß man zu Wechselstrom übergehen.

(828) Drehstrom. Da für einphasigen Wechselstrom nur unvollkommene Motoren vorhanden waren, so hat man zunächst Drehstrom verwendet. In erster Linie wurde Drehstrom an Unterstationen geführt, welche durch Umformer Gleichstrom erzeugten.

Dann aber bediente man die Züge selbst mit Drehstrom, erst mit mittlerer Spannung von 2500—3000 V (Valtellina-Bahn); dann mit 10000 V, welche im Zug in niedrigere Spannung umgewandelt wurden, also mit Transformatoren in dem Zuge, statt an festen Punkten der Bahn; endlich führte man die 10000 V direkt zu den Motoren (Schnellfahr-Versuche in Zossen). Doch haben so hohe Spannungen bisher nur bei Versuchen, dagegen noch nicht betriebsmäßig Verwendung gefunden.

Die Schwierigkeit bei Drehstrom liegt in dem Synchronismus der Motoren, welcher sehr umständliche Anfahrt-Einrichtungen nötig macht. Man hat teils Anfahrtwiderstände, teils Kaskadenschaltung der Motoren verwendet, um die Fahrtgeschwindigkeit, wenn auch nicht beliebig, so doch in gewissen Stufen verändern zu können (578 ff.).

Dies und die Notwendigkeit, mindestens zwei Stromzuführungen zu haben, und sogar drei, um gleichmäßige Verteilung der Belastung zu erreichen, hat die Verwendung von Drehstrom bisher eingeschränkt.

43*

(829) **Einphasenstrom.** Dafür ist es gelungen, durch Zurück-
gehen auf früher unvollkommen ausgenützte Erfahrungen einphasigen
Wechselstrom in günstiger Weise zu verwenden; (siehe S t e i n m e t z,
EZ 1904, S. 366). Man hat zunächst die Repulsions-Serie-Motoren
(W i n t e r - E i c h b e r g, L a t o u r, H e y l a n d) verwendet. Dann kamen
die kompensierten Serienmotoren zur Geltung (F i n z i, L a m m e).
Endlich bilden sich eine Anzahl kombinierter Systeme, als im Feld
kompensierte Repulsionsmotoren usw., von denen einige schon gute
Resultate geben.

Die Zeit wird ergeben, welche von diesen verschiedenen Typen
wirklich praktisch sind. Einige erlauben sowohl mit Gleichstrom als
mit Wechselstrom zu laufen, so daß man sogar versucht hat, in der
Stadt mit Gleichstrom zu laufen und in den Vororten mit Wechselstrom. In anderen Fällen ist der Motor derart, daß er in der Stadt
mit der vorhandenen niederen Wechselstromspannung direkt läuft,
während in Vororten ein Transformator, oder ein Autotransformator
(Induktionsspule) die höhere Spannung, welche dem Wagen zugeführt
wird, im Wagen selbst in niedere Spannung umformt.

Auch bei einfachem Wechselstrom besteht die Schwierigkeit, daß
die Rückleitungsschiene einen viel höheren scheinbaren Widerstand
bietet, und daß die Enfernung der Zuleitung von der Rückleitung
störende Einflüsse auf Telephonleitungen ausübt. Dies würde auf die
Notwendigkeit hinweisen, Hin- und Rückleitung oberirdisch anzulegen.

Im allgemeinen gibt die jetzige Entwicklung schon zu hoffen, daß
in der Verwendung von Einphasenmotoren die Lösung der Frage des
elektrischen Betriebs auf längeren Bahnen gefunden ist.

Lokomotiven und Züge von Motorwagen.

(830) Bei Bahnen mit eigenem Bahnkörper handelt es sich meist um
bedeutenden Verkehr, der nicht durch einzelne Wagen, sondern nur
durch Züge· bewältigt werden kann. Man hat zunächst elektrische Lokomotiven verwendet; es müssen aber solche derart berechnet werden, daß sie gerade für eine bestimmte Arbeit am besten
sich eignen, also daß sie stets Züge von ähnlicher Bedeutung ziehen.

Da dies im Bahnverkehr und besonders im Vorortverkehr nicht
immer mit Vorteil der Fall ist, so ist man dazu gekommen, die vielfachen Vorteile der Elektrizität besser auszunützen und Züge aus
Triebwagen zu bilden, so daß man nach Belieben die Anzahl der
Wagen verändern kann und immer über die entsprechende Motoren-
kraft verfügt.

Dies hat zum System der Triebwagenzüge geführt (S p r a g u e und
andere). Bei solchen Systemen wird an dem Vorderwagen ein Führerschalter gehandhabt, welcher durch Relais zu gleicher Zeit die Schalter
sämtlicher Wagen in Bewegung setzt (Vielfachsteuerung, Zugsteuerung).
Vorteil ist bei solchen Zügen auch, daß man das ganze Gewicht der
Wagen als Adhäsionsgewicht verwendet und daß man weichere und
doch energische und schnellere Anfahrten erreichen kann. Dies ist
besonders bei Vorortzügen, welche oft anhalten, sehr wertvoll.

Einen Nachteil könnte man darin sehen, daß bei gleichem Zuggewicht ein Triebwagenzug eine große Anzahl von kleinen Motoren hat, während ein Lokomotivzug nur die wenigen großen Motoren der Lokomotive aufweist. Man wird, wie immer, in vernünftigen Grenzen bleiben müssen und von Fall zu Fall die passendste Lösung wählen, d. h. bei einem Triebwagenzug nicht alle Achsen zu Treibachsen machen, u. U. auch einen Teil der Wagen ohne Motoren lassen.

Motorwagen sind schon bis 600—800 P für den Wagen hergestellt worden, Lokomotiven bis 3000 P.

Eine besondere Konstruktion (siehe El. World 1904, S. 853, wo auch Bild) zeigt die New York-Central-Lokomotive, welche vier 500 bis 750 P-Motoren trägt und bis 10 000 kg* Zugkraft bei 100 km Geschwindigkeit gibt. Sie kann beim Anfahren reichlich 16 000 kg* Zugkraft haben.

Das Eigentümliche dieser Lokomotive ist, daß die vier Motoren einen einzigen magnetischen Kreis haben, der aus einem gemeinschaftlichen, langen Joch und aufeinander folgenden 8 Polstücken und 4 Ankern gebildet wird; die mittleren Polstücke bilden zu je zweien einen Magnetkern. Die Anker sind direkt auf den Radachsen befestigt und bewegen sich ganz frei in der Vertikalrichtung zwischen ihren Polschuhen. Man wird abwarten müssen, ob derartige Anordnungen elektrisch und mechanisch sich bewähren. Die sonstigen bisherigen Motoren für Lokomotiven und Motorwagen bieten keine besonderen Merkmale. Die meisten greifen die Radachsen mit Zahnradübertragung an, um die Belastung der Radachse und der Schienen möglichst gering zu machen, und um anderseits die Erschütterung der Ankerwicklung möglichst zu vermeiden. Die Versuche, die Anker direkt auf den Radachsen zu befestigen, haben bisher unsichere Resultate gegeben. Ebenso wenig hat das Befestigen des Ankers auf einer Hohlachse, welche die Radachse umhüllt, Gutes ergeben; die Radachse kann sich dabei frei in der Hohlachse auf und ab bewegen, aber der Anker muß den Radspeichen durch Mitnehmer die Bewegung mitteilen, was große Schwierigkeiten bietet.

Bei den bedeutenden Energien, welche einer großen Lokomotive zugeführt werden, sind die Schaltapparate von schwieriger Konstruktion. Darin bieten die Züge aus Motorwagen einen Vorteil, weil jeder einzelne Wagen eine kleinere Einheit darstellt, welche viel weniger Energie braucht, und sie direkt aus dem Netz entnimmt; der Führerschalter hat da nur für die gleichzeitige Bewegung der einzelnen Schalter zu sorgen, und hat mit dem eigentlichen Stromkreis nichts zu tun.

IX. Abschnitt.

Die Elektrizität auf Schiffen.

(831) **Verwendungsarten der Elektrizität an Bord.** Die Elektrizität findet an Bord von Schiffen sowohl der Handelsmarine, wie auch der Kriegsmarine eine ausgedehnte Verwendung, die besonders auf folgenden Eigenschaften des elektrischen Systems beruht:

1. Einfache Erzeugung der Elektrizität mittels Dampfdynamos, deren Antriebsmittel, der Dampf, dem Personal an Bord durchaus vertraut ist.

2. Beliebige Verteilbarkeit der elektrischen Energie, welche durch die allen Biegungen und Wendungen des Schiffskörpers folgenden Leitungen auch nach den am schwersten zugänglichen Teilen des Schiffes geführt werden kann.

3. Stete Betriebsbereitschaft, die sich umso leichter erreichen läßt, als während der Fahrt, wie auch gleicher Weise im Hafen, schon anderer Anforderungen wegen fortdauernd Dampf bereit gehalten werden muß.

4. Gleichmäßiges ruhiges Licht, ganz unabhängig von den Schwankungen des Schiffes und ohne jede schädliche oder übel riechende Ausdünstung.

5. Stete Betriebsbereitschaft der Elektromotoren, verbunden mit einfachen Methoden für Anlassen und Abstellen der Maschine, sowie große Anpassungsfähigkeit des Elektromotors an die besonderen Betriebseigenschaften der anzutreibenden Hilfsmaschinen.

6. Geringe Wartung und außerordentliche Verminderung der Feuersgefahr.

7. Sicherer und einfacher Anschluß der verschiedensten Kommando- und Signalapparate.

Nach dem gegenwärtigen Stande der Entwicklung können daher die Verwendungsarten der Elektrizität an Bord in folgende vier Hauptgruppen zusammengefaßt werden:

a) Innenbeleuchtung mittels Glühlampen,
b) Außenbeleuchtung mittels Scheinwerfer,
c) Antrieb der Hilfsmaschinen mittels Elektromotoren,
d) Zeichengebung mittels elektrischer Kommando- und Signalapparate (C. Arldt, Zeitschr. d. V. dtsch. Ing. 1897, S. 1252 und 1279).

(832) Umfang elektrischer Anlagen an Bord. Der Umfang der elektrischen Anlagen richtet sich nach Art und Größe des Schiffes. Kleinere Schiffe haben meist nur eine Beleuchtungsanlage, die durch eine einzige Dynamomaschine, also ohne Reserven betrieben wird. Bei größeren Schiffen dagegen finden neben der Beleuchtung auch die anderen Verwendungsarten der Elektrizität Berücksichtigung. Für zwei der größten Seedampfer, ein Handelsschiff und ein Kriegsschiff, sind in nachfolgender Tabelle die Hauptangaben zusammengestellt.

Schiff	Schnelldampfer „Deutschland"	S. M. Kreuzer „Fürst Bismarck"
Stromerzeugung:		
Anzahl Dynamos . . .	5	5
Gesamtleistung . KW	300	330
Antriebskraft . . . P	450	500
Innenbeleuchtung:		
Anzahl Glühlampen ca.	2600	900
Energieverbrauch . KW	200	45
Außenbeleuchtung:		
Anzahl Scheinwerfer . .	—	5
Energieverbrauch . KW	—	80
Elektromotoren:		
Anzahl	93	42
Energieverbrauch . KW	70	150
Leistung . . . . . P	80	170
Zeichengebung . . KW	3	6
Koch- u. Heizapparate „	16	—

(833) Stromerzeuger. Als Stromerzeuger dienen Dynamomaschinen von besonders leichter und gedrängter Bauart. Sie werden direkt angetrieben durch Dampfkolbenmaschinen oder, in der neusten Zeit, durch Dampfturbinen. Letztere eignen sich infolge ihrer hohen Umdrehungszahl ganz besonders zum Antrieb der Dynamomaschinen, da hierdurch etwa 50% an Raum und an Gewicht gegenüber den bisherigen Kolbendampfdynamos gespart werden kann. Insbesondere dieser Umstand dürfte eine sehr rasche Weiterentwicklung der Elektrizität an Bord für die nächste Zeit erwarten lassen. zumal die Dampfturbine als Antriebsmaschine für Dynamos sich bereits das Feld unbestritten erobert hat und der Kolbenmaschine auch an Wirtschaftlichkeit ebenbürtig zur Seite steht (Veith, Marine-Rundschau 1906, S. 581; vgl. auch (653).

Als Stromart wird bisher fast ausschließlich Gleichstrom verwendet. Die Spannung betrug im Anfang ca. 65 V, doch ist man bereits seit mehreren Jahren zu Spannungen von 100 bis 120 V übergegangen. Es ist hier den Vorgängen bei Landanlagen gefolgt

worden, und es machen sich bereits Bestrebungen bemerkbar, mit der
Spannung an Bord noch höher zu gehen und wie bei Landanlagen
200 bis 220 V zu verwenden, hauptsächlich weil hierdurch eine Ge-
wichtsverminderung der Leitungsanlage zu erwarten ist (C. Arldt,
Schiffbau 1904, S. 875 ff.).

(834) Die Leitungsanlage wird entweder als besondere Hin-
und Rückleitung ausgeführt, oder es wird der Schiffskörper als Rückleitung verwendet. Ersteres System ist aber unbedingt vorzuziehen.
Zunächst ist bei ihm die Gefahr einer Betriebsunterbrechung infolge
Schiffsschlusses einer Leitung nur halb so groß als beim Einleiter-
system, da der Fehler durch Schiffsschlußanzeiger sofort gemeldet
wird und der Maschinist in der Lage ist, die Störung vor Eintritt
einer direkten Betriebsunterbrechung zu beseitigen. Beim Einleiter-
system finden an den Kontaktschrauben zum Anschlusse der Rückleitung an den Schiffskörper unter der Einwirkung des Seewassers
leicht Zersetzungen elektrolytischer Natur statt. Endlich ist bei ihm
die Gefahr einer Kompaßbeeinflussung weit größer als bei dem Zweileitersystem.

Eine Beeinflussung des Kompasses ist allerdings auch bei letzt-
genanntem System nicht ausgeschlossen, und es sind daher besondere
Bestimmungen für die Leitungsanlage in der Nähe der Kompasse von
den Schiffsgesellschaften erlassen. Insbesondere sind Hin- und Rückleitung möglichst nahe aneinander zu legen und eine möglichst weite
Entfernung von dem Kompaß einzuhalten. Die Kompaßstörungen
lassen sich aber völlig sicher nur durch Anwendung von Wechselstrom oder Drehstrom vermeiden (C. Arldt, ETZ. 1906, S. 70).

Für die Verlegung der Leitungen sind eine Anzahl eigenartiger
Apparate, den Bordzwecken entsprechend, konstruiert worden, so zB.
Schottbuchsen und Decksbuchsen, um die Leitungen durch die Decks
und die wasserdichten Schotten unter Wahrung des wasserdichten
Abschlusses hindurchzuführen.

Als Leitungen werden in den Maschinen- und Kesselräumen, sowie in den zugehörigen Räumlichkeiten unter der Wasserlinie, desgleichen an Oberdeck meist bewehrte Bleikabel verwendet. In den
übrigen Räumen, den Kabinen, Salons, Messen, Gängen usw. finden
einfache gummi-isolierte Leitungen Verwendung, die entweder in
Metallrohr, oder mit Drahtbeklöppelung versehen, frei verlegt werden
(Grauert, ETZ. 1900, S. 970, C. Schulthes, Jahrbuch d. Schiffbautechn.-Ges. 1902).

(835) Innenbeleuchtung durch Glühlampen. Hierbei finden
fast ausschließlich Kohlenfadenglühlampen Verwendung. Ihre Leuchtkraft beträgt meist 10 bis 25 HK, für die Positionslaternen bis 50 HK.
Die Beleuchtungskörper müssen aus Material bestehen, das dem See-
wasser gegenüber eine genügende Widerstandsfähigkeit besitzt, meist
vernickeltem Messing. Um ein Eindringen von Feuchtigkeit in die
Glühlampenfassungen zu verhindern, ist für die meisten Beleuchtungskörper ein wasserdichter Abschluß vorzusehen. Die Beleuchtungskörper an Bord eines Schiffes sind möglichst wenig verschiedenartig
zu wählen, um die Anzahl der mitzuführenden Reserveteile klein zu
halten.

Die Positionslaternen sind zweckmäßig mit je zwei Glühlampen auszurüsten und die Schaltung so zu treffen, daß bei Durchbrennen der einen mittels eines selbsttätigen Magnetschalters die zweite sofort eingeschaltet wird.

Im Steuerhaus ist ferner eine selbsttätige Anzeigevorrichtung anzubringen, die jederzeit erkennen läßt, ob die Stromzuführung nach den Positionslaternen richtig funktioniert oder nicht.

(836) **Außenbeleuchtung durch Scheinwerfer.** Scheinwerfer finden hauptsächlich Anwendung auf Kriegsschiffen. Sie bestehen aus Bogenlampen, bei welchen die Kohlen wagrecht stehen und der Lichtbogen möglichst im Brennpunkt eines Parabolspiegels angeordnet ist. Die Stromstärke beträgt 100 bis 150 A und der Spiegeldurchmesser 60 bis 90 cm. Um sofort Licht geben zu können, ist eine Abblendvorrichtung vorgesehen, hinter welcher die Lampe brennen kann, ohne daß die geringste Lichtausstrahlung nach außen hin stattfindet. Die Abblendvorrichtung läßt sich sehr schnell öffnen und schließen, so daß damit auch optische Signale gegeben werden können.

Bei den größeren Scheinwerfern ist für die Drehung sowohl um die senkrechte, wie um die wagerechte Achse der Antrieb mittels kleiner Elektromotoren vorgesehen (O. Krell, Jahrbuch d. Schiffbautechn. Ges. 1904).

(837) **Antrieb der Hilfsmaschinen durch Elektromotoren.** Einteilung der Hilfsmaschinen:

1. Hilfsmaschinen für seemännische Zwecke, als Bootskrane, Rudermaschinen, Verholmaschinen usw.

2. Hilfsmaschinen für maschinelle Zwecke, als Unterwindgebläse für Kessel, Zirkulationspumpen, Kohlenwinden, Maschinenraumkrane, Werkzeugmaschinen usw.

3. Hilfsmaschinen für Sicherheits- und Gesundheitszwecke, als Ventilatoren für Maschinenräume, Kesselräume, Trockenkammern, Passagierkammern, Salons usw., Eismaschinen, Waschmaschinen, Teigknetmaschinen, Bilgepumpen usw.

4. Besondere Hilfsmaschinen für Handelsdampfer, als Ladekrane usw.

5. Besondere Hilfsmaschinen für Kriegsschiffe, als Panzerturm- und Geschützschwenkwerke, Munitionswinden, Richtmaschinen für Geschützrohre, Geschoßeinsetzer usw.

Alle diese Hilfsmaschinen sind bereits auf dem einen oder anderen Schiff elektrisch betrieben worden. Einer allgemeinen Durchführung des elektrischen Betriebes stand aber bisher hauptsächlich die Größe der erforderlichen Stromerzeugungsanlage entgegen. Hier dürfte die Dampfturbine mit ihrem geringen Gewicht und Raumbedürfnis eine baldige vollkommenere Ausgestaltung bewirken.

Elektrisch angetrieben werden allgemein bereits die Ventilatoren, zahlreiche Spills, Winden und Hebezeuge, Werkzeugmaschinen, Geschützschwenkwerke, Munitionswinden usw.

Bei den Elektromotoren ist zu berücksichtigen, daß sie, insbesondere ihre Kommutatoren, bei Gleichstrombetrieb gegen Feuchtigkeit gut geschützt sein müssen, ohne daß die Erwärmung unzulässig groß wird. Bei Bemessung der Leistung ist erforderlichenfalls auf die Schiffsbewegungen und die hierdurch bedingte schräge Lage des

Schiffes, die den Kraftbedarf unter Umständen wesentlich steigert, genügend Rücksicht zu nehmen. Die Motoren sollen möglichst keine magnetische Streuung nach außen besitzen, um den Schiffsmagnetismus und damit die Kompaß-Kompensation nicht zu beeinflussen (C. Arldt, Marine-Rundschau 1896, S. 649, W. Geyer, Jahrbuch d. Schiffbautechn. Ges. 1902, Uthemann, Marine-Rundschau 1899, S. 144).

(838) Signal- und Kommando-Apparate. Hierbei findet die Elektrizität Verwendung für Kommandoapparate, Fernsprecher und Funkentelegraphie.

Die Kommandoapparate dienen zur sicheren Übermittlung der Kommandos von den Befehlstellen aus nach den verschiedenen Teilen des Schiffes. Besonders kommen in Frage Maschinenraumtelegraphen, um von der Kommandobrücke aus den Gang der Hauptschiffsmaschinen zu regeln; Rudertelegraphen und Ruderanzeiger, um bezüglich des Steuerruders Befehle zu übermitteln und die jeweilige Ruderstellung anzugeben; Kessel- und Heizraum-Telegraphen für die Hilfsmaschinen der Kesselanlage, besonders die Speisepumpen; Verholtelegraphen, um beim Verholen des Schiffes Befehle vom Vorderschiff nach dem Hinterschiff oder umgekehrt zu vermitteln; ferner für militärische Zwecke, Artillerie-Telegraphen und Torpedo-Telegraphen.

Alle diese Apparate sind so eingerichtet, daß jeder einen Hebel und einen Zeiger besitzt. Mit dem Hebel wird zunächst von der Befehlsstelle aus der Zeiger am Empfangsapparat eingestellt. Hierauf wird an der Empfangsstelle der Hebel am dortigen Empfangsapparat auf das gleiche Zeichen eingestellt und somit der Zeiger des Apparates an der Befehlgeberstelle seinerseits ebenfalls dahin eingestellt, um somit den richtigen Empfang des Befehles zu bestätigen (A. Raps, Jahrbuch d. Schiffbautechn.-Ges. 1900).

Telephonanlagen finden gleichfalls zur Übermittlung von Befehlen Verwendung, sowohl bei der Kriegsmarine, wie bei der Handelsmarine, wobei sich besondere laut sprechende Telephone gut bewährt haben (H. Zopke, Jahrbuch d. Schiffbautechn. Ges. 1903).

Auf den neuesten Schnelldampfern wird außerdem auch eine telephonische Verbindung der einzelnen Kabinen und Salons untereinander mittels einer Telephonzentrale zur Bequemlichkeit der Fahrgäste eingerichtet.

Fast alle neueren größeren Dampfer der Kriegs- und der Handelsmarine sind mit Stationen für Funkentelegraphie ausgerüstet. Die Entfernung, bis auf welche funkentelegraphische Signale übertragen werden können, richtet sich nach der Stärke der betreffenden Stationen und ist so groß, daß sie die für optische oder akustische Signale zulässige Entfernung um ein Vielfaches übertrifft. Entfernungen bis zu 200 km bereiten keinerlei Schwierigkeiten und erfordern auch keine besonders großen Stationen (vgl. Abschn. Funkentelegraphie).

X. Abschnitt.

Elektrische Wärmeerzeugung.

A. Kochen und Heizen.

(839) Bei der Verwendung der Wärmewirkung der Elektrizität
für Kochen und Heizen unterscheidet man zwei Hauptarten, je nachdem Widerstände oder der elektrische Lichtbogen die Wärmeerzeugung bewirken. Als Widerstände dienen entweder metallische
Leiter in Draht- oder Bandform, ferner Glühlampen mit starken
Kohlenfaden oder schließlich körnige Leiter, meist aus Kohlengries
bestehend.

Beide Hauptarten der Wärmeerzeugung können sowohl für
Wechselstrom, wie auch für Gleichstrom gebraucht werden.

1. Wärmeerzeugung durch Widerstände.

(840) Bei Verwendung metallischer Widerstände bestehen die
Heizkörper aus einer dünnen Isolierschicht aus Glimmer, Emaille oder
dgl., auf welche die Metallegierung in einer bestimmten Stärke, entsprechend dem gewünschten Widerstand, aufgebracht wird. Hierauf
kommt eine zweite Isolierschicht, aus gleichem Stoff wie die erste
bestehend, sodaß der Widerstand nach allen Seiten gut isoliert ist.
Die ganze Vorrichtung wird mit einer eng anliegenden Metallumhüllung versehen, um dem Ganzen die nötige Festigkeit zu ver-
leihen. Besonders wichtig ist dabei, daß die einzelnen Bestandteile
möglichst gleiche Wärmeausdehnung besitzen, damit sie bei dem
Temperaturwechsel, dem sie fortwährend ausgesetzt sind, nicht lose
werden. Die Heizkörper werden im allgemeinen in kleinen Abmessungen gehalten, so daß sie den verschiedenen Zwecken entsprechend sich zusammensetzen lassen, während sie bei Schadhaft-
werden leicht ausgewechselt werden können. Auch lassen sich hierdurch für die verschiedenen Gebrauchsspannungen dieselben Heizkörper, nur in verschiedener Anzahl und Schaltung, verwenden.
Wenn erforderlich, kann die äußere Metallumhüllung der Heizkörper
auch mit Rippen versehen werden, um die Ausstrahlungsoberfläche
zu vergrößern.

Hergestellt werden die Heizkörper in dieser Weise durch die
Allgemeine Elektricitäts-Gesellschaft, Berlin; Elektra,
Lindau i. B.; Helberger, München; Prometheus, Frankfurt
a. M. usw.

(841) Der Verbrauch an elektrischer Energie richtet sich nach
dem Verwendungszweck und ist dementsprechend sehr verschieden.
Für das Kochen von Wasser gibt nachfolgende Tabelle, auf
einem Gutachten von Kittler beruhend, Auskunft. Es handelt sich
dabei um einen Kochtopf der Fabrik Prometheus. Das Wasser wurde
zum Kochen gebracht; die Anfangstemperatur des Wassers ergibt sich
dabei aus der angegebenen Temperaturzunahme.

Wasser- menge	Zeitdauer	Tempera- tur- zunahme	Nutz- Energie berechnet	Strom- stärke	Spannung	Verbrauchte Energie		Wirkungs- grad
g	Sek.	Grad Cels.	Gramm- Calor.	A	V	Watt- Sek.	Gramm- Calor.	%
300	255	88,5	26 550	4,51	114,5	131 835	31 640	83,9
400	327	88,5	35 400	4,53	114,4	169 400	40 650	87,1
400	273	87,8	35 120	4,94	125,6	169 400	40 650	86,4
1000	600	88,5	88 500	6,26	115,0	432 000	103 150	85,8

Aus dieser Tabelle ergibt sich, daß um 1 l Wasser von 11,5° C.
in 10 Minuten zum Kochen zu bringen, 720 W erforderlich sind.

Weitere Versuche haben ergeben, daß zum Verdampfen von 500 g
Wasser in 1088 Sekunden 1150 W erforderlich sind, demnach ein
Wirkungsgrad von 89,7% erreicht wurde.

Um ein Zimmer um 22° C. wärmer zu halten als die Außenluft,
braucht man für 1 m³ Raum 65 W (Electricien Ser. 2, Bd. 12, S. 239).

Die Allgemeine Elektrizitäts-Gesellschaft rechnet zur Heizung von
Zimmern auf 1 m³ 55 W als ausreichend. So baut sie zB. einen für
80 m³ genügenden Ofen mit einer vierfach abgestuften Leistungsfähigkeit, nämlich für 4400, 3300, 2200 und 1100 W, so daß also
55, 41, 27,5 und 13,8 W auf 1 m³ kommen.

Für die Heizung von Straßenbahnwagen baut sie Heizkörper,
genügend für 8 m³ mit 1500 W, also 188 W auf 1 m³.

(842) Verwendungsarten. Einer allgemeinen Verwendung der
Elektrizität für Kochen und Heizen stehen die erheblichen Kosten für
die elektrische Energie, insbesondere der Kohlenfeuerheizung gegenüber noch entgegen. Dagegen gibt es bereits eine sehr große Anzahl
besonderer Fälle, in denen anderer Umstände wegen diese Wärmeerzeugung ausgedehnte Verwendung gefunden hat. Die Haupt-
verwendungsarten sind folgende:

Zum Kochen: Wasserkocher, Tee- und Kaffeekocher, Brat-
pfannen, Kochtöpfe, Tellerwärmer usw.

Für Heizung: Öfen für Zimmer, Geschäftsräume usw., Heizapparate für Straßenbahnen, Heizvorrichtungen für Bäder, Bettwärmer
und Fußwärmer.

Für gewerbliche und industrielle Zwecke: Leimkocher,
Siegellackwärmer, Plätteisen, Brennscherenwärmer, Zigarrenanzünder,
Trockenschränke usw.

Für chemische und medizinische Zwecke: Wärmeplatten,
Sterilisierapparate, Inhalations-Apparate, Wasserbäder usw.

Die Vorzüge der elektrischen Heizung sind einerseits die Einfachheit und Bequemlichkeit der Bedienung, anderseits die stete Betriebsbereitschaft, die Möglichkeit der Herstellung transportabler Apparate
und die große Feuersicherheit.

Bei Koch- und Wärmeapparaten ist besonders darauf zu achten,
daß sie nur eingeschaltet werden, wenn sie mit der zu erwärmenden
Flüssigkeit gefüllt sind.

(843) **Verdunkelungsschalter.** Eine besondere Verwendung
finden kleine Heizkörper auch als Vorschaltwiderstände für Glühlampen. Die Ökonomie der Lampe verschlechtert sich allerdings mit
der Verdunkelung ganz wesentlich, wie nachfolgende Tabelle für eine
Lampe von Normal 110 V und 16 HK zeigt. Immerhin tritt infolge der Abschwächung des Stromes eine Energieverminderung ein.

Helligkeit Norm-Kerzen	Betriebs- spannung V	Lampen- spannung V	Strom- stärke Amp.	Lampen- widerstand Ohm	Vorschalt- widerstand Ohm	Energie- Verbrauch Watt	Watt pro Norm-Kerze
0,5	110	55	0,25	224	216	27,5	55,0
1	110	65	0,29	223	156	31,9	31,9
2	110	75	0,34	221	103	37,4	18,7
4	110	85	0,39	219	63	42,9	10,7
8	110	97,5	0,45	217	27	49,5	6,2
12	110	105	0,49	216	8	53,9	4,4
16	110	110	0,51	216	0	56,1	3,5

Diese Verdunkelungsschalter finden zweckmäßig Verwendung in
Schlafzimmern, Krankenhäusern usw.

(844) **Glühlampen** in besonders großer Form hergestellt, finden
gleichfalls Verwendung zu Heizzwecken in Öfen, wobei neben der
Wärmeausstrahlung die Leuchtkraft dekorativ wirken soll. Die Glühlampen werden in Reflektoren angeordnet zur Verstärkung der Wärmeausstrahlung.

Verwendet werden zB. Lampen von 300 mm Länge und 55 mm
Durchmesser mit bügelförmigem Kohlenfaden. Sie werden hergestellt
für 2 bis 3 A und 100 bis 120 V, sodaß bei 200 bis 240 V je 2
dieser Lampen hintereinander zu schalten sind.

Infolge des großen Energieverbrauchs sind diese Öfen nur als
Luxusgegenstände zu betrachten.

(845) Auch **körnige Leiter** können als Heizkörper dienen; besonders eignet sich fein geschichtete Kohle (Kohlengries, Kryptol). Es
beruht dies auf der Tatsache, daß die bloße Zerkleinerung eines

Leiters dessen Leitfähigkeit um das tausendfache verringern kann. Die Größe des Übergangswiderstandes ist dabei vor allem von dem Druck, bezw. von der Innigkeit der Berührung zwischen den einzelnen Teilen und ferner von der Spannung abhängig. Dementsprechend ist auch die Heizwirkung dieser Stoffe gegen Druckveränderungen sehr empfindlich und letztere können erhebliche Stromschwankungen hervorrufen. Diese Stromschwankungen treten besonders beim Einschalten auf und scheinen sich zurückführen zu lassen auf die erwärmten Luft- und Gasteilchen, die aus dem Kohlengries durch die Wärme ausgetrieben werden. Da die Heizkörper in einem geschlossenen Behälter sich befinden, so üben diese Gasteilchen einen Druck aus, der den Widerstand verringert. Allmählich mit ihrem Entweichen wird der Druck schwächer und damit der Widerstand wieder größer. Dieser erhöhte Verbrauch während der Anlaßperiode kann verhindert werden durch Verringerung der Spannung beim Einschalten, durch sehr langsames Einschalten oder durch Vergrößerung der Austrittsfläche für die Gase.

Bei diesen Heizvorrichtungen, wenn sie für höhere Temperatur bestimmt sind, ist eine von Zeit zu Zeit vorzunehmende Ergänzung der Widerstandsmasse unvermeidlich. Es empfiehlt sich daher, möglichst einfach und einheitlich zusammengesetzte Stoffe zu verwenden, da andernfalls die elektrischen Eigenschaften unaufhörlich und in unregelmäßiger Weise sich ändern würden (W. Bermbach, ETZ. 1904, S. 1056, Bronn, ebenda 1906, S. 213).

––––––––––

2. Wärmeerzeugung mittels Lichtbogen.

(846) Die Bildung des Lichtbogens erfolgt zwischen einem Kohlenstab und einem Kupferbolzen. Letzterer ist sehr langsamer Abnutzung unterworfen; die Kohlen verbrennen wie in Bogenlampen. Als Stromart ist sowohl Gleichstrom, wie Wechselstrom verwendbar. In ersterem Falle bildet die Kohle den negativen Pol. Für Gleichstrom ist ein entsprechender Vorschaltwiderstand notwendig, für Wechselstrom zweckmäßiger eine Drosselspule, also gleichfalls dieselben Einrichtungen, wie bei Bogenlampen.

(847) Lichtbogenheizung wird besonders verwendet in kleineren Apparaten, welche beweglich sein sollen; so für Lötkolben der verschiedensten Art, sowie für Brennstempel. Letztere dienen dazu, ein bestimmtes Zeichen in einen Gegenstand einzubrennen, zB. Firmennamen in Korkstöpsel, Signaturen auf Kisten usw. Für größere Wärmemengen werden mehrere Lichtbogen in Parallelschaltung verwendet.

Stromverbrauch und Abmessungen der Kohle einiger derartiger Apparate für 110 und 220 V Betriebsspannung sind in nachfolgender Tabelle zusammengestellt.

Apparate	Anzahl der Lichtbogen	Strom für einen Lichtbogen A	Kohlenabmesssungen	
			Länge mm	Durchm. mm
Großer Lötkolben, Hammerform .	1	4,5—9	50	15
Kleiner Lötkolben, Hammerform .	1	3,5—7	35	7
Spitzkolben	1	2,5—5	100	5
Brennstempel, 50 cm² Brennfläche	2	4	80	10
„　　200 cm²　　„	2	7,5	80	10
„　　500 cm²　　„	6	5	80	10

Bei Gleichstrom werden homogene Kohlen, bei Wechselstrom Dochtkohlen verwendet.

B. Schweißen und Schmelzen.

(848) Die Anwendung der Elektrizität zum Schweißen und Schmelzen kann auf zweierlei Weise geschehen, indem wie beim Kochen und Heizen entweder der zu bearbeitende Gegenstand als Widerstand in den Stromkreis eingeschaltet und so erwärmt wird, oder indem er in den elektrischen Lichtbogen gebracht wird. Das erstere Verfahren, also das Widerstandsverfahren findet besonders Anwendung beim Schweißen, das Lichtbogenverfahren hauptsächlich beim Schmelzen.

---

1. Schweißen.

(849) Das Widerstandsverfahren beim Schweißen ist von Elihu Thomson zuerst verwendet worden und ist besonders geeignet für das Zusammenschweißen zweier Körper mit gleichem Querschnitt. Das Verfahren besteht darin, daß durch die Enden zweier gegeneinander gedrückter Metallteile derartig starke Ströme hindurchgeschickt werden, daß sich nach kurzer Zeit Schweißglut einstellt. Sowie dies der Fall ist, wird die Stromzuführung unterbrochen und die erweichten Teile mit etwas erhöhtem Gegendruck gegeneinander gepreßt, wodurch eine vollständig gleichmäßige Schweißstelle erhalten wird. Von besonderer Bedeutung ist dabei die Erscheinung, daß der Strom die zu schweißenden Gegenstände von innen nach außen erwärmt. Man erkennt demnach an dem Auftreten der Schweißglut an der Außenhaut, daß der Glühprozeß beendet ist und der Strom ausgeschaltet werden kann (Zerener, Zeitschr. d. V. d. Ing. 1905, S. 968).

Da die erforderlichen Stromstärken außerordentlich hoch sind, die Spannung dagegen nur wenige Volt zu betragen braucht, so ist nur

Wechselstrom zu verwenden, da dieser in wirtschaftlicher Weise durch einen Transformator auf die erforderliche niedrige Spannung zu bringen ist. Als Periodenzahl eignet sich die allgemein gebräuchliche von 50 in der Sekunde auch für das Schweißen sehr gut. Doch ist es zulässig, auch mit Wechselstrom von 40 Perioden bis zu 120 Perioden zu arbeiten. Der Betriebsstrom kann aus einem vorhandenen Leitungsnetz entnommen werden oder aus besonderen Generatoren.

Der Kraftverbrauch ist im allgemeinen proportional dem Metallquerschnitt an der Schweißstelle. Innerhalb gewisser Grenzen erfolgt die Schweißung um so schneller, je größer die Kraftzuleitung ist und umgekehrt. Im allgemeinen wächst die Schweißdauer mit dem zunehmenden Querschnitt; die folgenden Angaben können als ungefährer Anhalt dienen:

Eisen oder Stahl		Kupfer	
Querschnitt mm²	Schweißdauer Sekunden	Querschnitt mm²	Schweißdauer Sekunden
250	33	62	8
500	45	125	11
750	55	187	13
1000	65	250	16
1250	70	312	18
1500	78	375	21
1750	85	440	22
· 2000	90	500	23

Nachfolgende Tabelle enthält einige Angaben über die Schweißmaschinen nach Thomson der Allgemeinen Elektrizitäts-Ges.

Type	Gewicht kg	Raumbedarf		Verbrauch KW	Größter Querschnitt		Generator P
		Länge mm	Breite mm		Eisen mm²	Kupfer mm²	
1 AA	55	325	300	1,5	30	—	7
2 A	70	375	300	3,0	60	—	7
2 AA	65	325	350	3,0	—	12	7
5 A	245	675	375	7,5	180	—	14
7 A	350	700	450	10,5	150	—	25
10 A	400	800	500	15	360	120	25
20 A	1000	1350	750	30	740	240	50
40 A	3150	2250	900	60	1800	450	100

(850) Die Lichtbogenschweißung findet hauptsächlich Verwendung bei Längsschweißungen und bei Ausbesserungsarbeiten. Bei dem Verfahren von Bernardos werden die zu vereinigenden Teile mechanisch zusammengebracht, das Werkstück zum negativen Pol gemacht und eine mit dem positiven Pol verbundene Kohle zur Erzeugung des Lichtbogens benutzt, der die Metallteile an der Stelle, wo sie zu vereinigen sind, schmilzt. Slawianoff verfährt ähnlich,

nur nimmt er statt der Kohle einen Stab aus dem zu schmelzenden Metall (Zeitschr, Elektrochemie, VI. Jahrg. S. 286). Zerener verwendet zwei gegeneinander geneigte Kohlenstäbe, zwischen denen der Lichtbogen gebildet wird; ein neben letzterem angebrachter Stahlmagnet treibt den Lichtbogen nach unten, sodaß er eine Stichflamme bildet (ETZ. 1896, S. 46).

Lagrange und Hoho nehmen als positiven Pol eine in Kalilauge stehende Bleiplatte und tauchen das zu erwärmende Stück der negativen Elektrode in die Flüssigkeit; so weit letzteres eintaucht, wird es hierdurch bis zur Weißglut erhitzt.

2. Schmelzen.

(851) Bei dem Schmelzen findet besonders der elektrische Lichtbogen Verwendung.

Eisen aus Erzen wird elektrisch herausgeschmolzen durch die Lichtbogenöfen von Héroult, Keller und Harmet. Bei den Öfen von Kjellin wird Wechselstrom in den zu schmelzenden Metallerzen induziert (Neumann, Zeitschr. d. V. d. Ing. 1905, S. 180).

Gleichfalls mittels Elektrizität wird aus Kohle durch Schmelzen Graphit hergestellt. Die International Acheson Graphite Company in Niagara Falls verwendet hierbei Wechselstrom von 210 V. Die Öfen werden mit 3 bis 3,5 t Kohlen beschickt und zunächst mit 1400 bis 1500 A zur Anwärmung angelassen. Nach einigen Stunden wird der Strom auf 3600 A verstärkt. Im Laufe von 24 Stunden steigt der Strom infolge der anwachsenden Leitfähigkeit des Metalles bis auf 9000 A, womit die Schmelzung und Graphitgewinnung beendet ist (Foerster, Zeitschr. d. V. d. Ing. 1906, S. 377).

C. Zünden.

Elektrische Minenzündung*).

(852) Allgemeines. Die elektrische Zündung von Minen ist erforderlich, wenn es sich um gleichzeitige Entzündung handelt, oder wenn nur aus der Ferne gezündet werden soll oder kann. Der Sprengort ist nach der Sprengung oder bei einem Versagen ohne Gefahr sofort zugänglich. Die Herstellung der Leitungen ist kostspielig, lohnt sich aber bei Massensprengungen, da durch gleichzeitige Zündung mehrerer Schüsse bei richtiger Lage der letzteren an Zeit und Kosten gespart wird. Auch tritt eine Verminderung der zur Lösung und zum Abräumen der Massen erforderlichen Arbeit ein.

---

*) Vgl.: A. von Renesse, Die elektr. Minenzündung, ein Hilfsbuch für Militär- und Zivil-Techniker. Berlin, Carl Dunckers Verlag. — Zickler, Die elektrische Minenzündung und deren Anwendung in der zivilen Sprengtechnik. Braunschweig 1888. F. Vieweg & Sohn.

Fälle, in denen elektrische Zündung vorteilhaft ist: Ausgedehnte Fels- und Gesteinsprengungen, besonders in der Montan-Industrie; Sprengungen unter Wasser (besonders in tiefem Wasser), Eisstauungen; Tiefbrunnenbohrungen, Sprengung von massiven Baulichkeiten und alten Fundamenten, Niederlegung großer Schornsteine, Zerstörung zusammenhängender Eisen- und Holzkonstruktionen, Sprengung starker Baumwurzeln, Feuerwerkerei.

(853) **Arten der elektrischen Zündung. A. Glühzündung.** Zur Zündung des Sprengsatzes wird ein durch letzteren geführter sehr dünner Draht von hohem Widerstande durch den Strom zum Glühen gebracht.

B. Funkenzündung. Zwischen den Enden zweier Leitungsdrähte innerhalb des Sprengsatzes läßt man elektrische Funken überspringen.

Die Glühzündung erfordert stärkeren Strom, die Funkenzündung höhere Spannung.

Vorteile der Glühzündung: Möglichkeit der Prüfung einer Minenanlage durch einen schwachen Strom; geringer Isolationsfehler der Leitung ohne wesentlichen Einfluß.

Nachteile: Unbedingte Gleichzeitigkeit der Zündung nur bei starken Strömen gewährleistet; Zünder kostspielig.

Glühzündung ist vorwiegend für stabile Anlagen geeignet.

Vorteile der Funkenzündung: Einfluß des Leitungswiderstandes unwesentlicher, Verwendung von Leitungen geringen Querschnittes, billige Zünder.

Nachteile: Elektrische Prüfung der Anlage unmöglich, Fehler der Isolation von erheblichem Einfluß.

(854) **Stromquellen. A. Glühzündung. 1. Batterien.** Zink-Kohlen-Elemente mit Chromsäurefüllung, Leclanché-Elemente, gute Trockenelemente, Sammler.

2. Dynamomaschinen und zwar magnet- und dynamoelektrische Maschinen für Handbetrieb. Bei den letzteren Maschinen wird die kurz geschlossene Wicklung nach erlangter voller Geschwindigkeit des Ankers durch einen Tastendruck oder in anderer geeigneter, meist automatischer Weise geöffnet, so daß dann erst der Strom in die mit den Polen verbundenen Zuleitungen eintreten kann.

Die Zündmaschine von Siemens, welche in dieser Weise wirkt, kann bei Hintereinanderschaltung der Zünder in einer Zuleitung von 10 Ohm 80 Schüsse (Glühdrähte aus Platin 5 mm lang, 0,04 mm dick), in einer Zuleitung von 60 Ohm 20 Schüsse liefern.

Eine neue Siemenssche Maschine ist derart eingerichtet, daß die zum Betriebe erforderliche Arbeit durch Spannung einer Feder geleistet und aufgespeichert und im Augenblicke der Sprengung durch einen Tastendruck ausgelöst wird (Raps, ETZ. 1896). Der Apparat leistet im Augenblick der Zündung 70 Watt; es können 60 bis 80 Zündpatronen (5 mm Draht von 0,4 mm) bei einer Leitung von 2 × 600 m mit Sicherheit gezündet werden.

Für Sprengungen von geringerem Umfange stellt die Firma Siemens & Halske Aktiengesellschaft kleinere magnetelektrische Maschinen für Handbetrieb her, die nach fünf Kurbelumdrehungen den äußeren Stromkreis selbsttätig schließen.

Keiser und Schmidt verwenden einen zwischen 4 Feldmagneten umlaufenden Flachring, Stromstärke 6—7 A bei 20 V. Parallelschaltung der Minen. Maximalleistung, wenn 2 Kurbeldrehungen in 1 Sek. erfolgen, hiernach wird der Kurzschluß der Wicklung aufgehoben. Wendet man als Glühdrähte Platindrähte von 5 mm Länge und 0,04 mm Durchmesser an, so werden mit Sicherheit bis zur Rotglut erhitzt:

Zahl der parallel geschalteten Glühdrähte 12 8 5
bei einem Widerstand der Zuleitung von 1 3 5 Ohm

(855) B. Funkenzündung. 1. Reibungsmaschinen. Sehr leistungsfähig, leicht zu behandeln und billig, aber bei wechselnden Witterungsverhältnissen unzuverlässig. Sie vertragen die Anwendung sehr einfacher und grober Zünder. Die von der Maschine gelieferte Elektrizität wird von einem Kondensator gesammelt und mittels eines Entladers der Übergang in die Leitung vermittelt.

Nach der Einrichtung von Bornhardt wird die eine Zuleitung mit der äußeren Belegung des Kondensators in Verbindung gebracht. Durch Druck auf den Knopf des Entladers nähert sich das mit der zweiten Minenzuleitung durch eine Spiralfeder verbundene metallische Ende des Entladers der Zuleitung zur inneren Belegung des Kondensators, sodaß der Kondensator durch die Minenleitungen entladen wird.

Kleinere Maschine: Funkenlänge 45—50 mm bei 20—25 Kurbelumdrehungen (80—100 Scheibendrehungen). Gleichzeitige Zündung von 15 Schüssen, Zünder mit 0,75 mm Spaltweite, Zündsatz chlorsaures Kali und Schwefelantimon. Die größere Maschine liefert eine Funkenlänge von 70—90 mm. 30 Schüsse werden gleichzeitig gezündet.

Bei anhaltender Benutzung der Maschinen ist jedoch nur auf eine Leistung von 7—8 Schüssen bei der kleinen und 15 Schüssen bei der größeren zu rechnen.

Vor Einschaltung der Maschinen bezw. des Kondensators ist letzterer stets kurz zu schließen,. damit ein etwaiges Residuum sich ausgleicht. Nach jeder Sprengung sind die Leitungsdrähte sogleich abzunehmen.

2. Influenzmaschinen. Wegen der komplizierten Konstruktion, der schwierigen Behandlung für gewöhnliche Zündzwecke wenig geeignet, verdienen nur für Sprengungen, bei denen hunderte von Minen gleichzeitig zu zünden sind, den Vorzug vor Reibungsmaschinen.

3. Induktionsapparate. a) Zweckmäßig sind Apparate nach dem Muster des Ruhmkorffschen Funkeninduktors mit Einschaltung eines Kondensators als Nebenschluß zum primären Kreis zur Schwächung des Öffnungsfunkens am Unterbrecher.

Die richtige Einstellung des Unterbrechers ist von Wichtigkeit. Da letzterer für gewöhnliche Zündzwecke zum dauernden Gebrauch nicht genügend grob gearbeitet werden kann, so finden solche Apparate nur für besondere Zwecke Verwendung, zB. für Brunnensprengungen, Entzündung von Gasen, um eine Anzahl von Minen nacheinander zu zünden.

b) Bei Anwendung nur einer Spule zur Benutzung des Öffnungsfunkens erhält man einen einfacheren, kleineren und leichteren Apparat, muß aber eine kräftige Batterie verwenden. Spulenwiderstand 70 Ohm.

Ein Kondensator liegt parallel zum Stromschließer.

4. Dynamomaschinen. Sind teurer und weniger wirkungsvoll, aber zuverlässiger und dauerhafter als Reibungsmaschinen.

Magnetoelektrische Maschinen für Funkenzündung leisten bei gleicher Größe und gleichem Gewicht nur halb so viel als dynamoelektrische und verlangen besonders empfindliche Zünder für gleichzeitige Zündungen.

Dynamoelektrische Maschine von Siemens mit Doppel-T-Anker für gleichgerichteten Strom. Nach der 12. Ankerdrehung (2. Kurbeldrehung) unterbricht eine Auslösevorrichtung den kurzen Schluß der Maschine, und es gelangt der Öffnungsstrom in die Leitung. Verstärkung durch einen Kondensator. Die Maschine hat 2000 Ohm Widerstand, Schlagweite 4—5 mm, wenn die beiden Kurbeldrehungen in ²/₃ Sek. erfolgen. Geschwindigkeit muß gleichmäßig oder am Schluß wachsend sein. Gleichzeitige Zündung von 30—35 empfindlichen Zündern. Unter gewöhnlichen Verhältnissen 10 Schüsse.

(856) Die Zünder. A. Glühzünder. Ein durch den Zündsatz geführter Draht wird zum Glühen gebracht. Die gebräuchlichsten Drähte für Glühzündung sind Drähte aus reinem Platin von folgenden Abmessungen:

| Durchmesser | 0,05 | 0,04 | 0,033 mm |
| Länge | 3 | 5 | 6,5 mm. |

Der in Deutschland am meisten benutzte Zünder ist der von 0,04 mm Stärke und 5 mm Länge, mit den Enden der Zuleitung durch einen Zinntropfen verlötet. Durchschnittlicher Widerstand 0,49 Ohm, bei Rotglut 1,11 Ohm. Stromstärke 0,4 A. Größere Stromstärke ist zu empfehlen, bis 0,8 A wünschenswert.

Zuleitungen zum Zünder sind Kupferdrähte, 0,5—1 mm stark, mit Guttapercha isoliert. Sie liegen im Zünderkopf 3—4 mm auseinander und ragen verschieden lang in die Zündmasse.

Als Zündmasse wird am häufigsten chlorsaures Kali und Schwefelantimon, fein gepulvert, zu gleichen Teilen verwendet. Am besten ist geriebene Schießbaumwolle, welche durch Schaben komprimierter Schießwolle gewonnen, fein gesiebt und mittels eines Pinsels mit Mehlpulver oder Kohle gemischt wird.

Zur Prüfung der Glühzünder ist der Apparat von Burstyn geeignet (Zeitschr. f. Elektrot. 1886, S. 210).

Lieferer von Glühzündern: Siemens & Halske Aktiengesellschaft, Berlin. A. Schraen in Prag, Zündhütchen- und Patronen-Fabrik vorm. Sellier, Bellot in Prag.

Die Glühzündung wird in der zivilen Technik selten angewendet.

B. Funkenzünder. Die Enden der Zünderdrähte sind bis auf gewisse Entfernung genähert, stecken in einem Pfropfen aus Schwefelguß, Gummi oder Guttapercha. Der Zündspalt kann bis auf 0,1 mm hergestellt werden und zwar durch einen Sägeschnitt in den umgebogenen Draht. Ein Zünderkopf aus Papier oder Metall nimmt den Pfropfen und den Zündsatz auf. Für Zündungen unter Wasser wird eine kupferne Kapsel verwendet. Gute Abdichtung mit Wachs, Paraffin usw. notwenig. Wasserdichtes Klebmittel: Schellack in Weingeist gelöst oder Guttaperchalösung von Miersch in Berlin, Friedrichstr. 66. Von der Spaltweite und der Leitungsfähigkeit der Zündmasse hängt der Widerstand des Zünders ab, welcher weder zu groß noch zu klein sein darf, wenn Versager ausbleiben sollen. Die meisten Versager sind auf zu geringen Widerstand der Zünder zurückzuführen. Auf die Zündwahrscheinlichkeit hat sowohl die Wärmeentwicklung als auch die mechanische Wirkung des elektrischen Funkens Einfluß.

Je nach der Spaltweite und der Empfindlichkeit des Zündsatzes werden Zünder für hohe, mittlere und niedere Spannung unterschieden.

	Spaltweite	Zündsätze
Für hohe Spannungen der Reibungsmaschinen . . .	0,5—1,0 mm	schlecht leitende
Für Spannung der Induktoren bezw. Maschinen	0,2—0,5 „	besser leitende
Für schwächere Spannungen magnetelektrischer Apparate	sehr geringe	gut leitende

Bei den sehr empfindlichen Graphit- oder Brückenzündern wird ein Graphit- oder Bleistiftstrich als leitende Brücke zwischen den Drahtenden auf der Oberfläche des Isoliermaterials gezogen. Durch einen feinen Messerschnitt wird der Spalt gebildet. Zu den Brückenzündern gehören auch diejenigen Zünder, deren Spalt von einer Masse (zB. Schwefelkupfer) überbrückt ist, welche als sekundärer Leiter dient, sich bei dem Stromdurchgange entzündet und dadurch den eigentlichen Zündsatz (zB. Knallquecksilber) zur Entzündung bringt.

Nach Ducretet werden (ungeladene) Zünder in der Weise geprüft, daß man eine Drahtrolle, den Zünder und ein Telephon hintereinander schaltet. Im Nebenschluß zur Rolle wird ein umlaufender Stromunterbrecher und eine Batterie aus drei Leclanché-Elementen angebracht. Besteht im Zünder ein metallischer Kontakt, so erfolgt ein knatterndes Geräusch im Telephon; ist kein Kontakt vorhanden, so bleibt das Telephon stumm; ist der Zünder geladen und der Strom geht durch die Zündmasse, so hört man ein schwaches Knistern. Einfachste Prüfung durch Probezündungen einer Anzahl hintereinander geschalteter Zünder.

Widerstand je nach Art des Zünders von 1500 bis 4 000 000 Ohm. Für trockene Bohrlöcher verwendet man sog. Stabzünder (Zünderfabrik von Kromer, Aschaffenburg), für nasse Bohrlöcher oder unter Wasser, auch für erzführendes Gestein Guttaperchazünder (Bornhardt, Braunschweig).

(857) Leitungsanlagen. A. Für Glühzündung. Glühzündung erfordert Leitungen von geringem Widerstand und mit guter Isolation; zweckmäßig sind Kupferdrähte mit Guttaperchahülle (doppelte Hülle unter Wasser). Die Rückleitung kann aus blankem Kupferdraht oder entsprechend starkem Eisendraht bestehen. Soll Erde als Rückleitung verwendet werden, so ist für gute Erdleitung zu sorgen. Zu submarinen Sprengungen werden Kabel verwendet.

Reine Hintereinanderschaltung der Zünder kann man nur bei sehr kräftiger Stromquelle ohne Nachteil anwenden. Bei größerer Minenzahl schaltet man Gruppen hintereinander geschalteter Zünder parallel. Reine Parallelschaltung wird selten angewendet, wenn zB. nach freier Wahl aus der Zahl der Minen eine bestimmte gesprengt werden soll.

Schaltung mit Relais. Zündbatterie und ein Relais werden am Minenort aufgestellt, das Relais tritt durch eine Fernleitung in Tätigkeit und schließt die Zündbatterie.

Benutzung eines Umschalters. Die Leitungen werden an den Umschalter gelegt und durch Bewegung eines Schleifkontaktes nacheinander mit der Stromquelle verbunden.

Prüfung fertiger Minenanlagen. Die Anlage wird wie eine Telegraphen-Anlage mittels schwachen Stromes auf Stromfähigkeit und Isolation geprüft. Apparat von Siemens & Halske.

B. Für Funkenzündung. Länge und Querschnitt der Leitung haben geringen Einfluß auf den Zündstrom, da der Leitungswiderstand im Vergleich zum Widerstand der Zünder verschwindend gering ist. Dagegen ist die beste Isolation notwendig mit Rücksicht auf die angewendete hohe Spannung. Gewöhnlich führt man dünnen, ausgeglühten und verzinkten Eisendraht (von 1–2 mm Stärke) an Stangen isoliert fort. Eine gemeinschaftliche Hauptleitung für mehrere Arbeitsorte ist nicht zu empfehlen, da leicht Mißverständnisse und Unglücksfälle hervorgerufen werden.

Ist die Entfernung kurz, der Boden trocken und wendet man kräftige Zündapparate an, so darf man als Hin- und Rückleitung blanken Draht, der auf dem Boden liegt, verwenden.

U. U. ist die Hinleitung aus isoliertem Draht, die Rückleitung aus blankem Draht zu wählen. Unter Wasser sind sehr gut isolierte Drähte notwendig. Blanker Draht darf nicht mit poliertem Pulver in Berührung kommen, mit Rücksicht auf dessen Leitungsfähigkeit. Gewöhnliches Sprengpulver leitet sehr wenig.

Die Schaltung bei der Funkenzündung ist die reine Hintereinanderschaltung. Bei wichtigen Sprengungen werden der Sicherheit halber je zwei Zünder für eine Mine benutzt und diese beiden in der Leitung hintereinander, bei großer Minenzahl jedoch parallel geschaltet. Diese Anordnung bietet größere Wahrscheinlichkeit, daß die Zündung durch Zufallsfehler der Zünder nicht versagt.

Zündung von Verbrennungsmotoren *).

(858) Arten der Zündung. Man unterscheidet Kerzen- und Abreißzündung. Die Kerze besteht aus zwei draht- oder blechförmigen Elektroden, wovon die eine gut isoliert ist; sie stehen sich mit geringem Abstand (etwa 0,4 mm Funkenstrecke) gegenüber. Zur Erzeugung des Funkens dient ein Induktionsapparat, der aus einer Batterie oder einer kleinen Dynamomaschine gespeist wird. Bei der Abreißzündung benutzt man eine feststehende und eine bewegliche Elektrode; letztere wird im geeigneten Augenblick rasch von der ersteren entfernt, so daß an der Unterbrechungsstrecke ein Funke entsteht.

---

*) Armagnat, Eclair. él. Bd. 34, S. 403. — Löwy, Zeitschr. f. Elektrotechn. (Wien) 1904, S. 683.

(859) **Zeitpunkt der Zündung.** Die Zündung soll bei Beendigung der Zusammendrückung des Gasgemisches erfolgen; bei zu früher Zündung arbeitet die Verbrennung dem zusammendrückenden Kolben entgegen, bei zu später Zündung ist das Gasgemisch nicht mehr im Zustande der stärksten Zusammendrückung. In Rücksicht auf die Zeit, welche zur Fortpflanzung der Verbrennung nötig ist, hat sich eine geringe Vorzündung als das zweckmäßige erwiesen. Eine Einstellung des Zeitpunktes der Zündung ist bei allen Zündern nötig, um mit gutem Wirkungsgrad des Motors zu arbeiten.

(860) **Kerzenzündung** (Fig. 557). In den Verbrennungsraum ragt die Kerze K mit ihrer Funkenstrecke; die innere Elektrode ist isoliert, die äußere steht mit dem Metall der Maschine in leitender Verbindung. Von der Achse der Maschine aus wird die Scheibe S fortwährend gedreht; so oft sie mit ihrer Nase die darunter liegende Feder berührt, kommt der Induktor J in Tätigkeit und läßt seine Funken bei K überspringen. Der hier gezeichnete Neefsche Unterbrecher ist weniger geeignet; er unterbricht zu langsam. Besser ist eine Vorrichtung, bei welcher der Anker erst nach Erlangung einer erheblichen Geschwindigkeit eine Kontaktstelle öffnet (Carpentier, Arnoux und Guerre). Statt des Funkenstroms kann man auch einen einzelnen Funken er-

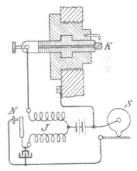

Fig. 557.

zeugen; in diesem Falle wird der Induktionsapparat ohne den rasch gehenden Unterbrecher benutzt und der Strom nur mit Hilfe der Scheibe S geschlossen und geöffnet (de Dion und Bouton). Für den Stromschluß an der Scheibe S gibt es zahlreiche verschiedene Anordnungen, deren Ziel stets eine rasche und sichere Unterbrechung ist.

Bei mehrzylindrigen Maschinen benutzt man entweder einen Verteiler, der die Funkenstrecken in der richtigen Reihenfolge mit der sekundären Spule des Induktoriums verbindet, oder lieber für jeden Zylinder ein Induktorium.

Die Kerzen haben den Übelstand, daß die Isolierkörper (Porzellan, Speckstein, Glimmer) leicht zerbrechen, und daß sie durch die Verbrennungsprodukte und Öl leicht verschmutzen, wodurch entweder der Funkenübergang erschwert oder Nebenschließungen der Funkenstrecke gebildet werden. Die Spannung muß ausreichen, um die Funkenstrecke, selbst in Gas von erhöhtem Drucke, sicher zu durchbrechen.

(861) **Abreißzündung** (Fig. 558 u. 559). Im Felde einer Magnetmaschine ist ein Anker A mit Bewickelung drehbar gelagert. Die umlaufende Scheibe S stößt mit ihrer Nase an den Hebel, welcher alsdann den Anker durch das Feld dreht; wenn er abgleitet, zieht die Feder f die Spule mit großer Geschwindigkeit in die gezeichnete Lage zurück, wobei ein kräftiger Strom induziert wird, da der Ankerstromkreis geschlossen ist. Bei dieser raschen Bewegung stößt die

Gabel in einem passend eingestellten Augenblick gegen den Stift und öffnet dabei den Kontakt k, an dem nun ein Funke entsteht. Eine beliebte Konstruktion für die Abreißstelle zeigt Fig. 559. Die Art der Stromerzeugung wird häufig anders gewählt; zB. steht die Spule fest und es bewegt sich nur ein eiserner Anker (Simms und Bosch).

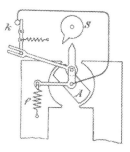

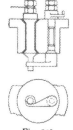

Fig. 558.   Fig. 559.

Die Spannung braucht bei dieser Art der Zündung nur mäßig zu sein, dagegen wird höhere Stromstärke verlangt. Aus letzterem Umstande entsteht die Schwierigkeit, daß die Rückwirkung des Ankers auf das Feld der Magnetmaschine sehr erheblich wird. Auf guten Kontakt an der Funkenstelle ist sorgfältig zu achten.

Zündung von Gasflammen.

(862) **Zweck.** Bei dem Wettbewerb des Gas- und des elektrischen Lichtes ist das erstere durch die bisherige umständliche und zeitraubende Zündung im Nachteil. Die elektrische Zündung erlaubt, das Gas mit derselben Bequemlichkeit, d. h. durch einfache Drehung eines Hahnes oder eines Schalters zu entzünden, auch aus der Ferne und viele Flammen gleichzeitig. Hierdurch wird zugleich eine Ersparnis im Gasverbrauch erzielt. Von den gebräuchlichen Systemen sollen im nachfolgenden zwei beschrieben werden.

(863) Bei dem **Multiplexzünder** wird der primäre Stromkreis eines Induktoriums J (Fig. 560) mit Hilfe einer am freien Ende beschwerten,

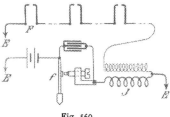

Fig. 560.

schwingenden Feder f unterbrochen und geschlossen; im sekundären Stromkreis sind eine oder mehrere Funkenstrecken F eingeschaltet, welche dicht neben der Ausströmungsöffnung des Gases am Brenner sitzen. Damit nicht die Brenner selbst den Induktionsstrom zur Erde ableiten, erhalten sie bis auf den letzten der Reihe Düsenröhren aus Speckstein.

Bei der Hahnzündung für einzelne Flammen wird die Feder f von einem mit dem Hahn in Verbindung stehenden Stift angerissen, so daß sie schwingt, wenn das Gas auszuströmen beginnt. Bei größeren Anlagen bekommt jede Lampe ihre Induktionsspule, deren Primäre einschließlich Funkenstrecke parallel geschaltet werden. Bei der Rampenzündung für eine bis sechs Flammen wird die Unterbrechervorrichtung neben den Hahn gesetzt und besonders angetrieben; erst dann öffnet man den Hahn; bei 7 bis 12 Flammen wird eine zweiseitige Unterbrechervorrichtung angewandt, die Funkenstrecken liegen in zwei Reihen. Die Schalterzündung beruht darauf, daß der Gashahn elektromagnetisch geöffnet und geschlossen wird. Je nach der Größe und Zahl der zu zündenden Lampen richtet sich die Größe des elektromagnetischen Teils, welcher zwei Elektromagnete enthält, je einen für die beiden Bewegungen des Hahnkückens. Der Schalter kann dahin gesetzt werden, wo seine Handhabung am bequemsten ist (wie beim elektrischen Licht), auch läßt sich die Einrichtung so treffen, daß eine Flamme von mehreren Stellen aus gezündet werden kann. Der Schalter enthält zwei Kontakte (für den Öffner- und den Schließermagnet) und die schwingende Feder f (Fig. 560), welche entweder beim Niederdrücken des Öffnerknopfes oder von Hand angeschlagen wird. Die Zentralschalterzündung dient zur Zündung in größeren Anlagen und erlaubt, die Flammen in Gruppen nacheinander zu zünden, die Mehrfach-Schalterzündung erlaubt, viele Flammen auf einmal zu zünden. Beide sind Vereinigungen von Unterbrecherfedern und Anreißvorrichtungen mit Druckknöpfen. In einen Stromkreis legt man nicht mehr als 6 Funkenstrecken. Die Leitungsanlage bietet insofern eine gewisse Schwierigkeit, als es sich darum handelt, den hochgespannten Induktionsstrom sicher zu führen. Es wird dazu ein besonders isolierter Draht („Induktionsdraht") benutzt; die Induktionsspulen müssen an dem Beleuchtungskörper selbst befestigt und der Induktionsdraht darf nicht über Decken und Wände geführt werden.

(864) Der Sonnenzünder benutzt elektromagnetische Bewegung des Hahnkückens und Selbstinduktionsfunken. Der zweischenklige Magnet am Brenner wird von einem beliebig anzuordnenden Schalter aus in Tätigkeit gesetzt. Sein Hauptanker dreht das Kücken hin und her. Bei der Öffnungsbewegung wird noch ein Nebenanker in Bewegung gesetzt, welcher die Zündstange trägt. Dies ist ein feines Rohr, welches bei der Öffnungsbewegung mit Gas gespeist wird und welches bis über die Ausströmungsöffnung für die Hauptflamme reicht. Es wird von einem zweiten feststehenden Rohr umschlossen. Die beiden Röhren stehen am oberen Ende in leitender Berührung; der Strom fließt (im Nebenschluß zum Magnet) durch das innere Rohr zum äußeren. Folgt das erstere der Bewegung des Nebenankers, so öffnet sich die Berührungsstelle in beiden Röhren, und es entsteht dort ein Funke, welcher die Zündflamme entzündet. Gleich darauf entzündet sich hieran die Hauptflamme. Bei Unterbrechung des Stromes erlischt die Zündflamme. Bei der nächsten Bewegung des Schalters wird vom Elektromagnet nur das Hahnkücken zurückgedreht, worauf die Hauptflamme erlischt.

XI. Abschnitt.

Elektrochemie.

Allgemeines.

(865) Methoden und Ziele der technischen Elektrochemie.
Dreierlei Wirkungen des Stromes kommen in Betracht: die zersetzende
(elektrolytische), die erhitzende (elektrothermische) und die kataphoretische oder elektroosmotische; oft treten bei einem und demselben
Prozeß mehrere dieser Wirkungsarten nebeneinander auf, teils durch
die Natur des Prozesses veranlaßt, teils, wie zB. bei Elektrolysen
auf feurig-flüssigem Wege, absichtlich herbeigeführt.

Der Zweck der Elektrolyse ist die Scheidung einer aus mehreren Elementen bestehenden Verbindung in ihre näheren Bestandteile
(Ionen); zu diesem Zweck muß die Verbindung im flüssigen Zustand,
durch Lösung in Wasser oder durch Schmelzung, vorliegen.

Die vom Strom ausgeschiedenen Bestandteile können in einzelnen
Fällen sämtlich als solche gewonnen werden, zB. bei der Elektrolyse
der schmelzflüssigen Erdalkalichloride; meist aber finden in den elektrolytischen Bädern weitergehende Umsetzungen eines oder beider
abgeschiedener Bestandteile mit den vorhandenen Stoffen, dem Elektrolyt und dem Lösungswasser, mit den Elektroden oder mit Zu-
satzstoffen in fester, flüssiger oder gasiger Form (Sekundärwirkungen)
statt, sodaß neue Verbindungen erzeugt werden (Beispiele: Metall-
gewinnung aus Erzen, Metallraffination, Ätzalkali- und Chlorgewinnung,
Chlorat- und Bleiweißdarstellung). So wie sich der anodische Bestandteil durch Anwendung einer löslichen Anode, so läßt sich auch
häufig der kathodische Bestandteil durch geeignete Wahl der Kathode
wegnehmen, so daß alsdann der anodische Bestandteil für sich gewonnen werden kann.

Zur Elektrolyse dient in der Regel Gleichstrom (Nebenschlußmaschinen); doch kann in einigen Fällen, wenn durch sekundäre Umsetzung eine unlösliche Verbindung, zB. (unter Auflösung des Elektroden-
materials) Metallhydroxyd oder -sulfid, entsteht, auch Wechselstrom zur
Anwendung kommen (Beispiel: Darstellung von Kadmiumsulfid).

Die elektrothermische Wirkung des elektrischen Stromes
entsteht durch den Leitungswiderstand der von ihm durchflossenen
Körper und wird, außer bei der schmelzflüssigen Elektrolyse behufs

Aufrechterhaltung des Schmelzflusses, benutzt, wenn es sich, auch ohne gleichzeitige Elektrolyse, um die Erzeugung sehr hoher Temperaturen behufs Ausführung von chemischen Umsetzungen und Zersetzungen handelt, die sich sonst nur schwer durchführen lassen (Beispiel: Karbidbildung). Sie unterliegt dem Jouleschen Gesetze und ist ausgedrückt in Wärmeeinheiten (gr·cal.):

$$Q = 0{,}240 \; i^2 \cdot w \cdot t \; (i \; \text{Stromstärke}, \; w \; \text{Widerstand und} \; t \; \text{Zeit}).$$

Näheres siehe unter Elektrolyse (866), elektrische Öfen (872) und elektrothermische Prozesse (916).

Die kataphoretische Wirkung beruht auf der Eigenschaft fein verteilter, fester oder kolloidaler Stoffe, die mit einer leitenden Flüssigkeit in Verbindung stehen oder in dieser suspendiert bezw. kolloidal gelöst sind, unter der Einwirkung einer genügend großen, in einer Richtung wirkenden Potentialdifferenz dem einen Pole zuzuwandern und sich dort anzuhäufen, während die Flüssigkeitsteilchen nach dem andern Pole hin abgestoßen werden; diese Wanderung der Flüssigkeit läßt sich besonders bei festen (porösen) Diaphragmen beobachten, welche ähnlich wie fein verteilte suspendierte Stoffe wirken und bei denen sich dann zu beiden Seiten ein der Potentialdifferenz proportionaler Niveauunterschied ergibt. Die Richtung, in der die Flüssigkeitsteilchen bezw. die losen festen Stoffe wandern, hängt ab von der Natur beider. Bei wässeriger Flüssigkeit wandert diese meist in der Richtung des positiven Stromes (zur Kathode), die suspendierten Stoffe dagegen gehen an die Anode; in saurer Lösung wandern viele Kolloide nach der Kathode, in alkalischer nach der Anode.

Die kataphoretische Wirkung hängt nicht ab von dem Faradayschen Gesetze; die diesem entsprechenden elektrolytischen Wirkungen gehen vielmehr nebenher, doch beträgt die hierfür aufgewendete Energie wegen der meist hohen für die Elektroosmose erforderlichen Spannung nur einen geringen Bruchteil der Gesamtenergie. Vgl. Bredig, Die Prinzipien der elektrischen Endosmose usw. in „Berichte über einzelne Gebiete der angewandten physikalischen Chemie, herausgegeben von der Deutschen Bunsengesellschaft, Berlin 1904.

(866) Elektrolyse. Über ihr Wesen, die sich hierbei abspielenden Vorgänge und damit auch über die Bedingungen der günstigsten Ausführung (größter Nutzeffekt bei geringstem Energieaufwand) geben zwar die neueren Forschungen und die hierauf begründeten, im wesentlichen von Ostwald, Nernst und Arrhenius aufgebauten, theoretischen Anschauungen wertvolle Aufklärungen, die nutzbare Stromarbeit hängt aber von so vielen Faktoren ab, die, teilweise während des Prozesses selbst veränderlich, sich nicht in eine gemeinschaftliche Funktion bringen lassen, daß schließlich doch nur die Erfahrung mit dem von der Wissenschaft gelieferten Rüstzeug und unter deren steter Kontrolle mittels sorgfältig durchgeführter Dauerversuche zum Ziele führen kann.

Es kommen hauptsächlich in Betracht: die zur Überwindung der inneren Widerstände (Zersetzungen) und der äußeren (Leitung) erforderliche Spannung, die Stromdichte, das Elektrodenmaterial, die zur Durchführung der beabsichtigten elektrolytischen Wirkung günstigen physikalischen Bedingungen (Erwärmung oder Kühlung, Scheidung durch Diaphragmen oder geeignete Abführungen), Umstände, die sich zum Teil wieder beträchtlich gegenseitig beeinflussen.

(867) Die Zersetzungsspannung hat — gleiche äußere Umstände vorausgesetzt — für jede Verbindung einen konstanten Wert: sie entspricht nämlich den bei Bildung dieser Verbindung auftretenden Wärmetönungen (annähernd $e = \dfrac{Q}{0{,}240 \cdot n \cdot F}$, Thomsonsche Regel, worin Q die Wärmetönung in Grammkalorien (auf das Atomgewicht in Grammen bezogen), n die Anzahl der Valenzen bedeutet, die gelöst werden, und $F = 96540$ Coulomb ist, vermehrt oder vermindert um die mit der Zersetzung etwa verbundene Energieabgabe oder -aufnahme und läßt sich — mangels der Kenntnis der Koeffizienten dieser letztgenannten Energie·Umänderungen — aus den zahlreich bestimmten Einzelpotentialen (Haftintensitäten) der Ionen (für normale Lösungen) berechnen, als deren Summe sie sich darstellt, wobei jedoch wieder zu beachten ist, daß viele Verbindungen in verschiedener Weise in Ionen zerfallen können (zB. $NaHSO_4$ in Na und HSO_4 oder in Na, H und SO_4, ferner KOH in K und OH bezw. in K, H und O). Dieser Umstand, sowie die für einzelne Ionen zB. Wasserstoff an verschiedenen Elektrodenoberflächen verschiedene Überspannung, der Wechsel in den äußeren physikalischen Bedingungen, sowie in der Zusammensetzung der Elektrolyten infolge sekundärer Reaktionen und Konzentrationsverschiedenheiten u. dgl. lassen den Wert der Zersetzungsspannung im Verlaufe des elektrolytischen Prozesses schwankend erscheinen. Bei kaltflüssiger Elektrolyse mit unangreifbaren Elektroden — im andern Fall wird die Zersetzungsspannung entsprechend der an der Elektrode wiedergewonnenen Energiemenge verringert — läßt sich die auftretende Zersetzungsspannung annähernd durch Messung der beim Durchgang verschiedener Stromstärken auftretenden Klemmenspannung ermitteln. Bezeichnet nämlich P die gesuchte Zersetzungsspannung, i und i_1 die in den rasch aufeinanderfolgenden Versuchen gemessenen Stromstärken, e und e_1 die entsprechende gemessene Klemmenspannung, w den nicht weiter zu bestimmenden (übrigens sich hierbei ergebenden) Badwiderstand, so ist $e = P + i\,w$ und $e_1 = P + i_1\,w$, woraus sich ergibt $P = \dfrac{e_1\,i - e\,i_1}{i - i_1}$. Voraussetzung ist hierzu allerdings, daß während der Messungen der Badwiderstand w sich nicht wesentlich ändere.

Im Gegensatz zur Zersetzungsspannung läßt sich der zur Überwindung der Leitungswiderstände erforderliche Anteil der Spannung durch scharfe Kontrolle und möglichste Herabsetzung dieser Widerstände oft beträchtlich vermindern. Es kommen hierbei in Betracht der Widerstand im Leitungsnetz, welcher durch dessen richtige Bemessung, die Widerstände der Kontakte und Elektroden, welche durch richtige, die Eigenschaften des Elektrolyts und der an ihnen entwickelten Stoffe berücksichtigende Wahl und Behandlung, sowie genaue Kontrolle zu erniedrigen sind, der Badwiderstand, der von der Zusammensetzung, Konzentration, Temperatur und Elektrodenabstand abhängt und sich unter Beobachtung der einschlägigen Verhältnisse ebenfalls in gewissem Grade regeln läßt. Störende, den Widerstand und damit die Spannung erhöhende Polarisationserscheinungen an den Elektroden zB. Ansetzung von Gasbläschen, ferner Bildung von Schichten verschiedener Konzentration im Bad, lassen sich durch Rühren, Lufteinblasen u. dgl. oder durch Flüssigkeitszirkulation vermeiden. Im letzteren Falle ist jedoch besondere Sorge dafür zu tragen, daß nicht durch einfache Stromleitung ohne elektrolytische Wirkung Stromverluste eintreten.

(868) **Stromstärke.** Die günstigste Stromstärke, die als Strom - dichte entweder auf die Flächeneinheit der Elektroden (vorzugsweise) oder des Badquerschnitts oder auch auf den Gehalt an gewissen· wichtigen Bestandteilen des Bades bezogen wird, ergibt sich für die verschiedenen Fälle sehr verschieden und wird unter Berücksichtigung der hierfür bereits gefundenen Erfahrungssätze durch vergleichende Vor- und Dauerversuche ermittelt. Je höher die Stromdichte (im Verhältnis zum Badquerschnitte), desto höher ist auch $(= i^2 w)$ die Erwärmung des Bades selbst, ein Umstand, der bei der schmelzflüssigen Elektrolyse fast immer ausgenutzt werden kann, bei der kaltflüssigen Elektrolyse manchmal, zB. bei der Chloratdarstellung durch Elektrolyse der Alkalichloride, von Vorteil, sehr häufig aber auch, zB. bei der Darstellung der Perkarbonate, Persulfate und Hypochlorite, von Nachteil ist, so daß man sogar künstlich kühlen muß. Die Betriebsbeaufsichtigung hat sich demnach nicht nur auf die chemischen Vorgänge, sondern auch auf die Kontrolle der Stromstärke sowie der Spannung, letzterer sowohl im gesamten Netz wie an den einzelnen Bädern, zeitweilig auch an den einzelnen Elektroden zu erstrecken.

(869) Das **Material der Elektroden** spielt gleichfalls eine Rolle, nicht blos hinsichtlich der Festigkeit und chemischen Unangreifbarkeit, sondern auch wegen der als „Überspannung" bezeichneten Erscheinung, um deren Betrag die Zersetzungsspannung sich erhöht; so betragen zB. die kathodischen Überspannungen in verdünnter Schwefelsäure unter sonst gleichen Umständen für platiniertes Platin 0,005, für poliertes Platin 0,09, für Nickel 0,21, für Kupfer 0,23, für Blei 0,64, für Kupfer (amalgamiert) 0,51, für Blei (amalgamiert) 0,54 V. Anderseits läßt sich die Spannung durch Anwendung depolarisierender, den entwickelten Wasserstoff oder Sauerstoff aufnehmender, Elektroden beträchtlich erniedrigen. Auch die etwaige katalytische Einwirkung des Elektodenmaterials wird nicht außer acht zu lassen sein (Näheres s. zB. Le Blanc, Lehrbuch der Elektrochemie 1903).

Bei der Wahl der Elektroden kommt außer den erwähnten Punkten zunächst ihr eigenes Verhalten gegen das Elektrolyt und dessen Zersetzungsprodukte in Betracht. Am einfachsten gestaltet sich diese Frage bei der elektrolytischen Metallraffination; hier dient das unreine Metall (oder unter Umständen auch das Erz) als Anode, ein Blech aus dem reinen Metall als Kathode.

Die Wahl der Kathode bereitet auch für die kaltflüssige Elektrolyse gewöhnlich keine Schwierigkeiten. Abgesehen von den wenigen Fällen der Alkalichloridelektrolyse, in denen Quecksilber benutzt wird, dienen die billigeren Metalle wie Eisen und Blei, event. auch Kupfer oder Nickel. Bei der schmelzflüssigen Elektrolyse dagegen würden sich diese Metalle in vielen Fällen nicht ohne Kühlung der dem Elektrolyt ausgesetzten Flächen verwenden lassen wegen der Gefahr,

daß Legierungen mit den elektrolytisch ausgeschiedenen Metallen entstehen. Wo daher Eisenkathoden nicht zulässig sind, bedient man
sich der Kohlenelektroden. Diese dienen auch häufig bei der kaltflüssigen, immer aber (mit geringen Ausnahmen) bei der heißflüssigen
Elektrolyse als Anoden. Sie werden künstlich hergestellt durch
Formen eines innigen Gemenges aus feinem Koks oder Retorten-
graphitpulver (auch Ruß wegen der Aschenfreiheit) und Teer oder
Sirup als Bindemittel unter hohem Druck, Trocknen und Brennen bei
sehr hohen Temperaturen, oft unter Zuhilfenahme der elektrischen
Erhitzung (Achesongraphit). Von ihrer sorgfältigen Herstellung hängt
ihre Haltbarkeit und damit in hohem Grade die Wirtschaftlichkeit des
elektrolytischen Prozesses ab.

Für solche Fälle der kaltflüssigen Elektrolyse, wo Sauerstoff oder
Chlorwasserstoffverbindungen auftreten können, haben sich im allgemeinen, außer den neuestens sehr empfohlenen, elektrisch gehärteten
Graphitelektroden, Kohlen als Anoden wenig bewährt und sind entweder durch Platin (Drähte, Netze oder dünnste Bleche) oder nach
einem neuesten, sehr beachtenswerten patentierten Vorschlag der
chemischen Fabrik Elektron in Griesheim durch geschmolzenes und in
Formen gegossenes Eisenoxyd zu ersetzen.

(870) **Diaphragmen.** Um die getrennte Gewinnung der elektrolytischen Produkte an den Elektroden zu ermöglichen, ist es häufig
notwendig, ein Diaphragma zu benutzen, d. h. eine mehr oder weniger
geschlossene Trennungswand, die zwar den Ionen den Durchgang
gestattet, aber die Elektrolyte selbst wie die elektrolytischen Produkte
zurückhält. Infolge der Diffusions- und elektroosmotischen Erscheinungen, die sich bereits bei verhältnismäßig niedriger Spannung nach
außen durch einen beträchtlichen Niveauunterschied zwischen Kathoden-
und Anodenflüssigkeit kenntlich machen, sowie wegen der Beteiligung
der etwa gelöst bleibenden Produkte an der Elektrolyse ist eine derartige Trennung nur bis zu einem gewissen Grade durchführbar, doch
läßt sie sich durch Kunstgriffe wie Berieselung des Diaphragmas mit
dem Elektrolyt u. dgl. noch etwas steigern. Das Diaphragma soll
wegen der damit verbundenen Spannungserhöhung möglichst geringen
Widerstand haben, eine Bedingung, die wieder in der Haltbarkeit ihre
Grenze findet. Zu Diaphragmen sind die verschiedensten Stoffe vorgeschlagen worden: Asbest, Gewebe (auch nitrierte), Glaswolle, poröser
Ton, Kalk und Zementmischungen, Seifen u. dgl. mehr. Den besten
Erfolg scheint man — wenigstens für kaltflüssige Elektrolysen — mit
einer eigenartigen Masse erzielt zu haben, die in gebranntem Zustande
nach Le Blanc ca. 28% Al_2O_3, 75% SiO_2 und etwas Alkali enthält.

(871) Als **Gefäße** für die Elektrolysierbehälter kann man in
einigen Fällen die Kathode selbst ausbilden. Sonst verwendet man
für kaltflüssige Elektrolyse mit Blei ausgeschlagene oder gut geteerte
und ausgepichte Holzkästen, auch Steinguttröge, aus Schiefer oder dgl.
zusammengesetzte Apparate, während für die feurig-flüssige Elektrolyse auch Graphittiegel (bei Heizung von außen) oder mit einer
Kohlenmischung ausgestampfte und gebrannte Kästen event. auch
Porzellan in Betracht kommen. Die gesamten Apparate zur schmelzflüssigen Elektrolyse wie zur Ausführung elektrothermischer Wirkungen
werden als elektrische Öfen bezeichnet.

(872) **Elektrische Öfen.** Für Elektrolysen im Schmelzfluß dient
naturgemäß in erster Linie das Bad selbst als Erhitzungswiderstand;
andere Glüh- und Schmelzprozesse dagegen bedienen sich, teils, weil
unter Umständen das Erhitzungsgut den Strom nicht leitet, teils weil
es dadurch nachteilig beeinflußt würde, eines besonderen Erhitzungswiderstandes, der entweder in Berührung mit dem Gut durch Wärmeleitung oder, im freien Raume zu diesem angeordnet, durch Wärmestrahlung heizt; im letzteren Falle kann statt des kontinuierlichen
Erhitzungswiderstandes auch der Flammenbogen benutzt werden. Für
den Erhitzungszweck eignet sich jede Stromart; man hat daher für
schmelzflüssige Elektrolysen auch vorgeschlagen, für die Elektrolyse
Gleichstrom, für die Erhitzung mehrphasigen Wechselstrom zu verwenden.

Als Elektroden bezw. Erhitzungswiderstand kann man in den
seltensten Fällen Metalle gebrauchen; meist verwendet man künstliche
Kohlenkörper, sei es in zusammenhängender Form oder als klein-
stückige Masse, oder auch geeignete Leiter zweiter Klasse (ähnlich
den Nernstschen Elektrolyt-Glühkörpern zusammengesetzt), die dann
einer Anwärmung bedürfen.

Borchers hat für den Fall, daß feste zusammenhängende Kohlen-
widerstände angewendet werden, nachstehende Tabelle angegeben, aus
der die einem bestimmten Kohlengewichte und verschiedenen Dimensionen entsprechende Strombelastung und Widerstandsgröße zu ersehen ist.

Kohlenstab			V/cm	A/mm²	Verbrauch für 1 cm Länge		
d	l	m			auf 1 mm²	auf 1 g	
mm	mm	g/cm			W	A	W
a	4	20	0,21	2,5	10	25.0	595	1487
b	4	30	0,21	2,3	8	18,4	476	1095
c	4	50	0,21	2,2	5	11,0	297	655
d	4	100	0,21	2,0	3	6,0	178	357
e	6	60	0,52	1,8	2,14	3,85	115	207
f	6	200	0,52	0,85	1,43	1,21	77	65
g	10	200	1,26	0,70	0,64	0,448	40	28
h	10	300	1,26	0,47	0,57	0,268	34	16

d = Durchmesser, l = Länge, m = Gewicht von 1 cm der angegebenen Dicke in g; V/cm = Potentialdifferenz auf 1 cm, W =
Wattverbrauch.

Bei den Stromdichten in Zeile a werden so hohe Temperaturen
erreicht, daß jedes Oxyd dabei reduziert wird, während bei Stromdichten in Zeile h kaum mehr Rotglut erreicht wird. Genaue Tem-
peraturmessungen für diese Stromdichten sind leider noch nicht angestellt.

Die Heizwirkung selbst berechnet sich in Kalorien Q nach dem
Jouleschen Satz aus $Q = 0,240\, i^2 w$.

Die verschiedenen Systeme der elektrischen Öfen lassen sich in
diesem allgemeinen Überblick nicht in Kürze darstellen; es muß außer

auf die Patent- und Zeitschriftenliteratur insbesondere auf Werke wie
M o i s s a n , Der elektrische Ofen, B o r c h e r s , Bau und Betrieb der
elektrischen Öfen, sowie dessen Elektrometallurgie verwiesen werden.
Doch ist noch einer eigenartigen, technisch bereits in großem Maßstabe (zB. für Stahlerzeugung) ausgenutzten elektrischen Heizungsart
zu gedenken, nämlich des sog. Transformator- oder Induktions-Ofens.
Bei diesem werden in dem zu erhitzenden, in sich geschlossenen Körper,
falls er leitend ist, andernfalls in der geschlossenen, ihn umgebenden
leitenden Ofenwand, als Sekundärspule durch Induktion von einer Primärspule aus Ströme erzeugt, welche die Erhitzung bewirken; die Primärspule erhält hochgespannten Wechselstrom, der in dem entsprechend
bemessenen Sekundärring in niedrig gespannten Strom von hoher Stärke
umgewandelt wird. Wenn sich auch hierauf die Gesetze der bekannten
Transformatoren werden anwenden lassen, so unterscheiden sie sich
doch wieder wesentlich dadurch von jenem, daß sie gerade das Maximum der Hitzewirkung hervorbringen wollen, welche jene sorgfältig
zu vermindern suchen, so daß für ihre Bauart wieder andere Vorschriften gelten als für jene.

Elektrometallurgie*).

Alkali- und Erdalkali-Metalle.

(873) Sie lassen sich aus wässerigen Lösungen ihrer Salze oder
Hydroxyde, falls diese löslich sind, nur erhalten, wenn man Quecksilber als Kathode benutzt, indem sie bei der Abscheidung mit diesem
ein Amalgam bilden; da hierbei nur eine geringe Anreicherung des
Amalgams möglich ist, ist diese Methode nur zur Zerlegung der
Chloride behufs Gewinnung der Hydroxyde neben Chlor, nicht aber
zur technischen Darstellung der Metalle selbst geeignet. Hierzu dient
nur der feurig-flüssige Weg.

(874) Natrium wird auf schmelzflüssigem Wege in größerem
technischen Maßstabe dargestellt. Als Elektrolyt verwendet man ge-
schmolzene Haloidsalze (zuerst von B u n s e n 1854 angegeben, größere
Apparate von G r a b a u und B o r c h e r s vorgeschlagen), geschmolzenes
Ätznatron (zuerst von D a v y 1808 angewendet), oder geschmolzenes
Natriumnitrat (von D a r l i n g und F o r r e s t vorgeschlagen).
Die direkte Darstellung reinen Natriums aus dem Chlorid, die
sich wegen des billigeren Ausgangsmaterials sehr empfehlen würde,
ist jedoch zurzeit — wegen der schwierigen Getrennthaltung von
Natrium und Chlor (hoher Schmelzpunkt des Bades) und der kom-
plizierteren, zerbrechlichen Apparatur — nicht konkurrenzfähig; ähnliche Schwierigkeiten bietet auch die Zerlegung des Natriumnitrats,
wozu noch die schwierige Gewinnung stärkerer Salpetersäure aus den
entweichenden Stickoxyddämpfen tritt.

---

*) Vgl. Näheres u. a. in B o r c h e r s , Elektrometallurgie, 3. A., 1903.

Die Elektrolyse des Natriumhydroxyds läßt sich in eisernen, durch direktes Feuer beheizten flachen Pfannen mittels eiserner Elektroden ausführen, sie erfordert eine sehr hohe Kathodenstromdichte (bis 5000 A/m²), sorgfältige Beobachtung der Temperatur und regelmäßige Entfernung des entstandenen Metalls durch Ausschöpfen, wozu ein trichterartiger, behufs Ablassen des mitgeschöpften Hydrats mit Verschlußstöpsel versehener Schöpfer dienen kann. Die Stromausbeute geht wegen des nicht zu vermeidenden und durch die Elektrolyse fortgesetzt sich neubildenden Wassergehaltes der Schmelze und der hierdurch bedingten Oxydation eines Äquivalentes Natrium nicht über 50% der theoretisch zu berechnenden hinaus (Le Blanc, Zeitschrift für Elektrochemie 1902). Das entstandene Natrium wird durch Umschmelzen in gewöhnlichen tiefen eisernen Tiegeln vom anhaftenden Natron gereinigt. Die Schmelze reichert sich allmählich an Natriumkarbonat an, erhöht dadurch ihren Schmelzpunkt und muß daher gelegentlich (bei 25—30% Na_2CO_3-Gehalt) ganz entfernt und durch frisches Ätznatron ersetzt werden.

Außer dem von Castner angegebenen Apparate sind auch Einrichtungen der Elektrochemischen Werke zu Bitterfeld sowie der Aluminium-Industrie-Aktiengesellschaft zu Neuhausen bekannt geworden, womit in verschiedenen Werken Deutschlands und des Auslands gearbeitet wird.

(875) Kalium. Die Gewinnung aus dem Ätzkali scheiterte bis jetzt anscheinend an der größeren Verstäubung und dadurch Oxydation des Metalls in der Schmelze infolge der hohen Kathodenstromdichte; wird diese zB. durch Umgeben der Kathode mit einer Magnesit-Glocke verhindert, so wird die Ausbeute (im kleinen erprobt) befriedigender.

(876) Legierungen von Kalium oder Natrium mit Zinn, Blei oder auch Zink werden erhalten, indem das mit dem Alkalimetall zu legierende Metall als (flüssige) Kathode im geschmolzenen Haloidsalze benutzt wird (Apparate hierzu von Vautin u. Borchers, von Hulin, von Acker).

Bisher konnten diese Legierungen nur zur Gewinnung des Alkalihydrates durch Behandlung mit Wasser oder Wasserdampf dienen, ein neuerer Vorschlag geht dahin, sie in geschmolzenem Alkalihydrat als Elektrolyt, das dabei unverändert bleibt, als Anode zu verwenden, wobei das Alkalimetall rein gewonnen werden soll. Da dieser Prozeß mit der Bildung der Legierungen in einem Verfahren und einer Apparatur vereinigt werden kann und die anodische Lösung der Alkalimetalle aus deren Legierung einen beträchtlichen Energiegewinn bedeutet, die zur Abscheidung des Alkalimetalls erforderliche Spannung daher sehr gering ist, so würde dies mit Rücksicht auf die Verwendbarkeit des billigsten Rohmaterials ein wichtiger Fortschritt in der Alkalimetallerzeugung sein.

(877) Magnesium, Lithium und Beryllium sind bei niedrigerer Stromdichte (1000 A/m² Kathodenfläche) mit 6 bis 8 V aus geschmolzenen Haloïddoppelsalzen abscheidbar. Als Kathoden dienen eiserne Schmelztiegel, die als Elektrolyt, zB. Karnallit enthalten; als Anoden dienen Kohlenstäbe, die mit unten offenen Porzellanrohren umgeben

sind. Zu beachten ist bei Magnesium, daß die Schmelze völlig frei von Wasser, möglichst auch von Sulfat sei, weil sich sonst Magnesiumoxyd bildet, das die Magnesiumkügelchen am Zusammenschmelzen verhindert und sie so leichter dem Angriff des Chlors wieder aussetzt. Zusatz von Fluorcalcium wird wegen Herabsetzung des Schmelzpunktes und zur Vereinigung der feinen Magnesiumkügelchen empfohlen; jedoch erhöhen derartige Zusätze das spezifische Gewicht, sodaß Gefahr besteht, daß bei größeren Zugaben das geschmolzene Magnesium emporsteigt und dem Angriff der Luft wie des chlorhaltigen Elektrolyts unterliegt. Die Badtemperatur soll den Schmelzpunkt des Magnesiums nicht wesentlich übersteigen.

Für die Darstellung des Lithiums eignet sich am besten ein geschmolzenes Gemenge von Lithium- und Kaliumchlorid, welches mit eben eintauchender Kathode und sie ringförmig umgebender Anode elektrolysiert wird.

Für die Darstellung des Berylliums wird von Lebeau das Berylliumalkalifluorid empfohlen; das Verfahren ist dem zur Aluminiumdarstellung ähnlich.

(878) Calcium, Strontium und Baryum. Ausgangspunkt sind wiederum die geschmolzenen wasserfreien Chloride; jedoch hat man bis jetzt Strontium und Baryum noch nicht in größeren Mengen dargestellt. Eine technische Darstellung des Calciums gelang zuerst Borchers und Stockem; bei diesem Verfahren, bei welchem ein dünner Eisenstab als Kathode (also hohe Kathodenstromdichte) und eine große Kohlenanode zB. die senkrechte, mit Kohle ausgefütterte Wand des Eisentiegels als Anode dient, wird das Calcium als Metallschwamm erhalten, der zunächst durch Ausdrücken vom größten Teil des ihn durchsetzenden Chlorcalciums befreit und dann durch Umschmelzen völlig gereinigt wird. Die Elektrochemischen Werke Bitterfeld gewinnen Calcium als kompaktes, reines Metall, indem sie die stabförmige Eisenkathode nur eben (wie bei ihrem Natriumverfahren) die Oberfläche der Schmelze (Chlorcalcium) berühren lassen und sie dem Strom und der Metallausscheidung entsprechend allmählich aus dem Bade herausziehen; hierbei bildet also sehr bald nach Beginn der Elektrolyse das der Dicke des Eisenstabes entsprechend angesetzte und durch eine Schicht Chlorcalcium vor oberflächlicher Verbrennung geschützte Calciummetall selbst die Kathode.

Erdmetalle.

(879) Aluminium. Die Elektrolyse wässeriger Lösungen führt hier ebensowenig, wie bei den vorbehandelten Metallen wegen deren großen Oxydationsbestrebens zu einem Ergebnis. Elektrolytisch wurde das Metall zuerst von Bunsen 1854 aus dem geschmolzenen Doppelsalz Aluminiumchlorid-Natriumchlorid abgeschieden.

St. Claire Deville machte den Vorschlag, das aus der Schmelze abgeschiedene Metall durch Zufuhr von Aluminiumoxyd (Aluminiumoxyd-Kohle-Anoden) zu ersetzen. Ein praktisch brauchbares Verfahren ging aus diesen Versuchen aber besonders deshalb nicht hervor, weil man an der Heizung der Schmelzgefäße und des Elektrolyts durch äußere Wärmequellen festhielt. Es gibt eben kein Material für solche Schmelzgefäße, die bei Heizung von außen der Schmelze stand halten und dabei reines Metall liefern. Erst als Héroult im Jahre 1887 auf den Gedanken kam, einen Teil der Stromarbeit zur Erzeugung der Schmelzwärme für das Elektrolyt zu benutzen, war das Haupthindernis, das der Lösung der Aufgaben bisher im Wege stand, beseitigt. Héroult hat jedoch diesen Weg zur Gewinnung des Aluminiums nicht weiter technisch ausgewertet, sondern sich mit der Darstellung seiner für wichtiger angesehenen Legierungen befaßt, die er durch Zusatz von Kupfer oder Kupferoxyd (Aluminiumbronze) bezw. Eisen (Ferroaluminium) zur Schmelze herstellte. Tatsächlich ist auch die Herstellung von kohlenstoff- und siliziumfreiem Aluminium im Kohletiegel, der als Kathode dient, nicht ohne weiteres möglich; auch Borchers, der sich mit Erfolg mit dieser Frage beschäftigte, war der Meinung, daß Kohlenkathoden für die Aluminiumdarstellung unbrauchbar seien (Karbidbildung, sowie Zertrümmerung durch eindringendes Metall) und schlug dafür gekühlte Metallböden vor, wodurch der Stromdurchgang von den Wandungen derart abgelenkt wurde, daß diese durch eine Kruste des Elektrolyt-Materials vor der Einwirkung des Bades und des Metalls geschützt blieben. Kiliani, unter dessen Leitung die Alum.-Industrie-Akt.-Ges. zu Neuhausen, wohl die bedeutendste Aluminiumfabrik des Kontinents, 1888 gegründet wurde, ermöglichte durch gute Regelung der Stromdichte und Führung der Stromlinien und, in Zusammenhang damit, Innehaltung einer gemäßigten Temperatur die Benutzung der Kohlenöfen auch ohne Metallkathoden und ohne besondere Kühlung zur Darstellung des Reinaluminiums. Gegenwärtig wird direkt nur dieses dargestellt und erst aus diesem durch Zusammenschmelzen die gewünschten Legierungen, was um so wichtiger ist, da letztere durch unmittelbare Erzeugung im elektrischen Ofen doch nicht von der gewünschten Zusammensetzung zu erhalten waren.

Zur Elektrolyse dient ein Bad aus natürlichem Kryolith oder aus Fluoraluminium und Fluornatrium, dem von Anfang an etwa 20% reine wasserfreie Tonerde beigemengt und im Verlaufe des Verfahrens entsprechend dem Stromverbrauch und unter Aufrechterhaltung der Spannung von 5,5 bis 8 V (je nach der Kapazität des Ofens) regelmäßig zugesetzt wird. Da die Schmelze bei der Temperatur der Elektrolyse (900—1000°) ein spezifisches Gewicht von max. 2,35, das geschmolzene Aluminium etwa 2,54 hat, so sammelt sich letzteres auf dem Boden des Ofens an, von wo aus es von Zeit zu Zeit mit eisernen Löffeln herausgeschöpft oder abgestochen wird.

Die Stromdichte beträgt etwa 2,5 A auf das Quadratzentimeter Badquerschnitt.

1 kg Aluminium bedarf zu seiner Ausscheidung theoretisch 2970 AS, die wirkliche Ausbeute beträgt bei einem Ofen, der mit 7500 A arbeitet, in 24 Stunden 43,1 kg Aluminium, also 71% der Theorie (auf den Stromverbrauch), der tatsächliche elektrische Energieverbrauch 30—31 P-Stunden für 1 kg Aluminium (bei 5,5 V). Andere Verluste bestehen in der Verdampfung der Fluorsalze der Schmelze, wobei das Fluor teils mit Natrium und Aluminium zusammen, teils in

gasförmigen (Kohlenstoff-) Verbindungen weggeht, sowie auch dadurch, daß ein Teil des Aluminiums in Aluminiumkarbid übergeht, so daß die Schmelze von Zeit zu Zeit entfernt werden muß. Der Ofen ist ein mit zäher Kohlepulverteermischung, die durch Ausbrennen erhärtet wird, ausgestampfter zylindrischer oder viereckiger Eisenblechkasten; im Boden sind starke, eiserne Stifte von einer eisernen Bodenplatte ausgehend als Stromzuleiter mit eingestampft. Der Ofen dient somit als Kathode. Die Anoden — starke zylindrische Stangen oder vierkantige prismatische Blöcke von künstlicher Kohle gepreßt — müssen leicht verstellbar aufgehängt sein und zwar derart, daß sie von der Wandung weiter entfernt sind, als vom Boden. Der Verbrauch an Anodenkohlen beträgt etwa 1 kg auf 1 kg erzeugtes Aluminiummetall.

Die Temperatur darf nicht zu hoch gehen, erstlich um die Verdampfung der Fluoride möglichst zurückzuhalten, sodann auch um Metallverluste (durch Verstäubung im Bade oder durch Oxydation) zu vermeiden.

Die Gestehungskosten des Aluminiums werden außer von der elektrischen Kraft durch den Preis der Elektrodenkohlen und der Tonerde bedingt, welche beide sehr rein, insbesondere frei von Eisen und Silizium sein müssen.

Aus Schwefelaluminium oder anderen Aluminiumverbindungen wird zurzeit kein Aluminium erzeugt.

(880) Ceritmetalle werden zwar bis jetzt im großen nicht hergestellt, lassen sich aber nach Borchers und Stockem (vgl. auch die zu ähnlichen Resultaten führenden Arbeiten von Muthmann und Hofer, 1902) ähnlich wie Aluminium gewinnen.

Schwer- oder Erzmetalle.

Die nun folgenden Metalle lassen sich sämtlich durch Elektrolyse aus wässerigen Lösungen niederschlagen; bei ihrer Reingewinnung soll ein Zusatz schleimiger Substanzen (Kolloide) zum Bade zur Erzielung blanker und schöner Metallniederschläge beitragen.

(881) Zink, Kadmium, Quecksilber. Die elektrolytische Zinkgewinnung hat trotz vielfacher, zum Teil in großem Maßstabe (zB. von Höpfner in Fürfurth, Dieffenbach in Duisburg u. a.) durchgeführten Versuche bis jetzt noch nicht Boden fassen können. Am wenigsten ist zu erwarten von den Verfahren, welche die durch Auslaugen der Erze (event. direkte elektrolytische Behandlung) gewonnenen Laugen unmittelbar verarbeiten wollen, wie die von Létrange, Blas und Miest u. a., da schon geringe Verunreinigungen des Elektrolyts, großer Säuregehalt, wie basische Salze schwammigen Niederschlag veranlassen. Besser dagegen gelingt die Metallraffination, die Verarbeitung von Legierungen, welche vorher auf gewöhnlichem hüttenchemischem Wege hergestellt sind; so soll die elektrolytische Scheidung des Zinkschaumes nach Rößler-Edelmann in neutraler Zinksulfatlösung sehr gute Resultate ergeben haben und nur aus anderweitigen wirtschaftlichen Erwägungen (zu geringer Anfall an der Zinksilberlegierung) eingestellt worden sein. Für die nasse Zinkelektrolyse

sind u. a. die Untersuchungen von Mylius und Fromm (Zeitschr.
f. anorgan. Chemie 1895) sowie von Förster u. Günther (Zeitschr.
f. Elektrochemie 1899/1900) beachtenswert.

Die im kleinen erfolgreichen Versuche von Lorenz zur elektrolytischen Zinkabscheidung aus geschmolzenem Chlorzink, auch Trennung von Silber und Blei auf diesem Wege, haben sich bisher —
wegen der Schwierigkeit, haltbare Apparate zu beschaffen — technisch
nicht durchführen lassen (Lit. Günther, Die Darstellung des Zinks
auf elektrolyt. Wege, 1904).

Kadmium läßt sich durch wässerige Elektrolyse leichter als Zink
erhalten und so auch raffinieren; doch hat kein Verfahren technische
Bedeutung. Ebensowenig wird Quecksilber auf elektrolytischem
Wege gewonnen, trotzdem es unschwer, zB. aus Alkalisulfidlösung,
niederzuschlagen, auch durch Elektrolyse in verdünnter Salpetersäure,
wobei es ungelöst bleibt, zu reinigen ist.

(882) Kupfer. In die Kupferhüttentechnik hat die Elektrolyse
nach Erfindung der Dynamomaschine in ausgedehntestem Maßstabe
Eingang gefunden, und zwar zunächst zur Raffination von
Schwarz- und Garkupfer. Schon im Jahre 1865 arbeitete
Elkington in England mit magnetelektrischen Maschinen in fabrik-
mäßigem Maßstabe. Nach Erfindung der Dynamomaschinen richtete
zuerst die Mansfeldsche Berg- und Hüttendirektion eine kleine Anlage
ein; eine größere entstand im Jahre 1876 auf den Werken der Norddeutschen Affinerie in Hamburg und eine dritte, im Jahre 1878, auf
dem Communion-Hüttenwerke in Oker. Seitdem ist man ganz allgemein zur elektrolytischen Raffination übergegangen. Es haben sich
inzwischen verschiedene Ausführungsarten dieser Arbeit entwickelt,
von denen das beste das Verfahren von Siemens & Halske
mit der von Gebr. Borchers-Goslar erdachten Laugenzirkulation ist.
Die Rohkupferanoden werden abwechselnd mit Feinkupferblech-
Kathoden in hölzerne mit Blei ausgekleidete Bottiche gehängt. Die
Entfernung zwischen den Elektroden beträgt 50 bis 80 mm. Zur Verbindung der Elektroden mit den Leitungen dienen Kupferblechstreifen,
welche auf den Längsleisten eines auf dem Bottichrande ruhenden,
mit Öl, Paraffin oder ähnlichen Substanzen getränkten Holzrahmens
liegen (Parallelschaltung). Die Anoden haben je zwei Ansätze, mit
denen sie auf die Leitungen gehängt sind. Je einer dieser Ansätze
ist gegen die negative Leitung durch Anstrich oder Gummiplatten
isoliert. Die Kathoden hängen meist in Kupferhaken an Holzleisten.
Zur Verbindung ist ein Kupferblechstreifen so über die Holzleiste
gezogen, daß er mit einem oder beiden Haken und der negativen
Leitung in Berührung steht. Auch die Anoden können so aufgehängt
werden. Das Elektrolyt besteht aus einer mäßig konzentrierten, sauer
zu haltenden Kupfervitriollösung. Durch Einblasen eines feinen Luft-
stromes in ein oben und unten offnes Rohr, das die Mitte des Bodens
mit einem Ende des Flüssigkeitsspiegels im Elektrolysierbottiche verbindet, erreicht man eine ideale Laugenzirkulation neben Reinerhaltung
der Laugen, wenn man die Bäder mäßig warm hält. Bei Kupfersorten,
welche ohne diese Laugenzirkulation höchstens mit einer Stromdichte
von 30 A/m² verarbeitet werden konnten, kann man heute bis auf
100 A/m² gehen, bei reineren Kupfersorten steigert man die Strom-

dichte auf 150 bis 200 A/m². Die erforderliche EMK beträgt für die Zelle je nach der Reinheit des Kupfers und des Elektrolyts 0,1 bis 0,25 V. Außer der vorstehend geschilderten Schaltung ist in Nordamerika (nach Haber, Zeitschr. f. Elektroch. 1903) auch die Reihenschaltung mit gutem Erfolg in Gebrauch, wobei in jedem Bade zwischen der stromzu- und abführenden Platte ohne metallische Verbindung eine Anzahl Kupferplatten als Mittelleiter hängen; sie verlangt jedoch schon sehr gutes (99,5%) Anodenkupfer. Nach Siemens & Halske betragen die Betriebskosten zur Raffination einer Tonne Kupfer täglich rund 59 Mk., bei den sehr großen Raffinerien in Nordamerika (nach Haber) kaum 35 Mk.

Bei allen diesen Prozessen geht das Kupfer von der Anode zur Kathode über; einige Verunreinigungen des Rohkupfers (Fe, Ni, Co, As usw.) gehen in Lösung, ohne an der Kathode gefällt zu werden. Ag, Au, PbO_2, Cu_2O (auch fein pulver. metall. Cu) treten nicht in die Lösung ein, sondern fallen als „Anodenschlamm" ab. Dieser wird gesammelt und mit dem Blei abgetrieben.

Marcheses Verfahren, Benutzung von Kupfersteinanoden, hat sich nicht bewährt; die Anode beladet sich mit schlechter leitendem Material (zB. PbO_2), zerfällt auch bald infolge der Verunreinigungen, auch das Elektrolyt wird bald hierdurch minderwertig. Nach einem von Borchers, Franke und Günther vorgeschlagenen Verfahren soll zuerst (event. durch Verschmelzen mit Cu) ein Kupferstein von möglichst hoher Konzentration und möglichster Reinheit mit gegen 80% Cu (also fast Cu_2S) erzeugt werden; hierdurch sollen einerseits die Nachteile der Marchesschen Anode, andererseits die bei der Herstellung des Schwarzkupfers auftretenden Übelstände (zB. Auftreten schädlicher Röstgase, Verluste u. dgl.) vermieden werden.

Siemens & Halskes Verfahren zur Verarbeitung von Kupfererzen ist zurzeit nicht in Betrieb. Es beruht darauf, daß unter Anwendung von Diaphragmen während der Ausscheidung von Kupfer aus Kupfersulfat an der Kathode Ferrosulfat an der Anode zu Ferrisulfat oxydiert wird. Die Ferrisulfatlösung dient dann außerhalb der Elektrolysiergefäße zum Auslaugen sulfidischer Kupfererze, aus denen unter Abscheidung von Schwefel und Rückbildung von Ferrosulfat Kupfer in Lösung geht. Schwierig ist die erforderliche Aufrechterhaltung der gleichmäßigen Zusammensetzung des Elektrolyts.

Höpfners Verfahren ist im Prinzip dem Siemensschen ähnlich; es arbeitet mit Kupferchlorür als Elektrolyt. Dieses Salz gibt an der Kathode Kupfer (und zwar mit dem gleichen Stromaufwand im Verhältnis zum Kupfervitriol die doppelte Menge), während an der Anode Kupferchlorid entsteht, das wieder zum Auslaugen der Kupfererze dient. Auch hier sind technische Schwierigkeiten, wie die Herstellung reiner Lösungen, die praktische Durchführung der Entkupferung der Erze sowie auch die Mängel der Diaphragmen trotz der zweifellos großen Vorzüge so bedeutend, daß ein wirtschaftlicher Betrieb bis jetzt anscheinend nirgends erreicht ist. Darüber, daß sich der von Coehn angegebene Weg, der Diaphragmen vermeidet, eingeführt habe, ist nichts bekannt geworden.

Zu erwähnen ist hier auch das Elmoresche Verfahren, nach welchem (zB. in Schladern a. d. Sieg) nahtlose Kupferröhren unter

Verwendung eines Rohkupfers von 94—96% Feingehalt auf galvano-plastischem Wege mittels drehender und von hin- und hergehenden Glättwerkzeugen bearbeiteter walzenförmiger Kathoden hergestellt werden (Stromdichte 600 A/m²); als Elektrolyt dient schwachsaure Kupferlösung; *Au* und *Ag* sammeln sich im Schlamm.

(883) **Silber.** Bei der Raffination des Kupfers (s. o.), des Werk-bleies (s. Blei) und des Zinkschaumes (s. Zink) bleibt Silber an der Anode als unlöslicher Rückstand; bei der Raffination goldhaltigen Silbers wird es dagegen an der Anode gelöst und an der Kathode niedergeschlagen: Elektrolyt: verdünnte sauer gehaltene Lösung von $AgNO_3$.

Bei Feinsilberarbeit sind die Anoden Blicksilberplatten, die an Haken auf einem auf den Leitungen ruhenden und mit der positiven Leitung in Kontakt befindlichen Bronzerahmen hängen, die Kathoden Feinsilberbleche, die mit Hilfe von Stäben und Haken ebenfalls auf die Leitungen gehängt und hierdurch mit dem negativen Pol in leitender Verbindung sind. Die Anoden sind mit Leinenbeuteln um-geben. Man arbeitet mit hohen Stromdichten (bis zu 300 A/m² Kathodenfläche), um die wertvollen Metalle schnell durchzusetzen. Das Silber wächst daher in Nadeln an den Kathoden an und wird fortwährend durch hölzerne, mechanisch bewegte Abstreicher ab-gestoßen; es sammelt sich in einem mit Leinwand ausgelegten und mit Lattenboden versehenen Kasten, der am Boden des Elektrolysier-bottichs steht. Alle 24 Stunden wird das abgestoßene Silber heraus-gehoben, gewaschen, gepreßt, getrocknet und eingeschmolzen. Die Anodenbeutel werden wöchentlich ein- oder zweimal vom dem Gold-schlamm entleert, der dann in bekannter Weise weiter verarbeitet wird. Bei 4 Elektrodenpaaren im Kasten beträgt die erforderliche Spannung 1,5 V. Dieses von Moebius ausgearbeitete Verfahren ist in Deutschland in der Deutschen Gold- und Silberscheideanstalt vorm. Rößler & Co. in Frankfurt a. M. in Betrieb.

(884) **Gold.** Bei dessen Gewinnung aus den Erzen hat sich die Elektroamalgamation nur an wenigen Plätzen eingeführt. Die elektro-lytische Ausfällung aus den verdünnten Cyankaliumlaugen nach Siemens & Halske ist zwar von gutem Erfolg, wird aber durch die chemische Fällung mittels Aluminium oder Zink stark verdrängt. Als Anoden dienen Eisenbleche, als Kathoden Bleibleche. An der Anode bilden sich verwertbare Eisencyanide (Berlinerblau), die mit Gold belegte Bleiplatte wird von Zeit zu Zeit eingeschmolzen und das Gold daraus abgetrieben.

Die Aufarbeitung von goldhaltigen Legierungen kann auf nassem Wege, wie bei Silber beschrieben ist, geschehen.

Nach Wohlwill (Verfahren der norddeutschen Affinerie) wird die Legierung als Anode gegenüber einer Feingoldkathode in verdünnter warmer Salzsäure bezw. saurer Goldchloridlösung bei hoher Strom-dichte (1000 A/m² und darüber) elektrolysiert, wobei ein sehr reines Gold entsteht, während Platin und Palladium in Lösung, Iridium und Silber (als Chlorsilber) in den Schlamm gehen. Da hierbei auch ein-wertige Goldionen auftreten, so ist die Stromausbeute zum Teil höher als sich auf dreiwertiges Gold berechnet. Das im Bad gelöste Platin muß von Zeit zu Zeit durch Ausfällen mit Salmiak entfernt werden.

Nach Moebius wird sehr reiche (95 % Ag) Silbergoldlegierung
in verdünnter Silbernitratlösung elektrolysiert unter ganz ähnlichen
Vorsichtsmaßregeln (s. bei Feinsilberarbeit): Gold geht in den Schlamm,
Silber schlägt sich an der Kathode nieder.

(885) **Zinn.** Zinnerze werden elektrolytisch nicht verarbeitet.
Dagegen beschäftigt die Entzinnung der Weißblechabfälle mehrere
z. T. große Anlagen, zB. in Essen, Kempen a. Rh., Uerdingen a. Rh.,
Hannover u. a.   Die Verwendung von Schwefelsäure als Elektrolyt
empfiehlt sich nicht (Eisenauflösung, Unangreifbarkeit der Lack-
anstriche in Schwefelsäure).   Am besten eignet sich Alkalilauge (10 %
$NaOH$), die nach einiger Dauer der Elektrolyse eine Natriumstannat-
lösung von ca. 2 % Zinngehalt darstellt.   Ein für Erzielung eines
festen Metallniederschlags empfohlener Zusatz von Chlornatrium zum
Bade ist nicht erforderlich, da das technische Ätznatron genügend
hiervon enthält.   In Eisenblechkörbe fest verpackte Weißblechabfälle
dienen als Anoden, Eisenbleche als Kathoden, auf denen sich das
Zinn in schwammiger Form abscheidet und davon durch Verschmelzen
(als Zinn) oder Auflösen (als Zinnsalze) gewonnen wird. Die ent-
zinnten Blechabfälle werden in Eisenwerken als Zuschläge verhüttet.

Die Elektrolyse geschieht in der Wärme (ca. 70°) bei etwa 1,5 V;
50 Zellen mit je 3 Körben zu je 50 kg Abfällen gestatten bei 300
Arbeitstagen eine Verarbeitung von 9000 t jährlich.   Das Elektrolyt,
welches Kohlensäure aus der Luft anzieht, muß zeitweilig entfernt
und kann dann leicht regeneriert werden, indem es erst mit Kohlensäure behandelt (Ausfällen des gelösten Zinns als Hydroxyd) und
hierauf (mit Kalk) alkalisiert wird.

(886) **Blei** läßt sich nach Glaser (Zeitschr. f. Elektrochemie
1900) in dichter Form aus wässeriger Lösung mit freier Säure abscheiden.

Nach Habers Mitteilungen wird in Nordamerika die elektrolytische Ausfällung aus kieselflußsaurer Lösung (nach Betts) in
großem Maßstabe und sehr befriedigend ausgeführt; ein besonderer
Vorteil ist die völlige Vermeidung des für manche Verwendungszwecke
sehr schädlichen Wismutgehaltes.   Für manche Zwecke zB. für Akkumulatoren ist Bleischwamm erwünscht und es eignen sich dann auch
Verfahren wie zB. die direkte elektrolytische Behandlung von Bleiglanz
in verdünnter Schwefelsäure (nach Salom) in einem nach Art der
Tribelhorn-Akkumulatoren aufgebauten Apparat.

Die Elektrolyse von geschmolzenem Chlorblei (Lorenz) wird
nicht verwendet.

Wie Blei läßt sich auch **Thallium** aus schwefelsaurer Lösung
und zwar in Nadeln abscheiden.

(887) **Antimon.** Die bereits für elektroanalytische Zwecke übliche Verwendung von Sulfantimoniaten und Sulfantimoniiten hat
Borchers für technische Zwecke umgearbeitet.   Danach werden
arme Antimonerze mit Schwefelnatriumlösungen ausgelaugt; an der
Anode entstehen bei der Elektrolyse Polysulfide und Hyposulfite, die
sich nachträglich weiter zu Hyposulfit und Schwefel verarbeiten lassen.

Arsen.   Arsen läßt sich zwar wie Antimon gewinnen, aber ohne
technischen Wert.

(888) **Wismut.** Für dessen Trennung von Blei hat B o r c h e r s unter Benutzung eines schmelzflüssigen, aus Chlornatrium mit Chlorkalium bestehenden Elektrolyts einen Apparat vorgeschlagen (s. auch das Verfahren von B e t t s unter Blei).

(889) **Nickel, Kobalt.** Nickel läßt sich bei höherer Temperatur aus Rohnickelanoden mit Nickellösungen gut raffinieren. Um Nickelerze zu verarbeiten, werden zunächst durch Röst- und Konzentrationsarbeit Legierungen mit Kupfer hergestellt, die dann elektrolytisch bis auf 1 % von Kupfer befreit werden, während der Rest an Kupfer und Eisen chemisch ausgefällt und die Nickellösung sodann elektrolysiert wird (so in nordamerikanischen Werken nach H a b e r).

Eine Methode zur Darstellung von chemisch r e i n e m Nickel und Kobalt (aus reinen Salzen) hat Cl. W i n k l e r angegeben. Lit. B o r c h e r s, Elektrometallurgie des Nickels, 1903.

(890) **Eisen und Chrom** lassen sich, jedoch unwirtschaftlich, aus wässeriger Lösung gewinnen; durch schmelzflüssige Elektrolyse von Chromalkalichlorid mit technischem Chrom als Anode läßt sich reines Chrom darstellen. Keines dieser Verfahren hat eine größere technische Bedeutung (siehe jedoch unter „elektrothermische Prozesse").

(891) **Mangan** (schon 1854 von B u n s e n durch Elektrolyse von konzentrierter siedender Manganchlorürlösung mit sehr hoher Stromdichte (6,7 A/cm²) dargestellt, läßt sich auch ähnlich wie das Aluminium durch Elektrolyse eines schmelzflüssigen Halogensalzes oder einer Fluorcalciumschmelze, welche Manganoxyd enthält (S i m o n), gewinnen.

(892) **Titan** wird nach B o r c h e r s als Pulver erhalten, indem zu schmelzflüssigen Erdalkalichloriden während der Elektrolyse an der Kathode Titanoxyde zugegeben werden.

(893) Die **Platinmetalle** lassen sich durch Elektrolyse ihrer Chloridlösungen niederschlagen, mit Ausnahme von Iridium, welches sich so von Platin und *Pd* trennen läßt, und von Osmium.

Anwendung der Elektrolyse zur Darstellung chemischer Produkte.

A. Anorganische Verbindungen und Elemente.

(894) **Sauerstoff und Wasserstoff.** Der Wasserstoff wird in der elektrolytischen Alkaliindustrie als Nebenprodukt gewonnen oder neben Sauerstoff durch Elektrolyse von Wasser, das mit Alkali oder Säure leitend gemacht worden ist, hergestellt. Er kommt, wie Sauerstoff, in Stahlflaschen komprimiert in den Handel.

Apparate zur gleichzeitigen Entwicklung von Sauerstoff und Wasserstoff sind zahlreich konstruiert worden, zB. von L a t s c h i n o f f, O. S c h m i d t, G a r u t i, S c h o o p, S i e m e n s B r o t h e r s und O b a c h, der E l e k t r i z i t ä t s - A k t i e n g e s e l l s c h a f t vorm. S c h u c k e r t & Co.;

sie alle fußen auf der Elektrolyse von Natronlauge zwischen Eisen-
oder Nickelelektroden oder von verdünnter Schwefelsäure zwischen
Eisen- und Bleielektroden.   Die Gase werden gesondert aufgefangen;
als Diaphragma genügt Filtertuch, Filz oder Asbest.   Mit den Apparaten der Elektrizitäts-A.-G. v. Schuckert & Co. lassen sich in 24
Stunden 106 m^3 Sauerstoff und 212 m^3 Wasserstoff mit ca. 70 KW in
40 Zersetzungszellen zu 600 A und 2,8—3 V (2,8 V bei 70° C.) erzeugen (Liter. über die industrielle Elektrolyse des Wassers: S c h o o p,
Stuttgart 1901 und E n g e l h a r d t, Halle 1902).

(895) Überführung des Chromoxyds in Chromsäure.   Nach
H ä u s s e r m a n n läßt sich Chromoxydhydrat in der mit Natronlauge
beschickten Anodenkammer einer mit Diaphragma versehenen elektrolytischen Zelle, deren Kathodenseite mit Wasser oder verdünnter
Natronlauge gefüllt ist, in Natrium(mono)chromat überführen; wird
die Lösung von Natriummonochromat ohne Alkali in die Anodenabteilung gegeben, so geht das Monochromat in Bichromat über.

Auch in schwefelsaurer Lösung läßt sich im Diaphragmaapparat
Chromoxyd zu Chromsäure elektrolytisch oxydieren: die Chromlösung
kommt an die Anodenseite, während die Kathodenabteilung mit derselben Lösung oder mit einem Sulfat oder mit Schwefelsäure gefüllt
wird.   Da die Chromsäure bezw. Chromate zumeist in schwefelsaurer
Lösung zur Verwendung kommen, zB. in der Alizarinfabrikation oder
in Chromsäurebatterien, so eignet sich dieser Weg noch besser zur
Regeneration der Chromsäure, weil die erhaltene Lösung ohne weiteres
wieder Verwendung finden kann.   Hierbei findet allerdings eine Anhäufung von Schwefelsäure in der Anodenkammer statt, wenn man
nicht, wie die H ö c h s t e r F a r b w e r k e v o r m. M e i s t e r, L u c i u s und
B r ü n i n g, zuerst vorschlugen, dieselbe Lösung, welche regeneriert
werden soll, zunächst als Kathodenelektrolyt benutzt.   Ist nämlich
die Anodenlauge genügend weit oxydiert, so wird sie abgelassen, an
ihre Stelle kommt die frühere Kathodenlösung und der Kathodenraum
selbst nimmt wieder frische zu regenerierende Lösung auf.   Auf diese
Weise wird stets nur dieselbe Menge freie Schwefelsäure im Verhältnis
zur Chromsäure im Kreislauf gehalten.   Die Stromdichte kann sehr
hoch, bis zu 6 A/dm² und darüber bei 3,0—3,5 V gehalten werden,
da die damit in Verbindung stehende Erwärmung des Elektrolyts dem
Prozeß nützlich ist und die Leitfähigkeit der Lösung überdies erhöht.
Gasentwicklung an der Anode zeigt Nebenzersetzungen und damit das
Ende des wirtschaftlich durchführbaren Prozesses an; durch stetiges
Zu- und Ablaufen der zu elektrolysierenden Flüssigkeit ist ein kon-
tinuierliches Arbeiten ermöglicht.   Die Verwendbarkeit dieses Verfahrens
für die Regeneration der Alizarinabfallaugen wird durch hohen Gehalt
an organischer Substanz wegen der zu ihrer Oxydation aufzuwendenden Stromenergie beeinträchtigt.

Bei Anwendung von Alkalichloridlösung als Elektrolyt läßt sich
in einer einfachen Zelle (ohne Diaphragma) nach R e g e l s b e r g e r jedes
beliebige Chromsalz sowie auch festes Chromoxyd (in fein verteiltem
Zustand) mit sehr guter Ausbeute direkt in Alkalichromat überführen
bis zu einer Konzentration, die zB. für Kaliumbichromat ein Aus-
kristallisieren durch Abkühlen der heißen Lösung gestattet.   Als

Anodenmaterial läßt sich jedoch die gewöhnliche Elektrodenkohle nicht verwenden; es ist möglich, daß die sog. Graphitkohle besser hält, sonst sind Platin bezw. Platiniridium event. auch die neuen Eisenoxyd-elektroden von Elektron zu gebrauchen.

(896) **Alkalipermanganat.** Nach einem Verfahren der Chemi-schen Fabrik auf Aktien (vorm. Schering) in Berlin wird durch Einleiten des Stromes in zwei getrennte Zellen mit poröser Scheide-wand, die eine mit Alkalilösung und der negativen Elektrode, die andere mit Manganatlösung und der positiven Elektrode beschickt, an der letzteren das Permanganat, an der negativen Elektrode neben Alkali Wasserstoff erhalten.

(897) **Perkarbonat.** Wird eine gesättigte, durch Diaphragma in Anoden- und Kathodenraum getrennte Lösung von Kaliumkarbonat bei etwa — 15° zwischen Platinelektroden mit hoher Stromdichte elektrolysiert, so erhält man im Anodenraum Kaliumperkarbonat neben Karbonat und Bikarbonat.

Die Perkarbonate finden in der Photographie Verwendung.

(898) **Persulfosäure und Persulfat.** Persulfosäure wird nach Elbs und Schönherr bei der Elektrolyse sehr verdünnter Schwefel-säure unter 1,2 spezifischem Gewicht nur wenig, solcher von 1,35 bis 1,6 spezifischem Gewicht im Maximum erhalten. Während der Elek-trolyse (mit hoher Stromdichte) wird durch Eis abgekühlt. Als Anode dient ein Platindraht, als Kathode eine Bleiplatte.

Bei Anwendung von verdünnter Schwefelsäure (bis 1,1 sp. Gew.) und hoher Stromdichte entsteht Ozon.

Für die Darstellung überschwefelsaurer Salze ist das wichtigste Ausgangsmaterial das Ammonsulfat. Gesättigtes Ammoniumsulfat befindet sich im Anodenraum, von diesem durch Diaphragma getrennt im Kathodenraum verdünnte Schwefelsäure. Anode ist eine Platin-spirale, Kathode eine Bleischlange, welche gleichzeitig als Kühlschlange dient. Bei Anwendung von neutraler Ammonsulfatlösung, die mit etwas Chromat (als Depolarisationsmittel) versetzt ist, läßt sich Am-moniumpersulfat nach E. Müller und Friedberger ohne Dia-phragma mit sehr hoher Stromausbeute gewinnen.

Natriumpersulfat gewinnt Loewenherz durch Elektrolyse einer Natriumsulfatlösung in der Anoden-, von verdünnter Schwefelsäure in der Kathodenzelle, wobei zeitweise mit Natriumkarbonat neutralisiert wird. Das Persulfat kristallisiert aus. Kaliumpersulfat wird auf ähn-liche Weise gewonnen.

Die Persulfate sind starke Oxydationsmittel, sie sind zB. imstande, den Benzolkern direkt zu hydroxylieren. So entsteht aus o-Nitro-phenol direkt o-Nitrohydrochinon.

Sie werden in der Photographie benutzt.

(899) **Chlor- und Alkali-Industrie.** Oettel & Häussermann haben den Verlauf der Elektrolyse von Alkalichloridlösungen unter-sucht und festgestellt, daß, abgesehen von den Einflüssen der Tem-peratur und Stromdichte, in neutraler Lösung vorwiegend Hypochlorit entsteht, in alkalischer Lösung in der Hauptsache Chlorat. Außerdem stellte Oettel fest, daß die Chloratdarstellung ohne Diaphragma aus-

geführt werden könne. Eingehende Untersuchungen verdanken wir
ferner Förster und seinen Schülern.

Bei der Darstellung von Chlorat arbeiten ohne Diaphragma Kellner
und die Elektrizitäts-Aktien-Gesellschaft vorm. Schuckert
& Co. Kellner versetzt kaltgesättigte Chlorcalciumlösung mit 3%
Kalkhydrat, welches durch Bewegung in Suspension erhalten wird.
Die Elektrolyse geschieht mit einer Platinanode und Eisenkathode.
Die Elektrizitäts-Aktiengesellschaft vorm. Schuckert & Co. elektrolysieren
konzentrierte Alkalichloridlösung bei 40° bis 100° mit Stromdichten
von 5—10 A/dm² in Gegenwart von 1—5% Alkalibikarbonat. Von
Zeit zu Zeit wird Kohlensäure eingeleitet. Anode ist Platin, Kathode
Eisen. Nach diesem Verfahren werden auch Erdalkalichloride zerlegt.
Mit Diaphragma arbeiten Häussermann & Naschold. Konzentrierte,
auf 80° erwärmte Chlorkaliumlösung wird im Anodenraum (Anode
Platin) durch Eintropfen von Kalilauge schwach alkalisch gehalten.
Kathode ist Eisen. Ausbeute ist gut. Gall und Montlaur ver-
fahren ebenso. Anode ist Platiniridium, die Lösung von 25% Chlor-
kalium wird schwach alkalisch gehalten und bei 45—55° elektrolysiert.
Kathode ist Eisen oder Nickel. Bei 50 A/dm² anodischer Stromdichte
ist die Badspannung 5 V.

Zusatz von etwas Kaliumbichromat zur Alkalichloridlösung verhindert (nach Imhoff) die Reduktion an der Kathode und erspart die
Anwendung eines Diaphragmas, indem nach E. Müller ein Ueberzug
einer Chromoxydverbindung auf der Kathode an dessen Stelle wirkt.

Unterwirft man eine gesättigte — nicht alkalische — Chlorat-
lösung unter Vermeidung der Erwärmung der Elektrolyse, so erhält
man Perchlorat.

Bei der Darstellung von Hypochlorit arbeitet man ohne Diaphragma, mit verdünnter Lauge und bei niedriger Temperatur (näheres
siehe bei Abel und Engelhardt, Die Darstellung der Hypochlorite).

Bei der elektrolytischen Darstellung von Ätzalkali oder Alkali-
karbonat und Chlor (Chlorkalk) aus Chloralkalien werden Anodenraum und Kathodenraum durch Diaphragmen getrennt. Die Trennung
geschieht entweder einfach durch Asbest- oder Tondiaphragmen oder
durch stehende Flüssigkeitssäulen zwischen isolierenden Wänden mit
Durchlaßöffnungen (Bein, Marx, Richardson, Holland) oder
durch Flüssigkeitsströmungen von der Zellenmitte aus (Farbwerke
vorm. Meister, Lucius & Brüning) oder durch Filterelektroden
(Hulin, Hargreaves & Bird). Letztere zersetzen Alkalichloridlösung in einem Behälter, dessen Boden und Wände porös und durchlässig sind. An diese legt sich dicht die aus Drahtgewebe bestehende Kathode an. Auf diese Weise besteht nur ein Anodenraum.
Die die Wand und Boden durchdringende Natronlauge wird mit Wasser-
sprühregen unter Zuleitung kohlensäurehaltiger Rauchgase abgespült.
Anode ist Kohle, Kathode ein Eisengitter, die Badspannung beträgt
3,4 V. Der Wirkungsgrad ist 80,3% bezogen auf Amperestunden,
Soda und Chlor. Das anodische Chlorgas enthält 97,5—98,5% Chlor
und liefert Chlorkalk von 37,5—39% wirksamem Chlor.

Diesen Verfahren stehen gegenüber die Methoden, welche Quecksilber als Diaphragma anwenden. Das Quecksilber nimmt auf der
einen Seite Natrium auf und gibt es auf der anderen Seite an Wasser

wieder ab. Nach diesem Prinzip sind die Verfahren ausgebildet von Sinding Larsen, Castner, Kellner, Störmer, Koch und Arlt. Castners Zelle ist dreiteilig, der Boden ist durch die 3 Abteilungen hindurch mit einer durchgehenden Schicht Quecksilber bedeckt; zwei Wände, die in das Quecksilber, gut abdichtend, tauchen, bewerkstelligen die Dreiteilung der Zelle. In den beiden äußeren Abteilungen sind Kohleanoden (oder besser Anoden aus Platiniridium) in Chlornatrium oder Chlorkalium, im mittleren Teil eine Eisenkathode in verdünnter Natron(kali)lauge. Das Quecksilber wird durch Schaukeln der Zelle bewegt und so aus dem Anodenraum zum Kathodenraum zwecks Abgabe des Alkalimetalls befördert. Badspannung 4 V bei 7 A/dm² anodischer Stromdichte. Man erhält im Kathodenraum 20 prozentiges Ätznatron. Der Nutzeffekt des Stromes liegt zwischen 87 und 92 %. Nachteil des Verfahrens ist, daß Quecksilber teilweise oxydiert und dann der Übertritt des Amalgams zur Alkalizelle behindert wird.

Von Wichtigkeit ist auch das Glockenverfahren des Österreichischen Vereins für chemische und metallurgische Produktion in Außig a. d. E. geworden, welches man sich aus dem Beinschen Prinzip des Flüssigkeitsdiaphragmas entstanden denken kann. Innerhalb einer in einem Behälter hängenden Steinzeugglocke befinden sich die Kohlenanoden, die nicht bis zum Rande der Glocke herabreichen, an den äußeren Seiten der Glocken hängen die Eisenblechkathoden. Zwischen der Kathoden- und Anodenflüssigkeit wird durch vorsichtiges zeitweiliges oder stetiges Zugeben von Alkalichloridlösung eine neutrale Schicht aufrecht erhalten, während im gleichen Maße Alkalilauge an der Kathodenseite abfließt.

Die Elektrolysen mit geschmolzenem Elektrolyt nach Hulin, Vautin, Acker s. bei der Darstellung der Alkalimetalle; hierbei dient Blei als Kathode ähnlich wie vorstehend das Quecksilber. Ausführliche zusammenfassende Darstellung der elektrolytischen Alkali-Chlorindustrie ist wieder (wie bereits in der 2. Aufl.) zu erwarten in der jetzt neu erscheinenden 3. Aufl. von Lunges Handbuch der Soda-Industrie; die Patentschriften sind übersichtlich zusammengestellt von Hölbling in dessen „Fortschritte in der Fabrikation der anorganischen Säuren, der Alkalien usw. 1905" (Springer); die Chloratfabrikation allein ist besprochen von Kershaw, übersetzt von Huth, in den Monographien über angewandte Elektrochemie.

(900) **Hydroxyde, Oxyde, Sulfide und unlösliche Salze der Schwermetalle.** Unterwirft man unter Anwendung des Metalls, dessen Oxyd gebildet werden soll, als Anode ein Alkalisalz der Elektrolyse ohne Diaphragma, so spaltet sich dabei das Salz in Säureion und Alkaliion. Ersteres löst das Metall der Anode, das Alkaliion bildet mit Wasser Alkalilauge, welche das gelöste Metall je nach dessen Natur als Oxyd, Oxydul oder Hydroxyd, Hydroxydul fällt. Auf diesem Prinzip beruht Luckows Verfahren zur Herstellung von Mineralfarben. Das Elektrolyt (von Luckow Natriumchlorat empfohlen) enthält in diesem Falle außerdem ein zweites Salz, das Fällungssalz, dessen Säurerest sich mit dem ausgefällten Metallhydroxyd verbindet und in dem Maße, wie es gebunden wird, stets neu zugefügt werden muß. Das Fällungssalz dient also als Überträger des Säurerestes.

Luckow arbeitet mit ganz verdünnten Salzlösungen. Zweckmäßig wendet man jedoch ein Elektrolyt von guter Leitfähigkeit an, während das Fällungssalz nur in geringer Menge vorhanden sein soll.

Zur Darstellung von Bleiweiß elektrolysiert man Natriumchlorat oder besser Azetat (Chlorat birgt Feuersgefahr) zwischen Bleielektroden. Fällungssalz ist Soda, dessen bei der Bildung des Bleiweißes aufgebrauchte Kohlensäure durch Einleiten von Kohlensäure wieder ersetzt wird. Bei Darstellung von Chromgelb muß statt Kohlensäure Chromsäure zugesetzt werden. Zur Darstellung von basischem Kupferphosphat verwendet man Kupferelektroden und Natriumphosphat als Fällungssalz usw. Bleiweiß erzeugt Bleeker Tibbits aus Bleianoden ein inem Bad von Natriumnitrat und Ammonkarbonat; in dem Maße, wie sich Bleihydroxyd ausscheidet, wird Kohlensäure eingeleitet. Ähnlich verfährt Bottome. Nach Ferranti und Noad wird durch Elektrolyse einer Lösung von Ammonazetat mit Diaphragma an den Bleianoden Bleiazetat, an den Kathoden Ammoniaklösung gebildet. Durch Vermischen beider elektrolytischen Produkte und Einleiten von Kohlensäure entsteht Bleiweiß und wiederum verwendbares Ammonazetat. Nach Browne wird bei Anwendung eines Bleistücks als positive und eines Kupferblechs als negative Elektrode eine Lösung von Natriumnitrat von 10° Baumé unter Anwendung eines Diaphragmas elektrolysiert, wobei die freiwerdende Salpetersäure Blei zu Bleinitrat auflöst, während an der Kathode Natronlauge entsteht. Beim Vermischen beider Produkte entsteht wiederum Natriumnitrat und Bleihydroxyd, das nach Filtration sich mit einer Natriumkarbonatlösung zu Bleikarbonat oder Bleiweiß und Ätznatronlauge umsetzt, die durch Kohlensäure in Natriumkarbonat verwandelt wird.

Bleisuperoxyd erhält die chemische Fabrik Griesheim-Elektron, indem sie ähnlich wie bei der Chromatdarstellung (895) nach Regelsberger eine Alkalichloridlösung unter stetigem, dem Stromverbrauch entsprechendem Eintragen eines Bleioxyds der Elektrolyse unterwirft.

Schwefelkadmium wird nach Richards und Roepper durch Elektrolyse von 10prozentiger Natriumthiosulfatlösung zwischen Kadmiumelektroden mit Wechselstrom oder mit einem periodisch die Richtung wechselnden Gleichstrom dargestellt.

Schwefelquecksilber (Zinnober) läßt sich erhalten, wenn man in einem Bade aus Ammonium- und Natriumnitrat Quecksilber als Anode der Elektrolyse unter Einleiten von Schwefelwasserstoff unterwirft.

Japanisches Rot oder Eosinbleioxydlack entsteht bei Anwendung von Bleielektroden durch Elektrolyse einer 10prozentigen Natriumazetatlösung, in die man kontinuierlich Eosinlösung fließen läßt. Das entstehende Bleioxyd verbindet sich mit dem Eosin zum roten Lacke, dessen Farbenton je nach der Konzentration der Eosinlösung verschieden ausfällt. Bei Anwendung von Zinkelektroden erhält man den analogen Zinklack.

B. Organische Verbindungen.

Die Elektrolyse hat bis jetzt für die organische Chemie hauptsächlich wissenschaftliches Interesse. Die Anwendung in der Praxis
ist eine sehr beschränkte, da die einfachen chemischen Reaktionen
meist billiger und glatter verlaufen als die mit unerwünschten Neben-
wirkungen verknüpften, im Energiebedarf teuren elektrochemischen
Reaktionen. Nachstehend einige Beispiele, teils von wichtigeren Produkten, teils zur Illustration der Art und Weise, in der Elektrolysen
organischer Verbindungen verlaufen können. Vgl. Loeb, die Elektrochemie der organischen Verbindungen, Halle 1905.

(901) **Cyanverbindungen.** Es lassen sich elektrolytisch Ferro-
cyansalze (gelbes Blutlaugensalz) in Ferridcyansalze (rotes Blutlaugensalz) überführen (Stromdichte 30 A/m² bei guter Bewegung des Elektrolyts). Vgl. Zeitschrift für anorganische Chemie, 1904, S. 240.
Berliner Blau und Grün mit verschiedenen Nüancen dieser Farbentöne entstehen nach Göbel, wenn der aus Ferrocyansalzen mit
Ferrosalzlösungen erhaltene Niederschlag, in säurehaltigem Wasser auf-
geschwemmt, im Anodenraum einer elektrolytischen Diaphragmenzelle
behandelt wird.

(902) **Chloroform, Jodoform, Bromoform.** Die chemische
Fabrik auf Aktien in Berlin vorm. E. Schering hat ein
Verfahren zur elektrolytischen Darstellung von Chloroform, Jodoform
und Bromoform patentiert erhalten. Die Darstellung geschieht durch Einwirkung des Stromes auf ein Gemisch von Halogenalkali mit Alkohol
oder Azeton in der Wärme. An der Anode treten die Haloide Chlor,
Brom und Jod auf. Sehr rein und ausgiebig entsteht an der Anode
das Jodoform in einer mit Alkohol versetzten Lösung von Soda und
Jodkalium, was fabrikmäßig ausgeführt wird.

Elbs und Herz arbeiteten versuchsweise zur Darstellung des
Jodoforms mit einer Lösung von 100 cm³ Wasser, 20 cm³ konz. Alkohol, 10 g Jodkalium und 5 g Natriumkarbonat bei 60° und einer
anodischen Stromdichte von 1 A/dm². Sie erreichten bei kontinuier-
lichem Betrieb unter Ersatz von Alkohol, Soda und Jodkalium 97 ½ %
der theoretischen Ausbeute.

(903) **Chloral.** Die chemische Fabrik auf Aktien vorm.
Schering verwendet einen Destillierkessel mit eingesetztem Diaphragma. In die Anodenabteilung mit einer auf 100° C. erwärmten
konzentrierten Chlorkaliumlösung, worin sich die auch zum Rühren
dienende Kohlenanode bewegt, fließt langsam Alkohol, der durch das
freiwerdende Chlor in Chloral umgewandelt wird, welches aus dem
Destillat durch Salzzusatz ölig ausgeschieden und über konzentrierter
Schwefelsäure rektifiziert wird. Als Kathode dient eine Kupferelektrode.
1 Pferdekraftstunde liefert 50 g Chloral.

(904) **Phenoljodderivate** werden durch Elektrolyse einer alkalisch
gemachten und mit Jodkalium versetzten Phenollösung gewonnen.
So erhielten die Farbenfabriken vormals Friedr. Bayer & Co.
aus Thymol und Jodkalium an der Anode das in der Medizin verwendete Aristol (Dithymoldijodid). Gute Resultate wurden auch bei

β-Naphtol, Resorzin, Salizylsäure, Carvacrol und anderen Phenolen erzielt.

(905) **Hydrobenzoin und Saccharin.** Wird nach H. Kauff-mann durch die Lösung von Benzaldehyd in 15 prozentiger Kalium-bisulfitlösung der Strom geleitet, so bildet sich an der Kathode neben etwas Isohydrobenzoin das Hydrobenzoin.

Ortho-Benzoësäuresulfiid (Saccharin) ist durch elektrolytische Oxydation von o-Toluolsulfonamid in alkalischer Lösung zu erhalten.

(906) **Elektrolyse von Nitroderivaten.** Wie auf rein chemi-schem Wege durch Reduktion des Nitrobenzols erhält man auch elek-trolytisch Azoxybenzol, Azobenzol, Hydrazobenzol und Anilin, je nach den eingehaltenen Bedingungen. Es spielt dabei sowohl das Lösungs-mittel wie auch das Kathodenmaterial eine wesentliche Rolle. Führt man nämlich die Reduktion in alkalischer Lösung aus, so entstehen direkt Azoxy- und Azoverbindungen, in saurer Lösung jedoch Hydrazo-und Amidoverbindungen. Nach Löb sind diese Reaktionen zurück-zuführen auf das Vorherrschen von (OH)-Ionen im ersteren, von H-Ionen im letzteren Fall. So lassen sich zB. die in wässerig alkali-scher Lösung erhaltenen Azoxyazokörper in saurer Lösung zu Hy-drazokörpern reduzieren, die sich dann in der Lösung zu Benzidinen umlagern. Die Abhängigkeit der sich bildenden Produkte vom Ka-thodenpotential hat vorzugsweise Haber festgestellt.

Bei der Elektrolyse der Nitrokörper in konzentrierter Schwefelsäure macht gleichzeitig neben der Reduktion der Nitro-gruppe in die Amidogruppe auch der hierzu in Parastellung befind-liche Wasserstoff der Hydroxylgruppe Platz und es entstehen so die Para-Amidophenol-Verbindungen. Ist die Parastellung besetzt, so entstehen unter Umständen kompliziertere Verbindungen, oder es wird der Substituent in der entsprechenden Weise ersetzt, zB. Chlor durch (OH). So gelangt man zu einer Anzahl großes technisches Interesse darbietender Substanzen, zB. Paraamidophenol, unter dem Namen Rodinal in der Photographie bekannt, ebenso Monomethylparaamido-phenol oder Metol. Aus dem Paraamidophenol erhält man ferner das Phenacetin oder Acetylparaamidophenyläthyläther. Auch Farbstoffe erhält man an der Kathode durch elektrochemische Reduktion, so aus der Lösung von $\alpha_1 \alpha_4$ und $\alpha_1 \alpha_3$-Dinitronaphthalin in konzentrierter Schwefelsäure mit Diaphragma das Naphthazarin, Dioxynaphthochinon, einen schwarzen Beizenfarbstoff. Man kann sogar Substanzen er-halten, die man durch gewöhnliche Oxydation bisher nicht erhalten konnte, zB. Para-Nitrobenzylalkohol aus Paranitrotoluol.

(907) **Derivate des Anthrachinons.** Läßt man, wie Goppels-roeder gezeigt hat, indem man der Masse von Zeit zu Zeit etwas Wasser zufügt, den Strom durch fast bis zum Schmelzen erhitztes mit Anthrachinon vermischtes Ätzkali gehen, so färbt sich dieses am negativen Pole wegen Bildung von Monooxyanthrachinon zuerst rot, dann blauviolett (Alizarin) und schließlich rot (Purpurin).

(908) **Anilinschwarz.** Goppelsroeder leitet durch eine neu-trale oder angesäuerte wässerige Lösung des Chlorhydrats oder Sulfats des reinen Anilins den elektrischen Strom. Es erscheinen auf dem als positive Elektrode dienenden Platinbleche nacheinander grüne,

violette, blauviolette und dunkelviolettblaue Färbungen, worauf sich ein immer reichlicherer, in feuchtem Zustande dunkelindigoblauer, glänzender, im trockenen Zustande dunkelschwarzer Absatz bildet, welcher hauptsächlich Anilinschwarz enthält. Die Ausbeute an Anilinschwarz ist eine der theoretisch berechneten fast gleichkommende.

In ähnlicher Weise lassen sich Homologe und Derivate des Anilins zu Farbstoffen umwandeln. Da jedoch das Anilinschwarz und diese anderen Farbstoffe einfacher direkt auf der Faser chemisch erzeugt werden, so hat die elektrolytische Darstellung zurzeit nur theoretisches Interesse.

(909) **Natürliche Farbstoffe, Hämateïn, Brasileïn usw.** Foelsing hat versucht, durch elektrolytische Behandlung des Blauholzextrakts, welches außer den Farbstoffen Hämatoxylin und Hämateïn hier nicht in Betracht fallende andere Stoffe enthält, die Herstellung eines hämateïnreicheren Extrakts zu bewirken. Schon 1885 hatte Goppelsroeder über elektrolytische Versuche mit Blauholzabkochungen berichtet. Ähnlich erhält man nach Foelsing durch Elektrolyse einer Rotholzabkochung aus dem Brasilin durch Deshydrogenisation das Brasileïn bezw. ein an Brasileïn reicheres Rotholzextrakt.

(910) **Gelbe Beizenfarbstoffe** werden von der **Badischen Anilin- und Sodafabrik** durch Oxydation aromatischer Oxykarbonsäuren in schwefelsaurer Lösung außer mit Persulfaten auch elektrotisch erhalten.

(911) **Orangefarbstoffe der Gesellschaft für chemische Industrie in Basel.** Die gelben alkalischen Kondensationsprodukte der Paranitrotoluolsulfonsäure, das heißt ihre Azoxy-, Azo- und Dinitro-stilbendisulfoderivate werden durch Elektrolyse in alkalischer Lösung im Kathodenraume (*Hg* als Kathode) in Orangefarbstoffe umgewandelt.

(912) **Indulinartige Farbstoffe** entstehen bei der elektrolytischen Reduktion von aromatischen Nitrokörpern mit aromatischen Basen in rauchender Salzsäure oder von aromatischen Aminen mit ihren Chlorhydraten.

(913) **Triphenylmethanfarbstoffe** (zB. *p*-Rosanilin, *p*-Nitrobittermandelölgrün) entstehen aus dem Triphenyl-*p*-nitromethan und seinen Substituenten und Sulfosäuren durch elektrolytische Reduktion in konzentrierter Schwefelsäure unter Anwendung einer Diaphragmazelle.

(914) **Eosin und andere Halogenderivate der Fluoresceïngruppe** entstehen durch elektrolytische Oxydation der in Alkali gelösten Fluoresceïne in Diaphragmazelle.

C. Anwendungen der Elektrolyse in der Färberei*) und Druckerei.

(915) Die Erzeugung einzelner Färbungen direkt auf der Faser durch den elektrischen Strom hat gegenüber den auf chemischem Wege außerhalb des Färbebades leichter durchzuführenden Reaktionen keine Bedeutung gewinnen können. Von einem gewissen Interesse erscheinen lediglich die Goppelsroederschen Untersuchungen, welche die Herstellung farbiger Muster direkt auf dem Gewebe lehren.

Es handelt sich hierbei um die an der einen oder anderen Elektrode vor sich gehenden Reaktionen, welche in Gegenwart von vegetabilischen oder animalischen Textilfasern, von Papier, Pergamentpapier oder anderen kapillaren Medien, also bei innigem Kontakte der Lösungen der Elektrolyte mit den Fasern stattfinden. Die Farbstoffe bilden sich in Gegenwart von Fasern, welche sofort ihre Anziehung auf letztere ausüben. Beim Tränken der rohen Fasern mit Lösungen, bei deren Elektrolyse bleichende Produkte auftreten, üben diese ihren bleichenden Einfluß auf die Farbstoffe der rohen Fasern aus. Die Zellulose der vegetabilischen Fasern kann hierbei zum Teil in Oxy-zellulose verwandelt werden. Wird gefärbtes Zeug mit einer Lösung getränkt, bei deren Zersetzung durch den elektrischen Strom Produkte auftreten, welche den Farbstoff zerstören, so geschieht dessen Ätzung. Setzt man der Lösung eines auf solche Weise bleichend wirkenden Elektrolyts noch ein Chromogen, zB. Anilinsalz zu, so geschieht gleichzeitig mit der Wegätzung der alten Farbe die Bildung einer neuen Farbe, zB. des Anilinschwarz. Unter gewissen Umständen wird aufgefärbter oder aufgedruckter Farbstoff in einen neuen, zB. Türkischrot bei Anwendung der angesäuerten Lösung eines salpeter-sauren Salzes in Nitroalizarin übergeführt. Es können auf elektro-chemischem Wege auch Metalle auf den Fasern abgelagert und Metall-oxyde, zB. die in der Färberei als Beizen dienenden fixiert, ferner auch die verschiedenen Farblacke, also die Verbindungen der Metall-oxyde mit Farbstoffen gebildet und gleichzeitig solid befestigt werden.

Elektrothermische chemische und metallurgische Prozesse.

(916) Schwefelkohlenstoff entsteht, wenn Schwefeldämpfe unter Luftabschluß mit glühenden Holzkohlen zusammentreffen. Darauf gründet zu dessen Herstellung Taylor seinen elektrischen Ofen, eine

---

*) Hinsichtlich der Einzelheiten wird auf Goppelsroeders Abhandlungen: „Über die Darstellung der Farbstoffe, sowie über deren gleichzeitige Bildung und Fixation auf den Fasern mit Hilfe der Elektrolyse" in der Zeitschrift „Österreichs Wollen- und Leinen-Industrie 1884—85", auf dessen 1889 erschienene „Farbelektro-chemische Mitteilungen" bei Anlaß seiner an der Royal Jubilee Exhibition in Manchester 1887 ausgestellten Resultate sowie auf seine 1891 bei Anlaß der Frankfurter Elektrotechnischen Ausstellung in der Separatausgabe der Elektro-technischen Rundschau publizierten: „Studien über die Anwendung der Elektro-lyse zur Darstellung, zur Veränderung und zur Zerstörung der Farbstoffe ohne oder in Gegenwart von vegetabilischen und animalischen Fasern" verwiesen.

Art Schachtofen von 12,5 m Höhe und 4,87 m Durchmesser an der Basis. An der Ofensohle sind die Elektroden (Kohlenbündel) angeordnet; auf ihnen liegen zunächst Kohlenstücke als Widerstands- und Erhitzungsmaterial, darüber die oben im Schacht ein- und nachzuschüttende Holzkohle; seitlich vom schmäleren Füllschacht sind Einfüllöffnungen für den Schwefel. Dieser schmilzt allmählich, fließt nach unten, wo er in der größeren Hitze verdampft; die Dämpfe treffen mit den durch die Wärmestrahlung von unten her glühenden Holzkohlen zusammen, die hierdurch entstehenden Schwefelkohlenstoffdämpfe ziehen seitlich am obern Ende ab nach einem System von Kühlern. Der Ofen arbeitet mit Zweiphasenstrom und zwar mit 200 P el., womit täglich 3175 kg Schwefelkohlenstoff aus 3175 kg sizilianischem Schwefel II und 765 kg Holzkohlen erhalten werden, und es wird angenommen, daß bei voller Ausnutzung des Ofens die Gestehungskosten noch niedriger werden.

(917) **Baryumoxyd** wird durch Glühen von Schwerspat (Baryumsulfat) mit Kohle im elektrischen Ofen, im Gemenge mit Baryumsulfid, erhalten; durch Auslaugen erhält man eine Lösung von Baryumhydroxyd und Baryumhydrosulfid, aus der das erstere zum Teil auskristallisiert, während der verbleibende Rest des Baryums mit Kohlensäure, unter entsprechender Schwefelwasserstoffentwicklung als Baryumkarbonat ausgefällt wird.

(918) **Karbide u. dgl.** Moissan stellte mit Hilfe eines elektrischen Ofens Untersuchungen an über die Darstellung von Metallen und anderer nichtmetallischer Elemente, über die Kristallisation von Metalloxyden, sowie über die drei Kohlenstoffvarietäten: amorphen Kohlenstoff, Graphit, Diamant. Es gelang ihm, einige Elemente darzustellen und Forschungen von hohem Wert über eine Reihe von Verbindungen, über die Karbide, Silizide und Boride auszuführen (vgl. Moissan, Der elektrische Ofen, deutsch von Zettel).

Von den Karbiden, die sich von allen Metallen und sehr vielen Nichtmetallen *herstellen lassen, haben das Calciumkarbid und das Siliziumkarbid Anwendung in der Technik gefunden.

1. Das Calciumkarbid wird im elektrischen Ofen im großen dargestellt und dient vermöge seiner Umsetzung mit Wasser zur Gewinnung von Azetylengas für Beleuchtungszwecke. Ein Karbidofen besteht im allgemeinen aus einem gemauerten Behälter, dessen Kohlenauskleidung den einen Pol darstellt, während eine Kohlenstange, die in den Tiegelraum taucht, als anderer Pol dient. Statt dieser Anordnung benutzt man auch einen Tiegel aus feuerbeständigem Material oder Eisen. Die Wandungen der Tiegel werden im Laufe des Prozesses durch einen unzersetzt bleibenden Teil der Beschickung geschützt. Als Elektroden dienen 2 Kohlenstäbe oder auch ein Kohlenstab und eine Kohlenplatte am Boden des Tiegels (Ausführliches s. Borchers, Entwicklung, Bau und Betrieb der elektrischen Öfen).

Die Darstellung des Calciumkarbids geschieht durch Erhitzen eines Gemisches grobkörnigen Kalks mit grobkörnigem Koks im Verhältnis 100 : 70—90 durch den Lichtbogen oder meist durch Widerstanserhitzung mittels Gleichstroms oder Wechselstroms. Man nähert die Kohlen, erzeugt einen Lichtbogen, dieser schmilzt (etwa 3500° C.)

einen Teil der Beschickung und wandelt sie in Karbid. Das geschmolzene Karbid leitet, wird als Widerstand weiter erhitzt und teilt seine Wärme der übrigen Beschickung mit. Nachdem alles geschmolzen, läßt man den Ofen erkalten und entfernt das Karbid (diskontinuierlicher Betrieb); statt dessen kann auch der Ofen auf Abstich eingerichtet werden (kontin. Betrieb). Kontinuierlichen Betrieb ohne Abstich ermöglichen übrigens auch die rotierenden Öfen zB. der um eine horizontale Achse rotierende Ofen von Horry (der Union Carbide Co. an den Niagarafällen). Für einen gut geleiteten Betrieb rechnet man für 1 KW in 24 Stunden etwa 5 kg Karbid; 1 kg gutes Karbid liefert praktisch ca. 300 l Azetylen auf $0°$ C. und 760 mm Barometerst. reduziert.

Mit Hilfe des Calciumkarbids gelingt es auch nach dem von Frank, Caro u. a. begründeten Verfahren, den Stickstoff der Luft in einer für die Landwirtschaft unmittelbar verwertbaren Form, als Ammoniak oder als Calciumcyanamid, zu gewinnen. Das letztere, welches sich im Ackerboden allmählich in mehrere von den Pflanzen assimilierbare Stickstoffverbindungen umsetzt, entsteht beim Überleiten von Stickstoff über hocherhitztes Calciumkarbid bezw. dessen Kalk-Kohle-Bildungsgemisch. Wendet man hierbei Stickstoff mit Wasserdampf an, so läßt sich Ammoniak gewinnen. Während des Prozesses entweichen große Mengen Kohlenoxyd.

2. Siliziumkarbid oder Karborundum. Nach dem Verfehren von Acheson wird in einem allseitig geschlossenen Ofen, welcher aus Mauersteinen ohne Mörtel aufgebaut ist, zwischen Kohlenelektroden ein Gemisch von 20 Teilen Koks, 29 Teilen Sand, 5 Teilen gewöhnlichen Salzes (zum Erleichtern des Schmelzens) und 2 Teilen Sägemehl oder Kork durch einen in diese Mischung eingestampften Kern aus grobem Kokspulver, welcher, von Elektrode zu Elektrode reichend, als Erhitzungswiderstand dienen soll, geschmolzen; dabei entweichen beträchtliche Mengen Kohlenoxydgas. Öffnet man nach dem Prozeß den Ofen, so umkleiden den Kern, der jetzt fast reiner graphitähnlicher Kohlenstoff ist, kristallähnliche Aggregate von Siliziumkarbid, das nach Behandlung mit Sauerstoff in der Rotglut zur Befreiung von nichtgebundenem Kohlenstoff, hernach mit Salzsäure, verdünnter Natronlauge und etwas schwefelsäurehaltiger Fluorwasserstoffsäure, 70% Silizium und 30% Kohlenstoff enthält. Bei Eisengehalt erscheintdas Siliziumkarbid grünlich oder grünlichgelb, aus reinem Kohlenstoff und reiner Kieselerde dargestellt, hingegegen farblos; es besitzt fast die Härte des Diamanten und ist härter als Schmirgel und Korund. Dieses neue Schleif- und Poliermittel findet daher Verwendung in der Stahl-, Eisen-, Glas- und Porzellanindustrie, sowie in der Diamantschneidekunst. Feine Stahlinstrumente werden beim Schleifen hiermit blau, da nur wenig Wärme entwickelt wird. Karborund wird auch an Stelle von Ferrosilizium in der Stahlfabrikation angewandt, wobei es als endothermische Verbindung besonders günstig wirkt. Ferner dient es als feuerfester Schutzanstrich für Ofengewölbe u. dgl.

(919) Silizium und Bor; Silizide und Boride; Titan, Zirkon, Thor. Silizium entsteht mit mehr oder weniger Karborundum verunreinigt bei Reduktion von Kieselsäure, zweckmäßig unter Zusatz von Silikaten, mit Kohle im elektrischen Ofen.

Silizide, deren wichtigste außer dem oben genannten Karborundum die Ferrosilizium-Verbindungen sind, können durch Erhitzen eines Gemenges von Metall oder Metalloxyden, Quarz und Koks im elektrischen Ofen erhalten werden.

Bor und Boride lassen sich durch elektrische Reduktion der Borsäure bezw. der entsprechenden Metallborate unter Zusatz der zur Reduktion ausreichenden Kohlenstoffmenge gewinnen; sie haben bis jetzt kein größeres technisches Interesse.

Ähnlich ist auch Titan (zunächst in unreinem Zustande, aus dem es durch elektrisches Erhitzen mit Titansäure rein erhalten werden kann) herzustellen, ebenso Zirkon und Thor.

(920) **Phosphor (Vanad, Niob, Tantal). Phosphor.** Readmann und Parker erzeugten Phosphor durch Reduktion von Calciummetaphosphat mittels elektrisch intensiv erhitzter Kohle. In jede Seitenfläche des aus feuerfestem Material hergerichteten Ofens geht ein gußeisernes Rohr, durch welches je ein mittels Schraubenmechanismus verschiebbares Kohlenelektrodenbündel in den Ofen bis in das zu erhitzende Gemisch von Metaphosphat und Bruchkohle hineinreicht, Gase und Dämpfe werden in großen Kondensatoren vom Phosphor befreit, ehe sie in die Luft sich verbreiten. Der durch ein einmaliges Umschmelzen gereinigte Phosphor ist durchscheinend und blaßgelb. Die Ausbeute beträgt zwischen 85 und 90% der theoretisch möglichen.

Gegenwärtig wird wohl sämtlicher Phosphor auf einem im wesentlichen ähnlichen Wege aus Phosphaten hergestellt. Der Vorteil des elektrischen Ofens beruht hier weniger in der großen Hitzeerzeugung, da zur Reduktion der Phosphate die durch gewöhnliche Retortenfeuerung zu erzeugende Hitze völlig ausreicht, als vielmehr darin, daß die Reaktion inmitten des Schmelzgemisches vor sich gehen kann, wodurch die Ofenwandungen vor dem zersetzenden Einfluß der Umsetzungsprodukte durch unzersetzte Masse geschützt bleiben.

Vanad, Niob, Tantal lassen sich ebenfalls im elektrischen Ofen durch Reduktion ihrer Oxyde mit Kohle reduzieren.

(921) **Chrom, Mangan, Eisen.** Die ersteren beiden werden auf elektrothermischem Wege für sich im großen nicht hergestellt, sondern nur in ihren Legierungen mit Eisen.

So erhält man zB. Ferrochrom mit ca. 71% Chromgehalt durch Niederschmelzen von Chromeisenstein im elektrischen Tiegelofen, dessen Wandung als die eine Elektrode, während eine senkrecht einhängende Kohle als die andere Elektrode dient; man benutzt Wechselstrom, und zwar kann man auf 1 kg Ferrochrom 7,5 KWS rechnen. Ähnlich ist auch Wolframeisen, Titaneisen, Chromtitan, Ferroaluminium, Ferromangan zu erhalten.

Mangankupfer und ähnlich auch Siliziumkupfer kann man aus den mit Kohle gemischten Erzen oder Oxyden im Cowlesschen Ofen (mit verschiebbaren Kohleelektroden) darstellen.

Ferrosilizium wird entweder aus Eisenerz oder aus Eisenabfällen zusammen mit Sand und Koks gewonnen; im ersteren Fall ist der Verbrauch an elektrischer Energie beträchtlich höher, er steigt im übrigen mit dem Siliziumgehalt.

Sehr viel Wichtigkeit scheinen nunmehr da, wo, sei es durch billige Wasserkräfte, sei es durch die Ausnutzung von Hochofengasen, die elektrische Energie billig genug zu stehen kommt, die elektrothermischen Eisen- und Stahlgewinnungsverfahren zu erhalten. Sie gehen entweder von Roheisen aus (Verfahren von Héroult, Gin-Leleux, Kjellin), oder verarbeiten Eisenerze (Verfahren von Stassano, Ruthenburg, Héroult bezw. Société électro. metallurgique française, Keller, Harmut, Conley). Während Stassano sich der strahlenden Wärme des Lichtbogens zum Niederschmelzen des Erzkohlegemisches und des Metalles bedient, lassen Héroult und Keller den Strom von Elektrode zu Elektrode durch Vermittlung einer Schlackenschicht bezw. des unter dieser liegenden geschmolzenen Metalls gehen, wodurch sie eine Verunreinigung und Höherkohlung des Metalls vermeiden. Nach Ruthenburgs Verfahren werden feinpulverige Erze durch elektrische Hitze (mittels durch sie selbst während ihres Durchganges zwischen einem als eine Elektrode dienenden Schütttrichter und einer darunter liegenden walzenförmigen Kohlenelektrode durchgeleiteten Stromes) zu größeren, verhüttbaren Stücken verschmolzen.

Ganz eigenartig ist das Verfahren von Kjellin in Schweden, welches zum Schmelzen der Wärme des im leitenden Erzgemisch oder Metall erzeugten Induktionsstromes bedient, wodurch es die Reinheit, insbesondere den Kohlenstoffgehalt des Eisens vollkommen in der Gewalt hat.

Über die elektrothermische Herstellung der anderen Metalle, zB. des Kupfers, Nickels und besonders des Zin'ks sind zwar schon verschiedentlich Vorschläge gemacht worden, sie haben aber bis jetzt anscheinend noch zu keiner technischen Durchführung geführt.

Verschiedene andere praktische Anwendungen der Stromwirkungen.

(922) **Gerberei.** Nach einem von Groth ausgearbeiteten Verfahren werden die auf Rahmen gespannten Häute in einem einer Maischtrommel ähnlichen trommelförmigen Gefäße, welches mit der höchstens $4\frac{1}{4}\%$ Tannin enthaltenden Gerbflüssigkeit gefüllt und an seinem Innenmantel mit den Elektroden aus Kupferdraht versehen ist, untergebracht. Während des Durchleitens des Stromes befindet sich die Trommel in Umlauf. Nach dem Verfahren von Worms und Balé werden die vorerst gereinigten, enthaarten und mit Ätzkalklösung behandelten Häute in großen, zylindrischen, um ihre horizontale Achse sich drehenden und mit der Gerbflüssigkeit gefüllten Trommeln der Wirkung des elektrischen Stromes ausgesetzt.

Bei dem deutschen elektrischen Gerbverfahren von Foelsing hängen die Häute in einer Grube, welche einen doppelten Siebboden hat. Aus einer zweiten Grube wird Gerbstoffbrühe in die erste Grube gepumpt, der Druck durch das Sieb gleichmäßig verteilt und durch Kupferelektroden Strom durch die Häute, welche gleichsam Diaphragmen bilden, geschickt. Das Gerbebecken ist mit einem Überlauf nach dem zweiten Becken versehen, so daß die Flüssigkeit einen Kreislauf beschreibt. Über dem Brühbecken ist ein kleiner Behälter mit Gerbstoff, um die Gerbstofflösung nach Bedarf zu verstärken. Es wird mit Gleichstrom gearbeitet, für ein Gerbebecken von 15 000 l mit 60 V und 12 A. Nach 72 Stunden ist leichtes Vache tadellos gar, schweres Vache nach 5 Tagen, schweres Ochsenleder nach 6 Tagen.

Abom und Laudin gerben mit Wechselstrom. F. Roever hat Studien über die elektrische Endosmose von Gerbsäurelösungen durch tierische Haut gemacht und hält dafür, daß unter dem Einflusse des Stromes ein energischer Transport der Gerbstofflösung durch die Haut stattfindet, wie dies durch hydrostatischen Druck nicht erreichbar ist. Die Flüssigkeit bewegt sich in der Richtung des Stromes.

Diese Prozesse sind von chemischen Erscheinungen nur in verschwindendem Maße begleitet, es handelt sich vielmehr anscheinend um den rein physikalischen Vorgang der Kataphorese oder elektrischen Endosmose.

Hiernach bringt es keinen Vorteil, dem Elektrolyt etwa gutleitende Salze beizumischen, wie vorgeschlagen worden ist. Wesentlich ist, daß die Häute als Diaphragmen zwischen den Elektroden sich befinden und daß stets ein gewisser, nicht zu hoher Gerbstoffgehalt der Lösung vorhanden ist. Ein regelmäßiger, nicht zu häufiger (etwa jede Minute) Wechsel in der Stromrichtung soll den Durchgang der Gerbstofflösung aufrecht erhalten, während bei gleichbleibender Stromrichtung, anscheinend durch Verstopfung der Poren, der Widerstand wächst.

(923) Bleicherei. Goppelsroeder hat gezeigt, daß man die rohen, aus vegetabilischer Faser bestehenden Zeuge mit Hilfe der Elektrolyse bleichen kann, indem man als Elektrolyt zum Tränken der Zeuge neutrale, alkalische oder saure Lösungen von Chloriden der alkalischen oder erdalkalischen Metalle oder auch sehr verdünnte Salz- oder Schwefelsäure anwendet.

Natürlich kann der nach dem Abflämmen der Haare die Bleicherei einleitende wichtige Prozeß des Beizens mit Lauge zur Entfettung und Entharzung usw. nicht umgangen werden. Ein Bleichverfahren von Hermite beruht auf der Zerlegung einer gemeinschaftlichen Lösung von 0,5 % Chlormagnesium und 5 % Seesalz, wobei das sich bildende Ätznatron an den auf langsam sich drehenden Wellen befestigten, parallelen Zinkscheiben als Kathode gelatinöse Magnesia ausfällt, während an der aus Platindrahtsieben bestehenden Anode die mit Magnesia sich verbindenden chlorhaltenden Säuren entstehen. Die rotierenden Scheiben und eine Zirkulationspumpe sorgen für Bewegung der Flüssigkeit. Die elektrolysierte Flüssigkeit wird den zu bleichenden Stoffen, zB. der Papiermasse zugeführt. Nach dem Bleichen wird die Lösung von neuem der Stromwirkung ausgesetzt, um abermals benutzt zu werden. Die Verluste sind von Zeit zu Zeit zu ersetzen. Hermite und Dubosc haben auch durch den elektrischen Strom das in Natrium- und Magnesiumchlorürlösung eingeführte fein gemahlene Stärkemehl gebleicht. Man kann nach Hermite auch nur eine Lösung von Chlormagnesium, 5 % Chlormagnesium auf 95 % Wasser, verwenden, aus welcher durch den Strom an der positiven Elektrode sehr unbeständiges Magnesiumhypochlorit entsteht, während an der negativen Elektrode Magnesia unter Entwickeln von Wasserstoffgas gebildet wird. In dem durch die Elektrolyse veränderten Bade wird die Pflansenfaser unter Regeneration von Chlormagnesium gebleicht, das im Elektrolysator wiederum in Magnesiumhypochlorit übergeführt wird.

Fr. Kellner hat eine Reihe von Bleichverfahren ausgearbeitet und neue Apparate konstruiert. Der Kellnersche Apparat besteht aus einem Tongefäß mit Riefen, in welchen Glasplatten sitzen, die das Tongefäß in kleine Abteilungen teilen. Die Glasplatten sind beiderseitig mit einem geklöppelten Platindrahtgeflecht von 0,1 mm Drahtdicke belegt, dessen Meschen durch Platindrähte, welche die Glasplatte durchdringen, leitend miteinander verbunden sind. Die Platingeflechte wirken als Mittelleiter. Der Strom tritt an einer Schmalseite des Tongefäßes durch eine Elektrode ein, passiert die Mittelleiter nacheinander, um am anderen Ende durch die Endelektrode wieder auszutreten. Die beiden Endelektroden bestehen aus Platiniridium. Die Konzentration der Lauge ist etwa 10%.

Knöfler & Gebauers Apparat arbeitet ebenfalls mit Mittelleitern. Die Anordnung ist die einer Filterpresse, deren Kammern durch 0,01 mm dicke Platinbleche, die als doppelpolige Elektroden wirken, abgeschlossen sind. Der Apparat eignet sich nur für sehr dünne Laugen.

Der Apparat von Haas und Oettel ist ebenfalls mit doppelpoligen Elektrodenplatten (angeblich Graphit) ausgestattet und so eingerichtet, daß die Kochsalzlösung (17%) ihn im senkrechten (auf- und absteigenden) Schlangenweg durchläuft.

Mit zunehmendem Gehalt an Bleichchlor nimmt die Stromausbeute ab. Im Durchschnitt werden bei etwa 10—12 g bleichendes Chlor auf das Liter im Apparat von Haas und Oettel auf 1 kg Bleichchlor 4,9 KWS und 16,2 kg Salz (bei 17% Lösung) bezw. 7,8 KWS und 5,2 kg Salz bei 22 g Chlor im Liter und 10° Bé Salzlösung, im Apparat von Kellner auf 1 kg Bleichchlor 10,4 KWS und 7 kg Salz bei 6,3prozentiger Lösung und 7,3 KWS und 9,2 kg Salz bei 10prozentiger Lösung verbraucht.

Die elektrolytischen Bleichlaugen haben vor der Anwendung des Chlorkalkes die Vorzüge der größeren Schonung des Bleichgutes und der größeren Bleichwirkung.

Näheres s. in den Abhandlungen von Abel und Engelhardt in „Hypochlorite und elektrolytische Bleiche" (Sammlung von Monographien über angewandte Elektrochemie).

(624) Gebrauchs- und Abwasser-Reinigung. Die Trinkwasser-Reinigung mittels Ozons siehe unter (931) (stille elektrische Entladungen).

Abwässer soll nach dem Plane von Webster dadurch zu reinigen sein, daß man den elektrischen Strom hindurchleitet, wobei der an der positiven Elektrode entweichende Sauerstoff und das bei Gegenwart von Chloriden event. nach Zusatz von Kochsalz sich entwickelnde Chlor desinfizierend wirken. Bei Anwendung eiserner, mit der Stromquelle verbundener Elektroden, welche in Form von parallelen Eisenplatten in den Laufrinnen sich befinden, bildet sich an der Anode Eisenoxyd, welches die suspendierten organischen Stoffe niederschlägt. Vor Ablauf in den Fluß läßt man das Suspendierte sich absetzen. Hermite erhielt durch Elektrolyse von Meerwasser eine Chlor und Hypochlorit enthaltende Flüssigkeit (Hermitin), welche zur Desinfektion von Straßen, Kloaken usw. dienen kann, vgl. (923). B r o w n stellt die desinfizierende Natriumhypochloritlösung durch Elektrolyse von Kochsalzlösung her. G. O p p e r m a n n inkorporiert dem Gebrauchswasser zur Zerstörung organischer Verunreinigungen Ozon und Wasserstoffsuperoxyd, indem er das Wasser bei Anwendung von Platinelektroden elektrolysiert. Man kann natürlich diese Agentien auch für sich gewinnen und dem Wasser zufügen. Um das eigentümlich unangenehm riechende und schmeckende Wasser vom Überschuß des Reinigungsmittels zu befreien und um es vollständig zu klären, unterwirft es Oppermann einer zweiten Elektrolyse mit Aluminiumelektroden unter Anwendung eines Stromes von niederer Spannung und größerer Intensität. Die Aluminiumplatten werden vertikal gestellt und das Wasser in Bewegung gehalten, damit der sich bildende Aluminiumhydroxydniederschlag sich nicht zwischen den Elektroden festsetze.

(925) Reinigung des Rübensaftes. Bei Behandlung der Rübensäfte durch den elektrischen Strom sollen sie nach B e r s c h lichtere Färbung annehmen. Am positiven Pole, wo der Sauerstoff zur Wirkung gelangt, bildet sich Kohlensäure, am negativen Pole, wo der Wasserstoff entweicht, werden Eiweißstoffe ausgeschieden. Bei geringer Kalkzugabe sollen klare Säfte entstehen und eine gute Ausbeute an schönem aschenarmen Zucker erhalten werden. In verschiedenen Zuckerfabriken, wo nach S c h o l l m e y e r s, B e h m s und D a m m e y e r s Verfahren größere Dauerversuche gemacht worden sind, werden die beiden durch eine Scheidewand getrennten Teile eines eisernen viereckigen Kessels, worin sich Elektroden aus Zink- oder Aluminiumblech befinden, abwechselnd mit je 1500 l auf 70° C. erwärmten und mit Kalk alkalisch gemachten Diffusionssaftes in der Höhe von 0,5 m gefüllt und während zehn Minuten ein Strom von 6 bis 8 V Spannung und 50 bis 60 A/m² Stromstärke durchgelassen. Der an den negativen Elektroden sich bildende gelatinöse Niederschlag verbindet sich mit organischen Verunreinigungen des Zuckersaftes. Da der immer stärker werdende Niederschlag den Widerstand vermehrt, so wird der Strom alle acht Tage umgekehrt. Der filtrierte Saft gibt hernach mit dem nur dritten Teile von Kalk wie beim gewöhnlichen Verfahren eine größere Ausbeute an Zucker. J a v a u x, G a l l o i s und D u p o n t erwärmen den mit Kalk oder Baryt versetzten Saft auf 85 bis 90° C., um durch die leichtalkalische Beschaffenheit eine teilweise Inversion des Zuckers zu vermeiden und gewisse organische Verunreinigungen niederzuschlagen. Dann fließen die filtrierten Säfte durch zwei von den Kathoden durch poröse Diaphragmen getrennte Abteilungen, zuerst in eine solche mit Anoden aus Mangan- oder Aluminiumoxyd, dann in eine mit Anoden aus Bleiplatten. Die Kathoden bestehen aus Kohle, Eisen oder anderen in Alkalien unlöslichen Stoffen und befinden sich in Wasser. Die freiwerdenden Säuren werden durch die Oxyde der Anoden gebunden, die basischen Bestandteile aber gelangen durch die Diaphragmen zu den Kathodenabteilungen. Durch Dekantation und Filtration wird der Saft von den organischen Niederschlägen und den Mangan- und Bleioxydverbindungen befreit. Um noch Spuren von Bleisalzen zu entfernen, wird bis zu schwach saurer Reaktion Phosphorsäure zugesetzt

und die überschüssige Phosphorsäure hernach durch Kalk niedergeschlagen. Nach Filtration wird der Saft konzentriert. Bei diesem
Verfahren soll ein kleiner Kochsalzzusatz zum Saft und eine Bewegung
der Anoden letztere von einer Schicht Schlamm und Bleihydroxyd frei-
halten. Auch Ozon für sich oder in Verbindung mit der Elektrolyse
wirkt reinigend und klärend.

(926) **Reinigung und Verbesserung des Alkohols, des Weines
und des Essigs.** Die Elektrolyse soll die reine Hefegärung durch
Tötung unreifer Arten befördern — Rektifizieren von Alkohol, wie
vorgeschlagen, von dem beigemengten Fuselöl ist wegen der Zersetz-
lichkeit des ersteren nicht zu erwarten.

Mengarini will durch Elektrolyse die sauer gewordenen Weine
verbessern. Junge Weine werden rasch ausgebildet, haltbar gemacht,
sterilisiert. — Essigsäure, welche mit Hilfe des elektrischen Stromes
gereinigt wurde, zeigt nicht jenen scharfen erstickenden Geruch wie
die destillierte. — Der Erfolg ist bei allen fraglich.

(927) **Reinigung von Ölen und Fetten.** Die im Kathodenraume
eines mit Kochsalzlösung oder verdünnter Schwefelsäure gefüllten,
durch ein Diaphragma in zwei Abteilungen geteilten Apparates befindlichen Öle oder Fette werden bei beständiger Bewegung durch den
elektrolytischen Wasserstoff und das Alkali gereinigt.

(928) **Holzkonservierung.** Hierfür ist die Behandlung der in
geeignete Salzlösungen zwischen Elektrodenplatten eingelegten Hölzer
mit Gleich- oder Wechselstrom vorgeschlagen worden.

(929) **Die Entwässerung von breiartigen Massen** geschieht
durch Elektrosmose, die beim Durchgang von Strömen hoher Spannung
und verhältnismäßig geringer Intensität in diesen Massen durch eine
Art Doppelschichtbildung zustande kommt. Die festen Stoffe gehen
hierbei zur Anode, die Flüssigkeit, welche, um hohe Potentialdifferenzen
bei geringer Stromintensität anwenden zu können, schlecht leitend
gehalten wird, wandert nach der Kathode.

Technische Wichtigkeit scheint, außer der Entwässerung von
Farbstoffpasten wie Alizarin, besonders die Entwässerung des Torfs
zu besitzen, über welche neben einer kurzen Abhandlung von Graf
Schwerin in den „Berichten über einzelne Gebiete der angew. physik.
Chemie, hgb. v. der deutschen Bunsengesellschaft, Berlin 1904" auch
aus verschiedenen deutschen Patentschriften näheres zu entnehmen ist.

Wirkungen elektrischer Entladungen.

(930) **Die elektrischen Funken** und ebenso die Flammenbogen
rufen Reaktionen hervor durch ihre hohe Temperatur und starken
Druck. Letzterer entsteht dadurch, daß die von der plötzlichen Temperaturerhöhung betroffenen Gasteilchen eine Drucksteigerung erfahren,
die wegen der Plötzlichkeit der Erscheinung sich der Umgebung nicht
sofort mitzuteilen vermag. Der elektrische Funken ist imstande, Gase
zu zersetzen, zB. Ammoniak in Stickstoff und Wasserstoff, und zu

vereinigen zB. Stickstoff und Sauerstoff zu salpetriger Säure und Salpetersäure.

Nach dem Verfahren der Atmospheric Products Co. an den Niagarafällen wird Luft in einem durch Drehung des inneren Kranzes von radial zueinander gestellten Elektroden wechselnde Funken erzeugenden Apparat bis zu $2\frac{1}{2}\%$ Stickoxydgas mit günstigen Ausbeuten angereichert; ungünstig ist aber zurzeit noch die Überführung dieser Gase in starke nutzbare Salpetersäure.

(931) **Die stille elektrische Entladung**, ein fortwährendes Übergehen von Elektrizität zwischen Leitern (Belegungen), welche durch einen Gasraum und eine dielektrische Schicht oder zwei dielektrische Schichten (Glas, Glimmer) getrennt sind, vermag ebenfalls Gase zu vereinigen und zu trennen. Auch eine Reihe interessanter organischer Synthesen sind damit ausgeführt worden. Die wichtigste Anwendung ist jedoch die der Darstellung von Ozon aus dem Sauerstoff der Luft.

Man arbeitet dabei mit hohen Spannungen (sekundäre Ströme) und entweder mit unterbrochenem Gleichstrom oder mit Wechselstrom. Von der großen Anzahl Ozonapparate (H a b e r, Grundriß der technischen Elektrochemie S. 540) hat in Deutschland der von S i e m e n s & H a l s k e die meiste Anwendung gefunden.

Deren neuester Apparat, wie er vorzugsweise für Bereitung des Ozons zur Wasserreinigung dient, besteht aus einem die eine Elektrode bildenden Aluminiumzylinder, welcher in einem Abstand von wenig Millimetern von einem Glasrohr umgeben ist. Das letztere ist in einem mit Wasser, das die andere Elektrode bildet, gefüllten Eisenkasten flüssigkeitsdicht eingesetzt; zwischen Glaszylinder und Aluminiumrohr strömt die Luft durch, deren Sauerstoffgehalt unter der Einwirkung der von einem hochgespannten Strom (8500 V) ausgelösten dunkeln (bläuliches Licht) elektrischen Entladung zu einem hohen Grade in Ozon verwandelt wird. Je 6—8 solcher Glasrohre sind in einem Apparate und diese wieder zu mehreren in einem System sowohl für den Strom wie für Luft parallel geschaltet.

S i e m e n s & H a l s k e haben ein Verfahren, mit Hilfe der stillen Entladung aus Stickstoff, Sauerstoff und Ammoniak salpetersaures Ammoniak darzustellen. Das Verfahren wird so ausgeführt, daß ein Gemisch von sorgfältig getrockneter Luft und trockenem Ammoniakgas im Verhältnis 1 Vol Luft zu $\frac{1}{100}-\frac{2}{100}$ Vol Ammoniak angewandt wird.

(932) **Der elektrische Flammenbogen.** Umfassender und gewaltiger als die durch Funkenentladungen hervorzubringenden Reaktionen sind diejenigen des Flammenbogens, weil sie größere Energiemengen in kleinem Raume zur Wirkung zu bringen gestatten. Auch hierbei ist es, wie bei den Funkenentladungen, in erster Linie die durch den Elektrizitätsübergang erzeugte große Wärme, welche die chemischen Reaktionen, bei denen es sich demnach nur um die Bildung endothermischer d. h. wärmeverbrauchender Verbindungen handeln kann, einleitet. Die technische Anwendung dieser Reaktionen, insbesondere für die Verwertung des Luftstickstoffes und die Erzeugung von Stickoxydverbindungen direkt aus der Luft, hat einen hohen Aufschwung genommen, seitdem man nach dem Vorgang von

Birkeland und Eyde den Flammenbogen künstlich ausbreitet, wodurch es möglich wird, ihm viel bedeutendere Energiemengen als bisher gefahrlos zuzuführen.

Zu diesem Zwecke werden von Birkeland und Eyde mitten durch die Breitseiten eines hohen, sehr schmalen Ofens aus feuerfestem Tone zwei große, kräftige Elektromagnetpole geführt, die den durch gekühlte, auf der Schmalseite senkrecht zu ihnen in das Ofeninnere ragende Elektroden gebildeten Flammenbogen zu einer Scheibe von etwa 1,5 m Durchmesser auseinanderziehen, während gleichzeitig durch die Wandung in den schmalen Ofenraum Luft hinein gepreßt wird. Die entstehenden Stickoxydverbindungen werden abgeleitet und geben bei der darauffolgenden Abkühlung mit dem überschüssigen Luftsauerstoff Stickstofftetroxyd, das in Rieseltürmen zT. in Salpetersäure übergeführt wird, während die entweichenden Gase von Kalkmilch oder Alkalilaugen absorbiert werden und damit zunächst Nitrate und Nitrite bilden. Ein einziger Ofen kann bis zu 500 KW aufnehmen und gibt in 24 Stunden etwa 1300 kg Salpetersäure (als HNO_3 berechnet). Dabei ist die Bedienung sehr einfach, da es sich nur um die Beaufsichtigung und Regelung des Stromes und Luftzufuhr handelt; 1 Arbeiter kann daher 3 Öfen bedienen (vgl. zB. den Vortrag von Witt in der Zeitschrift „Die chemische Industrie“ 1905, Heft Nr. 23).

Anwendung der magnetischen und elektrostatischen Scheidung in der chemischen und Hüttenindustrie.

(933) Diese Scheidung findet Anwendung zur Sortierung von Erzen, Aufbereitungsrückständen, Porzellan-, Papiermasse und verschiedenen anderen Abfallstoffen, Zwischenprodukten und dgl.

Wir unterscheiden paramagnetische und diamagnetische Stoffe. Die ersteren sind für die magnetischen Kraftlinien durchlässig (permeabel), werden dabei selbst magnetisiert und von den Polen des induzierenden Magnets angezogen; die letzteren besitzen gegenteilige Eigenschaften; sie werden von beiden Polen abgestoßen. Unter den paramagnetischen unterscheiden wir solche von hoher Permeabilität (sie werden vom Handmagnete angezogen) und solche von geringer Permeabilität (sie werden vom Handmagnete nicht angezogen).

1. Paramagnetische Stoffe
   a) hoher Permeabilität: Fe, Ni, Co, Fe_3O_4.
   b) geringer Permeabilität: Mn, Cr, Ce, Ti, Pt, Pd, Os, Mangan- und Eisenverbinduugen.
2. diamagnetische Stoffe: Bi, Sb, Zn, Sn, Cd, Na, Hg, Pb, Ag, Cu, Au, As, Ur, Rh, Ir, Wo.

Bis etwa zum letzten Jahrzehnt des vorigen Jahrhunderts dachte man überhaupt nicht daran, Stoffe aufzubereiten, welche unter die Gruppe 1 b gehörten, da man stets mit großen, weit zerstreuten magnetischen Feldern arbeitete. Es handelte sich daher bei den eingangs genannten Produkten meist um die Ausscheidung von Fe und Fe_3O_4; und, lagen andere Produkte vor, wie zB. Spateisenstein- oder oxydhaltige Erze, so wurden diese zur Überführung des $Fe\,CO_3$ oder Fe_2O_3 in Fe_3O_4 zunächst geröstet. Wetherill hat dagegen erkannt, daß sich in einem stark konzentrierten magnetischen Felde auch Erze aufbereiten lassen, welche die Stoffe der Gruppe 1 b enthalten. Ein dem Wetherillschen ähnliches Verfahren ist vom Mechernicher Bergwerks-Verein ausgearbeitet worden. Krupp hat auch ein Verfahren der nassen magnetischen Scheidung, bei dem das Erz im freien Fall durch einen steigenden Wasserstrom der magnetischen Wirkung ausgesetzt wird.

(934) Nach der älteren und neueren Arbeitsweise kommen heute folgende Erze für die elektromagnetische Aufbereitung in Betracht: magneteisensteinhaltige Sande und Sandsteine; ihres Blei- und Zinkgehaltes wegen gefürchtete Spateisensteine; Spateisenstein und andere Eisenerze führende Sandsteine, Schiefer-, Blei- und Zinkerze, sowie Aufbereitungsprodukte derselben; Hämatit; Chromit; Titaneisensand; Rutil; Franklinit; Pyrolusit; Psilomelan; Tephroit; Rhodonit; Granat.

Das Prinzip der magnetischen Scheidung ist in allen Fällen das folgende: Man führt das aus magnetisierbaren und nicht magnetisierbaren Bestandteilen sich zusammensetzende Gemisch kontinuierlich so durch ein (elektrisch erhaltenes) magnetisches Feld, daß das Magnetische durch Anziehung seine natürliche oder ihm künstlich erteilte Bewegungsrichtung ändert, während das Nichtmagnetische darin verbleibt. Dabei ist es wichtig, daß die Bewegungsgeschwindigkeit der Erzgemische im richtigen Verhältnis zur ihrer Magnetisierbarkeit steht. Beide Bestandteile des Scheidegutes werden dann an verschiedenen Stellen des Apparates ausgetragen. Die Magnetpole selbst sind von der direkten Berührung der Teilchen geschützt, zB. durch ein dicht daran vorbeigehendes endloses Band.

Auf einzelne Apparate hier näher einzugehen, ist nicht möglich, da deren Zahl eine zu große ist. Es sei nur auf einige Konstruktions- und Arbeitsprinzipien hingewiesen:

Bei feststehend angeordneten Magneten sind folgende Möglichkeiten gegeben:

1. Man läßt das Scheidegut vor den Magnetpolen frei fallen und magnetisiert so, daß das Magnetische nur ein wenig aus der senkrechten Fallrichtung abgelenkt wird, oder so, daß es von den Polen angezogen wird, um dann von dem Trennungsbande abgestrichen oder durch zeitweilige Entmagnetisierung der Elektromagnete zum Abfallen gebracht zu werden.

2. Man führt das auf Trommeln oder Transportbänder aufgegebene Scheidegut so durch das magnetische Feld feststehender Magnete, daß das Nichtmagnetische an dieser Stelle abfallen kann oder abgeschleudert wird, während das Magnetisierbare festgehalten wird und erst abfällt oder abgebürstet wird, nachdem der betreffende Trommel- oder Transportbandteil das magnetische Feld verlassen hat.

Beweglich an Trommeln oder Transportbändern angeordnete Magnete werden durch ebenfalls in Bewegung befindliches, in Wasserströmen zerteiltes Scheidegut geführt. Das an den Magneten Haftende wird mit emporgehoben und dann von den Transportteilen entfernt, während das Taube anderweitig aus dem Apparat entfernt wird.

Literatur: Langguth, Elektromagnetische Aufbereitung, 1903.

Haber berichtet (Zeitschrift für Elektrochemie, 1903) von einem Verfahren der elektrostatischen Scheidung, hauptsächlich für Bleiglanz und Zinkblende, in Denver (Nordamerika), das darauf beruht, daß die elektrostatische Umladung der gleichmäßig feinen Teilchen um so langsamer vor sich geht, diese also um so langsamer und schwächer abgestoßen werden, je geringer ihre Leitfähigkeit ist. Hierauf baut sich ein Apparat auf, der aus mehreren kanalförmig isoliert voneinander und einander gegenüberstehenden, elektrisch geladenen Platten zusammengesetzt ist; das feinpulverige Erz fällt hindurch und ladet sich zunächst an der einen Platte, an der nächsten entgegengesetzt, wird abgestoßen und von der gegenüber liegenden entgegengesetzt geladenen Platte im Verhältnis zur Leitfähigkeit angezogen, so daß in Kammern, die am Ende des Kanals durch eine mittlere Scheidewand geteilt sind, sich in der einen nahe an der unteren Wand das sich langsam umladende taube Gestein, in der andern an der oberen Wand das metallreiche Erz ansammelt.

Galvanotechnik.

Allgemeines.

(935) **Stromquellen.** Als Stromquellen verwendet man Dynamomaschinen, Akkumulatoren, Elemente. Je nach der erforderlichen Spannung und Stromstärke werden die Elemente hintereinander oder nebeneinander geschaltet. Die Verbindung der ungleichnamigen Pole (Reihen- oder Hintereinanderschaltung) bedingt die Erhöhung der Spannung, die der gleichnamigen (Parallel- oder Nebeneinanderschaltung) die Erhöhung der Stromstärke.

(936) **Schaltung der Bäder.** Auch die Bäder können sowohl hintereinander als auch nebeneinander geschaltet werden. Bei gleichem Stromstärkebedarf schaltet man die Bäder hintereinander, bei gleichem Spannungsbedarf nebeneinander.

(937) **Regulierung der Stromverhältnisse.** Die Stromregulatoren (Widerstände) bestehen aus einer Anzahl Drahtspiralen aus verschiedenen Metallen und Legierungen, welche so geschaltet sind, daß durch die Stellung einer Kurbel die einzelnen Drahtspiralen nach und nach ein- oder ausgeschaltet werden können. Mit Hilfe dieser Widerstände ist man in der Lage, eine zu hohe Stromspannung zu vermindern, ohne die Stromstärke zu verändern und umgekehrt. Soll die Spannung vermindert werden, so wird der Widerstand dem Bade vorgeschaltet, wirkt also mit demselben wie zwei hintereinander geschaltete Bäder; soll die Stromstärke eines nicht voll arbeitenden Bades abgeschwächt werden, so bringt man Bad und Widerstand in Parallelschaltung.

Zur Beurteilung der Stromverhältnisse benutzt man Strom- und Spannungsmesser. Der Strommesser wird in die Hauptleitung und zwar entweder in die Anoden- oder Kathodenleitung eingeschaltet, der Spannungsmesser wird in eine Zweigleitung eingeführt.

(938) Gesichtspunkte zur Erzielung brauchbarer Metallniederschläge. Außer der genauen Regulierung der Stromverhältnisse ist es zur Erzielung brauchbarer Metallniederschläge nötig, daß Anode und Kathode sich an allen Stellen in gleicher Entfernung befinden. Gegenstände, welche von allen Seiten gleichmäßig mit Metall bedeckt werden sollen, müssen deshalb gleichmäßig von allen Seiten mit Anodenflächen umgeben sein. Gegenstände mit starken Profilierungen entfernt man möglichst weit von den Anoden, wodurch zwar einerseits der Widerstand des Bades erheblich zunimmt, aber anderseits die Ungleichheiten der Kathode sich weniger als bei geringer Elektrodenentfernung fühlbar machen. Außerdem kann man durch den Gebrauch einer Handanode nachhelfen. C. Haegele-Geißlingen (D. R.-P. 76975) hängt zwischen Waren und Anoden Platten aus isolierendem Materiale mit größeren oder kleineren Ausschnitten ein und sucht auf diese Weise die ungleichartige Stromspannung an den einzelnen Teilen des zu überziehenden Gegenstandes, bedingt durch dessen ungleichmäßige Gestaltung, auszugleichen. Ferner ist die genaue Regulierung des Bades sowie die stete Durchmischung des Elektrolyts zur Erzielung gleichmäßiger Niederschläge durchaus nötig.

Galvanostegie.

(939) Bearbeitung der Gegenstände. Sie ist teils eine mechanische, teils chemische, teils kombinierte und bezweckt die Herstellung einer völlig reinen metallischen Oberfläche. Je nach der Natur des Metalles und der Art des Gegenstandes ist die Ausführung eine verschiedene; bei Versilberungen und manchen Vergoldungen muß nach der Entfettung und Dekapierung noch eine Verquickung zur Erhöhung der Haltbarkeit folgen. Bezüglich der einzelnen Verfahrungsweisen sei auf Spezialwerke verwiesen, so auf das Handbuch der Galvanostegie und Galvanoplastik von Stockmeier, von Langbein, Pfanhauser, Steinach-Buchner u. a.

(940) Versilberung (Spannung*) 0,5—1,2 V, Stromdichte 0,25 bis 0,6 A/dm²). Man unterscheidet zwischen einer leichten Versilberung und einer Gewichtsversilberung.

Gewichtsversilberungsbad. 25 g Cyankalium, 25 g Silber als Cyansilber, 1 l Wasser oder 46 g Kaliumsilbercyanid, 10—12 g Cyankalium, 1 l Wasser.

Bad für gewöhnliche Versilberung: 14 g Cyankalium, 10 g Silber als Cyansilber, 1 l Wasser oder 15 g Kaliumsilbercyanid, 8 g Cyankalium, 1 l Wasser.

Empfehlenswert ist die Zugabe von etwas Chlorkalium bei beiden Bädern.

---

*) Die Angaben über Stromspannung können selbstverständlich nur allgemeine sein. Als Elektrodenentfernung ist 1 dm vorausgesetzt.

Als Anoden verwendet man solche aus Silber. Gegenstände aus
Kupfer, Messing, Argentan werden nach vorheriger Verquickung direkt
versilbert; Nickel, Eisen, Stahl, Blei, Zinn und Britanniametall verkupfert oder vermessingt man zunächst; doch kann man Zinn und
Britanniametall nach stattgefundener Verquickung auch direkt ver-
silbern.

Beim Betriebe der Bäder ist folgendes zu beachten. Bei richtiger
Stromarbeit sind die Waren nach etwa 10 Min. mit einem dünnen
Silberhäutchen überzogen und die Anoden besitzen ein steingraues
Aussehen, welches beim Unterbrechen des Stromes sofort in ein rein
weißes übergeht. 1. Besitzen die Waren nur einen bläulich weißen
Ton, schreitet die Metallabscheidung zu langsam fort, zeigen die
Anoden ein graues oder schwarzes Aussehen, so fehlt es an Cyan-
kalium. 2. Bildet sich nach kurzer Zeit ein matt-weißer kristallinischer
Niederschlag, der schlecht haftet oder leicht aufsteigt, so ist Cyan-
kalium im Überschuß vorhanden (Zusatz von Silbercyanid und
eventuell Wasser). 3. Bilden sich fleckige, streifige oder gar keine
Ausscheidungen, so fehlt es an Silber (Zusatz von Kaliumsilbercyanid).
4. Zeigt der gebildete Silberniederschlag beim Polieren die Neigung
leicht aufzustehen, eine Erscheinung, welche sich besonders an den
Rändern bemerkbar macht, so enthält das Bad zu große Mengen von
Dikaliumkarbonat (Zusatz von Cyanbaryum auf Grund des ermittelten
Gehaltes an kohlensaurem Kalium).

Quickbeize für Versilberungen. 1 l Wasser, 10 g Kalium-
quecksilbercyanid, 10 g Cyankalium.

Kontaktversilberung. 15 g Silbernitrat, 25 g Cyankalium,
1 l Wasser (Umwickeln der Gegenstände mit Zink).

Tauchversilberung. 1—2 sek langes Eintauchen in eine
40° C. warme Lösung von 10 g salpetersaurem Silber, 30 g Cyankalium, 1 l Wasser.

Anreibeversilberung. 15 g Silbernitrat löst man in $^{1}/_{4}$ l
Wasser, setzt hierzu eine konzentrierte Lösung von 7 g Kochsalz,
schüttelt bis zum Zusammenballen des gebildeten Chlorsilbers, gießt
die überstehende Lösung ab und verreibt das nasse Chlorsilber mit
20 g feinst pulverisiertem Weinstein und 40 g trockenem Kochsalz.
Die so gewonnene Paste reibt man entsprechend befeuchtet auf.

Wiedergewinnung des Silbers aus alten Bädern (Stockmeier und Fleischmann*)). Man stellt in die Flüssigkeit ein Zink-
und Eisenblech, wodurch das Silber pulverförmig ausgeschieden wird.

(941) Vergoldung, galvanische. Spannung 3 V für kalte, 2 V
für warme Bäder, Stromdichte 0,2—0,25 A/dm².

Kaltes Bad. 3,5 g Gold als Knallgold, 11 g Cyankalium, 1 l
Wasser.

Giftfreies kaltes Bad. 1,5—2 g Gold als Chlorgold, 10—15 g
Dikaliumkarbonat, 15—20 g gelbes Blutlaugensalz, 1 l Wasser.

Warmes (70—80° C.) Bad. 1 l Wasser, 1 g Gold, 4 g Cyankalium. Man stellt sich zunächst durch Auflösen von Gold in Cyankaliumlösung auf elektrochemischem Wege eine konzentrierte Auro-

---

*) Bayer. Gewerbez. 1890, 284 u. Chem. Ztg. 1892, 1619.

kaliumcyanürlösung her, welche man alsdann durch Wasser- und eventuellen Cyankaliumzusatz entsprechend dem obigen Schema verändert. Man verwendet zu dem Zwecke möglichst große Goldbleche als Anoden, als Kathoden kleine Bleche oder Drähte aus Gold oder Platin und elektrolysiert alsdann unter gleichzeitiger Benutzung einer 70^0 warmen 10% Cyankaliumlösung mit Hilfe eines starken Stromes. Gewöhnlich verwendet man 20 g Gold, 100 g Cyankalium, 1 l Wasser. Das Cyankalium muß völlig frei von Cyannatrium sein.

Als weiteres Bad für warme Vergoldung empfiehlt sich das folgende: 1,5 g Chlorgold, 1 g Cyankalium, 1,5 g Dinatriumsulfit krist., 50 g Dinatriumphosphat krist., 1 l Wasser.

Als Anoden verwendet man je nach der Zweckdienlichkeit solche aus Gold, Platin, Kohle. Silber, Kupfer, Messing, Neusilber und Nickel vergoldet man direkt, die übrigen Metalle und Legierungen vermessingt oder verkupfert man vorher zweckmäßig.

Goldsud. Kochendheiße Lösung von 0,6 g Chlorgold, 6 g Dinatriumphosphat, 1 g Natriumhydroxyd, 3 g Dinatriumsulfit, 10 g Cyankalium in 1 l Wasser.

Farbige Vergoldung. Rotvergoldung wird durch einen Zusatz von beiläufig 10% Tetrakaliumcuprocyanür zum Goldbade, Grünvergoldung durch Zusatz von Kaliumsilbercyanid, Rosavergoldung durch den Zusatz eines Gemisches beider erzielt. Eine genaue Stromregulierung und rationelle Anodenanordnung erscheint für den Betrieb derartiger Bäder sehr nötig, weil sonst sehr leicht die Ausscheidung nur eines einzigen Metalles erfolgt.

Wiedergewinnung des Goldes aus ausgebrauchten Bädern (Stockmeier u. Fleischmann*)). Man setzt zu 100 l Goldbad 250 bis 300 g Zinkstaub und rührt oder schüttelt von Zeit zu Zeit um. Nach zwei Tagen ist alles Gold ausgefällt, das man vom beigemengten Zinkstaube durch Behandlung mit Salzsäure und Auswaschen vom Kupfer und Silber durch Nachbehandlung mit Salpetersäure befreit.

(942) Verkupferung, galvanische. Spannung 2—3,5 V. Stromdichte 0,4—0,5 A/dm². Kupferbäder (kalt oder warm verwendbar) 1. 1 l Wasser, 25 g Dinatriumsulfit, 20 g Cupriazetat krist., 20 g Cyankalium, 17 g Kristallsoda. Man löst das Dinatriumsulfit, Cyankalium und die Soda zusammen auf und gibt hierzu die Lösung des Cupriazetats. 2. 6,7 g Cupron, 20 g Cyankalium, 20 g Mononatriumsulfit, 1 l Wasser. 3. Bad nach Langbein 40 g Ammoniaksoda, 240 g Cyankalium, 120 g Cuprocuprisulfit, 10 l Wasser. 4. Bad nach Pfanhauser 1 l Wasser, 10 g Ammoniaksoda, 20 g Natriumsulfat wasserfrei, 20 g Mononatriumsulfit, 30 g Kaliumcuprocyanür, 1 g Cyankalium. 5. Bad nach Stockmeier 22 g Tetrakaliumcuprocyanür, 5 g Cyankalium, 5 g Kristallsoda, 15 g Dinatriumsulfit, 1 l Wasser.

Als Anoden verwendet man Platten aus Elektrolytkupfer oder nicht zu dünne ausgeglühte und vom Glühspan befreite Kupferbleche.

Beim Betriebe der Kupferbäder ist folgendes zu beachten. Bei richtiger Stromarbeit müssen die Waren binnen kurzem verkupfert sein und die Anoden müssen ihr Aussehen beibehalten. Belegen sich

---

*) Bayer. Gewerbez. 1890, 284 u. Chem. Ztg. 1892. 1619.

Hilfsbuch f. d. Elektrotechnik. 7. Aufl.   47

dagegen 1. die Anoden mit einem grünen Schlamm, bleibt der Kupferniederschlag aus oder erscheint er nur sehr schwierig und nimmt das Bad eine blaue Färbung an, so fehlt es an Cyankalium. 2. Bleibt der Niederschlag aus, bedecken sich die Anoden mit grünem Cuprocupricyanür und erscheint auch nach dem Cyankaliumzusatz keine Kupferausscheidung, so ist das Bad kupferarm (Zusatz von 5—10 g Tetrakaliumcuprocyanür auf 1 l Bad). Arbeitet auch nach diesem Zusatze das Bad träge, so gibt man Dinatriumsulfit hinzu. 3. Tritt an der Ware eine starke Wasserstoffentwicklung auf, vollzieht sich die Verkupferung nicht oder nur sehr langsam, blättert die Kupferschicht ab oder wird besonders an den Rändern schwärzlich, und belegen sich die Anoden mit einer dichten Lage grünen Cupricuprocyanürs, dann ist entweder die Spannung eine zu große oder der Cyankaliumgehalt ein übermäßiger. Im letzteren Falle verreibt man Cupron oder Cuprocupricyanür oder Cupricuprosulfit mit einem Teil des Bades und gibt alsdann die Mischung hinzu.

Kontakt- und Tauchverkupferung. Zink verkupfert sich in der Kälte in dem Weilschen Bade aus 1 l Wasser, 150 g Seignette-Salz, 30 g Kupfervitriol, 60 g Ätznatron. Andere Metalle verkupfert man mit Zinkkontakt. Massenartikel aus Eisen werden in einer Sägespäne, Infusorienerde u. dgl. enthaltenden Scheuertrommel verkupfert. Man imprägniert die Sägespäne usw. mit einer Lösung von 5 g Kupfervitriol, 5 g Schwefelsäure in 1 l Wasser.

Wiedergewinnung des Kupfers aus ausgebrauchten Bädern ist meist nicht rentabel; nach Stockmeier (Handbuch S. 89) kann das Kupfer leicht quantitativ durch Schütteln mit Zinkstaub gewonnen werden. Ein Überschuß des letzteren ist aus ökonomischen Gründen zu vermeiden.

(943) **Vermessingung, galvanische.** Spannung 2,5 – 4 V. Stromdichte 0,5—0,7 A/dm².

Messingbäder. 1. Nach Roseleur 14 g Cupriazetat krist., 14 g Chlorzink geschmolzen, krist., 14 g Mononatriumsulfit, 10 g Ammoniaksoda, 40 g Cyankalium, 2 g Chlorammonium, 1 l Wasser. Kupferund Zinksalz löst man in der einen, die übrigen Salze zusammen in der anderen Hälfte Wasser, gießt alsdann die erstere Lösung in die zweite und kocht unter stetem Ersatz des verdampfenden Wassers 1 Stunde lang ab.

Mit diesem Bad kann man alle Metalle gleichmäßig gut vermessingen; für die Vermessingung von Eisen empfiehlt sich eine Vermehrung der Kristallsoda bis zu 50 g auf 1 l; für die von Zink kann ein Zusatz von 10 g Diammoniumkarbonat gegeben werden. Bei der Vermessingung aller Metalle mit Ausschluß des Eisens und Stahles kann man auch an Stelle von Zinkazetat Zinkchlorid verwenden. Man benutzt statt 16,2 g Zinkazetat 9,3 g wasserfreies Chlorzink.

2. Nach Langbein wird ein Messingbad folgendermaßen bereitet. Man stellt sich zunächst aus 160 g krist. Zinksulfat und 200 g Kristallsoda Zinkhydroxydkarbonat her. Ferner löst man 300 g Cyankalium 120 g Mononatriumsulfit und 150 g Ammoniaksoda in 10 l Wasser und trägt in diese Lösung das Zinkhydroxydkarbonat, sowie 90 g Cuprocuprisulfit ein.

3. Nach Pfanhauser löst man 20 g Tetrakaliumcuprocyanür, 20 g Dikaliumzinkcyanid, 1 g Cyankalium, 2 g Chlorammonium, 14 g Ammoniaksoda, 20 g kalz. Natriumsulfat und 20 g Mononatriumsulfit, zusammen in 1 l Wasser.

4. Nach Jordis stellt man Messing- und ebenso Kupferbäder zweckmäßig unter Verwendung von milchsauren Salzen her.

Als Anoden wähle man nicht zu dünne ausgeglühte Bleche von Messing; ihre Größe überrage die Waren. Die Gegenstände müssen bei richtiger Funktionierung sofort mit einem schönen Messingüberzug versehen sein; nach etwa 10 Min. behandelt man den Gegenstand mit der Kratzbürste und bringt ihn dann wieder in das Bad zurück. Poröse Eisengegenstände vernickelt man zweckmäßig vor der Vermessingung schwach; die letztere fällt alsdann außerordentlich brillant aus.

Die kombinierte Zink-Kupferausscheidung hängt in erster Linie von den Stromverhältnissen und der Temperatur des Bades und erst in zweiter Linie von der Zusammensetzung des letzteren ab. Man bestrebe sich indessen, möglichst metallreiche Bäder zu verwenden. Bei höherer Temperatur und geringerer Spannung bekommt man vorwiegend rötere, bei höherer Spannung und niederer Temperatur rein gelbe bis grüngelbe Vermessingungen.

1. Erscheint die Messingausscheidung nicht oder nur sehr langsam, tritt an der Kathode nur eine schwache Gasentwicklung auf (der Vermessingungsprozeß wird unter ansehnlicher Gasentwicklung an der Kathode ausgeführt), bildet sich ferner eine Abscheidung von grünem Cupricuprocyanür, so fehlt es an Cyankalium.

2. Tritt auch nach Zugabe von solchem keine Metallausscheidung ein, so ist das Bad metallarm und man gibt gleiche Teile Tetrakaliumcuprocyanür und Dikaliumzinkcyanid hinzu.

3. Entsteht eine lebhafte Gasentwicklung an der Ware, ist aber zugleich die Messingausscheidung eine mäßige und zeigt die Tendenz zum Abblättern, ist die Cyankaliummenge eine zu große. Man verreibt alsdann Cupricuprosulfit, oder Cupron oder Cupricuprocyanür zusammen mit Cyanzink und etwas der Badflüssigkeit und trägt die Mischung ein.

4. Fällt trotz richtiger Temperatur und Spannung die Messingabscheidung zu grünlich aus, so gibt man einen Zusatz eines der bereits erwähnten Kupfersalze für sich allein,

5. bei einer zu roten Vermessingung eine Beigabe von Cyanzink.

(944) Vernickelung. Stromspannung 1,8—3 V; für Zinkbleche 6—7 V. Stromdichte 0,4 - 0,5 A/dm².

Nickelbäder.

1. 65 g Diammoniumnickelsulfat, krist., 35 g Diammoniumsulfat, 1 l Wasser.

2. Nach Pfanhauser. Für Waren aus Stahl, Eisen, Kupfer und dessen Legierungen 40 g krist. Nickelsulfat, 35 g zitronsaures Natrium, 1 l Wasser. Die Vernickelung wird hart, dicht und weiß.

3. Für Vernickelung von Zinkguß- und Messingußwaren 1 l Wasser, 35 g krist. Chlornickel, 35 g Chlorammonium.

4. Bad zur weißen Vernickelung: 50—60 g Diammoniumnickelsulfat, 25 g Borsäure, 1 l Wasser.

5. **Amerikanisches Bad.** Man wendet eine 20 % Chlorammonium-
lösung an, welche man unter Verwendung von gegossenen Nickel-
anoden als Übertragungsbad benutzt. Man läßt den Strom solange
einwirken, bis sich eine genügende Menge Nickel gelöst hat und die
Vernickelung beginnt.

6. **Bad nach Förster** zur Gewinnung starker Vernickelungen:
145 g Nickelsulfat, 1 l Wasser. Das Bad wird 70—80° C. warm angewendet. Stromdichte 2—2,5 A/dm², Spannung 1,3 V bei 4 cm
Elektrodenentfernung.

7. **Nickelbad nach Jordis** 70—100 g Nickelsulfat, 50—80 g
Ammonium- oder Kaliumlaktat, 20 g Diammoniumsulfat, 1 l Wasser.
3 V Spannung, 0,4 A/dm² Stromdichte. Das Nickel erscheint stark
glänzend und zeigt auch nach 2 stündiger Elektrolyse keine Tendenz
zum Abblättern.

Als Anoden verwendet man durchweg Guß- und Walzanoden
aus Nickel nebeneinander. Neigt das Bad zur Bildung von freien
Mineralsäuren, so vermehre man die Gußanoden auf Kosten der Walzanoden; ist das Bad alkalisch, so verfahre man umgekehrt. Kupfer
und dessen Legierungen, dann Eisen und Stahl (diese unter Ausschluß
Chlorverbindungen enthaltender Bäder) können direkt vernickelt werden;
Zink, Blei, Zinn verkupfert oder vermessingt man zweckmäßig vorher.
Besonders auf einer Vermessingung fällt die Vernicklung brillant aus.
Zwar kann man Zink (Zinkblech) auch direkt vernickeln, doch erscheint
die Vernicklung nie so schön als auf einem Messing- oder Kupfer-
untergrunde; auch befolge man die Vorsicht, für die Zinkvernicklung
ein besonderes Bad zu verwenden.

Bei der Ausführung der Vernicklung hat man folgendes zu beobachten:

a) Vernickeln sich die Gegenstände zwar rein weiß, blättert aber
der Niederschlag leicht ab, so arbeitet man a) entweder mit einem zu
starken Strom oder b) die Ware ist ungenügend vorbereitet oder
c) das Bad enthält freie Mineralsäure. Die letztere erkennt man daran,
daß man nach Stockmeier etwas von dem Bade in ein Porzellan-
schälchen gibt und den Inhalt alsdann wieder ausgießt, so daß nur
die Wände des Schälchens benetzt sind. Setzt man nun einen Tropfen
einer Lösung von 0,8 Tropäolin 00 in 1 l Wasser hinzu, so tritt bei
Gegenwart von Mineralsäure Violettfärbung ein. Die freie Mineralsäure stumpft man mit Ammoniak oder frisch gefälltem Nickelhydroxyd-
karbonat ab.

b) Enthält das Bad keine Mineralsäure, ist die Stromspannung
die übliche, sind die Waren gut entfettet und dekapiert und wird die
Vernicklung weiß, schlägt aber, besonders an den Rändern, bald in
braun und schwarz um, so enthält das Bad zu große Mengen von
Diammoniumsulfat. Man gibt Nickelsulfat und Wasser hinzu.

c) Wird die Vernicklung dunkel und fleckig, so kann a) zu
schwacher Strom, b) Mangel an Leitungssalzen, c) alkalische Beschaffenheit des Bades (rotes Lackmuspapier wird blau), d) Armut an
Nickel, e) ungenügende Entfettung und Dekapierung oder f) ein Kupfer-
oder Zinkgehalt des Bades die Ursache sein. Rühren die Erscheinungen
von einem größeren Zinkgehalte her, so ist eine Verbesserung ausgeschlossen. Ist ein Kupfergehalt die Ursache, so schickt man einen
starken Strom durch das Bad, ohne Waren einzuhängen.

d) Bleibt die Vernicklung stellenweise aus, so berühren sich entweder die Waren oder es wurden Luftblasen eingeschlossen oder die Anoden sind fehlerhaft angeordnet.

e) Erscheint die Vernicklung löcherig, so befanden sich Gasbläschen oder Staubteilchen auf der Ware.

(945) Verkobaltung, Spannung 2,75 V. Stromdichte 0,6 A/dm². Kobaltbad 50—60 g Diammoniumkobaltsulfat, 25 g krist. Borsäure, 1 l Wasser. Kobaltsud. 50° C. warme Lösung von 20 g Diammoniumkobaltsulfat krist., 20 g Chlorammonium, 1 l Wasser. Zinkkontakt.

Hartvernicklung nach Langbein. 60 g Diammoniumnickelsulfat krist., 15 g Diammoniumkobaltsulfat krist., 25 g Borsäure, 1 l Wasser. Die Hartvernicklung soll besonders für Druckplatten in Anwendung kommen.

(946) Verstählung. Spannung 0,5 V, Stromdichte 0,1 A/dm² Bäder. Nach Böttger nimmt man 250 g Ferrosulfat krist., 100 g Salmiak, 1 l Wasser; nach Varrentrapp 160 g Diammoniumferrosulfat krist., 100 g Chlorammonium, 1 l Wasser; nach Joubert 100 g Ferrochlorür (wasserfrei), 100 g Chlorammonium, 1 l Wasser. Sehr zu empfehlen ist das Klein sche Bad aus 150 g Eisenvitriol krist., 125 g krist. Magnesiumsulfat, 1 l Wasser, in welches Säckchen mit Magnesiumhydroxydkarbonat gehängt werden. Auch das von Jordis angegebene Bad aus Diammoniumferrosulfat und milchsaurem Ammonium dürfte sich gut einbürgern, da sich Oxydationsvorgänge im Bade nicht so unangenehm bemerkbar machen wie bei den sonstigen Bädern, da das gebildete Ferrilaktat durch Reduktionsvorgänge wieder rasch in das Ferrosalz zurückgebildet wird. Spannung 0,8—1,4 V, Stromdichte 0,3 A/dm².

Sehr unangenehm macht sich in den Stahlbädern die Gegenwart von freier Mineralsäure bemerklich. Man weist sie mit Hilfe von Tropäolin nach (944 a).

(947) Verzinkung. Zinkbäder. 1. Nach Pfanhauser. a) für Eisenbleche, schmiedeeiserne Objekte, T-Eisen usw. 150 g Zinkvitriol, 50 g schwefelsaures Ammonium, 1 l Wasser. 0,75—1,7 V, 03—1 A/dm². b) für Nägel, Drähte usw. 100 g Zinkvitriol, 25 g Chlorammonium, 40 g Ammoniumcitrat, 1 l Wasser. 0,7—1,4 V, 05—1 A/dm². 2. Nach Langbein. a) 200 g Zinkvitriol, 40 g Glaubersalz, 10 g Chlorzink, 5 g Borsäure, 1 l Wasser. 1,1—3,7 V, 0,6—1,9 A/dm². b) 40 g Chlorzink, 30 g Chlorammonium, 25 g Natriumcitrat, 1 l Wasser. 0,8—3,4 V, 0,7—3 A/dm².

Als Anoden sind starke Zinkplatten zu verwenden.

Kontaktverzinkung. Eine Lösung von 40 g Zinkoxyd, 100 g Ätznatron, 1 l Wasser kocht man mit Zinkstaub und die zu verzinkenden Gegenstände.

(948) Verzinnung. Zinnbäder. 1. Nach Roseleur. 18 g Stannochlorür (geschmolzen), 35 g Natriumpyrophosphat, 1 l Wasser. 1,3 V, 0,2 A/dm². 2. Nach Salzède-Langbein. 2,5 g Stannochlorür, 10 g Cyankalium, 100 g Kaliumkarbonat, 1 l Wasser. 4 V. 3. Nach Neubeck 20 g Stannochlorür, geschmolzen, 100 g Ätznatron, 100 g Ammoniaksoda, 1 l Wasser. 70—95° C. 0,8 V, 1 A/dm².

Zinnsud (Roseleur) für Kupfer und dessen Legierungen, Eisen und Zink. 15 g Ammoniumalaun, 2,5 g geschmolz. Stannochlorür, 1 l Wasser. Den einfachen Zinn(Weiß-)sud, der zB. zum Verzinnen von kleinen Waren, Haken, Ösen, Stecknadeln usw. benutzt wird, gewinnt man, indem man 12,5 g Weinstein mit 1 l Wasser unter Hinzugabe von feinen Zinnabfällen zum Kochen erhitzt. Nachdem die Flüssigkeit unter stetem Ersatz des verdampfenden Wassers etwa $1/2$ Std. lang im Kochen erhalten wurde, gibt man die Gegenstände in den Sud und berührt sie mit einem Zinkstabe. Sie werden alsdann momentan verzinnt. Man überzeuge sich, daß die Zinnabfälle völlig fettfrei sind.

(949) **Verbleiung.** Bleibad. 5 g Bleioxyd, 50 g Kaliumhydroxyd, 1 l Wasser. Als Anoden werden Bleiplatten verwendet. Ein Hartbleiüberzug (Blei-Antimonausscheidung) wird nach dem bereits wiederholt erwähnten Laktatverfahren von Jordis erhalten.

(950) **Verplatinierung.** 1. Bad nach Böttger-Langbein. 500 g Zitronensäure werden in 2 l heißen Wassers gelöst und hierauf allmählich 1022 g Kristallsoda eingetragen. Ferner bereitet man sich aus 75 g Wasserstoffplatinchlorid durch Fällung mit Chlorammonium Platinsalmiak. In die kochende erstere Lösung trägt man den Platinsalmiak allmählich ein, gibt schließlich noch 20—25 g Chlorammonium hinzu und verdünnt auf 5 l. Das Bad wird 80—90 °C. heiß angewendet und bedarf einer EMK von 5—6 V. Kupfer und Messing werden direkt platiniert; andere Metalle muß man zuvor verkupfern. Während der Elektrolyse müssen an den Elektroden kräftige Gasentwicklungen auftreten und muß Ware und Platinanode bis auf 1 cm genähert werden.

2. Platinbäder nach Jordis. Aus den Laktatbädern von Jordis scheidet sich das Platin so leicht und glänzend als Nickel ab. Man verwendet entweder a) eine mit Soda schwach übersättigte Lösung von 26—130 g gesättigten Wasserstoffplatinchlorid, 35—170 g Natriumlaktat, 1 l Wasser oder b) 35—70 g Platinsulfat, 50—100 g Ammoniumlaktat und Ammoniak bis zur alkalischen Reaktion oder c) 50—100 g krist. Dinatriumplatinchlorid, 50—100 g Natriumlaktat und Soda bis zur alkalischen Reaktion. Spannung 1,6 V, Stromdichte 0,15—0,2 A/dm², Erwärmen bis 45 °C.

3. Nach Roseleur. 4 g Wasserstoffplatinchlorid, 100 g phosphorsaures Natrium, 20 g phosphorsaures Ammonium, 1 l Wasser.

Platinsud mit Zinkkontakt (Fehling). 10 g Wasserstoffplatinchlorid 200 g Kochsalz, 1 l Wasser. Spur Natronlauge. Kochen.

Wiedergewinnung des Platins aus ausgebrauchten Bädern, Nach Stockmeier läßt es sich am besten durch Schütteln mit Zinkstaub ausfällen.

(951) **Antimonierung.** Antimonbäder. 1. Nach Pfanhauser: 50 g Schlippe's Salz, 10 g Ammoniaksoda, 1 l Wasser. Spannung 1,9—3,2 V, 0,35 A/dm². Antimonanoden. An Stelle des Schlippeschen Salzes kann man auch 20,8 g Goldschwefel und 37,6 g krist. Dinatriumsulfid verwenden. 2. Nach Jordis (s. oben) erhält man schöne Antimonausscheidungen aus einem antimonchlorid- und natriumlaktathaltigen Bade; ebenso läßt sich aus gemischten Zinn- und Antimonlaktatlösungen Britanniametall abscheiden.

(952) **Abscheidung von Aluminium und galvanische Nieder-schläge auf Aluminium.** Es existieren zahlreiche Vorschriften über die Abscheidung des Aluminiums aus wässerigen Lösungen; man kann sie hier übergehen, weil sie nicht das leisten, was sie versprechen. Bis jetzt war es unmöglich, Aluminium aus wässeriger Lösung abzuscheiden; aber auch die Elektrolysierung des Aluminiums hat Schwierigkeiten bereitet. Von den vielen Verfahren, Aluminium mit anderen Metallen zu überziehen, seien folgende erwähnt:

1. Verfahren von N e e s e n und D e n n s t e d t. Die mit Salpetersäure vorbehandelten Waren taucht man bei 15—25° C. in 10% Natriumhydroxydlösung, bis Gasentwicklung eintritt, worauf man sie abschleudert, und o h n e a b z u s p ü l e n in ein cyankalisches Silberbad bringt. Bei manchen Alumiumsorten ist es empfehlenswert, den mit Kaliumhydroxydlösung behandelten Gegenstand in eine 0,5% Quecksilberchloridlösung zu tauchen, hierauf das etwa pulverig ausgeschiedene Quecksilber abzubürsten und endlich nochmals in eine Kaliumhydroxydlösung bis zur starken Wasserstoffentwicklung zu bringen. Auf der Versilberung kann man in beliebiger Weise andere Metallniederschläge erzeugen.

2. C o e h n verkupfert Aluminium einfach durch Eintauchen in eine alkoholische Kupferchloridlösung.

3. G ö t t i g bringt auf Aluminium eine Kupferabscheidung hervor, indem er darauf eine Kupfersulfatlösung mit Hilfe von Zinnpulver oder Kreide verreibt; eine Verzinnung vollzieht sich durch Aufbürsten von Diammoniumstannichlorid mit Hilfe einer Messingbürste.

Galvanoplastik.

(953) **Allgemeines.** Die Galvanoplastik bezweckt die Erzeugung von Metallen auf galvanischem Wege in einer solchen Stärke, daß sie sich ohne Unterlage gebrauchen lassen. Während die galvanostegischen Überzüge fest mit dem darunter liegenden Metall verbunden sein müssen, fällt diese Forderung bei den galvanoplastischen Erzeugnissen nicht nur weg, sondern man verlangt im Gegenteil, daß die Metallablagerung sich bequem abnehmen lasse. Auch konnte man galvanostegische Abscheidungen nur auf metallischen Unterlagen ausführen, während galvanoplastische Reproduktionen von Gegenständen jeglichen Materiales möglich sind. Hierbei erzeugt man entweder von einem Gegenstand auf galvanischem Wege das Spiegelbild in Metall oder man überzieht die Gegenstände allseitig mit Metall. Man spricht deshalb auch von einer eigentlichen Galvanoplastik und einer Überzugsgalvanoplastik. Da aber die Ausführung in beiden Fällen die gleiche ist, so sind hier diese Unterschiede nicht weiter zu beachten. Bei der Ausführung von galvanoplastischen Arbeiten sind 3 Momente als gleich wichtig zu berücksichtigen: 1. die Herstellung der Formen, 2. ihre Leitendmachung und 3. die Ausführung der galvanoplastischen Reproduktion.

Die Formen erzeugt man: 1. Aus Metall a) durch Anwendung von leicht schmelzbaren Legierungen oder b) durch Abdruck in Blei

nach v. Auer, oder wenn metallische Gegenstände vorliegen, durch
c) galvanoplastische Reproduktion, wie es zuerst Jacobi aus-
führte. Als leicht schmelzbare Legierung empfiehlt sich eine aus
5 Teilen Wismut, 3 Teilen Blei, 2 Teilen Zinn (Schmelzp. 91,5 ° C.).
Die metallischen Formen reibt man entweder mit Öl, Fett oder Graphit
ab oder, wo dies nicht angeht, erzeugt man nach Mathiot zuerst eine
dünne Silberschicht (durch Tauchverfahren oder Anreiben), führt diese
durch alkoholische Jodlösung in Jodsilber über und setzt die gebildete
Jodsilberschicht der Einwirkung des Lichtes aus. 2. Aus Guttapercha.
Sie wird mit heißem Wasser geknetet und auf den Gegenstand auf-
gepreßt. An Stelle von solcher wird auch Ölguttapercha (10 % Olivenöl)
verwendet. 3. Aus Wachsguß. Man umgibt den schwach geölten
oder mit Graphit gebürsteten Gegenstand mit einem Rande von Pappe
und gießt die nach Urquart aus 40 Teilen Wachs, 6 Teilen venetia-
nischen Terpentin und 1 Teil feinsten Graphit oder nach v. Kreß aus
24 Teilen Wachs, 8 Teilen Asphalt, 8 — 12 Teilen Stearinsäure, 6 Teilen
Talg und 1 Teil Graphit bestehende geschmolzene und im Erstarren
begriffene Mischung darüber aus. 4. Aus Gips. Die Gipsformen
müssen wasserdicht gemacht werden, was durch Imprägnieren mit
Mischungen aus Leinölfirnis, Stearinsäure, Wachs, Ceresin und
Paraffin, oder nach Greif durch eine Mischung von 10—30 % Reten,
schwarzem Steinkohlen - oder Holzteerpech und etwas Naphthalin geschieht. 5. Aus Leim. Der gefettete Gegenstand wird mit einer aus
1 Teil Leim, $\frac{1}{2}$ Teil Glyzerin und 2 Teilen Wasser hergestellten Lösung
übergossen. Man macht die Leimform durch Einhängen in eine 10 %
Tanninlösung oder besser eine 3 % Chromsäurelösung und nachfolgendes Belichten oder 2 % Formalinlösung unlöslich. Nach Bran-
dely bereitet man die Leimformen aus 200 g Ledergelatine, 50 g
Zucker, 400 g Wasser und 5 g Tannin. (Die letztere Menge ist so
bemessen, daß das entstehende Leimtannat in der überschüssigen
Leimlösung gelöst bleibt).

(954) Leitendmachen der Formen. Dies wird in den meisten
Fällen mit reinstem Graphit bewerkstelligt. Neben Graphit kommen
Metallpulver, Kupferbronzepulver in Betracht, welche man nach Stockmeier zweckmäßig vorher mit Äther oder Tetrachlorkohlenstoff entfettet und durch Behandlung mit verdünnter Schwefelsäure von Cupro-
oxyd befreit. Auch kann man auf das abzuformende Material blatt-
geschlagenes Metall (Gold, Silber, Kupfer, Zinn) legen und alsdann die
warm gemachte Guttapercha darüber pressen. Boudreaux reibt Wachs
oder klebend gemachte Guttapercha mit Bronzepulver ein und formt
alsdann das so präparierte Material. Rauscher erzeugt zunächst aus
chromsäurehaltigem Rosmarinöl und glyzerinhaltigem Leim eine Chrom-
leimform, welche er belichtet. Diese wird nachher graphitiert und
bronziert, alsdann mit einer Lösung von Guttapercha in Schwefelkohlenstoff und hierauf mit einer Dammarharzhaltigen Schellacklösung
übergossen. Es bildet sich so eine aus Dammarharz, Schellack, Guttapercha, Bronzepulver und Graphit bestehende Haut, welche sich von
von der Leimform leicht abheben läßt. Man verstärkt diese durch
einen Wachsguß, während die Leimform beliebig oft zur Erzeugung
neuer Harzhäutchen dienen kann. Bei sehr zarten Formen aus leicht
verletzbarem Material erzeugt man auf chemischem Wege eine zarte

leitende Schicht. Nach Heeren wird eine alkoholische Lösung von Silberoxydammoniak aufgetragen und die Schicht nach dem Verdunsten des Alkohols der Wirkung von Schwefelwasserstoff ausgesetzt. Das entstandene Schwefelsilber bildet die leitende Schicht. Von sonstigen Verfahren (Parkes, Steinach-Buchner, Falk) sei nur noch das Langbeinsche erwähnt. Man übergießt die Form mit einer mit dem gleichen Volum Ätheralkohol verdünnten Jod-Kollodiumlösung, wie sie für photographische Zwecke Verwendung findet, und bewegt sie rasch, so daß eine dünne jodhaltige Kollodiumschicht entsteht. Sobald diese zu erstarren anfängt, taucht man die Form in eine verdünnte Silberlösung, wodurch sich Jodsilber bildet. Man spült alsdann mit Wasser ab, belichtet an der Sonne oder mit Magnesiumlicht und bringt hierauf die Form in eine mit 20 g Alkohol und 30 g Essigsäure versetzte Lösung von 50 g Eisenvitriol in 1 l Wasser. Nach dem erneuten Abspülen wird der Gegenstand sofort in das Bad gebracht. (Über weitere spezielle Verfahren der Leitendmachung s. Stockmeier, Handbuch).

(955) **Ausführung der Galvanoplastik** (s. **Kupfergalvanoplastik**). Man arbeitet entweder mit dem sog. einfachen Apparate oder mit einem Apparate mit äußerer Stromquelle. Das letztere Verfahren ist wegen der leichteren Beaufsichtigung und der Gewähr, jederzeit eine tadellose Arbeit zu vollbringen, der ersteren entschieden vorzuziehen.

Beim Betriebe mit einfachem Apparate (Zellen- oder Trogapparat) wird wie bei der Instandsetzung einer Daniellschen Kette verfahren. In ein größeres äußeres Gefäß kommt die Kupfervitriollösung (1 l Wasser, 250 g Kupfervitriol); in die innere poröse Tonzelle verdünnte Schwefelsäure (1 : 30) und ein Zinkzylinder. Zweckmäßig ist es auch, etwas Amalgamiersalz (Merkurosulfat) hinzuzugeben. An den Zinkzylinder wird ein Kupferring gelötet, welcher zur Aufnahme der Formen, die in die Kupferlösung tauchen, dient. Für größere Anlagen verwendet man Wannen, bei welchen eine den vorangeschickten Ausführungen entsprechende Anordnung getroffen wird. Beim Betriebe mit äußerer Stromquelle verwendet man ein Bad aus 1 l Wasser, 30 g Schwefelsäure und 200 g Kupfervitriol, 0,5—2,8 V, 0,5—3 A/dm².

1. **Schnellgalvanoplastikbad** für rasch herzustellende Niederschläge von weicher und kohärenter Beschaffenheit. 1. Nach Pfanhauser. 250 g Kupfervitriol, 7,5 g Schwefelsäure, 1 l Wasser. Bei 5 cm Elektrodenentf. 4,2—8 V, 3—10 A/dm². 2. Nach Langbein. a) Für flache Prägungen von Autotypien, Holzschnitten usw. 340 g Kupfervitriol, 2 g Schwefelsäure, 1 l Wasser. 26 - 28 °C. Stromstärke bei 6 cm Elektrodenentf. 6 V, 8 A/dm². b) Für tiefe Prägungen. 260 g Kupfervitriol, 8 g Schwefelsäure, 1 l Wasser. 20 °C. Bei 6 cm Elektrodenentf. 4,5 V, 4,5—5 A/dm². Nach Rudholzner setzt man zweckmäßig noch 5 g Alkohol zu. (Der letztere kommt ohnedies gewöhnlich durch die mit Alkohol übergossenen graphitierten Formen in das Bad).

Bei allen galvanoplastischen Arbeiten ist für eine dauernde Bewegung des Elektrolyts und unter Umständen auch der Ware zur Erzielung gleichmäßiger Metallabscheidungen Sorge zu tragen.

2. **Reproduktionen in Eisen** sind mit dem Kleinschen Bade (946) erhältlich, auch das von Jordis dürfte hierfür im Auge zu behalten sein.

3. Nickelabzüge können nur auf metallenen Formen erzeugt werden. Das Förstersche Bad (944, 6) dürfte wohl als das zweckmäßigste hierfür erscheinen. Langbein verwendet 90° C. heiße, mit Essigsäure angesäuerte Bäder aus 350 g Nickelvitriol, 150 g Bittersalz, 1 l Wasser. 4—8 A/dm². Zur Gewinnung geeigneter Formen für Nickelgalvanoplastik empfiehlt Steinach von der Form aus Gips, Guttapercha, Leim usw. einen galvanoplastischen Kupferabzug, welcher wieder als Positiv erscheint, herzustellen. Dieses Kupferpositiv wird nach dem bereits bei den metallenen Formen (953) angegebenen Verfahren von Mathiot versilbert und jodiert, hiervon ein Kupfernegativ gewonnen, von welchem endlich nach erneuter Versilberung und Jodierung die Nickelreproduktion erzeugt werden kann, welche man alsdann rückseitig im Kupferbade oder sonstwie verstärkt.

4. Silber und Gold können zum Zwecke galvanoplastischer Reproduktion gleichfalls nur auf metallischen Formen abgeschieden werden. Als Silberbad nimmt man: 50 g Silber als Cyansilber, 80 g Cyankalium, 1 l Wasser oder 90 g Kaliumsilbercyanid, 50 g Cyankalium, 1 l Wasser; als Goldbad 35 g Gold (elektrolytisch gelöst), 150 g Cyankalium, 1 l Wasser.

(956) Herstellung von Druckplatten, Klischees, Stereotypen usw. Diese werden meistens aus Kupfer auf galvanoplastischem Wege gewonnen. Um sie weniger der Abnutzung und der Einwirkung der Druckfarben zu unterwerfen, verstählt, vernickelt, verkobaltet man sie oder man überzieht sie mit einem Hartnickelüberzug (Nickel mit 25—30% Kobalt). Diese Überzüge dürfen nur verhältnismäßig dünn erzeugt werden, weil sonst die Feinheit der Zeichnung stark beeinträchtigt würde; denn bei galvanoplastischen Überzügen ist die letzte und grobkörnigste Metallschicht die Druckfläche. Um galvanoplastische Reproduktionen, bei welchen die erste und feinste Metallabscheidung Druckfläche wird, äußerst dauerhaft herzustellen, erzeugt man solche von Eisen oder Nickel. Da indessen deren Gewinnung eine zeitraubende Arbeit vorstellt, hat Rieder (DRP. 95 081) die Anfertigung von Preßplatten, Prägestempeln, Druckwalzen u. dgl. von einem ganz neuen Gesichtspunkte aus ins Auge gefaßt, indem er diese auf dem Wege der galvanischen Ätzung gewinnt. Durch Abformen oder Eingravieren wird in einem Blocke von Gips, Ton usw. die Matrize erzeugt, worauf man auf beiden Seiten des Blockes Stücke des Metalles legt, in dem die Matrize hervorgebracht werden soll. Man verbindet nun die auf der Bildseite liegende Metallplatte mit dem positiven, die andere mit dem negativen Pole, tränkt den Block mit Chlorammonium und schickt einen Strom von 10—15 V und 2 bis 5 A/dm² durch die Vorrichtung. Von der auf der Bildfläche liegenden, die Anode bildenden Metallplatte wird allmählich soviel herausgelöst, bis das vollständige Gegenbild erscheint. Die beim Auflösungsprozesse des Stahles zurückbleibenden Kohlenstoffteilchen müssen von Zeit zu Zeit auf mechanischem Wege fortgenommen werden, weil sonst eine unreine Arbeitsfläche entstünde.

(957) Irisierung, Brünierung, Patinierung auf galvanischem Wege. Außer zu der soeben angegebenen Manipulation und zur galvanischen Ätzung findet die Anodenarbeit oder das sogenannte

Arbeiten mit umgekehrtem Strome noch zur Ausführung der
Irisierung, Brünierung und ähnlicher Metallfärbungen sowie der künstlichen Patinabildung Anwendung.

1. Irisierung. Irisierende Farbentöne von grün bis purpurrot
mit blauen, violetten und gelben Nebenfarben werden auf Messing,
Tombak und vernickelten Waren hervorgebracht, wenn man diese
als Anode in ein Bleibad aus entweder 1. 10 g Bleioxyd, 60 g Kaliumhydroxyd, 1 l Wasser oder 2. 17 g Bleiacetat, krist.; 70 g Kaliumhydroxyd, 1 l Wasser einbringt und als Kathode einen dünnen Platindraht wählt. Man kann auch besonders bei runden oder zylindrischen
Gegenständen ein Bleigefäß verwenden, dieses mit dem negativen
Pole und die Waren mit dem positiven verbinden. Das Bleigefäß
dient alsdann zur Aufnahme der Bleilösung. Spannung 2—3 V. Bei
zu starkem Strome bildet sich eine Ablagerung von dichtem braunem
Bleisuperoxyd.

2. Brünierung. Nach Alexander und Arthur Haswell
bringen Bäder, bestehend aus 1. 50—200 g Ammoniumnitrat, 0,5—5 g
Mangan als Manganchlorür oder Mangansulfat oder 2. 80 g Bleinitrat,
500 g Wasser, 500 cm³ Natronlauge 1,269 sp. G. (31° Bé) und darin suspendierten 10 g Mangankarbonat, in welche die Gewehrläufe usw. als
Anoden gebracht werden, schöne Brünierungen hervor. Als Kathode
wählt man einen Platindraht.

3. Künstliche Patinabildung. Verwendet man nach Lis-
mann als Elektrolyt ein an Kohlensäure und Bikarbonaten reiches
Wasser, als Anode den zu patinierenden Gegenstand und als Kathode
ein 4—5 cm davon entferntes Kupferblech, so bilden sich bei 3 V
Spannung und 0,1 A/dm² Stromdichte je nach der Dauer der Einwirkung auf den Gegenständen dunkler oder heller grün gefärbte
Patinaablagerungen.

Telegraphie und Telephonie.

Linien und Leitungen.

(958) Unter einer Telegraphen- oder Fernsprechlinie versteht man den Leitungsdraht oder die Leitungsdrähte, welche zur Verbindung zweier Telegraphenämter dienen, samt den Mitteln zu ihrer Befestigung und Isolierung.

Unter einer Telegraphen- oder Fernsprechleitung versteht man einen einzelnen Draht, der die Verbindung zweier Ämter darstellt.

Das Gestänge umfaßt die Stangen samt ihren Verstärkungen und den Stützpunkten für die Leitung.

Oberdische Leitungen.

Materialien.

(959) Hölzerne Stangen. Verwendet werden die verschiedenen Arten Pinus und zwar P. silvestris, Kiefer, P. Abies, Abies excelsa, Fichte, P. picea, Abies pectinata, Picea vulgaris, Tanne und P. larix, Lärche; am meisten Kiefer, Lärche, seltener Fichte u. Eiche.

Stangenlängen: 7, 8,5, 10 und 12 m; Durchmesser am Zopfende der geschälten Stange I für Hauptlinien 15 cm, für Nebenlinien (Stangen II) 12 cm; Verjüngung vom Stammende zum Zopfende auf 1 m Länge 0,7—1 cm, Durchmesser am Stammende bei einer 7—8,5—10—12 m langen Stange 22—23,5—25—26,5 cm. Gewichte: Stangen von 12 m 175 kg, 10 m 150 kg, 8,5 m 125 kg, 7 m bei 15 cm Zopf 100 kg, bei 12 cm Zopf 70 kg. Rauminhalt· Stangen I 0,462—0,353—0,278 —0,211 m³, Stangen II 0,351—0,261—0,203—0,152 m³. Sonstige wesentliche Bedingungen: Gerader Wuchs, gesunder Stamm, wirkliches Stammende eines Baumes, keine Astlöcher und Spaltstellen. Die Stangen werden am Zopfende dachartig abgeschrägt und die Schnittflächen zweimal mit heißem Teer gestrichen, schließlich mit feinem Sand bestreut. 3 m vom Stammende wird der Stempel TV (Telegraphen-Verwaltung) angebracht; die Mitte des Stempels liegt in der Ebene, welche von der am Zopfende gebildeten Schnittkante angegeben wird; der Stempel gibt die Straßenseite der Stange an. Unter dem TV kommt die Jahreszahl der Zubereitung, ein Buchstabe, der die Art der Zubereitung angibt, und bei späterer Verwendung auch die Jahreszahl der letzteren. Eichen werden nicht getränkt. Die mittlere Dauer nicht getränkter Stangen ist auf 7,7 Jahre zu veranschlagen.

(960) **Tränkung** a) **mit Kupfervitriol** (Boucherie). Die Stämme werden spätestens 10 Tage nach dem Fällen dem Verfahren unterworfen oder bis zum Beginne des letzteren unter Wasser auf-bewahrt. Eine Lösung von $1^1/_2$ Gewichtsteilen Kupfervitriol auf 100 Gewichtsteile Wasser wird durch den Druck einer Flüssigkeits-säule aus einem auf 10 m hohem Gerüst stehenden Behälter vom Stammende aus durch die nahezu wagerecht gelagerte Stange ge-trieben. Mittlere Dauer der Tränkung (nach der Statistik der Reichs-Telegr.-Verw.): für eine 7—8,5—10—12 m lange Stange 6,5—7—8 —10,5 Tage. Zur Erzeugung des für die Tränkung notwendigen Druckes werden neuerdings Dampfstrahlpumpen an Stelle der Wasser-säule verwandt. Der zum Betriebe notwendige Dampf wird durch Lokomobilen erzeugt. Angewendet wird ein Flüssigkeitsdruck von etwa 2 Atm. (bei weiterer Steigerung tritt leicht ein Platzen der Stämme ein), wodurch die Dauer des Verfahrens für die 7—8,5—10 —12 m langen Stangen auf 2,5—3—3,5—4,5 Tage abgekürzt wird. Die Kosten für die Tränkung eines Kubikmeters betragen etwa 8—10 M., sie sind beim Dampfdruckverfahren höher, weil 1 m³ Holz im gewöhnlichen Verfahren etwa 10, beim Dampfdruckverfahren bis zu 13 kg Kupfervitriol aufnimmt. Ob die Stangen völlig durch-drungen sind, wird geprüft, indem man das Zopfende mit einer Lösung von gelbem Blutlaugensalz (1 Gewichtsteil auf 100 Wasser) bestreicht, worauf sich rotbraune Färbung zeigt. Die mittlere Dauer der mit Kupfervitriol getränkten Stangen kann man auf 11,7 Jahre annehmen. Die Tränkung mit Kupfervitriol ist, weil am einfachsten, die am häufig-sten angewendete. Die Stangen werden an der Luft getrocknet und nicht zu früh entrindet.

b) **Tränkung mit Zinkchlorid.** In luftdicht verschließbarem Walzenkessel werden die Stangen zwei Stunden lang heißen Wasser-dämpfen ausgesetzt (100° C., nach $^1/_2$ St. erreicht). Dann wird durch Auspumpen ein Unterdruck von $^1/_4$—$^1/_5$ Atm. erzeugt und zwar inner-halb 30 Minuten. Die Verdünnung wird 30 Minuten unterhalten. Hiernach wird die Chlorzinklösung eingeführt und ein Druck von 7 Atmosphären eine Stunde unterhalten. Die Chlorzinklösung muß am Beauméschen Aräometer 3° zeigen. Bei Prüfung der getränkten Stange wird eine vom Zopf- oder Stammende abgeschnittene Scheibe mit Schwefelammonium behandelt, mit Essigsäure abgewaschen und hierauf mit einer sauren Lösung von salpetersaurem Bleioxyd be-strichen. Die Flächen färben sich dann durch gebildetes Schwefelblei schwarz. Enthält das verwendete Chlorzink Eisensalze, so färbt sich die Probescheibe beim Eintauchen in Schwefelammonium dunkelgrün. Mittl. Dauer der Stangen 11,9 Jahre, Kosten für die Tränkung eines Kubikmeters 5—8 M.

c) **Tränkung mit kreosothaltigem Teeröl.** Die lufttrockenen Stangen werden in einem Kessel durch Zuführung heißer Luft (bis 110°) langsam (um Reißen zu verhindern) getrocknet und dann in die

Tränkungskessel eingebracht. Nachdem hier ein Unterdruck von $^1/_{10}$ bis $^1/_5$ Atm. hergestellt ist, wird nach 10 Min. das vorgewärmte Teeröl unter anhaltender Luftverdünnung eingelassen, darauf langsam erwärmt, so daß die Temperatur nach 3 Stunden 105 bis 110° C. beträgt; diese Temperatur wird eine weitere Stunde lang erhalten. Das aus dem Holz verdampfende Wasser wird in einer Kühlvorrichtung verdichtet, aufgefangen und gemessen, um nachher bei der Feststellung der Gewichtsvermehrung durch aufgenommenes Öl in Abzug gebracht zu werden. Nachdem das Holz völlig trocken ist, wird das Teeröl mit 7 Atm. eingedrückt, bis auf 1 m³ Holz 300 kg Teeröl aufgenommen sind. Der Siedepunkt des aus Steinkohlenteer hergestellten Teeröls soll zwischen 200° und 400° liegen. Gehalt an sauren in Natronlauge von 1,15 spez. Gew. löslichen Bestandteilen muß wenigstens 10% betragen. Spez. Gewicht nicht unter 1,00 und nicht über 1,10. Dauer der Stangen im Mittel 20,6 Jahre, Kosten für 1 m³ etwa 15 M.

d) Tränkung mit Quecksilbersublimat. Die getrockneten und entrindeten Stangen werden unter Zwischenlegung von Latten so in einen Holztrog (kein Eisen!) eingelegt, daß sie weder dessen Wände noch sich untereinander berühren. Darauf wird soviel Lösung von 1 Gewichtsteil Sublimat in 150 Gewichtsteilen Wasser eingelassen, daß die Stangen mindestens 5 cm überdeckt sind. Nach 10 – 14 Tagen ist die Tränkung beendet, die Zusammensetzung der Lauge ist während dieser Zeit auf der anfänglichen Höhe zu halten. Die Stangen müssen nach Ablassen der Lauge an der Oberfläche abgekehrt und abgespült werden, worauf man sie an der Luft trocknen läßt. Die Eindringungstiefe läßt sich durch Bestreichen mit Jodkalium (Rotfärbung auf der Schnittfläche) nachweisen. Dauer der Stangen 13,7 Jahre, Kosten für 1 m³ etwa 10 M.

(961) Verlängerte Stangen. a) Zwei Stangen werden gegeneinander abgeschrägt; die abgeschrägten Flächen greifen mit je einem Zahn ineinander ein; die Stangen werden mit Drahtbünden und Schraubenbolzen verbunden. b) Größere Standfestigkeit haben Stangen mit Doppelschuh; das untere Ende einer Stange wird zwischen den oberen Enden zweier gerade oder schräg gestellter Stangen oder zwischen eisernen Schienen durch Schraubenbolzen befestigt. c) Eisenrohr-Aufsätze nach Art der in den Stadt-Fernsprech-Einrichtungen gebrauchten werden mit zwei Schellen in Auskehlungen am oberen Ende der Stangen befestigt.

(962) Verstärkte Konstruktionen. a) Gekuppelte Stangen. Zwei Stangen werden durch Schraubenbolzen miteinander verbunden.

b) Doppelständer oder Bock. Fig 563, S. 766). Zwei Stangen werden am Zopfende abgeschrägt und dort durch Bolzen verbunden. Die Fußenden werden durch eine Querverbindung auseinandergehalten. In der Mitte der Entfernung vom Boden bis zur oberen Kupplung wird ein Querriegel eingesetzt und durch einen durchgehenden Bolzen mit den Stangen verbunden.

c) Doppelgestänge. Fig. 565, S. 766. Zwei Stangen werden 1,3—1,5 m voneinander entfernt aufgestellt, so daß die von ihren Achsen gebildete Ebene senkrecht zur Drahtrichtung steht. Die Fußpunkte erhalten eine Querverbindung (Schwelle), ferner wird eine solche (Riegel) zwischen Boden und Zopf angebracht. Außerdem erhält die Konstruktion eine Diagonalverbindung in dem durch die Stangen und beiden Querverbindungen gebildeten Rechteck, welche als Strebe gegen seitlich auftretende Kräfte wirkt.

d) Streben, Fig. 564, werden aus Hölzern von 13—14 cm Durchmesser hergestellt, und mit zwei Schrauben an den Stangen festgelegt.

e) Anker werden aus 2—4fachem 4 mm starkem Draht gefertigt, mit einer Schleife um die Stangen gelegt und durch einen Haken am Abrutschen verhindert. Den Fußpunkt bildet im Boden ein Pfahl oder schwerer Stein.

(963) **Stützen** zur Befestigung der Isolatoren haben für hölzerne Stangen Hakenform mit kräftiger Holzschraube im wagerechten Teil, für eiserne Querträger an hölzernen Stangen, gerade, **J** und **U** Form; der senkrechte Teil der Stützen ist durch Aufhauen mit einer Art Gewinde versehen, um dem zum Aufschrauben der Porzellanglocke umgewickelten Hanf einen Halt zu bieten. Winkelstützen sind aus Eisen in Konsolform geschmiedet und werden mit 2—3 geraden Stützen ausgerüstet.

(964) **Eiserne Querträger** für hölzerne Stangen werden verwendet, wenn eine Linie besonders viele Leitungen enthält. Die Querträger werden entweder aus zwei Flacheisen von 5 × 1 cm mit einem lichten Abstand von 3 cm zusammengenietet oder aus ⌐-Eisen von 3,5 bis 4,5 cm Steghöhe geschnitten und es werden die ersteren mittels geeignet ausgeschnittener Platten, Ziehbändern und Vorlegeplatten, die letzteren nur mittels Ziehbändern und Vorlegeplatten an den Stangen befestigt. In diese Querträger werden die Stützen für die Isolatoren, die mit Bund- und Gewindestutzen versehen sind, eingesteckt und durch Schraubenmuttern festgezogen.

Die Querträger werden in Längen bis zu 3 m verwendet und können dann bis 16 Isolatoren aufnehmen.

(965) **Eiserne Stangen.** Zu eisernen Stangen werden eiserne Röhren, einfaches und doppeltes **T**·Eisen verwendet.

Die Befestigung im Erdboden geschieht entweder durch Erdschrauben, eiserne Dreifüße mit Stiefeln, wie bei Gaskandelabern, oder durch Fundierung mit Steinquadern bzw. Betonklötzen. Auf Mauerkronen wird eine eiserne Mauerplatte mit Stiefel durch Steinschrauben befestigt. Auf Gurtungen von Brücken wird diese Platte je den Verhältnissen entsprechend festgeschraubt.

Mauerbügel. An Mauern werden die Isolatoren häufig einzeln an Bügeln oder zusammen an besonderen Bügeln, die mit eisernen Armen vor der Mauer befestigt sind, angebracht; die Formen sind je nach der Form der Mauern verschieden.

Rohrständer. Für Fernsprechleitungen, welche auf Dächern zu befestigen sind, verwendet man sog. Rohrständer aus schmiedeeisernen Röhren von 5 mm Wandstärke. Der untere Teil des Ständers, der am Gebäude befestigt wird, erhält 75 mm äußeren Durchmesser, der obere Teil, der die Querträger aufnimmt, 67 mm. Der obere wird in den unteren Teil eingeschraubt. Ein einfacher Rohrständer kann höchstens 30, ein Doppelgestänge 200, ein Dreigestänge 300 Leitungen aufnehmen. Umschaltegestänge bestehen aus 4 in den Ecken eines Quadrates oder Rechtecks aufgestellten und durch Querträger verbundenen Ständern.

Jeder Rohrständer wird durch einen Knopf abgeschlossen. Am Unterteil des Ständers wird eine verzinkte Schelle angelötet, welche das Blitzableiterseil aufnimmt.

Zur Befestigung der eisernen Stangen werden am Dachgebälk eiserne Unterlegplatten festgeschraubt. Auf letzteren werden Schellen mittels Bolzen und Muttern befestigt, innerhalb deren Ausrundungen die Stangen zu stehen kommen. Das untere Lager besitzt außerdem noch einen bis in die Unterlagplatte durchgehenden Dorn, auf welchem die Stange ruht. Die Querträger, welche die Isolationsvorrichtungen aufnehmen, bestehen wie bei den hölzernen Stangen entweder aus zusammengenieteten Flacheisen oder aus $\llcorner$-Eisen. Die Befestigung der Isolatorenstützen und die Anbringung der Querträger an den Ständern erfolgt wie bei den Holzstangen.

Als Form der Stützen für die Isolatoren, welche unmittelbar an eisernen Röhren oder an T-Eisen zu befestigen sind, wird am zweckmäßigsten die U-Form gewählt. Der an dem Träger zu befestigende Teil wird entsprechend abgeflacht (bei Röhren auch ausgerundet) und mittels zweier durchgehender Bolzen mit Muttern befestigt.

Bei abwechselnder Stellung der Stützen greift je ein Befestigungsbolzen durch den oberen Teil der einen und den unteren Teil der folgenden Stütze.

Zur Verstärkung der Konstruktionen dienen Anker und Streben aus Drahtseil und Rundeisen, in besonderen Fällen auch T- oder $\underline{\text{I}}$-Eisen.

(966) **Isolatoren.** Die deutsche Doppelglocke wird in drei Formen verwendet.

Doppel-glocke Nr.	verwendet für Linien	Drahtstärke		Maße in mm Fig. 561		
		Eisen	Bronze	H	D	d
I	Hauptlinien	6, 5, 4	5, 4, 3, 2	140	86	59
II	Nebenlinien Fernsprech-Verbindungslei- tungen in eisernem Gestänge	3	4, 3, 2	100	70	51
III	Amtseinrichtungen Überführungssäulen Stadt - Fernsprecheinrichtungen		1,5	80	60	40

Die Gewichte betragen annähernd 0,93—0,47—0,29 kg.

Die aus der Fabrik frisch bezogenen Isolatoren sollen im trockenen Zustande einen Isolationswiderstand von über $5000 \cdot 10^6$ Ohm für das Stück besitzen. Gebrauchte Isolatoren weisen im trockenen Zustande meist einen eben so hohen Widerstand auf. Bei heftigem Regen sinkt der Isolationswert bedeutend, meist unter $10 \cdot 10^6$, häufig auch unter

$1 \cdot 10^6$ Ohm. Nach dem Aufhören des Regens steigt er ziemlich rasch wieder, und zwar um so rascher, je reiner die Glocke innen und außen ist. (Vgl. Elektrot. Ztschr. 1893, S. 503).

Prüfung der Isolatoren. Die Isolatoren müssen beim Anschlagen hell klingen, die Glasur muß frei von Sprüngen, Rissen und Blasen sein, ein Weiß zeigen, welches nur sehr wenig ins Blaue oder Gelbe spielt. Zerschlägt man eine Glocke, so muß die Bruchfläche gleichartig und glänzend weiß sein. Exemplare mit feinen Sprüngen lassen sich ermitteln, indem man die Isolatoren mit dem Kopf nach unten eine Zeitlang in Wasser setzt und die inneren Höhlungen mit letzterem ebenfalls füllt. Das Wasser darf außen und innen nur bis auf einige Zentimeter vom Rande reichen. Man führt von der äußeren Flüssigkeit eine Zuleitung zu einem gewöhnlichen Galvanometer und von da zu einer kleinen Batterie. Den zum anderen Pol führenden Leitungsdraht taucht man nacheinander in die innere Höhlung aller Isolatoren; erfolgt ein Ausschlag, so ist der Isolator fehlerhaft.

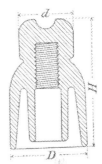

Fig. 561.

Um den Isolationswert fehlerfreier Isolatoren zu bestimmen, mißt man den Übergangswiderstand vom Drahtlager bis zur Stütze (ETZ 1903, S. 503): in einem Schrank werden mehrere der zu prüfenden Doppelglocken auf Stützen an Querträgern aus Eisen befestigt. Auf dem Kopf oder am Hals der Glocken wird ein Stück Leitungsdraht vorschriftsmäßig befestigt; das eine Ende des letzteren führt frei durch eine in der Wand des Schrankes befindliche Öffnung. Der erstere Draht setzt sich in einer isolierten Verbindung zu einem Meßsystem mit Spiegelgalvanometer fort. Die Stützen der Isolatoren sind mit einer Erdleitung verbunden. Im oberen Teile des Schrankes befindet sich ein Gefäß mit siebartigem Boden; wird aus der Wasserleitung Wasser eingelassen, so entsteht ein feiner Regen. Die Messungen können sowohl während des Regens, als auch nach seinem Aufhören bei verschiedenen Feuchtigkeits- und Wärmegraden den wirklichen Verhältnissen entsprechend ausgeführt werden und liefern die richtigen Übergangswiderstände. Um zwei verschiedene Arten Isolatoren zu vergleichen, bringt man sie gleichzeitig und gleichmäßig verteilt im Benetzungsschrank unter.

Eigenschaften des Porzellans (nach Friese) Dichte 2,30 bis 2,40. Wärmeausdehnungskoeffizient 4,5 bis $6,5 \cdot 10^{-6}$. Druckfestigkeit 47,8 kg*/mm²; Zugfestigkeit 13 bis 20 kg*/mm²; Biegungsfestigkeit 4,2 bis 5,6 kg*/mm². Elastischer Dehnungskoeffizient 140 bis $190 \cdot 10^{-6}$ mm²/kg*. Wärmeleitungsfähigkeit (innere) 0,002 (g, cm, cm², ° C.); spezifische Wärme 0,17. Elektrische Durchschlagsfestigkeit etwa 10000 V/mm. Dielektrizitätskonstante etwa 5.

(967) **Leitungsdraht.** Verzinkter Eisendraht.

Durch-messer mm	Gewicht von 1 km kg	Festig-keit kg *	Zahl der		Widerstand von 1 km Ohm
			Tor-sionen	Bie-gungen	
6	220	1130	16	6	4,66
5	150	785	19	7	6,73
4	100	502	23	8	10,49
3	55	282	28	8	18,63
2	24	125	32	14	
1,7	18	90	38	16	

Verwendung: Draht von 6 und 5 mm für die internationalen und großen inländischen Leitungen; Draht von 4 mm für die übrigen Hauptlinien, Draht von 3 mm für Nebenlinien und als leichte Leitung; Draht von 2 mm für Bindungen, von 1,7 mm für die Wickellötstellen.

Bei der Prüfung auf Torsion wird ein gerades Drahtstück auf 15 cm freie Länge eingeklemmt und regelmäßig (gewöhnlich mit 15 Umdrehungen in 10 Sekunden) tordiert.

Die Prüfung mittels Biegungen wird so ausgeführt, daß der Draht an einem Ende eingespannt und um einen rechten Winkel und wieder zurück über Bolzen von 10 mm Radius für den Draht von 4 mm und mehr, von 5 mm Radius für die schwächeren Drahtsorten abwechselnd nach links und rechts gebogen wird. Als eine Biegung wird gezählt: gerade, gebogen, wieder gerade.

Der Zinküberzug darf nicht abblättern, wenn der Draht auf einen Zylinder von 10 mal größerem Durchmesser gewickelt wird. Der Überzug muß ferner 7 Eintauchungen von je einer Minute Dauer in eine Lösung von 1 Gewichtsteil Kupfervitriol in 5 Gewichtsteilen Wasser aushalten, ohne daß sich eine zusammenhängende Kupferhaut bildet.

Bronzedraht. Zu Fernsprechleitungen wird Bronze- und Hart-Kupferdraht, für die 1,5 mm starken Leitungen Doppelbronzedraht (Kern von Aluminiumbronze, Mantel Zinnbronze) vereinzelt auch Doppelmetalldraht (Stahldraht mit Kupfermantel), benutzt; s. die Tabellen (969) S. 756.

Die Bronzedrähte sollen bis etwa zur Hälfte ihrer Festigkeit eine möglichst geringe, bis zum Bruch aber eine möglichst große Dehnung haben. Da sie diese Eigenschaft im Anlieferungszustande nicht besitzen, werden sie vor ihrem Verlegen auf der Baustelle mit $\frac{1}{2}-\frac{2}{3}$ ihrer Festigkeit gereckt.

Verwendung: Draht von über 3 mm Durchmesser für Fernsprech-Verbindungsanlagen von größerer Länge; auch für einzelne, wichtige und lange Telegraphenleitungen wird Bronzedraht benutzt. Draht von 2 mm Durchmesser für Verbindungsanlagen von geringerer Länge; auch ausgeglüht als Bindedraht; Draht von 1,5 mm Durchmesser für Anschluß- und Verbindungsanlagen in Städten und in Bezirksnetzen, sowie (ausgeglüht) als Bindedraht.

Die deutsche Reichs-Telegraphen-Verwaltung verwendet:

Bronze-(Doppelbronze-)Draht					Hartkupferdraht				
Durchmesser	Gew. v. 1 km	Festigkeit		Biegungen	Widst. v. 1 km	Durchmesser	Festigkeit		Biegungen	Widst. v. 1 km
mm	kg	kg*	kg*/mm²		Ohm	mm	kg*	kg*/mm²		Ohm
5	178	981	50	6	0,95	5	844	43	4	0,91
4,5	144	795	50	6	1,17	4,5	683	43	4	1,13
4	112	640	51	7	1,49	4	565	45	5	1,42
3	63	372	52,6	7	2,64	3	318	45	5	2,53
2,5	44	258	52,6	9	3,80					
2	28	170	52,6	10	5,49					
1,5	16	120	70	15	14,18					

Leichte Leitung. In besonderen Fällen wird in eine Leitung aus starkem Drahte ein Stück schwachen Drahtes eingeschaltet, so beim Überschreiten der Eisenbahn oder Straße, beim Durchlaufen von Bahnhöfen, Ortschaften, zur Weiterführung der Leitung von der Abspannstange bis zur Außenwand des Dienstgebäudes oder bis zur Überführungssäule oder dem Überführungskasten vor einer Kabelleitung, an Untersuchungsstellen zur Verbindung der Leitungszweige, in Kurven.

(968) **Isolierte Freileitungen.** Nach (723) dürfen Schwachstromleitungen gegen Berührung mit Niederspannungsleitungen durch eine isolierende Hülle geschützt werden. Diese Hülle muß imstande sein, unter Wasser eine Spannung von 4000 V auszuhalten. Geeignete Leitungsdrähte werden in (996) angegeben.

In vielen Fällen scheint es erwünscht, die beiden Zweige einer Doppelleitung vor gegenseitiger Berührung oder vor der Berührung mit anderen Schwachstromleitungen durch eine Umhüllung zu schützen. Zu diesem Zweck wird der Hackethalsche Draht hergestellt; er hat eine Hülle aus Baumwolle, welche mit einer erhärtenden Verbindung von Leinöl mit Mennige getränkt ist. Fernsprechdoppelleitungen aus solchem Draht können mit sehr geringem Abstand der beiden Zweige gebaut werden; hierzu dienen besondere Doppelkrücken-Isolatoren; außerdem werden die Drähte in jedem Felde gekreuzt.

(969) Siehe die Tabelle über blanke Leitungsdrähte, S. 756.

(970) **Materialbedarf.** 1. **Hölzerne Stangen.** Für je 10 km Linie werden unter gewöhnlichen Verhältnissen und in der geraden Strecke gebraucht:

an Eisenbahnen 133 Stangen von 7 m bei 15 cm Zopfstärke;
an Kunststraßen und Landwegen für Hauptlinien 133 Stangen von 8,5 (u. U. 7) m bei 15 cm Zopfstärke; für Nebenlinien ·133 (u. U. bis herab zu 100) Stangen von 7 m bei 12 cm Zopfstärke; für Fernsprech-Verbindungsanlagen 167 Stangen;
für jede Überschreitung einer Straße oder Eisenbahn, auch wenn nur die Straßenseite gewechselt wird, in der Regel

48*

Tabelle über blanke Leitungsdrähte.

δ = spezifisches Gewicht,
ρ = spezifischer Widerstand b. 15° C.,
γ = Leitfähigkeit in % des reinen Kupfers, 100% = 60,

p = absolute Festigkeit in kg*/mm²,
B = Biegungen im rechten Winkel,
D = Dehnung bis zum Bruch in %.

Die Angaben beziehen sich auf Drähte von 3 mm Durchmesser.
(Nach Mitteilungen der Fabrikanten)

Firma	Drahtmaterial	δ	ρ	γ in %	p	B	D
Allgemeine Elektricitäts-Gesellschaft, Berlin	Hartkupfer	8,9	0,0174	96	45	5	0,9
	Bronze I	8,9	0,0178	94	52,6	7	1,9
	„ II	8,9	0,0198	84	52	7	1,5
	Aluminium	2,64	0,0278	60	20	8	2,5
Basse und Selve, Altena	Hartkupfer	8,90	0,0172	97	45	3	1,5
	Bronze I	8,99	0,0193	87	59	7	1,5
	„ II	8,94	0,0189	88	52	7	1,5
	„ III	8,99	0,0280	60	60—65	5	1
	„ IV	8,86	0,0490	34	65—70	5	1
	Doppelbronze I	8,90	0,0193	87	50—55	9	1
	„ II	8,80	0,0280	60	60—65	11	0,75—1
	„ III	8,74	0,0350	48	70—75	10	0,75—1
	Doppelmetall I	8,64	0,0193	87	50—55	8	1—1,5
	„ II	8,54	0,0280	60	65—70	10	0,75—1
	„ III	8,20	0,0500	33	70—75	7	0,75—1
	Aluminium	2,65	0,031	54	20,5	4	2,5—3
	Al.-Leg. Nr. 179	2,65	0,029	57	19,1	5	2,5—3
	„ „ „ 63	2,80	0,041	41	27,5	1	2—2,5
	„ „ „ 180	2,60	0,037	45	30,0	3	2—2,5
	„ „ „ 157	2,80	0,049	34	33,2	1	2—2,5
	„ „ „ 69	2,64	0,038	44	33,7	1,5	2—2,5
Carl Berg, Eveking *)	Doppelbronze	8,91	0,022	76	53	9	1—1,5
Elbinger Metallwerke, G. m. b. H., Elbing	Hartkupfer	8,9	0,0174	96	44	3	1,5
	Bronze I	8,95	0,0193	87	59	7	1,5
	„ II	8,93	0,0189	88	51	7	1,5
	„ III	8,95	0,0280	60	62	5	1
	Doppelbronze	8,80	0,0280	60	62	11	1
Felten und Guilleaume-Lahmeyerwerke, Aktien-Gesellschaft, Mülheim a. Rh.	Bronze I (Siliziumbronze)	8,91	0,0174	96	45—46	5	1,5
	Bronze II	8,88	0,0196	85	50—52	7	1,5
	„ III	8,87	0,0282	59	65—70	5	1
	„ IV	8,87	0,0427	39	65—70	5	1
	„ V	8,86	0,0556	30	75—80	5	1
	Doppelbronze I	8,90	0,0185	90	50—52	9	1—1,5
	„ II	8,80	0,0256—0,013	65—70	65	8	1—1,5
	Aluminium	2,65	0,0309	54	20—22	5	2,5
Heddernheimer Kupferwerk vorm. F. A. Hesse Söhne, Heddernheim b. Frankfurt a. M.	Hartkupfer	8,9	0,0172	97	45		
	Weichkupfer	8,9	0,0172	97	24		
	Bronze I	8,9	0,0176	95	46		
	„ II	8,9	0,020	83	50		
	„ III	8,9	0,0283	59	69		
	„ IV	8,9	0,0424	39	70		
	„ V	8,9	0,0565	30	78		
Oberschles. Eisenindustrie A.-G., Gleiwitz	Doppelmetall I	8,55	0,021	80	40	6	1—2
	„ II	8,30	0,028	60	60	bis	
	„ III	8,10	0,045	37	80	10	
	Doppelbronze	8,91	0,022	76	53	9	1—1,5
	Bronze I	8,91	0,0177	94	46		1,5
	„ II	8,90	0,0200	84	50		1,5
	„ III	8,70	0,0283	59	70		1,0
	Hartkupfer	8,95	0,0175	95	43		1,5
	Weichkupfer	8,95	0,0172	97	24		—

*) Fabriziert auch zahlreiche andere Drahtsorten; Spezialfirma für Aluminiumlegierungen und Magnalium.

zwei Stangen (bei Überschreitung der Eisenbahn muß der
unterste Leitungsdraht 6 m über Schienenoberkante bleiben);
in Kurven und Winkelpunkten werden die Stangen in kürzeren
Abständen gestellt;
an besonderen Punkten werden Doppelständer, gekuppelte
Stangen u. dgl. gebraucht.

In Stadt-Fernsprechnetzen gibt man den Dachgestängen Abstände
von 100—150 m; bei Überschreitung freier Plätze kommen auch
größere Abstände vor.

2. An Streben und Ankern sind durchschnittlich 25 % der
Stangenzahl zu rechnen, für jede Strebe zwei Befestigungsschrauben,
für jeden Anker ein Ankerhaken und ein (eichener) Ankerpfahl. Die
Anker werden aus 2 bis 4fachem 4 mm · Draht gefertigt. Prellsteine
und -pfähle, Scheuerböcke nach örtlicher Ermittlung.

3. Draht. Für 1 km Leitung braucht man:

Draht von Durchmesser mm	6	5	4	3	2	1,5
Verzinkter Eisendraht kg	230	159	103	58	—	—
Bronze- und Kupferdraht kg	—	184	116	65	29	17

Für Erdleitungen besonders zu veranschlagen.

Bindedraht: Für Leitungen aus verzinktem Eisendraht wird 2 mm
starker Bindedraht aus demselben Material verwendet; für 100 Bindungen braucht man 3,5 kg Draht. Für Leitungen aus Bronzedraht
dient ausgeglühter Bronzedraht zum Binden, und zwar für Leitungen
von 1,5 bis 3 mm Stärke 1,5 mm starker Bindedraht (für 100 Bindungen 1,6 kg), für die Leitungen von 5 u. 4 mm Stärke 2 mm starker
Bindedraht (für 100 Bindungen 3,5 kg).

Als Wickeldraht für die Wickellötstellen bei Eisendraht wird
Draht von 1,7 mm, bei Bronzedraht verzinnter Kupferdraht von 1,5 mm
benutzt.

Herstellung der Linien und Leitungen.

(971) Wege für oberirdische Telegraphenleitungen. Auskundung. Das Telegraphenwege-Gesetz vom 18. Dezember 1899 hat
der Telegraphenverwaltung das Recht zur Benutzung der Verkehrswege für ihre zu öffentlichen Zwecken dienenden Linien gegeben;
gegenüber den Eisenbahnen gelten der Bundesratsbeschluß vom
21. Dezember 1868 und die Verträge mit den Eisenbahnverwaltungen
der Bundesstaaten, insbesondere der Vertrag zwischen der Reichs-
Post- und Telegraphen-Verwaltung und der Preußischen Staats-Eisenbahn-Verwaltung vom 28. August/8. September 1888*). Ferner dürfen
die Telegraphenlinien durch den Luftraum über Grundstücken geführt

---

*) Abdruck siehe im Anhang.

werden, soweit die Benutzung der Grundstücke nicht beeinträchtigt wird. Die Telegraphenlinien benutzen vorzugsweise Eisenbahnen und Kunststraßen und zwar bei Eisenbahnen tunlichst die den herrschenden Winden abgekehrte, bei anderen Verkehrsstraßen die den Winden zugekehrte Seite; in allen Fällen sucht man den Bäumen nicht zu nahe zu kommen; auch hält man sich von etwa vorhandenen Kabelleitungen fern. Bei Eisenbahnen muß unter allen Umständen das Normalprofil und die Sehlinie zur Beobachtung der optischen Bahnsignale frei bleiben; soweit es geht, ist die gerade Linie einzuhalten. In den Entwässerungsgräben und im Überschwemmungsgebiet eines Wasserlaufes sollen die Stangen nicht aufgestellt werden. Schneidet eine Straße einen Berg an, so stellt man die Stangen an die Bergseite, wenn hier keine Bäume stehen. Baumpflanzungen, durch die eine Linie führt, müssen beschnitten und ausgeästet werden, so daß die Zweige einen Abstand von mindestens 60 cm vom nächsten Drahte haben. In Ortschaften sind die Stangen möglichst so zu stellen, daß sie den Verkehr in keiner Weise erschweren; die Stützpunkte sind womöglich nicht an Gebäuden anzubringen, jedenfalls nicht an solchen, die mit Rohrputz versehen sind. Ortschaften, in denen kein Telegraphenamt eingerichtet wird, lassen sich oft zweckmäßig umgehen.

Die durch die Auskundung ermittelte Richtungslinie der Telegraphenleitung, der Raum, den die Leitungen in Anspruch nehmen, Entfernung und Höhe der Stangen werden in einen Plan eingetragen, der durch Mitteilung an die Wege-Unterhaltungspflichtigen und öffentliche Auslegung bekannt gemacht wird. Nach vierwöchiger Frist und Erledigung etwaiger Einsprüche ist die Telegraphenverwaltung zur Ausführung des Planes befugt.

Überschreitungen der Straßen und Eisenbahnen sind tunlichst zu vermeiden; wo dies nicht möglich ist, muß der unterste Draht jederzeit mindestens 6 m über der Schienenoberkante und genügend hoch (für beladene Fuhrwerke etwa 4,5 m) über der Straßenoberfläche bleiben. Eisenbahnen werden stets rechtwinklig überschritten, als Leitungsdraht wird 3 mm starker Eisendraht, in besonderen Fällen 1,5 mm starker Bronzedraht verwendet.

Überschreitung von Flußläufen usw. 1. oberirdisch, bei schmalem Gewässer und geeigneten Ufern auf hohen Stangen, oder längs einer Brücke als Luftleitung, oder im Brückenbau als Kabel in Kästen oder Röhren. 2. unter Wasser, als Kabel, bei nicht gestautem Wasser stromabwärts der Brücke, bei gestautem stromaufwärts. Es ist in letzterem Falle auf sorgfältige Auswahl der Uferstellen zu achten, stete Aufsicht, guter Untergrund (keine Felsen), kein regelmäßiger Ankerplatz, keine Gefahr bei Eisgang. Für Abtrieb sind 5% zuzurechnen. Überführungssäulen außerhalb des Überschwemmungsgebietes.

Tunnel. Oberirdisch, in gewöhnlicher Weise über den Berg, oder blanke Leitung an Mauerbügeln im Tunnel, oder Kabel in hölzernen Rinnen oder Nuten in der Wand oder Sohle des Tunnels.

Untersuchungsstangen. An geeigneten Stellen der Leitung werden an einer Stange statt der gewöhnlichen einfachen Isolatoren Konsolen mit je zwei Doppelglocken angebracht. Die Leitungen können hier unterbrochen und durch eine Hilfsleitung an Erde gelegt werden.

(972) Ausführung der Arbeiten. 1. Abpfählen der Linie. Die Stangenstandpunkte werden durch kleine Markierpfähle bezeichnet und ein Verzeichnis angelegt, worin alle Bemerkungen über die Art der Stützpunkte verzeichnet werden. Hiernach wird das Baumaterial längs der Linie verteilt.

2. Setzen der Stangen. Die Einsatztiefe beträgt in ebenem Boden $\frac{1}{5}$, bei Böschungen $\frac{1}{4}$, in Felsboden $\frac{1}{7}$ der Stangenlänge. Die Löcher werden gegraben, in steinfreiem Boden gebohrt, in Felsboden mit Brecheisen und Spitzhacke gebrochen oder gesprengt. Wenn in der Nähe von Bauwerken der Raum zum Einsetzen der Stangen fehlt, sind letztere am Gebäude mit Schellen u. dgl. zu befestigen.

3. Ausrüstung der Stangen mit Isolatoren. Der oberste Isolator wird auf der Straßenseite der Stange 6 cm von dem tiefsten Punkte der Abschrägung am Zopf eingeschraubt. Bei Anbringung mehrerer Isolatoren werden diese gewöhnlich wechselständig eingeschraubt, d. h. abwechselnd nach der einen und anderen Seite zu. Entfernung zweier Isolatoren voneinander: 24 cm; ausnahmsweise bei gedrängter Drahtführung an einzelnen Stangen 15 cm. Der unterste Draht soll neben der Eisenbahn mindestens 2 m, neben Landstraßen mindestens 3 m vom Boden entfernt sein.

Die Querträger werden mit Ziehbändern an der Stange befestigt, so daß ihre Oberkanten 50 cm Abstand haben; sie werden durch Versteifungsschienen ($3 \times 0,7$ cm) an ihren Enden verbunden. Bei Fernsprechleitungen bleiben diese Schienen weg. An einer Stange können bis 5 Querträger zu 4 Leitungen angebracht werden.

Winkelstützen werden wechselseitig mit 50 cm Abstand angebracht.

Doppelgestänge werden mit (bis zu 5 Stück) Querträgern ausgerüstet.

Die Isolatoren werden an den Gestängen vor dem Aufrichten, an den Querträgern vor dem Aufbringen befestigt.

4. Anbringen der Verstärkungsmittel. Anker und Streben müssen in der Richtung der Resultierenden aus den Zugkräften beider Drähte liegen (979).

5. Herstellung der Drahtleitung. Der Draht wird längs der fertigen Stangenreihe ausgelegt. Eisendraht kann meist ausgerollt werden; das Ende des Drahtringes wird festgehalten, der Ring wie ein Rad vorangerollt. Oder man hängt den Ring über eine Walze und zieht den Draht voran. Bronzedraht muß sorgfältiger behandelt werden; er darf nur mit Werkzeugen, deren Kanten gerundet sind, bearbeitet werden; die Zangen, Feilkloben, Klemmen sind mit Bronze zu füttern. Beim Auslegen wird der Bronzedraht auf einen tragbaren Haspel oder eine Trommel gebracht und die Linie entlang getragen; er darf nicht auf hartem Boden schleifen. Es muß verhütet werden, daß Personen auf den Draht treten oder daß gar Fuhrwerke ihn überfahren. Der Draht wird auf derselben Seite der Gestänge niedergelegt, auf der er befestigt werden soll; nur der für die inneren Seiten der Doppelgestänge bestimmte Draht wird vorwärts oder rückwärts von

seiner Verwendungsstelle ausgelegt, damit er nachher über die Gestänge weg gezogen werdèn kann.

Die einzelnen Drahtlängen werden darauf zu einer fortlaufenden
Leitung verbunden (974) und diese gereckt. Hierzu dient die Draht-
winde und die Froschklemme (für Eisendraht) oder die Kniehebel-
klemme (für Bronzedraht, mit Bronze gefüttert). Das Recken geschieht
am besten 2—3 mal, indem man die Belastung ganz allmählich bis zu
$^2/_3$ der Bruchlast steigert. Überschreiten dieser Grenze sehr gefährlich,
daher zu vermeiden.

Nun wird der Draht mit leichten Hakenstangen auf die Stützen
der Isolatoren gehoben. Wo er über die Gestänge gezogen werden
muß (bei Doppelgestänge, s. oben), sind die Stellen, an denen er auf
Metall schleift, zu polstern. Schließlich wird dem Draht die richtige
Spannung gegeben, die am Durchhang (973) zu erkennen ist, und der
Draht festgebunden.

In gerader Linie wird der Draht im oberen Drahtlager (auf dem
Kopf des Isolators), in Krümmungen und Winkelpunkten im seitlichen
oder Halslager festgebunden; in letzterem Falle muß der seitliche
Drahtzug vom Isolator, nicht vom Bindedraht aufgenommen werden.
Bindedraht (970).

(973) Spannung des Drahtes. Der Telegraphendraht soll bei
— 25° C. mit nicht mehr als $^1/_4$ seiner absoluten Festigkeit beansprucht
werden (der Index $_0$ gilt für diese Temperatuf).

Bedeutet A die Spannweite, l die Länge des Drahtes, f den
Durchhang (Pfeilhöhe), p die Spannung im tiefsten Punkte, δ die
Dichte, ϑ den Wärmeausdehnungskoeffizienten, α den elastischen
Dehnungskoeffizienten, t die Temperatur, so gelten die Formeln

$$f = \frac{\delta\,A^2}{8\,p}\,; \;\; l = A + \frac{8\,f^2}{3\,A}\,; \;\; \frac{\delta^2 A^2}{24} \cdot \left(\frac{1}{p^2} - \frac{1}{p_0^2}\right) = \vartheta\,(t - t_0) + \alpha\,(p - p_0)$$

In diesen Formeln sind alle Längen in cm, die Dichte in kg/cm³,
die Spannungen in kg*/cm², der Dehnungskoeffizient in cm²/kg*, die
Temperatur in Celsiusgraden auszudrücken. Man beachte, daß den
nachstehenden Tabellen z. T. andere Maßeinheiten zugrunde liegen.

Die Formeln ergeben eine graphische Darstellung, die in Fig. 562
für Bronzedraht I (Festigkeit 50 kg*/mm²) aufgezeichnet ist, aus der
sich alle erforderlichen Werte leicht ablesen lassen, sie gestatten aber
auch die Berechnung einzelner Werte für die folgenden Durchhangs-
tabellen. Der Einfluß von Zusatzbelastungen durch Eis und Wind
stellt sich in seiner Wirkung auf die Drähte als eine Vermehrung des
Eigengewichtes (δ) dar, und kann, da in der letzten Formel die
Spannweite und das Eigengewicht in derselben Potenz vorkommen,
durch eine entsprechende Änderung der ersteren untersucht werden
(s. Nicolaus, ETZ. 1906).

Abhängigkeit von Spannung und Durchhang von der Temperatur
(Blondel).

Ordinaten: Temperaturunterschiede in ^{0} C., $10^0 = 4$ mm.
Abszissen: Spannweiten in m, 50 m = 1 cm.

Die Spannungsparabeln sind für die Werte von 4 bis 26 kg/mm^2
(Normalspannung von 12,5 kg*/mm^2 punktiert), die Durchhangsgrößen
von 10 bis 1400 cm verzeichnet. Für ungleiche Höhe der Stützpunkte
kann dieselbe Darstellung benutzt werden, da die Spannungskurven
der wirklichen Gestalt der Drahtkurven ähnlich sind.

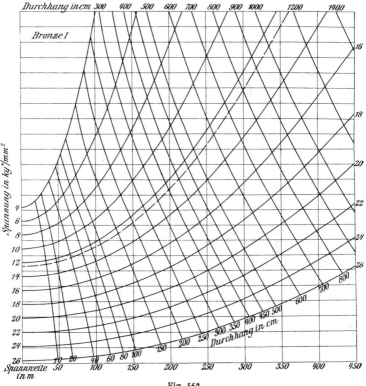

Fig, 562.

Beispiel: Gesucht der Durchhang einer Bronzedrahtleitung bei
200 m Spannweite und 25^0 C.; die bei — 25^0 C. auftretende Maximal-
spannung soll 12,5 kg*/mm^2 sein. Man sucht den Schnittpunkt der
punktierten Maximal-Spannungskurve (für 12,5 kg*/mm^2) mit der
Abszisse von 200 m und geht von diesem um 50^0 = 20 mm nach
oben. Dort ergibt der Schnittpunkt einen Durchhang von 468 cm (bei
einer Spannung von 9,5 kg*/mm^2).

Durchhangstabellen.

Die Zahlen im Kopf der Spalten bedeuten die Spannweite in Metern, die Zahlen der Tabellen den Durchhang in Zentimetern.

Eisen.

Festigkeit 40 kg*/mm²;

Dichte $\delta = 7{,}79$; Wärmeausdehnungs-Koeffizient $\vartheta = 12{,}3 \cdot 10^{-6}$;

Elastischer Dehnungs-Koeffizient $\alpha = 52{,}9 \cdot 10^{-6}$ mm²/kg*.

	40 m	50 m	60 m	80 m	100 m	120 m	150 m	200 m
— 25° C.	16	24	35	62	98	140	219	390
— 15	19	30	42	72	110	154	236	409
— 5	24	36	50	82	122	168	252	427
+ 5	30	43	58	93	135	182	267	445
+ 15	37	41	67	103	147	196	283	462
+ 25° C.	44	59	76	114	160	209	298	479

Bronze I.

Festigkeit 50 kg*/mm²;

Dichte $\delta = 8{,}9$; Wärmeausdehnungs-Koeffizient $\vartheta = 16{,}6 \cdot 10^{-6}$;

Elastischer Dehnungs-Koeffizient $\alpha = 75{,}5 \cdot 10^{-6}$ mm²/kg*.

	40 m	50 m	60 m	80 m	100 m	120 m	150 m	200 m
— 25° C.	14	22	32	57	89	128	200	356
— 15	17	26	38	66	101	142	218	379
— 5	21	32	44	76	113	158	236	402
+ 5	26	38	53	87	127	173	255	424
+ 15	32	46	62	98	141	190	274	446
+ 25° C.	40	55	72	111	155	206	292	468

Bronze II.

Festigkeit 70 kg*/mm²;

Dichte $\delta = 8{,}65$; Wärmeausdehnungs-Koeffizient $\vartheta = 16{,}6 \cdot 10^{-6}$;

Elastischer Dehnungs-Koefffizient $\alpha = 77{,}4 \cdot 10^{-6}$ mm²/kg*.

	40 m	50 m	60 m	80 m	100 m	120 m	150 m	200 m
— 25° C.	10	16	22	40	62	89	139	247
— 15	11	18	25	44	69	99	152	267
— 5	13	20	29	50	78	110	168	287
+ 5	15	24	34	57	87	122	184	309
+ 15	18	28	39	66	99	136	201	331
+ 25° C.	23	34	47	76	111	151	219	353

(974) **Verbindungsstellen.** Die Verbindungsstelle muß mindestens die absolute Festigkeit und Leitungsfähigkeit gewährleisten, wie der Draht selbst. Eine gute Verlötung ist das Beste.

a) Wickellötstelle (Britanniaverbindung). 1. für Eisendraht. Beide Enden der Leitung werden unter rechtem Winkel umgebogen, bis auf 2 mm hohe Nocken abgefeilt und auf 7,5 cm übereinandergelegt, so daß die aufgebogenen Enden entgegengesetzt abstehen. Dann sind die Enden mit 1,7 mm starkem Wickeldraht in eng liegenden Windungen fest zu umwickeln; der Wickeldraht muß über die Nocken hinaus noch jeden Draht in 7—8 Windungen umgeben. Die Stelle wird durch Eintauchen in Lötzinn (3 Teile Blei, 2 Teile Zinn) verlötet.

2. Bronzedraht. a) Drahtbund. In eine Kupferröhre (Arldt) von ovalem Querschnitt werden die Drahtenden von entgegengesetzten Seiten her so eingeschoben, daß sie nicht ganz hindurchreichen; man faßt die Röhre mit einer Kluppe in der Mitte und drillt darauf mit einer zweiten erst das eine, dann das andere Ende nach derselben Richtung je zweimal. Schließlich werden die leeren Enden der Hülse vorsichtig schräg abgekniffen.

Abmessungen der Hülsen:

Drahtstärken in mm	Länge in mm	Wandstärke in mm
1,5	80	0,5
2	100	0,5
3	150	0,6
4	200	0,8
5	250	0,8

b) Lötung. Die Drahtenden werden gerade nebeneinander gelegt, auf 75 mm Länge mit 1,5 mm starkem, verzinntem, weichem Kupferdraht umwickelt, die überstehenden freien Enden rechtwinklig scharf an der Bewicklung abgebogen und die Wicklung beiderseits auf den einzelnen Drähten um 7—8 Windungen verlängert. Der mittlere Teil der umwickelten Stelle wird auf etwa 4 cm Länge verlötet. Die in Betracht kommenden Stellen der beiden Drähte sind vor dem Bewickeln mit Schmirgelleinen sorgfältig blank zu reiben; das Lötwasser ist nur auf diesen Teil der Wicklung aufzutragen. Lötzinn: 3 T. Zinn, 1 T. Blei. Lötung mit dem Kolben, rasch und mit so geringer Hitze als möglich; besonders langsame Abkühlung.

c) Entlastete Lötstelle. Beide Drahtenden werden um den Hals eines Isolators gelegt und dann um den Draht selbst einigemale aufgewickelt; nur die bis vor den Isolator gebogenen Enden werden zusammengedreht und verlötet.

(975) **Verhinderung des Tönens der Leitungen.** Die Leitung wird bei der Bindung im seitlichen Drahtlager mit einem 100 mm langen, 15 mm starken, geschlitzten Gummizylinder umgeben, welcher mit Bleiblech (0,5 mm stark, etwa 50 mm breit) umpreßt wird. Auf 1—1½ m Entfernung von jeder Seite des Isolators wird ebenfalls ein solcher Gummizylinder angebracht und mit Bindedraht befestigt. Ein

weiteres Mittel bilden die sog. Preßleisten (30 cm lang, 5 cm breit, $2^1/_2$ cm stark, aus Eichenholz). Zwischen je zwei Leisten wird die Leitung durch 6 starke Holzschrauben eingepreßt.
Ein weiteres Mittel ist der sog. Kettendämpfer, d. h. die Zwischenschaltung einer 1 m langen Kette, deren Enden mit Laufringen versehen sind. Die Kette wird an einem Isolator befestigt; an den Laufringen endet beiderseits die Leitung. Ein Hilfsdraht zwischen den Enden der Leitung vermittelt die sichere Stromführung (näheres siehe Grawinkel, Telephonie und Mikrophonie, Berlin, Jul. Springer). Um bei Fernsprechdachgestängen ein Übertragen des Tönens in das Haus zu vermeiden, werden unter die Befestigungslaschen starke Filzplatten gelegt.

Festigkeit der Gestänge.
(Nach Zetzsche, Handbuch, III. Bd.)

(976) **Senkrechte Belastung einer Stange.** Die zulässige Belastung in der Richtung der Stangenachse (vgl. (18), S. 23, Fig. 29, Formel 1) ist

$$P = \frac{\pi^2 k}{4} \cdot \frac{\Theta}{\alpha \, h^2} \ \text{kg}^*$$

worin α der elastische Dehnungskoeffizient in cm²/kg* (der hundertste Teil der Zahlen auf S. 23), Θ das kleinste äquatoriale Trägheitsmoment des am meisten gefährdeten Stabquerschnittes (S. 18) in cm⁴, h die Entfernung des Angriffspunktes der Kraft P vom Fußpunkt der Stange in cm, k Sicherheitskoeffizient. An der Befestigungsstelle der Stange sei ihr äußerer Durchmesser D cm, bei Rohrständern der innere Durchmesser d cm; α 's. (973).

	α	k	Erforderl. Θ (h in m)	Zuläss. P (h in m)
Holzstangen	$8 \cdot 10^{-6}$	$^1/_{10}$	$\dfrac{Ph^2}{3}$	$0{,}15 \dfrac{D^4}{h^2}$
Eisenstangen (schmiedeeis. Rohre)	$0{,}5 \cdot 10^{-6}$	$^1/_5$	$\dfrac{Ph^2}{100}$	$4{,}5 \dfrac{D^4 - d^4}{h^2}$

Die gewöhnliche Belastung der Gestänge beträgt nur einen kleinen Bruchteil der zulässigen. Zerknickung tritt nur bei außergewöhnlicher Belastung, besonders Eisablagerung ein.

(977) **Wagrechte Belastung.** Wirken wagrechte Kräfte, deren Resultierende H in h cm vom Fußpunkt der Stange angreift, und ist die zulässige Beanspruchung des Materials p kg*/cm², so ist das erforderliche Widerstandsmoment für den gefährlichen Querschnitt

$$W = \frac{Hh}{p}$$

	p	Erforderl. W	Zuläss. H
Holzstangen	75	$\dfrac{Hh}{75}$	$\dfrac{7,4\,D^3}{h}$
Eisenstangen (schmiedeeis. Rohre)	750	$\dfrac{Hh}{750}$	$74 \cdot \dfrac{D^4-d^4}{Dh}$

Die wagrechten Kräfte sind Winddruck und Drahtzug in Winkelpunkten, auch an Abspannstangen.

(978) Winddruck. In Deutschland ist mit einem maximalen Winddruck von 125 kg*/m² vertikaler ebener Fläche zu rechnen; auf zylindrische Flächen, wie die Telegraphenstangen und Drähte, wirkt nur $^2/_3$ des auf den Querschnitt entfallenden Druckes. Der Winddruck wirkt auf den Draht wie eine Vermehrung seiner Dichte (die Gesamtbelastung ist die Resultante aus Windlast und Eigengewicht) (s. 973). Auf die Stange verursacht er eine biegende Kraft, welche sich aus dem Druck auf die Drähte und dem auf die Stange zusammensetzt. Das Biegungsmoment ist:

$$M = M_d + M_s = 0,0083 \left(A\,\Sigma\,d\,h + \frac{D\,L^2}{2} \right) \text{ kg*cm}$$

$A =$ Spannweite, Σd Summe der dem Winde ausgesetzten Drahtdurchmesser, h Höhe des Angriffspunktes der aus dem Winddruck auf die Drähte resultierenden Kraft, D der mittlere Stangendurchmesser L die Stangenhöhe in cm.

(979) Zug des Drahtes in Winkelpunkten. Sind die beiden Zugkräfte der von der Stange abgehenden Drähte P_1 und P_2, der von ihnen gebildete Winkel β, so ist nach (12), S. 16, Fig. 4:

$$R = \sqrt{P_1^2 + P_2^2 + 2P_1 P_2 \cos\beta},$$

wenn die Drähte gleichstark gespannt sind, ist $P_1 = P_2 = P$ und

$$R = 2\,P \cos\frac{\beta}{2}.$$

Am einfachsten wird Größe und Richtung der Resultierenden durch Konstruktion nach Fig. 4 am Standort der Stange gefunden. Anker und Streben sind in der Richtung der Resultierenden anzubringen.

(980) Zusammengesetzte Belastung. Bringt eine senkrechte Last V im Querschnitt Q eine Beanspruchung $p_1 = V/Q$, eine wagerechte Last H nach (977) eine Beanspruchung $p_2 = H \cdot h/W$ hervor, so ist die Beanspruchung des Materials

$$p = p_1 + p_2 = \frac{V}{Q} + \frac{H \cdot h}{W}.$$

V ist das Gewicht der Stange mit den Isolatoren, des Drahtes auf beiden Seiten bis zur Mitte der angrenzenden Felder und die Belastung durch Eis (Schnee, Rauhreif), H setzt sich aus Winddruck und Drahtzug zusammen, beide in kg*.

(981) Zulässiger Abstand der Stangen in Kurven. Ist r der Kurvenradius in m, W das Widerstandsmoment des Querschnittes, in cm³, p die zulässige Beanspruchung des Materials in kg*/cm², P die Kraft, mit der der Draht gespannt ist, in kg*, und h die Länge ihresHebelarmes in cm, so berechnet sich der Abstand auf

$$\frac{rpW}{hP} \text{ m.}$$

(982) **Doppelständer** (Fig. 563). Die resultierende Kraft R ergibt in der Richtung der Stangen die Kräfte S_1 und S_2. Beanspruchung durch S_1 auf Zug, durch S_2 auf Knickung, die letztere kann durch Anbringung eines Mittelriegels --- verringert werden. Da die Verbindung an der Spitze der Stange nie ganz starr ist, tritt noch Biegungsbeanspruchung auf, die der Rechnung nicht zugänglich ist. Es genügt, bei dem Verhältnis $b : c = 1 : 9$ die Festigkeit des Doppelständers bei guter Verbindung an der Spitze und bei vorhandenem Mittelriegel gleich dem 4—5fachen der entspr. einfachen Stange zu rechnen.

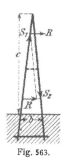 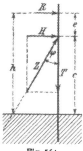 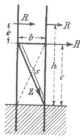

Fig. 563.   Fig. 564.   Fig. 565.

(983) **Stange mit Anker** (oder Strebe) (Fig. 564). Der gefährliche Querschnitt liegt im Angriffspunkte des Verstärkungsmittels. Dort entsteht ein Moment $R \cdot e$; hierzu tritt noch eine Druck- (bzw. Zug) Beanspruchung (die jedoch meist vernachlässigt werden kann) 'durch T, die Komponente von $Z \left(= \dfrac{H}{\sin \varphi} = \dfrac{Rh}{c \sin \varphi} \right)$ d. h. durch $Z \cos \varphi$ od. $= \dfrac{Rh}{c \operatorname{tg} \varphi}$. Die Gesamtbeanspruchung wird nach (980)

$$p = \frac{Re}{W} + \frac{Rh}{c \operatorname{tg} \varphi \, Q}$$

und darf bei Holz 75, bei Eisen 750 kg*/cm nicht überschreiten, wonach sich das zulässige R bezw. der erforderliche Querschnitt der Stange Q berechnen läßt; q Querschnitt des Verstärkungsmittels.

Die Zugbeanspruchung des Ankers ist $p = \dfrac{Rh}{q c \sin \varphi}$, die zulässige

Knickbelastung der Strebe $Z = \dfrac{Rh}{c \sin \varphi} = \dfrac{\pi^3 k D^4}{64 \alpha s^2}$. D Durchmesser,

s Länge der Strebe.

(984) **Gekuppelte Stangen.** Zwei dicht aneinander gestellte Stangen sind durch Bolzen verbunden, ihre Festigkeit ist das $1^1/_2$ fache der entspr. einzelnen Stange (wegen der Schwächung durch den Bolzen). Werden die Stangen miteinander verdübelt oder verklammert, so ist ihre Festigkeit etwa das 3 fache der einzelnen Stange.

(985) **Doppelgestänge** (Fig. 565). Gefährlicher Querschnitt im oberen Angriffspunkt des Verstärkungsmittels. Beanspruchung

$$p = \frac{R\,e}{W} + \frac{2\,R\,h}{c\,\mathrm{tg}\,\varphi\,Q}$$

Knickbelastung der Strebe durch

$$Z = \frac{2\,R\,h\,s}{c\,b} = \frac{2\,R\,h}{c\,\sin\varphi} = \frac{\pi^2\,k}{64} \cdot \frac{D^4}{a\,s^2}.$$

φ ist der Winkel zwischen Z und der senkrechten Stange. Hieraus lassen sich das zulässige R und der erforderliche Querschnitt berechnen. Je höher der Angriffspunkt der Strebe liegt, desto kleiner wird das Moment $\frac{R\,e}{W}$, desto größer aber die Knickbelastung Z der Strebe. Da durch diese die Befestigungsschrauben auf Abscherung beansprucht werden, so ist die Strebe an den Befestigungsstellen auszukehlen.

Unterirdische und Unterwasser-Leitungen.

(986) Kabelkonstruktionen.

Sollen Leitungsdrähte nicht an Stützpunkten mittels besonderer isolierender Vorrichtungen festgelegt, sondern an Mauern, unter Fußböden usw., im Erdboden oder unter Wasser fortgeführt werden, so erhält der Leiter in seiner ganzen Ausdehnung eine isolierende Hülle. Der Leiter besteht in solchen Fällen in der Regel aus Kupfer. Zum Schutz gegen mechanische Beschädigungen wird die so gebildete isolierte Ader oder ein aus mehreren Adern vereinter Strang mit einer Schutzhülle umgeben. Eine besondere Klasse dieser Kabel bilden die Luftkabel für Fernsprechzwecke, welche durch die Luft geführt und an Stützpunkten festgelegt werden.

Die beste und zuverlässigste Isolation gewähren die Guttaperchakabel; sie sind aber sehr teuer und werden daher immer seltener verwendet. Seekabel erhalten stets Guttaperchaisolierung, Flußkabel meistens. Die künstliche Guttapercha (Gutta Gentzsch) hat sich noch nicht lange genug bewährt. Guttapercha ist empfindlich gegen Wärme und gegen verschiedene chemische Einflüsse, besonders auch gegen Luft. — Wesentlich billiger als Guttapercha ist die Faserstoffisolierung, bestehend aus Jutehanf, der gut getrocknet und mit einer Harzmischung heiß getränkt wird. Mit dieser Isolierung werden die meisten Landkabel versehen. Sie ist gegen Feuchtigkeit äußerst empfindlich und bedarf deshalb eines Bleimantels und guten Abschlusses an den Enden. — Die große Kapazität dieser beiden Kabelarten macht sie für Fernsprechzwecke auf größere Entfernungen

unbrauchbar. Deshalb stellt man Fernsprechkabel mit einer Isolierhülle dar, die aus lose um den Leiter gesponnenen oder gefalteten
Papierstreifen besteht, ihn in möglichst wenig Punkten berührend, so
daß noch Lufträume übrig bleiben. Diese Papierkabel, die gleichfalls
eines Bleimantels und guten Abschlusses bedürfen, sind noch erheblich
billiger als die Faserstoffkabel. — Bei Verletzungen des Bleimantels
dringt Feuchtigkeit in die Isolierhülle und verdirbt die Isolation, bei
den Faserstoffkabeln langsam, bei den Papierkabeln je nach der
Menge der eindringenden Feuchtigkeit mehr oder weniger schnell.

Kabel der Deutschen Reichs-Telegraphie.

A. **Telegraphenkabel:** 1. **Guttapercha-Erdkabel** mit 7-
drähtiger Litze aus 0,66 mm starken Drähten (Kupferquerschnitt
2,48 mm², Widerstand 7 Ohm/km), doppeltem Guttaperchamantel, Umspinnung aus Jutehanf und eisernen Schutzdrähten, 1, 3, 4 oder 7
Adern. Isolation mindestens $500 \cdot 10^6$ Ohm, Kapazität $0,25 \cdot 10^{-6}$ F.

2. **Guttapercha-Flußkabel** mit 7 drähtiger Litze aus 0,73 mm
starken Drähten (Kupferquerschnitt 2,93 mm², Widerstand 6 Ohm/km),
dreifachem Guttaperchamantel, Hanfhülle und eisernen Schutzdrähten,
Aderzahl wie bei 1, Isolation mindestens $500 \cdot 10^6$ Ohm, Kapazität
$0,28 \cdot 10^{-6}$ F.

3. **Faserstoffkabel** mit massivem Kupferdraht von 1,5 mm
Durchmesser (Kupferquerschnitt 1,77 mm², Widerstand 10 Ohm/km),
getränkter Faserstoffisolation und Bleimantel; die Zahl der Adern
beträgt 4 bis 112. Entweder bleibt der Bleimantel unbewehrt, oder
er erhält eine Bewehrung aus verzinkten Flacheisendrähten, bei Erd-
kabeln u. U. statt dessen aus zwei 1 bis 1,3 mm starkem Bandeisen.
Erdkabel erhalten über der Bewehrung noch eine Bedeckung aus Asphalt oder Kompound mit oder ohne Juteeinlage. Der Isolationswiderstand muß mindestens $500 \cdot 10^6$ Ohm/km betragen, die Kapazität
darf $0,24 \cdot 10^{-6}$ F/km nicht übersteigen.

4. **Wetterbeständige Abschlußkabel** zu den Faserstoffkabeln sind erforderlich, weil die Faserstoffisolierung gegen Feuchtigkeit sehr empfindlich ist. Die Adern, in gleicher Zahl wie bei den
Faserstoffkabeln, bestehen aus einem verzinnten Kupferleiter von
1,5 mm Stärke, der mit Gummi oder mit Okonit auf 3,4 mm umpreßt
und mit gummiertem Band bis auf 4 mm bewickelt wird. Die Adern
werden verseilt und mit einem Bleimantel umpreßt. Leitungswider-
stand 10 Ohm/km, Isolation $100 \cdot 10^6$ Ohm/km, Kapazität $0,4 \cdot 10^{-6}$ F/km.

B. **Fernsprechkabel:** 5. **Papierkabel.** Der Kupferleiter
erhält für Anschluß- (Teilnehmer-) leitungen 0,8 mm, für Verbindungsleitungen 1,5 und 2 mm starke Leiter, letztere u. U. in Litzenform.
Die Leiter werden einzeln mit Papierstreifen hohl umsponnen und
danach paarweise verseilt. Die Aderpaare werden zur Kabelseele in
konzentrischer Lage verseilt und mit Band umwickelt. Dasselbe Kabel
kann Adern mit verschiedenem Leiterquerschnitt enthalten. Das Kabel
erhält einen Bleimantel (mit 3% Zinnzusatz). Die Zahl der Aderpaare geht bis 250 (mit 0,8 mm starkem Leiter), der äußere Durchmesser ohne Bewehrung bis 70 mm. Zum Einziehen in Zementkanäle
bleibt der Bleimantel unbedeckt. Erdkabel erhalten eine offene oder

geschlossene Bewehrung aus Flach- oder Runddrähten, auf die noch Asphalt- oder Kompoundschichten mit oder ohne Juteeinlage aufgetragen werden. Die elektrischen Eigenschaften sind für 1 km Einzelleitung bei 0,8—1,5—2 mm starken Leitern: Widerstand (bei 15° C.) 37—10—5,6 Ohm, Isolation (bei 15° C.) 500 · 10⁶ Ohm, Kapazität 0,055—0,060 — 0,065 · 10⁻⁶ F.

6. **Faserstoffkabel** für Einführungszwecke mit 1 bis 4 Aderpaaren. Ein 0,8 mm starker Kupferdraht wird mit einer Lage Papier und zwei Baumwollumspinnungen isoliert. Zwei solcher Adern werden verseilt, mit Jute umsponnen und getränkt, darauf mit Blei umpreßt.

7. **Wetterbeständige Abschlußkabel** zu den Papierkabeln in zwei Arten, die sich durch die Stärke der Isolierhülle unterscheiden. Der Leiter aus verzinntem Kupferdraht von 1,5 mm Stärke wird bis zu 2,5 (2,0) mm mit Gummi oder mit Okonit (Gummimischung) umpreßt und mit Band bewickelt; äußerer Durchmesser 3,1 (2,5) mm. Zwei Adern werden zum Paar verseilt. Die Aderpaare werden in konzentrischen Lagen verseilt, das ganze mit Isolierband umsponnen und entweder mit Blei umpreßt oder mit einer flammensicheren Umklöppelung versehen.

Kabel werden verwendet

1. in den großen Kabelanlagen zwischen den bedeutendsten Orten,
2. zur Überschreitung von Gewässern, Durchgang durch Tunnel, durch verkehrsreiche Bahnhöfe, zur Kreuzung von Starkstromanlagen,
3. in größeren Städten.

Die oben angeführten Kabel, wie auch Telegraphen- und Fernsprechkabel anderer Abmessung und Bauart, zB. Grubenkabel, werden gegenwärtig von folgenden Fabriken hergestellt:

1. Siemens & Halske Aktiengesellschaft Wernerwerk in Nonnendamm bei Berlin,
2. Felten & Guilleaume Lahmeyerwerke, A.=G. Carlswerk in Mülheim (Rhein),
3. Land- und Seekabelwerke, Aktiengesellschaft in Cöln-Nippes,
4. Allgemeine Elektrizitätsgesellschaft in Berlin,
5. Kabelwerk Wilhelminenhof, A.-G. in Berlin,
6. Kabelwerk Rheydt, A.-G. in Rheydt,
7. Deutsche Kabelwerke, A.-G. in Rummelsburg bei Berlin,
8. Süddeutsche Kabelwerke, A.-G. in Mannheim,
9. Kabelwerk Duisburg, A.-G. in Duisburg,
10. Dr. Cassirer & Co., Kabel- und Gummiwerke in Charlottenburg,
11. Vereinigte Fabriken engl. Sicherheitszünder, Draht- und Kabelwerke Meißen.

Von besonderen Konstruktionen sind noch die Fernsprechkabel mit eisenbesponnenen Kupferleitern zu erwähnen. Diese Maßregel hat den Zweck, die Selbstinduktion des Leiters zu erhöhen (vgl. 1066). Die Kabel sind hergestellt worden von den Felten & Guilleaume-Lahmeyerwerken in Mülheim in folgenden Arten:

Kabel der Linie	Figur	Länge	Zahl der Adern		Kupferquerschnitt eines F-Leiters	Eisendraht	Elektr. Eigenschaften von 1 km Leiter		
		km	F	T	mm²	mm	Ohm	Mikrofarad	Henry
1. Fehmarn-Lolland	566	19,3	4	—	10	0,3	1,71	0,1624	0,00250
2. Greetsiel-Bockum	567	29,5	4	—	3,5	0,3	4,86	0,0724	0,00399
3. Kuxhaven-Helgoland	568	75	2	2	12	0,3	1,36	0,0914	0,00214

Nr. 1. Der Leiter wird mit Papierband bis auf 11 mm Durchmesser bewickelt, 4 Adern verseilt, mit Jute getrenst, mit Papier und

Fig. 566.   Fig. 567.   Fig. 568.

Band auf 32 mm bewickelt, darauf getränkt. Bleimantel, Hülle aus Papier, Asphalt u. dgl., Eisendrahtbewehrung.

Nr. 2. Der Leiter wird mit Papierband bis auf 3,7 mm bewickelt. Die 4 Adern und 4 Papierkordel-Trensen werden um einen kreuzförmig gefalteten, gedrillten Papierkern verseilt, das ganze mit Papier und Band auf 19 mm bewickelt, getrocknet und mit doppeltem Bleimantel umpreßt. Hülle aus Papier, Asphalt u. dgl., Eisendrahtbewehrung. Alle 500 m ist die Papierisolation auf 1,5 m getränkt, so daß die Lufträume ausgefüllt sind.

Nr. 3. Der Fernsprech (F-)leiter wird mit Papierkordel in offener Spirale und Papierband auf 9,6 mm bewickelt. Die beiden T-Leiter werden einzeln mit Papier auf 3,5 mm bewickelt, verseilt, mit Papierkordel getrenst, mit Papier auf 9,6 mm bewickelt. Die drei erhaltenen Adern werden verseilt, mit Papierkordel getrenst, mit Papierkordel in offener Spirale und Papier und Band auf 24,5 mm bewickelt und getrocknet. Bleimantel, Bewehrung, Tränkung wie bei 2.

Herstellung unterirdischer Leitungen.

(987) Legen von Landkabeln. Auskundung wie (971). Kabelgraben für Guttaperchakabel 1 m, für Faserstoffkabel 60—75 cm tief, obere Breite etwa 60 cm, Sohlenbreite je nach Zahl der Kabel, nicht unter 20 cm. Alle schärferen Biegungen sind durchaus zu vermeiden.

Das Kabel muß tunlichst entfernt von den sonst im Straßengrund vorhandenen Anlagen und ohne letztere zu kreuzen, möglichst gesichert gegen Störungen und Beschädigungen und stets zugänglich eingebettet werden. Wo Rohre oder Kanäle gekreuzt werden müssen, führt man das Kabel unterhalb. Ob der Bürgersteig oder Fahrdamm zu wählen ist, hängt von den örtlichen Verhältnissen ab; unter den Geleisen von Straßenbahnen darf das Kabel nicht verlegt werden.

Guttaperchakabel verderben leicht, wenn sie mit dem heißen Wasser aus Brennereien, Brauereien usw. oder alkalischen Flüssigkeiten aus chemischen Fabriken, mit Zement oder Mauerwerk oder mit Leuchtgas in Berührung kommen. In der Nähe von Gasleitungen werden Guttaperchakabel mit abgedichteten eisernen Röhren umgeben.

Der Bleimantel der Faserstoffkabel wird von Säuren leicht angegriffen; säurehaltiger Teer, Abwässer aus Fabriken, Stallungen, Droschkenhalteplätzen, Bedürfnisanstalten, Sickerwasser aus Bauschutt zerstören den Bleimantel, besonders leicht beim Zutritte der Luft. Lassen sich solche Stellen nicht vermeiden, so ist das Faserstoffkabel mit gut gedichteten Rohren zu umgeben. Die Kabel werden in der Regel auf Haspeln angeliefert, von denen sie beim Auslegen abgewickelt und in die Gräben eingebracht werden.

Bei der Ausfüllung des Grabens ist darauf zu halten, daß das Kabel zunächst mit einer 3—4 cm starken steinfreien Erd- oder Sandschicht bedeckt wird. Wo es zum Schutz gegen Aufgrabungen des Bodens (in Städten) erforderlich ist, wird das Kabel über der ersten steinfreien Erdschicht mit Ziegeln bedeckt. Man verlegt in Teilstrecken von etwa 600 m, welche auf einem Haspel gewickelt sind. Wo Bauwerke (Durchlässe usw.) passiert werden müssen, sind diese entweder zu umgehen, oder es ist das Kabel entsprechend tief unter dem Bauwerk hinwegzuführen. An solchen Stellen wird das Kabel durch besondere Schutzmuffen, aus je zwei Halbrohren bestehend, welche durch einen aufgetriebenen Ring zusammengehalten werden, geschützt. (Schutzmaßregeln gegen Starkstromkabel s. (723), S. 592).

(988) Legen von Flußkabeln. Zweckmäßig ist es, vor der Legung eine Rinne in Flußbett auszubaggern, welche nach Einsenkung des Kabels meistens versandet. Das Kabel kann bei schmalen Wasserläufen durch ein Tau über den Fluß gezogen oder bei breiten Strömen auf ein Fahrzeug geladen und während der Überfahrt in das Wasser gelassen werden; bei der letzteren Methode ist der Kabelhaspel gehörig zu bremsen, damit das Kabel nicht schneller abrollt, als das Schiff fährt. Für den Abtrieb ist etwa 5% der Länge zuzuschlagen. Zuweilen bringt man Schutzmuffen mit Kugelgelenken auf das Kabel auf, aus je zwei zusammenschraubbaren Halbrohren bestehend. An den Flußufern wird das Kabel von Kabelhaltern gefaßt. Die Halter bestehen gewöhnlich aus zwei mit Bolzen zusammenschraubbaren und mit einer Quernut versehenen Balken, zwischen denen das Kabel festgeschraubt wird. Die Halter legt man am Ufer des Flusses gegen kräftige Widerlager aus Holz.

(989) Legen von Kabeln in Röhren. Für das Rohrnetz sind 3—4 m lange Muffenrohre verschiedener Systeme in Anwendung, welche mit ihrer Unterkante 1 m tief verlegt und in welche die Kabel

mittels eines eingelegten Hilfsdrahtes eingezogen werden. Die Weite
der Rohre ist reichlich zu bemessen, damit das Einziehen der Kabel
keine Schwierigkeit bietet, dreimal so groß als der Gesamtquerschnitt
der zu verlegenden Kabel. Über das Einziehen s. (721).

Die Rohre werden entweder mit Weißstrick und Blei oder mit
Gummiringen gedichtet. In Abschnitten von je 100—150 m und in
den Winkelpunkten mündet der Rohrstrang in gemauerte Brunnen,
welche zum Einziehen neuer Kabel, zur Untersuchung und zur Aufnahme der Verbindungsstellen von je zwei Kabelstücken dienen. (Vgl.
Elektrot. Ztschr. 1880, S. 377 und Archiv f. Post u. Telegraphie 1891,
S. 389 ff.).

Neuerdings verwendet man zum Verlegen von Fernsprechkabeln
rechteckige Zement-Formstücke mit parallelen Löchern von etwa 10 cm
lichter Weite, die mit Hilfe von Aussparungen und eisernen Paßstiften
durch Zementmörtel zu einer fortlaufenden Röhrenleitung, u. U. in
mehreren Schichten über- und nebeneinander verbunden werden. Der
Zement muß sorgfältig gewählt werden, damit er das Blei nicht angreift. Das Einziehen der Kabel erfolgt mit Hilfe von Zugseilen durch
Winden von den Kabelbrunnen aus.

(990) **Die Verbindung von Kabeln mit oberirdischen Leitungen.**
Die Kabel werden am besten in eine sog. Überführungssäule, welche
aus zwei nebeneinander gestellten Stangen oder Kanthölzern herzustellen ist, hinaufgeführt. Im oberen Teile wird die Holzkonstruktion
zu einem Kasten mit gut schließender Tür ausgestaltet. Die Kabeladern enden in dem Kasten an Doppelklemmen auf isolierender Unterlage. Faserstoff und Papierkabel sind gegen Feuchtigkeit sehr
empfindlich und werden daher zunächst in einer festverschlossenen
Muffe oder in Kästen mit einem sog. wetterbeständigen Kabel verbunden, welches dann nach den Klemmen führt. Von den Doppelklemmen gehen Guttaperchadrähte aus und durch eingesetzte Ebonitrohre mit Glocken bis zu den oberirdischen Leitungen, welche von
einer nahe an die Säule gestellten Stange bis zu kleinen, unterhalb
der Ebonitglocken eingeschraubten Isolatoren geführt sind. Die Zuführungsdrähte werden mit den Leitungen gut verlötet. Die Doppelklemmen in der Säule ermöglichen jederzeit eine Untersuchung der
Kabeladern; zu diesem Zwecke ist auch eine gute Erdleitung von
vornherein an der Säule anzubringen. Für jede Ader wird ein Stangen-
blitzableiter an der nahe der Säule stehenden Stange befestigt. Die
oberirdischen Leitungen müssen vor der Säule abgespannt und in
leichtere Leitung übergeführt werden.

Überführungskasten werden auch eingerichtet an Tunnelportalen,
Mauern, und zu diesen die Kabel in hölzernen Rinnen hinaufgeführt.
Säulen und Kasten sind gegen Eindringen von Feuchtigkeit zu
schützen. In ähnlicher Weise erfolgt die Einrichtung von Aufführungs-
und Verteilungspunkten zur Verbindung der unterirdischen Fernsprechkabel mit oberirdischen Leitungen.

(991) **Kabelendverschlüsse, Verbindungs- und Verteilungs-
muffen.** Bei der Verbindung von Kabeln verschiedener Art hat man
zu unterscheiden, ob die Verbindungsstellen zum Zwecke der Untersuchung, auch der Veränderung in den hergestellten Verbindungen,

zugänglich bleiben soll, oder nicht. Im ersteren Falle verwendet man Endverschlüsse, im letzteren Muffen.

Die Endverschlüsse sind viereckige Kästen aus Gußeisen mit abnehmbaren Seitenwänden. Entweder ist im Innern des Kastens diagonal eine Platte aus Stabilit mit durchgehenden Messingstiften befestigt, an deren Enden die Leitungen angeschraubt werden; oder zwei isolierende Platten mit durchgehenden Stiften bilden Seitenwände des Kastens. Die Endverschlüsse werden, soweit es für die Isolation der Kabel nötig ist, mit Isoliermasse ausgegossen.

Gußeiserne Muffen dienen zur Verbindung bewehrter Kabel; sie sind den Muffen für Starkstromkabel (Fig. 514, 516, 517) ähnlich. Unbewehrte Kabel werden mit Bleimuffen verbunden. Diese Muffen bestehen aus zwei hülsenförmigen Teilen, die vor der Vereinigung der Kabelenden auf diese geschoben, nachher ineinander gesteckt und untereinander, wie mit dem Bleimantel des Kabels verlötet werden.

Wenn Kabel mit gleicher Aderzahl verbunden werden, so spricht man von Verbindungsmuffen. Ein Kabel größerer Aderzahl wird mit mehreren von geringerer Aderzahl durch eine Verteilungsmuffe verbunden.

(992) Spleißung. Bei der Herstellung von Verbindungsstellen in Kabeln muß mit der äußersten Vorsicht verfahren werden; nur geübte Arbeiter können gute Lötstellen anfertigen. Die Schutzdrähte der beiden Enden müssen durch die Lötmuffe oder Verflechtung und Drahtbünde fest verbunden werden, damit die Lötstelle stets von Zug entlastet bleibt.

Bei Guttaperchakabeln werden die beiden Enden des Kupferleiters verlötet und mit Guttapercha bis zur Dicke der Ader selbst isoliert. In Faserstoffkabeln werden die Leiter von ihrer Isolation befreit und durch Scheiben aus Isoliermaterial in bestimmten Abständen voneinander in der Lötmuffe ausgespannt; die Enden der Leitungsdrähte werden durch übergeschobene geschlitzte Röhrchen verbunden und verlötet. Die Lötmuffe wird z. T. mit Asphalt, z. T. mit Isoliermasse, die vorher zur Entfernung der letzten Spuren von Feuchtigkeit gehörig erwärmt worden, ausgegossen; zu langes und zu hohes Erhitzen verdirbt die Isoliermasse. Bei Fernsprechkabeln werden die Drähte nach Entfernung der Papierhülle miteinander verdrillt und die Verbindungsstellen durch übergeschobene Papierröhrchen isoliert. Die ganze Spleißstelle wird darauf durch eine mit den Kabelenden fest verlötete Bleimuffe umschlossen.

Sollen ein Guttapercha- und ein Faserstoffkabel verbunden werden, so wird ein Stück wetterbeständiges, d. h. mit vulkanisiertem Gummi isoliertes Kabel zwischengeschaltet.

(993) **Die Luftkabel** werden an Traglitzen aus verzinktem Gußstahldraht aufgehängt. Die Traglitzen werden seitlich oder auf dem Kopfe der Stützpunkte befestigt und mit 2 % Durchhang gespannt. Als Luftkabel kann man die unbewehrten Bleikabel mit Papierisolation verwenden.

Zum Aufhängen des Kabels an der Traglitze dienen Traghaken aus verzinktem Bandeisen, welche in Abständen von 1 m aufgesetzt und am Kabel mit Bindedraht festgebunden werden. (Näheres vgl. Grawinkel, Telephonie und Mikrophonie, S. 280 ff.).

Die Spleißung der Luftkabel erfolgt unter Verwendung einer
Muffe, welche nach der Spleißung übergeschoben und mit Isolationsmasse ausgegossen wird, stets an einem Stützpunkt.

Einführung. An die Kabelenden kann man entweder unter
Verwendung der Muffe ein Stück Kabel mit Gummiadern anspleißen,
oder auf das Kabelende einen kleinen Trichter von Messing oder
Weißblech, welcher mit einer Deckplatte aus Hartgummi mit entsprechenden Bohrungen für die Leitungen versehen ist, aufsetzen und
mittels eines seitlich angebrachten Füllröhrchens mit einer Komposition
von 1 Teil Bienenwachs, 1 Teil Schellack und 4 Teilen Harz ausgießen.

Zimmerleitungen und Amtseinrichtungen.

(994) Einführung. Telegraphenleitungen. Bei oberirdischen
Leitungen verwendet man am besten für jede Leitung ein durch die
Mauer geführtes Ebonitrohr mit Glocke. Unterhalb der Glocken enden
die Leitungen an Isolatoren kleiner Form. Die Seele eines aus dem
Zimmer durch Rohr und Glocke geführten Bleirohrkabels wird mit
der Leitung gut verlötet. Bei größerer Zahl der Leitungen (über 4)
verwendet man statt der Ebonitrohre einen Holzkasten. U. U. gebraucht man statt der Rohre mit Glocke Endisolatoren aus Eisen mit
isoliert eingekitteter Leitungsstange, an deren unterem, wagrecht ab-
gebogenem Ende die Leitung angelötet und an deren oberem, durch
Schraubverschluß verdeckten Ende ein isolierter Draht angeklemmt
wird, welcher durch ein Rohr ins Innere des Gebäudes führt. Leitungen,
die mit Fernsprecher betrieben werden, führt man wie Fernsprech-
verbindungsleitungen ein. Kabelleitungen werden durch das Mauerwerk des Gebäudes geführt; Telegraphenkabel der großen Linien bis
zum Kabelumschalter, Stadtkabel bis zum Blitzableiter. Faserstoff-
und Papierkabel bedürfen eines besonderen Endverschlusses.

Fernsprechleitungen. Oberirdische Leitungen für Teilnehmer
(Anschlußleitungen) in kleinerer Zahl werden mittels einadriger Bleirohrkabel durch die Wand des Gebäudes geführt. Am Abspannisolator
(Größe III) führt das freie Ende des blanken Drahtes herunter, um
sich mit dem Leiter eines Einführungskabels zu vereinigen, welches
aus dem Gebäude durch ein (für alle Kabel gemeinsames) feuersicheres
Rohr in einen an der Außenwand befestigten hölzernen Kasten tritt,
dann die Isolatorstütze entlang in den Innenraum der Abspannglocke
führt. Der Bleimantel endigt bald nach dem Eintritt, die isolierende
Hülle kurz vor dem Austritt aus dem Innenraum der Glocke. Verbindungsleitungen werden ebenfalls durch Bleirohrkabel eingeführt,
aber unter Verwendung einer Schutzglocke aus Ebonit. Durch deren
Kopf führt ein Draht, dessen oberes Ende mit der Leitung in Verbindung gebracht wird. Das umgebogene Bleikabel wird mit dem
unteren, in der Höhlung der Glocke befindlichen Ende des Drahtes
verbunden, so daß der Mantel des Bleikabels sich noch innerhalb der
Höhlung befindet. Das Bleirohrkabel wird ohne Verwendung eines
Ebonitrohres eingeführt. Bei größerer Zahl der einzuführenden
Leitungen setzt man auf das Dach des Gebäudes ein geeignetes Ab-

spanngestänge, u. U. einen Gerüstturm mit Querträgern und Isolatoren. An letzteren werden die oberirdischen Leitungen mit wetterbeständigen Kabeln verbunden und dann durch das Dach des Hauses zu den Blitzableitern oder Grobsicherungen geführt. Die Einführung der Leitung beim Teilnehmer erfolgt ebenso, wie es für Ämter mit wenigen oberirdischen Leitungen angegeben ist.

Fernsprechkabel treten von unten in das Gebäude und führen zu Kasten-Endverschlüssen — sei es im Keller oder in einem oberen Geschoß —, wo sie mit Einführungskabeln verbunden werden. Letztere führen zu den Umschaltegestellen und werden hier an besonderen Klemmleisten mit den Zimmerleitungskabeln oder anderen geeigneten Kabeln verbunden, welche zum Schaltschrank führen. Am Umschaltegestell kann durch Zwischendrähte jede von außen kommende Leitung mit jedem beliebigen Anrufzeichen verbunden werden, siehe (1048).

(995) **Zimmerleitung.** Im allgemeinen verwendet man Bleirohrkabel, welches in Wandleisten oder mit Häkchen an der Wand befestigt wird. Ist von Feuchtigkeit nichts zu befürchten, so nimmt man mit Baumwolle, u. U. auch noch mit Gummiband gut umsponnenen Kupferdraht von etwa 1,5 bis 2 mm Durchmesser. Unter allen Umständen ist bei Telegraphen-Anlagen das Überkleben der Drähte mit Tapete oder gar die Anbringung unter dem Kalkbewurf zu vermeiden, da hierdurch nur Fehlerquellen geschaffen werden und Schwierigkeiten bei Aufsuchung von Fehlern entstehen. Sollen die Leitungen nicht sichtbar sein, so müssen Rinnen im Verputz hergestellt oder ausgespart werden, in welche die Drähte oder Kabel zu liegen kommen, und die mit abnehmbaren Holzleisten bedeckt werden.

Die gesamten Leitungen innerhalb eines Gebäudes müssen eine strenge Übersichtlichkeit bieten; besonders sind Kreuzungen, wenn irgend möglich, zu umgehen. Wenn dies nicht tunlich ist, und keine Bleirohrkabel zur Anwendung gelangen, sind kleine Holzplättchen zwischen den sich kreuzenden Drähten anzubringen. Bei größerer Zahl der Leitungen ist die Anwendung von Führungsleisten erforderlich (in Telegraphenämtern stets).

Die Tischleitung wird aus blankem oder umsponnenem Kupferdraht von 1,5 mm Durchmesser hergestellt.

---

(996) Zusammenstellung einiger Arten isolierter Leitungen

für Zimmerleitungen, kleinere Telegraphen- und Fernsprech-Anlagen, Haustelegraphen, Apparatverbindungen u. dgl., auch isolierte Freileitungsdrähte.

Felten & Guilleaume-Lahmeyerwerke Akt.-Gesellsch., Mülheim am Rhein. Abt. Carlswerk.

1. **Bleikabel mit Guttapercha-Isolation.** 0,9 mm oder 1 mm starker Kupferdraht wird bis zu einer Dicke von 1,8 mm bezw. 2,8 mm mit Guttapercha isoliert und mit geteerter Baumwolle umsponnen;

Adern verseilt und getrenst, Bewicklung mit geteertem Band (die einadrigen ohne Band), 1 oder 2 Bleimäntel. 1 bis 16 Adern.

2. **Telegraphen-Bleikabel**, wie voriges, Kupferleiter 1,5 mm,
Guttapercha 4 mm Durchmesser.

3. **Induktionsfreie Zimmerleitungskabel mit Guttapercha-Isolation.** Kupferdrähte von 0,8 mm Stärke auf 1,8 mm mit Guttapercha
isoliert, einzeln mit farbiger Baumwolle und mit Stanniol bewickelt
um eine Erdleitungs-Litze aus 4 Kupferdrähten zu 0,5 mm verseilt,
Bewicklung mit einseitig gummiertem und gewachstem Band oder statt
letzterem eine Baumwollzwirn-Beflechtung, imprägniert. 2 bis 40 Adern.

4. **Schwachstrombleikabel mit imprägnierter Faserstoff-Iso-
lation.** 0,9 mm oder 1,5 mm starker Kupferdraht wird mit imprägniertem Jutegarn umsponnen; die Adern verseilt und getrenst, Bewicklung mit imprägniertem Band (einadrige ohne Band), einfacher oder
doppelter Bleimantel. Entweder unbewehrt oder noch Kompound,
Armatur aus verzinkten Rundeisendrähten, Kompound. 1 bis 27 Adern.

5. **Induktionsfreie Telephonbleikabel.** Kupferdrähte 0,8 mm
sind einzeln mit paraffinierter Baumwolle dreifach und mit Stanniol
einfach bewickelt, mit einer blanken Erdleitungs-Litze verseilt, Bewicklung mit gummiertem Band, 1 Bleimantel. 3 bis 75 Adern.

6. **Zwillings-Bleikabel mit Steg.** 2 Kupferdrähte einzeln mit
imprägniertem Papier einfach und mit imprägnierter Baumwolle zweifach bewickelt und mit Blei in der Weise umpreßt, daß jede Ader für
sich vollständig in Blei eingehüllt ist und zwischen beiden ein Bleisteg
entsteht. Kupferdrähte von 0,8 bis 1,5 mm. Auch mehr als 2 Adern.

7. **Hausleitungen.** a. **Wachsdraht** mit 0,8 — 0,9 — 1,0 mm
starken Kupferleitern. Einzelleiter: Draht doppelt mit Baumwolle umsponnen, die obere Lage bunt und gewachst. Doppelleiter: 2 Drähte,
jeder doppelt umsponnen und gewachst, zusammen oval einfach umsponnen und gewachst.

b. **Asphalt-Wachsdraht** mit 0,8 und 0,9 mm starkem Kupferleiter. Draht doppelt (dreifach) umsponnen, die (beiden) untere Lage
gut asphaltiert, die obere bunte Lage gewachst (oder ungewachst).

c. **Guttaperchadraht** mit 0,8 und 0,9 mm starkem Kupferleiter. Draht auf 1,6 oder 1,8 mm mit Guttapercha umpreßt, zweimal
mit Baumwolle besponnen, die obere bunte Lage gewachst oder ungewachst.

d. **Gummibandwachsdraht** mit 0,8 und 0,9 mm starkem
Kupferleiter. Verzinnter Kupferdraht mit Gummiband einfach, mit
Baumwolle doppelt bewickelt, gewachst.

8. **Freileitungsdraht.** a. **Säure- und wasserbeständig.**
Bronzedraht, 1,5 und 2 mm stark, mit Baumwolle doppelt beflochten
und mit Spezialmasse gestrichen.

b. **Asphaltdraht.** Kupferdraht, 0,9 und 1,0 mm stark, doppelt
mit Baumwollgarn umsponnen, gut asphaltiert, mit Baumwollzwirn
umflochten, asphaltiert. — Auch mit Siliciumbronzedraht, 1,8 mm.

Dr. Cassirer & Co., Gummi- und Kabelfabrik, Charlottenburg.

Leitungen für Haustelegraphen.

Kupferleiter 0,8—0,9—1,0—1,5 mm stark.

1. **Wachsdraht:** zweimal umsponnen und gewachst.
2. **Asphaltdraht:** a) zweimal umsponnen, die untere Seite getränkt, die obere farbig, auch gewachst.
   b) dreimal umsponnen, sonst wie oben.
   c) mit Seitenlagen und zweimal umsponnen.
3. **Guttaperchadraht:** a) nackt.
   b) einmal umsponnen, auch gewachst.
   c) zweimal umsponnen, auch gewachst.
4. **Kautschukdraht** mit getränkten Jute-Seitenlagen, umsponnen und mit Kautschuklack getränkt.
5. **Doppeldrähte.** Je zwei Drähte gemeinsam umsponnen und gewachst, und zwar:
   Wachsdrähte. — Einfach umsponnene Guttaperchadrähte. — Doppelt umsponnene Guttaperchadrähte. — Kautschukdrähte, einzeln umsponnen, gemeinsam umsponnen und mit Kautschuklack getränkt.
6. **Haustelegraphen-Bleikabel.** Kupferdraht von 0,8 mm oder 0,9 mm, doppelt umsponnen und imprägniert; die Leiter sind verseilt, gemeinsam umsponnen, imprägniert und mit einem Bleimantel umpreßt. a) blank, b) kompoundiert, c) Kompound, Eisendraht-Armatur, Kompound.
7. **Haustelephon-Bleikabel.** Kupferdraht von 0,8 mm, mehrfach mit Baumwolle besponnen und mit Stanniol umwickelt. Die Leiter sind gemeinsam mit einer blanken Erdleitung verseilt, mit Band umwickelt. Das Kabel ist hierauf im Vakuum getrocknet, imprägniert und mit einem Bleimantel umpreßt. a) blank, b) kompoundiert, c) Kompound, Eisendraht-Armatur, Kompound.
8. **Haustelephon-Bleikabel mit Doppelleitungen.** Kupferdraht von 0,8 mm, mit Papier lose umwickelt; je zwei Leiter sind zu einem Paar verseilt, die Adernpaare sind in konzentrischen Lagen zur Kabelseele vereinigt, mit einem Band umlegt, im Vakuum getrocknet, imprägniert und mit einem Bleimantel umpreßt. a) blank, b) asphaltiert, c) armiert.
9. **Induktionsfreie Telephonkabel** für Klappenschränke, mit Guttapercha- oder einfacher Faserisolation, mit Garnumflechtung und Imprägnierung, mit Stanniolbewicklung.

Leitungsschnüre.

10. **Einadrige Leitungen.** Kupferdrahtlitze 15 × 0,10 mm, mit Seitenlagen und Umspinnung, oder Umflechtung aus Zwirn oder Seide. — Kupferdrahtlitze 19 × 0,12 mm, mit Seitenlagen, Baumwollumspinnung und Umflechtung aus Zwirn oder Kammgarn. — Goldfädenlitze mit Umspinnung und Umflechtung aus Zwirn oder Kammgarn.
11. **Mehradrige Leitungen.** 2, 3 oder 4 Kupferdrahtlitzen 8 × 0,18 mm, verseilt mit Seitenlagen und Umspinnung. —

2 Kupferdrahtlitzen und eine blinde Leitung wie vor. — 2 Goldfädenlitzen, jede Leitung mit Seitenlagen und Umspinnung, dann
beide parallel mit Kammgarn umflochten. Umspinnung aus Zwirn
oder Seide.
   12. Telephon-Schnüre. 2 Kupferdrahtlitzen 10 × 0,15 mm,
jede Leitung mit Glanzgarn oder Seide umflochten, dann beide parallel
umflochten mit geteilten Enden. — 2 Goldfädenlitzen wie vor mit
geteilten Enden. Umspinnung Glanzgarn oder Seide.

Kabelwerk Rheydt, Rheydt (Bez. Düsseldorf.)

   1. Bleikabel für elektrische Hausanlagen mit 0,9 mm starken
Kupferleitern.
   A. Guttaperchaisolation. Draht mit Guttapercha umpreßt
und doppelt mit Baumwolle umsponnen; Adern verseilt, gemeinsam
mit Baumwollband bewickelt; einfacher oder doppelter Bleimantel. Bei
den induktionsfreien Fernsprechkabeln erhalten die Adern über der
Baumwolle eine Bewicklung mit Stanniol und werden mit einer blanken
Erdleitung aus 4 Drähten von 0,5 mm verseilt. — Die Kabel bleiben
entweder unbewehrt, oder sie erhalten eine Schutzlage aus imprägnierter Jute zwischen zwei Kompoundschichten und wenn nötig, darüber
eine Bewehrung aus einer geschlossenen Lage verzinkter Flach- oder
Rundeisendrähte und eine weitere imprägnierte Juteschutzlage zwischen
Kompoundschichten. — Aderzahl 1 bis 56, auch höher.
   B. Gewachste Baumwollenisolation. Draht dreimal mit
Baumwolle umsponnen, gewachst; Adern verseilt, dann wie unter A,
auch bezüglich der Schutzhülle und Bewehrung; auch induktionsfrei
für Fernsprechleitungen wie A. — Aderzahl wie bei A.
   2. Leitungen in gewöhnlichen Räumen. a. Wachsdraht mit
Kupferleitern von 0,8 — 0,9 — 1,0 mm Stärke; doppelt mit Baumwolle
umsponnen und gewachst. — Doppelleitung aus 2 solchen Drähten,
die zusammen mit Baumwolle umsponnen und gewachst sind.
   b. Asphaltdraht mit Kupferleitern von 0,8 und 0,9 mm Stärke;
doppelt mit Baumwolle umsponnen, die untere Lage asphaltiert.
   c. Asphaltwachsdraht, wie b, die obere Lage gewachst;
auch dreimal besponnen, die beiden unteren Lagen asphaltiert, die
obere gewachst.
   d. Guttaperchadraht mit Kupferleitern von 0,8 und 0,9 mm,
einfach oder doppelt mit Baumwolle umsponnen, ungewachst oder
gewachst.
   e. Seidene Leitungsschnur für bewegliche Tasten u. dergl.,
zweischlägig mit 2 Kupferleitungen, dreischlägig mit 2 Kupfer- und
1 blanken Leitung.
   3. Leitungen in feuchten warmen Räumen. a. Verzinnte
Gummiader. Verzinnter Kupferdraht, 0,8 — 0,9 — 1,0 mm stark, mit
Baumwolle umsponnen, mit reinem Paragummi umlegt, umsponnen,
asphaltiert, mit Baumwollgarn umklöppelt und mit Kabelwachs
überzogen.
   b. Vulkanit-Gummiader. Verzinnter Kupferdraht, 1,0 mm
stark, mit reinem Weichgummi umpreßt, doppelt mit Baumwolle umsponnen, umflochten und asphaltiert. Verträgt Temperaturen bis 120° C.

4. Freileitungsdraht. Kupferdraht, 1,0 mm stark, mit Längsfäden, doppelt mit Baumwolle umsponnen und zweimal in Asphalt getränkt.

(997) **Erdleitung.** Die Erdleitung einer Telegraphenleitung hat sowohl den Telegraphenstrom als auch die atmosphärischen Entladungen der Leitung zur Erde abzuführen; sie ist deshalb ebenso einzurichten, wie jede gewöhnliche Blitzableiter-Erdleitung; vgl. Abschnitt Blitzableiter.

(998) **Aufstellung der Batterie.** Zur Unterbringung der Batterien ist weder ein feuchter Raum noch ein solcher zu wählen, wo im Winter das Einfrieren der Flüssigkeit etwa zu erwarten steht. Ebensowenig ist aber auch ein zu warmer oder ein dem beständigen Durchzug ausgesetzter Platz zu wählen, um das schnelle Verdunsten der Flüssigkeit zu hindern. Kleinere Batterien sind in Schränken, größere in Regalen unterzubringen. Räume für Sammlerbatterien müssen hell und geräumig sein und Einrichtungen zu guter Lüftung besitzen. Der Fußboden ist gegen Beschädigung durch auslaufende Säure zu schützen. Wände und Decke sind mit säurefester Farbe zu streichen. Die Zellen werden in Schränken oder auf Holzgestellen aufgestellt.

Telegraphen-Apparate.

(999) **Allgemeines.** Man kann Apparate benutzen, welche bleibende Schriftzeichen erzeugen, oder welche die Zeichen dem Auge oder Ohre wahrnehmbar hervorbringen. Von der ersten Klasse werden am meisten benutzt:

Morseapparat ⎫
Heberschreiber ⎬ für verabredete Schriftzeichen,
Undulator ⎭

Apparate von Hughes und Baudot für Typendruck;

von der zweiten Klasse:

Klopfer ⎫
Spiegelapparat ⎭ für verabredete Zeichen,

Mikrophon und Telephon für die Übermittelung und Wiedergabe von Sprachlauten.

Es werden in der Regel verwendet:

zum Betriebe oberirdischer oder versenkter Leitungen die Apparate von Morse, Hughes und Baudot, sowie der Klopfer, daneben auch für oberirdische Leitungen Mikrophon und Telephon,

für sehr lange Leitungen, besonders für Unterseeleitungen, der Heberschreiber und Spiegelapparat,

für Seekabel mittlerer Länge (bis etwa 900 km) der Undulator.

Zur selbsttätigen Morse-Telegraphie (Maschinen- oder Schnell-Telegraphie) wird der Sender von Wheatstone mit polarisiertem Empfänger benutzt. Nachstehend sind einige Angaben über die genannten, sowie auch über andere neuere Systeme zusammengestellt.

Als Hilfsapparate treten für den Betrieb hinzu:

Galvanoskope, Umschalter, Relais, Blitzableiter, Wecker, Widerstände, Kondensatoren.

(1000) **Der Morseapparat.** In Deutschland ist zur Aufnahme verabredeter Schriftzeichen in Ruhestromleitungen der sog. Normal-Farbschreiber am meisten im Gebrauch; er ist mit gebrochenem Hebel zur Einstellung für Arbeits- und Ruhestrom ausgestattet. Der Elektromagnet hat zwei hohle Schenkel von 16 mm äußerem Durchmesser und 5 mm Wandstärke. Anzahl der Drahtwindungen auf jedem Schenkel etwa 6500, Länge 515 m, Widerstand 300 Ohm, Drahtstärke 0,2 mm. Ein Normal-Farbschreiber soll bei etwa 2 Milliampere Stromstärke gut arbeiten. Geschwindigkeit des Streifens in der Minute etwa 160 cm, Laufdauer des Laufwerkes 23 Minuten. Das Alphabet besteht aus Punkten und Strichen. Ein Strich ist gleich drei Punkten. Der Raum zwischen den Zeichen eines Buchstabens ist gleich 1 Punkt, zwischen zwei Buchstaben gleich 3 Punkten und zwischen zwei Wörtern gleich 5 Punkten.

Das Morse-Alphabet.

Buchstaben:

a	·—	h	····	q	——·—
ä	·—·—	i	··	r	·—·
á, å	·——·—	j	·———	s	···
b	—···	k	—·—	t	—
c	—·—·	l	·—··	u	··—
ch	————	m	——	ü	··——
d	—··	n	—·	v	···—
e	·	ñ	——·——	w	·——
é	··—··	o	———	x	—··—
f	··—·	ö	———·	y	—·——
g	——·	p	·——·	z	——··

Ziffern:

			abgekürzt
1	·————		·—
2	··———		··—
3	···——	✓	···—
4	····—		····—
5	·····		·····
6	—····		—····
7	——···		—···
8	———··		—···
9	————·		—··
0	—————		—
Bruchstrich	——————	——	

Unterscheidungs- und andere Zeichen:

Punkt	·	······
Strichpunkt	;	—·—·—·
Komma	,	·—·—·—
Doppelpunkt	:	———···
Fragezeichen	?	——··——
Ausrufungszeichen	!	——··——
Apostroph	'	·————·
Bindestrich	—	—····—
Klammer	( )	—·——·—
Anführungszeichen	„	·—··—·
Unterstreichungszeichen	—	··——·—
Trennungszeichen		—···—
Anruf		—·—·—
Verstanden		···—·
Irrung		········
Schluß der Übermittelung		·—·—·
Aufforderung zum Geben		—·—
Warten		·—···
Beendete Aufnahme		·—·—·· ···—·—

Die Geschwindigkeit der Übermittelung der Morsezeichen ist sehr schwankend und hängt nicht allein von der Geschicklichkeit des Beamten, sondern auch von der Empfindlichkeit, der genauen Einstellung der Apparate und den elektrischen Eigenschaften der Leitung ab. Als mittlere Geschwindigkeit kann man 8—10 Wörter in der Minute annehmen.

(1001) **Der Klopfer.** Als Klopfer (sounder) werden für Arbeitsstromleitungen Apparate nach Art der gewöhnlichen Relais benutzt, welche laut anschlagen und das Aufnehmen der Morsezeichen nach dem Gehör gestatten. Die Elektromagnete der in Deutschland gebräuchlichen Klopfer haben auf jeder Rolle 4300 Umwindungen von 0,25 mm starkem Kupferdraht mit einem Widerstand von etwa 80 Ohm. Die Klopfer werden entweder unmittelbar in die Leitung oder unter Zuhilfenahme eines polarisierten Relais in einen Ortsstromkreis eingeschaltet.

Die bisher mit dem Klopfer erreichte höchste Geschwindigkeit im wirklichen Betriebe beträgt 3175 Wörter in der Stunde; sie ist nach Telegraph Age im Juni 1904 in einer Leitung der Postal Telegraph Company zwischen New-York und Philadelphia erzielt worden. Als dauernde Durchschnittsleistung eines Beamten rechnet diese Gesellschaft 300 Telegramme in 9 Stunden oder etwa 16 Wörter in der Minute.

Das Alphabet des Heberschreibers.

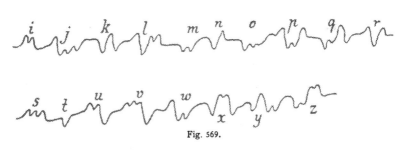

Fig. 569.

(1002) **Der Heberschreiber (Siphon Recorder).** Bei dem Heberschreiber wird durch einen unter dem Einfluß eines Dauermagnets stehenden, leicht beweglichen, vom Strom durchflossenen Drahtrahmen der ganze zeitliche Verlauf von Strömen wechselnder Richtung auf einem gleichmäßig bewegten Papierstreifen aufgezeichnet. Das Alphabet ist nach Art der Morsezeichen zusammengestellt (siehe Fig. 569). Die Bewegung nach der einen Seite des Streifens (in Fig. 569 aufwärts) bedeutet einen Punkt, die Bewegung nach der entgegengesetzten Seite einen Strich des Morsealphabets, wobei aber zu berücksichtigen

ist, daß der schreibende Heber am Schlusse jedes Zeichens die rück-
kehrende Bewegung beginnt. Der Heberschreiber arbeitet bei einem
ankommenden Strome von etwa 0,02 bis 0,05 Milliampere.

(1003) **Der Undulator von Lauritzen** (Zickzackschreiber) ist ein
polarisierter Empfänger mit 2 Elektromagneten und wird besonders
für Kabel bis 900 km Länge verwendet. Er arbeitet ebenso wie der
Apparat von Wheatstone mit Stromstößen wechselnder Richtung. Die
Telegramme werden auch mit dem Sender von Wheatstone selbsttätig
abtelegraphiert. Die Elektromagnetrollen sind an beiden Kernenden
mit Polschuhen ausgerüstet. Die Polschuhe ragen nach innen etwas
über die Spulen hinaus und sind mit halbkreisförmigen Ausschnitten
versehen. In diesen Ausschnitten befindet sich ein stark magnetisierter
Stahlanker, der aus zwei parallelen Stabmagneten, die nahe nebeneinander auf der Drehachse befestigt sind, und deren ungleichnamige
Pole sich gegenüberstehen, besteht. Die Trägheit des Ankers ist sehr
gering. Der unter dem Einflusse von Strömen wechselnder Richtung
hin- und hergehende Anker überträgt seine Bewegungen auf ein
Schreibröhrchen, aus dem Anilintinte auf das Papier fließt. Der
Apparat arbeitet gut bei 0,07 Milliampere Stromstärke (ETZ. 1892, S. 113).

(1004) **Der Spiegelapparat.** Gebaut wie das Thomsonsche
Spiegelgalvanometer. Der auf der Skala sich bewegende Lichtschein
gibt je nach seinen Ausschlägen rechts oder links vom Nullpunkt der
Skala die Grundzeichen der Morseschrift, hervorgebracht durch Ströme
wechselnder Richtung. Der Ausschlag links zeigt einen Punkt, der
Ausschlag rechts einen Strich an.

(1005) **Der automatische Telegraph von Wheatstone.** Mit dem
Lochapparat, welcher Löchergruppen in zwei Zeilen und Führungs-
löcher in der Mitte in den Papierstreifen stanzt, werden die Telegramme vorbereitet. Sie werden durch den Sender abgegeben, den
der gestanzte Streifen durchläuft; die Geschwindigkeit des Senders
kann in weiten Grenzen verändert werden. Der Betrieb erfolgt mittels
Doppelstrom oder Strömen wechselnder Richtung, deren Abgabe in die
Leitung zwei gegen den Streifen stoßende Hebel, welche einen Kontakthebel beeinflussen, vermitteln. Als Empfänger wird ein polarisierter
Farbschreiber mit veränderlicher Laufgeschwindigkeit benutzt (näheres
vgl. Kraatz, Maschinen-Telegraphen, Braunschweig, 1906). Die
Anzahl der Wörter, welche in der Minute übermittelt werden können,
soll für Eisenleitungen $\dfrac{8\,889\,000}{CR}$, für Bronzeleitungen $\dfrac{10\,670\,000}{CR}$ und

für Guttaperchakabel $\dfrac{16\,000\,000}{CR}$ betragen, wo C die gesamte Kapazität
der Leitung in Mikrofarad und R den gesamten Widerstand der
Leitung in Ohm bedeuten. Als Maßwort gilt das Wort „Berlin" mit
54 Punkteinheiten (nach Herbert, Telegraphy, London, 1906; für die
auf S. 512 a. a. O. angeführten Zahlen ist das englische Wort mit
48 Punkteinheiten angenommen). Diese Formeln gelten für den Fall,
daß ein Kondensator mit parallel geschaltetem Widerstande (vgl. 1026 d)
beim Empfangsamte verwendet wird, sowie daß die Batterie groß
genug ist, um einen Dauerstrom von 8 Milliampere zu liefern, und
ihr Widerstand nicht 3 Ohm für das Volt übersteigt.

(1006) **Der Telegraph von Creed.** Der Sender von Wheatstone ist beibehalten; dagegen liefert der Empfänger einen gestanzten Streifen, der gleich dem Sendestreifen ist. Zum Stanzen des Streifens im Empfänger wird Druckluft verwendet. Die Löchergruppen des Streifens werden durch einen abgeänderten Übersetzer von Murray (vgl. 1008) mechanisch in Typendruck übertragen. Zum Vorbereiten der Streifen dient ein mit Druckluft betriebener Tastenlocher, bei dem das Niederdrücken einer Taste genügt, um die Löchergruppe für das ganze Zeichen zu stanzen. (Näheres vgl. Kraatz, Maschinen-Telegraphen, 1906).

(1007) **Der Telegraph von Buckingham.** Zum Vorbereiten der Lochstreifen für den Sender dient ein Apparat mit dem Tastenwerk einer Schreibmaschine. Die Tasten sind mit Lochstempeln so verbunden, daß beim Niederdrücken einer Taste die der Löchergruppe für das Zeichen entsprechenden Lochstempel ausgewählt und durch Elektromagnete durch das Papier gestoßen werden. Zur Stromgebung dient ein Sender von Wheatstone. Die Buchstaben und Satzzeichen werden durch 6 kurze oder lange, die Zahlen durch 8 kurze oder lange Stromstöße gebildet. Im Empfänger befinden sich 5 Typenräder mit je 8 Typen auf einer Achse. Durch die Hebel der Anker von 5 Einstellelektromagneten kann die Achse in der Längsrichtung und um sich selbst verschoben werden, so daß die den übermittelten Stromstößen entsprechende Type dem Druckhammer gegenüber zu stehen kommt und abgedruckt wird. Der Empfänger liefert die Telegramme in Typendruck auf Blättern. Die volle Leistungsfähigkeit des Apparates beträgt durchschnittlich 86 Wörter (zu je 7 Zeichen einschl. des Weißzeichens zur Trennung vom folgenden Worte) in der Minute. — Näheres vgl. Kraatz, Maschinen-Telegraphen, 1906.

(1008) **Der Telegraph von Murray.** Jedes Zeichen besteht aus 5 Einheiten, denen entweder positive oder negative Stromstöße entsprechen. Der Lochstreifen für den Sender wird durch einen Tastenlocher vorbereitet, der beim Niederdrücken einer Taste die Löchergruppe für das ganze Zeichen stanzt. In dem Lochstreifen stehen die Telegraphierlöcher nur in einer Reihe. Der Sender enthält einen in regelmäßiger Folge gegen den Papierstreifen stoßenden Hebel, der den Kontakthebel beeinflußt und die Stromsendung veranlaßt. In dem Empfänger, dessen Laufgeschwindigkeit der des Senders gleich ist, wird ein Lochstreifen erhalten, der mit dem Sendestreifen genau übereinstimmt. Dieser Streifen wird durch einen mit Motor betriebenen Übersetzer gezogen. Der Übersetzer besteht aus einer Schreibmaschine und einer mit ihren Tastenhebeln verbundenen besonderen Zusatzmaschine. Die Zusatzmaschine wird durch die Löchergruppen des Streifens so beeinflußt, daß die den Löchergruppen entsprechenden Tastenhebel der Schreibmaschine heruntergezogen und die Typen auf ein Blatt, wie bei einer gewöhnlichen Schreibmaschine, gedruckt werden. Die höchste Leistungsfähigkeit des elektrischen Teils des Systems beträgt 900 bis 960 Zeichen in der Minute; mit dem Übersetzer wird eine Schreibleistung von 13 Zeichen und mehr in der Sekunde erreicht. (Näheres vgl. Kraatz, Maschinen-Telegraphen, 1906.)

(1009) **Der Telegraph von Pollak und Virág** verwendet zur Abgabe der Telegramme vorbereitete Streifen, in denen die Telegraphierlöcher in 6 Reihen stehen. Über dem Streifen schleifen 6 mit verschiedenen Batterien verbundene Kontaktbürsten. Zum Betriebe dient eine Doppelleitung, die für einen Teil der Stromstöße als Schleifleitung und für den anderen Teil der Stromstöße als Einzelleitung bei Parallelschaltung beider Leitungszweige dient. Die beiden Arten von Stromstößen wirken unabhängig voneinander auf zwei Fernhörer ein, deren Membranen durch leichte Stäbe mit einem kleinen Spiegel verbunden sind. Der um zwei zueinander senkrechte Achsen drehbare Spiegel macht unter dem Einflusse der von den Linienstromstößen verursachten Bewegungen der Membranen resultierende Bewegungen, die ein von dem Spiegel zurückgeworfenes Lichtbündel auf photographischem Papier aufzeichnet. Die Stromstöße werden für die einzelnen Zeichen so gewählt, daß die von ihnen hervorgerufenen resultierenden Bewegungen kleine lateinische Buchstaben in gewöhnlicher Schrift wiedergeben. Zum Vorbereiten der Streifen dient ein Tastenlocher, bei dem durch das Niederdrücken einer Taste die Löchergruppe für das Zeichen gestanzt wird. Mit dem Apparate lassen sich bis 45000 Wörter in der Stunde befördern. (Näheres vgl. Kraatz, Maschinen-Telegraphen, 1906.)

(1010) **Der Telegraph von Siemens & Halske** benutzt im Empfänger an Stelle des mechanischen Typendrucks die photographische Wirkung des elektrischen Funkens auf lichtempfindliches Papier. Die „Typen" sind als Schablonen nahe dem Rande einer Scheibe eingesetzt, die sich mit gleichförmiger Geschwindigkeit an einer Funkenstrecke vorbei bewegt. An dieser Funkenstrecke wird unter der Einwirkung der beiden für ein Zeichen übermittelten Stromstöße wechselnder Richtung ein Funke genau in dem Augenblick erzeugt, in dem die Schablone mit dem Zeichen zwischen der Funkenstrecke und dem photographischen Papier sich befindet. Der Empfänger liefert die Typen auf einem fortlaufenden Streifen. Bemerkenswert ist die Vorrichtung zur Aufrechterhaltung des Synchronismus zwischen Geber und Empfänger; sie wirkt, wenn der Empfänger langsamer oder schneller als der Geber läuft. Zum Stanzen der Sendestreifen dient ein Tastenlocher, bei dem durch das Niederdrücken einer Taste die Löchergruppe für das Zeichen gestanzt und gleichzeitig das Zeichen auf dem Streifen abgedruckt wird. Der Apparat übermittelt 2000 Zeichen und mehr in der Minute. (Näheres vgl. Kraatz, Maschinen-Telegraphen, 1906.)

(1011) **Der Typendrucker von Hughes** wird für oberirdische und nicht sehr lange versenkte Leitungen häufig verwendet. Jede Rolle des polarisierten Elektromagnetes besitzt ungefähr 8500 Windungen von 0,15 mm starkem Kupferdraht; der Widerstand beider Rollen beträgt etwa 1200 Ohm. Der Schlitten des Apparates darf ohne Nachteil für die Druckgeschwindigkeit so eingerichtet werden, daß die Lippe des Schlittens 4 Löcher der Stiftbüchse bedeckt, woraus hervorgeht, daß je der fünfte Buchstabe während eines Schlittenumlaufes gedruckt werden kann. Die Leistung des Apparates hängt von der Umlaufgeschwindigkeit des Schlittens ab, welche in den Grenzen von 90—150 in der Minute (in der Regel 100—125) gehalten wird.

Die Dauer der Ströme im Hughes-Apparate hängt von der Umlaufgeschwindigkeit und von der Länge der Lippe ab und beträgt, wenn die Lippe z Zwischenräume bedeckt und n die Zahl der Umdrehungen für eine Sekunde bedeutet, $t = z/28\,n$ Sekunden.

Nach Blavier ist die theoretische Leistungsfähigkeit des Hughes auf 1,5 Buchstaben für jede Schlittenumdrehung zu veranschlagen. Dies ergibt bei 120 Umdrehungen in der Minute 180 Buchstaben, und wenn auf ein Wort durchschnittlich 6 Buchstaben und 1 Weißzeichen zur Trennung vom nächsten Worte entfallen, bis zu 28—29 Wörtern. Die durchschnittliche Leistung beträgt mit Rücksicht auf die notwendigen Zusätze und Berichtigungen nur etwa 55—60 Telegramme von rd. 14 Wörtern in der Stunde. Die höchste Leistung bei einem Wettelegraphieren in Brüssel betrug 1897 2400 Wörter in der Stunde (Fortschr. d. Elektrotechnik, 1897, Nr. 2385).

(1012) **Der Typendrucker von Baudot** wird als zweifacher, vierfacher oder sechsfacher Typendrucker hergestellt. Er besteht aus dem Verteiler, den Gebern und den Empfängern und verwendet Ströme wechselnder Richtung. Jedes Zeichen besteht aus 5 Stromeinheiten positiver oder negativer Richtung, welche durch ein Tastenwerk mit 5 Tasten in die Leitung gesandt werden. Ferner sind 2 Stromeinheiten für den synchronen Lauf der Apparate auf beiden Endämtern erforderlich. Werden die Telegramme in entgegengesetzter Richtung befördert, so sind in der Verteilerscheibe Kontakte freizulassen, um die Stromverzögerung auszugleichen. Beim Betriebe längerer Leitungen wird eine Übertragung besonderer Bauart verwendet (ETZ. 1902, S. 1006), um die Telegramme in entgegengesetzter Richtung befördern zu können. Wird der Apparat für Kabelleitungen benutzt, so werden wegen der großen Stromverzögerung Telegramme nur in einer Richtung gesandt. Für die langen einadrigen Seekabel zwischen Marseille und Algier hat Picard eine besondere Stromgebung angegeben, bei der unter Einschaltung von Kondensatoren nur kurze Stromstöße von gleicher Dauer gesandt werden (ETZ. 1904, S. 554). Bei 3 Umläufen der Bürsten der Verteilerscheibe in der Sekunde beträgt die theoretische Höchstleistung eines vierfachen Apparates 720 Zeichen in der Minute (näheres vgl. ETZ. 1901, S. 282).

(1013) **Der Mehrfach-Telegraph von Rowland** ist als vierfacher Typendrucker ausgebildet. Da er nach dem Gegensprechverfahren betrieben wird, so können gleichzeitig 4 Telegramme in jeder Richtung übermittelt werden; der Apparat arbeitet daher als achtfacher Typendrucker. In die Leitung werden dauernd Ströme wechselnder Richtung gesandt; die Zeichen werden durch das Umkehren der Richtung von zwei und elf Stromstößen übermittelt. Die Geber enthalten Tastenwerke gleich denen von Schreibmaschinen. Die Empfänger drucken die Telegramme auf Blätter. Das Verschieben des Papierblattes im Empfänger seitwärts und vorwärts am Ende einer Zeile wird durch bestimmte Zeichen des Gebers geregelt, welche besondere Elektromagnete am Empfänger erregen und durch diese den Papierschlitten in der erforderlichen Weise bewegen lassen (näheres vgl. ETZ. 1903, S. 779).

(1014) **Börsendrucker** werden bei Privaten aufgestellt und von einer Zentralstelle aus betrieben, welche den Abonnenten Nachrichten über Börsenkurse, auch Schiffsmeldungen u. a. zukommen läßt. Die

Empfänger sind gewöhnlich mit Selbstauslösung versehen, so daß der Apparat jederzeit zum Druck von Nachrichten bereit ist. Die Apparate drucken entweder auf einem fortlaufenden Streifen oder mehreren, welche nebeneinander liegen, oder wie eine Schreibmaschine in untereinander liegenden Zeilen. Je nach der Einrichtung besitzen die Apparate nur ein Typenrad oder mehrere. Börsendrucker sind u. a. von Higgins, Wiley, Wright und Moore, sowie von Siemens & Halske konstruiert worden; Apparate der letzteren Firma sind in Bremerhaven seit mehreren Jahren dauernd in Betrieb. Vgl. Fortschritte d. Elektrot. 87, 4034, 4055, 4038; 89, 682; ETZ. 1888, S. 263; 1889, S. 275, 606.

Neuerdings hat man Apparate gebaut, die nach Art der Schreibmaschine bedient werden und am fernen Ende das Telegramm in Druckschrift auf Streifen liefern; Hofmanns Telescripteur, Kamms Zerograph.

(1015) Der Ferndrucker von Siemens & Halske wird im Reichs-Telegraphengebiete zum Betriebe von Neben-Telegraphenanlagen benutzt; hauptsächlich dient der Apparat aber zur Übermittlung von Börsen-, Handels- und Zeitungsnachrichten nach Wohnungen, Geschäftsräumen usw. von einer Zentrale aus und zum unmittelbaren Verkehre der Angeschlossenen mit Hilfe der Zentrale. Während bei den älteren Apparaten Federantrieb vorhanden ist, wird bei den neuesten Apparaten das Laufwerk durch einen kleinen Elektromotor angetrieben. Der Lauf des Typenrades des Ferndruckers wird durch ein elektrisch betriebenes Echappement geregelt. Zwei miteinander verbundene Apparate erhalten dieselben Stromstöße und führen einander zwangsläufig mit. Die Apparate sind mit Selbstauslösung versehen und geben Typendruck auf einem fortlaufenden Papierstreifen. Die Leistungsfähigkeit des Apparates beträgt für geübte Beamte etwa 1300 und für weniger geübte Beamte etwa 880 Wörter in der Stunde (näheres vgl. ETZ. 1904, S. 241).

(1016) Die Kopiertelegraphen stellen sich die Aufgabe, ein Schriftstück oder eine Zeichnung formgetreu zu übermitteln; ihre praktische Bedeutung ist zur Zeit noch äußerst gering, weshalb hier kurze Hinweise auf einige Apparate genügen mögen. Pantelegraph von Caselli (elektrochemisch) Zetzsche, Handbuch, Bd. I. — Kopiertelegraph von Robertson, ETZ. 1887, S. 346, 401; 1888, S. 307. — Telautograph von Gray, ETZ. 1888, S. 506. — Pantelegraph oder Faksimile-Telegraph von Cerebotani, El. Anz. 1894. — Telautograph von Gruhn, ETZ. 1902, S. 117.

Hilfs-Apparate.

(1017) Das Galvanoskop ist gewöhnlich zwischen der Leitung und der Mittelschiene der Taste eingeschaltet, damit es sowohl den abgehenden als auch den ankommenden Strom anzeigt. Bei den älteren Apparaten befindet sich ein winkelförmiger Dauermagnet innerhalb der vom Strom durchflossenen Windungen. Die neuen Apparate enthalten an seiner Stelle kurze Drahtstücke aus weichem

Eisen; in dem Hohlraume der Galvanoskopspule wird ein magnetisches Feld durch einen festen Stahlmagnet erzeugt. Widerstand zwischen 15 und 30 Ohm.

(1018) **Die Umschalter** sind entweder Linienumschalter zum Wechseln der in ein Amt eingeführten Leitungen, oder sie sind für besondere Zwecke eingerichtet.

Linienumschalter werden aus sich kreuzenden, voneinander isolierten Messingschienen hergestellt. An den Kreuzungspunkten sind die Schienen durchbohrt, sodaß mittels eines Stöpsels je zwei sich kreuzende Schienen leitend miteinander verbunden werden können. Legt man an die oberen Schienen die Leitungen, an die unteren die Zuführungen zu den Apparaten, so läßt sich jeder Wechsel vornehmen.

Die Linienumschalter für die großen unterirdischen Linien sind mit besonderer Sorgfalt isoliert. Die Schienen ruhen auf Hartgummi und werden durch einen verschließbaren Holzkasten mit Glasdeckel gegen das Eindringen von Staub und Feuchtigkeit geschützt.

Die Umschalter zu besonderen Zwecken enthalten entweder feste, durch Stöpsel zu verbindende kleine Schienen oder teilweise bewegliche Schienen. Von den Umschaltern der letzteren Art werden am meisten der Kurbelumschalter und der Stromwender benutzt.

Bei großen Telegraphenämtern werden zur Umschaltung der Leitungen, Apparate und Batterien Klinkenumschalter nach Art der Klinkentafeln der Fernsprechämter verwendet; vgl. (1049 a). Die Leitungen führen über die Klinkenfedern und deren Auflager zu den Betriebsapparaten und können durch Stöpselschnüre auf andere Stromwege (andere Betriebsapparate, Untersuchungs- und Meßapparate) geschaltet oder mit anderen Leitungen verbunden werden.

(1019) **Relais** (siehe 1026, a). Man unterscheidet neutrale und polarisierte Relais; in den ersteren enthalten die Elektromagnetrollen nur Eisenkerne, während in den letzteren die Kerne der Elektromagnetrollen durch Aufsetzen auf einen Stahlmagnet polarisiert sind. Das neutrale Relais spricht auf einen Strom jeder Richtung gleichmäßig an, das polarisierte je nach der Stromrichtung verschieden. Die polarisierten Relais sind in der Regel empfindlicher; vgl. (1063). Das Relais von Allan - Brown hat einen auf der Achse mit Reibung drehbaren Anker; hierdurch wird erreicht, daß der Kontaktdruck stets derselbe ist, und daß bei abnehmendem Strom der Kontakt sich sofort wieder öffnet, oder daß das Relais in jeder Stellung seines Ankers sofort ein neues Zeichen beginnen kann.

(1020) **Blitzableiter.** Zum Schutze der Umwindungen der Apparate sind Blitzableiter notwendig, welche vor dem Eintritt der Leitungen zu den Apparaten einzuschalten sind. Sie sind als Platten-, Spitzen-, Schneiden- oder Spindel-Blitzableiter eingerichtet. Der mit der Leitung verbundenen Platte, Spitze oder Schneide steht in einer geringen Entfernung eine mit guter Erdleitung verbundene ähnliche Einrichtung gegenüber. Die Spindel-Blitzableiter wirken dadurch, daß die Elektrizität von hoher Spannung, welche durch die Leitung fließt, einen sehr dünnen Kupferdraht, welcher isoliert auf eine Spindel gewickelt ist, durchläuft und ihn durch Abschmelzen oder Beschädigung der

Umspinnung mit einem mit der Erdleitung verbundenen Teil der Spindel in Berührung bringt. An der Verbindungsstelle von Kabeln mit oberirdischen Leitungen werden Stangen-Blitzableiter eingeschaltet.

(1021) **Schmelzsicherungen** zum Schutze gegen Starkstrom; in der Regel werden 2 Sicherungen verwandt, eine Feinsicherung hinter dem Blitzableiter zum Schutze der Apparate, welche schon bei schwachen Strömen von 0,22 Ampere an wirkt, und eine Grobsicherung vor dem Blitzableiter, welche für plötzlich auftretende stärkere Ströme von mindestens 6 Ampere eingerichtet ist. Die Feinsicherung besteht aus einer mit Widerstandsdraht umwickelten, mit Woodschem Metall hergestellten Lötstelle, die bei genügender Erwärmung durch eine Feder zerrissen wird (bei 0,25 Ampere nach 15 Sekunden). Die Grobsicherung besteht aus einem 0,3 mm starken Rheotandraht in einer Glasröhre; die Röhre ist mit Metallkappen abgeschlossen und bis auf den mittleren Teil, wo der Draht frei geführt wird, mit Schmirgel gefüllt. Die Grobsicherung besitzt einen einfachen, nicht sehr empfindlichen Blitzableiter, dessen Luftraum von 1,35 mm von einer Spannung von 600 Volt nicht durchschlagen wird; dieser Blitzableiter schützt die Sicherung selbst wie die dahinter liegenden Apparate vor heftigen atmosphärischen Entladungen.

(1022) **Wecker** für gleichgerichtete Ströme sind entweder Wecker mit Selbstunterbrechung oder Wecker mit Selbstausschluß der Elektromagnetrollen. Die letzteren sind vorzuziehen, weil eine Anzahl davon ohne Betriebsschwierigkeiten hintereinander eingeschaltet werden kann; der Strom wird nämlich durch die Bewegung des Klöppels oder des Ankers nicht unterbrochen, sondern die Rollen des Weckers werden in einer gewissen Lage des Klöppels oder Ankers bei Annäherung an den Magnet selbsttätig ausgeschaltet. Der Widerstand der Wecker beträgt gewöhnlich 100 Ohm.

Stromquellen.

(1023) **Batterien aus primären Elementen.** Wegen der hohen Konstanz und der bequemen und billigen Unterhaltung werden zum Betriebe von Schreib- oder Drucktelegraphen sehr häufig Elemente nach Daniell, Meidinger, Callaud oder Krüger verwendet, siehe (625).

In der deutschen Telegraphen-Verwaltung ist das Krügersche Element im Gebrauch. Es gewährt einen sicheren und billigen Betrieb; der Preis eines Elementes beträgt etwa 1 M., die Unterhaltung einschl. Verzinsung und Tilgung kostet für das Element und das Jahr etwa 80 Pf. bis 1 Mk. Bei oberirdischen Leitungen erhält man eine genügende Stromstärke, wenn man auf je 60 bis 70 Ohm ein solches Element nimmt und die Elemente hintereinander schaltet. Bei Berechnung des Widerstandes muß jedoch der Widerstand aller vom Strom durchlaufenen Apparate dem Leitungswiderstande hinzugerechnet werden. Innerer Widerstand eines Elementes etwa 3 bis 10 Ohm.

Allgemeine Regel für die Bemessung der Batterie in einer Telegraphenleitung. Ist i die zum Betriebe nötige Stromstärke (1058), r der Widerstand von 1 km Leitung, L die Länge der

Leitung in km, R der Widerstand eines Apparates, z die Zahl der in die Leitung eingeschalteten Apparate, schließlich E die EMK und w der innere Widerstand eines Elementes, so ist die Zahl der zu benutzenden Elemente mindestens

$$\frac{i\,(L\,r + z\,R)}{E - i\,w}.$$

Gemeinschaftliche Batterien für mehrere Leitungen. Besitzen die Leitungen ungleiche Widerstände, so wird eine Batterie aufgestellt, welche für die längste Leitung ausreicht, und es werden die übrigen Leitungen an geeignete, nach dem Widerstande der Leitungen berechnete Punkte dieser Batterie angelegt. Man speist aus einer gemeinsamen Batterie aus Krügerschen Kupferelementen nicht mehr als 5 Leitungen für den Morsebetrieb.

(1024) **Sammlerbatterien.** Sammler eignen sich wegen ihres geringen inneren Widerstandes vorzüglich zum gleichzeitigen Betriebe vieler Leitungen. Alle Leitungen eines Amtes, oberirdische und unterirdische, können aus einer gemeinsamen Sammlerbatterie gespeist werden.

Als Ladestromquelle für die Sammler wird bei kleineren Telegraphenämtern eine Batterie von Kupferelementen benutzt. Befinden sich die Telegraphenämter an Orten mit einem öffentlichen Elektrizitätswerk, so werden aus diesem die Sammler geladen. Können die Sammler zur Ladung nicht unmittelbar an die Kabel des Werkes angeschlossen werden, weil das Werk nur Wechselstrom oder Gleichstrom zu hoher Spannung liefert, so wird der Strom des Werkes auf Gleichstrom von der erforderlichen Spannung umgeformt.

Bei der Ladung der Sammler durch Kupferelemente ist die Ladebatterie so zu bemessen, daß sie für jede Arbeitsstromleitung etwa 0,0025 A und für jede Ruhestromleitung etwa 0,017 A hergibt. Hat man m Sammler, welche einen Gesamtstrom I herzugeben haben, so gilt für die Größe der Ladebatterie, welche x Elemente hintereinander und n nebeneinander enthält, die Beziehung $x = \dfrac{2,2\,m\,n}{n - 4\,I}$.

Von der Reihe der Sammler werden nach je 5 oder 10 Zellen Leitungen zu den Betriebsräumen geführt. Unmittelbar bei der Sammlerbatterie wird in jede von dort abführende Leitung eine Schmelzsicherung für 6 A, in die Erdleitung eine solche für 10 bis 12 A eingeschaltet. In der Nähe der Batterieumschalter endigen die von der Batterie kommenden Zuführungsleitungen an Klemmen oder Abzweigschienen. In jede von dort abzweigende Leitung wird eine Grobsicherung eingeschaltet, die den Strom bei 3 A unterbricht; jede Batteriezuleitung zu einem Betriebsapparat erhält schließlich eine Feinsicherung mit einem Zusatzwiderstand.

Der technische Vorteil des Sammlerbetriebes besteht in dem geringen inneren Widerstande der Batterie (636), ihrer gleichmäßigen EMK und der Vereinfachung der Batterieaufstellung; der wirtschaftliche Vorteil wird gebildet durch Ersparnis an Raum und Bedienung, welche die vielen primären Batterien eines großen Amtes beanspruchen.

Schaltungen.

Schaltungen für Einfachbetrieb.

In nachstehendem sind nur die einfachsten und am meisten vorkommenden Schaltungen angegeben. Ausführliches, besonders auch
über Schaltungen für Kabel und andere als für Morseapparate, findet
man in „Betrieb und Schaltungen der elektrischen Leitungen" von
Zetzsche, Halle, W. Knapp. Über englische und amerikanische
Schaltungen enthalten die Werke „Telegraphy" von Herbert und
„Pocket Edition of Diagrams" von Jones (1029) nähere Angaben.

(1025) **Schaltungen für oberirdische Leitungen mit Morse-
oder Klopferbetrieb.** a) Ruhestromschaltung. Fig. 570. Die
Batterien liegen stets geschlossen im Leitungskreis und werden zweckmäßig auf die einzelnen Ämter nach Maßgabe der Entfernungen verteilt. Schluß der Batterie über Körper und Ruheschiene der Taste.
Der Schreibhebel des Morseapparates wird als gebrochener Hebel
verwendet, damit bei der Stromunterbrechung das Schreibrädchen sich
aufwärts bewegt. Der Kupferpol wird an denjenigen Leitungszweig
gelegt, welcher zu dem westlich gelegenen Endamt der Leitung führt.

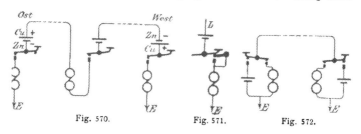

Fig. 570.   Fig. 571.   Fig. 572.

b) Amerikanische Ruhestromschaltung. Fig. 571. Batterie
ebenfalls im Leitungskreis, Schluß über Körper und Arbeitsschiene der
Taste. Wird die Taste nicht gedrückt, so ist der Stromschluß durch
eine besondere Verbindung hergestellt, welche beim Telegraphieren
aufgehoben wird. Anschlag des Empfängers wie bei Arbeitsstrom.

c) Arbeitsstromschaltung. Fig. 572. Batterie mit einem
Pole am Arbeitskontakt, Apparat zwischen Erde und Ruhekontakt,
Leitung an der Mittelschiene der Taste.

d) Schaltung für Hughesbetrieb. Fig. 585 zeigt links die
Schaltung bei mechanischer, rechts bei elektrischer Auslösung am
Apparat. Die Verbindungen der linken Seite mit der Morsetaste und
III fallen weg; die Leitung ist *LS*. Für die rechte Seite ist *LD* die
Leitung, deren Verbindung mit *II* und *M* wegfällt; statt *IV* ist Erde
zu nehmen.

(1026) **Hilfsschaltungen.** a) Relais. Bei Verwendung eines
Relais ist eine besondere Ortsbatterie von 5—6 Kupferelementen notwendig, welche zwischen dem Körper und dem einen Kontakt des

Relaishebels mit dem Apparat zusammen eingeschaltet wird. Der Apparat arbeitet dann mittels der Ortsbatterie stets mit Arbeitsstrom.

Fig. 573 zeigt die Schaltung bei Arbeitsstrom unter Verwendung eines Relais R; M ist der Morseapparat. Bei Ruhestrom geht die Verbindung zu M von r anstatt von a aus.

Fig. 573.

b) Übertragungen von Ruhestrom auf Ruhestrom und von Ruhestrom auf Arbeitsstrom kommen sehr selten zur Anwendung. Am meisten wird die Übertragung von Arbeitsstrom auf Arbeitsstrom (für Morse) nach der Fig. 574 benutzt. Man kann mit Hilfe der Apparate selbst oder mit Relais übertragen.

c) Zeitweiliger Nebenschluß. Fig. 575. Der ankommende Strom erregt das Relais R, dessen Anker den Ortsstromkreis des Morseapparates M mit Übertragungskontakten schließt; sobald M

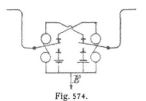

Fig. 574.

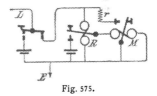

Fig. 575.

anspricht, legt sein Hebel den Widerstand r parallel zu R und verringert den auf R wirkenden Linienstrom auf die Stärke, die zum Festhalten des Relaisankers noch ausreicht.

d) Maxwellsche Erde. Fig. 576. Zwischen den Empfangsapparat und die Erde wird ein Kondensator C eingeschaltet und durch einen großen Widerstand r überbrückt. Die Vorrichtung dient dazu, die Selbstinduktion des Empfangsapparates auszugleichen. Beträgt die Selbstinduktion L Henry, die Kapazität des Kondensators C Farad und der ihm parallel geschaltete Widerstand r Ohm, so besteht für den Ausgleich die Beziehung $L = C r^2$.

e) Gegenstromrollen, Induktanzrollen sind Elektromagnete mit hoher Windungszahl und daher großem Widerstand und großer Selbstinduktion; sie werden in eine Abzweigung vom Kabel zur Erde geschaltet und dienen dazu, den nachteiligen Einfluß der Kapazität eines Kabels auszugleichen. Bei Kabeladern für Morsebetrieb werden die Rollen bei den

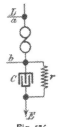

Fig. 576.

End- und Übertragungsämtern, bei Kabeladern für Hughesbetrieb dagegen nicht bei den Endanstalten, sondern bei den Übertragungs- und Untersuchungsstellen angeschaltet. Man erzielt hierdurch höhere Sprechgeschwindigkeit.

f) Doppelstrom. Unmittelbar hinter dem Zeichenstrom läßt man einen Strom entgegengesetzter Richtung, den Trennstrom, bis zur

Entsendung des nächsten Zeichenstromes fließen. Die Vorteile dieser Betriebsweise liegen darin, daß das Relais neutral und damit am empfindlichsten eingestellt werden kann, und daß Stromschwankungen infolge von Nebenschließungen der Leitungen sich weniger bemerkbar machen, weil hierdurch Zeichenstrom und Trennstrom in gleicher Weise beeinflußt werden. Während des Telegraphierens wird der eigene Empfangsapparat abgeschaltet. Bei Übertragungen müssen die Empfangsapparate durch einen selbsttätigen Umschalter von der Leitung getrennt und wieder mit ihr verbunden werden; vgl. Fig. 578.

g) **Induktionsschutz (Dresing u. Gulstad).** Wenn mehraderige Kabel für empfindliche Betriebsweisen benutzt werden sollen, ist es erforderlich, die durch hohe Ladungswellen an den gebenden Enden in den Nachbaradern induzierten Stromstöße auszugleichen; zu diesem Zweck wird jede zu schützende Ader mit jeder Nachbarader durch Kondensatoren und Widerstände verbunden; vgl. Fig. 577, wo die Schaltung angegeben, und Fig. 580, wo sie bei JS nur angedeutet ist.

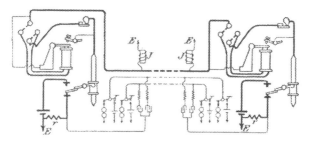

Fig. 577. Mehraderiges Kabel mit Hughes- und Morsebetrieb. Die zum Hughesbetrieb benutzte Ader ist mit Induktanzrollen J unterwegs ausgerüstet; zum Schutze des Betriebes in dieser Ader gegen die Einwirkung der Ladungsstöße in den benachbarten Kabeladern sind Kondensatoren und Verzögerungswiderstände angelegt. — Induktanzrollen etwa 1000 oder 1500 Ohm, 10—20 Henry; Induktionsschutz bis $0,4 \cdot 10^{-6}$ F und bis 800 Ohm; $r = 400$ Ohm.

(1027) Schaltungen für unterirdische Leitungen mit Morsebetrieb. a) Betrieb mit Gleichstrom. Für den Betrieb längerer unterirdischer Leitungen mit Morseapparaten wird die Vorschaltung eines guten polarisierten Relais als Empfänger notwendig. Eine Leitung von 300—400 km Länge läßt sich noch ohne Zwischenschaltung einer Übertragung betreiben; bei längeren Linien werden wegen der Ladungseinflüsse eine oder mehrere Übertragungen notwendig. Will man größere Sprechgeschwindigkeit erzielen oder Kabelleitungen von 400—800 km ohne Übertragung betreiben, so muß man zur Beseitigung der Ladungs- und Entladungseinflüsse einen zeitweiligen Nebenschluß zum Relais anlegen oder man verwendet Induktanzrollen oder die Maxwellsche Erde oder Doppelstrom; eine Übertragung für Doppelstrombetrieb zeigt Fig. 578. Näheres über diese Schaltungen findet man ETZ. 1889, S. 556, außerdem in E. Müller, Der Telegraphenbetrieb in Kabelleitungen.

b) **Betrieb mit Strömen wechselnder Richtung.** Vorteilhaft ist der Betrieb mit Strömen wechselnder Richtung von gleicher Dauer mit Rücksicht auf die Wirkungen der Ladung. Delany hat hierfür ein besonderes Verfahren angegeben, welches für die Entsendung der Ströme wechselnder Richtung einen auf einer Verteilerachse umgetriebenen Kontaktarm benutzt. Der Arm wird durch Taste und Ortsbatterie bewegt. Als Empfänger dient ein polarisiertes Relais (ETZ. 1888, S. 412). Diese Einrichtung ist von Delany auch zur automatischen Versendung erweitert worden (ETZ. 1889, S. 188). Beide Verfahren können auf oberirdischen Leitungen Anwendung finden.

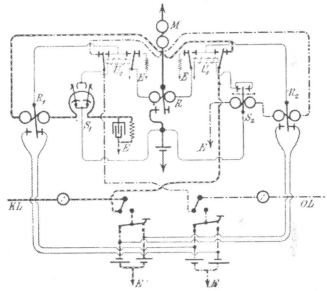

Fig. 578. Übertragung zwischen zwei mit Doppelstrom betriebenen Leitungen. *K L* Kabelleitung, *O L* oberirdische Leitung. *R* und *R₂* polarisierte Relais, *R₁* Allan-Brownsches Relais (1019), *S₁* Galvanoskop-Switch-Relais, *S₂* Switch-Relais, *M* Morseapparat. — Maxwellsche Erde etwa $40 \cdot 10^{-6}$ F und 5000 Ohm.

(1028) **Schaltungen für unterirdische Leitungen mit Hughesbetrieb.** Der Hughes-Apparat ist für die Entladung des Kabels günstiger eingerichtet, als der Morseapparat oder ein Relais, weil der gebende und der empfangende Apparat unmittelbar nach dem Emporschnellen des Ankers die Elektromagnetrollen kurz schließen. Dagegen ist der Hughes-Apparat gegen die Veränderung der Stromwellen durch die Ladungsvorgänge sehr empfindlich. Kabel bis zu 300 km lassen sich ohne besondere Hilfsmittel betreiben; es ist aber durch peinliche Reinhaltung der Kurzschlußkontakte die Entladung des Kabels zu erleichtern. Bei größerer Länge des Kabels legt man unterwegs

Gegenstromrollen (1026 e, Fig. 577) an, oder man schaltet in die Leitung
Übertragungen ein; letztere sind für die Entladung des Kabels nicht
günstig. Man hat im allgemeinen zur Erhöhung der Sprechgeschwindigkeit die in (1026) angegebenen Mittel zu verwenden. Um Induktionen aus den Nachbaradern zu bekämpfen, verwendet man den
Induktionsschutz nach (1026, g); vgl. Fig. 577.

Schaltungen für Mehrfachbetrieb.

(1029) Man unterscheidet Mehrfachbetrieb gleicher Richtung
(Doppelsprechen, Diplex) und entgegengesetzter Richtung (Gegensprechen, Duplex); beide Verfahren können gleichzeitig angewandt
werden (Doppelgegensprechen, Quadruplex); ferner gleichzeitige
Mehrfachtelegraphie, bei der die Stromänderungen, welche zur Zeichen-
übermittelung dienen, gleichzeitig hervorgerufen werden, sich also in
der Leitung addieren, und wechselzeitige (sog. absatzweise) Mehrfachtelegraphie, bei der der Leitung jedem beteiligten Apparatsystem für
eine bestimmte kurze Zeit zugewiesen wird, wo also die Stromänderungen in der Leitung einzeln und nacheinander eintreten.

In nachstehendem ist nur das wichtigste über Mehrfachschaltungen
angeführt; bezüglich der Einzelheiten der erläuterten Methoden muß
auf besondere Werke, besonders Zetzsche, Handbuch der el. Telegraphie, 3. Teil, Amerikanische Schaltungen für die mehrfache Telegraphie, T. E. Herbert, Telegraphy, London, 1906 (englische Schaltungen) und W. H. Jones, Pocket Edition of Diagrams and com-
plete information for telegraph engineers and students, New York,
1903 (amerikanische Schaltungen), verwiesen werden.

(1030) **Gegensprechen.** Das Gegensprechen läßt sich in oberirdischen Leitungen sowohl, wie in Kabelleitungen anwenden. Die
hierfür geeigneten Methoden sind sehr zahlreich, so daß in folgendem
nur die Grundzüge einiger Arten, welche von Bedeutung sind, angegeben sind.

Die älteste Methode — Kompensationsmethode (Gintl 1853) —
ist verlassen; es kommen nur noch Differentialmethoden, Brückenmethoden und einige andere Methoden, welche sich unter jene nicht
einreihen lassen, in Betracht.

Künstliches Kabel. Um bei den Mehrfachschaltungen volle
Symmetrie der Stromverteilung zu erzielen, müssen die Eigenschaften
der zu betreibenden Leitung in einem künstlichen Kabel, das aus
Widerständen und Kondensatoren zu-
sammengesetzt ist, nachgeahmt werden;
Beispiele siehe Fig. 580, 581 und 585.

(1031) **Differentialschaltung.** Fig. 579.
Der abgehende Strom verzweigt sich; die
beiden Teile werden zu entgegengesetzter
Wirkung auf den eigenen Empfänger
benutzt, so daß entweder gar kein
Magnetismus oder nur ein sehr geringer
entsteht. Für den ankommenden Strom

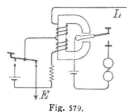

Fig. 579.

sind die beiden Windungen des Empfängers hintereinander geschaltet, ihre Wirkungen addieren sich.

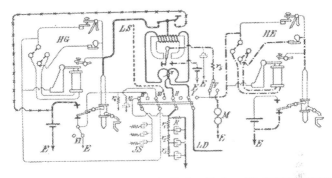

Fig. 580. Differentialschaltung für Hughes-Duplex. Die Duplex betriebene Leitung ist *L D*; *HG* ist Hughes-Geber, *H E* Hughes-Empfänger. Um mit Morse-Duplex zu arbeiten, benutzt man die Taste und legt den Umschalter *V* auf *M*. Durch Umschalten des Vierfachschalters legt man *HE* in Einfachbetrieb auf *L D*, *HG* auf *L S*. *JS* ist ein Induktionsschutz. Das Differentialgalvanometer erhält noch, wie in Fig. 581 einen großen Querkondensator. Künstliche Kabel etwa $40 \cdot 10^{-6}$ F, $R =$ Widerstand der Leitung und Apparate am fernen Ende, r_1 bis r_3 250 bis 1000 Ohm; $r_4 = 400$ Ohm, $r_5 = 200$ Ohm, $r_6 = 500$ Ohm, Kondensator $0,5-1 \cdot 10^{-6}$ F.

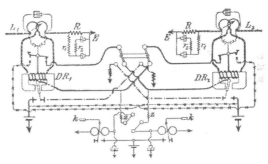

Fig. 581. Übertragung in einer Differentialschaltung für Hughes-Duplex. Der obere Umschalter dient zum Trennen, um mit Morse nach beiden Seiten arbeiten zu können; die untere Gruppe sind Relais, die zum Mitlesen aufgestellt sind; bei *k* werden die zugehörigen Hughes-Apparate angeschlossen. Künstliches Kabel etwa $7 \cdot 10^{-6}$ F, r_1 und $r_2 = 200-1500$ Ohm; Querkondensator zum Galvanometer $10-20 \cdot 10^{-6}$ F, kleine Querkondensatoren $0,2 \cdot 10^{-6}$ F; $z = 5000$ bis 14000 Ohm.

Die Differentialschaltung ist von Frischen und Siemens 1854 angegeben. Stearns hat sie 1868 dadurch verbessert, daß er in der künstlichen Leitung dem Widerstand einen Kondensator parallel schaltete. Eine einfache Schaltung ist die von Canter, welcher die

beiden Rollen trennt und den abgehenden Stromanteilen in den Rollen
durch entsprechende Schaltung entgegengesetzte Richtung gibt (ETZ.,
S. 442).

In der Reichstelegraphie wird die Differentialschaltung für den
Hughes-Gegensprechbetrieb bei Endämtern von unterirdischen Leitungen
und bei Übertragungsämtern in ober- und unterirdischen Leitungen

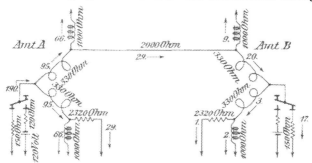

Fig. 582.

verwendet. Die Schaltungen sind in Fig. 580 und 581 dargestellt.
Die künstlichen Leitungen müssen in ihrer Kapazität sehr genau abgeglichen werden. Bei sehr langen Leitungen kommt noch Induktionsschutz gegen die Nachbaradern (1026, g) hinzu.

Die Batterien für den Hughes-Gegensprechbetrieb in unterirdischen
Leitungen werden so bemessen, daß bei Berechnung der Stromstärken
nach dem Ohmschen Gesetz die Summe der Ströme in beiden Win-

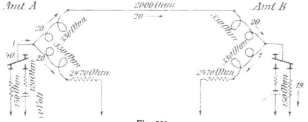

Fig. 583.

dungen des Relais auf dem fernen Amte mindestens 20 Milliampere
beträgt. In Fig. 582 sind die bei Verwendung einer Batterie von
120 V in den einzelnen Leitungszweigen fließenden Ströme in runden
Zahlen in Milliampere angegeben, wenn Amt A dauernd Taste drückt.
Wird die Leitung nicht mit Induktanzrollen ausgerüstet, so genügt zur
Erzielung der gleichen Wirkung eine Batterie von 60 V. Die bei
dauernder Stromsendung von A aus in den einzelnen Teilen herrschenden Stromstärken in Milliampere sind in Fig. 583 in runden
Zahlen angegeben.

(1032) **Brückenschaltung.** Sie gründet sich auf die von Wheatstone angegebene Anordnung von Widerständen in Brückenform und ist in Fig. 584 schematisch dargestellt. Es bedeuten E den Empfänger und t die Tasten. Wie ersichtlich, bestehen auf jedem Amt zwei Diagonalen für eine Brücke, der Zweig bc für den abgehenden, der Zweig ab für den ankommenden Strom. Letzterer bleibt nicht stromfrei, wenn vom entfernten Amt Strom anlangt.

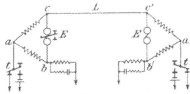

Fig. 584.

Die Brückenschaltung ist von Maron 1863 angegeben. Stearns hat 1872 hierfür eine besondere Taste zur Verminderung der Schwebelage angefertigt und die künstliche Leitung durch Zufügen eines Kon-

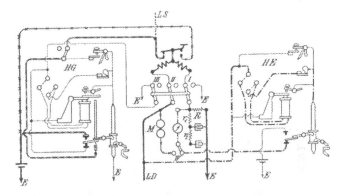

Fig. 585. Brückenschaltung für Hughes-Duplex. Die Duplex betriebene Leitung ist LD, HG Hughes-Geber, HE Hughes-Empfänger. Um mit Morse-Duplex zu arbeiten, benutzt man die Taste und legt den Umschalter IV auf M. Durch Umschalten des Dreifach-Umschalters legt man HE in Einfachbetrieb aur LD, HG auf LS. — Brückenarme je 1000 Ohm.

densators verbessert. Von Schwendler rührt aus dem Jahre 1874 die sog. Doppelbrücke her; sie ist derart angeordnet, daß die Diagonale nicht allein für den abgehenden Strom, sondern auch für den ankommenden Strom stromfrei bleibt, wenn einseitig Strom gesandt wird. Infolge dieser Anordnung kann jedes Amt unabhängig vom anderen einstellen. Der Empfänger erhält $^1/_8$ des Gesamtstromes. Zum Betrieb ist eine besondere Taste erforderlich.

In der Reichs-Telegraphie wird die Brückenschaltung für den Hughes-Gegensprechbetrieb bei Endämtern von oberirdischen Leitungen verwendet. Die Schaltung ist in Fig. 585 dargestellt. Als Brücken-

arme werden Widerstände von 1000 Ohm benutzt. Die Spannung
der Batterie ergibt sich aus der Formel

$$E = 60 + \frac{L}{35} \text{ Volt,}$$

in der L den Drahtwiderstand der Leitung angibt; der Empfänger des
fernen Amtes erhält dann einen Strom von mindestens 9 Milliampere.
In Fig. 586 sind die bei Verwendung einer Batterie von 160 V beim
Tastendruck auf dem Amt A in den einzelnen Leitungszweigen
fließenden Ströme in runden Zahlen in Milliampere angegeben.

   (1033) Vergleich der Differential- und Brückenschaltung für
den Hughes-Gegensprechbetrieb. Die Differentialschaltung bietet den
Vorteil, daß etwa die Hälfte des von der Batterie gelieferten Gesamtstromes zur Magnetisierung des Linienrelais dient (vgl. Fig. 583);
sie hat aber den Nachteil, daß der Hughesapparat nicht unmittelbar
als Empfänger eingeschaltet werden kann, sondern in dem Ortsstrom-
kreise des Empfangsrelais betrieben werden muß. Dagegen hat die

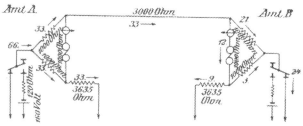

Fig. 586.

Brückenschaltung den Vorteil, daß der Hughesapparat unmittelbar
durch den Linienstrom betrieben wird, während sich als Nachteil die
Notwendigkeit der Verwendung größerer Batterien ergibt, weil nur ein
Bruchteil des von der Batterie gelieferten Gesamtstromes auf den
Empfangsapparat wirkt (vgl. Fig. 582, nach der 12 von 66 Milliampere wirksam sind). Um ein besonderes Empfangsrelais mit dem
Ortsstromkreis möglichst zu vermeiden, wird in der Reichstelegraphie
für oberirdische Leitungen die Brückenschaltung verwendet. Im
Kabelbetrieb ist die Differentialschaltung jedoch der Brückenschaltung
überlegen, weil der zwischen Batterie und Kabelanfang liegende Widerstand (330 Ohm in Fig. 582 und 583) geringer ist, als der Widerstand bei der Brückenschaltung (1000 Ohm in Fig. 586). Da aus
diesem Grunde die Stromwellen bei der Differentialschaltung günstiger
verlaufen als bei der Brückenschaltung, so wird die Differentialschaltung in der Reichs-Telegraphie allgemein für unterirdische Leitungen
verwendet.

   (1034) Andere Methoden für das Gegensprechen. F u c h s verwendet getrennte Elektromagnetrollen und Tasten mit einem Zusatz-
hebel. Die Batterien wirken in gleichem Sinne. Beim Gegensprechen
summieren sich die Wirkungen der Batterien auf eine Rolle jedes

Empfängers (ETZ. 1881, S. 18 ff.). Noch andere Methoden sind von Vianisi, Gattino und Santano angegeben worden (ETZ. 1881, S. 369; 1888, S. 216; 1889, S. 490).

(1035) **Doppelsprechen** wird nicht für sich allein, sondern nur in Verbindung mit Gegensprechen als Quadruplex verwendet. Beim Doppelsprechen verwendet man entweder Ströme von verschiedener Stärke oder man benutzt nebeneinander Ströme von beliebiger Richtung, aber wechselnder Stärke, und Ströme beliebiger Stärke, aber wechselnder Richtung (Edison). Bei dem ersteren Verfahren dient zur Aufnahme des mit dem stärkeren Strom gegebenen Telegramms ein gewöhnliches Relais mit genügend stark gespannter Feder; für den schwächeren Strom wird gleichfalls ein neutrales Relais, aber mit einer Hilfsschaltung, verwendet. Bei der Edisonschen Methode werden die Ströme wechselnder Stärke von einem neutralen, die wechselnder Richtung von einem polarisierten Relais aufgenommen.

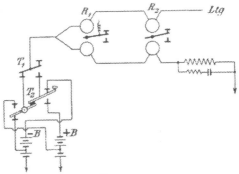

Fig. 587.

(1036) **Doppelgegensprechen**, Quadruplex, besteht in der Vereinigung einer Doppelsprechmethode, vorzugsweise der Edisonschen, mit einer Gegensprechmethode, besonders der Differential- oder der Brückenmethode. Eine derartige Schaltung bei Verwendung der Differentialmethode ist in Fig. 587 dargestellt. R_1 ist ein neutrales, R_2 ein polarisiertes Differential-Relais. Mit der Taste T_1 wird die Stärke und mit der Taste T_2 die Richtung des Telegraphierstromes geändert.

(1037) **Mehrfache Telegraphie unter Verwendung des Telephons als Klopfer** (Phonoplex von Edison). Das System ist ein Dreifachtelegraph. Jedes Amt erhält außer dem Morse (Klopfer und Taste) noch zwei Geber und zwei phonische Empfänger. Ein Geberkreis versendet Stromstöße, welche durch das Öffnen eines Ortsstromkreises und darauf folgendes Schließen durch einen hohen Widerstand entstehen, während der zweite Stromkreis beim Tastendruck durch einen schwingenden Selbstunterbrecher Stromwellen von großer Schwingungszahl erzeugt. Die Stromstöße wirken auf die Membranen geeigneter Fernhörer (näheres siehe ETZ. 1887, S. 499).

(1038) **Phonopore von Langdon-Davies.** Auf dem Amt sind die Enden von zwei zusammen um einen Eisenkern gelegten Wicklungen an die Leitung gelegt; die beiden anderen Enden der Wicklungen sind isoliert. Durch eine primäre Wicklung, die mit Taste, Batterie und Selbstunterbrecher zu einem Kreise geschaltet ist, werden bei jedem Tastendruck in der zweiteiligen Rolle, die sich ähnlich wie ein Kondensator verhält, elektrische Wellen erzeugt. Der in gewöhnlicher Weise in die Leitung geschaltete Morseapparat wird von den Wellen nicht gestört. Auf dem Empfangsamt setzen die Wellen aber ein phonisches Relais, dessen Schwingungszahl der des Gebers entspricht, in Tätigkeit. Infolge der Schwingungen der Relaiszunge wird ein Ortskreis unterbrochen, so daß ein zweiter Morseapparat die phonoporisch gegebenen Zeichen wiedergeben kann. Das System ist mithin ein Doppelsprecher für beliebige Richtung (Journ. télégr. 1887, S. 62).

(1039) **Vielfachtelegraph von Mercadier.** Auf dem gebenden Amt werden Wechselströme verschiedener Frequenz erzeugt. Diese Wechselströme werden unabhängig voneinander durch Tasten als Morsezeichen in die Leitung gesandt und durchfließen beim empfangenden Amte die hintereinander geschalteten Monotelephone von Mercadier. Die Platten der Monotelephone sind so abgestimmt, daß sie nur dann ansprechen, wenn ein Wechselstrom bestimmter Frequenz durch die Windungen fließt; durch Wechselströme abweichender Frequenz werden sie nicht beeinflußt. Außer für die Übermittlung von Zeichen mit den Wechselströmen verschiedener Frequenz läßt sich die Leitung gleichzeitig für den Betrieb eines mit Gleichstrom arbeitenden Telegraphen verwenden (näheres vgl. ETZ. 1904, S. 216).

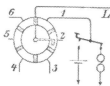

Fig. 588.

(1040) **Wechselzeitige Vielfachtelegraphen.** An beiden Enden der Linie laufen synchron zwei Kontaktarme über Segmenten (Fig. 588); jedes Segment ist mit einem Geber und Empfänger verbunden, wie für Segment 1 angegeben ist. Es liegen gleichzeitig die ein Paar bildenden Apparate beider Enden an der Leitung. Auf dieser Schaltung beruhen die Systeme von Baudot (1012) und Rowland (1013).

Multiplex von Delany. Auf jedem Amt befindet sich ein phonisches Rad (vgl. Kareis, das phonische Rad von La Cour) mit einem Verteiler.

Das phonische Rad ist ein mittels Stimmgabelunterbrechers getriebener kleiner Elektromotor, der den Verteiler, siehe Fig. 589, umtreibt. Der letztere enthält sehr viele Segmente, die zu mehreren Stromkreisen verbunden sind. Dauert eine Stromsendung längere Zeit, so wird sie zwar an der Verteilerscheibe zerrissen; aber die Pausen sind nicht lang genug, um dem Empfangsapparat Zeit zur Bewegung zu lassen; der

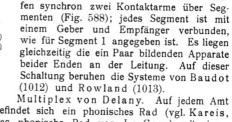

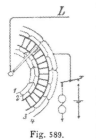

Fig. 589.

zerrissene Strom wirkt im Empfänger wie ein ununterbrochener. Der Synchronismus der Räder an beiden Enden der Linie wird durch besonders von dem Verteiler in die Leitung entsendete Korrektionsströme aufrecht erhalten. Der Apparat ist zur gleichzeitigen Beförderung von Telegrammen sowohl mittels des Morse als auch mittels Typendruckers geeignet (vgl. ETZ. 1884, Nov., Dez., 1888, S. 66, 1890, S. 11 ff.).

(1041) **Mehrfaches Fernsprechen.** Die Differential- und die Brückenschaltung lassen sich auch auf das Fernsprechen anwenden. Fig. 590 zeigt 4 Drähte L_1 bis L_4; das jenseitige Amt ist ebenso geschaltet. Die Fernsprecher I benutzen Erde und die 4 Drähte parallel; die Fernsprecher II benutzen eine Schleife, welche aus L_1 neben L_2 und L_3 neben L_4 gebildet wird; III und IV sprechen in dem aus L_1 und L_2 einerseits, L_3 und L_4 anderseits bestehenden Stromkreis. Fig. 591 zeigt zwei Leitungen; der Apparat A spricht durch beide parallel unter Benutzung der Erde, B spricht durch die Schleife. In Fig. 590 werden die Brückenarme als größere Widerstände voraus-

gesetzt, je zwei solcher Widerstände bilden einen Nebenschluß zu einem Fernsprecher und sollen nur einen unbeträchtlichen Stromanteil durchlassen. Nach Fig. 591 findet der von A aus gehende Strom in

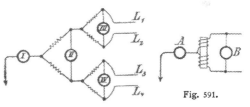

Fig. 590.

Fig. 591.

der Differentialspule keine Selbstinduktion, wohl aber der von B ausgehende; hier braucht also der Leitungswiderstand der Spule nicht groß zu sein. — Bei langen Leitungen ist die Benutzung der Erde ausgeschlossen; es fiele dann in Fig. 590 der Apparat I und die erste Brückenverzweigung weg; Fig. 591 wäre unter Benutzung noch zweier Drähte zu verdoppeln, so daß es die der geänderten Fig. 590 entsprechende Schaltung zeigt. Man kann also auf 4 Drähten 3 Gespräche führen.

(1042) **Gleichzeitiges Telegraphieren und Fernsprechen** nach den Differential- und Brückenmethoden. In den Schaltungen Fig. 590 und 591 läßt sich der Fernsprecher I oder A durch einen Morse- oder Hughesapparat ersetzen. Nach dem Vorschlage von Dejongh können an die Stelle von A und B in Fig. 591 Hughesapparate gebracht werden; die Fernsprecher werden parallel zu B geschaltet und durch Kondensatoren gegen die Einwirkung der Telegraphierströme geschützt; Gegenüber den Hughes-Gegensprechschaltungen besitzt die Schaltung von Dejongh den Vorteil, daß die A-Apparate ebenso wie die B-Apparate miteinander in beiden Richtungen arbeiten können; sie hat aber den Nachteil, daß für die B-Apparate besondere ungeerdete Batterien verwendet werden müssen (vgl. ETZ. 1903, S. 1030.

Fernsprechwesen *).

(1043) **Der Fernsprecher** (Telephon), ursprünglich zum Geben
und Empfangen verwendet, wird heute nur noch ausnahmsweise,
namentlich bei transportablen Apparaten (Streckentelephonen) für beide
Zwecke benutzt, dient sonst lediglich als Empfangsapparat (Fernhörer),
während zum Geben das Mikrophon (1044) verwendet wird. — Konstruktion der Fernhörer sehr mannigfaltig; solche mit Hufeisenmagnet
(zweipolige) werden denen mit Stabmagnet (einpoligen) wegen besserer
Wirkung vorgezogen. Für leichte Apparate (besonders Kopffernhörer
für Beamte der Vermittelungsanstalten und Handapparate mit Hörer
und Mikrophon an einem Griff) wird die Dosenform und ein ringförmiger Hufeisenmagnet gewählt. Wicklung 100 bis 200 Ohm, in
Zentralbatterieschaltungen 50 bis 100 Ohm, in Hausanlagen vielfach
noch geringere Widerstände.

(1044) **Das Mikrophon** ist in zahllosen verschiedenen Ausführungsformen in Gebrauch, die sich hauptsächlich durch Form und
Material der Kontaktkörper und den Aufbau unterscheiden. Es besteht aus einer Membran, die entweder selbst Kontaktkörper ist
(Membran aus Kohle oder vergoldetem Metall) oder (aus Metall, Holz,
Zelluloid u. a. bestehend) einen besonderen Kontaktkörper trägt, ferner
aus einem feststehenden Kohlenkörper und einem zwischen beiden
angebrachten Kohlenmaterial, das bei Schwingungen der Membran
leicht seinen Übergangswiderstand ändern kann (Walzen, Scheiben,
Gries, Körner, Pulver). Die einzelnen Teile werden bei den Mikro-
phonen der Reichs-Telegraphenverwaltung in eine Kapsel eingebaut,
die in die Mikrophonträger verschiedener Form, Handapparate, Pendel-
oder Brustmikrophone eingesetzt wird und leicht auszuwechseln ist.
Man verwendet Mikrophone mit niedrigem Widerstand (10 bis etwa
50 Ohm) da, wo sie in den primären Stromkreis einer Induktionsspule eingeschaltet und aus einer besonderen Batterie gespeist werden,
solche mit hohem Widerstand (100 bis 500 Ohm) bei direkter Einschaltung in die Leitung (bei Zentralbatterieschaltungen und in Hausanlagen).

Die erprobten Ausführungen sind für Einzelbatteriebetrieb: von
C. F. Lewert: Kohlenmembran und feststehender Kohlenkörper mit
7 pfannenartigen Aushöhlungen, deren jede 9 Kohlenkugeln von
1,5 mm Durchm. aufnimmt; von Siemens & Halske: Kohlenmembran mit eingedrückter kapselartiger Kammer zur Aufnahme von
24 Kohlenkugeln und gegenüberstehende glatte Kohlenplatte. — Für
Zentralbatteriebetrieb: von Zwietusch & Co.: Kohlenmembran und
feststehendes Kohlenstück mit 7 zylindrischen Erhöhungen, die von
weichem, an der Membran anliegendem Klavierfilz umschlossen werden.
Die 7 den Erhöhungen entsprechenden Löcher im Filz sind mit
Kohlenkörnern angefüllt; von C. F. Lewert: ähnlich konstruiert wie

---

*) Literatur: Wietlisbach, Handbuch der Telephonie, Wien 1899;
Rellstab, Das Fernsprechwesen, Leipzig 1902; A. Ekström, Modern Telefon-
teknik, Stockholm 1903; Kempster B. Miller, American Telephone Practice,
New-York 1905; Arthur V. Abbott, Telephony, New-York 1905; The American
Telephone Journal, New-York; Telephony, New-York.

das vorhergehende, jedoch mit nur einer Kammer für die Kohlenkörner; in Amerika sehr verbreitet ist die Solid-back-Konstruktion, bei der die Kontaktkörper in einer kleinen, an einer starken Metallschiene befestigten Kapsel von etwa 12 mm Durchmesser untergebracht sind. Die Kapsel ist mit einer Glimmermembran abgeschlossen, durch welche der die eine Kontaktplatte tragende, mit der Sprechmembran aus Metall verbundene Stift hindurchgeführt ist (Abbott Bd. 5. S. 164).

(1045) Hilfsapparate. a) Wecker. In den Teilnehmerstationen der Fernsprechnetze werden jetzt ausschließlich polarisierte Wecker mit gewöhnlich 2 Glockenschalen verwendet. Sie besitzen ein zwei-schenkliges Elektromagnetsystem, über dem ein um seine mittlere Querachse drehbarer Anker angebracht ist. Der Dauermagnet ist gewöhnlich so angeordnet, daß der eine Pol am Joch des Magnet-systems, der andere am Anker liegt. Der Widerstand beträgt bei Gehäusen für Induktoranruf (1046) gewöhnlich 300 Ohm, bei Schal-tungen, in denen der Wecker als Brücke in der Leitung liegt, 1000 bis 2000 Ohm. — Gleichstromwecker, auf dem Prinzip des Selbst-unterbrechers beruhend, finden in Hausanlagen zum Anruf und als Zusatzapparate im Ortsstromkreis in Verbindung mit Klappen und Fallscheibenapparaten Verwendung. Widerstand bei kurzen Leitungen und niedriger Spannung 2—20 Ohm, bei höheren Spannungen und längeren Leitungen 150—300 Ohm.

b) Induktoren werden zum Anrufen des Amtes und der Sprech-stellen verwendet. Es sind kleine magnetelektrische Maschinen mit 2—6 kräftigen Dauermagneten, zwischen deren Polschuhen ein Doppel-T-Anker sich drehen kann. Ankerwicklung 2200 Umwindungen bei 200 Ohm. Normale Umdrehungszahl 900—1000 in der Minute. Durchschnittsspannung 40—60 V; die erzeugten sehr steilen Span-nungsspitzen haben erheblich höhere Werte (je nach Konstruktion 100, 200 und mehr Volt). -- Für Ämter mit größerem Strombedarf wird der Wechselstrom entweder durch Polwechslerrelais aus Gleich-strombatterien gewonnen oder durch besondere Wechselstromdynamos von 30—75 V Spannung bei 16 Perioden in der Sekunde erzeugt.

c) Induktionsspulen sind kleine Transformatoren, die in Fernsprechgehäusen mit besonderer Batterie zur Umwandlung der durch das Mikrophon erzeugten Schwankungen des niedriggespannten Gleich-stroms in Wechselstrom von höherer Spannung dienen. Sie bestehen gewöhnlich aus einem Kern aus dünnen Eisendrähten von 6—10 cm Länge und etwa 10 mm Durchmesser, auf den zunächst die das Mikrophon enthaltende primäre Wicklung von etwa 300 Umwindungen bei 0,8 Ohm gebracht wird, während über dieser die sekundäre Wicklung mit 5200 Umwindungen und 200 Ohm liegt. Wegen Ver-wendung in Zentralbatterieschaltungen siehe (1046).

d) Kondensatoren finden in der Fernsprechtechnik vielfache Verwendung zum Absperren des Gleichstroms in Stromkreisen, die für Wechselstrom (Sprech- und Weckströme) durchlässig sein müssen, so besonders für die selbsttätige Schlußzeichengebung, zum Trennen der Schnurstromkreise u. a. (1049 b u. 1050). Auch werden sie zum Überbrücken von induktiven, im Sprechstromkreise liegenden Wider-ständen benutzt. Die Fernsprechkondensatoren werden aus einem Bande aus präpariertem Papier, das beiderseits mit Stanniol belegt ist, durch Aufwickeln hergestellt, in eine passende Form gepreßt und in einen Papiermaché-Behälter mittels Vergußmasse luftdicht eingeschlossen. Die Kapazität beträgt in der Regel 2 Mf. Der Isolationswiderstand soll nicht unter 75—100 Megohm betragen, Gleichstromspannungen von 300—500 V dürfen das Dielektrikum nicht durchschlagen. Äußere Abmessungen bei 2 Mf etwa 115 × 35 × 35 mm. — Bei der Reichstelegraphenverwaltung sind an Stelle von Kondensatoren auch Polarisationszellen verwendet worden. Dies sind kleine Glasbehälter, die entweder Platinelektroden in verdünnter Schwefelsäure oder Natronlauge enthalten oder Aluminiumelektroden in Lösung von Ammoniumzitrat. Die Säurezellen haben je 1,8 Volt Gegenspannung, die Natronzellen 2,7 V, die Aluminiumzellen bis zu 50 und mehr Volt. Polarisationszellen sind weniger haltbar und teurer als Kondensatoren.

(1046) **Fernsprechgehäuse** werden als Wandgehäuse (in Pultform) oder als Tischgehäuse hergestellt. Letztere haben einen Handapparat (Mikrotelephon), bei dem Fernhörer und Mikrophon an einem Griff

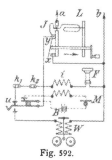

Fig. 592.

befestigt sind. — Schaltung der Gehäuse mit eigener Mikrophonbatterie und Anrufinduktor Fig. 592. Der Induktor hat eine selbsttätige Umschaltvorrichtung. In der Ruhe ist die Ankerwicklung durch den Kontakt y kurzgeschlossen; wird die Kurbel gedreht, so verschiebt sie sich durch mechanische Vorrichtung nach rechts, öffnet den Kontakt y und läßt die Feder den Kontakt x schließen. Die Ankerwicklung ist dann einerseits über den Induktorkörper mit der a-Leitung und anderseits über die Feder und Kontakt x mit der b-Leitung verbunden. Die übrigen Stromwege des Gehäuses sind durch die Feder kurzgeschlossen, so daß sie nicht vom Weckstrom durchflossen werden können. Der Hakenumschalter u, der durch Einhängen des Hörers nach unten bewegt wird, schaltet vom Sprech- auf den Weckstromkreis um und unterbricht den Mikrophonstrom. Die Induktionsspule i enthält im sekundären Kreis den Fernhörer F, im primären das Mikrophon M und eine Batterie aus 1—2 Trockenelementen oder 1 Sammlerzelle. — Gehäuse für Zentralbatteriebetrieb sind für selbsttätigen Anruf hergerichtet und haben keinen Induktor. Der Wecker mit hoher Selbstinduktion (1000 Ohm) bleibt in der Regel als Brücke dauernd eingeschaltet. Das Mikrophon wird unmittelbar in die Leitung gelegt. Der Fernhörer ist so zu schalten, daß er nicht vom Gleichstrom durchflossen wird. Dies geschieht bei der Kelloggschen Schaltung (Fig. 593)

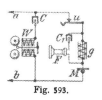

Fig. 593.

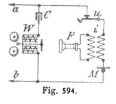

Fig. 594.

dadurch, daß ein Kondensator C_1 vorgeschaltet wird, während der Gleichstrom durch einen Graduator g dem Mikrophon zugeführt wird. In der auch bei der Reichstelegraphie eingeführten Eriksonschen Schaltung (Fig. 594) ist der Fernhörer in den sekundären Kreis einer Induktionsspule i gelegt. Diese hat gewöhnlich primär 1700 Umwindungen bei 16 Ohm, sekundär 1400 Umwindungen bei 22 Ohm. Bei beiden Schaltungen wird beim Anhängen des Hörers durch den Hakenumschalter u der Mikrophonstromkreis unterbrochen, so daß nur der Wecker W mit vorgeschaltetem Kondensator C, der den Gleichstrom für die Schlußzeichengebung verriegelt, eingeschaltet bleibt (vgl. hierzu 1050).

(1047) **Hausanlagen,** die nicht für Verwendung auf größere Entfernung bestimmt sind, werden einfacher ausgeführt. Mikrophon und Fernhörer liegen gewöhnlich in Hintereinanderschaltung unmittelbar in der Leitung. Zum Anrufen wird meistens Gleichstrom verwendet. Sind mehrere Sprechstellen vorhanden, so benutzt man Linienwähler, mit deren Hilfe sich jede Stelle selbst mit jeder anderen verbinden kann. Vollkommnere Anlagen sind so ausgeführt, daß die mittels eines Umschalters hergestellte Verbindung beim Anhängen des Hörers selbsttätig wieder ausgelöst wird, so daß unbeabsichtigte Verbindungen verhindert werden. Vielfach werden auch Haustelegraphenanlagen durch einfache aus Mikrophon und Fernhörer bestehende Sprechapparate (Pherophon, Citophon u. a.) für den Sprechverkehr im Hause nutzbar gemacht.

(1048) **Die Einführung der Leitungen** in die Vermittlungsämter erfolgt entweder oberirdisch oder (in größeren Netzen vorzugsweise oder ausschließlich) unterirdisch. Sie werden zunächst zu einer Verteilereinrichtung, dem Umschaltegestell, geführt, an dem jede Außenleitung mit jeder beliebigen Innenleitung durch lose Drähte verbunden werden kann. Größere Umschaltegestelle in Eisenkonstruktion haben senkrechte Ständer zur Aufnahme der Blitzableiter und Feinsicherungen und wagerechte Querriegel für die Lötösen der Innenleitungen. Auf den Querriegeln werden die Verteilerdrähte gelagert (994).

(1049) **Die Verbindungssysteme** zur Verbindung der Teilnehmer untereinander haben je nach dem Umfang des Netzes verschiedene Einrichtung:

a) Einfachumschalter (Klappenschränke) werden bei kleinen Anstalten (bis zu etwa 300 Anschlüssen) verwendet. Einrichtung nach Fig. 595. Beim Anruf in L_1 fällt Klappe AK_1. Stöpsel S_1 einer Stöpselschnur kommt in Klinke K_1, S_2 zunächst in eine zum Abfrageapparat des Beamten führende Klinke, sodann in K_2. L_1 und L_2 sind dann miteinander verbunden, die Anrufklappen durch Abheben der Klinkenfeder ausgeschaltet. Im Schnurpaar liegt eine Schlußklappe

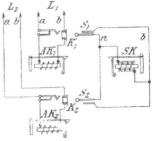

Fig. 595

SK, die beim Drehen der Induktorkurbel nach Gesprächsschluß fällt. — Klappenschränke werden in mannigfaltiger Ausführung in der Regel für 50—100 Leitungen gebaut. Werden mehr als 2 Schränke nebeneinander aufgestellt, so werden sie durch besondere Klinken und Leitungen untereinander verbunden.

b) Vielfachumschalter werden für größere Ämter mit einer Aufnahmefähigkeit für 20—25000 Leitungen gebaut. Das Amt erhält Umschalter in Schrankform (für je etwa 500 Anschlüsse ein Schrank) mit so viel Klinken, als das Amt Teilnehmer enthält. Jede Leitung wird durch sämtliche Vielfachschränke derart hindurchgeführt, daß sie in jedem Schrank eine Verbindungsklinke hat, während die zugehörige Abfrageklinke nur an einem bestimmten Schrank liegt. Der Vorteil des Vielfachsystems liegt darin, daß eine Verbindung zwischen der Abfrageklinke einer Leitung und der Verbindungsklinke einer beliebigen anderen Leitung ohne weiteres an jedem Schrank hergestellt werden kann. Die Schränke besitzen je drei Arbeitsplätze, deren jeder mit etwa 100—300 Anrufzeichen (je nach der Stärke der Benutzung der Anschlüsse) belegt wird. Um die Belastung der Arbeitsplätze ausgleichen zu können, ist zwischen den Verbindungsklinken des Vielfachfeldes und den Abfrageklinken eine Verteilereinrichtung, der Zwischenverteiler (Vz, Fig. 597), angeordnet, der es gestattet, eine Leitung, ohne ihre durch die Anschlußnummer gegebene Lage im Klinkenfeld zu ändern, mit der Abfrageklinke nebst Anrufzeichen eines beliebigen Platzes zu verbinden. Als Anrufzeichen werden bei kleineren Vielfachumschaltern Klappen oder auch Rückstellklappen verwendet, die beim Einführen des Stöpsels in die zugehörige Abfrageklinke mechanisch in die Ruhelage zurückgeführt werden, bei größeren Ämtern durch Relais eingeschaltete Glühlampen, die besser ins Auge fallen, sich gedrängter anordnen lassen und geräuschlos arbeiten. Zum Verbinden der Leitungen an Vielfachumschaltern dienen Schnurpaare (15—18 für den Arbeitsplatz), die gewöhnlich einen Sprech- und Rufumschalter enthalten. Fig. 596 zeigt die Schaltungsweise eines solchen Umschalters, die äußersten linken Federn sind mit dem aus Kopffernhörer Kf und Brustmikrophon Bm usw. bestehenden Abfragesystem, die äußersten rechten Federn mit der Rufstromquelle D verbunden. Die inneren Federn sind mit den Schnurleitungen zwischen dem Abfragestöpsel AS und dem Verbindungsstöpsel VS verbunden und

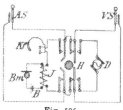

Fig. 596.

können mit Hilfe eines Hebels gegen die äußeren Federn gedrückt werden. — Um beim Vielfachumschalter prüfen zu können, ob eine Leitung an irgend einem Platze schon verbunden ist, wird die in der Regel isolierte oder mit Erde verbundene Klinkenhülsenleitung beim Einstecken eines Stöpsels mit dem einen Pol einer Batterie verbunden. Diese erzeugt beim Berühren der Hülse mit der Spitze des Verbindungsstöpsels im Kopffernhörer ein Knackgeräusch, und zeigt so das Besetztsein der Leitung an.

Kleinere Vielfachumschalter für Ämter bis zu 1000—2000 Anschlüsse erhalten Anrufklappen, die durch Kontakte in den Unterbrechungsklinken beim Einführen eines Stöpsels abgeschaltet werden

(Fig. 597). Die Schnurpaare haben je zwei selbsttätige Schlußzeichen SZ_1 und SZ_2. Dies sind elektromagnetische Vorrichtungen mit hoher Impedanz, die beim An-
ziehen des Ankers eine farbige Scheibe hinter einem Fenster erscheinen lassen. Wo sie benutzt werden, ist in den Fern-hörerstromkreis der Ge-häuse (zwischen Klem-men k_1 und k_2 Fig. 592) ein Kondensator einzu-schalten, sodaß während des Gesprächs kein Gleich-strom fließen kann. Wird der Fernhörer ange-hängt, so fließt Strom aus B über SZ_1, Leitung,

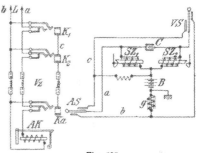

Fig. 597.

Wecker des Gehäuses und g. Die Gleichstromwege der Schlußzeichen sind durch einen Kondensator C getrennt. Batteriespannung 6—8 V, Widerstand von SZ 500, von g 100 Ohm.

Bei diesen Systemen erhält der Teilnehmer eine Mikrophonbatterie und einen Weckinduktor.

(1050) **Zentralbatterie-Betrieb.** Um die besonderen Stromquellen, Batterien und Induktoren, beim Teilnehmer entbehrlich zu machen, rüstet man große Ämter neuerdings mit einer großen Amtsbatterie (20 bis 40, meist 24 V) aus, welche den Strombedarf für die Mikro-phone der Sprechstellen und den Anruf decken kann.

Der Anruf des Amtes erfolgt beim Abnehmen des Hörers selbst-tätig durch ein Glühlampensignal; ebenso das Schlußzeichen beim Anhängen; der verlangte Teilnehmer wird vom Amte gerufen. Als Klinken dienen Parallelklinken ohne Unterbrechungskontakte. Man unterscheidet Systeme mit dreidrähtigen und solche mit zweidrähtigen Systemleitungen; erstere haben eine besondere Klinkenhülsenleitung für Prüf- und Signalisierungszwecke, bei letzteren wird der eine Zweig der Sprechleitung hierfür mitbenutzt. Hierin liegt ein gewisser Nach-teil, der aber durch die Möglichkeit der gedrängteren Anordnung von nur zweiteiligen Klinken und durch Ersparnisse in den Klinken und Kabeln aufgewogen wird. Weiterhin sind zu unterscheiden Systeme, bei denen das Anrufrelais während des Gesprächs ganz abgeschaltet wird, und solche, bei denen das Anrufrelais als Brücke eingeschaltet bleibt. Erstere haben den Vorzug, daß der Rufstrom nicht durch die Brücke geschwächt wird. Der selbsttätige Anruf und die Schluß-zeichengebung werden dadurch ermöglicht, daß bei angehängtem Hörer der vor dem Wecker der Gehäuse liegende Kondensator (vgl. 1046) den Gleichstrom der Zentralbatterie sperrt, während bei ab-genommenem Hörer ein Weg für diesen Strom durch das Mikrophon freigegeben wird.

Fig. 598 stellt ein **dreidrähtiges System** mit Abschaltung des Anrufrelais dar (Zwietusch & Co.). Beim Abnehmen des Hörers fließt Strom aus B durch das Anrufrelais AR in die Leitung; die zur Ab

frageklinke *Ka* gehörige Anruflampe *Al* kommt zum Aufleuchten.
Beim Einführen des Stöpsels *AS* (s. u.) erhält das Trennrelais *TR*
Strom und schaltet *AR* ab, sodaß *Al* wieder erlischt.

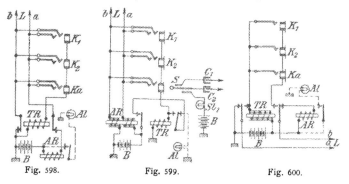

Fig. 598.   Fig. 599.   Fig. 600.

Ein dreidrähtiges System, bei dem das Anrufrelais eingeschaltet
bleibt und gleichzeitig als Schlußzeichenrelais dient, zeigt Fig. 599
(Erikson & Co.). *AR* schließt beim Ansprechen den Stromkreis
von *Al*, der wieder unterbrochen wird, sobald der Stöpsel *S* eingesteckt und *TR* über Sl_1 mit Batterie verbunden wird. Solange der
Anker *AR* angezogen, wird Sl_1 überbrückt (die Batterie *B* bei Sl_1 ist
dieselbe, wie die unter *AR*); diese Lampe leuchtet erst auf, wenn *AR*
nach Gesprächschluß den Anker losläßt. Die Schnurpaare enthalten
bei diesem System keine Relais, sondern nur die Trennkonden-
satoren C_1, C_2.

Ein zweidrähtiges System mit Abschaltung des Anrufrelais
ist in Fig. 600 dargestellt (Kellogg). Die Systemleitungen sind hierbei in der Ruhe von der Außenleitung getrennt und enthalten nur das
Relais *TR*, das beim Einführen eines Stöpsels anspricht, das Anrufrelais
AR abschaltet und die Systemleitungen mit der Außenleitung verbindet.

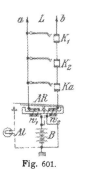

Fig. 601.

Bei dem System von Siemens & Halske
(Fig. 601) bleibt das Anrufrelais eingeschaltet.
Von den beiden Wicklungen w_1 (850 Ohm) und
w_2 (150 Ohm) des sog. Kipphebelrelais hat erstere
etwa doppelt so viel Windungen als letztere, so
daß, wenn beide beim Abnehmen des Hörers von
gleichem Strom durchflossen werden, w_1 überwiegt und ein Anziehen des Ankers bewirkt.
Beim Einführen des Stöpsels erhält dagegen w_2
einen stärkeren Strom und führt den Anker in
seine Ruhelage zurück.

Für die Schnurpaare der Zentralbatterie-
systeme gibt es je nach der Art der Zuführung
des Speisestromes und der Schlußlampen-
anordnung verschiedene Schaltungsmöglichkeiten,
die bei entsprechender Anpassung für jedes System

verwendbar sind. Fig. 602 zeigt eine einfache Brücke g_1, g_2; die
Schlußzeichenrelais SR_1 und SR_2 liegen mit induktionsfreien Widerständen überbrückt unmittelbar in dem einen Leitungszweig; der

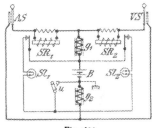

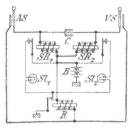

Fig. 602.   Fig. 603.

Stromkreis der Schlußlampen Sl_1, Sl_2 wird bei ruhenden Stöpseln
durch einen von diesen bewegten Umschalter (Stöpsel- oder Schnur-
umschalter) u unterbrochen. Gün-
stiger ist wegen des geringeren
Spannungsabfalls die Anordnung mit
geteilter Brücke (Fig. 603), bei der
SR_1 und SR_2 in der Brücke selbst
liegen; die Gleichstromwege werden
durch C getrennt. Das Relais R (vgl.
hierzu Fig. 601), das gleich beim
Einsetzen des Stöpsels AS anspricht,
schließt den Stromweg der Schlußlampen. Bei der Kelloggschen
Anordnung (Fig. 604, zu vgl.
Fig. 600) ist eine doppelte Brücke,
bestehend aus je 2 Relais, die durch
Kondensatoren C_1 C_2

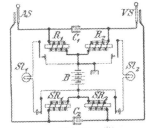

Fig. 604.

getrennt werden, vor-
handen. Der Strom-
kreis jeder Schluß-
lampe wird durch
ein besonderes, gleich
beim Einsetzen des
Stöpsels ansprechen-
des Relais R_1 bezw.
R_2 geschlossen. Bei
dem System von
Zwietusch & Co.
(Fig. 605) werden die
Stromkreise der bei-
den Teilnehmer durch
einen Übertrager Ue

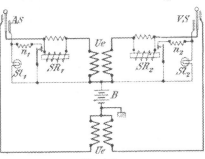

Fig. 605.

verbunden; SR_1, SR_2 liegen mit induktionsfreien Widerständen
überbrückt unmittelbar in dem einen Zweig. Der Stromkreis der

Schlußlampen wird über die Hülsenleitung der Klinken beim Einsetzen des Stöpsels geschlossen. Während des Gesprächs schalten SR_1 und SR_2 Nebenschlüsse n_1, n_2 zu den Schlußlampen, so daß diese erlöschen.

(1051) **Selbstanschlußsysteme** haben in den letzten Jahren mehrfach Anwendung gefunden, namentlich das automatische System von Strowger. Die Gehäuse der Sprechstellen haben eine Nummernscheibe, durch deren Drehen eine Reihe von Kontakten geschlossen wird, die eine Bewegung der auf dem Amte stehenden Schaltwerke herbeiführen; beim Anhängen des Hörers werden die Schaltwerke in die Ruhelage zurückgeführt. Beim Besetztsein einer Leitung ertönt Summergeräusch. Neuere Ausführungen ermöglichen, daß auch der angerufene Teilnehmer eine mit seiner Leitung hergestellte Verbindung wieder lösen kann. Auch die Gesprächszählung ist möglich.

Bei dem halbautomatischen System von Faller geschieht nur die Kennzeichnung der verlangten Nummer automatisch, während die Verbindung mit der Hand ausgeführt wird. Der Teilnehmer stellt an seinem Apparat die gewünschte Nummer ein; der Anruf des Amtes erfolgt selbsttätig. Die erste Beamtin erkennt beim Anheben des Stöpsels durch Glühlampen, welches Hundert verlangt wurde, und verbindet mit diesem, während die zweite, dieses Hundert bedienende Beamtin ebenfalls beim Stöpselanheben erkennt, welche Nummer in dem Hundert verlangt wurde.

(1052) **Nebenstelleneinrichtungen.** Wo nur zwei Sprechstellen an eine Anschlußleitung anzuschließen sind, wird vielfach ein Zwischenstellenumschalter verwendet. Er gestattet, daß jede der beiden Stellen unter Ausschluß der anderen mit dem Amt verbunden werden kann, und ermöglicht auch den Verkehr der beiden Stellen untereinander. Sind mehr als zwei Nebenstellen vorhanden, so werden Klappenschränke (1049 a) für 3, 5, 10, 20 und mehr Leitungen verwendet. Bei Zentralbatterieanlagen sind vielfach Zweiganschlüsse (Party-lines) in Anwendung, bei denen gewöhnlich 2 oder 4 Nebenstellen in paralleler Abzweigung an eine Leitung angeschlossen werden. Die Einrichtung ist so getroffen, daß jede dieser Stellen ohne Störung der andern einzeln vom Amt aus angerufen werden kann. Dies wird entweder durch Relaisschaltungen und polarisierte Wecker, die nur auf eine bestimmte Stromart ansprechen, erreicht oder bei neueren Systemen durch Wecker, bei denen ein an einer starken Blattfeder aufgehängter Anker durch passende Gewichte auf eine bestimmte Polwechselzahl (2000, 4000, 6000 und 8000 Wechsel in der Minute am gebräuchlichsten) abgestimmt wird (Teleph. Journ. 1906, S. 17).

Bei Privat-Nebenstellenanlagen werden häufig Schaltungen verwendet, die so angeordnet sind, daß nur eine bestimmte Zahl der an einen Schrank angeschlossenen Nebenstellen mit den Amtsleitungen verbunden werden kann, während dies für diejenigen Stellen, für die keine Anschlußgebühr entrichtet wird, nicht möglich ist. Dagegen können alle Nebenstellen unter sich verkehren (Janus-Schaltung der A. G. Mix & Genest, Rellstab S. 57).

(1053) **Fernsprechautomaten.** Sprechstellen, deren Benutzung jedermann freisteht, werden mit einer Kassiervorrichtung versehen, bei der beim Einwurf des Geldstücks oder durch Bewegen eines Hebels nach Einwurf des Geldes ein Glockensignal ausgelöst wird, das durch das Mikrophon der Sprechstelle nach dem Amt übertragen wird und so eine Kontrolle der erfolgten Gebührenzahlung gestattet. Neuere Systeme sind auch so eingerichtet, daß durch das Einwerfen des Geldstücks erst der Anruf des Amtes erfolgt. Durch elektromagnetische Vorrichtungen kann dann das Geldstück vom Amte aus entweder in die Kassette oder, falls die Verbindung nicht ausgeführt werden kann, in die Rückzahlschale geleitet werden.

(1054) Verbindungen zwischen mehreren Ämtern eines Fernsprechnetzes werden auf besonderen Verbindungsleitungen ausgeführt, die bei größerem Verkehr nur immer in einer Richtung (abgehende und ankommende Leitungen) betrieben werden. Der Anruf des zweiten Amtes und die Angabe der gewünschten Verbindung wird entweder dem Teilnehmer überlassen, oder auf besonderen Dienstleitungen von den Beamtinnen ausgeführt (Dienstleitungsbetrieb). Moderne Anlagen haben besondere Einrichtungen für die Überwachung der Verbindungen, für den selbsttätigen Anruf des verlangten Teilnehmers und für optische und akustische Rücksignale nach dem ersten Amt für den Fall, daß die verlangte Leitung besetzt oder gestört ist oder der Teilnehmer nicht antwortet (Miller, S. 354).

(1055) Überlandleitungen zur Verbindung kleinerer Ortschaften werden für parallele Abzweigung der Sprechstellen (bis zu 10 und mehr an einer Leitung) eingerichtet. Schaltung der Gehäuse wie Fig. 592, jedoch erhält der Wecker hohen Widerstand und Impedanz (1500 Ohm bei etwa 22000 Umwindungen). Auf den End- oder Durchgangsämtern werden die Leitungen vielfach auf Klappenschränke gelegt, deren Klappen in ihren elektrischen Eigenschaften den Weckern angepaßt sein müssen. Der Anruf der einzelnen Stelle erfolgt mit Hilfe verabredeter (Morse-)Zeichen durch den Induktor.

(1056) Fernleitungen werden als Doppelleitungen zur Verbindung der einzelnen Fernsprechnetze hergestellt. Da die in den Teilnehmerleitungen etwa auftretenden Nebenschlüsse oder die bei den Schluß-zeichen- oder Zentral-Mikrophonbatterien vorhandene Erde das Auftreten störender Geräusche auf den Fernleitungen begünstigt, wird zwischen die Fernleitung und die damit zu verbindende Anschlußleitung ein Übertrager (Transformator) geschaltet. Der bei der Reichs-Telegraphenverwaltung gebräuchliche Übertrager von München be-

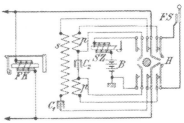

Fig. 606.

sitzt einen Kern aus dünnen ausgeglühten Eisendrähten von 30 mm Durchmesser und 130 mm Länge. Die primäre Wicklung hat 2×100 Ohm bei 3900 Umwindungen, die sekundäre 250 Ohm bei 4000 Umwindungen; über den Umwindungen liegt noch ein Mantel aus Eisen-

drahtbündeln. Die Fernleitungen endigen auf den Ämtern an Fern-
schränken für 2—4 Leitungen in einer Stöpselschnur. Die gebräuchliche Schaltung für eine Fernleitung zeigt Fig. 606. Zwischen den
Zweigen der Fernleitung ist die Fernklappe FK mit hoher Selbstinduktion (1500 Ohm, 14000 Umwindungen) dauernd eingeschaltet. In
der Ruhestellung des Hebelumschalters H ist der Übertrager zwischen
Leitung und Stöpsel FS eingeschaltet. Diese Anordnung wird zur
Verbindung zweier Fernleitungen mittels Übertrager benutzt, während
bei Umlegung nach rechts unmittelbare Verbindung der Leitungen
erfolgt. Bei Verbindungen mit Teilnehmerleitungen wird der Umschalter nach links gelegt, wodurch das Schlußzeichen SZ nebst
Batterie B in die primäre Wicklung (nach dem Teilnehmer hin) eingeschaltet wird. Die Fernschränke enthalten Klinken zur Verbindung
von Fernleitungen untereinander und für den Dienstleitungsverkehr
unter den Schränken, sowie Klinken für die nach dem Ortsamt führenden
Ortsverbindungsleitungen. Diese endigen an einem oder mehreren
Vorschaltschränken, die so eingerichtet sind, daß beim Stöpseln einer
für den Fernverkehr verlangten Leitung deren Verbindung mit dem
Amtssystem zur Vermeidung von Störungen unterbrochen wird.

Eigenschaften von Telegraphenleitungen und
Apparaten.

(1057) **Stromstärke in Telegraphenleitungen.** Bei der Berechnung der Stromstärke hat man den abgehenden und ankommenden
Strom zu unterscheiden; vgl. (1059).

Der im Empfänger ankommende Strom wechselt in oberirdischen
Leitungen in seiner Stärke wesentlich je nach der Länge und dem
jeweiligen Isolationszustande der Leitung, welch letzterer wiederum
nach Bauart der Linie, Witterung, Klima sehr verschieden sein kann.

Die Reichs-Telegraphenverwaltung berechnet für oberirdische
Leitungen mit Arbeitsstrom oder Ruhestrom die Batterie so, daß sie
einen Dauerstrom von 0,012—0,014 A zu liefern vermag; gewöhnlich
rechnet man 0,013 A. Der durchschnittliche Strom in Arbeitsstromleitungen für Morsebetrieb, über den Tag und die Nacht gleichmäßig
verteilt gedacht, beträgt nur etwa den zehnten Teil, während des
Telegraphierens selbst, d. h. über Zeichen und Zwischenräume gleichmäßig verteilt, nur etwa 0,45 des Dauerstromes. — Für Eisenbahn-
leitungen rechnet man 0,02 A (1094, 1102).

Hospitalier gibt die in Frankreich verwendete Stromstärke (abgehender Strom) auf 0,012 bis 0,020 A an, den ankommenden Strom
auf 20 bis 70 % des abgehenden. Nach englischen Angaben beträgt
die Stromstärke zum Betriebe eines Morse-Apparates 0,025 A, zum
Betriebe eines polarisierten Relais 0,010 A. Nach den Angaben von
Schwendler beträgt die bei der indischen Telegraphie angewendete

mittlere Stromstärke (abgehender Strom) je nach der Jahreszeit 0,006 bis 0,013 A.

(1058) **Widerstand einer Telegraphenleitung, die an allen Iso-lationspunkten bei gleichmäßiger Verteilung der letzteren Fehler von gleicher Ableitungsfähigkeit besitzt.** Es bezeichne r den Lei-tungswiderstand für die Längeneinheit, w den Isolationswiderstand für die Längeneinheit, L die Länge der Leitung, so beträgt der Isolations-widerstand der am fernen Ende isolierten Leitung

$$W = \sqrt{rw} \cdot \frac{e^{mL} + e^{-mL}}{e^{mL} - e^{-mL}}$$

wenn $m = \sqrt{r/w}$ ist.

Der Widerstand der Leitung, wenn das ferne Ende mit Erde ver-bunden wird, beträgt:

$$R = \sqrt{rw} \cdot \frac{e^{mL} - e^{-mL}}{e^{mL} + e^{-mL}}.$$

Aus dem Produkt $W \cdot R$ ergibt sich die Beziehung

$$W \cdot R = w \cdot r.$$

Die Größen W und R lassen sich durch Messungen von jedem Ende der Leitung aus bestimmen.

Durch Division der Gleichungen für W und R erhält man die weiteren Beziehungen

$$rL = \frac{1}{2} \sqrt{RW} \log \text{nat} \frac{\sqrt{W} + \sqrt{R}}{\sqrt{W} - \sqrt{R}}$$

$$\frac{w}{L} = \frac{2\sqrt{W \cdot R}}{\log \text{nat} \dfrac{\sqrt{W} + \sqrt{R}}{\sqrt{W} - \sqrt{R}}}.$$

Damit ist der wahre Widerstand rL und der wahre Isolationswider-stand w/L durch meßbare Größen gegeben. (Ann. télégr. 1888, S. 385).

Ist das Verhältnis r/w, wie für die Praxis in der Regel zutrifft, sehr klein, so erhält man als Näherungswerte

$$rL = R + \frac{R^2}{3W}$$

$$\frac{w}{L} = W - \frac{R}{3}.$$

Hieraus ergibt sich, daß der wahre Leitungswiderstand eines Kabels den gemessenen Widerstand um die Größe $R^2/3W$ übersteigt, der gemessene Isolationswiderstand dagegen um den Betrag $\frac{1}{3} R$ zu hoch befunden worden ist.

(1059) **Verhältnis des ankommenden Stromes zum abgehenden Strom, wenn die Fehler gleichmäßig verteilt sind und gleiche Ableitungsfähigkeit besitzen.** Bezeichnet unter der Annahme, daß der Widerstand des Endapparates klein gegen den Isolationswiderstand W ist, I_a den abgehenden, I_e den am fernen Ende ankommenden Strom, und gelten sonst die vorigen Bezeichnungen, so ist

$$\frac{I_e}{I_a} = \frac{2}{e^{mL} + e^{-mL}}.$$

Da nach (1058) sich ergibt

$$\sqrt{\frac{R}{W}} = \frac{e^{mL} - e^{-mL}}{e^{mL} + e^{-mL}}$$

so erhält man durch Berechnung der Werte e^{mL} und e^{-mL} aus dieser Gleichung und Einführung in die Gleichung für $\frac{I_e}{I_a}$ den Wert

$$\frac{I_e}{I_a} = \sqrt{1 - \frac{R}{W}}.$$

In dieser Formel wird das Verhältnis des ankommenden zum abgehenden Strom durch die meßbaren Größen R und W bestimmt; Unter Berücksichtigung des Widerstandes R_a des Endapparates lautet die Formel

$$\frac{I_e}{I_a} - \sqrt{1 - \frac{R}{W}} \cdot \frac{W}{W + R_a}.$$

(1060) **Kabel.** A. Berechnung des Isolationswiderstandes. Ist D der äußere Durchmesser der Ader, d der Durchmesser der Seele, so ist der Isolationswiderstand bei 15° C., wenn die Hülle aus Guttapercha besteht, für 1 km annähernd

$$2500 \cdot \log \text{vulg} \frac{D}{d} \text{ Millionen Ohm,}$$

wenn die Hülle aus Gummi besteht, zehnmal so groß.

B. Kapazität. 1. Einzelleitungen. Ist D der äußere Durchmesser der Ader, d der der Seele, θ die Dielektrizitätskonstante, so ist die Kapazität für 1 km Kabel

$$0{,}024 \cdot \frac{\theta}{\log \text{vulg} D/d} \text{ Mikrofarad.}$$

Bei Guttaperchakabeln sind für θ Werte zwischen 3,5 und 4 einzusetzen. Bezeichnet K das Kupfergewicht, G das Guttaperchagewicht der Längeneinheit des Kabels, so ist die Kapazität für 1 km sehr nahe gleich $0{,}110 + 0{,}082 \dfrac{K}{G}$ Mikrofarad.

2. Doppelleitungen (Fernsprechkabel). Definition der Kapazität nach Breisig (ETZ 1899, S. 127): Kapazität einer Leitung ist das Verhältnis der auf der Leitung befindlichen Elektrizitätsmenge zu ihrem Potential. — Man unterscheidet drei Fälle: Hin- und Rückleitung (isolierte Schleife), C_1; beide Leitungen parallel, Kapazität eines Drahtes C_2; eine Leitung isoliert, die andere an Erde: C_3. Für das Sprechen ist die Kapazität C_1 maßgebend. Sie kann entweder aus den meßbaren Kapazitäten C_2 und C_3 nach der Formel $C_1 = 2 C_3 - C_2$ berechnet oder nach folgender Formel gefunden werden:

$$C_1 = \frac{1}{2 \log \text{nat } u}; \quad \frac{u-1}{u+1} = \sqrt{\frac{R^2 - (A+D)^2}{R^2 - A^2}} \cdot \frac{A}{A+D}$$

Darin ist A der lichte Abstand zwischen den Drähten der Schleife, R der Durchmesser der Hülle oder der mittlere Abstand der zunächst gelegenen Nachbardrähte von der Schleifenmitte und D der Durchmesser eines Schleifendrahtes; alle Maße in cm. Die Kapazität wird in elektrostatischem Maß für 1 cm Kabellänge erhalten; um sie in Mikrofarad für 1 km zu bekommen, ist noch mit 9 zu dividieren. Dabei ist als Dielektrikum Luft angenommen; für Kabel mit Papier- und Luftisolation ist noch mit 1,6 zu multiplizieren. Messungen ergaben für 1 km $C_3 = 0{,}0602$, $C_2 = 0{,}0408$, woraus $C_1 = 0{,}0796 \cdot 10^{-6}$ F.

C. Die Selbstinduktion von Telegraphenkabeln ist sehr gering; die von ihr hervorgerufene EM-Gegenkraft kann im Vergleich zum Spannungsabfall im Widerstande fast stets vernachlässigt werden. Nach Messungen von Breisig (ETZ. 1899, S. 842) ergab sich für eine Kabelader mit einer Kupferlitze von 5 mm Durchmesser und 3 Lagen Guttapercha (äußerer Durchmesser 11,7 mm) für 1 km der Widerstand zu 1,125 Ohm, die Kapazität zu $0{,}212 \cdot 10^{-6}$ F und die Selbstinduktion zu 0,00235 H.

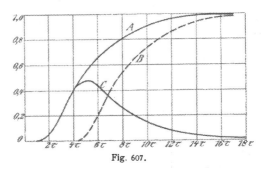

Fig. 607.

(1061) D. Ladungsverlust. Es sei Q die Ladung zu Anfang, q_1 die Ladung nach t_1 Minuten, q_2 die Ladung nach t_2 Minuten; dann ist

$$t_2 \log \frac{Q}{q_1} = t_1 \log \frac{Q}{q_2} \, .$$

Hat man zur Zeit t_1 den Teil q_1 der anfänglichen Ladung Q beobachtet, so ergibt sich die Zeit t, in der die Ladung bis zur Hälfte verschwunden ist, zum Betrage

$$t = t_1 \, \frac{\log 2}{\log \dfrac{Q}{q_1}}$$

E. Stromkurve am Ende eines Kabels. Wird am Anfange des Kabels von einem bestimmten Augenblicke ab dauernd eine Stromquelle angelegt, so nimmt der Strom am Ende allmählich zu nach de- Kurve A in Fig. 607, deren Ordinaten das Verhältnis des Augenblickswertes i zum Endwerte I des Stromes bezeichnen, während die Abszissen in Einheiten der Größe $\tau = 0{,}029 \, CR$ beziffert sind. Hierbei bedeutet C die gesamte Kapazität des Kabels in Farad, R den Gesamtwiderstand in Ohm. Um die Stromkurve bei Entsendung eines Zeichens von der Zeitdauer t festzustellen, zieht man von den Ordinaten der Kurve A die einer kongruenten, aber um die Zeit t verschobenen Kurve B ab und erhält so zB. die Kurve C für $t = 3\,\tau$.

F. Dauer der Übermittelung eines Zeichens in einem Kabel. (Nach Sabine). Werden C und R in derselben Bedeutung, wie vor, gebraucht, so ist die Zeit, welche ein Zeichen bis zum Ausdruck im Empfangsapparat gebraucht

beim Morseapparat $0,414 \cdot CR$ Sekunden
   „   Hughesapparat $0,105 \cdot CR$ „
   „   Spiegelapparat $0,047 \cdot CR$ „

(1062) Oberirdische Leitungen. Zur Berechnnng der Kapazität, der Selbstinduktion und der gegenseitigen Induktion dienen die Formeln in (61), (101) und (102); zur Rechnung bequemer sind sie in folgender Gestalt.

Es bedeuten: l die Länge der Leitung in km, d den Durchmesser des Drahtes in mm, a den Abstand zweier Drähte in cm, h den Abstand eines Drahtes vom Erdboden in m; dann ist für 1 km Leitung:

der Selbstinduktionskoeffizient für Kupfer- und Bronzeleitungen $= 0{,}00289 + 0{,}00046$ log vulg l/d H

der Koeffizient der gegenseitigen Induktion $= 0{,}00224 + 0{,}0046$ log vulg l/a H

der scheinbare Selbstinduktionskoeffizient einer Doppelleitung $= 0{,}00065 + 0{,}00046$ log vulg a/d H

die Kapazität einer Einzelleitung $= 1/(150 + 41{,}4$ log vulg $h/d)10^{-6}$ F oder angenähert für $h/d > 1 = 0{,}0068 - 0{,}00029 \cdot h/d\ 10^{-6}$ F.

A. Kapazität. Die 3 verschiedenen Kapazitäten einer Doppelleitung (1060, B, 2) ergeben sich aus den Formeln für C_1, C_2, C_3 auf Seite 61 worin alle Maße in cm einzusetzen sind.

Bei diesen Formeln wird stets die Spannung eines Drahtes gegen Erde zugrunde gelegt, daher erscheint die Kapazität C_1 doppelt so groß, als wenn man die Spannung der Drähte gegeneinander in die Rechnung einführt.

Der berechnete Wert ist für Einzel- wie Doppelleitungen eine untere Grenze. Bei Einzelleitungen haben benachbarte Leitungen einen großen Einfluß; ein einziger paralleler Draht kann die Kapazität um $^1/_5$ erhöhen; die obere Grenze wird gefunden, wenn man die Kapazität für eine volle zylindrische Hülle berechnet, deren Radius gleich dem Abstand des nächsten Drahtes ist. Bei Doppelleitungen ist der Einfluß benachbarter Drähte und des Erdbodens gering. In beiden Fällen wird die Kapazität erhöht durch die Isolatoren; für einen Isolator hat man in trockenem Zustande etwa $0{,}0001 \cdot 10^{-6}$ F, im nassen etwa das 4 fache einzusetzen. Die Messungen ergeben für Ladungsmethoden Werte, welche mit den Formeln übereinstimmen, wenn man die Erhöhung durch die Isolatoren beachtet. Man erhält für Einzelleitungen Werte, die zwischen $0{,}0065$ und $0{,}0100 \cdot 10^{-6}$ F liegen. Für eine Doppelleitung aus 3 mm starkem Bronzedraht mit 20 cm Abstand der Drähte wurde die Kapazität C_1 durch Messung zu $0{,}0115 \cdot 10^{-6}$ F/km bestimmt; die Formel ergibt $0{,}01136 \cdot 10^{-6}$ F/km. Diese Zahlen gelten für frei in 6—8 m über dem Erdboden geführte Leitungen, also besonders nicht für die über die Häuser geführten Fernsprechleitungen; bei letzteren erhält man bis $0{,}02 \cdot 10^{-6}$ F.

B. Selbstinduktion. Für Eisenleitungen ist in Ermangelung sicherer Werte für μ die Formel nicht zu benutzen. Messungen ergaben für Kupfer- und Bronzedrähte 0,0025 bis 0,0030 H/km, für Stahldraht 0,0036 H/km, für Eisendraht 0,012 bis 0,016 H/km. Die wirksame Selbstinduktion einer Doppelleitung aus 3 mm starkem Bronzedraht mit 20 cm Abstand der beiden Drähte wurde zu 0,001 H/km für jeden ihrer Zweige bestimmt.

Literatur. Massin, Ann. télégr. 1890, S. 499; 1891, S. 338; 1893, S. 315. — Vaschy, Ann. télégr. 1891, S. 522. — Brylinski, Ann. télégr. 1892, S. 97. — Lagarde, Ann. télégr. 1892, S. 125. — Franke, ETZ. 1891, S. 447, 458. — Breisig, ETZ. 1898, S. 772; 1899, S. 127, 192, 842.

(1063) Beurteilung der Gebrauchsfähigkeit von Apparaten und Relais. Die Empfindlichkeit eines Apparates hängt nicht nur von der zur Ingangsetzung notwendigen elektrischen Leistung, sondern auch von dem Trägheitsmoment des Ankersystems ab.

Apparate	Widerstand	Um-windungen		Spricht noch an bei Milliampere	Energie-verbrauch		Grenzstrom-stärken beim Telegraphieren mit	
		im ganzen	auf 1 Ohm		in Milli-Voltampere	Verhältnis	Strom-unter-brechung	Strom-schwäch-ung
	Ohm	Anzahl					auf Milliampere	
1	2	3	4	5	6	7	8	9
Normalfarbschreiber .	511	12 900	25,2	1,10	0,62	1	1,40	8,18
Farbschreiber der Ang-lo-Indischen Linie .	1240	15 359	14,0	1,41	2,47	4	2,10	6,64
Gewöhnliches Relais .	319	12 024	37,7	1,15	0,42	0,7	4,12	7,76
Polarisiertes deutsches Relais kleiner Form *)	196	6 600	33,7	2,63	1,35	2,2	3,37	6,34
Desgl. (großer Form) .	278	9 090	32,8	1,67	0,78	1,3	1,90	7,59
Polarisiertes Relais von Siemens	286	7 638	26,7	1,72	0,85	1,4	3,40	7,20
Standard Relais (Eng-lische Verwaltung) .	195	?	?	2,15	0,90	1,5	2,34	7,65
Relais mit drehbaren Kernen der Deutschen Verwaltung	310	13 473	43,5	0,90	0,25	0,4	1,20	8,80

Bei der Vergleichung wird man daher hauptsächlich festzustellen haben, mit welcher Leistung bei der Zeichengeschwindigkeit, welche im Betriebe der Relais üblich ist, eine sichere Wiedergabe der Zeichen erfolgt. Die vorstehende Tabelle enthält in den Spalten 5 bis 7 die Angabe der einfachen Empfindlichkeit und bezieht sich in den Spalten 8 und 9 auf Versuche, welche bei einer Geschwindigkeit von 16 Normal-worten (je 28 Zeichenelemente) in der Minute stattfanden. Bei diesen Versuchen waren die Relais bei 10 Milliampere derart eingestellt, daß gerade noch eine scharfe Trennung der Zeichen eintrat. Die Zahlen

---

*) Schwächungsanker eingeschoben.

in Spalte 8 zeigen, bei welcher Mindeststromstärke die Relais die
Zeichen noch gerade hervorbringen, wenn der Strom in den Pausen
völlig verschwand. Bei den Versuchen nach Spalte 9 dagegen wurde
der Zeichenstrom von 10 Milliampere in den Pausen nur bis auf denjenigen Wert geschwächt, bei welchem die Zeichen sicher hervortraten.

(1064) Leistung der Telegraphenleitungen im Betriebe. Die
Leistung auf Morse- und Hughes-Apparaten, welche in oberirdische
oder nicht sehr lange Kabellinien eingeschaltet sind, ist nicht durch
die Eigenschaften der Leitungen begrenzt. Man kann im gewöhnlichen Betriebe beim Morseapparat 400 bis 800, beim Hughesapparat
1200 bis 1500 Worte in der Stunde rechnen. Auf längeren Kabeln,
deren CR den Wert 3 übersteigt, hängt die erreichbare Geschwindigkeit wesentlich von den Eigenschaften des Kabels ab. Man rechnet
beim Betriebe mit Heberschreibern für Einfachbetrieb $118/CR$ Worte
in der Minute; bei Duplexbetrieb wird eine etwas geringere Wortzahl
für jede Richtung erzielt. Dabei ist ein Wort zu 5 Buchstaben oder
gleich 18 Elementarzeichen des Recorderalphabets angenommen.
Wenn bei einem Wettstreite höhere Leistungen erzielt werden
(1001, 1011), so ist zu beachten, daß beim gewöhnlichen Telegraphieren ein erheblicher Teil der Arbeit auf die dienstlichen Zusätze,
auf Rückfragen u. dgl. entfällt.

(1065) Selbstinduktion von Telegraphen- und Fernsprech-
apparaten. 1. Für langsame Stromänderungen. Mit Rücksicht
auf die meist ziemlich hohe Magnetisierung der Eisenteile eines durch
Ankeranziehung wirksamen Elektromagnets kann die Selbstinduktion
genau nur in Zusammenhang mit der Stromstärke angegeben werden.
Zur ungefähren Darstellung der Vorgänge genügt die Angabe von
Zahlen, welche für Stromstärken in der Nähe der betriebsmäßigen
liegen. Die nachfolgende Tabelle enthält Werte der Zeitkonstanten
$T =$ Selbstinduktion/Widerstand verschiedener Apparatformen. Die
Zeitkonstante hängt von den Größenverhältnissen des Apparats und
den Eigenschaften des verwendeten Eisens, sowie von dem Wicklungs-
raume ab, während sie mit der Zahl der Windungen sich nur wenig
ändert, wenn nicht erhebliche Abweichungen von der normalen Drahtstärke vorliegen.

Es gelten folgende Durchschnittswerte für die Betriebsstromstärken:

Apparat	Zeitkonstante
Normalfarbschreiber . . .	0,025
Klopfer	0,020
Hughesapparat	0,025
Klappenelektromagnet . .	0,004
Induktanzrollen	
kleine Form . . .	0,003
große Form . . .	0,04

Ein Farbschreiber mit 600 Ohm Widerstand hat demnach ungefähr
$600 \cdot 0,025 = 15$ H.

2. **Für schnelle Stromänderungen.** Bei den in der Telephonie gebräuchlichen Stromstärken tritt die Abhängigkeit von der Stromstärke weniger hervor, als die von der Periodenzahl. Die nachstehenden Werte sind nach Messungen mit Wechselströmen von der Größenordnung eines Milliamperes interpoliert worden. Sie stellen die Impedanz der genannten Apparate, d. h. die Spannung für die Stromstärke Eins nach Größe und Phasenverschiebung gegen die des Stromes dar. Zur Bequemlichkeit sind sie in der geometrischen und der arithmetischen Form gegeben; aus der letzteren können Werte für Periodenzahlen innerhalb des Bereiches der angegebenen interpoliert werden.

Schwingungszahl Per/Sek.	300	600	900
1. Fernsprech-übertrager	$1440 \cdot e^{50^0 \cdot i}$ $930 + i \cdot 1100$	$2245 \cdot e^{55,3^0 \cdot i}$ $1180 + i \cdot 1900$	$2820 \cdot e^{62,6^0 \cdot i}$ $1300 + i \cdot 2500$
2. Fernsprecher 1891. Widerstand 193 Ohm	$340 \cdot e^{41,3^0 \cdot i}$ $265 + i \cdot 223$	$496 \cdot e^{46,4^0 \cdot i}$ $341 + i \cdot 360$	$629 \cdot e^{53,9^0 \cdot i}$ $376 + i \cdot 516$
3. Fernsprecher 1899. Widerstand 212 Ohm	$448 \cdot e^{44,4^0 \cdot i}$ $320 + i \cdot 313$	$675 \cdot e^{51,0^0 \cdot i}$ $424 + i \cdot 523$	$868 \cdot e^{55,2^0 \cdot i}$ $493 + i \cdot 712$
4. Fernsprech-gehäuse für Einzelbatterie	$1703 \cdot e^{47,6^0 \cdot i}$ $1150 + i \cdot 1260$	$2290 \cdot e^{40,9^0 \cdot i}$ $1730 + i \cdot 1500$	$2710 \cdot e^{38,5^0 \cdot i}$ $2120 + i \cdot 1685$
5. Fernsprech-gehäuse für Zentralbatterie	—	$447 \cdot e^{36,8^0 \cdot i}$ $357 + i \cdot 268$	$490 \cdot e^{38,7^0 \cdot i}$ $382 + i \cdot 306$
6. Kleiner Klappen-elektromagnet	$4800 \cdot e^{44,1^0 \cdot i}$ $3440 + i \cdot 3340$	$7250 \cdot e^{46,0^0 \cdot i}$ $5030 + i \cdot 5200$	$9250 \cdot e^{47,5^0 \cdot i}$ $6250 + i \cdot 6810$
7. Großer Klappen-elektromagnet	$74200 \cdot e^{65,8^0 \cdot i}$ $30500 + i \cdot 67700$	$121500 \cdot e^{61,2^0 \cdot i}$ $60400 + i \cdot 107000$	$164000 \cdot e^{60,8^0 \cdot i}$ $78600 + i \cdot 142000$
8. Polarisierter Wecker	$3920 \cdot e^{65,8^0 \cdot i}$ $3020 + i \cdot 2480$	$5880 \cdot e^{45,0^0 \cdot i}$ $4150 + i \cdot 4160$	$7460 \cdot e^{46,7^0 \cdot i}$ $5110 + i \cdot 5430$

In vorstehender Tabelle bedeuten die unter 1. aufgeführten Messungen die Impedanz der Primärwicklung eines Fernsprechübertragers nach Münch, wenn die Sekundärwicklung unter Einschaltung von 100 Ohm für die Anschlußleitung auf ein Fernsprechgehäuse in Sprechstellung gelegt war. Die unter 6. und 7. genannten Klappenelektromagnete, mit etwa 1500 Ohm Widerstand, gehören zum Fernschrank und liegen während des Gesprächs in der Brücke zwischen den Fernleitungen; der polarisierte Wecker unter 8. ist derjenige in Telegraphenleitungen für Fernsprechbetrieb.

(1066) **Beurteilung der Sprechfähigkeit von Fernsprechleitungen.**
Die Entfernung, bis zu welcher man über eine Leitung gegebener Konstruktion sprechen kann, wird durch ihre spezifische Dämpfung β bestimmt, welche sich für die Frequenz ω aus den auf 1 km bezogenen Werten R des Widerstandes, L der Selbstinduktion, A der Ableitung und C der Kapazität nach der Formel ergibt:

$$\beta^2 = \tfrac{1}{2}\left(\sqrt{(R^2 + \omega^2 L^2)(A^2 + \omega^2 C^2)} - (\omega^2 CL - AR)\right)$$

In der Regel ist A so klein gegen ωC, daß es in der Formel für β nicht beachtet zu werden braucht.

Näherungsformeln. Wenn ωL klein gegen R ist, was bei den gewöhnlichen dünndrähtigen Kabeln der Fall ist, so ist zu schreiben

$$\beta = \sqrt{\frac{\omega C R}{2}}$$

Ist dagegen ωL groß gegen R, d. h. mindestens das doppelte davon, so kann mit genügender Genauigkeit mit

$$\beta = \frac{R}{2}\sqrt{\frac{C}{L}}$$

gerechnet werden. Dieser Fall liegt bei Freileitungen von 3 mm Stärke aufwärts für die wichtigeren Frequenzen vor.

Bei Fernsprechkabeln mit Doppelleitungen und Kupferdrähten von $d = 0,8$ bis 1,0 mm Stärke kann man mit genügender Genauigkeit rechnen

$$\beta = \frac{0,9}{d}\sqrt{\omega} \cdot 10^{-3}$$

Bei Freileitungen größeren Durchmessers gilt, weil $\sqrt{\dfrac{L}{C}}$ nahezu konstant für alle Drahtstärken ist, die Näherungsformel

$$\beta = \frac{0,040}{d^2}$$

Tragweite. Es ist durch Versuche festgestellt, daß mit den gebräuchlichen Apparaten zwischen zwei Fernsprechnetzen ein befriedigender Verkehr durchführbar ist, wenn das Produkt βl, wo l die Entfernung in km, für die Verbindungsleitung den Wert 2,5 nicht überschreitet. Zwar ist auch bis zu $\beta l = 4$ ein Verkehr noch möglich, indessen sind solche Verbindungen von Witterungseinflüssen stark abhängig.

Leitungen mit künstlich erhöhter Selbstinduktion. Aus der allgemeinen Formel für β geht hervor, daß unter sonst gleichen Umständen eine Vergrößerung von L eine Herabsetzung der Dämpfung bewirkt. Man hat davon Gebrauch gemacht, indem man die Kupferleiter in Seekabeln mit feinem Eisendraht bewickelt hat (ETZ. 1902, S. 344; vgl. (986) S. 770). Indessen wird damit nur bei Leitungen mit starken Drähten eine erhebliche Wirkung erzielt (ETZ. 1904, S. 223).

Einschaltung von Induktanzspulen (Pupinsches System). Pupin hat gezeigt, daß bei Einschaltung von Induktanzspulen in vorzugsweise gleichen Abständen eine der gleichmäßigen Verteilung der Selbstinduktion annähernd gleiche Wirkung erzielt wird, wenn der

Spulenabstand nur einen Bruchteil der Wellenlänge, $1/2$ bis $1/10$ ausmacht. Man berechnet für einen verlangten Wert von β die erforderliche verteilte Selbstinduktion L in H/km, unter Beachtung der durch die Einschaltung der Spule verursachten Erhöhung des Widerstandes, die etwa 50 Ohm auf 1 H ausmacht, also aus der Gleichung

$$\beta = \frac{R + 50\,L}{2}\,\sqrt{\frac{C}{L}}.$$

Bei Ausführungen der letzten Zeit ist dann der Spulenabstand s in km so gewählt worden, daß $s = 0{,}1/\sqrt{CL}$, wobei C in Mikrofarad/km zu rechnen ist.

Die Spulen haben einen ringförmigen fein unterteilten Eisenkern und sind mit Litzen aus feinem Kupferdraht (0,1 mm) bewickelt, um Wirbelströme zu vermeiden. Spulen für Freileitungen werden einzeln in Isolatorglocken eingebaut, die mit Blitzschutzvorrichtungen versehen sind; Spulen für Kabel werden in einem Kasten vereinigt, der mit Isoliermasse ausgegossen und in eine große, die Kabelenden gleichfalls aufnehmende Muffe eingeschlossen wird.

(1067) **Stromstärke, welche einen Ton im Telephon erzeugt.** Die im Betriebe auf kurze Entfernungen vorkommenden Ströme haben eine Stärke von etwa 10^{-4} A; sicher hörbar sind noch Ströme von 10^{-6} bis 10^{-7}; am empfindlichsten scheint das Ohr für Töne von 600 bis 700 Schwingungen in der Sekunde zu sein. Vgl. ETZ. 1884, S. 600.

Einwirkung elektrischer Leitungen aufeinander.

Elektrische Leitungen können störend aufeinander einwirken:
1. durch Stromübergang aus einer Leitung in die andere,
2. durch Induktion.

(1068) **Maßregeln gegen Stromübergang.** Stromübergang aus einer Leitung in die andere wird ermöglicht:
   a) durch unmittelbare Berührung von Leitungen;
   b) durch ungenügende gegenseitige Isolation benachbarter Leitungen;
   c) durch die Benutzung oder Mitbenutzung der Erde zur Rückleitung.

a) Unmittelbare Berührung von Leitungen findet fast nur bei oberirdisch geführten blanken Leitungen statt. Dienen die sich berührenden Leitungen nur zum Nachrichtenverkehr oder zur Signalgebung, so entstehen mehr oder weniger erhebliche Störungen in der Tätigkeit der Apparate. Gelangen solche Leitungen mit Leitungen zu Beleuchtungs- oder Kraftübertragungszwecken in Berührung, so kann nicht nur eine Beschädigung der Leitungen, sondern auch der Apparate, der Gebäude und der bedienenden Personen eintreten. Sicherheitsmaßregeln s. (723) Seite 592. Zum Schutze der Telegraphenapparate und der Zimmer- und Amtsleitungen werden Schmelzsicherungen (1021) verwendet; letztere werden hauptsächlich in die Fernsprechleitungen, und zwar sowohl auf dem Vermittlungsamte, als auch bei den Teilnehmern eingeschaltet.

b) Zwischen blanken Leitungen an demselben Gestänge findet stets ein Stromübergang statt, der sich je nach den Isolationsverhältnissen ändert. Bei Telegraphen- und Signalleitungen, die das gleiche Gestänge benutzen, wirkt dieser Stromübergang, falls gute Isolatoren (Doppelglocken) vorhanden sind, nicht störend, bei Fernsprechleitungen kann schon geringer Stromübergang störend einwirken.

Es ist nicht zu empfehlen, Leitungen für stärkeren Strom mit Telegraphen-, Fernsprech- und Signalleitungen am gleichen Gestänge anzubringen.

c) Wird für eine Leitung zu Beleuchtungs- oder Kraftübertragungszwecken die Erde oder ein mit der Erde in Verbindung stehender Leiter (bei elektrischen Eisenbahnen die Schienen, beim Dreileitersystem mit Kabeln ein unisolierter in der Erde liegender Mittelleiter) als Rückleitung benutzt und befindet sich in der Nähe der Rückleitung eine Erdleitung für Telephonleitungen, so kann bei plötzlichem Ansteigen des Stromes in der Starkstromleitung zB. beim Anfahren eines Wagens zwischen der benachbarten Erdplatte der Telephonleitung und der zweiten entfernten Erdplatte eine solche Potentialdifferenz entstehen, daß der in der Telephonleitung hervorgerufene Stromstoß den Fernsprechbetrieb stört. Um diese Störungen zu vermindern oder gänzlich zu vermeiden, wird der blanke Mittelleiter mit der Kabelhülle der Außenleiter metallisch verbunden oder besser, das Fernsprechnetz wird ganz von der Erde getrennt (Rückleitungsnetz, 1069).

Isolationsfehler in Anlagen für stärkere Ströme wirken ähnlich, wie die Benutzung der Erde. Ein gut eingerichteter Beobachtungsdienst für die Starkstromanlage (284) vermag die Störungen benachbarter Schwachstromanlagen sehr herabzumindern.

(1069) Maßregeln gegen störende Induktion. Bei Näherung elektrischer Leitungen kann jede Leitung durch elektromagnetische und durch elektrische Induktion andere stören. Die elektromagnetische Induktion wird durch die Änderungen der Stromstärke, die elektrische Induktion durch die Änderung der Ladung der induzierenden Leitung bedingt. Je größer die absolute Änderung der Stärke und Spannung des Stromes und je geringer die Zeit ist, in der die Änderungen eintreten oder sich wiederholen, desto empfindlicher wird die Störung werden können.

Am meisten kommen Störungen von Fernsprechleitungen vor, doch vermögen auch Wechselströme von hoher Spannung in benachbarten Leitungen für Morse- oder Hughes-Betrieb störende Einflüsse hervorzurufen, wie bei der Kraftübertragung von Lauffen nach Frankfurt erwiesen worden ist. (Vgl. ETZ. 1892, S. 7.)

A. Unterirdische Leitungen. Nebeneinander geführte unterirdische Leitungen, die mit Metallhüllen umgeben sind (metallische Bewehrung der Kabel, eiserne Röhren) stören einander weniger, als benachbarte Freileitungen; indessen lassen sich die Wirkungen nur dann völlig vermeiden, wenn man die Leitungen als Schleifen herstellt.

Die mit Fernsprechern betriebenen Adern eines Fernsprechkabels mit Einzelleitungen sind gegeneinander hinreichend geschützt, wenn jede Kabelader mit einer Stanniolhülle umgeben ist und zwischen den Adern einige blanke Kupferdrähte liegen, die mit Erde verbunden sind (vgl. S. 776, Nr. 5, S. 777, Nr. 7). Solche Kabel haben aber große Kapazität und man verwendet deshalb heutigen Tages fast ausschließlich Kabel mit Doppelleitungen.

Unterirdische Leitungen, die mit Wechselströmen zur Beleuchtung oder Kraftübertragung betrieben werden, üben keinen störenden Einfluß aus, wenn die Hin- und die Rückleitung in einer gemeinschaftlichen metallischen Hülle liegen (zB. konzentrische Doppelkabel), und das Leitungsnetz gut isoliert ist.

B. Oberirdische Leitungen. Fernsprechleitungen gegen störende Induktionswirkungen aus anderen benachbarten Leitungen hinreichend zu schützen, bietet in vielen Fällen große Schwierigkeiten. Der Grund liegt wesentlich in der außerordentlichen Empfindlichkeit der Fernsprechapparate, welche die geringsten Induktionswirkungen als Geräusch oder Ton wiedergeben. Ob die Störungen dem Betriebe hinderlich werden, hängt wesentlich ab:

a) von der Größe und Geschwindigkeit der Änderung in der Stärke und Spannung der induzierten Ströme;

b) von der Entfernung, auf der die Leitungen nebeneinander laufen;

c) von dem Abstand der Leitungen [die Induktionswirkung steht nicht im einfachen Verhältnis zum Abstand der beiden Leitungen, vgl. die Formel (106, 1)];

d) von der örtlichen Lage der Leitungen (Leitungen an demselben Gestänge oder an verschiedenen Gestängen).

Um die Induktion in Fernsprechleitungen gering zu machen, muß man eine solche Anordnuug treffen, daß nur Differenzen von Induktionen zur Wirkung gelangen. Dazu bieten sich verschiedene Mittel. Zunächst sind die Quellen der Induktion und die äußeren Verhältnisse zu erforschen. Zu unterscheiden sind vier Fälle:

1. induzierte und induzierende Leitung sind einfache Leitungen:

2. die induzierte Leitung ist eine einfache, die induzierende eine doppelte Leitung;

3. die induzierte Leitung ist eine doppelte, die induzierende eine einfache Leitung;

4. die induzierte und die induzierende Leitung sind beide Doppelleitungen.

Ein Leitungssystem für mehrphasigen Strom verhält sich in bezug auf Induktion annähernd wie ein einphasiger Strom für Doppelleitung.

a) Im ersten Fall läßt sich die Induktion, falls eine hinreichende Auseinanderlegung der Leitungen nicht ausführbar ist, nur dadurch vermindern, daß eine der beiden Leitungen als Doppelleitung hergestellt wird. Ist die Störung stark, so ist es im allgemeinen zweckmäßiger, die induzierende Leitung als Doppelleitung herzustellen. Im übrigen ist der Kostenpunkt maßgebend. Hierdurch wird der erste Fall auf den zweiten oder dritten Fall zurückgeführt.

In Städten, wo bisher meistens mehrere einfache Fernsprechleitungen an demselben Gestänge angebracht waren, nahmen die Induktionsstörungen erfahrungsgemäß mit der Zahl der Leitungen ab.

Rückleitungsnetz. Um die Fernsprechnetze der Städte von der Erde zu trennen, ohne jede Leitung als Doppelleitung auszuführen, schlägt Christiani (ETZ. 1895, S. 581) vor, die Teilnehmerstellen durch ein Netz von Drähten zu verbinden und an dieses Netz die Einzelleitungen anzuschließen. Die Maschen des Rückleitungsnetzes werden aus Drähten gebildet, welche teils längs der Züge der Sprechleitungen verlaufen, teils von einem Zug zum nächsten übergehen. Von einem Knotenpunkt zum andern soll höchstens 10 Ohm Widerstand sein.

b) Im zweiten oder dritten Fall ist das nächste Mittel zur Verminderung der Induktion die Kreuzung (s. Fig. 608) der bestehenden Doppelleitung in regelmäßigen Abständen. Genügt dies nicht, so ist auch die einfache Leitung als Doppelleitung herzustellen.

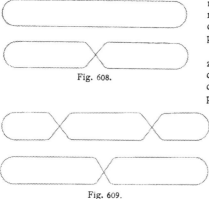

Fig. 608.

Fig. 609.

c) Im vierten Fall bleibt zur Verminderung der Induktion nur die Kreuzung der Zweige der einen Doppelleitung oder beider Doppelleitungen übrig.

Bei der gleichzeitigen Kreuzung zweier paralleler Doppelleitungen müssen die Kreuzungspunkte der einen Leitung gegen die der andern passend versetzt werden. Fig. 609.

Für die Kreuzungen in Fernsprechdoppelleitungen, welche mit Telegraphenleitungen an demselben Gestänge geführt sind, gelten in der Reichs-Telegraphenverwaltung folgende Bestimmungen. Eine Kreuzung der Doppelleitung soll grundsätzlich erfolgen in der Mitte jeder Teilstrecke des Schwarmes der Telegraphenleitungen. Die Länge der Teilstrecke wird zwischen solchen Punkten festgestellt, in welchen sich die Zahl oder Gruppierung der störenden Leitungen oder ihr Abstand von den zu schützenden Leitungen ändert. Beträgt aber die Länge einer solchen Teilstrecke mehr als 2 km, so ist die zu schützende Leitung in Teile von höchstens 2 km Länge zu zerlegen und in der Mitte jedes Teiles zu kreuzen. Für die Ausführung der Kreuzungen wird eine Genauigkeit von ± 10 m von dem tatsächlichen Mittelpunkte der zu halbierenden Strecke vorgeschrieben.

Für Fernleitungen in der Nähe von Hughes-, Baudot- oder Wheatstoneleitungen sind in der Nähe der Ämter, in welche diese Leitungen zum Betriebe oder zur Übertragung eingeführt sind, die Kreuzungen noch enger zu nehmen; nötigenfalls ist an jeder Stange zu kreuzen.

Über die Ausführung von Kreuzungen s. Wietlisbach, Handbuch der Telephonie, S. 298.

Zur Kreuzung einer Leitung für mehrphasigen Strom gibt es zwei Wege. Soll eine Leitung für dreiphasigen Strom gekreuzt werden, so ist die ganze Strecke in drei genaue gleiche Abschnitte zu teilen, die Leitungen sind in den Abschnitten I, II und III der Strecke nach Anleitung der Fig. 610 zu gruppieren. Wenn erforderlich, ist diese Kreuzung innerhalb jeder Teilstrecke nochmals auszuführen.

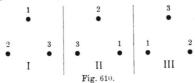

Fig. 610.

Auch kann man die ganze Strecke in zwei Hälften zerlegen und nach der Anleitung der Fig. 611 gruppieren. Auch hier läßt sich jede Hälfte wieder ähnlich behandeln.

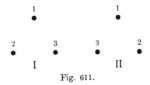

Fig. 611.

Die Voraussetzung ist hierbei stets, daß die Belastung der Drehstromanlage symmetrisch ist.

(1070) **Induktionsfreie Anordnung der Fernsprechleitungen.**
A. Für zwei Fernsprechleitungen, die gemeinsam ein Gestänge benutzen sollen, findet man die günstigste Anordnung, wenn man durch die eine, als Doppelleitung anzulegende Leitung (Fig. 612) $s_1 s_2$ eine Ebene $P_1 P_2$ legt und auf dieser in der Mitte zwischen s_1 und s_2 eine zur ersteren Ebene senkrechte Ebene $Q_1 Q_2$ errichtet. Eine in der letzteren Ebene liegende einfache oder doppelte Leitung wird am geringsten beeinflußt oder übt den geringsten Einfluß aus.

Um diese Anordnung praktisch auszuführen, werden die vier zu zwei Doppelleitungen gehörigen Drähte wechselständig mit 50 cm senkrechtem Abstand der senkrecht untereinander liegenden Leitungen geführt; die Richtung $P_1 P_2$ erscheint dann um etwa 30^0 gegen die Senkrechte gedreht.

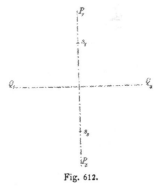

Fig. 612.

Der auf diese Weise erreichbare Schutz ist aber niemals vollkommen und nicht in allen Fällen für den Fernsprechbetrieb hinreichend, besonders weil die geforderte Anordnung in der Praxis niemals mit genügender Genauigkeit zu erzielen ist, und weil bei ungleich verteilten Isolationsfehlern die Stromverteilung und die Ladungsfähigkeit der Leitungen ungünstig einwirken.

B. Sind mehr als zwei Leitungen nebeneinander zu führen, so lassen sich allgemein passende Vorschriften nicht geben. Im nachstehenden werden die wichtigsten Fälle behandelt, wobei jedoch zu bemerken ist, daß sich die vorgeschlagenen Maßregeln nur auf längere Leitungen beziehen.

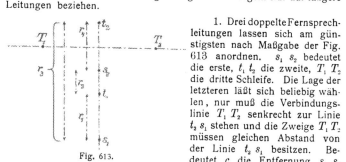

1. Drei doppelte Fernsprechleitungen lassen sich am günstigsten nach Maßgabe der Fig. 613 anordnen. s_1 s_2 bedeutet die erste, t_1 t_2 die zweite, T_1 T_2 die dritte Schleife. Die Lage der letzteren läßt sich beliebig wählen, nur muß die Verbindungslinie T_1 T_2 senkrecht zur Linie t_2 s_1 stehen und die Zweige $T_1 T_2$ müssen gleichen Abstand von der Linie t_2 s_1 besitzen. Bedeutet c die Entfernung s_1 s_2 = t_1 t_2, so bestimmen sich die

Fig. 613.

Abstände der Schleifenzweige durch die Gleichungen

$$r_1 = 0{,}707\ c;\quad r_2 = 0{,}292\ c;\quad r_3 = 1{,}707\ c;\quad r_1 = 0{,}707\ c.$$

Näheres vgl. ETZ. 1891, S. 653 ff. Praktische Erfahrungen liegen jedoch noch nicht vor.

2. Sind drei und mehr doppelte Fernsprechleitungen zu befestigen, so schlägt Christiani vor, die beiden Drähte, die zur selben Doppelleitung gehören, nahe nebeneinander zu führen, die Abstände zwischen den Doppelleitungen dagegen groß zu wählen. Zur Ausführung dieser Anordnung werden Doppelstützen für je zwei Isolatoren verwendet. Die Ebenen der Doppelleitungen stehen entweder sämtlich wagerecht, also untereinander parallel, oder sämtlich unter 45° geneigt, wobei je zwei aufeinander folgende Ebenen zueinander senkrecht stehen (ETZ. 1891, S. 685. 1892, S. 283). Die Erfahrung spricht für einen günstigen Erfolg solcher Anordnungen.

3. Soll eine doppelte Fernsprechleitung an demselben Gestänge mit Telegraphen- und Signalleitungen angebracht werden, so sind die beiden Zweige der Doppelleitung in der Mitte der Strecke zu kreuzen. Ändert sich an verschiedenen Punkten die Zahl der Telegraphen- oder Signalleitungen, so ist an allen diesen Punkten, sowie in der Mitte zwischen je zwei der letzteren eine Kreuzung vorzunehmen.

Der Schutz, den die Fernsprechleitung in diesem Falle findet, ändert sich aber sehr mit den Isolationsverhältnissen und ist nur für kurze Strecken und bei günstiger Isolation hinreichend.

Vielfach wird angenommen, daß eine Fernsprechleitung gegen alle und jede Induktion dadurch hinreichend geschützt werden kann, daß sie als Doppelleitung hergestellt wird. Diese Annahme beruht auf Irrtum; die doppelte Leitung unterliegt allerdings nur einer

Differenz von Induktionen, der Wert dieser Differenz ist aber manchmal noch so groß, daß er den Betrieb stören kann.

Sollen mehrere Fernsprechleitungen in der Nähe einer doppelten Leitung zu Beleuchtungs- oder Kraftübertragungszwecken geführt werden, so ist unter allen Umständen daran festzuhalten, daß für die Fernsprechleitungen ein besonderes Gestänge benutzt wird. Dieses Gestänge muß von der induzierenden Leitung möglichst weit entfernt sein.

Erprobte Vorschriften zur Verminderung der Induktion lassen sich nicht geben; man ist vielmehr auf Versuche angewiesen. Im allgemeinen dürfte sich folgendes Verfahren empfehlen:

Die Fernsprechleitungen werden so angeordnet, daß sie untereinander möglichst geringe Störung zeigen; der so erhaltene Leitungsstrang wird der induzierenden Leitung gegenüber möglichst in diejenige Lage gebracht, die man einer einzelnen einfachen Leitung geben würde.

Am günstigsten ist der Fall, daß beide Zweige der induzierenden Leitung $s_1\, s_2$ (Fig. 612) übereinander liegen. Die Mittellinie des Leitungsstranges kommt dann in die Ebene $Q_1\, Q_2$. Liegen die Zweige der induzierenden Leitung wagerecht nebeneinander und ist die Störung der Fernsprechleitungen erheblich, so ist die induzierende Leitung passend zu kreuzen.

Einer einfachen Leitung zu Beleuchtungs- und Kraftübertragungszwecken (elektrische Bahnen mit einem oberirdischen Stromleiter) gegenüber lassen sich einfache Fernsprechleitungen nicht schützen.

Die Störung wird vermindert, wenn man die Fernsprechleitungen als Schleifen anlegt (Rückleitungsnetze, (1069). Die erreichbare Verminderung der Störung genügt aber erfahrungsmäßig in vielen Fällen nicht; ein wesentlicher Grund ist durch Isolationsverhältnisse bedingt.

Telegraphie ohne Draht.

Physikalische Grundlagen.

Schwingungen, welche mittels des Entladungsfunkens in einem Drahtsystem erregt werden, rufen in entfernten Leitern ähnliche elektrische Wechselströme hervor. Die Wirkung der Schwingungen verbreitet sich durch den Raum nach denselben Gesetzen wie die Strahlung des Lichtes, von welcher sie sich nur durch die Größe der Wellenlänge unterscheidet (Maxwell, Hertz).

Fig. 614.

(1071) **Entladung eines Kondensators.** Verbindet man die Belegungen eines Kondensators mit einer Influenzmaschine und steigert die Spannung hinreichend hoch, so springt zwischen den Funkenkugeln des Schließungsbogens ein weißglänzender, knallender Funke über. Der Kondensator entlädt sich (Fig. 614).

Bezeichnet C die Kapazität des Kondensators, L die Selbstinduktion und R den Widerstand des Schließungsbogens einschließlich der Funkenstrecke, so ist (110, 4) die Entladung aperiodisch, falls

$$\frac{R^2}{4\,L^2} > \frac{1}{CL}$$

ist. Die Entladung ist periodisch, falls

$$\frac{R^2}{4\,L^2} < \frac{1}{CL}$$

ist. Die Spannung am Kondensator verläuft für den Fall der periodischen Entladung nach dem Gesetz:

$$E = E_0 \sqrt{1 + \frac{\alpha^2}{\omega^2}}\, e^{-\alpha t} \cos(\omega t + \varphi)$$

$$\operatorname{tg} \varphi = -\frac{\alpha}{\omega},$$

die Stromstärke nach dem Gesetz:

$$I = \omega\, C E_0 \left(1 + \frac{\alpha^2}{\omega^2}\right) e^{-\alpha t} \sin \omega t.$$

Die Zeitdauer einer Periode ist:

$$T = \frac{2\,\pi}{\sqrt{\dfrac{1}{CL} - \dfrac{R^2}{4\,L^2}}}.$$

In der Mehrzahl der praktischen Fälle kann $\dfrac{R^2}{4\,L^2}$ gegenüber $\dfrac{1}{CL}$ vernachlässigt werden, so daß bleibt:

$$T = 2\,\pi\sqrt{CL}.$$

$\alpha = \dfrac{R}{2\,L}$ heißt Dämpfungsfaktor. Multipliziert man α mit der Schwingungsdauer T, so erhält man das logarithmische Dekrement γ.

(1072) Entladung eines stabförmigen Oszillators. (Fig. 615 bis 618). Die Stromstärke ist nicht wie beim Kondensatorkreise in allen Querschnitten dieselbe. An den freien Enden ist sie Null, in der Funkenstrecke ein Maximum. Es treten gleichzeitig mehrere Schwingungen von verschiedener Wechselzahl und Däm-

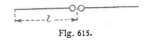

Fig. 615.

pfung auf. Fig. 616 zeigt den Stromverlauf für die Grundschwingung, Fig. 617 für die zweite Oberschwingung.

Fig. 616.

Fig. 617.

Die Wellenlängen λ stehen zu der Länge einer Stabhälfte in der Beziehung:

$$\lambda = 4\,l,\ \frac{4}{3}\,l,\ \frac{4}{5}\,l \ \ldots$$

Die Spannungswellen sind gegen die Stromwellen um eine Viertelwellenlänge verschoben. Fig. 618 zeigt den Verlauf der Spannung für die Grundschwingung.

Vom Standpunkt der Maxwellschen Theorie behandelt worden ist der stabförmige Oszillator von M. Abraham (Wied. Ann. 66, 435 ff., 1898). Das Strahlungsdekrement ergibt sich nach ihm zu:

$$\gamma = \frac{2{,}44}{\log \text{nat} \dfrac{2\,l}{r}}.$$

(1073) Koppelung. Findet zwischen zwei Schwingungssystemen ein Energieaustausch statt, so sagt man, sie sind miteinander gekoppelt. Der wichtigste Fall ist der der magnetischen Koppelung. Sind M der Koeffizient der gegenseitigen Induktion, L_1 und L_2 die Koeffizienten der Selbstinduktionen der beiden Kreise, so ist der Koppelungsfaktor

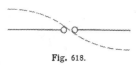

Fig. 618.

$$k = \frac{M}{\sqrt{L_1 L_2}}.$$

Ist k klein gegen 1, so nennt man die Koppelung „lose", nähert sich k der 1, so sagt man, die Koppelung wird „fest" oder „eng".

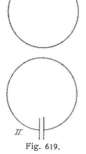

Fig. 619.

(1074) **Aufnahme von Schwingungen durch einen Kondensatorkreis.** Wirkt ein Kondensatorkreis (oder auch ein stabförmiger Oszillator) auf einen zweiten in so loser Koppelung ein (Fig. 619), daß die Rückwirkung des zweiten auf den ersten zu vernachlässigen ist, so entstehen in dem Kreise II zwei Schwingungen:

a) die erzwungene Schwingung, deren Periodenzahl ν_1 und Dämpfung α_1 dieselben sind, wie die des Kreises I,

b) die Eigenschwingung des Kreises II mit den dem Kreise II eigentümlichen Konstanten ν_2 und α_2.

Die Spannungen und Ströme im Kreise II werden in der Nähe der Isochronität zu Maxima.

Der Wärmeeffekt im Sekundärkreis ist, wenn ε die induzierte EMK bedeutet,

$$\int_0^\infty I_2^2 R_2 \, dt = \frac{R_2 \varepsilon (\alpha_1 + \alpha_2)}{16 \, L_2^2 \, \alpha_1 \alpha_2 \left[(\omega_1 - \omega_2)^2 + (\alpha_1 + \alpha_2)^2 \right]}.$$

Der Maximalwert der sekundären Spannung bei Resonanz ist:

$$E_{2\,max} = \frac{\varepsilon \, \omega}{2 \, \alpha_2} \left(\frac{\alpha_1}{\alpha_2} \right)^{\frac{\alpha_1}{\alpha_2 - \alpha_1}} = \frac{\varepsilon \, \omega}{2 \, \alpha_1} \left(\frac{\alpha_2}{\alpha_1} \right)^{\frac{\alpha_2}{\alpha_1 - \alpha_2}}.$$

Die Gleichungen setzen voraus, daß α_1^2 gegen ω_1^2, α_2^2 gegen ω_2^2, $(\omega_1 - \omega_2)^2$ gegen $\omega_1 \omega_2$ vernachlässigt werden kann.

(1075) **Messung von Wellenlängen.** Wird der sekundäre Kreis in bezug auf die Wellenlänge kalibriert, so erhält man in ihm eine Meßvorrichtung zur Bestimmung von Wellenlängen. Der Wellenmesser von Dönitz (E. T. Z. 1903, S. 920) besteht aus einem variablen Plattenkondensator, drei Ringen von verschiedener Selbstinduktion und einem Rießschen Luftthermometer, welches durch das Ansteigen einer Säule von gefärbtem Alkohol die Größe des Wärmeeffektes angibt. Der Plattenkondensator besteht aus zwei Systemen halbkreisförmiger Platten, von denen das eine fest steht, das andere mehr oder weniger in die Zwischenräume des ersten hineingedreht werden kann. Das Luftthermometer ist in einen besonderen Stromkreis, welcher mit dem Meßkreis lose gekoppelt ist, eingeschaltet. Bei maximaler Höhe der Alkoholsäule ist die Schwingungszahl des Meßgerätes nahezu gleich der gesuchten. An Stelle geschlossener Schwingungskreise kann man nach dem Vorschlage Slabys (ETZ. 1903, S. 1007) auch spulenförmige Resonatoren als Wellenmesser verwenden. Das Slabysche Instrumentarium enthält drei auf Glas gewickelte Spulen von 0,05 mm dickem Draht. Als Indikator dient ein an der Spitze angebrachtes Blättchen von Baryumplatincyanür. Das Einstellen auf Resonanz erfolgt, indem man mit einem Metallstab auf der Wickelung hin- und herfährt. Um

Kapazitätsvermehrung zu vermeiden, soll man sich von leitenden Körpern stets in einiger Entfernung halten.

Über die Eichung von Wellenmessern vgl. D r u d e , ETZ. 1905, S. 339, G e h r c k e , l. c., S. 697.

(1076) **Messung der Dämpfung von Schwingungen.** Für quantitative Messungen ist das Luftthermometer wenig geeignet. Empfehlenswert sind das Thermoelement und das Bolometer (vgl. 1079 c, d).

Fig. 620 stellt eine Resonanzkurve mit der Wellenlänge des Meßkreises λ als Abszisse und dem Wärmeeffekt i^2 als Ordinate dar. Die Wellenlänge bei Resonanz sei λ_r, der Wärmeeffekt i_r^2. Dann ist die Summe der beiden Dekremente

$$\gamma_1 + \gamma_2 = 2\pi\, \frac{\lambda - \lambda_r}{\lambda} \sqrt{\frac{i^2}{i_r^2 - i^2}}.$$

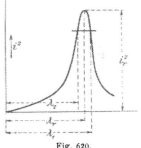

Fig. 620.

Man führe die Rechnung für mehrere rechts und links von der Resonanzlage liegende Punkte der Kurve durch und nehme das Mittel. Das Verfahren liefert nur, wenn $\dfrac{\lambda - \lambda_r}{\lambda}$ klein gegen 1 und $\gamma_1 + \gamma_2$ klein gegen 2π ist, richtige Werte.

Um die Dekremente der einzelnen Kreise zu erhalten, erniedrige man durch Einschaltung eines bekannten Widerstandes in den Meßkreis den Ausschlag bei Resonanz auf etwa die Hälfte. Der zugehörige Wärmeeffekt sei $i_r'^2$, die Vermehrung des Dekrementes des Sekundärkreises sei γ_2', dann ist:

$$\gamma_2 = \gamma_2'\, \frac{i_r'^2\left(1 + \dfrac{\gamma_2'}{\gamma_1 + \gamma_2}\right)}{i_r^2 - i_r'^2\left(1 + \dfrac{\gamma_2'}{\gamma_1 + \gamma_2}\right)}.$$

Literatur zu (1074) bis (1076): V. B j e r k n e s , Wied. Ann. 55, 137 ff., 1895, P. D r u d e , Ann. Phys. 13, 521 ff., 1904, J. Z e n n e c k , Elektromagnetische Schwingungen und drahtlose Telegraphie, Stuttgart, 1905, S. 584 ff., S. 1008.

(1077) **Zwei Kondensatorkreise in fester Koppelung** (Fig. 619, 621). In beiden Kreisen entstehen zwei Schwingungen von verschiedener Periodenzahl und Dämpfung, die nicht mehr mit denen der ungekoppelten Kreise übereinstimmen. Für den Fall der Abstimmung liefert die Theorie die Beziehungen

für die Wellenlängen

$$\lambda_1 = \lambda_0\sqrt{1 + \varkappa}$$
$$\lambda_2 = \lambda_0\sqrt{1 - \varkappa},$$

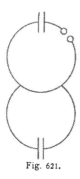

Fig. 621.

für die Dekremente

$$\delta_1 = \frac{\gamma_1 + \gamma_2}{2} \frac{\lambda_0}{\lambda_1}$$

$$\delta_2 = \frac{\gamma_1 + \gamma_2}{2} \frac{\lambda_0}{\lambda_2}$$

(λ_0 Wellenlänge, γ_1 und γ_2 Dekremente der Kreise vor der Koppelung),

Literatur: A. Oberbeck, Ann. Phys. Bd. 55, S. 623 ff., 1895, R. Domalip und F. Koláček, l. c. Bd. 57, S. 731, 1896, P. Drude, l. c. Bd. 13, S. 545, 1904.

Sind die Kreise nicht wie in Fig. 619, sondern wie in Fig. 621 miteinander gekoppelt, so gelten mit großer Annäherung dieselben Beziehungen (Seibt, Phys. Zeitschr. 5. Jahrg., S. 452, 1904).

(1078) Skineffekt. In den einzelnen Fäden, in welche man sich einen Stromleiter zerlegt denken kann, werden beim Durchgang eines Wechselstroms verschieden starke elektromotorische Gegenkräfte erzeugt. Die Folge ist eine ungleichmäßige Verteilung der Stromdichte über den Querschnitt des Drahtes, eine Erhöhung des wirksamen Widerstandes und Verminderung der Selbstinduktion. Bei sehr schnellen Schwingungen und gut leitenden Drähten schon von mäßiger Dicke verläuft der Strom in einer sehr dünnen Schicht in der Nähe der Oberfläche, bei geraden, zylindrischen Drähten gleichmäßig über den Umfang verteilt, bei Spulen mehr nach dem Innenraum zusammengedrängt. Für die Berechnung der Widerstandserhöhung und Selbstinduktionserniedrigung grader Drähte sind die Zenneckschen Kurven sehr bequem (Ann. Phys. Bd. 11, S. 1138 ff., 1903). Über den Skineffekt in Spulen sind von W. Thomson (ETZ. S. 662, 1890), M. Wien (Ann. Phys. Bd. 14, S. 1, 1904) und A. Sommerfeld (Ann. Phys. Bd. 15, S. 673, 1904) Formeln entwickelt worden. Zur Herabdrückung des Skineffekts verwendet man Litzen, deren einzelne Adern voneinander isoliert und miteinander verseilt oder verdrillt sind.

Apparate.

(1079) Wellenindikatoren für Laboratoriumszwecke:

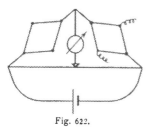

Fig. 622.

a) Das Funkenmikrometer. Die Elektroden werden zweckmäßig aus zugespitzten Bogenlampenkohlen hergestellt.

b) Geißlersche Röhren, darunter besonders solche mit Heliumfüllung. Für quantitative Messungen sind vorzuziehen:

c) Das Bolometer. Es beruht auf der durch die Wärmewirkung

der Schwingungen hervorgebrachten Widerstandsänderung eines Eisendrahtes, der den einen Zweig einer Wheatstoneschen Brücke bildet. Um von Temperaturschwankungen unabhängig zu werden und zu verhindern, daß schnelle Schwingungen in die übrigen Brückenzweige gelangen, bedient man sich der Anordnung von A. Paalzow und H. Rubens (Wied. Ann. Bd. 37, S. 529, 1889) Fig. 622.

Fig. 623.

d) Das Thermoelement von Klemenčic (Wied. Ann. Bd. 42, S. 417, 1891, vgl. auch P. Drude, Ann. Phys. Bd. 15, S. 714, 1904). Die wirksamen Drähte bestehen aus Eisen und Konstantan und sind, wie in Fig. 623 dargestellt, miteinander verschlungen. Die schnellen Schwingungen fließen von A nach A'. Die Klemmen $B\,B'$ führen zum Galvanometer.

(1080) Indikatoren für Telegraphie auf größere Entfernungen.

e) Der Fritter (Fig. 624). Marconi verwendet für die Elektroden amalgamiertes Silber, als Füllung Nickelfeilicht mit einem Zusatz von Silber. Die Elektroden sind etwas abgeschrägt, teils um die Entfrittung zu erleichtern, teils um durch Drehen die Empfindlichkeit ändern zu können. Das Ganze wird in eine evakuierte Glasröhre eingeschmolzen. Der Fritter der Gesellschaft für drahtlose Telegraphie ist

Fig. 624.

ähnlich gebaut. Die Koepselsche Konstruktion besteht aus einer Hartgummiröhre, verstellbaren Elektroden aus Stahl und einer Füllung von Stahlkörnern, welche durch Härten des Stahls in Quecksilber und nachfolgendes Zerstoßen in Mörsern hergestellt werden.

Je feiner die Füllung der Fritter ist und je größer die Anzahl der Körner, um so genauer arbeiten sie im allgemeinen, um so geringer ist aber auch ihre Empfindlichkeit.

Der Isolationswiderstand technischer Frittröhren beträgt mehrere hundert Megohm, die Kapazität wird zu etwa 30 cm angenommen.

f) Der Mikrophonkontakt. Er läßt im Gegensatz zu den Frittern dauernd Strom hindurch. Sein Widerstand nimmt bei Erregung in unregelmäßiger Weise bald zu, bald ab. Der wesentliche Teil der in Deutschland gebräuchlichen Koepselschen Konstruktion ist eine auf Hochglanz polierte Platinscheibe, gegen welche eine harte Graphitspitze stößt. Die Empfindlichkeit ist wesentlich größer als die der Fritter, wegen der Unbeständigkeit des Eigenwiderstandes ist der Indikator aber nur in Verbindung mit einem Hörapparat verwendbar.

g) Der elektrolytische Detektor. (Schlömilch, ETZ. Heft 47, 1903, Fessenden, Electrical World 1903, Nr. 12, Electrician Bd. 51, S. 1042, 1903). Durch eine Polarisationszelle mit Platinelektroden und Schwefelsäure als Füllflüssigkeit wird ein Dauerstrom geschickt. Beim Hindurchgehen von Schwingungen wird der Strom verstärkt, und in einem in den Stromkreis eingeschalteten Telephon vernimmt man ein kratzendes Geräusch. Die Empfindlichkeit ist um so größer, je geringer die Oberfläche der positiven Elektrode ist.

Nach Angabe von Schlömilch ragt letztere in einer Länge von 0,01 mm aus dem umschließenden Glasrohr hervor und besitzt einen Durchmesser von 0,001 mm.

h) Der magnetische Detektor Marconis beruht auf der Erscheinung, daß der magnetische Zustand eines magnetisierten Eisen- oder Stahlstückes sich plötzlich ändert, wenn es von Wechselströmen umflossen wird. Fig. 625 stellt eine einfache Ausführungsform dar. Ein Bündel hartgezogener Eisendrähte wird von zwei Wicklungen umgeben, von denen die eine I von den schnellen Schwingungen durchflossen wird, während die andere II mit einem Telephon verbunden ist. Darüber dreht sich ein permanenter Magnet. Beim Durchgang von Schwingungen durch Spule I vernimmt man im Fernhörer ein Knacken.

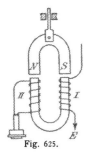

Fig. 625.

In neuerer Zeit hat Marconi der Einrichtung eine Gestalt gegeben, welche an das Poulsensche Telegraphon erinnert. Den wirksamen Teil bildet ein endloses Drahtseil, welches über zwei Räder läuft und von zwei permanenten Magneten fortgesetzt magnetisiert und wieder entmagnetisiert wird.

(1081) Induktoren und Unterbrecher. Zur Aufladung des Luftleiters bezw. der Kondensatoren des Erregerkreises werden meist Induktoren mit offenem magnetischen Kreis benutzt. Entsprechend ihrer Aufgabe, größere Stromstärken zu liefern, als die Induktoren der Röntgentechnik, erhalten die sekundären Spulen wesentlich weniger Windungen dickeren Drahtes. Für kleinere Leistungen genügt als Unterbrecher der einfache Wagnersche Hammer. Für größere Leistungen bis zu etwa 1 KW wird vielfach die Boassche Quecksilberturbine verwandt. Sie besteht aus dem Antriebsmotor und der eigentlichen Unterbrechungsvorrichtung, einem mit Quecksilber und Alkohol gefüllten gußeisernen Topf, in welchen ein Rohr taucht, dessen unterer Teil nach Art eines Turbinenrades mit Schaufeln versehen ist. Das bei der Drehung emporgesaugte Quecksilber fließt durch ein Ansatzrohr und spritzt aus einer Düse in Gestalt eines kräftigen Strahles aus. Bei der Drehung trifft der Strahl bald auf die Segmente eines Metallringes und schließt damit den Strom, bald tritt er durch Aussparungen des Ringes hindurch und öffnet den Strom. Auf fliegenden Landstationen wird vereinzelt noch der Wehneltsche Unterbrecher gebraucht.

In neuerer Zeit sind die Unterbrecher fast vollständig durch Gleichstromwechselstromumformer verdrängt worden. Die Möglichkeit hierzu gab die Einführung der Resonanzinduktoren, durch welche die früher bei Verwendung von Wechselstrom schwer zu beseitigende Lichtbogenbildung spielend bewältigt wird.

Bei unterbrochenem Gleichstrom (Wehneltscher und Hammerunterbrecher sind ungeeignet) ist zur Abstimmung des Induktors die Gleichung zu erfüllen

$$T = 2\,\pi\,\sqrt{CL_2},$$

bei Wechselstrom die Gleichung

$$T = 2\,\pi\,\sqrt{CL_2(1-k^2)}.$$

Hierin bedeuten C die angeschlossene Kapazität, L_2 die sekundäre Selbstinduktion des Induktors und $k^2 = \dfrac{M^2}{L_1 L_2}$ den Kuppelungsfaktor zwischen primärem und sekundärem Stromkreis.

Ist die letztere Bedingung erfüllt, so arbeiten die Induktoren mit bestem Wirkungsgrade, der eingeleitete Strom ist ein reiner Wattstrom und der Funke ist gänzlich frei von Lichtbogenbildung.

Bei unterbrochenem Gleichstrom treten parasitäre Vorgänge hinzu, wodurch die Resonanz an Schärfe verliert und der Wirkungsgrad herabgesetzt wird. Das günstigste Verhältnis zwischen Schließungs- und Öffnungsdauer ist etwa 2 : 3.

Für die Konstruktion und Berechnung der Resonanzinduktoren gelten im allgemeinen dieselben Gesichtspunkte wie für die Transformatoren der Starkstromtechnik, nur daß die Erfüllung der Resonanzbedingung hinzukommt.

Als Anhalt mögen die Daten eines Beispiels dienen:
$C = 10\,000$ cm, $\nu = 50$, Eisenkern, Länge 650 mm, Durchmesser 60 mm, sekundäre Spule aus 50\,000 Windungen, Drahtdurchmesser 0,3 mm, Bespinnung einmal mit Seide, Spulenzahl 50, Mikanitträger für die Spulen von 1,5 mm Dicke, Hartgummirohr mit einer Wandstärke von 10 mm. — Über Resonanzinduktoren vgl. Seibt, E. T. Z. S. 277, 1904.

(1082) **Funkenstrecke.** Die Arbeitsweise der Funkenstrecke ist die eines automatisch wirkenden Ventils. Vor dem Einsetzen des Funkens ist der Widerstand der Luftstrecke unendlich groß und versperrt infolgedessen den langsamen Schwingungen den Weg. Nach dem Einsetzen des Funkens bildet die Funkenstrecke eine leitende Brücke, durch welche sowohl die langsamen als auch die schnellen Schwingungen verlaufen können.

Die langsamen Schwingungen haben immer die Tendenz, einen Lichtbogen zu erzeugen. Um ihn zu beseitigen, schaltet man Widerstände oder Drosselspulen in den primären Kreis des Induktoriums. Das wirksamste Mittel ist indessen die Verwendung von Resonanzinduktoren.

Über den Zusammenhang zwischen Spannung und Schlagweite vergl. (67).

Die Funkendämpfung ist in hohem Maße von der Funkenlänge, der Größe der sich entladenden Kapazität und der Selbstinduktion des Kreises abhängig. Bei einer Länge des Funkens von 0,3 cm ist für kleine Kapazitäten und bei etwa 0,6 cm für Kapazitäten von 0,001 bis 0,008 MF die Funkendämpfung ein Minimum (G. Rempp, Ann. d. Phys., Bd. 17, S. 655, 1905).

Da das Entladepotential bei gleicher Wegstrecke um so größer ist, je größer der Krümmungsradius der Elektroden ist, verwendet man in der Praxis meist teller- oder ringförmige Elektroden. Als Material hat sich Zink am besten bewährt.

Über den Wert der vielfach gebrauchten Unterteilung der Funkenstrecke liegen sichere Angaben nicht vor.

Sende- und Empfangsschaltungen.

(1083) **Einfache Systeme** (Fig. 626). Sender und Empfänger bestehen aus einem einfachen, senkrecht in die Höhe geführten Draht. Beim Senden wird eine Funkenstrecke, beim Empfange eine Frittröhre oder ein anderer Indikator in den unteren Teil des Luftleiters eingeschaltet.

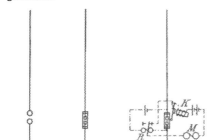

Die Länge der ausgesandten, wirksamen Welle ist gleich dem Vierfachen der Luftleiterlänge.

Zur Speisung des Luftleiters genügt ein Induktorium von etwa 25 cm Schlagweite. Als Unterbrecher dient ein langsam schwingender Wagnerscher Hammer, als Stromquelle Elemente oder eine Akkumulatorenbatterie. Zur Funkenlöschung wird parallel zu den Kontakten des Unterbrechers ein Kondensator von etwa 1 Mikrofarad geschaltet.

a Fig. 626. b   Fig. 627.

Auf der Empfangsstation sind zur Registrierung der Zeichen zwei Gleichstromkreise erforderlich. Der eine Stromkreis (Fig. 627) enthält den Fritter, ein Relais und ein kleines Trockenelement. Der andere Stromkreis wird durch das Relais des ersten Kreises geschlossen. Er enthält eine Batterie von mehreren Trockenelementen, den Morseapparat (oder

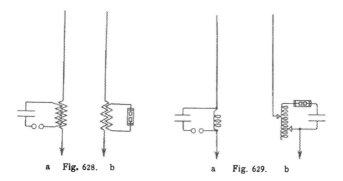

a   Fig. 628.   b   a   Fig. 629.   b

Wecker) und den Klopfer. Klopfer und Morse können parallel oder in Reihe geschaltet werden. Um zu verhindern, daß der Fritter von den bei der Unterbrechung des zweiten Kreises entstehenden Schwingungen erregt wird, schaltet man parallel zum Arbeitskontakt und der Zunge des Relais eine Polarisationsbatterie (in Fig. 627 nicht gezeichnet).

(1084) **Gekoppelte Systeme.** Die Schwingungen werden beim Sender Fig. 628 a nicht im Luftleiter selbst, sondern in einem Kondensatorkreise erzeugt und durch Resonanz auf den damit gekoppelten Luftleiter übertragen.

Auf der Empfangsstation (Fig. 628 b) wird der Luftleiter von den ankommenden Wellen erregt und die von ihm aufgenommene Energie in geeigneter Form an einen zweiten Kreis, der den Indikator enthält, weitergegeben.

Bedingungen für günstigste Wirkung sind:

1. daß die Eigenschwingungen der miteinander gekoppelten Kreise dieselben sind;

2. daß auf der Sendestation der Kondensatorkreis, auf der Empfangsstation der Indikatorkreis an solchen Stellen des Luftleiters angebracht werden, an denen für die freien Schwingungen sich ein Strombauch ausbilden würde.

Zur Erfüllung der Bedingung 2 legt man den Luftleiter entweder an Erde oder verbindet ihn mit einem elektrischen Gegengewicht (Platten, Drahtnetze).

Statt der Anordnungen nach Fig. 628 a u. b verwendet man häufig die nach Fig. 629 a u. b. Vom physikalischen Standpunkt besteht kein wesentlicher Unterschied zwischen beiden (vgl. 1077).

Für orientierende Rechnungen über die Eigenschwingungen der gekoppelten Sende- und Empfangssysteme können die Formeln von (1077) benutzt werden. Sie gelten um so genauer, je fester die Koppelung ist, und je mehr man berechtigt ist, die Selbstinduktion und Kapazität der Luftgebilde als konzentriert anzunehmen.

Infolge des Auftretens zweier Schwingungen geht in dem Sendersystem die Energie aus dem Kondensatorkreise auf den Luftleiter in Form einer Schwebung über und wird von letzterem an ersteren, vermindert um den durch Dämpfung verbrauchten Betrag wieder zurückgegeben, worauf sich das Spiel wiederholt.

Je enger die Koppelung ist, um so größer ist die Differenz der beiden Wellen, um so schneller erfolgen die Schwebungen und um so schneller und vollkommener geht die Energie von dem Kondensatorkreise in den Luftleiter über. Eng gekoppelte Sender arbeiten daher mit relativ gutem Wirkungsgrade und eignen sich infolgedessen besonders zur Erzielung großer Reichweiten. Der schnellen Ausstrahlung der Energie steht aber als natürliche Folge der Nachteil gegenüber, daß die Dämpfung sehr groß, die Bedingung für scharfe Abstimmung des Empfängers also nicht erfüllt ist.

Für den Empfänger gelten ähnliche Gesichtspunkte. Fest gekoppelte (und auf beide Wellen des Senders abgestimmte) Empfänger nehmen die Energie schnell auf und leiten sie mit einem Minimum von Verlusten zum Indikator. Sie sind aber gleichfalls stark gedämpft und geben unscharfe Resonanz.

Im allgemeinen verwendet man Sender von mäßig fester Koppelung $k = 0,4$ bis $0,1$ und Empfänger, deren Kopplungsgrad etwa von demselben Wert bis auf nahezu Null herabgesetzt werden kann. Die Veränderlichkeit der Empfängerkoppelung hat den Zweck, die Störungen fremder Stationen auszuschalten und den Indikator bei übermäßiger Empfangsintensität vor Überreizung zu schützen. Zur Theorie vergl.

M. Wien, Ann. Phys. Bd. 8, 686, 1902; P. Drude, Ann. Phys.
Bd. 13, S. 512, 1904.

(1085) **Luftleiter.** Die von einem Luftleiter bei Marconierregung
in Schwingungen umgesetzte Energie ist um so größer, je größer seine

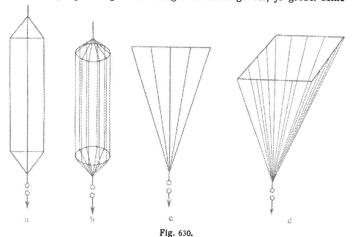

Fig. 630.

Kapazität und je höher die Ladespannung ist. Der Erhöhung der
Ladespannung ist durch die damit verbundene Vermehrung der Funkendämpfung eine Grenze gesetzt. Zur Vergrößerung der Kapazität und

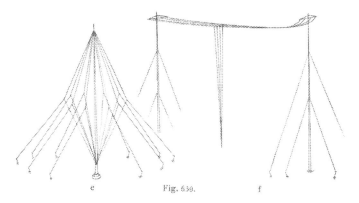

Fig. 630.

Vermehrung der Strahlungsfähigkeit verwendet man statt eines einfachen Leiters Gebilde, welche aus mehreren Drähten zusammengesetzt
werden, vgl. Fig. 630 a bis f. Fig. 630 b wird gewöhnlich Draht-
schlauch genannt, Fig. 630 c Harfe, Fig. 630 d Trichter, Fig. 630 e Schirm.

Die Vergrößerung der Wellenlänge eines gegebenen Luftleiters erfolgt durch Einschalten von Selbstinduktion, die Verkürzung durch Einschalten von Kapazität.

Als Material für die Drähte dient Bronzelitze. Als Isolatoren werden Hartgummi- und Glasknüppel verwandt. Es ist darauf zu achten, daß die Isolatoren nicht auf Biegung und Zug beansprucht werden.

(1086) **Schaltung der Apparate am Sender** (Fig. 631). *a* Luftleiter, *b* Spule von sehr hoher Selbstinduktion zur Ableitung atmosphärischer Störungen, *c* Blitz-

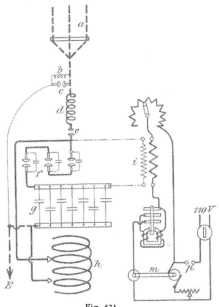

schutzvorrichtung, *d* Spule zur Verlängerung der Wellenlänge des Luftleiters, *e* kleine Funkenstrecke, welche das Erregergestell vom Luftleiter automatisch abschaltet, wenn nicht gegeben wird, *f* dreifach unterteilte Funkenstrecke mit Spannungsteilern, *g* 7 Leydener Flaschen von je 1800 cm Kapazität, *h* in die Nuten eines Hartgummizylinders eingelassene Selbstinduktion des Erregerkreises, *i* Resonanzinduktorium, *m* Quecksilberturbinenunterbrecher (als Reserve, wenn nicht mit Wechselstrom gegeben werden kann), *p* vom Schalter der Empfangsapparate abhängige Blockierung des Starkstromes.

Fig. 631.

Schaltung der Apparate am **Empfänger** (Fig. 632). *a, b, c, d* wie beim Geber, k_1 Verkürzungskondensator, *q* elektrolytische Zelle, k_2 Kondensator parallel zur Zelle zur Einstellung auf besten Empfang, *s* Drosselspulen, welche den schnellen Schwingungen den Weg durch den Elementenkreis versperren, *T* Schreibtransformator, k_3 kleiner Parallelkondensator zur Veränderung der Schwingungszahl, *v* Frittröhre, k_4 großer Kondensator zur Blockierung des Relaisstromes, *R* polarisiertes Relais, *K* Klopfer, *P* Polarisationszellen, *M* Morseschreiber.

(1087) **Abstimmen des Senders.** Die Wellenlänge des Luftleiters wird mit dem Wellenmesser ermittelt und durch Einschalten von Selbstinduktion bezw. Kapazität auf die gewünschte Größe gebracht.

Darauf wird bei gekoppelten Systemen der Erregerkreis auf dieselbe Wellenlänge eingestellt und mit dem Luftleiter gekoppelt. Die erneute Messung ergiebt im allgemeinen zwei Wellen von verschiedener Länge, von denen die kürzere die wirksamere ist. Entspricht diese nicht der vorgeschriebenen Länge, so ist die Wellenlänge des Luftleiters zu ändern und das Verfahren zu wiederholen. Zum Schluß kontrolliere man (bei der Schaltung nach Fig. 629 a), ob durch die Einschaltung der Selbstinduktion des Erregerkreises in den Luftleiter die Welle des letzteren sich merklich verlängert hat. Ist dies der Fall, so ist der Erregerkreis entsprechend nachzustimmen.

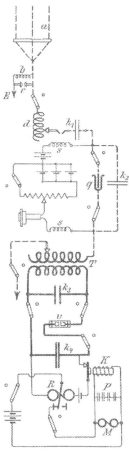

Fig. 632.

Steht kein Wellenmesser zur Verfügung, so schalte man in den Luftleiter ein Hitzdrahtinstrument und verändere den Erregerkreis so lange, bis das Instrument den maximalen Ausschlag aufweist.

(1088) **Abstimmen des Empfängers.** Die Selbstinduktion des Luftleiters und der Erdkondensator werden, während die zugehörige Station gibt, so einreguliert, daß der Hörempfänger mit maximaler Intensität anspricht. Bei Verwendung der elektrolytischen Zelle erweist sich hierbei die Parallelschaltung eines Kondensators oder einer Selbstinduktion, deren Größe von der Wellenlänge, der Strahlungsfähigkeit des Luftleiters und dem Widerstande der Zelle abhängt und von Fall zu Fall empirisch zu ermitteln ist, als günstig.

Die Abstimmung des Sekundärkreises des Schreibtransformators erfolgt durch Wahl einer Spule von passender Selbstinduktion und Änderung des parallel zu ihr liegenden Kondensators. Als Kriterium für die Abstimmung dient entweder die Güte des Schreibempfangs (bei möglichst loser Koppelung) selbst oder das Auftreten eines Minimums im Hörempfänger.

Ist die Wellenlänge der Station, auf welche abgestimmt werden soll, bekannt, so stelle man in einem Nebenraum einen kleinen Oszillator auf, zB. den Wellenmesser, in welchen eine Funkenstrecke eingebaut wird, induziere von diesem auf das Empfangssystem mittels einer mit beiden sehr lose gekoppelten Schleifenleitung und stimme ab, als wäre der Hilfsoszillator die sendende Station.

Durch Kombination beider Methoden ist es möglich, die Wellenlänge einer Station aus der Ferne zu bestimmen.

(1089) Reichweite. Die betriebssichere Telegraphierentfernung zwischen zwei Stationen derselben Bauart beträgt bei Verwendung des Fritters als Indikator, von Masten von 35 m Höhe und einem Energieverbrauch von 1 KW über See etwa 200 km. Über Land sinkt sie um so mehr, je waldreicher, gebirgiger und je mehr von Städten besetzt das dazwischen liegende Gelände ist.

Bei Projektierung neuer Stationen kann angenommen werden, daß die Reichweite im einfachen Verhältnis zu der Luftleiterlänge, der Wurzel der Strahlungsfähigkeit der Luftleiter und der Wurzel des Energieverbrauches steht, vorausgestetzt, daß das Verhältnis der Luftleiterkapazität zur Erregerkapazität dasselbe bleibt, wie bei der Station, von welcher man bei der Rechnung ausgeht.

Eiserne Türme können, wenn sie unten geerdet werden, die Reichweite bis auf die Hälfte herabsetzen.

Eisenbahn - Telegraphen- und Signalwesen.

Umfang der Einrichtungen.

(1090) **Die Grundlagen für die Ausrüstung** der Eisenbahnen mit elektrischen Telegraphen- und Signal-Einrichtungen bilden die von den staatlichen Aufsichtsbehörden erlassenen allgemeinen Bestimmungen über den Bau und den Betrieb der Eisenbahnen.

Für die deutschen Bahnen sind dies:

a) die Eisenbahn-Bau- und Betriebsordnung vom 4. Nov. 1904 und

b) die Signalordnung für die Eisenbahnen Deutschlands vom 5. Juli 1892.

Diese allgemeinen Bestimmungen enthalten in bezug auf Verständigung in die Ferne und in bezug auf die Mitteilung verabredeter Zeichen (Signale) Forderungen, welche das Maß desjenigen bilden, was mit den elektrischen Einrichtungen zum mindesten und ohne Rücksicht auf sonstige Verhältnisse geleistet werden muß. Der den Anlagen über dieses Maß hinaus zu gebende Umfang bestimmt sich in jedem einzelnen Falle aus der Eigenartigkeit der Verkehrs- und Betriebsverhältnisse der betreffenden Bahn.

Im allgemeinen können nachstehende Angaben über die den Bahnen zu gebende Ausrüstung als Anhalt dienen.

(1091) **Maßstab für den Umfang der Einrichtungen.** Auf jeder Bahnlinie, gleichviel ob Hauptbahn oder Nebenbahn, ist erforderlich

a) eine Morseleitung, in welche sämtliche Stationen der Bahnlinie einzuschalten sind.

Für solche Nebenbahnen, auf denen mit einem einzigen hin- und herfahrenden Zuge der Verkehr bewältigt wird, genügen statt der Morsewerke auch Fernsprecher.

Auf jeder Hauptbahn ist weiter erforderlich

b) eine Läuteleitung, besetzt mit elektrischen Signal-Läutewerken bei den einzelnen Bahnwärterposten und mit magnetelektrischen Stromerzeugern (Induktoren) auf den Stationen.

Auf Nebenbahnen dient die durchgehende Morseleitung vielfach zugleich zur Beförderung der Zugmeldungen. Die Zahl der zu einem Schließungskreise verbundenen Stationen kann daher nur beschränkt sein, in der Regel nicht über 10. Sind mehr Stationen vorhanden, so teilt man diese Leitung in zwei oder mehrere Kreise und stellt außerdem noch

c) eine zweite Morseleitung her, welche außer den beiden End- und den Kreisschlußstationen nur die hauptsächlichsten Stationen einschließt.

Auf Hauptbahnen und wichtigeren Nebenbahnen stellt man dagegen

d) eine besondere Zugmeldeleitung her, gleichfalls mit Morsewerken besetzt und mit Kreisschluß auf jeder Station; jedoch kann hierfür, wenn der Zugverkehr nicht sehr bedeutend ist, die ohnehin vorhandene Läuteleitung mitbenutzt werden; so daß auf Hauptbahnen von geringer Länge (bis 50 km) und mit mäßigem Zugverkehr mit zwei Leitungen dem Bedürfnis genügt ist.

Auf Hauptbahnen von größerer Länge und solchen mit lebhafterem Zugverkehr ist außerdem zur Entlastung der sämtliche Stationen einschließenden Morseleitung

e) eine zweite durchgehende Morseleitung erforderlich, in welche aber nur die hauptsächlichsten Stationen eingeschaltet werden.

In letzterem Falle dient die erste Morseleitung dem nachbarlichen Verkehr und wird dementsprechend je nach Erfordernis in zwei oder mehr Kreise abgeteilt, während die zweite Morseleitung dem Fernverkehr zu dienen hat.

Bei wachsendem Verkehr tritt dann zunächst hinzu

f) eine weitere Morseleitung für den nachbarlichen Verkehr, in welche man jedoch die kleinen Haltestellen nicht mit einschaltet; und sofern dem Bedürfnisse auch dann noch nicht genügt ist,

g) eine weitere Morseleitung für den Fernverkehr, in welche dann nur die allerwichtigsten Stationen eingeschaltet werden.

Auf verkehrsreichen Strecken sind ferner erforderlich

h) zwei Blockleitungen, in welche die für den Blockdienst erforderlichen Einrichtungen (Blockwerke) auf den Blockstationen und Stationen einzuschalten sind;

i) eine Fernsprechleitung zur Verbindung der Streckenposten mit den benachbarten Stationen.

Auf stark geneigten Bahnstrecken — auf Hauptbahnen bis zu Neigungen von 1 : 200, auf Nebenbahnen bis zu Neigungen von 1 : 100 — sowie in Krümmungen mit Radien von 250 m und darunter findet eine fortlaufende Überwachung der Fahrgeschwindigkeit auf elektrischem Wege statt; in diesem Falle ist erforderlich:

k) eine Überwachungs-Leitung zur Verbindung der Gleis-Kontakte (Radtaster) mit der zugehörigen Schreibvorrichtung.

Außer diesen über die ganze Strecke oder einen größeren Abschnitt derselben sich erstreckenden Einrichtungen sind an einzelnen Punkten, namentlich auf den Bahnhöfen noch die mannigfaltigsten elektrischen Signal- und Sicherheits-Einrichtungen notwendig, deren jedoch an anderer Stelle Erwähnung geschehen soll.

Ausführung der Anlagen.

(1092) **Drahtleitungen.** Mit Rücksicht auf die gleichzeitige Benutzung des Bahngeländes, meistens sogar desselben Gestänges seitens der Reichs- bezw. Staatstelegraphen-Verwaltung und der Bahnverwaltung empfiehlt sich die Herstellung der Bahnleitungen nach den gleichen Grundsätzen unter Verwendung gleichartigen Materials, wie solche für die Reichs- bezw. Staatstelegraphen-Verwaltung vorgeschrieben sind. Kabellager sollen, soweit angängig, zur Ersparung von Anlage- und Unterhaltungskosten gemeinschaftlich benutzt werden; zu trennen sind nur die Überführungs-Säulen und Schränke, sowie die Stations-Einführungen. Für die Luftleitungen wird sich die Bahnverwaltung soweit irgend angängig die bahnwärts gelegene Seite des Gestänges (bei Doppelgestängen die bahnwärts stehende Stange) für ihre Zwecke vorzubehalten haben. Innerhalb der größeren Bahnhöfe empfiehlt es sich, nur die durchgehenden Leitungen am gemeinschaftlich benutzten Gestänge anzubringen, für die Block-, Fernsprech- und sonstigen Bahnhofsleitungen aber besondere bahneigene Gestänge herzustellen. Weiteres über Leitungsbau und Unterhaltung s. unter Telegraphie.

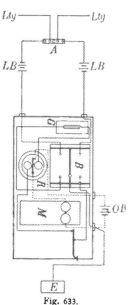

Fig. 633.

(1093) **Die Morseleitungen im allgemeinen.** Für Eisenbahn - Telegraphenleitungen ist naturgemäß der Betrieb mit Ruhestrom zu wählen. Die Telegrapheneinrichtungen selbst sind grundsätzlich dieselben, wie solche in den Staats - Telegraphenbetrieben für Ruhestrom zur Anwendung kommen, jedoch werden in neuerer Zeit fast ausschließlich Morsewerke nach Siemens & Halskeschem Muster (1871), sogen. Normal-Apparate — Grundbrett mit Federschlußklinken — verwendet. (Vergl. Zetzsche, Handbuch der Telegraphie, Bd. IV, § XXI, Fig. 171 u. 172.) Diese Anordnung gewährt den Vorteil leichter und bequemer Auswechselung durch die Telegraphenbeamten selbst, ohne Zuhilfenahme von Geräten, sowie auch im Falle von Unbrauchbarkeit des einen Morsewerkes die Möglichkeit, durch sofortiges Einsetzen eines anderen gerade unbenutzten den Betrieb aufrecht zu erhalten.

Die Morsewerke arbeiten durchgängig mit Relais, weil der Anschlag von sog. Direktschreibern für Eisenbahnstationen nicht laut genug sein würde.

Die Schaltung der Morsewerke ist aus Fig. 633 ersichtlich.

Die Widerstände werden in der Regel in nachstehenden Größen gewählt:

Relais *(R)* 45—50 Ohm,
Galvanoskop *(G)* 5—8 Ohm,
Schreiber *(M)* 15 Ohm.

(1094) Als Batterien sind zweckmäßig Meidingersche Ballon-Elemente von etwa 22 cm Höhe zu verwenden. Offene Meidinger-Elemente sind deshalb weniger zweckmäßig, weil es den Eisenbahnbeamten an Zeit gebricht, rechtzeitig Kupfervitriol nachzufüllen. Elemente von größeren Abmessungen als die bezeichneten zu verwenden, hat keinen Zweck, weil sie doch in der Regel nicht länger als sechs Monate diensttüchtig bleiben, was auch mit den kleineren bequem erreicht wird, und für die zum Betrieb erforderliche Stromstärke sind die kleineren mehr als zureichend. Ein solches Element hat einen Widerstand von 6—7 Ohm und eine EMK von annähernd 1 Volt.

Die Batterien sind in Wandschränken mit Glastüren aufzustellen. Im Innern müssen diese Schränke mit weißem Ölfarben-Anstrich versehen sein, damit der Zustand der Elemente von außen leicht überwacht werden kann.

Für die Leitungs-Batterien (*LB*) ordnet man in den Schränken besondere Ausschalter (*A*) an, mittels deren die Telegrapheneinrichtung einschließlich der Batterie ausgeschaltet werden kann, was die Feststellung von Fehlern in den Batterien und in solchem Falle die Aufrechterhaltung des ungestörten Betriebes der übrigen Stationen erleichtert.

(1095) Kreisschlüsse in Eisenbahn-Telegraphenleitungen sollten richtigerweise zur Fernhaltung von Unzuträglichkeiten für die bedienenden Beamten stets unlösbar hergestellt werden. Lösbare Kreisschlüsse sind in der Hand der bedienenden Beamten eine Quelle fortwährender Streitigkeiten. Auch Übertragungs-Einrichtungen sollten aus gleichen Gründen nur in den Leitungen für den großen Durchgangsverkehr angeordnet werden, aber auch da nur, wenn die Anzahl der eingeschalteten Stationen beschränkt ist. Näheres über Übertragungs-Vorrichtungen siehe (1026 b) und Handbuch von Zetzsche, Bd. IV, § XXVIII.

(1096) Morseleitungen für den Zugmeldedienst müssen zur Fernhaltung von Mißverständnissen bei den Zugmeldungen Kreisschluß auf jeder Station haben, erfordern demnach auf jeder Station entweder zwei Morsewerke oder Umschaltevorrichtungen, mit denen ein und dasselbe Morsewerk je nach Erfordernis in den einen oder den anderen Kreis eingeschaltet werden kann. In letzterem Falle muß aber auf jeder Station für jeden der beiden anschließenden Leitungskreise je ein Wecker angeordnet werden, auf welchem der Ruf bei ausgeschaltetem Morsewerk wahrgenommen wird. Eine derartige von Siemens & Halske angegebene Anordnung ist in Fig. 634 dargestellt. Die Wecker bedürfen keiner besonderen Batterie, sondern werden unmittelbar in die Leitung eingeschaltet. Im Zustand der Ruhe ist der Anker angezogen; sobald die Leitung unterbrochen wird, fällt er ab, schließt aber dadurch die eigene Leitungsbatterie zu einem kurzen Kreise, in welchem der Wecker als gewöhnlicher Selbstunterbrecher arbeitet. Die Umschalter unterbrechen zugleich die Schreiberbatterie im Zustande der Ruhe. In Fig. 634 sind Hand-Umschalter angenommen, nicht selten werden aber auch Fuß-Umschalter angewendet. Letztere gewähren den Vorteil, daß das Wiederausschalten des Morsewerks nach dem Gebrauch und damit das Wiedereinschalten des Weckers nicht vergessen werden kann, weil die Umschaltevorrichtung nach Loslassen des Fußtrittes selbsttätig in die Ruheschaltung zurückschnellt, haben aber auch den großen Nachteil, daß der Beamte während der Aufnahme eines Telegramms, weil er den Umschaltertritt mit dem Fuße festhalten muß, die Telegrapheneinrichtung nicht verlassen kann, ohne die Aufnahme zu unterbrechen, was bei den mannigfachen Dienstverrichtungen auf den kleineren und mittleren Eisenbahnstationen nur sehr schwer durchführbar ist. Tatsächlich gewöhnen sich aber die Beamten, in Anbetracht der ihnen durch die Wecker gewährten Wohltat, sehr schnell an das rechtzeitige Zurückstellen der Hand-Umschalter.

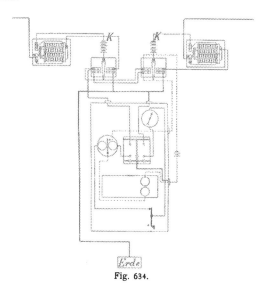

Fig. 634.

(1097) **Die Läutewerksleitungen,** bestimmt zur Mitteilung von Achtungssignalen an das Bahnbewachungspersonal bei dem Abgange von Zügen und bei sonstigen, die Strecke berührenden Vorkommnissen, sind bei jedem Wärterposten mit einem Läutewerke besetzt, meist mit zwei, zuweilen auch mit einer oder mit drei Glocken. Die Läutewerke sind mit elektromagnetischer Auslösevorrichtung versehen und geben bei jeder Auslösung eine Gruppe von Schlägen, meist fünf, zuweilen auch sechs und mehr, und je nach der Anzahl der auf den Läutewerken angebrachten Glocken als Einklänge, Zweiklänge oder Dreiklänge. Die Auslösevorrichtung muß unempfindlich sein gegen die durch vorüberfahrende Züge hervorgerufenen Erschütterungen; die Ankerabreißfeder muß daher stark angespannt werden, wodurch wiederum bedingt ist, daß die Stromquelle, welche die Auslösung bewirken soll, entsprechend kräftig sein muß. Aus diesem Grunde verwendet man als Stromquelle Siemenssche Magnetinduktoren für

Gleichstrom, sog. Läute-Induktoren. Zu der Einschaltung in die Leitung dienen federnde Einschaltetasten (Fig. 635). Läutewerke und Läute-Induktoren sind in Zetzsches Handbuch der elektrischen Telegraphie, Bd. IV, Seite 389—393, Fig. 307—314, bezw. Seite 11, Fig. 8 beschrieben.

(1098) **Ausnutzung der Läutewerksleitung als Zugmeldeleitung.** Der Umstand, daß die Läutewerke nur mittels starker Induktions-

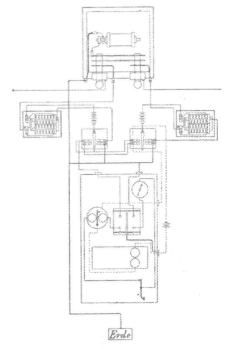

ströme ausgelöst werden und auf Ströme, wie solche zum Telegraphieren in Anwendung stehen, nicht ansprechen, bietet den Vorteil, daß die Läutewerksleitung in den Zwischenzeiten, wo Signale nicht gegeben werden, noch für den **telegraphischen** Verkehr der unmittelbar benachbarten Stationen, hauptsächlich also für den Zugmeldedienst nutzbar gemacht werden kann, so daß es dann der Herstellung einer besonderen Zugmeldeleitung nicht bedarf.

In Fig. 635 ist die Benutzung der Läutewerksleitung als Zugmeldeleitung unter Anwendung von Handumschaltern dargestellt.

Im übrigen wird auf die Erläuterungen in Zetzsches Handbuch der elektrischen Telegraphie, Bd. IV,

Fig. 635.

Seite 280 und 281 verwiesen.

(1099) **Mitbenutzung der Morsewerke der durchgehenden Leitung für die Zugmeldeleitung.** Für Bahnlinien mit sehr geringem Verkehr ist es nicht erforderlich, die Zugmeldeleitung auf allen Stationen mit besonderen Morsewerken zu besetzen; für die minder wichtigen Stationen ist es statthaft, das Morsewerk der durchgehenden Leitung für die Zugmeldeleitung mitzubenutzen. In diesem Falle kommt eine Umschalte-Vorrichtung zur Anwendung, welche es ermöglicht, das Morsewerk aus der durchgehenden Leitung aus- und in die Zugmeldeleitung nach der einen oder der anderen Richtung einzuschalten. Die besonderen Wecker für die Zugmeldeleitung (1098) sind auch hier nicht zu entbehren. In solchem Falle sind aber Fußumschalter, welche selbsttätig die Rückschaltung in die durchgehende Leitung bewirken, unerläßlich, weil andernfalls bei unterlassener Rückschaltung der Anruf auf der durchgehenden Leitung nicht wahrgenommen werden könnte.

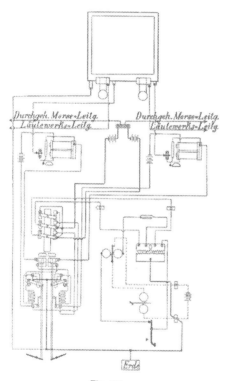

Fig. 636.

Diese Anordnung ist in Fig. 636 dargestellt, wobei zugleich angenommen ist, daß die Zugmeldeleitung als Läutewerksleitung mitbenutzt wird.

Die gleiche Anordnung empfiehlt sich auch für solche Nebenbahnen, welche neben einer durchgehenden Morseleitung noch eine besondere Zugmeldeleitung haben müssen.

(1100) Hilfssignaleinrichtungen. Aus der Doppelbenutzung der Läutewerksleitung zum Läuten und zum Telegraphieren ergibt sich der weitere Vorteil, daß vermittels einfacher, an den Läutewerken anzubringender Vorrichtungen, von jedem Bahnwärterposten aus Hilfssignale nach den beiden benachbarten Stationen gegeben und dort auf den in die Läutewerksleitung eingeschalteten Morsewerken aufgenommen werden können. Auf diese Weise kann gemeldet werden, daß für einen auf der Strecke festliegenden Zug oder aus irgend einem anderen Grunde (Dammrutschung, Schienenbruch, Schneeverwehung, Überflutung u. dgl. m.) Hilfe erforderlich ist. Diese von Siemens & Halske entworfenen Hilfssignal-Einrichtungen bestehen aus einem in die Leitung eingeschalteten, an der Vorderplatte des Läutewerks angebrachten kleinen Telegraphiertaster, welcher durch entsprechend gezähnte, auf eine am Läutewerk angebrachte Achse aufgesteckte und durch dieses in Umdrehung versetzte Scheiben in Tätigkeit gesetzt wird. Die Zähne auf diesen Scheiben stellen in Morseschrift das

Nummerzeichen der betreffenden Bude und ein bestimmtes Hilfszeichen dar. Zu jedem Läutewerk gehören 6 bis 8 solcher Scheiben mit verschiedenen Hilfssignalen.

Die Bedienung dieser Einrichtung setzt also keinerlei Fertigkeit im Telegraphieren voraus. Ein außerdem in der Läutewerksbude angebrachter Morsetaster gewährt für den des Telegraphierens Kundigen die Möglichkeit, nach Abgabe des Hilfssignals noch weitere auf den betreffenden Vorfall bezügliche Mitteilungen an die Stationen abzugeben. Die Anordnung der Hilfssignal-Einrichtungen ist in Fig. 637 dargestellt. Eine ausführliche Beschreibung dieser Einrichtungen findet sich in Zetzsches Handbuch der Telegraphie, Bd. IV, S. 433 u. ff.

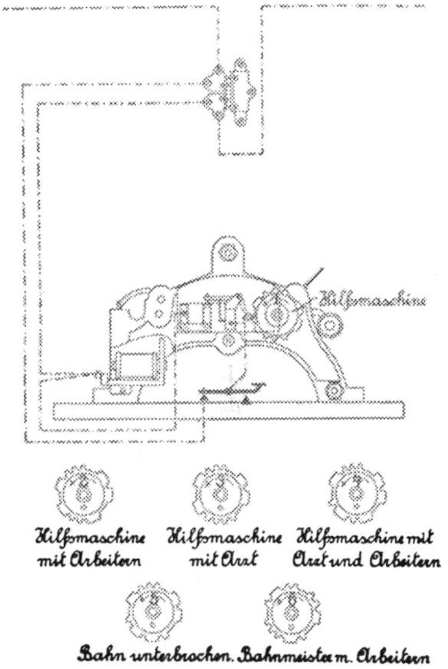

(1101) **Telegraphische und Fernsprech-Hilfsstationen.** Auf solchen Strecken, auf denen keine Hilfssignal-Einrichtungen vorhanden sind, kann man auch durch dauernde Aufstellung von Morsewerken in geeigneten Wärterbuden sog. telegraphische Hilfsstationen einrichten. Auch hierzu ist behufs Fernhaltung von Störungen in den durchgehenden Leitungen die Zugmeldeleitung zu benutzen; sofern dies jedoch gleichzeitig die Läutewerksleitung ist, müssen die Morsewerke der Hilfsstationen für gewöhnlich ausgeschaltet sein und dürfen nur im Falle der Benutzung vorübergehend eingeschaltet werden. Eine sehr zweckmäßige derartige Einrichtung von Siemens und Halske ist in Zetzsches Handbuch der Telegraphie, Bd. IV, Seite 316 bis 318 beschrieben.

Da es jedoch immerhin mit Schwierigkeiten verknüpft ist, das zur Besetzung dieser Posten erforderliche Wärterpersonal im Telegraphieren auszubilden und dauernd in der Übung zu erhalten, geht man in neuerer Zeit in größerem Umfange damit vor, die telegraphischen Hilfsstationen durch Fernsprechstellen zu ersetzen. Auch für diesen Zweck kann die mit Morsewerken besetzte Zugmeldeleitung mit Vorteil mitbenutzt werden. Die Fernsprech-Einrichtungen werden ohne weiteres neben den Morsewerken und Ruhestrombatterien in die Leitung geschaltet. Allerdings ist die Verwendung guter Mikrophone Bedingung, damit die induktorischen Wirkungen der übrigen an demselben Gestänge befindlichen Leitungen überwunden werden

Fig 637.

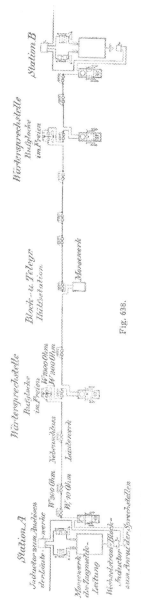

Fig. 638.

können. Die Widerstände der Hörer dürfen nur gering bemessen werden — etwa 25 Ohm für eine Sprechstelle —, damit beim Einschalten in die Leitung die Stromstärke nicht wesentlich herabgedrückt wird, weil andernfalls die Wecker der Morsewerke zum Ertönen gebracht würden. Ist die Zugmeldeleitung zugleich Läutewerksleitung, so empfiehlt es sich, die Elektromagnete der Läutewerke mit Nebenschlüssen von hohem Widerstand (etwa 10 : 200) als Induktionsdämpfer zu versehen. Die Wärtersprechstellen bedürfen in diesem Falle keiner Induktoren zum Anruf der Stationen, sondern können so eingerichtet werden, daß sie einfach durch Unterbrechung der Leitung die Wecker der Morsewerke auf beiden benachbarten Stationen zum Anruf in Tätigkeit setzen. Zum Anrufen der Wärtersprechstellen durch die Stationen werden jene zweckmäßig mit großen außerhalb der Buden anzubringenden Wechselstromklingeln ausgerüstet, welche von den Stationen mittels der Block-Induktoren oder wenn auf der betr. Station keine Blockwerke vorhanden sind, mittels besonderer kleiner Wechselstrom-Induktoren in Tätigkeit gesetzt werden. Es bietet durchaus keine Schwierigkeit, die in die Leitung eingeschalteten Signal-Läutewerke so einzustellen, daß sie durch die Wechselstrom-Induktoren nicht ausgelöst werden. — Das Schaltungsschema einer solchen Fernsprecheinrichtung ist in Fig. 638 angegeben.

Wenn man die Kosten einer besondern Fernsprechleitung nicht zu scheuen braucht, ist diese Anordnung der vorbeschriebenen unbedingt vorzuziehen. Man wird dann aber die einzelnen Fernsprechstellen nicht hintereinander, wie in Fig. 638 dargestellt, sondern parallel schalten, sie also nicht in die Leitung selbst, sondern in Abzweigungen von der Leitung einschalten. Allerdings muß dann der Widerstand der Anrufklingeln so hoch bemessen werden (etwa 5000 Ohm), daß dagegen der Widerstand der Leitung unwesentlich ist, weil andernfalls die Stromteilung in die einzelnen Abzweigungen eine zu ungleichmäßige sein würde. Die Wechselstrominduktoren müssen dabei für eine entsprechend größere Stromstärke gebaut sein, damit eine Teilung des Stromes in die einzelnen Abzweigungen zulässig ist. Eine solche Anordnung hat gegenüber der Hintereinanderschaltung den Vorzug, daß die Zahl der Sprechstellen jederzeit ohne weiteres vermehrt werden kann, was bei der Hintereinanderschaltung stets eine unerwünschte Erhöhung des Gesamtwiderstandes und eine entsprechende Abschwächung des Anrufs und der Sprechwirkung zur Folge hat. Auch sind Störungen und Unterbrechungen der einzelnen Sprechstellen ohne Einfluß auf die Gebrauchsfähigkeit der Einrichtung durch die übrigen Sprechstellen; während bei Hintereinanderschaltung in solchem Falle stets der ganze Sprechkreis gestört ist.

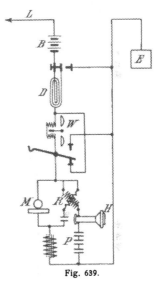

Die Preußisch-Hessische Staats-Eisenbahn-Verwaltung, die neuerdings auf den Schnellzugstrecken sämtliche Streckenwärter mit Fernsprechern in Verbindung mit den beiden benachbarten Stationen ausrüstet, verwendet für diesen Zweck ein System mit zentralisierter Mikrophonbatterie; d. h. nicht jede Sprechstelle erhält eine besondere Mikrophonbatterie, sondern nur eine zur Speisung aller Mikrophone eines Sprechkreises ausreichende Batterie wird auf einer der beiden den Sprechkreis begrenzenden Stationen aufgestellt. Der Strom dieser Batterie durchfließt dauernd die Leitung und die eingeschalteten Sprechstellen. Polarisationszellen und Drahtrollen mit hoher Selbstinduktion, die in die innern Verbindungen der Sprechstellen eingefügt sind, sorgen dafür, daß beim Sprechen der Gleichstrom nur durch das Mikrophon, die durch die Schwingungen

Fig. 639.

des Mikrophons erzeugten Wechselströme nur durch die primären Windungen der eigenen Induktionsrolle und die in den sekundären Windungen erzeugten Ströme nur in die Leitung und in die Hörer gelangen (Streckenfernsprecher).

Das Stromschema einer solchen Fernsprechstelle ist in Fig. 639 dargestellt.

(1102) **Die Stromstärke in den Morseleitungen** wird zweckmäßig zu 0,02 A bemessen und zwar soll die Stromstärke in allen Leitungen die gleiche sein, damit die Relais vor der Inbetriebnahme stets auf eine und dieselbe ganz bestimmte Stromstärke eingestellt, auch erforderlichenfalls innerhalb der Stationen jederzeit gegenseitige Auswechselungen der Morsewerke vorgenommen werden können, ohne die Einstellung der Relais ändern zu müssen.

Soweit bei der unter (1096)—(1099) beschriebenen Anordnung der Zugmeldeleitung die einzelnen Leitungskreise so klein sind, daß

sich bei der für den Betrieb der beiden Wecker erforderlichen Mindest-
zahl von 8 Elementen mit dem vorhandenen Widerstand die Strom-
stärke nicht auf 0,02 A herabdrücken läßt, muß zu diesem Zweck
künstlicher Widerstand eingeschaltet werden. Auch ist es in diesem
Falle gut, die Umschaltevorrichtung mit Widerständen gleich dem
Widerstande des Morsewerks zu versehen, welche sich in der Leitung
befinden, so lange das Morsewerk ausgeschaltet ist, und mit dem
Einschalten des Morsewerks aus der Leitung herausgehen. Diese
Anordnung für Fuß-Umschalter ist aus Fig. 636 ersichtlich. Auch die
Morsewerke der Hilfsstationen (vgl. 1101) werden zweckmäßig zu
gleichem Zwecke mit Ersatzwiderständen ausgerüstet.

        (1103) Einrichtungen zur Überwachung der Fahrgeschwindig-
keit auf elektrischem Wege. Die zur Überwachung der Fahr- und
Aufenthaltszeiten der Züge früher benutzten Einrichtungen, welche
auf den Zügen mitgeführt und an der Lokomotive befestigt, die vorgenannten Zeiten auf mechanische Weise aufzeichneten, entbehren bis
jetzt noch der wünschenswerten Zuverlässigkeit. Es werden deshalb
auf solchen Strecken, deren zu schnelles Befahren die Sicherheit der
Züge gefährdet, längs des Gleises in angemessenen Abständen Kontaktvorrichtungen, sog. Gleiskontakte oder Radtaster angebracht, die durch
den darüber hinwegfahrenden Zug in Tätigkeit gesetzt, den Stromkreis
einer auf der Überwachungsstation aufgestellten Batterie schließen, in
den der Elektromagnet eines Schreibwerks mit genau gleichmäßig
sich fortbewegendem Papierstreifen eingeschaltet ist. Der Elektromagnet zieht seinen Anker an und preßt die daran angebrachte Schreibvorrichtung gegen den Papierstreifen, wodurch auf diesem ein Zeichen
hervorgerufen wird. Indem sich dieses Spiel bei jedem Gleiskontakt
wiederholt, läßt sich aus dem Abstande der einzelnen Zeichen mit
Hilfe eines Maßstabes die Geschwindigkeit des Zuges genau feststellen.
        Die Gleiskontakte werden meist in Abständen von 1000 m an-
gebracht; jedoch werden auf sehr langsam zu befahrenden oder sehr
kurzen Strecken zur Erzielung größerer Genauigkeit auch 500 und
selbst 250 m Abstand gewählt.
        Die Maßstäbe müssen so eingerichtet sein, daß mit ihnen un-
mittelbar die Geschwindigkeit in Kilometern für die Stunde abgelesen
werden kann.
        Die Gleiskontakte kommen in den mannigfachsten Formen zur
Anwendung, jedoch lassen sich zwei Hauptgattungen unterscheiden:
solche, die durch die darüber hinwegrollenden Räder unmittelbar bewegt
werden, und solche, deren Bewegung auf der Durchbiegung der Schienen
beruht. Bei der ersten Gattung kommt es vor allem darauf an, daß
die bewegten Teile möglichst leicht gebaut sind, weil schwere Massen
bei den heftigen Stößen, denen die Einrichtungen bei schnellfahrenden
Zügen ausgesetzt sind, zu starkem Verschleiß unterworfen sein würden.
Eine diesen Anforderungen in jeder Beziehung gerecht werdende Vorrichtung von Siemens & Halske ist in Fig. 644 abgebildet. (Außerdem
siehe Zetzsches Handbuch der Telegraphie, Bd. IV, S. 804.) Zu der
zweiten Gattung von Gleiskontakten gehören die folgenden:
        Der Schienendurchbiegungs-Kontakt von Siemens &
Halske — in Fig. 640 dargestellt —, bei dem der Stöpsel *d* die
Durchbiegung der Schiene auf eine den Hohlraum *e* deckende Blech-

platte $a\,a$ überträgt und dadurch aus diesem Hohlraum Quecksilber
durch das Rohr f in den Kelch k preßt, in den die Leitung $L\,l$, in einer
Gabel endigend, isoliert hineinragt. L wird dadurch mit Erde verbunden. (Vgl. ETZ. 1886, S. 161.)

Der Schienen-
durchbiegungs-
Kontakt (DRP. Nr.
93492) von Jüdel
& Co. in Braun-
schweig. Im Gegen-
satz zu dem vorbe-
schriebenen von Sie-
mens & Halske, der
durch die verhältnis-
mäßig geringe Durch-
biegung der Schiene
zwischen zweiSchwel-

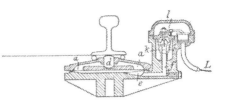

Fig. 640.

len in Tätigkeit tritt und deshalb sehr großer Übersetzung bedarf, tritt
bei diesem in der Fig. 641 dargestellten Kontakt der Stromschluß infolge
der Durchbiegung der Schiene zwischen zwei Punkten ein, die zwei
verschiedenen Schwellenteilungen angehören. Den Hauptträger des
Kontaktes bildet das Flacheisen F (Fig. 641), das bei X und Y an
die Fahrschiene durch Krampen und Bolzen fest angeklemmt ist,
während es mit dem rechten Ende, wo es den um den Bolzen Z
schwingenden Übersetzungshebel U trägt, frei schwebt. Dieser Hebel

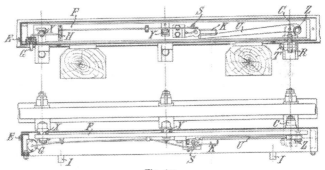

Fig. 641.

U drückt mit seinem linken Ende unter den drehbar gelagerten eigentlichen Kontakthebel K und stützt sich gegen die Regulierschraube R,
die bei C gleichfalls durch eine Krampe mit der Schiene fest verbunden
ist. Wird nun die Schiene bei Y durch ein Fahrzeug belastet, so
weicht Punkt Y nach unten, X nach oben aus, wodurch Z nach unten
geht. Anderseits bewegt sich der Druckpunkt R nach oben und der
Hebel U hebt das rechte Ende des hohlen mit Quecksilber gefüllten
Kontakthebels K dessen Eigengewicht entgegen nach oben, wodurch

das Quecksilber den isolierten Kontaktstift S (Fig. 642 Kontakthebel K_a) mit dem Gußkörper der Vorrichtung in leitende Verbindung bringt. Der Stift S ist mit der in der Nähe der Kabeleinführung C sitzenden

isolierten Anschluß-klemme H durch eine elastische Schnur leitend verbunden. Die Vorrichtung ist durch ein bei X und Y gestütztes $\sqcup$-Ei-

Fig. 642.   Fig. 643.

sen, das mit einer erweiterten Öffnung über den mittleren Bolzen Y greift, sowie durch eine Blechkappe gegen Witterungseinflüsse, böswillige oder unbeabsichtigte Kontaktgebungen geschützt.

Dieser Kontakt kann auch für Ruhestrom dienen, in welchem Falle statt des Kontakthebels K_a der Hebel K_r (Fig. 643) benutzt wird.

Die zurzeit am meisten in Verwendung stehenden Schreibwerke für Fahrgeschwindigkeits-Überwachung sind diejenigen von Siemens & Halske (vgl. ETZ. 1886, S. 159 u. 160) und diejenigen von Hipp (vgl. Zeitschr. des Vereins deutscher Ingenieure, Bd. 29, 1885, S. 844 ff.). Bei ersteren wird ein gelochter und mit Zeiteinteilung versehener Papierstreifen verwendet, welchen eine mit Stiften besetzte Trommel abwickelt (Ablaufsgeschwindigkeit 12 mm in der Minute). Der Streifen läuft ununterbrochen. Bei letzterem kommt ein gewöhnlicher Morsestreifen zur Verwendung. Zur Prüfung der richtigen Ablaufsgeschwindigkeit des Streifens stellt bei dem Hippschen Schreibwerk die mit ihm verbundene Uhr jede volle, halbe oder Viertel-Minute ei-

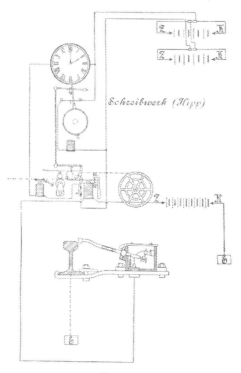

Fig. 644.

nen Kontaktschluß her, wodurch unter dem Einfluß eines besonderen Elektromagnets eine gehärtete Stahlspitze gegen den Streifen geschnellt und ein kleines Loch hineingeschlagen wird. Ablaufsgeschwindigkeit gewöhnlich 30 oder 40 mm, bei kurzen Entfernungen der Gleis Kontakte (500 m, 250 m) auch 60 bezw. 80 und 120 bezw. 160 mm in der Minute. Der Streifen läuft bei den Hippschen Schreibwerken nur im Falle des Gebrauches nach erfolgter Auslösung des Werkes, während die den Gang des Werkes regelnde Uhr ununterbrochen weitergeht. Ein derartiges Schreibwerk in Verbindung mit einem Siemensschen Radtaster ist in Fig. 644 dargestellt.

(1104) **Block-Einrichtungen.** Die Bedienung der Ein- und Ausfahrtsignale auf Bahnhöfen durch die damit betrauten Wärter erfolgt in jedem Falle auf Grund eines ausdrücklichen Befehls des verantwortlichen Stationsbeamten (Fahrdienstleiters). Auf denjenigen kleineren Bahnhöfen zweigleisiger Strecken, deren Weichenanordnung eine derartig einfache ist, daß ein- und ausfahrende Züge keine Weichen gegen die Zungenspitze zu befahren haben, wo also eine Ablenkung der Züge aus dem durchgehenden Gleise ausgeschlossen ist, kann dieser Befehl durch Fernsprecher oder telegraphisch oder auch mittels Fallscheiben oder durch Klingelzeichen erteilt werden. Anders verhält es sich bei größeren Bahnhöfen und solchen mit spitzbefahrenen Eingangsweichen, also bei sämtlichen Bahnhöfen eingleisiger Strecken und bei denjenigen Bahnhöfen zweigleisiger Strecken, auf denen die Ein- und Ausfahrten nach und von verschiedenen Gleisen stattfinden oder bei denen Ein- und Ausfahrten aus und nach verschiedenen Richtungen stattfinden. Hier müssen die Signalvorrichtungen nicht nur in Abhängigkeit stehen von den für die betr. Fahrstraße in Betracht kommenden Weichen- und den übrigen Signalstellvorrichtungen, so daß die Herstellung des Fahrsignals nur bei richtig eingestellter Fahrstraße sowie abweisendem Verschluß aller in die Fahrstraße führenden Weichen der Nachbargleise und bei Haltstellung der für die betr. Fahrstraße feindlichen Signale möglich ist, sondern die Herstellung des Fahrsignals darf auch nicht möglich sein, ohne die Zustimmung des verantwortlichen Aufsichtsbeamten und der etwa außerdem noch vorhandenen für die betr. Fahrrichtung in Betracht kommenden Signalposten des Bahnhofes und der angrenzenden Strecke. Diese Abhängigkeit von entfernten Stellen wird durch elektrische Verschluß- und Freigabe-Vorrichtungen, die sog. Blockwerke erreicht. Auf jeden derartig in Abhängigkeit zu bringenden Hebel wirkt ein besonderer Blocksatz, der durch eine besondere Leitung mit einem Blocksatz an der entfernten Stelle verbunden ist. Die Lösung eines solchen abhängigen Verschlusses kann nur durch Ingangsetzung des an der entfernten Stelle befindlichen Blocksatzes bei gleichzeitigem Verschluß etwa vorhandener für die betr. Fahrrichtung feindlicher Blocksätze bewirkt werden, die anderseits nicht eher wieder gelöst werden, als bis das freigegebene Signal wieder in der Grundstellung verschlossen ist.

Auf unübersichtlichen Stationen muß verhindert werden, daß nach Zurückstellung des Fahrsignals auf „Halt" die Fahrstraße geändert wird, bevor sie der Zug vollständig verlassen hat, d. h. die Weichen unter dem fahrenden Zuge umgestellt werden, weil dadurch

Entgleisungen herbeigeführt werden würden. Auch diese Aufgaben erfüllen die Blockwerke in vollkommenster Weise. Die Einrichtung wird dann so getroffen, daß das mit Blockwerk freigegebene Signal erst dann auf „Fahrt" gestellt werden kann, nachdem an der Signalbedienungsstelle durch einen besonderen Blocksatz der dem Signal entsprechende Fahrstraßen-Verriegelungshebel in der verriegelnden Stellung elektrisch festgelegt ist. Die Lösung dieses Verschlusses erfolgt demnächst von einer anderen Stelle, die mit Sicherheit zu beurteilen vermag, ob der ein- oder ausfahrende Zug die Fahrstraße vollständig verlassen hat, oder wo eine solche Stelle fehlt, durch den Zug selbst beim Befahren eines Gleiskontaktes. Für jede Gruppe von Fahrstraßen, die sich gegenseitig ausschließen, bedarf es nur eines Festlege-Blockfeldes.

Die auf den deutschen Bahnen bisher ausschließlich im Gebrauch befindlichen Blockwerke von Siemens & Halske sind in ihrer grundsätzlichen Form in Zetzsche, Handbuch der elektrischen Telegraphie, Bd. IV, Seite 692—714, sowie in „Eisenbahntechnik der Gegenwart", II. Band, IV. Abschnitt, Seite 1347—1377 beschrieben.

Außer für die Sicherstellung des Verkehrs innerhalb der Bahnhöfe finden die Blockwerke auf Bahnlinien mit lebhaftem Zugverkehr auch Verwendung zur Regelung der Zugfolge. Jeder Bahnabschnitt, innerhalb dessen sich immer nur ein Zug bestimmter Richtung bewegen darf, ist gedeckt durch ein Signal. Jedes dieser Signale wird nach Einfahrt eines Zuges in den betr. Bahnabschnitt so lange mittels Blockeinrichtung in der Haltstellung verschlossen, bis es von der folgenden Zugfolgestation durch Abgabe der Rückmeldung wieder freigegeben ist. Diese Streckenblockwerke müssen aber so eingerichtet sein, daß

a) die Signale am Anfang der Blockstrecken (Ausfahrtsignale) nur eine einmalige Fahrtstellung nach jeder elektrischen Freigabe zulassen und die Haltstellung hinter dem eingefahrenen Zuge sowie die elektrische Festlegung eine erzwungene ist.

b) die elektrische Freigabe des rückliegenden Signals (Rückmeldung) nur einmal und nur nach tatsächlich erfolgter Einfahrt des Zuges und nach vorausgegangener Fahrt- und Haltstellung des eigenen Signals (Einfahrt- bezw. Blocksignals) möglich ist.

Diese Bedingungen werden erfüllt unter Mitwirkung der Züge selbst. Zu a wird auf elektrischem Wege beim Befahren eines Gleiskontaktes der Signalarm hinter dem aufgefahrenen Zuge auf Halt geworfen und vom Stellhebel derart gelöst, daß eine wiederholte Fahrtstellung nur möglich ist, wenn zunächst das Signal in der Haltstellung elektrisch verschlossen wird, der Zug tatsächlich die nächste Zugfolgestation erreicht und diese demnächst den elektrischen Verschluß des Ausfahrtsignals wieder aufgehoben hat. Zu b löst der Zug bei der Einfahrt durch Befahren eines Gleiskontaktes auf elektrischem Wege eine die Abgabe der Rückmeldung verhindernde Sperre (Tastensperre). Durch Abgabe der Rückmeldung wird das eigene Signal auf Halt verschlossen.

Die Gleiskontakte werden unter Zuhilfenahme von isolierten Schienenstrecken so geschaltet, daß nicht die erste Achse, sondern erst die letzten Achsen des Zuges den Stromschluß zur Lösung der

Sperrvorrichtungen herbeiführen. Zu diesem Zwecke ist in geringer Entfernung vor dem Gleiskontakt eine Seite des Gleises auf zwei Schienenlängen von der Erde isoliert. Das heißt, die Verbindung mit den beiderseits anschließenden Schienen ist durch starke Holzlaschen statt durch Eisenlaschen hergestellt; zwischen den Schienenstößen sind starke Lederzwischenlagen eingefügt; die Schwellen, die übrigens in diesem Falle keinenfalls eiserne sein dürfen, werden in durchlässigen Steinschlag gebettet; die Schienen dürfen die Bettung nicht berühren. Es ist das zwar keine vollkommene Isolierung, aber der Übergangswiderstand zur Erde wird auf diese Weise doch so beträchtlich erhöht, daß man mit dem Unterschiede rechnen kann. Diese sog. isolierte Schienenstrecke wird in die von der Batterie nach der durch den Gleiskontakt einzuschaltenden elektromagnetischen Vorrichtung führende Leitung geschaltet (Fig. 645). So lange dann der über den Gleiskontakt fahrende Zug noch mit einem Teil seiner Wagen auf der isolierten Schienenstrecke sich befindet, stellt er durch die Wagenachsen eine metallische Verbindung zwischen der isolierten und der nicht isolierten Seite des Gleises her, wodurch der Batteriestrom kurz geschlossen wird und den Elektromagnet der zu lösenden Sperre nicht

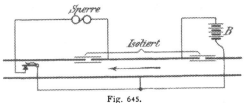

Fig. 645.

durchfließen kann. Erst wenn die letzte Achse des Zuges die isolierte Schienenstrecke verlassen hat, wird dem durch den Gleiskontakt geschlossenen Strom der Weg nach dem Elektromagnet geöffnet.

Der Strom zum Auslösen der Sperren wird außerdem durch Kontakte am Signal- oder Fahrstraßenhebel geführt, so daß der Stromweg für den Gleiskontakt nur geschlossen ist, wenn das Signal auf Fahrt steht.

Die Streckenblockwerke sollen in der Regel in unmittelbarer Verbindung mit den Signalstellvorrichtungen angebracht werden. Befinden sich die Signalstellvorrichtungen nicht im Stationsdienstraum — was auf den meisten Stationen zutrifft — so werden besondere mit Batteriestrom betriebene Blockfeld-Nachahmer angebracht, welche dem Stationsbeamten die Stellung des Streckenblockanfangsfeldes anzeigen (1108).

Die Streckenblocklinien werden mit zwei Leitungen betrieben und zwar laufen die Signale jeder Fahrrichtung auf besonderer Leitung.

Ein Schaltungsschema für Bahnhofsblock in Verbindung mit Streckenblock ist in Fig. 646 dargestellt.

Näheres über Streckenblockung siehe „Eisenbahntechnik der Gegenwart", II. Band, IV. Abschnitt, Seite 1415—1484.

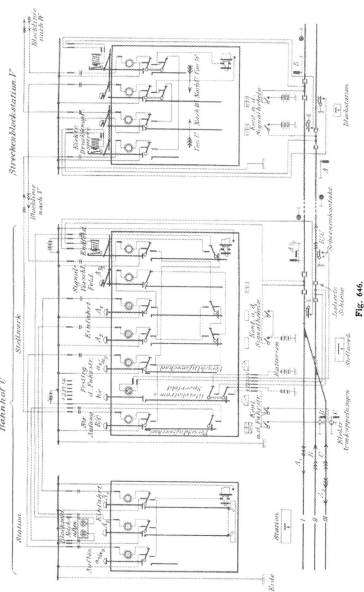

Fig. 646.

Die Strecken-Blockstationen werden zugleich als telegraphische und Fernsprech-Hilfsstationen eingerichtet (vgl. (1101), damit in Störungsfällen ein Verständigungsmittel zwischen Station und Blockstation vorhanden ist.

Um zu verhindern, daß die Rückmeldung von der folgenden Blockstelle früher eingeht, als die eigene Rückmeldung gegeben ist, in welchem Falle dem nächsten Zuge derselben Richtung ein unnötiger Aufenthalt erwachsen würde, müssen die Blockwerke so eingerichtet sein, daß gleichzeitig mit der Freigabe der rückliegenden Strecke eine Vormeldung nach der vorliegenden Zugfolgestation erfolgt, wodurch daselbst eine Sperre gelöst wird, welche die vorherige Abgabe der Rückmeldung verhindert.

(1105) **Selbsttätige Läutewerke für Schrankenwärter.** Das Läutewerkssignal, wie es drei Minuten vor der Abfahrt eines Zuges von der Station gegeben wird, ist nicht in allen Fällen ausreichend; Bahnübergänge mit lebhaftem Verkehr dürfen nie länger, als unbedingt nötig, geschlossen gehalten werden. Bei langen Strecken ist es dem Wärter aber unmöglich, nach dem Läutewerkssignal den Zeitpunkt der Ankunft des Zuges mit Sicherheit zu bestimmen; er wird deshalb die Wegschranken stets zu früh schließen und den Verkehr ohne Not hemmen. An solchen Übergängen stellt man deshalb noch besondere Läutewerke auf, die von dem Zuge selbsttätig 1 bis 3 Minuten vor Ankunft mittels Batterien und einem in angemessener Entfernung vor dem betr. Punkte angebrachten Gleiskontakt ausgelöst werden. Das Ertönen dieser Läutewerke ist dann die Aufforderung zur sofortigen Absperrung des Überganges.

Gleiche Einrichtungen werden auch in Tunnels getroffen, um die darin beschäftigten Arbeiter vor dem Herannahen des Zuges zu warnen.

Gewöhnlich gibt man diesen Läutewerken eine wesentlich größere Anzahl Schläge, als den Signalläutewerken. Zweckmäßig werden aber auch große, an der Außenwand der Wärterbude anzubringende Batterieklingeln mit Fortschelleinrichtung verwendet.

Auf eingleisigen Bahnstrecken dürfen selbstverständlich die Gleiskontakte nur in einer Fahrrichtung betätigt werden.

(1106) **Selbsttätige Läutewerke für unbewachte Wegeübergänge.** Auf Nebenbahnen sind die Wegeübergänge in der Regel nicht durch Wärter besetzt. Um nun bei mangelnder Übersichtlichkeit der Strecke die solchen Übergängen sich nähernden Personen schon frühzeitig zu warnen, werden auch hier durch den Zug selbst mittels Gleiskontakts zu betreibende Läutewerke aufgestellt, welche ununterbrochen so lange läuten, bis der Zug den Übergang erreicht hat und durch einen zweiten Gleiskontakt das Läuten selbsttätig abstellt. Solche Läutewerke können naturgemäß nicht für Gewichtsaufzug eingerichtet sein, es sind vielmehr durch Elektromotor betriebene Läutewerke oder Selbstunterbrecher für langsamen Schlag in den Abmessungen der Signalläutewerke. Die zugehörige Batterie, sowie ein für Gewichtsaufzug eingerichtetes Schaltwerk von Siemens & Halske, Berlin, stehen auf der nächstgelegenen Station. Je ein Siemensscher Schienendurchbiegungs-Kontakt liegt in angemessener Entfernung zu beiden Seiten des Überwegs; am Überweg selbst liegt ein weiterer Kontakt. Eine Leitung verbindet die beiden äußeren Kontakte, eine zweite Leitung den mittleren Kontakt und eine dritte Leitung das Läutewerk mit dem Schaltwerk. Beim Befahren des ersten Kontakts wird das Schaltwerk durch die Batterie ausgelöst; es schaltet die Batterie an die Leitung zum Läutewerk und das Läuten beginnt. Sobald der Zug den mittleren Kontakt befährt, bewirkt eine erneute Auslösung des Schaltwerks Unterbrechung der Läutewerksleitung, das Läuten hört auf. Eine weitere Auslösung des Schaltwerks erfolgt beim Befahren des dritten Kontakts; wegen der noch bestehenden Unterbrechung der Läutewerksleitung wird aber ein erneutes Läuten hierdurch nicht herbeigeführt; vielmehr stellt sich nach dieser Auslösung das Schaltwerk wieder so ein, wie es vor der ersten Auslösung gestanden hat und ist somit zur Einschaltung durch einen folgenden oder in entgegengesetzter Richtung fahrenden Zug wieder vorbereitet. Näheres siehe „Eisenbahntechnik der Gegenwart", II. Band, IV. Abschnitt, Seite 1630—1639.

(1107) Verbindungen zwischen den einzelnen Dienststellen innerhalb der Bahnhöfe werden in der Regel durch Fernsprecher hergestellt. Nur wenn mittels dieser Verbindungen Aufträge erteilt werden müssen, bei denen Mißverständnisse Gefahren für den Betrieb herbeiführen können, empfiehlt es sich, Morsewerke zu verwenden, wobei die unter (1096) beschriebene Schaltung für Zugmeldeleitungen zweckmäßig Anwendung finden kann. In Bahnhöfen mit besonders lebhaftem Verkehr werden behufs Abkürzung des Verfahrens für die regelmäßig sich wiederholenden Anfragen, Antworten und Meldungen im inneren Bahnhofsdienst Fallscheibenwerke benutzt. Zur Erlangung eines bleibenden Nachweises kann man auch diese Meldungen außerdem durch ein Schreibwerk aufnehmen lassen.

(1108) Elektrische Einrichtungen zur Überwachung der Signalstellung. Wenn die Ein- und Ausfahrsignale von dem Punkte, von welchem sie überwacht werden sollen, wegen zu großer Entfernung oder mangelnder Übersichtlichkeit nicht mit Sicherheit erkannt werden können, so kommen elektrische Signal-Nachahmer zur Verwendung, welche das Signalbild auf elektrischem Wege wiedergeben. Diese bestehen aus einem oder auch mehreren Elektromagneten, deren Anker die verschiedenen Signalstellungen am Nachahmer hervorbringen, den durch besondere Drahtleitungen damit verbundenen am Signalmast angebrachten und durch die Signalarme bewegten Schaltvorrichtungen sowie einer Batterie. Je nachdem diese Nachahmer mit Einfahr- oder Ausfahrsignalen in Verbindung zu bringen sind, müssen sie für den Betrieb mit Ruhestrom oder mit Arbeitsstrom eingerichtet sein, derart, daß das Zeichen „Fahrt" am Nachahmer bei Einfahrsignalen nur durch Stromunterbrechung, bei Ausfahrsignalen nur durch Stromschluß hervorgebracht werden kann. Auf diese Weise ist es ausgeschlossen, daß bei Stromlosigkeit infolge von Störungen der Nachahmer „Halt" zeigt, wenn am Einfahrsignalmast „Fahrt" steht, bezw. der Nachahmer „Fahrt" zeigt, wenn am Ausfahrsignalmast „Halt" steht; derartige Störungen können also in keinem Falle Gefahren für den Betrieb herbeiführen. Eine weitere Forderung zur Fernhaltung von Täuschungen ist die, daß die Batterie stets in der Nähe des Signalmastes und nicht beim Nachahmer aufzustellen ist, damit bei einem zwischen Signalmast und Nachahmer auftretenden Erdschluß

der Nachahmer sofort stromlos wird.   Wo die Höhe der Anlagekosten
nicht ins Gewicht fällt, kann man unter entsprechender Vermehrung

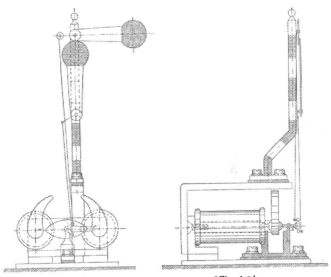

Fig. 647 a.   [Fig. 647 b.

der Elektromagnete und
Leitungen die Nachahmer
auch so einrichten, daß
sie im Falle von Stö-
rungen ein besonderes
Zeichen geben.

Ein vielfach in An-
wendung stehender Sig-
nal-Nachahmer ist der
von Fink in Hannover
(Pfaff, Hannover) entwor-
fene, dessen Einrichtung
in Fig. 647 dargestellt
ist. Sowohl für Ruhe-
strom (Einfahrsignale)
wie auch für Arbeits-
strom (Ausfahrsignale)
bedarf dieser Rückmelder
nur einer Leitung und nur
eines Elektromagnets.

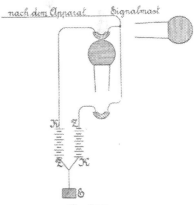

Fig. 647 c.

Sollen die Nachahmer ein besonderes Zeichen für Störung geben, so
ist für jeden Signalarm eine besondere Leitung und ein besonderer

Elektromagnet erforderlich: Leitungsunterbrechungen, Nebenschlüsse, Stromschwächungen u. dgl. kennzeichnen sich dann beim oberen Signalarm durch dessen senkrechte Stellung nach oben, beim unteren Arm durch dessen wagerechte Stellung. Das Spiel der Finkschen Nachahmer beruht darauf, daß ein um seine Mittelachse leicht beweglicher polarisierter Stahlanker unter dem Einfluß eines Elektromagnets aus seiner Ruhestellung je nach der Richtung des Stromes bald nach der einen, bald nach der anderen Seite um 90 Grad gedreht wird und bei diesen Drehungen vermittels feiner Zugstangen die Bewegungen der Signalärmchen bewirkt.

C. Th. Wagner in Wiesbaden fertigt eine dem gleichen Zwecke dienende gleichfalls mit Ruhestrom arbeitende Einrichtung, welche für jeden Signalarm zwei Leitungen und zwei Elektromagnete hat, zwischen deren Polen der leicht bewegliche, um eine Achse drehbare Anker spielt und je nach seiner schrägen Stellung nach der einen oder anderen Seite den Signalarm des Nachahmers in die Halt- oder Fahrtstellung bringt. Wird die Leitung infolge eines Fehlers stromlos, so fällt der Anker unter Einwirkung eines Gegengewichts in eine Mittelstellung und schließt dabei den Kontakt eines Weckers, dessen Ertönen die Unbrauchbarkeit der Einrichtung anzeigt.

XV. Abschnitt.

Feuerwehr- und Polizeitelegraphen.

Feuerwehrtelegraphen.

(1109) **Das Leitungsnetz** besteht aus einer oder mehreren Sprech-linien und aus den Meldelinien. Für größere Städte erfolgt die Anlage der Linien am besten unterirdisch. Es empfiehlt sich, die Leitungen von vornherein als metallisch in sich geschlossene Kreise — unter Ausschluß der Erde als Rückleitung — anzulegen.

Die Sprechleitungen bezwecken, die einzelnen Feuerwachen untereinander und mit der Hauptfeuerwache (Zentralstation) zu ver-binden. Wenn irgend tunlich, sind sämtliche Feuerwachen in eine Sprechleitung einzuschalten. Auch für sehr große Städte läßt sich meist ohne Unbequemlichkeit diese Anordnung treffen, u. U. in der Weise, daß die Hauptfeuerwache als Trennstelle in die Sprechlinie eingeschaltet wird. Dies ist zB. in Berlin der Fall, wo bis jetzt 15 Feuerwachen in der Sprechleitung liegen. Die Feuerwachen können dann mit der Zentralstelle und unter sich in der bequemsten und schnellsten Weise verkehren.

Die Meldeleitungen verbinden die in dem Bezirk einer Feuer-wache belegenen Meldestellen mit der letzteren. Jede Feuerwache erhält ein System von Meldeleitungen, in welche die Feuermelder ein-geschaltet werden. Das System kann mittels strahlenförmiger Leitungen, angelegt werden oder besser durch in sich geschlossene, nach der Wache zurückkehrende Schleifenleitungen. Eine Meldeleitung kann eine größere Anzahl von Meldern enthalten; die Anlage und Zahl der Meldeleitungen für eine Feuerwache richtet sich nach der Anzahl und Verteilung der Melder im Bezirk der Feuerwache. In großen Städten des Auslandes, hauptsächlich Amerikas, erfolgt die Weitergabe von Feuermeldungen an alle Wachen automatisch durch Übertrager. Feuermeldeleitungen in mittleren und kleinen Orten mit freiwilliger Feuerwehr enthalten vielfach nur Wecker — erforderlichenfalls mit Relaisklappen zum anhaltenden Läuten bis zur Abstellung — in den Wohnungen der Mannschaften, wobei die meistens auf der Polizei-wache des Rathauses befindliche Zentralstation den Alarm durch einen Induktor (oder Batterie) bewirkt.

Auch können in solche Leitungen mehrere mit Induktor (oder Batterie) ausgerüstete Stellen eingeschaltet werden, welche dann als Feuermeldestellen dienen.

Durch diese Einrichtung lassen sich auch verabredete Wecksignale geben. Die Geber ruhen zur Verfügung von Mißbrauch zweckmäßig unter Glasscheiben.

Die Leitungen lassen sich je nach der Größe des Ortes als eine einzige gemeinsame Leitung ausführen oder bezirksweise mit bestimmten Gruppen von Weckern einteilen.

Vielfach dienen für mehrere kleine Orte gemeinsam von der Reichs-Telegraphen-Verwaltung angelegte Leitungsnetze mit Fernsprechbetrieb zu Feuermelde- wie zu Unfallmelde-Zwecken.

(1110) **Apparate.** Für die Sprechleitungen kommen Morsefarbschreiber (in der Hauptstation mit Selbstauslösung) zur Verwendung, zum Anruf dienen Wechselstromwecker, welche mittels eines Magnetinduktors oder durch Batterieströme in Tätigkeit gesetzt werden. Für die Meldeleitungen werden an den Meldestellen automatische Meldeapparate verwendet; je nachdem letztere auf der Straße oder auf öffentlichen Plätzen oder in öffentlichen Gebäuden und Privathäusern aufgestellt sind, unterscheidet man Straßenmelder und Hausmelder.

Die Meldeapparate sind derart eingerichtet, daß durch Auslösung eines Gewichtes oder Spannen einer Feder eine Scheibe in Umlauf versetzt wird, welche an ihrem Umfange Erhöhungen bezw. Ausschnitte von verschiedener Länge besitzt. Dadurch, daß der Umfang der Scheibe an einem federnden Hebel vorbeischleift, werden Stromschließungen (bei Arbeitsstrom) oder Stromunterbrechungen herbeigeführt (bei Ruhestrom) (vgl. Fig. 637). Bei den Arbeitsstrommeldern steht die Leitung mit der isolierten Kontaktfeder in Verbindung, das Werk des Melders mit Erde, so daß durch Berührung der Zeichenscheibe mit der Feder die Leitung geschlossen wird. Bei den Ruhestrommeldern ist der zweite Leitungszweig mit dem Werk verbunden. Auf dem mit Selbstauslösung versehenen Morseapparat der Feuerwache erscheinen Morsezeichen, welche das Zeichen ꞌdes in Tätigkeit gesetzten Melders angeben.

Straßenmelder werden in verschiedenartigen Konstruktionen verwendet, können auch mit Fernsprecheinrichtungen versehen werden.

ꞌ   In der Regel wird der Straßenmelder erst nach Zertrümmerung einer Scheibe zugänglich. In Berlin ist die Anordnung derart, daß dann ein hinter der Scheibe liegender, an einem Kettchen befestigter Schlüssel das Öffnen einer Tür gestattet. Durch Anziehen eines dadurch erreichbaren Knopfes wird das Gewicht ausgelöst und die Zeichenscheibe gerät in Umlauf; das Signal wird mehrmals hintereinander automatisch abgegeben. Die Tür läßt sich erst schließen, wenn das Gewicht aufgezogen ist; letzteres erfolgt durch die Feuerwehr, welche sich zunächst zu der alarmierenden Meldestelle begibt.

Unter den verschiedenen Konstruktionen der Hausmelder ist die folgende sehr verbreitet.

Nach Zertrümmerung einer Scheibe wird ein an einer Schnur befindlicher Handgriff zugänglich; durch einmaliges Anziehen des letzteren wird ein Gewicht ausgelöst und die Zeichenscheibe läuft mehr-

mals um. Nach abermaligem Ziehen des Handgriffes erfolgt das
gleiche, so daß bis zum Ablauf des Gewichtes die Feuerwache die
Signale 4—6 mal hintereinander erhalten kann. Wird nach erfolgter
Meldung eine Taste im Gehäuse dauernd gedrückt, so wird die Leitung
durch ein Galvanoskop mit Erde verbunden, und es läßt sich an den
Ausschlägen des Galvanoskopes das von der Feuerwache gegebene
Rücksignal erkennen. Die Taste und das Galvanoskop werden auch
benutzt, um sich mit der Feuerwache durch Morsezeichen zu ver-
ständigen.

Es gibt auch Magnetsender. Diese enthalten einen Magnetinduktor
nebst Kontaktscheibe mit Aussparungen an der Peripherie; ein fallendes
Gewicht löst den Induktor aus, welcher Stromimpulse wechselnder
Richtung zum Empfänger sendet. Letzterer gibt den Anker eines
Elektromagnets frei und dreht einen Zeiger vor einem Zifferblatt der
Anzahl der Stromstöße entsprechend, bis er auf die Nummer des
rufenden Melders zeigt.

Neuerdings werden in Amerika tragbare Feuermeldeapparate verwendet, bei welchen ein Kabel benutzt wird, welches aus zwei leicht
isolierten Leitungen und einer Leitung zwischen ihnen von leicht
schmelzbarem Metall besteht, die bei einer gewissen Temperatur die
beiden anderen Leitungen kurzschließt.

Die Apparate bestehen aus Wecker mit Batterie, angeschlossen
an 100—200 m solchen Kabels, die über und zwischen die zu
schützenden Gegenstände ausgelegt werden können.

Es werden zuweilen Einrichtungen getroffen, um von der Straße
aus einen solchen Melder zur Auslösung zu bringen.

Bei den Feuerwehreinrichtungen in den großen deutschen Städten
haben sich für deren Verhältnisse diese einfachen, bequem und sicher
zu handhabenden Apparate sehr gut bewährt.

Es stellen einige deutsche Firmen Apparate her, welche dem Übel-
stande abhelfen sollen, daß u. U. die Zeichen zweier in derselben
Leitung liegenden, gleichzeitig in Gang gesetzten Melder sich gegenseitig stören.

Einige Städte verwenden für die öffentlichen Feuermelder nur
Fernsprecher, während letztere in anderen Orten als Ergänzungsmittel
neben den automatischen Meldern dienen.

Die Reichs-Telegraphen-Verwaltung stellt im Einvernehmen mit
der Feuerwehr sog. Nachtverbindungen her, um den Teilnehmern an
der Stadtfernsprecheinrichtung die Möglichkeit zur Meldung eines
Feuers mittels Fernsprechers auch des Nachts zu gewähren. Doch
haften dieser Einrichtung gewisse Mängel an, welche die Betriebssicherheit beeinträchtigen; auch darf die Zahl der anzuschließenden
Stellen nur eine verhältnismäßig geringe sein.

Zur Erreichung eines möglichst vollkommenen Zustandes wäre
eine Einrichtung anzustreben, durch welche von jedem Gebäude aus
ein öffentlichen Zwecken dienender Melder elektrisch erregt und so
das rasche Herbeirufen der Feuerwehr ermöglicht werden könnte.
Für Orte mit nur wenigen, aber langgestreckten Straßenzügen oder
für größere Gebäudeanlagen empfehlen sich Feuermelde-Einrichtungen
mit zweckmäßig verteilten Leitungen und unter Glasscheiben befindlichen, als Feuermeldestellen dienenden Kontaktknöpfen in Ruhe-

stromschaltung. Die Leitungen münden auf der Feuerwache in Tableauklappen.

(1111) **Betrieb der Sprechleitungen.** Für den Betrieb der Sprechleitungen ist der Ruhestrom zweckmäßig.

Die Feuerwachen werden von der Zentralstelle aus mittels Wechselstromweckers angerufen (durch Magnetinduktor oder Batteriestrom). Im Ruhezustande sind auf den Feuerwachen nur die Wecker in die Leitung eingeschaltet. Wird eine Feuerwache angerufen, so schaltet sie ihren Apparat in die Leitung ein. In Berlin erfolgt diese Umschaltung durch den sog. Fußtritt Umschalter.

So lange der Fuß auf der Leiste ruht, ist der Wecker aus- und der Apparat eingeschaltet. Auf der Zentralstelle liegt ein Schreibapparat mit Selbstauslösung stets in der Leitung. Nach Niederdrücken des Fußtritt-Umschalters kann daher jede Feuerwache die Zentrale anrufen. Will die Zentralstelle eine Feuerwache wecken, so schaltet sie durch Druck einer Taste den Apparat aus und gibt Wechselstromsignale in die Leitung ab.

Die einzelnen Feuerwachen können nach dem Gesagten nur durch Vermittlung der Zentralstelle miteinander in Verbindung treten. Die Feuerwache teilt der Zentralstelle den Wunsch mit, letztere weckt, und demnächst verkehren die Wachen untereinander.

Dies ist zweckmäßig, weil die Zentralstelle von jedem Verkehr der Feuerwachen untereinander Kenntnis zu nehmen hat und stets die ganze Sprechleitung zur sofortigen Verfügung haben muß. Die Batterie für die Sprechleitung wird in der Zentralstelle aufgestellt.

(1112) **Betrieb der Meldeleitungen.** In eine Meldeleitung kann man eine große Anzahl Melder einschalten; es ist nur dafür zu sorgen, daß die von den Meldern gegebenen Zeichen mit Sicherheit unterschieden werden können. Der Betrieb erfolgt mit Arbeits- oder Ruhestrom. Arbeitsstrom empfiehlt sich bei unterirdischen Leitungen aus Billigkeitsrücksichten uud auch deshalb, weil von irgend einem Punkte der Leitung aus ein Melder in eine einfache Abzweigung eingeschaltet werden kann, während bei Ruhestrombetrieb der Apparat in eine Schleife geschaltet werden muß.

Soll von der Leitung aus eine solche Abzweigung für einen Melder oder mehrere stattfinden, so geht man am besten von der Leitungsklemme eines in der Leitung liegenden Melders selbst aus. Dadurch wird eine Untersuchung der Zweigleitung, deren Endpunkt jetzt in dem benutzten Melder zugänglich ist, wesentlich erleichtert. Der Arbeitsstrombetrieb erfordert eine scharfe und ständige Kontrolle, welche sich bei Berufsfeuerwehren durch tägliche Prüfung einer Anzahl Melder jeder Linie leicht durchführen läßt.

Der Ruhestrombetrieb bietet den Vorteil, daß sich die Meldeapparate einfacher gestalten lassen, und daß Unterbrechungen der Leitung auf der Wache sogleich bemerkt werden. Bei dem Betriebe mit Arbeitsstrom zeigen sich dagegen Nebenschlüsse auf der Feuerwache durch das Galvanoskop, stärkere durch Ingangsetzung des Apparates an. Weil in unterirdischen Leitungen häufiger Nebenschlüsse als Unterbrechungen eintreten, ist auch aus diesem Grunde der Arbeitsstrom vorzuziehen; für oberirdische Leitungen ist indessen unbedingt das Ruhestromsystem zu wählen. Erscheint auf einer Feuerwache ein Meldezeichen, so alarmiert der Telegraphist die Wache durch Ingangsetzung eines laut tönenden Weckers.

Alle automatischen Melder müssen einer fortlaufenden Prüfung durch zeitweise Ingangsetzung unterworfen werden. Im Berliner Netz erfolgt diese Prüfung jeden zweiten Tag. In neuerer Zeit haben Feuermeldeapparate amerikanischen Ursprungs Eingang in einigen Städten Deutschlands gefunden. Diese Apparate unterscheiden sich von den übrigen dadurch, daß die Melder Nummern geben, welche durch die entsprechende Anzahl laut tönender Glockenschläge den rufenden Melder erkennen lassen. Gleichzeitig erscheint die Nummer dieses Melders auf einer Anzeigetafel. Hiermit in Verbindung läßt sich ein Morse-Aufnahmeapparat bringen, sowie eine Uhr mit Zeitstempel; letztere druckt die Zeit der einlaufenden Feuermeldung auf dem Morsestreifen auf, so daß eine wertvolle Zeit- und Zeichen-Kontrolle erfolgt.

Für große Magazine, Speicher u. dgl. gibt es automatische auf Ausdehnung von Metallen oder Schmelzen von Legierungen (auch von Paraffin) infolge der Wärme beruhende Feuermelder verschiedener Form. Diese müssen aus Betriebssicherheits-Rücksichten Ruhestromschaltung erhalten. Die Leitungen, von welchen jede einzelne eine größere Anzahl Melder enthalten kann, münden bei der Zentralstelle, woselbst sich die Batterie befindet, in einem Tableau. Durch geeignete Schaltungen läßt es sich erreichen, daß das Ansprechen eines solchen Temperaturmelders automatisch auf die Apparate der Feuerwache wirkt, wodurch deren Alarmierung unmittelbar erfolgt. Da hierdurch indessen vielfach falsche Alarme entstanden sind, zieht man meistens vor, ein besonderes Tableau als Zwischenapparat zu benutzen und die Alarmierung der Feuerwehr durch Menschenhand zu bewirken.

Ähnlich steht es mit Benutzung sog. Nebenmelder, kleinerer Melder verschiedener Art mit Batterie- oder Induktions-Betrieb, welche in Theatern, Versammlungsräumen, Warenhäusern u. dgl. Anwendung finden.

Bei der Hauptwache der Berliner Feuerwehr stehen elektrische Kontrolltableaux in Gebrauch, deren Stellung den Dirigenten, sowie die betreffenden Offiziere jederzeit die Wachbereitschaft der Löschzüge, wie der Wachvorsteher erkennen lassen.

Diese Einrichtungen bestehen aus einem Geber und mehreren synchron laufenden Empfängern, teils durch Doppelkontakte bewegte einfache Wechselstromklappen mit farbigen Scheiben, teils Signalscheiben mit sechsfacher Stellung. Letztere versetzt ein dreikontaktiger Kurbelapparat mit je einem Druckknopf für jede Scheibe durch Handbetrieb in Umlauf.

Der Empfänger enthält 3 Paar kreisförmig angeordneter, mit ihren Polschuhen in einer Ebene liegender Elektromagnete, von denen die sich gegenüberstehenden zwei je ein System bilden. Innerhalb des durch die Polschuhe gebildeten Zwischenraumes dreht sich ein die sechsfeldige Scheibe tragender Anker. Jede Tableauscheibe braucht 3 Leitungen; eine gemeinsame Rückleitung führt zur Batterie zurück.

(Ausführliche Beschreibungen und Zeichnungen von Apparaten und Schaltungen für Feuerwehrtelegraphen findet man in Schellen, der elektrom. Telegraph, VI. Aufl. Bearb. von Kareis. — Tobler, Die elektr. Feuerwehr-Telegr. 1883.)

Polizeitelegraphen.

(1113) **Leitungsnetz.** Die verschiedenen Polizeistellen werden unter sich und mit der Zentralstelle durch Sprechlinien verbunden. Letztere sind zweckmäßig unterirdisch anzulegen. Am besten ist es, wenn die von der Zentralstelle ausgehenden Sprechleitungen Kreise bilden und zur Zentralstelle zurückführen, weil in diesem Falle bei Eintritt einer Unterbrechung die Betriebsfähigkeit der Zweige und der Verkehr mit der Zentralstelle durch Erdverbindung aufrecht erhalten werden kann, einzelne Nebenschlüsse aber nicht schädlich einwirken.

(1114) **Betrieb.** Zum Betriebe dienen Morseapparate in Ruhestromschaltung. Der Anruf von der Zentralstelle aus erfolgt durch Wechselstrom und Wecker. Die Sprechleitungen sind auch in die Feuerwachen einzuführen, damit letztere in der Lage sind, im Notfalle ihren Apparat in den Polizeikreis einzuschalten.

(1115) Es bildet eine wesentliche Bedingung für Feuerwehr- und Polizeitelegraphen, daß sämtliche Einrichtungen und deren Handhabung so einfach wie möglich sind, und daß die größte Betriebssicherheit gewährleistet wird. Letztere wird durch Einfachheit der Apparate, Zusammenlegung der Batterien auf der Zentralstelle und Verwendung mehradriger Kabel mit Vorratsadern wesentlich gesteigert. Es empfiehlt sich ein Zusammenwirken der Polizei- und Feuerwehr-Telegraphenstationen in der Art, daß jede Polizeistation als Feuermeldestelle dient, indem sie Feuermeldungen zur Weiterbeförderung an die Zentralstation, welche zugleich Zentralstation der Feuerwehrlinie bildet, vom Publikum entgegennimmt.

In einigen Großstädten des Auslandes (Newyork, London) bestehen den öffentlichen Feuermeldestellen ähnliche Einrichtungen, welche sowohl den auf Posten befindlichen Polizeiorganen ermöglichen, auf telegraphischem Wege durch elektroautomatische Apparate Hilfe von der nächsten Polizeistation herbeizurufen, wie auch umgekehrt den Polizeiposten von den Wachen aus Mitteilungen über außergewöhnliche Vorkommnisse zu machen. Ebenfalls befinden sich derartige Apparate in Privathäusern, Banken usw. Die Konstruktion der Apparate ist verschiedenartig, meistens derart, daß jeder Apparat imstande ist, durch Zug an einem Knopfe ein bestimmtes Signal selbsttätig nach einer Station abzutelegraphieren. Hiermit lassen sich zweckmäßig Fernsprecher verbinden, auch findet vielfach ein automatischer Zeitstempel Anwendung.

XVI. Abschnitt.

Haus- und Gasthoftelegraphen.

(1116) **Allgemeines.** Die Anlagen sind entweder zur Übermittlung von Nachrichten von einem Raume zu einem andern entfernten bestimmt oder sie dienen nur zu Signalzwecken.

Im ersteren Falle erfolgt der Betrieb meistens mittels Fernsprecher und Mikrophon, im zweiten Falle werden verschiedenartige Signalapparate benutzt. Da im Abschnitt XII das für Fernsprechanlagen Erforderliche enthalten ist, so werden im nachfolgenden nur die Anlagen zu Signalzwecken behandelt.

Es können hier nur die Grundzüge der Konstruktionen und Schaltungen beschrieben werden; wegen aller Einzelheiten muß auf Spezialwerke verwiesen werden: C a n t e r, Haus- und Hoteltelegraphen. — E r f u r t h, Haustelegraphie, Telephonie und Blitzableiter in Theorie und Praxis. — M i x u n d G e n e s t, Anleitung zum Bau elektrischer Haustelegraphen-, Telephon- und Blitzableiter-Anlagen, 4. Aufl. —

(1117) **Gebeapparate.** Die Signalabgabe erfolgt entweder beabsichtigt oder selbsttätig. Gewöhnlich verwendet man sog. Kontaktknöpfe, welche Druck- oder Zugkontakte sein und für Arbeits- oder Ruhestrom eingerichtet sein können.

Die Kontaktknöpfe für Druck (Druckknöpfe) bestehen aus einem Gehäuse aus Holz, Porzellan oder Metall, in welchem zwei Blattfedern sich befinden, von denen eine einen kleinen zylindrischen Körper (aus Holz, Knochen usw.) aus der Öffnung des Gehäuses herauszudrücken sucht. Durch Niederdrücken des Zylinders (Knopfes) berühren sich die beiden Federn (bei Arbeitsstrom), oder es wird der Kontakt zwischen den Federn aufgehoben (bei Ruhestrom).

Bei den Kontaktknöpfen für Zug (Zugkontakte) wird durch eine Zugstange der Kontakt hergestellt, indem gewöhnlich die Enden zweier isolierter Federn von einem isolierenden Ring gezogen werden und durch Berührung eines Metallringes Stromschluß herbeiführen. Eine starke Feder führt die Zugstange wieder in ihre Lage zurück.

Die Kontaktgeber lassen sich auch als Tretkontakte herstellen.

Die Geber können zur Befestigung an einem Gegenstand eingerichtet sein oder sie hängen an Leitungsschnüren.

Die Gebeapparate werden jetzt in der verschiedenartigsten Ausführung hergestellt, als Tischstationen, Briefbeschwerer, Haustürdruckplatten für mehrere Etagen; ferner gibt es Tür- und Fenster-

sowie sog. Badekontakte; letztere sorgfältig geschlossen, um das Eindringen von Feuchtigkeit zu verhüten.

(1118) **Signalapparate.** Als solche dienen Wecker und Anzeigeapparate (Tableaux).

Wecker. Es werden Wecker für Selbstunterbrechung wie für Selbst-Ausschluß der Elektromagnetrollen und polarisierte Wecker benutzt. Vgl. hierüber (1022, 1045 a).

Man kann Wecker mit anhaltendem Läuten, einfachem Schlag, langsamem Schlag oder auch mit sichtbarem Signal verwenden. Die sog. Universalwecker vereinigen diese Tätigkeiten in sich. Die Umschaltung wird durch eine vierte Klemme bewirkt. An Stelle der üblichen Zahnstange ist ein Zahnradsegment getreten.

Anzeigeapparate (Tableaux) dienen zum Erkennen der rufenden Stelle. Infolge Einwirkung des Stromes auf einen Elektromagnet läßt dessen Anker eine Scheibe los, durch deren Fall entweder eine Scheibe mit Bezeichnung sichtbar wird, oder es trägt die aus einem Schlitz des Gehäuses herausfallende oder hinter einem Glasabschluß vortretende Scheibe selbst die Bezeichnung. Eine größere Zahl solcher Elektromagnete mit Fallscheiben ist in einem Holzkasten angebracht. Zuweilen wird auch durch das Herabfallen der Scheibe ein Ortsstromkreis mit Wecker geschlossen; letzterer ertönt dann so lange, bis die Scheibe wieder in ihre Ruhelage gebracht wird. Meistens durchfließt aber jeder einen Elektromagnet in Tätigkeit setzende Strom gleichzeitig einen für alle Scheiben gemeinsamen Wecker, der so lange ertönt, als der Druckknopf den Kontakt herstellt.

Für einfache Anlagen kann man einen Wecker mit Fallscheibe benutzen, um festzustellen, ob gerufen worden ist, oder um einen zweiten Weckerkreis zu schließen.

Sollen in Tätigkeit gesetzte Fallklappen von irgend einer anderen Stelle wieder in die Ruhelage zurückgenommen werden, so gelangen sog. Wechselstromklappen zur Anwendung. Diese enthalten zwei voneinander unabhängige Elektromagnete mit einem zwischen beiden drehbaren Hufeisenmagnet, auf dessen einem Schenkel die Tableauklappe befestigt ist. Wird der zweite Elektromagnet erregt, so folgt der Magnet nach dieser Richtung und führt die Klappe in die Ruhelage zurück. Um in Hotels eine große Anzahl von Bestellungen zu vermitteln, dient das „Pansignal“ von Carleton. In jedem Zimmer befindet sich ein Sender, in welchen man Stöpsel, entsprechend den Angaben in einer Liste, einsetzen kann. Dann ist das Triebwerk aufzuziehen und die Zentrale zu benachrichtigen. Diese schaltet die Leitung auf 2 Morse-Registrierapparate und gibt durch Tastendruck die Sperrung der Sender frei. Im Sender dreht sich nun ein Arm über eine Reihe von Kontakten, welche Zimmernummer, Listennummer und weitere Angaben enthalten.

Zeitkontakt. Eine Uhr, welche jede Viertelstunde Kontakt macht und dabei durch eine Fortschalteeinrichtung einen Schlitten mit Kontaktfedern längs einer Schiene verschiebt, an welchem für jede Viertelstunde ein Kontaktstück angebracht ist. Von jedem Kontaktstücke führt eine Leitung zu einem Haken auf einem Schaltbrett, welcher die Angabe der Zeit des Kontaktschlusses trägt und an welchen die Leitungen zu den Zimmern, in welchen um diese Zeit geweckt werden soll, angehängt werden.

Tableaux für Fahrstühle ermöglichen, dem Führer anzuzeigen, in welcher Etage er anhalten soll. Das Tableau ist durch eine mehradrige, durch ein Rollgewicht gespannte Leitungsschnur mit den zur Batterie und den Etagenknöpfen führenden Leitungen verbunden.

(1119) Stromquellen. Als Stromquellen verwendet man in der Regel Elemente nach Konstruktion der Leclanché- oder Daniell-Elemente, auch Trocken-Elemente (siehe 625).

Auch läßt sich bei Vorhandensein von Starkstrom die Betriebskraft von diesem unter Vorschalten von Widerständen (Glühlampen) abzweigen.

(1120) Schaltungen für Haus- und Gasthofsignale. Es kann die Signaleinrichtung dazu dienen, um

a) von einer oder mehreren Rufstellen aus nach einer Richtung hin nur Weckrufe zu geben;

b) von der Empfangstelle aus auch Rücksignale zu geben;

c) auf der Empfangstelle nicht allein die Weckrufe zu erhalten, sondern auch aus einem sichtbar werdenden Zeichen die Lage der rufenden Stelle zu erkennen.

Zur Erreichung dieser Zwecke kann man Arbeits- oder Ruhestrom anwenden. Am häufigsten werden Arbeitsstromschaltungen benutzt.

a) Weckrufe nach einer Richtung (Arbeitsstrom).

1. Soll ein Wecker von einer Stelle aus betrieben werden, so werden die Batterie, der Druckknopf (Taste) und Wecker hintereinander geschaltet (Wecker mit Selbstunterbrechung). Sollen mehrere Wecker gleichzeitig auf den Tastendruck einer Stelle ertönen, so verwendet man Wecker mit Selbstausschluß und schaltet diese hintereinander.

2. Sind mehrere Rufstellen vorhanden, so bildet man aus Batterie, Wecker und einem Druckknopf (dem am entferntest belegenen) einen Stromkreis und legt alle anderen Druckknöpfe mittels Zuleitungen zwischen die beiden Zweige der Hauptleitung, so daß auf jeder Rufstelle der Stromschluß herbeigeführt werden kann.

b) Weckrufe nach beiden Richtungen (sog. Korrespondenzleitung).

1. Soll Ruhestrom verwendet werden, so sind die Wecker der rufenden und empfangenden Stelle mit der Batterie und den Druckknöpfen hintereinander zu schalten. Wecker und Druckknöpfe für Ruhestrom. Erforderlich Ortsbatterien.

2. Soll Arbeitsstrom verwendet werden, so sind drei Leitungen erforderlich. Der Druckknopf der Stelle I, die Batterie und der Wecker der Stelle II sind in einen Stromkreis zu legen und als Nebenschluß zu diesem der Druckknopf der Stelle II und der Wecker der Stelle I zu schalten. Knopf II schließt den Kreis des Weckers I, Knopf I den des Weckers II.

c) Auf der Empfangsstelle soll die rufende Stelle erkennbar werden. Außer dem Wecker ist ein Anzeigeapparat mit Fallscheiben erforderlich. Man kann die Einrichtung so treffen, daß der Elektromagnet einer Fallscheibe jedesmal mit dem Wecker zugleich vom Strome beeinflußt wird, der Wecker also nur so lange tönt, als der

Strom geschlossen wird, oder daß durch das Fallen der Scheibe ein Ortsstromkreis, in dem der Wecker liegt, geschlossen wird. Der Wecker ertönt dann bis zur Abstellung der Scheibe. Von der Batterie aus kann man einen Leitungszweig mit Abzweigungen zu den Druckknöpfen und von jedem Druckknopf zurück eine besondere Leitung zu den Elektromagneten der Signaleinrichtung führen. Das andere Ende der Elektromagnetwickelungen liegt an einer mit dem zweiten Batteriepol verbundenen gemeinsamen Klemme des Signalapparates, so daß jeder Druckknopf den zugehörigen Elektromagnet in Tätigkeit setzt.

Will man in jedem Stockwerk einen besonderen Signalscheibenapparat betreiben, so wird der eine Zweig der Hauptleitung von der Batterie aus bis in das oberste Stockwerk geleitet, und von dieser Leitung werden Abzweigungen in die anderen Stockwerke geführt. Mit den Abzweigungen verbindet man die Druckknöpfe, anderseits führen von letzteren Leitungen zu den Signalapparaten. Vom zweiten Pol der Batterie führt eine Leitung mit Abzweigungen zu den gemeinschaftlichen Klemmen der Apparate. In die gemeinsame Rückleitung wird ein Stockwerkzeiger eingeschaltet.

Für regen Verkehr in Gasthöfen bestehen Tableauklappen mit drehbarer Zeichenscheibe, welche bei 1, 2, 3 maligem Klingeln die betreffende Zahl erscheinen lassen.

Zur einfachen Kontrolle kann bei der Aufsichtsstelle ein Pendeltableau benutzt werden, dessen Klappen in den Rückleitungen der Etagentableaux liegen; soll hingegen auch die Zeit zwischen Ruf und Bedienung kontrolliert werden, so ist ein Stromwechseltableau erforderlich, dessen Klappen in der Rückleitung liegen und zweckmäßig mit den Kontakten der Abstellvorrichtung an den Etagentableaux zurückgestellt werden.

Diese Einrichtung besteht aus einem drehbaren, in Ruhe senkrecht stehenden Magnete, welcher durch den in einer länglichen zu ihm parallel liegenden Drahtspule wirkenden Strom bis zu einem Anschlage abgelenkt wird.

Neuerdings werden billige kleine tragbare Fernsprech-Systeme (Mikrophone ohne Induktionsspule) zur Einschaltung in vorhandene Hausweckeranlagen gefertigt, welche u. a. auch durch Kuppelungsdosen Anschluß erhalten können.

Die Kontaktkörper der letzteren bergen Hin- und Rückleitung, sowie auch die Poldrähte der Batterie, während das Anschlußkabel der Fernsprechapparate einen Verbindungsstöpsel trägt, an welchem einer oder zwei Kontaktstifte stärker sind und vorstehen, so daß der Stöpsel nur in einer bestimmten Stellung in die Dose gesteckt werden kann.

Linienwähler; entweder mit Kurbel auf Kontakten schleifend oder durch Klinken mittels Stöpselschaltung so eingerichtet, daß von unbeteiligten Stellen Gespräche nicht mitgehört werden können, während sie gleichzeitig die Verbindung einer größeren Anzahl Fernsprechstellen beliebig untereinander ermöglichen.

Bei Batterieanruf bedarf es 2 Drähte mehr als Stationen vorhanden sind, bei Induktorbetrieb außer den Liniendrähten nur einer allgemeinen Rückleitung mehr.

Kommt eine Zentrale in Betracht, so erhält der Linienwähler ein Stöpselloch mehr, welches durch eine Leitung mit der Zentrale verbunden ist. Dieses Stöpselloch enthät eine besondere, die Leitung mit einem Wecker verbindende Kontaktfeder. Beim Anschließen des Sprechapparates wird diese Feder beiseite gedrückt und der Wecker so ausgeschaltet.

Wechselschalter dienen zum Verkehr einer Hauptstelle mit 2 Nebenstellen derart, daß während eines Gespräches mit einer Stelle die andere sich durch Weckruf bemerkbar machen kann. Im Schalter sitzen 4 Klemmen, außen befindet sich ein Kurbelhandgriff.

Sollen beide Nebenstellen durch Vermittelung der Hauptstelle in Verbindung treten, so bedient man sich eines Wechselzwischenschalters, welcher außer den eben angeführten noch 2 Klemmen und eine Kurbelstellung mehr enthält. Die beiden Klemmen dienen zur Aufnahme der Drähte für einen Wecker.

(1121) Türkontakte sollen das Öffnen einer Tür anzeigen, indem durch ihre Bewegung ein Wecker in Tätigkeit tritt. Der Türkontakt schließt den Weckerkreis entweder so lange, wie die Tür geöffnet bleibt, oder nur für eine kurze Zeit während des Öffnens und Wiederschließens.

Die Konstruktionen für den ersten Fall sind verschiedenartig.

Der einfachste Apparat besteht aus einem gebogenen Metallstück, welches am oberen Türpfosten angebracht wird; gegen den zweimal rechtwinklig umgebogenen Teil legt sich ein federnder Streifen, der beim Schließen der Tür von einem am oberen Türrahmen angebrachten emporstehenden Stift abgedrückt wird. Das gebogene Metallstück und der federnde Streifen werden mit dem Stromkreis verbunden.

Häufig werden auch zwei miteinander verbundene federnde Metallstücke in den Türpfosten eingelassen; so lange die Tür geschlossen ist, drückt die Kante der letzteren auf einen beweglichen isolierten Vorsprung des oberen Stückes und preßt dadurch das untere ab. Wird die Tür geöffnet, so legt sich der hintere federnde Streifen mit seinem unteren Ende gegen den festgeschraubten Streifen, und der Weckerkreis wird geschlossen.

Soll der Wecker nur kurze Zeit ertönen, so schraubt man am Türpfosten zwei senkrecht gegen letzteren abstehende Federn an; die eine wird mit einem länglichen Wulst versehen, gegen den die obere Türkante schleift; hierdurch werden die Federn in Kontakt gebracht.

Zur Sicherung für Wertgelasse gegen Einbruch usw. werden sog. Fadenkontakte verwendet, welche darauf beruhen, daß ein an der zu sichernden Stelle ausgespannter Faden, beim versuchten Eindringen zerrissen oder beiseite gedrückt, zwei elektrische Kontakte öffnet oder schließt und so die Wecker in Bewegung setzt. (Ruhestrom vorzuziehen.)

Außer diesen einfacheren Vorrichtungen gibt es zahlreiche andere, bezüglich deren auf die oben genannten Spezialwerke für Haustelegraphie verwiesen werden muß. Ein neuer Apparat ist der „Argus" von Emanuel Berg in Berlin.

Sicherheitsschaltung für Wecker. Die einzelnen Wecker haben je zwei Wickelungen, von denen eine reihenweise in eine Ringleitung gelegt ist, während die andere an jedem Punkte eine Erdabzweigung darstellt. Diese Anlage wirkt auch, wenn irgendwo Bruch oder Erdschluß auftritt.

Bei einer anderen Schaltung liegen die Primärspulen einer Anzahl Transformatoren in der Ringleitung; an die Sekundärspulen sind die andrerseits an Erde gelegten Wecker oder der Induktor gelegt, während die anderen Pole der Sekundärwicklungen mit der Leitung verbunden sind.

(1122) **Herstellung der Leitungen innerhalb der Räume. Material.** Zu den Leitungen innerhalb der Räume ist isolierter Kupferdraht zu wählen, je nach den Verhältnissen mit Baumwolle umsponnener und mit Wachs getränkter oder mit Guttapercha, Zellulose oder vulkanisiertem Gummi isolierter Draht (mit Baumwolle-umspinnung) oder Bleikabel.

Drahtstärke 0,8 bis 1 mm.

Die Wachsdrähte sind der Farbe der Wände entsprechend zu wählen, falls sie sichtbar geführt werden. Für den Anschlag rechnet man nach Erfurth (Haustelegraphie) auf 1 kg

bei einem Durchmesser des blanken Drahtes von

	0,8 mm	0,9 mm	1,0 mm
Wachsdraht	175 m	145 m	125 m
Guttaperchadraht mit Baumwolle-umspinnung	155 m	110 m	90 m

(1123) **Befestigung der Leitungen.** Freiliegende Leitungen sind mittels verzinkter Eisenhaken oder Klammern zu befestigen. Beim Einschlagen ist mit Vorsicht zu verfahren, damit die isolierende Hülle nicht beschädigt werde. Zuweilen befestigt man auch kleine Porzellan-röllchen mittels eines Stiftes an den Wänden und wickelt um diese Röllchen die Leitungen. Sollen die Leitungen nicht sichtbar sein, so werden sie am zweckmäßigsten in schmale, im Wandverputz her-gestellte Rinnen verlegt. Es muß aber dann Guttaperchadraht ver-wendet werden. Ist das Mauerwerk feucht, so wird die Guttapercha-leitung mit einem Asphaltanstrich versehen.

Die eingelegten Drähte sollten nicht mit Kalk, Zement oder Gips bedeckt werden, weil nicht allein daraus Fehlerquellen entspringen können, sondern auch eingetretene Fehler schwerer zu beseitigen sind. Ausfüllung der Rinne mit einer Holzleiste ist jedenfalls vorzuziehen.

Müssen die Leitungen durch Wände geführt werden, so ist in die Durchbohrung ein Porzellan- oder Ebonitrohr zu setzen.

Verbindungsstellen sind gut zu verlöten und mittels Guttapercha-papier zu isolieren. Bezüglich der Bleikabel vgl. (721, 732).

Wo in fertigen Wohnräumen Leitungen angebracht werden sollen, ohne daß Decken und Wände beschädigt werden, bedient man sich zweckmäßig der von Peschel angegebenen Verlegungsart (Seite 595). In die Wand werden Haken eingeschlagen, in denen sich Porzellan-ringe leicht befestigen lassen. Durch die Ringe zieht man die Leitung (vgl. ETZ. 1893, S. 290). Auch empfiehlt sich die Benutzung der Patent-Ösenschnüre. Bei umfangreicheren Anlagen ist mehradriges Bleirohrkabel oder Papierröhren von Bergmann (Seite 595) anzuwenden.

(1124) **Leitungen im Freien** werden nach den unter (959) ff. angegebenen Regeln hergestellt.

Elektrische Uhren, Registrierapparate und Fernmelder.

Uhren.

(1125) Arten der Uhren. Zu unterscheiden sind selbständige Uhren und Nebenuhren. Hinsichtlich der Betriebsweise unterscheidet man:

1. Uhren (Penduluhren), welche unabhängig von einer Normaluhr durch den elektrischen Strom betrieben werden.

2. Uhren ohne eigenes Gangwerk, welche jede Minute — oder in anderen Zeitabständen — von einer Normaluhr elektrischen Anstoß zur Ingangsetzung der Zeiger erhalten. (Sympathische Uhren.)

3. Uhren, welche ebenfalls von einer Normaluhr elektrischen Strom erhalten; dieser dient indessen nur zur Regulierung des Gangwerkes.

Der Betrieb kann entweder mittels gewöhnlicher oder durch polarisierte Elektromagnete erfolgen (Gleichstrom- oder Wechselstrom-Uhren). Letztere abeiten verläßlicher, weil

a) die Wirkung eine energischere ist,

b) die Bewegung des Ankers eine rotierende, also ruhige ist,

c) das Einstellen des Ankers sicherer erfolgt,

d) fremde Ströme (Gewitter) keinen störenden Einfluß auf den Gang ausüben.

Ferner ermöglicht der Wechselstrombetrieb die Verwendung großer Zifferblätter (bis zu 4 m Durchmesser).

(1126) Bei den **selbständigen Uhren** wird die Triebkraft (Gewicht oder Feder) durch Einwirkung des elektrischen Stromes auf die Pendelschwingungen ersetzt. Diese Einwirkung ist entweder eine mittelbare oder unmittelbare. Bedingung regelmäßigen und zuverlässigen Ganges sind neben sorgfältiger Konstruktion der Uhrmechanismen ruhiger und gleichmäßiger Kontaktschluß, Vermeidung der schädlichen Wirkungen der Extraströme auf die Kontaktstellen, Verhütung starker Stöße auf den Pendelgang und richtige Bemessung der auf den Gang des Pendels einwirkenden Kraft, welche dem Verlust, den das Pendel durch Reibung, Luftwiderstand und verrichtete Arbeit

(Kontaktschluß) erleidet, proportional sein muß. Unter den verschiedenen Systemen entsprechen diesen Bedingungen u. a. die elektrische Uhr der Stockholmer Sternwarte und die selbständige elektrische
Uhr von Hipp. Bei erste-
rer ist die Einwirkung des
elektrischen Stromes auf
das Pendel eine mittelbare.

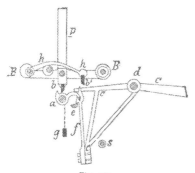

Durch die infolge Kontaktschlusses in jeder Sekunde
erfolgende Bewegung eines
Elektromagnetankers wird
ein kleines Gewicht g (Fig.
648), welches auf der Achse
a an einer seidenen Schnur
befestigt ist, aufgezogen und
gibt dem Pendel P durch
den an a befindlichen oberen Ansatz jedesmal einen
weiteren Anstoß, wenn der
Achse a durch die Schwingungen des Pendels der

Fig. 648.

Stützpunkt der Feder f durch b^1 genommen wird. b und b^1 sind
Steine, welche an der Metallschiene BB bezw. dem Pendel P befestigt sind. b^1, in den um seine Achse drehbaren Arm h eingesetzt,
ist beweglich. Der Kontakt-
schluß, durch welchen g wieder
aufgezogen und die Wiederein-
rückung der ausgelösten Teile
bewirkt wird, erfolgt durch
Achse a bei ihrer Drehung im
Sinne des Gewichtsfalles (vgl.
Merling, Elekt. Uhren, Bd. II).

Bei Hipps Uhr ist die Einwirkung des elektrischen Stromes auf das Pendel eine unmittelbare. Pendel P (Fig. 649)
trägt an seinem unteren Ende
einen Anker a, auf welchen die
Polschuhe des Elektromagnetes
E dann einwirken, wenn Kontakt c bei sich verlangsamen-
dem Gange des Pendels durch
dieses selbst geschlossen wird
(Elektr. Zschr., Bd. VI, Heft 11).

Die auf die Kontaktstellen
schädlich wirkenden Einflüsse
der beim Öffnen des Kontaktes
eintretenden Extraströme werden
in den bei elektrischen Uhren

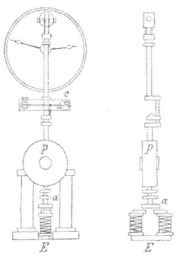

Fig. 649.

zur Anwendung kommenden Kontaktvorrichtungen dadurch aufgehoben, daß vor der sich vollziehenden Trennung der Kontakt-

stellen ein Kurzschluß hergestellt wird, in welchem die Extraströme verlaufen können. In Schema Fig. 650 legt sich die Feder b an Kontaktschraube d an, bevor die Trennung von a stattgefunden hat.

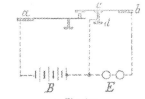

(1127) **Nebenuhren** sind Zeigerwerke, auf welche die Bewegung eines Elektromagnetankers in bestimmten Zeitabschnitten (Sekunde — Minute) in der Weise einwirkt, daß sich der Sekunden- bezw. Minutenzeiger um die für ihn bestimmte Zeitteilung weiterschiebt. Bei Uhren mit einem Zifferblatte wird die Bewegung unmittelbar auf das

Fig. 650.

Steigrad, bei Doppeluhren auf eine die beiden Zeigerwerke verbindende Achse übermittelt. Bedingung für die Konstruktion guter Nebenuhren ist möglichste Vermeidung der aus der Ankeranziehung sich ergebenden Stöße auf das Zeigerwerk, dessen Gang ein leichter und zuverlässiger sein soll, und richtige Bemessung der Elektromagnete. Für die Herstellung der letzteren ist die in der Nebenuhr zu überwindende Reibung, das für die Übertragung der Ankerbewegung auf die Uhr gewählte Verhältnis, Widerstand der äußeren Leitung, Schaltungsweise und die zum Betriebe erforderliche Stromstärke maßgebend.

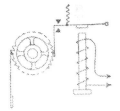

Fig. 651.

Die Größe der Uhren, bis zu welcher noch sicheres Arbeiten bei unmittelbarem Antriebe zu erwarten steht, ist nach den vorhandenen Systemen verschieden. Hipp (Neufchatel) geht bis 1,20 m, Grau-Wagner (Wiesbaden) bis 2 m Zifferblatt-Durchmesser.

Die Bewegung des Ankers kann durch Gleichstrom oder Wechselstrom vermittelt werden.

Im ersten Falle beruht sie auf einfacher Anziehung durch den Elektromagnet, während der Rückgang des Ankers mit Hilfe einer Feder oder eines Gewichtes erfolgt (Fig. 651).

Die Anwendung des Wechselstromes setzt polarisierte Werke voraus, deren Anker eine schwingende Bewegung ausführt. Einige der bekanntesten Wechselstromwerke werden in ihren Grundlagen nachstehend erläutert.

1. Uhr von **Hipp** (Fig. 652). Der um b drehbare Anker A sowie die Kerne $m\,m^1$ des Elektromagnetes sind polarisiert; $m\,m^1$ nordmagnetisch, Anker A südmagnetisch. A schwingt zwi-

Fig. 652.

schen m und m^1, je nachdem durch Entsendung von Strömen wechselnder Richtung durch die Elektromagnetrollen der Nordmagnetismus in m oder m^1 überwiegt. Die Bewegung des Ankers hierbei beträgt 60^0. $c\,c^1$ sind Anschlagstifte.

2. **Uhr von Grau-Wagner** (Fig. 653). Der Anker A besteht
aus den beiden um 90^0 gegeneinander gestellten Teilen $a\,a^1$ und $b\,b^1$,
welche durch eine Messinghülse von-
einander getrennt auf einer Achse sich
befinden, deren Zapfen in den Polen
eines Dauermagnetes gelagert sind.
Demgemäß sind sie polarisiert, etwa
$a\,a^1$ Nordpol, $b\,b^1$ Südpol. Polschuh
p des Elektromagnets E ist unter Einwirkung von b ein Nordpol, Polschuh
p^1 unter Einwirkung von a^1 ein Südpol. Wird die Polarität unter Einwirkung des durch E laufenden Stromes
in p und p^1 umgekehrt, so wird p
abstoßend auf b und anziehend auf a,
p^1 abstoßend auf a^1 und anziehend
auf b wirken, so daß das ganze
Ankersystem A sich unter Einwirkung dieser 4 Kräfte um 90^0
drehen muß.

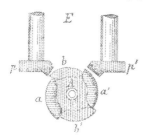

Fig. 653.

3. **Uhr von Bohmeyer**
(Fig. 654). Die Eisenkerne
$a\,b$ stehen auf dem einen Pol
eines Dauermagnetes $c\,d$; der
Eisenanker $e\,f$ ist wegen der
unmittelbaren Nähe des andern Poles entgegengesetzt
magnetisiert. Die Enden von
$a\,b$ sind halb gefeilt, dicht vor
den Flächen liegt der drehbare
Anker $e\,f$. Durch Ströme
wechselnder Richtung wird
entweder e nach a oder f nach
b zu bewegt und infolgedessen durch das Hebelwerk $i\,h$
und die Sperrkegel $n\,m$ das
Minutenrad gedreht. Die Stifte
o und p verhindern ein zu
weites Vorschieben des Rades.
Als geringste Stromstärke wird
0,005 A angegeben.

(1128) **Die Hauptuhr** (Normaluhr) **zum Betriebe der
Nebenuhren.** Für die zum
Betriebe der Nebenuhren zu
verwendende Haupt- oder Normaluhr ist untadelhafter Gang
Erfordernis. Zweckmäßig werden gute Regulatoren mit Ge-
wichtsbetrieb und Sekunden-
pendel zur Anwendung ge-
bracht, doch soll zur Vermei-

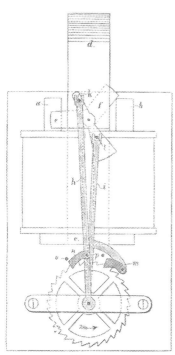

Fig. 654.

dung störender Einflüsse auf den Gang der Uhr der Schluß der Kontakte nicht im Uhrwerke selbst erfolgen, sondern es soll das Uhrwerk zu letzterem Zwecke ein mit ihm verbundenes besonderes Laufwerk alle Minute usw. auslösen, welches seinerseits alsdann den Kontaktschluß bewirkt. Die hierzu verwendeten Vorrichtungen sind mannigfachster Art und entsprechen, je nachdem Gleichstrom oder Wechselstrom zur Anwendung kommt, der Schluß einer oder mehrerer Linien beabsichtigt ist, dem in Fig. 650 und Fig. 655 gegebenen Schema, oder einer Vereinigung beider. In Fig. 655 liegen die beiden die Verbindung zum Uhrenkreise vermittelnden Federn ab an dem mit + der Batterie verbundenen Ständer c im Ruhezustande an. Exzenter x, welches durch das mit der Hauptuhr verbundene Laufwerk jede Minute um 180^0 gedreht wird, hebt bei seinem Umgange einmal a, das andere Mal b von c ab, gleichzeitig a bzw. b mit — der Batterie verbindend. Bevor x a oder b wieder verläßt, wird zwischen a bzw. b und c der Kontakt wieder geschlossen und die Bildung des Öffnungsfunkens vermieden.

Fig. 655.

Turmuhren können auch durch Elektromotoren betrieben werden. Der Elektromotor übt auf eine Friktionsscheibe den sonst durch Gewichte hervorgebrachten Zug, während durch eine Reihe von Kontakten auf den Minuten- und Stundenrädern nach Ablauf der Viertel- und vollen Stunden Elektromagnete erregt werden, welche die Glocken schlagen.

(1129) **Schaltung der Nebenuhren.** Nebenuhren können sowohl in Reihen- als in Nebeneinanderschaltung betrieben werden.

Sollen Uhren verschiedener Größe betrieben werden, so empfiehlt sich die Nebeneinanderschaltung. Behufs Regulierung des Stromverbrauches sind aber dann passende Widerstände vorzuschalten oder die Wickelungen der einzelnen Elektromagnete verschiedener Größe sind so zu bemessen, daß sich für jeden dieselbe Klemmenspannung ergibt.

C. Th. Wagner (Wiesbaden) fertigt die Elektromagnete für eine Klemmenspannung von 9—10 V, so daß für ein Zifferblatt vom Durchmesser d cm $0,004 \cdot d$ Watt verfügbar werden.

(1130) **Große Nebenuhren mit Auslösung.** Die Zeigerwerke größerer Nebenuhren (Turmuhren) haben keinen direkten elektrischen Antrieb, sondern sind mit einem besonderen durch Gewicht oder Feder gezogenen Laufwerk ausgerüstet, welches, durch den elektrischen Strom jede Minute zur Auslösung gebracht, die Zeiger treibt.

(1131) **Regulierung von Uhren durch den elektrischen Strom.** Die Regulierung erfolgt in bestimmten Zeiten zur vollen Stunde von einer Hauptuhr aus, welche durch Leitungen mit den in den Uhren angebrachten elektromagnetischen Regulierungswerken verbunden ist.

Wird der Strom zur bestimmten Zeit durch die Nebenuhr geschlossen, so erfolgt eine entsprechende Einstellung des Zeigers oder es wirkt der Strom beschleunigend bezw. hemmend auf das Pendel oder auf den Mechanismus selbst ein. Eine Anzahl solcher Regulierungssysteme ist bereits früher erdacht worden (vgl. ETZ. 1886, S. 353).

Osnaghi hat ein besonderes Regulierungssystem veröffentlicht, bei welchem die Hauptuhr von einer Normaluhr in ihrem Pendelgange elektrisch reguliert und in jede Uhrenlinie mit Hilfe der Hauptuhr alle 12 Stunden magnetelektrische Ströme zum Einstellen der Minutenzeiger entsendet werden (vgl. Fortschr. d. Elektr. 1887, 4252).

Nach dem System von Dumont und Lepante werden Nebenuhren mit Hilfe der Telegraphenleitungen geregelt, indem in Zwischenräumen von je 12 Stunden eine Minute lang Strom entsendet wird; der Elektromagnet der Nebenuhr hält letztere um 12 Uhr an, so daß der mögliche Ausgleich zwei Minuten beträgt (vgl. Fortschr. d. Elektrot. 1889, 2106).

Mayrhofer hat die Benutzung der Fernsprechnetze in Städten zur Regulierung vorgeschlagen. Auf dem Vermittelungsamt wird zu bestimmten Zeiten ein Verteiler ausgelöst, an die Leitungen geschaltet und Strom entsendet; der Elektromagnet der Nebenuhr stellt die Zeiger ein. Das Uhrwerk des Verteilers kann elektrisch, pneumatisch oder mechanisch ausgelöst werden (vgl. Fortschr. d. Elektrot. 1889, 2107).

Um hierbei die Telephonleitungen nicht zu unterbrechen, legt v. Orth in ihre gemeinsame Erdleitung einen Widerstand und in den Nebenschluß dann die Hauptuhr nebst Batterie und Stromschlußvorrichtung.

v. Hefner-Alteneck verbindet die Uhren mit einer Zentralanlage zur Lieferung von elektrischem Strom. In jeder Uhr befindet sich ein Elektromagnet, dessen Anker abgerissen wird, wenn die Spannung des Leitungsnetzes erheblich, zB. auf die Hälfte, vermindert wird. Der Anker ist mit einem Zeigerstellwerk verbunden. Täglich zu bestimmter Zeit wird die Spannung im Leitungsnetz für einen Augenblick erniedrigt und damit die Uhren gestellt.

(Thury.) Ein Gleichstromelektromotor mit feststehendem Ringanker und drehbarem Feldmagnet gibt an 3 Stellen Wechselströme ab, welche in den Nebenuhren synchron laufende Drehfelder erzeugen. Die Regulierung der Geschwindigkeit erfolgt durch ein konisches Pendel, welches durch einen Kontakt eine Hilfswickelung des Feldes aus- und einschaltet.

(Akt.-Ges. Magneta.) Als Stromquelle dient eine zwischen den Polen eines Hufeisenmagnetes feststehende Drahtspule. Durch ein mittels Gewichts betriebenes Werk wird in regelmäßigen Zeiträumen ein durch die Spule gehender Anker um 180° gedreht, so daß die Kraftlinienzahl der Spule geändert wird. Die entstehenden Induktionsströme bewegen die Nebenuhren.

Für genaueste zentrale Richtighaltung öffentlicher Uhren ist die sympathische Regulierung der Pendelschwingungen (nach Jones) bevorzugt worden. Von der astronomischen Zentraluhr der Berliner Sternwarte gehen alle zwei Sekunden elektrische Ströme aus, welche die Pendel der öffentlichen Uhren unablässig in Übereinstimmung mit dem Pendel der Zentraluhr halten.

Das geschieht entweder mit Hilfe von dem Pendel eingefügten, in der Nähe eines Elektromagnetes schwingenden Stahlmagneten oder mittels am Pendel angebrachter, durch Drahtwindungen laufender Drahtspiralen, welche Anziehungs- und Abstoßungs-Wirkungen genau im Takte der Schwingungen der Zentraluhr empfangen.

Mit Hilfe derselben Leitungen kann etwa allstündlich während einer Unterbrechung ein Rücksignal nach der Zentraluhr selbsttätig entsandt werden, welches, auf einem Registrierapparat empfangen, zur stündlichen Kontrolle benutzt wird. Ferner besteht die Einrichtung, daß bei Störungen in einer Uhr eine entsprechend wiederkehrende Stromgebung behufs Beschleunigung oder Verlangsamung ihrer Pendelschwingungen bis zum Eintreffen des Rücksignals zur genauen Zeit abgegeben werden kann.

Dieses System hat sich für die durch die Berliner Sternwarte regulierten öffentlichen Normaluhren als völlig ausreichend erwiesen, um die Zeitangaben selbst bis auf Bruchteile von Sekunden unablässig richtig zu erhalten.

Im Anschlusse hieran unterhält in Berlin die Gesellschaft „Normalzeit« viele Tausende von Uhren bei Behörden, Schulen, Privaten usw. derart, daß sie deren richtige Gangart stets kontrolliert, bezw. berichtigt und auch die Gangwerke aufzieht.

Die mit Gangeinrichtung versehenen Uhren eilen während eines Tages um etwa $^2/_{10}$ Minuten vor. Die Zentraluhr setzt durch einen von ihr zu gewisser Zeit ausgehenden elektrischen Strom den Vorstoß eines Gabelwerks an der Zeigerwelle der zu regulierenden Uhr ins Spiel, welches die Zeiger dieser Uhr genau auf die richtige Zeitangabe einstellt, von welcher sie vorher abgewichen sein konnte.

Bei Turmuhren geschieht das in der Weise, daß diese innerhalb der Richtigstellungen ebenfalls etwas voreilen. Alsdann wird zB. bei Anfang der ersten Minute einer bestimmten Stunde das Pendel in seiner weitesten Ausschwingung durch einen elektrischen Strom festgehalten und dann erst wieder durch Unterbrechung des Stromes mittels einer jetzt von der regulierenden Zentraluhr ausgelösten Wirkung in demjenigen richtigen Zeitpunkte freigelassen, welcher der vorerwähnten Uhrangabe wirklich entspricht.

Die Regulierung und das Aufziehen der angeschlossenen Nebenuhren erfolgt alle vier Stunden in folgender Weise: Der von der Zentraluhr ausgehende elektrische Strom durchfließt bei Kontaktschluß die Nebenuhr, sowie den Magnet einer an die Wasserleitung angeschlossenen Wasserstrahlluftpumpe und hebt dort einen kleinen, die Wassersäule für gewöhnlich abschließenden Eisenkern empor; das Wasser strömt durch die Pumpe und saugt allmählich die Luft aus einer an der Uhr befindlichen Kapsel mit Ledermembran durch ein Bleiröhrchen aus. Während der Luftverdünnung innen preßt die Außenluft gegen das Leder und zieht einen mit dem Leder verbundenen Hebel empor. Bei Stromunterbrechung schließt der Kern die Wassersäule wieder ab, worauf Luft eintritt und der Hebel in seine alte Lage zurückgezogen wird. In diesem Augenblick schnellt eine Gabel vor, welche bewirkt, daß die Zeiger richtig eingestellt werden. Dieser Vorgang markiert sich in der Zentrale durch einen Punkt auf einem

Papierstreifen und läßt so das zu frühe oder zu späte Einschalten der Uhr erkennen.

Das Aufziehen kann indessen auch mittels eines auf eine Zahnstange wirkenden elektrischen Unterbrechungsankers erfolgen.

Während die Reichs-Telegraphen-Verwaltung eine als Zentraluhr dienende Penduluhr allwöchentlich mit der astronomischen Zentraluhr der Sternwarte vergleichen läßt und die Ämter auf Grund dieser Dienstuhr mit richtiger Zeit versieht, verwendet die preußische Eisenbahn-Verwaltung eine von der Zentraluhr der Gesellschaft „Normalzeit" nach vorstehender Beschreibung eingestellte Dienst-Zentraluhr, welche jeden Morgen 8 Uhr ein elektrisches Signal selbsttätig in die von Berlin ausgehenden Telegraphenleitungen entsendet; dieses trifft mit der Genauigkeit von Bruchteilen der Sekunde auf den kleinsten Eisenbahnstationen ein und kann daselbst auch von anderen Interessenten, zB. von Uhrmachern mitbeobachtet werden.

Literatur: Merling, Elektr. Uhren. — Tobler, Die elektrischen Uhren und die Feuerwehrtelegraphie; Hartleben, Elektrot. Biblioth., Bd. 13. — Fiedler, Die Zeittelegraphen und die elektrischen Uhren; Hartleben, Elektrot. Biblioth., Bd. 40. — Fortschr. d. Elektrot., Abschn. XI.

(1132) **Zeitballstationen.** Die Zeitballstation gibt durch einen Mittags 12 Uhr niederfallenden Ball die genaue Zeit an. Der Ball (ein Hohlkörper von etwa 1—2 m Durchmesser und dunkler Farbe) befindet sich auf einem weithin sichtbaren Gerüst und durchfällt, wenn er ausgelöst wird, eine Höhe von 3—5 m. Die Auslösung der Sperrung, wodurch der Ball festgehalten wird, erfolgt durch den Strom. Die technischen Einrichtungen zum Festhalten bezw. zur Auslösung des Balles sind verschieden. Bei dem Zeitball in Bremerhaven wird der Ball durch das Abfallen eines über letzterem befindlichen Fallklotzes, der auf eine den Ball haltende Scheere wirkt, frei. Das Tau des Fallklotzes ist auf einer Trommel mit gezahnter Scheibe aufgewickelt. In die Zähne greift ein horizontaler zweiarmiger Hebel, auf den ein durch den Strom in Tätigkeit gesetzter Auslösehammer niederfällt. Der Ball fällt an Führungsstangen abwärts auf einen Puffer und öffnet den Stromkreis, indem er durch Druck auf den Puffer einen Kontakt aufhebt. Der Eintritt dieser Unterbrechung gibt auf der zeitsendenden Stelle das Signal, daß der Ball gefallen ist. Der Strom kann entweder durch Vermittlung einer astronomischen Uhr, welche auf einer Sternwarte sich befindet, entsendet werden, oder ein nahe belegenes Telegraphenamt, dessen astronomische Uhr täglich durch Mitteilungen der Sternwarte berichtigt wird, gibt den Auslösestrom zur bestimmten Zeit ab. Letztere Einrichtung besteht bei acht deutschen Stationen (vgl. Schellen, D. elektrom. Telegraph., S. 1183; ferner die Beschreibung des Zeitballes in Lissabon, ETZ. 1886, S. 423, wo die technischen Einzelheiten genau angegeben sind, ferner 1887, S. 272). — Neuerdings wird das Licht einer Bogenlampe senkrecht in die Höhe gesandt und zur richtigen Zeit ausgelöscht.

Registrierapparate und Fernmelder.

(1133) Allgemeines. Die Registrierapparate können entweder dazu dienen, Änderungen der Stärke oder Spannung eines Stromes fortlaufend aufzuzeichnen oder durch Vermittlung des Stromes Änderungen anderer physikalischer Größen, zB. der Temperatur, des Luftdruckes, Windgeschwindigkeit aufzuzeichnen oder endlich Zeitangaben zu markieren. Die Wirksamkeit der Registrierapparate beruht meistens auf der elektrodynamischen oder der elektromagnetischen Wirkung des Stromes. Infolge dieser Einwirkungen wird ein mit dem beweglichen Stromleiter oder dem Elektromagnetanker durch ein Hebelwerk in Verbindung stehender Schreibstift in Bewegung gesetzt, welcher auf einem vorbeigeführten Papierstreifen Aufzeichnungen macht.

K l o b u k o w benutzt auch die chemische Wirkung des Induktionsfunkens. Der zeichnende Teil des Registrierapparates schleift dann nicht auf der Zeichnungsfläche hin, sondern befindet sich in geringem Abstande von der Fläche. Von einer am zeichnenden Teil angebrachten Spitze läßt man Induktionsfunken auf das vorbeigeführte Papier schlagen, letzteres ist mit einer zersetzbaren Lösung getränkt (Fortschr. d. Elektrot. 1886, 2065).

Von Registrierapparaten besitzen in der Elektrotechnik besondere Bedeutung die Stromschreiber und die Chronographen.

Die Anordnung der zu anderen Zwecken dienenden Registrierapparate, welche zuweilen mit Fernmeldern (Zeigerapparaten) verbunden sind, ist sehr verschieden. Bezüglich derselben wird auf die Fortschr. d. Elektrot. verwiesen.

(1134) Der Rußschreiber von Siemens & Halske. In dem gleichförmigen starken magnetischen Feld eines Romershausenschen Elektromagnetes ist ein Drahtröllchen mit horizontalen Windungen aus Aluminiumdraht an einer Spiralfeder aufgehängt; je nach der Richtung des die Windungen durchfließenden Stromes hebt oder senkt sich das Röllchen. Die Bewegungen werden durch ein Hebelwerk auf einen langen Schreibstift aus Aluminium übertragen, dessen Spitze an einem berußten, durch ein Laufwerk (mit regulierbarer Geschwindigkeit) getriebenen Papierstreifen hin- und herstreicht und den Ruß an den bestrichenen Stellen entfernt. Der Streifen wird zur Festlegung der Kurven durch eine harzhaltige Lösung geführt und dann über einem erhitzten Blech getrocknet.

Besitzt das bewegliche Röllchen eine zweite Wicklung, so kann man diese in den Stromkreis eines Sekundenkontaktes einschalten und erhält dann in den vom Schreibstift gezeichneten Kurven Zeitmarken. (Vgl. F r ö l i c h, Elektrizität und Magnetismus, S. 450.)

(1135) Der elektromagnetische Chronograph von Hipp. Der Apparat zeichnet mittels der Bewegung eines Elektromagnetes den Beginn und das Ende eines Stromes auf, dient demnach zur Messung der Dauer eines Stromes. Er wird mit zwei oder auch drei Elektromagnetsystemen, deren Anker ebenso viele Federn bewegen, hergestellt. Sämtliche nach Art der Reißfedern konstruierte, mit Anilin zu füllende Federn liegen gegen den Papierstreifen, der durch ein Laufwerk mit

regulierbarer Geschwindigkeit fortgezogen wird. Wird kein Elektromagnet erregt, so zeichnet jede Feder auf dem Streifen parallel zur
Achse des letzteren eine gerade Linie. Wirkt ein Strom ein, so weicht
die Feder seitwärts aus, beim Aufhören des Stromes kehrt sie in ihre
Ruhelage zurück. Es entstehen Zeichen von der Form

Wird der zweite Elektromagnet in bestimmten Zeitabschnitten
mit Hilfe eines Uhrkontaktes erregt, so läßt sich durch Vergleichung
beider Kurven die Zeitdauer der Ströme feststellen. Ein dritter Elektromagnet kann zur Registrierung anderer, mit den ersten zu ver-
gleichender Ströme dienen.

(1136) Die Wächterkontrolle enthält ein Uhrwerk mit festem
Zeiger und beweglichem Zifferblatt. Letzteres, eine runde Papp-
scheibe, ist auf einen durchbrochenen Metallrahmen aufzuspannen und
täglich auszuwechseln. Hierbei muß das Uhrwerk aufgezogen werden.
Mehrere im Gehäuse des Uhrwerks untergebrachte Elektromagnete
tragen an ihren Ankern kleine Messer oder Spitzen, welche beim
Geben eines Kontrollsignals die Zeit auf dem Zifferblatt markieren.

Die Elektromagnete können entweder von den einzelnen Kontroll-
stellen mittels Druckknöpfe erregt werden, oder es ist eine Anzahl
Kontrollstellen mit Kontaktapparaten ausgerüstet, welche erst am
Schlusse des Wächterganges in Tätigkeit treten.

Im letzteren Falle sind die Kontaktapparate beim Kontrollgange
vom Wächter aufzuziehen, um die bis dahin mehrfach unterbrochene
Leitung zu schließen. Beim Aufziehen des letzten Kontaktwerkes
fließt ein Strom durch die Linie, welcher den Elektromagnet im
Registrierwerk erregt, gleichzeitig aber die Leitung an allen Kontaktstellen wieder unterbricht. Hat der Wächter nur einen Kontaktknopf
übersehen, was eine Signalscheibe anzeigt, muß der Kontrollgang
wiederholt werden.

Die Anlage läßt sich auch mit Kontrollumschaltern einrichten,
derart, daß die Kontrolluhr durch 2 Leitungen mit den Umschaltern
verbunden ist und alle 5—10 Minuten mittels einer besonderen Kon-
taktvorrichtung den Strom einer Batterie schließt. Innerhalb der Uhr
ist in jede Leitung ein Elektromagnet eingeschaltet, deren Anker die
in einem Kreisringe befindliche drehbare Papierscheibe durchstechen.
Diese Scheibe bildet eine bleibende Kontrolle, indem der Wächter bei
jedem Rundgange alle Stationen berührt und nur die Kontrollumschalter
bei jedem Gange nach derselben Richtung stellen muß. Unregelmäßig-
keiten markieren sich durch Ausbleiben der Punkte.
Diese Einrichtung läßt sich auch für 2 und mehr Wächter herstellen.

Statt der elektrischen Kontrolluhren können Normaluhren mit
Minutenkontakt und für die Wächter-Kontrolleinrichtung sympathische
Werke verwendet werden.

(1137) Fernmelder sind in der Regel Zeigerwerke, welche die
Art und Größe der Änderung eines Vorganges an einem entfernten
Orte sichtbar machen. Sie können auch mit Registrierapparaten ver-
bunden werden. Die wesentlichste Bedeutung kommt in neuerer Zeit

den Wasserstandsmeldern und den Temperaturmeldern zu. Erstere sollen den jedesmaligen Wasserstand eines Behälters anzeigen, letztere sind für Zentralheizungen wichtig, um an der Zentralstelle die Temperatur eines entfernten Raumes bestimmen zu können.

Wasserstandsmelder. Bei diesen Apparaten wird die Hebung und Senkung eines Schwimmers und die Übertragung der Bewegungen durch eine Kette auf ein Rad benutzt, um Ströme in die Leitung zu entsenden. Entweder erfolgen durch die Drehung des mechanischen Werkes Kontaktschlüsse, wodurch Batterieströme in die Leitung gelangen, oder es werden infolge der Bewegungen Induktionsströme erzeugt. Die Ströme wirken auf einen elektromagnetischen Zeigerapparat ein, dessen Zeiger je nach der Bewegung des Schwimmers vor- und rückwärts schreitet. In Verbindung hiermit stehen zweckmäßig Wecker.

Der Wasserstandszeiger von Siemens & Halske wird mit Arbeitsstrom betrieben, der der Züricher Telephongesellschaft arbeitet mit Induktionsströmen. Die Zeiger von Hipp, Heller, Prött & Wagner, Mix & Genest und Dupré arbeiten mit Batterieströmen.

Die Anordnung der Apparate ist verschieden.

Temperaturmelder lassen sich gleichfalls in verschiedenartiger Weise anordnen.

Man kann zB. die Widerstandszunahme von Metallegierungen benutzen, um in einer Wheatstoneschen Drahtkombination, deren einer Arm in dem Raume liegt, dessen Temperatur bestimmt werden soll, während in der Zentralstelle der übrige Teil der Kombination mit dem Galvanometer liegt, das Gleichgewicht zu stören, und nach dem geeichten Galvanometer die Temperatur bestimmen (Methode von Nippoldt, Fortschr. d. Elektrot. 1887, 3078).

In die Quecksilbersäule des Thermometers von Morin und Barthélemy ist ein Draht aus einer Platinlegierung (Widerstand 900 Ohm für das Meter) eingelassen, welcher einen Teil des Stromkreises bildet, so daß durch geringe Änderungen des Quecksilberstandes bedeutende Änderungen des Widerstandes des Stromkreises sich ergeben.

Bandel und Archat lassen den Zeiger eines Metallthermometers einen leicht beweglichen Schlitten verschieben. Eine an letzterem sitzende Feder schleift dann gegen eine Skala mit Metallstücken, welche voneinander isoliert sind. Die infolge der Kontakte in die Leitung entsendeten Ströme wirken auf ein Zeigerwerk. Andere Temperaturmelder enthalten Platindrähtchen an den Stellen der Skala, welche die zu kontrollierende Höchst- und Mindest-Temperatur angeben. Die als Leitungsdrahtenden dienenden Platindrähtchen sind in das Quecksilber-Glasröhrchen eingeschmolzen, derart, daß das Quecksilber in metallische Berührung mit ihnen treten kann. Die Leitungen führen zu Relais und dann zu einer Kontaktkurbel, welche die in gewissen Zeiten vorzunehmende Kontrolle durch Drehen der Kurbel gestattet. Entweder ein Tableau oder eine Weckvorrichtung zeigt dann an, ob die Temperatur innerhalb der richtigen Grenzen geblieben ist.

Ein wesentlich vervollkommnetes, das Ablesen der jeweiligen Temperatur gestattendes System ist dasjenige von Mönnich.

Ein Metall-Spiralthermometer dreht einen Zeiger. Letzterer sitzt auf der Achse einer innerhalb einer festliegenden Induktionsspule drehbar angebrachten zweiten Spule. Die Drähte der festen Spulen führen durch einen in der Zentralstelle befindlichen Kurbelschalter, dann durch einen Selbstunterbrecher und zur Batterie, während die Leitungen der drehbaren Spulen durch ein in der Zentrale befindliches Telephon und eine als Kontrolle dienende gleiche bewegliche Spule mit Zeigern und Skala gehen. Durch Stellen der Kurbeln ist man imstande, in dem betreffenden Stromkreise Induktionsströme zu erzeugen, deren Stärke genau im Verhältnis zu dem jeweiligen Neigungswinkel der betreffenden Rollenpaare steht.

Auch Barometerstände lassen sich in verschiedener Weise in die Ferne melden.

Der Drehfeld-Fernzeiger der Allgemeinen Elektrizitäts-Gesellschaft überträgt die Stellung eines Zeigers in die Ferne. Der Geber ist eine in sich geschlossene kreisförmig gebogene Drahtspirale, ähnlich der Bewicklung eines Grammeschen Ringes, der an zwei diametral liegenden Punkten Strom zugeführt, und von der an drei um 120^0 auseinander liegenden Punkten Strom abgenommen wird; die beiden Stromzuführungen sind an einem Arm befestigt, der sich um den Mittelpunkt der Spirale drehen kann. Die drei Stromableitungen führen durch drei Drähte zu drei radial um einen Magnet angeordneten Spulen (nach Art der Galvanometerspulen); zwischen diesen Spulen wird ein magnetisches Feld erzeugt, dessen Richtung stets mit der Stellung des drehbaren Armes am Geber übereinstimmt und sich mit letzterem synchron dreht. Dieser Apparat bleibt in seiner Wirkungsweise unabhängig von Spannungsänderungen des Betriebsstromes und läßt sich ergänzen durch besondere Kontakte für Signale, sowie durch Einrichtungen für Rücksignale als Kontrolle. Die Vorteile liegen hauptsächlich in der geringen Anzahl der Leitungen (3) und in der Einfachheit der Apparate.

Siemens & Halske legen der Einrichtung solcher Apparate folgendes Prinzip zugrunde: Ein dreikontaktiger Kurbelapparat wirkt mittels 3 Leitungen und 1 Rückleitung auf den Geber ein. Dieser enthält 6 im Kreis angeordnete, mit ihren Polschuhen in einer Ebene liegende Elektromagnete, von denen die sich gegenüberstehenden zwei zusammen gehören. Innerhalb des durch die Polschuhe gebildeten Zwischenraumes dreht sich ein Anker, dessen Drehungen durch eine Schnecke mit Trieb auf den Zeiger übertragen werden. Unter Anwendung einer beliebigen Übersetzung läßt sich eine gewisse Anzahl Kommandos ohne Vermehrung der Leitungen geben. Der Zeiger erfährt augenblickliche Bremsung, pendelt also nicht. Durch diese Anordnung ermöglicht sich auch die selbsttätige Abgabe von Ankündigungs- und Rücksignalen.

Mit diesem System ist die Aufgabe, eine beliebige Anzahl von Kommandos von beliebig viel Stellen, also auch in umgekehrter Richtung, aus geben zu können, als gelöst zu betrachten; es bedarf hierzu allerdings der doppelten Anzahl Drähte (8).

Die Apparate der Allg. El. Gesellsch. und von Siemens & Halske lassen sich sehr mannigfach verwenden, als Wasserstandszeiger, Windrichtungszeiger, Fluthöhenzeiger, als Gasthoftelegraph, Stationszeiger für Eisenbahnen und Schiffe; als Maschinentelegraph, Steuertelegraph und Ruderanzeiger für Schiffe u. dgl.

Windrichtungszeiger. Die mit einem Batteriepole verbundene Windfahne trägt einen Kontaktarm, der über 4 Segmente spielt, welche orientiert sind. Zwischen jedem Segment und der Leitung zum zweiten Batteriepol ist ein Elektromagnet geschaltet, von denen je zwei auf ein Pendel mit Schreibfedern wirken. Der Kontaktarm ist so breit, daß er in einer Zwischenstellung, zB. NW, sowohl das N- wie das W-Segment bedeckt. Aus der Spur der Federn auf einem bewegten Bande ergibt sich alsdann die momentane Windrichtung.

Hocheders Fernmelder enthält zwei oder mehrere Elektromagnete, welche jeder über eine besondere Leitung und Erde erregt werden. Für neue Signalfelder genügen zwei Elektromagnete und zwei Leitungen. Der eine bewegt den Zeiger, der andere um einen dreimal so großen Winkel die Skala. Der Sender besteht aus einer Walze oder Scheibe, auf welcher +- und —-Stromschlußstücke so mit den beiden Zuleitungen verbunden werden, daß sich für jede Senderstellung die Kombination von +- u. —-Strömen ergibt. Jede Einstellung ist von der vorhergehenden abhängig. Bei 3 Leitungen und Magneten sind 27 verschiedene Stellungen möglich.

Pyrometer (Gans & Goldschmidt) zur Fernmessung von Temperaturen von $0-1600°$C. besteht aus einem Präzisionsgalvanometer nach Deprez d'Arsonval mit Thermoelement. Letzteres wird im Brennofen angebracht, während der Ableseapparat im Bureau aufgestellt sein kann (628, 7).

Selbstanzeigende Schießscheibe. Die Schießscheibe ist durch radiale und konzentrische Linien eingeteilt; jedes Flächenstück ist an einem dazu senkrechten Stabe befestigt, welcher bei einem Stoße nach innen gleitet und einen Relaiskontakt schließt. Über diesen wird je nach der Lage der getroffenen Stelle ein mehr oder weniger starker Strom nach einem Galvanometer gesandt, dessen Ablenkung die getroffene Stelle anzeigt. Zur Vereinfachung sind für das Galvanometer solche Stellen, welche um $90°$ auseinander liegen, an dasselbe Relais geführt; außerdem aber ist noch ein besonderer Quadrantenanzeiger vorhanden.

Kompaßübertragung. Durch die Kompaßrose fällt Licht auf 2 Selenzellen, welche in Reihe mit je einem Solenoid parallel zu einer Stromquelle geschaltet sind. In der Nullage sind die Wirkungen der Solenoide auf einen Anker ausgeglichen; geht der Kompaß zur Seite, so überwiegt der Strom auf der anderen Seite.

Die Kompaß-Fernübertragung von Siemens & Halske besteht aus einem primären Kompaß und einem oder mehreren sekundären Kompassen. Ersterer hat dieselbe Form und dieselben Zubehörteile wie die auf deutschen Schiffen befindlichen, enthält jedoch die sog. Kaiserrose. Mit dieser verbunden ist eine Glimmerplatte mit Stanniolbelag. Dieser enthält einen hörnerförmigen Ausschnitt, durch welchen die Strahlen einer über die Mitte der Rose angeordneten Glühlampe auf eine unterhalb der beweglichen Rose festliegende bolometrische Anordnung fallen. Je nach der Stellung der Rose werden andere Teile der bolometrischen Anordnung, welche radial gitterförmig ausgeführt ist, bestrahlt. Die Bestrahlung bewirkt Widerstandsänderungen, welche Stromänderungen in der mit dem Gitter in Verbindung stehenden Schaltung aus festen Widerständen hervorrufen. Hierdurch stellt sich die Rose des sekundären Kompasses derart ein, daß sie genau denselben Kurs anzeigt, wie die Rose des primären Kompasses.

Der sekundäre Kompaß besteht aus einem Drehspulengalvanometer mit hufeisenförmigen Elektromagneten. Die bewegliche Spule des Instrumentes enthält zwei Wicklungen, welche differential wirken und von Strömen durchflossen werden, die in ihrer Stärke von den Widerstandsänderungen der bolometrischen Anordnung im primären Kompaß abhängen. Mit der beweglichen Spule fest verbunden ist die Rose des sekundären Kompasses.

Sicherung von Geldschränken. Auf der inneren Türseite hängt ein Kontakt mit Mikrophon, ein mit Kette versehener Kontakt zur Sicherung des Schlosses, ein auf Erschütterungen ansprechender Kontakt und ein Temperaturkontakt. Ein Kabel mit überzähligen, nicht unterscheidbaren Leitungen führt zu einem Kontrollapparat.

(1138) Der Entfernungsmesser von Fiske besteht in zwei Fernröhren in gegebenem Abstande voneinander und zwei halbkreisförmig gebogenen Drähten, die zu einer Wheatstoneschen Brückenanordnung verbunden sind. Auf jedem der beiden Drähte gleitet ein Kontakt, der mit einem der Fernrohre verbunden ist; richtet man die letzteren parallel, so werden die Drähte im gleichen Verhältnis geteilt, und durch das Galvanometer geht kein Strom. Richtet man die Fernrohre auf einen Gegenstand, so fließt durch das Galvanometer ein Strom, der von dem Winkel der beiden Visierlinien abhängt und aus dem man die Entfernung des Gegenstandes berechnen kann. Das Galvanometer ist so geteilt, daß es diese Entfernung unmittelbar angibt. — Der Apparat ist auch so eingerichtet worden, daß er nicht nur die Entfernung mißt, sondern gleich auf einer untergelegten Karte den Ort des gesuchten Gegenstandes anzeigt.

Fernseher von Pollák & Virag. Das von den Elementen des Bildes ausgehende Licht wird absatzweise durch einen Spalt einer Reihe von Selenzellen zugeführt, welche gleichzeitig mit der Beleuchtung an eine Stromquelle und an die Leitung angelegt werden; die Ströme wirken im Empfänger auf ein optisches Telephon, welches zusammen mit einem mit der Sendervorrichtung synchronen Spiegel das Bild wieder zusammensetzt.

XVIII. Abschnitt.

Blitzableiter.

Leitsätze über den Schutz der Gebäude gegen den Blitz s. Anhang.

(1139) Blitzgefahr. Außer den unmittelbaren und ungeteilten atmosphärischen Entladungen kennt man Teil- und Seitenentladungen, welche durch Verzweigung der ersteren, Abspringen von einem Leitungsweg auf den anderen u. dgl. entstehen; ferner sog. Rückschläge und Induktionsschläge.

Ein Rückschlag entsteht da, wo ein Leiter durch Influenz seitens der atmosphärischen Elektrizität eine Ladung angenommen hat, die beim Verschwinden der influenzierenden Ladung zur Erde zurückströmt. Ein Induktionsschlag wird hervorgerufen, wenn eine atmosphärische Entladung in der Nähe und längs einer metallischen Konstruktion vorüberfließt.

Die Blitzgefahr für einen Ort wird bedingt durch die Umgebung und die Beschaffenheit des Ortes. Der Blitz sucht das Grundwasser und die damit zusammenhängenden feuchten Erdschichten, Wasserläufe, metallische Rohrsysteme usw. zu erreichten. Man bezeichnet daher als Entladungspunkte diejenigen Stellen der Erdoberfläche oder der oberen Bodenschichten, welche dem Blitz einen gutleitenden Weg zum Grundwasser gewähren:

Entladungspunkte 1. Ordnung: Gas- und Wasserleitungen, fließende und stehende Gewässer, Brunnen, Grundwasser.

Entladungspunkte 2. Ordnung: Stellen, wo sich Abfallwasser aller Art, der Abfluß der Regenrinnen u. dgl. im Erdreich sammelt, sumpfige und andere feuchte, mit Gras- oder Buschwerk bestandene Stellen.

Gebäude werden besonders gefährdet durch tiefgehende Fundamente, hochragende Mauern, Türme, Dachkrönungen, durch Verwendung ausgedehnter Metallkonstruktionen, eiserne Träger, Gas- und Wasserleitungen, wenn die Metallteile nicht etwa durch ihre Anordnung schon einen genügenden Blitzableiter bilden. Der Gefahr am meisten ausgesetzt sind unter sonst gleichen Verhältnissen die der Wetterseite zugewandten Gebäudeteile.

Die wahrscheinlichen Einschlagstellen an Gebäuden sind die First, Giebel, stärker emporragende Haus-Schornsteine, Türme, Fabrik-Schornsteine.

Eine Verminderung der Gefahr bieten enge Täler, die Nähe des Waldes, benachbarte hohe Bäume, Telegraphen- und Fernsprechleitungen, sowie Starkstromleitungen. Für die elektrischen Leitungen selbst ist dagegen die Gefahr, vom Blitz getroffen zu werden, sehr groß.

(1140) **Arten der Blitzableiter.** Gebäude-Blitzableiter dienen zum Schutz der Gebäude und bestehen aus Auffangevorrichtungen, meist in der Form von Stangen, Gebäudeleitung und Erdleitung. Leitungs-Blitzableiter dienen zum Schutz elektrischer Leitungen (Schwach- und Starkstrom) und bestehen aus dem Blitz-Abzweigeapparat, der Luft- oder Gebäudeleitung und der Erdleitung.

Die Aufgabe des Gebäudeblitzableiters ist, dem Blitz einen leitenden Weg zu bieten, der oberhalb des zu schützenden Gebäudes beginnt und ohne Unterbrechung bis ins Grundwasser führt. Es werden zwei Systeme solcher Blitzableiter allgemein angewendet, die sich wesentlich nur durch die Zahl und Art der Auffangestangen unterscheiden: Das Franklinsche oder Gay-Lussacsche System: wenige, aber hohe Auffangestangen, die durch eine nicht sehr große Zahl Gebäudeleitungen mit den Erdleitungen verbunden werden — und das Melsenssche System: möglichst viele Bündel und Büschel kurzer Auffangespitzen, die durch viele Gebäudeleitungen mit den Erdleitungen verbunden werden. Außer diesen gibt es noch eine Anordnung, bei der das zu schützende Gebäude von einem weitmaschigen Käfig metaller Leitungen umgeben wird. Die letzteren sind vom Gebäude selbst isoliert, halten in der Regel sogar einen beträchtlichen Abstand von Dach und Mauern ein (Faradayscher Käfig). Solche Ableiter werden in der Regel nur an Häusern mit ganz besonders feuergefährlichem Inhalt, zB. an Pulverhäusern angebracht.

Die Aufgabe des Leitungsblitzableiters ist, die atmosphärische Entladung (Teilentladung, Rück- oder Induktionsschlag), die in die Leitung gelangt ist, von dieser Leitung vor oder bei ihrem Eintritt in Gebäude und vor der Stelle, wo Apparate in die Leitung eingeschaltet sind, von der letzteren abzuzweigen und zur Erde abzuführen. Bei Schwachstromleitungen genügt es, mit der Leitung eine oder mehrere Platten oder Spitzen zu verbinden, die in kurzem Abstand (0,2 bis 0,4 mm) einer oder mehreren Platten oder Spitzen gegenüberstehen, welch letztere mit geringem Widerstande zur Erde abgeleitet sind. Bei Starkstromanlagen, besonders bei solchen, die die Erde benutzen (elektrische Bahnen), kann leicht der vom Blitze gebahnte Weg über den geringen Luftzwischenraum zur Ausbildung eines Lichtbogens führen; in solchen Fällen ist es erforderlich, eine Vorrichtung zur Löschung des Lichtbogens anzubringen (1154). Gegen einen Blitzschlag, der in voller Stärke die Leitung trifft, gibt es keinen ausgiebigen Schutz; in der Regel wird der Leitungsdraht zerschmolzen und die nächsten Isolatoren und Stangen zerschmettert.

Gebäudeblitzableiter.

(1141) Allgemeines. Schon bei der Feststellung des Planes für ein Gebäude soll man auf dessen Schutz gegen den Blitz bedacht sein. Benutzt man die metallenen Gebäudeteile am Dache, um und im Hause in zweckmäßiger Weise, unter leitender Überbrückung etwa vorhandener Zwischenräume, so erhält man einen sehr billigen und guten Blitzableiter, während ein nach Vollendung des Hauses angebrachter Ableiter unverhältnismäßig hohe Kosten verursacht.

(1142) Material und Querschnitt der Auffangestangen und Gebäudeleitungen: Eisen (stets verzinkt) und Kupfer (manchmal verzinnt). Zink- und andere Metallbekleidungen von Dächern und Gebäudeteilen können als Teil der Gebäudeleitung dienen.

Eisen wird zweckmäßig für die Auffangestangen als Röhre oder massiver Stab, für die Luftleitungen als runder oder vierkantiger Stab, als Band oder als Drahtseil, Kupfer als massive Stange oder Band, weniger gut als Seil verwendet; Eisen nur verzinkt, und zwar sind bei Drahtseilen die einzelnen Drähte zu verzinken. Von beiden Metallen verwende man nur die bestleitenden Sorten, Eisen, welches zu Telegraphenleitungen (967) dient, und Leitungskupfer (716, s. auch Anhang, Nr. 15). Die Auffangestangen werden in der Regel oben zugespitzt; die Verwendung von vergoldeten oder silbernen Spitzen, von solchen aus Kohle oder aus Platin ist überflüssig, meist sogar unzweckmäßig.

Querschnitt. Der geringste Querschnitt ist für Eisen 50 mm² bei verzweigten, 100 mm² bei unverzweigten Leitungen; für Kupfer die Hälfte, Zink 1,5, Blei 3 mal so viel. Für Leitungen, die besonders schwer zugänglich oder besonders stark gefährdet sind, nimmt man größere Querschnitte, etwa 1,5 mal so viel, als eben angegeben. Bei Drahtseilen nehme man die einzelnen Drähte nicht unter 2—4 mm stark; der Gesamtquerschnitt sei um 10 mm² größer als für massive Stangen oder Röhren. Wird Band zu den Luftleitungen verwendet, so sei die geringste Stärke bei Kupfer 1 mm, bei Eisen 2 mm. Stärke der Auffangestangen aus Eisen (Röhre oder massive Stange): oben 1,5 bis 2 cm, unten bei einer Länge der Stange von 1,5—3—5 m: 2,5—3—4 cm.

(1143) Ort der Auffangestangen. Auf emporragenden Gebäudeteilen, und über Stellen, die einen guten Weg zum Grundwasser bieten, besonders über den höchsten Punkten der Gas- und Wasserleitung und metallener Gebäudeteile werden die Auffangestangen aufgestellt. Ihre Höhe wird so bemessen, daß die einzelnen Teile des Gebäudes nach (1144) im ein- bis dreifachen Schutzraum liegen. Dabei ist auf gute Gelegenheit zur Befestigung der Stangen Rücksicht zu nehmen. Niedrigere Stangen werden häufig an Giebeln (Giebelstangen) und an Schornsteinen (Essen-Schutzstangen) verwendet. Die aus dem Schornsteine strömenden heißen Gase wirken ähnlich wie eine Auffangestange, und es ist daher am Schornstein eine den letzteren um seinen Durchmesser überragende Stange anzubringen Fahnenstangen sind durch Aufführen einer Leitung zu Fangstangen zu machen.

Die Länge der Haupt-Fangstangen beträgt 3—5 m, die der Neben-
stangen 2—3 m. Einzelne hervorragende Dachpunkte, die nicht im
geeigneten Schutzraum liegen, können durch mindestens 25 cm hohe
Auffangespitzen geschützt werden.

Um die Stelle, wo die Fangstange die Dachfläche durchbricht,
dicht zu halten, gebraucht man folgende Anordnung. An der Stelle,
wo die Stange aus dem Dache tritt, wird ein starkes Blech mit einer
die Stange durchlassenden Öffnung dicht befestigt. Auf der Platte
wird ein Rohr aufgelötet, das die Stange mit reichlichem Zwischenraum bis zu etwa 10—20 cm Höhe umgibt: in letzterer Höhe wird
an die Stange ein mit der Öffnung nach unten gewendeter Kegel-
mantel angelötet, der über den Rand der Röhre reichlich hinausgreift.

Besondere Auffangestangen sind nicht erforderlich, wenn emporragende Gebäudeteile aus Metall oder mit starker Metallbekleidung
vorhanden sind; auch Dachbekrönungen, Firstverwahrungen u. dgl.
dienen zweckmäßig als Auffangevorrichtungen.

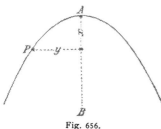

Fig. 656.

(1144) Schutzraum der Auf-
fangestangen nennt man einen
kegelförmigen Raum, dessen Spitze
mit der Stangenspitze zusammenfällt; er hat nur eine geometrische, aber keine physikalische Bedeutung.

Je nachdem sich der Radius
der Kegelbasis zur Höhe des
Kegels wie $1:1$, $1\frac{1}{2}:1$, $2:1$,
$3:1$, $4:1$ verhält, wird der
Schutzraum als 1facher, $1\frac{1}{2}$-,
2facher usw. benannt.

Nach den vom Elektrotechnischen Verein erlassenen Ratschlägen sollen:
a) die höchst gelegenen Ecken eines Gebäudes im einfachen
   bis $1\frac{1}{2}$fachen, die tiefer gelegenen im $2\frac{1}{2}$fachen,
b) die höchsten Kanten im 2fachen, die tiefer gelegenen im
   3fachen,
c) alle Punkte der höchsten Dachflächen im 3fachen, oder,
   wenn solche durch Luftleitung gedeckt sind, im 4fachen
   Schutzraum einer Auffangestange liegen;
d) alle kleineren vorspringenden Teile eines Gebäudes sollen
   in den einfachen Schutzraum einer Auffangespitze fallen.

Findeisen schlägt vor, den Schutzraum als Rotationsparaboloid
von der Gleichung $y^2 = 8x$ (Fig. 656) anzunehmen, was der Erfahrung
besser entspricht. Die Grenze des Schutzes wird auf 16 m von der
Achse AB angenommen.

(1145) Gebäudeleitung. Sie hat die Auffangevorrichtungen auf
dem kürzesten Wege mit den Erdleitungen zu verbinden. Sind mehrere
Auffangevorrichtungen vorhanden, so sind auch diese durch die Gebäudeleitung zu verbinden. Insbesondere pflegt die Gebäudeleitung
entlang der First, manchmal auch die Giebelkanten entlang zu führen.
Es ist darauf zu achten, daß die Gebäudeleitung in ihrer ganzen Ausdehnung der Besichtigung (u. U. mittels Fernrohres) zugänglich bleibt.

Die Gebäudeleitung wird im allgemeinen in 10—15 cm Abstand vom Gebäude auf eisernen Stützen mit Klemmen befestigt; sie soll nicht vom Gebäude isoliert werden. Gebäudeleitungen in Seilform dürfen nicht zu stark gespannt, solche in Stangen- oder Drahtform von den Haltern nicht gequetscht werden. Auf Holzzementdächern wird die Gebäudeleitung in die Kiesschicht eingebettet. Metalldächer, Aufsätze und Verzierungen, Wetterfahnen sind mit der Leitung zu verbinden; etwaige Unterbrechungen des metallischen Zusammenhanges solcher Metallteile sind zu überbrücken.

Metallkonstruktionen im Innern des Gebäudes, auch Abfallrinnen an der Außenseite, besonders solche von bedeutender Höhenausdehnung sind oben und unten, sowie überall, wo sie der Gebäudeleitung nahe kommen, mit der letzteren gutleitend zu verbinden. U. U. erhalten die tiefsten Punkte solcher Metallteile besondere Erdleitungen.

Häufig genügen die am und im Hause verwendeten metallenen Baustücke, besonders die Dachverwahrungen und Regenrinnen, um die Gebäudeleitung zu bilden. Es empfiehlt sich, beim Bau des Hauses darauf zu achten; etwas stärkere Querschnitte solcher Baustücke und guter metallischer Zusammenhang lassen sich oft mit geringen Kosten erreichen. Vorhandene Metallteile müssen vor der Verwendung untersucht und bei ungenügendem Querschnitt und Zusammenhang verbessert werden.

Um vortretende Ecken und Kanten des Gebäudes wird die Leitung in schwachem Bogen herumgeführt; etwaige schärfere Biegungen werden mit Auslaufespitzen versehen.

Für einfache, besonders ländliche Gebäude, bei denen es wichtig ist, den Blitzableiter billig herzustellen, empfiehlt Findeisen (ETZ. 1897, S. 448) die Gebäudeleitung aus verzinktem Eisendrahtseil aus 7 Drähten von 3—4 mm Stärke längs aller Kanten des Gebäudes zu führen und dieses Seil auch an Stelle der Fangstangen frei in die Luft (ca. 30 cm über den Schornstein) emporragen zu lassen. Die Benutzung von Firstverwahrungen, Kehlblechen, Dachrinnen an Stelle einer besonders zu ziehenden Gebäudeleitung wird empfohlen. Die Erdleitung besteht aus demselben Drahtseil, welches aufgelöst und etwa 40 cm unter der Erdoberfläche rings um das Gebäude herumgeführt wird.

(1146) **Verbindungen** der Gebäudeleitung mit den Auffangevorrichtungen und der einzelnen Teile und Zweige der Gebäudeleitung untereinander sind mit größter Sorgfalt herzustellen. Man benutzt eigens dafür hergestellte Klemmen, Schellen und Verschraubungen. Nicht gelötete oder geschweißte Verbindungen sollen wenigstens 10 cm Berührungsfläche bieten. Zum Löten verwendet man nach Möglichkeit Hartlot; es empfiehlt sich, die Leitungen außerdem noch zu vernieten. Drahtseile werden meist weich verlötet, vor dem Löten aber auf etwa 15 cm Länge durch Umwickeln oder Verflechten, außerdem noch mit Bindedraht mechanisch gut verbunden. Bei Hülsen- und Muffenverbindungen steckt man die Leitungsenden in gut passende Hülsen oder Muffen und füllt letztere mit Hart- oder Weichlot. Auch der Arldsche Drahtbund (974) und ähnliche Verbindungsarten lassen sich benutzen. Verbindungsstellen, die nicht zu Prüfungszwecken

wieder gelöst werden sollen, werden nach der Verschraubung noch
verlötet und durch einen wetterbeständigen Anstrich geschützt.
Wo sich verschiedene Metalle berühren, ist die Stelle ganz
besonders sorgfältig vor dem Zutritt von Luft und Feuchtigkeit zu
schützen.

(1147) **Anschluß an die Rohrleitungen.** Gas- und Wasserleitungen und andere Rohrleitungssysteme müssen mit ihren höchsten
Punkten und überall, wo sie sonst der Gebäudeleitung nahe kommen,
mit der letzteren verbunden werden. Zum Anschluß dienen am besten
die Schellen von Samuelson (ETZ. 1891, S. 178). Die Anschlußleitung
wird um das blank gemachte Rohr einmal herumgelegt und die aus
zwei Teilen bestehende Schelle aufgeschraubt; hierdurch wird ein
ringförmiger Hohlraum hergestellt, der die Anschlußleitung aufnimmt
und nach der Befestigung durch eine Gußöffnung mit geschmolzenem
Blei gefüllt wird; das Blei wird am Einguß und am Rohr verstemmt,
dann der Anschluß gut verkittet und mit einem dauerhaften Anstrich
versehen.

Gas- und Wassermesser sind durch starke Leitungen zu überbrücken.

(1148) **Erdleitungen, Material, Form und Abmessungen.** Es
werden verwendet: Kupfer, auch verzinnt, Eisen mit Kupfermantel,
verzinktes Eisen, unverzinktes Guß- und Schmiedeeisen (nur bei
großem Querschnitt), Zink und Blei.

Die Güte der Formen ordnet sich in folgender Reihe: am besten
sind langgestreckte, schmale Formen: Flachstab, Band, Seil, Kabel,
auch wenn sie zusammengerollt werden müssen; demnächst Röhren,
einfache Ringbänder und zuletzt quadratische Platten; s. (1150).

Kupferplatten sollen nicht unter 2 mm, Eisenplatten nicht unter
5 mm stark sein. Eisenröhren (Schmiedeeisen) sollen mindestens
3 mm Wandstärke haben. Kupferne Drahtnetze (Ulbricht) werden
aus 4 mm starkem Draht hergestellt. Bleiblech wird in 5 mm Stärke
verwendet. Eisen- und Kupferdraht wird in Form loser Ringe in
Brunnen versenkt oder als Drahtfächer in der Erde ausgebreitet;
Drahtstärke: Eisen in Ringen vier und mehr Drähte von 4 mm, in
Fächern 8 mm, Kupfer in Ringen 3 mm, in Fächern 6 mm. Metallkämme (v. Waltenhofen) bestehen aus Metallbändern (40 mm breit,
2 mm stark), an die seitlich in regelmäßigen, geringen Abständen
(50 cm) kürzere Metallstreifen (50 cm lang) angesetzt sind; sie werden
in flach ausgeworfenen Gräben verlegt. Die mit den Platten zu verbindenden Zuleitungen sollen, wenn angängig, aus demselben Metall
wie die Platten bestehen; die Verbindung muß sehr sorgfältig hergestellt werden. Wenn dabei verschiedenartige Metalle aneinander
stoßen, ist die Stelle sorgfältig durch Anstrich zu schützen. Eiserne
Zuleitungen sind an der Stelle, wo sie aus dem Erdreich austreten,
sorgfältig gegen Feuchtigkeit zu schützen.

Findeisen empfiehlt, die aus Eisendrahtseilen bestehenden Gebäudeleitungen etwa 40 cm tief in den Erdboden zu führen, sie in
ihre Einzeldrähte aufzulösen und in der oberen Erdschicht auszubreiten;
wenn angängig, sind sie zu einer das Gebäude umgebenden Ringleitung aneinanderzuschließen. Zu benachbarten feuchten Stellen des

Erdreichs sind besondere Ausläufer der Ringleitung zu führen und dort auszubreiten.

Die in der Deutschen Reichstelegraphie meist verwendeten Formen der Erdelektroden sind: 1. Erdelektroden aus 5 mm starkem Walzblei in einem Holzgerüst; letzteres besteht aus vier Eck- und einem Mittelpfosten, die durch Leisten miteinander verbunden sind; zwei Bleiplatten von 1 m Höhe und 0,5 m Breite werden mit ihren Mitten am Mittelpfosten, mit den senkrechten Rändern an den Eckpfosten befestigt, untereinander durch starke Bleiniete, mit einem auf den Mittelpfosten gesetzten Bleirohr (40 mm weit, 5 mm Wandstärke) durch Nieten und Löten verbunden. Das Bleirohr ragt 0,5 m aus der Erdoberfläche vor. 2. Gasrohr, 30 mm äußerer Durchmesser, 5 mm Wandstärke, welches 1 m tief ins Grundwasser reicht. Statt dessen auch eine Eisenbahnschiene oder dgl., woran Bleirohrkabel als Zuführungen angelötet werden. 3. Leitungsdraht, ein Seil aus mindestens 4 verzinkten, 4 mm starken Eisendrähten.

Wo das Grundwasser oder andere, dauernd feuchte Stellen des Erdreichs nicht zu erlangen sind, hilft man sich durch eine Lehm- oder eine Koksschüttung. Die erstere besteht in einem in die Erde versenkten großen Lehmkörper, in den man die Erdelektrode einbettet, und dessen Oberfläche muldenförmig gestaltet wird, damit sich das Regenwasser dort ansammelt und der Lehm dauernd feucht bleibt. Die Koksschüttung wird in der Reichstelegraphie folgendermaßen ausgeführt: Ein Bleidraht von 8—10 mm Stärke wird in eine feuchte Erdschicht versenkt, dort als Ring von etwa 1 m Durchmesser in 5—6 Lagen aufgeschossen und allseitig mit Koks (Nuß- bis Faustgröße) umgeben. Wo der Boden trocken ist, gräbt man einen etwa 40 cm breiten und 50 cm tiefen Graben, gestreckt oder in anderer Form, und bringt darin den Bleidraht (von gleicher Länge wie der Graben) allseitig von Koks umgeben, unter. Koksmenge etwa 75—200 kg. Der Bleidraht wird gleich bei seinen Austritt aus dem Erdboden mit einem Eisendrahtseil verlötet, die Lötstelle gut geschützt.

(1149) **Orte der Erdleitungen.** Durch genaue örtliche Untersuchung ist zu ermitteln, ob und wo Entladungspunkte im Erdreich vorhanden sind. Diese müssen für die Erdleitungen benutzt werden. Sind keine Entladungspunkte vorhanden, so führt man die Erdleitungen ins Grundwasser. Es ist zweckmäßig, mindestens zwei, wenn möglich noch mehr, besondere Erdleitungen anzubringen. Form der Erdleitungen s. (1148). In den meisten Fällen eignet sich am besten ein eisernes Rohr, das senkrecht ins Erdreich getrieben wird. Flach verlegte Erdelektroden sollen mit ihrer Mitte um den Betrag ihrer größten Ausdehnung unter dem tiefsten Stand des Grundwasserspiegels liegen. Brunnenrohre können als Erdleitungen benutzt werden. In die Brunnen selbst oder in stehendes oder fließendes Wasser kann man eiserne Platten und Röhren, Eisenbahnschienen, eiserne Drahtnetze mit eisernen Zuleitungen oder kupferne Elektroden mit kupfernen Zuleitungen einsenken; die Zuleitung muß indes verzinnt sein. Die Erdelektroden sollen nicht ins Wasser, sondern in die vom Wasser durchtränkte Erdschicht gelegt werden.

(1150) **Größe und Widerstand der Erdelektroden.** Die geringste Größe einer einzelnen plattenförmigen Erdelektrode sei ein

Quadrat von 1 m Seite. Eine solche Platte, die mit ihrer Mitte 1 m
unter dem tiefsten Spiegel des Grundwassers („unbegrenzte Umgebung")
liegt, möge als willkürliche Einheit des Ausbreitungswiderstandes
dienen. Dann gibt die nachfolgende Zusammenstellung die (berechneten) Ausbreitungswiderstände für andere Formen der Elektroden,
gleichfalls in „unbegrenzter Umgebung".

Rechteckige Platten					Bänder				
Breite	Länge in m				Breite	Länge in m			
m	0,5	1,0	1,5	2,0	cm	3	5	10	20
0,5	2,0	1,4	1,1	0,9	5	1,3	0,9	0,5	0,3
1,0	1,4	1,0	0,8	0,7	10	1,1	0,8	—	—
2,0	0,9	0,7	0,6	0,5	25	0,9	0,6	0,4	0,2

Zylinder					Flachringe von 16 cm Ringbreite			
Durch-messer	Länge in m				äußerer Durchmesser in m			
cm	3	5	10	20	1	1,5	2	3
1	2,3	1,1	0,6	0,3	1,25	0,90	0,70	0,50
5	1,6	0,8	0,5	—	—	—	—	—
20	1,1	0,6	0,3	—	—	—	—	—

Ulbrichtsche Drahtnetze und Waltenhofensche Metallkämme
sind etwa gleichwertig mit vollen Platten derselben äußeren Abmessungen.

Für den zulässigen absoluten Erdleitungswiderstand lassen sich
nur schwer Zahlen angeben; die Blitzableiter-Erdleitung soll besser
leiten, als alle benachbarten zur Erde führenden Wege. Man kann
schätzungsweise annehmen, daß bei 10 m Tiefe des Grundwassers
eine gute Erdleitung noch 10 Ohm, bei 40 m Tiefe noch 40 Ohm
haben darf.

(1151) Melsenssche Blitzableiter unterscheiden sich von den oben
behandelten nur durch die Zahl und Form der Auffangestangen und
Leitungen. Melsens überzieht das ganze Gebäude mit einer großen
Zahl schwächerer Leitungen und setzt an allen hervorragenden Punkten
Büschel kürzerer Auffangespitzen an.

(1152) **Prüfung der Anlage.** Sie wird am besten alljährlich im
Frühjahr vorgenommen. Regelmäßige wiederholte Prüfungen sind unerläßlich.

Die oberirdischen Teile der Anlage werden genau besichtigt,
u. U. mit dem Fernrohr. Die elektrische Prüfung der Gebäudeleitung
allein reicht hier nicht aus. Der Widerstand der Erdleitungen wird
nach einer der (332—335) angegebenen Methoden bestimmt; es ist zu
diesem Zwecke zu empfehlen, in die Zuleitungen zu den Erdelektroden
lösbare Kuppelungen einzusetzen, damit man die Erdleitung bei der
Prüfung von der übrigen Anlage trennen kann.

Leitungsblitzableiter
oder Blitzschutzvorrichtungen.

(1153) Wirkungsweise. Über Zweck und Wirkung der Leitungs-
blitzableiter s. (1020) Seite 787 und (1140) Seite 890. Der Unterschied gegen die Gebäudeblitzableiter besteht vor allem darin, daß
die Auffangestangen und die Gebäudeleitung fehlen; an ihre Stelle
tritt eine einfache kurze Leitung, die die Erdleitung mit der Blitzschutzvorrichtung verbindet. Die letztere besteht im wesentlichen aus
einer oder mehreren metallischen, mit der Erde verbundenen Spitzen
oder Platten, welche den Leitungen in so kleinem Abstand (Funkenstrecke) gegenüber gestellt werden, daß die Ladung hier leichter über-
springt, als die Isolation der Apparate und Maschinen zu durchbrechen.
Um den Weg nach den zu schützenden Objekten noch mehr zu erschweren, wird eine Drosselspule zwischen diese und die Funkenstrecke eingeschaltet, weil die Entladung, wenn auch nicht immer einen
oszillatorischen, so doch einen rasch zu- und abnehmenden Strom
darstellt, der in der Selbstinduktion der Drosselspule einen hohen induktiven Widerstand findet. Je empfindlicher die Blitzschutzvorrichtung
sein soll, desto kürzer muß die Funkenstrecke sein. Für Telegraphen-
und Telephon- (Schwachstrom-) Leitungen ist damit alles gegeben.
Die konstruktiven Einzelheiten beziehen sich dabei nur auf geeignete
Herstellung einer möglichst kurzen und widerstandsfähigen Funkenstrecke.

(1154) Lichtbogenlöschung. Anders ist es bei Starkstromanlagen,
wo durch gleichzeitigen Übergang atmosphärischer Ladungen an
verschiedenen Polen ein Nebenschluß über die Erde hergestellt
wird, so daß das Netz mehr oder weniger kurzgeschlossen ist. Gleichzeitig werden die Funkenstrecken durch die Kurzschlußlichtbögen
zerstört, wenn sie länger als Augenblicke andauern. Es ist daher
eine weitere Aufgabe der Blitzschutzvorrichtungen für Starkstromanlagen diese Lichtbögen möglichst rasch zu beseitigen. Das nächst-
liegende wäre, ihr Zustandekommen zu verhüten. Die hierfür versuchten Mittel: Unterteilung der Funkenstrecke durch
mehrere mit isolierenden Zwischenlagen übereinander
geschichtete Metallplatten, durch hintereinander geschaltete Metallwalzen haben sich wenig bewährt. Ist die
Anzahl der auf diese Weise hintereinander geschalteten
Funkenstrecken so groß, daß ein Lichtbogen nicht zustande kommt, so ist die Vorrichtung zu unempfindlich,
ist die Anzahl geringer, so entsteht ein Lichtbogen und
bleibt bestehen. Nur bei Wechselstrom, wo der Lichtbogen überhaupt schwerer entsteht, und unter Vorschaltung genügenden Widerstandes läßt sich auf diese Weise
eine brauchbare Blitzschutzvorrichtung herstellen. Geeignet sind jene Vorrichtungen, wo der Lichtbogen
sogleich nach seinem Entstehen dadurch unterbrochen
wird, daß die Funkenstrecke auseinander gezogen

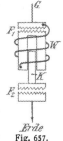

Fig. 657.

wird. Bei Fig. 657 wird das Auseinanderziehen dadurch bewirkt, daß
der Strom des Lichtbogens durch die Wicklung W geht und den

Eisenkern K emporzieht, so daß die Funkenstrecke F_2 auseinander gezogen und daher der Lichtbogen an dieser Stelle unterbrochen wird. Eine atmosphärische Ladung, die von der bei G angeschlossenen Luftleitung kommt, geht über die beiden hintereinander geschalteten Funkenstrecken F_1 und F_2 zur Erde. Folgt ein Strom nach, so geht er nicht über die Funkenstrecke F_1, weil diese durch die Wicklung W kurzgeschlossen ist. Naturgemäß kann diese Vorrichtung nur für niedrige Spannungen (130 V Gleichstrom, 200 V Wechselstrom für einen Pol) angewendet werden, weil bei höheren Spannungen der Lichtbogen so lang wird, daß der Hub von K nicht mehr ausreicht, um ihn abzureißen. Bei den Hörnerblitzschutzvorrichtungen (Fig. 658) wird der an der engsten Stelle (bei a) entstehende Lichtbogen durch den Auftrieb der heißen Luft und die elektrodynamische Eigenwirkung nach oben getrieben, und dadurch soweit verlängert, bis er verlöscht. Dieser Auftrieb kann verstärkt werden durch ein magnetisches Gebläse (Fig. 659), dessen Kraftlinien senkrecht zum Lichtbogen verlaufen. Die Wicklung des Gebläses darf natürlich nicht in der Erdleitung liegen, sondern nur in der Arbeitsleitung. Dient diese Vorrichtung zum Schutz eines Stromerzeugers, so wirkt die Wicklung gleichzeitig als Drosselspule, weil sie dann zwischen Stromerzeuger und Funkenstrecke liegt.

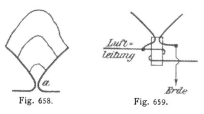

Fig. 658.   Fig. 659.

(1155) **Erdleitung.** Die Leitung von der Funkenstrecke zur Erde soll den kürzesten Weg einschlagen. Merkliche Selbstinduktion darf sie nicht enthalten, weil diese im Falle oszillatorischer Entladung einen großen induktiven Widerstand darstellt. Weniger ängstlich braucht man wegen des Ohmschen Widerstandes zu sein, ja es empfiehlt sich sogar einen gewissen von der Länge der Funkenstrecke, also von der Betriebsspannung abhängigen induktionsfreien Widerstand in die Erdleitung zu legen, um heftige Kurzschlüsse zu vermeiden. Für den Übergang zur Erde ist eine möglichst großflächige Berührung mit dem Erdreich notwendig. Bei feuchtem (Humus-) Boden genügt eine Blechplatte von 1 m². Bei Sand- und Steinboden empfiehlt es sich, strahlenförmig ausgehende Drähte oder Bänder bis zu 10 m Länge zu verlegen. Jeder Pol soll womöglich eine besondere Erdung haben, damit der Kurzschlußstrom nicht zu heftig wird. Ist das nicht möglich, sondern müssen die Erdleitungen verschiedener Pole zu derselben Erdplatte geführt werden, so empfiehlt sich die schon erwähnte Einschaltung induktionsfreier Widerstände in die Leitung zwischen Funkenstrecke und Erdplatte.

(1156) **Schaltung.** Um die Funkenstrecke möglichst empfindlich einstellen zu können, empfiehlt es sich, die Vorrichtung vor Niederschlägen geschützt, also unter Dach anzubringen. Statt mehrere Blitzschutzvorrichtungen auf die ganze Leitungslänge zu verteilen, ist es besser, vor dem zu schützenden Objekt mehrere hintereinander, durch Drosselspulen getrennt (Fig. 660), anzubringen.   Ist die erste Funkenstrecke nicht in der Lage, die ganze von außen kommende Ladung abzuleiten, so bietet die nächstfolgende nochmals einen Weg zur Erde usf. Durch diese Anordnung wird gleichzeitig verhindert, daß bei etwaigem Auftreten stehender Schwingungen die einzige Blitzschutzvorrichtung zufälligerweise in einen Schwingungsknoten zu liegen kommt und dadurch der Schutz nicht eintritt.

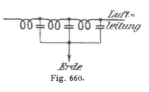

Fig. 660.

Spannungssicherungen.

(1157) **Aufgabe und Wirkungsweise.** · Je größer die Kapazität d. h. je ausgebreiteter das Netz und je größer die Drahtlänge in den Wicklungen, je größer ferner der gesamte Isolationswiderstand einer Anlage ist, desto mehr besteht die Gefahr, daß beim Ein- und Ausschalten eines Teiles der Anlage Spannungen auftreten, welche die Betriebsspannung erheblich übersteigen und daher der Isolation gefährlich werden.   Zur Beseitigung solcher Überspannungen werden ebenfalls Funkenstrecken — am besten Hörnerfunkenstrecken — wie bei den Blitzschutzvorrichtungen benutzt.   Da hier aber die Elektrizitätsmengen, die augenblicklich abgeleitet werden müssen, klein sind, viel kleiner als bei den atmosphärischen Ladungen, so können größere Widerstände in die Erdleitungen eingeschaltet werden.   Dadurch erreicht man, daß die Lichtbögen an den Funkenstrecken kleiner werden, und daher letztere kürzer eingestellt werden können, was notwendig ist, wenn Überspannungen, die nur das Doppelte der Betriebsspannung betragen, abgeleitet werden sollen.   Bei den Spannungssicherungen kommt es auf größere Empfindlichkeit für kleinere Elektrizitätsmengen, bei den Blitzschutzvorrichtungen auf geringere Empfindlichkeit für größere Elektrizitätsmengen an.   Den besten Schutz einer Anlage erreicht man durch gleichzeitige Anwendung von Blitzschutzvorrichtungen und Spannungssicherungen, wobei diese zwischen jenen und dem zu schützenden Objekt liegen sollen.

Bei Niederspannungsanlagen sind Spannungssicherungen außer in besonderen Fällen überflüssig, weil ihre Kapazität und der Isolationswiderstand der ganzen Anlage klein ist, so daß beträchtliche Überspannungen nicht entstehen und wenn ja, sich über den kleinen Isolationswiderstand ausgleichen.

Über die Spannungssicherungen zum Schutz der Niederspannungswicklung von Transformatoren gegen den Übertritt von Hochspannung vgl. (400).   Sie dienen auch zum Schutz der Erregerleitung von Synchronmaschinen, wenn diese unerregt auf das Netz geschaltet werden, so daß durch Transformatorwirkung hohe Spannung erzeugt wird.

Anhang.

Gesetze, Verordnungen, Ausführungsbestimmungen, Normalien, Vorschriften aus dem Gebiet der Elektrotechnik.

---

1. Bekanntmachung der Physikalisch-Technischen Reichsanstalt über die Prüfung elektrischer Meßgeräte.

(Zentralblatt für das Deutsche Reich 1889, Nr. 23, S. 309.)

A. Bestimmungen.

Die zweite (technische) Abteilung der Physikalisch-Technischen Reichsanstalt übernimmt die Prüfung der zeitigen Werte von elektrischen Widerständen und Normalelementen sowie der Angaben von Strommessern und Spannungsmessern für Gleichstrom. Es bleibt der Reichsanstalt vorbehalten, vor der Zulassung zur Prüfung eine Untersuchung der Brauchbarkeit und Dauerhaftigkeit dieser Geräte eintreten zu lassen.

Untersuchungen anderer als der oben genannten elektrischen Geräte und Einrichtungen übernimmt die Reichsanstalt, soweit nach ihrem Ermessen ein allgemeines technisches oder wissenschaftliches Interesse dabei vorliegt. Über den Umfang und die Ausführung solcher Untersuchungen findet eine besondere Vereinbarung mit den Beteiligten statt.

Die Prüfung elektrischer Meßgeräte wird nach Maßgabe folgender Bestimmungen ausgeführt und kann auf Verlangen mit einer Beglaubigung verbunden werden. Der Erlaß von Bestimmungen über die Prüfung hier nicht genannter Meßgeräte wird vorbehalten.

I. Widerstände.

§ 1. Material. Die Beglaubigung ist vorbehaltlich der Bestimmungen im § 3, Nr. 1 und § 5 nur zulässig für Einzelwiderstände und Widerstandssätze aus Platinsilber, Neusilber und ähnlichen Legierungen, deren Leitungsfähigkeit durch die Temperatur erheblich größere Veränderungen, als die der vorgenannten Materialien, nicht erfährt. Widerstände aus Graphit, Kohle und Elektrolyten sind von der Beglaubigung ausgeschlossen.

§ 2. Einrichtung. Die Einrichtung der zur Beglaubigung zuzulassenden Widerstände soll folgenden Anforderungen genügen:

1. Die Anlage und Ausführung soll hinreichende Sicherheit und Unveränderlichkeit der Werte gewährleisten.

2. Teile, deren Beschädigung oder willkürliche Veränderung leicht möglich und schwer wahrnehmbar ist, sollen in einem festen, bei der Einreichung abnehmbaren Gehäuse eingeschlossen sein, welches Einrichtungen für Aufnahme der durch die Reichsanstalt anzubringenden Sicherheitsverschlüsse trägt.

3. Auf jedem Meßgerät soll eine Geschäftsnummer und eine Geschäftsfirma vermerkt sein; die letztere kann durch ein amtlich eingetragenes Fabrikzeichen ersetzt werden.

4. Der Wert des Widerstandes soll unter Beifügung der Bezeichnung „Ohm" in dieser Einheit auf dem Meßgerät unzweideutig angegeben sein; auf Widerstandssätzen ist die vorgenannte Bezeichnung nur einmal erforderlich.

§ 3. Gebrauchswiderstände, Präzisionswiderstände und ihre Fehlergrenzen. Je nach dem Antrage der Beteiligten werden die Widerstände als Gebrauchswiderstände oder als Präzisionswiderstände geprüft und beglaubigt, und zwar werden beglaubigt:

1. als Gebrauchswiderstände solche Widerstände, deren Abweichung von den Normalen der Reichsanstalt bei + 15 Grad des hundertteiligen Thermometers ± 0,005 des Sollwertes nicht überschreitet.

2. als Präzisionswiderstände solche Widerstände, welche bei der auf ihnen verzeichneten Temperatur von den Normalen der Reichsanstalt um nicht mehr als ± 0,001 des Sollwertes abweichen.

Bei Widerstandssätzen sollen diese Fehlergrenzen sowohl von jedem einzelnen Widerstand, als von beliebigen Zusammenfassungen mehrerer Widerstände eingehalten werden.

Temperaturangabe bei Präzisionswiderständen. Die Angabe der Temperatur bei Präzisionswiderständen hat durch den Verfertiger zu erfolgen. Nur bei Glasröhren mit Quecksilberfüllung, deren Beglaubigung als Präzisionswiderstände statthaft ist, übernimmt die Reichsanstalt auf Wunsch der Beteiligten die Anbringung dieser sowie der nach § 2 Nr. 4 erforderlichen Bezeichnungen.

Prüfung. Die Prüfung von Gebrauchswiderständen erfolgt durch Vergleichung bei mittlerer Zimmertemperatur, diejenige von Präzisionswiderständen bei zwei verschiedenen, passend gewählten Temperaturen.

§ 4. Beglaubigung. Die Beglaubigung geschieht durch Aufbringen eines Stempels und einer Prüfungsnummer in der Nähe der Angabe des Widerstandswertes, durch Anlegung von Sicherungsverschlüssen am Gehäuse sowie durch Ausfertigung eines Beglaubigungsscheins. Bei Widerstandssätzen wird der Stempel in die Nähe eines der mittleren unter den angegebenen Widerstandswerten gesetzt. Die Stempel und die Verschlüsse zeigen das Bild des Reichsadlers und die Jahreszahl der Prüfung. Bei dem Stempel für Präzisionswiderstände tritt ein fünfstrahliger Stern hinzu.

Der den gestempelten Widerständen beigegebene Beglaubigungsschein bekundet bei Gebrauchswiderständen ihre Abweichung von den Normalen der Reichsanstalt bis auf ± 0,001, für Präzisionswiderstände bei zwei Temperaturen bis auf wenigstens ± 0,0001 ihres Sollwertes, doch wird bei kleineren Widerständen die Angabe der Abweichungen nur bis zu 0,000001 Ohm geführt. Hierbei ist anzugeben, daß das Ohm zu 1,06 Siemens-Einheiten[*] berechnet ist.

§ 5. Kupferwiderstände. Widerstände aus starken Kupferseilen, welche den Bestimmungen unter § 2 Nr. 1, 3, 4 genügen, können ausnahmsweise zur Prüfung zugelassen werden. Ein solcher Widerstand wird bei der auf demselben angegebenen Temperatur oder, falls eine derartige Angabe fehlt, bei + 15 Grad mit den Normalen der Reichsanstalt verglichen und, wenn die Abweichungen ± 0,01 des Sollwertes nicht überschreiten, an den Abzweigungsstellen gestempelt. In der beigegebenen Prüfungsbescheinigung wird die Einhaltung der Fehlergrenzen bekundet und das Gewicht des Widerstandes aufgeführt.

II. Normalelemente.

§ 6. Einrichtung. Bis auf weiteres werden zur Prüfung und Beglaubigung nur Normalelemente nach L. Clark mit der Bezeichnung als solche zugelassen, sofern deren Einrichtung ein Umkehren gestattet, ohne daß das Zink mit dem Quecksilber in Berührung kommt. Auch sollen die Anforderungen unter § 2 Nr. 1 bis 3 erfüllt sein. Etwaige mit den Normalelementen fest verbundene Thermometer müssen vor ihrer Einfügung der Reichsanstalt zur Prüfung vorgelegen haben und deren Prüfungsstempel tragen.

§ 7. Prüfung und Beglaubigung. Die Prüfung eines Normalelements erfolgt durch Vergleichung mit den Normalen der Reichsanstalt; ist die Abweichung nicht größer als ± 0,001 V, so wird das Element unter sinngemäßer Anwendung der Bestimmungen unter § 4 Abs. 1 gestempelt und in dem beigegebenen Beglaubigungsschein die Einhaltung der vorstehenden Fehlergrenze bekundet.

III. Strommesser und Spannungsmesser.

§ 8. Einrichtung. Zur Prüfung und Beglaubigung zugelassen werden bis auf weiteres nur Strommesser für Stromstärken bis zu 1000 Ampere und Spannungsmesser für Spannungen bis zu 300 Volt, sofern dieselben den Anforderungen unter § 2 Nr. 1 bis 3 genügen und sofern auf ihnen die Werte der Skalenteile unter Beifügung der Bezeichnung „Ampere" bezw. „Volt" in diesen Einheiten unzweideutig vermerkt sind.

---

[*] Jetzt nach dem Gesetz vom 1. Juni 1898, s. Nr. 2.

Auf Meßgeräten, deren verbürgte Anwendung auf einen Teil der vorhandenen Skale eingeschränkt werden soll, sind die Grenzen ihres Anwendungsgebietes anzugeben in der Form: „Strommesser richtig von . . . . bis . . . . . Ampere" bezw. „Spannungsmesser richtig von . . . . . bis . . . . . Volt." Hierbei soll das Anwendungsgebiet wenigstens 10 Skalenintervalle umfassen.

§ 9. Prüfung. Die Prüfung eines Strommessers oder eines Spannungsmessers erfolgt durch Vergleichung mit den Normalen der Reichsanstalt an wenigstens drei Skalenstellen und zwar bei steigender sowie bei fallender Stromstärke bezw. Spannung.

Bei der Prüfung von Spannungsmessern, welche nach unzweideutiger Aufschrift nur mit kurzer oder nur mit langdauernder Einschaltung gebraucht werden sollen, wird die Dauer der Einschaltung dementsprechend bemessen und zwar im ersten Falle auf höchstens eine Minute, im anderen Falle auf wenigstens 1 Stunde. Fehlt eine Angabe der Einschaltungsdauer, für welche ein Spannungsmesser bestimmt ist, so sollen die Fehlergrenzen für kurze und für dauernde Einschaltung eingehalten werden.

§ 10. Fehlergrenzen. Die Beglaubigung erfolgt bei Meßgeräten ohne Beschränkung des Anwendungsgebietes, wenn die gefundenen Fehler entweder nicht über $\pm$ 0,2 der Prüfungsstelle enthaltenden bezw. ihr benachbarten Skalenintervalle, oder nicht über $\pm$ 0,01 des Sollwertes hinausgehen; bei Geräten mit beschränkter Anwendung der Skale (§ 8 Abs 2) soll der Fehler innerhalb des Anwendungsgebietes $\pm$ 0,01 des Sollwertes nicht übersteigen.

Beglaubigung. Die Stempelung eines Strommessers oder eines Spannungsmessers geschieht nach Maßgabe der Bestimmungen unter § 4 Abs. 1; der Stempel erhält seinen Platz nahe der Mitte des Anwendungsgebietes der Skale. Dem gestempelten Meßgeräte wird ein Beglaubigungsschein begegeben, welcher die gefundenen Fehler bekundet.

IV. Gebühren.

§ 11. . . . . .

(Eine Änderung einiger Gebührensätze ist im Zentralblatt für das deutsche Reich 1893, Seite 3 enthalten.)

Charlottenburg, den 24. Mai 1889.

Physikalisch-Technische Reichsanstalt.

von Helmholtz.

Zu den „Bestimmungen" sind noch „B. Erläuterungen" erschienen; Abdruck s. E. T. Z. 1889, S. 354.

---

2. Gesetz, betr. die elektrischen Maßeinheiten.

Vom 1. Juni 1898.

Reichsgesetzblatt S. 905. — Deutscher Reichsanzeiger Nr. 138 vom 14. Juni 1898.

§ 1. Die gesetzlichen Einheiten für elektrische Messungen sind das Ohm, das Ampere und das Volt.

§ 2. Das Ohm ist die Einheit des elektrischen Widerstandes. Es wird dargestellt durch den Widerstand einer Quecksilbersäule von der Temperatur des schmelzenden Eises, deren Länge bei durchweg gleichem, einem Quadratmillimeter gleich zu achtenden Querschnitt 106,3 cm und deren Masse 14,4521 g beträgt.

§ 3. Das Ampere ist die Einheit der elektrischen Stromstärke. Es wird dargestellt durch den unveränderlichen elektrischen Strom, welcher bei dem Durchgang durch eine wässerige Lösung von Silbernitrat in einer Sekunde 0,001118 g Silber niederschlägt.

§ 4. Das Volt ist die Einheit der elektromotorischen Kraft. Es wird dargestellt durch die elektromotorische Kraft, welche in einem Leiter, dessen Widerstand ein Ohm beträgt, einen elektrischen Strom von einem Ampere erzeugt.

§ 5. Der Bundesrat ist ermächtigt,

a) die Bedingungen festzusetzen, unter denen bei Darstellung des Ampere (§ 3) die Abscheidung des Silbers stattzufinden hat,

b) Bezeichnungen für die Einheiten der Elektrizitätsmenge, der elektrischen Arbeit und Leistung, der elektrischen Kapazität und der elektrischen Induktion festzusetzen,

c) Bezeichnungen für die Vielfachen und Teile der elektrischen Einheiten der (§§ 1, 5b) vorzuschreiben,

d) zu bestimmen, in welcher Weise die Stärke, die elektromotorische Kraft, die Arbeit und Leistung der Wechselströme zu berechnen ist.

§ 6. Bei der gewerbsmäßigen Abgabe elektrischer Arbeit dürfen Meßwerkzeuge, sofern sie nach den Lieferungsbedingungen zur Bestimmung der Vergütung dienen sollen, nur verwendet werden, wenn ihre Angaben auf den gesetzlichen Einheiten beruhen. Der Gebrauch unrichtiger Meßgeräte ist verboten. Der Bundesrat hat nach Anhörung der Physikalisch-Technischen Reichsanstalt die äußersten Grenzen der zu duldenden Abweichungen von der Richtigkeit festzusetzen.

Der Bundesrat ist ermächtigt, Vorschriften darüber zu erlassen, inwieweit die im Absatz 1 bezeichneten Meßwerkzeuge amtlich beglaubigt oder einer wiederkehrenden amtlichen Überwachung unterworfen sein sollen.

§ 7. Die Physikalisch-Technische Reichsanstalt hat Quecksilbernormale des Ohm herzustellen und für deren Kontrolle und sichere Aufbewahrung an verschiedenen Orten zu sorgen. Der Widerstandswert von Normalen aus festen Metallen, welche zu den Beglaubigungsarbeiten dienen, ist durch alljährlich zu wiederholende Vergleichungen mit den Quecksilbernormalen sicher zu stellen.

§ 8. Die Physikalisch-Technische Reichsanstalt hat für die Ausgabe amtlich beglaubigter Widerstände und galvanischer Normalelemente zur Ermittelung der Stromstärken und Spannungen Sorge zu tragen.

§ 9. Die amtliche Prüfung und Beglaubigung elektrischer Meßgeräte erfolgt durch die Physikalisch-Technische Reichsanstalt. Der Reichskanzler kann die Befugnis hierzu auch anderen Stellen übertragen. Alle zur Ausführung der amtlichen Prüfung benutzten Normale und Normalgeräte müssen durch die Physikalisch-Technische Reichsanstalt beglaubigt sein.

§ 10. Die Physikalisch-Technische Reichsanstalt hat darüber zu wachen, daß bei der amtlichen Prüfung und Beglaubigung elektrischer Meßgeräte im ganzen Reichsgebiet nach übereinstimmenden Grundsätzen verfahren wird. Sie hat die technische Aufsicht über das Prüfungswesen zu führen und alle darauf bezüglichen technischen Vorschriften zu erlassen. Insbesondere liegt ihr ob, zu bestimmen, welche Arten von Meßgeräten zur amtlichen Beglaubigung zugelassen werden sollen, über Material, sonstige Beschaffenheit und Bezeichnung der Meßgeräte Bestimmungen zu treffen, das bei der Prüfung und Beglaubigung zu beobachtende Verfahren zu regeln, sowie die zu erhebenden Gebühren und das bei den Beglaubigungen anzuwendende Stempelzeichen festzusetzen.

§ 11. Die nach Maßgabe dieses Gesetzes beglaubigten Meßgeräte können im ganzen Umfange des Reiches im Verkehr angewendet werden.

§ 12. Wer bei der gewerbsmäßigen Abgabe elektrischer Arbeit den Bestimmungen im § 6 oder den auf Grund derselben ergehenden Verordnungen zuwiderhandelt, wird mit Geldstrafe bis zu einhundert Mark oder mit Haft bis zu vier Wochen bestraft. Neben der Strafe kann auf Einziehung der vorschriftswidrigen oder unrichtigen Meßwerkzeuge erkannt werden.

§ 13. Dies Gesetz tritt mit den Bestimmungen in §§ 6 und 12 am 1. Januar 1902, im übrigen am Tage seiner Verkündigung in Kraft.

---

3. Bestimmungen zur Ausführung des Gesetzes betr. die elektrischen Maßeinheiten.

(Erlassen vom Bundesrat am 6. Mai 1901; Reichsgesetzblatt S. 127; Deutscher Reichsanzeiger Nr. 110. — Erläuterungen dazu von der Physikalisch-Technischen Reichsanstalt E. T. Z. 1901, S. 531.)

I.

Auf Grund des § 5 des Gesetzes, betreffend die elektrischen Maßeinheiten vom 1. Juni 1898 (Reichsgesetzbl. S. 905), wird folgendes bestimmt:

1) Zu § 5a. Bedingungen, unter denen bei der Darstellung des Ampere die Abscheidung des Silbers stattzufinden hat.

Die Flüssigkeit soll eine Lösung von 20 bis 40 Gewichtsteilen reinen Silbernitrats in 100 Teilen chlorfreien destillierten Wassers sein; sie darf nur so lange benutzt werden, bis im ganzen 3 Gramm Silber auf 1000 Kubikzentimeter der Lösung elektrolytisch abgeschieden sind.

Die Anode soll, soweit sie in die Flüssigkeit eintaucht, aus reinem Silber bestehen. Die Kathode soll aus Platin bestehen. Übersteigt die auf ihr abgeschiedene Menge Silber 0,1 Gramm auf das Quadratzentimeter, so ist das Silber zu entfernen.

Die Stromdichte soll an der Anode ein Fünftel, an der Kathode ein Fünfzigstel Ampere auf das Quadratzentimeter nicht überschreiten.

Vor der Wägung ist die Kathode zunächst mit chlorfreiem destillierten Wasser zu spülen, bis das Waschwasser bei dem Zusatz eines Tropfens Salzsäure keine Trübung zeigt, alsdann zehn Minuten lang mit destilliertem Wasser von 70 Grad bis 90 Grad auszulaugen und schließlich mit destilliertem Wasser zu spülen. Das letzte Waschwasser darf kalt durch Salzsäure nicht getrübt werden. Die Kathode wird warm getrocknet, bis zur Wägung im Trockengefäß aufbewahrt und nicht früher als 10 Minuten nach der Abkühlung gewogen.

2. Zu § 5 b. Bezeichnungen elektrischer Einheiten.

a) Die Elektrizitätsmenge, welche bei einem Ampere in einer Sekunde durch den Querschnitt der Leitung fließt, heißt eine Amperesekunde (Coulomb), die in einer Stunde hindurchfließende Elektrizitätsmenge heißt eine Amperestunde.

b) Die Leistung eines Ampere in einem Leiter von einem Volt Endspannung heißt ein Watt.

c) Die Arbeit von einem Watt während einer Stunde heißt eine Wattstunde.

d) Die Kapazität eines Kondensators, welcher durch eine Amperesekunde auf ein Volt geladen wird, heißt ein Farad.

e) Der Induktionskoeffizient eines Leiters, in welchem ein Volt induziert wird durch die gleichmäßige Änderung der Stromstärke um ein Ampere in der Sekunde, heißt ein Henry.

3. Zu § 5 c. Bezeichnungen für die Vielfachen und Teile der elektrischen Einheiten.

Als Vorsätze vor dem Namen einer Einheit bedeuten:

Kilo	. . . . . .	das Tausendfache,
Mega (Meg)	. . . .	das Millionfache,
Milli	. . . .	den tausendsten Teil,
Mikro (Mikr)	. . . .	den millionsten Teil.

4. Zu § 5 d. Berechnung der Stärke der elektromotorischen Kraft (Spannung) und der Leistung von Strömen wechselnder Stärke oder Richtung.

a) Als wirksame (effektive) Stromstärke — oder, wenn nicht anderes festgesetzt ist, als Stromstärke schlechthin — gilt die Quadratwurzel aus dem zeitlichen Mittelwerte der Quadrate der Augenblicksstromstärken.

b) Als mittlere Stromstärke gilt der ohne Rücksicht auf die Richtung gebildete zeitliche Mittelwert der Augenblicksstromstärken.

c) Als elektrolytische Stromstärke gilt der mit Rücksicht auf die Richtung gebildete zeitliche Mittelwert der Augenblicksstromstärken.

d) Als Scheitelstromstärke periodisch veränderlicher Ströme gilt deren größter Augenblickswert.

e) Die unter a) bis d) für die Stromstärke festgesetzten Bezeichnungen und Berechnungen gelten ebenso für die elektromotorische Kraft oder die Spannung.

f) Als Leistung gilt der mit Rücksicht auf das Vorzeichen gebildete zeitliche Mittelwert der Augenblicksleistungen.

II.

Auf Grund des § 6 Abs. 1 des Gesetzes betreffend die elektrischen Maßeinheiten vom 1. Juni 1898 werden die äußersten Grenzen der bei gewerbsmäßiger Abgabe elektrischer Arbeit zu duldenden Abweichungen der Elektrizitätszähler von der Richtigkeit, wie folgt, bestimmt:

1. Gleichstromzähler.

a) Die Abweichung der Verbrauchsanzeige nach oben oder nach unten von dem wirklichen Verbrauche darf bei einer Belastung zwischen dem Höchstverbrauche, für welchen der Zähler bestimmt ist, und dem zehnten Teile desselben nirgends mehr betragen als sechs Tausendtel des jeweiligen Höchstverbrauchs vermehrt um sechs Hundertel des jeweiligen Verbrauchs und ferner bei einer Belastung von ein Fünfundzwanzigstel des obigen Höchstverbrauchs nicht mehr als zwei Hundertel des letzteren.

Auf Zähler, die in Lichtanlagen verwendet werden, finden diese Bestimmungen nur insoweit Anwendung, als die anzuzeigende Leistung nicht unter 30 Watt sinkt.

b) Während einer Zeit, in welcher kein Verbrauch stattfindet, darf der Verlauf oder der Rücklauf des Zählers nicht mehr betragen, als einem halben Hundertel seines oben bezeichneten Höchstverbrauchs entspricht.

2. Wechselstrom und Mehrphasenstromzähler.

Für diese gelten dieselben Bestimmungen wie unter 1, jedoch mit der Maßgabe, daß, wenn in der Verbrauchsleitung zwischen Spannung und Stromstärke eine Verschiebung besteht, der nach 1 a berechnete Fehler in Hundertel des jeweiligen Verbrauchs umgerechnet und der entstehenden Zahl der Hundertel die doppelte trigonometrische Tangente des Verschiebungswinkels hinzugefügt wird. Dabei bedeutet der Verschiebungswinkel den Winkel, dessen Kosinus gleich dem Leistungsfaktor ist. Alle zur Berechnung der Fehler dienenden Größen sind mit dem gleichen Vorzeichen zu nehmen.

---

4. Prüfordnung für elektrische Meßgeräte.

Zentralblatt für das Deutsche Reich vom 14. März 1902, Nr. 11, S. 46.

Auf Grund des § 10 des Gesetzes, [betreffend die elektrischen Maßeinheiten vom 1. Juni 1898 (Reichsgesetzbl. S. 905) wird nachstehende Prüfordnung für elektrische Meßgeräte erlassen.

(Einige §§ sind gekürzt; vollständiger Abdruck im Verlag von J. Springer erschienen.)

§ 1. Prüfung und Beglaubigung.

Die amtliche Prüfung elektrischer Meßgeräte erfolgt durch die Physikalisch-Technische Reichsanstalt — Abteilung II — und durch diejenigen Stellen (elektrischen Prüfämter), welchen der Reichskanzler die Befugnis hierzu auf Grund des § 9 des genannten Gesetzes übertragen hat.

Mit der Prüfung kann bei Meßgeräten, für welche die Systemprüfung durch die Physikalisch - Technische Reichsanstalt eine hinlängliche Unveränderlichkeit der Angaben erwiesen hat, eine Beglaubigung verbunden werden, wenn die betreffenden Instrumente den Vorschriften der §§ 11, 14, 15 dieser Prüfordnung entsprechen und die daselbst angegebenen Beglaubigungs-Fehlergrenzen einhalten.

§ 2. Der Reichsanstalt vorbehaltene Arbeiten.

Die der Physikalisch-Technischen Reichsanstalt zufallende Tätigkeit, soweit dieselbe die Prüfung und Beglaubigung elektrischer Meßgeräte betrifft, ist durch § 9 und 10 des Gesetzes bestimmt. Die Reichsanstalt hat die technische Aufsicht über das Prüfungswesen im ganzen Reichsgebiete zu führen und alle darauf bezüglichen technischen Vorschriften zu erlassen. Sie hat zu bestimmen, welche Arten von elektrischen Meßgeräten zur amtlichen Beglaubigung zugelassen werden sollen, und die hierfür erforderlichen Systemprüfungen auszuführen.

Außerdem führt sie die Prüfung und Beglaubigung aller derjenigen elektrischen Meßgeräte aus, welche nicht zu den Prüfungsbefugnissen (§ 8) der elektrischen Prüfämter gehören, sowie endlich die Prüfung und Beglaubigung derjenigen zur Messung von Strom, Spannung, Leistung und Verbrauch dienenden Apparate, welche als Arbeitsnormale bei der Herstellung elektrischer Meßgeräte verwendet werden.

§ 3. Beantragung von Systemprüfungen.
Die Zulassung eines jeden Systems elektrischer Meßgeräte zur Beglaubigung setzt einen Antrag des Erfinders oder des Verfertigers oder eines hierzu bevollmächtigten Vertreters derselben voraus. (Es wird angeben, wieviel Meßgeräte, welche Beschreibungen und weitere Angaben einzusenden sind.)

§ 4. Ausführung der Systemprüfungen.
Die Systemprüfung, soweit sie nicht nach den bisherigen Erfahrungen der Reichsanstalt teilweise entbehrt werden kann, besteht in einer Untersuchung der eingereichten Apparate in der Reichsanstalt und in einer Erprobung des Systems im praktischen Betriebe. Wenn der erstere Teil der Prüfung, der nach Erledigung etwaiger erforderlicher Vorverhandlungen mit dem Antragsteller innerhalb dreier Monate abgeschlossen sein soll, ein befriedigendes Ergebnis geliefert hat, ohne daß über die Bewährung im Betriebe genügende Erfahrungen vorliegen, kann auf Antrag des Anmelders eine zeitweilige Zulassung zur Beglaubigung für eine Dauer bis zu drei Jahren bewilligt werden. Spätestens ein Jahr vor Ablauf dieser Zeit wird dem Antragsteller die endgültige Endscheidung übermittelt.

(Rückgabe der zur Prüfung eingereichten Meßgeräte.)

§ 5. Zulassung von Systemen zur Beglaubigung.
Jede endgültige Zulassung eines Systems elektrischer Meßgeräte zur Beglaubigung wird in dem Zentralblatt für das Deutsche Reich und im Reichsanzeiger bekannt gemacht.

Bei der Zulassung wird eine Bezeichnung des Systems festgesetzt, welche auf den Meßgeräten anzubringen ist.

Eine Veröffentlichung einer zeitweiligen Zulassung eines Systems zur Beglaubigung findet nur auf Antrag des Anmelders statt.

§ 6. Änderungen der zur Beglaubigung zugelassenen Systeme (sind der Reichsanstalt anzuzeigen, welche über die Notwendigkeit einer Ergänzung der früheren Prüfung entscheidet.)

§ 7. Zurücknahme der Zulassung eines Systems.

§ 8. Befugnisse der Prüfämter. Die Tätigkeit der Prüfämter erstreckt sich auf die Prüfung und Beglaubigung

1. der bei der gewerbsmäßigen Abgabe elektrischer Arbeit zur Bestimmung der Vergütung benutzten Meßgeräte (Elektrizitätszähler usw.),

2. der zur Messung von Strom, Spannung und Leistung bestimmten Schalttafel- und Montageinstrumente, sofern sie einem beglaubigungsfähigen System angehören (§§ 4 und 5) und mit Gleichstrom geprüft werden können.

§ 9. Meßbereiche der Prüfämter.

§ 10. Ort der Prüfung.

§ 11. Beschaffenheit der zur Prüfung oder Beglaubigung kommenden Meßgeräte. Die Angaben der zur Prüfung oder Beglaubigung eingereichten, im § 2 und 8 genannten elektrischen Meßgeräte müssen unmittelbar in den gesetzlichen Maßeinheiten (Bekanntmachung, betr. die Ausführung des Gesetzes über die elektrischen Maßeinheiten vom 6. Mai 1901, Reichsgesetzbl. S. 127) erfolgen oder durch Multiplikation mit einer auf dem Apparat angegebenen Zahl (Konstante) auf dieselben zurück geführt werden. Die Angaben sollen entweder durch Zeiger oder deutlich sichtbare Marken vor einer Skale oder durch springende Ziffern gesehen.

Die Meßgeräte müssen mit einem Schutzgehäuse umgeben sein, welches Vorkehrungen zum Anlegen von Bleisiegeln und ein von innen in das Gehäuse eingesetztes Schauglas vor dem Zifferblatt enthält.

Auf dem Zifferblatte dem Gehäuse oder auf einem von außen nicht abnehmbaren Schilde soll die Firma und der Wohnort des Verfertigers oder dessen eingetragenes Fabrikzeichen, die laufende Fabrikationsnummer, die Maßeinheit, nach welcher die Angabe erfolgt (zB. Ampere, Volt, Watt, Kilovolt, Kilowattstunde) und das Meßbereich nebst Bezeichnung des Verteilungssytems (zB. 2 × 220 Volt, bis 2 × 100 Ampere) deutlich sichtbar angebracht sein.

Außerdem sind daselbst in deutscher Sprache die Apparatengattung und -stromart (zB. Drehstromzähler) anzugeben sowie — falls diese Umstände auf die Richtigkeit der Angaben der Instrumente von Einfluß sind — auch die Einschaltungsdauer (zB. Leistungsmesser für kurzdauernde Einschaltung) und bei Wechselstrom-Meßgeräten der Polwechselzahl und Belastungsart (zB. Zähler für induktionslose Belastung, Drehstromzähler für gleich belastete Zweige).

§ 12. Ausnahmebestimmungen.

§ 13. Verkehrs-Fehlergrenzen für Zähler. Die im Verkehr zulässigen Fehlergrenzen der Elektrizitätszähler sind durch die Ausführungsbestimmungen zum Gesetz, betreffend die elektrischen Maßeinheiten vom Bundesrat, wie folgt, festgesetzt worden:

(zu vergl. die Ausführungsbestimmungen II 1 u. 2 auf S. 904 u. 905).

§ 14. Beglaubigungs-Fehlergrenzen für Zähler. Die Beglaubigung von Meßgeräten, welche zur Bestimmung der Vergütung bei der gewerbsmäßigen Abgabe elektrischer Arbeit dienen sollen, findet statt, wenn ihr System von der Reichsanstalt zur Beglaubigung zugelassen worden ist (§ 4 u. 5), und wenn sie die Hälfte der im § 13 genannten Verkehrs-Fehlergrenzen einhalten. Jedoch soll bei Wechselstromzählern der Zusatzfehler, welcher im § 13 unter 2 für eine Verschiebung φ zwischen Spannung und Stromstärke festgesetzt ist, mit seinem ganzen Betrage (2 tg φ) in Rechnung gestellt werden.

§ 15. Beglaubigungs-Fehlergrenzen für Strom-, Spannungs- und Leistungsmesser. Strom-, Spannungs- und Leistungsmesser werden zur Prüfung durch die Prüfämter nur dann zugelassen, wenn sie einem von der Reichsanstalt als beglaubigungsfähig erklärten System angehören und mit Gleichstrom geprüft werden können. Ihre Beglaubigung erfolgt, wenn die gefundenen Fehler entweder nicht über ± 0,2 des betreffenden Skalenintervalles, oder nicht über ± 0,01 des Sollwertes hinausgehen. Es kommt hierbei stets diejenige der beiden Bestimmungen zur Anwendung, welche für die Zulassung des Meßgeräts zur Beglaubigung die mildere ist. Bei Meßgeräten mit verkürzter Skala soll der Fehler ± 0,01 des Sollwertes nicht übersteigen. Dasselbe gilt von solchen Meßgeräten, deren Anwendung durch eine entsprechende Aufschrift (z. B. „Strommesser richtig von . . . bis . . . Ampere") auf einen bestimmten Teil der vorhandenen Skala eingeschränkt worden ist.

§ 16. Verfahren bei der Prüfung (Vorprüfung und Hauptprüfung). Die Prüfung der elektrischen Meßgeräte durch die Prüfämter erstreckt sich auf die äußere Beschaffenheit, die Erfüllung der im § 11 enthaltenen Vorschriften (Vorprüfung), und auf das Einhalten der in den §§ 13—15 angegebenen Fehlergrenzen (Hauptprüfung).

Nach vollzogener Hauptprüfung erhält jedes Meßgerät einen Schein über den Ausfall der Prüfung sowie gegebenenfalls das im § 18 festgesetzte Stempelzeichen. Der zahlenmäßige Betrag der gefundenen Abweichungen von der Richtigkeit wird in den Scheinen nicht angegeben.

Auf besonderen Antrag werden Elektrizitätswerken und Fabrikanten von elektrischen Meßgeräten Verzeichnisse der an ihren Meßgeräten ermittelten Abweichungen von der Richtigkeit gegen besondere Gebühr ausgefertigt.

Meßgeräte, welche die Verkehrs-Fehlergrenzen überschreiten oder sonstige Mängel zeigen, werden durch Anbinden eines Zettels mit entsprechender Aufschrift gekennzeichnet.

§ 17. Berichtigung und Reinigung der zu prüfenden Meßgeräte. Bei Gelegenheit von Prüfungen dürfen auf Antrag der Beteiligten von den Prüfämtern Berichtigungen an den Meßgeräten, falls hierzu geeignete Stellvorrichtungen vorhanden sind, sowie Reinigungen des Werkes und kleine Ausbesserungen ausgeführt werden.

Bei Streitfällen und Revisionen ist jeder Eingriff in die Apparate untersagt und ein von neuem notwendig werdender Bleiverschluß ist tunlichst ohne Verletzung bereits vorhandener Plomben anzulegen.

§ 18. Stempel- und Verschlußzeichen. a) Als Zeichen, daß ein Meßgerät bei der Prüfung die für den Verkehr zugelassenen Fehlergrenzen (§ 13) eingehalten hat, dient ein an dem Meßgerät anzubringender Verkehrsstempel, welcher das amtliche Stempelzeichen des betreffenden elektrischen Prüfamts (bestehend aus den Buchstaben EPA und der Nummer des Prüfamts) sowie die Angabe des Kalenderjahres und des Vierteljahres der Prüfung trägt.

b) Als Zeichen, daß ein Meßgerät einem beglaubigungsfähigen System angehört, den Vorschriften des § 11 entspricht und bei der Prüfung die Beglaubigungsfehlergrenzen (§§ 14 und 15) eingehalten hat, dient ein Beglaubigungsstempel, welcher den Reichsadler, das amtliche Zeichen des Prüfamts sowie die Jahres- und Quartalszahl der Prüfung trägt.

c) Bei Nachprüfungen tritt der neue Verkehrs- oder Beglaubigungsstempel zu dem auf dem Meßgerät bereits vorhandenen hinzu.

d) In den unter a) bis c) angegebenen Fällen werden die geprüften oder beglaubigten Meßgeräte durch Bleisiegel verschlossen, welche auf der einen Seite den Reichsadler und auf der Rückseite das amtliche Zeichen des Prüfamtes tragen.

Dieser Verschluß kann zum Zwecke von Nachregulierungen von dem mit der Wartung der Zähler beauftragten Beamten des Elektrizitätswerkes im Falle des Einverständnisses des Abnehmers entfernt und nach Erledigung |der Regulierung durch eine Plombe des Elektrizitätswerkes ersetzt werden. Von jeder solchen Nachregulierung hat das Elektrizitätswerk demjenigen Prüfamte, dessen Stempel sich auf dem Zähler vorfindet, Anzeige unter Angabe der vor und nach der Regulierung ermittelten Abweichungen zu machen.

e) Als Zeichen eines zeitweiligen Verschlusses und in den im § 16 Abs. 4 erwähnten Fällen wird in die Plombenschrauben des Meßgeräts ein Zettel mit aufgeklebter Siegelmarke des betreffenden Prüfamts eingebunden.

f) Bei Prüfungnn und Beglaubigungen, welche von der Physikalisch-Technischen Reichsanstalt — Abteilung II — erledigt werden, tritt an Stelle des amtlichen Stempelzeichens der Prüfämter dasjenige der Reichsanstalt (PTRII).¦

§ 19. Gebühren. . . . .

§ 20. Verfahren bei Beschädigung geprüfter Apparate.

Charlottenburg. d. 28. Dezember 1901.

Physikalisch-Technische Reichsanstalt
Kohlrausch.

---

5. Prüfämter für elektrische Meßgeräte

bestehen zur Zeit

Nr. 1 in Ilmenau	Nr. 5 in Chemnitz
Nr. 2 in Hamburg	Nr. 6 in Frankfurt a. M.
Nr. 3 in München	Nr. 7 in Bremen.
Nr. 4 in Nürnberg	

---

6. Die zur Beglaubigung zugelassenen Zählersysteme.

(Das Systemzeichen ist ⌐1⌐ für System 1.)

System	Bezeichnung	Firma	Beschreibung in der E. T. Z.
1	Umschaltezähler f. Gleichstrom	} H. Aron, Charlottenburg	1903, S. 361.
2	Umschaltezähler für ein- und mehrphasigen Wechselstrom		1905, S. 964.
3	Gleichstromzähler	Elektr.-Akt.-Ges. vorm. Schuckert & Co. Nürnberg	1903, S. 383.
4	Flügelzähler für Gleichstrom	Akt.-G. Siemens & Halske, Berlin u. Siemens-Schuck.-Werke, Nürnberg	1904, S. 121.
5	Motorzähler für Gleichstrom	} Allgemeine Elektricitäts-Gesellsch., Berlin	1904, S. 333;
6	Induktionszähler für einphasigen Wechselstrom		1905, S. 599.
7	Induktionszähler für Drehstrom		
8	Gleichstromzähler n. O'Keenan	Danubia, A.-G. f. Gaswerks-, Beleucht.- u. Meßapparate, Wien u. Straßburg i. Els.	1904, S. 989.
9	Oszillierender Motorzähler für Gleichstrom	} Allgemeine Elektricitäts-Gesellsch.. Berlin	1905, S. 463.
10	Rotierender Motorzähler für Gleichstrom		
11	Magnet-Motorzähler für Gleichstrom		
12	Isaria-Zähler für Wechselstrom	} Lux'sche Industriewerke A.-G., Ludwigshafen	1905, S. 600.
13	Isaria-Zähler für Drehstrom mit gleichbelasteten Zweigen		
14	Motorzähler für Gleichstrom	A.-G. Mix & Genest, Berlin	1905, S. 604; 1906, S. 525.
15	Induktionszähler für Wechselstrom	Siemens-Schuckertwerke, Nürnberg	1905, S. 1134.
16	Motorzähler für Gleichstrom	Isaria-Zähler-Werke, München	1906, S. 96.
17	Induktionszähler für einphasigen Wechselstrom und für Drehstrom mit gleichbelasteten Zweigen	} Allgemeine Elektricitäts-Gesellsch., Berlin	1906, S. 497
18	Induktionszähler f. Drehstrom		
19	Induktionszähler für Wechselstrom	Danubia, A.-G. für Gaswerks-, Beleuchtungs- und Meßapparate, Wien und Straßburg i. Els.	1906, S. 677.
20	Induktionszähler mit Glockenanker	Siemens & Halske, Berlin und Siemens-Schuckertwerks, Nürnberg	1906, S. 927.

7. Gesetz, betr. die Bestrafung der Entziehung elekt. Arbeit.

Vom 9. April 1900.

Reichsgesetzblatt S. 228. — Deutscher Reichsanzeiger Nr. 97 vom 23. April.

§ 1. Wer einer elektrischen Anlage oder Einrichtung fremde elektrische Arbeit mittels eines Leiters entzieht, der zur ordnungsmäßigen Entnahme von Arbeit aus der Anlage oder Einrichtung nicht bestimmt ist, wird, wenn er die Handlung in der

Absicht begeht, die elektrische Arbeit sich rechtswidrig zuzueignen, mit Gefängnis und mit Geldstrafe bis zu fünfzehnhundert Mark oder mit einer dieser Strafen bestraft.

Neben der Gefängnisstrafe kann auf Verlust der bürgerlichen Ehrenrechte erkannt werden.

Der Versuch ist strafbar.

§ 2. Wird die im § 1 bezeichnete Handlung in der Absicht begangen, einem anderen rechtswidrig Schaden zuzufügen, so ist auf Geldstrafe bis zu eintausend Mark oder auf Gefängnis bis zu zwei Jahren zu erkennen.

Die Verfolgung tritt nur auf Antrag ein.

---

8. Gesetz, betr. die Kosten der Prüfung überwachungsbedürftiger Anlagen

vom 21. März 1905 (preußisches Gesetz).

Gesetzsammlung S. 317. — ETZ. 1905, S. 364.

§ 1. Soweit durch Polizeiverordnung des Oberpräsidenten, des Regierungspräsidenten (in Berlin des Polizeipräsidenten) oder des Oberbergamtes angeordnet wird, daß

1. Aufzüge,
2. Kraftfahrzeuge,
3. Dampffässer,
4. Gefäße für verdichtete und verflüssigte Gase,
5. Mineralwasserapparate,
6. Acetylenanlagen,
7. Elektrizitätsanlagen

durch Sachverständige vor der Inbetriebsetzung oder wiederholt während des Betriebes geprüft werden, kann in diesen Verordnungen den Besitzern die Verpflichtung auferlegt werden. die hierzu nötigen Arbeitskräfte und Vorrichtungen bereit zu stellen und die Kosten der Prüfungen zu tragen.

§ 2. Über Art und Umfang der in die Polizeiverordnungen aufzunehmenden Anlagen, sowie über die bei Prüfung dieser Anlagen anzuwendenden Grundsätze erläßt der zuständige Minister nach gutachtlicher Anhörung von Vertretern der Wissenschaft und Praxis allgemeine Anweisungen.

§ 3. Mitglieder von Vereinen zur Überwachung der in § 1 bezeichneten Anlagen, die den Nachweis führen, daß sie die Prüfungen mindestens in dem behördlich vorgeschriebenen Umfange durch anerkannte Sachverständige sorgfältig ausführen lassen, können durch den Minister für Handel und Gewerbe von den amtlichen Prüfungen ihrer Anlagen widerruflich befreit werden

Die gleiche Vergünstigung kann einzelnen Besitzern derartiger Anlagen für deren Umfang gewährt werden, auch wenn sie einem Überwachungsverein nicht angehören.

§ 4. Die Kosten der Prüfungen können nach Tarifen berechnet werden, deren Festsetzung oder Genehmigung (§ 3 Absatz 1) den zuständigen Ministern vorbehalten bleibt.

§ 5. Die Beitreibung der gemäß § 4 amtlich festgesetzten Kosten der Prüfungen erfolgt im Verwaltungszwangsverfahren.

§ 6. Dieses Gesetz findet keine Anwendung auf solche Anlagen, die der staatlichen Aufsicht nach dem Gesetze über die Eisenbahnunternehmungen vom 3. November 1838 (Gesetzsamml. S. 505) oder nach dem Gesetze über Kleinbahnen und Privatanschlußbahnen vom 28. Juli 1892 (Gesetzsamml. S. 225) unterliegen.

§ 7. Die zuständigen Minister sind mit der Ausführung dieses Gesetzes beauftragt.

---

9. Gesetz über das Telegraphenwesen des Deutschen Reichs.

Vom 6. April 1892.

Reichsgesetzblatt S. 467. — Deutscher Reichsanzeiger Nr. 89 vom 12. April 1892.

§ 1. Das Recht, Telegraphenanlagen für die Vermittelung von Nachrichten zu errichten und zu betreiben, steht ausschließlich dem Reich zu. Unter Telegraphenanlagen sind die Fernsprechanlagen mitbegriffen.

§ 2. Die Ausübung des im § 1 bezeichneten Rechts kann für einzelne Strecken oder Bezirke an Privatunternehmer und muß an Gemeinden für den Verkehr innerhalb des Gemeindebezirks verliehen werden, wenn die nachsuchende Gemeinde die genügende Sicherheit für einen ordnungsmäßigen Betrieb bietet und das Reich eine solche Anlage weder errichtet hat, noch sich zur Errichtung und zum Betriebe einer solchen bereit erklärt.

Die Verleihung erfolgt durch den Reichskanzler oder die von ihm hierzu ermächtigten Behörden.

Die Bedingungen der Verleihung sind in der Verleihungsurkunde festzustellen.

§ 3. Ohne Genehmigung des Reiches können errichtet und betrieben werden:
1. Telegraphenanlagen, welche ausschließlich dem inneren Dienste von Landes- oder Kommunalbehörden, Deichkorporationen, Siel- und Entwässerungs- verbänden gewidmet sind;
2. Telegraphenanlagen, welche von Transportanstalten auf ihren Linien aus- schließlich zu Zwecken ihres Betriebes oder für die Vermittelung von Nachrichten innerhalb der bisherigen Grenzen benutzt werden;
3. Telegraphenanlagen
    a) innerhalb der Grenzen eines Grundstücks,
    b) zwischen mehreren, einem Besitzer gehörigen oder zu einem Betriebe vereinigten Grundstücken, deren keines von dem anderen über 25 Kilo- meter in der Luftlinie entfernt ist, wenn diese Anlagen ausschließlich für den der Benutzung der Grundstücke entsprechenden unentgeltlichen Verkehr bestimmt sind.

§ 4. Durch die Landes-Zentralbehörde wird, vorbehaltlich der Reichsaufsicht (Art. 4 Ziff. 10 der Reichsverfassung), die Kontrolle darüber geführt, daß die Er- richtung und der Betrieb der in § 3 bezeichneten Telegraphenanlagen sich innerhalb der gesetzlichen Grenzen halten.

§ 5. Jedermann hat gegen Zahlung der Gebühren das Recht auf Beförderung von ordnungsmäßigen Telegrammen und auf Zulassung zu einer ordnungsmäßigen telephonischen Unterhaltung durch die für den öffentlichen Verkehr bestimmten Anlagen.

Vorrechte bei der Benutzung der dem öffentlichen Verkehr dienenden Anlagen und Ausschließungen von der Benutzung sind nur aus Gründen des öffentlichen Interesses zulässig.

§ 6. Sind an einem Orte Telegraphenlinien für den Ortsverkehr, sei es von der Reichs-Telegraphenverwaltung, sei es von der Gemeindeverwaltung oder von einem anderen Unternehmer, zur Benutzung gegen Entgelt errichtet, so kann jeder Eigentümer eines Grundstücks gegen Erfüllung der von jenen zu erlassenden und öffentlich bekannt zu machenden Bedingungen den Anschluß an das Lokalnetz verlangen.

Die Benutzung solcher Privatstellen durch Unbefugte gegen Entgelt ist unzulässig.

§ 7. Die für die Benutzung von Reichs-Telegraphen- und Fernsprechanlagen bestehenden Gebühren können nur auf Grund eines Gesetzes erhöht werden. Ebenso ist eine Ausdehnung der gegenwärtig bestehenden Befreiungen von solchen Ge- bühren nur auf Grund eines Gesetzes zulässig.

§ 8. Das Telegraphengeheimnis ist unverletzlich, vorbehaltlich der gesetzlich für strafgerichtliche Untersuchungen, im Konkurse und in zivilprozessualischen Fällen oder sonst durch Reichsgesetz festgestellten Ausnahmen. Dasselbe erstreckt sich auch darauf, ob und zwischen welchen Personen telegraphische Mitteilungen stattgefunden haben.

§ 9. Mit Geldstrafe bis zu eintausendfünfhundert Mark oder mit Haft oder mit Gefängnis bis zu sechs Monaten wird bestraft, wer vorsätzlich entgegen den Bestimmungen dieses Gesetzes eine Telegraphenanlage errichtet oder betreibt.

§ 10. Mit Geldstrafe bis zu einhundertfünfzig Mark wird bestraft, wer in Gemäßheit des § 4 erlassenen Kontrollvorschriften zuwiderhandelt.

§ 11. Die unbefugt errichteten oder betriebenen Anlagen sind außer Betrieb zu setzen oder zu beseitigen. Den Antrag auf Einleitung des hierzu nach Maßgabe der Landesgesetzgebung erforderlichen Zwangsverfahrens stellt der Reichskanzler oder die vom Reichskanzler dazu ermächtigten Behörden.

Der Rechtsweg bleibt vorbehalten.

§ 12. Elektrische Anlagen sind, wenn eine Störung des Betriebes der einen Leitung durch die andere eingetreten oder zu befürchten ist, auf Kosten desjenigen Teiles, welcher durch eine spätere Anlage oder durch eine eintretende Ände- rung seiner bestehenden Anlage diese Störung oder die Gefahr derselben veranlaßt, nach Möglichkeit so auszuführen, daß sie sich nicht störend beeinflussen.

§ 13. Die auf Grund der vorstehenden Bestimmung entstehenden Streitig- keiten gehören vor die ordentlichen Gerichte.

Das gerichtliche Verfahren ist zu beschleunigen (§§ 198, 202 bis 204 der Reichs- Zivilprozeßordnung). Der Rechtsstreit gilt als Feriensache (§ 202 des Gerichtsver- fassungsgesetzes, § 201 der Reichs-Zivilprozeßordnung).

§ 14. Das Reich erlangt durch dieses Gesetz keine weitergehenden als die bisher bestehenden Ansprüche auf die Verfügung über fremden Grund und Boden, insbesondere über öffentliche Wege und Straßen.

§ 15. Die Bestimmungen dieses Gesetzes gelten für Bayern und Württemberg mit der Maßgabe, daß für ihre Gebiete die für das Reich festgestellten Rechte diesen Bundesstaaten zustehen, und daß die Bestimmungen des § 7 auf den inneren Verkehr dieser Bundesstaaten keine Anwendung finden.

---

10. Das Telegraphenwegegesetz

vom 18. Dezember 1899.

Reichsgesetzblatt S. 705. — Deutscher Reichsanzeiger Nr. 304 vom 27. Dezember 1899.

§ 1. Die Telegraphenverwaltung ist befugt, die Verkehrswege für ihre zu öffentlichen Zwecken dienenden Telegraphenlinien zu benutzen, soweit nicht dadurch der Gemeingebrauch der Verkehrswege dauernd beschränkt wird. Als Verkehrswege im Sinne des Gesetzes gelten, mit Einschluß des Luftraumes und des Erdkörpers, die öffentlichen Wege, Plätze, Brücken und die öffentlichen Gewässer nebst deren dem öffentlichen Gebrauche dienenden Ufern.

Unter Telegraphenlinien sind die Fernsprechlinien mitbegriffen.

§ 2. Bei der Benutzung der Verkehrswege ist eine Erschwerung ihrer Unterhaltung und eine vorübergehende Beschränkung ihres Gemeingebrauches nach Möglichkeit zu vermeiden.

Wird die Unterhaltung erschwert, so hat die Telegraphenverwaltung dem Unterhaltungspflichtigen die aus der Erschwerung erwachsenden Kosten zu ersetzen.

Nach Beendigung der Arbeiten an der Telegraphenlinie hat die Telegraphenverwaltung den Verkehrsweg sobald als möglich wieder instand zu setzen, sofern nicht der Unterhaltungspflichtige erklärt hat, die Instandsetzung selbst vornehmen zu wollen. Die Telegraphenverwaltung hat dem Unterhaltungspflichtigen die Auslagen für die von ihm vorgenommene Instandsetzung zu vergüten und den durch die Arbeiten an der Telegraphenlinie entstandenen Schaden zu ersetzen.

§ 3. Ergibt sich nach der Errichtung einer Telegraphenlinie, daß sie den Gemeingebrauch eines Verkehrsweges, und zwar nicht nur vorübergehend, beschränkt oder die Vornahme der zu seiner Unterhaltung erforderlichen Arbeiten verhindert oder die Ausführung einer von dem Unterhaltungspflichtigen beabsichtigten Änderung des Verkehrsweges entgegensteht, so ist die Telegraphenlinie, soweit erforderlich, abzuändern oder gänzlich zu beseitigen.

Soweit ein Verkehrsweg eingezogen wird, erlischt die Befugnis der Telegraphenverwaltung zu seiner Benutzung.

In allen diesen Fällen hat die Telegraphenverwaltung die gebotenen Änderungen an der Telegraphenlinie auf ihre Kosten zu bewirken.

§ 4. Die Baumpflanzungen auf den an den Verkehrswegen sind nach Möglichkeit zu schonen, auf das Wachstum der Bäume ist tunlichst Rücksicht zu nehmen. Ausästungen können nur insoweit verlangt werden, als sie zur Herstellung der Telegraphenlinien oder zur Verhütung von Betriebsstörungen erforderlich sind; sie sind auf das unbedingt notwendige Maß zu beschränken.

Die Telegraphenverwaltung hat dem Besitzer der Baumpflanzungen eine angemessene Frist zu setzen, innerhalb welcher er die Ausästungen selbst vornehmen kann. Sind die Ausästungen innerhalb der Frist nicht oder nicht genügend vorgenommen, so bewirkt die Telegraphenverwaltung die Ausästungen. Dazu ist sie auch berechtigt, wenn es sich um die dringliche Verhütung oder Beseitigung einer Störung handelt.

Die Telegraphenverwaltung ersetzt den an den Baumpflanzungen verursachten Schaden und die Kosten der auf ihr Verlangen vorgenommenen Ausästungen.

§ 5. Die Telegraphenlinien sind so auszuführen, daß sie vorhandene besondere Anlagen (der Wegeunterhaltung dienende Einrichtungen, Kanalisations-, Wasser-, Gasleitungen, Schienenbahnen, elektrische Anlagen u. dgl.) nicht störend beeinflussen. Die aus der Herstellung erforderlicher Schutzvorkehrungen erwachsenden Kosten hat die Telegraphenverwaltung zu tragen.

Die Verlegung oder Veränderung vorhandener besonderer Anlagen kann nur gegen Entschädigung und nur dann verlangt werden, wenn die Benutzung des Verkehrsweges für die Telegraphenlinie sonst unterbleiben müßte und die besondere Anlage anderweit ihrem Zwecke entsprechend untergebracht werden kann.

Auch beim Vorhandensein dieser Voraussetzungen hat die Benutzung des Verkehrsweges für die Telegraphenlinie zu unterbleiben, wenn der aus der Verlegung oder Veränderung der besonderen Anlage entstehende Schaden gegenüber den Kosten, welche der Telegraphenverwaltung aus der Benutzung eines anderen ihr zur Verfügung stehenden Verkehrsweges erwachsen, unverhältnismäßig groß ist. Diese Vorschriften finden auf solche in der Vorbereitung befindliche besondere Anlagen, deren Herstellung im öffentlichen Interesse liegt, entsprechende Anwendung. Eine Entschädigung auf Grund des Abs. 2 wird nur bis zu dem Betrage der Aufwendungen gewährt, die durch die Vorbereitung entstanden sind. Als in der Vorbereitung begriffen gelten Anlagen, sobald sie auf Grund eines im einzelnen ausgearbeiteten Planes die Genehmigung des Auftraggebers und, soweit erforderlich, die Genehmigungen der zuständigen Behörden und des Eigentümers oder des sonstigen Nutzungsberechtigten des in Anspruch genommenen Weges erhalten haben.

§ 6. Spätere besondere Anlagen sind nach Möglichkeit so auszuführen, daß sie die vorhandenen Telegraphenlinien nicht störend beeinflussen.

Dem Verlangen der Verlegung oder Veränderung einer Telegraphenlinie muß auf Kosten der Telegraphenverwaltung stattgegeben werden, wenn sonst die Herstellung einer späteren besonderen Anlage unterbleiben müßte oder wesentlich erschwert werden würde, welche aus Gründen des öffentlichen Interesses, insbesondere aus volkswirtschaftlichen oder Verkehrsrücksichten von den Wegeunterhaltungspflichtigen oder unter überwiegender Beteiligung eines oder mehrerer derselben zur Ausführung gebracht werden soll. Die Verlegung einer nicht lediglich dem Orts-, Vororts- oder Nachbarortsverkehr dienenden Telegraphenlinie kann nur dann verlangt werden, wenn die Telegraphenlinie ohne Aufwendung unverhältnismäßig hoher Kosten anderweitig ihrem Zwecke entsprechend untergebracht werden kann.

Muß wegen einer solchen späteren besonderen Anlage die schon vorhandene Telegraphenlinie mit Schutzvorkehrungen versehen werden, so sind die dadurch entstehenden Kosten von der Telegraphenverwaltung zu tragen.

Überläßt ein Wegeunterhaltungspflichtiger seinen Anteil einem nicht unterhaltungspflichtigen Dritten, so sind der Telegraphenverwaltung die durch die Verlegung oder Veränderung oder durch die Herstellung der Schutzvorkehrungen erwachsenen Kosten, soweit sie auf dessen Anteil fallen, zu erstatten.

Die Unternehmer anderer als der in Abs. 2 bezeichneten besonderen Anlagen haben die aus der Verlegung oder Veränderung der vorhandenen Telegraphenlinien oder aus der Herstellung der erforderlichen Schutzvorkehrungen an solchen erwachsenden Kosten zu tragen.

Auf spätere Änderungen vorhandener besonderer Anlagen finden die Vorschriften der Abs. 1 bis 5 entsprechende Anwendung.

§ 7. Vor der Benutzung eines Verkehrsweges zur Ausführung neuer Telegraphenlinien oder wesentlicher Änderungen vorhandener Telegraphenlinien hat die Telegraphenverwaltung einen Plan aufzustellen. Der Plan soll die in Aussicht genommene Richtungslinie, den Raum, welcher für die oberirdischen oder unterirdischen Leitungen in Anspruch genommen wird, bei oberirdischen Linien auch die Entfernung der Stangen voneinander und deren Höhe, soweit dies möglich ist, angeben.

Der Plan ist, sofern die Unterhaltungspflicht an dem Verkehrsweg einem Bundesstaat, einem Kommunalverband oder einer anderen Körperschaft des öffentlichen Rechtes obliegt, dem Unterhaltungspflichtigen, andernfalls der unteren Verwaltungsbehörde mitzuteilen; diese hat, soweit tunlich, die Unterhaltungspflichtigen von dem Eingange des Planes zu benachrichtigen. Der Plan ist in allen Fällen, in denen die Verlegung oder Veränderung einer der im § 5 bezeichneten Anlagen verlangt wird oder die Störung einer solchen Anlage zu erwarten ist, dem Unternehmer der Anlage mitzuteilen.

Außerdem ist der Plan bei den Post- und Telegraphenämtern, soweit die Telegraphenlinie deren Bezirke berührt, auf die Dauer von vier Wochen öffentlich auszulegen. Die Zeit der Auslegung soll mindestens in einer der Zeitungen, welche im betreffenden Bezirk zu den Veröffentlichungen der unteren Verwaltungsbehörden dienen, bekannt gemacht werden. Die Auslegung kann unterbleiben, soweit es sich lediglich um die Führung von Telegraphenlinien durch den Luftraum über den Verkehrswegen handelt.

§ 8. Die Telegraphenverwaltung ist zur Ausführung des Planes befugt, wenn nicht gegen diesen von den Beteiligten binnen vier Wochen bei der Behörde, welche den Plan ausgelegt hat, Einspruch erhoben wird.

Die Einspruchsfrist beginnt für diejenigen, denen der Plan gemäß den Vorschriften des § 7 Abs. 2 mitgeteilt ist, mit der Zustellung, für andere Beteiligte mit der öffentlichen Auslegung.

Der Einspruch kann nur darauf gestützt werden, daß der Plan eine Verletzung der Vorschriften der §§ 1 bis 5 dieses Gesetzes oder der auf Grund des § 18 erlassenen Anordnungen enthält.

Über den Einspruch entscheidet die höhere Verwaltungsbehörde. Gegen die Entscheidung findet, sofern die höhere Verwaltungsbehörde nicht zugleich Landes-

Zentralbehörde ist, binnen einer Frist von zwei Wochen nach der Zustellung die Beschwerde an die Landes-Zentralbehörde statt. Die Landes-Zentralbehörde hat in allen Fällen vor der Entscheidung die Zentral-Telegraphenbehörde zu hören. Auf Antrag der Telegraphenverwaltung kann die Entscheidung der höheren Verwaltungsbehörde für vorläufig vollstreckbar erklärt werden. Wird eine für vorläufig vollstreckbar erklärte Entscheidung aufgehoben oder abgeändert, so ist die Telegraphenverwaltung zum Ersatze des Schadens verpflichtet, der dem Gegner durch die Ausführung der Telegraphenlinie entstanden ist.

§ 9. Auf Verlangen der Landes-Zentralbehörde ist den von ihr bezeichneten öffentlichen Behörden Kenntnis von dem Plane durch Mitteilung einer Abschrift zu geben.

§ 10. Wird ohne wesentliche Änderung vorhandener Telegraphenlinien die Überschreitung des in dem ursprünglichen Plane für die Leitungen in Anspruch genommenen Raumes beabsichtigt und ist davon eine weitere Beeinträchtigung der Baumpflanzungen durch Ausästungen zu befürchten, so ist den Eigentümern der Baumpflanzungen vor der Ausführung Gelegenheit zur Wahrnehmung ihrer Interessen zu geben.

§ 11. Die Reichs-Telegraphenverwaltuug kann die Straßenbau- und Polizeibeamten mit der Beaufsichtigung und vorläufigen Wiederherstellung der Telegraphenleitungen nach näherer Anweisung der Landes-Zentralbehörde beauftragen; sie hat dafür den Beamten im Einvernehmen mit der ihnen vorgesetzten Behörde eine besondere Vergütung zu zahlen.

§ 12. Die Telegraphenverwaltung ist befugt, Telegraphenlinien durch den Luftraum über Grundstücken, die nicht Verkehrswege im Sinne des Gesetzes sind, zu führen, soweit nicht dadurch die Benutzung des Grundstückes nach den zur Zeit der Herstellung der Anlage bestehenden Verhältnissen wesentlich beeinträchtigt wird. Tritt später eine solche Beeinträchtigung ein, so hat die Telegraphenverwaltung auf ihre Kosten die Leitungen zu beseitigen.

Beeinträchtigungen in der Benutzung eines Grundstückes, welche ihrer Natur nach lediglich vorübergehend sind, stehen der Führung der Telegraphenlinien durch den Luftraum nicht entgegen; doch ist der entstehende Schaden zu ersetzen. Ebenso ist für Beschädigungen des Grundstücks und seines Zubehörs, die infolge der Führung der Telegraphenlinien durch den Luftraum eintreten, Ersatz zu leisten.

Die Beamten und Beauftragten der Telegraphenverwaltung, welche sich als solche ausweisen, sind befugt, zur Vornahme notwendiger Arbeiten an Telegraphenlinien, insbesondere zur Verhütung und Beseitigung von Störungen, die Grundstücke nebst den darauf befindlichen Baulichkeiten und deren Dächern mit Ausnahme der abgeschlossenen Wohnräume während der Tagesstunden nach vorheriger schriftlicher Ankündigung zu betreten. Der dadurch entstehende Schaden ist zu ersetzen.

§ 13. Die auf den Vorschriften dieses Gesetzes beruhenden Ersatzansprüche verjähren in zwei Jahren. Die Verjährung beginnt mit dem Schlusse des Jahres, in welchem der Anspruch entstanden ist.

Ersatzansprüche aus den §§ 2, 4, 5 und 6 sind bei der von der Landes-Zentralbehörde bestimmten Verwaltungsbehörde geltend zu machen. Diese setzt die Entschädigung vorläufig fest.

Gegen die Entscheidung der Verwaltungsbehörde steht binnen einer Frist von einem Monat nach der Zustellung des Bescheides die gerichtliche Klage zu.

Für alle anderen Ansprüche steht der Rechtsweg sofort offen.

§ 14. Die Bestimmung darüber, welche Behörden in jedem Bundesstaat untere und höhere Verwaltungsbehörden im Sinne dieses Gesetzes sind, steht der Landes-Zentralbehörde zu.

§ 15. Die bestehenden Vorschriften und Vereinbarungen über die Rechte der Telegraphenverwaltung zur Benutzung des Eisenbahngeländes werden durch dieses Gesetz nicht berührt.

§ 16. Telegraphenverwaltung im Sinne dieses Gesetzes ist die Reichs-Telegraphenverwaltung, die Königlich bayerische und die Königlich württembergische Telegraphenverwaltung.

§ 17. Die Vorschriften dieses Gesetzes finden auf Telegraphenlinien, welche die Militärverwaltung oder Marineverwaltung für ihre Zwecke herstellen läßt, entsprechende Anwendung.

§ 18. Unter Zustimmung des Bundesrates kann der Reichskanzler Anordnungen treffen;

1. über das Maß der Ausästungen;
2. darüber, welche Änderungen der Telegraphenlinien im Sinne des § 7 Abs. 1 als wesentlich anzusehen sind;
3. über die Anforderungen, welche an den Plan auf Grund des § 7 Abs. 1 im einzelnen zu stellen sind;
4. über die unter Zuziehung der Beteiligten vorzunehmenden Ortsbesichtigungen und über die dabei entstehenden Kosten;

5. über das Einspruchsverfahren und die dabei entstehenden Kosten;
6. über die Höhe der den Straßenbau- und Polizeibeamten zu gewährenden Vergütungen für die im Interesse der Reichs-Telegraphenverwaltung geforderten Dienstleistungen.

§ 19. Dieses Gesetz tritt am 1. Januar 1900 in Kraft.

Auf die vorhandenen, zu öffentlichen Zwecken dienenden Linien der Telegraphenverwaltung (§§ 16 und 17) findet dieses Gesetz Anwendung, soweit nicht entgegenstehende besondere Vereinbarungen getroffen sind.

---

11. Ausführungsbestimmungen des Reichskanzlers zum Telegraphenwegegesetz.

vom 26. Januar 1900.

Reichsgesetzblatt S. 7. — Deutscher Reichsanzeiger Nr. 30 vom 1. Februar 1900.

1. Die Ausästungen sind in dem Maße zu bewirken, daß die Baumpflanzungen mindestens 60 Centimeter nach allen Richtungen von den Leitungen entfernt sind. Ausästungen über die Entfernung von 1 Meter im Umkreise der Leitungen können nicht verlangt werden. Innerhalb dieser Grenzen sind die Ausästungen so weit vorzunehmen, als zur Sicherung des Telegraphenbetriebs erforderlich ist.

2. Wesentliche Änderungen der Telegraphenlinien im Sinne des § 7 Abs. 1 sind:

A. bei oberirdischen Linien, für deren Stützpunkte die Verkehrswege benutzt werden,

die Umwandelung einer Linie mit einfachen Gestängen in eine solche mit Doppelgestängen,

die erstmalige Ausrüstung des Gestänges mit Querträgern, wenn diese weiter als 60 Centimeter von der Stange seitlich ausladen,

die Änderungen der Richtungslinie, insbesondere die Umlegung der Linie von der einen auf die andere Seite des Verkehrswegs;

B. bei oberirdischen Linen, welche die Verkehrswege nur im Luftraum überschreiten,

die Änderung der Richtungslinie.

Beschränken sich die unter A und B bezeichneten Änderungen auf einzelne Stützpunkte, so sind sie als wesentliche nicht anzusehen.

C. bei unterirdischen Linien,

die Vermehrung, Vergrößerung oder Umlegung der zur Aufnahme der Kabel dienenden Kanäle,

die Vermehrung oder Umlegung der unmittelbar in den Erdboden eingebetteten Kabel.

Umlegungen auf kurzen Strecken, welche mit Zustimmung des Wegeunterhaltungspflichtigen sowie der Unternehmer der von der Umlegung betroffenen besonderen Anlagen geschehen, sind als wesentliche Änderungen nicht anzusehen.

3. Der nach § 7 Abs. 1 aufzustellende Plan soll im einzelnen folgenden Anforderungen entsprechen:

Er soll eine Wegezeichnung in Maßstabe von mindestens 1:50000 enthalten, in welche die Richtung der Telegraphenlinie eingetragen ist und aus der sich erkennen läßt, welcher Teil des Verkehrswegs benutzt werden soll. Ferner sind in dem Plane anzugeben:

A. bei oberirdischen Linien, für deren Stützpunkte die Verkehrswege benutzt werden,

der mittlere Stangenabstand,

die für die Linie, oder für deren einzelne Teile in Aussicht genommenen Stangenlängen,

das Stangenbild,

bei Kreuzungen der Wege die Mindesthöhe des untersten Drahtes über der Oberfläche des Verkehrwegs, im übrigen die Mindesthöhe des untersten Drahtes über dem Fußpunkte der Stange;

B. bei oberirdischen Linien, welche die Verkehrswege nur im Luftraum überschreiten,

die Bezeichnung der beiden seitlichen Stützpunkte,

deren Stangenbild,

die Mindesthöhe des untersten Drahtes über der Oberfläche des Verkehrswegs;

C. bei unterirdischen Linien,

die Tiefe des Kabellagers unter der Oberfläche des Verkehrswegs,

die Art und Größe der zur Einbettung der Kabel etwa herzustellenden Kanäle.

Wird die Umlegung oder Veränderung vorhandener oder solcher in der Vorbereitung befindlicher besonderer Anlagen verlangt, deren Herstellung im öffentlichen Interesse liegt, so ist in dem Plane darauf hinzuweisen.

Die Behörde, welche den Plan auslegt, hat ihn mit ihrer Unterschrift zu versehen. Die Post- oder Telegraphenämter, bei welchen der Plan ausgelegt wird, haben den ersten Tag der Auslegung auf dem Plane zu vermerken.

4. Die Telegraphenverwaltung hat vor der Feststellung des Planes auf Verlangen eines der Beteiligten, welchen nach § 7 Abs. 2 der Plan besonders mitzuteilen ist, bei einer Ortsbesichtigung mitzuwirken. Die Kosten der Ortsbesichtigung trägt die Telegraphenverwaltung.

Den Beteiligten wird für ihr Erscheinen oder für ihre Vertretung vor der Behörde eine Entschädigung nicht gewährt.

5. Für das Einspruchsverfahren gelten folgende Bestimmungen:

A. Der Einspruch ist schriftlich oder zu Protokoll zu erklären. Die Einspruchsschrift soll die zur Begründung des Einspruchs dienenden Tatsachen enthalten.

Zur Entgegennahme des Einspruchs sind an Stelle der Behörde, die den Plan ausgelegt hat, auch die Post- und Telegraphenämter ermächtigt, bei denen der Plan ausgelegt ist.

B. Nach Ablauf der Einspruchsfrist werden die Einsprüche gegen den Plan, sofern dies die Behörde, die den Plan ausgelegt hat, zur Aufklärung der Sachlage oder zur Herbeiführung einer Verständigung für zweckdienlich erachtet, in einem Termine vor einem Beauftragten der genannten Behörde erörtert.

C. Zu dem Termine werden diejenigen, welche Einspruch erhoben haben, vorgeladen.

Denjenigen, welchen der Plan gemäß § 7 Abs. 2 mitgeteilt ist, wird von dem Termine Kenntnis gegeben.

Die Erschienenen werden mit ihren Erklärungen zu Protokoll gehört.

Der Beauftragte hat die Verhandlungen nach ihrem Abschlusse der Behörde, die den Plan ausgelegt hat, einzureichen.

D. Die Behörde, die den Plan ausgelegt hat, übersendet die Verhandlungen, sofern die erhobenen Einsprüche nicht zurückgenommen sind, der höheren Verwaltungsbehörde.

E. Die höhere Verwaltungsbehörde entscheidet auf Grund der ihr übersandten Verhandlungen und des Ergebnisses der etwa weiter von ihr angestellten Ermittelungen.

Sie hat ihre Entscheidung der Behörde, die den Plan ausgelegt hat, sowie denjenigen, welche Einspruch erhoben haben, zuzustellen.

F. Die Beschwerde ist bei der höheren Verwaltungsbehörde, deren Entscheidung angefochten werden soll, oder bei der Landes-Zentralbehörde schriftlich einzulegen und zu rechtfertigen.

G. Zustellungen erfolgen unter entsprechender Anwendung der §§ 208 bis 213 der Zivilprozeßordnung (Reichs-Gesetzbl. 1898 S. 410 ff.).

H. Die in dem Einspruchsverfahren zugezogenen Zeugen und Sachverständigen erhalten Gebühren nach Maßgabe der Gebührenordnung für Zeugen und Sachverständige (Reichs-Gesetzbl. 1898 S. 689 ff.).

J. Im Einspruchsverfahren kommen Gebühren und Stempel nicht zum Ansatze.

Die durch unbegründete Einwendungen erwachsenen Kosten fallen demjenigen zur Last, der sie verursacht hat; die übrigen Kosten trägt die Telegraphenverwaltung. Die Bestimmung der Nr. 4 Abs. 2 findet Anwendung.

K. Im Einspruchsverfahren ist von Amts wegen über die Verpflichtung zur Tragung der entstandenen Kosten und über die Höhe der zu erstattenden Beträge zu entscheiden.

Die Kosten werden durch Vermittelung der höheren Verwaltungsbehörde in derselben Weise beigetrieben wie Gemeindeabgaben.

L. Das Einspruchsverfahren ist in allen Instanzen als schleunige Angelegenheit zu behandeln.

6. Soweit den Straßenbau- und Polizeibeamten die Beaufsichtigung und die vorläufige Wiederherstellung der Reichs-Telegraphenleitungen übertragen wird, erhalten sie dafür eine Vergütung von 3 Mark bis 4 Mark für das Jahr und das Kilometer Linie. Für die Ermittelung der Täter vorsätzlicher oder fahrlässiger Beschädigungen der Reichs-Telegraphenlinien erhalten die Straßenbau- und Polizeibeamten Belohnungen bis zur Höhe von 15 Mark.

12. Verpflichtungen der Eisenbahnverwaltungen im Interesse der Reichs-Telegraphenverwaltung.

(Beschluß des Bundesrates vom 21. Dezember 1868.)

1. Die Eisenbahnverwaltung hat die Benutzung des Eisenbahnterrains, welches außerhalb des vorschriftsmäßigen freien Profils liegt und soweit es nicht zu Seitengräben, Einfriedigungen usw. benutzt wird, zur Anlage von oberirdischen und unterirdischen Bundes-Telegraphenlinien unentgeltlich zu gestatten. Für die oberirdischen Telegraphenlinien soll tunlichst entfernt von den Bahngeleisen nach Bedürfnis eine einfache oder doppelte Stangenreihe auf der einen Seite des Bahnplanums aufgestellt werden, welche von der Eisenbahnverwaltung zur Befestigung ihrer Telegraphenleitungen unentgeltlich mitbenutzt werden darf. Zur Anlage der unterirdischen Telegraphenlinien soll in der Regel diejenige Seite des Bahnterrains benutzt werden, welche von den oberirdischen Linien im allgemeinen nicht verfolgt wird.

Der erste Trakt der Bundes-Telegraphenlinien wird von der Bundes-Telegraphenverwaltung und der Eisenbahnverwaltung gemeinschaftlich festgesetzt. Änderungen, welche durch den Betrieb der Bahnen nachweislich geboten sind, erfolgen auf Kosten der Bundes-Telegraphenverwaltung resp. der Eisenbahn; die Kosten werden nach Verhältnis der beiderseitigen Anzahl Drähte repartiert. Über anderweite Veränderungen ist beiderseitiges Einverständnis erforderlich und werden dieselben für Rechnung desjenigen Teiles ausgeführt, von welchem dieselben ausgegangen sind.

2. Die Eisenbahnverwaltung gestattet den mit der Anlage und Unterhaltung der Bundes-Telegraphenlinien beauftragten und hierzu legitimierten Telegraphenbeamten und deren Hilfsarbeitern behufs Ausführung ihrer Geschäfte das Betreten der Bahn unter Beachtung der bahnpolizeilichen Bestimmungen, auch zu gleichem Zwecke diesen Beamten die Benutzung eines Schaffnersitzes oder Dienstcoupés auf allen Zügen einschließlich der Güterzüge gegen Lösung von Fahrkarten der III. Wagenklasse.

3. Die Eisenbahnverwaltung hat den mit der Anlage und Unterhaltung der Bundes-Telegraphenlinien beauftragten und legitimierten Telegraphenbeamten auf deren Requisition zum Transport von Leitungsmaterialien die Benutzung von Bahnmeisterwagen, unter bahnpolizeilicher Aufsicht gegen eine Vergütung von 5 Sgr. pro Wagen und Tag und von 20 Sgr. pro Tag der Aufsicht zu gestatten.

4. Die Eisenbahnverwaltung hat die Bundes-Telegraphenanlagen an der Bahn gegen eine Entschädigung bis zur Höhe von 10 Tlrn. pro Jahr und Meile durch ihr Personal bewachen und in Fällen der Beschädigung nach Anleitung der von der Bundes-Telegraphenverwaltung erlassenen Instruktion provisorisch wieder herstellen, auch von jeder wahrgenommenen Störung der Linien der nächsten Bundes-Telegraphenstation Anzeige machen zu lassen.

5. Die Eisenbahnverwaltung hat die Lagerung der zur Unterhaltung der Linien erforderlichen Vorräte von Stangen auf den dazu geeigneten Bahnhöfen unentgeltlich zu gestatten und diese Vorräte ebenmäßig von ihrem Personal bewachen zu lassen.

6. Die Eisenbahnverwaltung hat bei vorübergehenden Unterbrechungen und Störungen des Bundes-Telegraphen alle Depeschen der Bundes-Telegraphenverwaltung mittelst ihres Telegraphen, soweit derselbe nicht für den Eisenbahnbetriebsdienst in Anspruch genommen ist, unentgeltlich zu befördern, wofür die Bundes-Telegraphenverwaltung in der Beförderung von Eisenbahn-Dienstdepeschen Gegenseitigkeit ausüben wird.

7. Die Eisenbahnverwaltung hat ihren Betriebstelegraphen auf Erfordern des Bundeskanzleramts dem Privat-Depeschenverkehr nach Maßgabe der Bestimmungen der Telegraphenordnung für die Korrespondenz auf den Telegraphenlinien des Norddeutschen Bundes zu eröffnen.

8. Über die Ausführung der Bestimmungen unter 1 bis einschließlich 6 wird das Nähere zwischen der Bundes-Telegraphenverwaltung und der Eisenbahnverwaltung schriftlich vereinbart.

13. Vertrag zwischen der Reichs-Post- und Telegraphenverwaltung und der Preußischen Staats-Eisenbahnverwaltung.

Vom $\dfrac{\text{8. September}}{\text{28. August}}$ 1888.

(gekürzt.)

§ 1. Die Königlich Preußischen Staatsbahnen gestatten der Reichs-Post- und Telegraphenverwaltung die unentgeltliche Benutzung des Bahngeländes der jeweilig von ihnen für eigene Rechnung verwalteten Eisenbahnen zur Anlage von Reichs-Telegraphenlinien, sowohl ober- als unterirdischer, soweit das Bahngelände außerhalb des Normalprofils des lichten Raumes liegt und nicht zu Seitengräben, Einfriedigungen und sonstigen für die Bahn notwendigen Anstalten benutzt wird.

Für die oberirdischen Telegraphenlinien soll tunlichst entfernt von den Bahngeleisen nach Bedürfnis eine einfache oder doppelte Stangenreihe auf der einen Seite des Bahnplanums aufgestellt werden, welche von der Eisenbahnverwaltung zur Befestigung ihrer Telegraphenleitungen unentgeltlich mitbenutzt werden darf. Zur Anlage der unterirdischen Telegraphenlinien soll in der Regel diejenige Seite der Bahn benutzt werden, welche von den oberirdischen Linien im allgemeinen nicht verfolgt wird.

Bezüglich der Lagestelle der Kabel findet gegenseitige Vereinbarung statt.

Die Führung der Reichs-Telegraphenlinien wird von der Reichs-Post- und Telegraphenverwaltung und der Staatseisenbahnverwaltung gemeinsam festgesetzt. Änderungen, welche durch den Betrieb der Bahnen nachweislich geboten sind, erfolgen auf Kosten der Reichs-Post- und Telegraphenverwaltung und der Staats-Eisenbahnverwaltung nach Verhältnis der hierbei in Frage stehenden beiderseitigen Anzahl Drähte. Über anderweite Veränderungen ist beiderseitiges Einverständnis erforderlich. Dieselben werden von der Reichs-Telegraphenverwaltung für Rechnung desjenigen Teiles ausgeführt, von welchem sie ausgegangen sind.

§ 2. Die Staats-Eisenbahnverwaltung überläßt das Eigentumsrecht an den vorhandenen Gestängen der Reichs-Post- und Telegraphenverwaltung, sobald die letztere an diesen Gestängen Reichs-Telegraphenleitungen anlegen will, gegen Erstattung des von beiderseitigen Bevollmächtigten gemeinschaftlich zu ermittelnden Zeitwertes und unter der Bedingung, daß die Gestänge von der Reichs-Post- und Telegraphenverwaltung auf deren alleinige Kosten unterhalten, von der Eisenbahnverwaltung aber mit der für sie notwendigen Anzahl Leitungen unentgeltlich mitbenutzt werden.

Bei Herstellung neuer Bahnlinien wird die Staats-Eisenbahnverwaltung der Reichs-Post- und Telegraphenverwaltung den Beginn des Baues der einzelnen Strecken und den Zeitpunkt, bis zu welchem die Fertigstellung in Aussicht genommen ist, rechtzeitig mitteilen.

Die Reichs-Post- und Telegraphenverwaltung hat sich darauf zu erklären, ob sie die neuen Bahnstrecken zur Anlage von Reichs-Telegraphenlinien benutzen will, und sichert für diesen Fall die rechtzeitige Aufstellung des Gestänges zu, so daß mit Eröffnung des Betriebes der Eisenbahn auch der Bahntelegraph benutzt werden kann.

§ 3. Falls die Reichs-Post- und Telegraphenverwaltung die Benutzung eines in ihrem Eigentum befindlichen, von beiden Verwaltungen gemeinschaftlich benutzten Gestänges aufgeben sollte, so daß das Gestänge nur den Zwecken der Staats-Eisenbahnverwaltung zu dienen haben würde, wird letztere denjenigen Teil des Gestänges, dessen sie für ihre Zwecke bedarf, gegen Erstattung des von beiderseitigen Bevollmächtigten gemeinschaftlich zu ermittelnden Zeitwertes als Eigentum erwerben, oder bis zu einem zwischen beiden Vertrag schließenden Verwaltungen zu vereinbarenden Zeitpunkte für ihre Leitungen ein eigenes Gestänge für ihre alleinige Rechnung herstellen und unterhalten. Soweit die Staats-Eisenbahnverwaltung das Gestänge nicht ganz oder teilweise übernimmt, wird es auf Kosten der Reichs-Post- und Telegraphenverwaltung von dieser beseitigt.

Die Reichs-Post- und Telegraphenverwaltung ist berechtigt, auf ein und derselben Seite der Bahn nach Bedürfnis zwei parallele Stangenreihen aufzustellen, welche durch Verkuppelung tunlichst fest zu verbinden sind. Sollten die örtlichen Verhältnisse an einzelnen Stellen die Anlage einer doppelten Stangenreihe nicht gestatten, so bleibt den beiderseitigen technischen Bevollmächtigten die Vereinbarung über eine anderweite Führung der Leitungen an diesen Stellen überlassen.

§ 4. Die Stangen werden nach den von der obersten Telegraphenbehörde vorgeschriebenen Grundsätzen auf alleinige Kosten der Reichs-Post- und Telegraphenverwaltung beschafft, aufgestellt und unterhalten. Sie dienen beiden Verwaltungen
gemeinschaftlich zur Anbringung ihrer Drahtleitungen.

Die Plätze zur Anbringung der Bahnleitungen werden von der Reichs-Post-
und Telegraphenverwaltung nach Anhörung und unter möglichster Berücksichtigung
der Wünsche der Staats-Eisenbahnverwaltung bestimmt. Dieselben sollen, soweit
tunlich, auf der den Bahngeleisen zugekehrten Seite der Stangen und nicht niedriger
als 2 m über der Erde angelegt werden.

§ 5. Jeder Verwaltung bleibt die Wahl, Beschaffung und Anbringung ihrer
Isoliervorrichtungen und Drahtleitungen überlassen.

§ 6. (Telegraphenkabel durch Tunnel.).

§ 7. (Lagerung der Stangenvorräte.)

§ 8. (Prüfung und Ausbesserung der Stangen.)

§ 9. Die Staats-Eisenbahnverwaltung hat die Befugnis, in Fällen, in denen
Gefahr im Verzuge ist, Erneuerungen oder Versetzungen von Stangen oder sonstige
Ausbesserungen an der Stangenreihe selbständig vorzunehmen und . . . (Verrechnung
der Kosten, Anzeige).

§ 10. Die Reichs-Post- und Telegraphenverwaltung besorgt das Ab- und
Wiederanschrauben der Bahn-Telegraphenisolatoren an die auszuwechselnden Stangen.

§ 11. Die Staats-Eisenbahnverwaltung gestattet den mit der Anlage und Unterhaltung der Reichs-Telegraphenlinien beauftragten und hierzu berechtigten Beamten
der Reichs-Post- und Telegraphenverwaltung, den Leitungsaufsehern und Hilfsarbeitern behufs Ausführung ihrer Geschäfte das Betreten der Bahn, unter Beachtung der bahnpolizeilichen Bestimmungen, auch zu gleichem Zwecke diesen
Beamten und den Leitungsaufsehern die Benutzung eines Schaffnersitzes oder eines
Dienstcoupés auf allen Zügen ohne Ausnahme, einschließlich der Güterzüge, gegen
Lösung einer Fahrkarte der III. Wagenklasse. Die Staats-Eisenbahnverwaltung fertigt
den von der Reichs-Post- und Telegraphenverwaltung namhaft zu machenden Beamten die erforderlichen Berechtigungskarten aus.

Die unentgeltliche Mitführung von Werkzeugen und Materialien in den Coupés
ist insoweit gestattet, als die Mitreisenden dadurch nicht belästigt werden.

§ 12. (Beförderung von Linienmaterialien auf Streckenwagen.)

§ 13. Die Staats-Eisenbahnverwaltung läßt die Reichs-Telegraphenanlagen an
der Bahn gegen eine Entschädigung bis zur Höhe von 4 M. für das Jahr und das
Kilometer durch ihr Personal bewachen und in Fällen der Beschädigung nach Anleitung der von der Reichs-Post- und Telegraphenverwaltung erlassenen Anweisung
vorläufig wieder herstellen, auch von jeder wahrgenommenen Störung der Linien
dem nächsten Reich-Post- oder Telegraphenamt Anzeige machen. Die zur Ausrüstung des Bahnpersonals nötigen Geräte zur vorläufigen Wiederherstellung der
beschädigten Anlagen werden von der Reichs-Post- und Telegraphenverwaltung, die
Telegraphenleitern von der Eisenbahnverwaltung beschafft und unterhalten und
bleiben Eigentum der Unterhaltungspflichtigen. Die Benutzung dieser Gegenstände
steht beiden Verwaltungen zu.

§ 14. (Verrechnung der Tagelöhne und Materialien für die vorläufige Wiederherstellung der Telegraphenlinien: Hilfe der Bahnbeamten bei der endgültigen
Wiederherstellung.)

§ 15. (Hilfe der Eisenbahnstationen bei der Ermittelung und Beseitigung von
Störungsursachen: Zugsignal.)

§ 16. (Gegenseitige Unterstützung in der Telegrammbeförderung bei Unterbrechungen und Störungen.)

§ 17. (Entschädigungen und Ersatzleistungen auf Grund der Haftpflicht-,
Unfallversicherungs- und Unfallfürsorgegesetze.)

§ 18. Über etwaige im Laufe der Zeit erforderliche Änderungen der Festsetzungen des gegenwärtigen Vertrages wird eine besondere Vereinbarung vorbehalten.

§ 19. Der vorstehende, von beiden Teilen genehmigte und unterschriebene und
doppelt ausgefertigte Vertrag tritt am 1. Oktober 1888 in Geltung.

Sämtliche zurzeit bestehende, den gleichen Gegenstand betreffende Verträge
zwischen den Reichs-Post- und Telegraphenbehörden einerseits und den Königlich
preußischen Staats-Eisenbahnbehörden anderseits treten mit dem gleichen Zeitpunkt
außer Kraft.

14. Forderungen, welche von der Reichs-Telegraphenverwaltung zum Schutz ihrer Beamten, ihrer Anlagen und ihres Betriebes gestellt zu werden pflegen.

I. Für die mit Gleichstrom betriebenen elektrischen Bahnen.

A. Zur Sicherung von Leben und Eigentum.

1. Falls die Stromzuführung durch eine oberirdische blanke Leitung erfolgt, muß diese, die „Arbeitsleitung", an allen Stellen, wo sie vorhandene oberirdische Telegraphen- oder Fernsprechlinien kreuzt, mit Schutzvorrichtungen versehen sein, durch welche eine Berührung der beiderseitigen Leitungen verhindert oder unschädlich gemacht wird. Solche Vorrichtungen können u. a. bestehen in geerdeten Schutzdrähten oder Fangnetzen, aufgesattelten Holzleisten und dergleichen.

2. Wird die Arbeitsleitung (Ziffer 1) noch durch besondere oberirdische blanke Zuleiter gespeist, so müssen die Speiseleitungen, wo sie von vorhandenen oberirdischen Telegraphen- und Fernsprechleitungen gekreuzt werden, gegen etwaige Berührung durch letztere enweder in ausreichender Erstreckung isoliert oder durch geerdete Fangdrähte oder Fangnetze gedeckt sein. Die Isolation darf auch von einer das normale Betriebsspannung um 1000 Volt übersteigenden Spannung nicht durchschlagen werden.

3. Falls die Stromrückleitung durch die Gleisschienen erfolgt, müssen diese mit dem Kraftwerke durch besondere Leitungen, die Schienenstöße unter sich durch besondere metallische Brücken von ausreichendem Querschnitt in guter leitender Verbindung stehen.

4. Wo die Arbeits- oder Speiseleitungen der Bahn streckenweise in einem Abstande von weniger als 10 m neben den Telegraphen- und Fernsprechleitungen verlaufen und die örtlichen Verhältnisse eine Berührung der beiderseitigen Leitungen auch beim Umstürzen der Träger oder beim Herabfallen der Drähte nicht ausschließen, müssen die Gestänge der Bahnanlage, nötigenfalls auch die der Telegraphenanlage, durch kürzere als die sonst üblichen Abstände, durch entsprechend stärkere Stangen und Masten und durch sonstige Verstärkungsmittel (Streben, Anker und dergleichen) gegen Umsturz besonders gesichert sein; auch müssen die Drähte an den Isolatoren so befestigt sein, daß eine Lösung aus ihren Drahtlagern ausgeschlossen ist.

5. An oberirdischen Kreuzungen der beiderseitigen Anlagen muß der Abstand der untersten Telegraphen- oder Fernsprechleitung von den höchstgelegenen stromführenden Teilen der Bahnanlage mindestens 1 m betragen. Die Masten zur Aufhängung der oberirdischen Leitungen müssen von vorhandenen Telegraphen- oder Fernsprechleitungen mindestens 1,25 m entfernt bleiben.

6. Unterirdische Speiseleitungen müssen unterirdischen Telegraphen- oder Fernsprechkabeln tunlichst fernbleiben. Bei Kreuzungen und bei seitlichen Abständen der Kabel von weniger als 0,50 m müssen die Bahnkabel auf der den Schwachstromkabeln zugekehrten Seite mit Zementhalbmuffen von wenigstens 0,06 m Wandstärke versehen und innerhalb dieser in Wärme schlecht leitendes Material (Lehm oder dergleichen) eingebettet sein. Diese Muffen müssen 0,50 m zu beiden Seiten der gekreuzten Schwachstromkabel, bei seitlichen Annäherungen ebensoweit über den Anfangs- und Endpunkt der gefährdeten Strecke hinausragen. Liegt bei Kreuzungen und bei seitlichen Abständen der Kabel von weniger als 0,50 m das Bahnkabel tiefer als das Schwachstromkabel, so muß letzteres zur Sicherung gegen mechanische Angriffe mit zweiteiligen eisernen Rohren bekleidet sein, die über die Kreuzungs- und Näherungsstelle nach jeder Seite hin 1 m hinausragen. Solcher Schutzvorrichtungen bedarf es nicht, wenn die Bahn- oder die Schwachstromkabel sich in gemauerten oder in Zement- oder dergleichen Kanälen von wenigstens 0,06 m Wandstärke befinden.

7. Die Starkstromkabel sind tunlichst enfernt, jedenfalls in einem seitlichen Abstande von mindestens 1,25 m von den Konstruktionsteilen der Reichs-Telegraphen- und Fernsprechlinien (Stangen, Streben, Ankern usw.) zu verlegen. Sollte sich dieser Mindestabstand ausnahmsweise in einzelnen Fällen nicht innehalten lassen, so ist das Kabel in eiserne Röhren einzuziehen, die nach beiden Seiten über die gefährdete Stelle um mindestens 0,50 m hinausragen. Die Rohre müssen gegen mechanische Angriffe bei Ausführung von Bauarbeiten an den Reichs-Telegraphen- und Fernsprechlinien genügend widerstandsfähig sein. Auf weniger als 0,50 m Abstand darf das Kabel den Konstruktionsteilen der Reichs-Telegraphen- und Fernsprechlinien in keinem Falle genähert werden. Über die Lage der Kabel hat der Unternehmer der Ober-Postdirektion einen genauen Plan vorzulegen.

8. Zur Sicherung der Reichs-Telegraphen- und Fernsprechleitungen gegen mittelbare Gefährdung durch Hochspannungsleitungen müssen an allen Stellen, an denen die Niederspannungsleitungen Hochspannungsleitungen oberirdisch kreuzen oder sich ihnen soweit nähern, daß ein Übertritt hochgespannter Ströme in die Niederspannungsdrähte möglich ist, geerdete Schutznetze angebracht werden, durch welche eine mittelbare oder unmittelbare Berührung zwischen den Hochspannungs- und Niederspannungsleitungen sicher verhindert wird.

9. Zur Sicherung der Reichs-Telegraphen- und Fernsprechleitungen gegen mittelbare Gefährdung durch Hochspannungsleitungen müssen an den Kreuzungs- stellen der stromführenden Drähte der elektrischen Bahnanlage (Arbeits- und Speise- leitungen sowie Schwachstromleitungen) mit Hochspannungsleitungen geerdete Schutznetze angebracht werden, die einen Übertritt der hochgespannten Ströme in die Leitungen der elektrischen Bahn sicher verhüten. Ferner muß an denjenigen Stellen, an welchen die stromführenden Drähte der elektrischen Bahnanlage neben Hochspannungsanlagen verlaufen, sofern nicht geerdete Schutznetze an der letzteren angebracht werden können, zwischen den beiden Linien ein so großer Abstand ge- wahrt werden, daß auch im Falle des Umbruchs der Gestänge eine Berührung der Hochspannungs- und der Bahnleitungen nicht eintreten kann.

10. Die im Gefahrenbereiche der elektrischen Starkstromanlage verlaufenden Privat-Telegraphenleitungen sind, falls sie auch Reichs-Telegraphen- und Fern- sprechleitungen kreuzen oder sich ihnen nähern, gegen die Einwirkungen aus der Starkstromanlage in demselben Umfange zu schützen, wie die Reichsleitungen.

11. Alle Schutzvorrichtungen sind dauernd in gutem Zustande zu erhalten.

12. Findet beim Betriebe der Bahn kein regelmäßiger Polaritätswechsel statt, so ist der negative Pol der Dynamomaschine mit der Gleisanlage zu verbinden.

13. Von beabsichtigten Aufgrabungen in Straßen mit unterirdischen Tele- graphen- und Fersprechkabeln ist der zuständigen Ober-Postdirektion oder den zu- ständigen Post- oder Telegraphenämtern bei Zeiten vor dem Beginne der Arbeiten schriftlich Nachricht zu geben. Falls durch solche Arbeiten der Telegraphen- oder Fernsprechbetrieb gestört werden könnte, sind die Arbeiten auf Antrag der Tele- graphenverwaltung zu Zeiten auszuführen, in denen der Telegraphen- beziehungs- weise Fernsprechbetrieb ruht.

14. Fehler — d. h. ein schadhafter Zustand — in der Starkstromanlage der Bahn, durch welche der Bestand der Telegraphen- oder Fernsprechanlagen oder die Sicher- heit des Bedienungspersonals gefährdet werden könnte, sind ohne Verzug zu be- seitigen; außerdem ist der elektrische Betrieb der Bahn im Wirkungsbereiche der Fehler bis zu deren Beseitigung einzustellen.

15. Für den Fall, daß die in diesen Bestimmungen vorgesehenen Schutzvor- richtungen sich nicht als ausreichend erweisen sollten, um Gefahren für den Bestand (die Substanz) der Telegraphen- oder Fernsprechanlagen oder für die Sicherheit des Bedienungspersonals fernzuhalten, bleibt vorbehalten, jederzeit weitergehende ge- fahrenpolizeiliche Anforderungen zu stellen.

16. Vor dem Vorhandensein der vorgeschriebenen Schutzvorrichtungen darf das Leitungsnetz auch für Probefahrten oder sonstige Versuche nicht unter Strom gesetzt werden. Von der beabsichtigten Unterstromsetzung ist der Telegraphenver- waltung mindestens drei freie Wochentage vorher schriftlich Mitteilung zu machen. Ferner ist ihr mindestens vier Wochen vorher von der beabsichtigten Inbetrieb- nahme der Bahn oder einzelner Strecken schriftlich Nachricht zu geben.

17. Für Kreuzungen von Hochspannungsanlagen mit Telegraphen- und Fern- sprechleitungen gelten noch folgende besondere Bestimmungen:

a) Die Kreuzung ist im rechten Winkel auszuführen.

b) Die Kreuzungsfelder sind so kurz wie möglich zu bemessen; zu diesem Zwecke sind e. F. in der Nähe des Kreuzungspunktes in beide Linien besondere, gegen Umbruch gut zu sichernde Stützpunkte einzuschalten.

c) Im Zusammenhange damit werden sich auch die Schutznetze, die in vertikaler Richtung mindestens 1 m von den Reichsleitungen entfernt bleiben müssen, in so mäßiger Längsausdehnung halten lassen, daß seitliches Überweichen gänzlich ausgeschlossen ist.

d) Die Schutznetze sind kastenartig*) mit möglichst engen Maschen her- zustellen.

e) Jedes Netz muß mit einer dauerhaften Erdverbindung von geringem Widerstande versehen sein.

---

*) Unter kastenartig ist nicht notwendig ein allseitig geschlossenes Netz zu verstehen; es kann auch eine Seite offen bleiben, auch kann das Netz muldenförmig sein, wenn es nur die Leitungen reichlich übergreift, sodaß sie beim Zerreißen nicht aus dem Netz springen können.

B. Zur Sicherung des Betriebes.

1. An oberirdischen Kreuzungsstellen zwischen stromführenden Leitungen der Bahnanlage (Arbeits- und Speiseleitungen) und Telegraphen- oder Fernsprechleitungen hat die Kreuzung tunlichst im rechten Winkel zu erfolgen.

2. Sind infolge parallelen Verlaufs der beiderseitigen Anlagen oder aus anderen Ursachen Störungen für den Betrieb der Telegraphen- und Fernsprechleitungen zu befürchten oder treten solche Störungen auf, so sind im Einvernehmen mit der Ober-Postdirektion geeignete Maßnahmen zur Beseitigung der störenden Einflüsse zu treffen.

3. Falls die vorgesehenen Schutzmaßregeln nicht ausreichen, um Störungen für den Betrieb der Reichs-Telegraphen- und Fernsprechleitungen fernzuhalten, sind im Einvernehmen mit der Ober-Postdirektion weitere Maßnahmen zu treffen, bis die Beseitigung der störenden Einflüsse erfolgt ist.

4. Die unterhalb der Schienen oder in ihrer unmittelbaren Nähe liegenden Reichs-Telegraphen- und Fernsprechkabel müssen zum Zwecke späterer Ausbesserungs-, Erweiterungs- und Verlegungsarbeiten für die Reichs-Telegraphenverwaltung jederzeit zugängig bleiben. Sind zu diesem Zwecke besondere Vorkehrungen zu treffen, so hat dies auf Kosten des Unternehmers zu geschehen.

5. Bei etwaigen Beschädigungen oder Zerstörungen der Reichs-Telegraphen- und Fernsprechkabel durch elektrolytische Einwirkungen aus der Bahnanlage ist der entstandene Schaden vom dem Unternehmer der Starkstromanlage zu ersetzen.

6. Die Kosten für alle durch die Starkstromanlage bedingten Änderungen an den Reichsleitungen sowie für Herstellung und Unterhaltung aller Schutzvorkehrungen, gleichviel, ob sie an der Starkstromanlage oder an den Reichsleitungen getroffen werden, sind von dem Unternehmer der Starkstromanlage zu tragen.

II. Für Starkstromanlagen (ausschließlich der elektrischen Bahnen).

C. Zur Sicherung von Leben und Eigentum.

1. An den oberirdischen Kreuzungsstellen der Starkstromleitungen mit den Reichs-Telegraphen- und Fernsprechleitungen müssen entweder die Starkstromleitungen auf eine ausreichende Länge — mindestens in dem in Betracht kommenden Stützpunktszwischenraum — aus isoliertem Drahte hergestellt werden, oder es müssen bei Verwendung blanken Drahtes Schutzvorrichtungen (geerdete Schutznetze usw.) angebracht werden, durch welche eine Berührung der beiderseitigen Drähte verhindert oder unschädlich gemacht wird. Die Verwendung isolierten Drahtes für die Starkstromleitungen ist jedoch nur dann als ausreichender Schutz zu betrachten, wenn die normale Betriebsspannung 250 Volt gegen Erde nicht übersteigt.

2. An denjenigen Stellen, an welchen die Starkstromleitungen neben den Schwachstromleitungen verlaufen und der Abstand der Starkstrom- und Schwachstromdrähte voneinander weniger als 10 m beträgt, sind Vorkehrungen zu treffen, durch welche eine Berührung der Starkstrom- und Schwachstromleitungen sicher verhütet wird. Beträgt die normale Betriebsspannung in der Starkstromanlage nicht mehr als 250 Volt gegen Erde, so kann als Schutzmittel isolierter Draht verwendet werden. Von dieser Bedingung kann abgesehen werden, wenn die örtlichen Verhältnisse eine Berührung der Starkstrom- und Schwachstromleitungen auch beim Umbruch von Stangen oder beim Herabfallen von Drähten ausschließen.

3. Der Abstand der Konstruktionsteile der Starkstromanlage von den Schwachstromleitungen darf in senkrechter Richtung nicht weniger als 1 m, in wagerechter Richtung nicht weniger als 1,25 m betragen.

4. Die unterirdischen Starkstromleitungen müssen tunlichst entfernt von den Reichs-Telegraphen- und Fernsprechkabeln, womöglich auf der andern Straßenseite, verlegt werden.

Bei Kreuzungen und bei seitlichen Abständen der Kabel von weniger als 0,50 m müssen die Starktstromkabel auf der den Schwachstromkabeln zugekehrten Seite mit Zementhalbmuffen von wenigstens 0,06 m Wandstärke versehen und innerhalb dieser in Wärme schlecht leitendes Material (Lehm oder dergleichen) eingebettet sein. Diese Muffen müssen 0,50 m zu beiden Seiten der gekreuzten Schwachstromkabel, bei seitlichen Annäherungen ebensoweit über den Anfangs- und Endpunkt der gefährdeten Strecke hinausragen. Liegt bei Kreuzungen und bei seitlichen Abständen der Kabel von weniger als 0,50 m das Starkstromkabel tiefer als das Schwachstromkabel, so muß letzteres zur Sicherung gegen mechanische Angriffe mit zweiteiligen eisernen Rohren bekleidet sein, die über die Kreuzungs- und Näherungsstelle nach jeder Seite hin 1 m hinausragen. Solcher Schutzvorrichtungen bedarf es nicht, wenn die Starkstrom- oder die Schwachstromkabel sich in gemauerten oder in Zement- oder dergleichen Kanälen von wenigstens 0,06 m Wandstärke befinden.

5. Alle Schutzvorrichtungen sind dauernd in gutem Zustande zu erhalten.

6. Von beabsichtigten Aufgrabungen in Straßen mit unterirdischen Telegraphen- oder Fernsprechkabeln ist der zuständigen Ober-Postdirektion oder den zuständigen Post- oder Telegraphenämtern beizeiten vor dem Beginne der Arbeiten schriftlich Nachricht zu geben. Falls durch solche Arbeiten der Telegraphen- oder Fernsprechbetrieb gestört werden könnte, sind die Arbeiten auf Antrag der Telegraphenverwaltung zu Zeiten auszuführen, in denen der Telegraphen- beziehungsweise Fernsprechbetrieb ruht.

7. Fehler — d. h. ein schadhaften Zustand — in der Starkstromanlage, durch welche der Bestand der Telegraphen- und Fernsprechanlagen oder die Sicherheit des Bedienungspersonals gefährdet werden könnte, sind ohne Verzug zu beseitigen; außerdem ist der Betrieb der Starkstromanlage im Wirkungsbereich der Fehler bis zu deren Beseitigung einzustellen.

8. Für den Fall, daß die in diesen Bestimmungen vorgesehenen Schutzvorrichtungen sich nicht als ausreichend erweisen sollten, um Gefahren für den Bestand (die Substanz) der Telegraphen- oder Fernsprechanlagen oder die Sicherheit des Bedienungspersonals fernzuhalten, bleibt vorbehalten, jederzeit weitergehende gefahrenpolizeiliche Anforderungen zu stellen.

9. Vor dem Vorhandensein der vorgeschriebenen Schutzvorrichtungen darf das Leitungsnetz auch für Probebetrieb oder sonstige Versuche nicht unter Strom gesetzt werden. Von der beabsichtigten Unterstromsetzung ist der Telegraphenverwaltung mindestens drei freie Wochentage vorher schriftlich Mitteilung zu machen. Ferner ist ihr mindestens vier Wochen vorher von der beabsichtigten Inbetriebnahme der Starkstromanlage oder einzelner Strecken schriftlich Nachricht zu geben.

10. Von geplanten wesentlichen Veränderungen (anderweitiger Führung der Starkstromleitungen, Änderung der Betriebsweise und der Schutzvorkehrungen usw.) oder von beabsichtigten Erweiterungen der Starkstromanlage hat der Unternehmer behufs Festellung der weiter etwa erforderlichen Schutzmaßnahmen der Reichs-Telegraphenverwaltung Anzeige zu erstatten.

D. Zur Sicherung des Betriebes.

1. Für die mit elektrischen Starkströmen zu betreibenden Anlagen müssen die Hin- und Rückleitungen durch besondere Leitungen gebildet werden. Die Erde darf als Rückleitung nicht benutzt oder mitbenutzt werden. Auch dürfen in Dreileiteranlagen die blank in die Erde verlegten oder mit der Erde verbundenen Mittelleiter Verbindungen mit den Gas- oder Wasserleitungsnetzen nicht erhalten, wenn die vorhandenen Reichs-Telegraphen- oder Fernsprechleitungen mit diesen Netzen verbunden sind.

2. Die Hin- und Rückleitungen müssen überall in tunlichst gleichem und zwar in so geringem Abstande voneinander verlaufen, als dies die Rücksicht auf die Sicherheit des Betriebes zuläßt.

3. Die Kreuzungen der Starkstromdrähte mit Reichs-Telegraphen- und Fernsprechleitungen haben tunlichst im rechten Winkel zu erfolgen.

4. Sind infolge des parallelen Verlaufs der beiderseitigen Anlagen oder aus anderen Ursachen Störungen für den Betrieb der Telegraphen- und Fernsprechleitungen zu befürchten oder treten solche Störungen auf, so sind im Einvernehmen mit der Ober-Postdirektion geeignete Maßnahmen zur Beseitigung der störenden Einflüsse zu treffen.

5. Falls die vorgesehenen Schutzmaßregeln nicht ausreichen, um Störungen für den Betrieb der Reichs-Telegraphen- und Fernsprechleitungen fernzuhalten, sind im Einvernehmen mit der Ober-Postdirektion weitere Maßnahmen zu treffen, bis die Beseitigung der störenden Einflüsse erfolgt ist.

6. Falls Fehler in der Starkstromanlage zu Störungen des Telegraphen- oder Fernsprechbetriebes Anlaß geben, muß der Betrieb der Starkstromanlage in solchem Umfang und so lange eingestellt werden, wie dies zur Beseitigung der Fehler erforderlich ist.

7. Die Kosten für alle durch die Starkstromanlage bedingten Änderungen an den Reichsleitungen sowie für Herstellung und Unterhaltung aller Schutzvorkehrungen, gleichviel, ob sie an der Starkstromanlage oder an den Reichsleitungen getroffen werden, sind von dem Unternehmer der Starkstromanlage zu tragen.

15. Normalien, Vorschriften und Leitsätze des Verbandes Deutscher Elektrotechniker.

Kupfernormalien.

Angenommen auf der Jahresversammlung des Verbandes Deutscher Elektrotechniker zu Stuttgart im Jahre 1906.
Veröffentlicht ETZ 1906 S. 666.

§ 1. Leitungskupfer darf für 1 km Länge und 1 qmm Querschnitt bei 15° C. keinen höheren Widerstand haben als 17,5 Ohm. Der bei t^0 C. gemessene Widerstand R_t ist nach der Formel

$$R_{15} = \frac{R_t}{1 + 0{,}004\ (t - 15)}$$

umzurechnen.

§ 2. Kupferleitungen müssen aus Leitungskupfer hergestellt sein. Die wirksamen Querschnitte von Kupferleitungen sind grundsätzlich durch Widerstandsmessungen zu ermitteln, wobei ein kilometrischer Widerstand für 1 qmm von 17,5 Ohm (vgl. § 1) einzusetzen und für Litzen und Mehrfachleiter die Länge des fertigen Kabels, also ohne Zuschlag für Drall, zu nehmen ist.

§ 3. Bei der Untersuchung, ob eine Kupferleitung aus Leitungskupfer hergestellt ist, bezw. ob dieses den Bedingungen des § 1 entspricht, ist der Querschnitt durch Gewichts- und Längenbestimmung eines einfachen gerade gerichteten Leiterstückes zu ermitteln, wobei, falls eine besondere Bestimmung des spezifischen Gewichtes vorgenommen wird, für dieses der Wert 8,91 einzusetzen ist.

§ 4. Vorstehende Bestimmungen gelten vom 1. Januar 1907 ab.

Normalien über einheitliche Kontaktgrößen und Schrauben.

Angenommen auf der Jahresversammlung des Verbandes Deutscher Elektrotechniker zu München im Jahre 1895. Veröffentlicht: ETZ 1895 S. 594.

Stärke der Schrauben zu Sicherungen, Schaltern, Instrumenten usw.

Ampere	50	100	200	400	700	1000
engl. Zoll	$^1/_4$	$^5/_{16}$	$^3/_8$	$^1/_2$	$^5/_8$	$^3/_4$
(metr. Gew. mm	6	8	10	12	16	20

sofern solches später zur Einführung gelangt).

Normalien für Leitungen.

Angenommen auf der Jahresversammlung des Verbandes Deutscher Elektrotechniker zu Stuttgart im Jahre 1906. Veröffentlicht ETZ 1906 S. 664.

A. Normalien für Gummiband- und Gummiader-Leitungen.

I. Gummibandleitungen.

(Geeignet zur festen Verlegung über Putz in trockenen Räumen für Spannungen bis 125 V, auf Isolierrollen bis 250 V.)

Gummibandleitungen sind mit massiven Leitern in Querschnitten von 1 bis 16 qmm, mit mehrdrähtigen Leitern in Querschnitten von 1 bis 150 qmm zulässig. Die Kupferseele ist feuerverzinnt, mit Baumwolle umgeben und darüber mit unverfälschtem, technisch reinem unvulkanisiertem Paraband umwickelt. Die Überlappung der Umwickelung muß mindestens 2 mm betragen. Die Parabandhülle muß für 100 m einadriger Leitung folgende Gewichte aufweisen.

Kupfer- querschnitt in qmm	Gummigewicht in Gramm mindestens	Mindestzahl der Drähte bei mehrdrähtigen Leitern
1,0	130	7
1,5	155	7
2,5	190	7
4,0	230	7
6,0	280	7
10,0	340	7
16,0	420	7
25,0	550	7
35,0	650	19
50,0	800	19
70,0	1000	19
95,0	1200	19
120,0	1400	19
150,0	1500	19

Der Gewichtsfeststellung wird das Mittel aus fünf Wägungen von aus verschiedenen Stellen entnommenen 1 m langen Stücken zugrunde gelegt.

Über der Parabandhülle befindet sich eine Umwicklung mit Baumwolle, und über dieser eine Umklöppelung aus Baumwolle, Hanf oder ähnlichem Material, welche in geeigneter Weise imprägniert ist. Die so bezeichneten Leitungen werden einer Durchschlagsprobe nicht unterworfen.

Gummibandleitungen dürfen als Mehrfachleitungen nicht benutzt werden.

II. Gummiaderleitungen (Allgemeines).

Die Gummiaderleitungen sind mit massiven Leitern in Querschnitten von 1 bis 16 qmm, mit mehrdrähtigen Leitern in Querschnitten von 1 bis 1000 qmm zulässig.

Die Kupferseele ist feuerverzinnt und mit einer wasserdichten vulkanisierten Gummihülle umgeben.

Jede Leitung muß nach 24 stündigem Liegen unter Wasser geprüft werden und einer $\frac{1}{2}$ stündigen Einwirkung eines Wechselstromes in Höhe der Prüfspannung der nachstehenden Tabelle zwischen Kupferseele und Wasser, dessen Temperatur 25° C. nicht überschreiten darf, widerstehen.

Die Prüfspannungen sollen betragen:

	Volt	Prüfspannung
bis	1 000	2 000
„	2 000	4 000
„	3 000	6 000
„	4 000	8 000
„	5 000	9 000
„	6 000	10 000
„	7 000	12 000
„	8 000	13 000
„	10 000	15 000
„	12 000	18 000

Jede Leitung muß über dem Gummi von einer Hülle gummierten Bandes umgeben sein. Als Einzelleitung verwendet, muß dieselbe außerdem eine imprägnierte Umklöppelung erhalten.

Bei Mehrfachleitungen kann die Umklöppelung gemeinsam sein.

Alle Leitungen können außerdem einen Metallpanzer (Geflecht, Umwicklung oder dgl.) erhalten.

a) Gummiaderleitungen (G. A.).

(Geeignet zur festen Verlegung für Spannungen bis 1000 V und zum Anschluß beweglicher Apparate bis 500 V.)

Die Wandstärke der Gummihülle richtet sich nach folgender Tabelle:

Kupfer- querschnitt in qmm	Mindestzahl der Drähte bei mehr- drähtigen Leitern	Stärke der Gummischicht mindestens mm	und nicht mehr als mm
1,0	7	0,8	1,1
1,5	7	0,8	1,1
2,5	7	1,0	1,4
4,0	7	1,0	1,4
6,0	7	1,0	1,4
10,0	7	1,2	1,7
16,0	7	1,2	1,7
25,0	7	1,4	2,0
35,0	19	1,4	2,0
50,0	19	1,6	2,3
70,0	19	1,6	2,3
95,0	19	1,8	2,6
120,0	37	1,8	2,6
150,0	37	2,0	2,8
185,0	37	2,2	3,0
240,0	61	2,4	3,2
310,0	61	2,6	3,4
400,0	61	2,8	3,6
500,0	91	3,2	4,0
625,0	91	3,2	4,0
800,0	127	3,5	4,5
1000,0	127	3,5	4,5

b) Gummiaderleitungen für Spannungen über 1000 V (S. G. A.).
(Geeignet zur festen Verlegung und zum Anschluß beweglicher Apparate bis 1500 V.)

Hochspannungsleitungen führen die Bezeichnung S. G. A., welcher die Betriebsspannung als Index anzufügen ist, zB. S. G. A. 10 (3000). Die Gummihülle muß bei diesen Leitungen aus mehreren verschiedenfarbigen Lagen Gummi hergestellt sein. Vorschriften über die Stärke der Hülle bestehen nicht.

B. Normalien für Gummiaderschnüre.
(Geeignet zur festen Verlegung für Spannungen bis 1000 V und zum Anschluß beweglicher Apparate bis 500 V.)

Gummiaderschnüre sind in Querschnitten von 1 bis 6 qmm zulässig.

Die Kupferseele besteht aus feuerverzinnten Kupferdrähten von höchstens 0,3 mm Durchmesser, welche miteinander verseilt sind. Die Kupferseele ist mit Baumwolle umsponnen und darüber mit einer wasserdichten vulkanisierten Gummihülle umgeben.

Jede Leitung muß nach 24 stündigem Liegen unter Wasser geprüft werden und einer halbstündigen Einwirkung eines Wechselstromes von 2000 V zwischen Kupferseele und Wasser, dessen Temperatur 25° C. nicht übersteigen darf, widerstehen.

Die Wandstärke der Gummihülle richtet sich nach folgender Tabelle:

Kupfer-querschnitt in qmm	Stärke der Gummischicht mindestens mm	und nicht mehr als mm
1,0	0,8	1,1
1,5	0,8	1,1
2,5	1,0	1,4
4,0	1,0	1,4
6,0	1,0	1,4

Als Einzelleitung oder verseilte Mehrfachschnur verwendet, muß die Gummihülle als Schutz eine Umflechtung aus Fasermaterial (Garn, Seide, Baumwolle oder dgl.) erhalten. Bei runden oder ovalen Mehrfachschnüren kann der Schutz der Gummihülle auch in anderer Weise hergestellt werden, solche Mehrfachschnüre müssen dann noch eine gemeinsame geeignete Umklöppelung erhalten.

Für bewegliche Stromverbraucher können sowohl runde wie verseilte Mehrfachschnüre verwendet werden.

C. Normalien für Fassungsadern.
(Bezeichnung F. A.)
(Geeignet zur Installation in und an Beleuchtungskörpern.)

Die Fassungsader besteht aus einem massiven oder mehrdrähtigen Leiter von 0,75 qmm Kupferquerschnitt.

Die Kupferseele ist feuerverzinnt und mit einer vulkanisierten Gummihülle umgeben, deren Wandstärke 0,6 mm betragen soll. Über dem Gummi befindet sich eine Umklöppelung aus Baumwolle, Hanf, Seide oder ähnlichem Material, welches auch in geeigneter Weise imprägniert sein kann, und darf der äußere Durchmesser der Ader 2,7 mm nicht übersteigen. Diese Adern können auch mehrfach verseilt werden. Eine Fassungsdoppelader (Bezeichnung F. A. 2) kann auch aus zwei nebeneinander liegenden nackten Fassungsadern, die gemeinsam wie oben umklöppelt sind, bestehen. Ihre äußeren Dimensionen dürfen 5,4 mm nicht übersteigen.

Die so bezeichneten Fassungsadern sind in trockenem Zustande einer halbstündigen Durchschlagsprobe mit 1000 Volt Wechselstrom zu unterziehen; einfache Fassungsadern sind hierbei, wenn 5 m lang, doppelt zusammenzudrehen.

D. Normalien für Pendelschnur.
(Geeignet zur Installation von Schnurzugpendeln.)

Die Pendelschnur hat einen Kupferquerschnitt von 0,75 qmm.

Die Kupferseele besteht aus feuerverzinnten Drähten von höchstens 0,3 mm Durchmesser, welche miteinander verseilt sind. Die Kupferseele ist mit Baumwolle umsponnen und darüber mit einer vulkanisierten Gummihülle von 0,6 mm Wandstärke umgeben. Zwei Adern sind mit einer Tragschnur oder einem Tragseilchen aus geeignetem Material zu verseilen und erhalten eine gemeinsame Umklöppelung aus Baumwolle, Hanf, Seide oder ähnlichem Material. Die Tragschnur oder das Tragseilchen können auch doppelt zu beiden Seiten der Adern angeordnet werden. Wenn das Tragseilchen aus Metall hergestellt ist, muß es umsponnen oder umklöppelt sein. Die gemeinsame Umklöppelung der Schnur kann wegfallen, doch müssen die Gummiadern dann einzeln umflochten werden.

Die so bezeichnete Pendelschnur soll in trockenem Zustande einer Wechselspannung von 1000 Volt widerstehen.

Die Pendelschnüre für Zugpendel usw. müssen so biegsam sein, daß einfache Schnüre um Rollen von 25 mm Durchmesser und doppelte um Rollen von 35 mm Durchmesser ohne Nachteil geführt werden können.

E. Normalien für einfache Gleichstromkabel mit und ohne Prüfdraht bis 700 V.

Konstante Spalten (jeweils für alle Reihen geltend):
- Isolierhülle – Konstruktion: **Imprägnierte Faserisolation**
- Bespinnung des Bleimantels – Konstruktion: **Säurefreie imprägnierte Jute**
- Armierung – Drahtstärke: **Verzinkter Eisendraht von 1,08 mm Durchmesser**
- Maximal-Prüfungsspannung: **1200 V Wechselstrom**

Effektiver Kupferquerschnitt (qmm)	Zahl der Drähte Kabel ohne Prüfdraht (Minimalzahl)	Zahl der Drähte mit Prüfdraht (Minimalzahl)	Prüfdraht: Querschnitt der Kupferseele (qmm)	Isolierhülle Minimaldicke (mm)	Bleimantel einfacher Gesamtdicke	Bleimantel doppelter Gesamtdicke	Bespinnung des Bleimantels Dicke (mm)	Armierung Blechstärke (mm)	Dicke der Bewicklung des armierten Kabels (mm)	Äußerer Durchmesser ohne Prüfdraht	Äußerer Durchmesser mit Prüfdraht
1,0	1	—	—	1,75	1,2	—	1,5	—	1,5	17	—
1,5	1	—	—	1,75	1,2	—	1,5	—	1,5	17	—
2,5	1	—	—	1,75	1,2	—	1,5	—	1,5	18	—
4,0	1	—	—	1,75	1,4	—	1,5	—	1,5	19	—
6,0	1	—	—	1,75	1,4	—	1,5	—	1,5	19	—
10,0	1	3	1	1,75	1,4	—	2,0	—	1,5	20	24
16,0	7	6	1	2,0	1,5	2×0,9	2,0	—	2,0	23	25
25	7	6	1	2,0	1,5	2×0,9	2,0	2×0,5	2,0	24	26
35	7	6	1	2,0	1,6	2×0,9	2,0	2×0,5	2,0	25	30
50	19	13	1	2,0	1,6	2×1,0	2,0	2×0,8	2,0	29	32
70	19	13	1	2,0	1,7	2×1,0	2,0	2×0,8	2,0	31	33
95	19	13	1	2,0	1,7	2×1,0	2,0	2×0,8	2,0	32	36
120	19	18	1	2,0	1,8	2×1,1	2,0	2×0,8	2,0	35	38
150	37	26	1	2,25	1,9	2×1,1	2,5	2×1,0	2,0	37	41
185	37	29	1	2,25	2,0	2×1,1	2,5	2×1,0	2,0	40	44
240	37	36	1	2,50	2,1	2×1,2	2,5	2×1,0	2,0	43	47
310	37	36	1	2,50	2,2	2×1,2	2,5	2×1,0	2,0	46	50
400	37	36	1	2,75	2,3	2×1,2	3,0	2×1,0	2,0	49	55
500	37	36	1	2,75	2,4	2×1,3	3,0	2×1,0	2,0	54	59
625	37	36	1	3,0	2,6	2×1,3	3,0	2×1,0	2,0	58	64
800	37	36	1	3,0	2,8	2×1,4	3,0	2×1,0	2,0	63	68
1000	37	36	1	3,0	3,0	2×1,5	3,0	2×1,0	2,0	67	68

Der Isolationswiderstand der Kabel soll bei Abnahme im Werk mindestens 200 Megohm pro Kilometer bei einer Temperatur von 15° C betragen. Die Isolationsmessung bei Abnahme in der Fabrik soll auf Verlangen des Abnehmers mit 700 V vorgenommen werden. Auf Verlangen des Fabrikanten müssen hierbei die Oberflächenströme abgefangen werden.

Belastungstabelle
für einfache im Erdboden verlegte Gleichstromkabel bis 700 V mit und ohne Prüfdraht.

Querschnitt in qmm	Stromstärke in Amp.	Querschnitt in qmm	Stromstärke in Amp.
16	140	185	530
25	175	240	615
35	215	310	705
50	260	400	810
70	315	500	920
95	370	625	1040
120	420	800	1190
150	475	1000	1350

Die in der Tabelle angegebenen Stromstärken dürfen auf keinen Fall überschritten werden und gelten, so lange nicht mehr als zwei Kabel dicht nebeneinander im gleichen Graben in der üblichen Verlegungstiefe liegen. Mittelleiter werden nicht als Kabel betrachtet.

Der Tabelle ist als zulässige Übertemperatur 25° C. und eine Verlegungstiefe von 70 cm zugrunde gelegt. Bei ungünstigen Abkühlungsverhältnissen, wie zB. bei Anordnung von Kabeln in Kanälen und dgl. oder Anhäufung von Kabeln im Erdboden, empfiehlt es sich, die Höchstbelastung auf $^3/_4$ der in der Tabelle angegebenen Werte zu ermäßigen.

F. Normalien für konzentrische, bikonzentrische und verseilte Mehrleiterkabel mit und ohne Prüfdraht.

Die Drähte der Außenleiter bei konzentrischen und bikonzentrischen Kabeln sind derart zu wählen, daß dieselben einen möglichst geschlossenen Leiter bilden. Schwächer als 0,8 mm Durchmesser dürfen die Drähte jedoch nicht sein.

Konzentrische und bikonzentrische Kabel sind nur für Spannungen bis 3000 V zulässig.

Die Prüfspannungen der Kabel werden wie folgt festgesetzt: Die Spannung bei der Prüfung in der Fabrik soll das Doppelte, jene bei der Prüfung nach fertiger Verlegung das 1,25 fache der Betriebsspannung betragen.

Die Bedingungen ist genügt, wenn die Kabel in der Fabrik nach einhalbstündiger Prüfung und im fertig verlegten Netz nach einstündiger Prüfung mit den vorgeschriebenen Spannungen in Wechselstrom- bezw. bei den Dreifachkabeln in Drehstromschaltung nicht durchschlagen. Der Isolationswiderstand soll sich nach der Hochspannungsprobe nur so viel verändern, als etwaige Erwärmungen mit sich bringen.

Kupferwiderstand siehe „Kupfernormalien des Verbandes Deutscher Elektrotechniker".

Kupferquerschnitt der Einzelleiter qmm	Mindestzahl der Drähte			Prüfdrähte	Isolierhülle für Kabel bis 700 V	
	des Innenleiters bei konzentrischen Kabeln		in jedem kreisförmigen Leiter bei den verseilten Kabeln	Querschnitt der Kupferseele qmm	Konstruktion	Mindeststärke zwischen den Leitern und zwischen Leiter und Blei
	Kabel					
	ohne Prüfdrähte	mit Prüfdrähten				
1	—	—	1			2,3
1,5	—	—	1			2,3
2,5	—	—	1			2,3
4	—	—	1			2,3
6	—	—	1			2,3
10	1	—	1			2,3
16	1	—	7			2,3
25	7	6	7			2,3
35	7	6	7			2,3
50	19	6	19	1	Imprägnierte Faserisolation	2,3
70	19	13	19			2,3
95	19	13	19			2,3
120	19	13	19			2,3
150	19	18	37			2,3
185	37	26	37			2,5
240	37	29	37			2,5
310	37	36	61			2,8
400	37	36	—			2,8

Der Isolationswiderstand soll mindestens 200 Megohm pro Kilometer bei 15⁰ C. betragen und ist so zu verstehen, wenn ein Leiter gegen die anderen und Bleimantel bezw. Erde gemessen wird. Messungen bei anderer Temperatur als 15⁰ C. und Umrechnungen auf 15⁰ C. sind zulässig, solange die umzurechnenden Werte zwischen dem 0,5- bis 2fachen der normalen Werte liegen. Die Isolationsmessung bei Abnahme in der Fabrik soll auf Verlangen des Abnehmers mit 700 V vorgenommen werden. Auf Verlangen des Fabrikanten müssen hierbei die Oberflächenströme abgefangen werden.

Die Stärken der Isolationsschichten zwischen den Leitern unter sich und zwischen den Leitern und Blei werden bei den Kabeln höherer Spannungen, also über 700 V, dem Ermessen des Fabrikanten überlassen. Keinesfalls dürfen die Stärken geringer sein, als für die Kabel für 700 V festgelegt ist.

Die Stärken der Bleimäntel und der Eisenbandarmierung richten sich nach folgender Tabelle:

Durchmesser der Kabelseele unter dem Bleimantel	Bleimantel		Bespinnung des Bleimantels	Blechstärke der Armierung
	einfach	doppelt		
mm	mm	mm	mm	mm
10	1,5	2×0,9	2	2×0,8
12	1,6	2×0,9	2	2×0,8
14	1,7	2×1,0	2	2×0,8
16	1,7	2×1,1	2	2×0,8
18	1,8	2×1,1	2	2×0,8
20	1,9	2×1,1	2,5	2×1,0
23	2,0	2×1,2	2,5	2×1,0
26	2,1	2×1,2	2,5	2×1,0
29	2,2	2×1,2	2,5	2×1,0
32	2,3	2×1,3	2,5	2×1,0
35	2,4	2×1,3	2,5	2×1,0
38	2,6	2×1,3	3	2×1,0
41	2,7	2×1,4	3	2×1,0
44	2,8	2×1,4	3	2×1,0
47	3,0	2×1,5	3	2×1,0
50	3,2	2×1,6	3	2×1,0
54	3,2	2×1,6	3	2×1,0
58	3,4	2×1,7	3	2×1,0
62	3,4	2×1,7	3	2×1,0
66	3,6	2×1,8	3	2×1,0
70	3,6	2×1,8	3	2×1,0

Die Bespinnung über der Armierung muß derart ausgeführt werden, daß eine gute Deckung vorhanden ist.

Die Normalien für Leitungen treten am 1. Januar 1907 in Kraft.

Leitsätze für den Schutz von elektrischen Anlagen gegen Überspannungen.

Angenommen auf der Jahresversammlung des Verbandes Deutscher Elektrotechniker zu Stuttgart im Jahre 1906. Veröffentlicht ETZ 1906 S. 664.

A. Wesen der Überspannung.

1. Eine Überspannung im allgemeinen Sinne des Wortes ist jede Erhöhung der Spannung über das Maß der betriebsmäßigen Spannungsschwankungen hinaus.

2. Insofern derartige höhere Spannungen durch atmosphärische Vorgänge oder durch Übertritt von höherer Spannung in Stromkreise niederer Spannung erzeugt werden, sind sie schon seit langem bekannt, und es sind Mittel zur Beseitigung ihrer Gefährlichkeit an anderer Stelle vorgeschlagen worden. (§ 23 und 25 b der Sicherheitsvorschriften *).

3. Gegen andere Überspannungen, z.B. solche infolge von Belastungsschwankungen, Kurz- und Erdschlüssen, oder anderen Ursachen hat man bisher nicht überall genügend Vorsorge getroffen.

4. Die nachfolgenden Sätze handeln von Mitteln, um Überspannungen in diesem engeren Sinne für die elektrischen Anlagen unschädlich zu machen.

---

*) Der älteren Fassung.

B. Bedürfnis nach Überspannungssicherungen.

5. Überspannungssicherungen sind überall da anzubringen, wo Überspannungen auftreten, insbesondere bei Anlagen mit mehr als 1000 V Betriebsspannung.

6. Auch Anlagen mit geringerer Betriebsspannung haben gelegentlich unter Überspannungen zu leiden; deren verhältnismäßig geringe Häufigkeit läßt aber nur dann besondere Vorkehrungen als wünschenswert erscheinen, wenn tatsächlich gefährliche Überspannungen beobachtet werden.

7. Der Schutz einer Anlage wird erfahrungsgemäß am umfassendsten durch Überspannungssicherungen in der Zentrale bewirkt.

8. Außerdem empfiehlt es sich, eine größere Anzahl von Überspannungssicherungen dann gleichförmig über das Netz zu verteilen, wenn die Verhältnisse der Anlage das Auftreten von Überspannungen begünstigen oder sie besonders gefährlich erscheinen lassen. (Freileitungen, größere räumliche Ausdehnung des Netzes und dergl.)

9. Man berücksichtigt in diesem Falle vornehmlich alle Leitungsenden, Überführungen von Kabeln in Freileitungen, Unterstationen und ähnliche Punkte.

10. Bei längeren durchgehenden Leitungsstrecken haben sich auch unterwegs Überspannungssicherungen bewährt.

11. Wenn Freileitungen auf kurze Strecken durch Kabel unterbrochen sind, mag manchmal das Anbringen von Überspannungssicherungen an beiden Kabelenden Schwierigkeit bereiten. Es ist in solchen Fällen nach den bisherigen Erfahrungen zu empfehlen, ein entsprechend stärker isoliertes Kabel an Stelle eines normalen, geschützten zu verwenden.

12. Im übrigen wird man jede Ursache vermeiden, welche Anlaß zu Überspannungen geben kann, z. B. ist bei konzentrischen Kabeln die richtige Reihenfolge der Leiter beim Schalten zu beachten, und bei den übrigen Wechselstromanlagen muß man anderseits möglichst immer alle Leiter gleichzeitig einschalten.

C. Einbau der Überspannungssicherungen.

13. Um die Überspannungssicherungen stets wirkungsbereit zu erhalten, muß man sie so anordnen, daß sie beim Abschalten von Betriebsmitteln nicht mit abgeschaltet werden. Es ist zu empfehlen, den Stromkreis der Überspannungssicherungen durch Schmelzsicherungen oder andere Unterbrecher abschaltbar einzurichten.

14. Die empfindlichere Natur der Überspannungssicherungen fordert, daß sie in geschlossenen Räumen untergebracht werden und leicht zugänglich sind. Eine regelmäßig wiederholte Besichtigung der Sicherungen nebst Zubehör ist für ihre Verläßlichkeit durchaus zu wünschen. (§§ 3 und 4 der Vorschriften für den Betrieb elektrischer Starkstromanlagen.*)

15. Die Überspannungssicherungen sollen die Ableitung so ausführen, daß hierbei keine weiteren gefährlichen Überspannungen entstehen. Sie sind deshalb so einzustellen, daß sie bei einer Spannung ansprechen, welche der Betriebsspannung der Anlage möglichst nahe liegt. Auch für Schutzvorrichtungen, die nach Erde hin ableiten, gilt die Betriebsspannung, das heißt, die verkettete, effektive Spannung als Maßstab.

16. Der neutrale Punkt für Mehrphasenanlagen soll tunlichst dauernd geerdet werden. In solchen Anlagen stellt man die Sicherungen möglichst nahe der Spannung gegen Erde ein.

17. Der § 22 der Sicherheitsvorschriften*), betreffend Erdleitung, ist in allen diesen Fällen angemessen anzuwenden.

18. Wenn die Ableitung der Überspannung eine zu hohe Stromstärke zur Folge hat, so sind neue Störungen, z. B. neue Überspannungen oder das Herausgehen von Automaten, Durchschmelzen der Sicherungen und anderes mehr zu befürchten. Anderseits würde bei einer zu kleinen Stromstärke oder einer zu langsamen Ableitung befürchtet werden müssen, daß die Überspannungen nicht genügend ungefährlich gemacht werden. In dem Ableitungsstromkreis sind deshalb geeignete Widerstände mit möglichst geringer Selbstinduktion vorzusehen, deren Größe nach den besonderen Verhältnissen der Anlage sachgemäß zu bestimmen ist.

Normalien für Glühlampenfüße und Fassungen mit Bajonettkontakt:

Angenommen auf der Jahresversammlung des Vereins Deutscher Elektrotechniker zu Kiel im Jahre 1900. Veröffentlicht: ETZ 1899 S. 330.

1. a_1, der Drehwinkel zwischen den Bajonettstiften und den Kontaktplättchen des Lampenfußes sei ein Rechter. (Eine Genauigkeitsgrenze wurde hierbei nicht festgesetzt.)

---

*) Der älteren Fassung.

2. *A*, der Abstand zwischen den äußersten Teilen der Kontaktplättchen in der durch 1 bestimmten Richtung, soll wenigstens 14 mm betragen.

3. *a*, der Abstand der Kontaktplättchen voneinander und ihr Abstand vom Metallring oder, falls ein solcher nicht vorhanden, von der zylindrischen Begrenzung des Lampenfußes soll wenigstens 3 mm betragen. (Eine bestimmte Form der Kontaktplättchen soll im übrigen nicht vorgeschrieben werden — vgl. Fig. 661 oben.)

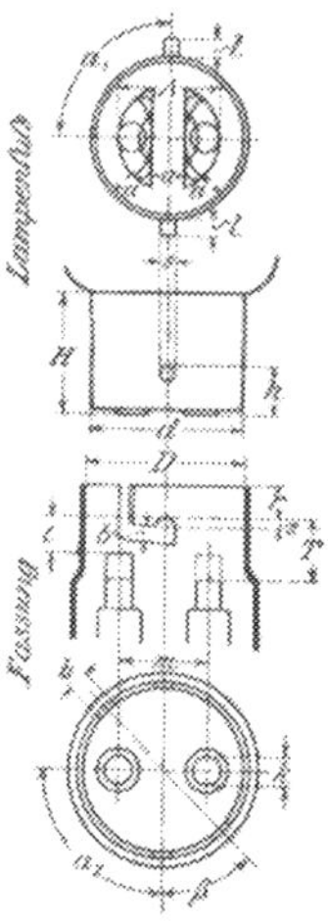

4. *s*, die Stärke der Bajonettstifte, soll 1,5 bis 2 mm,

5. *l*, ihre Länge, 2,5 bis 3 mm betragen.

6. *H*, der Hals des Lampenfußes, soll von der Kontaktfläche an wenigstens 14 mm lang zylindrisch verlaufen.

7. *h*, die Höhe der Anschlagkante der Bajonettstifte von der Kontaktfläche ab gemessen, soll 6 bis 7 mm ausmachen.

8. *d*, der Außendurchmesser des Lampenfußes, soll 21 bis 22 mm betragen.

(Dieser weite Spielraum wurde namentlich mit Rücksicht auf die Herstellung der Lampensockel aus Porzellan — ohne Messingring — angenommen.)

9. *D*, der Innendurchmesser der Fassung, soll 22,25 bis 22,5 mm betragen.

10. *r*, die Randbreite des Fassungsmantels von der Anschlagkante des Bajonetts ab, soll 4 bis 5 mm hoch sein.

11. *z*, die Zahnhöhe des Bajonetts, sei 1 bis 1,5 mm.

12. *b*, die Breite des Bajonettschlitzes, soll wenigstens 2,5 mm betragen.

13. *t*, die Tiefe der frei gelassenen Kontaktstifte („Pistons"), von deren Ende bis zur Anschlagkante des Bajonetts, soll höchstens 5 mm betragen.

14. *T*, die Tiefe der zurückgedrückten Kontaktstifte, ebenso gemessen, soll wenigstens 8,5 mm betragen.

15. *m*, der Mittenabstand der Kontaktstifte, betrage 12 bis 13 mm.

Fig. 661.

16. *k*, der Durchmesser der Kontaktstifte, sei 2,5 bis 5 mm.

17. *β*, der Drehwinkel von der Richtung der Bajonettstifte — bei eingesetzter Glühlampe — bis zu den Einführungsschlitzen am Rande des Fassungsmantels, soll höchstens 45° betragen.

18. a_2, der Drehwinkel zwischen derselben Richtung und der Verbindungslinie der Kontaktstifte, soll einen Rechten ausmachen. (Eine Genauigkeitsgrenze wurde auch hier nicht festgesetzt)

Normalien und Kaliberlehren für Lampenfüße und Fassungen mit Edison-Gewindekontakt. *)

Angenommen auf der Jahresversammlung des Verbandes Deutscher Elektrotechniker zu Hannover im Jahre 1900.

Im nachstehenden und in den zugehörigen Figuren bedeuten die Indices „*l*" und „*f*" „Lampenfuß" und „Fassung".

In den Fig. 662 bis 665 sind die Kaliberlehren mit ihren wesentlichen Abmessungen dargestellt worden und zwar in Fig. 662 und 663 die beiden Hauptlehren für den Lampenfuß und für die Fassung, und in Fig. 664 und 665 die beiden zugehörigen Hilfslehren.

Die Fig. 666 und 667 zeigen dieselben Kaliberlehren in Schaubildern natürlicher Größe.

Die Hauptlehren dienen zur Prüfung fast sämtlicher Maße; insbesondere werden durch sie bedingt die größtzulässige Stärke des Lampenfußes (Fig. 662) und die kleinstzulässige Weite der Fassung (Fig. 663), so daß ihnen entsprechende Erzeugnisse jedenfalls leicht ineinander gehen. Damit dieselben aber auch ordnungsmäßig ineinander passen, d. h. mit einer ausreichenden Überdeckung der Gewindegänge sich gut ineinanderschrauben lassen, ohne daß die Gefahr eines Herausfallens der Lampe aus der Fassung eintritt, müssen sie außerdem noch den Hilfslehren entsprechen, welche den kleinstzulässigen Außendurchmesser des Lampen-

---

*) Auszug eines von Herrn R. Hundhausen im Auftrage der Kommission in der ETZ 1900, Heft 45 veröffentlichten Artikels.

fußes (Fig. 664) und den größt-zulässigen Innendurchmesser der Fassung (Fig. 665) angeben. Streng genommen sind bei diesen Werten die zulässigen Grenzen bereits überschritten; deshalb sind die Aufschriften angebracht (Fig. 664): „Lampenfuß zu klein", ergänze: „wenn er sich in diesen Zylinderring einstecken läßt", und (Fig 665): „Fassung zu weit", ergänze: „wenn sich dieser zylindrische Bolzen in sie einstecken läßt".

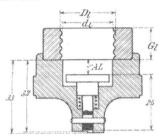

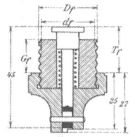

Fig. 662.　　　　　　Fig. 663.

Hauptlehre für den Lampenfuß:

$$D_{l\,\max} = 26,5$$
$$d_{l\,\max} = 24,2$$
$$G_{l\,\min} = 14$$
$$A_{l\,\max} = 33 - 25 = 8$$
$$A_{l\,\min} = 32 - 25 = 6$$

Hauptlehre für die Fassung:

$$D_{f\,\min} = 26,7$$
$$d_{f\,\min} = 24,4$$
$$G_{f\,\min} = 15$$
$$T_{f\,\max} = 45 - 25 = 20$$
$$T_{f\,\min} = 45 - 27 = 18$$

Da nun beim dauernden Gebrauch namentlich die Gewindeteile der Kaliberlehren einer verhältnismäßig starken Abnutzung ausgesetzt sind, so wird auf letztere von vornherein bei Anfertigung der Lehren Rücksicht genommen. Die Gewinde-teile werden nämlich, da sie an ihrem oberen Ende stärkerer Abnutzung unterworfen sind als am unteren, zum Umwenden eingerichtet, wie die Fig. 662 und 693 erkennen lassen. Außerdem wird für Abnutzung durchwegs 0,05 mm im Durchmesser zugegeben. Um diesen kleinen Betrag können also die Gewindedurchmesser der Hauptlehren und somit auch die ihnen entsprechenden Durchmesser der durch sie geprüften Erzeugnisse verschieden sein; bei stärkerer Abnutzung dagegen würden die Kaliber als unbrauchbar anzusehen sein.

In Fig. 668 sind diese Verhältnisse in proportionaler Vergrößerung dargestellt. Diese Zeichnung läßt auch erkennen, daß die Lehren nicht nur „neu" (Fig. 668 oben), sondern selbst „nach stärkst - zulässiger Abnutzung" (Fig. 668 in der Mitte) immernoch völlige Gewähr bieten für leichtes Ineinanderpassen der Erzeugnisse, da ihre Begrenzung von dem idealen Gewinde (Fig. 668 unten), bei welchem sich Lampenfuß und Fassung mit ihren vollen Gewindeflächen berühren würden, noch um 0,05 mm im Durchmesser entfernt bleiben.

Fig. 664.

Die Fig. 668 zeigt außerdem das vorgeschriebene Gewindeprofil der Kaliberlehren, welche aus zwei unmittelbar tangential ineinander übergehenden Kreisbögen zusammengesetzt und mit Radien von 0,95 und 1,05 mm beschrieben ist, so daß es dem idealen Gewindeprofil, bei welchem die Radien beide gleich 1,0 mm sind, äquidistant verläuft.

Die Gewindetiefe ist bei den neuen Lehren, ebenso wie bei dem idealen Profil

$$t_0 = 1,15 \text{ mm.}$$

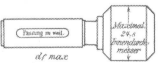

Fig. 665.

59 *

Auch die Steigung des Gewindes soll bei der praktischen Ausführung sowohl der Kaliber als auch der Erzeugnisse

$$S = \frac{1}{7}'' = 3{,}628 \text{ mm}$$

betragen, d. h. es gehen 7 Gänge auf einen englischen Zoll.

Fig. 669 zeigt einen Lampenfuß in einer quer durchschnittenen Fassung und daneben zu beiden Seiten oben und unten Gewindestücke von jenem und dieser in den äußerst möglichen Zusammenstellungen, wobei die Maße der größten und kleinsten radialen Überdeckung zwischen den Gewindegängen von Lampenfuß und Fassung hervortreten:

$$\frac{u_{max}}{2} = 1{,}1 \text{ und } \frac{u_{min}}{2} = 0{,}65.$$

Letzterer Wert würde dann zutreffen wenn sowohl der Lampenfuß als auch die Fassung gerade nur noch soeben den Hilfslehren (Fig. 664 u. 665) Genüge täten.

Fig. 666.

Während nun die bisher behandelten Maße sich ausschließlich auf die Gewinde und insbesondere auf deren Durchmesser bezogen, sei bezüglich der in den Fig. 670 und 671 dargestellten axialen Maße noch erwähnt, daß diese vermittels der Hauptlehren (Fig. 662 und 663) zu prüfen sind: Die Gewindehöhen (G) sind durch die Mutter bezw. den Gewindebolzen und die sie begrenzenden Anschlagflächen zu kontrollieren, während der Abstand (A_l) zwischen dem Mittelkontakt und der Unterkante der Gewindehülse am Lampenfuß (Fig. 670) und die Tiefe (T_f) der Fassung

Fig. 667.

(Fig 671) durch die aus den Fig. 662 und 663 ersichtliche Anordnung eines federnden Stiftes von bestimmter Länge in dem durch entsprechende Endflächen begrenzten Lehrenkörper folgendermaßen zu messen sind: das dünnere Ende des Stiftes muß mit der einen oder anderen Grenzfläche der Lehre abschneiden oder zwischen beiden sich befinden, wenn die geprüften Erzeugnisse in bezug auf jene Maße den Vorschriften entsprechen sollen.

In Fig. 670 sind außerdem noch zwei Maße angegeben:
1. der maximale Durchmesser des Isolierstückes und
2. der des Mittelkontaktes am Lampenfuß.

Ersteres Maß (von 23 mm) wird noch durch den hohlzylindrischen Teil der Hauptlehre (Fig. 662) kontrolliert; dagegen erschien es überflüssig, das letztere Maß (von 15 mm) in den Kalibern besonders zu berücksichtigen.

In den beiden Tabellen 1 und 2 schließlich sind die sämtlichen Zahlenwerte der Normalien (mit Ausnahme der beiden zuletzt erwähnten, sowie der sich auf die Gewindeprofile und die Steigung beziehenden Angaben) in systematischer Weise zusammengestellt worden, und zwar sind in Tabelle 1 die Gewindedurchmesser und in Tabelle 2 die axialen Maße aufgeführt worden, links für den Lampenfuß, rechts für die Fassung. Bei den Durchmessern sind der Vollständigkeit und der Übersicht halber in der Mitte auch die idealen Maße mit aufgeführt, von denen die praktischen nach beiden Seiten hin um

$$0{,}1 \text{**) bis } 0{,}05 \text{***) bzw. um } 0{,}5 \text{ mm}$$

abweichen. [**) und ***) vergl. die bezüglichen Fußnoten bei Tabelle 1.]

Zum Schlusse sei noch erwähnt, daß die Firma J. E. R e i n e c k e r in Chemnitz-Gablenz einen vollständigen Satz Kaliberlehren nach den vorliegenden Verbandsnormalien unter Garantie der Eichfähigkeit (die Physikalisch-technische Reichsanstalt hat sich zur Prüfung derselben bereit erklärt*)) zum Preise von 110 Mark übernommen hat. Die Fig. 666 und 667 zeigen das auf den Lehren eingestempelte Warenzeichen der Firma R e i n e c k e r.

Tabelle 1.
Zusammenstellung der Gewinde-Durchmesser.

Für den Lampenfuß (dargestellt in Fig. 669 oben)		Für beide Teile vgl. Fig. 668 unten	Für die Fassung (dargestellt in Fig. 669 unten)	
rechts	links		links	rechts
Minimaler	Maximaler	Idealer	Minimaler	Maximaler
		Innen-Durchmesser:		
—	$d_{l\max} = 24,2$**) bis 24,25 ***)	$d_0 = 24,3$	$d_{f\min} = 24,4$**) bis 24,35 ***)	$d_{f\max} = 24,8$
		Außen-Durchmesser:		
$D_{l\min} = 26,1$	$D_{l\max} = 26,5$**) bis 26,55 ***)	$D_0 = 26,6$	$D_{f\min} = 26,7$**) bis 26,65 ***)	—
		gemessen durch die		
Hilfslehre Fig. 664 u. 666	Hauptlehre, Fig. 662	†)	Hauptlehre, Fig. 663	Hilfslehre, Fig. 665 u. 667

Tabelle 2.
Zusammenstellung der axialen Maße.

Für den Lampenfuß (dargestellt in Fig. 670)		Für die Fassung (dargestellt in Fig. 671)	
Minimale	Maximale	Minimale	Maximale
	gangbare Gewindehöhe (G):		
$G_{l\min} = 14$	—	$G_{f\min} = 15$	—
	Höhe vom Mittelkontakt bis zur		
Unterkante der Gewindehülse (Abstand A_l)		Oberkante der Gewindehülse (Tiefe T_f)	
$A_{l\min} = 7$	$A_{l\max} = 8$	$T_{f\min} = 18$	$T_{f\max} = 20$
	gemessen durch die		
Hauptlehre, Fig. 662		Hauptlehre, Fig. 663	

Normalien für Stöpselsicherungen mit Edisongewinde.

(Gültig für Stromstärken von 2—20 Amp.)

Angenommen auf der Jahresversammlung des Verbandes Deutscher Elektrotechniker zu Stuttgart im Jahre 1906. Veröffentlicht ETZ 1906 S. 663.

Nachstehende Festsetzungen beziehen sich nur auf Stöpselsicherungen mit Edisongewinde, bei denen die Unverwechselbarkeit durch Höhenunterschiede erreicht wird.

---

*) Näheres siehe ETZ 1901, S. 647.
**) Gewinde-Durchmesser der Kaliberlehren — neu — Fig. 668 oben.
***) Desgleichen — nach stärkstzulässiger Abnutzung — Fig. 668 in der Mitte und Fig. 669.
†) Nur theoretisch vorhandene Maße, vgl. Fig. 668 unten.

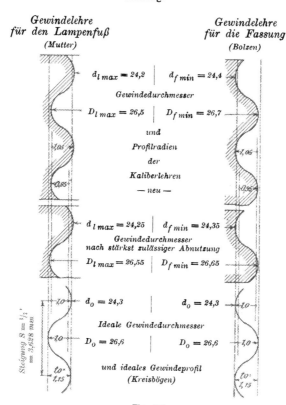

*Gewindelehre
für den Lampenfuß*
(Mutter)

*Gewindelehre
für die Fassung*
(Bolzen)

$d_{l\,max} = 24,2$ $d_{f\,min} = 24,4$

Gewindedurchmesser

$D_{l\,max} = 26,5$ $D_{f\,min} = 26,7$

und
Profilradien
der
Kaliberlehren
— *neu* —

$d_{l\,max} = 24,25$ $d_{f\,min} = 24,35$

Gewindedurchmesser
nach stärkst zulässiger Abnutzung

$D_{l\,max} = 26,55$ $D_{f\,min} = 26,65$

$d_0 = 24,3$ $d_0 = 24,3$

Ideale Gewindedurchmesser

$D_0 = 26,6$ $D_0 = 26,6$

und ideales Gewindeprofil
(Kreisbögen)

Steigung $S = 1/5''$
$= 5,528$ mm

Fig. 668.

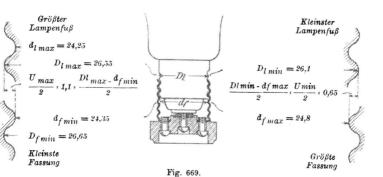

*Größter
Lampenfuß*

$d_{l\,max} = 24,25$

$D_{l\,max} = 26,55$

$$\frac{U_{max}}{2} : 1,1 = \frac{Dl_{max} - df_{min}}{2}$$

$d_{f\,min} = 24,35$

$D_{f\,min} = 26,65$

*Kleinste
Fassung*

*Kleinster
Lampenfuß*

$D_{l\,min} = 26,1$

$$\frac{Dl_{min} - df_{max}}{2} : \frac{U_{min}}{2} = 0,65$$

$d_{f\,max} = 24,8$

*Größte
Fassung*

Fig. 669.

Das Gewinde entspricht in seinen radialen Abmessungen den Normalien für Lampenfüße und Fassungen für Edisongewindekontakt.

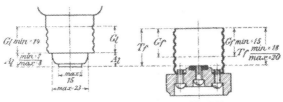

Fig. 670.　　　　　　Fig. 671.

In den axialen Abmessungen müssen die Stöpsel (Fig. 672) der folgenden Tabelle entsprechen:

Stromstärke	2	4	6	10	15	20	Größte zulässige Abweichung
Idealmaß	31	29	27	25	23	21	
Sollmaß der Stöpsellänge *L*	31,35	29,35	27,35	25,35	23,35	21,35	±0,15
Sollmaß der Sockeltiefe *T*	30,65	30,65	30,65	30,65	30,65	30,65	±0,15
Sollmaß d. Kopfhöhe der Ergänzungsschraube *h* . .	0	2	4	6	8	10	±0,10

Für die übrigen Stöpseldimensionen gilt folgendes:

Das Unterteil des Stöpselfußes muß innerhalb eines Kegels mit einem Scheitelwinkel von 60° liegen, dessen Scheitel 12 mm unterhalb der Kontaktfläche liegt. Der Unterteil des Fußes darf nicht einen größeren Durchmesser als 23 mm haben. Der Abstand von Kontaktfläche bis zum Gewindering muß mindestens 8 mm und die Länge des Gewindes 13 mm betragen.

Der Durchmesser des Wulstes am Kopfe des Stöpsels darf 38 mm nicht überschreiten.

Der Durchmesser des Halses darf 32 mm nicht überschriten.

Zur Kontrolle der Stöpsel und Sockel sind die Lehren Fig. 673 und 674 zu verwenden.

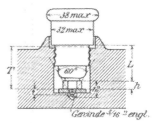

Fig. 672.

Normalien für Steckvorrichtungen.

Angenommen auf der Jahresversammlung des Verbandes Deutscher Elektrotechniker zu Stuttgart im Jahre 1906. Veröffentlicht ETZ 1906 S. 663.

Zweipolig.

Die nachstehenden Maße gelten für Zweistift-Stecker und Steckdosen.

Die Unverwechselbarkeit in bezug auf Stromstärke gemäß den Forderungen der Sicherheitsvorschriften wird durch unterschiedlichen Mittenabstand der Stifte und Buchsen (Maß a der Tabelle), die Unverwechselbarkeit der Polarität durch unterschied-

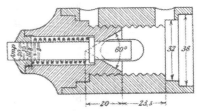

Fig. 673.

liche Durchmesser der Stifte und Buchsenbohrungen (Maße c und d, i und k der Tabelle I und der Fig. 675) erreicht.

Tabelle I.

	Stromstärke in Ampere . . . . :	6	10	20
a	Mittenabstand der Stifte und Buchsen	19	28	38
b	Länge der Stifte	19	24	27
c	Durchmesser des kleineren Stiftes	4	5	6
d	Durchmesser des größeren Stiftes	5	6	7
e	Größte Höhe des Bundes (wenn vorhanden)	4	6	7
f	Durchmesser des Bundes	7	9	10
g	Breite des Schlitzes	0,5	0,5	0,5
h	Kleinste Tiefe der Buchsenbohrung	15	18	20
i	Durchmesser der kleineren Buchsenbohrung	4,05	5,05	6,05
k	Durchmesser der größeren Buchsenbohrung	5,05	6,05	7,05
l	Lichte Tiefe der Steckdosenlöcher	4	6	7
m	Durchmesser der Steckdosenlöcher	9,5	11,5	14
n	Größter Durchmesser für den Stecker	36	47	58
o	Kleinster Durchmesser der ebenen Stirnfläche			
	der Steckdose	39	50	61

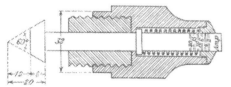

Fig. 674.

Die für den Bund der Steckerstifte festgesetzten Normalmaße gelten nur, wenn ein Bund
vorhanden ist. Die Steckerstifte sollen an ihrem
Ende halbkugelförmig verrundet und der Länge
nach mit einem Schlitz versehen sein.

Für den Mittenabstand der Stifte und
Buchsen a ist eine Abweichung von + 0,15 mm
zulässig.

Die Normalien für Steckvorrichtungen gelten
vom 1. I. 1908 ab.

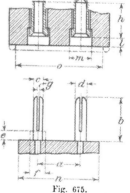

Fig. 675.

Normalien für Isolierrohre mit Metallmantel.

Angenommen auf der Jahresversammlung des Verbandes Deutscher Elektrotechniker
zu Stuttgart im Jahre 1906. Veröffentlicht ETZ 1906 S. 845.

I. Isolierrohre mit gefalztem Metallmantel.

a	Innerer Rohrdurchmesser	7	9	11	13,5	16	23	29	36	48
b	Äußerer Rohrdurchmesser . . .	11	13	15,8	18,7	21,2	28,5	34,5	42,5	54,5
c	Blechbreite	40	47	58	65	74	97	118	143	183
d	Blechstärke, Messingrohr . . .	0,13	0,15	0,15	0,15	0,18	0,18	0,20	0,24	0,24
e	Blechstärke, Eisenrohr (galvanisch vermessingt oder lackiert) . .	0,15	0,15	0,15	0,15	0,18	0,20	0,24	0,24	0,24
f	Blechstärke, Bleirohr (Eisenblech verbleit)	0,20	0,20	0,20	0,20	0,23	0,25	0,29	0,29	0,29
g	Lichte Weite der Tüllen der Muffen	11,3	13,3	16,1	19	21,5	29	35	43	55

II. Isolierrohr mit glattem Mantel.

h	Innerer Durchmesser	7	9	11	13,5	16	21	29	36	42
i	Äußerer Durchmesser	12,5	15,2	18,6	20,4	22,5	28,3	37	47	54
k	Stärke des Eisenmantels	1,25	1,4	1,5	1,5	1,5	1,7	2,0	2,5	2,5
l	Gewinde-Gangtiefe	0,6	0,7	0,7	0,7	0,7	0,8	0,8	0,8	0,8
m	Anzahl der Gänge auf 1″ englisch	20	18	18	18	18	16	16	16	16

Minimalmaße sind: a, c, d, e, f, h, k. Normalmaße sind: b, g, i, l, m. Maße
a bis l sind Millimeter.

Die Messung des äußeren Rohrdurchmessers (b) bei Isolierrohren mit gefalztem Metallmantel hat nicht über dem Falz zu erfolgen; der Falz muß außen liegen und darf in das Isolierrohr nicht eingedrückt sein.

Die Wandstärke des Metallmantels der Muffen muß mindestens gleich der Blechstärke des entsprechenden Rohres sein.

Diese Normalien gelten vom 1. VII. 1907 ab.

Vorschriften für die Lichtmessung an Glühlampen nebst photometrischen Einheiten.

Angenommen auf der Jahresversammlung des Verbandes Deutscher Elektrotechniker zu Frankfurt a. M. im Jahre 1898. Veröffentlicht ETZ 1897, S. 473.

Lichtmessung an Glühlampen
(abgedruckt als Nr. (373) auf Seite 285).

Photometrische Einheiten
vgl. Seite 14 unter 4.

Normalien für die Prüfung von Eisenblech.

Angenommen auf der Jahresversammlung des Verbandes Deutscher Elektrotechniker zu Mannheim im Jahre 1903. Veröffentlicht ETZ 1903. S. 684.

Ergänzt durch die Beschlüsse der Jahresversammlung in Dortmund-Essen im Jahre 1905. Veröffentlicht ETZ 1905. S. 720.

1. Der Gesamtverlust im Eisen ist mittels Wattmeter an einer aus mindestens vier Tafeln entnommenen Probe von mindestens 10 kg zu bestimmen, und wird für B max = 10000 und 50 Perioden in Watt pro 1 kg und eine bestimmte Temperatur angegeben; diese Zahl, bezogen auf sinusförmigen Verlauf der Spannungskurven, heißt „Verlustziffer" bei der betreffenden Temperatur.
2. Als normale Blechstärken gelten 0,3 und 0,5 mm; Abweichungen der Blechstärken dürfen an keiner Stelle ± 10% der vorgeschriebenen überschreiten. (Dabei ist gemeint, daß es sich um Abweichungen von meßbarer Ausdehnung handelt, nicht um kleine Grübchen oder Wärzchen, wie sie bei der Fabrikation unvermeidlich sind.)
3. Für die Messungen dient ein magnetischer Kreis, welcher Eisen ausschließlich der zu prüfenden Qualität enthält und der den Ausführungsbestimmungen gemäß zusammengesetzt ist.
4. Als spezifisches Gewicht des Eisens soll 7,77 angenommen werden, soweit keine genauere Bestimmung vorliegt.
5. In Zweifelsfällen gilt Untersuchung durch die Physikalisch-Technische Reichsanstalt, und zwar, soweit keine gegenteiligen Bestimmungen vorliegen, bei einer Eisentemperatur von ca. 30° C als maßgebend.
6. Unter „Alterungskoëffizient" soll die prozentuale Änderung der Verlustziffer nach 600 Stunden Erwärmung auf 100° C verstanden werden.

Ausführungsbestimmungen.

Zur Ausführung der Messung geeignet sind die Apparate nach Epstein, Möllinger und Richter. Es wird empfohlen, bei Garantiebestimmungen die Verlustziffer auf einen dieser Apparate zu beziehen. Wegen der Einzelheiten wird auf die Veröffentlichungen der Herren Epstein[*), Gumlich[**), Möllinger[***) und Richter[†) verwiesen.

[*) ETZ 1900. S. 303.
[**) ETZ 1905. S. 403.
[***) ETZ 1901. S. 379.
[†) ETZ 1902. S. 491; 1903. S. 341.

Normalien für Bewertung und Prüfung von elektrischen Maschinen und Transformatoren.*)

Angenommen auf der Jahresversammlung des Verbandes Deutscher Elektrotechniker zu Mannheim im Jahre 1903. Veröffentlicht: ETZ 1903. S. 684.

Definitionen.

Generator oder Dynamo ist jede rotierende Maschine, die mechanische in elektrische Leistung verwandelt.

Motor ist jede rotierende Maschine, die elektrische in mechanische Leistung verwandelt.

Motorgenerator ist eine Doppelmaschine, bestehend in der direkten mechanischen Kuppelung eines Motors mit einem Generator.

Umformer ist eine Maschine, bei welcher die Umformung des Stromes in einem gemeinsamen Anker stattfindet.

Wird im folgenden das Wort elektrische Maschine oder Maschine schlechthin gebraucht, so ist darunter, je nach dem Zusammenhang, einer der vorgenannten Gegenstände zu verstehen.

Anker ist bei elektrischen Maschinen derjenige Teil, in welchem durch die Einwirkung eines magnetischen Feldes elektromotorische Kräfte erzeugt werden.

Transformator ist ein Apparat für Wechselströme ohne bewegte Teile zur Umwandlung elektrischer in elektrische Leistung.

Unter Spannung bei Drehstrom ist die verkettete effektive Spannung (Spannung zwischen je zwei der drei Hauptleitungen) zu verstehen.

Unter Sternspannung bei Drehstrom ist die Spannung zwischen dem Nullpunkt und je einem der drei Hauptleiter zu verstehen.

Unter Übersetzung bei Transformatoren ist das Verhältnis der Spannungen bei Leerlauf zu verstehen.

Unter Frequenz ist die Anzahl der vollen Perioden in der Sekunde zu verstehen.

Die für Wechselstrom gegebenen Vorschriften gelten sinngemäß auch für Mehrphasenstrom.

Allgemeine Bestimmungen.

§ 1. Die folgenden Bestimmungen gelten nur insofern, als sie nicht durch ausdrücklich vereinbarte Lieferungsbedingungen abgeändert werden.

Ausgenommen hiervon sind die Vorschriften über die Leistungsschilder (vgl. §§ 4, 5, 6), die immer erfüllt sein müssen.

Maschinen oder Transformatoren ohne Leistungsschild oder mit einem anderen als dem weiter unten vorgeschriebenen Leistungsschild werden als diesen Normalien nicht entsprechend angesehen.

Leistung.

§ 2. Als Leistung gilt bei allen Maschinen und Transformatoren die abgegebene. Dieselbe ist anzugeben bei Gleichstrom in Kilowatt (KW), bei Wechselstrom in Kilowatt mit Angabe des Leistungsfaktors. Bei Abgabe von mechanischer Leistung ist dieselbe in Pferdestärken (PS) anzugeben.

Außerdem sind anzugeben auf dem Leistungsschild (vgl. §§ 4, 5, 6) oder auf einem besonderen Schild zu verzeichnen die normalen Werte von Tourenzahl bezw. Frequenz, Spannung und Stromstärke.

§ 3. In bezug auf die Leistung sind folgende Betriebsarten zu unterscheiden:
a) der intermittierende Betrieb, bei dem nach Minuten zählende Arbeitsperioden und Ruhepausen abwechseln (zB. Motoren für Krane, Aufzüge, Straßenbahnen u. dgl.);
b) der kurzzeitige Betrieb, bei dem die Arbeitsperiode kürzer ist als nötig, um die Endtemperatur zu erreichen, und die Ruhepause lang genug, damit die Temperatur wieder annähernd auf die Lufttemperatur sinken kann;
c) der Dauerbetrieb, bei dem die Arbeitsperiode so lang ist, daß die Endtemperatur erreicht wird.

§ 4. Als normale Leistung von Maschinen und Transformatoren für intermittierende Betriebe ist die Leistung zu verstehen und anzugeben, welche ohne Unterbrechung eine Stunde lang abgegeben werden kann, ohne daß die Temperaturzunahme den weiter unten als zulässig bezeichneten Wert überschreitet. Diese Leistung ist auf einem Schild unter der Bezeichnung „intermittierend" anzugeben.

§ 5. Als normale Leistung von Maschinen und Transformatoren für kurzzeitigen Betrieb ist die Leistung zu verstehen, und anzugeben, welche während der vereinbarten Betriebszeit abgegeben werden kann, ohne daß die Temperaturzunahme

---

*) Erläuterungen hierzu von G. Dettmar. Verlag von Julius Springer, Berlin.

den weiter unten als zulässig bezeichneten Wert überschreitet. Diese Leistung ist unter der Bezeichnung „für . . . St." auf einem Schild anzugeben.

§ 6. Als normale Leistung von Maschinen und Transformatoren für Dauerbetrieb ist die Leistung zu verstehen und anzugeben, welche während beliebig langer Zeit abgegeben werden kann, ohne daß die Temperaturzunahme den weiter unten als zulässig angegebenen Wert überschreitet. Diese Leistung ist auf einem Schild unter der Bezeichnung „dauernd" anzugeben.

§ 7. Die gleichzeitige Angabe der Leistung für verschiedene Betriebsarten ist zulässig.

§ 8. Bei Generatoren und Umformern mit veränderlicher Spannung genügt die Verzeichnung der normalen Werte von Spannung, Stromstärke und Tourenzahl auf dem Schild; die zusammengehörigen Grenzwerte müssen jedoch in den Lieferungsbedingungen angegeben werden.

§ 9. Maschinen mit Kollektor müssen bei jeder Belastung innerhalb der zulässigen Grenzen bei günstigster Bürstenstellung und eingelaufenen Bürsten soweit funkenfrei laufen, daß ein Behandeln des Kollektors mit Glaspapier oder dgl. höchstens nach je 24 Betriebsstunden erforderlich ist.

Temperaturzunahme.

§ 10. Die Temperaturzunahme von Maschinen und Transformatoren ist bei normaler Leistung und unter Berücksichtigung der oben definierten Betriebsarten zu messen, nämlich:

1. bei intermittierenden Betrieben nach Ablauf eines ununterbrochenen Betriebes von einer Stunde;
2. bei kurzzeitigen Betrieben nach Ablauf eines ununterbrochenen Betriebes während der auf dem Leistungsschild verzeichneten Betriebszeit;
3. bei Dauerbetrieben:
   a) bei Maschinen nach Ablauf von zehn Stunden;
   b) bei Transformatoren nach Ablauf jener Betriebszeit, welche nötig ist, um die stationäre Temperatur zu erreichen.

§ 11. Sofern für kleinere Maschinen unzweifelhaft feststeht, daß die stationäre Temperatur in weniger als zehn Stunden erreicht wird, so kann die Temperaturzunahme nach entsprechend kürzerer Zeit gemessen werden.

§ 12. Bei der Prüfung auf Temperaturzunahme dürfen die betriebsmäßig vorgesehenen Umhüllungen, Abdeckungen, Ummantelungen usw. von Maschinen und Transformatoren nicht entfernt, geöffnet oder erheblich verändert werden. Eine etwa durch den praktischen Betrieb hervorgerufene und bei der Konstruktion in Rechnung gezogene Kühlung kann im allgemeinen bei der Prüfung nachgeahmt werden, jedoch ist es nicht zulässig, bei Straßenbahnmotoren den durch die Fahrt erzeugten Luftzug bei der Prüfung künstlich herzustellen.

§ 13. Als Lufttemperatur gilt jene der zuströmenden Luft oder, wenn keine entschiedene Luftströmung bemerkbar ist, die mittlere Temperatur für die Maschine umgebenden Luft in Höhe der Maschinenmitte, wobei in beiden Fällen in etwa 1 m Entfernung von der Maschine zu messen ist. Die Lufttemperatur ist während des letzten Viertels der Versuchszeit in regelmäßigen Zeitabschnitten zu messen und daraus der Mittelwert zu nehmen.

§ 14. Wird ein Thermometer zur Messung der Temperatur verwendet, so muß eine möglichst gute Wärmeleitung zwischen diesem und dem zu messenden Maschinenteil herbeigeführt werden, z. B. durch Stanniolumhüllung. Zur Vermeidung von Wärmeverlusten wird die Kugel des Thermometers und die Meßstelle außerdem mit einem schlechten Wärmeleiter (trockener Putzwolle u. dgl.) überdeckt. Die Ablesung findet erst statt, nachdem das Thermometer nicht mehr steigt.

§ 15. Mit Ausnahme der mit Gleichstrom erregten Feldspulen und aller ruhenden Wicklungen werden alle Teile der Generatoren und Motoren mittels Thermometer auf ihre Temperaturzunahme untersucht.

Bei thermometrischen Messungen sind, soweit wie möglich, jeweilig die Punkte höchster Temperatur zu ermitteln, und die dort gemessenen Temperaturen sind maßgebend.

§ 16. Die Temperatur der mit Gleichstrom erregten Feldspulen und aller ruhenden Wicklungen bei Generatoren und Motoren ist aus der Widerstandszunahme zu bestimmen. Dabei ist, wenn der Temperaturkoeffizient des Kupfers nicht für jeden Fall besonders bestimmt wird, dieser Koeffizient als 0,004 anzunehmen.

§ 17. Bei Transformatoren wird die höchste an irgend einem Punkte vorkommende Temperatur der Wicklungen durch Thermometer gemessen. Bei Öltransformatoren wird die Temperatur der oberen Ölschichten gemessen.

§ 18. In gewöhnlichen Fällen und insofern die Lufttemperatur 35⁰ C nicht übersteigt, darf die nach §§ 15 bis 17 ermittelte Temperatur-Zunahme folgende Werte nicht übersteigen:

a) an isolierten Wickelungen und Schleifringen
bei Baumwollisolierung . . . . 50⁰ C.
„ Papierisolierung . . . . 60⁰ C.
„ Isolierung durch Glimmer, Asbest und deren Präparate. . . . 80⁰ C.
Für ruhende Wickelungen sind um 10⁰ C höhere Werte zulässig.
b) an Kollektoren . . . . 60⁰ C.
c) an Eisen von Generatoren und Motoren, in das Wickelungen eingebettet
sind, je nach der Isolierung der Wickelung die Werte unter a.

§ 19. Bei Straßenbahnmotoren darf die nach §§ 15 und 16 nach einstündigem ununterbrochenem Betriebe mit normaler Belastung im Versuchsraum ermittelte
Temperatur-Zunahme folgende Werte nicht übersteigen:
a) an isolierten Wickelungen und Schleifringen
bei Baumwollisolierung . . . . 70⁰ C.
„ Papierisolierung . . . . 80⁰ C.
„ Isolierung durch Glimmer, Asbest und deren Präparate . . . . 100⁰ C.
Eine Erhöhung dieser Grenzen für ruhende Wickelungen ist nicht zulässig.
b) an Kollektoren . . . . 80⁰ C.
c) an Eisen, in das Wickelungen eingebettet sind, je nach der Isolierung der
Wickelung die Werte unter a.

§ 20. Bei kombinierten Isolierungen gilt die untere Grenze.

§ 21. Bei dauernd kurzgeschlossenen Wickelungen können vorstehende Grenzwerte überschritten werden.

Überlastung.

§ 22. Im praktischen Betriebe sollen Überlastungen nur so kurze Zeit oder
bei solchem Temperaturzustand der Maschinen und Transformatoren vorkommen,
daß die zulässige Temperaturzunahme dadurch nicht überschritten wird. Mit dieser
Einschränkung müssen Maschinen und Transformatoren in den folgenden Grenzen
überlastungsfähig sein:

Generatoren ⎱ 25 % während ¹/₂ Stunde, wobei bei Wechselstromgeneratoren
Motoren ⎰ der Leistungsfaktor nicht unter dem auf dem Schilde verzeichneten
Umformer   Werte anzunehmen ist.

Motoren ⎱ 40 % während 3 Minuten, wobei für Motoren die normale
Umformer ⎰ Klemmenspannung einzuhalten ist.
Transformatoren

Der Kollektor der Gleichstrommaschinen und Umformer darf hierbei nicht so
stark angegriffen werden, daß der Gang bei normaler Leistüng dem § 9 nicht mehr
genügt.

In bezug auf mechanische Festigkeit müssen Maschinen, die betriebsmäßig
mit annähernd konstanter Tourenzahl arbeiten, leerlaufend eine um 15 % erhöhte
Tourenzahl unerregt und vollerregt 5 Minuten lang aushalten.

§ 23. Generatoren müssen bei konstanter Tourenzahl die Spannung bis zu
15 % Überlastung konstant halten können, wobei der Leitungsfaktor bei Wechselstromgeneratoren nicht unter dem auf dem Schilde verzeichneten Werte anzunehmen ist.

§ 24. Die Prüfung soll die mechanische und elektrische Überlastungsfähigkeit ohne Rücksicht auf Erwärmung feststellen und deshalb bei solcher Temperatur
beginnen, daß die zulässige Temperaturzunahme nicht überschritten wird.

§ 25. Diese Vorschriften gelten auch für Generatoren mit veränderlicher
Spannung, bei denen die Spannungsänderung durch annähernd proportionale
Änderung der Tourenzahl erreicht wird. Bei Generatoren mit annähernd konstanter
Tourenzahl (so daß sie bei normaler Spannung mit abgeschwächtem Felde arbeiten)
ist von einer Überlastungsprobe abzusehen. Das gleiche gilt von Motoren, wenn
sie mit abgeschwächtem Felde arbeiten.

Isolation.

§ 26. Die Messung des Isolationswiderstandes wird nicht vorgeschrieben,
wohl aber eine Prüfung auf Isolierfestigkeit (Durchschlagsprobe), welche am Er-
zeugungsort, bei größeren Objekten auch vor Inbetriebsetzung am Aufstellungsort
vorzunehmen ist. Maschinen und Transformatoren müssen imstande sein, eine solche
Probe mit einer in nachfolgendem festgesetzten höheren Spannung, als die normale
Betriebsspannung beträgt, ¹/₂ Stunde lang auszuhalten. Die Prüfung ist bei warmem
Zustande der Maschine vorzunehmen und später nur ausnahmsweise zu wiederholen,
damit die Gefahr einer späteren Beschädigung vermieden wird.

Maschinen und Transformatoren bis 5000 V sollen mit der doppelten Betriebsspannung, jedoch nicht mit weniger als 100 V geprüft werden. Maschinen und

Transformatoren von 5000 bis 10000 V sind mit 5000 V Überspannung zu prüfen. Von 10000 V an beträgt die Prüfspannung das Eineinhalbfache der Betriebsspannung.

§ 27. Diese Prüfspannungen beziehen sich auf Isolation von Wickelungen gegen das Gestell, sowie bei elektrisch getrennten Wickelungen gegeneinander. Im letzteren Falle ist bei Wickelungen verschiedener Spannung immer die höchste sich ergebende Prüfspannung anzuwenden.

§ 28. Zwei elektrisch verbundene Wickelungen verschiedener Spannung sind gleichfalls mit der der Wickelung höchster Spannung entsprechenden Prüfspannung gegen Gestell zu prüfen.

§ 29. Sind Maschinen oder Transformatoren in Serie geschaltet, so sind, außer obiger Prüfung, die verbundenen Wickelungen mit einer der Spannung des ganzen Systems entsprechenden Prüfspannung gegen Erde zu prüfen.

§ 30. Obige Angaben über die Prüfspannung gelten unter der Annahme, daß die Prüfung mit gleicher Stromart vorgenommen wird, mit welcher die Wickelungen im Betriebe benutzt werden. Sollte dagegen eine betriebsmäßig von Gleichstrom durchflossene Wickelung mit Wechselstrom geprüft werden, so braucht nur der 0,7 fache Wert der vorgenannten Prüfspannung angewendet zu werden. Wird umgekehrt eine betriebsmäßig von Wechselstrom durchflossene Wickelung mit Gleichstrom geprüft, so muß die Prüfspannung 1,4 mal so hoch genommen werden, wie oben angegeben.

§ 31. Ist eine Wickelung betriebsmäßig mit dem Gestell leitend verbunden, so ist diese Verbindung für die Prüfung auf Isolierfestigkeit zu unterbrechen. Die Prüfspannung einer solchen Wickelung gegen Gestell richtet sich dann aber auch nur nach der größten Spannung, welche zwischen irgend einem Punkte der Wickelung und des Gestelles im Betriebe auftreten kann.

§ 32. Für Magnetspulen mit Fremderregung ist die Prüfspannung das Dreifache der Erregerspannung, jedoch mindestens 100 V.

Die Wickelung des Sekundärankers asynchroner Motoren ist mit der doppelten Anlaufspannung zu prüfen, jedoch mindestens mit 100 V. Kurzschlußanker brauchen nicht geprüft zu werden.

§ 33. Maschinen und Transformatoren sollen durch 5 Minuten eine um 30% erhöhte Betriebsspannung aushalten können.

Bei Maschinen darf die Überspannungsprobe mit einer Steigerung der Tourenzahl bis zu 15% verbunden werden, wobei jedoch nicht gleichzeitig eine Überlastung eintreten darf.

Diese Prüfung soll nur die Isolierfestigkeit feststellen und bei solcher Temperatur beginnen, daß die zulässige Temperaturzunahme nicht überschritten wird.

Wirkungsgrad.

§ 34. Der Wirkungsgrad ist das Verhältnis der abgegebenen zur zugeführten Leistung. Er kann durch direkte Messung der Leistungen oder indirekt durch Messung der Verluste bestimmt werden. Die indirekten Methoden sind leichter durchzuführen, durch Beobachtungsfehler weniger beeinflußt und aus diesen Gründen in der Regel vorzuziehen. Bei Angabe des Wirkungsgrades ist die Methode zu nennen, nach welcher er bestimmt werden soll, bezw. bestimmt wurde, wozu ein Hinweis auf den entsprechenden Paragraphen dieser Normalien genügt.

Die Angabe des Wirkungsgrades soll sich stets auf die dem normalen Betriebe entsprechende Erwärmung beziehen.

Der Wirkungsgrad ist unter Berücksichtigung der Betriebsart (vgl. §§ 4, 5, 6) anzugeben.

Wenn bei Wechselstrommotoren und Transformatoren nichts besonderes vereinbart ist, so braucht der angegebene Wirkungsgrad nur beim Anschluß an eine Stromquelle mit nahezu sinusförmiger EMK und, sofern Mehrphasensysteme in Betracht kommen, nur bei symmetrischen Systemen erreicht zu werden.

Der Wirkungsgrad ohne besondere Angabe der Belastung bezieht sich auf die normale Belastung.

Die für Felderregung nötige und im Feldrheostat verlorene Leistung ist als Verlust in Rechnung zu ziehen.

Wird künstliche Kühlung verwendet, so ist bei Angabe des Wirkungsgrades zu bemerken, ob die für die Kühlung erforderliche Leistung als Verlust mit in Rechnung gezogen ist. Fehlt eine derartige Bemerkung, so versteht sich der Wirkungsgrad mit Einschluß dieser Verluste.

§ 35. Für Generatoren, synchrone Motoren und Transformatoren ist der Wirkungsgrad unter Voraussetzung von Phasengleichheit zwischen Strom und Spannung anzugeben.

§ 36. Bei Maschinen mit besonderen Erregermaschinen ist der Wirkungsgrad beider Maschinen getrennt anzugeben.

942   Anhang.

Methoden zur Bestimmung des Wirkungsgrades.

§ 37. Die direkte elektrische Methode: Diese Methode kann angewendet werden bei Motorgeneratoren, Umformern und Transformatoren, indem man die abgegebene sowie zugeführte Leistung durch elektrische Messungen ermittelt. Zwecks Verwendung gleichartiger Meßinstrumente empfiehlt es sich bei dieser Methode, gleichartige Maschinen oder Transformatoren zu prüfen.

§ 38. Die indirekte elektrische Methode: Sind zwei Maschinen gleicher Leistung, Type und Stromart vorhanden, so werden sie mechanisch und elektrisch derart gekuppelt, daß die eine als Generator, die andere als Motor läuft. Der Betrieb des Systems erfolgt durch Stromzuführung von einer äußeren Stromquelle aus in der Weise, daß nur die zur Deckung der Verluste nötige Leistung zugeführt und gemessen wird. Der Betriebszustand der beiden Maschinen ist so einzuregulieren, daß der Mittelwert zwischen der dem Motor zugeführten und der vom Generator abgegebenen Leistung so nahe als möglich gleich ist der normalen Leistung der einzelnen Maschine. Dieser Mittelwert wird durch Messung bestimmt. Die zur Deckung der Verluste nötige Leistung kann auch mechanisch zugeführt und elektrisch gemessen werden. Ist bei diesen Messungen Riemenübertragung nicht zu vermeiden, so sind die dadurch verursachten Verluste entsprechend zu berücksichtigen.

Die vorstehend beschriebene Methode ist auch bei Transformatoren anwendbar, sofern dieselben in bezug auf Leistung, Spannung und Frequenz identisch sind. Der in etwaigen Hilfsapparaten entstehende Verlust ist sinngemäß zu berücksichtigen.

§ 39. Die direkte Bremsmethode: Diese Methode ist im allgemeinen bei kleineren Motoren brauchbar, kann aber für einen kleineren Generator, den sich als Motor betreiben läßt, auch verwendet werden, doch müssen dann die Verhältnisse so gewählt werden, daß die magnetische und mechanische Beanspruchung, Tourenzahl und Leistung während der Prüfung möglichst wenig von den entsprechenden Größen bei der Benutzung als Generator abweichen.

§ 40. Die indirekte Bremsmethode: Ist ein Generator bezw. Motor von entsprechender Leistung vorhanden, dessen Wirkungsgrad bei verschiedenen Belastungen genau bekannt ist, so kann dieser als Bremse bezw. als Antriebsmotor benutzt werden.

Wird hierbei eventl. eine Riemenübertragung verwendet, so ist der dadurch entstehende Verlust zu berücksichtigen.

§ 41. Leerlaufmethode: Bei Leerlauf als Motor wird der Verlust, welcher zum Betriebe der Maschine bei normaler Tourenzahl und Feldstärke in eingelaufenem Zustande auftritt, bestimmt. Dieser stellt den durch Luft-, Lager- oder Bürstenreibung, Hysteresis und Wirbelströme bedingten Verlust dar, dessen Änderung mit der Belastung nicht berücksichtigt wird. Durch elektrische Messungen und Umrechnungen wird der Verlust durch Stromwärme in Feld-, Anker-, Bürsten- und Übergangswiderstand bei entsprechender Belastung ermittelt, wobei bezüglich des letzteren auf die Bewegung und die nötige Stromstärke, bezüglich der ersteren auf den warmen Zustand der Maschine Rücksicht zu nehmen ist. Bei asynchronen Motoren können die Verluste im Sekundäranker anstatt durch Widerstandsmessungen durch Messung der Schlüpfung bestimmt werden. Ein etwaiger bei normalem Betriebe in einem Vorschaltwiderstand für die Feldwicklung auftretender Verlust ist mit in Rechnung zu ziehen. Diese Methode ist auch sinngemäß für Transformatoren verwendbar.

Die Summe der vorstehend erwähnten Verluste wird als „meßbarer Verlust" bezeichnet. Als Wirkungsgrad wird angesehen das Verhältnis der Leistung zur Summe von Leistung und „meßbarem Verlust".

§ 42. Hilfsmotormethode: Stellen sich der direkten Ermittelung des Verlustes für Luft-, Lager- und Bürstenreibung, sowie Hysteresis und Wirbelströme in gewissen Fällen Schwierigkeiten entgegen, oder ist eine gleichartige Stromquelle, wie die zu untersuchende Maschine nötig hat, nicht vorhanden, so kann der Verlust für Luft- und Lagerreibung, sowie Hysteresis und Wirbelströme durch einen Hilfsmotor festgestellt werden. Die Feststellung des Verlustes für Luft-, Lager- und Bürstenreibung, sowie Hysteresis und Wirbelströme der zu untersuchenden Maschine hat dann dadurch zu geschehen, daß man die dem antreibenden Motor zugeführte Leistung bei normaler Erregung der zu untersuchenden Maschine feststellt und davon im Hilfsmotor sowie die in der Riemenübertragung entstehenden Verluste abzieht. Die Verluste im Hilfsmotor sind durch Leerlauf des Hilfsmotors bei gleicher Tourenzahl und Spannung wie während des ersten Versuches festzustellen, sowie durch die Belastung hinzukommende Verluste in Feld-, Anker-, Bürsten- und Übergangswiderstand durch elektrische Messungen entsprechend den Angaben unter § 41 zu bestimmen. Im übrigen ist bezüglich der zu untersuchenden Maschine genau wie in § 41 zu verfahren und ist auch der Wirkungsgrad in gleicher Weise definiert.

Als Hilfsmotor kann auch die Antriebsdampfmaschine verwendet werden, wenn sie von der Dynamo abkuppelbar ist. Die Ermittelung muß dann in der Weise vorgenommen werden, daß zuerst die Dampfmaschine einschließlich unbelastetem Generator mit normaler Tourenzahl und Erregung und dann, wieder nachdem die Kuppelung gelöst ist, die Dampfmaschine allein indiziert wird. Die Differenz zwischen beiden ist als Leerlaufsverlust für Luft-, Lager- und Bürstenreibung, sowie für Hysteresis und Wirbelströme zu betrachten, wobei auf etwaige gleichzeitig von der Dampfmaschine erzeugte Erregung Rücksicht zu nehmen ist. Wegen der den Leerlaufdiagrammen anhaftenden Ungenauigkeit ist diese Methode mit besonderer Vorsicht zu verwenden.

§ 43. Indikatormethode: Wird der Generator durch eine Dampfmaschine direkt angetrieben und ist er nicht abkuppelbar, so ist der Wirkungsgrad ohne Rücksicht auf Reibung zu bestimmen. Die bei Leerlauf auftretenden Hysteresis- und Wirbelstromverluste sind bei normaler Tourenzahl und Klemmenspannung mit Indikatordiagrammen derart zu bestimmen, daß die Dampfmaschine bei erregtem und unerregtem Felde indiziert wird. Wird die Erregung von der gleichen Dampfmaschine geliefert, so ist die dafür benötigte Leistung in Abzug zu bringen. Die verbleibende Differenz wird als der durch Hysteresis und Wirbelstrom bei Leerlauf erzeugte Verlust angesehen, dessen Änderung bei der Belastung nicht berücksichtigt wird. Durch elektrische Messungen und Umrechnungen wird der Verlust durch Stromwärme in Feld, Anker, Bürsten und deren Übergangswiderstand bei Belastung ermittelt, wobei bezüglich des letzteren auf die Bewegung und die richtige Stromstärke, bezüglich der ersteren auf den warmen Zustand der Maschine Rücksicht zu nehmen ist. Ein etwaiger bei normalem Betriebe in einem Vorschaltwiderstand für die Feldwicklung auftretender Verlust ist mit in Rechnung zu ziehen. Die Summe der vorstehend erwähnten Verluste wird als „meßbarer Verlust" bezeichnet. Als Wirkungsgrad wird das Verhältnis der Leistung zur Summe von Leistung und „meßbarem Verlust" angesehen. Wegen der den Leerlaufdiagrammen anhaftenden Ungenauigkeit ist diese Methode mit besonderer Vorsicht zu verwenden.

§ 44. Trennungsmethode: Bei Maschinen, die unter Benutzung von fremden Lagern arbeiten können, ist der Wirkungsgrad ohne Rücksicht auf Reibung in folgender Weise zu bestimmen. Der Verlust für Hysteresis und Wirbelströme wird elektrisch festgestellt dadurch, daß die Maschine in ähnlicher Weise wie bei der Leerlaufsmethode, als Motor laufend, untersucht wird. Um den Verlust für Luft-, Lager- und Bürstenreibung von dem Verlust für Hysteresis und Wirbelströme trennen zu können, ist in folgender Weise zu verfahren: Die Maschine muß bei mehreren verschiedenen Spannungen mit normaler Tourenzahl in eingelaufenem Zustande untersucht werden, und zwar soll man mit der Spannung soweit wie möglich nach unten gehen, jedoch auch Beobachtungswerte bei normaler Spannung und wenn möglich bei 25% höherer Spannung aufnehmen. Diese Beobachtungswerte sind graphisch aufzutragen, und es ist die erhaltene Kurve so zu verlängern, daß der bei der Spannung „null" auftretende Verlust ermittelt werden kann. Dieser Wert gibt den Reibungsverlust an und ist von dem bei normaler Spannung beobachteten Leerlaufsverlust in Abzug zu bringen. Der Rest ist als Verlust für Hysteresis und Wirbelströme anzusehen, dessen Änderung mit der Belastung nicht berücksichtigt wird. Die übrigen Verluste sind entsprechend § 41 elektrisch zu ermitteln. Die Summe von Hysteresis- und Wirbelstromverlust, sowie die Verluste durch Stromwärme in Feld, Anker, Bürsten und deren Übergangswiderstand bei Belastung werden als „meßbarer Verlust" bezeichnet, und wird als der Wirkungsgrad das Verhältnis der Leistung zur Summe von Leistung und „meßbarem Verlust" angesehen.

Die Ermittelung des Hysteresis- und Wirbelstromverlustes kann auch mittels Hilfsmotors vorgenommen werden.

Spannungsänderung.

§ 45. Unter Spannungsänderung des Wechselstromgenerators ist die Änderung der Spannung zu verstehen, welche eintritt, wenn man bei normaler Klemmenspannung den höchsten auf dem Leistungsschild verzeichneten Ankerstrom abschaltet, ohne Tourenzahl und ohne Erregerstrom zu ändern.

§ 46. Bei Maschinen, welche nur für induktionslose Belastung bestimmt sind, genügt die Angabe der Spannungsänderung für letztere. Bei Maschinen, welche für induktive Belastung bestimmt sind, ist außer der Spannungsänderung für induktionslose Belastung noch die Spannungsänderung anzugeben bei einer induktiven Belastung, deren Leistungsfaktor 0,8 ist. Die Angabe der Spannungsänderung für einen anderen Leistungsfaktor ist außerdem zulässig.

§ 47. Sollen Gleichstrommaschinen auf Spannungsänderung geprüft werden, so gilt folgendes: Gleichstrommaschinen mit Nebenschlußerregung, mit gemischter Erregung und mit Fremderregung werden ohne Nachregulierung der Erregung von Vollbelastung bei normaler Spannung bis hinab auf Leerlauf bei gleichbleibender normaler Tourenzahl in wenigstens vier annähernd gleichen Abstufungen der Belastung geprüft. Der Unterschied zwischen der größten und der kleinsten beobachteten Spannung gilt als Spannungsänderung. Bezüglich Verstellung der Bürsten gilt das für den Betrieb Vereinbarte.

§ 48. Bei Transformatoren ist sowohl der Ohmsche Spannungsverlust als auch die Kurzschlußspannung bei normaler Stromstärke anzugeben, beides auf den Sekundärkreis bezogen. Der Ohmsche Spannungsverlust gilt als Spannungsänderung bei induktionsloser Belastung, die Kurzschlußspannung als Spannungsänderung bei induktiver Belastung.

Es ist zulässig, den Versuch bei einer von der normalen nicht allzusehr abweichenden Stromstärke zu machen; die Spannungsänderungen müssen dann aber auf normale Stromstärke proportional umgerechnet werden.

Anhang.

Es empfiehlt sich, bei Neuanlagen und in Preislisten die folgenden Werte für Frequenz, Tourenzahl und Spannung möglichst zu berücksichtigen.

Die Frequenz soll 25 oder 50 sein.

Die Tourenzahl bei Wechselstrom- und Drehstrommaschinen soll nach folgender Tabelle abgestuft werden.

Polzahl	Tourenzahl des Generators, Synchronmotors oder leerlaufenden Asynchronmotors bei Frequenzen von		Polzahl	Tourenzahl des Generators, Synchronmotors oder leerlaufenden Asynchronmotors bei Frequenzen von	
	25	50		25	50
2	1500	3000	28	107	214
4	750	1500	32	94	187,5
6	500	1000	36	83	166
8	375	750	40	75	150
10	300	600	48	—	125
12	250	500	56	—	107
16	187,5	375	64	—	94
20	150	300	72	—	83
24	125	250	80	—	75

Die Spannung soll folgenden Tabellen entsprechen:

a) Gleichstrom.

Motor	Generator
110 V	115 V
220 „	230 „
440 „	470 „
500 „	550 „

b) Wechselstrom bezw. Drehstrom.

Motor oder Primärklemmen des Transformators	Generator oder Sekundärklemmen des Transformators
110 V	115 V
220 „	230 „
500 „	525 „
1000 „	1050 „
2000 „	2100 „
3000 „	3150 „
5000 „	5250 „

Bei Gleichstromgeneratoren für veränderliche Spannung (mit Ausnahme von Zusatzmaschinen) soll folgendes gelten:

a) für Spannungserhöhung.

Wenn ein und derselbe Gleichstromgenerator bei konstanter Tourenzahl eine erhöhte Spannung geben soll, so kann dies durch Verstärkung der Erregung geschehen, sofern dabei die Leistung nicht erhöht wird. Im allgemeinen ist die so erzielte Erhöhung der Spannung nicht weiter als um 30 % von der Normalspannung auszudehnen. Weitere Erhöhung der Spannung ist durch Steigerung der Tourenzahl zu bewirken.

b) Für Spannungserniedrigung.

Wenn ein und derselbe Gleichstromgenerator bei konstanter Tourenzahl eine erniedrigte Spannung geben soll, so kann dies durch Schwächung der Erregung geschehen, sofern dabei die Leistung im gleichen Verhältnis wie die Spannung vermindert wird. Im allgemeinen ist die so erzielte Verminderung der Spannung nicht weiter als um 20 % von der Normalspannung auszudehnen. Eine weitergehende Verminderung der Spannung ist durch Herabsetzung der Tourenzahl zu bewirken.

c) Für Erhöhung und Erniedrigung der Spannung in ein und derselben Maschine.

Wenn ein und derselbe Gleichstromgenerator bei konstanter Tourenzahl eine geringere und zeitweise auch eine höhere Spannung als die normale Spannung abgeben soll, so kann dies durch Veränderung der Erregung geschehen, sofern bei der höheren Spannung die Leistung und bei der niederen Spannung die Stromstärke nicht erhöht wird und die Differenz zwischen höchster und niedrigster Spannung 45 % der letzteren nicht überschreitet. Eine weitergehende Veränderung der Spannung ist durch Änderung der Tourenzahl zu erzielen.

Wird ein Gleichstromgenerator für veränderliche Spannung verlangt, so muß diese Bedingung in der Bestellung besonders zum Ausdruck kommen.

Normalien für die Verwendung von Elektrizität auf Schiffen.

Angenommen auf der Jahresversammlung des Verbandes Deutscher Elektrotechniker zu Kassel im Jahre 1904. Veröffentlicht: ETZ 1904 S. 686.

Als normale Stromart an Bord von Schiffen gilt Gleichstrom, als normale Spannung 110 V an den Verbrauchsstellen unter Verwendung des Zweileitersystems.

I. Begründung für die Empfehlung des Gleichstromes.

1. Die Gleichstrommotoren sind nach dem heutigen Stande der Elektrotechnik infolge ihrer besseren Regulierfähigkeit gerade für die Kraftanlagen an Bord von Schiffen geeigneter.

2. In bezug auf Lebensgefahr ist der Gleichstrom weniger gefährlich als Wechselstrom von gleicher effektiver Spannung.

3. Die Kriegsmarine ist schon wegen ihrer Scheinwerfer auf Gleichstrom angewiesen. Eine einheitliche Stromart für Kriegs- und Handelsmarine liegt nicht nur im Interesse der Schiffahrt, sondern auch im Interesse der elektrotechnischen Industrie und erfordert daher eine Berücksichtigung dieses Umstandes, der für die Handelsschiffe vielleicht nicht so ins Gewicht fällt.

4. Das Kabelnetz wird bei dem für Kraftanlagen augenblicklich nur in Frage kommenden Drehstrom unübersichtlicher. Da die drei Leitungen wegen ihrer Induktionswirkungen in einem Kabel verlegt werden müssen, ist dieses, namentlich für größere Motoren, seines Querschnittes wegen sehr schwer zu verlegen. Auch sind Abzweigungen schwierig anzuführen.

5. Bei den Handelsschiffen überwiegt im allgemeinen der Strombedarf für Beleuchtung.

6. Der bisher meistens für Wechselstrom angeführte Vorteil der Nichtbeeinflussung der Kompasse fällt weniger ins Gewicht, da sich diese Beeinflussung auch bei Gleichstrom durch richtige Verlegung der Kabel, sowie Bau und Aufstellung der Motoren vermeiden läßt.

II. Begründung für die Empfehlung der Spannung von 110 V.

1. Die Spannung ist eine auch in Landanlagen gebräuchliche; Lampen, Motoren und Apparate für diese Spannung sind daher vorrätig.

2. Die Spannung stellt einen Wert dar, bis zu welchem man nach den bisherigen Erfahrungen im Interesse der an Bord sehr schwierigen Isolation unbedenklich gehen kann. Als Mindestgrenze gewährleistet sie eine hinreichende Verminderung des Leitungsquerschnitts.

Empfehlenswerte Maßnahmen bei Bränden.

Angenommen auf der Jahresversammlung des Verbandes Deutscher Elektrotechniker in Dortmund-Essen im Jahre 1905. Veröffentlicht: ETZ 1905 S. 720.

Bei ausbrechenden Bränden sind an den elektrischen Installationen in den vom Brande betroffenen oder bedrohten Räumen folgende Maßnahmen zu empfehlen:*)

A. Betriebsanlagen.

1. In vom Feuer betroffenen oder unmittelbar bedrohten elektrischen Betriebsanlagen ist der Betrieb nur im äußersten Notfall und womöglich nur durch das Betriebspersonal einzustellen. Das Eingreifen von Personen, die mit dem betreffenden Betriebe nicht vertraut sind, ist tunlichst zu vermeiden.

2. Die Maschinen und Apparate sind soweit als möglich vor Löschwasser zu schützen. Empfehlenswerte Löschmittel für Maschinen und Apparate sind trockener Sand, Kohlensäure und ähnliche nicht leitende und nicht brennbare Stoffe.

B. Installationen.

1. Die Lampen in den vom Feuer betroffenen oder bedrohten Räumen sind — auch bei Tage — einzuschalten. Sie leuchten im Gegensatze zu allen anderen Beleuchtungsmitteln auch in raucherfüllten Räumen weiter und sind daher zur Erleichterung von Rettungsarbeiten unentbehrlich. Die Leitungen dürfen daher nicht abgeschaltet werden.

2. Vom Feuer bedrohte Elektromotorenbetriebe sind, falls erforderlich, durch die damit betrauten Personen auszuschalten. Das Eingreifen von Personen, die mit den betreffenden Betrieben nicht vertraut sind, ist tunlichst zu vermeiden.

3. Die Lösch- und Rettungsarbeiten der Feuerwehr sind im übrigen ohne Rücksicht auf die elektrischen Installationen vorzunehmen. Nur soll das Bespritzen von elektrischen Apparaten, Schalttafeln, Sicherungen, nach Möglichkeit vermieden und kein Leitungsdraht ohne zwingenden Grund durchhauen werden.

4. Sämtliche Einrichtungen, welche zum Anschlusse eines Elektrizitätswerkes gehören, wie Verteilungskästen, Elektrizitätszähler, Transformatoren, sind von der Feuerwehr tunlichst unberührt zu lassen und deren Bespritzen mit Wasser ist zu vermeiden. Empfehlenswerte Löschmittel siehe A 2.

5. Beamte der Elektrizitätswerke, welche sich als solche legitimieren, erhalten Zutritt zur Brandstelle, um, wenn nötig, Transformatoren und deren Zubehör, sowie andere dem Elektrizitätswerke gehörige Teile stromlos zu machen. Den Anordnungen des Leiters der Feuerwehr auf der Brandstelle ist Folge zu leisten. Wenn an der Brandstelle Gefahr für die Beschädigung von Transformatoren oder deren Zuleitungen vorliegt, wird seitens der Feuerwehr der Betriebsdirektion des Elektrizitätswerkes auf dem schnellsten Wege Nachricht gegeben.

Empfehlenswerte Maßnahmen nach dem Brande.

Nach Beendigung der Löscharbeiten sind die vom Brande betroffenen Teile der Anlage zunächst vollständig abzuschalten. Sie dürfen nicht eher wieder in endgültige Benutzung genommen werden, als bis sie den Sicherheitsvorschriften entsprechen.

Vorschriften über die Herstellung und Unterhaltung von Holzgestängen für elektrische Starkstromanlagen.

Angenommen auf der Jahresversammlung des Verbandes Deutscher Elektrotechniker zu Mannheim im Jahre 1903. Veröffentlicht: ETZ 1903 S. 682.

1. Stangen mit geringerer Zopfstärke als 15 cm sind nur für Niederspannung bis 250 V gegen Erde zulässig. Stangen für Hochspannung müssen mindestens 18 cm Zopfstärke haben.

2. Die Stangen sind je nach der Bodengattung und Länge entsprechend tief einzugraben (im mittleren Boden je nach ihrer Länge auf eine Tiefe von in der Regel mindestens 1,5 bis 2,5 m), gut zu verrammen (in weichem Boden einzubetonieren) und in allen Winkelpunkten zu verstärken, zu verankern oder zu verstreben. Wenn für die Aufstellung der Leitungstragstangen die Wahl der Straßenseite freisteht, so empfiehlt sich die Benutzung der Ostseite, weil dann die eventuell durch den am häufigsten auftretenden Weststurm umgeworfenen Stangen nicht auf die Straße fallen.

---

*) Diese Ratschläge beziehen sich nicht auf Freileitungen. Die an Freileitungen der Elektrizitätswerke in Brandfällen vorzunehmenden Maßregeln sind nach den speziellen Verhältnissen vom Elektrizitätswerke mit der Feuerwehr zu vereinbaren.

Bei Leitungen, welche heftigen Stürmen ausgesetzt sind, soll auch in geraden Strecken jede fünfte Stange mit Verankerungen derart versehen werden, daß ein Auffallen der Stangen auf die Verkehrswege infolge von Stangenbrüchen möglichst ausgeschlossen wird.

3. An den Stangen muß bezeichnet sein:

a) das Jahr der Aufstellung.

b) die fortlaufende Nummer, wobei zu beachten ist, daß bei benachbarten oder sich kreuzenden Leitungen sämtliche Stangen verschiedene Nummern haben müssen.

c) die Art der eventuellen Imprägnierung durch einen Buchstaben:

C — Kupfervitriol. Q — Quecksilberchlorid.

K — Kreosot.

4. Für die Standpunkte der Stangen dürfen in geraden Strecken nachfolgende Maximalabstände nicht überschritten werden.

Für Linien mit einem Gesamtquerschnitt der Leitungsdrähte und Schutzdrähte

a) von 100 bis 200 qmm 45 m,

b) von 200 bis 300 qmm 40 m,

c) darüber 35 m.

In Kurven, bei Kreuzungen mit andern elektrischen Leitungen, mit Eisenbahnen und bei Wegeüberführungen müssen die Stangenabstände den Umständen entsprechend geringer gewählt werden.

An Straßen- Wegeübergängen muß bei Hochspannungsleitungen anf jeder Seite der Straße eine Stange stehen, deren Umfallen auf die Straße durch Verankerung oder Verstrebung möglichst zu verhindern ist. Ist der Gesamtquerschnitt der Leitungen größer als 300 qmm, oder muß infolge besonderer Umstände, wie z. B. bei Flußübergängen zu größeren Stangenabständen, als oben angegeben, gegriffen werden, so sind entweder Stangen von stärkeren Dimensionen oder gekuppelte Stangen anzuwenden.

Normale Bedingungen für den Anschluß von Motoren an öffentliche Elektrizitätswerke.

Angenommen auf der Jahresversammlung des Verbandes Deutscher Elektrotechniker zu Stuttgart im Jahre 1906. Veröffentlicht ETZ 1906 S. 663.

§ 1. Allgemeines.

a) Die Motoren müssen den „Normalien für Bewertung und Prüfung von elektrischen Maschinen und Transformatoren" des Verbandes Deutscher Elektrotechniker (e. V.) entsprechen.

b) Außer den Angaben des § 2 der „Normalien usw." ist bei Ein- und Mehrphasenmotoren auf dem Leistungsschild der cos φ für Vollast anzugeben.

§ 2. Anmeldung.

a) Der Motor muß dem Elektrizitätswerk für eine bestimmte Leistung und Betriebsart (siehe § 7 der Maschinen-Normalien) gemeldet werden, die mit den betreffenden Angaben des Leistungsschildes übereinstimmen.

b) Bei der Anmeldung von Motoren über 1 PS Leistung ist anzugeben, ob der Motor für „geringen" oder „hohen" Anlaufstrom bestimmt ist (siehe Anmerkungen zu § 3—5).

c) Bei jeder Anmeldung von Motoren ist der Verwendungszweck anzugeben, insbesondere ob der Motor geringe oder hohe Anzugskraft entwickeln muß.

§ 3. Anlaufstrom von Gleichstrommotoren.

a) Beim betriebsmäßigen Anlauf des Motors sollen dem Netz nicht mehr Watt entnommen werden als:

Watt pro PS	bei Motoren			
3500	von	0,5	bis	1 PS
1500	über	1	„	2 „
1250	„	2	„	15 „
1000	„	15 PS		
2500	„	1	„	15 „
2200	„	15 PS		

} für geringen Anlaufstrom.

} für hohen Anlaufstrom.

Anmerkung: Die mit geringem Anlaufstrom erreichbare Anzugskraft entspricht in der Regel dem normalen Drehmoment bei Motoren von 1 bis 15 PS, ³/₄ des normalen Drehmomentes bei Motoren über 15 PS. Die mit hohem Anlaufstrom erreichbare Anzugskraft entspricht in der Regel dem zweifachen des normalen Drehmomentes.

§ 4. Anlaufstrom von Mehrphasenmotoren.

a) Beim betriebsmäßigen Anlauf des Motors sollen dem Netz nicht mehr Volt-Ampere entnommen werden als:

Volt-Ampere pro PS	bei Motoren				
3500	von	0,5	bis	1	PS
3000	über	1	„	1,5	„
2500	„	1,5	„	2	„
1600	„	2	„	5	„
1400	„	5	„	15	„
1000	„	15 PS			

für geringen Anlaufstrom.

3200	„	2	„	5	„
2900	„	5	„	15	„
2500	„	15 PS			

für hohen Anlaufstrom.

b) Unter Volt-Ampere ist das Produkt aus Stromstärke, Betriebsspannung und dem der Stromart entsprechenden Zahlenfaktor zu verstehen,

Anmerkung: Die mit geringem Anlaufstrom erreichbare Anzugskraft entspricht in der Regel dem normalen Drehmoment bei Motoren von 2 bis 15 PS, $^3/_4$ des normalen Drehmomentes bei Motoren über 15 PS. Die mit hohem Anlaufstrom erreichbare Anzugskraft entspricht in der Regel dem zweifachen des normalen Drehmomentes.

§ 5. Anlaufstrom von Einphasenmotoren.

a) Beim betriebsmäßigen Anlauf des Motors sollen dem Netz nicht mehr Volt-Ampere entnommen werden als:

Volt-Ampere pro PS	bei Motoren				
3500	von	0,5	bis	1	PS
3250	über	1	„	1,5	„
3000	„	1,5	„	2	„
2000	„	2	„	5	„
1500	„	5	„	15	„
1250	„	15 PS			

für geringen Anlaufstrom.

3500	„	2	„	5	„
3000	„	5	„	15	„
2500	„	15 PS			

für hohen Anlaufstrom.

b) Unter Volt-Ampere ist das Produkt aus Stromstärke und Betriebsspannung zu verstehen.

Anmerkung: Die mit geringem Anlaufstrom erreichbare Anzugskraft entspricht in der Regel bei gewöhnlichen Induktionsmotoren $^1/_4$ des normalen Drehmomentes, bei Kommutatormotoren dem normalen Drehmoment. Die mit hohem Anlaufstrom erreichbare Anzugskraft entspricht in der Regel bei gewöhnlichen Induktionsmotoren $^2/_3$ des normalen Drehmomentes, bei Kommutatormotoren dem zweifachen des normalen Drehmomentes.

§ 6. Leistungsfaktor von Mehrphasenmotoren.

Der Leistungsfaktor (cos φ) beim Betrieb mit Vollast soll betragen:
Nicht weniger als:

0,60	bei Motoren bis einschließlich			0,5	PS
0,65	„	„	„	1	„
0,70	„	„	„	1,5	„
0,75	„	„	„	5	„
0,77	„	„	„	10	„
0,80	„	„	„	15	„
0,82	„	„	„	20	„
0,85	„	„	„	„ über 20	„

§ 7. Leistungsfaktor von Einphasenmotoren.

Der Leistungsfaktor (cos φ) beim Betrieb mit Vollast soll betragen
Nicht weniger als:

0,60	bei Motoren bis einschließlich			0,5	PS
0,65	„	„	„	1	„
0,70	„	„	„	1,5	„
0,73	„	„	„	5	„
0,75	„	„	„	10	„
0,77	„	„	„	15	„
0,80	„	„	„	20	„
0,82	„	„	„	„ über 20	„

§ 8. Ausführung der Messungen.

a) Zur Messung des Anlaufstromes werden besondere Amperemeter mit verschiebbarem Zeiger empfohlen. Der Zeiger ist auf einen Wert, der etwa 5 % unter der zu messenden Stromstärke liegt, vorzuschieben. Hitzdrahtinstumente sind von der Verwendung ausgeschlossen.

b) Die Bestimmung des Leistungsfaktors geschieht durch gleichzeitige Volt-, Ampere- und Wattmessung bei Betrieb mit der auf dem Leistungsschild angegebenen normalen Stromstärke.

c) Die Messungen sind bei normaler Spannung durchzuführen, doch ist dabei eine Spannungsunterschreitung bis zu 5 % zulässig.

§ 9. Spezialmotoren.

Der Anschluß von Motoren, bei welchen technische Gründe der Einhaltung obiger Bestimmungen entgegenstehen, z. B. niedrige Tourenzahl der Einhaltung des Leistungsfaktors, außergewöhnlich hohe Anzugskraft der Einhaltung des Anlaufstromes usw., ist besonderer Vereinbarung unterworfen.

Sicherheitsvorschriften für elektrische Straßenbahnen und straßenbahnähnliche Kleinbahnen.

Angenommen auf der Jahresversammlung des Verbandes Deutscher Elektrotechniker zu Stuttgart im Jahre 1906. Veröffentlicht ETZ 1906 S. 798.

Die nachstehenden Vorschriften gelten für die Kraftwerke, Hilfswerke, Leitungsanlagen, Fahrzeuge und sonstigen Betriebsmittel von Straßenbahnen in Ortschaften und von straßenbahnähnlichen Kleinbahnen, deren Spannung 1000 Volt gegen Erde nicht übersteigt.

Erster Abschnitt.

Bauvorschriften.

A. Allgemeines.
§ 1. Pläne.

Für Pläne sind folgende Bezeichnungen anzuwenden:

× = Feste Glühlampe.

⚊×= Bewegliche Glühlampe.

⊗ 5 = Fester Lampenträger mit Lampenzahl (5).

⚊⊗3 = Beweglicher Lampenträger mit Lampenzahl (3).

Obige Zeichen gelten für Glühlampen jeder Kerzenstärke, sowie für Fassungen mit und ohne Hahn.

◎ 6 = Bogenlampe mit Angabe der Stromstärke (6 Amp.).

⟨⟩ = Generatoren oder Elektromotoren mit Angabe der Stromart, der höchstzulässigen Leistung in Kilowatt und der Spannung (zB. ⟨⟩ Drehstrom 100 KW 800 Volt).

⊣|⊢ = Akkumulatoren.

⟨⟩₆ = Einpoliger bezw. zweipoliger bezw. dreipoliger Ausschalter mit Angabe der höchstzulässigen Stromstärke (6 Amp.).

⊘ 3 = Umschalter dgl. (3 Amp.).

├— 10 = Sicherung mit Angabe der Normalstromstärke (10 Amp.).

⊠ 10 = Widerstand, Heizapparate u. dgl. mit Angabe der höchstzulässigen Stromstärke (10 Amp.).

⌇⊠ 10 = Desgl. abnehmbar angeschlossen.

⌇⌇ 7,5 · 5000/550 = Transformator mit Angabe der Leistung in Kilowatt und der beiden Spannungen. (7,5 KW 5000/550 Volt).

⌇ = Drosselspulen.

⌇ = Blitzschutzvorrichtungen und Uberspannungssicherungen.

→←← = Spannungssicherungen.

⌇ = Erdung.

↯ = Blitzpfeil.

M M = Zweileiter bezw. Dreileiter oder Drehstromzähler mit Angabe des Meßbereichs (5 bezw. 20 KW).

▬▬▬▬ = Zweileiterschalttafel.

▬▬▬▬ = Dreileiterschalttafel oder Schalttafel für mehrphasigen Wechselstrom.

▬ ▬ ▬ ▬ = Fahrleitung.

1×6 qmm = Einzelleitung von 6 qmm.

2×6 qmm = Hin- und Rückleitung von 6 qmm.

3×6 qmm = Drehstromleitung von 6 qmm.

2×10 qmm + 1×6 qmm = Dreileitersystem.

⎫
⎬ Bei Verwendung von Mehrfachleitungen ist die Linie zu strich-
⎭ punktieren.

↖ = Nach oben führende Steigleitung.

↘ = Nach unten führende Steigleitung.

⌇ = Steckvorrichtung.

●— = Holzmast.

● = Eisenmast.

☉ = Speisepunkt.

—< = Luftweiche.

(☐) = Abspannisolator.

▬█▬ = Streckenisolator.

☐ = Blanke Sammelschiene.

BC Blanker Kupferdraht.
BE Blanker Eisendraht.
GB Gummibandleitung (höchstens bis 250 Volt),
GA Gummiaderleitung.
MA Mehrfach-Gummiaderleitung.
PA Panzerader.
FA Fassungsader.
SA Gummiaderschnur.
PL Pendelschnur.
KB Blanke Bleikabel.
KA Asphaltierte Kabel.
KE Armierte asphaltierte Kabel.
(n) Schutznetz.
(e) Schutz durch Erdung.
(h) Schutz des Fahrdrahtes durch Holzleisten.
(d) Schutzdraht.

§ 2. **Erklärungen.**

a) Erdung. Einen Gegenstand erden, heißt, ihn mit der Erde derart leitend verbinden, daß er eine für unisoliert stehende Personen gefährliche Spannung nicht annehmen kann. (Erdung von Fahrzeugen siehe § 33.)

b) Feuersichere Gegenstände. Als feuersicher gilt ein Gegenstand, der nicht entzündet werden kann, oder der nach Entzündung nicht von selbst weiterbrennt.

c) **Freileitungen.** Als Freileitungen gelten alle oberirdischen Drahtleitungen außerhalb von Gebäuden, die weder metallische Umhüllung, noch Schutzverkleidung haben. Schutznetze, Schutzleisten und Schutzdrähte gelten nicht als Verkleidung.

d) **Elektrische Betriebsräume.** Als solche gelten außer den Kraft- und Hilfswerken auch abgeschlossene Betriebsstände in Fahrzeugen, die Prüffelder, sowie die Räume, in denen Fahrzeuge oder Apparate mit der Betriebsspannung untersucht werden, soweit diese Räume im regelmäßigen Betriebe nur unterwiesenem Personal zugänglich sind.

B. Beschaffenheit und Verlegung des zu verwendenden Materials.

§ 3. Erdung.

a) Der Querschnitt der Erdungsleitungen ist mit Rücksicht auf die zu erwartenden Erdschlußstromstärken zu bemessen. Die Erdungsleitungen müssen gegen mechanische und chemische Beschädigungen geschützt werden.

b) Es ist für möglichst geringen Erdungswiderstand Sorge zu tragen.

Zum Einlegen in die Erde dienen Platten, Drahtnetze, Gitterwerk u. dgl.

Für Blitzableiter, Schutznetze und Schutzdrähte dürfen die Geleise zur Erdung benutzt werden.

c) Die in einem Gebäude befindlichen Erdungsleitungen müssen sämtlich unter sich gut leitend verbunden sein.

d) Es ist unzulässig, Teile einer geerdeten Betriebsleitung durch Erde allein zu ersetzen.

e) Betreffend Erdung von Fahrzeugen siehe § 33.

Betreffend Schienenrückleitung siehe § 31.

§ 4. Übertritt von höherer Spannung.

Um den Übertritt von höherer Spannung in Stromkreise für niedrigere Spannung, sowie das Entstehen von höherer Spannung in letzteren zu verhindern bezw. ungefährlich zu machen, sind geeignete Vorrichtungen, zB. erdende oder kurzschließende oder abtrennende Sicherungen vorzusehen, oder es sind geeignete Punkte zu erden.

Isolier- und Befestigungskörper.

§ 5. Isolierstoffe.

a) Die Isolierstoffe sollen in solcher Stärke verwendet werden, daß sie bei der im Betrieb vorkommenden Erwärmung von einer Spannung, welche die Betriebsspannung um 1000 Volt überschreitet, nicht durchschlagen werden. Außerdem müssen die Isoliermittel derartig gestaltet und bemessen sein, daß ein merklicher Stromübergang über die Oberfläche (Oberflächenleitung) unter gewöhnlichen Verhältnissen nicht eintreten kann.

b) Wo Holz als Isolierstoff zulässig ist, muß es isolierend getränkt sein.

§ 6. Holzleisten und Krampen.

a) Holzleisten sind zur Verlegung von Leitungen unzulässig, Ausnahme siehe § 36 g.

b) Krampen sind nur zur Befestigung von betriebsmäßig geerdeten Leitungen zulässig, sofern dafür gesorgt wird, daß der Leiter durch die Art der Befestigung weder mechanisch, noch chemisch beschädigt wird.

§ 7. Isolierglocken, -Rollen und Ringe.

a) Isolierglocken, -Rollen und -Ringe müssen aus Porzellan oder gleichwertigem Stoffe bestehen. Ringe sind nur gestattet, wenn sie durch Form und Größe eine sichere Isolation verbürgen.

b) Die Glocken, Rollen und Ringe müssen so geformt sein, daß die an ihnen zu befestigenden Leitungen in genügendem Abstande von den Befestigungsflächen und voneinander gehalten werden können. (Vgl. § 24 a u. c.)

In jede Rille darf nur ein Draht gelegt werden.

§ 8. Befestigungsklemmen.

a) Befestigungsklemmen müssen, soweit sie nicht für Bleikabel, Fahrleitungen und Telephonschutz bestimmt sind, aus hartem Isolierstoff oder isoliertem Metall bestehen.

b) Sie müssen so geformt sein, daß die an ihnen zu befestigenden Leitungen in genügendem Abstande von den Befestigungsflächen und voneinander gehalten werden können (vgl. § 24 a und c) und daß die Isolierung nicht verletzt wird.

c) Sie müssen so ausgebildet oder angebracht sein, daß merkliche Oberflächenleitung ausgeschlossen ist.

§ 9. Fahrdrahtisolatoren.

Fahrdrahtisolatoren müssen so gebaut sein, daß sie den Draht sicher in seiner Lage halten.

§ 10. Rohre.

a) Bei Metall- und Isolierrohren, in denen Leitungen verlegt werden sollen, muß die lichte Weite, sowie die Anzahl und der Halbmesser der Krümmungen so gewählt sein, daß man die Drähte leicht einziehen kann.

b) Rohre, die für mehr als einen Draht bestimmt sind, müssen mindestens 11 mm lichte Weite haben.

c) Verbindungsdosen müssen genügend weit und so eingerichtet sein, daß jeder unzulässige Spannungs- oder Stromübergang ausgeschlossen ist.

d) Rohre dienen wesentlich als mechanischer Schutz; sie müssen dementsprechend aus widerstandsfähigem Stoffe von genügender Stärke bestehen. (Vgl. § 24 h.)

Leitungen.

§ 11. Beschaffenheit und Belastung der Leiter.

a) Isolierte Kupferleitungen und nicht unterirdisch verlegte Kabel aus Leitungskupfer dürfen im allgemeinen mit den in nachstehender Tabelle verzeichneten Stromstärken dauernd belastet werden.

Querschnitt in Quadratmillimetern	Stromstärke in Ampere	Querschnitt in Quadratmillimetern	Stromstärke in Ampere
0,75	4	95	165
1	6	120	200
1,5	10	150	235
2,5	15	185	275
4	20	240	330
6	30	310	400
10	40	400	500
16	60	500	600
25	80	625	700
35	90	800	850
50	100	1000	1000
70	130		

Blanke Kupferleitungen bis zu 50 qmm unterliegen gleichfalls den Vorschriften der vorstehenden Tabelle, blanke Kupferleitungen über 50 qmm und unter 1000 qmm Querschnitt können mit 2 Ampere für das Quadratmillimeter belastet werden.

Bei Freileitungen, Fahrstromleitungen und anderen intermittierenden Betrieben ist eine Erhöhung der Belastung über die Tabellenwerte zulässig, sofern dadurch keine Beeinträchtigung der Festigkeit oder gefährliche Erwärmung entsteht.

Beim Anschluß von Bogenlampen, Motoren und ähnlichen Stromverbrauchern mit wechselndem Stromverbrauch genügt es, sofern keine zuverlässigen Anhaltspunkte für die kurzzeitigen Stromstöße vorliegen, die $1\frac{1}{2}$fache der Normalstromstärke der Bemessung des Leitungsquerschnittes zugrunde zu legen.

b) Der geringste zulässige Querschnitt für isolierte Kupferleitung ist 1 qmm, an und in Beleuchtungskörpern 0,75 qmm. Der geringste zulässige Querschnitt von offen verlegten blanken Kupferleitungen in Gebäuden ist 4 qmm, bei Freileitungen 10 qmm.

c) Bei Verwendung von Leitern aus minderwertigem Kupfer oder anderen Metallen müssen die Querschnitte so gewählt werden, daß die Erwärmung durch den Strom nicht größer wird, als bei Leitern aus Leitungskupfer, welche nach der obigen Tabelle bemessen sind.

§ 12. Isolierte Leitungen.

a) Alle Drähte, die als isoliert gelten sollen, müssen nach 24 stündigem Liegen in Wasser von höchstens 25° C. eine Durchschlagsprobe mit der doppelten Betriebsspannung eine Stunde lang aushalten.

Sie sind mit eindrähtigen Leitern in Querschnitten von 0,75 bis 16 qmm, mit mehrdrähtigen Leitern in Querschnitten der Gesamtseele von 0,75 bis 1000 qmm zulässig. Insbesondere kommen hierfür in Betracht Gummiaderleitungen (Bez. G. A.).

Ihre Kupferseele ist feuerverzinnt und mit einer wasserdichten vulkanisierten Gummihülle umgeben. Jede Leitung muß über dem Gummi von einer Hülle gummierten Bandes umgeben sein. Als Einzelleitung verwendet, muß sie außerdem eine mit Isoliermasse getränkte Umklöppelung erhalten. Bei Mehrfachleitungen kann die Umklöppelung gemeinsam sein.

b) Gepanzerte Leitungen (Bez. P. A.) bestehen aus einer oder mehreren nach vorstehender Vorschrift isolierten Seelen, die mit einer gemeinsamen Hülle und darüber mit einer dichten Metallumklöppelung versehen werden. (Vergl. § 14 d.)

Gepanzerte Leitungen dürfen nicht unmittelbar in die Erde und auch nicht in Räumen verlegt werden, wo sie chemischen Beschädigungen ausgesetzt sind.

§ 13. Leitungen im allgemeinen.

a) Alle Leitungen müssen so verlegt werden, daß sie nach Bedarf geprüft werden können.

b) Transportable Leitungen dürfen an festverlegte Leitungen nur mittels lösbarer Anschlußvorrichtungen angeschlossen werden.

c) Soweit bewegliche Leitungen roher Behandlung ausgesetzt sind, müssen sie gegen mechanische Beschädigungen besonders geschützt sein.

d) Die Verbindung von Leitungen untereinander, sowie die Abzweigung von Leitungen geschieht mittels Lötung, Verschraubung oder gleichwertiger Verbindung. Abzweigungen von festverlegten Mehrfachleitungen müssen mit Abzweigklemmen auf isolierender Unterlage ausgeführt werden. Ausgenommen hiervon sind Leitungen in Fahrzeugen. An und in Beleuchtungskörpern sind Lötungen zulässig.

e) Zum Löten dürfen keine Lötmittel verwendet werden, die das Metall angreifen.

f) Bei Verbindungen oder Abzweigungen von isolierten Leitungen ist die Verbindungsstelle in einer der sonstigen Isolierung möglichst gleichwertigen Weise zu isolieren. Die Anschluß- und Abzweigstellen müssen von Zug entlastet sein.

g) Kreuzungen von stromführenden Leitungen unter sich und mit sonstigen Metallteilen sind so auszuführen, daß unbeabsichtigte gegenseitige leitende Berührung ausgeschlossen ist.

h) Bei Einrichtungen, bei denen ein Zusammenlegen von mehr als 3 Leitungen unvermeidlich ist, dürfen Gummiaderleitungen so verlegt werden, daß sie sich berühren, wenn eine Lagenveränderung ausgeschlossen ist (Fahrzeuge siehe § 36 f.).

i) Alle Leitungen außerhalb von Betriebsräumen, die mehr als 250 Volt gegen Erde führen, mit Ausnahme von Kabeln und Panzerleitungen, müssen entweder durch ihre Lage und Anordnung oder durch Schutzverkleidung gegen zufällige Berührung und Beschädigung geschützt sein. Diese Schutzverkleidung muß, sofern es sich nicht um Fahrzeuge handelt, die in § 24 a und c vorgeschriebenen Abstände haben und, soweit sie der Berührung durch Personen zugänglich ist, aus feuchtigkeitsbeständigem Isolierstoff (mit Isoliermasse getränktes Holz ist zulässig) oder aus geerdetem Metall bestehen. Netze dürfen in diesem Falle höchstens 5 cm Maschenweite und müssen wenigstens 1,5 mm Drahtdicke haben.

k) Wenn eine Drahtleitung an der Außenseite eines Gebäudes geführt ist, so darf, einerlei ob sie blank oder isoliert ist, ihr Abstand von der äußeren Gebäudewand oder der Schutzverkleidung an keiner Stelle weniger als 10 cm betragen.

l) Die Verbindung der Leitungen mit Apparaten ist durch Schrauben oder gleichwertige Mittel auszuführen.

Schnüre oder Drahtseile bis zu 6 qmm und Einzeldrähte bis zu 25 qmm Kupferquerschnitt können mit angebogenen Ösen an die Apparate befestigt werden.

Drahtseile über 6 qmm, sowie Drähte über 25 qmm Kupferquerschnitt müssen mit Kabelschuhen oder gleichwertigen Verbindungsmitteln versehen sein.

Schnüre und Drahtseile von weniger als 6 qmm Querschnitt müssen, wenn sie nicht gleichfalls Kabelschuhe oder gleichwertige Verbindungsmittel erhalten, an den Enden verlötet sein.

§ 14. Kabel.

a) Blanke Bleikabel (Bez. K. B.) bestehen aus einer oder mehreren Kupferseelen, Isolierschichten und einem wasserdichten einfachen oder mehrfachen Bleimantel. Sie sind nur zu verwenden, wenn sie gegen mechanische und gegen chemische Beschädigungen geschützt verlegt werden.

b) Asphaltierte Bleikabel (Bez. K. A.) wie die vorigen, aber mit asphaltiertem Faserstoff umwickelt; sie müssen gegen mechanische Beschädigung geschützt verlegt werden.

c) Armierte asphaltierte Bleikabel (Bez. K. E.) wie die vorigen und mit Eisenband oder -draht armiert.

d) Bei eisenarmierten Kabeln für einfachen Wechselstrom und Mehrphasenstrom müssen sämtliche zu einem Stromkreis gehörigen Leitungen in einem Kabel enthalten sein, sofern nicht dafür gesorgt ist, daß keine bedenkliche Erwärmung des Eisenmantels eintritt. Entsprechendes gilt für Panzerleitungen.

e) Bleikabel jeder Art dürfen nur mit Endverschlüssen, Muffen oder gleichwertigen Vorkehrungen, die das Eindringen von Feuchtigkeit verhindern und gleichzeitig einen guten elektrischen Anschluß gestatten, verwendet werden.

f) An den Befestigungsstellen ist darauf zu achten, daß der Bleimantel nicht eingedrückt oder verletzt wird; Rohrhaken sind daher nur bei armierten Kabeln als Befestigungsmittel zulässig.

g) Prüfdrähte sind sicherheitstechnisch wie die zuhörigen Kabeladern zu behandeln.

Apparate.

§ 15. Vorschriften für alle Apparate.

a) Die stromführenden Teile sämtlicher Apparate müssen auf feuersicheren, und soweit sie nicht betriebsmäßig geerdet sind, auf Unterlagen befestigt sein, die in dem Verwendungsraum isolieren.

Wo dies aus technischen Gründen nicht möglich ist (z. B. bei Meßinstrumenten usw.), bezieht sich diese Vorschrift nur auf die äußeren stromführenden Teile.

Bei Fahrschaltern, bei Bürstenjochen für Motoren und bei Stromabnehmern ist Holz als Isolierstoff zulässig.

Isolierstoffe, welche in der Wärme eine erhebliche Formveränderung erleiden können, dürfen für wärmeentwickelnde oder höheren Temperatur ausgesetzte Apparate als Träger stromführender Teile nicht verwendet werden.

b) Die spannungführenden Teile aller Apparate, die nicht in elektrischen Betriebsräumen, unter Verschluß oder unzugänglich für nicht unterwiesene Personen angebracht sind, sowie alle Teile im Handbereich, die Spannung annehmen können, müssen durch Gehäuse der zufälligen Berührung entzogen sein.

Nicht geerdete Gehäuse, soweit sie der Berührung zugänglich sind, sowie ungeerdete Griffe müssen aus nicht leitenden Stoffen bestehen oder mit einer haltbaren Isolierschicht ausgekleidet oder überzogen sein.

Zugängliche Metallgehäuse müssen geerdet sein.

Aus- und Umschalter, Anlasser und dgl., die für elektrische Betriebsräume bestimmt sind, bedürfen keiner Gehäuse, müssen aber so gebaut bezw. angebracht sein, daß bei der Bedienung mittels der Handgriffe eine zufällige Berührung spannungführender Teile ausgeschlossen ist.

Für Griffe und Kuppelstangen ist Holz zulässig, wenn es mit Isoliermasse getränkt ist.

c) Die Einführungsstellen für Leitungen sind so einzurichten, daß sie die Leitungen gegen leitende Gehäuse oder Unterlagen isolieren und daß die Isolierhüllen der Leitungen nicht verletzt werden.

Bei Apparaten im Freien, in welche kein Wasser eindringen darf, müssen die Einführungsstellen entsprechend geschützt sein.

Die Einführungsstellen müssen einer Prüfung nach § 5 genügen.

d) Die stromführenden Teile sämtlicher Apparate sind derart zu bemessen, daß sie durch den stärksten regelrecht vorkommenden Betriebsstrom keine für den Betrieb oder die Umgebung bedenkliche Erwärmung annehmen können.

e) Alle Apparate müssen derart gebaut und angebracht sein, daß eine Verletzung von Personen durch Splitter, Funken und geschmolzenes Material ausgeschlossen ist.

Diejenigen Apparate, die zur Stromunterbrechung dienen, sind derart anzuordnen oder einzubauen, daß die bei ihrer regelrechten Wirkung etwa auftretenden Feuererscheinungen weder Personen gefährden, noch zündend auf die Nachbarschaft wirken oder unbeabsichtigte Kurz- oder Erdschlüsse herbeiführen können.

f) Alle Apparate, die zur Stromunterbrechung dienen, müssen derart gebaut sein, daß beim vollen Öffnen unter der auf dem Apparat vermerkten Spannung und Höchststromstärke kein dauernder Lichtbogen bestehen bleibt.

§ 16. Sicherungen.

a) Die Abschmelzstromstärke eines Sicherungseinsatzes soll das doppelte der auf ihr verzeichneten Stromstärke (Normalstromstärke) sein. Sicherungen bis einschließlich 50 Ampere Normalstromstärke müssen den $1^1/_4$ fachen Normalstrom dauernd tragen können. Vom kalten Zustande aus plötzlich mit der doppelten Normalstromstärke belastet, müssen sie in längstens 2 Minuten abschmelzen.

b) Die Sicherungen müssen einzeln, auch bei der um 10 % erhöhten Betriebsspannung, sicher wirken.

Zur Sicherheit der Wirkung gehört, daß sie abschmelzen, ohne einen dauernden Lichtbogen zu erzeugen, und daß die etwaigen Explosionserscheinungen ungefährlich verlaufen.

c) Bei Sicherungen dürfen weiche Metalle und Legierungen nicht unmittelbar die Berührung vermitteln, sondern die Schmelzdrähte oder Schmelzstreifen müssen in Anschlußstücke aus Kupfer oder gleichgeeignetem Metall fest eingefügt sein.

d) Nichtausschaltbare Sicherungen müssen derart gebaut oder angeordnet sein, daß ihre Einsätze auch unter Spannung mittels geeigneter Werkzeuge gefahrlos ausgewechselt werden können.

e) Die Normalstromstärke und die Höchstspannung sind auf dem Einsatz der Sicherung zu verzeichnen.

f) Alle betriebsmäßig geerdeten Leitungen dürfen keine Sicherungen enthalten; dagegen sind alle übrigen Leitungen, die von der Schalttafel oder den Sammelschienen nach den Verbrauchsstellen führen, durch Abschmelzsicherungen oder andere selbsttätige Stromunterbrecher zu schützen, ebenso müssen die Leitungen, welche von den Stromquellen zu den Sammelschienen führen, selbsttätige Stromunterbrecher enthalten.

g) Mit einziger Ausnahme des Falles h) sind Sicherungen in Gebäuden an allen Stellen anzubringen, wo sich der Querschnitt der Leitungen in der Richtung nach der Verbrauchsstelle hin vermindert.

h) Bei Querschnittsverkleinerungen sind in den Fällen, wo die vorhergehende Sicherung den schwächeren Querschnitt schützt, weitere Sicherungen nicht mehr erforderlich.

i) Wo eine Verjüngung eintritt, muß die Sicherung unmittelbar an der Verjüngungsstelle liegen; bei Abzweigungen muß das Anschlußleitungsstück bis zur Sicherung hin den Querschnitt der Hauptleitung haben.

Diese Vorschrift bezieht sich nicht auf Schalttafelleitungen und die Verbindungsleitungen von der Maschine zur Schalttafel.

k) Die Stärke der zu verwendenden Sicherung ist der Betriebsstromstärke der zu schützenden Leitungen und Stromverbraucher tunlichst anzupassen. Sie darf jedoch nicht größer sein, als nach der Belastungstabelle und den übrigen Bestimmungen des § 11 für die betreffende Leitung zulässig ist.

§ 17. Ausschalter, Umschalter, Anlasser und dgl.

a) Die Betriebsstromstärke und -Spannung, für die ein Schalter gebaut ist, sowie die Höchststromstärke, bei der er unter der Betriebsspannung ausgeschaltet werden darf, sind auf dem festen Teil zu vermerken.

b) Nulleiter und betriebsmäßig geerdete Leitungen dürfen außerhalb elektrischer Betriebsräume entweder gar nicht oder nur zwangläufig zusammen mit den übrigen zugehörigen Leitern ausschaltbar sein.

c) Ausschalter für Stromverbraucher mit Ausnahme einzelner Glühlampenstromkreise unter 250 V müssen, wenn sie geöffnet werden, ihren Stromkreis spannungslos machen.

d) Ausschalter dürfen nur an den Verbrauchsapparaten selbst oder in festverlegten Leitungen angebracht werden.

§ 18. Steckvorrichtungen und dgl.

a) Stecker und verwandte Vorrichtungen zum Anschluß abnehmbarer Leitungen müssen so gebaut sein, daß sie nicht in Anschlußstücke für höhere Stromstärken passen.

b) Die Betriebsstromstärke und Spannung, für welche der Apparat gebaut ist, sind auf dem festen Teil und auf dem Stecker sichtbar zu vermerken.

c) Steckvorrichtungen zum Anschluß transportabler Leitungen von mehr als 250 V müssen mittels besonderer Ausschalter abschaltbar sein. Ausgenommen hiervon sind Glühlampen, die zwischen zwei Punkte eines Serienkreises eingeschaltet werden.

d) Sicherungen siehe § 16 g.

§ 19. Schalt- und Verteilungstafeln.

a) Schalt- und Verteilungstafeln müssen im allgemeinen aus feuersicherem Stoff bestehen. Holz ist außerhalb von Fahrzeugen nur als Umrahmung zulässig.

b) Die Kreuzung stromführender Teile an Schalt- und Verteilungstafeln ist möglichst zu vermeiden.

Ist dies nicht erreichbar, so sind die stromführenden Teile durch Isolierkörper voneinander zu trennen oder derart in genügendem Abstande voneinander zu befestigen, daß gegenseitige Berührung ausgeschlossen ist.

c) Verteilungstafeln, die nicht von der Rückseite zugänglich sind, müssen so gebaut werden, daß die Leitungen nach Befestigung der Tafel angeschlossen und die Anschlüsse jederzeit von vorn untersucht und gelöst werden können.

d) Die Sicherungen und Ausschalter auf den Verteilungstafeln sind mit Bezeichnungen zu versehen, aus denen hervorgeht, zu welchen Räumen bezw. Gruppen von Stromverbrauchern sie gehören.

e) Leitungsschienen von verschiedener Polarität oder Phase, die hinter der Schalttafel liegen, müssen durch verschiedenfarbigen Anstrich kenntlich gemacht werden.

f) Schalttafeln für eine Betriebsspannung von mehr als 250 V müssen entweder mit einem isolierenden Bedienungsgang umgeben sein, oder es müssen sämtliche stromführenden Teile, soweit sie nicht geerdet sind, der Berührung unzugänglich angeordnet sein, und in diesem Falle müssen die zugänglichen, nicht stromführenden Metallteile dieser Apparate und des Schalttafelgerüstes geerdet und, soweit der Fußboden ein isolierender ist, mit diesem leitend verbunden sein.

g) Bei Schalttafeln, die betriebsmäßig auf der Rückseite zugänglich sind, darf die Entfernung zwischen ungeschützten stromführenden Teilen der Schalttafel und der gegenüberliegenden Wand nicht weniger als 1 m betragen. Sind auf der letzteren ungeschützte stromführende Teile in erreichbarer Höhe vorhanden, so muß die wagerechte Entfernung bis zu denselben 2 m betragen und der Zwischenraum durch Geländer geteilt sein. In dem so geschaffenen Gange dürfen bis zur Höhe von 2 m über dem Fußboden weder stromführende Teile noch sonstige die freie Bewegung störende Gegenstände vorhanden sein.

§ 20. Bogenlampen.

a) Bogenlampen müssen Vorrichtungen haben, die ein Herausfallen glühender Kohleteilchen verhindern.

b) Die Bogenlampen sind isoliert in die Laternen (Gehänge) einzusetzen.

c) Die Laternen (Gehänge) von Bogenlampen sind, sofern sie aufgehängt sind, von Erde zu isolieren.

d) Die Zuleitungsdrähte dürfen bei Spannungen von mehr als 250 V nicht als Aufhängevorrichtung dienen.

e) Die Lampen müssen entweder gegen das Aufzugsseil, und wenn Metallmasten benutzt sind, auch gegen den Mast doppelt isoliert sein, oder Seil und Mast sind zu erden. Stromführende Teile von Bogenlampenkuppelungen müssen gegen den Mast doppelt isoliert und gegen Regen geschützt sein.

f) Soweit die Zuleitungsdrähte in der Gebrauchslage der Lampe im Handbereich liegen, müssen sie isoliert und mit einer Schutzhülle aus geerdetem Metall oder aus feuchtigkeitsbeständigem Isolierstoff versehen sein.

g) Bogenlampen in Stromkreisen mit einer Betriebsspannung von mehr als 250 V müssen während des Betriebes unzugänglich sein und von Abschaltvorrichtungen abhängig sein, die gestatten, sie für den Zweck der Bedienung spannungslos zu machen.

§ 21. Beleuchtungskörper.

a) Fassungen für Spannungen über 250 V dürfen keine Ausschalter enthalten.

b) Bei Handlampen, die außerhalb von Fahrzeugen und Betriebsräumen nur bis 250 V zulässig sind, müssen die Griffe, sofern sie nicht zuverlässig geerdet sind, aus Isolierstoff bestehen. Der Schutzkorb muß unmittelbar auf dem isolierenden bezw. zuverlässig geerdeten Griffe sitzen und die Leitungseinführung mit Isoliermitteln ausgekleidet sein. Hahnfassungen an Handlampen sind unzulässig.

c) Die zur Aufnahme von Drähten bestimmten Hohlräume von Beleuchtungskörpern müssen im Lichten so weit bemessen und von Grat frei sein, daß die einzuführenden Drähte ohne Verletzung der Isolierung durchgezogen werden können.

d) In und an Beleuchtungskörpern muß mindestens Gummiaderleitung verwendet werden.

e) Bei zugänglichen Beleuchtungskörpern über 250 V dürfen die Leitungen nur innen geführt werden.

f) Beleuchtungskörper müssen so angebracht werden, daß die Zuführungsdrähte nicht durch Drehen des Körpers verletzt werden.

C. Kraftwerke und diesen gleichgestellte Betriebsräume.

§ 22. Aufstellung von Generatoren, Elektromotoren und Umformern.

a) Generatoren, Elektromotoren, Umformer usw. sind so aufzustellen, daß etwaige im Betriebe der elektrischen Einrichtung auftretende Feuererscheinungen keine Entzündung von brennbaren Stoffen hervorrufen können.

b) Generatoren und Elektromotoren müssen entweder gut isoliert und in diesem Falle mit einem gut isolierenden Bedienungsgange umgeben sein, oder sie sollen geerdet und, soweit der Fußboden in ihrer Nähe leitend ist, mit demselben leitend verbunden sein. Zur Erdung und zur Verbindung mit dem Fußboden sollen Kupferdrähte von mindestens 25 qmm Querschnitt benutzt werden, die gegen schädliche mechanische oder chemische Einwirkungen geschützt sind.

c) Transformatoren, die weder in besonderen Kammern untergebracht noch in anderer Weise der zufälligen Berührung entzogen sind, müssen allseitig in geerdete Metallgehäuse eingeschlossen sein.

d) An jedem isoliert aufgestellten Transformator, mit Ausnahme von solchen für Meßzwecke, sollen Vorrichtungen angebracht sein, welche gestatten, das Gestell desselben gefahrlos zu erden.

§ 23. Akkumulatorenräume.

a) In Akkumulatorenräumen ist für Lüftung zu sorgen.

b) Die einzelnen Zellen sind gegen das Gestell und letzteres ist gegen Erde durch Glas, Porzellan oder ähnliche nicht Feuchtigkeit anziehende Unterlagen zu isolieren.

Es müssen Vorkehrungen getroffen werden, um beim Auslaufen von Säure eine Gefährdung des Gebäudes zu vermeiden.

c) Zur Beleuchtung von Akkumulatorenräumen dürfen nur elektrische Lampen verwendet werden, welche im luftleeren Raume brennen.

d) Die Zellen müssen derart angeordnet werden, daß bei der Bedienung eine zufällige gleichzeitige Berührung von Punkten, zwischen denen eine Spannung von mehr als 250 Volt herrscht, nicht erfolgen kann.

§ 24. Leitungen in Gebäuden.

a) Blanke Leitungen dürfen nur auf Isolierglocken oder gleichwertigen Vorrichtungen verlegt werden und müssen, soweit sie nicht unausschaltbare Parallelzweige sind, voneinander, von der Wand oder anderen Gebäudeteilen und von der eigenen Schutzverkleidung mindestens 10 cm entfernt sein. Die Spannweite der Leitungen soll, wo nicht besondere Verhältnisse eine Abweichung bedingen, nicht mehr als 4 m betragen.

Bei Verbindungsleitungen zwischen Akkumulatoren, Maschinen und Schalttafeln, bei Zellenschalterleitungen und bei Speise-, Steig- und Verteilungsleitungen können starke Kupferschienen, sowie starke Kupferdrähte in kleineren Abständen voneinander verlegt werden.

b) Betriebsmäßig geerdete blanke Leitungen unterliegen den vorstehenden Bestimmungen nicht, müssen aber gegen die bei regelrechter Benutzung des betreffenden Raumes vorauszusetzenden Beschädigungen geschützt sein.

c) Glocken, Rollen usw., die zur Verlegung von isolierten Leitungen dienen, müssen so angebracht werden, daß sie die Leitungen mindestens 1 cm, über 250 Volt mindestens 2 cm von der Wand entfernt halten. Isolierende Schutzverkleidungen müssen von den isolierten Leitungen mindestens 5 cm abstehen.

d) Bei Führung isolierter Leitungen auf gewöhnlichen Rollen längs der Wand muß auf höchstens 80 cm eine Befestigungsstelle kommen. Bei Führung an der Decke können den örtlichen Verhältnissen entsprechend ausnahmsweise größere Abstände gewählt werden.

e) Mehrfachleitungen dürfen nicht so befestigt werden, daß ihre Einzelleiter aufeinander gepreßt werden Metallene Bindedrähte sind bei Mehrfachleitungen unzulässig. Für Führung von Mehrfachleitungen auf Rollen gilt die unter c) gegebene Abstandsvorschrift.

f) Mehrfachleitungen dürfen bei mehr als 250 Volt nur dann zur Aufhängung von Bogenlampen und Glühlampen benutzt werden, wenn sie eine besondere Tragschnur enthalten.

Wenn sie bei weniger als 250 Volt als Tragschnur benutzt werden, so dürfen die Anschlußstellen der Drähte nicht durch Zug beansprucht und die Drähte nicht verdrillt werden.

g) Papierrohre dürfen nur für Spannungen bis 250 Volt gegen Erde unter Putz verlegt werden. Sie sollen einen metallenen Körper oder Überzug haben, der so stark ist, daß er den nach Ortsverhältnissen zu erwartenden mechanischen Angriffen sicher widersteht.

h) Drahtverbindungen innerhalb der Rohre sind nicht statthaft.

i) Leitungen, die Wechsel- und Mehrphasenstrom führen, müssen so zusammengelegt werden, daß die Summe der durch das Rohr gehenden Ströme Null ist.

k) Jede Leitung, die in ein Rohr eingezogen werden soll, muß für sich die der Spannung entsprechende Isolierung haben.

l) Die Rohre sind so herzurichten, daß die Isolierung der Leitungen durch vorstehende Teile und scharfe Kanten nicht verletzt werden kann.

m) Die Rohre sind so zu verlegen, daß sich an keiner Stelle Wasser ansammeln kann.

n) Die Stoßstellen metallischer Rohre sind bei Spannungen von mehr als 250 Volt metallisch zu verbinden und die Rohre selbst zu erden.

§ 25. Wand- und Deckendurchführungen.

a) Durch Wände und Decken sind die Leitungen entweder der in den betreffenden Räumen gewählten Verlegungsart entsprechend hindurchzuführen, oder es sind geeignete Rohre zu verwenden, und zwar für jede einzeln verlegte Leitung und für jede Mehrfachleitung je ein Rohr.

Diese Durchführungsrohre müssen an den Enden mit Tüllen aus feuersicherem Isolierstoff versehen und so weit sein, daß die Drähte leicht darin bewegt werden können.

In feuchten Räumen sind entweder Porzellan- oder gleichwertige Rohre zu verwenden, deren Gestalt keine merkliche Oberflächenleitung zuläßt, oder die Leitungen sind frei durch genügend weite Kanäle zu führen.

Über Fußböden müssen die Rohre mindestens 10 cm, über Decken und Wandflächen mindestens 2 cm vorstehen und müssen gegen mechanische Beschädigung sorgfältig geschützt sein.

b) Armierte Bleikabel und betriebsmäßig geerdete Leitungen fallen nicht unter vorstehende Bestimmungen, sind aber gegen die Einflüsse der Mauerfeuchtigkeit zu schützen.

§ 26. Einführung von Freileitungen in Gebäude.

Bei Einführung von Freileitungen in Gebäude sind entweder die Drähte frei und straff durchzuspannen, oder es muß für jede Leitung ein geeignetes Einführungsrohr verwendet werden, dessen Gestaltung keine merkliche Oberflächenleitung zuläßt.

D. Vorschriften für die Strecke.

§ 27. Freileitungen.

a) Für Bahnen sind außer blanken auch wetterbeständig isolierte Freileitungen von wenigstens 10 qmm Querschnitt zulässig.

b) Fahrleitungen und an Fahrleitungsmasten angebrachte Speiseleitungen, die nicht auf Porzellandoppelglocken verlegt sind, müssen gegen Erde doppelt isoliert sein. Holz ist als zweite Isolierung zulässig, doch gilt der Holzmast nicht als Isolierung.

c) Die Höhe der Fahrleitung und der an den Fahrdrahtmasten geführten Freileitungen über öffentlichen Straßen darf auf offener Strecke nicht unter 5 m betragen. Eine geringere Höhe ist bei Unterführungen zulässig, wenn geeignete Vorsichtsmaßregeln getroffen werden (zB. Warnungstafeln).

d) Wenn Fahrleitungen unter oder neben Eisenbauten verlegt sind, müssen Einrichtungen dagegen getroffen sein, daß ein entgleister Stromabnehmer Erdschluß zwischen Fahrleitung und Eisenbau herstellt.

e) Bei elektrischen Bahnen auf besonderem Bahnkörper, soweit dieser dem öffentlichen Verkehr nicht freigegeben ist, können die Leitungen (Drähte, Schienen usw.) in beliebiger Höhe verlegt werden, wenn bei der gewählten Verlegungsart die Strecke von unterwiesenem Personal ohne Gefahr begangen werden kann. An Haltestellen und Übergängen sind die Leitungen gegen zufällige Berührung durch das Publikum zu schützen und Warnungstafeln anzubringen.

f) Die Fahrdrähte sind möglichst gut gespannt zu halten; hierbei ist die Aufhängung so zu gestalten, daß schädliche Biegungsbeanspruchungen vermieden werden.

g) Durchhang und Spannweite der Fahrdrähte müssen so bemessen werden, daß diese bei — 15° C noch dreifache Sicherheit gegen Zerreißen bieten. Fahrdrahtmaste aus Holz müssen mindestens siebenfache, solche aus Eisen vierfache Sicherheit bieten. (Winddruck siehe t.)

h) Die Fahrleitungen sind mittels Streckenisolatoren in einzelne durch Ausschalter abschaltbare Abschnitte zu teilen, deren Länge in dicht bebauten Straßen in der Regel nicht über 1 km, in wenig bebauten Straßen nicht über 2 km betragen soll. Auf eigenem Bahnkörper und auf offenen Landstraßen können die Ausschalter entbehrt werden.

i) Die Streckenausschalter müssen, soweit sie ohne besondere Hilfsmittel erreichbar sind, mit verschlossen zu haltenden Schutzkästen versehen sein.

k) Die Lage der Ausschalter muß leicht kenntlich gemacht werden.

l) Bei Fahrleitungen ist in jeder ausschaltbaren Strecke eine Blitzschutzvorrichtung anzubringen, die auch bei wiederholten atmosphärischen Entladungen wirksam bleibt.

Es ist dabei auf eine gute Erdleitung Bedacht zu nehmen, Fahrschienen können als Erdleitung benutzt werden.

Gegen Berührung nicht geschützte Blitzableiter dürfen nur an Masten und nicht unter 5 m Höhe befestigt werden.

m) Maste, von denen aus blanke stromführende Teile von mehr als 250 Volt Spannung gegen Erde, zB. auch Blitzableiter, mit der Hand erreichbar sind, müssen durch einen Blitzpfeil gekennzeichnet werden.

n) Speiseleitungen, welche Betriebsspannung gegen Erde führen, müssen im Kraftwerke von der Stromquelle und an den Speisepunkten von den Fahrleitungen abschaltbar sein. Die Schalter an den Speisepunkten müssen den Bedingungen i) und k) genügen.

o) Auf Zug beanspruchte Verbindungen zwischen Leitungen müssen so ausgeführt werden, daß die Verbindungsstellen wenigstens die gleiche Zugfestigkeit besitzen, wie die Leitungen selbst.

p) Querdrähte jeder Art (Trag- und Zugdrähte), die im Handbereich liegen, müssen gegen spannungführende Leitungen doppelt isoliert sein.

q) Leitungen und Apparate sind so anzubringen, daß sie ohne besondere Hilfsmittel nicht zugänglich sind.

r) Freileitungen, die nicht wie Fahrdrähte isoliert sind, dürfen nur auf Porzellanglocken, Rillenisolatoren oder gleichwertigen Isoliervorrichtungen verlegt werden, wobei die Glocken in aufrechter Stellung zu befestigen sind.

Es ist darauf zu achten, daß die Leitungsdrähte an den Isolatoren sicher und unverrückbar befestigt werden, und daß die Befestigungsstücke keine scheuernde oder schneidende Wirkung auf sie ausüben.

Für Freileitungen, die nicht an den Fahrdrahtmasten geführt sind, gelten noch die Vorschriften s) bis aa).

s) Freileitungen müssen mit ihren tiefsten Punkten mindestens 6 m, bei Wegeübergängen mindestens 7 m von der Erde entfernt sein. Eine geringere Höhe ist bei Unterführungen zulässig, wenn geeignete Vorsichtsmaßregeln getroffen werden.

t) Spannweite und Durchhang müssen derart bemessen werden, daß Gestänge aus Holz eine siebenfache und aus Eisen eine vierfache Sicherheit, Leitungen bei — 15° C eine fünffache Sicherheit (bei Leitungen aus hartgezogenem Metall eine dreifache Sicherheit) dauernd bieten. Dabei ist der Winddruck mit 125 kg für 1 qm senkrecht getroffener Drahtfläche in Rechnung zu bringen.

u) Bei hölzernen Masten, die für dauernde Aufstellung bestimmt sind, ist die Jahreszahl ihrer Aufstellung und die laufende Nummer deutlich und dauerhaft anzubringen.

v) Freileitungen in Ortschaften müssen während des Betriebes streckenweise ausschaltbar sein. Die Ausschalter müssen, soweit sie nicht in die Leitungen selbst eingebaut sind, verschließbare Schutzkästen haben, und ihre Lage muß sich leicht erkennen lassen.

w) Den örtlichen Verhältnissen entsprechend sind Freileitungen durch Blitzschutzvorrichtungen zu sichern.

Insbesondere sind Blitzschutzvorrichtungen da anzubringen, wo ober- und unterirdische Leitungen zusammentreffen, und beim Eintritt von Freileitungen in Kraft- und Hilfswerke.

x) Wenn Leitungen über Ortschaften und bewohnte Grundstücke geführt werden, oder wenn sie sich einer Fahrstraße soweit nähern, daß Vorüberkommende durch Drahtbrüche gefährdet werden können, müssen die Leitungsdrähte entweder so hoch angebracht werden, daß im Falle eines Drahtbruches die herabhängenden Enden mindens 3 m vom Erdboden entfernt sind, oder es müssen Vorrichtungen angebracht werden, welche das Herabfallen der Leitungen verhindern, oder solche, welche die herabgefallenen Teile spannungslos machen.

Wo Bahnen überschritten werden, muß dafür gesorgt sein, daß bei etwaigen Drahtbrüchen die herabhängenden Enden die Betriebsmittel nicht streifen können.

y) Schutznetze müssen durch ihre Form und Lage den Leitungsdrähten gegenüber dahin wirken, daß erstens eine zufällige Berührung zwischen dem Netz und den unversehrten Leitungsdrähten verhindert wird, und daß zweitens ein gebrochener Draht auch bei starkem Winde sicher aufgefangen oder spannungslos gemacht wird.

z) Bei Winkelpunkten sind Fangbügel anzubringen, die beim Bruch von. Isolatoren das Herabfallen der Leitungen verhindern. Hiervon kann bei Verwendung zuverlässiger selbsttätiger Leitungskupplungen abgesehen werden.

aa) Wenn Freileitungen parallel mit anderen Leitungen verlaufen, ist die Führung der Drähte so einzurichten, oder es sind solche Vorkehrungen zu treffen, daß eine Berührung der beiden Arten von Leitungen miteinander verhütet oder ungefährlich gemacht wird.

Bei Kreuzungen mit anderen Leitungen sind Schutznetze oder Schutzdrähte zu verwenden, sofern nicht durch besondere Hilfsmittel eine gegenseitige Berührung, auch im Falle eines Drahtbruches, verhindert oder ungefährlich gemacht wird.

bb) Wenn Fernsprechleitungen an einem Freileitungsgestänge für Starkstrom von mehr als 250 Volt geführt sind, so müssen die Fernsprechstellen so eingerichtet sein, daß auch bei etwaiger Berührung zwischen den beiderseitigen Leitungen eine Gefahr für die Sprechenden ausgeschlossen ist.

cc) Bezüglich der Sicherung vorhandener Reichs-Fernsprech- und Telegraphenleitungen wird auf das Telegraphengesetz vom 6. April 1892 und auf das Telegraphenwegegesetz vom 18. Dezember 1899 verwiesen*).

§ 28. Luftweichen und Fahrdrahtkreuzungen.

a) Luftweichen müssen so eingerichtet sein, daß sich ein Stromabnehmer auch nach dem Entgleisen nicht festklemmen kann.

b) Luftweichen sind zu verankern. Es ist statthaft, Luftweichen gegeneinander zu verankern.

c) Fahrdrahtkreuzungen oder Kreuzungen der Stromleiter in Schlitzkanälen sind, falls die kreuzenden Stromleiter nicht in leitende Verbindung miteinander treten dürfen, so auszuführen, daß der Stromabnehmer im regelrechten Betrieb den kreuzenden Leiter nicht berührt.

§ 29. Turmwagen und Gerüstleitern.

a) Turmwagen und Gerüstleitern müssen so eingerichtet sein, daß die Arbeiter während ihrer Beschäftigung an den Fahrdrähten von der Erde isoliert stehen.

b) Jeder Turmwagen muß mit einer Bremse versehen sein.

c) Die höchstzulässige Anzahl von Personen und das Gewicht, mit dem die Brücke des Turmwagens belastet werden darf, müssen angeschrieben sein.

d) Die Stehbühnen der Turmwagen sind mit Schutzvorrichtungen gegen Herabfallen der Arbeitenden zu versehen, soweit die Art der Arbeit dieses zuläßt.

e) Das Untergestell der Turmwagen muß so schwer oder derart belastet sein, daß ein Umkippen bei Arbeiten auf dem Ausleger sowie beim Spannen von Leitungen nicht eintreten kann, oder es muß die Sicherheit gegen Umkippen durch besondere Hilfsmittel erreicht werden.

§ 30. Kabel.

Kabel sind unter Geleisen von Haupt- und Nebenbahnen in widerstandsfähigen Rohren oder Kanälen zu verlegen.

§ 31. Schienenrückleitung.

a) Sofern die Schienen zur Rückleitung des Betriebsstromes dienen, müssen die Stöße gutleitend verbunden sein.

b) Bei Bahnen nach dem Gleichstrom-Zweileitersystem, deren Schienen als Rückleitungen dienen, ist, sofern kein täglicher Polaritätswechsel stattfindet, der negative Pol der Stromquelle mit der Gleisanlage zu verbinden.

§ 32. Unterirdische Fahrleitungen.

a) Die Schlitzkanäle für unterirdische Fahrleitungen sind gut zu entwässern.

b) Die Fahrleitungen sind so hoch über der Kanalsohle anzubringen, daß sie unter gewöhnlichen Verhältnissen von angesammeltem Wasser nicht berührt werden.

c) Wenn nicht besondere Arbeitsöffnungen für die Untersuchung und Auswechselung der Isolatoren und für die Auswechselung der Leitungsschienen vorgesehen sind, müssen die Schlitzkanäle nach oben freigelegt werden können.

E. Fahrzeuge.

§ 33. Erdung.

Als genügende Erdung für Fahrzeuge gilt die leitende Verbindung mit den Radreifen durch das Untergestell.

§ 34. Elektromotoren und Umformer.

Die Gestelle von zugänglich aufgestellten Elektromotoren, Transformatoren und Umformern müssen dauernd geerdet oder sie müssen gut isoliert und mit einem isolierenden Bedienungsgang umgeben sein. Durch die Art der Aufstellung muß dafür gesorgt sein, daß Personen auch bei Schleudern des Wagens nicht in Berührung mit blanken spannungführenden oder sich bewegenden Teilen gelangen können. Die Aufstellung ist derart auszuführen, daß etwaige im Betriebe auftretende Feuererscheinungen keine Entzündung von brennbaren Stoffen hervorrufen können.

---

*) Abdruck s. S. 909 und S. 911.

§ 35. Akkumulatoren.

a) Akkumulatorenzellen elektrischer Fahrzeuge können auf Holz aufgestellt werden, wobei einmalige Isolierung durch nicht Feuchtigkeit anziehende Zwischenlagen ausreicht. Soweit nur unterwiesenes Personal in Betracht kommt, braucht die Möglichkeit, daß eine Person Teile verschiedener Spannung gleichzeitig berührt, nicht ausgeschlossen zu sein. Die Akkumulatoren dürfen den Fahrgästen nicht zugänglich sein. Es ist für ausreichende Lüftung zu sorgen.

b) Zelluloid ist zur Verwendung als Kästen und außerhalb des Elektrolyten unzulässig.

§ 36. Leitungen.

a) der Querschnitt aller Fahrstromleitungen ist nach der Normalstromstärke der vorgeschalteten Sicherung laut folgender Tabelle oder stärker zu bemessen.

Querschnitt in qmm	Normalstromstärke der Sicherung	Querschnitt in qmm	Normalstromstärke der Sicherung
4	30 A	35	130 A
6	40 „	50	165 „
10	60 „	70	200 „
16	80 „	95	235 „
25	100 „	120	275 „

Drähte für Bremsstrom sind mindestens von gleicher Stärke wie die Fahrstromleitungen zu wählen.

Der Querschnitt aller übrigen Leitungen ist nach der Tabelle in § 11 zu bemessen.

b) Blanke Leitungen sind zulässig, wenn sie sicher isoliert verlegt und gegen Berührung geschützt sind.

c) Isolierte Leitungen in Fahrzeugen müssen so geführt werden, daß ihre Isolierung nicht durch die Wärme benachbarter Widerstände oder Heizvorrichtungen gefährdet werden kann.

d) Alle festverlegten Leitungen sind derart anzubringen, daß sie nur unterwiesenem Personal zugänglich sind.

e) Die Verbindung der Fahr- und Bremsstromleitungen mit den Apparaten ist mittels gesicherter Schrauben oder durch Lötung auszuführen.

f) Nebeneinander verlaufende isolierte Fahrstromleitungen müssen entweder zu Mehrfachleitungen mit einer gemeinsamen wasserdichten Schutzhülle zusammengefaßt werden, derart, daß ein Verschieben und Reiben der Einzelleitungen vermieden wird; dabei ist die Isolierhülle an den Austrittsstellen von Leitungen gegen Wasser abzudichten; oder die Leitungen sind getrennt zu verlegen und, wo sie Wände oder Fußböden durchsetzen, durch Isoliermittel so zu schützen, daß sie sich an diesen Stellen nicht durchscheuern können.

g) Bei Bahnen, bei denen die Fahrgäste auf der Strecke gefahrlos ins Freie gelangen können, dürfen in den Wagen isolierte Leitungen unmittelbar auf Holz verlegt und Holzleisten zur Verkleidung derselben benutzt werden.

h) Verbindungsleitungen zwischen Motorwagen und Anhängewagen sollen so ausgerüstet sein, daß Personen auch bei zufälliger Berührung keine Beschädigung erleiden können.

Bewegliche Kuppelungsstücke sind so anzuordnen, daß sie beim Herausfallen stromlos werden, oder sie müssen so mit Isoliermaterial bekleidet sein, daß auch die ausgelösten Stecker beim etwaigen Niederfallen keine Beschädigung von Personen herbeiführen können.

i) Leitungen, die einer Verbiegung oder Verdrehung ausgesetzt sind, müssen aus leicht biegsamen Seilen hergestellt und, soweit sie isoliert sind, wetterbeständig hergerichtet sein.

k) In der Nachbarschaft von Metallteilen sind die Leitungen über der Isolierung noch besonders mit einer feuchtigkeitsbeständigen Hülle zu überziehen.

m) Rohre können zur Verlegung isolierter Leitungen in und auf Wänden, Decken und Fußböden verwendet werden, sofern sie die Leitungen gegen die Wirkungen von Feuchtigkeit und vor mechanischer Beschädigung schützen.

Sie können aus Metall oder feuchtigkeitsbeständigem Isolierstoff oder aus Metall mit isolierender Auskleidung bestehen.

n) Die Vorschriften in § 10 b—d sowie § 24 i—o gelten auch hier.

§ 37. Schalttafeln.

Schalttafeln in oder an Fahrzeugen dürfen Holz nur als Konstruktionsmaterial enthalten.

§ 38. Fahrschalter.

a) Auf jedem Führerstand ist ein Fahrschalter oder eine Einrichtung anzubringen, womit der Strom ein- und ausgeschaltet und die Geschwindigkeit geregelt werden kann.

b) Die Achsen und die metallischen Gehäuse, sowie die der Berührung ausgesetzten Teile der Fahrschalter müssen geerdet sein, sofern nicht die Plattformen vom Untergestell isoliert sind.

c) Die Kurbeln der Fahrschalter sind in der Weise abnehmbar anzubringen, daß das Abnehmen derselben nur in der Haltstellung erfolgen kann, also nur, wenn der Fahrstrom ausgeschaltet ist. Bei Fahrschaltern mit Kurzschlußbremse darf die Fahrschaltkurbel, wenn sie nicht gleichzeitig Umschaltkurbel ist, auch in der letzten Kurzschlußbremsstellung abnehmbar sein. In diesem Falle muß jedoch die Umschaltkurbel so eingeschaltet bleiben, daß die Kurzschlußbremse bei der möglichen Bewegung des Fahrzeuges wirksam wird.

§ 39. Sicherungen.

a) Jeder Motorwagen muß eine Haupt-Abschmelzsicherung oder einen selbsttätigen Ausschalter für die Elektromotoren haben. Akkumulatorenleitungen und jede andere Leitung, die keinen Fahrstrom führt, müssen besonders gesichert sein.

b) Erdleitungen und vom Fahrstrom unabhängige Bremsleitungen dürfen keine Sicherungen enthalten.

§ 40. Ausschalter.

a) Es muß ein von jeder Plattform aus bedienbarer Haupt- (Not-) Ausschalter vorhanden sein, der das Ausschalten des Fahrstromkreises unabhängig vom Fahrschalter gestattet. Der Notausschalter kann mit dem Höchststromausschalter verbunden sein.

b) Erdleitungen sowie vom Fahrstrom unabhängige Bremsstromkreise dürfen nur im Fahrschalter abschaltbar sein.

§ 41. Blitzschutzvorrichtungen.

Die Motorwagen für Oberleitungsbetrieb sind mit Blitzschutzvorrichtungen zu versehen, die auch bei wiederholten atmosphärischen Entladungen wirksam bleiben und so einzurichten und anzubringen sind, daß sie weder Personen gefährden noch eine Feuersgefahr herbeiführen.

Die Erdleitung der Blitzableiter ist auf dem kürzesten Wege mit dem Untergestell zu verbinden.

§ 42. Lampen.

Die unter Spannung stehenden Teile von Lampen nebst Zubehör müssen, soweit sie ohne besondere Hilfsmittel erreichbar sind, mit einer Schutzhülle aus Isoliermaterial versehen sein.

Zweiter Abschnitt:

Betriebsvorschriften.

§ 43. Isolationsprüfungen.

Vor der Inbetriebsetzung jeder einzelnen Anlage, sowie der Fahrzeuge ist die Isolation zu untersuchen; etwaige Fehler sind auszumerzen. Das gleiche gilt für jede Erweiterung einer Anlage.

§ 44. Regelmäßige Untersuchungen.

Zur dauernden Erhaltung des betriebssicheren Zustandes sind die Kraft- und Hilfswerke mindestens alljährlich, die Leitungsanlagen mindestens halbjährlich, die Motorwagen mindestens alle 2 und die Anhängewagen mindestens alle 3 Jahre einer Hauptuntersuchung zu unterwerfen. Über diese Hauptuntersuchungen ist Buch zu führen.

§ 45. Arbeiten im Betriebe.

a) Arbeiten im Betriebe dürfen nur durch unterwiesenes Personal und nur bei ausreichender Beleuchtung der Arbeitsstelle vorgenommen werden.

b) Bei Spannungen von mehr als 250 V darf an elektrischen Maschinen, an Apparaten und an Teilen des Leitungsnetzes mit Ausnahme der Fahrleitung im allgemeinen nur nach vorheriger Ausschaltung und einer unmittelbar an der Arbeitsstelle vorgenommenen Erdung und Kurzschließung der zur Stromleitung dienenden Teile gearbeitet werden. Zur Erdung und Kurzschließung dürfen Leitungen unter 10 qmm Querschnitt nicht verwendet werden.

c) Um die erforderlichen Abschaltungen mit Sicherheit vornehmen zu können, ist in jedem Kraftwerk und Hilfswerk ein schematischer Übersichtsplan niederzulegen, in welchem die vorzunehmenden Ausschaltungen, sowie erforderlichenfalls deren Reihenfolge bezeichnet sind.

d) Ist aus dringenden Betriebsrücksichten oder aus technischen Gründen eine Abschaltung desjenigen Teiles der Anlage, an welchem selbst oder in dessen unmittelbarer Nähe gearbeitet werden soll, nicht möglich, so sind folgende Vorsichtsmaßregeln zu erfüllen:

1. Es soll niemals ein Arbeiter allein derartige Arbeiten ausführen, sondern es soll immer mindestens eine andere Person zum Zwecke etwaiger Hilfeleistung dabei gegenwärtig sein.
2. Für die Arbeiter sollen isolierende Unterlagen vorhanden sein.
3. Soweit es sich um Schalttafeln, Apparate usw. handelt, sollen nach Möglichkeit die ungeschützten unter Spannung stehenden Teile soweit abgedeckt werden, daß die zufällige gleichzeitige Berührung von Teilen verschiedener Polarität oder Phase für den Arbeitenden ausgeschlossen ist.

e) In explosionsgefährlichen oder durchtränkten Räumen dürfen Arbeiten an Spannung führenden Teilen unter keinen Umständen ausgeführt werden.

f) Die Vorschrift d) 1. gilt auch für Arbeiten an Fahrdrähten.

g) Der Austausch durchgebrannter Sicherungen darf nur durch unterwiesenes Personal vorgenommen werden.

§ 46. Löschmittel.

Zum Löschen eines etwa entstehenden Brandes sind in Kraft- und Hilfswerken geeignete Löschmittel, wie zB. trockener Sand, an passenden Stellen bereit zu halten. Das Anspritzen von unter Spannung stehenden Teilen ist zu vermeiden.

§ 47. Inkrafttreten der Vorschriften.

a) Die vorstehenden Bestimmungen gelten auf Grund des Beschlusses der Jahresammlung zu Stuttgart vom 1. Oktober 1906 ab als Verbandsvorschriften.

b) Der Verband Deutscher Elektrotechniker e. V. behält sich vor, dieselben den Fortschritten und Bedürfnissen der Technik entsprechend abzuändern.

Leitsätze betreffend den Schutz metallischer Rohrleitungen gegen Erdströme elektrischer Bahnen.

Auf 2 Jahre probeweise angenommen auf der Jahresversammlung des Verbandes Deutscher Elektrotechniker zu Mannheim im Jahre 1003.

Veröffentlicht: ETZ 1903 S. 689.

Auf ein weiteres Jahr probeweise angenommen auf der Jahresversammlung in Dortmund - Essen im Jahre 1905.

I. Geltungsbereioh der Leitsätze.

§ 1. Die nachfolgenden Leitsätze beziehen sich nur auf solche Gleisstrecken neu anzulegender elektrischer Gleichstrombahnen mit stromführenden Gleisen, bei denen nicht durch Anwendung sehr gut entwässerter, daher schlecht leitender oder geradezu isolierender Unterbettung (z. B. Holzschwellen auf grobem Kies, Asphalteinbettung usw.) eine erhebliche Erdstrombildung und somit auch eine gefährliche Stromüberleitung in fremden Eigentümern gehörige Metallrohre verhindert wird.

§ 2. Für schon bestehende Bahnstrecken und für mäßige Betriebs- oder Streckenerweiterung solcher kann von der Anwendung der Leitsätze abgesehen werden, wenn nicht unzweifelhaft festzustellen ist, daß wegen Nichtbefolgung dieser Leitsätze elektrolytische Schädigung fremden Eigentumes entstanden oder doch den örtlichen Verhältnissen nach mit Sicherheit zu erwarten ist.

Dagegen empfiehlt sich die Befolgung der Leitsätze bei Erweiterungen an bestehenden Bahnen, sofern dabei die beim Inkrafttreten dieser Vorschriften bestehenden Werte von Stromdichte oder Spannungsabfall um mehr als 30 % überschritten werden.

II. Gefahrzustand und Gefahrzone.

§ 3. Ein Gefahrzustand besteht nicht bei Metallrohren, deren Verbindungsstellen den Strom schlecht leiten. Es besteht jedoch die Möglichkeit einer elektrolytischen Gefährdung bei kontinuierlich leitenden Metallrohren, und zwar in um so höherem Maße, je größer ihre Längserstreckung und je kleiner ihre Entfernung von den Gleisen, ferner, je größer die Potentialdifferenz im Boden entlang den Rohren ist.

§ 4. Die Gefährdung ist dagegen um so geringer, je weniger die chemische Beschaffenheit des Bodens elektrolytische Wirkungen begünstigt und je größer die Erdübergangswiderstände der Rohre und Gleise sind, ferner je geringer die Stromdichte an den stromaussendenden Stellen des Rohrmantels ist.

61*

Als ungefährdet gelten alle Rohrkomplexe, deren nächster Punkt mindestens
1 km von den Gleisen entfernt ist.

Metallich verbundene Rohre und Rohrkomplexe, deren größte Ausdehnung im
wesentlichen in der Längsrichtung der Bahn liegt, gelten als ungefährdet, wenn sie
innerhalb zweier in der Richtung gegen die Bahn zu konvergierenden Graden liegen,
die mit der Bahnlinie Winkel von 30° einschließen und deren Schnittpunkte mit
den Gleisen voneinander nicht soweit entfernt sind, daß innerhalb dieser Strecke
ein Spannungsunterschied in der Erde dicht neben dem Gleise von 0,3 V, bezogen
auf den Jahresdurchschnitt der Belastung, überschritten wird.

Metallisch verbundene Rohre und Rohrkomplexe, deren größte Ausdehnung
im wesentlichen senkrecht zur Bahn liegt, gelten als ungefährdet, wenn der Spannungsabfall in der Erde dicht neben der Bahn am nächsten und entferntesten Punkt
des Rohres oder Rohrkomplexes 0,3 V, bezogen auf den Jahresdurchschnitt der Belastung, nicht überschreitet*).

Im Falle, daß die Ausdehnung des metallisch verbundenen Rohrkomplexes
in der Längsrichtung der Bahn nicht sehr verschieden ist von jener in der Richtung
senkrecht dazu, gilt der Rohrkomplex als ungefährdet, wenn die beiden oben genannten Bedingungen gleichzeitig erfüllt sind.

Rohre und Rohrkomplexe, deren metallischer Zusammenhang durch isolierende
Zwischenlagen an den Rohrverbindungsstellen unterbrochen ist, gelten überhaupt
als ungefährdet.

III. Maßnahmen zur Verminderung von Erdströmen und zum Selbstschutz der Rohrleitungen.

§ 5. Bei Bahnen nach dem Zweileitersystem ist (sofern nicht eine regelmäßige
mindestens täglich einmalige Umkehrung der Polarität stattfindet) das Gleise mit
dem negativen Pol der Stromquelle zu verbinden. Wenn der Spannungsabfall in
der Verbindungsleitung 2 V übersteigt, so ist diese isoliert zu verlegen.

§ 6. Die Schienen müssen an den Stößen derart leitend verbunden werden,
daß der Widerstand des verlegten Gleises durch die Stöße um nicht mehr als 0,03 Ohm
auf 1 km einfaches Gleis verlegt wird.

Außerdem enthalten die zwei Schienen eines Gleises an jedem zehnten Stoß
eine Querverbindung; bei Doppelgleisen erhalten die zwei Gleise an jedem zwanzig-
sten Stoß eine Querverbindung.

---

*) Eine Formel zur Vorausberechnung dieser vorerwähnten Potendialdifferenz
ergibt sich aus folgendem (U l b r i c h t, ETZ 1902 S. 212, 720). Wird der Abstand
des Rohres vom nächsten Schienenpunkte mit d, in Metern gemessen, bezeichnet,
und ist V das durchschnittliche negative Potential an diesem Schienenpunkt,
ferner V_d das Potential der Erde in der Nähe des Rohres, so kann dessen Abhängigkeit von dem Abstande d mit einiger Annäherung durch die Formel

$$V_d = \frac{a\,V}{1 + b\,d}$$

dargestellt werden.

Bei gleichmäßiger Bodenbeschaffenheit und ungehindertem Kontakt zwischen
Schienen und Boden hat a die Größe 1. Bezeichnet ferner V_0 das am Rückleitungspunkt sich als Jahresdurchschnittswert ergebende Potentialmaximum im
Gleise, so ist das Erdpotential V_d in der Umgebung eines im Abstande d von
den Gleisen in der senkrecht durch den Rückleitungspunkt gelegten Ebene befindlichen Rohres angenähert ausgedrückt durch

$$V_d = \frac{a_1 \Delta\, l}{1 + b\,d}.$$

Dabei ist Δ die im Jahresdurchschnitt am Rückleitungspunkte sich ergebende
Stromdichte in Ampere für 1 qcm Schienenquerschnitt und l die Länge der freitragenden Gleisstrecke in Metern. Die Konstanten a, a_1 und b hängen von der
Schienenleitung und den Gleisübergangswiderständen ab. Bei gleichmäßiger Bodenbeschaffenheit ist

$$a_1 = \frac{V_0}{\Delta\, l},$$

d. i. ungefähr 0,001; b ist ungefähr $= 0,1$.

Für eine zweigleisige, in gleichmäßig leitendem Boden liegende Bahn würde
hiernach das Erdpotential im Abstande $d = 10$ m potential von dem Schienen gleich der
Hälfte des am Rückleitungspunkt herrschenden Potentialmaximums V_0, im Abstande
von 100 m der elfte, im Abstande von 1000 m von den Gleisen nur noch der
hundertste Teil sein.

An sämtlichen Weichen und Kreuzungspunkten sind die Schienen durch besondere Verbindungen in gut leitenden Zusammenhang zu bringen.

§ 7. Um die in § 4 angegebene Potentialdifferenz von 0,3 V nicht zu überschreiten, ist darauf zu achten, daß das Produkt Stromdichte Δ mal Länge *l* der freitragenden Gleisstrecke entsprechend klein ausfällt. Die Speisepunkte der Gleise sind möglichst entfernt von den zu schützenden Rohren, insbesondere von Kreuzungsstellen und an das Gleise heranreichenden Rohrausläufern anzulegen. Keinesfalls dürfen die Gleise mit den Rohren leitend verbunden sein oder besondere Erdableitungen erhalten.

§ 8. Zur Verminderung der Potentialdifferenz in den Schienen dienen — außer starkem Schienenprofil und gutleitenden Bunden — Rückleitungskabel, Saugdynamos und Ausgleichskabel. Anderseits steht der Verminderung der Potentialdifferenz an den Schienen als ein wesentliches Mittel zum Schutz der Rohre gegenüber: die Erhöhung des Widerstandes an den Rohrverbindungsstellen durch Einfügung von isolierenden Zwischenstücken oder dergleichen. Dieser Selbstschutz der Rohre ist in allen Fällen zu empfehlen und verdient jedenfalls da den Vorzug, wo die sonst erforderliche Verminderung der Schienenpotentiale mit zu hohen Kosten verbunden wäre.

§. 9. Bei stationären Motoren, deren Zuleitung an ein Bahnnetz angeschlossen ist, muß die Rückleitung mit dem Gleise verbunden sein; sie ist zu isolieren, wenn der Spannungsabfall in ihr 2 V übersteigt. Das Gestell des Motors kann geerdet werden, darf aber dann nicht mit der Rückleitung verbunden sein.

IV. Beobachtungsmittel.

§ 10. Die Belastungsverteilung in den Gleisen ist durch Spannungsmessung an den Rückleitungspunkten (Schienenspeisepunkten) zu kontrollieren. Zu diesem Zwecke ist durch Prüfdrähte dafür zu sorgen, daß in der Stromerzeugungs- oder Verteilungsstation die Spannung der wichtigen Schienenpunkte gemessen werden kann.

Die Größe der Spannungsdifferenzen zwischen den Gleisen und Rohrleitungen liefert keinen zutreffenden Maßstab für die Erdströme und den Gefahrzustand für die Rohre. Die Messungen müssen vielmehr, wie in § 4 vorgeschrieben, zur Ermittelung der Potentiale in der Erde gemacht werden.

Zur Messung dieser Potentialdifferenzen sind Metallstangen als Erdelektroden zu verwenden. Sie sind in einer seitlichen Entfernung von etwa 10 cm vom Schienenfuß, bezw. Rohr, mindestens bis zur Tieflage derselben einzutreiben. Eine im Grundwasser liegende Erdplatte oder ein Wasserleitungsrohr sind nicht als Punkte mittleren Erdpotentials anzusehen, da beide von etwaigen Erdströmen beeinflußt sein können.

Als Maßstab für die absolute Größe der Erdströme können Strommessungen in den Gleisen und Rohren dienen, wobei jedoch durch die Strommeßmethode wesentliche Veränderungen der Erdpotentiale infolge Schaffung anderer Stromverteilung nicht herbeigeführt werden dürfen, oder entsprechend berücksichtigt werden müssen. In der Regel empfiehlt es sich, statt der direkten Strommessung indirekte Methoden (Nebenschluß-, Kompensations-, Differentialmethoden) anzuwenden.

Da die Stromdichte der aus den Rohren austretenden Ströme den Intensitätsmaßstab der elektrolytischen Einwirkung bildet, so ist zur Beurteilung des Gefahrzustandes von Rohren nach erfolgtem Nachweis der absoluten Stärke der Erdströme die Stromaustrittsfläche der gefährdeten Rohrteile an der Hand der Rohrpläne zu ermitteln. In Fällen wahrscheinlich hoher Austrittsstromdichte sind durch Freilegung der betreffenden Rohrstellen etwaige lokale elektrolytische Erdstromwirkungen zu untersuchen.

Leitsätze über den Schutz der Gebäude gegen den Blitz.

Aufgestellt vom Elektrotechnischen Verein und angenommen auf der Jahresversammlung des Verbandes Deutscher Elektrotechniker zu Dresden im Jahre 1901.

Veröffentlicht: ETZ 1901 S. 390.

1. Der Blitzableiter gewährt den Gebäuden und ihrem Inhalte Schutz gegen Schädigung oder Entzündung durch den Blitz. Seine Anwendung in immer weiterem Umfange ist durch Vereinfachung seiner Einrichtung und Verringerung seiner Kosten zu fördern.

2. Der Blitzableiter besteht aus:
   a) den Auffangevorrichtungen,
   b) den Gebäudeleitungen und
   c) den Erdleitungen.

a) Die Auffangevorrichtungen sind emporragende Metallkörper, -Flächen oder -Leitungen. Die erfahrungsgemäßen Einschlagstellen (Turm- oder Giebelspitzen, Firstkanten des Daches, hochgelegene Schornsteinköpfe und andere, besonders emporragende Gebäudeteile) werden am besten selbst als Auffangevorrichtungen ausgebildet, oder mit solchen versehen.

b) Die Gebäudeleitungen bilden eine zusammenhängende metallische Verbindung der Auffangevorrichtungen mit den Erdleitungen; sie sollen das Gebäude, namentlich das Dach, möglichst allseitig umspannen und von den Auffangevorrichtungen auf den zulässig kürzesten Wegen und unter tunlichster Vermeidung schärferer Krümmungen zur Erde führen.

c) Die Erdleitungen bestehen aus metallenen Leitungen, welche sich an die unteren Enden der Gebäudeleitungen anschließen und in den Erdboden eindringen; sie sollen sich hier unter Bevorzugung feuchter Stellen möglichst weit ausbreiten.

3. Metallene Gebäudeteile und größere Metallmassen im und am Gebäude, insbesondere solche, welche mit der Erde in großflächiger Berührung stehen, wie Rohrleitungen, sind tunlichst unter sich und mit dem Blitzableiter leitend zu verbinden. Insoweit sie den in den Leitsätzen 2, 5 und 6 gestellten Forderungen entsprechen, sind besondere Auffangevorrichtungen, Gebäude- und Erdleitungen entbehrlich. Sowohl zur Vervollkommnung des Blitzableiters als auch zur Verminderung seiner Kosten ist es von größtem Wert, daß schon beim Entwurf und bei der Ausführung neuer Gebäude auf möglichste Ausnutzung der metallenen Bauteile, Rohrleitungen und dergl. für die Zwecke des Blitzschutzes Rücksicht genommen wird.

4. Der Schutz, den der Blitzableiter gewährt, ist um so sicherer, je vollkommener alle dem Einschlag ausgesetzten Stellen des Gebäudes durch Auffangevorrichtungen geschützt, je größer die Zahl der Gebäudeleitungen und je reichlicher bemessen und besser ausgebreitet die Erdleitungen sind. Es tragen aber auch schon metallene Gebäudeteile von größerer Ausdehnung, insbesondere solche, welche von den höchsten Stellen der Gebäude zur Erde führen, selbst wenn sie ohne Rücksicht auf den Blitzschutz ausgeführt sind, in der Regel zur Verminderung des Blitzschadens bei. Eine Vergrößerung der Blitzgefahr durch Unvollkommenheiten des Blizableiters ist im allgemeinen nicht zu befürchten.

5. Verzweigte Leitungen aus Eisen sollen nicht unter 50 qmm, unverzweigte nicht unter 100 qmm stark sein. Für Kupfer ist die Hälfte dieser Querschnitte ausreichend; Zink ist mindestens vom ein- und einhalbfachen, Blei vom dreifachen Querschnitt des Eisens zu wählen. Der Leiter soll nach Form und Befestigung sturmsicher sein.

6. Leitungsverbindungen und Anschlüsse sind dauerhaft, fest, dicht und möglichst großflächig herzustellen. Nicht geschweißte oder gelötete Verbindungsstellen sollen metallische Berührungsflächen von nicht unter 10 qcm erhalten.

7. Um den Blizableiter dauernd in gutem Zustande zu erhalten, sind wiederholte sachverständige Untersuchungen erforderlich, wobei auch zu beachten ist, ob inzwischen Änderungen an dem Gebäude vorgekommen sind, welche entsprechende Änderungen oder Ergänzungen des Blitzableiters bedingen.

Anmerkung. Belehrung über die Wirkung der Blitzableiter findet man in den vom Elektrotechnischen Verein herausgegebenen Schriften „Die Blitzgefahr No. 1 und 2" (Berlin, Julius Springer). Praktische Anleitungen für die Errichtung von Gebäude-Blitzableiten, wesentlich im Sinne obiger Leitsätze, sind in dem Findeisenschen Buch: „Ratschläge über den Blitzschutz der Gebäude" (Berlin, Julius Springer) enthalten.

Voraussichtlich in der zweiten Hälfte des Jahres 1907 gibt der Verband deutscher Elektrotechniker neue Vorschriften für die Errichtung elektrischer Starkstromanlagen, die Konstruktion und Prüfung von Installationsmaterial und die Anleitung zur ersten Hilfeleistung bei Unfällen im elektrischen Betriebe heraus. Diese werden in einem Nachtrag vereinigt und den Beziehern des „Hilfsbuchs" kostenfrei nachgeliefert, wenn diese den nachstehenden Bestellschein ausgefüllt der Verlagsbuchhandlung einsenden. Dieser Nachtrag kann dann an dieser Stelle eingeklebt werden.

Verlagsbuchhandlung von Julius Springer
Berlin N. 24, Monbijouplatz 3.

Der Unterzeichnete bittet um kostenfreie Übersendung des Nachtrags zum „Hilfsbuch für die Elektrotechnik".

Name: ....

Adresse: ....

(Gefl. deutlich schreiben!)

Alphabetisches Register.

(Die Ziffern bedeuten die Seitenzahlen.)

Kurzes Lehrbuch der Elektrotechnik. Von Dr. Adolf Thomälen, Elektroingenieur. Zweite, verbesserte Auflage. Mit 287 Textfiguren. In Leinwand gebunden Preis M. 12,—.

Elektromechanische Konstruktionselemente. Skizzen, herausgegeben von G. Klingenberg. Erscheint in Lieferungen zum Preise von je M. 2,40. Bisher sind erschienen: Lieferung 1, 2, 3, 4 (Apparate) und 6, 7 (Maschinen). Lieferung 5 erscheint im Januar 1907. Jede Lieferung enthält 10 Blatt Skizzen in Folio.

Elektromechanische Konstruktionen. Eine Sammlung von Konstruktionsbeispielen und Berechnungen von Maschinen und Apparaten für Starkstrom. Zusammengestellt und erläutert von Gisbert Kapp. Zweite, verbesserte und erweiterte Auflage. Mit 36 Tafeln und 144 Textfiguren. In Leinwand gebunden Preis M. 20,—.

Dynamomaschinen für Gleich- und Wechselstrom. Von Gisbert Kapp. Vierte, vermehrte und verbesserte Auflage. Mit 225 Textfiguren. In Leinwand geb. Preis M. 12,—.

Elektromotoren für Wechselstrom und Drehstrom. Von Dr. G. Rößler, Professor an der Königl. Technischen Hochschule in Danzig. Mit 89 Textfiguren. In Leinwand gebunden Preis M. 7,—.

Elektromotoren für Gleichstrom. Von Dr. G. Rößler, Professor an der Königl. Technischen Hochschule in Danzig. Zweite verbesserte Auflage. Mit 49 Textfiguren. In Leinwand gebunden Preis M. 4,—.

Die Fernleitung von Wechselströmen. Von Dr. G. Rößler, Professor an der Königl. Technischen Hochschule in Danzig. Mit 60 Figuren. In Leinwand gebunden Preis M. 7,—.

Motoren für Gleich- und Drehstrom. Von Henry M. Hobart, B. Sc., M. I. E. E., Mem. A. I. E. E. Deutsche Bearbeitung. Übersetzt von Franklin Punga. Mit 425 Textfiguren. In Leinwand gebunden Preis M. 10,—.

Verlag von Julius Springer in Berlin.

Die Gleichstrommaschine. Ihre Theorie, Untersuchung, Konstruktion, Arbeitsweise und Berechnung. Von E. Arnold, Prof. und Direktor des Elektrotechnischen Instituts der Großherzoglichen Technischen Hochschule Fridericiana zu Karlsruhe. In zwei Bänden. I. Band: Theorie und Untersuchung. Zweite, vollständig umgearbeitete Auflage. Mit 593 Textfiguren. In Leinwand gebunden Preis M. 20,—. II. Band: Konstruktion, Berechnung, Untersuchung und Arbeitsweise. Mit 484 Textfiguren und 11 Tafeln. In Leinwand gebunden Preis M. 18,—.

Die Wechselstromtechnik. Herausgegeben von Professor E. Arnold. In fünf Bänden. I. Band: Theorie der Wechselströme und Transformatoren von J. L. la Cour. Mit 263 Textfiguren. In Leinwand gebunden Preis M. 12,—. II. Band: Die Transformatoren von E. Arnold und J. L. la Cour. Mit 325 Textfiguren und 3 Tafeln. In Leinwand gebunden Preis M. 12,—. III. Band: Die Wicklungen der Wechselstrommaschinen von E. Arnold. Mit 426 Textfiguren. In Leinwand gebunden Preis M. 12,—. IV. Band: Die synchronen Wechselstrommaschinen von E. Arnold und J. L. la Cour. Mit 514 Textfiguren und 13 Tafeln. In Leinw. geb. Preis M. 20,—. In Vorbereitung befindet sich: V. Band: Die asynchronen Wechselstrommaschinen von E. Arnold und J. L. la Cour.

Der Drehstrommotor. Ein Handbuch für Studium und Praxis. Von Julius Heubach, Chef-Ingenieur. Mit 163 Textfiguren. In Leinwand gebunden Preis M. 10,—.

Die Bahnmotoren für Gleichstrom. Ihre Wirkungsweise, Bauart und Behandlung. Ein Hilfsbuch für Bahntechniker von H. Müller, Oberingenieur der Westinghouse-Elektrizitäts-Aktiengesellschaft, und W. Mattersdorff, Abteilungsvorstand der Allgemeinen Elektrizitäts-Gesellschaft. Mit 231 Textfiguren und 11 lithogr. Tafeln, sowie einer Übersicht der ausgeführten Typen. In Leinwand gebunden Preis M. 15,—.

Die Isolierung elektrischer Maschinen. Von H. W. Turner, Accociate A. I. E. E. und H. M. Hobart. M. I. E. E., Mem. A. I. E. E. Deutsche Bearbeitung von A. von Königslöw und R. Krause, Ingenieure. Mit 166 Textfiguren. In Leinwand gebunden Preis M. 8,—.

Zu beziehen durch jede Buchhandlung.

Verlag von Julius Springer in Berlin.

Die Verwaltungspraxis bei Elektrizitätswerken und elektrischen Straßen- und Kleinbahnen. Von Max Berthold, Bevollmächtiger der Kontinentalen Gesellschaft für elektrische Unternehmungen und der Elektrizitäts-Aktiengesellschaft vormals Schuckert & Co. in Nürnberg. In Leinwand gebunden Preis M. 8,—.

Die Preisstellung beim Verkaufe elektrischer Energie. Von Gust. Siegel, Dipl.-Ing. Mit 11 Textfig. Preis M. 4,—.

Hilfsbuch für den Maschinenbau. Für Maschinentechniker sowie für den Unterricht an technischen Lehranstalten. Von Fr. Freytag, Professor, Lehrer an den technischen Staatslehranstalten in Chemnitz. Zweite, vermehrte und verbesserte Auflage. Mit 1004 Textfiguren und 8 Tafeln. In Leinwand gebunden Preis M. 10,--; In Ganzleder gebunden M. 12,—.

Die Hebezeuge. Theorie und Kritik ausgeführter Konstruktionen mit besonderer Berücksichtigung der elektrischen Anlagen. Ein Handbuch für Ingenieure, Techniker, und Studierende. Von Ad. Ernst, Professor des Maschinen-Ingenieurwesens an der Kgl. Techn. Hochschule in Stuttgart. Vierte, neubearbeitete Auflage. Drei Bände. Mit 1486 Textfiguren und 97 lithographierten Tafeln. In 3 Leinwandbände gebunden Preis M. 60.—.

Elastizität und Festigkeit. Die für die Technik wichtigsten Sätze und deren erfahrungsmäßige Grundlage. Von Dr.-Ing. C. Bach, Kgl. Württ. Baudirektor, Prof. des Maschinen-Ingenieurwesens an der Kgl. Techn. Hochschule Stuttgart. Fünfte, vermehrte Auflage. Mit zahlreichen Textfiguren und 20 Lichtdrucktafeln. In Leinwand gebunden Preis M. 18,—.

Die Regelung der Kraftmaschinen. Berechnung und Konstruktion der Schwungräder, des Massenausgleichs und der Kraftmaschinenregler in elementarer Behandlung. Von Max Tolle, Professor und Maschinenbauschuldirektor. Mit 372 Textfiguren und 9 Tafeln. In Leinwand gebunden Preis M. 14,—.

Technische Messungen, insbesondere bei Maschinen-Untersuchungen. Zum Gebrauch in Maschinenlaboratorien und für die Praxis. Von Anton Gramberg, Diplom-Ingenieur, Dozent an der Technischen Hochschule zu Danzig. Mit 181 Textfiguren. In Leinwand gebunden Preis M. 6,—.

Zu beziehen durch jede Buchhandlung.

Printed in the United States
By Bookmasters